Contents

Multilingual Glossary

abiotic/لا إحيائي صفة لكل ما هو غير حي في البيئة بما في ذلك المياه والصخور والضوء ودرجة الحرارة.

abrasion/تآكل سحج وبلي أسطح الصخور بفعل الحركة الميكانيكي للصخور أو الجزيئات الرملية الأخرى.

absolute dating/التأريخ المطلق أي من طرق حساب عمر حدث أو شيء ما بالسنين.

absolute magnitude/القدر المطلق درجة لمعان النجم على مسافة 32.6 سنة ضوئية من الأرض.

absolute zero/الصفر المطلق درجة الحرارة التي تصل عندها حركة جزيئات المادة إلى أدنى مستوى (تساوى صفر على مقياس كلفن أو 273.16- درجة على مقياس درجة الحرارة المئوية).

absorption/الامتصاص في علم البصريات. تحول الطاقة الضوئية إلى جزئيات من المادة.

abyssal plain/سهل سحيق منطقة مسطحة مستوية تقريباً تشغل مساحة واسعة من أحواض المحيطات.

acceleration/التسارع معدل تغير السرعة بالنسبة للزمن، فيكون الشيء متسارع عندما تتغير سرعته أو اتجاهه أو كلاهما.

accreted terrane/أرض ملتحمة جزء القشرة الأرضية الذي يندمج في مساحة أوسع من الأرض بفعل تصادم الطبقات التكتونية مع بعضها عند جانب متقارب.

acid/حمض أي مركب يعمل على زيادة عدد أيونات الهيدرونيوم عند إذابته في الماء.

acid precipitation/تساقط حمضي المطر أو جمد المطر أو الجليد الذي يحتوي على نسبة تركيز عالية من الأحماض.

activation energy/طاقة التنشيط الحد الأدنى من الطاقة اللازمة لبدء تفاعل كيميائي.

active transport/نقل إيجابي حركة المواد عبر غشاء الخلية والتي تتطلب بذل الخلية للطاقة.

adaptation/التكيف خاصية تحسن من قدرة الفرد على المحافظة على حياته والتكاثر في بيئة بعينها.

addiction/الإدمان الاعتماد على مواد معينة مثل الكحول أو المخدرات.

aerobic exercise/تمارين أيروبكس تمارين بدنية تهدف إلى زيادة نشاط القلب والرئتين لتحسين استخدام الجسم للأكسجين.

air mass/كتل هوائية أحجام كبيرة من الهواء متجانسة في الحرارة والرطوبة.

air pollution/تلوث الهواء اختلاط الهواء الجوي بالملوثات الناتجة عن المصادر الصناعية أو الطبيعية.

air pressure/ضغط الهواء قياس قوة تصادم جزيئات الهواء مع سطح ما.

alcoholism/التسمم الكحولي حالة اضطراب تصيب الإنسان عند مداومته على تناول المشروبات الكحولية بكميات تؤدي إلى الإضرار بصحته وأنشطته.

algae/الطحالب من الكائنات حقيقية النواة التي تقوم بتحويل الطاقة الشمسية إلى غذاء من خلال عملية البناء الضوئي. غير أن أجسامها لا تتميز إلى جذور أو سيقان أو أوراق (مفردها طُحلب).

alkali metal/فلز قلوي أي فلز من فلزات المجموعة الأولى في الجدول الدوري للعناصر (ليثيوم. صوديوم. بوتاسيوم. روبيديوم. سيزيوم. فرانسيوم).

alkaline-earth metal/فلز قلوي ترابي أي فلز من فلزات المجموعة الثانية في الجدول الدوري للعناصر (برليوم. ماغنسيوم. كالسيوم. استرونشيوم. باريوم. راديوم).

allele/الأليلات أحد الأشكال البديلة للجين والتي تتحكم في الصفات الوراثية مثل لون الشعر.

allergy/أليرجية تفاعل جهاز المناعة مع أي مادة عادية أو غير ضاره تدخل جسم الإنسان.

alluvial fan/مروحة غرينية شكل مروحي تتخذه الرواسب الغرينية عند خروج مجرى النهر إلى سطح منبسط مفتوح.

altitude/الارتفاع البعد الزاوي بين جسم ما في السماء وبين الأفق.

alveoli/أسناخ أي من الجعبات المجهرية الممتلئة بالهواء داخل الرئتين والتي يتم فيها تبادل الأكسجين و ثاني أكسيد الكربون.

amniotic egg/البيضة السلوية نوع من أنواع البيض المحاط بغشاء سلوي. ويحتوي هذا النوع من البيض في الزواحف و الطيور والثدييات التي تبيض على قدر كبير من المح تحيط به قشرة.

amplitude/السعة أقصى مسافة بين موضع جزيئات الوسط الموجي وهي ساكنة وبين موضعها وهي متحركة.

analog signal/إشارة تناظرية إشارة يمكن أن تتغير خصائصها باستمرار في مدى معين.

anemometer/أنيمومتر جهاز لقياس سرعة الريح.

angiosperm/كاسية البزور نبات زهري تتكون بداخله البذور.

Animalia/عالم الحيوان مملكة تضم مجموعة الكائنات الحية متعددة الخلايا والتي تفتقر إلى الجدار الخلوي وهي تمتلك في العادة القدرة على الدوران والتكيف السريع مع بيئتها.

antenna/قرن استشعار مستشعر يوجد على رأس الحيوانات اللافقرية مثل القشريات أو الحشرات حيث تستخدمه في تحسس الأشياء ولمسها وتذوقها وشمها.

antibiotic/مضاد حيوي عقار يستخدم في القضاء على البكتيريا وغيرها من الكائنات الدقيقة.

antibody/جسم مضاد البروتين الذي المتولد عن خلايا «ب» بمادة معينة من الأنتيجين.

anticyclone/ضديد الإعصار دوران الهواء حول مركز مرتفع الضغط في عكس اتجاه دوران الأرض.

apparent magnitude/القدر الظاهري السطوع الظاهري للنجم عند رؤيته من الأرض.

aquifer/مكمن ماء جوفي تكوين صخري أو رسوبي يحوي مياه جوفية تنساب خلال مسامه.

Archaea/البدائيات تُعرف طبقا للنظام التصنيفي الحديث بأنها تلك الفئة من الكائنات بدائية النواة والتي تختلف في تكوين جدرها الخلوية وجيناتها الوراثية عن غيرها من البدائيات. كما أنها تتشابه مع مملكة العتائق التقليدية (Archaebacteria).

Archimedes' principle/مبدأ أرشميدس المبدأ القائل بأن قوة الطفو المؤثرة على جسم ما في أحد السوائل هي قوة علوية تتساوى مع وزن كمية السائل التي يزيحها الجسم.

area/مساحة قياس حجم سطح ما أو منطقة ما.

artery/شريان وعاء دموي يحمل الدم من القلب إلى باقي أعضاء الجسم.

artesian spring/نبع ارتوازي نبع تنساب مياهه من شق في صخر الغطاء الموجود فوق مكمن المياه الجوفية.

artificial satellite/قمر اصطناعي أي جسم من صنع الإنسان يوضع في مدار حول جرم في الفضاء.

asexual reproduction/تكاثر لاجنسي تكاثر لا يقتضي اتحاد الخلايا الجنسية وينتج فيه أحد الأبوين نسلاً يحمل نفس صفاته الجينية.

asteroid/كويكب جسم صخري يدور حول الشمس ويقع عادة في حزام بين المريخ والمشتري.

asteroid belt/حزام الكويكبات منطقة في النظام الشمسي تقع بين كوكبي المريخ و المشتري وتدور فيها معظم الكويكبات.

asthenosphere/القشرة الواهنة الطبقة الناعمة من غلاف اللب الأرضي (الدثار أو الوشاح) والتي تتحرك فيها الصفائح التكتونية.

astronomical unit/وحدة فلكية متوسط المسافة بين الأرض و الشمس والتي تقدر بنحو 150 مليون كيلو متر (يرمز لها بـ AU)

astronomy/علم الفلك العلم المعني بدراسة الكون.

atmosphere/الغلاف الجوي خليط من الغازات التي تحيط بكوكب أو قمر ما.

atmospheric pressure/الضغط الجوي الضغط الناتج عن ثقل الغلاف الجوي.

atom/الذرة أصغر وحدة في العنصر وتحمل نفس خصائصه.

atomic mass/الكتلة الذرية كتلة الذرة مقدرة بوحدات الكتلة الذرية.

atomic mass unit/وحدة الكتلة الذرية الوحدة التي تصف كتلة ذرة أو جزيء ما.

atomic number/العدد الذري عدد البروتونات التي توجد في نواة الذرة ويتساوى هذا العدد تماماً في كل ذرات العنصر.

ATP/ثالث فوسفات الأدينوزين جزيء يمثل مصدر الطاقة الرئيسي لعمليات الخلية.

autoimmune disease/أمراض المناعة الذاتية مرض يهاجم فيه الجهاز المناعي الخلايا التي ينتجها جسم الكائن الحي.

average speed/متوسط السرعة إجمالي المسافة المقطوعة مقسوماً على إجمالي الزمن المستغرق.

axis/محور أحد الخطين أو الخطوط المرجعية التي تستخدم في تعيين حدود رسم بياني ما.

azimuthal projection/المسقط السمتي مسقط الخريطة الناشئ عن رسم ملامح سطح الكرة الأرضية على لوحة مستوية.

B
___

B cell/خلية «ب» (بيتا) خلية دم بيضاء مسئولة عن إنتاج الأجسام المضادة.

Bacteria/بكتريا تعرف طبقاً للنظام التصنيفي الحديث بأنها تلك الفئة من الكائنات بدائية النواة والتي تختلف في تكوين جدرها الخلوية وجيناتها الوراثية عن غيرها من بدائيات النواة. وتتشابه هذه الفئة مع مملكة البكتريا الحقيقية التقليدية.

barometer/باروميتر جهاز قياس الضغط الجوي.

base/قاعدة أي مركب يؤدي إلى زيادة عدد أيونات الهيدروكسيد عند إذابته في الماء.

batholith/باثوليث كتلة ضخمة من الصخور النارية الموجودة بالقشرة الأرضية والتي يمكنها تغطية 100 كم مربع من اليابسة في حالة صعودها إلى السطح.

beach/شاطئ منطقة من خط الساحل تكونت بفعل المواد التي رسبتها الأمواج.

bedrock/صخر القاعدة طبقة الصخر تقع تحت المواد الهشة من التربة.

benthic environment/البيئة القاعية المنطقة القريبة من قاع بركة أو بحيرة أو محيط.

benthos/القاعيات الكائنات الحية التي تعيش في قاع البحار أو المحيطات.

Bernoulli's principle/مبدأ برنولي مبدأ يقول بأن الضغط في المائع يقل كلما زادت سرعة المائع.

big bang theory/نظرية الانفجار العظيم النظرية القائلة بأن الكون قد نشأ عن انفجار هائل منذ ما يقرب من 13.7 مليار سنة.

binary fission/الانقسام الثنائي شكل من أشكال التكاثر اللاجنسي في الكائنات أحادية الخلية. وفيه تنقسم الخلية إلى خليتين متماثلتين في الحجم.

biodiversity/تنوع بيولوجي تعدد الكائنات الحية تنوعها في منطقة ما أثناء فترة زمنية محددة.

biomass/كتلة حيوية المادة العضوية التي يمكن أن تكون مصدراً للطاقة. الحجم الكلي للكائنات الحية في منطقة معينة.

biome/إقليم إحيائي منطقة كبيرة تتسم بنوع معين من المناخ ولها ما يميزها من النباتات والحيوانات.

bioremediation/معالجة حيوية استخدام الكائنات الدقيقة في معالجة النفايات الخطرة بيولوجيا.

biosphere/غلاف أحيائي جزء الكرة الأرضية الذي توجد به حياة، وتعيش في نطاقه كافة الكائنات الحية.

biotic/حيوي وصف لكل العوامل الحية في البيئة.

bird of prey/طائر جارح طائر يعيش على اصطياد الحيوانات الأخرى وأكلها.

black hole/الثقب الأسود جسم ضخم وكثيف جداً تتمثل أهم خصائصه في جاذبيته التي لا حتى الضوء الانفلات منها.

blood/الدم السائل الذي يحمل الغازات والمواد الغذائية والفضلات خلال الجسد ويتألف من صفائح وكرات دم بيضاء وكرات دم حمراء وبلازما.

blood pressure/ضغط الدم القوة التي يبذلها الدم عند جدران الشرايين.

boiling/الغليان تحول السائل إلى بخار عندما يُتساوى ضغط بخار هذا السائل مع الضغط الجوي.

Boyle's law/قانون بويل قانون يقول بأن حجم الغاز يتناسب عكسياً مع ضغطه عند ثبوت درجة الحرارة.

brain/المخ العضو الذي يمثل مركز التحكم الرئيسي في الجهاز العصبي.

bronchus/شعبة هوائية أحد الأنبوبين اللذان يصلان الرئتين بالقصبة الهوائية.

brooding/احتضان الرقود على البيض واحتضانه للإبقاء عليه دافئاً حتى يفقس.

buoyant force/قوة الطفو قوة إلى أعلى تبقي على الجسم مغموراً في المائع أو طافياً على سطحه.

C

caldera/كالديرا منخفض عظيم شبة دائري تكون نتيجة للتفريغ الجزئي لحجرة الصهارة (المجما) الموجودة أسفل البركان مما يتسبب في انخفاض الأرض بأعلى.

cancer/سرطان ورم ينتج عن انقسام للخلايا بمعدلات خارجة عن ضوابط الجسم ويكون قادراً على غزو الأنسجة الأخرى.

capillary/الشعري وعاء دموي دقيق يسمح بالتبديل بين الدم والخلايا في الأنسجة.

carbohydrate/كربوهيدرات فئة من الجزيئات تحتوي على عناصر الكربون والهيدروجين والأكسجين. مثل السكريات والنشويات والألياف.

carbon cycle/دورة الكربون انتقال الكربون من البيئة غير الحية إلى الأحياء والعودة مرة أخرى.

cardiovascular system/الجهاز الوعائي مجموعة من الأعضاء التي تنقل الدماء خلال الجسد.

carnivore/اللحميات الكائنات الحية التي تتغذى على لحوم الحيوانات.

carrying capacity/السعة البينية أكبر عدد من السكان يمكن لبيئة معينة أن تقيمه في أي وقت.

cast/صّبة نوع من الحفريات التي تنشأ ملء المواد المترسبة للتجويف الناتج عن تحلل كائن حي.

catalyst/مادة حفّازة مادة قادرة على تغيير معدل التفاعل الكيميائي دون أن تنفد أو أن يصيبها تغيير ملحوظ.

catastrophism/نظرية الكوارث المبدأ القائل بأن التغيرات الجيولوجية ترجع إلى كوارث فجائية.

cell/خلية أصغر وحدة وظيفية وبنائية في الكائن الحي، والتي تتكون عادة من نواة وسيتوبلازم يحيطهما غشاء خارجي.

cell/خلية الخلية في مجال الكهرباء عبارة عن جهاز يولد تياراً كهربائياً عن طريق تحويل الطاقة الكيميائية أو الإشعاعية إلى طاقة كهربائية.

cell cycle/دورة الخلية دورة حياة الخلية.

cell membrane/غشاء الخلية الطبقة الفوسفورية التي تغطي سطح الخلية وتعمل كحاجز بين داخل الخلية وبيئتها.

cell wall/جدار الخلية التكوين الصلب الذي يحيط بالخلية ويدعمها.

cellular respiration/التنفس الخلوي عملية استخدام الخلايا للأكسجين في تحويل الغذاء إلى طاقة.

Cenozoic era/الدهر الحديث أحدث حقبة جيولوجية. بدأت منذ حوالي 65 مليون عام. وتدعى أيضاً عصر الثدييات.

central nervous system/الجهاز العصبي المركزي يتكون من المخ والنخاع الشوكي ووظيفته الرئيسية هي التحكم في انسياب المعلومات في الجسم.

change of state/تحول حالة المادة تغير المادة من حالة إلى أخرى.

channel/قناة الطريق الذي يسري فيه التيار.

Charles's law/قانون تشارل قانون مؤداه أن حجم كمية معينة من الغاز يتناسب مع درجة حرارتها عند ثبوت الضغط.

chemical bond/الرابطة الكيميائية تفاعل يربط الذرات أو الأيونات مع بعضها البعض.

chemical bonding/الترابط الكيميائي تجميع الذرات لتكوين جزيئات أو مركبات أيونية.

chemical change/تغير كيميائي تحول مادة أو أكثر إلى مادة أو مواد أخرى جديدة تماماً ذات خصائص مختلفة.

chemical energy/طاقة كيميائية الطاقة الناتجة عن تفاعل مركب كيميائي لإنتاج مركبات جديدة.

chemical equation/معادلة كيميائية التعبير عن التفاعل الكيميائي في صورة رموز وذلك لتوضيح العلاقة بين المواد الداخلة في التفاعل والمواد الناتجة عنه.

chemical formula/صيغة كيميائية مجموعة من الرموز الكيميائية والأرقام تمثل مادة ما.

chemical property/خاصية كيميائية إحدى خواص المادة التي تصف قدرتها على الدخول في التفاعلات الكيميائية.

chemical reaction/تفاعل كيميائي عملية يتغير فيها تركيب مادة أو أكثر لإنتاج مادة أو مواد أخرى جديدة.

chemical weathering/تجوية كيميائية انهيار الصخور نتيجة لتفاعلات كيميائية.

chlorophyll/كلوروفيل الصبغة الخضراء التي تجتذب الطاقة الضوئية اللازمة لعملية البناء الضوئي.

chloroplast/بلاستيدة خضراء أحد الجسيمات التي توجد في خلايا النبات والطحالب حيث تتم عملية البناء الضوئي.

chromosome/صبغي (كروموسوم) الكروموسوم في الخلية حقيقية النواة هو إحدى البنيات الموجودة في النواة والتي تتكون من حامض نووي وبروتين أمّا في الخلية بدائية النواة. فهو يمثل الحلقة الرئيسية للحامض النووي.

circadian rhythm/النظم اليومي دورة بيولوجية يومية.

circuit board/لوحة دائرة إلكترونية لوحة من مادة عازلة تركب عليها عناصر الدائرة وتوضع في جهاز إلكتروني.

classification/التصنيف تقسيم الكائنات الحية إلى مجموعات أو فئات بناءً على خصائص معينة.

cleavage/التشقق انشطار معدن ما على طول الأسطح الملساء والمنبسطة.

climate/مناخ متوسط حالة الجو في منطقة ما على مدار فترة زمنية طويلة.

closed circulatory system/الجهاز الدوري المغلق نظام يقوم فيه القلب بتدوير الدم عبر شبكة من الأوعية الدموية التي تشكل حلقة مغلقة ولا يغادر الدم هذه الأوعية بينما تنتشر المواد على جدران الأوعية.

cloud/سحاب مجموعة من قطرات المياه أو البلورات الثلجية العالقة في الهواء. ويتشكل السحاب عندما يبرد الهواء ثم يتكثف.

coal/الفحم وقود حفري تكون في باطن الأرض بفعل التحلل الجزئي للمواد النباتية.

cochlea/قوقعة الأذن أنبوب حلزوني يقع في الأذن الداخلية ووجوده ضروري للإحساس بالسمع.

coelom/الجوف العام تجويف الجسد الذي يحتوي على الأعضاء الداخلية.

coevolution/التطور المشترك تطور نوعين من الكائنات نتيجة للتأثير المتبادل، وعادة ما يتم هذا التطور بطريقة تسهم في زيادة فاعلية العلاقة بين النوعين وتحقيق أقصى منفعة لكل منهما.

colloid/غرواني خليط يحتوي على جسيمات متناهية الصغر، غير أنها متوسطة الحجم إذا ما قورنت بالجسيمات الموجودة في المحاليل وتلك الموجودة في المعاليق، وتكون هذه الجسيمات معلقة في حالة السوائل أو الجوامد أو الغازات.

combustion/الاحتراق احتراق المادة.

comet/المُذَنب جرم صغير من الجليد والصخر والغبار الكوني يدور في مدار بيضاوي الشكل حول الشمس ويصدر عنه غاز وغبار على شكل ذيل عند مروره بالقرب من الشمس.

commensalism/معايشة علاقة بين كائنين من الكائنات الحية أحدهما يجني فيها فائدة والثاني لا يتأثر بها ضرراً أو نفعاً.

communication/اتصال تحويل إشارة أو رسالة من حيوان إلى آخر ينتج عنها نوع معين من الاستجابة.

community/مجتمع جميع أنواع الأحياء تتفاعل مع بعضها البعض وتجمعها عادات مشتركة.

composition/التركيب التكوين الكيميائي لصخرة ما وهو إمّا يصف المعادن أو المواد الأخرى المكونة للصخرة.

compound/مركب مادة مكونة من ذرات عنصرين مختلفين أو أكثر متحدين بروابط كيميائية.

compound eye/عين مركبة عين مؤلفة من العديد من كاشفات الضوء.

compound light microscope/المجهر الضوئي المركب جهاز يقوم بتكبير الأجسام الصغيرة باستخدام عدستين أو أكثر حتى يمكن رؤيتها بسهولة.

compound machine/ماكينة مركبة ماكينة مكونة من أكثر من ماكينة بسيطة.

compression/انضغاط الضغط الناشئ عن فعل القوى لكبس جسم ما.

computer/حاسب جهاز إلكتروني لدية القدرة على استقبال البيانات معالجتها باتباع بعض التعليمات لإخراج النتائج.

concave lens/عدسة مقعرة عدسة تكون رقيقة في الوسط وسميكة عند الطرفين.

concave mirror/مرآة مقعرة مرآة مقوسة للداخل مثل الجزء الداخلي من الملعقة.

concentration/التركيز حجم مادة معينة في كمية محددة من خليط أو محول أو معدن خام.

condensation/التكثيف تحول المادة من الحالة الغازية إلى الحالة السائلة.

conduction/توصيل عملية نقل الطاقة كالحرارة مثلاً خلال مادة ما.

conic projection/مسقط مخروطي مسقط الخريطة الناشئ عن رسم ملامح سطح الكرة الأرضية على سطح مخروطي.

conservation/حماية الموارد المحافظة على الموارد الطبيعية وترشيد استخدامها.

constellation/كوكبة مصطلح يطلق على منطقة في السماء مجموعة من النجوم يمكن تميزها. كما يستخدم في تحديد موضع الأجسام في الفضاء.

consumer/كائن حي مستهلك كائن حي يأكل المواد العضوية أو الكائنات الحية الأخرى.

continental drift/الانجراف القاري الافتراض القائل أن كافة القارات شكلت في زمن ما كتلة يابسة واحدة تفككت وانجرفت إلى مواقع القارات الحالية.

continental rise/السفح القاري الجزء قليل الانحدار من الحافة القارية فيما بين المنحدر القاري والسهل السحيق.

continental shelf/رف قاري الجزء المنبسط والقليل الانحدار من الحافة القارية فيما بين خط الشاطئ والمنحدر القاري.

continental slope/المنحدر القاري الجزء الشديد الانحدار من الحافة القارية فيما بين السفح القاري والرف القاري.

contour feather/الريشة الخارجية واحدة من الريش الخارجي الذي يغطي جسم الطائر ويساعد في تحديد شكله.

contour interval/المسافة الكنتورية الفرق في الارتفاع بين خط كنتوري والخط الذي يليه.

contour line/خط كنتوري خط يصل بين النقاط متساوية الارتفاع.

controlled experiment/تجربة متحكم فيها تجربة يتم فيها اختبار عامل واحد في المرة الواحدة من خلال المقارنة بين مجموعة ضابطة وأخرى تجريبية.

convection/حمل حركة المادة بسبب اختلاف الكثافات؛ انتقال الطاقة نتيجة لحركة المادة.

convection current/تيار حمل أي حركة للمادة نتيجة اختلاف الكثافة. وقد تكون هذه الحركة رأسية أو دائرية أو دورية.

convergent boundary/حد تقاربي الحد الناتج عن تصادم ألواح القشرة الأرضية.

convex lens/عدسة محدبة عدسة تكون سميكة في الوسط ورقيقة عند الطرفين.

convex mirror/مرآة محدبة مرآة مقوسة للخارج مثل الجزء الخلفي من الملعقة.

core/لب الأرض الجزء المركزي من الأرض أسفل الدثار (الوشاح).

Coriolis effect/تأثير كوريوليوس انحراف مسار جسم متحرك عن مسار آخر مستقيم نتيجة لدوران الأرض.

cosmology/علم الكون العلم المعني بدراسة أصل وخواص وعمليات وتطور الكون.

covalent bond/رابطة تساهمية رابطة تنشأ عندما تشترك الذرات في زوج أو أكثر من الإلكترونات.

covalent compound/مركب تساهمي مركب كيميائي ينتج عن تساهم الإلكترونات.

crater/الفوهة حفرة قمعية الشكل تقع بالقرب من قمة الفتحة الرئيسية للبركان.

creep/الزحف حركة الانحدار البطيء للمادة الصخرية المتأثرة بالعوامل الجوية.

crust/القشرة الطبقة الخارجية الصلبة الرقيقة التي تكون أديم الأرض وتقع فوق الدثار (الوشاح).

crystal/بلورة جسم صلب تأتي ذراته أو أيوناته أو جزيئاته في نسق محدد.

crystal lattice/شبيكة بلوري نسق منتظم يتم فيه ترتيب البلورات.

cyclone/إعصار منطقة في الغلاف الجوي ذات ضغط منخفض عن ضغط المناطق المحيطة بها وتدور فيها الرياح في حركة لولبية تجاه المركز.

cylindrical projection/مسقط أسطواني مسقط الخريطة الناشئ عن رسم ملامح الكرة الأرضية على سطح أسطواني..

cytokinesis/حركية الخلية انقسام السيتوبلازم في الخلية.

cytoskeleton/هيكل الخلية الشبكة السيتوبلازمية للخيوط البروتينية والتي تلعب دوراً أساسياً في حركة وشكل وتقسيم الخلية.

D

data/بيانات المعلومات المكتسبة بطريق الملاحظة أو التجريب.

day/يوم الزمن الذي تستغرقه الأرض في الدوران حول محورها دورة واحدة.

decibel/ديسيبل أكثر الوحدات المستخدمة في قياس الجهارة الصوتية شيوعا (ورمزها: دبل).

decomposer/كائن محلّل كائن عضوي يستمد طاقته بتفتيت بقايا الكائنات العضوية الميتة أو فضلات الحيوانات حيث يقوم بالتهام المواد الغذائية أو امتصاصها.

decomposition/تحلل تفتت المواد إلى مواد جزيئية أبسط منها.

decomposition reaction/تفاعل تحللي تفاعل يتفتت فيه المركب الواحد إلى مادتين أو أكثر أبسط منه.

deep current/تيار عميق حركة تدفق مياه البحر على أعماق بعيدة من السطح.

deep-water zone/منطقة مائية عميقة منطقة لا يصلها الضوء وتقع في بحيرة أو بركة أسفل منطقة مياه مكشوفة.

deflation/تخوية أحد أشكال التعرية الريحية الناتجة عن قيام الرياح بنقل الجسيمات الدقيقة الجافة من على سطح التربة إلى مكان آخر.

deformation/تحرف انثناء القشرة الأرضية أو ميلها أو تشققها؛ وما يصحب ذلك من تغير شكل الصخور بسبب الإجهاد.

delta/دلتا كتلة من مواد على شكل مروحة تترسب عند مصب المجرى المائي.

density/كثافة نسبة كتلة مادة ما إلى حجم هذه المادة.

dependent variable/متغير تابع العامل الذي يتغير في التجربة عند معالجة عامل آخر أو أكثر (المتغيرات المستقلة).

deposition/ترسيب عملية يترتب عليها هبوط وتراكم المواد على سطح ما.

dermis/أدمة طبقة الجلد التي تلي البشرة من الداخل.

desalination/تحلية عملية إزالة الأملاح من مياه البحر.

desert/صحراء منطقة تنعدم أو تندر بها الحياة النباتية. وتتساقط فيها الأمطار على فترات متباعدة. كما تبلغ درجة الحرارة أقصاها؛ وغالباً ما توجد الصحاري في المناطق ذات المناخ الحار.

dew point/نقطة الندى درجة حرارة يتساوى عندها معدل التكثف ومعدل التبخر. ويحدث هذا عند ثبات كل من الضغط ومحتوى بخار الماء.

diaphragm/الحجاب الحاجز عضلة على شكل قبة تتصل بالضلوع السفلية وتلعب دورا محوريا في عملية التنفس.

dichotomous key/مفتاح ثنائي التفرع معين يستخدم في التعرف على الكائنات الحية ويشتمل على إجابات عن مجموعة متتالية من الأسئلة.

differential weathering/تجوية تمايزية تآكل طبقات الصخور ذات المقاومة الضعيفة لعوامل التجوية وبروز تلك التي تتمتع بصلادة شديدة ومقاومة أكبر.

differentiation/تمايز الاختلاف في بنية ووظائف أجزاء الكائن الحي حتى يمكنها التكيف مع البيئة المحيطة.

diffraction/حيود تغير اتجاه موجة ما عند اصطدامها حاجز أو حافة. مثلما يحدث عند مرور الموجة خلال إحدى الفتحات.

diffusion/انتشار انتقال الجسيمات من مناطق مرتفعة الكثافة إلى أخرى منخفضة الكثافة.

digestive system/الجهاز الهضمي مجموعة الأعضاء التي تقوم بتكسير الطعام حتى يمكن للجسم الاستفادة منه.

digital signal/إشارة رقمية إشارة تشتمل على متوالية من القيم المتمايزة.

diode/صمام ثنائي القطب جهاز إلكتروني يسمح للشحنة الكهربية بالتحرك في أحد الاتجاهات بشكل أيسر من تحركها في الاتجاه الآخر.

divergent boundary/حد تباعدي الحد الفاصل بين لوحين تكتونيين يتباعدان عن بعضهما البعض.

divide/مقسم الحد الذي يفصل بين أحواض الأنهار التي تتدفق مياهها في اتجاهات متقابلة.

DNA/الحامض النووي حمض ديوكسي ريبونيوكليك، وهو جزيء يوجد بجميع الخلايا الحية ويحتوي على معلومات خاصة بالسمات التي تتوارثها الكائنات الحية وتحتاجها لتظل على قيد الحياة.

dominant trait/سمة سائدة السمة التي تظهر في الجيل الأول الذي ينتج من أبوين يختلفان في سماتهما الوراثية.

doping/إشراب إضافة الشوائب إلى شبه موصل ما.

Doppler effect/ظاهرة دوبلر التغير الحادث في تردد موجة ما بسبب الحركة النسبية بين مصدر الموجة والراصد.

dormant/كامن وصف للنبات في حالة الكمون أو السبات والتي يلجأ إليها عندما تكون الظروف المحيطة به غير ملائمة للنمو.

double-displacement reaction/تفاعل إزاحة مزدوجة تفاعل بين مركبين تنبعث عنه غازات أو رواسب صلبة أو مركبات جزيئية نتيجة لتبادل الأيونات بين هذين المركبين.

down feather/الزغب الريش الناعم الذي يكسو جسم الطائر الصغير وكذلك يمثل طبقة عازلة تحيط بأجسام الطيور اليافعة.

drag/السحب قوة موازية لسرعة انسياب الهواء وتكون مقابلة لاتجاه الطائرة. وهي تشترك والدسر (قوة الدفع) في تحديد سرعة الطائرة.

drug/عقار أي مادة تحدِث تغييرا في حالة الفرد الجسمية أو النفسية.

dune/كثيب تل صغير من الرمال يتكون عادة بفعل الرياح ويظل على هيئته حتى حينما يتحرك.

E

echo/صدى موجة صوتية منعكسة.

echolocation/تحديد المكان بالصدى العملية التي يستخدم فيها حيوان كالوطواط الموجات الصوتية المنعكسة لمساعدته في العثور على الأشياء.

eclipse/كسوف؛ خسوف سقوط ظل أحد الأجرام السماوية على جرم سماوي آخر.

ecology/علم البيئة العلم الذي يدرس تفاعل الكائنات الحية مع بعضها من جانب وتفاعلها مع البيئة المحيطة من جانب آخر.

ecosystem/نظام بيئي مجتمع من الكائنات الحية وما يحيط بها من بيئة لاحيوية أو غير الحية.

ectotherm/ذوات الدم البارد كائنات حية تحتاج إلى مصادر حرارية من خارج أجسامها.

egg/بيضة خلية جنسية تنتجها الأنثى.

El Niño/ظاهرة إل نينو تغير يحدث في درجة حرارة سطح مياه المحيط الهادي ينتج عنه تيار دفيء.

elastic rebound/ارتداد مرن رجوع صخر ما بصورة مفاجئة إلى شكله الأصلي الذي كان عليه قبل تعرضه لتحرف مرن.

electric current/تيار كهربي النسبة التي تمر بها الشحنات الكهربية خلال نقطة ما. ويقاس التيار بوحدة الأمبير.

electric discharge/تفريغ كهربي تحرير التيار الكهربي المخزن في مصدر ما.

electric field/مجال كهربي الفضاء الموجود حول جسم مشحون والذي يجعله يتجاذب أو يتنافر مع أجسام أخرى مشحونة في الفضاء ذاته.

electric force/قوة كهربية قوة التجاذب والتنافر على جسيم مشحون والتي تتولد نتيجة لوجود مجال كهربي.

electric generator/مولد كهربي جهاز يستخدم في تحويل الطاقة الميكانيكية إلى طاقة كهربية.

electric motor/محرك كهربي جهاز يستخدم في تحويل الطاقة الكهربية إلى طاقة ميكانيكية.

electric power/قدرة كهربية النسبة التي تتحول عندها الطاقة الكهربية إلى أشكال أخرى من الطاقة.

electrical conductor/موصل كهربي مادة يمكن للشحنات الكهربية التحرك خلالها بحرية.

electrical insulator/عازل كهربي مادة لا يمكن للشحنات الكهربية التحرك خلالها بحرية.

electromagnet/كهرومغنيط ملف ذو قلب من الحديد المطاوع يعمل كمغناطيس عند مرور التيار الكهربي خلاله.

electromagnetic induction/حث كهرومغناطيسي عملية توليد التيار الكهربي في دائرة وذلك بتغيير المجال المغناطيسي.

electromagnetic spectrum/طيف كهرومغناطيسي النطاق الكلي الذي تمتد عليه كافة ترددات أو أطوال موجات الإشعاع الكهرومغناطيسي.

electromagnetic wave/موجة كهرومغناطيسية موجة تتكون من مجال كهربي وآخر كهرومغناطيسي يتذبذبان نحو بعضهما بزوايا قائمة.

electromagnetism/الكهرومغناطيسية التفاعل بين الكهربية والمغناطيسية.

electron/إلكترون جسيم تحت ذري ذو شحنة كهربية سالبة.

electron cloud/سحابة إلكترونية منطقة حول نواة الذرة تنتشر بها الإلكترونات.

electron microscope/مجهر إلكتروني ميكروسكوب يعتمد على تركيز حزمة من الإلكترونات للحصول على صور مكبرة لأجسام في غاية الدقة.

element/عنصر مادة لا يمكن تفكيكها أو تحليلها بالطرق الكيميائية إلى ما هو أبسط منها.

elevation/ارتفاع البعد الرأسي لشيء ما عن مستوى سطح البحر.

embryo/جنين في الإنسان، هو الفرد الناتج عن عملية إخصاب. ويسمى جنيناً طوال الأسابيع العشرة الأولى من الحمل.

endocrine system/الجهاز الهرموني مجموعة من الغدد والخلايا التي تفرز هرمونات تتحكم في عمليات النمو والتطور والثبات الداخلي؛ ويشمل هذا الجهاز الغدد النخامية والدرقية وجارات (جنيبات) الدرقية والكظرية، إضافة إلى غدد ما تحت المهاد (تحت سرير المخ) والغدة الصنوبرية والغدد التناسلية.

endocytosis/التقام خلوي إحاطة غشاء الخلية لجسيم ما واحتوائه داخل حويصلة بهدف جذبه إلى داخل الخلية.

endoplasmic reticulum/شبكة إندوبلازمية منظومة من الأغشية توجد بداخل سيتوبلازم الخلية وتساعد في إنتاج البروتينات ومعالجتها ونقلها وكذلك في إنتاج الليبيدات.

endoskeleton/هيكل داخلي هيكل يقع داخل الجسم ويتكون من العظام والغضاريف.

endospore/بوغ داخلي بوغ حماية غليظ الجدار يتكون داخل الخلايا البكتيريا حيث يمكنه تحمل الظروف غير المواتية.

endotherm/ذوات الدم الحار كائنات حية لها القدرة على تثبيت درجة حرارة أجسامها باستغلال الحرارة المنبعثة من التفاعلات الكيميائية التي تحدث في خلاياها.

endothermic reaction/تفاعل ماص للحرارة تفاعل كيميائي يستلزم وجود حرارة.

energy/الطاقة القدرة على بذل شغل.

energy conversion/تحويل الطاقة عملية تحويل الطاقة من شكل إلى آخر.

energy pyramid/هرم الطاقة رسم تخطيطي مثلث الشكل يوضح كيفية فقد النظام البيئي للطاقة عند مرورها خلال السلسلة الغذائية للنظام.

energy resource/مصدر طاقة أحد المصادر الطبيعية التي يستغلها البشر في توليد الطاقة.

eon/الآبد أطول مرحلة من مراحل الزمن الجيولوجي.

epicenter/فوق المركز النقطة الواقعة على سطح الأرض مباشرة فوق بؤرة الزلزال.

epidermis/بشرة الطبقة السطحية لخلايا النبات أو الحيوان.

epoch/الحقبة مدة من الزمن تطلق على قسم من أقسام عصر جيولوجي.

equator/خط الاستواء دائرة وهمية تمتد في منتصف المسافة بين القطبين وتقسم الأرض إلى نصفين، أحدهما شمالي والآخر جنوبي.

era/الدهر وحدة زمنية جيولوجية تمتد لعصرين جيولوجيين أو أكثر.

erosion/تحات انتقال التربة ورواسب القشرة الأرضية من مكان لآخر بفعل الرياح أو المياه أو الجليد أو الجاذبية الأرضية.

esophagus/المريء ممر أنبوبي طويل ومستقيم يصل ما بين البلعوم والمعدة.

estivation/بيات صيفي فترة سكون تخضع لها بعض الحيوانات في فصل الصيف وتنخفض فيها حرارة أجسامها، مما يمكنها من تحمل حرارة الطقس ونقص الغذاء.

estuary/مصب النهر ملتقى مياه الأنهار العذبة بمياه المحيطات المالحة.

Eukarya/حقيقيات النواة طبقا للنظام التصنيفي الحديث، هي مملكة تشمل كافة الكائنات حقيقية النواة وتتشابه مع الممالك التقليدية وهي: الأوليات والفطريات والنبات والحيوان.

eukaryote/حقيقي النواة كائن حي يتألف من خلايا وله نواة محاطة بغشاء. وتشمل الكائنات حقيقية النواة الأوليات والحيوانات والنباتات والفطريات. غير أنها لا تشمل البدائيات أو البكتيريا.

evaporation/تبخر تحول المادة من الحالة السائلة إلى الحالة الغازية.

evolution/تطور عملية تغير الصفات الوراثية عبر الأجيال والتي قد تنشأ عنها في بعض الأحيان خلق أنواع جديدة.

exfoliation/تقشر حدوث تقشر في الطبقات الصخرية للأرض مما يؤدي لانفصالها عن أحد الأجسام الصخرية الضخمة بزوال الضغط من عليها.

exocytosis/قذف خلوي إطلاق الخلية لجسيم ما حيث تحيطه بحويصلة تتحرك باتجاه سطح الخلية وتندمج بغشائها.

exoskeleton/هيكل خارجي بنية صلبة داعمة تغطي الجسم من الخارج.

exothermic reaction/تفاعل طارد للحرارة تفاعل كيميائي يتم فيه انطلاق حرارة إلى البيئة المحيطة.

external fertilization/إخصاب خارجي اتحاد الخلايا الجنسية خارج جسمي الأبوين.

extinct/منقرض وصف للكائنات الحية التي اندثرت تماما.

extinction/انقراض موت جميع أعضاء نوع ما من الكائنات الحية دون رجعة.

extrusive igneous rock/صخر طفحي ناري صخر يتكون نتيجة لنشاط بركاني يحدث عند سطح الأرض أو بالقرب منه.

F

farsightedness/طول النظر تجمع الأشعة الضوئية في بؤرة عدسة العين خلف الشبكية وليس عليها مما يؤدي إلى رؤية الأشياء البعيدة أوضح من القريبة.

fat/دهن مادة غذائية تمثل احتياطيا للطاقة وتساعد الجسم في تخزين بعض الفيتامينات.

fault/صدع كسر في جسم صخر ما تتحرك على مستواه من الجانبين كتل صخرية متلاحقة.

feedback mechanism/آلية التغذية الراجعة دورة من الأحداث تؤثر فيها معلومات مرحلة معينة على معلومات المرحلة السابقة أو تتحكم فيها.

felsic/فلسية صفة للصهارة أو الصخور النارية الغنية بخامي الفلسبار والسيليكا والتي تتميز بألوانها الفاتحة.

fermentation/تخمر إحداث تحول خميري لاهوائي في المركبات الغذائية.

fetus/حَميل في الإنسان، ثمرة الحمل من نهاية الأسبوع العاشر للحمل وحتى الوضع.

floodplain/سهل فيضاني منطقة تمتد على طول النهر وتتكون من الرواسب التي يخلفها النهر عند فيضان مياهه على الضفتين.

fluid/مائع مادة غير صلبة تتحرك ذراتها وجسيماتها بحرية دون الانفصال عن كتلتها، كما في الغازات والسوائل.

focus/بؤرة نقطة على الصدع يبدأ منها النشاط الزلزالي.

folding/طي حركات الالتواء التي تتعرض لها الطبقات الصخرية نتيجة للإجهاد.

foliated/تورق وصف لأنسجة الصخور المتحولة التي تتخذ فيها الحبيبات المعدنية شكل أسطح مستوية أو أحزمة.

food chain/السلسلة الغذائية مسار انتقال الطاقة خلال الأطوار المتتابعة بسبب اختلاف الأنماط الغذائية للكائنات الحية الموجودة بالسلسلة.

food web/شبكة غذائية رسم تخطيطي يوضح العلاقات الغذائية بين الكائنات الحية داخل نظام بيئي.

force/قوة قوة جذب أو طرد تؤثر على شيء ما وتغير من حركته، ولهذه القوة حجم واتجاه.

fossil/حفرية ما تبقى من جسم أو أثر لكائن حي عاش قديما، وعادة ما توجد الحفريات في الصخور الرسوبية.

fossil fuel/وقود حفري مصدر طاقة غير متجدد يستمد من بقايا الكائنات الحية القديمة.

fossil record/سجل حفري تسلسل تاريخي للكائنات الحية التي يستدل عليها من خلال الحفريات الموجودة في طبقات القشرة الأرضية.

fracture/كسر الطريقة التي تنكسر بها المعادن على طول الأسطح المنحنية أو غير المنتظمة.

free fall/سقوط حر حركة جسم ما بفعل الجاذبية الأرضية فقط.

frequency/تردد عدد الموجات المتولدة خلال فترة زمنية محددة.

friction/احتكاك قوة التي تقاوم الحركة النسبية بين جسمين متلامسين.

front/جبهة الحد الفاصل بين الكتل الهوائية مختلفة الكثافة والتي عادة ما تختلف في درجات حرارتها أيضاً.

function/وظيفة نشاط خاص أو طبيعي أو ملائم يقوم به عضو أو جزء ما.

fungus/فطر كائن حي تحتوي خلاياه على نُويات وغشاء خلوي صلب القوام، كما أنه يخلو من مادة الكلوروفيل ويصنف ضمن مملكة الفطريات.

galaxy/مجرة تجمع من النجوم والأتربة والغازات المتلاحمة بعضها بفعل الجاذبية الأرضية.

gallbladder/المرارة عضو كيسي الشكل وظيفته تخزين العصارة الصفراوية التي يفرزها الكبد.

ganglion/عقدة عصبية كتلة من الخلايا العصبية.

gap hypothesis/فرضية الصدع فرض يقوم على فكرة احتمال حدوث زلزال هائل على امتداد جزء من صدع لم يشهد حدوث أية زلازل خلال عصر معين.

gas/غاز شكل من أشكال المادة ليس له شكل أو حجم محدد.

gas giant/العملاق الغازي كوكب من كواكب المجموعة الشمسية ذو غلاف جوي عميق وكثيف مثل المشتري أو زحل أو أورانوس أو نبتون.

gasohol/غازول خليط من البنزين والكحول يستخدم كوقود.

gene/جين مجموعة من التعليمات الخاصة بإحدى الصفات الوراثية.

generation time/زمن الجيل المدة الزمنية بين ميلاد جيل والجيل الذي يليه.

genotype/نمط جيني البنية الوراثية الكاملة لكائن ما؛ وهو أيضا مجموعة من الجينات الخاصة بواحدة أو أكثر من الصفات الوراثية.

geologic column/عمود جيولوجي نسق من الطبقات الصخرية تعتلي فيه الصخور الأحدث تلك الأقدم.

geologic map/خريطة جيولوجية خريطة يسجل عليها معلومات جيولوجية مثل الوحدات الصخرية و الخصائص التركيبية و الرواسب المعدنية وأماكن الحفريات.

geologic time scale/مقياس الزمن الجيولوجي الطريقة القياسية المستخدمة في تقسيم تاريخ الأرض الطويل إلى أجزاء زمنية لتسهيل دراستها.

geology/الجيولوجيا دراسة أصل وتاريخ وتركيب الأرض والعوامل التي شكلتها.

geosphere/طبقة الجيوسفير أصلب طبقة صخرية من طبقات الأرض والتي تمتد من مركز لب الأرض إلى سطح قشرتها.

geostationary orbit/مدار أرضي ثابت مدار يقع على بعد 000.63 كم تقريبا فوق سطح الأرض حيث يوضع فيه القمر الاصطناعي فوق نقطة ثابتة على خط الاستواء.

geothermal energy/طاقة الأرض الحرارية الطاقة المتولدة عن الحرارة في باطن الأرض.

gestation period/فترة الحمل في الثدييات. المدة بين الإخصاب والولادة.

gill/خيشوم عضو تنفس يتم بداخلة استبدال الأكسجين الموجود في الماء بغاز ثاني أكسيد الكربون الموجود في الدم.

glacial drift/منجرفات جليدية مواد صخرية تنقلها الأنهار الجليدية ثم ترسبها.

glacier/نهر جليدي كتلة كبيرة من الثلج المتحرك.

gland/غدة مجموعة من الخلايا التي تنتج مواد كيميائية خاصة يستفيد منها الجسم.

global warming/الاحتباس الحراري ارتفاع تدريجي معدل درجه حرارة الأرض.

globular cluster/العنقود النجمي مجموعة من النجوم المتراصة التي تشبه الكرة والتي يزيد عددها على 1 مليون نجم.

Golgi complex/جهاز جولجي عضيه خلوية تقوم بمعالجة وتخزين المواد قبل انتقالها خارج الخلية.

gravity/الجاذبية قوة جذب كتل الأجسام بعضها إلى بعض.

grassland/أرض عشبية منطقة تنمو فيها الأعشاب بكثافة بينما تقل الشجيرات والأشجار الخشبية، وتتميز بخصوبة تربتها وسقوط الأمطار الموسمية بصورة معتدلة.

greenhouse effect/ظاهرة الصوبة الزجاجية ارتفاع درجة حرارة سطح الأرض و الجزء السفلي لغلافها الجوي. يحدث هذا عندما يمتص بخار الماء وثاني أكسيد الكربون و الغازات الأخرى الطاقة الحرارية ثم إعادة إشعاعها

group/مجموعة عمود رأسي من عناصر الجدول الدوري؛ مجموعة العناصر التي تشترك في نفس الخصائص الكيميائية.

gut/القناة الهضمية السبيل الهضمي.

gymnosperm/عاري البذور نبات بذري وعائي خشبي.بذوره غير محاطة بمبيض أو ثمرة.

H

half-life/عمر النصف الوقت الذي تفقد في جرعة من مادة إشعاعية نصف فاعليتها.

halogen/هالوجين أحد عناصر المجموعة 17 في الجدول الدوري (فلور، كلور، بروم، يود، استاتين) وتتحد الهالوجينات مع معظم الفلزات لتكوين أملاح.

hardness/الصلابة قياس قدرة معدن ما على مقاومة الخدش.

hardware/المكونات المادية أجزاء وقطع الأدوات التي يتكون منها الحاسب.

heat/الحرارة الطاقة المنتقلة بين الأجسام التي تتفاوت في درجة الحرارة.

heat engine/المحرك الحراري آلة لتحويل الطاقة الحرارية إلى شغل أو طاقة ميكانيكية.

heat flow/سريان حراري يعادله مصطلح انتقال حراري، وهو انتقال الطاقة الحرارية من جسم ساخن إلى آخر أقل منه حرارة.

herbivore/العاشب كائن حي يتغذى على النباتات فقط.

heredity/الوراثة انتقال الصفات الوراثية من الآباء إلى الأبناء.

heterotroph/مغاير التغذية كائن حي يعتمد في تغذية على كائنات أخرى أو ما تنتجه من غذاء إضافي، كما أنه يستطيع تكوين مركبات عضوية من مركبات غير عضوية.

hibernation/البيات الشتوي فترة عادة ما تكون في فصل الشتاء يركن فيها الحيوان إلى الركود ويصاحبها انخفاض في درجة حرارة جسمه وذلك لمواجهة الطقس البارد ونقص الغذاء.

hologram/هولوجرام جزء من فيلم يكون صورة ثلاثية الأبعاد لجسم ما باستخدام أشعة الليزر.

homeostasis/الثبات الداخلي ميل الجسم إلى الحفاظ على اتزان حالته الداخلية في بيئة متغيرة.

hominid/بشري نوع من الرئيسات التي تتميز بوجود أرجل وأطراف سفلية طويلة نسبياً كما أنها عديمة الذيل، ومنها الإنسان وأسلافه.

***Homo sapiens*/إنسان عاقل** نوع من فصيلة الإنسانيات التي تضم الإنسان العصري وأسلافه الأدنيين، وكان أول ظهور له منذ ما يقرب من 100.000 إلى 150.000 سنة.

homologous chromosomes/صبغيات متناظرة كروموسومات لها نفس التتابع والتركيب الجيني.

horizon/الأفق خط يرى في المشاهد السماء كأنها ملتقية بالأرض.

hormone/هرمون مادة يتم إنتاجها في خلية أو نسيج ما في الجسم وتحدث تغييرا في خلية أو نسيج آخر من الجسم.

host/عائل كائن حي يمثل بالنسبة للطفيل مصدراً للغذاء والمأوي.

hot spot/بقعة ساخنة منطقة على سطح الأرض نشطة بركانياً وبعيدة عن حدود الصفائح التكتونية.

H-R diagram/مخطط إتش أر مخطط هرتزبرانج رسل. رسم بياني يوضح العلاقة بين درجة حرارة سطح نجم ما وقدره المطلق.

humidity/الرطوبة كمية بخار الماء في الهواء.

humus/دبال مادة عضوية داكنة اللون تتكون في التربة من بقايا النباتات والحيوانات المتحللة.

hurricane/إعصار عاصفة عنيفة تنشأ فوق المحيطات الاستوائية وتتعدى سرعة الرياح فيها 120 كم/س وتسير في شكل حلزوني تجاه مركز العاصفة منخفض الكثافة.

hydrocarbon/هيدروكربون مركب عضوي يدخل في تركيبه عنصري الكربون والهيدروجين فقط.

hydroelectric energy/طاقة كهرومائية طاقة كهربية تتولد عن تساقط الماء.

hydrosphere/غلاف مائي الطبقة المائية التي تغطي معظم سطح الكرة الأرضية.

hygiene/علم الصحة العلم الذي يدرس الصحة وطرق المحافظة عليها.

hypha/خيط فطري خيط لاتكاثري يوجد في الفطر.

hypothesis/فرض فكرة تقدم لشرح قائم على بحث وملاحظات علمية.حيث يمكن إخضاعها للتجربة والاختبار.

I

ice age/العصر الثلجي فترة طويلة من المناخ البارد كست خلالها الأغطية الثلجية مناطق واسعة من سطح الكرة الأرضية. ويطلق على هذه الفترة أيضا الدور الجليدي.

immune system/جهاز المناعة مجموعة من الخلايا والأنسجة وظيفتها اكتشاف المواد الغريبة في الجسم ومهاجمتها.

immunity/المناعة قدرة الجسم علي مقاومة الأمراض المعدية والشفاء منها.

inclined plane/المستوى المائل آلة بسيطة عبارة عن سطح مائل مستو يسهل عملية رفع الأحمال. رافعة.

independent variable/متغير مستقل العامل الذي يتم معالجته عن قصد أثناء إجراء التجربة العلمية.

index contour/خط كنتوري على الخريطة. خط كنتوري سميك غامق اللون يتكرر عادة كل خمسة خطوط ويدل علي التغير في الارتفاع.

index fossil/حفرية دالة حفرية توجد في الطبقات الصخرية لأحد العصور الجيولوجية من ثم تتجلى فائدتها في حساب عمر هذه الطبقات.

indicator/دليل مركب يمكن أن يغير اللون بطريقة عكسية حسب الظروف. مثل الأس الهيدروجيني (pH).

inertia/القصور الذاتي ميل الجسم إلى مقاومة تغيير حالته عند السكون أو مقاومة تغيير سرعته عند الحركة إلى أن تؤثر فيه قوة خارجية.

infectious disease/مرض معدٍ مرض يسببه عامل ممرض ويمكن أن ينتقل من شخص إلى أخر.

J

jet stream/تيار نفاث حزام ضيق من الريح الشديدة في طبقات التروبوسفير العليا.

joint/مفصل مكان التقاء عظمتين أو أكثر.

joule/جول وحدة قياس الطاقة. وتساوي كمية الشغل الذي تبذلها قوة قدرها 1 نيوتن في مسافة قدرها 1 متر في اتجاه القوة (يرمز لها بالحرف ج).

K

kidney/الكلية أحد العضوين المسئولين عن تنقية الدم من الفضلات والماء الزائد. كما أنها مسئولة عن إخراج البول

kinetic energy/الطاقة الحركية الطاقة الناتجة عن حركة الجسم.

L

lahar/لاهار تدفق طيني ينتج من اختلاط الرماد والفتات البركاني بالمياه أثناء ثوران البركان.

La Niña/لا نينا ظاهرة مناخية تحدث شرقي المحيط الهادي حيث تنخفض درجة حرارة الماء بصورة غير معتادة.

landslide/انهيار أرضي انهيار مفاجئ للصخور والتربة من أعلى منحدر.

large intestine/الأمعاء الغليظة الجزء الغليظ والقصير من الأمعاء المسئول عن إزالة الماء من الطعام المهضوم وتحويل الفضلات إلى براز أو غائط ذي قوام شبه متماسك.

larynx/الحنجرة منطقة من الحلق تحتوي على الأحبال الصوتية وتقوم بتوليد الأصوات.

laser/الليزر جهاز يقوم بإنتاج ضوء مكثف أحادي اللون والطول الموجي.

lateral line/الخط الجانبي خط خافت اللون يوجد على جانبي جسم السمكة ويمتد بطوله ويحدد موضع أعضاء الإحساس المسئولة عن رصد الاهتزازات في الماء.

latitude/خط العرض المسافة الواقعة شمال أو جنوب خط الاستواء، وتقاس بالدرجات.

lava plateau/هضبة لابية أرض مرتفعة واسعة منبسطة السطح تتكون من تصلب متتابع سميك من الانبثاقات اللابية والتي تمتد لتغطي مساحة شاسعة.

inhibitor/مثبط مادة كيميائية تضاف لتقلل من معدل التفاعل الكيميائي أو لإيقافه.

innate behavior/سلوك فطري سلوك موروث لا يعتمد على البيئة أو التجربة.

insulation/عازل مادة تحد من انتقال الكهرباء أو الحرارة أو الصوت.

integrated circuit/دائرة متكاملة دائرة جميع عناصرها مركبة على شبة موصل مفرد.

integumentary system/الجهاز الجلدي جهاز عضوي على شكل غطاء خارجي لحماية الجسم.

intensity/الشدة في علم الأرض، مدى الأضرار الناجمة عن حدوث زلزال.

interference/تداخل اتحاد موجتين أو اكثر في موجة واحدة.

internal fertilization/إخصاب داخلي إخصاب بويضة بواسطة حيوان منوي داخل جسم الأنثى.

Internet/الإنترنت شبكة كبيرة من أجهزة الحاسب تربط العديد من الشبكات المحلية والصغيرة في جميع أنحاء العالم.

intrusive igneous rock/صخر ناري متدخل صخر ناري ينتج عن برودة وتصلب الصهارة تحت سطح الأرض.

invertebrate/لافقاري حيوان ليس له عمود فقري

ion/الأيون جسيم مشحون يتكون عندما تفقد أو تكسب ذرة أو مجموعة من الذرات إلكترونات.

ionic bond/رابطة أيونية رابطة تنشأ عن انتقال الإلكترونات من ذرة إلى أخرى لتكوين أيون موجب وآخر سالب.

ionic compound/مركب أيوني مركب مكون من أيونات مختلفة الشحنة.

iris/حَدَقة الجزء الملون المستدير من العين.

isobar/خط تساوي الضغط خط على الخريطة يصل بين النقاط ذات الضغط المتساوي.

isolation/عزل حالة يصعب معها تهجين فردين.

isotope/نظير ذرة يتساوى عدد البروتونات بها (أو العدد الذري) مع عدد بروتونات الذرات الأخرى بنفس العنصر، غير أنها تختلف معها في عدد النيوترونات (وبالتالي في الكتلة الذرية).

law/قانون ملخص للعديد من الملاحظات والنتائج التجريبية. ويدل على الكيفية التي تعمل بها الأشياء.

law of conservation of energy/قانون بقاء الطاقة القانون القائل بأن الطاقة لا تفنى ولا تستحدث من العدم ولكن يمكن تحويلها من صورة إلى أخرى.

law of conservation of mass/قانون بقاء الكتلة القانون القائل بأن الكتلة لا يمكن أن تفنى ولا تستحدث بالطرق الكيميائية والفيزيائية العادية.

law of cross-cutting relationships/قانون علاقة التقاطع المبدأ القائل بأن الصدع أو جسم الصخر القاطع أحدث دائما من الصخر المقطوع خلاله.

law of electric charges/قانون الشحنات الكهربائية قانون مؤداه أن الشحنات المتماثلة تتنافر والشحنات المختلفة تتجاذب.

leaching/غسيل التربة إزالة المواد القابلة للذوبان من الصخور أو الخام أو طبقات التربة نتيجة لمرور الماء خلالها.

learned behavior/سلوك مكتسب سلوك يتم اكتسابه بالخبرة.

lens/عدسة جسم شفاف يحرف الأشعة الضوئية ومن ثم يمكنها أن تتجمع أو تتفرق لتكوين الصورة.

lever/رافعة أداة بسيطة تتكون من قضيب يرتكز على نقطة ثابتة تسمى نقطة الارتكاز.

lichen/أشنة كتلة من الخلايا الطحلبية والفطرية التي تنمو معاً في علاقة تكافلية والتي غالباً ما توجد على الصخور والأشجار.

life science/علوم الحياة دراسة الكائنات الحية.

lift/رفع مركبة القوة المؤثرة على جسم موضوع في مائع منساب في اتجاه عمودي على اتجاه الانسياب.

lightning/برق تفريغ كهربي يحدث بين سطحين مختلفي الشحنة مثل السحاب والأرض أو بين سحابتين أو بين جزأين من نفس السحابة.

light-year/سنة ضوئية المسافة التي يقطعها الضوء في سنة واحدة وهي تعادل حوالي 9.46 تريليون كيلومتر.

lipid/الليبيد جزيء دهني أوبتمتع بخصائص الدهون. ومن أمثلته الزيوت والشموع والاستيرويدات.

liquid/سائل حالة من حالات المادة الثلاثة. وللسوائل حجم ثابت وليس لها شكل ثابت.

lithosphere/الغلاف الحجري الجزء الخارجي الصلب من الأرض الذي يتكون من القشرة والجزء العلوي الصلب من الوشاح.

littoral zone/النطاق الساحلي منطقة ضحلة من بحيرة أو بركة يخترقها الضوء مما يؤدي إلى نمو النباتات.

liver/الكبد أكبر عضو في الجسم وظيفته إنتاج العصارة الصفراوية وتخزين وتنقية الدم وتخزين السكريات الزائدة في صورة جليكوجين (نشا حيواني).

load/حمولة ما يحمله النهر من مواد ورواسب. وهي أيضا كتلة من الصخر التي تحملها تركيبة جيولوجية.

loess/طيس (لوس) مواد خصبة جداً من الكوارتز والفلسبار والهورنبلند والميكة والطمي مترسبة بفعل الرياح.

longitude/خط الطول المسافة الواقعة إلى الشرق والغرب من خط الزوال الرئيسي. ويعبر عنها بالدرجات.

longitudinal wave/موجة طولية هي الموجة التي تكون فيها اهتزازة أجزاء الوسط المتموج على استقامة خط سير الموجة.

longshore current/تيار شاطئي تيار مائي يجري بالقرب من وبمحاذاة الشاطئ.

loudness/جهارة الحد الذي يمكن عنده سماع الصوت.

low earth orbit/مدار أرضي منخفض مدار يقع على مسافة أقل من 1,500 كم فوق سطح الأرض.

lung/رئة عضو التنفس الذي يتم فيه استبدال أكسجين الهواء الجوي بثاني أكسيد الكربون الموجود في الدم.

luster/البريق الطريقة التي يعكس بها معدن ما الضوء.

lymph/اللمف سائل يتم جمعه بواسطة الأوعية والعقد اللمفاوية.

lymph node/عقدة اللنفاوية عضو يقوم بتنقية اللمف ويوجد على طول الأوعية اللمفاوية.

lymphatic system/الجهاز اللمفاوي مجموعة من الأعضاء تتمثل وظيفتها الأساسية في جمع السوائل الخلوية الزائدة وإعادتها إلى الدم. ويتكون هذا الجهاز من العقد اللمفاوية والأوعية اللمفاوية.

lysosome/حَال عضية خلوية تحتوي على إنزيمات هضمية.

M

machine/الآلة جهاز يساعد على إنجاز العمل إما بالتغلب على قوة ما أو بتغيير اتجاه القوة المؤثرة.

macrophage/بَلعَم إحدى خلايا جهاز المناعة التي تلتهم العوامل الممرضة والمواد الأخرى.

mafic/مافتي وصف للصهارة أو الصخور النارية الغنية بعنصري الماغنسيوم والحديد وهي تتميز بألوانها الداكنة.

magma chamber/حجرة الصهارة عبارة عن جسم من الصخور المنصهرة يغذي البركان.

magnet/مغناطيس أي مادة تجذب الحديد أو المواد التي تحتوي عليه.

magnetic declination/الانحراف المغناطيسي الزاوية الواقعة بين الشمال المغناطيسي والشمال الحقيقي.

magnetic force/القوة المغناطيسية قوة التجاذب أو التنافر المتولدة عن تحريك أو تدوير الشحنات الكهربية.

magnetic pole/القطب المغناطيسي أحد الطرفين اللذين لهما خصائص مغناطيسية متضادة، مثل طرفي المغناطيس.

magnitude/شدة الزلزال درجة قوة وعنف الزلزال.

main sequence/النسق الأساسي موقع معظم النجوم على مخطط هيرتزبرغ رسل، وذلك بشكل مائل من أدنى اليمين (درجة حرارة وسطوع منخفضتين) إلى أقصى اليسار (درجة حرارة وسطوع مرتفعتين).

malnutrition/سوء التغذية سوء التغذية الناتج عن عدم قيام الفرد بتناول المواد الغذائية التي يحتاجها الجسم بشكل كاف.

mammary gland/غدة ثديية غدة توجد في جسم أنثى الثدييات وتفرز اللبن.

mantle/الوشاح طبقة الأحجار الموجودة بين القشرة الأرضية ولب الأرض.

map/خريطة لوحة تمثل خصائص جسم مادي مثل الأرض.

marsh/مستنقع بيئة مائية رطبة لا تحتوي على أشجار وتنمو فيها بعض النباتات مثل الأعشاب.

marsupial/الجرابيات طويئفة من الثدييات بأنثاها كيس تتم بداخله الأجنة نموها.

mass/الكتلة مقدار ما في الجسم من مادة.

mass movement/الحركة الكتلية انزلاق جزء من الأرض على منحدر ما.

mass number/العدد الكتلي مجموع عدد ما تحتوي عليه نواة الذرة من البروتونات والنيترونات.

material resource/مورد مادي أحد الموارد الطبيعية التي يستغلها الإنسان في صنع الأشياء أو يستهلكها في طعامه وشرابه.

matter/المادة أي شيء له كتلة ويشغل حيزاً من الفراغ.

mean/المتوسط خارج قسمة مجموع البيانات المعطاة على عدد الأفراد.

mechanical advantage/الفائدة الآلية عدد المرات التي تقوم فيها الآلة بمضاعفة القوة.

mechanical efficiency/الكفاءة الميكانيكة النسبة بين خرج ودخل الطاقة أو القدرة. ويمكن حسابها بقسمة خرج الشغل على دخله.

mechanical energy/الطاقة الميكانيكية مقدار الشغل الذي يبذله جسم ما بفضل طاقتي الحركة والوضع.

mechanical weathering/تجوية ميكانيكية تفكك مكونات الصخر إلى قطع صغيرة بتأثير العوامل الجوية.

median/وسيط قيمة العنصر الأوسط عند ترتيب البيانات حسب الحجم.

medium/وسط البيئة المادية التي تشهد حدوث الظواهر المختلفة.

meiosis/انقسام اختزالي إحدى طرق انقسام الخلية والتي يقل فيها عدد الكروموسومات إلى نصف العدد الأصلي عن طريق حدوث انقسامين بالنواة مما يؤدي إلى إنتاج ست خلايا (الأمشاج أو الأبواغ).

melting/الانصهار تحول المادة من الحالة الصلبة إلى الحالة السائلة بفعل الحرارة.

memory B cell/خلية ذاكرة بائية إحدى خلايا بيتا التي تستجيب للمولد المضاد عند إصابة الجسم به للمرة الثانية وذلك بشكل أكبر عن المرة الأولى.

meniscus/التقوس انحناء سطح السائل الذي يمكن من خلاله قياس حجم هذا السائل.

mesosphere/الغلاف المتوسط، الميزوسفير الجزء السفلي القوي من الوشاح يمتد بين القشرة الواهنة واللب الخارجي. وهو أيضًا طبقة من طبقات الجو تقع بين الاستراتوسفير والثرموسفير والتي تقل فيها درجة الحرارة كلما زاد الارتفاع.

Mesozoic era/الزمن الميزوزوي الفترة الجيولوجية التي بدأت منذ 251 مليون عام وانتهت منذ 65.5 مليون عام وتدعى أيضاً عصر الزواحف.

metabolism/تحول كافة العمليات الكيميائية التي تحدث في جسم الكائن الحي.

metal/فلز عنصر لامع يعمل على توصيل الحرارة والكهرباء جيدًا.

metallic bond/رابطة فلزية رابطة تتكون عن طريق الانجذاب بين أيونات الفلز ذات الشحنات الموجبة والإلكترونات التي تدور حولها.

metalloid/أشباه الفلزات العناصر التي تجمع بين خصائص الفلزات واللافلزات.

metamorphosis/تحول عملية تحدث في أثناء دورة حياة الكثير من الحيوانات يتحول خلالها الكائن الحي غير الناضج إلى طور النضج وبشكل سريع. كتحول اليرقانات إلى حشرات ناضجة.

meteor/شهاب وميض ضوئي يشاهد في السماء نتيجة احتراق جرم نيزكي عند دخوله الغلاف الجوي لكوكب الأرض.

meteorite/نيزك جرم يصل إلى سطح الأرض دون أن يحترق تمامًا.

meteoroid/جرم نيزكي جرم صغير نسبيًا يسبح في الفضاء.

meteorology/علم الأرصاد الجوية علم دراسة جو الأرض وظواهره وتغيراته وتأثيراتها على الطقس والمناخ.

meter/المتر الوحدة الرئيسية لقياس الطول في النظام الدولي (يرمز له بالرمز م).

microclimate/مناخ تفصيلي مناخ منطقة صغيرة.

microprocessor/مشغل دقيق رقاقة من أشباه الموصلات تعمل على التحكم في التعليمات الخاصة بالحاسب الدقيق وتنفيذها.

mid-ocean ridge/حيد في وسط المحيط سلسلة جبلية طويلة ممتدة على طول قاع المحيطات الرئيسية.

mineral/المواد المعدنية فئة من المواد الغذائية. وهي عبارة عن عناصر كيميائية يحتاجها الجسم للقيام ببعض العمليات الضرورية.

mineral/معدن جسم صلب غير عضوي يتشكل بطريقة طبيعية ويتميز ببنية كيميائية ثابتة.

mitochondrion/الميتوكوندريا في خلايا الكائنات حقيقية النواة. عضية خلوية يحيط بها غشاءان وتمثل موقع التنفس الخلوي.

mitosis/انقسام فتيلي في خلايا الكائنات حقيقية النواة. عملية انقسام الخلية لتكوين نويتين جديدتين يحتوي كل منها على نفس عدد الكروموسومات.

mixture/خليط مزج مادتين أو أكثر غير متحدتين كيميائيًا.

mode/المنوال القيمة التي تتكرر بكثرة في مجموعة البيانات.

model/النموذج المثال أو الطريقة أو البيان أو الوصف الذي تم تصميمه لتوضيح بنية أو تكوين جسم أو نظام أو مفهوم ما.

mold/قالب علامة أو تجويف تحدثه قوقعة أو أي جسم آخر في السطح الرسوبي.

mold/العفن في علم الأحياء، فطر يشبه الصوف أو القطن.

molecule/جزيء أصغر جزء من المادة يحوي كافة الخواص الفيزيائية والكيميائية لهذه المادة.

molting/الانسلاخ التبديلي انفصال الهيكل الخارجي أو الجلد أو الريش أو الشعر لاستبداله بآخر جديد.

momentum/كمية التحرك حاصل ضرب كتلة الجسم في سرعته.

monotreme/المونوتيرماتا حيوان ثديي يبيض.

month/شهر جزء من السنة يتم حسابه على أساس دوران القمر حول الأرض.

motion/الحركة تغير وضع الجسم بالنسبة لنقطة مرجعية.

mudflow/تدفق طيني تدفق كمية من الطين أو الصخور والتربة الممزوجة بكميات كبيرة من المياه.

muscular system/الجهاز العضلي جهاز عضوي وظيفته الأساسية هي إكساب الجسم الحركة والمرونة.

mutation/طفرة تغير الحادث في تسلسل وحدة بناء الأحماض النووية لجزيء جيني أو جزيء الحامض النووي (DNA).

mutualism/تكافل حيوي علاقة حيوية بين كائنين تعود بالفائدة على كل منهما.

mycelium/غزل فطري مجموعة الخطوط الفطرية التي تشكل جسم الفطر.

N

narcotic/مخدر عقار مشتق من الأفيون يعمل على تخفيف الألم ويسبب النوم. مثل الهيروين والمورفين والكودين.

NASA/ناسا وكالة الفضاء والطيران الأمريكية.

natural gas/الغاز الطبيعي خليط من الهيدروكربونات الغازية التي توجد تحت سطح الأرض، بالقرب من المستودعات البترولية. ويستخدم كوقود.

natural resource/مورد طبيعي أي مادة طبيعية يستخدمها الإنسان، مثل الماء والبترول والمعادن والغابات والحيوانات.

natural selection/الانتخاب الطبيعي عملية تكيف الأفراد الأصلح من النوع مع بيئتها لكي تنجو وتتكاثر على عكس الأفراد الأقل تكيفاً. نظرية تفسر آلية التطور.

neap tide/المد الأصغر أوطأ مد يحدث في التربيع الأول والتربيع الأخير للقمر.

nearsightedness/قصر النظر حالة تركز فيها عدسات العين الأجسام المرئية البعيدة أمام الشبكية بدلاً من عليها.

nebula/سديم سحابة هائلة من الغاز والغبار الكوني في الفضاء البين نجمي. منطقة في الفضاء حيث تولد النجوم أو تنفجر في نهاية عمرها.

nekton/سوابح جميع الكائنات الحية التي تسبح بنشاط وحرية في الماء المفتوح. وهي تسبح بطريقة مستقلة عن التيارات المائية.

nephron/نيفرون الوحدة المسئولة عن تنقية الدم في الكلية.

nerve/عصب تجمع من الألياف العصبية تنتقل خلاله النبضات بين الجهاز العصبي المركزي وأجزاء الجسم الأخرى.

net force/محصلة القوى مجموع القوى المؤثرة على جسم ما.

neuron/نيرون خلية عصبية متخصصة في استقبال وتوصيل النبضات الكهربية.

neutralization reaction/تفاعل التعادل تفاعل حمض مع قلوي لتكوين محلول متعادل من الماء والملح.

neutron/نيترون جسيم دون ذري لا يحمل شحنة ويوجد في نواة الذرة.

neutron star/نجم نيتروني نجم انهار تحت تأثير الجاذبية مما نتج عنة اصطدام الإلكترونات مع البروتونات وتكون النيترونات.

newton/نيوتن وحدة قياس القوة (الرمز ن).

nicotine/النيكوتين مركب كيميائي إدماني سام يوجد في التبغ ويعد السبب الأول في أضرار التدخين.

nitrogen cycle/دورة النيتروجين دورة النيتروجين بين الهواء والتربة والماء والنبات والحيوان داخل النظام البيئي.

noble gas/غاز نبيل واحد من عناصر المجموعة 18 من عناصر الجدول الدوري (هيليوم، نيون، ارجون، كريبتون، زينون).

noise/ضوضاء صوت يتكون من خليط عشوائي من الترددات.

nonfoliated/غير صفائحي كلمة تصف بنية الصخور المتحولة التي لا تترتب الحبيبات المعدنية فيها على شكل صفائح.

noninfectious disease/مرض غير معد مرض لا ينتقل من شخص إلى آخر.

nonmetal/لافلزي عنصر رديء التوصيل للحرارة والكهرباء.

nonpoint-source pollution/تلوث مختلف المصادر تلوث من مصادر متعددة وليس من مصدر أو موقع واحد محدد.

nonrenewable resource/مصدر غير متجدد مصدر معدل تكوينه أبطأ من معدل استهلاكه.

nonsilicate mineral/معدن لاسليكوني معدن لا يحتوي علي سليكون أو أكسجين.

nonvascular plant/نبات لاوعائي المجموعات الثلاثة من النباتات وهي (الحزازيات المفلطحة والحزازيات القرنية والحزازيات القائمة) والتي لا يوجد بها أنسجة توصيل متخصصة أو جذور حقيقية أو سيقان أو أوراق.

nuclear chain reaction/تفاعل نووي متسلسل سلسلة من التفاعلات النووية المستمرة.

nuclear energy/طاقة نووية الطاقة المنطلقة من تفاعل انشطاري أو اندماجي وهي أيضا طاقة ترابط الأنوية الذرية.

nuclear fission/انشطار نووي انقسام نواة ذرة كبيرة إلى جزأين أو أكثر مع تحرر نيوترونات إضافية وطاقة.

nuclear fusion/اندماج نووي اتحاد أنوية ذرات صغيرة لتكوين نواة كبيرة مع تحرر طاقة.

nucleic acid/حمض نووي جزيء مكون من وحدات تحتية تسمى النيوكليوتيدات.

nucleotide/النيوكليوتيد في السلسلة الحمضية النووية. وحدة تحتية تتكون من السكر والفوسفات وقاعدة نيتروجينية.

nucleus/النواة في الخلية سوية النواة. عضية ذات غشاء محدد تحتوي علي الحامض النووي الخاص بالخلية وتلعب دوراً في عمليات مثل النمو والأيض والتكاثر.

nucleus/النواة في العلوم الطبيعية. المنطقة المركزية للذرة والتي تتكون من البروتونات والنيوترونات.

nutrient/مغذي مادة توجد في الطعام تزود الجسم بالطاقة وتعمل علي تكوين أنسجة الجسم وهي ضرورية للحياة والنمو.

O

observation/الملاحظة عملية الحصول علي معلومات عن طريق الحواس.

ocean current/تيار بحري حركة في ماء المحيط. تتبع أنمطه منتظمة.

ocean trench/خندق بحري انخفاض طويل ومنحدر في أعماق المحيطات بمحاذاة الجزر البركانية والحواف القارية.

oceanography/علم البحار الدراسة العلمية للبحار والمحيطات.

omnivore/القوارت كائن حي يتغذى علي النباتات والحيوانات.

opaque/معتم تصف جسم غير شفاف أو نصف شفاف.

open circulatory system/الجهاز الدوري المفتوح جهاز دوري يتسم بأن السائل الذي يدور فيه غير مشتمل بالكامل في أوعية. فالقلب يضخ الدم خلال أوعية تصب بدورها في تجويفات يطلق عليها الجيوب.

open cluster/عنقود مفتوح مجموعة من النجوم المتقاربة علي نحو أكبر من النجوم المحيطة.

open-water zone/منطقة مياه مفتوحة منطقة من بركة أو بحيرة تمتد من المنطقة الساحلية وهي بعمق وصول الضوء إلى القاع.

orbit/مدار المسار الذي يدور فيه جسم حول جسم أخر في الفضاء.

ore/خام مادة طبيعية تتميز بوجود تركيز عال من المعادن ذات القيمة الاقتصادية ويمثل نشاط استخراجها عملا مربحا.

organ/عضو مجموعة من الأنسجة تؤدي وظيفة في الجسم.

organ system/نظام عضوي عمل مجموعة من أعضاء الجسم معا لأداء وظائف الجسم.

organelle/عضي واحد من الأجسام الصغيرة الموجودة في سيتوبلازم الخلية والذي يتخصص في أداء وظيفة معينة.

organic compound/مركب عضوي مركب ترتبط أجزاؤه بواسطة رابطة تساهمية ويحتوي علي الكربون كعنصر أساسي.

organism/كائن حي أي كائن يمكنه أن يقوم بالعمليات الحيوية بشكل مستقل.

osmosis/التناضح (الأسموزية) انتشار الماء خلال غشاء شبة منفذ.

ovary/المبيض في النباتات الزهرية. الجزء السفلي من المدقة المسئولة عن إنتاج البويضات في المبايض. وفي الجهاز التناسلي الأنثوي بالحيوانات؛ العضو المسئول عن إنتاج البويضات.

overpopulation/زيادة سكانية زيادة عدد الأشخاص الموجودين في منطقة ما عن الموارد المتاحة.

ovule/البويضة جزء في مبيض النباتات البذرية والتي تحتوي علي الكيس الجنيني الذي يتحول إلى بذرة بعد عملية الإخصاب.

P

P wave/موجة ضغطية موجة ارتجاجية تتسبب في تحريك الجزيئات الصخرية للأمام والخلف.

paleontology/الباليونتولوجيا الدراسة العلمية للحفريات.

Paleozoic era/حقبة الباليوزي الحقبة الجيولوجية التالية لزمن أحقاب ما قبل الكمبري والتي استمرت لمدة تتراوح بين 542 و 251 مليون سنة.

pancreas/البنكرياس عضو يقع في مؤخرة المعدة وينتج إنزيمات الهضم والهرمونات المسئولة عن تنظيم مستويات السكر.

parallax/اختلاف الموضع تغير واضح في موضع شيء ما عند تغيير موضع النظر إليه.

parallel circuit/دائرة متوازية دائرة يتم تجميع أجزائها في أقسام وبهذا يكون اختلاف الجهد في كل قسم هو ذاته في القسم الآخر.

parasite/طفيل كائن حي يعيش ويتغذى على كائن حي من نوع آخر (العائل) ويتسبب عادة في الإضرار بالعائل ولا يستفيد العائل من وجود الطفيل.

parasitism/تطفل علاقة بين نوعين من الكائنات الحية يستفيد فيها أحدهما، الطفيل، من النوع الآخر، العائل، الذي يتضرر من هذه العلاقة.

parent rock/الصخر الأصلي التكوين الصخري الذي يعتبر مصدر التربة.

pascal/باسكال وحدة النظام الدولي للضغط (الرمز؛ ب).

Pascal's principle/مبدأ باسكال المبدأ القائل بأن السائل المتوازن والموجود في وعاء يبذل ضغط متساوي الشدة في جميع الاتجاهات.

passive transport/النقل السالب حركة المواد عبر غشاء الخلية دون استخدام الخلية لأي طاقة.

pathogen/مُمرض صفة لكل كائن دقيق أو كائن آخر أو فيروس أو بروتين يتسبب في حدوث مرض ما.

pathogenic bacteria/البكتريا الممرضة البكتريا المسببة للمرض.

pedigree/شجرة النسب رسم توضيحي يبين مدى حدوث سمة جينية معينة في أجيال عديدة من العائلة.

pelagic environment/البيئة اليمية (البحرية) المنطقة القريبة من سطح المحيط أو الواقعة في الأعماق الوسطى خلف النطاق تحت الساحلي وفوق منطقة الغور المحيطي.

penis/القضيب العضو الذكري الذي يقوم بنقل السائل المنوي للأنثى وإخراج البول من الجسد.

period/عصر وحدة الزمن الجيولوجي التي تقسم إليها الحقب.

period/دورة في الكيمياء، عبارة عن صف أفقي من العناصر الموجودة في الجدول الدوري.

periodic/دوري وصف للأشياء التي تقع أو تتكرر على فترات زمنية منتظمة.

periodic law/القانون الدوري القانون القائل بأن الخصائص الكيميائية والفيزيائية المتكررة للعناصر تتغير دورياً طبقاً للأعداد الذرية للعناصر.

peripheral nervous system/الجهاز العصبي المحيطي كافة أجزاء الجهاز العصبي باستثناء المخ والنخاع الشوكي.

permeability/النفاذية قدرة الصخور أو الرواسب على السماح للسوائل بالعبور من خلال الفراغات المفتوحة فيها أو مسامها.

petal/التويجية (البتلة) أحد الأجزاء ورقية الشكل مشرقة اللون التي تشكل إحدى حلقات الزهرة.

petroleum/النفط خليط سائل من المكونات الهيدروكربونية المركبة ويستخدم بصورة واسعة كمصدر للوقود.

pH/الرقم الهيدروجيني قيمة تستخدم في تعيين نسبة الحمضية أو القاعدية بأحد الأنظمة.

pharynx/البلعوم في الديدان المسطحة. العضلة التي تصل بين الفم والجوف البطني الوعائي أمّا في الحيوانات التي لها قناة هضمية فهو الممر من الفم إلى الحنجرة والمريء.

phase/طور تغير الجزء المنار بضوء الشمس من أحد الأجسام السماوية عند رؤيته من جسم سماوي آخر.

phenotype/نمط ظاهري مظهر الكائن الحي أو سماته التي يمكن تمييزها.

pheromone/فيرومون مادة يفرزها الجسم وتتسبب في صدور رد فعل متوقع من فرد آخر من نفس النوع.

phloem/لحاء الغشاء المسئول عن توصيل الغذاء في النباتات الوعائية.

phospholipid/فوسفوليبيد مركب يحتوي على الفسفور وهو مركب بنياني في غشاء الخلية.

photocell/الخلية الضوئية جهاز يقوم بتحويل الطاقة الضوئية إلى طاقة كهربائية.

photosynthesis/البناء الضوئي العملية التي تقوم عن طريقها النباتات والطحالب وبعض أنواع البكتريا باستخدام ضوء الشمس وثاني أكسيد الكربون والماء في إنتاج الغذاء.

physical change/التغير الفيزيائي تحول المادة من صورة إلى أخرى دون تغير الخصائص الكيميائية.

physical property/الخصائص الطبيعية خاصية للمادة لا تضمن تغيراً كيميائياً مثل الكثافة أو اللون أو الصلابة.

physical science/العلوم الطبيعية الدراسة العلمية للمادة غير الحية.

phytoplankton/الهائمات النباتية الكائنات المجهرية وكائنات البناء الضوئي التي تطفو بالقرب من سطح الماء البحري أو العذب.

pigment/خضاب مادة تعطي لونها لمادة أخرى أو خليط.

pioneer species/الأنواع الأولية الأنواع التي استعمرت منطقة غير مأهولة بالسكان وبدأت في التعاقب.

pistil/المدقة عضو التأنيث في النبات الذي ينتج البذور ويحتوي على مبيض وميسم.

pitch/الدرجة قياس لارتفاع أو انخفاض الصوت الذي يمكن إدراكه بحاسة السمع وفقاً لتردد الموجة الصوتية.

placenta/المشيمة العضو الذي يربط الحميل المتنامي بالرحم ويمكّن من تبادل الغذاء والفضلات والغازات بين الأم والحميل.

placental mammal/ثديي مشيمي الحيوان الثديي الذي يقوم بتغذية نسله الذي لم يولد بعد عن طريق مشيمة توجد داخل الرحم.

plane mirror/مرآة مسطحة مرآة مستوية السطح.

plankton/عوالق كتلة الكائنات المجهرية التي تطفو أو تنساق بحرية في الماء العذب أو البيئات البحرية.

Plantae/مملكة النبات مملكة تتألف من الكائنات الحية معقدة ومتعددة الخلايا وهي خضراء في الغالب. ولخلاياها جدران تتكون من سليلوز، لا تستطيع الحركة وتستخدم طاقة الشمس في صنع السكر عن طريق عملية البناء الضوئي.

plasma/بلازما البلازما في العلوم الطبيعية هي حالة المادة التي تبدأ في صورة غازية ثم تتحول إلى أيونية وتتألف من أيونات وإلكترونات تتحرك بحرية تامة دون أي عوائق متخذة شكل شحنة كهربائية وتختلف خصائصها عن خصائص المواد ذات الطبيعة الصلبة أو السائلة أو الغازية.

plate tectonics/الألواح التكتونية نظرية تفسر حركة وتحول شكل الأجزاء الكبيرة من أقصى الطبقات الخارجية للأرض التي تسمى الألواح التكتونية.

point-source pollution/تلوث معروف المصدر تلوث ينشأ عن موقع معين.

polar easterlies/رياح شرقية قطبية رياح تهب من الشرق إلى الغرب بين دائرتي عرض °60 و °90 في كل من نصفي الكرة الأرضية.

polar zone/المنطقة القطبية القطب الشمالي أو الجنوبي والمنطقة المحيطة بأي منهما.

pollen/لقاح حبيبة بالغة الصغر تحتوي على المشيج الذكري في بذور النباتات.

pollination/تلقيح انتقال اللقاح من التكوين الذكري التناسلي إلى التكوين الأنثوي في بذور النباتات.

pollution/تلوث تغير غير مرغوب فيه يطرأ على الطبيعة بسبب بعض المواد أو أشكال الطاقة.

population/سكان مجموعة من الكائنات الحية من نفس النوع وتعيش معا في منطقة جغرافية معينة.

porosity/المسامية نسبة المسام أو الفراغات الموجودة في الكتل الصخرية أو الرسوبية إلى الحجم الكلي.

potential energy/طاقة الوضع الطاقة الكامنة في جسم ما بسبب موضعه أو شكله أو حالته.

power/الطاقة المعدل الذي يتم عنده إنجاز عمل ما أو نقل طاقة.

Precambrian time/عصر ما قبل الكمبري العصر الممتد منذ تكوين الأرض حتى بداية الحقبة الباليوزية طبقاً للمقياس الزمني الجيولوجي والذي وقع منذ زمن يتراوح بين 4.6 بليون سنة و 542 بليون سنة.

precipitate/راسب مادة صلبة تنشأ عن تفاعل كيميائي في محلول ما.

precipitation/تساقط أي شكل من أشكال سقوط الماء من السحاب إلى سطح الأرض.

predator/مفترس كائن حي يقتل ويأكل كل أو جزء من كائن حي آخر.

preening/تنظيف في الطيور، قيام الطائر بتنظيف وهندمة ريشه.

pregnancy/حَمْل في الطب، هو الفترة الزمنية التي تبدأ أول يوم يلي الدورة الشهرية المنقضية للمرأة، وتنتهي هذه الفترة بوضع الجنين (تمتد حوالي 280 يوماً أو 40 أسبوعاً)؛ في علم الأحياء التطوري، هو تلك الفترة الزمنية التي يظل خلالها الجنين داخل رحم أمه وتمتد من الإخصاب حتى يتم الوضع (حوالي 266 يوماً أو 38 أسبوعاً).

pressure/الضغط مقدار القوة المبذولة على وحدة المساحات من سطح ما.

prevailing winds/الرياح السائدة الرياح التي تهب من اتجاه واحد في فترة زمنية محددة بصفة أساسية.

prey/الفريسة كائن يقتله ويتغذى عليه كائن آخر.

primate/الرئيسات نوع من الثدييات يتسم بوجود أصابع إبهام ورؤية ثنائية.

prime meridian/خط الزوال الرئيسي خط الزوال أو خط الطول، الممثل بخط طول (0°).

probability/احتمالية ترجح وقوع حدث مستقبلي في مرحلة معينة.

producer/كائن منتج كائن حي قادر على إنتاج غذائه عن طريق استخدام الطاقة المحيطة به.

product/منتج مادة ناتجة عن تفاعل كيميائي.

prograde rotation/الدوران الطردي حركة كوكب أو قمر ما في اتجاه معاكس لاتجاه حركة عقارب الساعة عند رؤيته من فوق القطب الشمالي للكوكب. وهو دوران في نفس اتجاه دوران الشمس.

projectile motion/الحركة المقذوفة الطريق المنحني الذي يتبعه الجسم عند رميه أو قذفه أو إذا قذف بالقرب من سطح الأرض.

prokaryote/كائنات بدائية النواة كائنات أحادية الخلية لا تحتوي على نواة أو عضيات مرتبطة بالغشاء ومن أمثلتها الأركيات والبكتريا.

protein/البروتين جزيء يتكون من الأحماض الأمينية المطلوبة لبناء الجسم والحفاظ على أنظمته وتنظيم عملياته.

protist/كائن أولي كائن ينتمي إلى مملكة الكائنات الأولية.

proton/بروتون جزيء دون ذري يحتوي على شحنة موجبة ويوجد في نواة الذرة.

pulley/بكرة آلة بسيطة تحتوي على عجلة يمر عليها حبل أو سلسلة أو سلك ما.

pulmonary circulation/الدورة الدموية الرئوية تدفق الدم من القلب إلى الرئتين ثم من الرئتين إلى القلب من خلال الشرايين الرئويين والشعيرات الدموية والأوردة.

pulsar/بلسار نجم نيوتروني يدور بسرعة ويصدر نبضات لاسلكية سريعة وطاقة بصرية.

pupil/البؤبؤ فتحة في وسط قدحة العين تتحكم في كمية الضوء الداخل إليها.

pure substance/مادة نقية عينة من المادة، سواء كانت عنصرا واحد أو مركب واحد ولها خواص كيميائية وفيزيائية محددة.

Q

quasar/كوازار جسم مضيء شبيه بالنجم يولد معدلات عالية من الطاقة ويعتبر أبعد الأجسام السماوية في الكون.

R

radiation/الإشعاع انتقال الطاقة في شكل موجات كهرومغناطيسة.

radioactive decay/اضمحلال إشعاعي عملية يحدث فيها انفصال للنظير المشع إذ ينقسم هذا النظير إلى نظير مستقر لنفس العنصر أو عنصر آخر.

radioactivity/النشاط الإشعاعي عملية يتم فيها انبعاث إشعاع ذري من النواة غير المستقرة.

radiometric dating/التأريخ الراديومتري طريقة تحديد عمر جسم ما من خلال تقدير النسب المئوية النسبية للنظير المشع والنظير المستقر.

reactant/المفاعل المادة أو الجزيء الذي يشارك في تفاعل كيميائي.

recessive trait/سمة متنحية سمة جينية تظهر فقط عندما يتم توريث أليلتين متنحيتين لنفس الصفة.

recharge zone/منطقة تغذية (إعادة شحن) منطقة تغور فيها المياه إلى أسفل لتصبح جزءاً من مكمن مياه جوفية.

reclamation/استصلاح عملية إعادة الأرض إلى حالتها الأصلية بعد انتهاء التعدين.

recycling/إعادة التدوير عملية استخلاص المواد القيّمة أو المفيدة من الفضلات أو النفايات ومعالجتها. إعادة استخدام بعض العناصر.

red giant/العملاق الأحمر نجم كبير أحمر اللون متأخر في دورة حياته.

reflecting telescope/تلسكوب عاكس تلسكوب يستخدم مرآة مقوسة لتجميع وتركيز الضوء من الأجسام البعيدة.

reflection/انعكاس ارتداد شعاع من الضوء أو الصوت أو الحرارة عندما يصطدم هذا الشعاع بسطح لا يمكنه اختراقه.

reflex/انعكاس حركة لإرادية وفي الغالب فورية استجابةً لمثير معين.

refracting telescope/تلسكوب كاسر تلسكوب يستخدم مجموعة من العدسات لتجميع وتركيز الضوء من الأجسام البعيدة.

refraction/انكسار انثناء موجة ما عند مرورها بين مادتين تختلف بينهما سرعة الموجة.

relative dating/التأريخ النسبي أي طريقة تُستخدم في تحديد ما إذا كان حدث أو عنصر ما أقدم أو أحدث من عنصر أو شيء أخر.

relative humidity/الرطوبة النسبية نسبة بخار الماء الموجود بالهواء إلى مقدار بخار الماء اللازم لبلوغ مرحلة التشبع وذلك عند درجة حرارة معينة.

relief/التضاريس الاختلاف في مستوى ارتفاع سطح الأرض.

remote sensing/الاستشعار عن بُعد عملية تجميع وتحليل معلومات عن شيء ما دون الاتصال المادي بهذا الشيء.

renewable resource/مورد متجدد مورد طبيعي يمكن تعويض القدر الذي يستهلك منه.

resistance/المقاومة في العلوم الطبيعية. المعارضة التي يواجهها التيار من مادة أو جهاز ما.

resonance/رنين ظاهرة تحدث عندما يهتز شيئان بنفس التردد بصورة طبيعية إذ يتسبب الصوت الصادر عن الأول في اهتزاز الثاني.

respiration/التنفس في علم الأحياء هو تبادل غازي الأكسجين وثاني أكسيد الكربون بين الخلايا الحية والبيئة المحيطة بها مما يشمل التنفس والتنفس الخلوي.

respiratory system/الجهاز التنفسي مجموعة من الأعضاء وظيفتها الرئيسية استنشاق الأكسجين ونفثه كثاني أكسد كربون. تشمل هذه الأعضاء الرئتين والحلقوم والممرات المؤدية إلى الرئتين.

retina/شبكية العين الطبقة الداخلية الحساسة من العين التي تعمل على استلام الصور التي تشكلها عدسة العين ثم نقلها إلى المخ عن طريق العصب البصري.

retrograde rotation/دوران عكسي حركة كوكب أو قمر ما في اتجاه حركة عقارب الساعة عند رؤيتها من فوق القطب الشمالي للكوكب.

revolution/الدورة حركة جسم ما يدور حول جسم آخر في الفضاء. دورة كاملة في مدار.

rhizoid/شبه جذر تكوين شبه جذري في النباتات اللاوعائية يقوم بتثبيت النباتات في أماكنها ويساعد النباتات على الحصول على الماء والغذاء.

rhizome/ريزومة ساق أفقي تحت الأرض يثمر أوراق وبراعم وجذور جديدة.

ribosome/ريباسة عضية خلية تتألف من الحامض الريبي النووي وبروتين، موقع تخليق البروتين.

rift valley/وادي الخسف واد طويل وضيق ينشأ عند انفصال الألواح التكتونية.

rift zone/منطقة خسف منطقة تشققات عميقة تنشأ بين لوحين تكتونيين عند تباعدهما عن بعضهما.

RNA/الحامض الريبي النووي حمض ريبونيوكليك، جزيء يوجد في كافة الخلايا الحية وله دور في إنتاج البروتين.

rock/صخر خليط طبيعي صلب يتكون من واحد أو أكثر من المعادن أو المواد العضوية.

rock cycle/الدورة الصخرية سلسة العمليات التي تؤدي إلى تكوين الصخور أو تحولها من نوع إلى آخر أو تدميرها وتشكيلها مرة أخرى عن طريق العمليات الجيولوجية.

rock fall/انهيار صخري الحركة السريعة للصخور عند وقوعها من منحدر شديد أو جرف.

rocket/صاروخ آلة تستخدم الغاز عالي السرعة الناتج عن احتراق الوقود في حركتها.

rotation/دوران حركة جسم ما حول محوره.

S

S wave/موجة مستعرضة حركة موجية زلزالية تتسبب في انتقال الجسيمات الصخرية من جانب لآخر.

salinity/ملوحة مقدار الأملاح المذابة في سائل ما.

salt/ملح مركب أيوني يتشكل عندما تحل ذرة أحد الفلزات محل هيدروجين الحمض.

saltation/وثوب حركة الرمال أو غيرها من الرواسب بفعل الرياح أو المياه. وتكون على هيئة قفزات أو وثبات قصيرة.

satellite/قمر اصطناعي (فضاء)؛ تابع (فلك) جسم طبيعي أو اصطناعي يدور حول كوكب ما.

savanna/سافانا مساحات عشبية تتناثر أشجارها في نواح متفرقة وتنمو في المناطق الاستوائية وشبه الاستوائية وتكثر بها الأمطار الموسمية والحرائق والجفاف.

scale/مقياس العلاقة بين القياس على أي نموذج أو خريطة أو رسم تخطيطي والقياس الفعلي أو المسافة الفعلية على أرض الواقع.

scattering/استطارة تفاعل مادة ما مع الضوء مما ينتج عنه تحول إما في الطاقة الضوئية أو اتجاه حركتها أو كليهما معا.

science/عِلم المعرفة المكتسبة عن طريق ملاحظة الأحداث والظروف الطبيعية المحيطة لاكتشاف الحقائق وصياغة القوانين أو المبادئ التي يمكن التحقق منها واختبارها.

scientific literacy/ثقافة علمية استيعاب طرائق البحث العلمي ومجالات المعرفة العلمية وتفهم دور العلم في المجتمع.

scientific methods/طرق علمية سلسلة من الخطوات المتبعة لحل المشكلات.

screw/اللولب؛ قلاووظ أداة بسيطة مكونة من سطح مائل ملفوف حول أسطوانة.

sea-floor spreading/امتداد قاع البحر تكوّن غلاف صخري جديد بمياه البحر يصاحبه ارتفاع للصهارة باتجاه السطح وتصلبها بعد ذلك.

seamount/جبل بحري مرتفع بركاني يوجد في قاع المحيط تغمره المياه ولا يقل ارتفاعه عن 1,000 متر.

sediment/راسب فتات المواد العضوية أو غير العضوية التي انتقلت وترسبت بفعل الرياح أو المياه أو الجليد ثم تجمعت في هيئة طبقات على سطح الأرض.

sedimentary rock/صخر رسوبي أحد الصخور التي تتشكل من طبقات رسوبية مكثفة أو مسمنتة.

segment/قطعة أي جزء من تكوين أكبر مثل جسم الكائن الحي ويكون محاطا بحدود طبيعية أو غير طبيعية.

seismic gap/فجوة زلزالية منطقة ممتدة على طول صدع تشهد اهتزازات أرضية قليلة مقارنة بما كانت تشهده في الماضي.

seismic wave/موجة زلزالية؛ موجة سيزمية موجة من الطاقة التي تصدر من أحد المراكز الزلزالية وتنتشر في جميع اتجاهات الأرض.

seismogram/سيزموجرام رسم لحركة الهزات الأرضية تعيّنه مرسمة الزلازل.

seismograph/سيزموجراف جهاز لتسجيل الهزات الأرضية وتحديد مواقع ومدى قوة الزلازل.

seismology/سيزمولوجيا؛ علم الزلازل العلم الذي يعنى بدراسة الزلازل.

selective breeding/تربية انتخابية تربية الإنسان للحيوانات أو النباتات ذات الصفات الوراثية المرغوبة.

semiconductor/شبه موصل ضرب من العناصر أو المركبات الموصلة للتيار الكهربي بدرجة أكبر من العوازل الكهربية ولكن أقل من الموصلات العادية.

sepal/سبلة إحدى حلقات الورقات الخارجية المتحولة للزهرة والتي تقوم بحماية البراعم.

septic tank/حفرة امتصاصية خزان يتم فيه فصل الفضلات الصلبة عن السائلة حيث يحتوي على بكتيريا تتولى تكسير هذه الفضلات الصلبة وتحليلها.

series circuit/دائرة توال دائرة تترتب أجزاؤها على التوالي بحيث يتساوى التيار الكهربي الذي يمر في كل جزء منها.

sewage treatment plant/وحدة معالجة مياه الصرف مرفق يتم خلاله إزالة الفضلات والنفايات الموجودة بالمياه القادمة من البالوعات أو المصارف.

sex chromosome/كروموسوم جنسي أحد الصبغيين الجنسيين والمسؤول عن تحديد الجنس البنوي من حيث الذكورة والأنوثة.

sexual reproduction/تكاثر جنسي تكاثر تتحد فيه الخلايا الجنسية للأبوين لإنتاج نسل يحمل من صفاتهما معا.

shoreline/خط الساحل الحد الفاصل ما بين البر ومسطح مائي ما.

silicate mineral/معدن السيليكات ضرب من المعادن يحتوي على السيليكون والأكسجين بالإضافة إلى فلز أو أكثر.

single-displacement reaction/تفاعل الإزاحة المفردة تفاعل يتم خلاله إحلال أحد العناصر محل آخر في مركب ما.

skeletal system/الجهاز العظمي منظومة الأعضاء التي تلعب دورا أساسيا في دعم الجسم وحمايته ومساعدته على الحركة.

skepticism/ارتيابية نزعة عقلية تدفع صاحبها للتشكك في مدى صحة الأفكار المسلم بها.

slope/انحدار قياس درجة ميل خط ما؛ مقدار الارتفاع فوق الخط الأفقي.

small intestine/معَى دقيق (ج. أمعاء دقيقة) عضو يصل بين المعدة والأمعاء الغليظة يتم فيه تكسير أكبر قدر من الطعام وامتصاص الكثير من المواد الغذائية.

smog/ضباب دخاني؛ ضُخْن ضباب كيميائي ضوئي يتكون نتيجة لتفاعل ضوء الشمس مع الملوثات الصناعية وقود الاحتراق.

social behavior/سلوك اجتماعي التفاعل بين حيوانات من نفس النوع.

software/برمجيات مجموعة من التعليمات والأوامر التي توجه عمل الحاسب؛ برنامج للحاسب.

soil/تربة خليط غير متماسك يتكون من الصخور والمواد العضوية والماء والهواء ويمكن أن ينمو عليه النبات.

soil conservation/حماية التربة وسيلة للحفاظ على خصوبة التربة عن طريق وقايتها من عوامل التعرية وفقد المواد الغذائية.

soil structure/بنية التربة الترتيب الذي تتخذه جسيمات التربة.

soil texture/نسيج التربة البنية التي تتكون منها جسيمات التربة بنسب معينة.

solar energy/طاقة شمسية الطاقة التي تستمدها الأرض من الإشعاعات المنبعثة من الشمس.

solar nebula/السديم الشمسي سحابة من الغازات والأتربة التي يتكون منها النظام الشمسي.

solenoid/ملف لولبي سلك ملفوف على شكل لولب يمر خلاله تيار كهربي.

solid/صلب الطور أو الحالة التي تتخذ فيها المادة شكلا وحجما ثابتين.

solubility/ذوبانية؛ قابلية للذوبان قابلية إحدى المواد للذوبان في أخرى عند درجة حرارة معينة وتحت ضغط محدد.

solute/مذاب المادة التي تذوب في مذيب أحد المحاليل.

solution/محلول خليط متجانس من مادتين أو أكثر تتحركان بطريقة متماثلة خلال طور تشتت.

solvent/مذيب المادة التي يذوب فيها مذاب أحد المحاليل.

sonic boom/قنبلة صوتية صوت انفجاري يسمع عندما تصل إلى الأذن موجة الصدمة التي يتسبب فيها جسم ما يسير بسرعة تفوق سرعة الصوت.

sound quality/نوعية الصوت ما ينتج من تداخل إيقاعات صوتية تختلف في درجاتها.

sound wave/موجة صوتية موجة طولية تنشأ عن اهتزازات تتحرك خلال وسط مادي.

space probe/مسبار فضاء مركبة فضائية ليس بها طاقم وتحمل أجهزة علمية بهدف جمع البيانات عن الفضاء.

space shuttle/مكوك فضاء مركبة فضائية يمكن استخدامها أكثر من مرة. وهي تشبه الصواريخ لدى إقلاعها بينما تهبط بطريقة أشبه للطائرات.

space station/محطة فضاء قاعدة فضائية تمكث في مدارها لفترات طويلة حيث تنطلق منها المركبات الفضائية الأخرى وتجرى بها الأبحاث العلمية.

speciation/نشوء الأنواع ظهور أنواع جديدة بفضل عملية التطور.

species/نوع مجموعة من الكائنات الحية التي تتصل وبعضها بشكل وثيق ويمكنها التزاوج وإنتاج نسل له القدرة على النمو والتكاثر.

specific heat/حرارة نوعية كمية الحرارة اللازمة لرفع درجة حرارة وحدة الكتلة من المادة المتجانسة درجة مئوية واحدة عند ثبات كل من الضغط والحجم.

spectrum/طيف حزمة من الألوان التي تتكون عند مرور الضوء الأبيض خلال منشور.

speed/مقدار السرعة المسافة التي يقطعها متحرك ما مقسوما على الفترة الزمنية التي يتحرك خلالها.

sperm/نطفة الخلية التناسلية الذكرية.

spleen/الطحال أكبر الأعضاء الليمفاوية بالجسم والذي يقوم بتخزين الدم وتحطيم التالف من خلايا الدم الحمراء بالإضافة إلى إنتاجه للكريات الليمفاوية والبلازميدات.

spore/بوغ خلية تناسلية أو أكثر يمكنها تحمل الظروف البيئية القاسية والنمو دون الحاجة للاتحاد مع خلايا أخرى.

spring tide/المد الأعلى حركة مد شديدة تحدث مرتين كل شهر. وذلك في طوري الهلال والبدر.

stamen/سداة العضو الذكري للزهرة والذي ينتج اللقاح ويحتوي على منابر توجد عند أطراف. الألياف البروتينية.

standing wave/موجة مستقرة ما ينشأ عن الاهتزازات التي تثير موجة ساكنة.

states of matter/حالات المادة الأشكال أو الحالات المادية التي تكون عليها المواد وهي الصلبة والحالة السائلة والحالة الغازية.

static electricity/كهرباء ساكنة شحنات كهربية ساكنة تتولد في العادة بالاحتكاك أو الحث.

stimulus/مثير أي عامل يسبب رد فعل أو تغير في الكائن الحي أو جزء منه.

stoma/ثغر إحدى الفتحات الكثيرة المنتشرة على أسطح أوراق أو سيقان النباتات. وتساعد هذه الحركة في عملية تبادل الغازات مع البيئة المحيطة (والجمع: ثغور).

stomach/معدة العضو الكيسي الذي يصل ما بين المريء والأمعاء الدقيقة. وتقوم المعدة بتكسير الطعام بفضل عضلاتها القوية بالإضافة إلى الإنزيمات والأحماض الموجودة بها.

storm surge/طوفان عاصفي شاطئي ارتفاع موضعي في منسوب مياه البحر بالقرب من الشاطئ بسبب رياح عاصفة شديدة ناتجة عن أحد الأعاصير مثلا.

strata/طبقات طبقات الصخور (والمفرد: طبقة).

stratification/تطبق؛ طباقية ترتيب الصخور الرسوبية في طبقات بعضها فوق بعض.

stratified drift/انجراف طباقي ترسب جليدي على شكل طبقات تتكون بفعل المجاري النهرية الجليدية والمياه التي تذوب منها.

stratosphere/الاستراتوسفير الطبقة العليا من الغلاف الجوي والتي تعلو التروبوسفير وتزداد فيها درجة الحرارة بزيادة الارتفاع.

streak/عرق المعدن لون مسحوق أحد المعادن عند خدشه.

stress/إجهاد استجابة جسمية أو عقلية لضغط ما.

structure/بناء الترتيب الذي تتخذه أجزاء الكائن الحي.

sublimation/تسامي انتقال المادة من الحالة الصلبة إلى الحالة الغازية مباشرة.

subsidence/هبوط تحرك أجزاء كبيرة من القشرة الأرضية إلى أسفل.

succession/تعاقب الظاهرة التي تحل فيها جماعة محل أخرى في نفس المكان خلال فترة زمنية محددة.

sunspot/بقعة شمسية منطقة مظلمة تقع على سطح الشمس ولها درجة حرارة أقل من المناطق المحيطة بها علاوة على أن لها مجال مغناطيسي قوي.

supernova/سوبرنوفا نجم ضخم يحدث فيه انفجار هائل لدى انهياره مما يتسبب في تناثر طبقاته الخارجية في الفضاء.

superposition/تعاقب الطبقات مبدأ يقوم على أن الصخور الأحدث تعلو الصخور الأقدم طالما لم تتعرض لقوى تتسبب في قلب وضعها الأصلي.

surface current/تيار سطحي حركة أفقية لمياه البحر تنشأ بفعل الرياح وتحدث على سطح البحر أو بالقرب منه.

surface tension/توتر سطحي القوة المؤثرة على سطح سائل ما والتي تعمل على أن يتخذ هذا السطح أقل مساحة ممكنة.

suspension/معلق خليط تكون فيه جسيمات المادة غير متعادلة في أحد السوائل أو الغازات.

swamp/مستنقع بيئة مائية ضحلة تنمو فيها الأشجار والشجيرات.

swell/موجة طويلة إحدى الموجات البحرية التي تبتعد مسافة طويلة عن النقطة التي نشأت منها.

swim bladder/نفاخة العوم كيس غازي يوجد في الأسماك العظمية ويساعدها على التحكم في عملية الطفو؛ وتسمى نفاخة العوم أيضا الكيس الغازي.

symbiosis/تضامن حيوي علاقة تنشأ بين اثنين من الكائنات الحية يتعايشان مع بعضهما في حياة مشتركة.

synthesis reaction/تفاعل تخليقي تفاعل تتحد فيه مادتان أو أكثر لتكوين مركب جديد.

systemic circulation/الدورة الجهازية تدفق الدم من القلب إلى أجزاء الجسم كافة والعودة مرة أخرى إلى القلب.

T

T cell /خلية تائية خلية في جهاز المناعة تقوم بتنسيق مهام جهاز المناعة ومهاجمة العديد من الخلايا المصابة.

tadpole/شرغوف يرقانة الضفدع أو ضفدع الطين المائية ذات الشكل السمكي.

taxonomy/علم التصنيف علم توصيف وتسمية الكائنات.

technology/تكنولوجيا تسخير العلم لخدمة الأغراض العملية واستخدام الوسائل والآلات لإشباع الحاجات الإنسانية.

tectonic plate/لوح تكتوني غلاف صخري يتكون من القشرة الخارجية والجزء الخارجي الصلب من الغطاء الصخري.

telescope/تلسكوب جهاز يقوم بتجميع الإشعاع الكهرومغناطيسي من السماء وتركيزه لتوفير ملاحظة أفضل.

temperate zone/المنطقة المعتدلة المنطقة المناخية الواقعة بين المنطقة الاستوائية والمنطقة القطبية.

temperature/درجة الحرارة قياس مدى سخونة أو برودة شيء ما وعلى أخص وجه قياس متوسط الطاقة الحركية لجزيئات جسم ما.

tension/توتر الضغط الناشئ عن فعل القوى لتمديد شيء ما.

terminal velocity/السرعة النهائية السرعة الثابتة للجسم الساقط عندما تكون قوة مقاومة الهواء متساوية في المقدار ومضادة في الاتجاه لقوة الجاذبية الأرضية.

terrestrial planet/كوكب أرضي أحد الكواكب شديدة الكثافة القريبة من الشمس، عطارد والزهرة والمريخ والأرض.

territory/حمى منطقة يعيش فيها حيوان أو مجموعة من الحيوانات لا تسمح للأعضاء الآخرين من النوع بدخولها.

testes/الخصيتان الأعضاء التناسلية الذكرية الأولية التي تنتج السائل المنوي وهرمون التستوسترون (المفرد. خصية)

texture/نسيج نوعية الصخرة التي يتم تحديدها وفقاً لحجم وشكل ومواضع حبيباتها.

theory/نظرية مجموعة من الافتراضات والملاحظات العملية المترابطة.

thermal conduction/التوصيل الحراري انتقال طاقة كالحرارة عبر مادة ما.

thermal conductor/موصل حراري مادة يمكن لطاقة كالحرارة أن تنتقل من خلالها.

thermal energy/طاقة حرارية الطاقة الحركية لذرات المادة.

thermal expansion/التمدد الحراري تمدد حجم المادة نتيجة زيادة درجه حرارتها.

thermal insulator/عازل حراري مادة تحد من انتقال الحرارة أو تمنع انتقالها كليةً.

thermal pollution/تلوث حراري ارتفاع درجة حرارة مسطح مائي نتيجة لنشاط إنساني ويكون لهذا الارتفاع تأثير ضار على المياه وعلى قدرة المسطح المائي على دعم الحياة.

thermocline/انحدار حراري طبقة مائية تهبط خلالها درجة الحرارة بزيادة العمق بشكل أسرع من هبوطها في طبقات الماء الأخرى.

thermocouple/مزدوج حراري جهاز يحول الطاقة الحرارية إلى طاقة كهربائية.

thermometer/ترمومتر جهاز قياس درجة الحرارة.

thermosphere/ثرموسفير أعلى طبقات الغلاف الجوي ترتفع فيها درجة الحرارة كلما زادت دوائر العرض.

thrust/قوة الدفع القوة الدافعة أو الجاذبة التي يبذلها محرك طائرة أو صاروخ.

thunder/الرعد الصوت الناتج عن التمدد السريع للهواء والمصحوب بضربة كهربائية.

thunderstorm/عاصفة رعدية عاصفة ضخمة لكنها قصيرة وتكون مصحوبة في العادة بأمطار ورياح شديدة وبرق ورعد.

thymus/الغدة التيموسية الغدة الأساسية في النظام اللمفاوي التي تفرز اللمفاويات التائية الناضجة.

tidal range/مدى المد الفرق بين منسوب مياه المحيط وقت المد ووقت الجزر.

tide/المد والجذر الارتفاع والانخفاض الدوري لمنسوب المياه في المحيطات والمسطحات المائية الكبيرة الأخرى.

till/حريث جليدي مادة صخرية غير مصنفة تترسب مباشرة من نهر جليدي منصهر.

tissue/نسيج مجموعة من الخلايا المتشابهة تقوم بوظيفة مشتركة.

tonsils/اللوزتان عضوان صغيران مستديرا الشكل من الأنسجة اللمفاوية يقعان في البلعوم والممر الواصل بين الفم والبلعوم.

topographic map/خريطة طبوغرافية خريطة تعرض خصائص سطح الأرض.

tornado/طرناد عمود مدمر من الهواء الدائر يتسم برياح فائقة السرعة ويظهر في صورة سحابة قُمعية الشكل تلامس الأرض.

trace fossil/أثر أحفوري علامة أحفورية على رسابة ناعمة ناتجة عن حركة حيوان.

trachea/القصبة الهوائية في الحشرات وطائفة المفصليات كثيرة الأرجل والعناكب واحدة من شبكة من الأنابيب الهوائية أمّا في الحيوانات الفقارية فهي أنبوب يصل بين الحنجرة والرئتين.

trade winds/الرياح التجارية رياح سائدة تهب باتجاه الشمال الشرقي من دائرة العرض °30 شمالا إلى خط الاستواء وتهب أيضاً باتجاه الجنوب الشرقي من دائرة عرض °30 جنوبا إلى خط الاستواء.

trait/سمة صفة تحدد عن طريق الجينات الوراثية.

transform boundary/حد النقل الحد الفاصل بين الألواح التكتونية التي تنزلق متجاوزة بعضها البعض أفقيا.

transformer/محول التيار جهاز يعمل على زيادة أو خفض فلطية التيار المتردد.

transistor/ترانزستور جهاز شبه موصل يقوم بتضخيم التيار ويستخدم في المضخمات والمذبذبات والمحولات.

translucent/شفاف وصف لكل مادة ينفذ من خلالها الضوء دون الصورة.

transmission/انتقال نفاذ الضوء أو أي شكل آخر من الطاقة عبر المادة.

transparent/شفاف وصف للمواد التي تسمح للضوء بالنفاذ عبرها مع تداخل بسيط.

transpiration/النتح إطلاق النبات لبخار الماء في الهواء عن طريق الثغيرات. وأيضاً إطلاق بخار الماء في الهواء عن طريق الكائنات الحية الأخرى.

transverse wave/موجة مستعرضة موجة تتحرك فيها جزيئات الوسيط بشكل عمودي في اتجاه حركة الموجة.

tributary/رافد نهر يصب في بحيرة أو في نهر أكبر منه.

tropical zone/المنطقة الاستوائية المنطقة التي تحيط بخط الاستواء والتي تمتد من دائرة عرض °23 شمالاً حتى دائرة عرض °23 جنوباً.

tropism/الانتحاء نمو كائن ما أو جزء منه استجابةً لمثير خارجي مثل الضوء.

troposphere/تروبوسفير الطبقة السفلى من الغلاف الجوي التي تنخفض فيها درجة الحرارة بمعدل ثابت كلما ازدادت دوائر العرض.

true north/الشمال الحقيقي الاتجاه نحو القطب الشمالي الجغرافي.

tsunami/تسونامي موجة محيطية هائلة تتبع انفجار بركاني أو زلزال تحت سطح البحر أو انزلاق أرضي.

tundra/التندرا منطقة جرداء عديمة الأشجار توجد في القطب الشمالي أو الجنوبي أو على سفوح الجبال التي تتسم بشتاء قارص وصيف قصير وبارد.

U

umbilical cord/الحبل السري تكوين يشبه الحبل تمر خلاله الأوعية الدموية ويمثل حلقة الوصل بين الجنين الثديي ومشيمة الأم.

unconformity/لاتوافق انقطاع في السجل الجيولوجي نتيجة لتآكل طبقات الصخور أو توقف الترسبات لفترة زمنية طويلة.

undertow/موجة تحتانية تيار تحت سطح الأرض يكون قريباً من الشاطئ ويسحب الأشياء إلى البحر.

uniformitarianism/النسقية (الحاضر مفتاح الماضي) المبدأ القائل بأنه يمكن تفسير العمليات الجيولوجية التي حدثت في الماضي عن طريق العمليات الجيولوجية الحالية.

uplift/مَرفع أرضي ارتفاع مناطق من القشرة الأرضية لمستويات أعلى.

upwelling/تصاعد المياه حركة المياه العميقة الباردة والغنية بالمواد المغذية من القعر إلى السطح.

urinary system/الجهاز البولي الأعضاء التي تقوم بإفراز البول وتخزينه وطرده من الجسم.

uterus/الرحم في أنثى الثدييات، عضو عضلي مجوف تحفظ فيه البويضة المخصبة كما ينمو فيه الجنين والحميل.

V

vagina/المهبل العضو الأنثوي التناسلي الذي يصل الجزء الخارجي من الجسم بالرحم.

valence electron/إلكترون تكافؤ إلكترون يوجد في الغلاف الخارجي من الذرة ويحدد الخصائص الكيميائية لها.

variable/متغير عامل يتغير في تجربة اختبار فرضية علمية.

vascular plant/نبات وعائي نبات ذو أنسجة خاصة تقوم بتوصيل المواد من جزء إلى آخر.

vein/وريد في الأحياء، وعاء يحمل الدم إلى القلب.

velocity/السرعة سرعة جسم ما في اتجاه محدد.

vent/منفس فتحة موجودة على سطح الأرض تنفذ من خلالها المواد البركانية.

vertebrate/فقاري حيوان ذو عمود فقري.

vesicle/حويصلة تجويف صغير أو كيس في الخلية حقيقية النواة يحتوي على مواد. ويتكون عندما يحيط جزء من غشاء الخلية بالمواد التي من المفترض أن تدخل في الخلية أو يتم نقلها داخل الخلية.

virus/فيروس جزيء مجهري يدخل في الخلية وغالبا ما يتسبب في تدميرها.

viscosity/اللزوجة مقاومة غاز أو سائل للسيلان.

vitamin/فيتامين مجموعة من المواد المغذية التي تحتوي على الكربون والتي يحتاجها الجسم بكميات صغيرة للحفاظ على صحته ونموه.

volcano/بركان فتحة أو شق في سطح الأرض تنفذ منه الصهارة البركانية والغازات.إلى السطح.

voltage/فلطية فرق الجهد بين نقطتين وتقاس بالفولت.

volume/الحجم مقدار الحيز الذي يشغله الجسم في الفضاء ثلاثي الأبعاد.

W

water cycle/دورة الماء الحركة المستمرة للماء من المحيط إلى الجو إلى الأرض ثم إلى المحيط مرة أخرى.

water pollution/تلوث الماء اختلاط النفايات أو المواد الكيميائية الضارة بالمياه مما يؤدي إلى الإضرار بالكائنات الحية التي تعيش في المياه أو التي تشرب منها أو تتعرض لها.

water table/مستوى الماء الجوفي السطح الأعلى من المياه الجوفية. الحد الأعلى من منطقة التشبع.

water vascular system/الجهاز الوعائي المائي جهاز يتألف من أنابيب ممتلئة بسوائل مائية تدور خلال جسم الشوكجلديات.

waterfowl/طير الماء طائر مائي مثل البط والإوز والبجع.

watershed/مستجمع مياه الأمطار جزء من الأرض يتم تصريفه عن طريق نظام مائي.

watt/واط الوحدة المستخدمة في قياس الطاقة. وهي تعادل الجول في الثانية.

wave/موجة اضطراب دوري يحدث في المادة الصلبة أو السائلة أو الغازية عند انتقال الطاقة خلال وسيط.

wave speed/سرعة الموجة سرعة انتقال الموجة عبر وسيط.

wavelength/الطول الموجي المسافة بين أي نقطة في موجة والنقطة المناظرة لها في الموجة التالية لها.

weather/الطقس حالة الجو في فترة زمنية قصيرة ويتضمن ذلك درجة الحرارة والرطوبة والتكثيف والصفاء.

weathering/التجوية عملية تفتت المواد الصخرية نتيجة لبعض العمليات الفيزيائية أو الكيميائية.

wedge/إسفين آلة بسيطة تتألف من مسطحين منحنيين، يمكن أن تتحرك وتستخدم عادةً في القطع.

weight/الوزن قياس قوة الجاذبية المبذولة على جسم. قد تتغير قيمتها بتغير موقع هذا الجسم في الكون.

westerlies/الغربيات رياح سائدة تهب من الغرب إلى الشرق بين دائرتي عرض $30°$ و $60°$ في كل من نصفي الكرة الأرضية.

wetland/أرض رطبة قطعة الأرض التي تغمرها المياه بصورة دورية أو تلك التي تتشبع تربتها بقدر كبير من الرطوبة.

wheel and axle/ملفاف آلة بسيطة تتألف من عنصرين مستديري الشكل مختلفي الحجم وتكون العجلة أكبر العنصرين الدائريين.

white dwarf/القزم الأبيض نجم صغير ساخن ومعتم، اللب المتبقي من نجم أكبر.

whitecap/الزبد الفقاعات التي توجد على قمة الموج المتكسر.

wind/عاصفة حركة الهواء الناشئة عن اختلاف ضغط الهواء.

wind power/طاقة الريح استغلال طاحونة الهواء في تدوير مولد كهربائي.

work/الشغل نقل الطاقة إلى عنصر باستخدام قوة تتسبب في حركة هذا العنصر في اتجاه هذه القوة.

work input/دخل الشغل الشغل الذي يبذل على آلة ما. ناتج قوة الدخل والمسافة التي تم بذل القوة من خلالها.

work output/خرج الشغل الشغل الذي تم عن طريق آلة ما. الناتج عن قوة الخرج والمسافة التي تم بذل القوة من خلالها.

X

xylem/خشب نوع من النسيج يوجد في النباتات الوعائية يقوم بدعم النبات ونقل المياه والعناصر الغذائية من الجذور.

year/سنة الفترة الزمنية التي يحتاجها كوكب الأرض لإتمام دورة واحدة حول الشمس.

zenith/السمت النقطة في السماء الواقعة أعلى رأس المشاهد.

A

abiotic/աբիոտիկ նկարագրում է շրջակա միջավայրի անկենդան մասը ներառյալ ջուրը, քարերը, լույսը, ջերմությունը

abrasion/քայքայում քարե մակերեսների ողորկվելը, մաշվելը՝ այլ քարե կամ ավազե մասնիկների մեխանիկական ներգործության պատճառով

absolute dating/բացարձակ տարիքի թվագրում որևէ իրադարձության կամ օբյեկտի տարիքի չափումը տարիներով

absolute magnitude/բացարձակ ձգո ղականություն պայծառությունը, որը աստղը կունենար երկրից 32.6 լուսային տարիների հեռավորության վրա

absolute zero/բացարձակ զրո ջերմաստիճան, որում մոլեկուլյար էներգիան նվազագույնն է (0 K Կելվինի սանդղակով կամ 273.16° Ցելսիուսի սանդղակով)

absorption/կլանում օպտիկայում լույսի էներգիայի կերպափոխվելը նյութի մասնիկների

abyssal plain/խորջրյա հատակ օվկիանոսի ավազանի մեծ, տափակ, համարյա հարթ տարածքը

acceleration/արագացում ժամանակի ընթացքում արագության փոփոխման գործակից; օբյեկտը արագացում է ստանում, եթե նրա արագությունը, ուղղությունը կամ՝ երկուսն էլ միասին, փոփոխվում են

accreted terrane/միացողված տեղանք քարոլորտի մի մաս, որը հողի ավելի մեծ զանգվածի մաս է դառնում, երբ տեկտոնական սալերը բախվում են զուգամիտ սահանքում

acid/թթու ջանկացած միացություն, որը ջրի մեջ լուծվելիս ավելացնում է օքսոնիումի իոնների թիվը

acid precipitation/թթվային տեղումներ թթուների բարձր պարունակությամբ անձրև, կարկուտ կամ ձյուն

activation energy/ակտիվացման էներգիա էներգիայի նվազագույն չափը, որը անհրաժեշտ է քիմիական ռեակցիայի սկսվելու համար

active transport/ակտիվ տեղաշարժում նյութերի շարժը բջջի թաղանթի մի կողմից մյուսը, ինչը բջջից էներգիայի ծախս է պահանջում

adaptation/հարմարվողականություն առանձնահատկություն, որը բարելավվում է անհատի՝ որոշակի միջավայրում գոյատնելու և բազմանալու կարողությունը

addiction/կախվածություն կախում նյութերբրից, ինչպիսիք են ոգելից խմիչքները կամ թմրանյութերը

aerobic exercise/աերոբիկ վարժություն մարմնական վարժություն, նախատեսված սրտի և թոքերի աշխատանքի մակարդակը բարձրացնելու համար՝ խթանելու օրգանիզմի կողմից թթվածնի սպառումը

air mass/օդային զանգված օդի մեծ մաս, որը ամբողջությամբ միանման ջերմաստիճան և խոնավություն ունի

air pollution/օդի աղտոտում մթնոլորտի կեղտոտում՝ մարդկային և բնական աղբյուրներից՝ աղտոտող նյութերի ներմուծման միջոցով

air pressure/մթնոլորտային ճնշում օդի մոլեկուլների որևէ մակերեսի վրա ճնշման ուժի չափը

alcoholism/ալկոհոլիզմ խանգարում, որի ժամանակ անձր հաճախակի ալկոհոլային խմիչներ է խմում այնպիսի քանակությամբ, որը խանգարում է այդ անձի առողջությանը և գործունեությանը

algae/ջրիմուռներ էուկարիոտիկ
օրգանիզմներ, որոնք ֆոտոսինթեզի
միջոցով սննդի են փոխակերպում արևի
էներգիան, սակայն չունեն արմատներ,
ցողուններ կամ տերևներ (եզակի, *ջրիմուռ*)

alkali metal/ալկալիական մետաղ
Մենդելեևի աղյուսակի Խումբ 1-ի
էլեմենտներից մեկը (լիթիում, նատրիում,
կալիում, ռուբիդիում, ցեզիում և
ֆրանցիում)

**alkaline-earth metal/հողալկալիական
մետաղ** Մենդելեևի աղյուսակի Խումբ
2-ի էլեմենտներից մեկը (բերիլիում,
մագնեզիում, կալցիում, ստրոնցիում,
բարիում և ռադիում)

allele/ալել գենի այլընտրանքային ձևերից
մեկը, որը գերակշռում է որևէ հատկանիշ,
ինչպիսին է, օրինակ՝ մազերի գույնը

allergy/ալերգիա մարմնի իմուն
համակարգի ռեակցիան որևէ անվտանգ
կամ սովորական նյութի հանդեպ

**alluvial fan/հովհարանման
ողողադաշտ** նյութի հովհարաձև ձանգված,
որը ջրաբերում է հոսանքը, երբ հողի լանջը
կտրուկ նստում է

altitude/բարձրություն անկյունը երկնքում
գտնվող օբյեկտի և հորիզոնի միջև

alveoli/թոքաբշտիկներ թոքերի փոքրիկ
օդային տոպրակներից որևէ մեկը,
որտեղ փոխանակվում են թթվածինը և
ածխաթթվային գազը

amniotic egg/պտղապատյան ձու ձվի
տեսակ, որը պատված է թաղանթով՝
ամնիոնով, և որը սողունների, թռչունների
և ձվածրող կաթնասունների մոտ
պարունակում է մեծ քանակությամբ
դեղնուց և շրջապատված է կեղևով

amplitude/ամպլիտուդա առավելագույն
հեռավորությունը, որի վրա ալիքի
մեջտեղի կետերը տատանվում են
հանգստի դիրքից

analog signal/անալոգային ազդանշան
ազդանշան, որի հատկությունները
կարող են անընդհատ փոխվել որոշակի
դիապազոնում

anemometer/հողմաչափ գործիք, որը
օգտագործում են քամու արագությունը
չափելու համար

angiosperm/ ծաձկաւսերմ ծաղկավոր
բույս, որը տալիս է պտղի մեջ
պարունակվող սերմեր

animalia/ անիմալիա աշխարհի, որը
բաղկացած է բարդ, բազմաբջջային
օրգանիզմներից, որոնք չունեն բջջի
պատեր, և սովորաբար կարող են
տեղաշարժվել ու արագ կերպով
արձագանքել իրենց շրջապատին

antenna/բեղիկներ շոշափուկ, որը
գտնվում է անողնաշարավոր կենդանու
գլխի վրա, ինչպիսիք են խեցեմորթները
կամ միջատները, և որը ունի շոշափելիք,
համի զգացում կամ հոտառություն:

antibiotic/անտիբիոտիկ դեղորայք, որը
օգտագործվում է բակտերիաները կամ այլ
միկրոօրգանիզմները սպանելու համար

antibody/հակամարմին սպրոտեին, որը
արտադրում են բացոֆիլ ինսուլոցիտները,
որը կապնում է որոշակի հակագենի

anticyclone/հակացիկլոն օդի պտույտը
բարձր ճնշման կենտրոնի շուրջ՝ Երկրի
պտտվելու հակառակ ուղղությամբ

**apparent magnitude/տեսողական
մեծություն** աստղի պայծառությունը,
ինչպես այն երևում է Երկրից

aquifer/ջրատար շերտ քարե կամ
նստվածքի շերտ, որը պահարում է
ստորգետնյա ջրեր և հնարավորություն է
տալիս ստորգետնյա ջրի հոսքի համար

Archaea/Արխէա ժամանակակից դասակարգման համակարգում այնպիսի պրոկարիոտներից կազմված դոմեն, որոնք տարբերվում են այլ պրոկարիոտներից իրենց բջիջների պատերի կառուցվածքով և իրենց գենետիկայով; այս դոմենը պատկանում է Արխեբակտերիաների դասական աշխարհին

Archimedes' principle/Արխիմեդի սկզբունք սկբունք, ըստ որի հեղուկի մեջ գտնվող առարկայի լողունակության ուժը դեպի վեր ուղղված ուժ է, որը հավասար է հեղուկի այն ծավալի քաշին, որը տեղաշարժում է այդ առարկան:

area/մակերես մակերևույթի կամ շրջանի չափսի չափում

artery/զարկերակ արյան անոթ, որով արյունը սրտից դեպի մարմնի օրգաններն է գնում

artesian spring/արտեզյան աղբյուր աղբյուր, որի ջուրը հոսում է ջրատար շերտը ծածկող ապարի ճեղքից

artificial satellite/արհեստական արբանյակ մարդու կողմից ստեղծված ցանկացած օբյեկտ, որը տեղադրվել է տիեզերքում գտնվող մարմնի ուղեծրի վրա

asexual reproduction/անսեռ բազմացում բազմացում, որը չի ենթադրում սեռական բջիջների միաձուլումը և որի ժամանակ մեկ ծնողը սերունդ է տալիս, որը գենետիկորեն նույնական է ծնողին

asteroid/աստերոիդ փոքրիկ, քարքարոտ օբյեկտ, որը պտտվում է արևի շուրջը, սովորաբար Մարսի և Յուպիտերի ուղեծրերի միջև ընկած գոտում

asteroid belt/աստերոիդների գոտի արեգակնային համակարգի շրջան, որը գտնվում է Մարսի և Յուպիտերի ուղեծրերի միջև, որտեղ պտտվում է աստերոիդների մեծ մասը

asthenosphere/աստենոսֆեր Երկրի միջնապատյանի փափուկ շերտը, որի վրա շարժվում են տեկտոնական սալերը

astronomical unit/աստղագիտական միավոր Երկրի և արեգակի միջև միջին տարածությունը; մոտավորապես 150 միլիոն կիլոմետր (խորհրդանշան, ԱՄ)

astronomy/աստղագիտություն տիեզերքը ուսումնասիրող գիտություն

atmosphere/մթնոլորտ գազերի խառնուրդ, որը շրջապատում է մոլորակը կամ արբանյակը

atmospheric pressure/մթնոլորտային ճնշում մթնոլորտի քաշի ճնշումը

atom/ատոմ քիմիական տարրի փոքրագույն միավոր, որը պահպանում է այդ տարրի հատկանիշները

atomic mass/ատոմային քաշ ատոմի քաշը, արտահայտված ատոմային քաշի միավորներով

atomic mass unit/ ատոմային քաշի միավոր քաշի միավոր, որը նկարագրում է ատոմի կամ մոլեկուլի քաշը

atomic number/ատոմային թիվ պրոտոնների թիվը ատոմի միջուկում; ատոմային թիվը նույն է քիմիական տարրի բոլոր ատոմներում

ATP adenosine triphosphate/ԱԵՖ ադենոզինեռաֆոսֆատ մոլեկուլ, որը հանդիսանում է էներգիայի հիմնական աղբյուրը բջջային գործընթացների համար

autoimmune disease/աուտոիմուն հիվանդություն հիվանդություն, որի ժամանակ իմուն համակարգը հարձակվում է սեփական օրգանիզմի բջիջների վրա

average speed/միջին արագություն անցած ընդհանուր տարածությունը բաժանած ընդհանուր ժամանակով

axis/կոորդինատային առանցք գծագրի սահմանները նշող երկու հարաբերման գծերից մեկը

azimuthal projection/ազիմուտային պրոյեկցիա քարտեզային պրոյեկցիա, որը ստեղծվում է` գնդի մակերեսի առանձնահատկությունները հարթություն տեղափոխելով

B

B cell/բացոֆիլ ինսուլոցիտ արյան սպիտակ բջիջ (լեյկոցիտ), որը հակամարմիններ է արտադրում

Bacteria/Բակտերիաներ ժամանակակից դասակարգման համակարգում, այնպիսի պրոկարիոտներից կազմված դոմեն, որոնք տարբերվում են այլ պրոկարիոտներից իրենց բջիջների պատերի կառուցվածքով և իրենց գենետիկայով; այս դոմենը պատկանում է Էուբակտերիաների դասական աշխարհին

barometer/ճնշաչափ գործիք, որը չափում է մթնոլորտային ճնշումը

base/հիմք որևէ խառնուրդ, որը ջրում լուծվելիս ավելացնում է հիդրօքսիդի իոնների քանակը

batholith/բաթոլիթ Երկրի կեղևի ժայթքած ապարի մեծ զանգված, որը մակերեսին հայտնվելու դեպքում, զբաղեցնում է առնվազն 100 կմ² մակերես

beach/լողափ ափեզրի տարածք, որը բաղկացած է ալիքներով դիզած-կուտակած նյութերից

bedrock/արմատային ներքնատարած ապար հողի տակ գտնվող քարե շերտ

benthic environment/բենթիկ միջավայր արհեստական լճակի, լճի կամ օվկիանոսի հատակի մոտ գտնվող շրջանը

Benthos/բենթոս օրգանիզմներ, որոնք ապրում են ծովի կամ օվկիանոսի հատակին

Bernoulli's principle/Բեռնուլիի սկզբունք սկզբունք, համաձայն որի հեղուկի ճնշումը նվազում է հեղուկի արագության աճին զուգահեռ

big bang theory/«մեծ պայթյունի» թեորիա թեորիա, համաձայն որի տիեզերքը ստեղծվել է մոտ 13.7 բիլիոն տարի առաջ տեղի ունեցած հսկայական պայթյունի հետևանքով

binary fission/երկատում անսեռ բազմացման մի ձև միաբջիջ օրգանիզմների մոտ, որի միջոցով մեկ բջիջը բաժանվում է նույն չափի երկու բջիջների

biodiversity/բիոլոգիական զանազանություն կոնկրետ ժամանակաշրջանում օրգանիզմների թիվը և բազմազանությունը որոշակի տարածքում

biomass/բիոզանգված օրգանիկ նյութ, որը կարող է էներգիայի աղբյուր լինել; օրգանիզմների ընդհանուր զանգվածը տվյալ տարածքում

biome/բիոմ մեծ շրջան, որը բնութագրվում է կլիմայի որոշակի տեսակով և կենդանիների ու բույսերի որոշակի համակեցությունններով

bioremediation/կենսավերականգնում վնասակար թափոնների հետևանքների կենսաբանական վերացում կենդանի օրգանիզմների կողմից

biosphere/կենսոլորտ Երկրի այն մասը, որտեղ կյանք գոյություն ունի; ներառում է Երկրի վրա ապրող բոլոր կենդանի օրգանիզմները

biotic/բիոտիկ նկարագրում է շրջակա միջավայրի կենդանի գործոնները

bird of prey/գիշատիչ թռչուն թռչուն, որը
որսում և ուտում է այլ կենդանիներ

black hole/սև անցք այնպիսի խոշոր և
խիտ օբյեկտ, որ նույնիսկ լույսը չի կարող
խուսափել դրա ձգողականությունից

blood/արյուն հեղուկ, որը մարմնի
միջով տանում է գազեր, սննդարար
նյութեր և արտաթորանքը և բաղկացած
է թրոմբոցիտներից, լեյկոցիտներից,
էրիտրոցիտներից, և պլազմայից

blood pressure/արյան ճնշում ուժը, որը
արյունը գործադրում է զարկերակների
պատերի վրա

boiling/գագագնյացում հեղուկի
վերածվելը գոլորշու, երբ հեղուկի գոլորշու
ճնշումը հավասարվում է մթնոլորտային
ճնշմանը

Boyle's law/Բոյլ-Մարիոտի օրենք օրենք,
համաձայն որի գազի ծավալը հակադարձ
համամասնական է գազի ճնշմանը, երբ
ջերմաստիճանը կայուն է

brain/ուղեղ օրգան, որը հանդիսանում
է նյարդային համակարգի հիմնական
կառավարող կենտրոնը

bronchus/բրոնխ թոքերը շնչափողին
միացնող երկու փողերից մեկը

brooding/թուխս նստել նստել ձվերի վրա
և դրանք ծածկել՝ դրանք տաք պահելու
համար միՆչև ձագ հանելը; ճուտ հանել

buoyant force/արտահրիչ ուժ դեպի վեր
ուղղված ուժ, որը առարկան պահում
է հեղուկի մեջ սուզված կամ դրա
մակերեսին

C

---

caldera/հրաբխագոգ մեծ, կլսակլոր
փոս, որը ձևավորվում է, երբ հրաբուժից
ստորև գտնվող մագմայական խուցը
մասնակիորեն դատարկվում է, և դրա
պատճառով վերևում գտնվող գրունտը
նստում է

cancer/քաղցկեղ ուռուցք, որի
ժամանակ բջիջները սկսում են կիսվել
անկառավարելի արագությամբ և դառնում
են ինվագիվ

capillary/մազանոթ արյան շատ փոքր
անոթ, որը հնարավոր է դարձնում
հյուսվածքի արյան և բջիջների միջև
փոխանակումը

carbohydrate/ածխաջուր մոլեկուլների
դաս, որի մեջ մտնում են շաքարները,
օսլաները և թելքը; պարունակում է
ածխածին, ջրածին և թթվածին

carbon cycle/ածխածնի ցիկլ ածխածնի
շարժը անկենդան միջավայրից կենդանի
էակների մեջ և հակառակը

**cardiovascular system/սրտանոթային
համակարգ** մի խումբ օրգաններ, որոնք
տեղափոխում են արյունը ամբողջ
մարմնով

carnivore/մսակեր կենդանի օրգանիզմ,
որը ուտում է կենդանիներ

**carrying capacity/շրջակա
միջավայրի համակարգի պոտենցիալ
տարողունակությունը** ամենամեծ
պոպուլյացիան, որի կենսունակությունը
միջավայրը կարող է ապահովել
ցանկացած ժամանակ

cast/կաղապար քարացուկի տեսակ, որը
ձևատորվում է, երբ նստվածքները լրացնում
են քայքայված օրգանիզմի թողած խոռոչը

catalyst/կատալիզատոր նյութ, որը
փոխում է քիմիական ռեակցիայի
արագությունը առանց սպառվելու կամ
շատ փոփոխվելու

**catastrophism/աղետների
թեորիա** սկզբունք, համաձայն որի
երկրաբանական փոփոխությունները
հանկարծակիորեն են տեղի ունենում

cell/բջիջ բոլոր կենդանի օրգանիզմների ամենափոքր ֆունկցիոնալ և կառուցվածքային միավորը; այն սովորաբար բաղկացած է կորիզից, ցիտոպլազմից և թաղանթից

cell/մարտկոց էլեկտրականության մեջ՝ սարք, որը էլեկտրական հոսանք է արտադրում՝ քիմիական կամ ճառագայթման էներգիան կերպափոխելով էլեկտրական էներգիայի

cell cycle/բջջի ցիկլ բջջի կենսական ցիկլը

cell membrane/բջջաթաղանթ ֆոսֆոլիպիդյան շերտ, որը պատում է բջջի մակերեսը և արգելապատ է հանդիսանում բջջի ներսամասի և բջջի շրջապատի միջև

cell wall/բջջապատ կարծր կառույց, որը շրջապատում է բջջաթաղանթը և հենարան է հանդիսանում բջջի համար

cellular respiration/բջջային շնչառություն գործընթած, որի միջոցով բջիջները օգտագործում են թթվածին՝ սննդից էներգիա ստանալու համար

Cenozoic era /կայնոզոյան դարաշրջան ներկային ամենամոտ երկրաբանական դարաշրջանը, որը սկվում է 65 միլիոն տարի առաջ; նաև կոչվում է *Կաթնասունների դարաշրջան*

central nervous system/կենտրոնական նյարդային համակարգ ուղեղը և ողնուղեղը; դրա հիմնական գործառնությունն է կառավարել տեղեկատվության հոսքը մարմնի մեջ

change of state/վիճակի փոփոխություն նյութի մեկ ֆիզիկական վիճակից մյուսի փոփոխվելը

channel/ջրանցք ուղին, որով անցնում է հոսքը

Charles's law/Գեյ-Լյուսակի օրենք օրենք, համաձայն որի գազի ծավալը ուղղակիորեն համամասնական է գազի ջերմաստիճանին, երբ ճնշումը կայուն է

chemical bond/քիմիական կապ փոխներգործություն, որը միակցում է ատոմները կամ իոնները

chemical bonding/քիմիական կապ ատոմների միավորումը՝ մոլեկուլներ կամ իոնական միացություններ կազմելու համար

chemical change/քիմիական ռեակցիա փոփոխություն, որը տեղի է ունենում, երբ մեկ կամ ավելի նյութեր կերպափոխվում են ամբողջապես նոր նյութերի, որոնք ոչ նման հատկություններ ունեն

chemical energy/քիմիական էներգիա էներգիա, որը արտագատվում է, երբ քիմիական միացությունը մտնում ռեակցիայի մեջ՝ սինթեգելու նոր միացություններ

chemical equation/քիմիական հավասարություն քիմիական ռեակցիայի ներկայացում, որը խորհրդանշաններ է օգտագործում ՝ ցույց տալու հարաբերությունը ռեագենտների և արգասիքների միջև

chemical formula/քիմիական բանաձև քիմիական խորհրդանշանների և թվերի համակցություն, որը նյութ է նշանակում

chemical property/քիմիական հատկություն նյութի հատկություն, որը նկարագրում է նյութի՝ քիմիական ռեակցիաների մեջ մտնելու ունակությունը

chemical reaction/քիմիական ռեակցիա գործընթաց, որի միջոցով երկու կամ ավելի նյութեր փոփոխվում են՝ սինթեգելու մեկ կամ ավելի այլ նյութեր

chemical weathering/քիմիական էրոզիա գործընթաց, որի միջոցով ժայռերը քայքայվում են քիմիական ռեակցիաների արդյունքում

chlorophyll/քլորոֆիլ կանաչ գունանյութ, որը կլանում է լույսի էներգիան ֆոտոսինթեզի համար

chloroplast/քլորոպլաստ օրգանիդ, որը գտնվում է բույսերի և ջրիմուռների բջիջներում, որտեղ տեղի է ունենում ֆոտոսինթեզ

chromosome/քրոմոսոմ էուկարիոտիկ բջջում, կորիզում գտնվող կառույցներից մեկը, որը բաղկացած է ԴՆԹ-ից և սպիտակուց; պրոկարիոտիկ բջջում, ԴՆԹ-ի հիմնական օղակը

circadian rhythm/ցիրկադյան ռիթմ օրական կենսաբանական ցիկլ

circuit board/մեկուսատախտակ մեկուսիչ նյութի թերթ, որի մեջ տեղադրված են սխեմայի էլեմենտները և որը ներդրվում է էլեկտրոնային սարքի մեջ

classification/դասակարգում օրգանիզմների բաժանումը խմբերի կամ դասերի` ելնելով որոշակի առանձնահատկություններից

cleavage/կլիվաժ հանքաքարերի ճեղքատում հարթ, տափակ մակերեսների երկայնքով

climate/կլիմա տարածքի միջին եղանակային պայմանները մեծ ժամանակաշրջանում

closed circulatory system/փակ արյունատար համակարգ արյունատար համակարգ, որտեղ սիրտը շրջանառում է արյունը անոթների համակարգի միջով, որը փակ ցիկլ է կազմում; արյունը դուրս չի գալիս արյան անոթներից, և նյութերը տարածվում են անոթների պատերի միջով

cloud/ամպ օդում կախված ջրի փոքր կաթիլների կամ սառցե բյուրեղների հավաքածու, որը գոյանում է օդի հովացման ժամանակ, և երբ տեղի է ունենում կոնդենսացում

coal/ածուխ հանածո վառելանյութ, որը ձևավորվում է գետնի տակ` մասնակիորեն փտած բուսական նյութից

cochlea/ականջախխունջ ոլորված փող, որը գտնվում է ներքին ականջի մեջ և որը էական նշանակություն ունի լսողության համար

coelom/մարմնի երկրորդական խոռոչ մարմնի խոռոչ, որը պարունակում է ներքին օրգանները

coevolution/համատեղ էվոլյուցիա երկու տեսակների էվոլյուցիա` փոխադարձ ազդեցության շնորհիվ, հաճախ այնպես, որ երկու տեսակների համար էլ այդ հարաբերությունը ավելի շահավետ է դառնում

colloid/կոլոիդ խառնուրդ, որը բաղկացած է շատ փոքր մասիկներից, որոնք միջին չափը ունեն` լուծույթների և կախույթների նման մասնիկների չափերի միջև, և որոնք կախույթ են տալիս ջրում, չոր նյութում կամ գազում

combustion/այրում նյութի վառվելը

comet/գիսաստղ սառույցից, քարից կամ տիեզերական փոշուց կազմված փոքր մարմին, որը ունի էլիպտիկ ուղեծիր արեգակի շուրջ, և որը գազ և փոշի է արտագատում պոչի տեսքով, երբ այն արեգակից մոտիկ է անցնում

commensalism /կոմենսալիզմ հարաբերություն երկու օրգանիզմների միջև, որ շահավետ է մեկ օրգանիզմի համար, իսկ մյուս օրգանիզմը դրանից ազդեցություն չի կրում

communication/հաղորդակցում ազդանշանի կամ հաղորդագրության փոխանցում մեկ կենդանուց մյուսին, որի արդյունքում կա որոշակի տեսակի արձագանք

community/համակեցություն տեսակների բոլոր պոպուլյացիաները, որոնք ապրում են նույն բնական միջավայրում և փոխազդում են միմյանց

composition/կազմություն ժայռի քիմիական կառուցվածքը; նկարագրում է կամ միներալները կամ ժայռում պարունակվող այլ նյութերը

compound/միացություն նյութ, որը կազմված է երկու կամ ավելի տարբեր քիմիական տարրերի ատոմներից, որոնք միացած են քիմիական կապերով

compound eye/բարդ աչք աչք, որը բաղկացած է շատ լյուսընդունիչներից

compound light microscope/բարդ օպտիկական մանրադիտակ գործիք, որը խոշորացնում է փոքր օբյեկտները, այնպես որ նրանց հեշտությամբ հնարավոր է տեսնել` օգտագործելով երկու կամ ավելի ոսպնյակներ

compound machine/բարդ մեքենա մեքենա, որը կազմված է մեկից ավելի պարզ մեքենաներից

compression/կոմպրեսիա ճնշում, որը գործադրվում է այն ժամանակ, երբ ուժերը սեղմում են առական

computer/համակարգիչ էլեկտրոնիկ սարք, որը կարող է ընդունել տվյալներ և ցուցմունքներ, կատարել այդ ցուցմունքները և արդյունքներ ներկայացնել

concave lens/գոգավոր ոսպնյակ ոսպնյակ, որի մեջտեղը ավելի բարակ է, քան ծայրերը

concave mirror/գոգավոր հայելի հայելի, որը կորանում է դեպի ներս, ինչպես գդալի ներսի մասը

concentration/կոնցենտրացիա որոշակի նյութի քանակը` խառնուրդի, լուծույթի կամ հանքանյութի որոշակի քանակի մեջ

condensation/խտացում նյութի վիճակի փոփոխությունը` գազից հեղուկի

conduction/հաղորդականություն էնե րգիայի փոխանցումը, ինչպես օրինակ` տաքության, նյութի միջով

conic projection/կոնային պրոյեկցիա քարտեզագրական պրոյեկցիա, որը ստանում են` զնդի մակերեսի առանձնահատկությունները տեղափոխելով կոնի վրա

conservation/շրջակա միջավայրի պահպանում բնական ռեսուրսների պահպանում և խելամիտ օգտագործում

constellation/համաստեղություն երկնքի շրջան, որը ունի աստղերից կազմված ճանաչելի պատկեր և որը օգտագործում են տիեզերքում օբյեկտների տեղադրությունը նկարագրելու համար

consumer/կոնսումենտ օրգանիզմ, որը սնվում է այլ օրգանիզմներով կամ օրգանական նյութերով

continental drift/մայրցամաքային տեղաշարժ վարկած, համաձայն որի մայրցամաքները մի ժամանակ կազմել են մեկ ընդհանուր մայրցամաք,մասնատվել և տեղաշարժվել են դեպի իրենց ներկա տեղադրությունը

continental rise/մայրցամաքային թեքվածբ մայրցամաքի ծայրի մի փոքր թեքություն ունեցող հատվածը, որը գտնվում է մայրցամաքային լանջի և խորջրյա հատակի միջև

continental shelf/մայրցամաքային շելֆ մայրցամաքային ծայրի մի փոքր թեքություն ունեցող հատվածը, որը գտնվում է ջրափյա գծի և մայրցամաքային լանջի միջև

continental slope/մայրցամաքային լանջ մայրցամաքային ծայրի կտրուկ զառիթափի հատվածը, որը գտնվում է մայրցամաքային թեքվածքի և մայրցամաքային շելֆի միջև

contour feather/ուրվագծային փետուր
թռչնի մարմինը ծածկող ամենաարտաքին
փետուրները, որոնք որոշում են նրա
ուրվագիծը

**contour interval/հավասարագծերի միջև
միջակայք** բարձրության տարբերությունը
մեկ ուրվագծի և հաջորդի միջև

contour line/հավասարագիծ գիծ, որը
միացնում է նույն բարձրության վրա
գտնվող կետեր

controlled experiment/ստուգող փորձ
փորձ, որը մեկ անգամով ստուգում
է միայն մեկ գործոն՝ համեմատելով
ստուգիչ խումբը փորձարարական խմբի
հետ

convection/կոնվեկցիա նյութի շարժը՝ ի
շնորհիվ խտության տարբերությունների;
էներգիայի փոխանցում՝ ի շնորհիվ նյութի
շարժման

convection current/կոնվեկցիոն հոսք
նյութի որևէ շարժում, որը առաջացում
է խտության տարբերությունների
պատճառով; կարող է լինել ուղղահայաց,
շրջանաձև կամ շրջանային

**convergent boundary/զուգամիտ
սահման** սահման, որը առաջացել է երկու
քարոլորտային սալերի ընդհարման
արդյունքում

convex lens/ուռուցիկ ոսպնյակ ոսպնյակ,
որի մեջտեղի մասը ծայրերից ավելի հաստ
է

convex mirror/ուռուցիկ հայելի հայելի,
որը դեպի դուրս է կորանում, ինչպես
գդալի եռնի մասը

core/միջուկ Երկրի կենտրոնական մասը,
որ գտնվում է միջնապատյանի տակ

Coriolis effect/Կորիոլիսի էֆեկտ Երկրի
պտտման պատճառով շարժվող օբյեկտի
հետոազդի ակնհայտ կորացում, որ
հակառակ դեպքում ուղիղ կլիներ

Cosmology/տիեզերաբանություն տի
եզերքի գոյացման, հատկությունների,
գործընթացների և էվոլյուցիայի
ուսումնասիրություն

**covalent bond/համարժեքական
կապ** կապ, որը ձևավորվում է, երբ
ատոմները ունեն էլեկտրոնների մեկ կամ
ավելի ընդհանուր զույգեր

**covalent compound/համարժեքական
միացություն** քիմիական միացություն, որը
ձևավորվում է ընդհանուր էլեկտրոններ
ունենալու միջոցով

crater/խառնարան ձագարաձև փոս, որը
գտնվում է հրաբուխի կենտրոնական անցքի
վերևամասի մոտ

creep/սողանք հողմահարված քարե
նյութի դանդաղ զատիվայր շարժը

crust/երկրագնդի կեղև Երկրի բարակ և
պինդ ամենավերևում գտնվող շերտը, որը
գտնվում է միջնապատյանից վերև

crystal/բյուրեղ պինդ նյութ, որի
ատոմները, իոնները կամ մոլեկուլները
դասավորված են հստակ ձևով

crystal lattice/բյուրեղացանց բյուրեղի
դասավորության կանոնավոր պատկեր

cyclone/ցիկլոն մթնոլորտի տարածք,
որը ավելի ցածր ճնշում ունի, քան
շրջապատող տարածքները, և ունի
քամիներ, որոնք պարուրաձև շարժվում են
դեպի կենտրոն

**cylindrical projection/գլանային
պրոյեկցիա** քարտեզագրական
պրոյեկցիա, որը ստանում են՝ երկրագնդի
մակերեսի առանձնահատկությունները
տեղափոխելով գլանի վրա

cytokinesis/բջջի բաժանում բջջի
ցիտոպլազմի բաժանումը

cytoskeleton/բջջի կմախք պրոտեինային
թելերի ցիտոպլազմի ցանց, որը էական
դեր է խաղում բջջի շարժման, ձևի և
բաժանման համար

D

data/տվյալներ ցանկացած տեղեկատվություն, որը ստանում են դիտարկումների կամ փորձերի միջոցով

day/օր ժամանակը, որում Երկիրը մեկ պտույտ է կատարում իր առանցքի շուրջ

decibel/դեցիբել ձայնի ուժգնության չափման ամենատարածված միավոր (խորհրդանշան, դբ)

decomposer/ռեդուցենտ օրգանիզմ, որը էներգիա է ստանում՝ քայքայելով մեռած օրգանիզմների մնացուկները կամ կենդանիների արտաթորանքը և սպառելով կամ կլանելով սննդարար նյութերը

decomposition/տրոհում նյութերի բաժանումը ավելի պարզ մոլեկուլյար նյութերի

decomposition reaction/տրոհման ռեակցիա ռեակցիա, որի ժամանակ մեկ միացությունը տրոհվում է երկու կամ ավելի համեմատաբար պարզ նյութերի

deep current/խորքային հոսանք օվկիանոսի ջրի մակերեսի տակով անցնող հոսքային շարժում

deep-water zone/հատակային ջրի գոտի լճի կամ արհեստական լճակի լճակի գոտի, բաց ջրի գոտու ստորև, որտեղ չի թափանցում լույսը

deflation/հողմահարում քամուց պատճառվող էրոզիայի մի տեսակ, որի ճամանակ հողի փոքր, չոր մասնիկները հողմահարվում են

deformation/այլաձևում Երկրի կեղևի ծռվելը, թեքվելը և ջարդվելը; ժայռի ձևի փփոխությունը՝ ճնշման արդյունքում

delta/գետաբերան նյութի հովհարաձև զանգված, որը նստվածք է տալիս հոսքի բերանում

density/խտություն նյութի քաշի հարաբերակցությունը նյութի ծավալին

dependent variable/կախյալ փոփոխական փորձում, գործոնը, որը փոփոխվում է մեկ կամ ավելի գործոնների (անկախ փոփոխականների) մանիպուլյացիայի արդյունքում

deposition/նստվածք տալը գործընթաց, որի ժամանակ նյութը ցած է դրվում

dermis/բուն մաշկ վերնամաշկի տակ գտնվող մաշկի շերտը

desalination/անալիացում ծովաջրից աղը անջատելու գործընթացը

desert/անապատ տարածք, որը ունի շատ քիչ կամ ընդհանրապես չունի բուսական կյանք, այնտեղ երկար ժամանակ անձրև չի տեղում, և ջերմաստիճանը այնտեղ ծայրահեղ է; սովորաբար գտնվում է չոր կլիմաներում

dew point/խտացման ջերմաստիճան կայուն ջերմաստիճանի և չոր կայուն գոլորշապարունակության պայմաններում՝ ջերմաստիճան, որում խտացման արագությունը հավասարվում է գոլորշիացման արագությանը

diaphragm/դիաֆրագմա կամարաձև մկան, որը կպնում է ներքևի կողերին և շնչառության ընթացքում գործում է որպես հիմնական մկան

dichotomous key/դիխոտոմ բանալի օժանդակ միջոց, որը օգտագործվում է օրգանիզմներ նույնականացնելու համար և որը բաղկացած է մի շարք հարցերի մի շարք պատասխաններից

differential weathering/դիֆերենցիալ հողմահարում գործընթաց, որի ժամանակ համեմատաբար ավելի փափուկ, եղանակային պայմաններին ավելի նվազ դիմացկուն ժայռերը քայքայվում են, և մնում են միայն ավելի կարծր, եղանակային պայմաններին ավելի դիմացկուն ժայռեր

differentiation/տարբերակում
գործընթաց, որի ժամանակ
օրգանիզմի մասերի կառուցվածքը և
գործառնությունները փոխվում են՝ այդ
մասերի մասնագիտացումը ապահովելու
համար

diffraction/դիֆրակցիա ալիքի
ուղղության փոփոխությունը, երբ ալիքը
արգելքի կամ ծայրի է հանդիպում,
ինչպիսին է, օրինակ՝ անցքը

diffusion/դիֆուզիա մասնիկների շարժը
բարձր խտության շրջաններից դեպի ցածր
խտության շրջաններ

**digestive system/մարսողական
համակարգ** օրգաններ, որոնք պայթայում
են սնունդը, այնպես որ այն կարող է
օգտագործվել մարմնի կողմից

**digital signal/ընդհատուն
ազդանշան** ազդանշան, որը հնարավոր
է ներկայացնել դիսկրետների
հաջորդականությամբ

diode/դիոդ էլեկտրոնիկ սարք, որը
էլեկտրական լիցքին թույլ է տալիս ավելի
հեշտությամբ շարժվել մի ուղղությամբ՝ ի
համեմատություն մյուս ուղղության

divergent boundary/տարամիտ սահման
սահման երկու տեկտոնիկ սալերի միջև,
որոնք միմյանցից հեռանում են

divide/ջրաբաժանք սահման երկու
ջրահավաք տարածքների միջև, որոնց ջրի
հոսքերը հոսում են միմյանց հակառակ
ուղղություններով

DNA/ԴՆԹ դեզօքսիռիբոնուկլեինաթ
ին թթու, մոլեկուլ, որ առկա է բոլոր
կենդանի բջիջներում և պարունակում
է տեղեկատվություն, որը որոշում է
կենդանի օրգանիզմի ժառանգաբար
փոխանցվող, կյանքի համար անհրաժեշտ
հատկությունները

**dominant trait/դոմինանտային
հատկանիշ** հատկանիշ, որը ի հայտ է
գալիս առաջին սերնդի մոտ, երբ ծնողները
ունեն տարբեր հատկանիշներ

doping/լեգիրում խառնուկի ավելացումը
կիսահաղորդիչի մեջ

Doppler effect/Դոպլերի էֆեկտ ալիքի
հաճախականության դիտարկվող
փոփոխություն, երբ աղբյուրը կամ
դիտարկողը շարժման մեջ է

dormant/ննջող նկարագրում է սերմի
կամ այլ բույսի իներտ վիճակը, եր
պայմանները բարենպաստ չեն աճի
համար

**double-displacement reaction/կրկնակի
տեղակալման ռեակցիա** ռեակցիա, որի
ընթացքում գազ, պինդ նստվածք կամ
մոլեկուլյար միացություն է ձևավորվում
երկու միացությունների միջև իոնների
փոխանակման արդյունքում

down feather/աղվափետուր փափուկ
փետուրները, որոնցով ծածկված է
թռչունների ձագերի մարմինը և որոնք
ջերմամեկուսացում են ապահովում
չափահաս թռչունների համար

drag/աերոդինամիկ դիմադրություն ուժ,
որը զուգահեռ է հոսքի արագությանը;
այն հակադրվում է օդանավերի
շարժման ուղղությանը և համակցվելով
ռեակտիվ ուժին, որոշում է օդանավերի
արագությունը

drug/դեղ ցանկացած նյութ, որը
հանգեցնում է անձի ֆիզիկական կամ
հոգեբանական վիճակի փոփոխության

dune/ավազաթումբ հողմերի արդյունքում
նստվածք տված ավազի բլուր, որը
պահպանում է իր ձևը՝ չնայած նրան որ
այն տեղաշարժվում է

E

echo/արձագանք արտագոլված ձայնային ալիք

echolocation/ձայնային տեղորոշում արտագոլված ձայնային ալիքների միջոցով օբյեկտներ գտնելու գործընթացը; օգտագործվում է այնպիսի կենդանիների կողմից, ինչպիսիք են չղջիկները

eclipse/խավարում իրադարձություն, որի ժամանակ մեկ երկնային մարմնի ստվերը ընկնում է մյուսի վրա

ecology/էկոլոգիա կենդանի օրգանիզմների միմյանց և շրջակա միջավայրի հետ փոխազդեցությունների ուսումնասիրություն

ecosystem/էկոլոգիական համակարգ օրգանիզմների համակեցություն և նրանց աբիոտիկ կամ անկենդան շրջապատը

ectotherm/սառնարյուն օրգանիզմ, որը կարիք ունի իրենից դուրս գտնվող ջերմության աղբյուրների

egg/ձու էգի կողմից արտադրվող սեռական բջիջ

El Niño/Էլ Նինո Խաղաղ օվկիանոսի չրի մակերեսի ջերմաստիճանի փոփոխությունը, որի հետևանքում զով հոսանք է առաջանում

elastic rebound/առաձգական արտամղում առաձգականորեն այլաձևված ժայռի հանկարծակի վերադարձը իր ոչ այլաձևված տեսքի

electric current/էլեկտրական հոսանք լիցքերի որոշակի կետի միջով անցնելու արագությունը; չափվում է ամպերներով

electric discharge/էլեկտրական պարպում որևէ աղբյուրում պաշարված էլեկտրականության ազատ արձակում

electric field/էլեկտրական դաշտ տարածությունը լիցքավորված օբյեկտի շուրջ, որի ներսում մի այլ լիցքավորված օբյեկտ առնչվում է էլեկտրական ուժի հետ

electric force/էլեկտրական ուժ լիցքավորված մասնիկի վրա ազդող ձգողության կամ վանման ուժ, որի պատճառը էլեկտրական դաշտն է

electric generator/էլեկտրական գեներատոր սարք, որը մեխանիկական էներգիան կերպափոխում է էլեկտրական էներգիայի

electric motor/էլեկտրական շարժիչ սարք, որը էլեկտրական էներգիան կերպափոխում է մեխանիկական էներգիայի

electric power/էլեկտրական ուժ արագություն, որով էլեկտրական էներգիան կերպափոխվում է է էներգիայի այլ ձևերի

electrical conductor/էլեկտրականության հաղորդիչ նյութ, որի մեջ լիցքերը կարող են ազատ կերպով տեղաշարժվել

electrical insulator/էլեկտրական մեկուսիչ նյութ, որի մեջ լիցքերը չեն կարող ազատ կերպով տեղաշարժվել

electromagnet/էլեկտրոմագնիս կոճ, որը ունի փափուկ երկաթե միջուկ և որը մագնիսի դեր է տանում, երբ կոճում կա էլեկտրական հոսանք

electromagnetic induction/ էլեկտրոմագնիսական ինդուկցիա շղթայի մեջ հոսանք ստեղծելու գործընթացը՝ մագնիսական դաշտի փոփոխության միջոցով

electromagnetic spectrum/ էլեկտրոմագնիսական սպեկտր էլեկտրոմագնիսական ճառագայթման բոլոր հաճախականությունները կամ ալիքների երկարությունները

**electromagnetic wave/
Էլեկտրոմագնիսական ալիք** ալիք, որը
կազմված է էլեկտրական և մագնիսական
դաշտերից, որոնք տատանվում են
միմյանց հանդեպ ուղիղ անկյունների տակ

electromagnetism/Էլեկտրամագնետիզմ
փոխազդեցությունը էլեկտրականության և
մագնիսական երևույթների միջև

electron/Էլեկտրոն ենթապատոմային
մասնիկ, որը բացասական լիցք ունի

electron cloud/Էլեկտրոնային ամպ
շրջան ատոմի միջուկի շուրջ, որտեղ
հավանական է, որ գտնվում են
էլեկտրոնները

**electron microscope/Էլեկտրոնային
հեռադիտակ** հեռադիտակ, որը
կենտրոնացնում է էլեկտրոնների
ճառագայթների խուրցերը՝ օբյեկտները
խոշորացնելու համար

element/քիմիական տարր նյութ, որը
հնարավոր չէ քիմիական միջոցներով
բաժանել կամ տրոհել ավելի պարզ
նյութերի

elevation/բարձրություն օբյեկտի
բարձրությունը ծովի մակարդակից

embryo/պտուղ մարդկանց մոտ,
զարգացող անհատ՝ սկսած
բեղմնավորումից մինչև հղիության 10-րդ
շաբաթը

endocrine system/ներծորոդ համակարգ
գեղձերի և բջիջների խմբերի
հավաբածու, որը աճը, զարգացումը և
հոմեոստազիսը կառավարող հորմոններ
է արտազատում; ներառում է մակուղեղը,
վահանաձև գեղձ, հարվահանաձև
գեղձ, մակերիկամային գեղձերը,
հիպոթալամուսը, էպիֆիզը, և գոնադները

endocytosis/Էնդոցիտոզ գործընթած, որի
միջոցով բջջի թաղանթը շրջապատում
է որևէ մասնիկ և այդ մասնիկը
շրջապատում է բշտիկով՝ մասնիկը բջջի
մեջ քաշելու համար

**endoplasmic reticulum/Էնդոպլազմիկ
ցանց** թաղանթների համակարգ,
որը գտնվում է բջջի ցիտոպլազմում
և որը օժանդակում է պրոտեինների
արտադրմանը, մշակմանը և
փոխադրմանը, ինչպես նաև լիպիդների
արտադրմանը

endoskeleton/ներքին կմախք ոսկրերից և
կռճիկից կազմված ներքին կմախք

endospore/Էնդոսպոր հաստ պատերով
պաշտպանական սպոր, որը ձևավորվում է
բակտերիայի բջջի ներսում և դիմակայում
է խիստ պայմաններին

endotherm/տաքարյուն կենդանի
կենդանի, որը կարող է մարմնի քիմիական
ռեակցիաներից առաջացած մարմնի
տաքությունը օգտագործել՝ պահպանելու
մարմնի կայուն ջերմաստիճան

**endothermic reaction/ջերմակլանիչ
ռեակցիա** քիմիական ռեակցիա, որը
տաքություն է պահանջում

energy/Էներգիա աշխատանք կատարելու
ներուժ

**energy conversion/Էներգիայի
փոխարկում** Էներգիայի մեկ ձի
փոխոխությունը մյուսի

energy pyramid/Էներգետիկ բուրգ
եռանկյունաձև դիագրամ, որը ցույց
է տալիս էկոլոգիական համակարգի
Էներգիայի կորուստը, որը տեղի է
ունենում, երբ Էներգիան անցնում է
էկոլոգիական համակարգի սնման
շղթայով

energy resource/Էներգիական պաշար
բնական պաշար, որը մարդիկ
օգտագործում են Էներգիա ստանալու
համար

eon/դարաշրջան երկրաբանական
ժամանակի ամենամեծ միավոր

epicenter/Էպիկենտրոն կետ Երկրի մակերեսի վրա, որը գտնվում է երկրաշարժի սկզբնակետի կամ էպիկենտրոնի ուղիղ վերևում

epidermis/մաշկ բույսի կամ կենդանու բջիջների մակերեսին գտնվող շերտը

epoch/էպոխա երկրաբանական ժամանակաշրջանի ստորաբաժանում

equator/հասարակած բևեռների միջև կես ճանապարհին գտնվող երևակայական շրջան, որը Երկիրը բաժանում է Հյուսիսային և Հարավային կիսագնդերի

era/դարաշրջան երկրաբանական ժամանակի միավոր, որը ընդգրկում է երկու կամ ավել շրջաններ

erosion/էրոզիա գործընթաց, որի միջոցով քամին, ջուրը, սառույցը, կամ ձգողությունը փոխադրում է հողը և նստվածքը մեկ վայրից մյուսը

esophagus/կերակրափող երկար, ուղիղ փող, որը միացնում է ըմպանը ստամոքսին

estivation/ամառային քնափություն ա նգործունեության ժամանակաշրջան և մարմնի ավելի ցած ջերմաստիճան, որը հանդես է գալիս որոշ կենդանիների մոտ ամռանը, որպես պաշտպանություն չոր եղանակից և սննդի պակասից

estuary/գետաբերան տարածք, որտեղ գետի քաղցրահամ ջուրը խառնվում է օվկիանոսի աղի ջրին

Eukarya/Էուկարիա ժամանակակից դասակարգման համակարգում, դոմեն, որը բաղկացած է բոլոր էուկարիոտներից; այս դոմենը պատկանում է պարզագույն միաբջիջ կենդանիներ, սնկերի, բույսերի և Անիմալիայի ավանդական աշխարհներին

Eukaryote/Էուկարիոտ օրգանիզմ, որը բաղկացած է թաղանթի մեջ կորիզ ունեցող բջիջներից; էուկարիոտների մեջ մտնում են պարզագույն միաբջիջ կենդանիները, կենդանիները, բույսերը և սնկերը, բայց ոչ արխեբակտերիաները կամ բակտերիաները

evaporation/գոլորշիացում միացության փոփոխությունը հեղուկից գազի

evolution/Էվոլյուցիա գործընթաց, որի ժամանակ պոպուլյացիայի ժառանգած առանձնահատկությունները փոխվում են սերունդների փոփոխման ընթացքում, այնպես որ երբեմն գոյանում են նոր տեսակներ

exfoliation/Շերտազատում գործընթաց, որի միջոցով մեծ ժայռերի մակերեսներից բարակ շերտեր են զատվում՝ ձևման դաղարեցման պատճառով

exocytosis/Էկզոցիտոզ գործընթաց, որի ժամանակ բջիջը արտազատում է մասնիկ՝ այդ մասնիկը ներառելով բշտիկի մեջ, որը ապա շարժվում է դեպի բջջի մակերեսը և ձուլվում է բջջի թաղանթին

exoskeleton/արտաքին կմախք կարծր, արտաքին, հենարան հանդիսացող կառույց

exothermic reaction/Ջերմանջատիչ ռեակցիա քիմիական ռեակցիա, որի ընթացքում միջավայրի մեջ ջերմություն է արտազատվում

external fertilization/արտաքին բեղմնավորում սեռական բջիջների միավորում՝ ձնողների օրգանիզմներից դուրս

extinct/անհետացած նկարագրում է տեսակ որը ամբողջությամբ մահացել է

extinction/բնաջինջ լինելը տեսակի բոլոր անդամները մահը

extrusive igneous rock/հրաբխային լեռնատեսակ ժայռ, որը ձևավորվում է՝ Երկրի մակերեսին կամ դրա մոտ տեղի ունեցած հրաբխային գործունեության արդյունքում

F

farsightedness/հեռատեսություն վիճակ, որի ժամանակ աչքի ոսպնյակը հեռավոր առարկաները կենտրոնացնում է ոչ թէ ցանցաթաղանթի վրա այլ դրա ետևը

fat/ճարպ էներգիա պաշարող սննդարար նյութ, որը օգնում է մարմնին վիտամիններ պաշարել

fault/տեղաշարժ ճարդվածք ժայռի մեջ, որի երկայնքով մեկ կտորը սողում է մյուսին հարաբերվելով

feedback mechanism/հետադարձ կապի մեխանիզմ իրադարձությունների ցիկլ, որտեղ տեղեկատվության հոսքը մեկ քայլից ազդում և վերահսկում է նախորդ քայլը

felsic/ֆելզիտային նկարագրում է մագմա կամ ժայթքած ապար, որը հարուստ է դաշտային սպաթով և քվարցով, և որը սովորաբար բաց գույնի է

fermentation/ֆերմենտացիա սննդի քայքայումը թթվածնի միջոցով

fetus/պտուղ զարգացող մարդկային էակ հղիության 10-րդ շաբաթվա վերջից մինչև ծնունդը

floodplain/ողողվող մարգագետին տարածք գետի երկայնքով, որը ձևավորվում է նստվածքներից, որոնք առաջանում են, երբ գետը դուրս է գալիս ափերից

fluid/հոսուն միավայր նյութի ոչ պինդ վիճակ, որում ատոմները կամ մոլեկուլները ազատ շարժվում են միմյանց կողքով, ինչպես գազում կամ հեղուկում

focus/էպիկենտրոն կետ տեղաշարժի վրա, որտեղ սկսվում է երկրաշարժի առաջին շարժումը

folding/կրկնակորություն քարե շերտերի կորանալը ճնշման պատճառով

foliated/շերտաքարոտ նկարագրում է մետամորֆային ժայռի կազմվածքը, որում հանքաքարերի հատիկները դասավորված են մակարդակներով կամ շերտերով

food chain/սննման շղթա տարբեր փուլեր ունեցող էներգիայի փոխանցման ուղի, որը արդյունք է մի շարք օրգանիզմների սննման սխեմաների

food web/սննման «ցանց» դիագրամ, որը ցույց է տալիս սննման հարաբերությունները էկոլոգիական համակարգի օրգանիզմների միջև

force/ուժ օբյեկտի հրելը կամ քաշելը՝ օբյեկտի շարժումը փոխելու նպատակով; ուժը ունի չափ և ուղղություն

fossil/քարացություն երկար ժամանակ առաջ ապրած օրգանիզմի հետքը կամ մնացուկները, ամենաշատը սովորաբար պահպանված նստվածքային ապարում

fossil fuel/այրվող հանածոներ էներգիայի չվերականգնվող աղբյուր, ձևավորված երկար ժամանակ առաջ ապրած օրգանիզմների մնացուկներից

fossil record/հանածո տարեգրություն կյանքի պատմական հերթականությունը, որը մատնանշում են Երկրի կեղևի շերտերում հայտնաբերվող քարացությունները

fracture/ճեղք կոր կամ ոչ կանոնավոր մակերեսների երկայնքով հանքաքարի կոտրման ձև

free fall/ազատ անկում մարմնի շարժումը, երբ մարմնի վրա ներազդում է միայն ձգողության ուժը

frequency/հաճախականություն ալիքներ ի թիվը որոշակի ժամանակահատվածում

friction/շփման ուժ ուժ, որը հակադրվում է հպման մեջ գտնվող երկու մակերեսների միջև շարժմանը

front/ճակատ սահմանը տարբեր խտությունների և սովորաբար տարբեր ջերմաստիճանների օդային զանգվածների միջև

function/գործառնություն օրգանի կամ մասի հատուկ, նորմալ կամ պատշաճ գործունեություն

Fungus/սունկ օրգանիզմ, որի բջիջները ունեն կորիզներ, բջջի կարծր պատեր և չունեն քլորոֆիլ, և որը պատկանում է սնկայինների աշխարհին

G

galaxy/գալակտիկա ձգողության ուժով իրար հետ կապված աստղերի, փոշու և գազի հավաքածու

gallbladder/լեղապարկ պարկանման օրգան, որը պահարում է լյարդի արտադրված լեղին

ganglion/նյարդային հանգույց նյարդային բջիջների զանգված

gap hypothesis/ճեղքերի վարկած վարկած, որը հիմնվում է այն գաղափարի վրա, որ մեծ երկրաշարժը ավելի հավանական է, որ պատահի ակտիվ տեղաշարժի մի մասի երկայնքով, որտեղ որոշակի ժամանակահատվածում ոչ մի երկրաշարժ տեղի չի ունեցել

gas/գազ նյութի ձև, որը հստակ ծավալ կամ ձև չունի

gas giant/գազային հսկա մոլորակ, որը ունի խորը, խոծ մթնոլորտ, ինչպիսին են Յուպիտերը, Սատուրնը, Ուրանը և Նեպտունը

gasohol/բենզոսպիրտ բենզինի և սպիրտի խառնուրդ, որը օգտագործվում է որպես վառելիք

gene/գեն ժառանգական մեկ հատկանիշի ցուցմունքների կոմպլեկտ

generation time/մեկ սերնդի ժամանակ մեկ սերնդի ծննդի և հաջորդ սերնդի ծնունդների միջև ընկած ժամանակաշրջանը

genotype/գենոտիպ օրգանիզմների ամբողջ գենետիկ կառուցվածքը; նաև գեների համակցությունները մեկ կամ ավելի կոնկրետ հատկանիշների համար

geologic column/երկրաբանական սյուն ապարների շերտերի դասավորություն, որում ամենամեծ տարիք ունեցող ապարները գտնվում են հատակում

geologic map/երկրաբանական քարտեզ քարտեզ, որը գրառում է երկրաբանական տեղեկատվություն, ինչպիսիք են, օրինակ՝ ժայռերի միավորները, կառուցվածքային հատկանիշները, հանքային նյութերի հանքավայրերը, և հանածոների տեղադրությունները

geologic time scale/երկրաբանական ժամանակի սանդղակ Երկրի երկար բնական պատմությունը կառավարելի մասերի բաժանելու ստանդարտ եղանակ

geology/երկրաբանություն Երկրի ծագման, պատմության և կառուցվածքի ու Երկիրը ձևավորող գործընթացների ուսումնասիրություն

geosphere/Երկրոլորտ Երկրի հիմնականում պինդ, քարքարոտ մասը; այն ձգվում է միջուկի կենտրոնից դեպի երկրագնդի կեղևի մակերեսը

geostationary orbit/գեոստացիոնար ուղեծիր ուղեծիր, որը գտնվում է Երկրի մակերեսից մոտավորապես 36 000 կմ բարձրության վրա և որում արբանյակը գտնվում է հասարակածից վերև գտնվող ֆիքսված կետում

geothermal energy/երկրաջերմային էներգիա էներգիա, որը տալիս է Երկրի ներսի ջերմությունը

gestation period/հասունացման շրջան կաթնասունների մոտ, բեղմնավորման և ծննդի միջև ընկած ժամանակահատվածը

gill/խռիկ շնչառական օրգան, որում ջրից վերցված թթվածինը փոխանակվում է արյան ածխաթթու գազի հետ

glacial drift/սառցադաշտային նստվածք սառցադաշտերի կողմից տեղափոխվող և նստվածքի տեսքով կուտակվող քարե նյութ

glacier/սառցադաշտ շարժվող սառցի մեծ զանգված

gland/գեղձ բջիջների խումբ, որը մարմնի համար հատուկ քիմիական նյութեր է արտադրում

global warming/համաշխարհային տաքացում համաշխարհային միջին ջերմաստիճանի աստիճանական տաքացում

globular cluster/գնդանման աստղակույտ խիտ դասավորված աստղերի խումբ, որը ունի գնդի տեսք և պարունակում է մինչև 1 միլիոն աստղեր

Golgi complex/Գոլջիի կոմպլեկս բջջի օրգանոիդ, որը օգնում է ստեղծել և փաթեթավորել բջջից դուրս տեղափոխվելիք նյութերը

grassland/մարգագետին տարածք, որտեղ գերակշռում են խոտաբույսերը, որը ունի քիչ ծառանման թփեր և ծառեր, այն պարարտ հող ունի, և միջին քանակությամբ սեզոնային տեղումներ է ստանում

gravity/ձգողություն օբյեկտների միջև ձգող ուժ, որը իրենց քաշերի արդյունքն է

greenhouse effect/ջերմոցային էֆեկտ Երկրի մակերեսի տաքացում և Երկրի ավելի ցածր մթնոլորտ, որոնք տեղի են ունենում, երբ ջրի գոլորշին, ածխաթթու գազը և այլ գազերը կլանում և վերաճառագայթում են ջերմային էներգիան

group/խումբ քիմիական տարրերի ուղղահայաց սյուն Մենդելեևի սանդղակում; նույն խմբի քիմիական տարրերը ունեն նույն քիմիական հատկությունները

gut/աղիք մարսողական ուղի

gymnosperm/մերկասերմ բույս փայտանման, անոթային սերմնատու բույս, որի սերմերը պատված չեն սերմնարանով կամ պտղով

H

half-life/կիսատրոհման պարբերություն ժամանակը, որը անհրաժեշտ է ռադիոակտիվ նյութի կեսի ռադիոակտիվ տրոհման համար

halogen/հալոգեն Մենդելեևի աղյուսակի Խումբ 17-ի քիմիական տարրերից մեկը (ֆտոր, քլոր, բրոմ, յոդ և աստատ); հալոգենները համակցվում են մետաղների մեծ մասի հետ` աղ կազմելով:

hardness/դիմադրողականություն հանքաքարի՝ հղկմանը դիմադրելու ունակության չափ

hardware/ «երկաթ» սարքավորումների մասերը,որոնցից կազմված է համակարգիչը

heat/տաքություն տարբեր ջերմաստիճաններ ունեցող օբյեկտների միջև փոխանցվող էներգիա

heat engine/ջերմաշարժիչ մեքենական սարք, որը կերպափոխում է տաքությունը մեխանիկական էներգիայի կամ աշխատանքի

heat flow/ջերմային հոսք *ջերմափոխւա նակությունը նշանակող մի այլ տերմին, էներգիայի փոխանցումը ավելի ջերմ օբյեկտից ավելի հով օբյեկտի*

herbivore/բուսակեր կենդանի օրգանիզմ, որը սնվում է միայն բույսերով

heredity/ժառանգականություն գենետ իկական հատկանիշների փոխանցումը ծնողից սերնդին

heterotroph/հետերոտրոֆ օրգանիզմ, որը սնունդ է ստանում՝ սնվելով այլ օրգանիզմներով կամ նրանց ենթամթերքներով, և չի կարող օրգանական միացություններ ստանալ ոչ օրգանական նյութերից

hibernation/քնափություն անգործ ունենության և ավելի ցածր մարմնի ջերմաստիճանով բնորոշվող ժամանակաշրջան, որը արկա է որոշ կենդանիների մոտ ձմռանը որպես պաշտպանություն սառը եղանակից և սննդի պակասից

hologram/հոլոգրամ ժապավենի կտոր, որը տալիս է առարկայի եռաչափ պատկեր; այն պատրաստվում է լազերների լույսի օգնությամբ

homeostasis/հոմեոստազ մշտական ներքին վիճակի պահպանումը փոփոխվող միջավայրի մեջ

hominid/հոմինիդ պրիմատների տեսակ, որը բնութագրվում է երկոտանի քայլվածքով, և պոչի բացակայությամբ; օրինակ՝ մարդիկ և նրանց նախնիները

Homo sapiens/բանական մարդ հոմինիդների տեսակ, որը ներառում է ժամանակակից մարդկանց և նրանց ամենամոտ նախնիներին, և որը առաջացել էր մոտ 100 000-150 000 տարի առաջ

homologous chromosomes/հոմոլոգային քրոմոսոմներ քրոմոսոմներ, որոնք ունեն գեների նույն հերթականությունը և նույն կառուցվածքը

horizon/հորիզոն գիծ, որտեղ երկինքը և Երկիրը կարծես թե կպնում են իրար

hormone/հորմոն նյութ, որը պատրաստվում է մեկ բջջում կամ հյուսվածքում և որը փոփոխություն է առաջացնում մարմնի այլ մասում գտնվող այլ բջջում կամ հյուսվածքում:

host/տեր օրգանիզմ, որից պարազիտը վերցնում է սնունդ և ստանում է ապաստան

hot spot/թեժ գոտի հրաբխային ակտիվ տարածք Երկրի մակերեսին, որը գտնվում է տեկտոնիկ սալի սահանքից հեռու

H-R diagram/Հ-Ռ դիագրամ Հերցշպրունգ-Ռեսելի դիագրամ, գծագիր, որը ցույց է տալիս հարաբերությունը աստղի մակերեսի ջերմաստիճանի և բացարձակ ձգողականության միջև

humidity/խոնավություն չրի քլորշու քանակը օդի մեջ

humus/հումուս մուգ գույնի օրգանական նյութ, որը ձևավորվում է հողի մեջ՝ քայքայված բույսերի և կենդանիների մնացուկներից

hurricane/մրրիկ ուժգին փոթորիկ, որը առաջանում է տրոպիկական օվկիանոսների վրա, և որի 120 կմ/ժ -ից ավել արագություն ունեցող ուժեղ քամիները պտտվում են դեպի մրրիկի չափազանց ցածր ճնշում ունեցող կենտրոնը

hydrocarbon/ածխաջրածին օրգանական միացություն, որը բաղկացած է միայն ածխածնից և ջրածնից

hydroelectric energy/հիդրոէլեկտրական էներգիա էլեկտրական էներգիա, որն արտադրվում է թափվող ջրի միջոցով

hydrosphere/ջրոլորտ Երկրի ջրային մասը

hygiene/առողջագիտություն առողջ լյան և առողջության պահպանման եղանակների ուսումնասիրություն

hypha/հիֆ սնկի շվերարտադրվող թելիկ

hypothesis/վարկած բացատրություն, որը հիմնված է նախնական գիտական հետազոտության կամ դիտարկումների վրա, և որը հնարավոր է ստուգել

I

ice age/սառցադաշտային ժամանակաշրջան կլիմայի հովացման երկար ժամանակաշրջան, որի ժամանակ սառցե շերտը ծածկում է Երկրի մակերեսի մեծ տարածքներ; նույնպես հայտնի որպես *սառցային ժամանակաշրջան*

immune system/իմուն համակարգ բջիջներ և հյուսվածքներ, որոնք ճանաչում են մարմնի մեջ օտարածին նյութերը և հարձակվում դրանց վրա

immunity/իմունիտետ ինֆեկցիոն հիվանդությանը դիմադրելու կամ դրանից ապաքինվելու ունակությունը

inclined plane/թեք հարթակ ուղիղ, թեք հարթություն ներկայացնող հասարակ մեքենա, որը օժանդակում է բեռների բարձրացմանը; պանդուս

independent variable/անկախ փոփոխական փորձի մեջ, գործոն, որի վրա մտածված կերպով ազդեցություն են գործադրում

index contour/ցուցչային ուրվագիծ քարտեզի վրա, ավելի մուգ, ավելի հաստ ուրվագիծ, որը սովորաբար յուրաքանչյուր հինգերորդ գիծն է և օգտագործվում է բարձրության փոփոխությունը մատնանշելու համար

index fossil/ցուցչային քարացություն քարացություն, որը հանդիպում է միայն մեկ երկրաբանական դարաշրջանի ապարների շերտերում և որը օգտագործվում է ապարների շերտերի տարիքը որոշելու համար

indicator/ինդիկատոր միացություն, որը կարող է հակադարձելիաբար փոխել գույնը՝ կախված պայմաններից, ինչպիսին է, օրինակ՝ pH-ը:

inertia/իներցիա օբյեկտի միտումը հակադրվել տեղափոխմանը, կամ եթե օբյեկտը շարժվում է՝ հակադրվել արագության կամ ուղղության փոփոխությանը՝ մինչև օբյեկտի վրա արտաքին ուժի ազդելը

infectious disease/ինֆեկցիոն հիվանդր լյուն հիվանդություն, որը հարուցում է պաթոգենը և որը կարող է մեկ անհատից մյուսին փոխանցվել

inhibitor/արգելակիչ նյութ, որը դանդաղեցնում կամ դադարեցնում է քիմիական ռեակցիան

innate behavior/բնածին վարք ժառանգաբար փոխանցված վարք, որը կախված չէ միջավայրից կամ փորձից

insulation/մեկուսացնող նյութ նյութ, որը նվազեցնում է էլեկտրականության, ջերմության կամ ձայնի փոխանցումը

integrated circuit/ինտեգրալ մանրասխեմա սխեմա, որի բաղադրամասերը հավաքվում են մեկ կիսահաղորդիչի վրա

integumentary system/մարմնի ծածկույթների համակարգ օրգանների համակարգ, որը կազմում է մարմնի արտաքին մասի պաշտպանական ծածկույթ

intensity/ուժ երկրաբանության մեջ, երկրաշարժի պատճառած վնասի չափը

interference/ինտերֆերենցիա երկու կամ ավելի ալիքների համակցություն, որի արդյունքը մեկ ալիք է

internal fertilization/ներքին բեղմնավորում սպերմայով ձվի բեղմնավորումը, որը տեղի է ունենում էգի մարմնի ներսում

Internet/ինտերնետ համակարգչային մեծ ցանց, որը իրար է միացնում ամբողջ աշխարհի շատ տեղական և ավելի փոքր ցանցերը

intrusive igneous rock/ներժայթքած ապար ապար, որը առաջացել է Երկրի մակերեսի ստորն մագմայի հովացման և պնդեցման արդյունքում

invertebrate/անողնաշար կենդանի կենդանի, որը ողնաշար չունի

ion/իոն լիցքավորված մասնիկ, որը ձևավորվում է, երբ ատոմը կամ ատոմների խումբը ստանում կամ կորցնում է մեկ կամ մեկից ավելի էլեկտրոններ

ionic bond/իոնային կապ կապ, որը ձևավորվում է, երբ էլեկտրոնները փոխանցվում են մեկ ատոմից մյուսին, որի արդյունքում առաջանում են դրական իոններ և բացասական իոններ

ionic compound/իոնային միացություն միացություն, որը բաղկացած է հակառակ լիցքեր ունեցող իոններից

iris/ակնածիածան աչքի գունավոր, շրջանաձև մասը

isobar/իզոբար գիծ օդերևութաբանական քարտեզի վրա, որը միացնում է նույն ճնշման կետերը

isolation/մեկուսացում վիճակ, որի ճամանակ երկու պոպուլյացիաները չեն կարող խաչաձևվել

isotope/իզոտոպ ատոմ, որը ունի պրոտոնների նույն քանակը(կամ նույն ատոմային թիվը), ինչ որ նույն քիմիական տարրի այլ ատոմները, սակայն որի նեյտրոնների քանակը տարբեր է (և հետևաբար նրա ատոմային քաշը տարբեր է)

J

jet stream/շիթային հոսանք ուժեղ քամիների նեղ շերտ, որոնք փչում են վերին ներքնոլորտում

joint/հոդ տեղ, որտեղ միանում են երկու կամ ավելի ոսկորներ

joule/ջոուլ միավոր, որը օգտագործվում է էներգիա արտահայտելու համար; այն համարժեք է կատարած աշխատանքի չափին ` 1 N ուժի կողմից, որը գործադրվում է 1 մ. տարածության վրա ուժի (ազդանշան, J) ուղղությամբ

K

kidney/երիկամ այն զույգ օրգաններից մեկը, որոնք թորում են ջուրը ու արյան արտաթորանքը և որոնք արտագատում են արտադրանք` ինչպիսին է մեզը

kinetic energy/կինետիկական էներգիա օբյեկտի էներգիան, որը առաջանում է շարժման պատճառով

L

lahar/լահար գետի հոսք, որը ձևավորվում
է, երբ հրաբուխի ժայթքման ժամանակ
հրաբխային մոխիրը և բեկորները
խառնվում են ջրի հետ

La Niña/Լա Նինա փոփոխություն
արևելյան Խաղաղ օվկիանոսում, որի
ժամանակ մակերեսի ջրի ջերմաստիճանը
անսովոր հով է դառնում

landslide/սողանք քարերի և հողի կտորուկ
լանջիվայր շարժումը

large intestine/հաստ աղիք աղիքի
լայն և կարճ մասը, որը քաշում է
ջուրը մեծ մասամբ մարսված սննդից
և որը արտաթորանքը կիսապինդ
էկսկրեմենտների, կամ կղանքի է
վերածում

larynx/խռչակ տարածք կոկորդի մեջ, որը
պարունակում է ձայնալարերը, և որտեղ
արտաբերվում են ձայները

laser/լազեր սարք, որը միայն մեկ
երկարության ալիքներ ունեցող և մեկ
գույն ունեցող ուժգին լույս է տալիս

lateral line/կողային գիծ բարակ գիծ,
որը տեսանելի է ձկան մարմնի երկու
կողմերում, որը անցնում է ամբողջ
մարմնով և նշում է զգայության
օրգանների տեղադրությունը, որոնք
հայտնաբերում են տատանումները ջրում

latitude/լայնություն տարածությունը
հասարակածից հյուսիս կամ հարավ՝
արտահայտված աստիճաններով

lava plateau/լավային սարավանդ լայն,
տափակ սարավանդ, որ առաջանում
է, երբ լավայի կրկնվող չպայթող
ժայթքումները սփռվում են մեծ տարածքով

law/օրենք շատ փորձերի արդյունքների
և դիտարկումների ամփոփում; օրենքը
ասում է, թե ինչպես են աշխատում
բաները

**law of conservation of energy/
էներգիայի պահպանման օրենք** օրենք,
ըստ որի էներգիան չի կարող առաջանալ
կամ ոչնչացվել, սակայն այն կարող է
փոխոխվել մեկ ձևից մյուսը

**law of conservation of mass/քաշի
պահպանման օրենք** օրենք, համաձայն
որի քաշը չի կարող ստեղծվել կամ
ոչնչանալ սովորական քիմիական կամ
ֆիզիկական փոփոխությունների միջոցով

**law of cross-cutting relationships/
լայնակի կտրվածքի հարաբերույունների
օրենք** ակզբունք, համաձայն որի,
տեղաշարժը կամ ապարի տարիքը ավելի
փոքր է, քան այն ապարի տարիքը, որին
այն լայնակի հատում է

**law of electric charges/էլեկտրական
լիցքերի փոխազդեցության օրենք** օրենք,
ըստ որի իրար նման լիցքերը հետ են
մղվում իրարից, և հակառակ լիցքերը,
ձգվելով, իրար մոտենում են

leaching/տարալվացում լուծվող նյութերի
հեռացումը ապարներից, հանքապարներից,
կամ հողի շերտերից՝ ջրի անցման
պատճառով

learned behavior/ձեռքբերովի վարք
վարք, որը ձեռք են բերել փորձի
արդյունքում

lens/ոսպնյակ թափանցիկ օբյեկտ,
որը բեկում է լույսի ալիքները այնպես,
որ նրանք զուգամիտվում կամ
տարամիտվում են՝ պատկեր ստեղծելու
համար

lever/կարգավորիչ լծակ հասարակ
մեխանիզմ, որը բաղկացած է ճողից, որը
պտտվում է *հենման կետ* կոչվող ֆիքսված
կետի շուրջ

lichen/քարաքոս սնկային և
ջրիմուռային բջիջների զանգված, որոնք
համակեցությամբ միմյանց հետ են ապրում
և սովորաբար գտնվում են ժայռերի կամ
ծառերի վրա

life science/կենսաբանական գիտություն
կենդանի օրգանիզմների
ուսումնասիրություն

lift/ամբարձիչ ուժ հեղուկում լողացող
օբյեկտի վրա ազդող, դեպի վեր ուղղված
ուժ

lightning/կայծակ էլեկտրական
լիցքահանում, որը տեղի է ունենում երկու
հակառակ լիցքեր ունեցող մակերեսների
միջև, ինչպիսիք են, օրինակ՝ ամպի և
գետնի միջև, երկու ամպերի միջև, կամ
նույն ամպի երկու մասերի միջև:

light-year/լուսային տարի տարածություն,
որը լույսը անցնում է մեկ տարում;
մոտավորապես 9.46 քվինտիլիոն
կիլոմետր

lipid/լիպիդ ճարպի մոլեկուլ
կամ մոլեկուլ, որը նմանատիպ
հատկություններ ունի; օրինակ՝ յուղերը,
մոմերը և ստերոիդները

liquid/հեղուկ նյութի վիճակ, որը որոշակի
ծավալ ունի, սակայն անորոշ ձև

lithosphere/քարոլորտ Երկրի պինդ,
արտաքին շերտը, որը բաղկացած է
երիկրի կեղևից և միջնապատյանի վերևի
կարծր մասից

littoral zone/մերձափյա զոտի լճի կամ
արհեստական լճակի ծանծաղ գոտի,
որտեղ լույսը հասնում է հատակին և
սնուցում է բույսերին

liver/լյարդ մարմնի ամենամեծ օրգանը;
այն լեղի է արտադրում, պահարում և
թորում է ջուրը, և պահարում է ավելցուկ
շաքարները, ինչպիսին է օրինակ՝
գլիկոգենը

load/բալաստ հոսանքով տարվող
նյութերը; նաև երկրաբանական
կառուցվածքի վերնում գտնվող ապարի
զանգվածը

loess/դեղնահող քամու միջոցով
կուտակված՝ կվարցի, դաշտային սպատի,
եղջրախարբի, փայլարի և կավի շատ
պարարտ նստվածքներ

longitude/երկարություն հեռավոր
ությունը դեպի արևելք և արևմուտք
գլխավոր միջօրեականից; արտահայտված
աստիճաններով

longitudinal wave/երկայնական ալիք
ալիք, որի մեջտեղի մասնիկները
տատանվում են ալիքի շարժման
ուղղությանը զուգահեռ

longshore current/մերձափյա հոսանք
հոսանք, որը անցնում է ափեզրի մոտով,
կամ դրան զուգահեռ

loudness/ուժգնություն այն աստիճանը,
որի սահմաններում կարելի է լսել ձայնը

low earth orbit/ցածր երկրամերձ ուղեծիր
ուղեծիր, որը Երկրի մակերեսից 1500 կմ.
բարձրությունից ցածր է գտնվում

lung/թոք շնչառական օրգան, որի մեջ
օդից վերցված թթվածինը փոխանակվում է
արյան ածխաթթու գազի հետ

luster/փայլ հանքաքարի՝ լույսը
արտացոլելու ձևը

lymph/ավիշ հեղուկ, որը հավաքվում է
ավշային անոթներում և հանգույցներում

lymph node/ավշային հանգույց օրգան,
որը թորում է ավիշը և որը գտնվում է
ավշային անոթների երկայնքով

lymphatic system/ավշային համակարգ
օրգանների հավաքածու, որոնց
հիմնական գործառնությունն է
հավաքել արտաբջջային հեղուկը և
այն վերադարձնել արյան մեջ; այս
համակարգի օրգանները ներառում
են ավշային հանգույցները և ավշային
անոթները

lysosome/լիզոսոմ բջջի օրգանոիդ,
որը պարունակում է մարսողական
ֆերմենտներ

M

machine/մեքենա սարք, որը օգնում
է կատարել աշխատանքը՝ կա ´մ ուժ
հաղթահարելով կա ´մ գործադրված ուժի
ուղղությունը փոխոխելով

macrophage/ֆագոցիտ իմուն
համակարգում՝ բջիջ, որը կլանում է
պաթոգեններ և այլ նյութեր

mafic/մուգ նկարագրում է մագմա
կամ ժայթքած ապար, որը հարուստ է
մագնեզիումով, և որը սովորաբար մուգ
գույնի է

magma chamber/մագմայական խուց
հալած ապար, որից սնվում է հրաբուխը

magnet/մագնիս որևէ նյութ, որը դեպի
իրեն է ձգում մետաղը կամ մետաղ
պարունակող այլ նյութեր

**magnetic declination/մագնիսական
հակում** տարբերությունը մագնիսական
հյուսիսի և աշխարհագրական հյուսիսի
միջև

magnetic force/մագնիսական ուժ ձգող
կամ հետ վանող ուժ, որը առաջացնում
են շարժվող կամ պտտվող էլեկտրական
լիցքերը

magnetic pole/մագնիսական բևեռ երկու
կետերից մեկը, ինչպիսիք են մագնիսի
ծայրերը, որոնք ունեն մագնիսական
հակադիր հատկություններ

magnitude/ուժգնություն երկրաշարժի
ուժի չափ

**main sequence/հիմնական
հաջորդականություն** Հ-Ռ դիագրամի
հատվածը, որտեղ գտնվում է աստղերի
մեծ մասը; այն անկյունագծային
պատկեր ունի ներքևի աջ անկյունից
(ցածր ջերմաստիճան և լուսարձակում)
դեպի վերևի ձախ անկյունը (բարձր
ջերմաստիճան և լուսարձակում)

malnutrition/թերսանում սննման
խանգարում, որը տեղի է ունենում, երբ
անձը բավարար չափով չի սպառում
մարդու օրգանիզմի համար անհրաժեշտ
սննդարար նյութերից յուրաքանչյուրը

mammary gland/կաթնագեղձ էգ
կաթնասունի մոտ, կաթ արտադրող գեղձ

mantle/միջնապատյան Երկրի կեղևի և
միջուկի միջև գտնվող ապարի շերտ

map/քարտեզ ֆիզիկական մարմնի,
ինչպես օրինակ՝ Երկրի, հատկանիշների
պատկերում

marsh/ճահիճ ծառերից զուրկ, ճահճային
տարածք ունեցող էկոլոգիական
համակարգ, որտեղ աճում են այնպիսի
բույսեր, ինչպիսիք են խոտաբույսերը

marsupial/պարկավոր կենդանի
կաթնասուն, որը իր ձագերին
տեղափոխում և սնում է պարկի մեջ

mass/զանգված օբյեկտի նյութի քանակի չափ

mass movement./զանգվածի շարժում
հողի մի հատվածի լանջիվայր շարժում

mass number/զանգվածային թիվ ատոմի
միջուկի պրոտոնների և նեյտրոնների
թվերի գումարը

material resource/նյութական պաշար
բնական պաշար, որը մարդիկ
օգտագործում են առարկաներ
պատրաստելու համար կամ սպառման
համար, օրինակ՝ սնունդը և ըմպելիքները

matter/նյութ այն ամենը, ինչ քաշ ունի և
տեղ է զբաղեցնում:

mean/միջին արժեք թիվ, որը ստանում
են՝ որոշակի հատկանիշի տվյալները
գումարելով, և այդ գումարը անհատների
քանակի վրա բաժանելով:

**mechanical advantage/մեխանիկական
կառուցվածքի առավելություն** թիվ, որը
ցույց է տալիս, թե քանի անգամ է մեքենան
բազմապատկում ուժը:

**mechanical efficiency/
մեխանիկական արդյունավետության
գործակից** արտադրանքի
հարաբերությունը էներգիային
ներդրմանը; այն կարելի է հաշվարկել՝
աշխատանքի արդյունքը բաժանելով
աշխատանքի ներդրումներին

**mechanical energy/մեխանիկական
էներգիա** աշխատանքի ծավալը, որը
կարող է կատարել օբյեկտը՝ ելնելով
օբյեկտի կինետիկ և ներուժային
էներգիայից:

**mechanical weathering/մեխանիկական
էրոզիա** ապարի ֆիզիկական միջոցներով
ավելի փոքր մասերի մասնատումը

median/միջնաթիվ մեջտեղում գտնվող
օբյեկտի արժեքը, երբ տվյալները
դասավորված են ըստ իրենց չափի

medium/միջավայր ֆիզիկական
միջավայր, որում տեղի են ունենում
երևույթները

meiosis/մեյոզ բջիջների կիսման
գործընթաց, որի ժամանակ քրոմոսոմների
թիվը պակասում է սկզբնական քանակի
կիսով՝ միջուկի կիսման միջոցով,
որը բերում է սեռական բջիջների
առաջացմանը (համետներ կամ սպորներ)

melting/հալում վիճակի փոփոխություն,
որի ժամանակ պինդ նյութը վերածվում է
հեղուկի՝ տաքության շնորհիվ

**memory B cell/հիշողության բագոֆիլ
ինսուլոցիտ** բագոֆիլ ինսուլոցիտ, որը
անտիգենին ավելի մեծ ուժգնությամբ է
արձագանքում, երբ մարմինը կրկին է
վարակվում անտիգենով, համեմատած
այն ժամանակի, երբ այն առաջին անգամ է
հանդիպում անտիգենին

meniscus/մենիսկ հեղուկի մակերեսի կոր,
որի միջոցով չափվում է հեղուկի ծավալը

mesosphere/միջնոլորտ միջնապատյանի
պինդ, ներքևի մասը, որը գտնվում
է աստենոսֆերայի և միջուկի դրսի
շերտի միջև; *նաև* մթնոլորտի շերտը
ստրատոսֆերայի և թերմոսֆերայի
միջև, որում ջերմաստիճանը նվազում է
բարձրության աճի հետ մեկտեղ

Mesozoic era/մեզոզոյան դարաշրջան
երկրաբանական դարաշրջան, որը տնել
է 251 միլիոնից մինչև 65.5 միլիոն տարի
առաջ ընկած ժամանակաշրջանում; *նաև*
կոչվում է *Սողունների Դարաշրջան*

metabolism/մետաբոլիզմ օրգանիզմում
տեղի ունեցող քիմիական գործընթացների
գումարը

metal/մետաղ քիմիական տարր, որը փայլ
ունի և լավ է հաղորդում տաքությունը և
էլեկտրականությունը

metallic bond/մետաղական կապ կապ,
որը ձևավորվում է՝ ձգելով դրական
լիցք ունեցող մետաղի իոնները և դրանց
շրջապատող էլեկտրոնները

metalloid/մետալոիդ քիմիական տարրեր,
որոնք ունեն թե° մետաղների և թե° ոչ
մետաղների հատկությունները

metamorphosis/կերպափոխություն գ
րծընթաց շատ կենդանիների կենսական
ցիկլի փուլում, որի ժամանակ տեղի է
ունենում արագ փոփոխություն ոչ հասուն
օրգանիզմից դեպի հասունը; *օրինակ*՝
միջատների մոտ անցումը թրթուրից դեպի
հասուն առանձնյակի

meteor/աստղ լույսի վառ բռցավառում,
որը արդյունք է Երկրի մթնոլորտում
երկնաքարային մարմնի այրմանը

meteorite/երկնաքար երկնաքարային
մարմին, որը հասնում է Երկրի մակերեսին՝
առանց լիովին այրվելու

meteoroid/երկնաքարային մարմին
համեմատաբար փոքր, քարե մարմին, որը
ճանապարհորդում է տիեզերքում

**meteorology/օդերևութաբանությ
ուն** Երկրի մթնոլորտի գիտական
ուսումնասիրություն, հատկապես
կապված եղանակի և կլիմայի հետ

meter/մետր երկարության հիմնական
միավորը Միավորների միջազգային
համակարգում (ազդանշան, մ)

microclimate/միկրոկլիմա փոքր
տարածքի կլիմա

microprocessor/միկրոպրոցեսոր կիսահ
աղորդիչի առանձին չիփ, որը վերահսկում
և կատարում է միկրոհամակարգչի
ցուցմունքները

**mid-ocean ridge/օվկիանոսային
ստորջրյա լեռնաշղթա** երկար, ստորջրյա
լեռնաշղթա, որը ձևավորվում է մեծ
օվկիանոսների հատակի երկայնքով

mineral/հանքանյութ աննդարար նյութերի
դասակարգ, որը բաղկացած է մարմնի
որոշակի գործընթացների համար
անհրաժեշտ քիմիական տարրերից

mineral/հանքաքար բնական կերպով
ձևավորված, ոչ օրգանական պինդ
մարմին, որը որոշակի քիմիական
կառուցվածք ունի

mitochondrion/միտոխոնդրիա
էուկարիոտիկ բջիջներում, բջջային
օրգանիդ, որը շրջապատված է երկու
թաղանթներով, և որտեղ տեղի է ունենում
բջջային շնչառությունը

mitosis/միտոզ էուկարիոտիկ բջիջներում,
բջիջների կիսման գործընթացը, որի
արդյունքում ձևավորվում են երկու նոր
կորիզներ, որոնցից յուրաքանչյուրը ունի
քրոմոսոմների նույն քանակը

mixture/խառնուրդ երկու կամ ավելի
նյութերի համակցություն, որոնք
քիմիական կերպով կապված չեն

mode/մոդ տվյալների խմբում
ամենահաճախ հանդիպող արժեք

model/մոդել կաղապար, պլան,
ներկայացում կամ նկարագրություն,
նախատեսված ցույց տալու օբյեկտի,
համակարգի կամ գաղափարի
կառուցվածքը կամ գործունեությունը

mold/ծեփապատճեն խեցի կամ այլ
մարմնի կողմից ստացված մակերեսին
թողնված նշան կամ խորոշ

mold/բորբոսանկիկ կենսաբանության
մեջ, սունկ, որը բրդի կամ բամբակի տեսք
ունի

molecule/մոլեկուլ նյութի ամենափոքր
միավորը, որը պահպանում է այդ
նյութի բոլոր ֆիզիկական և քիմիական
հատկությունները

molting/մազափոխում արտաքին
կմախքի, կաշվի, փետուրների կամ
մազերի թափումը՝ նորերով փոխարինելու
համար

momentum/շարժման քանակ քանակ,
որը սահմանվում է որպես օբյեկտի քաշի և
արագության արտադրյալը

monotreme/միանցքանի ձվադրող
կաթնասուն կենդանի, որը ձվադրում է

month/ամիս տարվա բաժանում, որը
կապված է Երկրի շուրջ լուսնի ուղեծրի
հետ

motion/շարժում օբյեկտի դիրքի
փոփոխությունը հարաբերման կետի
նկատմամբ

mudflow/ցեխահեղեղ ցեխի կամ քարերի
և հողի զանգվածի հոսքը՝ խառնված մեծ
քանակությամբ ջրի հետ

muscular system/մկանային համակարգ
օրգանների համակարգ, որոնց հիմնական
գործառնությունը շարժում և.ձկունություն
ապահովելն է

mutation/մուտացիա գենի կամ ԴՆԹ
մոլեկուլի նուկլեոտիդ հիմք ունեցող
հաջորդականության փոփոխություն

mutualism/փոխuo-ulիզմ հարաբերությո
ւն երկու տեսակների միջև, որում երկու
տեսակներն էլ օգուտ են ստանում

mycelium/սնկամարմին սնկային
թելիկների կամ գիֆերի զանգված, որից
կազմված է սնկի մարմինը

N

Narcotic/նարկոտիկ թմրանյութ,
որը ստանում են ափիումից և որը
սփոփեցնում է ցավը և քնաբեր է; օրինակ՝
հերոինը, մորֆիումը և կոդեինը

NASA/ՆԱՍԱ. Աստղանավորդության
և տիեզերական տարածության
ուսումնասիրության ազգային վարչություն

natural gas/բնական գազ Երկրի
մակերեսի տակ գտնվող գազային
ածխաջրածինների խառնուրդ, հաճախ
նավթի հանքերի մոտ; օգտագործվում է
որպես վառելիք:

natural resource/բնական ռեսուրս որևէ
բնական նյութ, որը օգտագործվում է
մարդկանց կողմից, ինչպիսին, օրինակ՝
ջուրը, նավթը, հանքանյութերը,
անտառները և կենդանիները

natural selection/բնական ընտրություն
գործընթաց, որի միջոցով անհատները
ավելի լավ են հարմարվում իրենց
շրջապատներին և ավելի մեծ
հաջողությամբ են բազմանում, քան
ավելի քիչ հարմարված անհատները;
էվոլյուցիայի մեխանիզմները բացատրող
թեորիա

neap tide/նվազագույն մակընթացություն
նվազագույն չափի մակընթացություն, որը
տեղի է ունենում լուսնի առաջին և երրորդ
քառորդներում

nearsightedness/կարճատեսություն
վիճակ, որի ժամանակ աչքի ոսպնյակը
հեռավոր օբյեկտներից կենտրոնացնում
է ցանցաթաղանթի առջևում, քան թե
ցանցաթաղանթի վրա

nebula/միգամածություն գազի և փոշու
մեծ ամպ միջաստղային տարածության
մեջ; տիեզերքի շրջան, որտեղ առաջանում
են աստղերը կամ որտեղ աստղերը
պայթում են իրենց կենսունակության
վերջում

nekton/նեկտոն բոլոր օրգանիզմները,
որոնք ակտիվորեն լողում են ջրում,
անկախ հոսանքներից

nephron/նեֆրոն երիկամի բաժինը, որը
թորում է արյունը

nerve/նյարդ նյարդային թելիկների
հավաքածու, որոնց միջով անցնում են
իմպուլսները՝ կենտրոնական նյարդային
համակարգի և մարմնի այլ մասերի միջև

net force/հավասարագոր ուժ օբյեկտի
վրա ներգործող բոլոր ուժերի
համակցությունը

neuron/նեյրոն նյարդային բջիջ, որը
մասնագիտացված է էլեկտրական
իմպուլսներ ստանալու և հաղորդելու մեջ

**neutralization reaction/չեզոքացման
ռեակցիա** թթվի և հիմքի ռեակցիա, որի
արդյունքում ստանում են ջրի և աղի չեզոք
լուծույթ

neutron/նեյտրոն ենթաատոմային
մասնիկ, որը չունի լիցք և գտնվում է
ատոմի միջուկում

neutron star/նեյտրոնային աստղ աստղ,
որը պայթում է ձգողության ուժի
ազդեցության տակ՝ այն աստիճանի, որ
էլեկտրոնները և պրոտոնները իրար են
խառնվում՝ կազմելու նեյտրոն

Newton/նյուտոն Միավորների
միջազգային համակարգի ուժի միավոր
(ագդանշան, Ն)

nicotine/նիկոտին թունավոր,
թմրանյութային քիմիական միացություն,
որը պարունակվում է ծխախոտի մեջ և
որը ծխելու վնասակար հետևանքները
առաջացնող հիմնական նյութերից է

nitrogen cycle/ազոտի շրջապտույտ
գործընթաց, որի ժամանակ ազոտը
շրջանառում է էկոլոգիական
համակակարգի օդի, հողի, ջրի, բույսերի և
կենդանիների միջև

noble gas/ազնիվ գազ Մենդելեևի
աղյուսակի Խումբ 18-ի քիմիական
տարրերից մեկը (հելիում, նեոն,
արգոն, կրիպտոն, քսենոն և ռադոն);
ազնիվ գազերը չեն մտնում քիմիական
ռեակցիաների մեջ

noise/աղմուկ ձայն, որը կազմված է
հաճախականությունների պատահական
խառնուրդից

nonfoliated/ոչ շերտավոր նկարագրում
է մետամորֆային ապարի կառուցվածքը,
որում հանքային հատիկները
դասավորված չեն հարթություններով կամ
շերտերով

**noninfectious disease/ոչ վարակիչ հիվա
նդություն** հիվանդություն, որը չի կարող
տարածվել մեկ անհատից մյուսին

nonmetal/ոչ մետաղ քիմիական տարր,
որը վատ է հաղորդում տաքությունը և
էլեկտրական հոսանքը

**nonpoint-source pollution/
տարակենտրոնացված աղտոտում**
աղտոտում, որը իրականացվում է
տարբեր աղբյուրներից, այլ ոչ թե մեկ
կոնկրետ վայրից

**nonrenewable resource/չվերականգնվող
ռեսուրս** ռեսուրս, որը ձևավորվում է շատ
ավելի փոքր արագությամբ, քան դրա
սպառման արագությունը

**nonsilicate mineral/ոչ սիլիկատային
հանքանյութ** հանքանյութ, որը չի
պարունակում սիլիցիումի և թթվածնի
միացություններ

nonvascular plant/անանոթ բույս
բույսերի երեք խմբեր(լերդամամուռներ,
եղջերատերևներ և մամուռներ), որոնց
մոտ բացակայում են մասնագիտացված
հաղորդող հյուսվացքները և իսկական
արմատները, ցողունները և տերևները:

**nuclear chain reaction/միջուկային
շղթայական ռեակցիա** միջուկային
կիսման ռեակցիաների շարունակական
շարք

nuclear energy/միջուկային էներգիա
էներգիա, որը արտագատվում է
բաժանման կամ միջուկային սինթեզի
ռեակցիայի արդյունքում; ատոմային
միջուկը կապի էներգիա

nuclear fission/միջուկային բաժանում
մեծ ատոմի միջուկի բաժանումը երկու
կամ ավելի մասերի; արտագատում է
լրացուցիչ նեյտրոններ և էներգիա

nuclear fusion/ միջուկային սինթեզ փոքր
ատոմների միջուկների համակցումը՝
ավելի մեծ միջուկ կազմելու համար;
արտագատում է էներգիա

nucleic acid/նուկլեինային թթու մոլեկուլ,
որը կազմված է *նուկլեոտիդներ* կոչվող
ենթամիավորներից

nucleotide/նուկլեոտիդ նուկլեինային
թթվի շղթայի մեջ, ենթամիավոր, որը
բաղկացած է շաքարից, ֆոսֆատից և
ազոտային հիմքից

nucleus/կորիզ էուկարիոտիկ բջջում,
մեմբրանով պատված օրգանիդ,
որը պարունակում է բջջի ԴՆԹ-
ն և որը դեր է խաղում այնպիսի
գործընթացներում, ինչպիսիք են աճը,
նյութափոխանակությունը և բազմացումը

nucleus/միջուկ ֆիզիկայում, ատոմի
կենտրոնը, որը կազմված է պրոտոններից
և նեյտրոններից

nutrient/սննդարար նյութ նյութ սննդի մեջ, որը էներգիա է տալիս կամ օգնում է ձևավորել մարմնի հյուսվածքները և որը անհրաժեշտ է կենսունակության և աճի համար

O

observation/դիտարկում տեղեկատվություն ստանալու գործընթաց` զգայությունների միջոցով

ocean current/օվկիանոսային հոսանք հոսանք օվկիանոսում, որը կանոնավոր մոդել ունի

ocean trench/օվկիանոսի գոգ կտրուկ և երկար փոս ծովի խորը հատակում, որը զուգահեռ է հրաբխային կղզիների շղթային կամ մայրցամաքային ծայրին

oceanography/օվկիանագիտություն ծովի գիտական ուսումնասիրություն

omnivore/ամենակեր կենդանի օրգանիզմ, որը սնվում է և° բույսերով և° կենդանիներով

opaque/ոչ թափանցիկ նկարագրում է օբյեկտ, որը ոչ թափանցիկ կամ ոչ կիսաթափանցիկ է

open circulatory system/անիրավ արյունատար համակարգ արյունատար համակարգ, որում շրջանառող հեղուկը ամբողջությամբ անոթներում չի պարունակվում; սիրտը հեղուկը մղում է անոթների միջով, որոնցից հեղուկը արտահոսում է *խոռոչներ* կոչվող տարածությունների մեջ

open cluster/բաց աստղակույտ աստղերի մի խումբ, որոնք իրարից մոտ են գտնվում` համեմատած շրջակա աստղերին

open-water zone/ազատ ջրատարածության գոտի արհեստական լճակի կամ լճի տարածք, որը ձգվում է մերձափյա գոտուց և որը անլքանով է խորը, որքանով լույսը թափանցում է նրա մեջ

orbit/ուղեծիր ուղին, որով մարմինը անցնում է, երբ այն պտտվում է մի այլ մարմնի շուրջ տիեզերքում

ore/հանքանյութ բնական նյութ, որի խտությունը տնտեսական արժեք ունեցող հանքապարերում բավականին բարձր է շահութաբեր արդյունագործման համար

organ/օրգան հյուսվածքների համաբաձու, որոնք մարմնում իրականացնում են մասնագիտացված գործառնություն

organ system/օրգանների համակարգ օրգանների խումբ, որոնք միասին են աշխատում մարմնի գործառնությունները իրականացնելու համար

organelle/օրգանոիդ բջջի ցիտոպլազմի փոքր մարմիններից մեկը` մասնագիտտած կոնկրետ գործառնությունը իրականացնելու մեջ

organic compound/օրգանական միացություն կովալենտային կապ ունեցող միացություն, որը ածխածին է պարունակում

organism/օրգանիզմ կենդանի էակ; ցանկացած բան, որ ինքնուրույն կերպով կարող է իրականացնել կենսական գործընթացներ

osmosis/օսմոս ջրի դիֆուզիա կիսաթափանցելի թաղանթի միջոցով

ovary /սերմնարան (ձվարան) ծաղկավոր բույսերի մոտ, վարսանդի ստորին մասը, որը սերմնաբողբոջներում ձվաբջիջներ է արտադրում; կենդանիների իգերի մոտ վերարտադրողական համակարգում, օրգան, որը ձվեր է արտադրում

overpopulation/գերբնակվածություն չափից դուրս շատ անհատների ներկայությունը մեկ տարածքում` ի համեմատություն առկա ռեսուրսների

ovule/սերմնաբողբոջ սերմնատու բույսի սերմնարանում գտնվող կառույց, որը պարունակում է սաղմնային պարկ, և որից բեղմնավորումից հետո սերմ է զարգանում

P

P wave/P ալիք սեյսմիկ ալիք, որը պատճառում է ապարի մասնիկների հետադարձ-առաջընթաց շարժումը

Paleontology/հնէաբանություն քարացուխ յունների գիտական ուսումնասիրություն

Paleozoic era/պալեոզոյան դարաշրջան երկրաբանական դարաշրջան, որը հաջորդեց մինչքեմ բրի ժամանակաշրջանին և տևեց 542 միլիոնից 251 միլիոն տարի առաջ ընկած ժամանակաշրջանում

pancreas /ենթաստամոքսային գեղձ օրգան, որը գտնվում է ստամոքսի ետևում և արտադրում է մարսողական ֆերմենտներ և հորմոններ, որոնք կարգավորում են շաքարի պարունակության մակարդակը

parallax/պարալաքս օբյեկտի դիրքի ակնհայտ փոփոխություն, երբ այն դիտարկում են տարբեր տեղերից

parallel circuit/զուգահեռ շղթա շղթա, որի մասերը խմբավորած են ճյուղերի մեջ, այնպես որ պոտենցիալ տարբերությունը յուրաքանչյուր մասում նույնն է

parasite/մակաբույծ օրգանիզմ, որը սնվում է այլ տեսակի օրգանիզմի (տիրոջ) հաշվին և որը սովորաբար վնաս է պատճառում տիրոջը, տերը երբեք օգուտ չի ստանում մակաբույծի ներկայությունից

parasitism/մակաբուծություն հա րաբերություն երկու տեսակների ներկայացուցիչների միջև, որում մեկ տեսակի ներկայացուցիչը, մակաբույծը, օգուտ է ստանում մյուս տեսակի ներկայացուցչից, տիրոջից, որին վնաս է պատճառում:

parent rock/վերնահող ապարի գոյացություն, որը հողի աղբյուրն է հանդիսանում

pascal/պասկալ Միավորների միջազգային համակարգի ճնշման միավոր (աղդանշան, Պա)

Pascal's principle/Պասկալի սկզբունք սկզբունք, համաձայն որի անոթում պարունակվող հավասարակշռության մեջ գտնվող հեղուկը հավասարագոր ուժգնության ճնշում է գործադրում բոլոր ուղղություններով

passive transport/պասսիվ տեղափոխում նյութերի շարժումը բջջաթաղանթի լայնքով՝ առանց բջջի կողմից էներգիա սպառելու

pathogen/պաթոգեն մանրէ, այլ օրգանիզմ, վիրուս, կամ պրոթեին, որը հիվանդություն է առաջացնում

pathogenic bacteria/պաթոգեն բակտերիա բակտերիա, որ հիվանդություն է առաջացնում

pedigree/տոհմաբանական ծառ դիագրամ, որը ցույց է տալիս գենետիկական հատկանիշի առկայությունը ընտանիքի մի քանի սերունդներում

pelagic environment/ծովային միջավայր օվկիանոսում, գոտի, որը գտնվում է մակերեսին, կամ միջին խորության վրա՝ ենթամերձավիյա գոտուց ստորև և խորքային գոտուց վերև:

penis/առնանդամ արական օրգան, որի միջոցով սերմնահեղուկը իգական օրգանիզմին է փոխանցվում և որի միջոցով մեզը դուրս է գալիս օրգանիզմից

period/ժամանակաշրջան երկրաբանական ան ժամանակի միավոր, որին բաժանվում են դարաշրջանները

period/պարբերություն քիմիայում, քիմիական տարրերի հորիզոնական շարքը Մենդելեևի աղյուսակում

periodic/պարբերական նկարագրում է որևէ բան, որը կանոնավոր ընդմիջումներով է տեղի ունենում կամ կրկնվում

periodic law/Մենդելեևի պարբերականության օրենքը օրենք, ըստ որի քիմիական տարրերի կրկնվող քիմիական և ֆիզիկական հատկությունները պարբերական կերպով փոխվում են քիմիական տարրերի ատոմային թվերի հետ

peripheral nervous system/պերիֆերիկ նյարդային համակարգ նյարդային համակարգի բոլոր մասերը բացի ուղեղից և ողնուղեղից

permeability/թափանցելիություն ապարի կամ նստվածքի ունակությունը իր բաց անցքերի կամ ճակտինների միջով հեղուկ բաց թողնելու

petal/թերթիկ ծաղկի օղակներից մեկի սովորաբար վառ գույնի, տերևանման մասերից մեկը

petroleum/նավթ ածխաջրածին կոմպլեքսային միացությունների հեղուկ խառնուրդ; լայնատարած օգտագործվում է որպես վառելիքի աղբյուր

pH/թթվածնի ցուցիչ արժեք, որը օգտագործվում է համակարգի թթվայնությունը կամ հիմքայնությունը արտահայտելու համար

pharynx/ըմպան տափակ որթերի մոտ, փողը, որը բերանից տանում է դեպի աղեստամոքսային տրակտ; մարսողական տրակտ ունեցող կենդանիների մոտ, անցումը բերանից դեպի կոկորդը և կերակրափողը

phase/փուլ փոփոխությունը մեկ երկնային մարմնի արևով լուսավորված տարածքի մեջ, այնպես ինչպես այն երևում է այլ երկնային մարմնից

phenotype/ֆենոտիպ օրգանիզմի արտաքին տեսքը կամ այլ հայտնաբերելի հատկություն

pheromone/ֆերոմոն մարմնի կողմից արտազատվող նյութ, որը նույն տեսակի մի այլ անհատի կանխատեսելի արձագանքն է առաջացնում

phloem/ֆլոեմ հյուսվածք, որը սնունդ է հաղորդում անոթային բույսերի մոտ

phospholipid/ֆոսֆոլիպիդ լիպիդ, որը ֆոսֆոր է պարունակում և որը բջջաթաղանթների կառուցվածքային բաղադրամասն է

photocell/լուսատարր սարք, որը լույսի էներգիան կերպավախում է էլեկտրական էներգիայի

photosynthesis/ֆոտոսինթեզ գործընթաց, որի միջոցով բույսերը, ջրիմուռները և որոշ բակտերիաները օգտագործում են արևի լույսը, ածխաթթու գազը և ջուրը սնունդ պատրաստելու համար

physical change/ֆիզիկական հատկությունների փոփոխություն նյութի փոփոխությունը մեկ ձևից մյուսը՝ առանց քիմիական հատկությունների փոփոխության

physical property/ֆիզիկական հատկություն նյութի հատկություն, որը չի ներառում քիմիական փոփոխություն, ինչպիսին է, օրինակ՝ խտությունը, գույնը կամ կարծրությունը

physical science/ֆիզիկա անկենդան մատերիայի գիտական ուսումնասիրություն

phytoplankton/ֆիտոպլանկտոն միկրոսկոպային, ֆոտոսինթետիկ օրգանիզմներ, որոնք լողում են ծովային ջրի կամ քաղցրահամ ջրի մակերեսին մոտ

pigment/գունանյութ նյութ, որը մի այլ նյութին կամ խառնուրդին իր գույնն է հաղորդում

pioneer species/ռահվիրական տեսակ տեսակ, որը գաղութաբնակեցնում է անբնակ տարածք և սկսում է համակեցությունների հերթափոխության գործընթացը

pistil/վարսանդ ծաղկի իգական վերարտադրողական մասը, որը սերմեր է տալիս և բաղկացած է սերմնարանից, առնակից և սպիից

pitch/բարձրություն ձայնի ցածր կամ բարձր լինելու՝ կախված ձայնային ալիքի հաճախականությունից, ընկալման չափ

placenta/ընկերք կառույց, որ զարգացող պտուղը միացնում է արգանդին և հնարավորություն է տալիս մոր և պտղի միջև սննդարար նյութերի, արտաթորանքների և գազերի փոխանակման համար

placental mammal/ընկերքավոր կաթնասուն կաթնասուն, որ սնում է իր չծնված ձագին՝ իր արգանդի ներսում գտնվող ընկերքի միջոցով

plane mirror /տափակ հայելի հայելի, որը տափակ մակերես ունի

plankton/պլանկտոն հիմնականում շատ մանր օրգանիզմների զանգված, որոնք ազատ լողում են կամ ազատ տեղաշարժվում են հոսանքով քաղցրահամ ջրի կամ ծովային ջրի միջավայրերում

Plantae/բույսեր թագավորություն, որը բաղկացած է կոմպլեքս, բազմաբջջային օրգանիզմներից, որոնք սովորաբար կանաչ են, ունեն թաղանթանյութից կազմված պատեր, չեն կարող տեղաշարժվել և օգտագործում են արևի էներգիան՝ ֆոտոսինթեզի միջոցով շաքար արտադրելու համար

plasma/պլազմա ֆիզիկայում, նյութի վիճակ, որը սկզբում գազ է ներկայացնում և ապա իոնացվում է; այն կազմված է ազատ տեղաշարժվող իոններից և էլեկտրոններից, այն ընդունում է էլեկտրական լիցք, և նրա հատկությունները տարբերվում են պինդ նյութերի, հեղուկի կամ գազի հատկություններից

plate tectonics/սալերի տեկտոնիկա թեորիա, որը բացատրում, թե ինչպես Երկրի կենտրոնից ամենահեռու գտնվող շերտի մեծ կտորները, որոնք կոչվում են *տեկտոնիկ սալեր*, շարժվում են և փոխում են իրենց ձևը

point-source pollution/կետային աղբյուր ունեցող աղտոտում աղտոտում, որ կատարվում է կոնկրետ վայրից

polar easterlies/բևեռային արևելյան քամիներ գերակշռող քամիներ, որոնք փչում են արևելքից արևմուտք 60° և 90° լայնության վրա երկու կիսագնդերում էլ

polar zone/բևեռային գոտի Հյուսիսային կամ Հարավային բևեռը և շրջակա շրջանը

pollen/ծաղկափոշի շատ փոքր հատիկներ, որոնք պարունակում են սերմնատու բույսի արական գամետոֆիտները

pollination/փոշեբեղմնավորում ծա ղկափոշու փոխանցումը սերմնատու բույսերի արական վերարտադրողական կառույցներից իգական կառույցներին

pollution/աղտոտում շրջակա միջավայրում ոչ ցանկալի փոփոխություն, որի պատճառն են նյութերի կամ էներգիայի ձևերը

population/պոպուլյացիա նույն տեսակի օրգանիզմների խումբ, որը ապրում է կոնկրետ աշխարհագրական տարածքում

porosity/ծակոտկենություն ապարի կամ նստվածքի բաց տեղերի ընդհանուր ծավալի տոկոսայնություն

potential energy/պոտենցիալ էներգիա էներգիա, որը օբյեկտը ունի` ի շնորհիվ իր դիրքի, ձևի կամ վիճակի

power/ուժ արագություն, որով կատարվում է աշխատանքը կամ կերպափոխվում է էներգիան

Precambrian time/մինչքեմբրի ժամանակաշրջան ժամանակաշր· ջան երկրաբանական ժամանակի սանդղակում` սկսած Երկրի կազմավորումից մինչև պալեոզոյան դարաշրջանը, մոտավորապես 4.6 բիլիոնից 542 միլիոն տարի առաջ ընկած ժամանակաշրջանում

precipitate/նստվածք պինդ նյութ, որը առաջանում է լուծույթում տեղի ունեցած քիմիական ռեակցիայի արդյունքում

precipitation/տեղումներ ջրի ցանկացած ձև, որը ամպերից ընկնում է Երկրի մակերեսին

predator/գիշատիչ օրգանիզմ, որը սպանում և ուտում է այլ օրգանիզմ` ամբողջությամբ կամ մասնակիորեն

preening/պրինինգ թռչունների մոտ, փետուրների մաքրման և դրանց խնամելու գործողությունը

pregnancy/հղիություն բժշկության մեջ, ժամանակաշրջանը կնոջ վերջին դաշտանային ցիկլի առաջին օրվա և մանկան ծննդաբերելու միջև (մոտավորապես 280 օր կամ 40 շաբաթ); ժամանակաշրջան, որում կինը հղիէ զարգացող մարդկային էակով` բեղմնավորումից մինչև մանկան ծնունդը (մոտ 266 օր կամ 38 շաբաթ)

pressure/ճնշում մակերեսի տարածքի մեկ միավորին գործադրված ուժի քանակ

prevailing winds/գերակշռող քամիներ քամիներ, որոնք կոնկրետ ժամանակաշրջանում փչում են հիմնականում մեկ ուղղությունից

prey/որս օրգանիզմ, որը սպանվում և ուտվում է այլ օրգանիզմի կողմից

primate /պրիմատ կաթնասունի տեսակ, որի հատկություններն են հակառակադրվող բութ մատը և երկակյա տեսողությունը

prime meridian/զրոյական միջօրեական միջօրեական, կամ երկարության գիծը, որը նշանակվում է որպես 0° երկարություն

probability/հավանականություն h ավանականությունը, որ հնարավոր ապագա իրադարձությունը տեղի կունենա` իրադարձության ցանկացած կոնկրետ պարագայում

producer/արդդուցենտ օրգանիզմ, որը կարող է իր սեփական սննունդը արտադրել` օգտագործելով շրջակա միջավայրի էներգիան

product/արգասիք նյութ, որը ձևավորվում է քիմիական ռեակցիայի ընթացքում

prograde rotation/պտտում ժամսլաքի հակառակ ուղղությամբ մոլորակի կամ արբանյակի ժամացույցի սլաքին հակառակ պտտում, ինչպես դա կարելի տեսնել մոլորակի Հյուսիսային բևեռի վերևից; պտտվելը նույն ուղղությամբ, որով պտտվում է արեգակը

projectile motion/նետված մարմնի հետագիծ կոր հետագիծ, որով շարժվում է օբյեկտը, երբ այն նետում են, բաց են թողնում կամ մի այլ կերպ ցցում են Երկրի մակերեսից մոտիկ

prokaryote/պրոկարիոտ միաբջիջ օրգանիզմ, որը չունի կորիզ կամ թաղանթով պատված օրգանոիդներ; օրինակներն են՝ արխեբակտերիան և բակտերիան

protein/պրոտեին մոլեկուլ, որը կազմված է ամինաթթուներից և որը անհրաժեշտ է մարմնի կառույցների կառուցման և վերանորոգման համար և մարմնի գործընթացների կարգավորման համար

protist/պրոտիստ օրգանիզմ, որը պատկանում է Պրոտիստների թագավորությանը

proton/պրոտոն ենթաատոմային մասնիկ, որը դրական լիցք ունի և որը գտնվում է ատոմի միջուկում

pulley/հույսակ հասարակ մեքենա, որը կազմված է անիվից, որի վրայով անցնում է թոկ, շղթա կամ լար

pulmonary circulation/թոքային արյուն աշրջանառություն արյան հոսքը սրտից դեպի թոքերը և հետ՝ դեպի սիրտը՝ թոքային արտերիաների, մազանոթների և երակների միջոցով

pulsar/պուլսար արագորեն պտտվող նեյտրոնային աստղ, որը ռադիոճառագայթման և լուսային էներգիայի արագ թրթռումներ է տալիս

pupil/բիբ անցք, որը գտնվում է ակնաճիածանի կենտրոնում և որը վերահսկում է աչք մտնող գործող լույսի քանակը

pure substance/մաքուր նյութ նյութի նմուշ՝ կա´մ մեկ քիմիական տարր, կա´մ մեկ միացություն, որը ունի հստակ քիմիական և ֆիզիկական հատկություններ

Q

quasar/քերասատղ շատ լուսատու, աստղանման օբյեկտ, որը մեծ արագությամբ էներգիա է արտադրում; ենթադրվում է, որ քերասատղերը տիեզերքի ամենահեռավոր օբյեկտներն են

R

radiation/Ճառագայթում էներգիայի փոխակերպումը էլեկտրոմագնիսական ալիքների

radioactive decay/ռադիոակտիվ տրոհում ռադիոակտիվ իզոտոպի նույն կամ այլ էլեմենտի ստաբիլ (կայուն) իզոտոպի տրոհման գործընթաց

radioactivity/ռադիոակտիվություն անկ այուն միջուկի միջուկային Ճառագայթման գործընթաց

radiometric dating/ռադիոմետրիկ թվագրում ռադիոակտիվ (ծնողական) և ստաբիլ (դուստր) իզոտոպերի հարաբերական տոկոսը գնահետլու միջոցով օբյեկտի տարիքը որոշելու եղանակ

reactant/ռեագենտ (ռեակտիվ) քիմիական ռեակցիայում մասնակցող նյութ կամ մոլեկուլ

recessive trait/ռեցեսիվ հատկանիշ հատկանիշ, որը ի հայտ է գալիս, միայն այն դեպքում, երբ նույն հատկանիշը ժառանգաբար փոխանցվում է երկու ռեցեսիվ ալելներնով

recharge zone/վերալիցքավորման գոտի տարածք, որտեղ ջուրը տեղափոխվում է ներքև՝ ջրապարունակ շերտի մասնիկ դառնալու համար

reclamation/վերականգնում հանքագ ործունյունից հետո հողի՝ սկզբնական դիրքերին վերադարձնալու գործընթաց

recycling/վերաօգտագործում արժեքավոր կամ օգտակար նյութերի վերականգնումը թափոններից; որոշ առարկաները նորից օգտագործելու գործընթաց

red giant/կարմիր հսկա մեծ, կարմրավուն աստղ, իր կյանքի վերջի ցիկլում

reflecting telescope/անդրադարձնող դիտակ կորագիծ հայելիով հեռավոր օբյեկտների լույսը հավաքող և ֆոկուսացնող դիտակ

reflection/անդրադարձում լույսի, ձայնի և տաքության ճառագայթների հետ վերադարձը անթափանց մակերևույթից

reflex/ռեֆլեքս բնազդական և համարյա անհապաղ պատասխան ազդակին

refracting telescope/բեկող դիտակ ոսպնյակների հավաքակազմով հեռավոր օբյեկտների լույսը հավաքող և ֆոկուսացնող դիտակ

refraction/բեկում երկու նյութերի սահմանով անցնելիս ալիքի շեղում, երբ այդ նյութերում ալիքի արագությունները տարբեր են

relative dating/հարաբերական թվագրում ցանկացած մեթոդ (եղանակ) որով կարելի է որոշել մեկ իրադարձության կամ օբյեկտի տարիքով ավելի մեծ կամ փոքր լինելը քան մեկ ուրիշը

relative humidity/հարաբերական խոնավություն օդում պարունակվող ջրի գոլորշու քանակի հարաբերությունը ջրի գոլորշու այն քանակին, որ անհրաժեշտ է տվյալ ջերմաստիճանում հագեցման հասնելու համար

relief/ռելիեֆ երկրի մակերեսի բարձրության փոփոխություններ

remote sensing/հեռավոր ընկալում առանց ֆիզիկապես օբյեկտի հետ հպման, նրա մասին տեղեկություններ ստանալու և վերլուծելու գործընթաց

renewable resource/վերականգնվող ռեսուրսներ բնական ռեսուրսներ, որոնք վերականգնվում են նույն արագությամբ, ինչ որ սպառվում են

resistance/դիմադրություն ֆիզիկայում, նյութի կամ սարքի կողմից հոսանքին ներկայացվող հակազդեցություն

resonance/ռեզոնանս երևույթ, որը պատահում է երկու օբյեկտների նույն հաճախականությամբ բնականորեն տատանվելիս; մի օբյեկտի ստեղծած ձայնը ստիպում է մյուսին տատանվել

respiration/շնչառություն կենսաբանության մեջ, կենդանի բջիջների և նրանց միջավայրի միջև թթվածնի և ածխաթթու գազի փոխանակում; ներառում է շնչողություն և բջջային շնչառություն

respiratory system/շնչառական համակարգ օրգանների հավաքածու, որոնց հիմնական ֆունկցիան է ներկրել թթվածին և արտահանել ածխաթթու գազ; այս համակարգի օրգաններն են թոքերը, կոկորդը և դեպի թոքեր տանող անցումները

retina/ցանցաթաղանթ աչքի ներքին լուսազգայուն թաղանթ, որ ստանում է ոսպնյակների միջոցով կառուցված պատկերները և տեսողական նյրվի միջոցով այն հաղորդում ուղեղ

retrograde rotation/հակառակ պտույտ մոլորակի կամ լուսնի ժամացույցի սլաքի ուղղությամբ պտույտը, որը կարելի է դիտել այդ մոլորակի Հյուսիսային Բևեռից

revolution/պտույտ տիեզերքում մեկ մարմի մյուսի շուրջ շարժումը; մեկ ամբողջական ճանապարհորդություն ուղեծրի երկայնքով

rhizoid/ռիզոիդ ոչ անոթային բույսի արմատաձև կառույց, որը պահում է բույսը և օգնում է նրան ջուր և սննդարար նյութեր ստանալ

rhizome/ռիզոմ հորիզոնական, ստորգետնյա բուն, որը տալիս է նոր տերևներ, ծիլեր և արմատներ

ribosome/ռիբոսոմ ՌՆԹ–ից և սպիտակուցից կառուցված բջջային օրգանոիդ; սպիտակուցի սինթեզի կառույց

rift valley/Ճեղքվածքի կիրճ տեկտոնիկ սալերի անջատումից առաջացած երկար ու նեղ հովիտ

rift zone/Ճեղքվածքի զրջան երկու տեկտոնիկ սալերի անջատումներից առաջացած խորը ճաքերի տարածք

RNA/ՌՆԹ ռիբոնուկլեաթթու, մոլեկուլ, որը ներկա է բոլոր կենդանի բջիջներում և մասնակցում է սպիտակուցների սինթեզին

rock/ապար մեկ կամ մի քանի հանքաքարերի կամ օրգանական նյութերի բնական պինդ խառնուրդ

rock cycle/քարի ցիկլ գործընթացների շարք, երբ քարը ձևավորվում է, մի տեսակից ուրիշի է անցնում, քայքայվում և նորից ձևավորվում երկրաբանական պրոցեսների շնորհիվ

rock fall/քարերի անկում քարերի զանգվածի արագ շարժ զառիվայրից ներքև

rocket/հրթիռ շարժման համար այրվող վառելիքից ազատված գազը օգտագործող մեքենա

rotation/պտույտ մարմնի պտույտը իր առանցքի շուրջ

S

S wave/S ալիք սեյսմիկ ալիք, որը առիպում է, որ քարի մասնիկները շարժվեն նույն ուղղությամբ

salinity/աղիություն տրված հեղուկի քանակում լուծված աղերի քանակության չափը

salt/աղ իոնային միացություն, որը ձևավորվում է, երբ մետաղի ատոմը փոխարինում է թթվի ջրածնին

saltation/թռիչքաձև շարժում քամու կամ ջրի պատճառով ավազի կամ այլ նստվածքների մանր թռիչքներով շարժումը

satellite/արբանյակ բնական կամ արհեստական մարմին, որը պտտվում է մոլորակի շուրջ

savanna/սավաննա մարգագետին, որի վրա կան ցրված ծառեր և որը գտնվում է արևադարձային և մերձարևադարձային գոտիներում, որտեղ պատահում են սեզոնային անձրևներ, հրդեհներ և երաշտներ

scale/մասշտաբ չափումների և իրական չափման կամ տարածության միջև հարաբերությունը կաղապարում, քարտեզում կամ դիագրամում

scattering/ցրում լույսի և նյութի փոխազդեցություն, որի պատճառով լույսը փոխում է իր էներգիան, շարժման ուղղությունը, կամ երկուսը միասին

science/գիտություն փաստեր հայտնաբերելու և օրենքներ կամ սկզբունքներ ձևակերպելու նպատակով, բնական իրադարձությունների կամ պայմանների հետազոտության շնորհիվ ստացված գիտելիքներ, որոնք հետագայում կարող են ստուգվել կամ ճշտվել

scientific literacy/գիտական գրագիտություն գիտական հետազոտության մեթոդների, գիտական գիտելիքի շրջանակների և հասարակության մեջ գիտության դերի ընկալում

scientific methods/գիտական մեթոդներ խնդիրները լուծելու նպատակով կատարվող քայլերի հերթականություն

screw/պտուտակներ պարզ մեքենա, բաղկացած գլանի շուրջ փաթաթած թելերից

sea-floor spreading/ծովահատակի ծածկում մագման դեպի մակերես բարձրանալու և պնդանալու օվկիանոսի նոր լիթոսֆեր ձևավորելու գործընթաց

seamount/ստորջրյա սար օվկիանոսի հատակին ընդջրյա սար, որը ամենաքիչը պետք է ունենա 1000մ բարձրություն և հրաբխային ծագում

sediment/նստվածք օրգանական կամ ոչ օրգանական նյութի կտորներ, որոնք քամու, ջրի կամ սառույցի միջոցով տեղափոխվել են, նստվածք են առաջացրել և կուտակվել Երկրագնդի մակերեսի շերտերում:

sedimentary rock/նստվածքային ապար ապար, որը ձևավորվում է նստվածքի սեղմված կամ իրար կպած շերտերից

segment/հատված ավելի մեծ կառույցի, ինչպիսին է, օրինակ՝ կենդանի մարմինը, ցանկացած մաս, որը տարանջատված է բնական կամ ինքնական սահմաններով

seismic gap/սեյսմիկ ճեղք բեկման գծի երկայնքով տարածք, որտեղ վերջերս բավական շատ երկրաշարժեր են եղել, բայց անցյալում եղել են ուժեղ երկրաշարժեր

seismic wave/սեյսմիկ ալիք ալիքի էներգիա, որը տեղափոխվում է Երկրագնդի միջով և երկրաշարժից բոլոր ուղղություններով

seismogram/սեյսմոգրամմա սեյսմոգրաֆի կողմից երկրաշարժի շարժման գրանցումներ

seismograph/սեյսմոգրաֆ գործիք, որը գրանցում է հողի տատանումները և որոշում է երկրաշարժի ուժը և տեղը

seismology/սեյսմոլոգիա գիտություն, որը ուսումնասիրում է երկրաշարժերը

selective breeding/սելեկտիվ բազմացում որոշակի ցանկալի հատկանիշներ ունեցող կենդանիների կամ բույսերի բազմացման մարդկային ձևԱ

semiconductor/կիսահաղորդիչ էլեմենտ կամ միացություն, որը էլեկտրական հոսանքը ավելի լավ է հաղորդում քան մեկուսիչները և ավելի վատ՝ քան հաղորդիչները

sepal/ծաղկակալ ծաղկի ձևափոխված տերևների ամենաարտաքին օղակներից մեկը, որը պաշտպանում է կոկոնը

septic tank/սեպտիկ ջրամբար ջրամբար, որը բաժանում է պինդ թափոնները հեղուկից և պարունակում է նրանց քայքայող մանրէներ

series circuit/հաջորդական միացում շղթա, որում մասերը միացած են մեկը մյուսի հետևից այնպես, որ յուրաքանչյուրում հոսանքը նույնն է

sewage treatment plant/կեղտաջրերի մաքրման գործարան սարքավորում, որը ջուրը մաքրում է կեղտաջրի խողովակներից կամ առուներից եկած թափոններից

sex chromosome/սեռական քրոմոսոմ քրոմոսոմների զույգից մեկը, որը որոշում է անհատի սեռը

sexual reproduction/սեռական բազմացում բազմացում, որի ժամանակ երկու ծնողների սեռական բջիջները միավորվում են սերունդ ունենալու նպատակով, որը երկուսից էլ հատկանիշներ կժառանգի

shoreline/ջրափնյա գիծ հողի և ջրի միջև անցնող սահման

silicate mineral/սիլիկատ հանքաքար, որը պարունակում է կրեմնիումի, թթվածնի և մեկ կամ մի քանի այլ մետաղների միացություն

single-displacement reaction/էզակի– տեղակալման ռեակցիա (փոխազդեցություն են) փոխազդեցություն, որի ժամանակ մի էլեմենտը գրավում է միացության մեջ մեկ ուրիշ էլեմենտի տեղը

skeletal system/կմախքային համակարգ օրգանների համակարգ, որը կատարում է մարմնի հենարանային, պաշտպանողական և շարժողական ֆունկցիա

skepticism/սկեպտիցիզմ (թերահա վատություն) մտածելակերպ, որի համաձայն անհատը անընդհատ կասկածում է ընդունված զարգափարների հիմնավորվածության մեջ

slope/թեքվածք գծի թեքության չափ; բարձրության և հիմքի հարաբերություն

small intestine/բարակ աղիք ստամոքսի և հաստ աղիքի արանքում գտնվող օրգան, որտեղ տեղի է ունենում ունտելիքի մեծ մասի քայքայումը և սննդարար նյութերի մեծ մասի կլանումը

smog/սմոգ լուսաքիմիական մառախուղ, որը ձևավորվում է, երբ արևի լույսը ազդում է արդյունաբերական ախտոտիչների և վառվող վառելիքի վրա

social behavior/սոցիալական վարք նույն տեսակի տարբեր կենդանիների փոխհարաբերությունները

software/համակարգչային ծրագիր հրահանգների և հրամաններ, որոնք որոշում են թե ինչ պետք է անի համակարգիչը

soil/հող քարի կտորների, օրգանիկ նյութերի, գրի և օդի փխրուն խառնուրդ, որը կարող է նպաստել բուսականության աճին

soil conservation/հողի պահպանում հողը քայքայվելու կամ սննդարար նյութերը կորցնելուց պաշտպանելու միջոցով, նրա պտղաբերությունը պահպանելու եղանակ

soil structure/հողի կառուցվածք հողի մասնիկների դասավորվածությունը

soil texture/հողի նյութակառուցվածք հողի որակը, որը կախված է նրա մասնիկների քանակի հարաբերությունից

solar energy/արևային էներգիա արևից ճառագայթման տեսքով Երկրագնդի ստացած էներգիա

solar nebula/արևային գալակտիկա գազի և փոշու ամպ, որը կազմում է մեր արևային համակարգը

solenoid/սոլենոիդ էլեկտրական հոսանքով օղակաձև լար

solid/պինդ նյութի վիճակ, որի ժամանակ նրա ծավալն ու ձևը չի փոխվում

solubility/լուծելիություն տրված ջերմաստիճանի և ճնշման դեպքում մի նյութի մյուսում լուծվելու հնարավորությունը

solute/լուծվող նյութ լուծույթում, լուծիչի մեջ լուծված նյութը

solution/լուծույթ երկու կամ ավելի նյութերի համասեռ խառնուրդ, որոնք մեկ ֆուլի ընթացքում հավասարաչափ բաշխվել են

solvent/լուծիչ նյութ լուծույթում, որում այլ նյութերը լուծվում են

sonic boom/ձայնային հարված պայթուցիկ ձայն, որը կարելի է լսել, երբ մարմնի ցնցող ալիքը ավելի արագ է հասնում մարդու ականջին, քան նրա ձայնը

sound quality/ձայնի որակ արգելքի միջով անցնող ձայնի տատանումների հետևանք

sound wave/ձայնային ալիք երկայնական ալիք, որ առաջանում է տատանումներից և տարածվում է նյութի միջով

space probe/տիեզերական զոնդ առանց անձնակազմի տրանսպորտային միջոց, որը գիտական տվյալներ հավաքելու նպատակով տեղափոխում է գիտական սարքավորումները տիեզերք

space shuttle/տիեզերական մաքոք բազմակի օգտագործվող կոսմիկական տեղափոխման միջոց, որը թռիչք է կատարում ինպես հրթիռը և վայրէջք է կատարում ինքնաթիռի նման:

space station/տիեզերական կայան երկարատև օրբիտային հարթակ, որից կարող են արձակվել այլ տրանսպորտային միջոցներ կամ կատարվել գիտական հետազոտություններ

speciation/տեսակավորում էվոլյուցիայի հետևանքով նոր տեսակների ձևավորում

species/տեսակ իրար շատ նման օրգանիզմների խումբ, որոնք կարող են զույգավորվել և ունենալ պտղաբեր սերունդ

specific heat/հատուկ ջերմություն հաստատուն ճնշման և ծավալի դեպքում համասեռ նյութի միավոր զանգվածի 1 K կամ 1°C տաքացնելու համար պահանջվող ջերմության քանակ

spectrum/սպեկտր պրիզմայի միջով անցած սպիտակ լույսից ստացվող գույների խումբ

speed/արագություն անցած ճանապարհի հարաբերությունը շարժման ժամանակամիջոցին

sperm/սերմ արական սեռական բջիջ

spleen/փայծախ մարմնի ամենամեծ լիմֆատիկ օրգան; ծառայում է որպես արյան ռեզերվուար, քայքայում է արյան հին կարմիր բջիջները և արտադրում է լիմֆոցիտներ և պլազմիդներ

spore/սպոր վերարտադրող բջիջ կամ բազմաբջջային կառուցվածք, որը կայուն է սթրեսոգեն միջավայրի նկատմամբ և կարող է առանց այլ բջջի հետ միավորվելու դառնալ հասուն բջիջ

spring tide/մակընթացություն և տեղատվություն մակերևույթի ավելացում, որը տեղի է ունենում ամիսը երկու անգամ՝ նորալուսնին և լիալուսնին

stamen/առէջ ծաղկի առնական վերարտադրողական կառուցվածք, որը արտադրում է ծաղկափոշի և բաղկացած է ճողիկի եզրին գտնվող փոշապարկից

standing wave/կանգուն ալիք տատանման ձև, որը նման է կանգուն ալիքի

states of matter/նյութի վիճակ նյութի ֆիզիկական վիճակ, որը լինում է պինդ, հեղուկ և գազային

static electricity/ստատիկ էլեկտրականություն ազատ էլեկտրական լիցք; հիմնականում ծնվում է շփման կամ ինդուկցիայի միջոցով

stimulus/ազդակ որևէ բան, որը առաջացնում է արձագանք կամ փոփոխություն օրգանիզմում կամ օրգանիզմի որևէ մասում

stoma/ստոմա անցք կամ անցքեր բույսի տերևի կամ ցողունի վրա, որոնց միջոցով տեղի է ունենում գազափոխանակումը (հոգ. *ստոմաներ*)

stomach/ստամոքս պարկաձև մարսողական օրգան, կերակրափողի և բարակ աղու միջև, որը քայքայում է կերակուրը մկանների, էնզիմների և թթուների միջոցով

storm surge/փոթորկային ալիք ուժեղ քամիով, ինչպես օրինակ՝ մրրիկով, պայմանավորված ծովի մակարդակի տեղային բարձրացում

strata/շերտեր ժայռային շերտեր (եզակի *շերտ*)

stratification/շերտավորում նստվածքային ապարների շերտավորման գործընթաց

stratified drift/շերտավորված հոսք սառցադաշտային կուտակումներ, որոնք որակավորվել են և շերտավորվել են հոսքերի և հալած ջրի ազդեցության ներքո

stratosphere/ստրատոսֆեր տրոպոսֆերից բարձր մթնոլորտի շերտ, որտեղ ջերմաստիճանը աճում է բարձրության հետ

streak/շերտագիծ հանքաքարի փոշու գույնը

stress/սթրես ճնշմանը ֆիզիկական կամ մտավոր արձագանք

structure/կառուցվածք օրգանիզմում մասերի դասավորվածությունը

sublimation/սուբլիմացիա գործընթաց, որի արդյունքում պինդ նյութը անմիջապես վերածվում է գազի

subsidence/իջեցում Երկրագնդի կեղևի որոշ հատվածի իջեցում

succession/հաջորդականություն ժամանակի ընթացքում մեկ տեսակի համայնքի փոխարինումը մեկ ուրիշով նույն տարածքում

sunspot/արևաբիծ արևային լուսագնդի մութ շրջան, որն ավելի սառն է քան շրջապատող միջավայրը և ունի ուժեղ մագնիսական դաշտ

supernova/գերնոր հսկայական պայթյուն, որի արդյունքում ծավալուն աստղը փլուզվում է և իր արտաքին շերտերը ժայթքում են դեպի տիեզերք

superposition/վերդրում սկզբունք, որի համաձայն, եթե շերտերի դասավորվածությունը խախտված չէ, ավելի երիտասարդ ժայռերը տեղակայվում են ավելի հների վրա

surface current/մակերևույթային հոսանք օվկիանոսային ջրի հորիզոնական շարժում, որը պայմանավորված է քամով և տեղի է ունենում օվկիանոսի մակերևույթում կամ նրա հարևանությամբ

surface tension/մակերևույթային լարվածություն ուժ, որն ազդում է հեղուկի մակերևույթին և ձգտում է մինիմալացնել մակերևույթի տարածքը

suspension/սուսպենզիա խառնուրդ, որում նյութի մասնիկները քիչ թե շատ հավասարաչափ տեղակայված են հեղուկի կամ գազի մեջ

swamp/ճահիճ խոնավ էկոհամակարգ, որտեղ աճում են թփեր և ծառեր

swell/ալիք երկար օվկիանոսային ալիք, որ անընդհատ ճանապարհորդելով իր առաջացման տեղանքից մեծ տարածություն է անցնում

swim bladder/լողապարկ որսկրային ձկների մոտ օդով լցված պարկ, որն օգտագործվում է լողունակությունը կառավելու համար; նաև հայտնի որպես *օդապարկ*

symbiosis/սիմբիոզ երկու տարբեր օրգանիզմներ ապրում են սերտ միասնության մեջ

synthesis reaction/սինթեզ ռեակցիա, որի արդյունքում երկու կամ ավել նյութերը միանում են կազմելով նոր միացություն

systemic circulation/համակարգային շրջանառություն արյան հոսքը սրտից դեպի մարմնի բոլոր մասերը և վերադարձը դեպի սիրտը

T

T cell/T բջիջ իմունային համակարգի բջիջ, որը համակարգում է իմունային համակարգը և գրոհում է ախտահարված բջիջները

tadpole/շերեփուկ գորտի կամ դոդոշի ջրային ձկանման թրթուր

taxonomy/տաքսոնոմիա գիտություն, որը նկարագրում է, անվանում է և դասակարգում է օրգանիզմները

technology/տեխնոլոգիա գիտության օգտագործումը գործնական նպատակներում; գործիքների, մեքենաների, նյութերի և գործընթացների օգտագործումը մարդու նպատակները իրականացնելու համար

tectonic plate/տեկտոնիկ սալ լիթոսֆերի բեկոր, որը կազմված է կեղևից և պատյանի արտաքին կարծր մասից

telescope/աստղադիտակ սարք, որը երկնքի էլեկտրոմագնիսական ճառագայթումը հավաքում և խտացնում է, այն ավելի լավ դիտարկման նպատակով

temperate zone/չերմաստիճանային տարածք Արևադարձային և բևեռային տարածքների միջև գտնվող կլիմայական տարածք

temperature/չերմաստիճան որևէ առարկային տաքության (կամ սառնության) չափ, մասնավորապես, առարկայի միջին կինետիկ էներգիայի չափանիշ

tension/լարում ձգում, որը առաջանում է առարկան ձգելու ժամանակ

terminal velocity/սահմանային արագություն ընկնող առարկայի կոնստանտ արագությունը, երբ օդի հակագեցության ուժը իր նշանակությամբ հավասար է Երկրագնդի ձգողության ուժին և հակառակ նրան իր ուղղությամբ

terrestrial planet/Երկրային մոլորակ արևին ամենամոտ գտնվող չարդր խտությամբ մոլորակներից մեկը; Մերկուրի. Վեներա, Մարս, Երկիր

territory/տարածք տարածք, որը բնակեցված է մեկ կենդանիով կամ կենդանիների խմբով, որոնք թույլ չեն տալիս, որ տվյալ տեսակի ուրիշ ներկայացուցիչները ներխուժեն այնտեղ

testes/ամորդիներ տղամարդու առաջնային վերարտադրողական օրգաններ, որոնք արտադրում են սերմնաբջիջներ և տեստոստերոն (էգական *ամորդի*)

texture/կառուցվածք քարի որակ, որը բխում է նրա հատիկների չափսից, ձևի և դիրքից

theory/տեսություն բացատրություն, որը ընդգրկում է բազմաթիվ հիպոթեզներ և դիտարկումներ

thermal conduction/չերմահաղորդում նյութի միջով չերմային էներգիայի հաղորդում

thermal conductor/ջերմահաղորդիչ նյութ, որի միջով էներգիան կարող է ջերմության ձևով հաղորդվել

thermal energy/ջերմային էներգիա նյութի ատոմների կինետիկ էներգիա

thermal expansion/ջերմատարածում նյութի ծավալի մեծացում ջերմաստիճանի բարձրացման հետևանքով

thermal insulator/ջերմամեկուսիչ ջերմության փոխանցումը նվազեցնող կամ կանխարգելող նյութ

thermal pollution/ջերմային աղտոտում մարդու գործունեության հետևանքով ջրավազանի ջրի ջերմաստիճանի բարձրացում, որը բացասական ազդեցություն է գործում ջրի որակի և նրա մեջ կյանք խթանելու ունակության վրա

thermocline/ջերմաստիճանային ցատկի շերտ ջրային զանգվածի շերտ, որում, խորանալիս, ջրի ջերմաստիճանը ավելի արագ է նվազում քան մյուս շերտերում

thermocouple/ջերմազույգ սարք, որը ջերմային էներգիան վերածում է էլեկտրական էներգիայի

thermometer/ջերմաչափ գործիք, որը չափում և ցույց է տալիս ջերմաստիճանը

thermosphere/ջերմագունդ մթնոլորտի ամենաբարձր շերտը, որտեղ ջերմաստիճանը աճում է բարձրության հետ միատեղ

thrust/հրում ինքնաթիռի կամ հրթիռի շարժիչի հրող կամ ձգող ուժը

thunder/որոտ էլեկտրական հարվածի երկյանքով օդի արագ տարածումից առաջացվող ձայն

thunderstorm/ամպրոպ սովորաբar կարճատև հուժկու փոթորիկ, որ բաղկացած է անձրևից, ուժեղ քամուց, կայծակից և որոտից

thymus/թիմուս լիմֆատիկ համակարգի գլխավոր գեղձ; այն արձակում է S լիմֆոցիտներ

tidal range/մակընթացության սահմաններ օվկիանոսի ջրի մակարդակի տարբերությունը բարձր և ցածր մակընթացության ժամանակ

tide/մակընթացություն օվկիանոսների և այլ մեծ ջրավազանների ջրի մակարդակի պարբերական բարձրացում և իջեցում

till/թիլ անմիջապես հալվող սառցադաշտից կայացած չտարբերակված քարերի նստվածք

tissue/հյուսվածք ընդհանուր ֆունկցիա կատարող միանման բջիջների խումբ

tonsils/նշաձև գեղձեր փոքրածավալ, կլորավուն լիմֆատիկ հյուսվածքի զանգվածներ, որոնք տեղակայված են կոկորդում և բերանից դեպի կոկորդ տանող հատվածում

topographic map/տեղագրական քարտեզ Երկրագնդի մակերեսի առանձնահատկությունները արտացոլող քարտեզ

tornado/տորնադո ավերիչ, պտտվող օդի սյուն, որն ունի շատ մեծ արագություն և տեսանելի է ձագարաձև ամպի տեսքով, հպվում է գետնին

trace fossil/հնագույն բրածո փափուկ նստվածքի վրա կենդանու շարժումից առաջացած հանածո հետք

trachea/շնչափող միջատների, միրիապոդների և սարդերի մոտ օդի խողովակների ցանցերից մեկը; ողնաշարայինների մոտ խողովակ, որը միացնում է կոկորդը թոքերի հետ

trade winds/պասատ գերիշխող քամիներ, որոնք հասարակածի 30° հյուսիսային լայնությունից փչում են հյուսիսարևելյան ուղղությամբ և հասարակածի 30° հարավային լայնությունից՝ հարավարևելյան ուղղությամբ:

trait/հատկանիշ գենետիկորեն պայմանավորված առանձնահատկություն

transform boundary/փոխակերպման սահման հորիզոնական իրար նկատմամբ սահող տեկտոնիկ սալերի միջև սահման

transformer/տրանսֆորմատոր սարք, որը մեծացնում կամ փոքրացնում է փոփոխական հոսանքի լարումը

transistor/տրանզիստոր կիսահաղորդչային սարք, որը ուժեղացնում է հոսանքը և օգտագործվում է ուժեղացուցիչներում, ասցիլոգրաֆներում և փոխակերպիչներում

translucent/լուսանցիկ նյութ, որը հաղորդում է լույսը, բայց չի հաղորդում պատկերը

transmission/փոխանցում նյութի միջով լույսի կամ էներգիայի այլ տեսակների փոխանցումը

transparent/թափանցիկ նկարագրում է նյութը, որն անց է կացնում իր միջով լույսը, նվազագույն շեղումներով

transpiration/քրտնարտադրություն գործընթաց, որի ժամանակ բույսերը չրի գոլորշիներ են արտագատում ստոմաների միջոցով; *ինչպես նաև* չրի գոլորշու արտագատումը այլ օրգանիզմների կողմից

transverse wave/լայնակի ալիք ալիք, որում միջավայրի մասնիկները շարժվում են ալիքի տարածման ուղղությանը ուղղահայաց

tributary/վտակ հոսք, որը հոսում է դեպի լիճը կամ դեպի ավելի մեծ հոսանք

tropical zone/արևադարձային գոտի տարածք, որը շրջապատում է հասարակածը և տարածվում է մինչև 23° հյուսիսային լայնության և 23° հարավային լայնության վրա

tropism/թրոպիզմ ամբողջ օրգանիզմի կամ նրա որևէ մի մասի աճը ի պատասխան արտաքին ազդակի, ինչպիսին է լույսը

troposphere/տրոպոսֆեր մթնոլորտի ամենացածր շերտը, որտեղ ջերմաստիճանը նվազում է հաստատուն արագությամբ բարձրության հետ

true north/իրական հյուսիս աշխարհագրական Հյուսիսային Բևեռի ուղղություն

tsunami/ցունամի հսկայական օվկիանոսային ալիք, որը ձևավորվում է հրաբուխի ժայթքումից, ստորջրային երկրաշարժից կամ հողափլուզումից հետո

tundra/տունդրա Արկտիկայում, Անտարկտիկայում, կամ սարերի գագաթին գտնվող ծառազուրկ տափաստան, որը բնորոշվում է խիստ ցածր ձմեռային ջերմաստիճանով և կարճատև զով ամառներով

U

umbilical cord/պորտալար պարանանման կառույց, որի միջով անցնում են արյան անոթները և որը ընկերքին է միացնում զարգացող կաթնասուն էակին

unconformity/աններդաշնակ շերտավորում ընդհատում երկրաբանական նշումների մեջ, երբ ապարների էրոզիայի են ենթարկվում, կամ երբ երկար ժամանակ նստվածքներ չեն առաջանում

undertow/ստորին ստորջրյա հոսանք
մակերեսից ներքև գտնվող հոսանք,
որ հոսում է ափին մոտ և տանում է
առարկաները դեպի ծովը

uniformitarianism/ունիֆորմիտարիան
իզմ սկբունք, համաձայն որի անցյալում
տեղի ունեցած երկրաբանական
գործընթացները կարող են բացատրվել
ներկա երկրաբանական գործընթացներով

uplift/վերնետք Երկրի կեղևի շրջանների
բարձրացում ավելի մեծ բարձրությունների
վրա

upwelling/ափվելինգ խորը գտնվող, սառը
և սննդարար նյութերով հարուստ ջրի
բարձրացումը դեպի մակերես

urinary system/միզային համակարգ
օրգաններ, որոնք արտադրում, պաշարում
և արտաթորում են մեզը

uterus/արգանդ կաթնասունների էգերի
մոտ, սին, մկանուտ օրգանը, որի մեջ
բեղմնավորված ձուն է տեղադրվում, և որի
մեջ զարգանում են սաղմը և պտուղը

V

vagina/հեշտոց իգական սեռական օրգան,
որը մարմնի արտաքին մասը միացնում է
արգանդին

valence electron /վալենտային էլեկտրոն
էլեկտրոն, որը գտնվում է ատոմի
ամենաարտաքին թաղանթում և որոշում է
ատոմի քիմիական հատկությունները

variable/փոփոխական գործոն, որը
փոփոխվում է փորձի ընթացքում`
վարկածը ստուգելու նպատակով

vascular plant/անոթային բույս բույս, որը
մասնագիտացված հյուսվածքներ ունի,
որոնք բույսի մեկ մասից մյուսը նյութեր են
փոխանցում

vein/երակ կենսաբանության մեջ, անոթ,
որով արյունը զնում է դեպի սիրտը

velocity/արագություն օբյեկտի
արագությունը որոշակի ուղղությամբ

vent/հրաբխի խառնարան անցք Երկրի
մակերեսին, որի միջով անցնում է հրաբխի
նյութը

vertebrate/ողնաշարավոր կենդանի, որը
ողնաշար ունի

vesicle/պղպջակ փոքր խոռոչ կամ
պարկ, որը պարունակում է նյութերը
էուկարիոտիկ բջջում; ձևավորվում է այն
մասում, որտեղ բջջաթաղանթի մի մաս
շրջապատում է բջիջ տեղափոխվելիք կամ
բջջի ներսում տեղափոխված նյութերը

virus/վիրուս շատ փոքր մասնիկ,
որ թափանցում է բջջի մեջ և համախ
ոչնչացնում է բջիջը

viscosity/մածականություն գազի կամ
հեղուկի դիմադրողությունը հոսելուն

vitamin/վիտամին սննդարար
նյութերի դասակարգ, որոնք աճխածին
են պարունակում և որոնց փոքր
քանակությունները են անհրաժեշտ
առողջությունը պահպանելու և աճը
հնարավոր դարձնելու համար

volcano/հրաբուխ Երկր մակերեսին
գտնվող խառնարան կամ ճեղք, որի միջով
արտամժայթքվում են մագման և գազերը

voltage/էլեկտրական լարում պոտենցիալ
տարբերությունը երկու կետերի միջև;
չափված վոլտերով

volume/ծավալ մարմնի կամ շրջանի
չափսի չափում ` եռաչափ տարածության
մեջ

W

water cycle/ջրի շրջապտույտ ջրի
շարունակական շարժումը օվկիանոսից
մթնոլորտ և այնտեղից դեպի ցամաք և էտ
դեպի օվկիանոս

water pollution/ջրի աղտոտում ջրի մեջ
այնպիսի թափոնների կամ քիմիական
նյութերի ներմուծումը, որոնք վնասակար
են ջրում բնակվող օրգանիզմների համար
և նրանց համար, ով շփում ունեն ջրի հետ

**water table/ստորգետնյա ջրերի
մակարդակ** ստորգետնյա ջրի վերին
մակերեսը; հագեցման գոտու վերին
սահմանը

**water vascular system/ջրանոթային
համակարգ** համակարգ, որի ուղիները
լցված են ջրալի հեղուկով, որ
շրջանառում է էխինոդերմի մարմնի միջով

waterfowl/ջրային թռչուն ջրային թռչուն,
ինչպիսին է բադը, խազը կամ կարապը

watershed/ջրաբաժանք ցամաքի մի
տարածություն, որ ցամաքեցվում է
ջրային համակարգի միջոցով

watt/վատտ հզորության արտահայտման
միավոր; համարժեք ջոուլ վայրկյանում
(ազդանշան, Վտ)

wave/ալիք պինդ մարմնում, հեղուկում
կամ գազում տեղի ունեցող պարբերական
տատանումները՝ միջավայրում էներգիայի
փոխանցման ընթացքում

wave speed/ալիքի արագություն
արագություն որով ալիքը անցնում է
միջավայրով

wavelength/ալիքի երկարություն տարա
ծություն ալիքի ցանկացած կետից մինչև
հաջորդ ալիքի նույնական կետը

weather/եղանակ մթնոլորտի կարճատև
վիճակ, ներառյալ ջերմաստիճանը,
խոնավությունը, տեղումները, քամին և
տեսանելիությունը

weathering/էրոզիա գործընթաց, որի
ժամանակ ապարները քայքայվում
են՝ ֆիզիկական կամ քիմիական
գործընթացների ներգործության միջոցով

wedge/սեպ հասարակ սարք, որ
բաղկացած է երկու թեք հարթություններից
և որ շարժվում է; հաճախ օգտագործվում
է կտրելու համար

weight/քաշ օբյեկտի վրա գործադրված
ձգողականության ուժի չափումը; դրա
արժեքը կարող է փոփոխվել՝ կախված
տիեզերքում օբյեկտի տեղադրությունից

westerlies/արևմտյան քամիներ գերիշխող
քամիներ, որոնք երկու կիսագնդերում
փչում են արևմուտքից արևելք 30° -ից 60°
լայնության տակ

wetland/ճճացած տարածք հողատարածք,
որ պարբերաբար գտնվում է ջրի տակ, և
որի հողը շատ խոնավ է

wheel and axle/ճախարակ հասարակ
մեքենա, որ բաղկացած է տարբեր
չափերի երկու շրջանաձև առարկաներից;
անիվը այդ երկու շրջանաձև
առարկաներից մեծն է

white dwarf/անգույն փոքրիկ աստղ
փոքր, տաք, անսպարգ աստղ, որ գտնվում
է հին աստղի մնացած կենտրոնում

whitecap/փրփուր իջնող ալիքի կատարի
վրայի պղպջակները

wind/քամի օդի ճնշման
տարբերություններից առաջացած օդի
շարժումը

wind power/քամու ուժ քամու ադացի
օգտագործում՝ էլեկտրական գեներատոր
աշխատացնելու համար

work/աշխատանք էներգիայի փոխանցում
օբյեկտին՝ գործադրելով ուժ, որ
ստիպում է օբյեկտին շարժվել ուժի
ուղղությամբ

work input/սպառվող հզորություն
մեքենային կատարած աշխատանքը;
ներդրվող ուժի և այդ ուժի գործադրման
տարածության արտադրյալը

work output/արդյունավետություն
մեքենայի կատարած աշխատանքը;
արտադրվող ուժի և այդ ուժի գործադրման
տարածքության արտադրյալը

X

xylem/քսիլեմա անոթային բույսերի
հյուսվածքի տեսակ, որը հենարան է
հանդիսանում և արմատներից ացկացնում
է ջուրը և սննդարար նյութերը

Y

year/տարի ժամանակ, որ պահանջվում
է որպեսզի Երկիրը մեկ անգամ պտվվի
արևի շուրջ

Z

zenith/զենիթ կետը երկնքում, որը
գտնվում է Երկրի վրա կանգնած
դիտարկողի հենց վերևում

A

abiotic/非生物的　描述環境的無生命部分，包括水、岩石、光線和溫度。

abrasion/磨蝕　岩石表面經由其他岩石或沙粒的機械性動作被磨損消耗掉。

absolute dating/絕對定年法　任何以年為單位測定事件或物體年代的方法。

absolute magnitude/絕對星等　星球距離地球 32.6 光年時所具有的亮度。

absolute zero/絕對零度　分子能量最小時的溫度 (克氏溫度計上的 0 K 或攝氏溫度計上的 -273.16℃)。

absorption/吸收　光學中的光能轉移至物質的粒子。

abyssal plain/深海平原　深海海盆中巨大平坦幾乎水平的區域。

acceleration/加速　速度隨著時間改變的比率；物體的速度、方向或者兩者都改變時便是在加速。

accreted terrane/增長岩層　地質板塊在聚合邊界碰撞時成為較大陸塊一部份的一片岩層。

acid/酸　任何融入水中時會增加水合氫離子數量的化合物。

acid precipitation/酸性降水　含有高濃度酸的雨、冰雨或雪。

activation energy/活化能　起動化學反應所需的最低能量。

active transport/主動運輸　細胞運用能量時通過細胞膜的物質運動。

adaptation/適應　改善個體在特定環境中生存和繁殖能力的特性。

addiction/上癮　依賴酒精或藥物之類的物質。

aerobic exercise/有氧運動　增加心肺活動以促進身體對氧氣的使用的肉體運動。

air mass/氣團　溫度和濕度都類似的大規模氣體。

air pollution/空氣污染　人類和自然的污染物對於大氣層的污染。

air pressure/氣壓　空氣分子對於表面施加的力量。

alcoholism/酒精中毒　反複飲用酒精飲料的量會干擾人體健康和活動的一種疾病。

algae/藻類　真核狀態的有機體，沒有根、莖、葉，但是可以經由光合作用將太陽能量轉換成食物 (單數為 *alga*)。

alkali metal/鹼金屬　週期表中第一族的元素 (包括鋰、鈉、鉀、銣、銫和鈁)。

alkaline-earth metal/鹼土金屬　週期表中第二族的元素 (包括鈹、鎂、鈣、鍶、鋇和鐳)。

allele/等位基因　掌管一種特性 (例如頭髮顏色) 的另一種形式的基因。

allergy/過敏　人體免疫系統對於無害或一般物質的反應。

alluvial fan/沖積扇　陸地坡度陡降時河流堆積的大量扇形物質。

altitude/地平緯度　天空中的物體與地平線之間的角度。

alveoli/氣泡　肺中交換氧氣和二氧化碳的微小氣囊。

amniotic egg/羊膜蛋　爬蟲類、鳥類和會生蛋的哺乳類中被羊膜這種薄膜包住的蛋，含有大量蛋黃，而且有外殼包住。

amplitude/振幅　波的介質粒子由其靜止位置振動的最大距離。

analog signal/類比訊號　可以在一定範圍內持續改變性質的訊號。

anemometer/風速計　用來測量風速的儀器。

angiosperm/被子植物 在果實中產生種子的開花植物。

Animalia/動物界 由沒有細胞壁的複雜多細胞有機體組成的領域，這些有機體通常可以移動並快速回應其環境。

antenna/觸鬚 位於無脊椎動物如甲殼類或昆蟲頭部的感覺器官，可以有觸覺、味覺或嗅覺。

antibiotic/抗生素 用來殺死細菌或其他微生物的藥。

antibody/抗體 由 B 細胞產生附著於特定抗原的一種蛋白質。

anticyclone/反氣旋 以相對於地球自轉的方向繞著高壓中心轉動的氣體。

apparent magnitude/視星等 從地球上看到的星球亮度。

aquifer/蓄水層 儲存地下水並容許地下水流動的岩石層或沈積層。

Archaea/古菌 在現代的分類學系統中，一個由遺傳學和細胞壁的構造不同於其他原核生物的原核生物構成的領域；這個領域與傳統的原始細菌界並列。

Archimedes' principle/阿基米德原理 表示液體中的物體浮力相當於該物體取代的液體重量向上力量的原理。

area/面積 一個表面或區域的大小。

artery/動脈 將血液從心臟運到身體器官的血管。

artesian spring/自流泉 水從蓄水層上的頂部岩石裂縫流出來的泉水。

artificial satellite/人造衛星 被置入天體環繞軌道的任何人造物體。

asexual reproduction/無性生殖 不涉及性細胞結合的生殖，在這種生殖中，單一親代產生遺傳上與親代相同的後代。

asteroid/小行星 環繞太陽運轉的小型岩石天體，通常位於火星和木星之間的一個地帶上。

asteroid belt/小行星帶 太陽系中的一個區域，位於火星和木星之間的軌道，大部分小行星繞著這些軌道運轉。

asthenosphere/岩流層 地殼板塊在其上移動的地幔的柔軟層。

astronomical unit/天文單位 地球與太陽之間的平均距離，大約 1 億 5 千萬公里 (符號為 AU)。

astronomy/天文學 對於宇宙的研究。

atmosphere/大氣層 圍繞地球或月亮的氣體混合物。

atmospheric pressure/大氣壓 大氣層的重量形成的壓力。

atom/原子 元素的最小單位，具有該元素的性質。

atomic mass/原子質量 以原子質量單位表示的原子的質量。

atomic mass unit/原子質量單位 描述原子或分子質量的質量單位。

atomic number/原子序數 原子核中的質子的數目，元素的所有原子都有相同的原子序數。

ATP/三磷酸腺苷 一種作為細胞突主要能源的分子。

autoimmune disease/自體免疫疾病 免疫系統攻擊有機體本身細胞的一種疾病。

average speed/平均速度 行進距離總數除以所需時間總數。

axis/軸線 標示圖的邊界的兩條或多條參考線之一。

azimuthal projection/方位角投影 將球體表面特徵移到平面上去所形成的地圖投影。

B

B cell/B 細胞 製造抗體的白血球細胞。

Bacteria/細菌 在現代的分類學系統中，一個由遺傳學和細胞壁的構造不同於其他原核生物的原核生物構成的領域；這個領域與傳統的真菌界並列。

barometer/氣壓計 測量大氣壓力的儀器。

base/鹽基 任何融入水中時會增加氫氧離子數量的化合物。

batholith/岩基 地球地殼中的火成岩，暴露於表面時會覆蓋至少 100 km² 的面積。

beach/海灘 由波浪堆積物構成的海岸線地區。

bedrock/岩床 土壤底下的岩石層。

benthic environment/水底環境 接近湖泊或海洋底部的區域。

benthos/底棲生物 生活於海洋底部的有機體。

Bernoulli's principle/柏努利原理 表示液體壓力會隨著液體速率增加而降低的原理。

big bang theory/大爆炸理論 表示宇宙形成於大約 137 億年前一次巨大爆炸的理論。

binary fission/二元分裂 單細胞有機體的一種無性繁殖形式，一個細胞分裂成兩個大小相同的細胞。

biodiversity/生物多樣樣 一個區域的有機體在一段時間內的數目和種類。

biomass/生物量 可以成為能源的有機物質；特定區域內有機體的總量。

biome/生物群落 具有特定氣候類型和某些動植物類型的龐大區域。

bioremediation/生物治療 以活的有機體對危險廢棄物進行生物學治療。

biosphere/生物圈 地球上有生命存在的部分；包括地球上的所有活的有機體。

biotic/生物的 環境中的生命因素。

bird of prey/猛禽 獵食其他動物的鳥。

black hole/黑洞 質量和密度大得即使光線也無法逃脫其重力的物體。

blood/血液 將氣體、養分和廢物輸送到身體各處的液體，由血小板、白血球、紅血球和血漿構成。

blood pressure/血壓 血液對動脈血管壁施加的壓力。

boiling/沸騰 液體的蒸汽壓力和大氣壓力相等時由液體到氣體的轉換。

Boyle's law/波義爾定律 溫度穩定時氣體體積與氣體壓力成反比的定律。

brain/腦 作為神經系統主要控制中心的器官。

bronchus/支氣管 以氣管連接肺的兩支管子之一。

brooding/孵蛋 坐在蛋上加以掩蓋以保持溫暖直到孵化為止。

buoyant force/浮力 讓物體沈浸或浮在液體上的向上力量。

C

caldera/火山口 火山底下的岩漿室空出一部分而使得上方的土地下陷時形成的半圓形大窪地。

cancer/癌症 細胞開始以失控的速度分裂而變得具有侵略性的一種腫瘤。

capillary/毛細管 容許組織中的血液和細胞之間的交換的微血管。

carbohydrate/碳水化合物 包括糖、澱粉和纖維在內的一種分子，含有碳、氫和氧。

carbon cycle/碳循環 碳從無生物環境進入生物中再回去的運動。

cardiovascular system/心血管系統 運送血液到身體各部位去的一組器官。

carnivore/肉食動物 吃動物的有機體。

carrying capacity/承載能力 環境在任何指定時間內能夠支持的最大人口數。

cast/鑄型 一種由沈積物填入分解的有機體留下的空洞所形成的化石。

catalyst/觸媒 一種改變化學反應速度而不會被消耗掉或者改變很多的物質。

catastrophism/災變說 一種認為地質變化突然發生的原理。

cell/細胞 所有活的有機體的功能和結構單位；通常由細胞核、細胞質和細胞膜構成。

cell/電池 在電學中是指將化學或放射能量轉換成電能以產生電力的裝置。

cell cycle/細胞週期 細胞的生命週期。

cell membrane/細胞膜 覆蓋細胞表面作為細胞內部及其環境之間的障礙的磷脂層。

cell wall/細胞壁 圍繞細胞膜並為細胞提供支持的堅硬結構。

cellular respiration/細胞呼吸作用 細胞利用氧氣從食物產生能量的過程。

Cenozoic era/新生代 最近的地質學年代，始於6千5百萬年前，也叫做哺乳動物時代。

central nervous system/中樞神經系統 腦和脊髓；其主要功能是控制體內的資訊流。

change of state/狀態變化 物質從固態變成其他狀態的變化。

channel/河道 河流遵循的通道。

Charles's law/查爾斯定律 氣壓穩定時氣體體積與氣體溫度成正比的定律。

chemical bond/化學鍵 一種將原子或離子固定在一起的反應。

chemical bonding/化學鍵結 結合原子以形成分子或離子化合物。

chemical change/化學變化 一種或多種物質變成具有不同性質的全新物質的變化。

chemical energy/化學能量 化學化合物反應而產生新化合物時釋放的能量。

chemical equation/化學方程式 利用符號表示化學反應以顯示反應物與產物之間的關係。

chemical formula/化學公式 組合化學符號與數字以表示一種物質。

chemical property/化學性質 說明物質參與化學反應能力的材料性質。

chemical reaction/化學反應 一種或多種物質改變以產生一種或多種不同物質的過程。

chemical weathering/化學風化 岩石因為化學反應而崩解的過程。

chlorophyll/葉綠素 捕捉光能以以便進行光合作用的綠色素。

chloroplast/葉綠體 植物和藻類細胞中進行光合作用的細胞器官。

chromosome/染色體 真核細胞中由DNA和蛋白質組成的細胞核結構之一，原核細胞中主要的DNA環。

circadian rhythm/生理節奏 生物學中的日常循環。

circuit board/電路板 上面有電路元件可以插入電子裝置中的一塊絕緣材料。

classification/分類 根據物種特性將有機體劃分成群組或種類。

cleavage/劈理 礦物平坦表面的裂痕

climate/氣候 一個地區長時間的平均天氣狀態。

closed circulatory system/封閉式循環系統 在這種循環系統中，心臟讓血液透過血管網絡循環，形成一個封閉的循環回路；血液並不會離開血管，物質會透過血管壁擴散。

cloud/雲 懸浮於空中的小水珠或冰晶群集，形成於空氣寒冷而發生凝結時。

coal/煤 部分分解的植物在地底形成的化石燃料。

cochlea/耳蝸 內耳中的螺旋形管，對於聽力很重要。

coelom/體腔 包含內臟的身體空洞部分。

coevolution/共同進化 兩個物種因為互相影響而進化，通常是以一種令雙方獲益的方式進行。

colloid/膠質 一種由微小粒子組成的混合物，這種粒子的大小介於溶液中的粒子和懸浮液中的粒子之間，懸浮於液體、固體或氣體中。

combustion/氧化 物質燃燒。

comet/慧星 由冰塊、岩石和宇宙塵構成的小型天體，隨著圍繞太陽的橢圓形軌道運行，靠近太陽時會以慧尾的形式放出氣體和塵土。

commensalism/共棲 兩個有機體之間的一種關係，在這種關係中，其中一個受益，而另一個則不受影響。

communication/通訊 動物將訊號或訊息傳遞給另一隻動物，並得到某種回應。

community/社區 生活在相同棲地並彼此互動的所有物種。

composition/成分 岩石的化學組成，說明岩石中的礦物或其他材料。

compound/複合物 由化學鍵結合的兩種或多種不同元素的原子組成的物質。

compound eye/複眼 由眾多感光器組成的眼睛。

compound light microscope/複合式光學顯微鏡 將微小物體放大以便輕鬆的以兩個或多個鏡頭觀看的儀器。

compound machine/複合式機器 由一種以上簡單的機器構成的機器。

compression/壓縮 用力擠壓物體時所發生的壓力。

computer/電腦 可以接受資料和指令、按照指令進行並輸出結果的電子裝置。

concave lens/凹透鏡頭 中央比周邊薄的透鏡。

concave mirror/凹透鏡 像湯匙內部一樣向內成弧形凹陷的鏡子。

concentration/濃縮 特定物質在定量混合物、溶液或礦石中的數量。

condensation/凝結 從氣態變成液態。

conduction/傳導 能量以熱的形式透過材料傳送。

conic projection/圓錐投影 將球體表面特徵移到圓錐上去的地圖投影。

conservation/環保 保存並善用自然資源。

constellation/星座 天空中的一個區域，包含可以辨識的星球圖案，可以用來描述物體在太空中的位置。

consumer/消費者 食用其他有機體或有機物質的有機體。

continental drift/大陸漂移說 認為所有大陸曾經形成一個大陸塊、後來分裂並漂移到其目前位置的假設。

continental rise/大陸隆 位於大陸斜坡和深海平原之間的大陸邊緣的緩坡部分。

continental shelf/大陸棚 位於大陸斜坡和海岸線之間的大陸邊緣的緩坡部分。

continental slope/大陸斜坡 位於大陸隆和大陸棚之間的大陸邊緣的陡坡部分。

contour feather/廓羽 覆蓋在鳥身上決定其外型的最外層羽毛。

contour interval/等高間隔 一個等高線和下一等高線之間的高度差。

contour line/等高線 一條連接相同高度點的線。

controlled experiment/控制實驗 利用實驗群組的對照控制組一次只測試一個因素的實驗。

convection/對流作用 物質因為密度的差異而產生的運動；因為物質運動而產生的能量轉移。

convection current/對流 因為密度差異而產生的所有物質運動；可以是垂直、環形或週期性的運動。

convergent boundary/匯聚邊界 兩個地殼板塊衝突所形成的邊界。

convex lens/凸透鏡頭 中央比周邊厚的透鏡。

convex mirror/凸透鏡 像湯匙背部一樣向外成弧形突起的鏡子。

core/地核 地慢底下的地球中心部分。

Coriolis effect/科理奧里效應 移動的物體因為地球自轉而從原本的直線路徑呈弧形偏離。

cosmology/宇宙學 關於宇宙起源、性質、過程和演化的研究。

covalent bond/共價鍵 原子共有一對或更多對電子所形成的鍵。

covalent compound/共價化合物 因為共有電子而形成的化合物。

crater/火山口 位於火山中央通道頂端的漏斗狀深坑。

creep/潛動 風化的岩石緩慢的下滑運動。

crust/地殼 地慢上方單薄而堅硬的地球最外層。

crystal/水晶 原子、離子或分子以確定的模式排列的一種固體。

crystal lattice/晶格 組成水晶的規則圖案。

cyclone/氣旋 大氣中的一個區域，其氣壓低於周遭區域，風會成螺旋形往中心吹。

cylindrical projection/圓柱投影 將球體表面特徵移到圓柱上去的地圖投影。

cytokinesis/胞質分裂 細胞質的分裂。

cytoskeleton/細胞骨架 蛋白質絲狀體的細胞質網絡，在細胞運動、形狀和分裂中扮演重要角色。

D

data/資料 任何透過觀察或實驗得到的資訊。

day/天 地球繞著自己的軸轉動一圈所需的時間。

decibel/分貝 最常用來測量音量的單位（符號為 dB）。

decomposer/分解者 分解死掉的有機體或動物廢物以消耗或吸收養分並取得能量的有機體。

decomposition/分解 物質分解成較簡單的分子物質。

decomposition reaction/分解反應 一個混合物分解以形成兩個或更多個比較簡單的物質的反應。

deep current/深層流 海面底下深處像河流一般的海水運動。

deep-water zone/深水區 湖泊開闊水域區底下沒有光線的區域。

deflation/風蝕 一種風的侵蝕形式，可以將細小乾燥的土壤顆粒吹走。

deformation/變形 地球地殼的彎曲、傾斜和分裂，岩石形狀因為壓力而產生變化。

delta/三角洲 在河口堆積的扇形陸地。

density/密度 物質質量和物質體積的比率。

dependent variable/相依變數 實驗中會因為一個或多個其他因素 (獨立變數) 的操作結果而改變的因素。

deposition/沈積作用 物質被放下的作用。

dermis/真皮 表皮底下的皮膚層。

desalinization/脫鹽作用 將鹽分從海水中除掉的過程。

desert/沙漠 很少或沒有植物的區域，長時間不下雨，溫度很極端，通常出現在炎熱的氣候中。

dew point/露點 氣壓和水蒸氣內容恆定時，結露速率與蒸發速率相等的溫度。

diaphragm/橫隔膜 附著在下肋骨的半球形肌肉，其功能為呼吸作用的主要肌肉。

dichotomous key/分叉式檢索表 用來辨識有機體的輔助工具，由問題和一系列解答構成。

differential weathering/差異風化 比較柔軟比較不能抵抗風化的岩石被侵蝕而留下比較堅硬比較能抵抗侵蝕的岩石的過程。

differentiation/分化 有機體某些部分的結構和功能改變以便專門化的過程。

diffraction/繞射 波遭遇過障礙或邊緣 — 例如開口 — 時在方向上的改變。

diffusion/擴散 分子從高密度區域往低密度區域進行的運動。

digestive system/消化系統 將食物分解以便供身體使用的器官。

digital signal/數位訊號 可以用一系列獨立的數值表示的訊號。

diode/二極管 讓電流往一個方向移動比往另一個方向移動容易的電子裝置。

divergent boundary/離散邊界 兩個互相遠離的地質板塊之間的邊界。

divide/分水嶺 流域之間河流往相反方向流的界線。

DNA/DNA 去氧核醣核酸，一種所有活細胞中都有的分子，包含的資訊決定生物繼承和生存所需的特性。

dominant trait/優勢特性 具有不同特性的親代育出第一代時觀察得到的特性。

doping/摻雜 不純粹的成分被加入半導體。

Doppler effect/杜卜勒效應 波源或觀察者移動時觀察得到的波的頻率變化。

dormant/休眠 植物的種子或其他部分在環境不適合成長時的靜止狀態。

double-displacement reaction/雙重置換反應 因為兩種化合物之間的離子交換而形成氣體、固體沈澱物或分子化合物的反應。

down feather/絨毛 覆蓋在小鳥身上以及為成鳥提供絕緣的柔軟羽毛。

drag/拉力 和流速平行的力量，與飛行器的方向相反，和推力一起決定飛行器的速度。

drug/藥 任何對人類的生理或心理狀態造成改變的物質。

dune/沙丘 風力堆積的沙形成的土堆，即使移動時也維持原狀。

E

echo/回音 反彈的音波。

echolocation/回音定位 利用反彈的音波尋找物體的方法，蝙蝠之類的動物會使用這種方法。

eclipse/蝕 一個天體的陰影落在另一個天體上面。

ecology/生態學 研究生物彼此之間以及與其環境之間的互動的學問。

ecosystem/生態系統 有機體與其非生物或者無生命環境的社區。

ectotherm/冷血動物 需要體外熱源的有機體。

egg/蛋 雌性生產的性細胞。

El Niño/聖嬰現象 會產生暖流的太平洋表面水溫變化。

elastic rebound/彈性回跳 彈性變形的岩石突然恢復原狀。

electric current/電流 電力通過定點的速率，以安培為測量單位。

electric discharge/放電 釋放儲存於電源的電力。

electric field/電場 充電物體周邊的空間，另一個充電的物體在此空間內會感受到電力。

electric force/電力 因為電場而對充電粒子產生的吸引或排拒力量。

electric generator/發電機 將機械能轉換成電能的裝置。

electric motor/電動馬達 將電能轉換成機械能的裝置。

electric power/電功率 電能轉換為其他能量的速率。

electrical conductor/導電體 電荷可以自由移動的材料。

electrical insulator/電絕緣體 電荷不可以自由移動的材料。

electromagnet/電磁鐵 有柔軟鐵芯的線圈，電流通過線圈時會成為磁鐵。

electromagnetic induction/電磁感應 以變更磁場的方式在電路中產生電流的過程。

electromagnetic spectrum/電磁波頻譜 電磁輻射的所有頻率或波長。

electromagnetic wave/電磁波 電場和磁場以直角互相震動所構成的波。

electromagnetism/電磁 電與磁之間的互動。

electron/電子 帶負電荷的原子內的粒子。

electron cloud/電子雲 原子核周圍可以找到電子的區域。

electron microscope/電子顯微鏡 集中電子束將物體放大的顯微鏡。

element/元素 無法以化學方法分解或分裂成更簡單物質的物質。

elevation/海拔 物體超出海平面的高度。

embryo/胚胎 從受精到懷孕的第十週的發育中的人類個體。

endocrine system/內分泌系統 分泌賀爾蒙以管理生長、發育和體內平衡的腺體和細胞群組，包括垂體、甲狀腺、副甲狀腺、腎上腺、丘腦下部、松果腺和性腺。

endocytosis/胞吞作用 細胞膜包圍粒子並將粒子納入泡囊將其帶入細胞中的作用。

endoplasmic reticulum/內質網 細胞質內的薄膜系統，協助製造、處理和運輸蛋白質以及製造脂質。

endoskeleton/內骨骼 由骨頭和軟骨組成的內部骨骼。

endospore/孢子內壁 細菌細胞內形成的保護性厚壁孢子，可以抵抗嚴苛的環境。

endotherm/溫血動物 能夠利用體內細胞的化學反應產生的體熱維持穩定體溫的動物。

endothermic reaction/吸熱反應 一種需要熱量的化學反應。

energy/能量 做功的能力。

energy conversion/能量轉換 從一種能量
轉換成另一種能量。

energy pyramid/能量金字塔 顯示生態系統
能量流失的三角形圖，是能量通過生態系統
食物鏈的結果。

energy resource/能源 人類用來產生能量的
自然資源。

eon/紀 地質時間的最大單位。

epicenter/震央 地球表面地震起點或焦點
正上方的點。

epidermis/表皮 植物或動物細胞的表層。

epoch/世 地質時期的劃分。

equator/赤道 介於兩極之間的一條想像的
圓圈，將地球分成南北兩個半球。

era/代 包含兩個或多個時期的地質時間
單位。

erosion/侵蝕 風、水、冰、或重力將土壤和
沈積物從一個地方運送到另一個地方的過程。

esophagus/食道 將咽喉連接到胃的長而直的
管子。

estivation/夏眠 某些動物在夏天時為了對抗
炎熱和食物缺乏而不活動和降低體溫的一段
時期。

estuary/河口 來自河流的淡水和來自海洋的
鹹水混和的區域。

Eukarya/真核域 在現代分類系統中，一個由
所有真核生物構成的領域，這個領域與傳統的
原生生物界、真菌界、植物界和動物界平行。

eukaryote/真核生物 由細胞核外包覆一層
薄膜的細胞組成的有機體；真核生物包括原生
生物、動物、植物、真菌，但是不包括古菌或
細菌。

evaporation/蒸發 從液體變成氣體。

evolution/進化 一個種群繼承的特性經過幾
個世代的改變後有時候會產生新物種的過程。

exfoliation/剝落 一片片的岩石因為壓力
消失而從 大塊岩石上剝離的過程。

exocytosis/胞吐作用 細胞釋放粒子的一種
作用，粒子被納入泡囊中，然後移至細胞表面
並與細胞膜融合在一起。

exoskeleton/外骨骼 堅硬的外部支撐結構。

exothermic reaction/放熱反應 將熱量釋放
到周遭的化學反應。

external fertilization/體外受精 性細胞在
親代體外結合。

extinct/絕種 一個物種完全滅絕。

extinction/絕種 物種的所有成員都死亡。

extrusive igneous rock/噴出的火成岩 因為
火山活動而在地球表面形成的岩石。

F

farsightedness/遠視 眼球晶體將遠方物體
聚焦到後面而不是視網膜上面的情況。

fat/脂肪 協助身體儲存某些維他命的儲存能量
的養分。

fault/斷層 岩石上的斷裂處，一塊岩石會沿著
這個斷裂處在另一塊岩石上滑動。

feedback mechanism/反饋機制 事件的
循環，在此循環中，來自一個步驟的資訊
控制或影響上一個步驟。

felsic/長英礦 含豐富長石和矽石的岩漿或
火成岩，通常為淺色。

fermentation/發酵 不用氧氣將食物分解。

fetus/胎兒 從懷孕的第十週結束到出生為止
的發育中的人類。

floodplain/氾濫平原 河流氾濫時堆積的沈積
物沿河形成的區域。

fluid/流體 原子或分子可以彼此自由移動的非固態物質，例如氣體或液體。

focus/震源 斷層上地震最先移動的點。

folding/摺皺作用 岩層因為壓力而彎折。

foliated/葉狀的 變形岩石的紋理中礦物顆粒以平面或帶狀方式排列。

food chain/食物鏈 能量因為一系列有機體的攝食方式而透過各種階段傳輸的通道。

food web/食物網 顯示生態系統中有機體之間的攝食關係圖。

force/力 作用於物體上以便改變物體運動的推力或拉力；力有大小和方向。

fossil/化石 古代有機體的遺跡或遺體，最常保存於沈積岩中。

fossil fuel/化石燃料 不能更新的能源，由古代有機體的遺體形成。

fossil record/化石記錄 地球地殼岩層中的化石所顯示的生命歷史。

fracture/斷裂 礦物沿著彎曲或不規則表面裂開的情形。

free fall/自由落體 只有重力作用於其上時的物體運動。

frequency/頻率 一定時間內產生的波數。

friction/摩擦 兩個接觸表面之間反向運動的力量。

front/鋒面 不同密度——通常溫度也不同——的氣團之間的界線。

function/功能 一個器官或零件的特殊、一般或專有的活動。

fungus/真菌 細胞有細胞核、堅硬的細胞壁而且沒有業綠素的有機體，屬於真菌界。

G

galaxy/銀河 因為重力而聚集在一起的星球、宇宙塵以及氣體。

gallbladder/膽囊 囊袋形器官，儲存肝臟所產生的膽汁。

ganglion/神經節 一團神經細胞。

gap hypothesis/間隔假設 一種假設，所根據的觀念是，重大的地震比較可能沿著已經有一段時間沒有地震的活躍斷層部分發生。

gas/氣體 物質的一種形式，沒有固定的體積或形狀。

gas giant/氣體巨物 擁有深厚龐大大氣層的行星，例如木星、土星、天王星或海王星。

gasohol/酒汽混合燃料 用作燃料的酒精和汽油的混合物。

gene/基因 遺傳特徵的一組指令。

generation time/傳代時間 從一代誕生到下一代誕生之間的一段時間。

genotype/基因型 有機體的整個基因結構；也是一種或多種特定特性的基因組合。

geologic column/地質柱狀圖 將最古老的岩石安排在最底部的岩石層排列。

geologic map/地質圖 記錄岩石個體、結構特徵、礦物堆積以及化石位置之類資訊的地圖。

geologic time scale/地質時期表 用來將綿長的地球自然史劃分成可掌握部分的標準方法。

geology/地質學 研究地球起源、歷史和結構以及地球形成過程的學問。

geosphere/地圈 地球上主要的固體岩石部分，從核心延伸到地殼表面。

geostationary orbit/對地靜止軌道 位於地球表面約 36,000 公里的軌道，在這裡的人造衛星位於赤道上方的固定點上。

geothermal energy/地熱能 地球內部的熱產生的能量。

gestation period/妊娠期 哺乳動物從受精到誕生的時期。

gill/鰓 一種呼吸器官，來自水中的氧氣與來自血液中的二氧化碳在此交換。

glacial drift/冰河漂移 冰河所攜帶和沈積的岩石。

glacier/冰河 大量移動的冰。

gland/腺體 為身體製造特殊化學物質的一組細胞。

global warming/全球暖化 全球平均溫度逐漸增加。

globular cluster/球狀星團 一團看起來像球的緊密星球，包含高達百萬顆星球。

Golgi complex/葛爾基複合體 協助製作和包裝要運出細胞的材料的細胞器官。

grassland/草地 一個以草為主的區域，木質的灌木和樹木很稀少，土壤肥沃，具有適度的季節性降雨量。

gravity/重力 因為質量而產生的物體之間的吸引力。

greenhouse effect/溫室效應 地球表面和低層大氣層變暖，發生於水分蒸發、吸入二氧化碳和其他氣體並輻射出熱能時。

group/族 週期表中垂直欄中的元素；同族的元素具有相同的化學性質。

gut/腸子 消化管道。

gymnosperm/裸子植物 木質的導管種子植物，其種子沒有子房或果實包覆。

H

half-life/半衰期 放射性物質樣本中的半數進行放射性衰減所需的時間。

halogen/鹵素 週期表17族中的元素之一（氟、氯、溴、碘和石艾）；鹵素與大部分金屬結合形成鹽類。

hardness/硬度 礦物抵抗刮傷能力的衡量標準。

hardware/硬體 構成電腦的設備部分。

heat/加熱 溫度不同的物體之間的能量傳送。

heat engine/熱力引擎 將熱力轉換成機械能或功的機器。

heat flow/熱流 熱傳送的另一種說法，能量從較溫暖的物體傳送到較冷的物體。

herbivore/草食動物 只吃植物的有機體。

heredity/遺傳 遺傳特性從親代傳給子代。

heterotroph/異養生物 攝食其他有機體或其副產品以取得食物而無法從無機物製作有機化合物的有機體。

hibernation/冬眠 某些動物在冬天時為了對抗寒冷天氣和食物缺乏而不活動和降低體溫的一段時期。

hologram/全息圖 能夠利用雷射光產有機體的三度空間影像的膠片。

homeostasis/動態平衡 在變化的環境中維持恆定的內部狀態。

hominid/原人 一種靈長類，特徵為兩足動物，比較長的下肢，沒有尾巴；範例包括人類及其祖先。

***Homo sapiens*/智人** 原人的一種，包括現代人類及其最親近的祖先，最早出現於大約 100,000 到 150,000 年以前。

homologous chromosomes/同源染色體 基因擁有相同序列和結構的染色體。

horizon/水平線 天空和陸地會合的線。

hormone/賀爾蒙 在細胞或組織中製造的的物質，可以引起身體不同部分的其他細胞或組織改變。

host/寄主 寄生蟲攝食或棲身的有機體。

hot spot/熱點 遠離地殼板塊邊界的地球表面的火山活躍地區。

H-R diagram/H-R 圖表 赫茲普隆-羅素 (Hertzsprung-Russell) 圖表，顯示星球表面溫度與絕對星等之間的關係的圖表。

humidity/濕度 水蒸氣在空氣中的量。

humus/腐植質 土壤中從腐爛的動植物遺體形成的黑色有機物質。

hurricane/颶風 在熱帶海洋上形成的嚴重暴風雨，時速超過 120 公里的強風朝低壓的暴風雨中心盤旋前進。

hydrocarbon/碳氫化合物 只由碳和氫組成的有機化合物。

hydroelectric energy/水電能量 由落下的水產生的電能。

hydrosphere/水圈 地球上有水的部分。

hygiene/衛生學 健康和保持健康的科學。

hypha/菌絲 真菌無生殖能力的細絲。

hypothesis/假設 以先前的科學研究或觀察為基礎而可以接受測驗的解釋。

I

ice age/冰河時代 一段很長的天氣寒冷時期，在這段時期中，冰盾覆蓋著地球的大部分地區；也叫做 *glacial period* (冰河時期)。

immune system/免疫系統 身體內能辨識並攻擊異物的細胞和組織。

immunity/免疫力 抵抗傳染性疾病或者由這種疾病復原的能力。

inclined plane/斜面 一種簡單的傾斜表面設計，方便用來提高裝載的貨物；一道斜坡。

independent variable/獨立變數 實驗中特意人為操縱的因素。

index contour/指標等高線 地圖上比較粗黑的等高線，通常是每隔四條線出現一次，表示海拔高度改變。

index fossil/索引化石 岩層中只屬於一個地質年代的化石，用來建立岩層的年代。

indicator/指示劑 可以根據 pH 值之類的條件相對改變顏色的化合物。

inertia/慣性 物體抵抗被移動的傾向，如果物體正在移動，則是抵抗速度或方向的改變直到外力作用在物體上為止的傾向。

infectious disease/傳染病 由病菌引起而且可以從某一個體傳播給另一個體的疾病。

inhibitor/抑制劑 可以減緩或阻止化學反應的物質。

innate behavior/先天行為 不取決於環境或經驗的遺傳行為。

insulation/絕緣體 可以降低電力、熱或聲音傳送的物質。

integrated circuit/積體電路 組件形成於單一半導體上的電路。

integumentary system/外皮系統 在身體外面形成保護性覆蓋的器官系統。

intensity/強度 在地球科學中指地震造成的傷害量。

interference/干涉 兩個或多個波組合形成一個波。

internal fertilization/體內受精 卵子在雌性體內由精子受精。

Internet/網際網路 連接全世界眾多區域和小型網路的大型電腦網路。

intrusive igneous rock/侵入火成岩 由地球表面底下的岩漿冷卻硬化後形成的岩石。

invertebrate/無脊椎動物 沒有脊椎骨的動物。

ion/離子　一個或一組原子獲得或失去一個
或多個電子時形成的帶電粒子。

ionic bond/離子鍵　電子從一個原子傳到另
一個原子而形成的鍵，結果會產生帶正電的
離子和帶負電的離子。

ionic compound/離子化合物　由帶正電和
帶負電的離子形成的化合物。

iris/虹膜　眼睛彩色的圓形部分。

isobar/等壓線　天氣圖上連接等壓點所形成
的線。

isolation/隔離　兩個物種不能進行異種交配的
狀態。

isotope/同位素　原子和相同元素的其他原子
一樣具有相同質子數目 (或者相同原子序數)，
但是具有不同的中子數 (因此具有不同的原子
質量)。

J

jet stream /噴射氣流　在對流層上方吹襲的
窄小而強大的氣流帶。

joint/關節　兩塊或多塊骨頭接合的地方。

joule/焦耳　用來表示能量的單位；相當於
1 牛頓的力將物體往力的方向移動 1 公尺所做
的功 (符號為 J)。

K

kidney/腎臟　從血液中過濾水分和廢物並排出
尿液的一對器官。

kinetic energy/動能　因為物體運動而產生的
物體能量。

L

lahar/火山泥流　火山爆發時火山灰和碎屑
與水混和所形成的泥流。

La Niña/反聖嬰效應　東太平洋上的改變，
通常是表面水溫會變冷。

landslide/坍方　岩石和土壤突然滑坡。

large intestine/大腸　腸道中較粗短的部分，
可以將大部分已經消化的食物中將水分除掉，
並將廢物變成半乾燥的糞便。

larynx/喉　喉嚨中含有聲帶能產生聲音的
區域。

laser/雷射　一種能產生單一波長和顏色的
強光的裝置。

lateral line/側線　魚身兩側隱約可見的一條
線，與身體等長，標示偵測水振動的感覺器官
的位置。

latitude/緯度　赤道以南或以北以度數表示的
距離。

lava plateau/熔岩高原　熔岩反複非爆炸性
噴出而散佈在廣大區域所形成的寬闊平坦的
地形。

law/定律　眾多實驗結果和觀察的摘要；定律
說明事物如何運作。

**law of conservation of energy/能量守恆
定律**　說明能量不能創造或摧毀而只能從一種
形式變成另一種形式的定律。

**law of conservation of mass/質量守恆
定律**　說明一般化學和物理變化中質量不能
創造或摧毀的定律。

**law of cross-cutting relationships/橫切
關係定律**　斷層或岩體比它所切過的其他岩體
年輕的原理。

law of electric charges/電荷定律　表明相同
電荷互斥相反電荷互相吸引的定律。

leaching/淋溶作用　因為水通過而從岩石、
礦苗或土壤層中取出可溶解的物質。

learned behavior/後天行為　從經驗中學到
的行為。

lens/透鏡　反射光波令其匯集或分散以創造
影像的透明物體。

lever/槓桿　由棒子組成的簡單器械，可以
在一個被稱為支點的定點上作為樞軸。

lichen/苔蘚 在共生關係中一起生長的真菌和藻類細胞團塊，通常生長在岩石或樹木上。

life science/生命科學 研究生物的學問。

lift/上升 物體在液體上往上移動的力量。

lightning/閃電 在兩個帶相反電荷的表面之間，例如雲與地面之間、兩片雲之間、或者一片雲的兩個部分之間發生的放電現象。

light-year/光年 光旅行一年的距離；大約 9.46 兆公里。

lipid/脂質 脂肪的分子或者具有類似性質的分子；例如油、臘和類固醇。

liquid/液體 有固定的體積但是沒有固定形狀的物質狀態。

lithosphere/岩石圈 地球堅固的外層，由地殼和地慢的堅硬上部組成。

littoral zone/沿岸地帶 湖泊或池塘的淺水地帶，光線可以到達底部並孕育植物。

liver/肝臟 人體中最大的器官；可以製作膽汁、儲存並過濾血液，並將過剩的糖儲存為肝糖。

load/負荷 河流所攜帶的物質；也用來指地質結構上面的大量岩石。

loess/黃土 由風堆積的非常肥沃的石英、長石、角閃石、雲母以及黏土的沈積物。

longitude/經度 本初子午線以東或以西的距離，以度數表示。

longitudinal wave/縱波 介質粒子振動方向和波浪運動方向平行的波。

longshore current/岸邊流 靠近海岸線而且與其平行前進的水流。

loudness/響度 聲音可以被聽到的程度。

low earth orbit/低地球軌道 地球表面上方不到 1,500 公里的軌道。

lung/肺 一種呼吸器官，來自空氣中的氧氣與來自血液中的二氧化碳在此交換。

luster/光澤 礦物反射光線的樣子。

lymph/淋巴 淋巴管和淋巴結收集的液體。

lymph node/淋巴結 沿著淋巴管分佈以過濾淋巴的器官。

lymphatic system/淋巴系統 主要功能為收集細胞外液體並將其送回血液的一組器官；這個系統中的器官包括淋巴結和淋巴管。

lysosome/溶酶體 包含消化酶的細胞器官。

M

machine/機械 以克服力量或改變作用力的方式協助工作的裝置。

macrophage/巨噬細胞 吞噬病原體和其他物質的免疫系統細胞。

mafic/鎂鐵礦 含豐富的鎂和鐵的岩漿或火成岩，通常為深色。

magma chamber/岩漿室 為火山提供原料的熔化岩石主體。

magnet/磁體 任何吸引鐵或者包含鐵的東西的材質。

magnetic declination/磁偏角 磁北與真北之間的差。

magnetic force/磁力 移動或轉動電荷時產生的吸引或排斥力。

magnetic pole/磁極 具有相反磁性的兩點(例如磁鐵的兩端)之一。

magnitude/震度 地震強度的衡量標準。

main sequence/主星序 H-R 圖表上大部分星球所在的位置；呈現從右下角(低溫和低亮度)到左上角(高溫和高亮度)的對角線分佈模式。

malnutrition/營養不良 消耗的各種養分不足
人體所需所造成的營養異常狀態。

mammary gland/乳腺 雌性哺乳動物分泌
乳液的腺體。

mantle/地幔 介於地球的地殼與核心之間的
岩石層。

map/地圖 地球之類實體的特徵的呈現。

marsh/沼澤 草類植物生長的無樹濕地生態
系統。

marsupial/有袋動物 在囊袋中攜帶和哺育
幼獸的哺乳動物。

mass/質量 物體中物質量的衡量標準。

mass movement/大量移動 一塊陸地沿著
斜坡往下移動。

mass number/質量數 原子核中的質子和
中子數的總和。

material resource/材料資源 人類用來製作
物品或當成食物和飲料消耗的自然資源。

matter/物質 任何具有質量和體積的東西。

mean/均值 將指定特性的數據加總起來
再除以個體數目所得到的數字。

mechanical advantage/機械利益 一個說明
機器可以讓力量增加多少倍的數字。

mechanical efficiency/機械效率 輸出與
輸入能量或功率的比率；可以用輸出量除以
輸入量計算。

mechanical energy/機械能 物體因為其動力
和前在能量所能做的功的數量。

mechanical weathering/機械風化作用 岩石
因為物理方法而分解成比較小塊。

median/中位值 數據按大小順序排列時中間
項目的值。

medium/介質 現象在其中發生的物質環境。

meiosis/減數分裂 一個細胞分裂的過程，
在這個過程中，染色體的數目減少到兩個細胞
核原始分裂數目的一半，結果是產生性細胞
(配子或孢子)。

melting/熔化 固體因為加熱而變成液體。

memory B cell/記憶 B 細胞 身體再度被抗原
感染時，對於抗原的反應比第一次遭遇該抗原
時更強烈的 B 細胞。

meniscus/彎月面 用來計算液體體積的液體
表面的曲線。

mesosphere/中間層 地幔堅固的下層，介於
軟流層與外核心之間。也用來指介於平流層與
熱層之間溫度隨著高度增加而降低的大氣層。

Mesozoic era/中生代 從 2 億 5 千 1 百萬年
到 6 千 5 百 5 十萬年前的地質時代；也叫做
爬蟲類時代。

metabolism/新陳代謝 發生於有機體中的
所有化學過程的總和。

metal/金屬 導熱和導電良好的有光澤的
元素。

metallic bond/金屬鍵 帶正電荷的金屬離子
和環繞這些離子的電子之間的吸引力形成
的鍵。

metalloid/類金屬 兼具金屬和非金屬性質的
元素。

metamorphosis/變態 很多動物的生命週期
中的一個過程，在這個過程中，不成熟的有
機體很快的變成成體，例如昆蟲從幼蟲變成
成蟲。

meteor/流星 流行體在地球大器層中燃燒時
造成的明亮光跡。

meteorite/殞星 到達地球表面時還沒有完全
燃燒完的流星體。

meteoroid/流星體 行經太空的比較小的
岩石。

meteorology/氣象學 地球大氣層的科學研究，尤其是與天氣和氣候有關的研究。

meter/公尺 國際單位制中的基本長度單位 (符號為 m)。

microclimate/小氣候 小區域的氣候。

microprocessor/微處理器 控制和處理微電腦指令的單一半導體晶片。

mid-ocean ridge/中洋脊 沿著主要海洋的海床形成的綿長海底山脈。

mineral/礦物質 一類養分，是某些身體作用需要的化學元素。

mineral/礦物 自然形成的無機固體，具有確定的化學結構。

mitochondrion/粒線體 真核細胞中的細胞器官，被兩層細胞膜包圍，是細胞呼吸的地方。

mitosis/有絲分裂 真核細胞中的細胞分裂過程，會形成兩個新的細胞核，而且各自具有相同數目的染色體。

mixture/混合物 兩種或多種不是以化學方式結合的物質的組合。

mode/眾數 數據組中最常發生的值。

model/模型 設計用來展示物體、系統或概念的結構或運作的樣品、計畫、圖像或說明。

mold/模子 貝殼或其他物體在沈積表面上形成的痕跡或凹洞。

mold/霉菌 生物學中看起來像毛或棉的菌類。

molecule/分子 保有物質的所有物理和化學性質的最小物質單位。

molting/蛻皮，換羽 外骨骼、皮膚、羽毛或毛髮脫落而被新的取代。

momentum/動量 由物體質量和速度的乘積界定的量。

monotreme/單孔類動物 會產卵的哺乳類。

month/月 根據月球環繞地球軌道計算的年的一部份。

motion/運動 物體相對於參考點的位置變化。

mudflow/泥石流 混合大量水分的泥巴或岩石和土壤的巨流。

muscular system/肌肉系統 主要功能為移動和彈性的器官系統。

mutation/突變 基因或 DNA 分子中的核苷酸基序列的改變。

mutualism/互利共生 兩個物種之間的一種關係，雙方都可以在此關係中獲利。

mycelium/菌絲體 形成菌類身體的大量真菌細絲或菌絲。

N

narcotic/麻醉藥 取自鴉片的一種藥物，可以抒解疼痛和促進睡眠；海洛因、嗎啡和可代因都是例子。

NASA/NASA 美國太空總署。

natural gas/天然瓦斯 氣態碳氫化合物的一種混合物，通常蘊藏於地球表面底下靠近石油的地方；被用作燃料。

natural resource/自然資源 被人類利用的任何自然材料，例如水、石油、礦物、森林和動物。

natural selection/物競天擇 比較適合其環境的個體能夠生存並且比其他比較不能適應的個體成功繁殖的過程；這個理論說明進化的機制。

neap tide/小潮 發生於月亮的上弦月和下弦月階段期間的最小範圍潮汐。

nearsightedness/近視 眼球晶體將遠方物體聚焦到前面而不是視網膜上面的情況。

nebula/星雲 恆星之間的大量氣體和塵土的雲狀物；是太空中星球誕生和生命終結時爆炸的地方。

nekton/自游生物 開闊水域中積極游動的有機體，不受水流影響。

nephron/腎元 腎臟中過濾血液的單位。

nerve/神經 神經纖維組織，刺激要經由它們在中央神經系統和身體其他部分之間傳送。

net force/淨力 施加於一個物體上的所有力的組合。

neuron/神經元 專門接收和傳導電脈衝的神經細胞。

neutralization reaction/中和反應 酸和鹼形成水和鹽的中性溶液的反應。

neutron/中子 原子核中小於原子的粒子，沒有電荷。

neutron star/中子星 在重力作用下坍縮得電子和質子撞擊成中子的星球。

newton/牛頓 國際單位制中力的單位(符號為 N)。

nicotine/尼古丁 香菸中的一種會上癮的有毒化學物，是吸煙有害的主要因素之一。

nitrogen cycle/氮循環 氮在生態系統中的空氣、土壤、水、植物和動物之間的循環過程。

noble gas/惰性氣體 週期表中第 18 族元素中的一種 (氦、氖、氬、氪、氙和氡)；惰性氣體不起化學反應。

noise/噪音 由隨機混合的頻率構成的聲音。

nonfoliated/非葉狀的 變形岩石的紋理中礦物顆粒不是以平面或帶狀方式排列。

noninfectious disease/非傳染性疾病 不能一個個體傳給另一個的疾病。

nonmetal/非金屬 導熱和導電都很差的元素。

nonpoint-source pollution/非點源污染 污染來自很多來源而不是來自單一的特定地點。

nonrenewable resource/不可更新的資源 形成速度遠低於消耗速度的資源。

nonsilicate mineral/非矽礦物 不含矽和氧化合物的礦物。

nonvascular plant/非維管束植物 三類缺少專門化導管組織和真正的根、莖和葉的植物(地錢、金魚藻、苔蘚)。

nuclear chain reaction/核子鏈反應 一連串核子分裂反應。

nuclear energy/核能 因為分裂或熔合而釋放的能量；原子核的結合能量。

nuclear fission/核分裂 大原子的核分裂成兩個或多個片段；釋放出多餘的中子和能量。

nuclear fusion/核熔合 小原子的核組合起來形成較大的核；釋放出能量。

nucleic acid/核酸 由名為核苷酸的亞基組成的分子。

nucleotide/核苷酸 核酸鏈中構成糖、磷酸鹽和氮基的亞基。

nucleus/細胞核 真核細胞中由細胞膜包圍的細胞器官，包含細胞的 DNA，在成長、新陳代謝和生殖作用中都扮演著一個角色。

nucleus/核子 物理學中原子的中心區域，由質子和中子構成。

nutrient/養分 食物中的物質，提供能量或協助形成身體組織，是生命和成長的必需品。

O

observation/觀察 利用感官取得資訊的
過程。

ocean current/洋流 按照固定模式運動的
海水。

ocean trench/海溝 深海海床中陡峭而且
綿長的凹地，與火山島鏈或大陸邊緣平行。

oceanography/海洋學 對於海洋的科學
研究。

omnivore/雜食動物 植物和動物都吃的
有機體。

opaque/不透明 描述物體不透明的情形。

**open circulatory system/開放式循環
系統** 循環液體不完全包含在導管中的循環
系統；心臟將液體透過導管送入被稱為竇的
空間中。

open cluster/銀河星團 相對於周遭的星球
顯得比較集中的星團。

open-water zone/開闊水域區 池塘或湖泊從
沿岸區延伸出去的區域，深度僅及光線能到
達處。

orbit/軌道 天體環繞太空中另一天體運行時
遵循的路徑。

ore/礦苗 具有經濟價值的礦物密集度足以
進行有利可圖的開採的天然物資。

organ/器官 執行身體特殊功能的一組組織。

organ system/器官系統 一起執行身體功能
的一群器官。

organelle/細胞器官 細胞質中專門執行特定
功能的小器官之一。

organic compound/有機化合物 含有碳的
共價鍵化合物。

organism/有機體 一種生物；可以獨立執行
生命作用的任何東西。

P

P wave/P 波 使得岩石粒子前後移動的
地震波。

paleontology/古生物學 對於化石的科學
研究。

Paleozoic era/古生代 前寒武紀之後的地質
年代，從5億4千2百萬年前到2億5千
1百萬年前。

pancreas/胰腺 位於胃後面的器官，可以
製造消化酶和控制糖濃度的賀爾蒙。

parallax/視差 從不同位置觀看時物體位置的
明顯轉移。

parallel circuit/並聯電路 各部分以分支方式
連接，使得其電位差相同的電路。

parasite/寄生蟲 在另一種有機體(寄主)上
攝食的有機體，通常都對寄主有害；寄主從未
因為寄生蟲而得利。

parasitism/寄生 兩個物種之間的關係，其中
的寄生蟲從另一物種受益，而寄主則受害。

parent rock/母岩 作為土壤來源的岩石群。

pascal/帕斯卡 國際單位制壓力的單位(符號
為 Pa)。

Pascal's principle//帕斯卡原理 認為管道中
處於平衡狀態的液體會對所有方向產生相同
壓力原理。

passive transport/被動運輸 物質不用細胞
的能量通過細胞膜的運動。

osmosis

osmosis/滲透 水透過半透性薄膜擴散。

ovary/子房，卵巢 開花植物中在胚珠產生卵
的雌蕊下半部；雌性動物生殖系統中產卵的
器官。

overpopulation/人口過剩 一個區域中個體
數量多餘可用的資源。

ovule/胚珠 種子植物子房中的一個結構，
包含的胚囊會在受精之後發育成種子。

pathogen/病原體 造成疾病的微生物、另一種有機體、病毒或蛋白質。

pathogenic bacteria/病原細菌 造成疾病的細菌。

pedigree/系譜 顯示一個家族幾代人遺傳特性發生情形的圖譜。

pelagic environment/遠洋環境 海洋中接近表面或中等深度的區域，超出近海區而在深海區之上。

penis/陰莖 將精液運送給雌性並將尿液排出體外的雄性器官。

period/時期 用來劃分年代的地質時間單位。

period/週期 化學週期表中水平的一行元素。

periodic/週期的 描述某事物以固定的間隔發生或重複。

periodic law/週期定律 說明元素的化學和物理性質隨著元素的原子序數定期重複改變的定律。

peripheral nervous system/周圍神經系統 腦和脊髓以外的所有神經系統部分。

permeability/滲透性 岩石或沈積物讓液體通過其開放空間或孔隙的能力。

petal/花瓣 構成花的一環的葉狀部分之一，通常具有鮮豔的色彩。

petroleum/石油 複合碳氫化合物的液態混合物；廣泛用作燃料來源。

pH/pH 值 用來表示系統酸鹼度的值。

pharynx/咽 在扁形蟲中，用來指從嘴到消化循環腔的肌肉管；在有消化管道的動物中，則是指從嘴到咽喉和食道的通道。

phase/盈虧 從另一天體看到的某一天體的日照區域變化。

phenotype/表型 有機體的外表或其他可以檢測到的特性。

pheromone/費洛蒙 身體釋放的一種物質，會使得同種的另一個體以可預測的方式反應。

phloem/韌皮部 在維管束植物中傳導食物的組織。

phospholipid/磷脂 含磷的脂質，是細胞膜的結構成分。

photocell/光電池 將光能轉換成電能的裝置。

photosynthesis/光合作用 植物、藻類和其他細菌利用陽光、碳水化合物和水製造食物的過程。

physical change/物理變化 物質從一種形式變成另一種而在化學性質上沒有改變。

physical property/物理性質 不牽涉到化學變化的物質特性，例如密度、顏色或硬度。

physical science/物理科學 對於無生物的科學研究。

Phytoplankton/浮游植物 微小的光合作用有機體，漂浮在接近海水或淡水表面的地方。

pigment/色素 賦予另一種物質或混合物顏色的物質。

pioneer species/先鋒物種 在荒涼地區定植而開始一個演替過程的物種。

pistil/雌蕊 花朵的雌性繁殖器官，會產生種子，由子房、花柱和柱頭構成。

pitch/音調 聲音高低的衡量標準，取決於聲波的頻率。

placenta/胎盤 將發育中的胎兒附著於子宮的結構，可以在母親與胎兒之間進行養分、廢物和氣體的交換。

placental mammal/有胎盤哺乳動物 透過子宮內的胎盤哺育尚未出生的後代的哺乳動物。

plane mirror/平面鏡 具有平坦表面的鏡子。

plankton/浮游生物 自由漂浮在淡水或海水中的大量微小的有機體。

Plantae/植物界 由複雜的多細胞有機體構成的一個界，通常是綠色的，具有由纖維素構成的細胞壁，不能移動，利用太陽的能量以光合作用製造糖份。

plasma/等離子體 物理學中的一種物質狀態，從氣體開始變成離子化；由自由移動的離子和電子構成，帶有電荷，性質與固體、液體或氣體不一樣。

plate tectonics/板塊構造學 解釋地球最外層的巨大板塊 — 被稱為地質板塊 — 如何移動和改變形狀的理論。

point-source pollution/點源污染 來自特定地點的污染。

polar easterlies/極地東風帶 在兩個半球的 60° 與 90° 緯度之間從東往西吹的盛行風。

polar zone/極區 南極或北極及其周遭地區。

pollen/花粉 包含種子植物的雄性配子體的細小顆粒。

pollination/授粉 將花粉從種子植物的雄性生殖組織傳送到雌性組織去。

pollution/污染 環境中由物質或能量造成的有害的改變。

population/種群 生活在特定地理區域的一群相同物種的有機體。

porosity/孔隙度 岩石或沈積物總體積中由開放空間組成的百分比。

potential energy/潛在能量 物體因為其位置、形狀或狀態而擁有的能量。

power/功率 工作完成或能量轉換的速率。

Precambrian time/前寒武紀時期 地質時標中從地球形成到古生代開始的一個時期，大約從 46 億年前到 5 億 4 千 2 百萬年前。

precipitat/沈澱物 溶液中因為化學反應而產生的固體。

precipitation/降水 從雲中降落到地球表面的任何形式的水。

predator/掠食者 殺害並食用其他有機體的全部或部分的有機體。

preening/理毛 鳥類整理和維護羽毛的行為。

pregnancy/懷孕 從醫學實務上來說，是指女性從最後一次經期的第一天到生出孩子的這一段時期 (大約 280 天，或者說 40 週)；從發展生物學來說，則是指女性從受精到生出孩子 (大約 266 天，或者說 38 週) 的這段孕育人類的時期。

pressure/壓力 在每一單位面積上施加的力量。

prevailing winds/盛行風 在一定時期中主要從一個方向吹襲的風。

prey/獵物 被其他有機體殺害並食用的有機體。

primate/靈長類 特徵為有相對的拇指和雙眼視力的一種哺乳動物。

prime meridian/本初子午線 經度為 0° 的子午線或經線。

probability/可能性 事件將來可能在任何指定事例中發生的可能。

producer/生產者 能利用周遭能量自製食物的有機體。

product/產品 在化學反應中形成的物質。

prograde rotation/正轉旋轉 從地球北極上方看到的行星或月球的逆時針方向轉動；和太陽同方向旋轉。

projectile motion/拋體運動 物體在接近地球表面被拋出、或發射時遵循的曲線路徑。

prokaryote/原核生物 沒有細胞核或細胞膜包覆的細胞器官的單細胞有機體，例如古菌或和細菌。

protein/蛋白質 由氨基酸構成的分子，建造和修復身體組織以及管理體內作用所必須。

protist/原生生物 屬於原生生物界的有機體。

proton/質子 原子核中小於原子的粒子，帶有正有電荷。

pulley/滑輪 由一條繩子或鏈條通過輪子所構成的簡單機械。

pulmonary circulation/肺部循環 血液透過肺部動脈、毛細管和静脈從心臟流到肺臟再流回到心臟。

pulsar/脈衝星 快速旋轉的中子星，會放射出快速的無線電脈衝和光學能量。

pupil/瞳孔 位於眼睛虹膜中央的開口，控制著進入眼睛的光線量。

pure substance/純物質 物質的一個樣本；具有明確化學和物理性質的單一元素或單一化合物。

Q

quasar/類星體 非常明亮、會產生高速能量的星形物體；類星體被認為是宇宙中最遙遠的物體。

R

radiation/輻射 以電磁波傳送的能量。

radioactive decay/放射性衰變 放射性同位素分解成相同元素或另一元素的穩定同位素的過程。

radioactivity/放射性 不穩定的原子核放出核子輻射的作用。

radiometric dating/放射性年代測定法 估計放射性 (母) 同位素和穩定 (子) 同位素的相對百分比以確定物體年代的方法。

reactant/反應物 參與化學反應的物質或分子。

recessive trait/隱性特徵 只有繼承相同特性的兩個隱性等位基因時才會顯現的特徵。

recharge zone/補給區 水向下流而變成蓄水層的一部份的區域。

reclamation/復原 開礦完成後讓土地恢復原狀的過程。

recycling/回收 從廢物或垃圾中還原有價值或可以使用的材料；重複使用某些東西。

red giant/紅巨星 進入生命週期末端的紅色巨星。

reflecting telescope/反射式望遠鏡 利用曲面鏡從遠方物體收集並聚焦光線的望遠鏡。

reflection/反射 光、聲音或熱的射線撞擊到不能穿透的表面時彈回來。

reflex/反射動作 回應刺激時不自覺而且幾乎立即的動作。

refracting telescope/折射式望遠鏡 利用一組透鏡從遠方物體收集並聚焦光線的望遠鏡。

refraction/折射 波以不同速度通過兩種物質之間時所產生的彎折。

relative dating/相對定年法 任何決事件或物體的年紀比其他事件或物體年長或年輕的方法。

relative humidity/相對濕度 空氣中的水蒸汽量與在指定溫度中達到飽和狀態所需的水蒸氣量的比率。

relief/地貌 地表高度的變化。

remote sensing/遠端感應 對無法直接觸摸的物體收集和分析資訊的過程。

renewable resource/可更新的資源 可以用相同的速率取代和消耗的自然資源。

resistance/阻抗 物理學中材料或裝置對於電流的阻力。

resonance/共振 兩個物體自然地以相同的頻率振動時，一個物體產生的聲音使得另一個物體振動的現象。

respiration/呼吸作用 生物學中活細胞與其環境交換氧氣和二氧化碳，包括一般呼吸與細胞的呼吸。

respiratory system/呼吸系統 主要功能為吸入氧氣排出二氧化碳的一組器官；這個系統的器官包括肺臟、喉嚨、以及導入肺臟的導管。

retina/視網膜 對光敏感的眼睛內層，可以接收水晶體形成的影像並透過視神經傳到腦部。

retrograde rotation/倒轉 從地球北極看到的行星或月球的順時針方向轉動。

revolution/公轉 天體在太空中繞著另一天體運轉；沿著軌道完成一次運轉。

rhizoid/假根 非維管束植物中像根一樣讓植物固定的組織，可以協助植物取得水分和養分。

rhizome/根狀莖 水平的地下莖，可以產生新葉、嫩芽和根。

ribosome/核糖體 由 RNA 和蛋白質組成的細胞器官；合成蛋白質的地方。

rift valley/地塹 地質板塊分離時產生的狹長谷地。

rift zone/裂谷區 兩個地質板塊分離時在彼此之間形成的深谷區。

RNA/RNA 核糖核酸，所有活細胞中都有的分子，在蛋白質的生產中扮演著一個角色。

rock/岩石 一種或多種礦物或有機物質自然形成的堅硬混合物。

rock cycle/岩石循環 岩石形成、從一種型態變成另一種型態、被摧毀、然後再度被地質作用形成岩石的一系列作用。

rock fall/岩崩 大量岩石突然從陡坡或懸崖快速滑落。

rocket/火箭 一種利用燃燒燃料排放的氣體推動的機器。

rotation/自轉 天體在其軸上轉動。

S

S wave/S 波 使得岩石粒子左右移動的地震波。

salinity/鹽度 定量液體中溶解鹽量的衡量標準。

salt/鹽 金屬原子取代酸中的氫時形成的離子化合物。

saltation/躍移 沙或其他沉積物因為風或水而以短程跳躍方式移動。

satellite/衛星 環繞行星運行的天然或人造物體。

savanna/稀樹草原 熱帶和亞熱帶地區有季節性降雨、火災和旱災的草地，通常具有稀疏的樹木。

scale/比例 模型、地圖或圖表上的度量單位和實際的度量單位或距離之間的關係。

scattering/散射 光線與令光線改變能量、運動方向或兩者都有的物質之間的互動。

science/科學 觀察自然事件和情況以發現事實並形成可以被確認或測試的定律或定理所獲得的知識。

scientific literacy/科學素養 對於科學探究方法、科學知識範圍、以及科學所扮演的社會角色的認識。

scientific methods/科學方法 用來解決問題的一系列步驟。

screw/螺絲 由一個斜面包住圓柱體所構成的簡單機械。

sea-floor spreading/海底擴張 因為岩漿上升至表面而硬化形成新的海洋岩石圈。

seamount/海山 至少 1,000 公尺高的海底水中山，起源於火山爆發。

sediment/沈積物 風、水或冰運送並沈積的有機或無機物質的碎片，累積於地球表面的地層中。

sedimentary rock/沈積岩 因為擠壓或黏在一起的沈積物層而形成的岩石。

segment/片段 大型結構如有機體的任何一個部分，因為天然或任意的界線而分開。

seismic gap/地震空區 斷層帶上最近比較少發生地震但是以前發生過強烈地震的區域。

seismic wave/地震波 經由地球傳送的能量波，從地震區向所有方向傳送出去。

seismogram/地震圖 地震儀繪製的地震運動軌跡。

seismograph/地震儀 記錄地面的振動並確定地震位置和強度的儀器。

seismology/地震學 對於地震的研究。

selective breeding/選擇育種 人類培育具有某些特徵的動物或植物的作法。

semiconductor/半導體 導電性優於絕緣體但是不如導體的元素或化合物。

sepal/萼片 花卉中用來保護花蕾的變形葉最外環中的一片。

septic tank/化糞池 將固體廢物與液體分離而且有細菌將固體廢物分解的池子。

series circuit/串聯電路 各部分以一個接一個的方式連接，使得其電流相同的電路。

sewage treatment plant/污水處理廠 清潔來自下水道或排水溝的水中的廢棄物的工廠。

sex chromosome/性染色體 決定個體性別的一對染色體之一。

sexual reproduction/有性生殖 來自兩個親代的性細胞結合以產生分享親代特性的後代的生殖方式。

shoreline/岸線 陸地與水體之間的界線。

silicate mineral/矽酸鹽礦物 含有矽、氧和一種或多種金屬的礦物。

single-displacement reaction/單一位移反應 一個元素取代另一元素在化合物中的位置的反應。

skeletal system/骨骼系統 主要功能為支撐和保護身體並讓身體能夠移動的器官系統。

skepticism/懷疑主義 人們質疑被接受觀念正確性的心靈習慣。

slope/坡度 線條傾斜度的度量標準；上升程度與距離的比率。

small intestine/小腸 胃與大腸之間的器官，食物的分解和養分的吸收大多在此進行。

smog/煙霧 陽光作用在工業污染物和燃燒的燃料時形成的光化學薄霧。

social behavior/社會行為 同種動物之間的互動。

software/軟體 告訴電腦該做什麼的一套指令或命令；電腦的程式。

soil/土壤 岩石碎片、有機物質、水以及空氣的鬆散混合物，可以支持植物的生長。

soil conservation/土壤保持 保持土壤不受侵蝕和養分流失以維持土壤肥力的方法。

soil structure/土壤結構 土壤粒子的安排方式。

soil texture/土壤質地 以土壤粒子的比例為基礎的土壤品質。

solar energy/太陽能 地球以輻射形式從太陽接收的能量。

solar nebula/太陽星雲 形成我們的太陽系的氣體和塵埃的雲狀天體。

solenoid/螺線管 有電流在其中的螺旋形線。

solid/固體 物質的體積和形狀都固定的一種狀態。

solubility/可溶性 一種物質在指定的溫度和壓力下溶解到另一種物質中的能力。

solute/溶質 溶液中溶解於溶劑裡的物質。

solution/溶液 兩種或多種物質在一個階段中均勻地散佈的同類混合物。

solvent/溶劑 溶液中溶質溶解於其中的物質。

sonic boom/音爆 物體以超音速前進的震波到達人耳時被聽到的爆炸聲。

sound quality/音質 幾種音調透過干擾混合的結果。

sound wave/音波 因為振動產生而透過實質的介質行進的縱向波。

space probe/太空探測器 攜帶科學儀器到太空中收集科學數據的無人載具。

space shuttle/太空梭 一種可以重複使用的太空載具，像火箭一樣起飛而像飛機一樣落地。

space station/太空站 一種長期繞軌道運行的平台，其他載具可以在此起飛，科學研究可以在此進行。

speciation/物種形成 因為演化而形成新物種。

species/物種 一群關係密切可以交配以產生有繁殖力後代的有機體。

specific heat/比热 在壓力和體積恆定的情況下，一個單位的同類物質以指定的方式提高 1 K 或 1°C 所需的熱量。

spectrum/光譜 白光穿過稜鏡時產生的色帶。

speed/速度 行進的距離除以運動所需的時間。

sperm/精子 雄性的性細胞。

spleen/脾 體內最大的淋巴器官；可以作為血液儲存庫，分解舊的紅血球細胞並產生淋巴細胞和質體。

spore/孢子 一種生殖細胞或多細胞組織，可以抵抗有壓力的環境狀況，可以發展成成體而不會與另一個細胞結合。

spring tide/大潮 每個月兩次發生於新月和滿月時期的大範圍潮汐。

stamen/雄蕊 花朵的雄性繁殖組織，可以產生花粉，由花絲頂端的花藥組成。

standing wave/駐波 模擬靜止波的一種振動模式。

states of matter/物質狀態 物質的實體形式，包括固體、液體和氣體。

static electricity/靜電 靜止時的電荷；通常由摩擦或感應產生。

stimulus/刺激 在有機體或有機體的任何部分造成反應或變化的任何事物。

stoma/氣孔 植物的葉子或莖上進行氣體交換的眾多開口之一 (複數為 *stomata*)。

stomach/胃 介於食道和小腸之間的囊袋狀消化器官，可以透過肌肉運動、酶和酸分解食物。

storm surge/風暴潮 因為颶風之類的暴風帶來的強風造成的沿岸海平面的區域性上升。

strata/岩層 岩石層 (單數為 *stratum*)。

stratification/分層 沈積岩分層排列的過程。

stratified drift/分層漂流物 按照河流或融水的動作排列和分層的冰河沈積物。

stratosphere/平流層 位於對流層上方的大氣層，那兒的溫度會隨著高度增加。

streak/條痕 礦物粉的顏色。

stress/應力 對於壓力的物理或精神回應。

structure/結構 有機體局部的安排方式。

sublimation/昇華 固體直接變成氣體的作用。

subsidence/沈降 地殼的一個區域陷入較低處。

succession/演替 一個地方的一種群落在一段時間內被另一群落取代。

sunspot/太陽黑子 太陽光球的黑暗區域，溫度比周遭區域低，具有強大的磁場。

supernova/超新星 龐大的星球崩潰並將其外層拋入太空中的巨大爆炸。

superposition/疊合 說明岩層未受干擾時新岩層疊在舊岩層上的原理。

surface current/表層洋流 海水的因為海洋表面或接近表面的風所造成的水平運動。

surface tension/表面張力 作用於液體表面的力量，會將表面區域儘量縮小。

suspension/懸浮劑 物質的粒子或多或少平均分佈於液體或氣體中的混合物。

swamp/沼澤 灌木和草生長的濕地生態系統。

swell/湧浪 從產生點穩定的行經很長距離的一組長海浪之一。

swim bladder/魚鰾 硬骨魚中一個用來控制浮力的充氣囊袋，也叫做氣囊。

symbiosis/共生 兩種不同的有機體密切的生活在一起的關係。

synthesis reaction/合成反應 兩種或多種物質結合而形成新化合物的反應。

systemic circulation/系統循環 血液從心臟流到身體各部分再回到心臟。

T

T cell/T 細胞 一種免疫系統細胞，能夠整合免疫系統並攻擊眾多受到感染的細胞。

tadpole/蝌蚪 青蛙或蟾蜍的水棲魚形幼體。

taxonomy/分類學 為有機體進行描述、分類和命名的科學。

technology/科技 將科學運用於特定用途；利用工具、機器、材料和處理程序滿足人類的需求。

tectonic plate/地質板塊 一塊由地殼和地幔最外層的堅硬部分構成的岩石圈。

telescope/望遠鏡 從天空收集電磁輻射並將以集中以便於觀察的儀器。

temperate zone/溫帶 介於熱帶和兩極之間的氣候帶。

temperature/溫度 某種事物多熱 (或多冷) 的衡量標準；更明確的說，則是物體中粒子的平均熱能量的衡量標準。

tension /張力 伸展物體時所產生的壓力。

terminal velocity/終速 當空氣阻力的力度與重力相等而方向相反時，自由落體的恆定速度。

terrestrial planet/類地行星 最近太陽的高密度行星；水星、金星、火星和地球。

territory/領域 一隻或一群動物佔領而不容許物種中的其他成員進入的區域。

testes/睪丸 主要的雄性生殖器官，可以生產精子細胞和睪丸激素 (單數 *testis*)。

texture/紋理 根據岩石顆粒的大小、形狀和位置決定的岩石品質。

theory/理論 將許多假設和觀察結合起來的解釋。

thermal conduction/熱傳導 能量以熱的形式透過材料傳送。

thermal conductor/熱導體 讓能量以熱的形式經由其傳送的材料。

thermal energy/熱能 物質原子的運動能量。

thermal expansion/熱膨脹 物質因為溫度增加而產生尺寸的增加。

thermal insulator/熱絕緣體 降低或阻止熱傳送的材料。

thermal pollution/熱污染 水域溫度因為人類活動而增加，因而對水質和水域支持生命的能力產生有害效果。

thermocline/變溫層 水域中水溫隨著深度降低的速度超過其他層的一層。

thermocouple/熱電偶 將熱能轉換成電能的裝置。

thermometer/溫度計 測量並顯示溫度的儀器。

thermosphere/熱層 大氣層的最上層，該處的溫度會隨著高度而增加。

thrust/牽引力 飛行器或火箭的引擎發出的推力或拉力。

thunder/雷鳴 電擊時氣體快速擴張而造成的聲音。

thunderstorm/暴風雨 通常很短暫的強烈風雨，包含與、強風、閃電和雷鳴。

thymus/胸腺 淋巴系統的主要腺體；會釋出成熟的 T 淋巴細胞。

tidal range/潮差 高潮與低潮之間的海水高度差。

tide/潮汐 海洋和其他大型水域中水位的定期起落。

till/冰磧 溶解的冰河直接沈積的未經分類的岩石材料。

tissue/組織 一群執行共通功能的同類細胞。

tonsils/扁桃腺 小而圓的淋巴組織器官，位於咽喉以及從嘴巴到咽喉的通道中。

topographic map/地形圖 顯示地球表面特徵的地圖。

tornado/龍捲風 風速極高的破壞性旋轉氣柱，外觀有如觸及地面的漏斗形雲霧。

trace fossil/蹤跡化石 動物動作遺留在柔軟沈積物上的蹤跡形成的化石。

trachea/氣管 昆蟲、多足類和蜘蛛中的氣管網路之一；脊椎動物中連接喉部和肺部的管子。

trade winds/貿易風 北緯 30° 到赤道之間向東北吹、南緯 30° 到赤道之間則向東南吹的盛行風。

trait/特徵 由遺傳決定的特性。

transform boundary/轉換邊界 彼此互相水平滑動的地質板塊之間的邊界。

transformer/變壓器 提高或降低交流電電壓的裝置。

transistor/電晶體 用來在擴大機、振盪器和開關中放大電流的半導體裝置。

translucent/半透明 描述物質可以傳送光線但是不能傳送影像。

transmission/傳送 將光線或其他形式的能量傳過物質。

transparent/透明 描述物質在極少干擾的情況下讓光線通過。

transpiration/蒸散 植物透過氣孔將水蒸氣釋放到空氣中的作用；也用來指其他生物將水蒸氣釋放到空氣中。

transverse wave/橫波 介質粒子運動方向和波浪運動方向垂直的波。

tributary/支流 流入較大河流或湖泊的河流。

tropical zone/熱帶 圍繞赤道的區域，從大約北緯23° 延伸到南緯23°。

tropism/向性 有機體的全部或部分對外界刺激如光線的反應。

troposphere/對流層 大氣層最低的一層/該處溫度會隨著高度增加而以固定比率降低。

true north/真北 地理北極的方向。

tsunami/海嘯 火山爆發、海底地震或坍方之後形成的巨大海浪。

tundra/凍原 北極、南極或山脈頂端的無樹平原，特色為非常寒冷的冬季和短而涼爽的夏季。

U

umbilical cord/臍帶 繩索一樣的結構，血管由此通過，發育中的哺乳動物藉此連接到胎盤。

unconformity/不一致 岩石層被侵蝕或者長時間沒有沈積物堆積時造成的地質記錄中斷。

undertow/下層逆流 靠近岸邊的表面下的水流，會將物體拉到海中。

uniformitarianism/均變論 認為以往發生的地質作用可以用目前的地質作用解釋的理論。

uplift/隆起 地球的地殼區域上升到較高處。

upwelling/上升流 深處寒冷而富於養分的水上升到表面的運動。

urinary system/泌尿系統 產生、儲存和消除尿液的器官。

uterus/子宮 雌性哺乳動物的空洞的肌肉器官，可以讓受精卵著床，並且讓胚胎和胎兒在此發育。

V

vagina/陰道 從體外連接到子宮的雌性生殖器官。

valence electron/價電子 原子最外層中的電子，決定原子的化學性質。

variable/變數 實驗中改變以測試假設的因素。

vascular plant/維管束植物 有專門組織在植物不同部分之間傳送原料的植物。

vein/靜脈 生物學中將血液送回心臟的血管。

velocity/矢量 物體在特定方向的速度。

vent/火山口 地球表面的開口，火山物質由此排出。

vertebrate/脊椎動物 有脊椎骨的動物。

vesicle/泡囊 真核細胞中包含原料的小腔或囊袋，形成於部分細胞膜圍繞要納入細胞或者在細胞內運送的原料時。

virus/病毒 進入細胞內部的微小粒子，通常會摧毀細胞。

viscosity/黏性 氣體或液體對於流動的抵抗力。

vitamin/維他命 包含碳的一類養分，成長和維護健康需要少量這類養分。

volcano/火山 地球表面的開口或裂縫，岩漿和氣體由此排出。

voltage/電壓 兩點之間的電位差；以伏特為衡量單位。

volume/體積 物體大小或三度空間中的區域的衡量標準。

W

water cycle/水的循環 水從海洋到大氣層到陸地再回到海洋的持續性運動。

water pollution/水污染 對生活於水中的有機體、飲用水的人或者接觸水的人有害的廢棄物或化學物品進入水中。

water table/地下水位 地下水的上端表面；飽和區的上限。

water vascular system/水導管系統 充滿水液的導管系統，循環棘皮動物的全身。

waterfowl/水禽 鴨子、鵝或天鵝之類的水鳥。

watershed/流域 由一個水系排水的陸地區域。

watt/瓦特 用來表示功率的單位；相當於每秒焦耳數(符號為 W)。

wave/波 能量透過介質傳送時在固體、液體或氣體上形成週期性的干擾。

wave speed/波速 波透過介質前進的速度。

wavelength/波長 波上任一點到下一個波上相同點之間的距離。

weather/天氣 大氣層的短期狀態，包括溫度、濕度、降雨、風和能見度。

weathering/風化作用 岩石因為物理或化學作用而分解的過程。

wedge/楔 一種由兩個斜面構成能能移動的簡單機械；通常用於切入。

weight/重量 施加於物體上的重力衡量標準；其值可以隨著物體在宇宙中的位置改變。

westerlies/極地西風帶 在兩個半球的 30° 與 60° 緯度之間從西往東吹的盛行風。

wetland/濕地 週期性淹水或者土壤包含大量濕氣的陸地區域。

wheel and axle/輪與軸 由兩個不同尺寸的圓形物體構成的簡單機械；輪是兩個圓形物體中較大的一個。

white dwarf/白矮星 小、熱而且黯淡的星球，是年老星球中心部分的殘餘。

whitecap/白浪 碎浪頂端泡沫。

wind/風 氣壓差異造成的空氣運動。

wind power/風力 利用風車驅動發電機。

work/功 利用力使得物體往力的方向移動而使得能量傳送到物體上。

work input/消耗功 在機器上用掉的功；輸入力量和施力距離的乘積。

work output/生產功 機器完成的功；輸出力量和施力距離的乘積。

X

xylem/木質部 維管束植物的一種組織，提供支持並從根部傳送水與養分。

Y

year/年 地球循著軌道圍繞太陽運轉一圈所需的時間。

Z

zenith/天頂 天空中的一個點，位於地球上的觀察者的正上方。

A

abiotic/yam tsis muaj sia hais txog tej yam uas tsis muaj txoj sia hauv lub ntiaj teb, uas kuj hais txog dej, pob zeb, teeb, thiab qhov sov thiab no.

abrasion/txoj kev sib txhuam txoj kev sib txhuam thiab txoj kev uas cov pob zeb raug lwj mus los ntawm lwm cov pob zeb los sis tej av suab zeb txoj kev los sib tsoo.

absolute dating/ntsuas lub caij nyoog tiag tiag tej yam kev ntsuas lub caij nyoog ntawm ib yam uas tau tshwm sim los sis ib yam khoom.

absolute magnitude/Qhov loj tiag tiag qhov ci uas lub hnub qub muaj taus thaum nws nyob deb li 32.6 lub teeb xyoo (light-years) ntawm lub ntiaj teb.

absolute zero/xoom tiag tiag qhov temperature uas cov molecular energy yog qhov tsawg tshaj (0 K siv qhov Kelvin ntsuas los sis -273.16 °C siv qhov Celsius ntsuas).

absorption/kev ceev qua hauv iav, thaum cov zog teeb pauv mus nyob rau hauv tej yam khoom.

abyssal plain/tiaj qab thu ib thaj chaw hauv qab thu uas tu tu heev.

acceleration qhov ceev uas velocity pauv thaum lub sij hawm khiav; ib yam khoom accelerate yog hais tias nws qhov ceev, qhov kev, los sis ob yam no pauv.

accreted terrane/pob zeb puab ib txheej av es nws mus puab nrog lwm thaj av loj thaum cov txiag pob zeb los sib tsoo ntug.

acid/dej qaub tej yam uas ua kom cov hydronium ions nce mus siab thaum lawv raug muab tov xyaw nrog dej.

acid precipitation/nag qaub nag, nag khov, los daus uas muaj dej qaub ntau ntau.

activation energy qhov zog tsawg tshaj uas pib taus ib qhov chemical reaction.

active transport/xa tawm txoj kev tshem ib yam dab tsi tawm ntawm lub cell daim tawv uas ua kom lub cell siv zog.

adaptation/kev pauv nyob taus ib yam dab tsi uas pab tau kom ib yam twg nyob taus thiab muaj tau nws cov noob nyob hauv qhov chaw uas nws nyob.

addiction/kev huam kev toob kas rau ib yam khoom dab tsi, piv xam li dej caw los sis tej yeeb.

aerobic exercise exercise kom ua rau lub plawv thiab lub ntsws khiav nrawm zog kom lub cev siv oxygen.

air mass/taus cua ib taus cua loj loj uas qhov temperature thiab qhov tawm hws (moisture content) yuav luag zoo tib yam.

air pollution/cua phem thaum tej tshuaj uas tib neeg tsim los nws cia li muaj mus xyaw nrog cov cua saum ntuj.

air pressure/cua zog thawb qhov ntsuas seb cov pa cua thawb muaj zog npaum li cas ntawm ib qhov dab tsi.

alcoholism/kev quav dej quav cawv ib qhov uas ua rau ib tug tib neeg pheej haus dej cawv ntau ntau uas tua tus neeg ntawd txoj kev nyab xeeb.

algae/ntxhuab ib hom kab hu ua eukaryotic organisms uas pauv tau qhov tshav ntuj ntawm lub hnub los ua mov los ntawm txoj kev hu ua photosynthesis, tiam sis nws kuj tsis muaj cag, kaus, los sis nplooj (yog ib tug ces sau, *alga*).

alkali metal/hlau alkali ib hom element ntawm Pab 1 hauv daim periodic table (lithium, sodium, potassium, rubidium, cesium, and francium).

alkaline-earth metal/hlau alkaline-earth ib hom element ntawm Pab 2 ntawm hauv daim periodic table (beryllium, magnesium, calcium, strontium, barium, and radium).

allele ib hom gene uas qhia seb tus neeg yuav zoo li cas, piv xam li xim plaub hau dab tsi.

allergy/phiv thaum lub cev tawm tsam tej yam khoom uas twb tsis ua tau rau lub cev muaj mob los sis tej yam uas nyob ib puag ncig peb.

alluvial fan/daim ntxuaj alluvial tej khoom uas zoo li ib daim ntxuaj uas raug tsim thaum ib tug dej cia li tsis ntsab lawm.

altitude/qhov siab qhov deb ntawm ib qhov khoom sawm ntuj thiab hauv av.

alveoli tej hnab me me hauv lub ntsws uas cov pa oxygen thiab cov pa carbon dioxide sib pauv.

amniotic egg/qe amniotic ib hom qe uas muaj ib daim tawv thaiv nws, piv xam li nab, noog, thiab lwm cov tsiaj uas nteg qe muaj ib lub nkaub qe thiab ib daim plhaub.

amplitude/lub ncov qhov deb tshaj uas ib qhov particles co thaum nws nyob twj ywm.

analog signal/ntsais analog ib qhov ntsais uas yeej txawj pauv.

anemometer/qhov ntsuas cua ib qhov uas ntsuas seb cov cua tuaj nrawm li cas.

angiosperm ib tsob ntoo paj uas muaj noob nyob rau hauv cov txiv.

Animalia ib hom tsiaj uas muaj ntau ntau cov cell uas tsis muaj daim tawv, thiab lawv kuj nkag thiab pauv tau lawv tus kheej kom lawv ciaj sia thaum tej yam nyob ib puag ncig lawv pauv lawm.

antenna/tus xaim ib tug kub saum cov tsiaj uas tsis muaj pob txha qaj qaum, piv xam li ib tug raub ris los sis ib tug kab, thiab lawv tus kub no xyuas, saj, los sis hnia tau.

antibiotic/tshuaj tiv thaiv kab mob tshuaj siv los tua cov kab mob bacteria thiab lwm cov kab mob me.

antibody ib cov phau-thi (protein) tsim los ntawm cov cell B uas npuab ib hom kab mob.

anticyclone thaum cov cua kiv ib qhov chaws uas muaj cua thawb loj (high pressure) uas kuj mus raws li qhov uas lub ntiaj teb kiv.

apparent magnitude/qhov loj pom tau qhov ci ntawm cov hnub qub uas raug pom nyob hauv ntiaj teb.

aquifer/qhov chaw hauv av uas muaj dej ib thaj pob zeb los sis av uas muaj dej thiab cia dej ntws.

Archaea nyob rau kev tis npe siv niaj hnub no, yog hais txog ib thaj chaw muaj pro-karyotes tab sis txawv lwm cov prokaryotes vim nws cov tawv cell thiab genetics txawv; thaj chaw no yog koom nrog rau pawg Archaebacteria.

Archimedes' principle/Archimedes' txoj ntsiab lus txoj ntsiab lus uas hais tias qhov zog buoyant force saum ib qhov khoom hauv dej muaj lub zog mus saud ib yam li lub zog ntawm dej uas qhov khoom tau muab thawb mus saum nws mus saud.

area/thaj chaw ib qhov ntsuas seb thaj chaw loj li cas.

artery/leeg xa ntshav ib txoj leeg xa ntshav tawm ntawm lub plawv mus rau lub cev.

artesian spring/qhov dej artesian ib lub qhov dej uas cov dej ntws tawm ntawm qhov chaw hauv av muaj dej.

artificial satellite khoom saum qaum ntuj uas ib txwm tsis muaj; tej khoom uas tib neeg tsim tau uas ncig tej ntiaj teb saum qaum ntuj.

asexual reproduction/tus kheej xeeb tub tau txoj kev muaj tau me nyuam uas tsis toob kas cov me nyuam cell thiab tsuas yog ib tug yeej muaj tau me nyuam uas zoo tib yam li nws.

asteroid/pob zeb qaum ntuj ib lub pob zeb me me uas ncig lub hnub, feem ntau nws nyob tsheej pawg ncig Mars thiab Jupiter.

asteroid belt/ib kaj pob zeb qaum ntuj qhov chaw saum qaum ntuj uas nyob nruab nrab ntawm qhov chaws uas Mars thiab Jupiter ncig lub hnub uas muaj muaj cov pob zeb saum qaum ntuj.

asthenosphere theem av uas mos mos ntawm daim av vov uas theem av tectonic txav tau.

astronomical unit qhov deb ntawm lub Ntiaj Teb thiab lub hnub; zoo li 150 million kilometer (tus cim, AU).

astronomy txoj kev kawm txog qaum ntuj.

atmosphere ib cov pa sib xyaw uas qhwv ib lub ntiaj teb los sis ib lub hli.

atmospheric pressure/kev thawb ntawm fuab cua qhov kev thawb uas muaj vim yog qhov hnyav ntawm cov fuab cua.

atom qhov uas me tshaj uas yeej muaj cov yam ntxwv zoo li qhov nws nyob hauv.

atomic mass qhov mass ntawm ib lub atom muab sau ua atomic mass units.

atomic mass unit ib qhov mass ntawm ib lub atom los sis ib lub molecule.

atomic number/tus lej atomic tus lej uas qhia hais tias muaj pes tsawg cov protons nyob hauv lub nucleus ntawm ib lub atom.

ATP adenosine triphosphate, ib lub molecule uas muab tau zog rau lub cell.

autoimmune disease/tus kab mob autoimmune ib tug kab mob uas lub cev cov ntshav dawb rov qab tua nws lub cev cov cell.

average speed/qhov nrawm nruab nrab qhov deb tag nrho muab faib los ntawm cov sij hawm siv kom mus deb npaum ntawd.

axis ib txoj kab ntawm ob txoj los sis ntau txoj kab uas muab khij rau saum daim duab cim.

azimuthal projection ib daim pheem thib uas raug muab kho kom nws qhov kheej kheej los ua ib daim pluav pluav.

B

B cell cov ntshav dawb uas tsim tau tshuaj ntaus kab mob.

bacteria nyob rau kev tis npe siv niaj hnub no, yog hais txog ib thaj chaw muaj prokary-otes tab tsis txawv lwm cov prokaryotes vim nws cov tawv cell thiab genetics txawv; thaj chaw no yog koom nrog rau pawg Eubacteria.

barometer ib qho uas ntsuas fuab cua qhov zog thawb.

base tej yam uas ua kom cov hydroxide ions nce mus siab thaum lawv raug muab tov xyaw nrog dej.

batholith ib txheej pob zeb loj heev es yog kua hlau khov ua es, yog tias tshwm saum av, ces nws vov tas nrho ib thaj tsham li ntawm 100 km2.

beach/ntug hiav txwv ib thaj chaw ntawm ntug dej hiav txwv uas muaj tej hmoov pob zeb uas raug nplaim dej muab tshoob los.

bedrock/pob zeb loj hauv av theem pob zeb hauv qab cov av.

benthic environment/qhov chaw benthic thaj chaw uas nyob ze ze hauv qab pas dej, los sis dej hiav txwv.

benthos cov tsiaj me me uas nyob hauv qab cov dej hiav txwv.

Bernoulli's principle/Bernoulli's zaj tswv yim zaj tswv yim uas hais tias lub zog thawb hauv cov dej yuav yau zuj zus thaum cov dej mus ceev zuj zus.

big bang theory/tswv yim big bang lub tswv yim uas hais tias qaum ntuj pib thaum muaj ib qhov tawg loj kawg nkaus li 13.7 billion xyoo dhau los.

binary fission/faib ua ob qhov ib txog kev muaj me nyuam thaum ib lub cell tsiaj faib ua ob lub zoo tib yam.

biodiversity/muaj ntau hom tsiaj ntau cov tsiaj uas nyob hauv tib qhov chaw hauv tib lub sij hawm.

biomass/qhov khoom uas ciaj sia tej khoom uas siv los ua tau zog; tag nrho qhov mass ntawm ib tug tsiaj hauv ib qho chaw.

biome ib thaj chaw loj uas muaj qhov sov thiab cov roj ntoo thiab tsiaj txhu zoo ti yam nkaus.

bioremediation/txoj kev kho siv tsiaj txoj kev siv cov tsiaj me me los kho thiab tu tej yam phem.

biosphere/ qhov chaw muaj sia txhua qhov chaw nyob lub ntuj no es tsiaj txhu nyob thiab ciaj tau; xam tas nrho txhua yam es muaj sia nyob hauv Earth.

biotic piav txog tej yam uas pab sia hauv lub ntiaj teb.

bird of prey/cov noog plob nqaij ib tug noog uas mus plob kom tau nqaij thiab noj lwm cov tsiaj.

black hole/lub qhov dub ib qho khoom uas hnyav tshaj thiab ceev tshaj uas cov teeb khiav dim tsis tau ntawm nws lub qhov dub mus.

blood/ntshav cov kua uas nqa cov pa, zaub mov, thiab tej kua phem tawm ntawm lub cev thiab muaj tej platelets, ntshav dawb, ntshav liab, thiab plasma.

blood pressure/ntshav lub zog lub zog uas cov ntshav thawb rau cov phab ntsa leeg ntshav.

boiling/npau qhov uas pauv ib cov kua mus ua pa thaum cov zog pa ntawm qhov kua muaj tib yam li qhov zog pa fuab cua.

Boyle's law/Boyle txoj cai txoj cai uas hais tias qhov loj ntawm cov pa nws zoo li kev nias thaum qhov pa sov los no npaum li cas (temperature) nyob twj ywm.

brain/paj hlwb lub cuab yeej es yog lub tswj kav txhua yam hauv lub nrog cev.

bronchus ib txoj ntawm ob txoj hlab pa uas sib tauj lub ntsws rau lub trachea.

brooding/puag qe zaum thiab npog cov qe kom lawv so thiab kom lawv daug; cub qe.

buoyant force/zog ntab lub zog uas thawb ib qhov khoom kom nws ntab tau saum dej.

C

caldera lub qhov uas saus mus rau hauv thaum cov dej kub dej npau ntawm ib lub roob nqig zuj zus.

cancer/mob qhog ib lub qog uas cov cell pib sib faib ntau dhau thiab nws pib kov yeej lwm cov cell zoo.

capillary/leeg ntshav soob ib cov leeg ntshav me me uas cia kom cov ntshav thiab cov nqaij sib pauv.

carbohydrate ib hom molecule piv xam li tej suab thaj, starch, thiab hlab zaub; nws muaj carbon, hydrogen, thiab pa oxygen.

carbon cycle qhov uas cov carbon txav ntawm tej yam tsis muaj sia mus rau tej yam uas muaj sia.

cardiovascular system/plawv nruab nrog tej yam hauv nruab cev uas ua kom cov ntshav khiav mus thoob plaws lub cev.

carnivore/tsiaj noj nqaij tej tsiaj uas noj lwm cov tsiaj.

carrying capacity/qhov yug tau qhov ntau tshaj uas ib thaj tsam yug tau ib cov tsiaj.

cast ib hom roj uas raug tsim tau yog thaum tej tsiaj uas tuag lawm poob mus nyob rau hauv tej lub qhov.

catalyst/qhov pab ib yam khoom uas pab kom ib qhov chemical reaction mus nrawm zog tiam sis nws tsis raug muab siv rau hauv qhov chemical reaction.

catastrophism/catastrophism ib lub ntsiab lus uas hais tias tej av cia li pauv sai sai.

cell yam es me tshaj nyob rau hauv txhua yam tsiaj txhua lub nrog cev; feem ntau nws muaj ib lub plawv nucleus, nrog cev kua dej (cytoplasm), thiab daim tawv.

cell hluav taws xob, ib yam khoom uas tsim tau hluav taws xob thaum nws muab cov chemical los sis radiant energy pauv mus ua hluav taws xob zog.

cell cycle lub neej ntawm ib lub cell.

cell membrane/daim tawv cell ib daim phospholipid uas qhwv lub cell thiab thaiv lub cell ntawm tej yam nyob sab nraud.

cell wall/cell daim phaj ntsa ib daim tawv uas qhwv lub cell thiab pab tiv thaiv nws.

cellular respiration/cell pab nqa pa txoj kev uas cov cell siv pa oxygen los tsim zog thiab los tsim zaub mov.

Cenozoic era/caij Cenozoic lub caij nyoog ntawm av tam sim no, nws pib li thaum 65 million xyoo dhau los; kuj hu ua lub *caij nyoog cov tsiaj ntshav sov (Age of Mammals)*.

central nervous system/lub hauv paus ntawm cov leeg hnov mob lub hlwb thiab tus pob txha qaj qaum; nws txoj num yog kav qhov uas cev xa xov xwm mus rau lub cev.

change of state/pauv chaw qhov uas ib yam khoom pauv mus ua kua los sis pa.

channel/tus dej txoj kev uas ib tug dej taug.

Charles's law/Charle's txoj cai txoj cai uas hais tias qhov loj ntawm cov pa yeej zoo tib yam ib qhov sov ntawm cov pa yog hais tias qhov nias tsis pauv.

chemical bond/pob caus chemical ib txog kev sib lo ntawm cov atom los sis cov ions.

chemical bonding/chemical sib lo txoj kev uas cov atom los ua ke los ua ib cov ionic compounds.

chemical change/chemical pauv ib qhov pauv uas muaj thaum ib los sis ntau tshaj ib yam khoom pauv mus ua lwm yam khoom thiab muaj tus yam ntxwv txawv.

chemical energy cov zog uas raug muab tso tawm thaum muaj ib qhov chemical rac-tion.

chemical equation ib qhov piv txwv ntawm ib qho chemical reaction uas yog tej cim thiab piav seb cov khoom uas raug muab siv thiab tej khoom uas raug tsim yog dab tsi.

chemical formula thaum cov chemical cim muab mus sau xyaw nrog tej lej uas sawv cev rau ib yam khoom.

chemical property tej yam khoom uas piav seb yam khoom ntawd muaj chemical reaction li cas.

chemical reaction txoj kev uas ib los sis ntau tshaj ib yam khoom pauv mus ua ib los sis ntau tshaj ib yam khoom txawv.

chemical weathering/piam los ntawm chemical txoj kev uas cov pob zeb pob vim yog los ntawm cov chemical reaction.

chlorophyll ib qho khoom hauv tej nroj ntoo uas ceev tau zog av-kaj los ntawm photosynthesis.

chloroplast ib qho khoom hauv tej nroj ntoo thiab algae cell uas muaj photosynthe-sis.

chromosome nyob hauv eukaryotic cell, ib yam nyob hauv lub nucleus uas yog cov DNA thiab nqaij; nyob hauv prokaryotic cell, yog qhov tseem tseeb ntaum cov DNA uas zoo li lub nplhaib.

circadian rhythm ib yam ciaj sia uas pheej muaj tas hnub.

circuit board/daim circuit ib daim uas muaj tej yas thiab hlau uas hluav taws xob khiav mus khiav los tau.

classification/txoj kev tis npe txoj kev sib faib cov tsiaj mus rau lawv pab los sis lawv pawg los ntawm lawv cov property.

cleavage/ntais txoj kev uas ib lub pob zeb ntais ntawm qhov chaw tu tu.

climate/fuab cua qhov huab cua ntawm ib thaj chaw ntawm ib lub sij hawm.

closed circulatory system/txoj kev ntshav khiav hauv nruab nrog txoj kev xa ntshav uas lub plawv ua kom cov ntshav khiav ntawm tej leeg; cov ntshav tsis tawm ntawm tej leeg, thiab tej yam khoom hauv cov ntshav nkag tawm ntawm tej leeg.

cloud/huab ib cov dej los sis dej khov uas nyob saum cua, uas muaj tau vim yog cov cua cia li pib txias thiab pib muaj dej.

coal/thee ib cov roj uas raug tsim puag hauv av los ntawm tej tsiaj los sis tej nroj ntoo uas tau tuag lawm.

cochlea ib txoj kiv kiv uas nyob rau hauv lub pob ntseg thiab nws tseem tseeb rau txoj kev hnov lus.

coelom qhov chaw uas muaj tej plab plawv nyob rau hauv.

coevolution/kev pauv ua ke txoj kev pauv ntawm ob hom tsiaj kom nkawd sib pab tau, feem ntau yuav pab tau ob hom tsiaj ntawd.

colloid ib qhov uas muaj tej yam khoom me me uas nyob sib xyaws ua ke.

combustion/hlawv ib yam khoom uas raug hlawv.

comet/hnub qub poob ib thooj dej khov, pob zeb, thiab hmoov pob zeb saum qaum ntuj uas ncig lub hnub thiab thaum nws mus dhau lub hnub nws muaj pa thiab hmoov pob.

commensalism ib txog kev sib raug zoo ntawm ob tug tsiaj uas ib tug tsiaj tau qhov zoo tiam sis tus tsiaj thib ob tsis tau qhov zoo los sis qhov phem.

communication/txoj kev sib tauj lus ib
txog kev uas ib qho cim los sis ib zaj xov
xwm tawm ntawm ib tug tsiaj mus rau ib
tug tsiaj thiab lawv txawj sib teb.

community/ib pawg tag nrho cov tsiaj
txhu uas nyob hauv ib qhov chaw thiab lawv
nyias pom nyias hauv thaj chaw ntawd.

composition/ntau yam los sib xyaws
cov chemical uas nyob hauv tej pob zeb;
piav txog tej pob zeb los sis lwm yam
khoom uas nyob hauv tej pob zeb.

compound ib yam khoom uas raug tsim los
ntawm ntau cov atom uas nyias txawv nyias
vim lawv sib lo ua ke.

compound eye ib lub qhov muag uas muaj
ntau ntau cov qia.

**compound light microscope/lub tsom
compound light** ib lub iav tsom kom pom
tej yam me me kom peb thiaj yuav pom
lawv nrog peb ob lub qhov muag.

compound machine/cav compound ib lub
cav uas ua tau lwm lub cav yooj yim.

compression/nias ua ke qhov zog hauv
nruab nrab thaum muaj ib yam dab tsi raug
nias ua ke.

computer ib lub uas muaj fais fab uas txais
tau tej lus qhia, ua raws li tej lus qhia.

concave daim iav uas nyom mus rau sab
ib daim iav uas nyias dua hauv nruab nrab
thiab tuab zog nraum ntug.

concave mirror/iav concave ib daim iav
uas nyom mus rau sab hauv zoo ib yam li ib
rab diav.

concentration/qhov nrog kua qhov ntau
ntawm ib yam khoom uas nyob hauv ib
cov kua.

condensation/sam lwg thaum cov pa dej
los mus ua dej.

conduction/kev xa thaum muab zog nqa
hloov ua hluav taws es xa raws ib yam
khoom twg mus rau lwm qho chaw.

conic projection ib daim pheem thib uas
kheej kheej tiam sis raug muab los ua ib lub
khoos (cone).

conservation/txoj kev txawj txuag txoj
kev khuv xim thiab saib zoo zoo thaum siv
tej yam nyob ib ncig.

constellation/tej hnub qub ib thaj chaw
saum ntuj uas muaj tej hnub qub uas cim
tau thiab lawv raug muab siv los mus qhia
seb lwm cov hnub qub nyob qhov twg.

consumer/tus noj ib tug tsiaj uas noj lwm
cov tsiaj.

**continental drift/thaj av loj txoj kev
txav** lub tswv yim uas hais tias tej thaj av
loj yeej nyob ua ib thooj av txheej puag
thaum ub, tiam sis nyias tawg tas mus nyias
qhov chaw.

**continental rise/thaj av loj txoj kev
sawv** qhov uas tej chaw uas nyob nruab
nrab ntawm qhov ntxhab ntxhab thiab qhov
tiaj tiaj pib su zuj zus.

continental shelf qhov uas tej chaw nyob
nruab nrab ntawm ntug dej thiab ntawm
qhov chaw ntxhab ntxhab.

continental slope qhov chaw ntxhab uas
nyob nruab nrab ntawm qhov chaw nce toj
thiab qhov chaw continental shelf.

**contour feather/tus yam ntxwv ntawm
cov plaub noog** cov plaub noog uas thaiv
tus noog tag nrho thiab ua kom nws muaj
nws tus yam ntxwv.

**contour interval/qhov siab ntawm ib
qhov contour** qhov siab thiab qis ntawm
cov kab cim.

contour line/kab contour ib txoj kab uas
sib tauj mus rau tej chaw uas siab tib yam.

controlled experiment/controlled experiment ib qhov uas sim ib yam thaum lawv muab tej pawg los sib piv.

convection/kev xa hluav taws thaum matter txawj txav vim density sib txawv; thaum xa zog vim yog matter txav.

convection current/kev xa ib lub sij hawm twg es matter txav vim density sib txawv; qhov kev txav no mus tau rov ntsug, khiav tau raws voj voog, thiab khiav tau ncig lees.

convergent boundary/ntug sib ntsib qhov chaw uas muaj taus vim ob qho lithospheric plates los sib tsoo.

convex lens/iav convex ib daim iav uas tuab zog hauv nruab nrab thiab nyias zog tom ntug.

convex mirror/tsom iav convex ib daim iav uas nyom mus rau sab nraud zoo li ib raj diav.

core/lub hauv paus lub plawv ntawm lub ntiaj teb uas nyob hauv qab lub mantle.

Coriolis effect thaum ib yam khoom ya es zoo li nws txawj tig tiam sis twb yog vim lub Ntiaj Teb txoj kev kiv.

cosmology txoj kev kawm qhov ntsiab, lub hauv paus, thiab txoj kev pauv ntawm lub ntuj.

covalent bond/pob caus convalent ib qho pob caus uas muaj taus thaum cov atom sib faib yuav ib los sis ntau tshaj ib cov electrons.

covalent compound ib qhov chemical compound uas raug tsim thaum nws sib faib yuav cov electrons.

crater/lub qhov av lub qhov uas nyob ze lub roob uas txawj tawg.

creep/piam zuj zus thaum cov pob zeb pib lwj zuj zus.

crust/lub khuaj khaum daim nyias nyias thiab daim plhaub ntawm lub Ntiaj Teb.

crystal/pob zeb ci ib cov atom, ion, los sis molecule nyob lawv qhov chaw muaj tib tug qauv.

crystal lattice tus qauv uas cov pob zeb ci muaj.

cyclone/cua kiv ib qho chaw saum ntuj uas muaj kev nias tsawg dua tej chaw ib puag ncig thiab muaj tej khaub zeeg cua kiv.

cylindrical projection ib daim pheem thib uas kheej kheej es muab los mus ua ib tog kheej kheej.

cytokinesis thaum qhov cytoplasm ntawm ib lub cell sib faib.

cytoskeleton qhov cytoplasmic network ntawm cov nqaij uas tseem tseeb kawg rau lub cell txoj kev nti, tus yam ntxwv, thiab txoj kev sib faib.

D

data/ntawv kawm txog txhua yam kev qhia uas muaj los ntawm kev soj ntsuam xyuas thiab kev sim tswv yim.

day/ib hnub lub sij hawm rau ntiaj teb siv tig kom thoob rov los txog txoj kab sib tshuam.

decibel qhov uas raug siv tshaj plaws los ntsuas seb ib yam nrov npaum li cas (tus cim, dB).

decomposer/kab noj ib tug kab uas noj haus tej khoom tuag lawm los sis tej tsiaj tej quav kom muaj dag muaj zog.

decomposition/kev lwj qhuav kev uas khoom lwj zuj zus mus ua lwm yam molecular khoom uas me tshaj.

decomposition reaction ib qho reaction es ib yam compound tawg rhe mus ua ob los sis ntau ntau yam khoom (substance).

deep current/dej uas ntws tob tob dej zoo li ib tug menyuam dej uas ntws puag hauv qab thus dej hiav txwv.

deep-water zone/qhov chaws dej tob qhov chaws hauv ib lub pas dej uas nyob sab hauv qab nplaim dej uas tsis muaj teeb ci mus txog.

deflation ib yam kev sem huab cua uas tshuab xuab zeb hav qhuav.

deformation/kev pauv kev uas av nyob ntiaj tej no rawv, lem, los sis puas thaum pob zeb pauv raws lwm yam es los cuam tshuam.

delta ib qhov chaws uas zoo li ib rab ntx-uam uas dej thiab khoom ntws los tshuam dej hiav txwv.

density qhov mass ntawm ib yam khoom muab faib mus rau qhov volume ntawm yam khoom ntawd.

dependent variable thaum ua experiment, nws yog yam es hloov vim yus lwm yam twb hloov lawm thiab (the independent vari-ables).

deposition kev uas khoom raug tso.

dermis daim nqaij hauv qab daim tawv nqaij epidermis.

desalination kev nyoj ntsev tawm ntawm dej hiav txwv.

desert/hav suab puam ib thaj chaw qhuav uas tsis muaj paj muaj ntoo, uas lub caij ntuj qhuav ntev heev, thiab sov heev.

dew point kev sov thaum hws ntau npaum nkaus kev nyoj vim kev saj dej tas mus li thiab vim dej hws npaum li cas.

diaphragm/qhov nqaij pab ua pa txoj leeg zoo li phua qab thoob uas txuas cov tav qis thiab pab kom muaj zog ua pa.

dichotomous key ib txog hau kev uas pab yus kuaj tej tsiaj seb yog tsiaj dab tsi los ntawm tej lus teb ntawm ib lo lus nug.

differential weathering/sem tsis sub luag kev uas tej pob zeb muag muag thiab uv tsis tau huab cua raug sem pov tseg lawm es tseg cov pob zeb tawv tawv thiab uv tau huab cua nyob xwb.

differentiation kev uas ib feem ntawm ib tug tsiaj twg hloov kom mus ua tau yam khoom ntawd nkaus xwb.

diffraction ib qho kev pauv ntawm qhov wave txoj kab ke taug thaum es qhov wave nrhiav tau ib yam khoom ntis los sis ib qho npoo, piv txwv li ib lub qhov.

diffusion/kev xam kev uas khoom txav tawm ntawm ib qhov chaws nyeem heev mus rau ib qhov chaws uas tsis nyeem npaum li ntawd.

digestive system/plab hnyuv tej plab hnyuv uas zom nqaij mov kom lub cev thiaj li siv tau.

digital signal ib lub suab cim (signal) es thaum muab teeb ua duab yog siv cov lej tsis sib txuas los mus sau ua piv txwv.

diode ib lub cav fais fab uas cia fais fab mus rau ib seem kev twg kom yooj yim dua li lwm seem kev.

divergent boundary/npoo sib nrug ciam teb uas ob qhov tectonic plates sib nrug ib sab mus ib qhov.

divide/kem ciam teb ntawm cov chaw tso dej tawm uas muaj menyuam dej ntws ib tus mus rau ib sab.

DNA deoxyribonucleic acid, ib lub molecule uas muaj nyob rau txhua txhua yam uas muaj sia thiab tuav kev qhia txog tej khoom uas yam muaj sia ntawd yuav tsum tau txais los ib tiam dhau ib tiam.

dominant trait qhov khoom uas pom tau thawj thawj tiam thaum ib kub niam txiv uas zoo sib txawv los muaj menyuam uake.

doping kev ntxiv ib qhov khoom uas tsis huv rau ib lub semiconductor.

Doppler effect ib qho kev pauv hauv cov suab (wave) thaum es yam nrov suab los sis tus tib neeg es mloog txauv chaw lawm.

dormant/pw tsaug zog piav txog ib lub noob los yog ib tsob tshuaj twg ua dab tsi thaum huab cua thiab av tsis zoo txaus rau nws loj hlob.

double-displacement reaction ib qho reaction es nws tsim tau pa gas, ib hom txo, los sis ib lub molecular compound thaum cov ion hauv ob yam compound raub sib hloov chaw.

down feather/plaub mos cov plaub mos uas menyuam noog mos muaj vov lawv thiab uas xiab tej noog laus kom tsis txhob no.

drag/cab ib lub zog es mus raws seem thiab mus ceev tib yam nkaus li qhov tshuab cua mus; nws yog qhov es thawb lub dav hlau rov qab thiab, nrog rau lub cav dav hlau es txhawb zog, yog qhov es ua seb lub dav hlau ya tau ceev li cas.

drug/tshuaj txhua yam khoom uas hloov ib tug neeg twg tej nqaij tawv los tej kev meej pem thiab kev xav.

dune/toj av suab puam ib lub toj hmoov av uas cua tshuab mus tshuab los tiam sis tseem zoo li qub.

E

echo/zab teb ib lub suab ntxhe.

echolocation kev uas tej tsiaj tej txu xws li tej puav tej siv suab ntxhe nrhiav kom tau khoom.

eclipse/dab noj hnub thaum lub hli ntis lub hnub.

ecology kev kawm txog tej uas muaj sia kev nyob uake thiab kev nyob ua ib pab ib phawg.

ecosystem tej uas muaj sia lub zos thiab lawm ib puag ncig uas tsis muaj siab.

ectotherm tej uas muaj sia uas yuav tsum tau kev sov sab nraum qaij daim tawv.

egg/qe lub cell uas muaj tau menyuam uas tus poj niam muaj.

El Niño ib qhov dej sov uas tsim muaj los hauv Pacific dej hiav txwv vim los ntawm kev hloov ntuj so saum nplaim dej.

elastic rebound/rov ywj los li qub thaum es cov pob zeb ywj es pauv lawm rov qab txawj rub nws tus kheej kom zoo li lub cev qub.

electric current/kev hluav taws xob khiav kev uas hluav taws xob khiav ceev npaum li cas dhau ib qhov chaws twg uas hluag siv amperes los ntsuas.

electric discharge/kev hluav taws xob tso mus kev tso hluav taws xob tawm ntawm ib yam khoom twg.

electric field/tshav hluav taws xob tshav nyob ib ncig ntawm ib yam khoom twg uas muaj hluav taws xob uas lwm yam khoom uas muaj hluav taws xob thiab raug nti.

electric force/hluav taws xob lub zog lub zog rub los thawb ib yam khoom uas muaj fe fab nyob hauv ib lub tshav hluav taws xob.

electric generator/cav tsim fais fab
lub cav uas txawj pauv lub zog mechanical
mus rau lub zog fais fab.

electric motor/cav fais fab lub cav uas
txawj pauv lub zog fais fab mus rau lub zog
mechanical.

electric power/lub zog fais fab seb cov
zog fais fab raug hloov mus ua lwm yam zog
ceev npaum li cas.

electrical conductor/yam xa fais fab
yam khoom uas cov charges txav tau
ywj siab.

electrical insulator/yam ntis fais fab
yam khoom uas cov charges txav tsis tau
ywj siab.

electromagnet/hlau nplaum fais fab ib
txoj hlua xov tooj rig uas muaj tooj hlau
nyob hauv plawv es coj tus yeeb yam li cov
hlau nplaum thaum muaj fais fab nyob hauv
txoj hlua xov tooj.

electromagnetic induction thaum muab
thaj chaw fais fab nplaum hloov, es ua rau
txoj hlua xov tooj tsim tau fais fab.

electromagnetic spectrum tag nrho cov
frequency los sis cov wavelength ntawm
electromagnetic radiation.

electromagnetic wave twv uas muaj fais
fab thiab hlau nplaum uas tshee los sib tsh-
uam ua kiag tus khaub lig (right angle).

electromagnetism kev ua hauj lwm ke
ntawm fais fab thiab kev sib nplaum.

electron ib qho nyob sab hauv nrog ces lub
atom (subatomic particle) uas muaj ib qho
negative charge.

electron cloud thaj chaw nyob puag ncig
lub nucleus hauv ib lub atom uas feem ntau
muaj cov electron.

**electron microscope/koob xoos muaj
zog** ib lub koob xoos uas siv electrons los
mus tsom rau khoom kom kom pom tau
ze ze.

element yam khoom uas muab cais tsis
tau los sis muab tsoo tsis tau kom me tshaj
ntxiv thaum siv chemical.

elevation/ntsuas siab qhov siab ntawm ib
yam khoom los sis thaj chaw uas siab tshaj
hiav txwv.

embryo/qe menyuam hauv tib neeg, yog
tus menyuam hauv plab es tab tom loj hlob
tsis tau nto 10 lub as-thiv.

endocrine system cov glands thiab pawg
cell uas tso tawm hormones los mus pab
kev loj hlob, kev tsim ub no, thiab kev ua
kom txhua yam hauv lub cev nyob sib xws;
tag nrho yog pituitary, thyroid, parathyroid,
thiab adrenal glands, hypothalamus, pineal
body, thiab cov gonad.

endocytosis thaum lub cell muab nws
daim tawv cell xov ncig ib qho khoom ua
ntej nws nqus qhov khoom los rau hauv nws
lub cev.

endoplasmic reticulum cov tawv uas
nyob hauv ib lub cell uas pab tsim, lim,
thiab xa cov protein thiab pab tsim cov roj
hauv lub cell.

endoskeleton cev pob txha nruab nrog uas
yog pob txha tawv thiab pob txha mos.

endospore ib lub qog uas tawv tuab heev
es tshwm sim nyob hauv lub cell kab mob
thiab tiv taus txhua yam nyob hauv lub cell.

endotherm hom tsiaj uas siv cov cua sov
los ntawm cov chemical reaction hauv lub
nrog cev los mus txhiab lub cev kom sov
txij ib qib tas mus li.

endothermic reaction ib qho chemical
reaction uas yuav tsum siv cua sov.

energy/dag zog kev ua tau hauj lwm.

energy conversion/pauv zog kev pauv ib hom zog mus rau lwm hom zog.

energy pyramid daim duab piv txwv uas ua peb fab los mus qhia txog thaum tsiaj txhu poob zog, es ua rau cov zog raug lim mus los nyob rau hauv ib thaj chaw qhov food chain.

energy resource/khoom siv ib yam khoom ntuj tsim los es tib neeg muab siv los tsim hluav taws thiab zog.

eon yog lub caij nyoog loj ntev plaws tas nrho cov caij nyoog thaum kawm txog lub ntiaj teb li kev hloov.

epicenter thaj chaw nyob ncaj ntsoov saum daim av uas nyob ncaj ncaj thaj chaw uas av qeeg hauv nruab nrog.

epidermis/daim tawv cov cell uas yog cov nyob saum txheej tawv kiag ntawm tej nroj tsuag los sis tsiaj txhu.

epoch yog lub caij nyoog yau zog es siv los cais cov caij nyoog thaum kawm txog lub ntiaj teb li kev hloov.

equator txoj kab kheej ua piv txwv es ncig lub ntuj nyob nruab nrab es yog txoj cais sab qaum ntuj thiab sab qab ntuj khwb.

era lub caij nyoog uas muaj ob period los sis ntau tshaj saud.

erosion/yaig thaum huab cua, dej, naj kheem, los sis kev nqus tshuab av thiab pob zeb ntawm ib qho chaw mus rau lwm qhov.

esophagus/caj pas lub zoo li raj khoob uas ntev thiab ncaj uas txuas txoj hlab pas rau lub plab.

estivation lub caij ntuj so thaum ib co tsiaj txhu tsis ua dab tsi thiab lub cev tsis kub lawm, cov tsiaj txhu ua los mus tiv thaiv huab cua kub thiab kev tsis muaj khoom noj.

estuary thaj chaw uas thaum dej ntshiab ntawm cov dej me los mus sib tov nrog dej qab ntsev los tom hiav txwv los.

Eukarya hauv ib qho taxonomic system, yog pawg muaj tag nrho cov eukaryotes; pawg no nyob ua ke nrog pawg Protista, Fungi, Plantae, thiab Animalia.

eukaryote txhua yam muaj sia uas muaj cov cell muaj ib daim tawv vov lub nucleus; eukaryotes yog protist, tsiaj txhu, nroj tsuag, thiab suab tiamsis tsis yog archaea los sis bacteria.

evaporation/yaj kev pauv ntawm kua mus rau cua.

evolution thaum cov yam ntxwv uas ib txwm muaj hauv ib pawg tsiaj txhu pauv ib tiam dhau ib tiam los es tej zaum tshwm sim tau ib co tsiaj txhu tshiab.

exfoliation/pob zeb tev thaum tej txheej pob zeb tev ntawm lwm txheej los vim tsis muaj yam nias lawm.

exocytosis thaum lub cell yuav tso ib yam dab tsi tawm es nws muab yam khoom ntawv qhwv ces mam li muab xa mus kom txog lub cell daim tawv es mam muab tso kom mus sib tov nrog daim tawv.

exoskeleton txheej pob txha khauj khaum nyob sab nraum tsiaj lub cev es tawv heev thiab pab tsa tau lub cev.

exothermic reaction ib qho chemical reaction uas thaum cov cua sov raug tso tawm mus rau cov nyob ib ncig lawm.

external fertilization/xeeb rau sab nrauv thaum cov cell ua menyuam sib ntsib sab nraum lub cev ntawm ob tug niam txiv.

extinct/ tuag tas qhia txog thaum ib hom tsiaj txhu tau tuag tas nrho es tsis muaj lawv yam ntxiv lawm.

extinction/noob tuag tas thaum muaj ib hom tsiaj txhu es tuag txhua txhua tus tas nrho lawm.

extrusive igneous rock/pob zeb kua hlau cam hom pob zeb uas tshwm sim los vim cov roob hluav taws tawg kiag tshwm sab sauv, los sis tawg ze daim av.

F

farsightedness/kev pom deb thaum lub qhov muag tsom tej khoom uas nyob deb deb nram qab lub retina tsis yog nyob saum lub retina.

fat/rog ib yam khoom uas pab lub cev khaws vitamin kom muaj dag muaj zog.

fault/kab pleb ib txoj kab thawg pleb nyob rau hauv ib thooj pob zeb uas yuav swb raws li lwm thooj pob zeb.

feedback mechanism ib yam uas tshwm sim vim kev qhia los ntawm ib qhov uas yus tau ua ua ntej ntawd.

felsic hais txog pob zeb kua hlau los sis cov twb khov lawm es muaj feldspars thiab silica thiab feem ntau xim kaj kaj.

fermentation/qaub thaum zaub mov tsis tau pa oxygen es lwj.

fetus/menyuam hauv plab ib tus tib neeg es nws loj hlob nyob hauv plab tom qab dhau 10 lub as-thiv lawm mus txog rau lub caij yug.

floodplain/tiaj nyab qhov chaws ua tiaj xuab zeb nyob puab ntug dej thaum dej nyab lawm.

fluid/ua kua ib yam uas tsis khov, xws li ua pa roj los ua kua, ua rau cov atom los sis molecule khiav tau mus los ywj siab.

focus qhov chaws nyob ntawm ib txoj kab uas yuav yog qhov chaws uas xub qeeg thaum av qeeg.

folding/tais kev uas pob zeb sib tais nkhaus los chom vim tim lwm yam los tsoo nws.

foliated piav txog txheej tawv saum tej pob zeb txawj txia es muaj tej noob mineral raug muab tso cia ua tej phaj los sis tej txaum.

food chain kev uas theej zog ntawm ib tiam dhau lwm tiam vim kev noj mov ntawm tej tsiaj tej txhu.

food web/food web ib daim duab uas qhia seb kev noj ntawm ib tug tsiaj rau lwm tus sib raug zoo li cas.

force/zog thawb lub zog thawb los sis rub ib qhov khoom kom pauv txoj kev uas nws taug ntawd; txoj kab muaj loj muaj me thiab muaj kev taw qhia.

fossil/pob txha ib txoj lw los yog tej pob txha uas feem ntau nrhiav pom hauv pob zeb, ntawm tej tsiaj uas tau siab puag txheej thaum.

fossil fuel/pob txha roj ib yam zog uas rov muaj dua tshiab tsis tau uas muaj nyob rau tej tsiaj puag txheej thaud tej pob txha.

fossil record/ntawv xeev xwm tej pob txha kev xeev xwm txheej uas qhia txog lub neej ntawm tej tsiaj tej pob txha uas nrhiav tau nyob rau hauv av.

fracture/xeev pleb kev uas ib qhov mineral puag thaud muaj tej xem av nkhaus los tsis ncaj.

free fall kev uas lub cev poob thaum gravity ib leeg nkaus thawb xwb.

frequency yog tus lej qhia seb hauv ib lub sij hawm twg no tsim muaj pes tsawg qhov twv.

friction/kev sib txhuam ib lub zog uas muaj thaum ob daim av twg los sib txhuam.

front yog daim npoo es kem cov nthwv cua (air masses) uas nyias muaj nyias ib yam density thiab nyias muaj nyias kev cua sov thiab no npaum li cas (temperature).

function/kev ua hauj lwm kev ua hauj lwm ntawm ib lub siab lub plawv twg.

fungus ib yam tsiaj txhu es nws cov cell muaj lub plawv nuclei, txheej khauj khaum nruj nreem, tab sis ho tsis muaj chlorophyll, es yog yam tsiaj txhu nyob rau pawg tis npe hu ua Fungi.

G

galaxy pawg hnub qub, plua tshauv, thiab cua uas nyob tau ua ke vim muaj kev sib nqus (gravity).

gallbladder/tsib yam khoom ua hauj lwm hauv lub cev es zoo li lub hnab es ntim kua iab uas yog lub siab lim tawm los.

ganglion ib pawg nerve cells.

gap hypothesis/tswv yim twv av qeeg lub tswv yim los mus xav hais tias av yuav qeeg loj heev nyob rau ib thaj chaw uas nyob raws kab tawg pleb uas tsis tau muaj av qeeg ntev los lawm.

gas/pa ib yam khoom uas tsis muaj volume los sis shape tus li.

gas giant/lub niag pa lub hnub qub uas muaj huab cua tob thiab dav heev, xws li Jupiter, Saturn, Uranus, los sis Neptune.

gasohol muab roj thiab cawv sib tov coj los hlawv siv.

gene ib hom kev qhia ntawm ib tug yam ntxwv es ib txwm muaj thaum yug kiag los.

generation time/sij hawm raws phaj lub sij hawm hauv nruab nrab thaum yug ib phaj mus rau thaum yug dua lwm phaj tshiab.

genotype tag nrho cov yam ntxwv nyob hauv txhua yam muaj sia; thiab thaum cov gene los sib tov los mus ua ib hom yam ntxwv los sis ntau hom.

geologic column ib pawg pob zeb uas ua ib txheej ib txheej es txheej laus tshaj plaws nyob puag hauv qab.

geologic map/pheem thib av daim pheem thib uas muaj xwm txheej qhia txog ntau yam xws li pob zeb, tsim chaw ub no, tooj hlau chaw nyob, thiab pob txha muaj nyob raws tej thaj chaw twg.

geologic time scale cov txheej txheem siv es cais lub ntiaj teb no lub neej ntev ntev puag thaum ub los mus kom thiaj li khoob khuab tau.

geology/kev kawm txog Earth kev kawm txog lub ntiaj teb puag thaum nws pib, thaum ub, thiab seb ntiaj teb zoo li cas thiab txhua yam uas pauv tau lub ntiaj teb yog dab tsi.

geosphere koog uas tawv heev thiab yog pob zeb ntau ntawm lub ntuj; pib hauv lub plawv ntiaj teb mus rau sab nraum daim av.

geostationary orbit txoj kab uas nyob kwv yees li 36,000 km saum ntuj thiab muaj ib lub satellite nyob ib thaj chaw ncaj ncaj ntawm txoj kab cais lub ntiaj teb.

geothermal energy lub zog uas tsim los ntawm cov cua sov tawm hauv av tuaj.

gestation period/sij hawm xeeb hauv tsiaj txhu, lub sij hawm thaum xeeb menyuam hauv plab mus rau thaum yug.

gill ib yam uas tso pa es muab cov pa oxygen nyob hauv dej pauv cov pa carbon dioxide nyob hauv cov ntshav.

glacial drift/nrog dej khov ntws cov pob zeb uas raug thooj dej khov loj glacier muab nqa thiab tso tseg.

glacier ib thooj dej khov es loj heev uas txawj txav.

gland ib pawg cell uas tsim ntau yam chemical rau lub cev tau siv.

global warming/sov thoob ntiaj teb thaum huab cua kub hauv ntiaj teb maj mam nce siab zuj zus.

globular cluster/hnub qub ntsau ib pawg hnub qub ntau heev uas zoo li ib lub npas es muaj txog li 1 million lub hnub qub.

Golgi complex yam nyob hauv lub cell uas tsim thiab tu cov khoom uas yuav muab xa tawm hauv lub cell mus.

grassland/hav nyom ib thaj chaw es muaj nyom ntau xwb es kuj muaj mentsis nroj fab thiab ntoo me, es cov av los zoo chiv, thiab nws tau txais dej nag los ntau huj sim raws caij nyoog.

gravity/yam nqus kev sib nqus ntawm tej khoom vim lawv puav leej muaj mass.

greenhouse effect thaum ua rau daim av thiab cov huab cua sov vim dej yaj, carbon dioxide, thiab lwm yam cua raug nqus thiab rov qab tso tawm zog thiab pa sov.

group/pawg cov element nyob rau kab sawv ntsug ntawm daim periodic table; cov element nyob hauv ib pawg muaj cov chemical properties zoo sib xws.

gut/hnyuv loj yav hnyuv es zom khoom noj.

gymnosperm ib hom nroj tsuag uas nws li noob tsis muaj qe los sis tsis muaj txiv hmab ntoos los qhwv.

H

half-life/ib nrab neej muaj tej yam khoom zoo li cov nyob rau hauv lub hoob pob thas-mas-nus, uas txawj tawg. Lub sijhawm thaum ib feem ob ntawm ib pawg khoom twg ploj tag lawm, qhov no hu ua ib nrab neej.

halogen Nyob ntiaj teb no, nws muaj txog li ntawm 109 yam khoom uas sib nrhos los ua txhua yam uas peb pom. Ntawm cov 109 yam khoom no, muaj cov hu ua halogen uas yog cov nyob rau ntawm thiam 17. Cov halogen no sib nrhos nrog tej yam hlau los ua ntsev.

hardness/tawv muab ib yam khoom kos kom yus thiaj li ntsuas tau seb yam khoom ntawd tawv npaum li cas

hardware/khoom uas yus kov tau tej yam uas siv coj los nrhos ua ib lub tshuab hlwb hlau.

heat/sov lub zog ntawm qhov sov uas ntws ntawm ib qhov sov mus rau qhov txias.

heat engine/cav sov ib lub cav uas siv cua sov coj los ua fais fab los yog los ua hauj lwm

heat flow/hluav taws khiav ib lo lus tis rau xa hluav taws, yog thaum xa zog tom ib qho khoom sov mus rau ib qho khoom txias.

herbivore Ib yam tsiaj uas tsuas noj zaub xwb.

heredity tej yam ntxwv uas nyob rau hauv roj ntsha uas niam thiab txiv muab rau nkawd cov menyuam.

heterotroph Ib yam tsiaj uas noj lwm yam tsiaj los lwm yam tsiaj tej khoom seem, uas nyob rau hauv nws lub nrog cev nws hloov tsis tau tej yam uas tsis ciaj los ua tej yam ciaj.

hibernation thaum lub caij ntuj no, tej tsiaj mus nkaum thiab mus pw kom lawv thiaj li tsis no los tuag tshaib.

hologram Ib yam duab uas siv tej teeb ci ci los ua zoo li daim duab ntawd nyob kiag ntawd.

homeostasis txawm tias sab nraub yuav txawv txav npaum li cas los, nyob rau sab hauv lub cev, nws tsuas nyob li qub xwb.

hominid Ib yam liab uas siv ob txhais ceg mus kev, txhais ceg ntev zog lwm yam liab, thiab tsis muaj ko tw. Piv xam li neeg thiab lawv tej poj koob yawm txwv.

Homo sapiens Ib yam tsiaj hu ua homo sapiens uas tshwm sim li 100,000 mus rau 150,000 xyoo tas los lawm. Ib yam ntawm cov tsiaj no, yog peb neeg.

homologous chromosomes nyob rau hauv txhua yam uas muaj sia, muaj ib cov chromosome uas yog tej yam uas qhia rau yus lub cev kom nws txawj loj hlob. Yog thaum cov chromosome no zoo ib yam thiab sib nrhos ib yam, ces peb hu nws ua homologous chromosomes.

horizon thaum yus xam deb deb mus rau puag pem qhov chaw uas zoo li ntuj thiab av sib txuas, qhov chaw no hu ua horizon.

hormone yog tej yam tshuaj uas yus lub cev ua thiab xa mus rau lwm qhov chaw hauv yus lub cev kom tej chaw ntawd pauv.

host Ib yam tsiaj uas lwm yam tsiaj los nyob rau ntawm nws thiab siv nws los ua lawv mov noj los yog ua lawv chaw nyob.

hotspot tej lub roob uas nyob deb ntawm tej daig av uas nyob rau hauv ntiaj teb no uas txawj tawg.

H-R diagram/Hertzsprung-Russell diagram Ib daim duab ua piv qhov sov ntawm cov hnub qub nrog rau qhov ci ntawm cov hnub qub.

humidity/vaum seb vaum npaum li cas.

humus/chiv nplooj chiv tsiaj thaum nplooj ntoos thiab tsiaj tuag thiab lwj, lawv rov qab mus ua av, cov av no yog cov chiv hu ua humus.

hurricane/cuaj dab cua dub thaum cua daj cua dub tshwm sim rau pem dej hiav txwv, uas cov cua tshuab tshaj li ntawm 120 khis-las-mes (km) tauj 1 teev, uas cov cua no khaub zig mus rau ntawm tej thaj tsam uas muaj cua tsawg.

hydrocarbon tej yam khoom uas tsuas muaj carbon thiab hydrogen nyob rau hauv xwb.

hydroelectric energy/cav dej fais fab muaj tej lub cav, uas thaum dej ntsws los raug, nws ua tau fais fab. Cov fais fab no hu ua hydroelectric energy.

hydrosphere Feem ntawm lub ntiaj teb uas yog dej.

hygiene/coj huv Kev qhia kom coj huv ntawm yus tus kheej kom thiaj li tsis txhob muaj mob muaj nkeeg.

hypha Ib yam uas tsis txawj tuaj nyob rau ntawm tej nceb.

hypothesis/kev xav Muaj neeg uas yam tas los tau sau tseg tej yam uas lawv pom thiab tej yam uas lawv tau sim lawm. Thaum yus muab tej yam no coj los xav thiab los tshwm ib lub tswv yim raws tej yam uas neeg twb sau cia lawm, qhov no hu ua hypothesis.

I

ice age/caij naj kheem ib lub sij hawm thaum lub ntiaj teb no khov ua tej daig naj kheem; yog lub sijhawm uas lawv hu ua caij naj kheem.

immune system/lub cev tiv thaiv kab mob cov ntshav dawb nyob rau hauv lub nrog cev uas nrhiav thiab tua kab mob.

immunity/tiv thaiv kab mob lub cev lub hwj chim los tiv thaiv kab mob thiab rov kho kom muaj zog tuaj.

inclined plane/ib daim nqis hav ib lub cav uas ncaj ncaj, thiab tsa me ntsis, uas nqa thiab tsaws khoom.

independent/ib qhov uas tsis tos lwm qhov nyob rau hauv ib qho uas cov neeg txawj ntse tsim, yog qhov uas lawv muab pauv li ub li no seb thaum pauv lawm, yuav zoo li cas.

index contour/kab vaasthib nyob rau ntawm ib daim vaas thib, yog cov kab uas dub thiab loj zog, feem ntau yog txhua txhua txoj kab thib tsib, uas qhia tias siab li cas.

index fossil/pob txha piv pob txha uas nyob rau hauv ib txheem pob zeb uas txhais tau tias yog ib lub sij hawm. Cov neeg txawj ntse muab coj los piv kom lawv thiaj li paub seb lwm yam qub npaum li cas.

indicator/tshuaj ntsuas ib yam tshuaj uas pauv xim thaum tias qaub los iab.

inertia qhov uas ib yam dab tsi tsis kam txav, los sis, yog tias tias yam ntawd tabtom txav lawm, yam ntawd tsis kam nres los pauv nws txoj hau kev txog rau thaum lub sij hawm uas lwm yam los ib lub zog sab nraud los muab nws pauv.

infectious disease/kab mob txawj kis ib yam kab mob uas kis tau ntawm ib tug mus rau lwm tus.

inhibitor/tshuaj nres thaum muab tshuaj sib tov, ces siv cov tshuaj nres no los ua kom cov tshuaj tsis txhob sib tov, los ua kom cov tshuaj sib tov kom qeeb zog.

innate behavior/tus yam ntxwv uas yeej ib txwm muaj ib tug yam ntxwv uas tsis yog tim yus mus kawm los, los twb ua dhau los lawm, yus yeej ib txwm muaj.

insulation/thaiv ib yam uas thaiv tau fais fab, los tiv thaiv tau qhov sov, los sis thaiv tau suab.

integrated circuit/daim xov fais fab xov fais fab uas lawv muab coj los lo rau ntawm ib daig yas iav.

integumentary system/daim tawv nyob rau hauv lub cev, muaj daim nqaij tawv, plaub, rau tes rau taw, uas tiv thaiv lub nrog cev.

intensity/muaj ceem nyob rau hauv kev txawj ntse, ntsuas seb av qeeg muaj zog npaum li cas.

interference/tshuam thaum muaj ob peb nplaim dej los nplaim lwm yam los sib ntxiv los ua ib nplaim xwb.

internal fertilization/cog chiv nyob nruab nrog cev (xeeb menyuam) thaum tus txiv neej ib lub noob mus nkag rau hauv ib tug poj niam ib lub qe.

Internet yog thaum muaj ntau ntau lub tshuab computer (tshuab hlwb hlau) los sib txuas thiab thaum cov no mus txuas rau lwm pawg tshuab computer uas txuas cov tshuab computer nyob rau tag nrho lub ntiaj teb no.

**intrusive igneous/pob zeb dub thiab
ci** pob zeb tshwm sim los ntawm cov kua
kub kub nyob hauv qab ntawm ntiaj teb
daim av.

invertebrate/tsiaj tsis muaj txha tsiaj
uas tsis muaj txha qaj qaum.

ion thaum yus muab ib yam tsoo kom mos
li mos tau, kom me li me tau, ces qhov me
tshaj hu ua atom. Nyob rau hauv cov atom
no, muaj lub qe thiab muaj cov fais fab uas
los kiv vij lub qe no. Yog thaum cov fais fab
no ntau dua los tsawg dua lub qe lawm ces
qho no hu ua ion.

ionic bond/pob caus ion thaum ob lub
atom los sib txuas thiab ib lub fais fab (zog)
txav ntawm ib lub mus rau lwm lub, uas ua
rau ib lub muaj cov fais fab no ntau dua cov
qe hauv, thiab ua rau ib lub muaj tsis txog li
cov qe hauv.

ionic compound cov tshuaj uas sib txuas
vim tias ib lub muaj cov fais fab no ntau
thiab ib lub muaj cov fais fab no tsawg.

iris/iris lub voj voog es muaj xim es nyob
hauv lub qhov muag.

isobar ib txoj kab uas lawv teeb rau hauv
ib daim vaas thib saib xyuas huab cua uas
qhia tias cov cua nyob rau ntawm ib cheeb
tsam ntau npaum li cas.

isolation/nyob nrug ob yam tsiaj nyob sib
nrug thiab tsis sib tom.

isotope ib lub atom uas lub plawv muaj
cov proton sib xws tiamsis muaj cov neu-
tron sib txawv.

J

jet stream/cua qaum ntuj ib co cua uas
muaj muaj zog uas nyob li ntawm plaub
mus rau kaum ib mais saum qaum ntuj
(troposhpere).

joint/chaw txuas chaw uas pob txha sib
txuas.

joule txhais tau tias qhov hauj lwm uas
ib newton ua tau thaum lub zog ib newton
thawb ib yam deb li ntawm 1 meter. Tus
cim yog J.

K

kidney/lub raum ib lub nyob rau hauv
nrog cev uas lim dej thiab khib nyiab tawm
ntawm cov ntshav mus thiab muab cov no
coj mus ua zis.

kinetic energy/zog txav lub zog uas ib
yam twg muaj thaum yam ntawd tabtom
txav.

L

lahar ib co kua av nkos es nws muaj thaum
toj roob tawg es tshauv toj roob mus xyaw
nrog txhais pob zeb thiab nrog dej.

La Niña/Las Nis-Nyas nyob rau tom pas
dej hiav txwv Pacific, uas thaum cov dej cia
li txias txias heev.

landslide/av pob thaum pob zeb los av
saum roob cia li pob los.

large intestine/hnyuv loj txoj hnyuv
uas dav thiab luv zog, uas tshem dej tawm
ntawm cov zaub mov uas lub plab twb zom
tas lawm, uas cov mov no mus ua quav.

larynx qhov chaw nyob rau hauv caj pas
uas muaj cov hlua uas nrov tau suab.

laser ib yam teeb uas ci heev heev thiab
cov nplaim fais fab ntev ib yam thiab yog ib
xim xwb.

lateral line/txoj kab ntawm tus ntses
ib txoj kab nyob rau ntawm ib tug ntses lub
cev uas qhia tias tej siab ntsws uas tus ntses
muaj los ntsuas seb dej ntab li cas nyob
qhov twg.

latitude/kab ntsuas ntiaj teb lub ntiaj teb no zoo li ib lub npas. Ntsuas ntawm nruab nrab mus qaum teb los qab teb seb deb li cas.

lava plateau/plag kua zeb khov ib plag roob uas tshwm sim vim tias lub roob tsis tawg, tiamsis cov kua pob zeb uas kub kub uas nyob rau hauv nruab ntiaj teb pheej txia tawm los khov ua ib plag roob.

law/kev cai thaum cov neeg txawj ntses siv thiab ntsuas thiab sau cia tej yam uas lawv pom; thaum lawv muab tej no los ua ke tag, lawv muab coj los ua ib lo lus qhia tias lub ntiaj teb no khiav li cas.

law of conservation of energy/cai hais tias zog tsis txawj ploj ib txoj cai hais tias tsim tsis tau lub zog thiab ua tsis tau kom lub zog piam sij, tiam sis tsuas pauv tau lub zog mus ua lwm yam xwb.

law of conservation of mass/cai hais tias khoom tsis txawj ploj ib txoj cai hais tias tsim tsis tau khoom los ua kom khoom piam sij thaum yus siv tshuaj tov los sis siv ib yam dab tsi los tsoo.

law of cross-cutting relationships/cai hais tias ob hom pob zeb sib tshuam txoj cai hais tias txoj kab los ib pawg pob zeb tshiab dua lwm hom uas los sib tshuam.

law of electric charges/kev cai fais fab txoj cai hais tias cov fais fab uas ib yam tsis kam los nyob ua ke, thiab cov fais fab uas zoo sib txawv, nyiam los nyob ua ke.

leaching thaum tshem tej yam uas yaj tau nyob rau hauv dej tawm ntawm tej pob zeb los pob a.

learned behavior/yam ntxwv kawm ib tug yam ntxwv uas yus muaj vim tias muaj tej yam uas tshwm sim nyob rau hauv yus lub neej uas ua rau yus zoo li ntawd.

lens/daim iav me ib daim iav uas pom tshab thiab ua rau cov teeb uas thaum cig los rau, ua rau cov teeb los faib los los ua ke kom thiaj li tau ib daim duab.

lever/pas nyom ib lub cav uas muaj ib tug pas los nyom. Tus pas no muaj ib qho chaw uas tus pas tig thiab vij rau ntawd.

lichen ib koog ntxhuab los sis ntxhuab cell es tuaj ua ke thiab lawv nyob sib yug sia thiab feem ntau lawv loj hlob nyob saum pob zeb thiab ntoo.

life science/kev kawm yam muaj sia qhov kawm txog yam uas muaj sia.

lift/nqa ib lub zog ua thawj saum ib yam dab tsi uas siv kua los thawb.

lightning/xob laim thaum fais fab txais ntawm ib yam mus rau lwm yam, raws li thaum nws cig ntawm huab mus rau hauv av, los ntawm ib tauv huab mus rau lwm tauv huab, los thaum txais ntawm ib feem ntawm ib tauv huab mus rau lwm feem ntawm tib tauv huab ntawd.

light-year/teeb-xyoo qhia tias ib xyoo twg, seb lub teeb ci deb npaum li cas, txog ze li ntawm cuaj txhiab million kilometer.

lipid/roj ib hom molecule rog los sis molecule es muaj nrog cev zoo tib yam nkaus; piv txwv li kua roj, roj ci, thiab steroids.

liquid/ua kua yog thaum ib yam twg, yog kua xwb, uas yeej siv chaw, tiam yus tso rau hauv twg los tau, nws mam cia li hloov mus ua kom txaus xwb.

lithosphere/ntiaj teb lub khauj khaum ntiaj teb lub khauj khaum sab nraud uas yog daim av thiab txhua yam uas tsis tus rau sab nraum no.

littoral zone/dej ntiav nyob rau hauv ib lub pas dej, yog qhov chaw uas ntiav thiab ze rau ntawm ntug uas yog qhov chaw zoo rau nroj tsuag nyob vim tias lub hnub ci tau rau hauv.

liver/lub siab yog lub loj tshaj nyob rau hauv lub cev, lub siab yog qhov chaw uas lub cev tsim kua tsib, lim ntshav thiab tuav ntshav thiab cov ntshav qab zib.

load/qhov ntws nrog dej cov khoom uas nrog ib tug me nyuam dej ntws; kuj yog cov pob zeb uas nyob rau ntawm tej thaj tsam uas lawv teem tseg qhia tias muaj ib qho chaw loj uas yog huab cua thiab los yog dej tsim.

loess yog cov av uas zoo cog khoom uas yog cua tshuab los.

longitude/kab rov tav yog qhov deb rau sab hnub tuaj mus rau pem sab hnub poob; siv qhov qhia tias seb tig ntau npau li cas.

longitudinal wave/kev co rov tav thaum ib yam twg co nrawm nrawm thiab mus raws yam uas co co ntawd.

longshore current /dej ntab thaum dej ntab ze ntug thiab ntab raws tus ntug.

loudness/qhov nrov ntsuas seb ib lub suab uas nrov deb npaum li cas.

low earth orbit/ncig lub ntiaj teb qis qis ib yam dab tsi twg uas ncig lub ntiaj teb no uas tsis siab tshaj li ntawm 1,500 kilometer.

lung/lub ntsws ib yam uas nyob rau hauv lub cev uas nqa cov pa zoo los rau hauv cov ntshav, thiab tshem cov pa qub tawm hauv cov ntshav mus.

luster/ci lo lus uas qhia tias seb tej yam pob zeb ci li cas thaum yus tsom teeb rau.

lymph cov kua uas cov siab ntsws khaws.

lymph node/pob caus lymph ib yam nyob rau hauv yus lub cev uas lim cov kua uas yus lub cev tsim, cov no nyob rau ntawm tej hnyuv.

lymphatic system/lymphatic system cov siab ntsws hauv lub cev uas khaws cov kua uas yus lub cev tsim thiab muab rov qab mus tov nrog yus cov ntshav; cov siab ntsws hauv yam no yog tej yam li tus po.

lysosome yus lub cev muaj tej yam me me uas los ua ke los tsim tau yus lub cev. Nyob rau hauv cov me me no, lawv muaj tej yam uas xws li plab hnyuv uas txawj noj thiab zom khoom.

M

machine/cav (tshuab) ib yam khoom los pab ua hauj lwm los ntawm kev khoo kom tau ib lub zog los sis pauv kab kev ntawm lub zog.

macrophage/ntshav dawb yam uas me tshaj nyob hauv lub nrog cev uas noj kab mob thiab lwm yam khoom.

mafic hais txog cov pob zeb kua hlau los sis cov twb khov lawm es nws muaj magnesium thiab iron ntau thiab feem ntau nws xim tsaus tsaus.

magma chamber/kua hlau chaw nyob qhov chaw uas kua hlau pob zeb nyob thiab yug ib lub roob hluav taws.

magnet/hlau nplaum txhua txhua yam khoom uas nqus tau hlau los sis cov khoom muaj hlau nyob hauv.

magnetic declination/hlau nplaum kev sem kev txawv ntawm hlau nplaum sab qaum teb thiab sab qaum teb kawg nkaus.

magnetic force/zog hlau nplaum lub zog nqus los sis thawb los ntawm kev txav thiab kiv cov fais fab.

magnetic pole/thaj chaw hlau nplaum
ib ntawm ob tog, ib yam li tog hauv paus
thiab tog kawg, uas muaj ib tog nqus hos ib
tog thawb.

magnitude/lub zog ntsuas lub zog av qeeg
seb loj thiab muaj zog npaum li cas.

main sequence /txoj tseem kab thaj
chaw ntawm daim duab H-R es cov hnub
qub feem ntau nyob; nws muaj cov kab
khiav rov tav tim sab xis qhov qis (txias dua
thiab ci tsawg) mus rau sab laug qhov siab
(kuab dua thiab ci tshaj).

malnutrition/noj tsis txaus ib hom kab
mob los ntawm zaub mov los thaum ib tug
neeg noj zaub noj mov tsis txaus los yug
nws lub cev.

mammary gland/qog mis ntawm poj niam,
yam uas tsim tau mis.

mantle/txheej pob zeb ib txheej pob zeb
uas nyob nruab nrab ntawm lub ntuj daim
av thiab hauv nruab nrog.

map/duab teeb qhia ib daim duab teeb los
qhia txog txhua txhua yam ntawm ib qho
dab tsi, xws li lub ntiajteb.

marsh/chaw dej nyab thaj chaw dej nyab
ntiav ntiav uas tsis muaj ntoo tiamsis muaj
nroj tsuag thiab nyom xwb.

marsupial/tsiaj muaj hnab tshos ib tug
tsiaj muaj ib qho chaw zoo li lub hnab tshos
ntawm nws lub cev rau nws tau nqa thiab tu
nws tus menyuam.

mass kev ntsuas seb ib yam khoom muaj
mass npaum li cas.

mass movement/av txav thaum ib thaj av
swb mus rau chaw qis.

mass number/naj npawb mass cov
protons ntxiv rau neutrons uas nyob rau
hauv ib lub atom.

material resource/khoom siv ib yam
khoom ntuj tsim es tib neeg siv coj los tsim
khoom siv los sis muab noj ua zaub mov
thiab haus ua dej.

matter/khoom txhua txhua yam uas muaj
mass thiab khuam kev.

mean tus zauv thaum suav tagnrho cov
muaj nyob ntawd thiab muab faib raws
nyob ntawm seb muaj tsawg tus.

mechanical advantage/cav muaj zog tus
zauv uas qhia tias ib lub cav no muaj zog
pes tsawg npaug.

**mechanical efficiency/cav ua hauj
lwm** qhov txawv (ratio) ntawm lub zog
uas ib lub cav tsim tau tawm mus (output
force), thiab lub zog (input force) uas muab
ntxiv rau lub cav ntawd. Lais zauv tau yog
muab lub zog uas lub cav tsim tawm mus
faib rau lub zog uas muab ntxiv rau lub cav.

mechanical energy/cav lub zog tagnrho
lub zog es ib yam khoom muaj vim yog nws
cov zog potential energy thiab zog kinetic
energy.

mechanical weathering/pob zeb sem
thaum cov pob zeb ntais me zuj zus vim
lwm yam cuam tshuam.

median/zauv hauv plawv tus zauv hauv
plawv yog tias muab cov ntaub ntawv tum
tus me mus txog rau tus loj.

medium/chaw ib qho chaw nyob ib ncig
uas muaj ntau yam tshwm sim.

meiosis/ kev txia thaum ib lub cell txia
mus ua tau plaub lub cell, es plaub lub cell
ntawd puav leej muaj chromosomes ntau tib
yam li cov (gametes or spores) nyob hauv
tus niam/txiv es yug nws.

melting/yaj lub sij hawm thaum ib yam los
ib thooj tawv tawv yaj mus ua dej vim muaj
hluav taws kub.

memory B cell ib lub B cell es nws txawj ras dheev nrog ib qho antigen thaum lub nrog cev rov qab raug kis antigen; nws kev ras no loj dua li thawj zaug es nws ntsib lub antigen.

meniscus/kab dej khoov txoj kab uas khoov saum nplaim dej thaum muab dej ntsuas seb muaj pes tsawg.

mesosphere txheej sab hauv qab qhov mantle (txheej pob zeb) es tawv heev es nyob hauv plawv ntawm txheej astheno-sphere *thiab* outer core (txheej plhaub pob zeb); thiab yog hais txog txheej cua nyob hauv plawv ntawm txheej stratosphere thiab thermosphere es cov fuab cua nws txias zuj zus thaum poob qis.

Mesozoic era/lub caij Mesozoic: lub caij qub qab 251 million xyoo mus rau 65.5 million xyoo dhau los; thiab hu uas li *Caij Tsiaj Txhu Txias.*

metabolism txhua yam uas tshwm sim nyob rau hauv txhua txhua tus organism.

metal/hlau yam me tshaj plaws es ci ci thiab xa tau hluav taws thiab fais fab zoo heev.

metallic bond/pob caus hlau ib lub pob caus es tsim tau thaum cov metal ions uas positively charged chwv nrog cov electrons es nyob puag ncig nws.

metalloid/hlau thiab tsis yog ib yam khoom uas muaj hlau txuam nrog rau lwm yam uas tsis yog hlau.

metamorphosis/tsiaj plhis thaum ib tug tsiaj txhu plhis los sis pauv nws lub cev hluas los mus ua laus; ib qho piv txwv yog thaum tus kab ntsig pauv mus tus kab txawj ya.

meteor/hnub qub ntsa ib lub hnub qub es ci heev thaum kub hnyiab es nws yaj tas ua ntej nws poob los txog hauv av.

meteorite/hnub qub ib lub hnub qub uas poob saum ntuj los txog hauv ntiaj teb es tsis tau kub hnyiab tag nrho.

meteoroid/hnub qub pob zeb ib lub me nyuam hnub qub pob zeb uas ya saum ntuj.

meteorology/kawm txog huab cua txoj kev kawm txog lub ntiaj teb li huab cua, piv txwv li seb ntuj puas los nag los puas kub.

meter kev ntsuas seb ntev npaum li cas ntawm SI (tus cim yog, m).

microclimate/huab cua me cov huab cua ntawm ib thaj chaw nqaim.

microprocessor tib daim tooj me me (semiconductor chip) es tswj thiab ua hauj lwm raws li cov kev xaj es tau muab qhia nws.

mid-ocean ridge/toj roob hauv dej hiav txwv toj roob cab sab niab ntev ntev nyob hauv pas dej hiav txwv qab thus.

mineral/as ham ib hom as ham uas yuav tsum muaj hauv lub cev los mus ua tej txoj hauj lwm tseem ceeb.

mineral/tooj hlau ib hom tooj hlau keev xeeb uas ntiaj teb tsim tau es muaj ib lub nrog cev txawv.

mitochondrion yog ib qho nyob hauv cov eukaryotic cell uas muaj ob daim tawv thaiv thiab yog qhov chaw es lub cell xa pa.

mitosis thaum ib lub cell lub plawv (nucleus) faib mus ua ob lub plawv uas muaj cov chromosomes ntau tib yam nkaus.

mixture/sib tov ob yam los sis ntau tshaj sib tov ua ke, tab sis tsis pauv los ua tib yam khoom hos nyias nyob muaj nyias yam.

mode tus naj npawb uas tshwm sim ntau tshaj nyob rau ntawm ib pawg naj npawb twg.

model/qauv ib tug qauv, ib lub hom phiaj, kev nthuav tawm, los sis kev piav los qhia txog ib yam dab tsi, ib hom dab tsi, los sis ib lub tswv yim.

mold/kab-tsuas ib txoj kab los sis lwm yam kos rau ib qho dab tsi tawv li lub pob zeb.

mold/tuaj pwm hauv kev kawm txog tsiaj txhu, ib qho tuaj pwm zoo li xov los sis ntaub ntxhib.

molecule yam uas me tshaj plaws ntawm ib yam khoom es nyob puv yam khoom ntawd.

molting/hle tawv thaum tsiaj txhu hle tawv, daim tawv nqaij, kooj tis, los sis plaub hau raug hloov dua ib co tshiab.

momentum lub zog los sis qhov ceev ntawm ib yam dab tsi; muaj qhov mass ntawm ib yam khoom npuaj rau nws qhov ceev-raws-seem (velocity).

monotreme/tsiaj nteg qe hom tsiaj sov uas txawj nteg qe.

month/hlis: lub sijhawm thaum lub hli ncig thoob lub ntiaj teb Earth.

motion/kev txav ib qho dab tsi txav ntawm ib qho chaw piv rau nws thaj chaw qub.

mudflow/kua av ntws thaum kua av thiab pob zeb thiab av qhuav sib tov nrog dej ntws.

muscular system/pawg nqaij pawg nyob hauv lub cev uas nws txoj hauj lwm tseem ceeb yog los ua zog txav lub cev thiab ua kom nws ywj.

mutation/pauv ib qho es pauv hauv txoj kab muaj nucleotide ua hauv paus nyob hauv ib lub gene los sis DNA molecule.

mutualism/sib yug sia ib txog kev sib ze sib pab ntawm ob yam tsiaj txhu uas yog zoo rau ob leeg tib yam nkaus.

mycelium/lwj txhua txhua txoj xov lwj, uas tsim tau ib pawg ntxhuab tuaj pwm.

N

narcotic/tshuaj loog ib hom tshuaj uas tshwm sim los ntawm yeeb los, es nws ua rau txhua yam mob kom loog thiab ua rau kom xav tsaug zog; piv txwv li yeeb dawb, morphine, thiab codeine.

NASA lo lus cim lub hoob kas National Aeronautics and Space Administration.

natural gas/gas ntiajteb tsim ntau hom gas hydrocarbons nyob hauv av hauv lub ntiajteb, feem ntau ze roj, siv los ua roj hlawv ntau xwb.

natural resource/khoom ntiaj teb tsim txhua txhua cov khoom uas tib neeg siv, xws li dej, roj, tooj hlau, hav zoov, thiab tsiaj txhu.

natural selection/xaiv cov swm lub tswv yim hais txog tias txhua yam muaj sia uas nyob swm nrog nws thaj chaw yuav nyob ntev tshaj li cov uas tsis swm thaj chaw ntawd; yog ib lub tswv yim los mus piav txog kev txawv txav hauv ntiaj teb.

neap tide ib nthw dej es nphau tsis deb heev es muaj nyob thaum lub hli tig tshooj ib txog tshooj peb.

nearsightedness/pom ze xwb thaum daim phiaj viam qhov muag tsom cov nyob deb kom pom kiag ntawm hauv paus qhov muag, tsis yog tsom kom nyob tom qab.

nebula/nebula ib thooj huab thiab cua uas yog gas thiab tshauv; ib thaj chaw saum ntuj uas cov hnub qub txawj tshwm sim thiab txawj tawg thaum lawv kub tas.

nekton/tsiaj txhu txawj deg tag nrho cov
tsiaj deg thiab ntxhuab deg txawj ua luam
dej hauv hiav txwv tsis yuav tos dej tshoob.

nephron cov qhov lim dej thiab lim lwm
yam nyob hauv lub raum.

nerve ib co leeg nerve es yog tej chaw rau
fais fab (impulses) khiav mus los, tom lub
central nervous system mus rau lwm qhov
chaw hauv lub cev.

net force/zog seem tseg tag nrho cov zog
uas tiv los sis thawb rau ib yam khoom twg.

neuron lub lub nerve cell es tsuas yog txais
thiab tsim tau fais fab xwb.

neutralization reaction thaum ib qho
acid tov nrog ib qho base es nkawv tsim tau
ib pawg tseem dej los sis tseem ntsev es tsis
daw ab tsi hlo.

neutron cov particle uas tsis muaj fais fab
thiab nyob hauv lub plawv atom.

neutron star/hnub qub neutron ib lub
hnub qub es vim gravity nqus ces nws tau
pluam txog txij uas cov electrons thiab
protons los sib tsoo ua ke pauv hlo ua cov
neutrons.

newton SI kev ntsuas zog (siv tus cim, N).

nicotine/luam yeeb ib yam tshuaj uas
muaj kab mob, thiab muaj yees taus, nrhiav
tau nyob hauv luam yeeb, thiab yog ib yam
tshuaj uas ua rau txoj kev tsis zoo haus
luam yeeb.

nitrogen cycle thaum hom gas nitrogen
khiav puag ncig saum huab cua, av, dej,
zaub, thiab tsiaj txhu hauv chaw nyob.

noble gas ib yam ntawm cov elements
nyob Pawg 18 hauv rooj ntawv periodic
(helium, neon, argon, krypton, xenon, thiab
radon); noble gas mas tsis txawj cia li txia.

noise/suab ib qho suab uas muaj ntau yam
nrov los sib tov ua ke.

nonfoliated/tsis ua daim hais txog cov
pob zeb uas tsis nyob ua ib daig ib daig los
sis ua pob caus.

**noninfectious disease/kab mob tsis
kis** ib tug kab mob uas kis tsis tau ntawm
ib tug neeg rau ib tug.

nonmetal/tsis yog hlau ib yom me tshaj
plaws uas xa tsis tau hluav taws thiab fais
fab zoo.

nonpoint-source pollution faj suab iab
oo tsis huv uas los ntau qhov chaw los, tsis
yog los ib thaj chaw los xwb.

**nonrenewable resource/khoom tsim
qeeb** cov khoom siv uas ntev ntev mam
tsim tau tiam sis siv tas sai sai.

nonsilicate mineral ib yam mineral es tsis
muaj silicon thiab pa oxygen txuam nrog.

nonvascular plant/zaub tsis muaj cag
peb pawg zaub (liverworts, hornworts, thiab
mosses) uas tsis muaj leeg nqaij thiab cag,
qia, thiab nplooj.

nuclear chain reaction ib kab sab nuclear
fission reaction es khiav tsis tu ncua.

nuclear energy qhov zog (energy) es tso
tawm thaum muaj fission los sis fusion reac-
tion; yog lub zog tuav lub atomic nucleus ua
ke.

nuclear fission thaum ib lub atomic
nucleus ntais mus ua ob peb ya lawm; tso
tawm neutrons thiab zog.

nuclear fusion thaum ob peb lub nucleus
(nuclei) los mus sib lo ua ke ua ib lub
nucleus uas loj dua qub; tso tawm zog.

nucleic acid ib yam molecule es muaj cov
cuab yeej yau hu ua *nucleotides*.

nucleotide nyob hauv ib kab sab nucleic-acid, yog cov cuab yeej yau es muaj ib qho sugar, ib qho phosphate, thiab ib qho nitrogenous base.

nucleus lub eukaryotic cell es yog ib yam muaj tawv qhwv es nws ntim lub cell cov DNA thiab nws tswj hwm txhua yam hauv lub cell xws li kev loj hlob, kev noj haus, thiab kev tsim dua tshiab.

nucleus nws kuj yog lub plawv hauv atom es muaj cov protons thiab neutrons thiab muaj electons nyob ib ncig.

nutrient cov khoom nyob hauv zaub mov es pab kom muaj zog thiab pab cov leeg nqaij kom muaj sia thiab loj hlob taus.

O

observation/kev saib xyuas thaum nrhiav xwm txheej los ntawm kev siv txhua yam yus muaj.

ocean current/hiav txwv ntas hiav txwv txav thiab ua zog raws ib tug qauv xwb.

ocean trench/hiav txwv kwj ib phiaj kwj ntxhab heev thiab ntev heev es nyog hauv pas dej hiav txwv es khiav raws seem nrog tej roob kua hlau los sis ciam teb av nqhuab.

oceanography/kev kawm hiav txwv kev kawm txog dej hiav txwv.

omnivore/tsiaj noj nqaij thiab zaub yam tsiaj uas noj nqaij thiab zaub.

opaque/plooj piav txog ib yam khoom uas tsis pom tshab, tsis pom ci dhau.

open circulatory system txhua qhov chaw hauv lub cev es tab txawm tsis muaj leeg loj los roj ntsha ntws mus thoob; lub plawv thawb tau roj ntsha raws cov leeg loj ces cov roj ntsha mus xam rau lub cev raws cov qho me me hu ua *sinuses*.

open cluster/ib pawg ib pawg hnub qub uas nyob sib ze piv rau cov hnub qub nyob ib ncig.

open-water zone/koog dej ntiav koog pas dej los sis dej ntws uas pib tom ntug dej thiab tsuas tob txij li qhov lub hnub ci txog xwb.

orbit/kab hnub qub txoj kab uas ib lub hnub qub ncig caum lwm lub hnub qub.

ore ib hom khoom uas ntuj tsim es muaj tooj hlau ntau txaus los mus ua lag luam tau nyiaj.

organ/cuab yeej ib co nqaij thiab leeg uas nyias ua nyias ib txoj hauj lwm pab rau lub cev.

organ system ib pawg cuab yeej es ua hauj lwm sib pab kom yug tau lub cev.

organelle ib yam cuab yeej me me nyob hauv lub cell li cytoplasm es nws txawj ua ib yam hauj lwm xwb.

organic compound ib yam covalently bonded compound es muaj carbon.

organism/tsiaj txhu txhua yam uas muaj sia; txhua yam uas ua neej tsis tos lwm tus.

osmosis thaum dej txheem tau tshab daim tawv muaj qhov.

ovary/chaw rau noob yog rau nroj tsuag no ces yog qhov chaw uas tsim noob; yog poj niam no ces yog qhov chaw hauv nrog cev uas yog tsim zuas qe (eggs) me nyuam.

overpopulation/coob dhau thaum muaj tib neeg coob tshaj li cov khoom uas txaus siv hauv ib thaj chaw.

ovule/ua noob yog qhov chaw ua noob ntawm ib tsob nroj tsuag uas txawj tsim muaj noob.

P

P wave/P twv dej twv dej uas ntsawj tau tsig pob zeb mus mus los los.

paleontology kev kawm txog pob zeb pob txha.

Paleozoic era/caij Paleozoic lub caij nyoog uas los tom qab Precambrian thiab ntev li ntawm 542 million xyoo mus rau 251 million xyoo dhau los.

pancreas/tus po tus po es nyob puab lub plab thiab tsim cov los zom mov thiab cov kua los mus ntsuas suab thaj hauv yus lub cev.

parallax/txauv chaw txoj kev ib yam khoom cia li txawj txav chaw thaum tus neeg ntsia ntawd txav mus rau ib sab es tsom ntsia tuaj.

parallel circuit ib txoj circuit uas muab cov hlua coj los sib cob ua ke kom cov fais fab uas dhia hauv txhua txoj muaj ib yam.

parasite/hom kab noj kab ib hom tsiaj txhu (organism) uas noj lwm tus tshiaj txhu uas txawv es ua phem rau tus ntawd; tus tsiaj txhu raug noj ntawd yeej kov tsis yeej tus uas noj nws.

parasitism/kev kab noj kab ib yam kev sib ze ntawm ob yam tsiaj txhu, uas nws tsuas zoo rau ib tug xwb, tus noj kab, hos tsis zoo rau tus sab tov, tus raug noj.

parent rock/txiag pob zeb ib daim txiag pob zeb uas yog qhov pib ntawm av.

pascal tus lej SI ntsuas cua seb hnyav li cas (tus cim, Pa).

Pascal s principle/tswv yim pascal lub tswv yim es hais tias ib hom kua-dej es nyob tau sib xws-yeem hauv ib txoj hlab ntsha yeej thawb tau xws-yeem rov txhua qhov chaw.

passive transport thaum khoom txav dhau lub cell daim tawv es tsis tas lub cell siv zog li.

pathogen/cov tsim kab mob txhua yam muaj sia piv txwv li organism, kab mob xws li virus, los sis protein uas txawj tsim kab mob.

pathogenic bacteria ib yom kab me me quav uas txawj tsim kab mob.

pedigree ib daim duab uas qhia tias cov genetic trait hauv ib tsev neeg ib tiam dhau ib tiam zoo li cas.

pelagic environment/chaw pelagic nyob rau hauv dej hiav txwv, yog koog es nyob ze saum nplaim dej los sis ib nrab dej, dhau koog sublittoral thiab siab dua koog abyssal.

penis/rab qau txiv neej qhov chaw uas xa phev mus rau poj niam thiab xa zis tawm hauv lub cev.

period/lub caij lub caij nyoog uas raug faib ntawm ib ntu sij hawm.

period txhua kab rov tav nyob hauv daim ntawv-teeb hu ua periodic table.

periodic/muaj caij piav txog tej yam uas tshwm tawm muaj caij.

periodic law lub tswv yim es qhia tias cov chemical thiab physical yeeb yam uas tshwm sim txawj pauv txhua txhua lub sij hawm uas tus zauv atomic ntawm cov elements ntawd pauv.

peripheral nervous system txhua txhua yam nyob hauv lub nervous system uas tsis xam lub hlwb thiab tus txha caj qaum.

permeability/dej txeem tau hais txog cov tsig av thiab pob zeb uas muaj kam lim tau dej raws nws cov to qhov me me.

petal/daim paj ntoos daim uas xim tshiab tshiab, zoo li daim nplooj uas nyob puag ncig ib lub paj.

petroleum/kua roj cov kua roj uas yog los ntawm ntau yam hydrocarbon compounds sib tov; cov kua no muab coj los ua tau taws zes.

pH kev ntsuas cov kua qhov acidity los sis basicity (alkalinity) nyob rau hauv ib qho dab tsi.

pharynx/voj caj dab hauv cua nab, yav khoob qhov uas pib ntawm qhov ncauj mus rau nram plab; rau cov tsiaj uas txawj zom khoom, yog yav voj caj dab mus rau cov hlab caj pas (larynx) thiab rau hauv plab (esophagus).

phase kev pauv ntawm ib qho uas tshav ntuj ci rau mus rau lwm qhov.

phenotype cev nqaij daim tawv thiab tus yam ntxwv es ntsuas tau ntawm ib tug tsiaj los.

pheromone/ntxhiab tsiaj ib tug ntxhiab tsim tawm los ntawm ib tug tsiaj los ua kom lwm tus tshiaj paub nws tus yam ntxwv.

phloem cov leeg los sis hlab nroj tsuag thiab hlab xyoob ntoo uas xa cov dej thiab mov tuaj mus thoob tag nrho tsob nroj ntoo ntawd.

phospholipid ib hom roj uas muaj phosphorus thiab yog ib yam nyob rau hauv cov cell daim tawv.

photocell ib yam khoom uas pauv tau zog tshav ntuj mus rau zog fais fab.

photosynthesis thaum cov xyoob ntoo, ntxhuab, thiab lwm yam kab me me siv cov zog tshav ntuj, carbon dioxide, thiab dej los mus ua khoom noj.

physical change thaum ib yam khoom pauv sab nraum daim tawv tiam sis hauv tseem yog yam khoom qub xwb.

physical property txhua yam uas peb pom saum daim tawv ntawm ib qhov khoom twg, es cov chemical tsis pauv, xws li qhov density, xim, thiab tawv npaum cas.

physical science kev kawm txog txhua yam tsis muaj sia.

phytoplankton cov tsiaj txhu me tshaj, thiab cov siv tau tshav ntuj thiab dej los ua nws cov zaub mov uas ntab saum nplaim dej hiav txwv thiab dej ntshiab.

pigment/zas xim yam khoom uas zas tau ib yam dab tsis li xim.

pioneer species/pawg pib pawg tsiaj txhu uas khoo tag nrho ib thaj chaw uas tsis tau muaj leej twg nyob thiab pib sib ntxiv tuaj mus kom coob zuj zus.

pistil tus kav nyob hauv lub paj es muaj ntsis nplaum; nws yog qhov chaw es yub noob zeeg thiab yog nrog lub tsev menyuam es muaj zaus qe, style, thiab stigma.

pitch qhov soob thiab laus ntawm ib lub suab, nyob ntawm seb cov suab ntawd nrov npaum li cas.

placenta/tsho menyuam daim tawv nqaij uas qhwv ib tug me nyuam thaum nws nyob hauv plab thiab pub muaj kev sib pauv zaub mov, quav, thiab cua los ntawm leej niam thiab tus me nyuam.

placental mammal ib tug tsiaj uas pub mov thiab yug tus me nyuam hauv plab ntawm lub tsho me nyuam mus.

plane mirror/iav tiaj ib daim iav uas tiaj heev.

plankton tsiaj deg thiab lwm yam muaj sia uas nrog dej ntab hauv hiav txwv thiab dej ntshiab.

Plantae ib hom nroj tsuag muaj sia uas yog xim ntsuab ntau, cov cell phab ntsa yog cellulose, nws txav tsis tau, thiab nws siv lub zog tshav ntuj los ua suab thaj raws kab ke photosynthesis.

plasma nyob rau kev kawm science, yog ib yam es thaum pib ces nws yog pa gas xwb tab sis txawj pauv thaum xam thiab yaj; nws muaj cov ions thiab electrons es khiav mus los thiab txais tau fais fab, thiab nws lub nrog cev tsis thooj li tej khoom tawv, tej kua-dej, los sis lwm cov gas.

plate tectonics lub tswv yim uas qhia txog lub ntiaj teb txheej av, hu ua tectonic plates, txawj txav thiab pauv.

point-source pollution/qhov pib faj suab iab oo cov faj suab iab oo khib nyiab uas peb yeej paub tias nws pib qhov twg los.

polar easterlies cov huab cua uas tshuab sab hnub tuaj mus rau sab hnub poob, nyob ntawm 60° thiab 90° latitude ntawm ob sab ntuj khwb.

polar zone sab qaum ntuj thiab qab ntuj kawg nkaus thiab ib ncig ntawd.

pollen/noob paj cov noob mos mos uas lub paj txi tau es yog cov yuav tsim tau nroj tsuag tshiab.

pollination thaum cov noob paj ntawm tus txiv neej raug xa mus rau tom cov noob uas yog poj niam cov.

pollution/faj suab iab oo thaum cov xwm txheej ib ncig pauv vim muaj khoom khib nyiab los sis muaj lwm cov zog los ua faj suab iab oo.

population seb ib pab tsiaj los sis tib neeg twg muaj pes tsawg leej nyob ib thaj chaw.

porosity kev ntsuas seb ib lub pob zeb seem pes tsawg lub qhov.

potential energy lub zog uas ib yam khoom muaj vim rau qhov chaw uas nws nyob, nws tus yees duab (shape), los sis nws zoo li cas.

power/zog: lub zog ua hauj lwm faib rau sij hawm ua hauj lwm.

Precambrian time/caij nyoog Precambrian ib lub sij hawm dhau tas los uas pib thaum lub ntiaj teb tshwm sim mus rau lub sij hawm Paleozoic, thaum 4.6 billion xyoo mus rau 542 million xyoo dhau los.

precipitate/txo cov txo es tsis yaj thaum muab tov thiab do nrog ib co kua.

precipitation/los nag txhua txhua hom dej uas poob nrog saum cov fuab los rau hauv ntiaj teb daim av.

predator/tus tom tus tsiaj txhu uas tua thiab noj tag nrho los sis noj ib yam ntawm lwm tus tsiaj txhu.

preening/tu kooj tis thaum ib tug noog tu thiab saib xyuas nws cov kooj tis kom hlav zoo.

pregnancy/xeeb tub hauv kev siv kawm kho mob, yog lub caij pib thaum thawj hnub tom ib tus poj niam tsis coj khaub ncaws lawm mus txog rau lub caij es yug nws tus me nyuam (kwv yees li 280 hnub, los sis 40 as-thiv); hauv kev kawm txog tsiaj txhu kev loj hlob, yog lub caij pib thaum tus poj niam lub cev xeeb tub mus txog ntua thaum yug tus me nyuam ntawd (kwv yees li 266 hnub, los sis 38 as-thiv).

pressure/kev nias tas nrho lub zog uas nias rau ntawm ib thaj chaw ntawm ib koog.

prevailing winds/cua tshuab cov cua uas tshuab ib sab tuaj raws ib lub sij hawm.

prey/tus raug tom tus tsiaj txhu uas raug lwm tus tsiaj txhu tua thiab noj.

primate hom tsiaj uas muaj ntiv tes nyem thiab muaj ob lub qhov muag pom kev tau deb thiab ze.

prime meridian txoj kab khiav rov ntsug saum lub ntsis ntuj mus ti lub hauv paus ntuj, es pib ntawm 0° longitude.

probability/kwv yees kev kwv yees twv tias seb tej yam tswm sim xwb xwb li tab sis tsis paub yog thaum twg kiag.

producer/tus tsim txhua yam muaj sia uas txawj siv cov zog uas nyob ib ncig nws tsim nws cov khoom noj.

product/qhov seem ib yam dab tsi uas tawm tshiab thaum muab chemical los sib tov ua ke.

prograde rotation lub hnub qub los sis lub hli kev kiv mus rau sab laug raws li pom saum qaum ntuj kawg nkaus; kev kiv tib seem raws lub hnub li kev kiv.

projectile motion txoj kab uas nkaus thaum muab ib yam khoom pov, tso tawm, los sis siav los mus ze lub ntiaj teb daim av.

prokaryote ib hom muaj sia uas muaj ib lub cell xwb thiab tsis muaj ib lub nucleus los sis cov organelles es muaj daim tawv qhwv; piv txwv li archaea thiab cov kab bacteria me me.

protein cov khoom me tshaj plaws uas yog tsim tawm los ntawm amino acids thiab yuav siv los mus tsim thiab kho txhua yam nyob hauv lub nrog cev thiab los pab lub cev ua hauj lwm.

protist ib hom tsiaj txhu muaj sia uas nyob nrog pawg Protista.

proton cov cuab yeej (subatomic particle) nyob sab hauv lub plawv atom uas muaj 1+ charge.

pulley ib lub cav uas muaj ib lub log es ib txoj hlua, saw hlau, los sis xov hlau mus zaws-tig.

pulmonary circulation thaum cov ntshav khiav tom lub plawv mus rau ob lub ntsws thiab rov khiav los rau lub plawv raws tej hlab ntsha loj, hlab ntsha yau, thiab leeg.

pulsar ib lub neutron star es txawj txuas tawm zog radio thiab optical ceev heev.

pupil/ntsiab muag lub qhov es nyob kiag rau hauv lub nruab nrab qhov muag es nws txawj ntsuas thiab khoo seb yuav cia teeb ci nkag hov ntau los rau hauv lub qhov muag.

pure substance ib yam matter, txawm tias yog ib qho element los xij hos ib qho compound los xij li, es nws muaj chemical thiab physical properties es ua rau nws txawv lwm yam.

Q

quasar ib yam khoom uas ci heev, thiab zoo li ib lub hnub qub uas tsim tau zog ntau heev; quasar yog ib yam khoom uas xav tau tias yog yam nyob deb tshaj plaws hauv universe.

R

radiation kev xa zog li electromagnetic waves.

radioactive decay thaum ib co radioactive isotope tawg mus ua lwm cov isotope uas yog tib hom element los sis ib hom tshiab.

radioactivit thaum lub nucleus lwj es nws tso tawm ib co nuclear radiation.

radiometric dating kev ntsuas ib yam khoom twg raws kev kwv yees twv qhov percent ntawm ib qho radioactive (parent) isotope thiab ib qho stable (daughter) isotope.

reactant qhov khoom uas pauv los sis hloov, nyob hauv kev sib tov chemical reaction.

recessive trait ib yam trait uas tsuas tshwm rau kom pom yog tias thaum muaj ob yam alleles zoo ib yam nyob ntawv.

recharge zone ib qho chaw uas dej ntws nqis hav mus txog cov pob zeb los sis av uas nqus dej.

reclamation thaum muab av ua kom rov qab zoo li qub tom qab uas khawb tooj khawb hlau tas.

recycling/siv dua thaum muab khoom muaj nqis kho thiab tsim dua tshiab; thaum muab khoom qub coj los siv dua.

red giant/nyav liab lub hnub qub liab thiab loj heev uas cig yuav tas nws lub neej.

reflecting telescope lub iav koob xoos es siv daim iav koov los mus tsom teeb kom pom cov khoom nyob deb heev.

reflection/ci rov qab thaum cov teeb, suab, los sis hluav taws ci rov qab vim nws mus tsis tshab ib yam khoom twg.

reflex kev txav yam yus hwj tsis tau es tam sim ntawd yuav tsum tau ua vim muaj ib yam dab tsi uas los mus ze los sis chwv yus.

refracting telescope lub iav koob xoos es siv ob daim iav ua ke los mus tsom teeb es thiaj li pom cov khoom nyob deb deb.

refraction thaum ib qho wave nkhaus vim tias nws mus dhau ob yam khoom, tab sis muaj ib yam ua rau nws khiav tau qeeb zog yam ob.

relative dating kev ntsuas seb ib yam khoom los sis ib qho dab tsi laus dua los sis hluas dua yog tias muab piv rau lwm cov khoom.

relative humidity xam cov pa dej nyob saum fuab cua faib rau cov pa dej es yuav tsum siv txog txij kom tsim tau fws dej raws li seb kub los txias.

relief av tsis tiaj tus, muaj qhov siab thiab qhov qis.

remote sensing thaum tshawb nrhiav xwm txheej txog ib yam khoom tiamsis tsis kov kiag yam khoom ntawd.

renewable resource/koom tsim tau tshiab yam khoom uas ntiajteb tsim, es txawm siv nws tas los nws rov tsim tau ntau thiab sai txaus siv dua.

resistance hauv kev kawm txog txhua yam tsis muaj sia, yog thaum ib yam khoom los sis tshuab twg txawj ua kom fais fab thim khiav rov lwm seem.

resonance thaum ob yam khoom tshee ceev tib yam, thaum lub suab uas ua rau ib yam khoom tshee ua rau lwm yam khoom tshee thiab.

respiration/kev ua pa kev kawm txog tsiaj txhu, yog kev sib pauv oxygen thiab carbon dioxide ntawm cov cell muaj sia thiab lawv cov xwm txheej ib ncig; xam kev ua pa thiab nqus pa hauv cell.

respiratory system ib co leeg thiab nqaij uas nws txoj hauj lwm ces yog nqus oxygen los ho tso carbon dioxide tawm; cov leeg thiab nqaij no yog ob lub ntsws, lub caj pas, thiab cov hlab pa uas txuas mus rau cov ntsws.

retina daim tawv nyias nyias nyob nram qab lub qhov muag, nws pom duab los ntawm lub iav qhov muag, ces muab cov duab xa raws cov leeg mus rau saum lub hlwb.

retrograde rotation lub hnub qub los sis lub hli kev kiv ncig raws seem li lub moos, es pom thaum nyob saum qaum ntuj kawg nkaus ntsia rov hauv av.

revolution/ib ncig thaum ib lub hnub qub ncig thoob plaws lwm lub hnub qub saum ntuj; mus ib ntxees rov los txog.

rhizoid cag hmab xyoob ntoo uas nyob rau tej nroj tsuag es tsis muaj leeg es hwj tau nroj tsuag rau hauv av thiab nqus tau dej thiab mov rau lawv siv.

rhizome ib tus kab khiav rov tav nyob hauv av es tsim tau nplooj, kaus ntsuag, thiab cag tshiab.

ribosome lub organelle nyob hauv lub cell uas yog RNA thiab protein; qhov chaw tsim protein.

rift valley/hav kwj ib txoj kwj ha uas ntev heev es tshwm sim thaum cov tectonic plates sib nrug.

rift zone thaj chaw uas tawg pleb tob heev es tshwm sim thaum ob daim tectonic plates tab tom sib nrug.

RNA ribonucleic acid, ib hom molecule uas muaj hauv txhua txhua yam cell muaj sia thiab pab tsim cov protein.

rock/pob zeb muaj ib los sis ob-peb yam khoom los mus sib tov ua ke ua tau pob zeb; piv txwv li pob zeb cov kua hlau, tsig pob zeb, los sis lwm yam pob zeb plhis ua.

rock cycle thaum pob zeb tshwm sim, pauv ib hom mus rau lwm hom, ntsoog, thiab tshwm sim dua ib lub sijhawm dhau ib lub.

rock fall/pob zeb poob thaum ib pawg pob zeb poob raws ib qho chaw ntxhab los sis poob ntawm ib zag pob tsuas.

rocket ib lub cav uas siv thiab hlawv roj es thiaj li nyob tau saum cua.

rotation/tig ntxees thaum ib yam dab tsi tig ntxees yam tsis rov quav.

S

S wave/twv S twv uas kom cov hmoov zeb ib sab mus rau ib sab.

salinity qhov yus ntsuas ib co dej saib seb muaj pes tsawg ntsev uas yaj lawm.

salt/ntsev yog ib qhov ionic compound uas tsim los thaum ib qhov atom hlau pauv tau ib yam acid qhov hydrogen.

saltation txoj kev uas cua thiab dej muab cov xuas zeb dhia mus me ntsis.

satellite ib qhov uas tib neeg tsim los sis tsis tsim uas mus ib ncib ib lub ntiaj teb. a natural or artificial body that revolves around a planet.

savanna/tiaj hav tiaj hav uas muaj ntoo nyob qhov ub qhov no, uas nyob rau hauv thaj chaws tropical thiab subtropical; nyob ntawd muaj caij ntuj nag, muaj caij ntuj teb chaws hlawv, thiab muaj caij ntuj qhuav qhuav.

scale qhov teeb ua piv txwv tias seb cov kab thiab duab teeb hauv ib daim pheem thib los sis duab cim lawv yog loj thiab ntev li cas thaum muab ntsuas los tiag tiag.

scattering qhov thaum teeb ntsib ib qhov kom teeb hloov nws lub zog thiab/los sis nws txoj kev mus.

science lub tswv yim tib neeg tau thaum ntsia yam uas muaj nyob hauv ntiaj teb no kom nrhiav tau tej yam uas tseeb thiab tsim kev cai uas lwm tus sim tau seb puas muaj tseeb.

scientific literacy thaum yus nkag siab txoj kev nug seb txuj ci twg puas muaj tseeb (scientific inquiry), tag nrho cov tswv yim science, thiab qhov uas science tseem ceeb npaum li cas rau noob neej.

scientific methods txoj kev yus ua raws li tej theeb kom thiaj dawm tau teeb meem.

screw lub tshuab yooj yim uas yog ib qhov ntxhab khwb ib qhov kheej kheej.

sea-floor spreading txoj kev uas av txheej lithosphere hauv dej tsim los thaum kua hluav taws sawv mus rau saum nplaim av thiab ruaj.

seamount ib lub rooj hauv npoo dej hiav txwv uas siab tshaj 1,000 m thiab tuaj los ntawm rooj hluav taws.

sediment tej yam los ntawm khoom uas twb muaj sia nyob lawm los sis ib txwm tsis muaj uas raug xa thiab raug tso los ntawm cua, dej, los sis dej khov. Thaum tej yam no los ntau ntau ces nws ua txheej av saum lub ntiaj teb Earth no.

sedimentary rock/pob zeb hmoov ib lub pob zeb es yog txo pob zeb los sib cam ua tau.

segment ib feem ntawm ib qhov loj zog, xws li lub cev ntawm ib qhov uas muaj sia nyob, uas muaj ciaj ciam.

seismic gap thaj chaw nyob nraim kab thawg pleb txeev (fault) uas niaj hnub niam no av qeeg tsis muaj ntau tab sis yav thaum ub av qeeg loj kawg twb muaj ntau los.

seismic wave ib lub twv zog uas tawm av qeeg mus plaub ceg ntuj nyob txheej av saud.

seismogram txoj kev uas lub tshuab seismograph kos duab piav txog av qeeg.

seismograph ib lub tshuab uas kaw kev co co hauv av thiab xam qhov chaw av qeeg thiab nws lub zog.

seismology txoj kev kawm txog av qeeg.

selective breeding/kev yug yam uas zoo qhov uas tib neeg yug tsiaj txhu los sis nroj tsuag uas muaj yam ntxwv zoo.

semiconductor yog ib qhov uas coj tau hluav taws xob zoo dua ib qhov insulator tab sis coj tsis tau zoo cuag li ib qhov con-ductor.

sepal hais txog tej paj, yog cov nplooj paj sab nraud tshaj uas pov hwm lub cos paj.

septic tank/thawv lim dej ib lub thawv es nws txawj lim tej txo khwb nyiab tawm tseg cov kua xwb thiab nws muaj cov bacteria los mus noj cov khwb nyiab ntawd.

series circuit ib qhov circuit uas muaj tej feem uas sib txuas kom nyias feem muaj nyias hluav taws xob zoo ib yam.

sewage treatment plant lub tsev uas muab cov quav thiab dej khib nyiab uas los ntawm qhov chaw tawm tej ntawd mus kom ntshiab huv.

sex chromosome ib lub ntawm nkawm chromosome uas xamyog tias tus neeg yog poj niam los txiv neej.

sexual reproduction qhov ua me nyuam thaum muaj ob niam txiv tej sex cells los koom ua ke tsim ib tug me nyuam tshiab uas muaj yam ntxwv zoo ib yam ob niam txiv ntawd.

shoreline/ntug dej ciaj ciam nyob nruab nrab dej thiab av.

silicate mineral ib qhov mineral uas muaj silicon, pa oxygen, thiab Ib lub los ntau lub hlau sib tov ua ke.

single-displacement reaction yog qhov uas muaj los thaum ib yam element pauv chaw nrog lwm yam element nyob hauv ib lub compound.

skeletal system lub cuab yeej uas txhawb thiab pov hwm lub cev thiab cia kom lub cev txav mus ub no.

skepticism qhov uas tib neeg pheej ua qhov uas lawv noog seb yam uas tib neeg twb xav tias yog tseeb puas muaj tseeb tiag.

slope qhov ntsuas ib txog kab kev ntxhab; yog kev sawv faib kev khiav (rise over run).

small intestine/hnyuv me lub cuab yeej nyob nruab nrab lub plab thiab hnyuv loj; yog qhov uas zom mov ntau tshaj thiab ntxaum tej yam uas zoo hauv mov.

smog yog huab tshuaj (photochemical) uas ntsau ntsau li uas tsim los thaum hnub ci ci rau tej tshuaj tsis zoo (industrial pollutants) thiab tej roj uas hlawv.

social behavior txoj kev sib tham los ntawm tej tsiaj txhu uas yog hom zoo ib yam.

software yog tej lus txib uas qhia ib lub hlwb hlau (computer) yuav ua li cas; yog lub program rau lub computer.

soil/av yog tej feem pob zeb, yam uas muaj sia nyob, dej, thiab pa los sib xyaw ua ke xoob xoob li uas txawj txhawb tau nroj tsuag kom loj hlob.

soil conservation ib txog kev kom yam uas zoo nyob rau hauv av txhob raug yaig zuj zus.

soil structure txoj kev muab hmoov av (soil particles) tso rau hauv av.

soil texture av zoo npaum li cas raws li tej qhov chaw nyob ntawm hmoov av (soil particles).

solar energy lub zog uas lub hnub xa rau lub ntiaj teb Earth uas yog radiation.

solar nebula huab cua uas muaj pa thiab hmoov nyob rau hauv uas raug tsim los puag hauv qab ntug (solar system).

solenoid ib kauj xov uas muaj hluav taws xob nyob hauv.

solid yam uas qhov loj thiab qhov dav tsis hloov.

solubility qhov uas ib yam txawj yaj rau hauv lwm yam kua thaum muaj kev sov kev no thiab kev nias uas zoo txaus.

solute nyob hauv ib yam kua uas sib xyaw, yog qhov uas yaj lawm hauv kua ntawd.

solution ob yam homogeneous uas sib xyaw zoo ib yam nyob hauv ib lub caij.

solvent nyob hauv ib yam kua uas sib xyaw, yog dej uas qhov yaj rau hauv kua ntawd.

sonic boom/suab tawm plaws lub suab uas tawg plaws thaum twv suab los ntawm ib qhov (xws li dav hlau) mus ceev dua txoj kev suab mus cuag ib tug tib neeg pob ntseg.

sound quality/suab zoo li cas qhov uas muaj thaum muab ntau lub suab sib xyaw ua ke los ntawm interference.

sound wave/twv suab twv uas nyob hauv cua uas raug tsim muaj los ntawm yam uas co co thiab txawj mus dhau ntau yam.

space probe yog ib lub tsheb uas tsis muaj tib neeg nyob hauv uas nqa cov tshuab scientific mus saum qab ntug kom sau thiab kawm tej yam txog qab ntug.

space shuttle/dav hlau qab ntug ib lub tsheb dav hlau uas tib neeg siv ntau zaus uas ya mus saum ntuj zoo li foob pob ua ntxaij thiab uas tsaws zoo li dav hlau.

space station/tsev qab ntug ib lub tsev nyob qab ntug uas mus ncig lub ntiaj teb thiab uas cia cov tsheb muaj chaw tawm los sis cov tib neeg kawm tau txuj science.

speciation txoj kev ib hom tsiaj txhu tshiab tsim los.

species tej yam uas muaj siab nyob uas txheeb ze thiab ua niam txiv tau kom ua tau me nyuam.

specific heat qhov yuav tsum siv qhov sov npaum twg kom nce ib yam homogeneous material 1 K los sis 1°C ib txog kev thaum muaj kev nias dab tsi thiab kev loj dab tsi.

spectrum txoj siv hom tsos uas tawm los thaum teeb dhau ib lub prism mus.

speed yog ib ncua mus faib los ntawm sij hawm uas txoj kev mus ntawd los siv.

sperm cell txiv neej uas pab ua me nyuam.

spleen/po lub cuab yeej lymphatic loj tshaj nyob rau hauv lub cev; yog lub thoob khaws cia ntshav, tua cov cell ntshav liab qub, thiab tsim lymphocytes thiab plasmids.

spore ib lub los sis ntau cell pab ua me nyuam uas txawj loj hlob nyob rau hauv tej qhov chaw nyuaj kawg thiab tsis tas mus koom nrog lwm lub cell.

spring tide cov twv uas muaj ncua kev loj zog uas muaj nyob ob zaug txhua hlis, thaum hli tshiab thiab hli nra.

stamen qhov txiv neej ntawm ib lub paj uas pab ua paj tshiab uas tawm tsw ntsim thiab muaj anther nyob saum ntsis filament.

standing wave tus qauv co co uas tsim twv uas nyob tib qhov chaw.

states of matter tej hom uas yam matter yuav nyob; yam ruaj, yam kua, thiab yam pa.

static electricity hluav taws xob thaum so; raws li ib txwm nws raug tsim thaum muaj kev sib txhuam los sis thaum raug ntaus hluav taws xob los ntawm lwm qhov (induction).

stimulus ib yam dab tsi uas kom ib qhov uas muaj sia nyob ua dab tsi los sis hloov dab tsi.

stoma ib lub ntawm ntau ntau qhov uas qhib kom nroj tsuag pauv tau pa (tej qhov, *stomata*).

stomach/plab lub cuab yeej uas zoo li hnab, uas pab kev noj mov, uas nyob nruab nrab hlab nqos mov (esophagus) thiab hnyuv me (small intestine) uas zom mov los ntawm tej uas thooj nqaij, enzymes, thiab acids ua.

storm surge thaum dej hiav txwv nyob ze ntug dej nce me ntsis vim muaj cua daj cua dub, zoo li ib nthwv cua loj kawg uas tuaj los ntawm nag xob nag cua.

strata pob zeb tej txheej (ib txheej, *stratum*).

stratification txoj kev uas cov pob zeb sedimentary tsim los ua txheej.

stratified drift yog dej khov loj kawg nkaus uas raug muab ua txheej los ntawm tus dej los sis dej uas yaj tas ntws mus lawm.

stratosphere txheej ntuj uas nyob saum troposphere thiab nyob hauv txheej no yuav so tuaj thaum nce mus siab zuj zus.

streak ib lub pob zeb tej hmoov zeb hom tsos.

stress txoj kev uas lub cev los sis lub hlwb hnov tau kev nias.

structure txoj kev muab looj/tsim/tso kom muaj quag tej yam nyob hauv ib qhov uas muaj sia nyob lub cev.

sublimation txoj kev uas ib qhov uas muaj peb sab (solid) hloov ncaj los ua pa.

subsidence qhov uas lub ntiaj teb Earth no tej txheej av tog mus qis zog.

succession txoj kev muab ib lub zej zog hloov tsa ib lub tshiab nyob hauv ib qhov chaw twg hauv ib lub sij hawm twg.

sunspot yog ib qhov chaw nyob hauv photosphere uas tsaus thiab no dua lwm qhov chaw ib ncig thiab uas muaj thaj chaw sib nqus uas muaj zog heev.

supernova yog thaum ib lub hnub qub loj kawg poob thiab tawg plaws tso tej txheej sab nraud tawm mus qab ntug.

superposition tswv yim uas hais tias yog tias cov txheej av tsis raug kev ntxhov quav qees ces cov pob zeb yaus yuav nyob saum cov pob zeb qub zog.

surface current qhov uas cua nplawm dej hiav txwv kom nws co co nyob ze saum nplaim dej.

surface tension lub zog rau saum nplaim kua dej uas kom tag nrho chaw nyob saum dej me zog.

suspension/sib tov ib yam sib tov es cov particles ntawm ib yam khoom twg twb tau muab tov xam tas nrog nrog cov kua-dej los sis pa-gas lawm.

swamp/hav iav thaj chaw uas muaj dej ntau ecosystem uas muaj tsob nroj muaj tsob ntoo loj hlob tuaj.

swell ib lub ntawm ib pawg twv uas los ntev kawg los ntawm qhov chaw uas nws raug tsim los.

swim bladder/zais ua luam dej nyob hauv ntses muaj pob txha, yog ib lub hnab muaj pa uas tswj hwm kev ntab hauv dej; kuj hu ua *lub zais pa.*

symbiosis ib qho kev sib raug zoo ntawm ob yam tsiaj txhu cs ua neej nyob sib ze ua ke.

synthesis reaction yog thaum ob qhov los ntxiv los sib txuas ua ke tsim ib lub compound tshiab.

systemic circulation txoj kev uas plawv xa ntshav ntws mus thooj plaws lub cev thiab rov qab xa los rau hauv lub plawv.

T

T cell yog ib lb cell immune system uas sau tag nrho immune system los tua cells uas kis lawm feem coob.

tadpole/me nyuam qav tus me nyuam qav los sis me nyuam qav kaws zoo nkaus li ntses uas nyob rau hauv dej.

taxonomy txoj kev piav txog, tis npe rau, thiab muab tej qhov uas muaj siab nyob faib ua pawg raws li lawv lub hom.

technology txoj kev siv txuj ci ua tej yam peb txhua hnub ua; txoj kev siv tej rab, tej tshuab, tej khoom, thiab tej txoj kev kom npaj tej yam uas peb cov tib neeg yuav tsum muaj.

tectonic plate ib thooj av loj heev (lithosphere) es muaj txheej av plhaub thiab txheej hlau tawv tawv es nyob puag ncig txheej av mantle.

telescope ib qhov uas khawv hluav taws xob nplaum radiation los puag saum ntuj tuaj thiab tsim nws kom peb ntsia tau lub ntuj zoo li cas zoo dua.

temperate zone thaj chaw uas nyob nruab nrab thaj chaw Tropics thiab thaj chaw no no (polar zone).

temperature txoj kev ntsuas ib yam dab tsi seb kub (los sis txias) npaum li cas; hais ncaj, yog txoj kev ntsuas average kinetic energy zog ntawm cov particles nyob hauv.

tension thaum muab ib qhov xyab yog kev nias uas muaj los.

terminal velocity qhov constant velocity ntawm ib yam khoom es tab tom poob thaum lub zog cua zaws nws loj ib yam li lub zog gravity thiab thawb lub zog gravity luaj npaum li qhov gravity nqus nws.

terrestrial planet/ ntiaj teb terrestrial lub ntiaj teb uas hnyav heev nyob ze tshaj lub hnub xws li; Mercury, Venus, Mars, thiab Earth.

territory ib thaj chaw uas muaj ib tug tsiaj txhu los ib pawg tsiaj txhu nyob rau hauv uas tsis cia lwm hom tsiaj txhu los rau hauv.

testes/noob qes yog txiv neej lub cuab yeej ua me nyuam, uas tsim sperm cells thiab testosterone (ib lub, *testis*).

texture qhov uas ib lub pob zeb loj li cas, zoo li cas thiab cov xuas zeb nyob qhov twg hauv lub pob zeb ntawd.

theory qhov uas piav txog ntau yam yus ntsia ib ncig thiab tswv yim yus xav uas sib txuas.

thermal conduction txoj kev xa zog los pauv ua qhov sov.

thermal conductor ib yam uas txawj xa zog los pauv ua qhov sov.

thermal energy lub zog kinetic ntawm ib qhov tej atoms.

thermal expansion txoj kev ib qhov loj tuaj thaum qhov ntawd raug so ntxiv zog.

thermal insulator ib yam uas ua kom me los sis tiv thaiv txoj kev xa sov.

thermal pollution/iab oo sov thaum ib pawg dej twg nws sov tuaj vim yog tib neeg ua rau nws sov thiab qhov kev sov no ua rau cov dej ntawd tsis zoo li qub piv txwv li ua rau cov dej ntawd yug tsis tau cov tsiaj txhu es ib txwm nyob ntawm thaj chaw ntawd.

thermocline ib txheej hauv qab thu dej es yog thaum mus tob zuj zus ces nws txias zuj zus, txias sai tshaj li yog tias nyob rau lwm txheej.

thermocouple tshuab me uas muab zog so hloov los ua zog hluav taws xob.

thermometer qhov uas ntsuas thiab qhia tias cua so thiab no npaum li cas.

thermosphere txheej cua es nyob siab tshaj plaws saum qaum fuab cua, es thaum siab zuj zus ces nws kub zuj zus nrog.

thrust lub zog rub los sis thawb uas ib lub tshuab dav hlau los tawm.

thunder/xob quaj lub suab uas tawm thaum cua hlob tuaj nyob ze qhov chaw uas hluav taws xob ntaus.

thunderstorm/cua daj cua dub los nag xob nag cua uas muaj tej yam no: nag, cua hlob, xob laim, thiab xob quaj.

thymus taub qog tseem ceeb tshaj hauv lymphatic system; nws tso T lymphocytes uas laus heev.

tidal range qhov dej hiav txwv ib hnub siab tshaj thiab qis tshaj txawv npaum li cas.

tide qhov uas dej sawv thiab poob hauv dej hiav txwv thiab lwm pawg dej loj kawg.

till cov pobzeb uas raug tso los ntawm ib qhov dej khov loj loj.

tissue ib pawg cells zoo ib yam uas ua hauj lwm ua ke.

tonsils/cos cuab yeej uas me me, lymphatic tissue kheej li uas nyob hauv pharynx thiab hauv qhov chaw uas nyob nruab nrab qhov ncauj thiab pharynx.

topographic map daim ntawv qhia kev uas qhia txog lub ntiaj teb Earth no lub rooj hav zoov tej ntawd zoo li cas.

tornado/khauv zeeg cua yog cua uas kiv mus ib ncig uas muaj cua loj; yog ib lub huab cua uas zoo li khob hliav qab uas tib neeg pom tau uas ntaus teb chaws kom los puas tsuaj.

trace fossil ib lub cim qub qub uas raug tsim los hauv av mos thaum ib tug tsiaj txhu tsuj ib taws av nkos.

trachea/hlab pas ib txog rab ntawm ib pawg loj uas cov yoov, cov myriapods, thiab cov kab los muaj; nyob hauv cov tsiaj txhu muaj caj qaum, yog txoj rab uas txuas larynx nrog rau ntsws.

trade winds cua uas tshuab los ntawm sab qaum teb sab hnub tuaj (30° north latitude) mus rau nram equator thiab uas tshuab sab qab teb sab hnub tuaj (30° south latitude) mus pem equator.

trait/yam ntxwv yam ntxwv uas koj muaj los ntawm niam thiab txiv thaum yug los.

transform boundary ciaj ciam los ntawm tej av txheej uas mus ub mus no (tectonic plates) thiab uas luav luam mus ib lub saum ib lub.

transformer ib qhov tshuab uas tswj hwm hluav taws xob kom voltage nce los qis.

transistor ib qhov tshuab me semiconductor device uas txawj ua kom hluav taws xob loj zog. Cov amplifiers, oscillators, thiab switches siv lub tshuab me no.

translucent piav txog tej yam uas xa tau teeb tab sis xa tsis tau tus duab.

transmission txoj kev uas teeb los sis lwm yam zog dhau mus los ntawm lwm yam (matter).

transparent piav txog tej yam uas cia teeb dhau mus nws mus thiab tsis thaiv teeb ntawd ntau pes tsawg.

transpiration/tso pa dej txoj kev uas nroj tsuag tso pa dej hauv cua los ntawm stomata; kuj yog kev uas lwm tus tsiaj txhu ua pa tso dej hauv cua thiab.

transverse wave/twv teem kaum twv uas yam nyob hauv twv mus teem kaum phab ntuj uas twv tab tom mus.

tributary/tug dej me ib tug dej me me uas ntws mus rau hauv ib tug dej loj zog los ntws mus rau hauv ib lub pas dej.

tropical zone thaj chaw uas nyob ib ncig equator uas nyob 23° sab qaum teb latitude mus nram 23° sab qab teb latitude.

tropism thaum ib qhov uas muaj sia nyob loj hlob vim muaj lwm yam, xws li teeb, cuag nws.

troposphere txheej ntuj qis tshaj, nyob hauv txheej no yuav no tuaj thaum nce mus siab dua.

true north/sab qaum teb uas tseeb sab uas mus rau Sab Qaum Teb Saum Ntiaj Teb no.

tsunami/twv loj loj twv loj kawg nkaus uas raug tsim thaum rooj hluav taws tawm, los thaum av qeeg hauv dej, los thaum av poob.

tundra nyob hauv Arctic thiab Antarctic, yog tiaj hav los yog ncov rooj uas tsis muaj ntoo. Tej qhov chaw zoo li no, no no heev thaum txog lub caij no thiab muaj lub caij so uas no me ntsis thiab ncua luv.

U

umbilical cord/hlab ntaws txoj zoo li hlab es ntshav thiab leeg ntshav mus raws thiab yog qhov txuas tus menyuam tsiaj txhu nrog lub tsho menyuam nyob hauv plab.

unconformity thaum saib tag nrho cov txheej av yog txheej pob zeb uas yaig los sis yog txheej uas av tsis raug tso los tau ntev ntev heev.

undertow dej uas ntws ze saum nplaim dej uas nyob ze ntug dej uas rub tej yam mus puag tod nruab dej hiav txwv.

uniformitarianism txuj ci uas hais tias peb piav tau txog tej yam txog lub ntiaj teb no yav thaum ub raws li tej yam peb pom hauv lub ntiaj teb niaj hnub nim no.

uplift txoj kev uas lub ntiaj teb no txheej av saum nce mus siab zog.

upwelling txoj kev uas dej tob tob txias txias uas muaj mov ntau heev nce mus rau saum dej.

urinary system tej cuab yeej uas tsim, khaws, thiab tawm zis.

uterus/tsev menyuam hais txog cov tsiaj maum, yog lub cuab yeej uas khoob thiab npag uas ib lub menyuam yuav los rhais rau hauv thiab yog qhov chaw uas tus menyuam yuav loj hlob hauv plab.

V

vagina/rooj menyuam cov poj niam lub cuab yeej chaw ua menyuam uas txuas lub cev sab nraud rau tsev menyuam.

valence electron yog electron uas muaj nyob rau hauv txheej atom sab kawg. Electron no yuav xam tau tias atom yuav muaj cov kua tshuaj zoo li cas tuaj.

variable qhov uas hloov thaum ua experiment los sim ib lub tswv yim kwv yees tseg seb puas yog tseeb.

vascular plant/nroj muaj leeg nroj tsuag uas muaj nqaij tshwj xeeb uas xa khoom mus ib qhov chaw mus rau ib qhov chaw.

vein/leeg ntshav nyob rau kev kawm txog tsiaj txhu (biology), yog leeg ntshav uas xa ntshav mus rau hauv lub plawv.

velocity qhov uas ib yam dab tsi mus ceev npaum li cas raws ib seem kev twg.

vent/qhov ib lub qhov nyob rau saum lub ntiaj teb Earth no uas muaj khoom hluav taws tawm los.

vertebrate/tsiaj muaj txha ib tug tsiaj txhu uas muaj txha caj qaum.

vesicle yog lub qhov los sis hnab me me uas muaj khoom nyob rau hauv lub eukary-otic cell; nws raug tsim los thaum ib feem ntawm cell membrane mus ncig tej khoom thiab nqa tej khoom ntawd xa mus rau hauv lub cell.

virus/kab mob virus yog ib qhov me me kawg nkaus uas mus rau hauv thiab tua lub cell.

viscosity qhov uas pa los sis kua tiv kev ntws.

vitamin ib hom mov uas muaj carbon uas neeg yuav tsum noj kom raug kev noj qab nyob zoo thiab kom loj hlob.

volcano/roob hluav taws ib lub qhov los sis tim txwv nyob rau saum lub ntiaj teb Earth no uas muaj kua hluav taws thiab pa tawm los.

voltage yam uas tshuav los ntawm ob qhov chaw; siv volts los ntsuas.

volume qhov yus ntsuas ib lub cev los ib thaj chaw uas muaj peb sab loj npaum li cas.

W

water cycle/cycle dej txoj kev uas dej pheej mus los ntawm dej hiav txwv mus rau ntuj mus rau thaj av thiab rov qab mus rau hauv dej hiav txwv.

**water pollution/khib nyiab xyaw
dej** txoj kev tso rau hauv dej tej khoom
phem los sis kua tshuaj uas tsis zoo rau cov
tsiaj txhu nyob rau hauv dej thiab tsis zoo
rau cov uas haus los sis siv dej ntawd.

water table/rooj dej dej tob tob txheej
sab saum; yog ciaj ciam ntawm thaj chaw
uas tsis txawj ntxaum dej ntxiv lawm (zone
of saturation).

**water vascular system/nrog cev xa
dej** yog ntau kwj dej sib txuas uas muaj
kua dej uas xa mus ncig ib lub echinoderm
lub cev.

waterfowl/noog dej yog ib tus noog uas
mus rau hauv dej, xws li tus os, tus us, los
sis tus os dawb (swan).

watershed/dej teev ib thaj av uas raug kev
tso dej tawm los ntawm ntau kwj dej sib
txuas.

watt qhov yus siv piav txog hluav taws xob;
ib yam li pes tsawg joules txhua second
(tus cim, W).

wave/twv qhov uas ua ntu zus thab yam
muaj peb sab (solid), kua, los sis pa thaum
lub zog dhau mus los ntawm ib yam dab tsi.

wave speed qhov uas twv mus ceev npaum
li cas los ntawm ib yam dab tsi.

wavelength yog ncua kev los ntawm twv ib
qhov chaw twg mus rau lwm twv tuaj qhov
chaw tib yam.

weather/huab cua yog ntuj zoo li cas ziag
no, xws li ntsuas kev sov kev no, kev vaum,
kev los nag, kev cua mus cua los, thiab kev
pom ib ncig tej ntawd.

weathering/kev sem txoj kev uas pob zeb
raug tawg vim lwm yam ntaus los yog vim
yog kev kua tshuaj.

wedge/rab txhaum ib lub tshuab yooj yim
uas muaj ob sab ntxhab heev thiab uas txav
mus; raws li ib txwm siv los txias.

weight/qhov hnyav ntsuas zog gravita-
tional uas ua rau ib lub qhov; yog nyob qhov
chaw twg hauv lub universe mas yuav hloov
qhov ntawd hnyav npaum li cas.

westerlies cua uas nplawm pib ntawm
sab hnub poob mus rau sab hnub tuaj los
ntawm 30° thiab 60° latitude nyob lub ntiaj
teb no sab qab teb thiab sab qaum teb.

wetland/liaj dej thaj chaw uas tej ntu
nyob hauv dej los sis muaj av uas muaj dej
ntau heev.

wheel and axle/log thiab kav log tshuab
yooj yim uas muaj ob qhov kheej kheej li
uas tsis loj ib yam; lub log yog qhov loj tshaj
ntawm ob qhov kheej ntawd.

white dwarf/hnub qub dawb yog ib lub
hnub qub uas me me, sem sem, thiab sov
sov. Nws yog ib lub hnub qub uas qub qub
heev lub nruab nrab.

whitecap/npuas dej yog cov npuas uas
muaj nyob thaum dej nphau nphwv tej
niag twv.

wind/cua cua txoj kev mus kev los vim
muaj fuab cua nias txawv.

wind power/zog cua txoj kev siv lub tsev
cua (windmill) kom khiav ib lub tshuab ua
hluav taws xob (electric generator).

work/hauj lwm txoj kev ib qhov xa lub zog
rau ib qhov thiab kom qhov ntawd mus rau
ntawm txoj kev uas nws raug lub zog ntawd.

work input/hauj lwm ua rau txoj hauj
lwm ua rau ib lub tshuab; yog lub zog ua rau
lub tshuab tawm thiab kev deb nws tawm
lub zog ntawd.

work output/hauj lwm ua tawm txoj hauj lwm ib lub tshuab ua; yog lub zog uas lub tshuab ua tawm thiab kev deb nws tawm lub zog ntawd.

X

xylem hom nqaij uas nyob rau hauv xyoob ntoo nroj tsuag uas txhawb kom nroj tsuag tawv tawv thiab nqus dej thiab mov los ntawm hauv paus.

Y

year/xyoo lub sij hawm uas lub ntiaj teb Earth mus ncig lub hnub ib zaug.

Z

zenith qhov chaw nyob saum ntuj uas nyob ncaj saum ib tug neeg ntsia ntuj uas nyob ntawm lub ntiaj teb Earth no.

A

abiotic / ផែលគ្មានជីវិត : ពិពណ៌នាអំពីផ្នែកនៃបរិដ្ឋាន ដែលគ្មានជីវិតរួមមាន ទឹក, សិលា, ពន្លឺ និង សីតុណ្ហភាព។

abrasion / សំណឹក : ការខាត់ និង សឹកថ្នៃនៃសិលា ដោយសារសកម្មភាពមេកានិករបស់សិលា ឬ អនុភាពខ្សាច់។

absolute dating / ការកំណត់អាយុពិត : វិធីសាស្ត្រ នៃការគិតអាយុនៃព្រឹត្តិការណ៍ ឬ វត្ថុអ្វីមួយនៅក្នុងឆ្នាំណាមួយ។

absolute magnitude / ចម្ងាយពន្លឺ : ពន្លឺដែលផ្កាយ អាចមាននៅចម្ងាយ ៣២,៦ ឆ្នាំពន្លឺ ពីផែនដី។

absolute zero / សីតុណ្ហភាពទាបបំផុត : សីតុណ្ហភាព ដែលថាមពលម៉ូលេគុលស្ថិតនៅកម្រិតទាបបំផុត (oK នៅលើ ខ្នាត Kelvin ឬ -២៧៣.១៦°C នៅលើខ្នាត Celsius)។

absorption / ការស្រូប : នៅក្នុងអុបទិក វាជាការផ្ទេរ ថាមពលពន្លឺទៅឲ្យអនុភាពនៃរូបធាតុ។

abyssal plain / វាលនៅបាតសមុទ្រ : កន្លែងនៃអាង មហាសមុទ្រជ្រៅបំផុតដែលមានផ្ទៃធំ និង រាបស្មើ។

acceleration / ការបង្ហ្រៀន : អត្រាដែលដំណើរលឿន ផ្លាស់ប្តូរក្នុងពេលមួយ វត្ថុមួយបង្ហ្រៀនលឿន ប្រសិនបើលឿន, ទិសដៅ ឬ ទាំងពីរ ប្រែប្រួល។

accreted terrane / ថីផែលរឹកទំ : បំណែកនៃស្រទាប់ សិលា ដែលភ្លាយជាផែនដីដំបូងឡើយ នៅពេលដែលថ្នាំង តិកតូនិក ប៉ះទង្គិចគ្នានៅផែនរួមគ្នា។

acid / អាស៊ីត : សមាសធាតុទាំងឡាយណាដែលបង្កើន ចំនួនអ៊ីយ៉ុងអ៊ីដ្រូញ៉ូម នៅពេលរលាយនៅក្នុងទឹក។

acid precipitation / ទុរបាតអាស៊ីត : ភ្លៀង, ភ្លៀង លាយព្រិល, ឬ ព្រិល ដែលមានសូលុយសុងអាស៊ីតខ្លស់។

activation energy / ថាមពលចំណេីរការ : បរិមាណថាមពលទាបបំផុតដែលត្រូវការដើម្បីចាប់ផ្តើម ប្រតិកម្មគីមី។

active transport / ចំណេីរសកម្ម : ចលនានៃ សារធាតុឆ្លងកាត់ភ្នាសកោសិកាដែលត្រូវការឲ្យកោសិកា ប្រើប្រាស់ថាមពល។

adaptation / ការសម្របតាម : លក្ខណៈដែលបង្កើន សមត្ថភាពរបស់ឯកត្តភូតឲ្យរស់នៅ និង បន្តពូជនៅក្នុងបរិដ្ឋាន ជាក់លាក់មួយ។

addiction / ការញៀន : ការពឹងផ្នែកលើសារធាតុ ដូចជា ជាតិ ស្រវឹង ឬ ថ្នាំញៀន។

aerobic exercise / ការចាត់ប្រាណ : ការហាត់ ប្រាណ ដែលបង្កើនសកម្មភាពរបស់បេះដូង និង សួត ដើម្បី បង្កើនការប្រើប្រាស់អុកស៊ីសែនរបស់រាងកាយ។

air mass / ចម្ងំខ្យល់ : គួនៃខ្យល់ដ៏ធំដែលចំណុះ សីតុណ្ហភាព និង សំណើមមានស្រដៀងគ្នា។

air pollution / ការបំពុលខ្យល់ : ការបំផ្លាញបរិយាកាស ដោយការនាំសារជាតុពុលពីប្រភពមនុស្ស និង ធម្មជាតិ។

air pressure / សម្ពាធខ្យល់ : ការវាស់វែងកម្លាំង ដែលម៉ូលេគុលខ្យល់រុញច្រានទៅលើថ្នៃ។

alcoholism / រោគញៀនស្រា : រោគដែលមនុស្សម្នាក់ ដឹកជាតិស្រវឹងដែលៗក្នុងបរិមាណដែលវិខានដល់សុខភាព និង សកម្មភាពរបស់មនុស្សម្នាក់នោះ។

algae / រាំថាតិ : សារីរ:ឃ្លុការីឃ្យុទិកដែលបំលែងថាមពល ព្រះអាទិត្យទៅជាអាហារ តាមរយៈការធ្វើស្ងីសំយោគ ប៉ុន្តែ វាគ្មានឫស, ដើម ឬ ស្លឹក (ឯកវចន:គឺ *alga*)។

alkali metal / លោហៈអាល់កាឡ : អង្គជាតុនៅក្នុង ក្រុម១ នៃតារាងខួបនៃជាតុគីមី (លីចូម, ស៊ូដ្យម, ប៉ូតាស្យម, រុយប៊ីស្យម, សេស្យម និង ហ្រ្វង់ស្យម)។

alkaline-earth metal / លោហៈអាល់កាឡាំង លោហៈ : អង្គជាតុនៅក្នុងក្រុម២ នៃតារាងខួបនៃជាតុគីមី (បេរីល្យម, ម៉ាញ៉េស្យម, កាល់ស្យម, កាល់ស្យម, ស្រ្តុងច្យម, បារ្យម និង រ៉ាស្យម)។

allele / ទម្រង់សែន : ទម្រង់ផ្សេងគ្នានៃសែនមួយដែលគ្រប ដណ្ឌប់លក្ខណៈ ដូចជាពណ៌សក់។

allergy / រោគប្រតិកម្ម : ប្រតិកម្មទៅលើសារធាតុដែល មិនបង្កអន្តរាយ ឬ សាមញ្ញ ដោយប្រព័ន្ធស៊ាំនឹងជម្ងឺរបស់សរីរ:។

alluvial fan / ស្រទាប់ល្បប់រាងថាផ្លឹត : កំនរដីរាងជួច ធ្លិត ដែលកក់ទុកដោយទឹកស្ទឹងនៅពេលដែលជម្រាលនៃដីស្រុក ចុះយ៉ាងខ្លាំង។

altitude / កម្ពស់ : មុំវាងរវាងវត្ថុមួយនៅលើមេឃ និង ជើង មេឃ។

alveoli / វត្ថស្ត្រ : ថង់ខ្យល់ត្ូចៗទាំងឡាយណារបស់សួត ដែលអុកស៊ីសែន និង ឧស្ម័នការប៊ុនិក ផ្លាស់ប្តូរគ្នា។

amniotic egg / ពងអ៊ិ្មច្ញទិក : ប្រភេទពងដែលព័ទ្ធជុំ វិញដោយស្បែក, អ៊ុម្បាន និង មាននៅក្នុងពព្ួកសត្តល្មន, បក្ស៊ី និង ថនិក សត្ថដែលក្រាបពង មានជាតិលឿងនៃពងប្រ៊ន និង ហ៊ុំព័ទ្ធទៅដោយសំបក។

amplitude / ទំហ៊រីសេសវិសាល : ចម្ងាយធំបំផុតដែល អនុភាពនៃមីដៀមរបស់ខ្យល់ផ្លាស់ទី ពីទីតាំងនឹងរបស់វា។

analog signal / សញ្ញាអាណាឡូក : សញ្ញាដែល
គុណភាពរបស់វាអាចប្រែប្រួលជាបន្តបន្ទាប់នៅក្នុងលំដាប់
ផ្សំល់ឲ្យមួយ។

anemometer / វាយោមាត្រ: ឧបករណ៍ដែលគេប្រើប្រាស់
សម្រាប់វាស់ល្បឿននៃខ្យល់។

angiosperm / ចន្ទបុប្ផាណុជាតិ : រុក្ខជាតិមានផ្កាដែល
ផលិតគ្រាប់នៅក្នុងផ្លែ។

Animalia/សត្វមាលា: អាណាចក្រដែលកើតឡើងដោយ
សរីរ:សុតស្មាញ មានកោសិកាច្រើនដែលខ្វះជញ្ជាំងកោសិកា
ជាធម្មតាអាចផ្លាស់ទីជុំវិញ និង បានលៀននៅក្នុងបរិដ្ឋានរបស់
ពួកវា។

antenna/អង់តែន: ប្រដាប់ស្ទង់ដែលនៅខាងលើក្បាល
នៃសត្វឆ្អឹងខ្នង ដូចជា សត្វវន្តជាតិ (បង្កង, ក្តាម ។ល។)
ឬ សត្វល្អិត ហើយ វិញ្ញាណនោះប៉ះ, ដឹងរស់ជាតិ ឬ អាច
ស្រូបក្លិន។

antibiotic / ថ្នាំបដិបក្ខប្រាណ : ថ្នាំដែលគេប្រើដើម្បី
សម្លាប់បាក់តេរី និង អតិសុខុមកាយផ្សេងទៀត។ វាអាចចប់
ស្ពាត់ការលូតលាស់ និង ការបង្កបង្កើតនៃមេរោគ។

antibody / អង្គបដិបក្ខ : ប្រូតេអ៊ីនដែលកើតឡើង
ដោយសារកោសិកា B ដែលភ្ជាប់ទៅនឹងសារធាតុអង់ទីសែន
(អង្គបង្កើតបដិបក្ខ) ជាក់លាក់ណាមួយ។

anticyclone / ចំណើរខ្សែយចិន្ត្រ:សុីក្លូត : ដំណើរវិល
នៃខ្យល់ជុំវិញមណ្ឌលសម្ពាធខ្ពស់នៅក្នុងទិស:ដៅផ្ទុយនឹងដំណើរ
វិលរបស់ផែនដី។

apparent magnitude / ទង្វើផ្ការាយ : ពន្លឺនៃផ្ការាយ
មើលឃើញពីផែនដី។

aquifer/ផលសិលា: គុសិលា ឬ សារជាតុច្រោះ ដែល
ផ្ទុកទឹកនៅខាងក្រោមដី និង អាចឲ្យទឹកនៅខាងក្រោមដីហូរ។

Archaea/អាទេវ្យ: នៅក្នុងប្រព័ន្ធដាក់ចំណាត់ថ្នាក់ទំនើប
ក្រុមដែលកើតឡើងដោយ ពពួកប្រូការីយ៉ូត ដែលខុសពីពពួក
ប្រូការីយ៉ូតផ្សេងទៀត ដោយសារការកកើតនៃផ្នែកជញ្ជាំងកោសិកា
និង លក្ខណៈសេនទិករបស់ពួកវា។ ក្រុមនេះស្ថិតនៅក្នុងផ្ទះ
ជាមួយអាណាចក្របុរាណ អាទេវ្យបាក់តេរី។

Archimedes' principle / ច្បាប់នៃការអណ្ដែត :
គោលការណ៍ ដែលថែងថា កម្លាំងអណ្ដែតនៅលើវត្ថុមួយ នៅ
ក្នុងវត្ថុរាវ គឺជាកម្លាំងដោយឡើង ស្មើនឹងទម្ងន់នៃចំណុះវត្ថុ
រាវដែលវត្ថុនោះជាក់ទៅក្នុង។

area / បរិវេលា: ការវាស់វែងទំហំនៃផ្ទៃ ឬ កំបន់មួយ។

artery / អាកតៃ: បំពង់ឈាមដែលនាំឈាមចេញពី
បេះដូង ទៅ សរីរាង្គរបស់ឋងខ្លួន ។

artesian spring / ទិកផុះបែលផ្រៅ: ទឹកផុះដែលលហូរ
ចេញពីស្មាមប្រេះលើសិលាដែលគ្របលើឥន្ទន:នៅខាងលើ
ផលសិលា។

artificial satellite / ផ្កាយរណបសិប្បនិចិត្ត : វត្ថុ
ទាំងឡាយណា ដែលធ្វើឡើងដោយមនុស្ស ដាក់នៅលើតារា
វិថីជុំវិញផែនដី នៅក្នុងលំហអាកាស។

asexual reproduction / ការបន្តពូជអភេទ : ការ
បន្តពូជដែលមិនទាក់ទងនឹងការរួមសម្ព័ន្ធនៃកោសិកាភេទ និង
ដែលសរីរ:មេ មួយបង្កើតកូនចៅដែលមានលក្ខណ:សម្គាល់
ខាងគំណពូជដូចនឹងមេជា។

asteroid/អាស្តេរ៉ូយថ: វត្ថុតូច ជាសិលាដែលវិលជុំវិញ
ព្រះអាទិត្យ ជាធម្មតានៅក្នុងវណ្ណរវាងតារាវិថីនៃផ្កាយពុធ និង
ផ្កាយព្រហស្បតី។

asteroid belt/ខ្សែវណ្ណអាស្តេរ៉ូយថ : កំបន់នៃប្រព័ន្ធ
ស្វ៊ីយា ដែលនៅរវាងតារាវិថីនៃផ្កាយពុធ និង ផ្កាយព្រហស្បតី
និង ដែលអាស្តេរ៉ូយថជាច្រើនវិលតាមគន្លងនេះ។

asthenosphere / អាសថេណូស្ឆេរ : ស្រទាប់ទន់នៃ
ស្រទាប់ថ្មផែនដី ដែលថ្មរឹងពិកត្តនិកមានចលនា។

astronomical unit / ចម្រតឋ្ឋានតារាសាស្ត្រ : ចម្លាយ
មធ្យមរវាងផែនដី និង ព្រះអាទិត្យ ប្រហែលជា ១៥០ លាន
គីឡូម៉ែត្រ (សញ្ញា AU)។

astronomy / តារាវិទ្យា : ការសិក្សាអំពីសកលលោក។

atmosphere / ស្រទាប់បរិយាកាស : ស្រទាយឧស្ម័ន
ដែលហ៊ុំព័ទ្ធផែនដី ឬ ព្រះចន្ទ្រ។

atmospheric pressure / សម្ពាធបរិយាកាស :
សម្ពាធ ដែលកើតឡើយដោយសារទម្ងន់នៃបរិយាកាស។

atom / អាតូម : ធាតុដ៏តូចបំផុតនៃអង្គធាតុដែលរក្សា
គុណភាពនៃអង្គធាតុនោះ។

atomic mass / ម៉ាស់អាតូម : ម៉ាស់របស់អាតូមមួយ
បញ្ជាក់នៅក្នុងក្រុមម៉ាសអាតូម។

atomic mass unit / ក្រុមម៉ាសអាតូម : ក្រុមនៃម៉ាស
ដែលពិពណ៌នាពីម៉ាសនៃអាតូម ឬ ម៉ូលេកុល។

atomic number / លេខអាតូម : លេខនៃប្រូតុង
នៅក្នុងនុយក្លេនៃអាតូមមួយ។ លេខគឺដូចគ្នា ចំពោះអាតូម
ទាំងអស់នៃអង្គធាតុមួយ។

ATP: អាឌីណូស៊ីន ទ្រីផូស្ផាត គឺជាម៉ូលេគុលដែលដើរតួជា
ប្រភពថាមពលដ៏ចំបងសម្រាប់ដំណើរការកោសិកា។

autoimmune disease / ជម្ងឺស្ស៊ុយសៅ : ជម្ងឺដែល
ប្រព័ន្ធការពារវាយប្រហារលើកោសិការបស់សរីរ:ខ្លួនឯង។

average speed / ល្បឿនមធ្យម : ចម្ងាយសរុបដែលបានធ្វើដំណើរចែកនឹងម៉ោងសរុបដែលត្រូវការ។

axis/អ័ក្ស: បន្ទាត់យោងមួយនៃបន្ទាត់យោងពីរ ឬ ច្រើន ដែល សម្គាល់ដែននៃក្រាហ្វិក។

azimuthal projection / រូបផែនទីអាហ្ស៊ីមុត : ផ្ទាំងផែនទីដែលធ្វើឡើងដោយផ្លាស់ប្តូរទិដ្ឋភាពផ្ទៃរបស់ផែនដីទៅជាផ្ទៃរាប។

B

B cell / កោសិកា B : កោសិកាឈាមសដែលបង្កើតអង្គបដិបក្ខ។

Bacteria / បាក់តេរី : នៅក្នុងប្រព័ន្ធដាក់ចំណាត់ថ្នាក់ទំនើប ក្រុមដែលកើតឡើងដោយ ពពួកប្រូការីយ៉ូតី ដែលខុសពីពពួកប្រូការីយ៉ូតផ្សេងទៀត ដោយសារការកកើតនៃជញ្ជាំងកោសិកា និង លក្ខណៈសេនេទិករបស់ពួកវា។ ក្រុមនេះស្ថិតនៅក្នុងជួរ ជាមួយអាណាចក្របុរាណយូបាក់តេរី។

barometer / បារ៉ូម៉ែត្រ : ឧបករណ៍ដែលវាស់សម្ពាធបរិយាកាស។

base / បាស : សារធាតុទាំងឡាយណាដែលបង្កើតចំនួននៃអ៊ីយ៉ុងអ៊ីដ្រុកស៊ីត នៅពេលរលាយក្នុងទឹក។

batholith/ ស្តូរាថ្ម : ផ្ទាំងផែនដីដ៏ធំនៃសិលាភ្នំភ្លើងនៅក្នុងសំបកផែនដីដែលគ្របដណ្តប់យ៉ាងហោចណាស់១០០ គម២ ប្រសិនបើវាផុះឡើងនៅលើផ្ទៃ។

beach/ឆ្នេរសមុទ្រ: តំបន់នៅតាមមាត់សមុទ្រកើតឡើងដោយសារធាតុដែលនាំមកដោយសារទឹករលក។

bedrock / ស្រទាប់សិលាក្រោមដី : ស្រទាប់នៃសិលានៅខាងក្រោមដី។

benthic environment / បរិដ្ឋានបាតបឹង ឬ សមុទ្រ : តំបន់នៅជិតបាតនៃ ស្រះ, បឹងបួរ ឬ សមុទ្រ។

benthos / សរីរៈនៅបាតសមុទ្រ : សរីរៈដែលរស់នៅនៅបាតនៃសមុទ្រ ឬ មហាសមុទ្រ។

Bernoulli's principle / ច្បាប់ប៊ែណូលី : ច្បាប់ដែលចែងថា សម្ពាធនៅក្នុងវត្ថុរាវថយចុះ ដោយសារតែដំណើរល្បឿនរបស់វត្ថុរាវនោះកើនឡើង។

big bang theory / ទ្រឹស្តីសកលផ្ទុះ : ទ្រឹស្តីដែលចែងថា សកលបានចាប់ផ្តើមជាមួយនឹងការផ្ទុះដ៏ធំសម្បើមនៅប្រហែល ១៣.៧ ពាន់ លានឆ្នាំមុន។

binary fission / ការបំបែកជាពីរ : ទ្រង់ទ្រាយនៃការបន្តពូជអភេទ នៅក្នុងសរីរៈឯកកោសិកាមួយ ដោយកោសិកាមួយបំបែកទៅជាកោសិកាពីរដែលមានទំហំដូចគ្នា។

biodiversity/ជីវៈចម្រុះ: ចំនួន និង ភាពផ្សេងគ្នានៃសរីរៈ នៅកន្លែងមួយ ក្នុងអំឡុងពេលជាក់លាក់មួយ។

biomass / ជីវៈម៉ាស់ : រូបធាតុសរីរាង្គដែលអាចប្រើជាប្រភពថាមពល។ ម៉ាស់សរុបនៃសរីរៈផ្សេងៗនៅក្នុងកន្លែងមួយ។

biome / ជីវៈសហព័ន្ធ : តំបន់ដ៏ធំមួយនៃផែនដី សម្គាល់ដោយប្រភេទអាកាសធាតុជាក់លាក់ និង ប្រភេទនៃក្រុមរុក្ខជាតិ និង សត្វពិតប្រាកដ។

bioremediation/ជីវៈបង្ការ: ការបង្ការបែបជីវសាស្ត្រលើកាកសំណល់ប្រកបដោយគ្រោះថ្នាក់ដោយសរីរៈមានជីវិត។

biosphere/ជីវគោល: ផ្នែកនៃផែនដីដែលមានជីវិតរស់នៅ រួមទាំងសរីរៈមានជីវិតទាំងអស់នៅលើផែនដី។

biotic / នៃជីវិត : ពិពណ៌នាអំពីកត្តាមានជីវិតនៅក្នុងបរិដ្ឋាន។

bird of prey / បក្សីរំពា : បក្សីដែលស្វែងរក និង បរិភោគសត្វដទៃទៀត។

blackhole/ប្រហោងខ្មៅ: វត្ថុដែលធ្ងន់ក្រាស និង ហាប់ដែលសូម្បីតែពន្លឺមិនអាចគេចពីទំនាញរបស់វា។

blood / ឈាម : វត្ថុរាវដែលមានជាតិឧស្ម័ន, សារធាតុបំប៉ន និង កាកសំណល់ នៅពេញដងខ្លួន និង កើតឡើងដោយសារអនុភាគឈាមកក, កោសិកាឈាមសរ, កោសិកាឈាមក្រហម និង ផ្លាស្មា។

blood pressure / សម្ពាធឈាម : កម្លាំងដែលឈាមខំប្រឹងនៅលើជញ្ជាំងនៃអាក់ទែ។

boiling / ការពុះ : ការបំលែងពីវត្ថុរាវទៅជាចំហាយ នៅពេលដែលសម្ពាធចំហាយនៃវត្ថុរាវនោះ ស្មើនឹងសម្ពាធបរិយាកាស។

Boyle's law / ច្បាប់ ប៊យលី : ច្បាប់ដែលចែងថាចំណុះនៃឧស្ម័ន សមាមាត្រច្រាសទៅនឹងសម្ពាធនៃឧស្ម័ន នៅពេលដែលសីតុណ្ហភាពថេរ។

brain / ខួរក្បាល : សរីរាង្គដែលជាមណ្ឌលត្រួតពិនិត្យដ៏សំខាន់នៃប្រព័ន្ធសរសៃប្រសាទ។

bronchus/ទងសួតធំ: បំពង់មួយក្នុងចំណោមបំពង់ពីរដែលភ្ជាប់សួតជាមួយនឹងបំពង់ខ្យល់។

brooding/ការក្រាបពង: ការអង្គុយ និង គ្របលើពងដើម្បីឱ្យពួកវាកក់ក្តៅ រហូតទាល់តែវាញាស់ចេញ ឬ ការភ្ញាស់កូន។

buoyant force / កម្លាំងធ្វើឱ្យអណ្តែត : កម្លាំងច្រានឡើងលើ ដែលធ្វើឱ្យវត្ថុមួយស្ថិតនៅក្នុង ឬ អណ្តែតលើវត្ថុរាវ។

C

caldera / កាលឌីរ៉ា : វិសម្ភាធដ៏ធំ និង ពាក់កណ្តាលរង្វង់ ដែលកើតឡើងនៅពេលដែលប្រហោងម៉ាកម៉ានៅខាងក្រោមភ្នំ ភ្លើងហូរចេញមួយផ្នែក និង បណ្តាលឱ្យដីខាងលើស្រុតចុះ។

cancer / មហារីក : ដុំសាច់ដែលកោសិកាចាប់ផ្តើមបំបែក ក្នុងកម្រិតមួយមិនអាចគ្រប់គ្រងបាន និង ចាប់ផ្តើមរាតត្បាត។

capillary / កេសនា : បំពង់ឈាមដ៏តូចដែលអាចឱ្យមាន ការផ្លាស់ប្តូររវាងឈាម និង កោសិកានានានៅក្នុងជាលិកា។

carbohydrate / ការប្ជូថែប្រេត : ថ្នាក់នៃម៉ូលេគុល ដែលរួមមាន ស្ករ, ជាតិម្សៅ, និង ជាតិសរសៃ។ វាមាន កាប៊ុន, អ៊ីដ្រូសែន និង អុកស៊ីសែន។

carbon cycle / វដ្តនៃកាប៊ុន : ចលនានៃកាប៊ុនពី បរិដ្ឋានគ្មានជីវិត ទៅរបស់មានជីវិត និង ត្រឡប់មកវិញ។

cardiovascular system / ប្រព័ន្ធសរសៃឈាមបេះដូង : បណ្តុំនៃសរីរាង្គដែលបញ្ជូនឈាមពាសពេញដងខ្លួន។

carnivore / ចំសាលីសត្វ : សរីរៈដែលបរិភោគសត្វ។

carrying capacity / ចំណុះមនុស្សរបែលចរិដ្ឋានអាច ពាំទ្របាន : ចំនួនមនុស្សច្រើនបំផុតដែលបរិដ្ឋានអាចពាំទ្របាន ក្នុងពេលណាមួយ។

cast / ស្រទាប់ថីបែលបានការងារ : ប្រភេទនៃថ្មសិលដែល កើតឡើងនៅពេលស្រទាប់ដីបំពេញនៅក្នុងប្រហោងដែលបន្សល់ពី សរីរៈដែលបានរលួយ។

catalyst / កាតាលីករ : សារធាតុដែលផ្លាស់ប្តូរកម្រិតនៃ ប្រតិកម្មគីមី ដោយមិនត្រូវការប្រើ ឬ ផ្លាស់ប្តូរច្រើននោះទេ។

catastrophism / មហន្តរាយនិយម : គោលការណ៍ ដែលចែងថា ការផ្លាស់ប្តូរភូមិសាស្ត្រកើតឡើងភ្លាមៗ។

cell / កោសិកា : ផ្នែកដែលមានមុខងារ និង រូបផ្គុំដ៏តូចបំផុត នៃសរីរៈមានជីវិតទាំងអស់។ ជាធម្មតាមានអនុយក្រ, ស៊ីតូផ្លាស និង ភ្នាសកោសិកា។

cell / គបករណីផលិតចរន្ត : នៅក្នុងអគ្គិសនី ឧបករណីដែល បង្កើតចរន្តអគ្គិសនីដោយផ្លាស់ប្តូរថាមពលគីមី ឬរាយ៉ង់ ទៅជា ថាមពលអគ្គិសនី។

cell cycle / វដ្តកោសិកា : វដ្តជីវិតរបស់កោសិកា។

cell membrane / ភ្នាសកោសិកា : ស្រទាប់ផ្ទួស្ដូរលើពីត ដែលគ្របលើផ្ទែកោសិកា និង ដើរតួជាបាំងរវាង កោសិកា ខាងក្នុង និង បរិដ្ឋានរបស់កោសិកា។

cell wall / ស្រោមកោសិកា : សំណុំរឹងដែលព័ទ្ធជុំវិញ ភ្នាសកោសិកា និង ផ្តល់ការទ្រទ្រង់ដល់កោសិកា។

cellular respiration / ការបកបង្ហើមរបស់កោសិកា : ដំណើរការដែលកោសិកាប្រើអុកស៊ីសែនដើម្បីបង្កើតថាមពល ពីចំណីអាហារ។

Cenozoic era / សម័យសិនណូសូអ៊ីក : សម័យកាល ភូមិសាស្ត្រថ្មីបំផុត ចាប់ផ្តើមនៅ ៦៥ លានឆ្នាំមុន។ គេក៏ ហៅថា *សម័យ ថនិកសត្វ*។

central nervous system / ប្រព័ន្ធសរសៃប្រសាទ កណ្តាល : ខួរក្បាល និង មិញ្ញាឆ្អឹងខ្នង។ មុខងារគ្រីរបស់វាគឺ ត្រួតពិនិត្យលើលំហ្វនៃព័ត៌មាននៅក្នុងខ្លួនមនុស្ស។

change of state / ការប្ជូរលក្ខណៈ : ការផ្លាស់ប្តូរ សារធាតុមួយពីលក្ខណៈរូបរាងមួយទៅលក្ខណៈរូបរាងមួយទៀត។

channel / ប្រែក : ផ្លូវដែលទឹកហូរ។

Charles's law / ច្បាប់ឆាល : ច្បាប់ដែលចែងថា ចំណុះនៃឧស្ម័ន សមាមាត្រផ្ទាល់ទៅនឹងសីតុណ្ហភាពនៃឧស្ម័ន នៅពេលដែលសម្ពាធថេរ។

chemical bond / ចំណងគីមី : អន្តរសកម្មដែលរក្សា អាតូម ឬ អ៊ីយ៉ុងជាមួយគ្នា។

chemical bonding / ការភ្ជាប់ចំណងគីមី : ការរួម ផ្សំនៃអាតូម ដើម្បីបង្កើតជាម៉ូលេគុល ឬ សមាសធាតុអ៊ីយ៉ុង។

chemical change / ការប្ជែប្រួលគីមី : ការប្រែប្រួល ដែលកើតឡើងនៅពេលសារធាតុមួយ ឬ ច្រើន ប្រែប្រួលទៅ ជាសារធាតុថ្មីទាំងស្រុងដែលមានគុណភាពខុសគ្នា។

chemical energy / ថាមពលគីមី : ថាមពលដែល លេចចេញ នៅពេលសមាសធាតុគីមីធ្វើប្រតិកម្មបង្កើត សមាសធាតុថ្មីទៀត។

chemical equation / សមីការគីមី : ការតំណាង ប្រតិកម្មគីមី ដែលប្រើប្រាស់សញ្ញាដើម្បីបង្ហាញទំនាក់ទំនង រវាងធាតុប្រតិកម្ម និង ផលិតផល។

chemical formula / រូបមន្តគីមី : ការរួមផ្សំនៃ សញ្ញាគីមី និង ចំនួន ដើម្បីតំណាងឱ្យសារធាតុមួយ។

chemical property / គុណភាពគីមី : គុណភាពនៃ រូបធាតុមួយ ដែលពិពណ៌នាពីសមត្ថភាពរបស់សារធាតុ ដើម្បី ចូលរួមនៅក្នុងប្រតិកម្មគីមី។

chemical reaction / ប្រតិកម្មគីមី : វិធីដែល សារធាតុមួយ ឬ ច្រើនផ្លាស់ប្តូរ ដើម្បីបង្កើតសារធាតុផ្សេង មួយទៀត ឬ ច្រើន។

chemical weathering / សំណឹកគីមី : វិធីដែល សិលាបំបែកធាតុ ដោយសារប្រតិកម្មគីមី។

chlorophyll / ចារិតធាតិ : ជាតិពណ៌បៃតងដែលស្រូប ថាមពលពន្លឺដើម្បីធ្វើស្ព័សំយោគ។

chloroplast / ក្លូរូផ្លាស់ : បំណែកនៃកោសិកាដែល គេរកឃើញនៅក្នុងកោសិកា រុក្ខជាតិ និង វារីជាតិ ដែលជា កន្លែងធ្វើស្ព័សំយោគ។

chromosome / ក្រូម៉ូសូម : នៅក្នុងកោសិកាយូការយ៉ូទិក ជាសំណុំមួយនៅក្នុងនុយក្លេដែលកើតឡើងដោយDNA និង ប្រូតេអុីន។ នៅក្នុងកោសិកាប្រូការីយ៉ូទិក វាគឺជាកងមេនៃDNA។

circadian rhythm / ចង្វាក់ប្រចាំថ្ងៃ : វដ្តជីវសាស្ត្រ ប្រចាំថ្ងៃ។

circuit board / ផ្ទាំងសៀវគ្ធី : បន្ទះអុីស្យូឡង់ដែលមាន អង្គធាតុសៀគ្វី និង ដែលបញ្ចូលទៅក្នុងឧបករណ៍អគ្គិសនី។

classification / ចំណាត់ថ្នាក់ : ការបែងចែកសរីរ ទៅជាក្រុម ឬ ថ្នាក់ ដោយផ្អែកលើលក្ខណៈពិសេស។

cleavage / ស្វាចប្រេះ : ការបែកនៃខនិជ តាមផ្ទៃលោងរាបស្មើ។

climate / ធាតុអាកាស : លក្ខខណ្ឌធាតុអាកាសមធ្យម នៅក្នុងតំបន់មួយ ក្នុងអំឡុងពេលវែងមួយ។

closed circulatory system / ប្រព័ន្ធចំណេីរឈាម រត់ចិនឆិត: ប្រព័ន្ធដំណើរឈាមរត់ដែលបេះដូងបញ្ចូនឈាម តាមបណ្ដាញ សរសៃឈាមដែលបង្កើតបានជារង្វង់បិទជិត។ ឈាមមិនចេញពីសរសៃឈាមទេ ហើយ សារធាតុនានាវិគ សាយកាត់ជញ្ជាំងនៃសរសៃឈាម។

cloud/ពពក: បណ្ដុំនៃដំណក់ទឹកតូចៗ ឬ ដុំទឹកកក នៅក្នុង ឧស្ម័នដែលកើតឡើងនៅពេលដែលឧស្ម័ននោះចុះត្រជាក់ ហើយ កំណកកើតឡើង។

coal/ធ្យូងថ្ម: ពន្ធនៈផ្លូសុីលដែលកើតឡើងនៅខាងក្រោមដី ពីសារធាតុរុក្ខជាតិស្លួយរលួយមួយចំនួន។

cochlea/វង្គ្រទ្រៀក: បំពុងរូបមួរដែលឃើញមាននៅក្នុង ត្រចៀកខាងក្នុង និង មានសារៈសំខាន់ធ្វើឱ្យឮសួរ។

coelom / វត្ថូរ : វត្ថូរដែលមានសរីរាង្គខាងក្នុង។

coevolution / ការវិវត្តន៍រួមគ្នា : ការវិវត្តន៍នៃពូជពីរ ដោយសារតែឥទ្ធិពលទៅវិញទៅមក ជាញឹកញ្យាប់តាមរបៀបដែល ធ្វើឱ្យទំនាក់ទំនងកាន់តែមានផលប្រយោជន៍ដល់ពូជទាំងពីរ។

colloid/ធាតិអន្តិល: ល្បាយដែលមានអនុភាគតូចៗដែល មានទំហំធ្យមរវាងធាតុនៅក្នុងសូលុយសុង និង ធាតុដែល លែងធ្វើប្រតិកម្ម និង ដែលរាយប៉ាយនៅក្នុងវត្ថុរាវ, វត្ថុរឹង ឬ ឧស្ម័ន។

combustion / ចំបេះ : ការឆេះនៃសារធាតុមួយ។

comet / ផ្កាយដុះកន្ទុយ : អង្គទឹកកក, សិលា និង ធូលី លោកធាតុ តូចៗ ដែលដើរតាមគោរវិថីវង្វេងក្រពើជុំវិញ ព្រះអាទិត្យ និង ដែលបញ្ចេញស៊ូន និង ធូលី រាងជាកន្ទុយ នៅពេលដែលវារត់ទៅជិតព្រះអាទិត្យ។

commensalism / សរីវាង្គនៅជាមួយគ្នា : ទំនាក់ទំនង រវាងសរីរៈពីរដែលសរីរៈមួយផ្តល់ផលប្រយោជន៍ និង មួយ ទៀត មិនទទួលឥទ្ធិពលអាក្រក់។

communication / ទំនាក់ទំនង : ការផ្ទេរនៃសញ្ញា ឬ សារ ពីសត្វមួយទៅសត្វមួយទៀត ដែលជាលទ្ធផល មាន ការតបតមួយចំនួន។

community/សហគម: ប្រជុំនៃពួជទាំងអស់ដែលរស់នៅ ក្នុងហិដ្ឋានរស់នៅតែមួយ និង ធ្វើទំនាក់ទំនងជាមួយគ្នាទៅវិញ ទៅមក។

composition/សមាសភាព: សមាសភាពគីមីនៃសិលា។ វាតិពណ៌នាអំពីខនិជ ឬ សារធាតុដទៃទៀតនៅក្នុងសិលា។

compound / សមាសធាតុ : សារធាតុដែលកើតឡើង ដោយសារអាតូមពីរ ឬ ច្រើននៃអង្គធាតុផ្សេងគ្នាមកគ្នាដោយ ចំណងគីមី។

compound eye / ភ្នែកសន្ធូល្បិត : ភ្នែកដែលផ្សំឡើង ពីប្រជាប់ចាប់ពន្លឺជាច្រើន។

compound light microscope / អតិសុខុមទស្សន៍ ពន្លឺ សមាសធាតុ : ឧបករណ៍ដែលពង្រីករវត្ថុតូចៗ ដូច្នេះគេ អាចឃើញវាយ៉ាងងាយស្រួល ដោយប្រើប្រាស់កែរពីរ ឬ ច្រើន។

compound machine / ម៉ាស៊ីនផ្តុំគ្នា : ម៉ាស៊ីនដែល បង្កើតឡើងពីម៉ាស៊ីនធម្មតាលើសពីមួយ។

compression / ការសង្កត់តិងសៃ្លេន : ការសង្កត់ដែល កើតឡើងនៅពេលដែលកម្លាំងគាបវត្ថុមួយខាង។

computer/កុំព្យូទ័រ: ឧបករណ៍អគ្គិសនីដែលអាចទទួល ទិន្នន័យ និង ការណែនាំ, ធ្វើតាមការណែនាំ និង បញ្ចេញលទ្ធផល។

concave lens / កែវផត : កែវដែលផ្នែកកណ្ដាលស្ដើង ជាងគែមជុំវិញ។

concave mirror / កញ្ចក់ផត : កញ្ចក់ដែលកោងចូល ក្នុង ដូចជាផ្នែកខាងក្នុងនៃស្លាបព្រា។

concentration / ភាពទាច់ : បរិមាណនៃសារធាតុ ជាក់លាក់មួយ ក្នុងចំនួននៃល្បាយ, សូលុយសុង ឬ ជ័រ។

condensation/កំណក: ការផ្លាស់ប្ដូរលក្ខណៈពីឧស្ម័ន ទៅជាវត្ថុរាវ។

conduction / ការនាំកម្តៅ : ការបញ្ជូនថាមពលជាកម្តៅឆ្លងតាមវត្ថុធាតុ។

conic projection / រូបផែនទីរាងសាជី : ផ្ទាំងផែនទីដែលធ្វើឡើងដោយផ្លាស់ប្តូរទិដ្ឋភាពផ្ទៃរបស់ផែនដីទៅជាកោណ។

conservation / ការអភិរក្ស : ការការពារ និង ប្រើប្រាស់ធនធានធម្មជាតិដោយសមហេតុផល។

constellation / តារានិករ : តំបន់នៃមេឃដែលមានគំរូផ្កាយអាចសម្គាល់បាន និង ដែលបានប្រើប្រាស់ដើម្បីពិពណ៌នាអំពីទីកន្លែងនៃវត្ថុមួយនៅក្នុងលំហរ។

consumer / សរីរៈបរិភោគ : សរីរៈដែលបរិភោគសរីរៈផ្សេងទៀត ឬ រូបធាតុសរីរាង្គ។

continental drift / ការអណ្តែតនៃទ្វីប : សម្មតិកម្មដែលថ្លែងថាទ្វីបនៅពេលមួយបានបង្កើតផ្ទាំងផ្ទៃដីមួយ, បានបំបែក និង អណ្តែតមកកាន់កន្លែងបច្ចុប្បន្ន។

continental rise / កម្ពស់ទ្វីប : ផ្នែកទ្រេតនៃផែនទ្វីបស្ថិតនៅរវាងជម្រាលទ្វីប និង បាតសមុទ្រជ្រៅ។

continental shelf / ថ្នាក់នៃទ្វីប : ផ្នែកទ្រេតនៃផែនទ្វីបស្ថិតនៅរវាងច្រាំងសមុទ្រ និង ជម្រាលទ្វីប។

continental slope / ជម្រាលទ្វីប : ផ្នែកនៃផែនទ្វីបដែលជ្រេលខ្លាំង ស្ថិតនៅរវាងកម្ពស់ទ្វីប និង ថ្នាក់នៃទ្វីប។

contour feather / រោមវណ្ឌវង្ក : រោមខាងក្រៅមួយក្នុងចំណោមរោមខាងក្រៅដែលគ្របដណ្តប់សត្វបក្សី និង ដែលជួយកំណត់សណ្ឋានរបស់វា។

contour interval / ភាពខុសគ្នានៃវណ្ឌវង្ក : ភាពខុសគ្នានៅលើកម្ពស់រវាងខ្សែវណ្ឌវង្កមួយ និង ខ្សែវណ្ឌវង្កបន្ទាប់នោះ។

contour line / បន្ទាត់វណ្ឌវង្ក : បន្ទាត់ដែលភ្ជាប់ចំណុចនៃកម្ពស់ស្មើគ្នា។

controlled experiment / ការពិសោធន៍ដោយត្រួតពិនិត្យ : ការពិសោធន៍ដែលធ្វើការសាកល្បងលើកត្តាតែមួយ នៅពេលមួយ ដោយប្រើការប្រៀបធៀបនៃក្រុមត្រួតពិនិត្យជាមួយនឹងក្រុមធ្វើពិសោធន៍។

convection / ការផ្លាស់ទីនៃកម្តៅ : ការផ្លាស់ទីនៃសារធាតុដោយសារភាពខុសគ្នានៃដង់ស៊ីតេ។ ការបញ្ជូនថាមពលដោយសារចលនានៃសារធាតុ។

convection current / ចរន្តផ្លាស់ទីនៃកម្តៅ : ការផ្លាស់ទីទាំងឡាយណារបស់សារធាតុដែលជាលទ្ធផលពីភាពខុសគ្នានៃដង់ស៊ីតេ។ វាអាចតាមទិសបញ្ឈរ ឬ រង្វង់។

convergent boundary / ដែនរួមគ្នា : ដែនដែលកើតឡើងដោយសារការទង្គិចនៃផ្ទាំងសីលាដែនដីពីរ។

convex lens / កែវប៉ោង : កែវដែលផ្នែកកណ្តាលក្រាស់ជាងគែមជុំវិញ។

convex mirror / កញ្ចក់ប៉ោង : កញ្ចក់ដែលកោងចេញក្រៅ ដូចជាបាតនៃស្លាបព្រា។

core / ស្នូល : ផ្នែកកណ្តាលនៃផែនដីនៅខាងក្រោមស្រទាប់ស្លូលផែនដី។

Coriolis effect / ឥទ្ធិពល គូរីអូលីស : ភាពប្រាកដកោងនៃផ្លូវនៃវត្ថុផ្លាស់ទីមួយពីផ្លូវត្រង់ដោយសារតែការវិលរបស់ផែនដី។

cosmology / លោកធាតុវិទ្យា : ការសិក្សាអំពីដើមកំណើត, គុណភាព, ដំណើរការ និង ការវិវត្តន៍នៃសកលលោក។

covalent bond / ចំណងកូវ៉ាឡង់ : ចំណងកើតឡើងនៅពេលដែលអាតូមនានារួមអេឡិចត្រុងមួយ ឬ ច្រើនគូ។

covalent compound / សមាសធាតុកូវ៉ាឡង់ : សមាសធាតុគីមីដែលកើតឡើងដោយសារការរួមអេឡិចត្រុងគ្នា។

crater / មាត់ភ្នំភ្លើង : រណ្តៅដែលមានរាងជាជីឡាវនៅជិតកំពូលនៃប្រហោងកណ្តាលរបស់ភ្នំភ្លើង។

creep / ចលនាយឺតៗ : ចលនាធ្លាក់ចុះយឺតៗនៃសារធាតុសិលាដែលសឹក។

crust / សំបកផែនដី : ស្រទាប់ខាងក្រៅបំផុតស្តើង និង រឹងនៃផែនដីនៅពីលើស្រទាប់ថ្មផែនដី។

crystal / កែវចរណៃ : វត្ថុរឹងដែលអាតូម អ៊ីយ៉ុង ឬ ម៉ូលេគុលរបស់វាត្រូវបានរៀបចំតាមគំរូមួយច្បាស់លាស់។

crystal lattice / ប្រទាសកែវចរណៃ : គំរូទៀងទាត់ដែលកែវចរណៃត្រូវបានតម្រៀប។

cyclone / ស៊ីក្លូន : តំបន់នៅក្នុងបរិយាកាសដែលមានសម្ពាធទាបជាងតំបន់ជុំវិញ និង មានខ្យល់ដែលវិលទៅរកផ្នែកកណ្តាល។

cylindrical projection / រូបផែនទីរាងស៊ីឡាំង : ផ្ទាំងផែនទី ដែលធ្វើឡើងដោយផ្លាស់ប្តូរទិដ្ឋភាពផ្ទៃរបស់ផែនដីទៅជាស៊ីឡាំង។

cytokinesis / ការបំបែកកោសិកា : ការបំបែកស៊ីតូប្លាស់នៃកោសិកា។

cytoskeleton / កោសិកាឈាច : បណ្តាញស៊ីតូប្លាស់នៃសរសៃប្រូតេអ៊ីនដែលដើរតួនាទីសំខាន់នៅក្នុងចលនាកោសិកា, កំណត់ទ្រង់ទ្រាយ និង ការបំបែក។

D

data / ទិន្នន័យ: បំណែកនៃព័ត៌មានទាំងឡាយណាដែលទទួលបានតាមរយៈការធ្វើសង្កេត ឬ ការធ្វើពិសោធន៍។

day/ថ្ងៃ: ពេលដែលត្រូវការដើម្បីឱ្យផែនដីវិលជុំវិញអ័ក្សរបស់វាម្តង។

decibel / ដេស៊ីបែល: ខ្នាតទូទៅបំផុតដែលគេប្រើប្រាស់ដើម្បីវាស់ភាពឮ (និមិត្តសញ្ញា dB)។

decomposer/ធាតុបំបែក: សរីរៈដែលទទួលថាមពលដោយបំបែកសារធាតុនៅសល់របស់សរីរៈគ្មានជីវិត ឬ កាកសំណល់សត្វ និង ប្រើប្រាស់ ឬ ស្រូបយកធាតុបំប៉ន។

decomposition / ការបំបែកធាតុ: ការបំបែកសារធាតុ ទៅជាសារធាតុមានម៉ូលេគុលសាមញ្ញ។

decomposition reaction / ប្រតិកម្មបំបែកធាតុ: ប្រតិកម្មដែលសមាសធាតុផ្សំទោលមួយបំបែក ដើម្បីបង្កើតជាសារធាតុសាមញ្ញពីរ ឬ ច្រើន។

deep current / ចរន្តនៅបាតសមុទ្រ: ចលនានៃទឹកមហាសមុទ្រ ដូចជាទឹកស្ទឹងហូរ នៅខាងក្រោមឆ្ងាយពីផ្ទៃ។

deep-water zone / តំបន់ទឹកជ្រៅ: តំបន់នៃបឹង ឬ ស្រះខាងក្រោមតំបន់ទឹកបើកចំហរដែលគ្មានពន្លឺអាចទៅដល់។

deflation / ចម្រោះ: ទ្រង់ទ្រាយនៃចម្រោះខ្យល់ដែលអនុភាគដីល្អិតល្អត្រូវបានបក់ចេញ។

deformation/វិរូបកម្ម: ការកោង, ផ្លៀង និង បែកនៃសំបកផែនដី។ ការប្រែប្រួលទ្រង់ទ្រាយសិលាដោយសារត្រូវទម្ងន់សង្កត់។

delta / ដីសណ្តរ: ដីល្បប់ដ៏ធំរាងផ្លិតហូរកក់ទុកនៅមាត់នៃស្ទឹង។

density/ដង់ស៊ីតេ: ផលធៀបរវាងម៉ាស់នៃសារធាតុមួយនឹង មាឌនៃសារធាតុនោះ។

dependent variable / អញ្ញតិអាស្រ័យ: នៅក្នុងការធ្វើពិសោធន៍ កត្តាដែលផ្លាស់ប្តូរ ដោយសារការបញ្ចូលកត្តាមួយ ឬ ច្រើនផ្សេងទៀត (អញ្ញតិឯករាជ្យ)។

deposition / ការនាំដីល្បាប់មកកកទុក: វិធីដែលដីល្បប់ហូរនាំមកកកទុកនៅកន្លែងមួយ។

dermis/ស្បែកខាងក្នុង: ស្រទាប់នៃស្បែកនៅខាងក្រោមស្បែកខាងលើ។

desalination / ការបន្សាប: វិធីយកអំបិលចេញពីទឹកសមុទ្រ។

desert / វាលរហោស្ថាន: តំបន់ដែលមានជីវិតរុក្ខជាតិរស់នៅតិច ឬ គ្មាន ហើយ គ្មានភ្លៀងក្នុងរយៈពេលមួយវែង និង មានសីតុណ្ហភាពខ្ពស់ហួសហេតុ។ ជាធម្មតានៅក្នុងធាតុអាកាសក្តៅ។

dew point / ចំណុចធ្លាក់ទឹកសន្សើម: នៅពេលសម្ពាធថេរ និង មានភាគចំហាយទឹក វាគឺជាសីតុណ្ហភាពដែលកម្រិតនៃកំណក ស្មើរនឹងកម្រិតនៃរំហួត។

diaphragm / សន្ទះច្រមុះ: សាច់ដុំរាងដោមដែលជាប់ទៅនឹងឆ្អឹងខាងក្រោម និង ដែលធ្វើមុខងារជាសាច់ដុំសំខាន់ក្នុងការដកដង្ហើម។

dichotomous key / គោលលក្ខណៈចែកចេញជាពីរ: ជំនួយដែលប្រើប្រាស់ដើម្បីកំណត់សរីរៈ និង ដែលមានចម្លើយនឹងស៊េរីនៃសំណួរ។

differential weathering / សំណឹកផ្សេងគ្នា: វិធីដែលសិលាធន់នឹងភាពសឹកតិចតួច និង ទន់ជាង, សឹក ហើយទុកឱ្យថ្មដែលធន់នឹងភាពសឹកខ្លាំង និងរឹងនៅខាងក្រោយ។

differentiation / អវិកលកម្ម: វិធីដែលរូបធាតុ និង មុខងារនៃផ្នែកនានារបស់សរីរៈ ផ្លាស់ប្តូរដើម្បីឱ្យចេញលក្ខណៈពិសេសនៃផ្នែកទាំងអស់នោះ។

diffraction / ភាពបត់បែននៃរលក: ការប្រែប្រួលនៅក្នុងទិសដៅនៃរលក នៅពេលដែលរលកជួបឧបសគ្គ ឬ ច្រាំង ដូចជា ភាពចំហរ។

diffusion / សំណាយភាយ: ចលនារបស់អនុភាគពីតំបន់ដែលមានដង់ស៊ីតេខ្ពស់ទៅតំបន់ដែលមានដង់ស៊ីតេទាប។

digestive system / ប្រព័ន្ធរំលាយអាហារ: សរីរាង្គដែលបំបែកចំណីអាហារ ដូច្នេះវាអាចបំប៉នដល់រាងកាយ។

digital signal / សញ្ញាឌីជីថល: សញ្ញាដែលអាចត្រូវបានតំណាងដោយតម្លៃដាច់ពីគ្នាតៗគ្នា។

diode/ឌ្យូត: ឧបករណ៍អគ្គិសនីដែលអាចឱ្យបន្ទុកអគ្គិសនីផ្លាស់ទីងាយស្រួលជាងនៅក្នុងទិសដៅមួយ ជាងទិសដៅផ្សេងទៀត។

divergent boundary / ដែនដែលឃ្លាតឆ្ងាយពីគ្នា: ដែនរវាង ផ្ទាំងតិកតូនិកពីរដែលឃ្លាតឆ្ងាយចេញពីគ្នា។

divide / ខ្សែបែន: ដែនរវាងតំបន់ទំនប់ទឹកនានាដែលមានស្ទឹងហូរកាត់ក្នុងទិសដៅផ្ទុយគ្នា។

DNA: អាស៊ីត ឌីអុកស៊ីតរីបូនុយក្លេអ៊ិក ជា ម៉ូលេគុលដែលតំណាងនៅក្នុងកោសិកាមានជីវិតទាំងអស់ ដែលមានព័ត៌មានកំណត់លក្ខណៈ ដែលរបស់មានជីវិតទទួលតំណពូជ និង ត្រូវការរស់នៅ។

dominant trait / សក្ខណៈលុច : លក្ខណៈយើញមាន
នៅក្នុងជំនាន់ទីមួយ នៅពេលមេចាដែលមានលក្ខណៈផ្សេងគ្នា
បង្កូរកំណេីត។

doping / ូូភីន : ការបន្ថែមអង្គធាតុមិនសុទ្ធទៅក្នុងវត្ថុ
ដែលចម្លងកម្ដៅមល្យម។

Doppler effect / អនុភាពុបប្ថើ : ការប្រែប្រួលដែល
បានរកយើញនៅក្នុងប្រេកង់រលកនៅពេលប្រភព ឬ ឧបករណ៍
អង្កេតផ្លាស់ទី។

dormant/ចិនសុូនល្បាស់: ពិពណ៌នាពីលក្ខណៈអសកម្ម
នៃគ្រាប់ពូជ ឬ ផ្នែកនៃរុក្ខជាតិផ្សេងទៀត នៅពេលដែល
លក្ខណៈមិនអំណោយផលចំពោះការលួតលាស់។

**double-displacement reaction / ប្រតិកម្ម
ជំនួសទ្វេ :** ប្រតិកម្មដែលឧស្ម័ន, វត្ថុបង្គតុរចាតរីង ឬ
សមាសធាតុ្ម៉លេតុលមួយកើតឡើងពីការផ្លាស់ប្តូរនៃអ៊ីយ៉ុង
វាងសមាសធាតុពីរ។

down feather / រោមទ្នាងក្រោម : រោមទន់ដែលគ្រប
ពណ្ណប់ពងខ្លួននៃបក្សីរ៉ាយក្មេង និង ផ្ដល់ការការពារដល់បក្សី
ពេញរ៉ាយ។

drag / កម្ទាំងខ្ទួរ : កម្ទាំងដែលស្របទៅនឹងល្បៀននៃ
លំហូរ។ វាផ្ទុយនឹងទិសដៅនៃយន្តហោះ និង រុមជាមួយ
ម៉ាស៊ីនរុញ កំណត់ល្បៀននៃយន្តហោះ។

drug / ថ្នាំ : សារធាតុទាំងឡាយណាដែលធ្វើឱ្យមានការ
ប្រែប្រួលនៅក្នុងលក្ខណៈរូបសាស្ត្រ និង ចិត្តសាស្ត្ររបស់មនុស្ស។

dune / ផ្លូកឌ្យាច់ : តំនរនៃខ្សាច់ដែលកកុំទុកដោយសារ
ខ្យល់បក់ម៉ក ដែលរក្សារូបរាងរបស់វា ទោះបីជាវាផ្លាស់ទី។

E

echo / ឧ្ទ : រលកសម្លេងដែលវំពងចេញ។

echolocation / ការកំណាត់ទីតាំងមោយប្រេីសម្ខេងឧ្ទ :
វិធីដែល ប្រេីរលកសម្លេងវំពងដើម្បីរករវត្ថុអ្វីមួយ។ វាត្រូវបាន
ប្រេីប្រាស់ ដោយសត្ថជួចជា ប្រចៀវ។

eclipse/សុរ្យុត្រាស: ព្រឹត្តិការណ៍ដែលស្រមោលនៃអង្គ
ក្នុងលំហមួយចោលទៅលើអង្គមួយទៀត។

ecology / ចរិត្ថានវិទ្យា : ការសិក្សាអំពីទំនាក់ទំនងនៃ
សរីរៈមានជីវិតជាមួយនឹងសរីរៈផ្សេងទៀត នៅក្នុងបរិផ្ទាន
របស់ពួកវា។

ecosystem / ប្រព័ន្ធទំនាក់ទំនងចរិប្ថាន : សហគមនៃ
សរីរៈ និងរបស់គ្មានជីវិតរបស់ពួកវា ឬបរិផ្ទាននៃរបស់គ្មានជីវិត។

ectotherm / សត្ថឈាមត្រជាក់ : សរីរៈដែលត្រូវការ
ប្រភពកម្ដៅពីខាងក្រៅខ្លួនរបស់វា។

egg / ១៦: កោសិកាភេទដែលបង្កើតឡើងដោយភេទញ្ញី។

El Niño / អេល នីឈ្ញុ : ការផ្លាស់ប្ដូរសីតុណ្ណភាពផ្ទៃទឹក
នៅមហាសមុទ្របាសីហ្វិក ដែលបង្កើតបានជាចរន្តក្តៅ។

**elastic rebound / ការយឺតត្រឡប់ទៅកាន់ភាពធេី
វិញ :** ការត្រឡប់ភ្នាមៗនៃសិលាវ៉ិូបកម្មដែលលយឺតទៅទៅកាន់
រូបរាងដែលមិនទាន់ធ្វើវ៉ិូបកម្មរបស់វា។

electric current / ចរន្តអគ្គិសនី : កម្រិតដែលបន្ទុក
ឆ្លងកាត់ចំណុចផ្តល់ល្ងៀមួយ។ វាត្រូវបានគេវាស់ជា អំផែរ។

electric discharge / ការបញ្ចេញចន្ទកអគ្គិសនី :
ការបញ្ចេញអគ្គសនីដែលរក្សាទុកនៅក្នុងប្រភពមួយ។

electric field / ថែនអគ្គិសនី : តំបន់ដែលហ៊ុំព័ទ្ធវត្ថុ
ដែលមានបន្ទុក ដែលក្នុងនោះ វត្ថុដែលមានបន្ទុកមួយទៀត
ទទួលកម្ទាំងអគ្គិសនីពីវា។

electric force/កម្ទាំងអគ្គិសនី : កម្ទាំងស្រូប ឬ ច្រាន
នៅលើអនុភាគមានបន្ទុកដោយសារតែផែនអគ្គិសនី។

electric generator / ម៉ាស៊ីនបង្កើតចរន្តអគ្គិសនី :
ឧបករណ៍ដែលបំលែងថាមពលមេកានិចទៅជាថាមពលអគ្គិសនី។

electric motor / ម៉ូទ័រអគ្គិសនី : ឧបករណ៍ដែល
បំលែងថាមពលអគ្គិសនី ទៅជា ថាមពលមេកានិច។

electric power/អនុភាពអគ្គិសនី: កម្រិតដែលថាមពល
អគ្គិសនីត្រូវបានបំលែងទៅជាទម្រង់ថាមពលផ្សេងៗទៀត។

electrical conductor / វត្ថុចម្លងអគ្គិសនី : សារធាតុ
ដែលបន្ទុកអាចផ្លាស់ទីដោយសេរី។

electrical insulator / វត្ថុចិនចម្លងអគ្គិសនី :
សារធាតុដែលបន្ទុកមិនអាចផ្លាស់ទីដោយសេរី។

electromagnet / មេថែកអគ្គិសនី : ឧបករណ៍អគ្គិសនី
ដែលមានស្នូលជាតិដែកទន់ និង ដែលដើរត្ថុរជាមេដែក
នៅពេលដែលចរន្តអគ្គិសនីនៅក្នុងឧបករណ៍នោះ។

**electromagnetic induction / ការនាំចន្ទកទៅ
ឱ្យមេថែកអគ្គិសនី:** វិធីបង្កើតចរន្តនៅក្នុងសៀគ្វី ដោយការ
ប្រែប្រួលផែនម៉ាញេទិក។

**electromagnetic spectrum / វិសាលតចមេថែក
អគ្គិសនី:** ប្រកង់ ឬ ប្រវែងរលកនៃវិទ្យុសកម្មមេដែកអគ្គិសនី
ទាំងអស់។

electromagnetic wave / រលកមេថែកអគ្គិសនី :
រលកដែលមានផែនអគ្គិសនី និង ផែនម៉ាញេទិក ដែលយោល
នៅមុំខាងស្ដាំ ទៅវិញទៅមក។

electromagnetism / អគ្គិសនីម៉ាញេទិក : ទំនាក់
ទំនងទៅវិញ ទៅមករវាង អគ្គិសនី និង ម៉ាញេទិក។

electron / អេឡិចត្រុង : អនុភាគអនុអាតូមដែលមាន
បន្ទុកអវិជ្ជមាន។

electron cloud / ដែនអេឡិចត្រុង : តំបន់នៅជុំវិញ
នុយក្លេនៃអាតូមមួយដែលអាចឃើញមានអេឡិចត្រុង។

electron microscope / អតិសុខុមទស្សន៍អេឡិចត្រុង :
អតិសុខុមទស្សន៍ដែលផ្តោតទៅលើសញ្ញាអេឡិចត្រុង ដើម្បី
ពង្រីករូបវត្ថុផ្សេងៗ។

element / អង្គធាតុ : សារធាតុដែលមិនអាចចែក ឬ
បំបែកទៅជាសារធាតុសុទ្ធ ដោយមធ្យោបាយគីមី។

elevation/កម្ពស់ : កម្ពស់នៃវត្ថុមួយប្រៀបទៅនឹងកម្រិត
ទឹកសមុទ្រ។

embryo/អំប្រ៊ីយ៉ុ : ចំពោះមនុស្ស ជាការលូតលាស់ចាប់
តាំងពីពេលបង្កកំណើតរហូតដល់សប្តាហ៍១០នៃការមានគត៌។

endocrine system / ប្រព័ន្ធអន្តោមរ៉ូន : បណ្ដុំនៃ
ក្រពេញ និង ក្រុមនៃកោសិកាដែលកំចាំងអ្វូម៉ូនដែលលូតលាស់
ធម្មតា, វិក ចម្រើន និង ធ្វើឱ្យមានលក្ខណៈស្រើឆ្គា។ វ្នុមាន
ក្រពេញភីធូថៃវី, ក្រពេញទ័រ្យអ៊ុយ, ប៉ារ៉ាទ័រ្យអ៊ុយ និង ក្រពេញ
ក្រលៀន, អ៊ុប៉ូថាឡាម៉ុស, សវីរ៉ាង្គកីឡៃល និង សវីរ៉ាង្គបន្តពូជ។

endocytosis / អ៊ិនឌូស៊ីតូស៊ីស : វិធីដែលភ្នាសកោសិកា
ព័ទ្ធជុំវិញ អនុភាគ និង ភ្ជាប់អនុភាគទៅក្នុងផ្ទោក ដើម្បីនាំ
អនុភាគនោះទៅក្នុងកោសិកា។

endoplasmic reticulum / សំណាញ់អ៊ិនឌូផ្លាស្មិក :
ប្រព័ន្ធនៃ ភ្នាសដែលឃើញមាននៅក្នុងស៊ីតូផ្លាស់របស់កោសិកា
និង ដែលជួយ ក្នុងការបន្តពូជ, ដំណើរ និង នាំប្រូតេអ៊ុន និង
នៅក្នុងការបង្កើតលីពីត។

endoskeleton / គ្រោងឆ្អឹងខាងក្នុង : គ្រោងឆ្អឹងខាង
ក្នុង កើតឡើងដោយសារឆ្អឹង និង 'ឆ្អឹងខ្ចី។

endospore/អ៊ិនឌូស្ព័រ : គ្រោងបន្តពូជអភេទដែលមាន
ជញ្ជាំងការពារក្រាស ដែលបង្កើតជាធាតុខាងក្នុងកោសិកាបាក់តើវ
និង ធន់នឹងស្ថានភាពអាក្រក់។

endotherm / សត្វឃាមក្តៅ : សត្វដែលអាចប្រើកម្ដៅ
ក្នុងខ្លួន ពីប្រតិកម្មគីមីនៅក្នុងកោសិកាដងខ្លួនដើម្បីរក្សាសីតុណ្ហភាព
ក្នុងខ្លួនឱ្យនៅថេរ។

endothermic reaction / ប្រតិកម្មឌូស្រូចកម្ដៅ :
ប្រតិកម្មគីមីដែលត្រូវការរកម្ដៅ។

energy / ថាមពល : សមត្ថភាពធ្វើការងារ។

energy conversion / ការបំលែងថាមពល : ការផ្លាស់ប្ដូរ
ពីថាមពលមួយទៅថាមពលមួយទៀត។

energy pyramid / ពីរ៉ាមីតថាមពល : ស្រាក្រាមរាង
ត្រីកោណ ដែលបង្ហាញការបាត់បង់ថាមពលរបស់ប្រព័ន្ធទំនាក់
ទំនងបរិដ្ឋាន ដែលជាលទ្ធផលដោយសារថាមពលធ្លាងកាត់
ច្ខ្ទាក់ចំណីអាហារនៃ ប្រព័ន្ធទំនាក់ទំនងបរិដ្ឋាន។

energy resource / ធនធានថាមពល : ធនធានធម្មជាតិ
ដែលមនុស្សប្រើប្រាស់ដើម្បីបង្កើតថាមពល។

eon / កាលសម័យ : ការបែងចែករយៈពេលភូមិសាស្ត្រ
ដ៏វែងជាងគេ។

epicenter / ចណ្ដុលរញ្ជួយថី : ចំណុចនៅលើផ្ទៃដែនដី
ខាងលើ ផ្ទាល់នៃចំណុចចាប់ផ្ដើម ឬ ចំណុចផ្ដោតនៃការរញ្ជួយ
ផែនដី។

epidermis / ស្បែកខាងក្រៅ : ស្រទាប់ខាងក្រៅនៃ
កោសិកាលើរុក្ខជាតិ ឬ សត្វ។

epoch/យុគសម័យ : ការបែងចែករយៈពេលភូមិសាស្ត្រតូចៗ។

equator/អេក្វាទ័រ : ខ្សែព័ទ្ធជុំវិញមូល ដែលគេស្រមើល
ស្រមៃឡើងថា វានៅពាក់កណ្ដាលរវាងប៉ូល ដែលចែកផែនដី
ជាពីរ គឺ អឌ្ឍគោលខាងជើង និង ខាងត្បូង។

era / សម័យ : ខ្នាតនៃរយៈពេលភូមិសាស្ត្រដែលរួមមាន
អំឡុងពេលពីរ ឬ ច្រើន។

erosion / ចម្រោះ : វិធីដែលខ្យល់, ទឹក, ទឹកកក ឬ
ទំនាញនាំដី និង សារធាតុពីកន្លែងមួយទៅកន្លែងមួយទៀត។

esophagus / ចំពង់អាហារ : បំពង់ត្រង់វែង ដែលភ្ជាប់
ដើមករទៅនឹងក្រពះ។

estivation / អសកម្មភាពនៅរដូវក្ដៅ : កំឡុងពេលនៃ
អសកម្មភាព និង សីតុណ្ហភាពក្នុងខ្លួនទាប ដែលសត្វមួយចំនួន
ធ្វើនៅរដូវក្ដៅ ជាការការពារប្រឆាំងទៅនឹងអាកាសធាតុ និង
កង្វះចំណីអាហារ។

estuary/ទ្រោងទន្លេ : កន្លែងដែលទឹកសាបមកពីទឹកទន្លេ
លាយជាមួយនឹងទឹកប្រៃសមុទ្រ។

Eukarya / យូការីយ៉ា : នៅក្នុងប្រព័ន្ធដាក់ចំណាត់ថ្នាក់
ទំនើប ក្រុមដែលកើតឡើងដោយ ពួកយូការីយ៉ូតទាំងអស់។
ក្រុមនេះស្ថិតនៅក្នុងផ្នែរ ជាមួយ អាណាចក្របុរាណ ព្រិទីស្ថា,
ហ្គុងហ្ពី, ផ្លែតតេ និង អានីម៉ាល្យៃ។

eukaryote / យូការីយ៉ូត : សវីរៈដែលកើតឡើងដោយ
កោសិកា ដែលមាននុយក្លេភ្ជាប់ទៅនឹងភ្នាស។ យូការីយ៉ូត
រួមមាន ព្រូមីស, សត្វ, រុក្ខជាតិ, និង ពហុកោសិក ប៉ុន្តែមិនមែន
អាខៃ ឬ បាក់តេរី។

evaporation / ការបង្ហួត : ការប្រែប្រួលនៃសារធាតុ
ពីរវត្ថុរាវ ទៅជា ឧស្ម័ន។

evolution / ការវិវត្តន៍ : វិធីដែលចរិកលក្ខណៈបន្តពូជ
នៅក្នុង សំណុំជាមួយគ្នា ផ្លាស់ប្តូរតាមជំនាន់ ដូចដែលពេលខ្លះ
ពូជថ្មីកើតឡើង។

exfoliation / ការបេក : ដំណើរដែលស្រទាប់នៃសិលា
របកចេញពីតួសិលាធំៗ ដោយសារសម្ពាធត្រូវបានដកចេញ។

exocytosis / អេសុស៊ីតូស៊ីស : វិធីដែលកោសិកាបញ្ចេញ
អនុភាគ ដោយភ្ជាប់អនុភាគទៅក្នុងថង់រក ដែលបន្ទាប់មកផ្សាស់ទី
ទៅលើផ្ទៃ កោសិកា និង រលាយជាមួយភ្នាសកោសិកា។

exoskeleton / សំបកឆ្អឹងក្រៅ : រូបផ្ទឹងទ្រដែលរឹង
នៅខាងក្រៅ។

exothermic reaction / ប្រតិកម្មបញ្ចេញថាមពល :
ប្រតិកម្មគីមីដែលបញ្ចេញកម្តៅទៅជុំវិញ។

external fertilization / ការបង្កលូតនៅខាងក្រៅ :
ការរួបរួម គ្នានៃកោសិកាភេទនៅខាងក្រៅខ្លួននៃមេចា។

extinct / ផុតពូជ : ពិពណ៌នាអំពីពូជដែលបានស្លាប់បាត់
រូបរាងទាំងស្រុង។

extinction / ការផុតពូជ : ការស្លាប់នៃសមាជិកពូជនិមួយៗ។

extrusive igneous rock / ថ្មកម្តៅភ្លើង : ថ្មដែល
កើតចេញ ពីសកម្មភាពថ្មភ្លើងនៅ ឬ ជិតផ្ទៃផែនដី។

F

farsightedness / ភាពមើលឃើញបានឆ្ងាយ : លក្ខខ័ណ្ឌ
ដែលកែវភ្នែកផ្តោតលើវត្ថុនៅឆ្ងាយជាជាងចិត្របទៀ។

fat / ធាតិខ្លាញ់ : គ្រឿងបំប៉នដែលរក្សាថាមពល ជួយដល់
រាងកាយរក្សាវីតាមីនមួយចំនួន។

fault / ចំណាក់ស្រុត : ការបែកក្តូនៃថ្មឬសិលា ដែលថ្មឬ
ទាំងនោះស្រុតចុះបន្តបន្ទាប់គ្នា។

feedback mechanism / យ័ន្តការឆបចរ : វដ្តនៃ
ព្រឹត្តិការណ៍ដែលព័ត៌មានពីមួយជំហានត្រួតត្រា ឬ មានឥទ្ធិពល
ដល់ជំហានមុន។

felsic / ហ្វេលស៊ីក : ពិពណ៌នាពីម៉ាក់ម៉ា ឬ សិលាភ្នំភ្លើង
ដែលសំបូរហ្វេលស្ប៉ាច និង ស៊ីលីកា និង ដែលជាទូទៅមាន
ពណ៌ភ្លឺចាំង។

fermentation / កិណ្ឌនកម្ម : ការបំបែកចំណីអាហារ
ដោយមិនប្រើប្រាស់អុកស៊ីសែន។

fetus / ភ្រូណ : ការលូតលាស់របស់មនុស្សចាប់ពីចុងសប្តាហ៍ទី
១០នៃការមានគភ៌ រហូតដល់ពេលចាប់កំណើត។

floodplain / វាលលិចទឹក : តំបន់នៅតាមដងទន្លេដែល
កើតឡើងពីល្បាប់បានកក់ទុកនៅពេលដែលទឹកទន្លេជំនន់លេចច្រាំង
របស់វា។

fluid / សន្ទនីយវត្ថុ : លក្ខណៈមិនរឹងនៃសារធាតុដែលអាចម
ឬ ម្សៅលុកអាចផ្លាស់ទីដោយសេរី ឆ្លងកាត់គ្នាទៅវិញទៅមក
ដូចជា នៅក្នុងឧស្ម័ន ឬ វត្ថុរាវ។

focus / ចំនុចផ្តោត : ចំនុចនៅតាមកន្លែងស្រួតដែលចលនា
ដំបូងរបស់រញ្ជួយផែនដីកើតឡើង។

folding / ចំណេីងថ្គត់ : ការធ្លាក់ចុះនៃស្រទាប់សិលា
ដោយសារកម្លាំងសង្កត់។

foliated / ផៃសាច់ថ្ត : ពិពណ៌នាសាច់នៃសិលាបរិវត្តន៍
ដែលសាច់ដៃត្រូវបានរៀបចំលើផ្ទៃរាបស្មើ ឬ ផ្ទិតគ្នា។

food chain / ចង្វាក់ចំណីអាហារ : ផ្លូវនៃថាមពលដែល
ផ្លូវតាម ដំណាក់កាលផ្សេងៗ ជាលទ្ធផលនៃគំរូចិញ្ចឹមនៃសេរី
របស់សរីរៈ។

food web / សំណាញ់ចំណីអាហារ : ស្យាក្រាមដែលបង្ហាញពី
ទំនាក់ទំនងចិញ្ចឹមរវាងសរីរៈនៅក្នុងប្រព័ន្ធទំនាក់ទំនងបរិស្ថាន។

force / កម្លាំង : ការរុញ ឬ ទាញលើវត្ថុមួយដើម្បីផ្លាស់ប្តូរ
ចលនានៃវត្ថុនោះ។ កម្លាំងមានទំហំ និង ទិសដៅ។

fossil / ផូស៊ីល : ធាន ឬ សំណល់របស់សរីរៈដែលបាន
រស់នៅក្នុងរយៈពេលយូរយារណាស់មកហើយ ភាគច្រើនត្រូវ
បានរក្សាទុកនៅក្នុងសិលាស្រទាប់ដី។

fossil fuel / ឥន្ធនៈផូស៊ីល : ថាមពលដែលលើងស្តុត
កើតចេញពី សំណល់សរីរៈ ដែលបានរស់នៅក្នុងរយៈពេល
យូរយារណាស់មកហើយ។

fossil record / កំណត់ត្រាផូស៊ីល : លំដាប់ប្រវត្តិសាស្ត្រ
នៃជីវិត ដែលបានបញ្ជាក់ដោយផូស៊ីល ដែលបានរកឃើញនៅ
ក្នុងស្រទាប់នៃសំបកផែនដី។

fracture / ការបែក : លក្ខណៈដែលប៉ែបែកតាមផ្ទៃកោង
ឬ មិនធម្មតា។

free fall / ការធ្លាក់ចុះដោយសេរី : ចលនារបស់ដងខ្លួន
នៅពេលមានតែកម្លាំងទំនាញដើរគូរលើរាងកាយ។

frequency / ប្រេកង់ : ចំនួននៃរលកដែលបានកើតឡើង
នៅក្នុងចំនួននៃពេលដែលបានផ្តល់ឱ្យមួយ។

friction / កម្លាំងប៉ះនង្គិច : កម្លាំងដែលលុផ្ចុយនឹងចលនា
រវាងផ្ទៃពីរដែលប៉ះគ្នា។

front / ការប្រទាក់នៃបណ្ដុំខ្យល់ : ដែនរវាងបណ្ដុំខ្យល់ ដែលមានដង់ស៊ីតេផ្សេងៗគ្នា និង ធម្មតាមានសីតុណ្ហភាពផ្សេងគ្នា។

function / មុខងារ : សកម្មភាពពិសេស, ធម្មតា ឬ គ្រឹមត្រូវរបស់សរីរាង្គ ឬ ផ្នែករបស់វា។

fungus / រុក្ខជាតិឆ្លងឆ្លួស : សរីរៈដែលកោសិការបស់វា មានអនុយក្រ, ជញ្ជាំងកោសិកាវឹងមាំ និង គ្មានក្លរ៉ូភីល និង ស្ថិត នៅក្នុងអាណាចក្រហ្គុងហ្គី។

G

galaxy / តារាវលី : បណ្ដុំនៃផ្កាយ, ធូលី និង ឧស្ម័ន ក្នុងឋ្ងា ដោយសារទំនាញ។

gallbladder / ថង់ប្រមាថ : សរីរាង្គរាងជាថង់រក្សាទឹក ប្រមាថ ដែលបង្កើតដោយថ្លើម។

ganglion / ម៉ាសសរសៃឫស្ស : ម៉ាសនៃកោសិកាប្រសាទ។

gap hypothesis / សម្មតិកម្មចន្លោះ : សម្មតិកម្មដែល ផ្អែកលើគំនិតដែលថាការរញ្ជួយដីធ្ងន់ៗទំនងកើតឡើងតាមផ្នែក នៃបំណាក់ស្រុតដែលសកម្ម ដែលជាកន្លែងមិនមានរញ្ជួយដី កើតឡើងក្នុងអំឡុងពេលមួយ។

gas / ឧស្ម័ន : សណ្ឋាននៃសារធាតុដែលមិនមានមាឌ ឬ ទ្រង់ទ្រាយច្បាស់លាស់។

gas giant / ភពធំៗមានឧស្ម័នច្រើន : ភពដែលមាន ស្រទាប់បរិយាកាសជ្រៅ និង ធំ ដូចជា ផ្កាយព្រះហស្បតី៍, ភពសៅរ៍, ភពយ៉ូរ៉ីនុស ឬ ភពណិបទូន។

gasohol / ថ្នួរៈរថយន្ត : ល្បាយនៃឧស្ម័ន និង អាកុល ដែលគេប្រើជាឥន្ធនៈ។

gene / សែន : សំណុំមួយនៃធាតុបញ្ជាសម្រាប់កំណត់ លក្ខណៈបន្តពូជ។

generation time / រយៈពេលម្ដួយជំនាន់ : អំឡុងពេល រវាងកំណើតនៃជំនាន់មួយ និង កំណើតនៃជំនាន់បន្ទាប់។

genotype / សមាសភាពបន្តពូជ : ការបង្កកំណើតសេនេទិក ទាំងស្រុងនៃសរីរៈមួយ។ វាក៏ជាការផ្សំនៃសែនសម្រាប់លក្ខណៈ ពិសេសមួយ ឬ ច្រើន។

geologic column / ការរៀបចំភូមិសាស្ត្របោយបញ្ឈរ : ការរៀបចំនៃស្រទាប់សិលា ដែលសិលាចាស់ជាងគេនៅខាងក្រោម។

geologic map / ផែនទីភូមិសាស្ត្រ : ផែនទីដែលកត់ត្រា ព័ត៌មានភូមិសាស្ត្រ ដូចជាក្រុមសិលា, លក្ខណៈរូបថ្ងី, ស្រទាប់ ប៉ា និង តំបន់ផ្ទុសីលា។

geologic time scale / តម្រិតពេលវេលាភូមិសាស្ត្រ : វិធីសាស្ត្របទដ្ឋានដែលគេគ្រប់ ដើម្បីបែងចែកប្រវត្តិធម្មជាតិដី ឃ្យូលង់របស់ផែនដីទៅជាផ្នែកដែលអាចគ្រប់គ្រងបាន។

geology / ភូមិវិទ្យា : ការសិក្សាអំពីភាពដើម, ប្រវត្តិ និង រូបផ្ទឹរបស់ផែនដី និង របៀបដែលកំណត់រូបរាងផែនដី។

geosphere / រូបធាតុរឹងរបស់ផែនធី : ផ្នែកដែលជា សិលាវឹងខ្លាំង របស់ផែនដី វាលាតសន្ធឹងពីមណ្ឌលកណ្ដាល នៃស្នូលផែនដីដល់ផ្ទៃនៃសំបកផែនដី។

geostationary orbit / តារាវិថីនៅនឹង : តារាវិថី ដែលមានចម្ងាយប្រហែល ៣៦.០០០ គ.ម. ពីលើផ្ទៃផែនដី ហើយ ដែល ផ្កាយរណបស្ថិតនៅលើចំណុចនឹងមួយនៅលើ អេក្វាទ័រ។

geothermal energy / ថាមពលកកម្ដៅលើផែនធី : ថាមពលដែលកើតឡើងដោយសារកម្ដៅនៅលើផែនដី។

gestation period / រយៈពេលមានធ្ង : ចំពោះ ថនិកសត្វ គឺជារយៈពេលរវាងការបន្ទ្ធព និង ការចាប់កំណើត។

gill / ស្រកី : សរីរាង្គដកដង្ហើមដែលអុកស៊ីសែននៅក្នុងទឹក ផ្ទាស់ប្ដូរជាមួយឧស្ម័នកាបូនិចពីក្នុងឈាម។

glacial drift / ចំណុកសិលាទិកកក : វត្ថុធាតុសិលាដែល ជាប់ និង ផ្ទិដ្ឋាដោយផែនទឹកកក។

glacier / ផែនទឹកកក : ដុំទឹកកកដីធំដែលផ្ទាស់ទី។

gland / ក្រពេញ : ក្រុមនៃកោសិកាដែលបង្កើតជាតិគីមី ពិសេស សម្រាប់រាងកាយ។

global warming / ការឡើងកម្ដៅនៅលើពិភពលោក : ការកើនឡើងជាបន្តបន្ទាប់នៃសីតុណ្ហភាពមធ្យមរបស់ពិភពលោក។

globular cluster / ចង្កោមតារា : ក្រុមនៃផ្កាយដីស្តេច ស្ងះដែលមើលទៅដូចជាបាល់ និង មានដល់ទៅ ១ លានផ្កាយ។

Golgi complex / សំណុំ ច្បួល់ថ្ងី : ផ្នែករបស់កោសិកា ដែលជួយបង្កើត និង ប្រមូលសារធាតុនំចេញទៅខាងក្រៅកោសិកា។

grassland / វាលស្មៅ : តំបន់គ្របដណ្ដប់ដោយស្មៅដែល មានគុម្ពឈើ និង ដើមឈើតិចតួច, មានដីមានជីជាតិ និង ដែល ទទួលបរិមាណទឹកភ្លៀងតាមរដូវមធ្យម។

gravity / ទំនាញ : កម្លាំងទាញរវាងវត្ថុនានា ដោយសារ ម៉ាស់របស់វា។

greenhouse effect / ឥទ្ធិពលកើនឡើងនៃកម្ដៅ : ការកើនកម្ដៅនៃផ្ទៃ និង ស្រទាប់បរិយាកាសខាងក្រោមនៃ ផែនដីដែលកើតឡើងនៅពេលចំហាយទឹក, ឧស្ម័នកាបូនិច និង ឧស្ម័នផ្សេងទៀតស្រូប និង បញ្ចេញជាមពលកម្ដៅ។

group/ក្រុម: ក្រឡោនបញ្ឈរនៃអង្គធាតុនៅក្នុងតារាងខួប នៃធាតុគីមី។ អង្គធាតុនៅក្នុងក្រុមមួយមានគុណភាពគីម៉ីដូចគ្នា។

gut / ពោះវៀន : បំពង់ផ្ទុយរំលាយអាហារ។

gymnosperm / អង្កធ្លុចច្បូណ្ណជាតិ : រុក្ខជាតិលើមាន គ្រាប់ មានទហ្សិ ដែលគ្រាប់របស់វាមិនជាប់ទៅនឹងអ្វៗ ឬផ្លែ។

H

half-life / ថិរិនជាក់កណ្ដាល : រយៈពេលដែលត្រូវការ សម្រាប់ពាក់កណ្ដាលនៃគំរូនៃសារធាតុវិទ្យុសកម្មដើម្បីទទួល ភាពរលួយនៃវិទ្យុសកម្ម។

halogen/អាឡ្យសែន: អង្គធាតុមួយនៃក្រុម ១៧ នៅក្នុង តារាងខួបនៃធាតុគីមី (ភ្លុអរ, ក្ល, ប្រូម, អ៊ីយូត និង អាស្ដាត)។ អាឡ្យសែនរួមផ្សំជាមួយលោហៈជាច្រើនដើម្បីបង្កើតអំបិល។

hardness / ភាពរឹងទាំ : ការវាស់វែងសមត្ថភាពរបស់ សារធាតុរីប្រឆាំងនឹងភាពកោសឆ្កូត។

hardware/គ្រឿងកុំព្យូទ័រ : ផ្នែក ឬ បំណែកនៃគ្រឿង ដែលបង្កើតជាកុំព្យូទ័រ។

heat/កម្ដៅ: ថាមពលដែលផ្ទេររវាងវត្ថុនានាដែលមាន សីតុណ្ហភាពផ្សេងគ្នា។

heat engine/ម៉ាស៊ីនកម្ដៅ: ម៉ាស៊ីនដែលបំលែងកម្ដៅ ទៅជាថាមពលមេកានិក ឬ កម្មន្ត។

heat flow / លំហូរកម្ដៅ : ជាពាក្យមួយទៀតនៃ *heat transfer (ការបញ្ជូនកម្ដៅ)* ដែលជាការបញ្ជូនថាមពលពី វត្ថុដែលក្ដៅ ទៅវត្ថុដែលត្រជាក់។

herbivore / តិណសី : សរីរៈដែលបរិភោគតែរុក្ខជាតិ។

heredity/តំណរពូជ: ការបន្តលក្ខណៈសេនេទិកពីមេបា ទៅឱ្យកូនចៅ។

heterotroph / ហើទីរ៉ូ្ត្រួថ៍ : សរីរៈដែលទទួលចំណី អាហារ ដោយការបរិភោគសរីរៈដទៃទៀត ឬ អនុផលរបស់ ពួកវា និង ដែលមិនអាចបង្កើតសមាសធាតុសរីរាង្គពីសារធាតុ មិនមែនសរីរាង្គ។

hibernation / ភាពសប្ដំស្រេ្រង : អំឡុងពេលអសកម្ម និង សីតុណ្ហភាពផុងខ្លួនទាប ដែលសត្វមួយចំនួនធ្វើនៅរៀវ រដូវ ជាការការពារប្រឆាំងនឹងអាកាសធាតុត្រជាក់ និង កង្វះ ចំណីអាហារ។

hologram / ហូឡ្យក្រាម : បំណែកនៃកុនដែលបង្កើត រូបភាពនៃវត្ថុមួយបីទិប៉ាំ។ វាកើតឡើងដោយប្រើពន្លឺកំរស្មី។

homeostasis/សមតាភាព: ការរក្សាលក្ខណៈខាងក្នុង ឱ្យថេរ នៅក្នុងបរិដ្ឋានមួយប្រែប្រួល។

hominid / អូមីនិច : ប្រភេទនៃនរសត្វដែលសម្គាល់ ដោយការដើររួងក្រង់, អវយវៈខាងក្រោមវែង និង គ្មាន កន្ទុយ។ ឧទាហរណ៍រួមមាន មនុស្ស និង បុព្វជនរបស់មនុស្ស។

Homo sapiens / អូម៉ូ សាព្យៀន : ពូជនៃអូម៉ូនីចដែល រួមមាន មនុស្សសម័យទំនើប និង បុព្វជនដែលដូចបំផុតរបស់ ពួកគេ និង អ្នកដែលកើតឡើងនៅប្រហែល ១០០.០០០ ទៅ ១៥០.០០០ ឆ្នាំ មុន។

homologous chromosomes / គ្រូម៉ូសុមដូចគ្នា : គ្រូម៉ូសុម ដែលមានលំដាប់ស្រែនដូចគ្នា និង មានរូបរាងដូចគ្នា។

horizon / ផ្ដែក : បន្ទាប់ដែលមេឃ និង ផែនដីហាក់ ដូចជា ជួបបន្ទាំ។

hormone/អូម៉ូ៍ន: សារធាតុដែលកើតឡើងនៅក្នុងកោសិកា ឬ ជាលិកាមួយ ហើយ ធ្វើឱ្យមានការប្រែប្រួលនៅ ក្នុងកោសិកា ឬ ជាលិកាមួយទៀត នៅក្នុងផ្នែកផ្សេងៗនៃរាងកាយ។

host / បាចនិក : សរីរៈដែលបារ៉ាស៊ីតយកកចំណីអាហារ ឬ ការពារ។

hot spot / ចំណុចក្ដៅ : តំបន់នៅលើផ្ទៃផែនដីដែល មានបន្ទុះភ្នំភ្លើងសកម្ម នៅឆ្ងាយពីផែនផ្លាងកតិកក្ឌនិក។

H-R diagram / ឌ្យាក្រាម H-R : ដ្យាក្រាម ហឺហ្ស្ព្រោង-រ៉ុសែល (Hertzsprung-Russell) គឺជាក្រាហ្វិកដែលបង្ហាញ ពីទំនាក់ទំនងសីតុណ្ហភាពផ្ទៃរបស់ផ្កាយ និង ចម្ងាយពន្លឺ។

humidity/សំណើច: បរិមាណនៃចំហាយទឹកនៅក្នុងខ្យល់។

humus / ចង្ករជាតិ : រូបធាតុសរីរាង្គខ្មៅកើតឡើងនៅ ក្នុងដីចាពីសំណល់នៃរុក្ខជាតិ ឬ សត្វដែលរលួយ។

hurricane / ព្យុះសង្ឃរា ហារីកេន : ព្យុះដីធំដែលកើត ឡើងនៅ មហាសមុ្រទកំបន់ត្រូពិក ហើយ ខ្យល់ខ្ទៀខ្លាំងរបស់វា មានល្បឿន លើសពី ១២០ គ.ម./ម៉ោង បកត្តចទៅកាន់មណ្ឌល ព្យុះដែលមាន សម្ពាធទាប។

hydrocarbon/អ៊ីដ្រូកាប៉ូន: សមាសធាតុសរីរាង្គដែល រួមផ្សំពីកាបូន និង អ៊ីដ្រូសែន។

hydroelectric energy / ថាមពលវារីអគ្គិសនី : ថាមពលអគ្គិសនីដែលកើតឡើងដោយសារទឹកជ្រោះ។

hydrosphere / ផ្ទៃទឹក : ផ្នែកនៃផែនដីដែលជាទឹក។

hygiene / អនាម័យ : វិទ្យាសាស្ត្រសុខភាព និង ជាវិធី ដើម្បីការពារសុខភាព។

hypha/អ៊ីផា : សរសៃហ្គុសហ្គាសដែលមិនអាចបន្តពូជបាន។

hypothesis / សម្មតិកម្ម : ការពន្យល់ដែលផ្អែកលើការ ស្រាវជ្រាវ ឬ ការអង្កេតវិទ្យាសាស្ត្រ ពីមុន ហើយដែលអាច ធ្វើពិសោធន៍បាន។

I

ice age / សម័យកាលទឹកកក : អំឡុងពេលដ៏វែងនៃ ហរិយាកាសដ៏ត្រជាក់នៅពេលដែលផ្ទាំងទឹកកកធំៗគ្របដណ្តប់ លើតំបន់នៃផ្ទៃរបស់ផែនដី។ គេក៏ហៅថា *glacial period*។

immune system / ប្រព័ន្ធសុំនិងថ្មី : កោសិកា និង ជាលិកា ដែលស្គាល់ និង វាយប្រហារលើសារធាតុពីខាងក្រៅ នៅក្នុងរាងកាយ។

inclined plane / ឧបករណ៍ជ្រេត : គ្រឿងយន្តសាមញ្ញ ដែលមានផ្ទៃត្រង់ជ្រេត ដែលសម្រួលដល់ការលើកបន្ទុកឡើង។ វាជាផ្ទៃរដជ្រោល។

independent variable / អថេរឯករាជ្យ : នៅក្នុង ការពិសោធន៍ កត្តាដែលជាអ្នកសម្របសម្រួលមិនថេរ។

index contour / ខ្សែរវណ្ឌង្គអ៊ិនទិក : នៅលើផែនទី បន្ទាត់វណ្ឌវង្គដែលខ្មៅ និង ដិតខ្លាំង ដែលធម្មតារៀងរាល់ បន្ទាត់ទី៥ និង ដែលបញ្ជាក់ពីការធ្លាស់ប្ដូរកម្ពស់។

index fossil / ផូស៊ីលអ៊ិនទិក : ផូស៊ីលដែលរកឃើញ នៅក្នុងស្រទាប់សិលានៃសម័យភូមិសាស្ត្រតែមួយ និង ដែល ប្រើប្រាស់ដើម្បីបង្កើតអាយុនៃស្រទាប់សិលា។

indicator / ធាតិគីមីកំណត់ធាតុផ្សេង : សមាសធាតុដែល អាចប្ដូរពណ៌ក្រឡប់វិញ អាស្រ័យលើកម្លាំងឌ្ឍ ដូចជាpH ។

inertia/ភាពចិនកម្រើក : និន្នាការនៃវត្ថុមួយប្រឆាំងនឹង ភាពធ្លាស់ទី ឬ ប្រសិនបើវត្ថុនោះធ្លាស់ទី គឺប្រឆាំងនឹងការធ្លាស់ ប្ដូរល្បឿន ឬ ទិសដៅ រហូតទាល់តែកម្លាំងខាងក្រៅមានអំពើ លើវត្ថុនោះ។

infectious disease / ជម្ងឺឆ្លង : ជម្ងឺដែលកើតឡើង ដោយសារ ជាតុបង្កជម្ងឺ និង ដែលអាចរាលដាលពីបុគ្គលម្នាក់ ទៅបុគ្គលម្នាក់ឡើត។

inhibitor/ធាតុវាវាំង : សារធាតុដែលបន្ធយ ឬ បញ្ឈប់ ប្រតិកម្ម គីមី។

innate behavior / លក្ខណៈមានពីកំណើត : លក្ខណៈ បន្តពូជដែលមិនអាស្រ័យលើបរិដ្ឋាន ឬ បទពិសោធន៍។

insulation / អ៊ីសុឡ្យង : សារធាតុដែលបន្ធយការរាលង អគ្គិសនី, កម្ដៅ ឬ សម្លេង។

integrated circuit / សៀរគ្វីថ្ម : សៀគ្វីដែលសមាស-ភាពរបស់វាបង្កើតឡើងលើវត្ថុចម្លងកម្ដៅមួយ។

integumentary system / ប្រព័ន្ធស្បែកនាងក្រៅ : ប្រព័ន្ធសរីរាង្គដែលបង្កើតការការពារគ្របដណ្ដប់លើរាងកាយ ខាងក្រៅ។

intensity / អាំងតង់ស៊ីតេ : នៅក្នុងវិទ្យាសាស្ត្រផែនដី វាជាបរិមាណនៃការខូចខាតដែលបណ្ដាលមកពីរញ្ជួយដី។

interference/ការបង្ខាច់ : ការរួមផ្សំនៃរលកពីរ ឬ ច្រើនដែលជាលទ្ធផលចេញជារលកមួយ។

internal fertilization / ការបន្តពូជខាងក្នុង : ការ បន្តពូជនៃពងដោយស្ពែមដែលកើតឡើងនៅក្នុងខ្លួននៃភេទញី។

Internet / អ៊ិនធឺណិត : បណ្ដាញកុំព្យូទ័រដ៏ធំដែលភ្ជាប់ បណ្ដាញតូចក្នុងតំបន់ជាច្រើន និង គ្របាដុំវិញពិភពលោក។

intrusive igneous rock / ថ្មក្ដៅថ្មើងនៅក្រោម ផ្ទៃផែនដី : សិលាដែលកើតចេញពីភាពត្រជាក់ និង កំណកនៃ ម៉ាកម៉ានៅខាងក្រោមផ្ទៃផែនដី។

invertebrate / និចឌ្យាថ្មិក : សត្វដែលគ្មានឆ្អឹងខ្នង។

ion/អ៊ីយ៉ុង : អនុភាគមានបន្ទុកដែលកើតឡើងនៅពេលអាតូម មួយ ឬក្រុមនៃអាតូម ទទួល ឬ បាត់បង់អេឡិចត្រុងមួយ ឬច្រើន។

ionic bond / ចំណងអ៊ីយ៉ុង : ចំណងដែលកើតឡើង នៅពេល អេឡិចត្រុងត្រូវបានធ្វើរពីអាតូមមួយទៅអាតូមមួយ ឡៀត ដែលជាលទ្ធផលធ្វើឱ្យមានអ៊ីយ៉ុងវិជ្ជមាន ឬ អវិជ្ជមាន។

ionic compound / សមាសធាតុអ៊ីយ៉ុង : សមាសធាតុ ដែលកើតឡើងពីអ៊ីយ៉ុងដែលមានបន្ទុកផ្ទុយគ្នា។

iris/ប្រសីភ្នែក : ផ្នែកដែលមានពណ៌ និង មូលនៃភ្នែក។

isobar / បន្ទាត់បង្ខាញពីសំពាធអាកាសធាតុ : បន្ទាត់ដែល គេគូរលើផែនទីអាកាសធាតុ និង ដែលភ្ជាប់ចំនុចនៃសម្ពាធ ស្មើគ្នា។

isolation/លក្ខណៈចាត់ : លក្ខខ័ណ្ឌដែលក្រុមពីរមិនអាច បន្តពូជបាន។

isotope / អ៊ីសុតូប : អាតូមមួយដែលមានចំនួនប្រូតុង ដូចគ្នា (ឬ មានលេខអាតូមដូចគ្នា) ដូចនឹងអាតូមផ្សេងឡៀត នៃអង្គធាតុដូចគ្នា ប៉ុន្តែដែលមានចំនួននឺត្រុងផ្សេងគ្នា (ហើយ ដូច្នេះវាមានម៉ាស់អាតូមផ្សេងគ្នាផង។

J

jet stream / ខ្យល់ចរប្រតិកម្ម : ខ្យល់ខ្លាំងមានខ្សែត្រូវ ដែលបក់នៅខាងលើស្រទាប់បរិយាកាសខាងក្រោម។

joint / សន្ធាក់ឆ្អឹង : កន្លែងដែលឆ្អឹងពីរ ឬ ច្រើនផ្ចបគ្នា។

joule / ជួល : ខ្នាតដែលគេប្រើប្រាស់ដើម្បីវាស់ថាមពល។ វាស្មើរនឹងកម្មន្តដែលកម្រាង ១ ញូតុន ធ្វើអំពើលើវត្ថុមួយក្នុង ចម្ងាយ ១ ម៉ែត្រ នៅក្នុងទិសដៅនៃកម្លាំង (សញ្ញា J)។

K

kidney / ក្រលៀន : សរីរាង្គមួយនៃសរីរាង្គមួយគូរដែល ត្រងទឹក និង កាកសំណល់ចេញពីឈាម និង ដែលបន្ទោរបង់ ជាទឹកនោម។

kinetic energy / ថាមពលចលករ : ថាមពលនៃវត្ថុ មួយកើតឡើងដោយសារតែចលនារបស់វត្ថុនោះ។

L

La Niña / ឡា នីណា : ការប្រែប្រួលនៅមហាសមុទ្រ ប៉ាស៊ីហ្វិក ខាងកើតដែលសីតុណ្ហភាពផ្ទៃទឹកបានចុះត្រជាក់ មិនធម្មតា។

lahar / ផ្ទាំងថ្មីនៃសារធាតុភ្នំភ្លើង : ភក់ដែលហូរកើតឡើង នៅពេលនេះ និង កម្ទេចភ្នំភ្លើងលាយជាមួយទឹក ក្នុងអំឡុងពេល ផ្ទុះភ្នំភ្លើង។

landslide / ផ្ទាំងថ្មី ឬ ថ្មបែលធាក់ : ចលនាធ្លាក់ៗនៃ សិលា និង ដី ចុះតាមជម្រាល។

large intestine / ពោះវៀនធំ : ពោះវៀនដែលធំ និង ខ្លីដែលយកទឹកចេញពីអាហារដែលបានរំលាយភាគច្រើន និង ដែលប្រែ ក្លាយសំណល់ទៅជាលាមកវិងល្មម ឬ លាមក។

larynx / បើមចំងុក : កន្លែងនៃបំពង់ករដែលមានខ្សែ ពួរសម្លេង និង បង្កើតសម្លេង។

laser / កាំរស្មី : ឧបករណ៍ដែលបង្កើតពន្លឺខ្លាំងដែលមាន ប្រវែងរលក និង ពណ៌តែមួយ។

lateral line / បន្ទាត់ខាង : បន្ទាត់ព្រាលាៗយើញនៅសង ខាងនៃ ដងខ្លួនរបស់ត្រីដែលចាប់ផ្តើមតាមបណ្ដោយនៃដងខ្លួន និង កំណត់ កន្លែងនៃសរីរាង្គឃ្លាណដែលចាប់យកភាពញ័រ នៅក្នុងទឹក។

latitude / រយៈទទឹង : ចម្ងាយខាងជើង ឬ ស្តូងពីអេក្វាទ័រៗ វាគិតជាដីក្រៅ។

lava plateau / ខ្ពង់រាបកម្ដៅភ្នំភ្លើង : សណ្ឋានដីរាបស្មើ ធំទូលាយ ដែលកើតឡើងពីការផ្ទុះនៃកម្ដៅភ្នំភ្លើងដែលមិនផ្ទុះ ខ្លាំងដដែលៗ ដែលលាតសន្ធឹងពេញកន្លែងដីធំមួយ។

---

law / ច្បាប់ : ការសង្ខេបនៃលទ្ធផលនៃការពិសោធន៍ និង ការអង្កេតជាច្រើនៗ ច្បាប់ប្រាប់ពីរបៀបដែលវត្ថុផ្សេងៗ ដំណើរការ។

law of conservation of energy / ច្បាប់នៃការ រក្សាថាមពល : ច្បាប់ដែលបានចែងថា ថាមពលមិនអាច បង្កើតបាន ឬ ត្រូវបានបំផ្លាញ ប៉ុន្តែអាចប្រែប្រួលពីទម្រង់មួយ ទៅទម្រង់មួយ ផ្សេងទៀត។

law of conservation of mass / ច្បាប់នៃការ រក្សាម៉ាស : ច្បាប់ដែលចែងថាម៉ាស់មិនអាចបង្កើតបាន ឬ ត្រូវ បានបំផ្លាញ នៅក្នុងការបម្រែបម្រួលគីមី និង រូបរាងធម្មតា។

law of cross-cutting relationships / ច្បាប់ នៃទំនាក់ទំនងឆ្លងកាត់ : គោលការណ៍ដែលថាបំណាក់ស្រុត ឬ ត្ថុនៃសិលាគី ខ្មីជាងគ្នានៃសិលាផ្សេងទៅៀតដែលវាកាត់តាម។

law of electric charges / ច្បាប់បន្ទុកអគ្គិសនី : ច្បាប់ដែលចែងថា បន្ទុកដូចគ្នាច្រានគ្នាចេញ និង បន្ទុកផ្ទុយ គ្នាទាញគ្នាចូល។

leaching / ការច្រោះ : ការយកចេញនូវសារធាតុដែល មិនអាចរលាយពីសិលា, ដី ឬ ស្រទាប់ដីដោយការរន្ធងកាត់ទឹក។

learned behavior / ចរិកលក្ខណៈបែលបានសិក្សា : ចរិកលក្ខណៈ ដែលបានសិក្សាពីបទពិសោធន៍។

lens / កែវ : វត្ថុថ្លាដែលធ្វើឱ្យរលកកាំពន្លឺឯាកចេញជួច ដែលធ្លកវាសំដៅ ឬ ញែកចេញ ដើម្បីបង្កើតរូបភាព។

lever / ឧបធិន : គ្រឿងយន្តសាមញ្ញដែលមានចា ដែលមូល នៅចំណុចនឹងមួយហៅថា *កំណល់ឈនឈឹង (fulcrum)*។

lichen / តវតាច្យ : ម៉ាស់នៃកោសិកាផ្សិត និង រវិជាតិ ដែលលូតលាស់រួមគ្នានៅក្នុងទំនាក់ទំនងជីវៈ និង ដែលជធម្មតា ឃើញមាននៅលើថ្ម ឬ ដើមឈើ។

life science / វិទ្យាសាស្រ្តជីវិត : ការសិក្សាពីរបស់ មានជីវិត។

lift / បើចឡើង : កម្លាំងដោលឡើងលើរបស់វត្ថុមួយដែល ធ្លាស់ទីនៅក្នុងសន្ធនីយវត្ថុ។

lightning / រន្ទះ : ការបញ្ចេញបន្ទុកអគ្គិសនីដែលកើត ឡើងរវាងផ្ទៃមានបន្ទុកផ្ទុយគ្នា ដូចជារវាងពពក និង ដី, រវាង ពពកពីរដុំ ឬ រវាងផ្ទៃកពីរនៃដុំពពកតែមួយ។

light-year / ឆ្នាំពន្លឺ : ចម្ងាយដែលពន្លឺធ្វើដំណើរក្នុង រយៈពេលមួយឆ្នាំៗ វាប្រហែល ៩.៤៦ មួយសែនកោជិ គីឡូម៉ែត្រ។

lipid / លីពីត : ម៉ូលេគុលជាខ្លាញ់ ឬ ម៉ូលេគុលដែលមាន គុណភាព ស្រដៀងនេះៗ ឧទាហរណ៍ៗរួមមាន ប្រេង ឬ ខ្លាញ់, ក្រមួន និង ស្ទីរ៉ូស៍។

liquid / រត្ថរាវ : លក្ខណៈនៃរូបធាតុដែលមានចំណុះ
ច្បាស់លាស់ ' ប៉ុន្តែមិនមានរូបរាងច្បាស់លាស់។

lithosphere / ថ្មីលោករឹងនៃផែនដី : ស្រទាប់ខាងក្រៅ
រឹងនៃផែនដីដែលមានសំបកផែនដី និង ផ្នែកខាងលើរឹងនៃ
ស្រទាប់ថ្មផែនដី។

littoral zone / តំបន់ជិតច្រាំង : តំបន់រាកនៃបឹង ឬ
ស្រះ ដែលពន្លឺអាចទៅដល់បាត និង ចិញ្ចឹមរុក្ខជាតិផ្សេងៗ។

liver / ថ្លើម : សរីរាង្គដ៏ធំបំផុតនៅក្នុងខ្លួន។ វាបង្កើតទឹក
ប្រមាថ, រក្សា និង ត្រងឃ្លាម និង រក្សាស្ករដែលលើសជា
គ្លីកូសែន។

load / បន្ទុក : សារធាតុដែលនាំដោយទឹកស្ទីង។ វាក៏ជា
ម៉ាស់នៃសិលានៅខាងលើរូបផ្ទៃភូមិសាស្ត្រ *ផងដែរ*។

loess / ដីមានធូលីធាតិ : ស្រទាប់ដី ខ្សាច់, ហ្វែលស្ប៉ាថ,
ហានប្លិនដី, មីកា និង ដីឥដ្ឋនាំមកដោយខ្យល់ ដែលមានដីជាតិ
ខ្លាំង។

longitude / រយៈបណ្ដោយ : ចម្ងាយខាងកើត និង លិចពី
ខ្សែរូបបណ្ដោយមេរ។ វាគិតជាដឺក្រេ។

longitudinal wave / រលកបណ្ដោយ : រលកដែល
អនុភាគនៃមេឌ្យមញ័រស្របទៅនឹងទិសដៅនៃចលនារលក។

longshore current / ចរន្តឆ្នេរសមុទ្រ : ចរន្តទឹក
ដែលធ្វើដំណើរជិត និង ស្របទៅនឹងបន្ទាត់ច្រាំង។

loudness / ភាពខ្លាំង : ទំហំដែលសម្លេងអាចឭបាន។

low earth orbit / គារវិថីផែនដីទាបក្រោម : គារ
វិថីដែលតិច ជាង ១.៥០០ គ.ម ខាងលើផ្ទែផែនដី។

lung / សួត : សរីរាង្គឧកឧ្សមដែលអុកសុីសែនពីខ្យល់
ផ្លាស់ប្ដូរ ជាមួយឧស្ម័នកាប៊ុនិកពីក្នុងឈាម។

luster / ភ្លឺរលោង : វិធីដែលសារធាតុធ្មិ៍ចាំងនឹងពន្លឺ។

lymph / លសិកា : សន្ទនីយរវត្ថុដែលប្រមូលផ្ដុំដោយបំពង់
និង ថ្នាំងលសិកា។

lymph node / ថ្នាំងលសិកា : សរីរាង្គដែលស្រង់
លសិកា និង ដែលឃើញមាននៅតាមបំពង់លសិកា។

lymphatic system / ប្រព័ន្ធលសិកា : បណ្ដុំនៃ
សរីរាង្គដែលមុខងារចំបងរបស់វាគឺប្រមូលសន្ទនីយកោសិកា
លើស និង បញ្ជូនវាទៅក្នុងឈាម។ សរីរាង្គនៅក្នុងប្រព័ន្ធនេះ
រួមមានថ្នាំងលសិកា និង បំពងលសិកា។

lysosome / លីសូសាំ : ផ្នែកនៃកោសិកាដែលមាន
ប្រូតេអ៊ីន អ៊ីនហ្សីម ជួយរំលាយអាហារ។

M

machine / ម៉ាស៊ីន : ឧបករណ៍ដែលជួយធ្វើការដោយ
ប្រើកម្លាំង ឬ ផ្លាស់ប្ដូរទិសដៅនៃកម្លាំងដែលបានប្រើ។

macrophage / ម៉ាក្រូផេក : កោសិកាប្រព័ន្ធសុំនឹងជម្ងឺ
ដែលពព្ទួងវិញធាតុបង្កជម្ងឺ និង វត្ថុធាតុដទៃទៀត។

mafic/ ម៉ាហ្វិក : ពិពណ៌នាពីម៉ាក់ម៉ា ឬ សិលាភ្នំភ្លើងដែល
សំបូរជាតិម៉ាញេស្យូម និង ដែក និង ដែលជាទូទៅ មានពណ៌
ងងឹត។

magma chamber / ប្រហោងម៉ាកម៉ា : គូនៃសិលា
រលាយដែលបំប៊ិនដល់ភ្នំភ្លើង។

magnet / មេដែក : វត្ថុធាតុដែលស្រូបជាតិដែក ឬ
វត្ថុធាតុដែលមានជាតិដែក។

**magnetic declination / ភាពអេចេញ្ចិទិសខាង
ជើងនៃម៉ាញេ៉ទិក :** ភាពខុសគ្នារវាង ខាងជើងម៉ាញេ៉ទិក និង
ខាងជើងគ្រង់។

magnetic force / កម្លាំងម៉ាញេ៉ទិក : កម្លាំងស្រូប
ឬ ច្រានចេញ ពីគ្នាដែលកើតឡើងដោយសារបន្ទុកអគ្គិសនី
ដែលចល័ត ឬ វិល។

magnetic pole / ប៉ូលម៉ាញេ៉ទិក : ចំនុចមួយក្នុង
ចំណោមចំនុច ពីរ ជួចជានៅខាងចុងនៃមេដែក ដែលមាន
គុណភាពម៉ាញេ៉ទិកផ្លុយខ្លាំ។

magnitude / ទំហំនៃរលួយថី : ការវាស់វែងនៃកម្លាំង
រញ្ជួយដី។

main sequence / សំចាប់ចេ : ទីតាំងនៅលើឌ្យាក្រាម
H-R ដែលផ្កាយជាច្រើនស្ថិតនៅ។ វាមានគំរូបញ្ជៀងពីផ្នែក
ខាងស្ដាំ ក្រោម (សីតុណ្ហភាព និង ពន្លឺទាប) ទៅផ្នែកខាង
ឆ្វេង លើ (សីតុណ្ហភាព និង ពន្លឺខ្ពង់)

malnutrition / អាហារូបត្ថម្ភមិនគ្រប់គ្រាន់ : ភាពមិន
ប្រក្រតី នៃអាហារូបត្ថម្ភដែលកើតឡើងនៅពេលមនុស្សមិន
បានទទួលអាហារូបត្ថម្ភនីមួយៗមិនគ្រប់គ្រាន់ ដែលត្រូវការ
ដោយរាងកាយរបស់មនុស្ស។

mammary gland/ ក្រពេញសុដន់ : នៅក្នុងថនិកសត្វញី
គីជាក្រពេញដែលផ្ដកទឹកដោះ។

mantle / ស្រទាប់ថ្មផែនដី : ស្រទាប់សិលារវាងសំបក
ផែនដី និង ស្នូលផែនដី។

map/ ផែនទី : ការតំណាងលក្ខណៈនៃផ្ទៃរូបរាងផួចជាផែនដី។

marsh / វាលភក់ : ប្រព័ន្ធទំនាក់ទំនងបរិដ្ឋានដែលផ្ទែដី
សើម គ្មានដើមឈើ ដែលវុក្ខជាតិផ្ដួចជាស្មៅដុះឡើង។

marsupial/ថនិកសត្វ: ថនិកសត្វដែលនុក និង ចិញ្ចឹម កូនត្ងូចារបស់វានៅក្នុងថង់ពោះ។

mass / ម៉ាស់: ការវាស់វែងនៃបរិមាណរូបធាតុ នៅក្នុង វត្ថុមួយ។

mass movement / ការផ្លាស់ទីថំទេង: ការផ្លាស់ទី នៃផ្ទែករបស់ដីតាមជម្រាល។

mass number/លេខម៉ាស់: ចំនួនសរុបនៃប្រូតុង និង ណឺត្រុង នៅក្នុងនុយក្លេនៃអាតូមមួយ។

material resource/ធនធានសម្ភារ:: ធនធានធម្មជាតិ ដែលមនុស្សប្រើប្រាស់ដើម្បីបង្កើតវត្ថុ ឬ ដើម្បីប្រើប្រាស់ជាចំណី អាហារ និង ភេសជ្ជៈ។

matter/រូបធាតុ: អ្វីដែលមានម៉ាស់ និង ត្រូវការទីចំហរ។

mean/មធ្យម: ចំនួនដែលទទួលបានដោយការបូកបញ្ចូល ទិន្នន័យសម្រាប់លក្ខណៈដែលផ្តល់ឲ្យណាមួយ និង ចែកចំនួន សរុបនេះជាមួយចំនួននៃការបូកសរុបទាំងនោះ។

mechanical advantage / គុណភាពមេកានិក: ចំនួនដែលប្រាប់ពីចំនួននៃដងដែលម៉ាស៊ីនមួយគុណនឹងកម្លាំង ដែលចូលឬម។

mechanical efficiency / ប្រសិទ្ធិភាពមេកានិក: ផលផៀបនៃផល ទៅនឹង ការបញ្ចូលនៃថាមពល ឬ អនុភាព។ វាអាចគិតបានតាមរយៈការចែកផលការងារ ដោយការងារ ដែលបានបញ្ចូល។

mechanical energy / ថាមពលមេកានិក: បរិមាណនៃការងារ ដែលវត្ថុមួយអាចធ្វើ ដោយសារតែ ថាមពលចលករ និង ឬ៉តង់ស្យែលរបស់វត្ថុនោះ។

mechanical weathering / សំណឹកមេកានិក: ការបំបែកសិលាទៅជាបំណែកត្ងូចៗ ដោយសារធម្មជាតិ។

median/មេឌ្យាន: តម្លៃនៃធាតុកណ្តាលនៅពេលដែល ទិន្នន័យត្រូវបានរៀបចំជាលំដាប់តាមទំហំ។

medium/មេឌ្យម: បរិដ្ឋានធម្មជាតិដែលបាតុភូតកើតឡើង។

meiosis / ម៉ីយូស៊ីស: វិធីក្នុងការចែកកោសិកាក្នុង ពេលដែលចំនួនក្រូម៉ូសូមធ្លាក់ចុះពាក់កណ្តាលនៃចំនួនដើម ដោយអនុយក្រ ចែកជាពីរដែលជាលទ្ធផលបង្កើតកោសិកាភេទ (កាមិត ឬ ស្ព័រ)។

melting / ការរលាយ: ការផ្លាស់ប្ដូរលក្ខណៈដែលវត្ថុរឹង ក្លាយទៅជារាវដោយការបន្ថែមកម្ដៅ។

memory B cell / កោសិកាចងចាំ B: កោសិកា B ដែលតបត នឹងអង់ទីសែនខ្លាំងជាង នៅពេលដែលរាងកាយ ទទួលការបង្ករោគ ពីអង់ទីសែនជាងអ្វីដែលវាគួរទទួល នៅពេលដែលវាជួបបញ្ហាជាមួយអង់ទីសែន។

meniscus / ថ្ងែវគ្តវារ: ភាតកោងនៅលើថ្ងែនៃវត្តវារ ដែលវាស់ចំណុះនៃវត្តវារ។

mesosphere / ស្រទាប់មេសូស្ផៀ: ផ្នែករឹងខាងក្រោម នៃស្រទាប់ថ្ងនៃដីរាវង អាសថេណូស្ផៀ និង ស្តួលខាងក្រៅ។ វាក៏ជាស្រទាប់បរិយាកាសរវាងស្ត្រាតូស្ផៀ និង ធែម្មស្ផៀ និង ដែលសីតុណ្ណភាពថយចុះនៅពេលកម្ពស់កើនឡើង។

Mesozoic era / យុគសម័យមេសូអ៊ុក: យុគសម័យ ភូមិសាស្ត្រ ដែលមានរយៈពេល ២៥១ លាន ដល់ ៦៥,៥ លាន ឆ្នាំមុន។ គេក៏ហៅវាថា *យុគសម័យ ល្វន (Age of Reptiles)*។

metabolism / អាហាររលាយក្នុងរាងកាយ: ចំនួន សរុបនៃដំណើរការគីមីដែលកើតឡើងនៅក្នុងសរីរៈ។

metal/លោហ:: អង្គធាតុដែលភ្លឺ និង ដែលងាយចម្លង កម្ដៅ និង អគ្គិសនី។

metallic bond / ចំណងលោហ:: ចំណងដែលកើត ឡើងដោយការស្រួបរវាងអ៊ុយ៉ុងលោហៈមានបន្ទុកវិជ្ជមាន និង អេឡិចត្រុងនៅជុំវិញញ្ញកវា។

metalloid / សំលោហ:: អង្គធាតុដែលមានគុណភាព ទាំងលោហៈ និង អលោហៈ។

metamorphosis / រូបវិវត្តធ្មី: ដំណើរនៅក្នុងវដ្តជីវិត នៃសត្វជាច្រើន ក្នុងអំឡុងពេលដែលការផ្លាស់ប្តូររូបភាពៗពីទម្រង់ សរីរៈមិនទាន់ពេញវ័យទៅជាពេញវ័យកើតឡើង។ ឧទាហរណ៍ គឺការផ្លាស់ប្ដូរឬព្ទុកូវទៅជាសត្វល្អិតពេញវ័យ។

meteor/អាកាសធាតុភ្ជុត: ពន្លឺមួយឆ្នេតយ៉ាងភ្លឺដែលកើត ឡើងនៅពេលផ្ការចម៉ផ្ទាយរះឡើងនៅក្នុងបរិយាកាសរបស់ផែនដី។

meteorite / អាចម៍ផ្កាយ: ថ្មអាចម៍ផ្កាយដែលមកដល់ ផ្ទែរបស់ផែនដីដោយមិនរះទាំងអស់។

meteoroid/ថ្មអាចម៍ផ្កាយ: ត្ងូថ្ងូចដែលធ្វើដំណើរតាម លំហារអាកាស។

meteorology / គតុនិយមវិទ្យា: ការសិក្សាបែប វិទ្យាសាស្ត្រលើស្រទាប់បរិយាកាសរបស់ផែនដី ជាពិសេស ទាក់ទងទៅនឹងអាកាសធាតុ និង បរិយាកាស។

meter/ម៉ែត្រ: ខ្នាតគ្រឹះនៃប្រវែងនៅក្នុង SI (សញ្ញា m)។

microclimate / មីក្រូអាកាសធាតុ: អាកាសធាតុនៅ តំបន់ត្ងូចមួយ។

microprocessor / ម៉ៃក្រូប្រូសេស្ស័រ : ឌីបតួចមួយដែល
គ្រប់គ្រង និង ប្រតិបត្តិលើការណែនាំរបស់កុំព្យូទ័រភូតចៗ។

**mid-ocean ridge / ផ្លូវភ្នំក្នុងបាតសមុទ្រនៅកែណ្តាល
មហាសមុទ្រ :** ផ្លូវភ្នំនៅបាតសមុទ្រដែលវែងដែលបង្កើតតាម
បាតនៃមហាសមុទ្រទាំង។

mineral / ជាតិរ៉ែ : ចំណាត់ថ្នាក់នៃជាតុបំបិនដែលមាន
អង្គជាតុគីមីដែលត្រូវការសម្រាប់ដំណើរការរាងកាយ។

mineral / រ៉ែ : វត្ថុរឹងដែលមិនមែនសរីរាង្គកើតឡើងពី
ធម្មជាតិ ដែលមានរូបផ្ទិគីមីច្បាស់លាស់។

mitochondrion / អង្គធំតួចនៅក្នុងកោសិកា : នៅក្នុង
កោសិកា យូការីយ៉ូទិក ផ្នែកនៃកោសិកាដែលព័ទ្ធជុំវិញដោយ
ភ្នាសពីរ និង ដែលជាកន្លែងឧកឧដ្បើមរបស់កោសិកា។

mitosis / ម៉ៃតូស៊ីស : នៅក្នុងកោសិកា យូការីយ៉ូទិក
វិធីនៃការថែកកោសិកាដែលបង្កើតនុយក្លេថ្មីពីរដែលមួយៗ
មានចំនួនក្រូម៉ូសូមដូចគ្នា។

mixture / ល្បាយ : ការបញ្ចូលគ្នានៃសារជាតុពីរ ឬ
ច្រើន ដែលមិនមែនជាការលាយបញ្ចូលបែបគីមី។

mode / ម៉ូដ : តម្លៃដែលមានជាញឹកញ្យាប់នៅក្នុងសំណុំ
ទិន្នន័យ។

model / ម៉ូដែល : គំរូ, ប្លង់, ការគំណាង ឬ ការពិពណ៌នា
ដែលបង្កើតឡើងដើម្បីបង្ហាញពីរូបផ្ទិ ឬ ការងាររបស់វត្ថុ,
ប្រព័ន្ធ ឬ ទស្សនៈទានមួយ។

mold / ពុម្ព : ចំនុច ឬ ប្រហោងដែលធ្វើនៅលើផ្ទៃដីដោយ
សំបក ឬ គ្រាងកាយផ្សេងទៀត។

mold / ផ្សិត : នៅក្នុងជីវវិទ្យា ពពួកហ្វុងហ្វូស ដែលមើល
ទៅ ដូចជា រោម ឬ កប្បាស់។

molecule / ម៉ូលេគុល : ភាគដ៏តួចបំផុតនៃសារជាតុដែល
រក្សាគុណភាពរូបរាង និង គីមីនៃសារជាតុនោះទាំងអស់។

molting / ការសក : ការសកសំបក, ស្បែក, ស្លាប ឬ
រោម ដោយជំនួសនឹងផ្នែកថ្មី។

momentum / ភិមសា : បរិមាណដែលកំណត់ដោយ
ផលិតផលនៃម៉ាស់ និង ដំណើរល្បឿននៃវត្ថុ។

monotreme / ម៉ូណូត្រីម : ថនិកសត្វដែលក្រាបពង។

month / ខែ : ការបែងថែកឆ្នាំដែលអាស្រ័យលើតារាវិថី
នៃព្រះច័ន្ទវិលជុំវិញផែនដី។

motion / ចលនា : ការផ្លាស់ប្តូរទីតាំងរបស់វត្ថុទាក់ទង
ទៅនឹងចំណុចយោង។

mudflow / លំហូរភក់ : លំហូរនៃកំនរភក់ ឬ សិលា និង ដី
លាយជាមួយនឹងបរិមាណទឹកដ៏ច្រើន។

muscular system / ប្រព័ន្ធសាច់ដុំ : ប្រព័ន្ធសរីរាង្គ
ដែលមុខងារចំបងរបស់វាគីការកម្រើក និង ភាពពត់ពេន។

mutation / ការប្រែប្រួលសារជាតុសេនេទិក : ការ
ប្រែប្រួលនៅក្នុងលំដាប់មូលដ្ឋានរបស់នុយក្លេទាតនៃសែន ឬ
ម៉ូលេគុល DNA។

mutualism / អព្យាចព្យានិយម : ទំនាក់ទំនងរវាងពូជពីរ
ដែលពូជទាំងពីរទទួលបានផលប្រយោជន៍ពូចគ្នា។

mycelium / ម៉ៃសេលល្យេ៉ម : ម៉ាស់នៃសរសៃហ្វុងហ្វូល
ឬ អ៊ីផា ដែលបង្កើតបានជាតួនៃហ្វុងហ្វូស។

N
___

narcotic / ណាកូទិក : ថ្នាំដែលមានកំណើតយកចេញពី
អាភៀន និង ដែលជួយបន្ថយការឈឺចាប់ និង ធ្វើឱ្យងាប់ដុយ
គេង។ ឧទាហរណ៍ រួមមាន ហេរ៉ូអ៊ីន, ម៉ូហ្វីន និង កូដអ៊ីន។

NASA / ណាសា : ទីចាត់ការអាកាសនាវា និង លំហរ
អាកាស ជាតិ។

natural gas / ឧស្ម័នឥន្ធនៈជាតិ : ឧ្យាយនៃឧស្ម័នអ៊ីដ្រូកាបូន
ដែលស្ថិតនៅខាងក្រោមផ្ទែដែនដី ជាធម្មតានៅជិតស្រទាប់រ៉ែ
ប្រេងកាត។ វាត្រូវបានប្រើប្រាស់ជាឥន្ធនៈ។

natural resource / ធនធានឥន្ធនៈជាតិ : វត្ថុជាតុធម្មជាតិ
ដែលប្រើប្រាស់ដោយមនុស្ស ដូចជា ទឹក, ប្រេង, រ៉ែ, ព្រៃលើ
និង សត្វ។

natural selection / ការជ្រើសរើសរបស់ឥន្ធនៈជាតិ :
វិធីដែលឧកត្តភូតអាចសម្របទៅនឹងបរិដ្ឋានរបស់ពូកគេ អាច
រស់នៅ និង បន្តពូជ បានជាវជាយជាឧកត្តភូតដែលសម្រប
បានល្អជ្រើថែបាន។ វាជាទ្រឹស្តីដែលពន្យល់អំពីយន្តការនៃការវិត្តន៍។

neap tide / ជំនោរទាបបំផុត : ជំនោរលំដាប់ទាបបំផុត
ដែលកើតឡើងក្នុងអំឡុងពេលមួយភាគបួន និង បីភាគបួននៃ
ដំណើររបស់ព្រះច័ន្ទ។

nearsightedness / ភាពមើលឃើញជិត : លក្ខខ័ណ្ឌ
ដែលកែវភ្នែកផ្តោតលើរវត្ថុដែលនៅឆ្ងាយ នៅពីមុខជាជាង
ចិត្រតបដ។

nebula / តារារលី : បណ្តុំនៃឧស្ម័ន និង ធូលីដីដំនៅក្នុង
លំហាចន្លោះផ្កាយ។ វាជាតំបន់នៅក្នុងលំហារដែលផ្កាយកើត
ឡើង ឬ កន្លែងដែលផ្កាយធ្លះ នៅចុងបញ្ចប់នៃជីវិតរបស់វា។

nekton / និកតុន : សរីរាង្គដែលហែលយ៉ាងសកម្មនៅក្នុង
ទឹក មិនអាស្រ័យទៅតាមចរន្ត។

nephron/ចំងង់ឧចក្នុងក្រលៀន: ធាតុនៅក្នុងក្រលៀន ដែលត្រងឈាម។

nerve / សរសៃប្រសាទ: បណ្តុំនៃសរសៃប្រសាទដែល តាមនោះ សញ្ញាប្រសាទ ធ្វើដំណើរវាងប្រព័ន្ធប្រសាទ កណ្តាល និង ផ្នែកផ្សេងៗទៀតនៃរងខ្លួន។

net force / កម្លាំងសុទ្ធ: ការរួមបញ្ចូលនៃកម្លាំងទាំង អស់ធ្វើអំពើទៅលើវត្ថុមួយ។

neuron/កោសិកាកាយប្បសាទ: កោសិកាប្រសាទដែល ពិសេស សម្រាប់ទទួល និង ផ្ញើសញ្ញាប្រសាទអគ្គិសនី។

neutralization reaction/ប្រតិកម្មប្រសព្វ: ប្រតិកម្ម នៃអាស៊ីត និង បាសដើម្បីបង្កើតបានជាស្លុលុសុងទឹក និង អំបិលណើយ។

neutron / ណឺត្រុង: អនុភាគអនុអាតូមដែលគ្មានបន្ទុក និង ដែលឃើញមាននៅក្នុងនុយក្លេនៃអាតូមមួយ។

neutron star / ផ្កាយណឺត្រុង: ផ្កាយដែលបានធ្លាក់ចុះ ក្រោមទំនាញរបស់ចំនុចដែលអេឡិចត្រុង និង ព្រូតុងបានបែក រួមគ្នា បង្កើតបានជាណឺត្រុង។

newton / ញូវតុន: ខ្នាត SI សម្រាប់កម្លាំង (សញ្ញា N)

nicotine/នីកូទីន: ជាតិគីមីដែលញៀន និង ពុល ដែល រកឃើញនៅក្នុងថ្នាំជក់ និង ដែលជាធាតុដ៏សំខាន់មួយបង្កអន្តរាយ ដោយសារការជក់ចារី។

nitrogen cycle / វដ្តនីត្រូសែន: វិធីដែលនីត្រូសែន គិតនៅក្នុងខ្យល់, ដី, ទឹក, រុក្ខជាតិ និង សត្វ នៅក្នុងប្រព័ន្ធ ទំនាក់ទំនងបរិដ្ឋាន។

noble gas / ឧស្ម័នកំរ: អង្គធាតុមួយនៅក្នុងក្រុម ១៨ នៃតារាងខួបនៃធាតុគីមី (អេល្យូម, នេអុង, អាកុង, គ្រីបតុង, សេណុង និង រ៉ាដុង)។ ឧស្ម័នកំរមិនមានប្រតិកម្មទេ។

noise / សូរសព្ទ: សម្លេងដែលមានល្បាយនៃប្រេកង់ ចលិត។

nonfoliated / ដែលគ្មានស្រទាប់: ពិពណ៌នាភាពម៉ត់ នៃសិលា មេតាម៉ូហ្វិក ដែលគ្រាប់ដៃមិនបានរៀបនៅក្នុងផ្ទៃ ឬ ផ្ទុំគ្នា។

noninfectious disease / ជម្ងឺមិនឆ្លង: ជម្ងឺដែល មិនអាចរាលដាលពីឯកបុគ្គលមួយទៅឯកបុគ្គលមួយទៀត។

nonmetal / អលោហៈ: អង្គធាតុដែលឆ្លងកម្តៅ និង ចរន្តអគ្គិសនីតិចតួចបំផុត។

nonpoint-source pollution / ការបំពុលដែល មិនបង្ហាញប្រភព: ការបំពុលដែលចេញពីប្រភពជាច្រើនជាជាងពី ប្រភពតែមួយ ឬ កន្លែងច្បាស់លាស់។

nonrenewable resource / ធនធានដែលរីងស្ងួត: ធនធានដែលកើតឡើងក្នុងកម្រិតមួយយឺតខ្លាំងជាងកម្រិតដែល វាត្រូវបានគេប្រើប្រាស់។

nonsilicate mineral / រ៉ែមិនមែនស៊ីលីកុន: រ៉ែ ដែលមិនមានសមាសធាតុស៊ីលីកុន និង អុកស៊ីសែន។

nonvascular plant / រុក្ខជាតិដែលមិនមានបំងង់ ធរាវ: ក្រុមបីនៃរុក្ខជាតិ (រុក្ខជាតិពួចស្លែ, ផលជាតិ និង ស្លែ) ដែលខ្វះជាលិកាពិសេស និង ឫសពិតប្រាកដ, មែក និង ស្លឹក។

nuclear chain reaction / ប្រតិកម្មខ្សែក់នុយក្លេអ៊ែ: សៀរីនៃប្រតិកម្មផ្ធះនុយក្លេអ៊ែជាបន្តបន្ទាប់។

nuclear energy / ថាមពលនុយក្លេអ៊ែរ: ថាមពល ដែលចេញ ដោយប្រតិកម្មផ្ធះ ឬលាយ។ ថាមពលបញ្ចូលគ្នា នៃនុយក្លេ អាតូមិក។

nuclear fission / ការផ្ធះនុយក្លេអ៊ែ: ការបំបែកនៃ នុយក្លេនៃអាតូមផំមួយទៅជាប៉ីណោកពីរ ឬ ច្រើន។ វាបញ្ចេញ ណីត្រុងបន្ថែម និង ថាមពល។

nuclear fusion / ការលាយនុយក្លេអ៊ែ: ការបញ្ចូល គ្នានៃនុយក្លេរបស់អាតូមពូចៗដើម្បីបង្កើតជានុយក្លេធំៗ។ វា បញ្ចេញថាមពល។

nucleic acid / អាស៊ីតនុយក្លេអ៊ិក: ម៉ូលេគុលដែល កើតចេញពីអនុភាគហៅថា នុយក្លេអូតាត។

nucleotide / នុយក្លេអូតាត: នៅក្នុងចង្វាក់អាស៊ីត នុយក្លេអ៊ិក វាគឺជាអនុភាគដែលមានស្ករ, ផូស្វាត និង បាស នីត្រូសែន។

nucleus / នុយក្លេ: នៅក្នុងកោសិកាយូការីយ៉ូទិក វាគឺ ជាផ្នែកព័ទ្ធជុំវិញផ្កាសដែលមាន DNA របស់កោសិកា និង ដែលមាន តួនាទីនៅក្នុងដំណើរការពូជធា ការលូតលាស់, អាហារាលាយ ក្នុងរាងកាយ និង បន្តពូជ។

nucleus / នុយក្លេ: នៅក្នុងវិទ្យាសាស្ត្ររូបវិទ្យា វាជា តំបន់នៅកណ្តាលនៃអាតូម ដែលកើតឡើងពីព្រួតុង និង ណីត្រុង។

nutrient / ធាតុបំប៉ន: សារធាតុនៅក្នុងចំណីអាហារ ដែលផ្តល់ថាមពល ឬ ជួយបង្កើតជាលិការាងកាយ និង ដែល ត្រូវការសម្រាប់ជីវិត និង ការលូតលាស់។

O

observation / ការអង្កេត: វិធីនៃការទទួលព័ត៌មាន ដោយប្រើប្រាស់ញាណ។

ocean current / ចរន្តទិកមហាសមុទ្រ: ចលនានៃទឹក មហាសមុទ្រដែលមានតាមគំរូជាប្រចាំ។

ocean trench / ស្នាមភ្លោះនៅមេជាសមុទ្រ : ទំនាប ដែលជ្រៅ និង វែងនៅថ្នែចតសមុទ្រជ្រៅដែលរត់ស្របនឹងជួរនៃ កោះភ្នំភ្លើង ឬ ដែនទ្វីប។

oceanography / សាគរសាស្ត្រ : ការសិក្សាបែប វិទ្យាសាស្ត្រលើសមុទ្រ។

omnivore / សព្វាសីសត្វ : សរីរៈដែលបរិភោគទាំង រុក្ខជាតិ និង សត្វ។

opaque/ស្រអាប់: ពិពណ៌នាអំពីវត្ថុមួយដែលមិនថ្លា ឬ ព្រាល។

open circulatory system / ប្រព័ន្ធឈាមរត់បើក : ប្រព័ន្ធឈាមដែលឈាមមិនមែននៅក្នុងបំពង់ឈាមទាំងស្រុង។ បេះដូង ឬមឈាមតាមបំពង់ឈាមដែលទទេគ្មានអ្វី ហៅថា *ភាគសរសៃឈាមយឺត (sinuses)*។

open cluster / ចង្កោមផ្កាយចំហរ : ក្រុមនៃផ្កាយដែល នៅជិតគ្នាទាក់ទងទៅនឹងផ្កាយដែលនៅជុំវិញ។

open-water zone / តំបន់ទឹកចំហរ : តំបន់នៃស្រះ ឬ បឹងដែលលាតសន្ធឹងពីតំបន់ជិតច្រាំង និង ដែលរាជ្រៅតាម ដែលពន្លឺអាចទៅដល់។

orbit / តារាវិថី : ផ្លូវដែលអង្គមួយធ្វើដំណើរតាមនោះ ជុំវិញអង្គមួយទៀតនៅក្នុងលំហា។

ore / រ៉ែមានតម្លៃ : វត្ថុធាតុធម្មជាតិដែលភាពខាប់នៃរ៉ែ នោះមានតម្លៃល្មគ្រប់គ្រាន់សម្រាប់ឲ្យគេជីករកប្រាក់ចំណេញ។

organ/សរីរាង្គ: បណ្តុំនៃជាលិកាដែលធ្វើមុខងារពិសេស នៃរាងកាយ។

organ system / ប្រព័ន្ធសរីរាង្គ : ក្រុមនៃសរីរាង្គដែល ធ្វើការរួមគ្នាដើម្បីដំណើរការមុខងាររបស់រាងកាយ។

organelle/ថ្នែកកោសិកា: គ្រឿងធាតុមួយនៅក្នុងស៊ីតូផ្លាស់ កោសិកាដែលមានឯកទេសធ្វើមុខងារជាក់លាក់មួយ។

organic compound / សមាសធាតុសរីរាង្គ : សមាសធាតុចំណងគ្រីវ៉ាឡង់ដែលមានកាបូន។

organism / សរីរ៖ : របស់មានជីវិត។ អ្វីៗដែលអាច រស់នៅដោយឯកឯង។

osmosis / អាស់រស : ការសាយភាយនៃទឹកតាមភ្នាស ដែលជ្រាបទឹក។

ovary / អូវែរ៍ : នៅក្នុងរុក្ខជាតិដែលមានផ្កា វាគឺជាថ្នែក ខាងក្រោមនៃស្បូនផ្កាដែលផលិតពងនៅក្នុងអូវុល។ នៅក្នុង ប្រព័ន្ធបន្តពូជនៃសត្វញី វាជាសរីរាង្គដែលផលិតពង។

overpopulation / ចំនួនលើសនៃប្រជុំជ្ជូ : វត្តមាន នៃចក្ខុភូត ច្រើនពេកនៅក្នុងតំបន់មួយដែលមានធនធានមាន កំណត់។

ovule/អូវុល: រូបផ្ទៃនៅក្នុងអូវ៉ារ៍នៃរុក្ខជាតិមានគ្រាប់ដែល មានថង់អំប្រ៊ីយ៉ូ និង ដែលកើតជាគ្រាប់បន្ទាប់ពីបន្តពូជ។

P

P wave / រលក P : រលករណ្ដូយជីវ៉ដែលធ្វើឱ្យអនុភាគនៃ សិលាមានចលនាតាមទិសដៅទៅទៅមុខ និង ថយក្រោយ។

paleontology / បាសារាពិភូតវិទ្យា : ការសិក្សាបែប វិទ្យាសាស្ត្រលើផូស្សីល។

Paleozoic era / សម័យផ្ទៃឡេអូសូអ៊ិក : សម័យកាល ភូមិសាស្ត្រ បន្ទាប់ពីសម័យបុរេខេមប្រៀន និង ដែលអូស បន្លាយ ពី ៥៤២ លាន ទៅ ២៥១ លានឆ្នាំមុន។

pancreas / លំពែង : សរីរាង្គដែលស្ថិតនៅខាងក្រោយ ក្រពះ និង ដែលផលិតប្រូតេអ៊ីនអ៊ីនបម្រើមជ្ជុយរំលាយអាហារ និង អ័រម៉ូនដែលធ្វើឱ្យស្មានៅកម្រិតធម្មតា។

parallax / ការប្រែប្រួលទីតាំងដែលឃើញឃ្លាស់ : លក្ខណៈ៖ូរ តាមទីតាំងនៃវត្ថុមួយ នៅពេលមើលពីកន្លែង ផ្សេងគ្នា។

parallel circuit / សៀរ៉ូស្រប : សៀគ្វីដែលផ្នែករបស់ វារួមគ្នា នៅក្នុងមេក ដែលប៉ុតង់ស្យេលខុសគ្នាកាត់តាមផ្នែក និមួយៗកី ដូចគ្នា។

parasite / ប្រសិត : សរីរៈដែលចិញ្ចឹមសរីរៈនៃពួជ ផ្សេងទៀត (បាហនិក) និង ដែលធម្មតាបង្កអន្តរាយដល់ បាហនិក។ បាហនិក មិនដែលទទួលផលប្រយោជន៍ពីវត្តមាន នៃបរាសិតទេ។

parasitism / ប្រសិតភាព : ទំនាក់ទំនងរវាងពួជពីរ ដែលពួជមួយ (បរាសិត) ទទួលផលប្រយោជន៍ពីពួជផ្សេង ទៀត (បាហនិក) ដែលទទួលភាពអន្តរាយ។

parent rock / សិលាមេ : ការកកើតសិលាដែលជា ប្រភពនៃដី។

pascal/ប៉ាស្កាល: ឯកត SI នៃ សម្ពាធ (សញ្ញា Pa)។

Pascal's principle / គោលការណ៍ប៉ាស្កាល : គោល ការណ៍ ដែលចែងថាសន្ធនីយវត្ថុដែលមានលំនឹង មាននៅក្នុង បំពង់ឈាម ប្រងទទួលសម្ពាធនៃអាំងតង់ស៊ីតេស្មើគ្នានៅគ្រប់ ទិសដៅទាំងអស់។

passive transport / ចំណើរអេកម្ម : ចលនារបស់ សារធាតុកាត់ តាមភ្នាសកោសិកា ដោយមិនប្រើថាមពល ដោយកោសិកា។

pathogen / ធាតុបង្កជម្ងឺ: អនុសរីរាង្គ, សរីរាង្គដទៃទៀត, វីរុស ឬ ប្រូតេអ៊ីនដែលបង្កជម្ងឺ។

pathogenic bacteria / បាក់តេរីបង្កជម្ងឺ : បាក់តេរីដែលបង្កឱ្យមានជម្ងឺ។

pedigree / ពង្សាវលី: ដ្យាក្រាមដែលបង្ហាញពីភាពកើតឡើងនៃលក្ខណៈសេនេទិកនៅក្នុងជំនាន់ជាច្រើននៃគ្រួសារ។

pelagic environment / បរិដ្ឋានសមុទ្រ : នៅក្នុងសមុទ្រតំបន់ នៅជិតផ្ទៃ ឬ នៅជម្រៅកណ្តាល ក្រៅពីតំបន់ច្រាំង និង នៅខាងលើតំបន់បាតសមុទ្រជ្រៅ។

penis / អង្គជាតិឈ្មោល : សរីរាង្គបុរសដែលផ្ទេរស្ពើមទៅឱ្យភេទញី និង ដែលបញ្ចេញទឹកនោមចេញពីរាងកាយ។

period / អំឡុងពេល: ខ្នាតនៃរយៈពេលភូមិសាស្ត្រដែលបែងចែកសម័យកាលនិមួយៗ។

period / ជួរដេក: នៅក្នុងគីមីវិទ្យាជាជួរដេកនៃអង្គធាតុនៅក្នុងតារាងខួបនៃធាតុគីមី។

periodic / ទៀងកំណត់ពេល: ពិពណ៌នាពីអ្វីដែលកើតឡើង ឬ ដដែលៗនៅក្នុងចន្លោះពេលមួយទៀងទាត់។

periodic law / ច្បាប់ខួបគីមី : ច្បាប់ចែងថាគុណភាពគីមី និងរូបសាស្ត្រដដែលៗនៃអង្គធាតុមួយប្រែប្រួលទៀងពេលកំណត់ជាមួយនឹងចំនួនអាតូមនៃអង្គធាតុទាំងនោះ។

peripheral nervous system / ប្រព័ន្ធប្រសាទព័ទ្ធជុំវិញ: ផ្នែកនៃប្រព័ន្ធប្រសាទទាំងអស់ លើកលែងតែខួរក្បាល និង មិញ្ញាឆ្អឹងខ្នង។

permeability / ភាពជ្រាបទឹក: សមត្ថភាពនៃសិលា ឬ ស្រទាប់ដីដែលអាចឱ្យវត្ថុរាវឆ្លងកាត់តាមទីចំហររបស់វា ឬរន្ធ។

petal / ត្របកផ្កា: ផ្នែករូងរាងជាស្លឹក ជាធម្មតាមានពណ៌ភ្លឺដែលបង្កើតបានជាទម្រង់ព័ទ្ធជុំវិញផ្កា។

petroleum / ប្រេងកាត: ល្បាយវត្ថុរាវនៃសមាសធាតុអ៊ីដ្រូកាបូន។ វាត្រូវបានគេប្រើប្រាស់យ៉ាងទូលំទូលាយជាប្រភពឥន្ធនៈ។

pH: តម្លៃដែលគេប្រើដើម្បីបញ្ជាក់ពីភាពជាអាស៊ីត ឬ បាស (លោណភាព) នៃប្រព័ន្ធមួយ។

pharynx / ធើមក: នៅក្នុងបំពង់ខ្យល់ ជាបំពង់សាច់ដុំដែលចេញពីមាត់ទៅកាន់ប្រហោងរំលាយអាហារ។ នៅក្នុងសត្វដែលមាន បំពង់រំលាយអាហារ គឺជាផ្លូវចាប់ពេលមាត់ទៅដើមបំពង់ក និង បំពង់អាហារ។

phase / ទ្រង់ទ្រាយផ្សេងៗនៃព្រះច័ន្ទ : ការប្រែប្រួលនៅតំបន់ដែលទទួលពន្លឺព្រះអាទិត្យនៃអង្គក្នុងលំហ នៅពេលដែលមើលពីអង្គក្នុងលំហមួយទៀត។

phenotype / លក្ខណៈនៃសរីរៈដែលអាចមើលឃើញ : រូបរាងរបស់សរីរៈ ឬ ចរិកលក្ខណៈដែលអាចរកឃើញដទៃទៀត។

pheromone / សារធាតុចម្លែក : សារធាតុដែលចេញពីដងខ្លួន និង ដែលធ្វើឱ្យឯកត្តភូតផ្សេងទៀតដែលមានពូជដូចគ្នាមានប្រតិកម្មនៅក្នុងវិធីអាចព្យាករបាន។

phloem / ជាលិកានាំអាហារ : ជាលិកាដែលនាំអាហារនៅក្នុងរុក្ខជាតិមាននហារូ។

phospholipid / ផូស្វ័រលីពីត : វត្ថុរាវដែលមានផូស្វ័រ និង ដែលជាសមាសភាពរូបផ្គុំនៅក្នុងភ្នាសកោសិកា។

photocell / ហ្វូតូសែល: ឧបករណ៍ដែលបំលែងថាមពលពន្លឺ ទៅជាថាមពលអគ្គិសនី។

photosynthesis / រស្មីសំយោគ : វិធីដែលរុក្ខជាតិ, វារជាតិ និង បាក់តេរីមួយចំនួនប្រើប្រាស់ពន្លឺព្រះអាទិត្យ, ឧស្ម័នកាបូនិច និង ទឹក ដើម្បីធ្វើជាចំណីអាហារ។

physical change / ការប្រែប្រួលរូបរាង : ការប្រែប្រួលក្នុងរូបធាតុពីទម្រង់មួយទៅទម្រង់មួយទៀត ដោយមិនប្រែប្រួលគុណភាពគីមី។

physical property / គុណភាពរូបរាង : លក្ខណៈនៃសារធាតុដែលមិនទាក់ទងនឹងការប្រែប្រួលគីមី ដូចជា ដង់ស៊ីតេ, ពណ៌ ឬ ភាពរឹង។

physical science / វិទ្យាសាស្ត្ររូបវិទ្យា : ការសិក្សាបែបវិទ្យាសាស្ត្រលើរូបធាតុគ្មានជីវិត។

phytoplankton / ផលជាតិអណ្តែត : សរីរៈធ្វើរស្មីសំយោគ អតិសុខមដែលអណ្តែតនៅជិតផ្ទៃនៃទឹកសមុទ្រ ឬ ទឹកសាប។

pigment / ជាតិពណ៌ : សារធាតុដែលផ្តល់ឱ្យសារធាតុដទៃទៀត ឬ លាយជាមួយពណ៌របស់វា។

pioneer species / ពូជដំបូង : ពូជដែលត្រួតត្រាលើតំបន់ដែលគ្មានការតាំងទីលំនៅ និង ដែលចាប់ផ្តើមដំណើរការបន្តពូជ។

pistil / ស្បូនផ្កា : ផ្នែកបន្តពូជញីនៃផ្កាដែលផលិតគ្រាប់ និង មានអូវែ, ស្ទីល និង ស្ទិកម៉ា។

pitch / គុណភាពនៃសម្លេង: ការវាស់វែងនៃសម្លេងដែលខ្លាំង ឬ ខ្សោយ ដែលទទួលបាន អាស្រ័យលើប្រេកង់នៃរលកសម្លេង។

placenta / សុក: រូបផ្គុំដែលភ្ជាប់គភ៌កំពុងលូតលាស់ទៅនឹង ស្បូន និង ដែលអាចផ្លាស់ប្តូរធាតុបំប៉ន, កាកសំណល់ និង ឧស្ម័ន រវាងម្តាយ និង គភ៌នោះ។

placental mammal / ថនិកសត្វមានសុក: ថនិកសត្វ ដែលចិញ្ចឹមកូនដែលមិនទាន់កើតរបស់វាតាមសុកនៅក្នុងស្បូន របស់វា។

plane mirror / កញ្ចក់រាបស្មើ: កញ្ចក់ដែលមានផ្ទៃ រាបស្មើ។

plankton / តារាសុទ្ធចប្រាណា: ប្រជុំនៃសរីរៈអតិសុខុម ភាគច្រើនដែលអណ្ដែត ឬ រសាត់ដោយសេរីនៅក្នុងបរិស្ថាន ទឹកសាប និង ទឹកសមុទ្រ។

Plantae / ផ្លង់តេ: អាណាចក្រដែលកើតឡើងពីសរីរៈ ពហុកោសិកាស្កុតស្ពាញ ដែលជាធម្មតាមានពណ៌បៃតង មាន ជញ្ជាំងកោសិកាកើតឡើងពីសមាសភាគកោសិកា, មិនអាច ធ្វើចលនាជុំវិញ និង ប្រើប្រាស់ថាមពលព្រះអាទិត្យដើម្បីបង្កើត ជាតិស្ករដោយរស្មីសំយោគ។

plasma/ផ្លាស្មា: នៅក្នុងវិទ្យាសាស្ត្ររូបវិទ្យា លក្ខណៈនៃ សារធាតុដែលចាប់ផ្តើមជាឧស្ម័ន ហើយបន្ទាប់មកក្លាយជា អ៊ីយ៉ុង។ វាមានអ៊ីយ៉ុង និង អេឡិចត្រុងអាចចលិតដោយសេរី ហើយវាទទួលយកបន្ទុកអគ្គិសនី និង គុណភាពរបស់វាខុសពីវត្ថុរឹង, វត្ថុរាវ ឬ ឧស្ម័ន។

plate tectonics / ទ្រឹស្តីផ្លាកពិញ្ចូរតិក: ទ្រឹស្តីដែល ពន្យល់ពីទំរង់ដ៏ធំនៃស្រទាប់ខាងក្រៅរបស់ផែនដី ហៅថា ផ្លាកភូមិភាគតូនិក ផ្លាស់ទី និង ផ្លាស់ប្តូរទំរង់។

point-source pollution / ការបំពុលបែលធិង ប្រភព: ការបំពុលដែលកើតចេញពីប្រភពមួយច្បាស់លាស់។

polar easterlies / ខ្យល់បកពីទិសខ្លះបូព៌: ខ្យល់ធម្មតា ដែលបក់ពីទិសខាងកើតទៅទិសខាងលិចរវាងរយៈទទឹង ៦០° និង ៩០° នៅក្នុងអឌ្ឍគោលទាំងពីរ។

polar zone/តំបន់ប៉ូល: ប៉ូលខាងជើង ឬ ខាងត្បូង និង តំបន់ជុំវិញនោះ។

pollen/សម្បុកផ្កា: គ្រាប់តូចល្អិតដែលមានហ្ការមេតឈ្មោល នៃរុក្ខជាតិមានគ្រាប់។

pollination/បំណេីរសម្បុកផ្ការោយ: ការផ្ទេរលម្អងផ្កា ពីរូបផ្តិលបន្ថ្បួជឈ្មោលទៅរូបផ្តិលញីនៃរុក្ខជាតិដែលមានគ្រាប់។

pollution/ការបំពុល: ការប្រែប្រួលដែលមិនចង់បាន នៅក្នុងបរិស្ថានដោយសារសារធាតុ ឬ ទម្រង់ផ្សេងៗនៃថាមពល។

population / ប្រជុំសរីរៈ៖ជួចម្លុងគ្នា: ក្រុមនៃសរីរៈពូជ ដូចគ្នា ដែលរស់នៅក្នុងតំបន់ភូមិសាស្ត្រពិសេសណាមួយ។

porosity/ស្ពោរ៉ូត: ភាគរយនៃចំណុះសរុបនៃសិលា ឬ ដី ដែល មានទីចំហារ។

potential energy / ថាមពលប៉ូតង់ស្យែល: ថាមពល ដែលវត្ថុមួយមានដោយសារតែទីតាំង, រូបរាង ឬ លក្ខខ័ណ្ឌ នៃវត្ថុនោះ។

power / អនុភាព: អត្រាដែលការងារមួយបានសម្រេច ឬ ថាមពលដែលបានបំលែង។

Precambrian time / សម័យបុររេទេចប្រេវ្រន: អំឡុង ពេល នៅក្នុងកម្រិតពេលភូមិសាស្ត្រ ចាប់តាំងពីការកកើតនៃ ផែនដី ដល់ការចាប់ផ្តើមនៃសម័យបាឡេអូស្ទូអ៊ីក ពីប្រហែល ៤.៦ ពាន់លាន ដល់ ៥៤២ លានឆ្នាំមុន។

precipitate/ទុរបាត: វត្ថុរឹងដែលកើតចេញពីប្រតិកម្ម គីមីនៅក្នុងសូលុយស្យុង។

precipitation / ភ្លៀង ទ្រិល: ទម្រង់ណាមួយនៃទឹក ដែលធ្លាក់ចេញពីពពកមកលើផ្ទៃផែនដី។

predator / អវ្ឈច្ប្រានសត្វ: សរីរៈដែលសម្លាប់ និង បរិភោគ ផ្នែក ឬ ភាគទាំងអស់នៃសរីរៈផ្សេងទៀត។

preening/ការរក្សារោម: ចំពោះសត្វបក្សី ជាសកម្មភាព នៃការថែ និង រក្សារោមរបស់ពួកវា។

pregnancy/ការមានគភ៌: នៅក្នុងការអនុវត្តន៍វេជ្ជសាស្ត្រ គឺជាអំឡុងពេលរវាងថ្ងៃទីមួយនៃអំឡុងពេលមានរដូវចុងក្រោយ បំផុតរបស់ស្ត្រី និង ការបង្កើតកូន (ប្រហែល ២៨០ ថ្ងៃ ឬ ៤០ សប្តាហ៍)។ នៅក្នុងជីវវិទ្យានៃការស្លូតលាស់ គឺជារយៈពេល ដែលស្រីផ្ទៃពោះទារកដែលលូតលាស់ ចាប់តាំងពីការបង្កកំណើត រហូតដល់ពេលកើតនៃទារកនោះ (ប្រហែល ២៦៦ ថ្ងៃ ឬ ៣៨ សប្តាហ៍)។

pressure/សម្ពាធ: បរិមាណនៃកម្លាំងដែល បានប្រើក្នុង កន្លែងនៃផ្ទៃណាមួយ។

prevailing winds / ខ្យល់ចម្ប៊ឡា: ខ្យល់ដែលបក់ជា ចំបងពីទិសដៅមួយក្នុងអំឡុងពេលមួយ។

prey / ត្រ័យ: សរីរៈដែលត្រូវបានសម្លាប់ និង បរិភោគ ដោយសរីរៈផ្សេងទៀត។

primate / វានរសត្វ: ប្រភេទនៃថនិកសត្វដែលសម្គាល់ ដោយមេដៃលល្គ្នា និង ប្រើភ្នែកទាំងពីរ។

prime meridian / ខ្សែរវណ្ណមេ: ខ្សែរវណ្ណ ឬ បន្ទាត់ នៃរយៈ បណ្ដោយ ដែលមានរយៈបណ្ដោយ ០°។

probability / ប្រូបាប៊ីលីតេ: ភាពនិយភាពដែល ព្រឹត្តិការណ៍ អនាគតដែលអាចកើតឡើង និងកើតឡើង នៅក្នុងពេលនៃព្រឹត្តិ ការណ៍ណាមួយនោះ។

producer / ថលិតករ: សរីរៈដែលអាចផលិតចំណី អាហារផ្ទាល់ខ្លួនរបស់វា ដោយប្រើប្រាស់ថាមពលនៅជុំវិញ ខ្លួនរបស់វា។

product / ផលិតផល : សារធាតុដែលកើតឡើងនៅក្នុង ប្រតិកម្មគីមី។

prograde rotation / ការវិលតាមទាវារវិថី : ការវិល បញ្ច្រាសត្រនិចនាឡិកានៃភព ឬ ព្រះច័ន្ទដួចដែលឃើញពី ខាងលើប៉ូលខាង ជើងនៃផែនដី។ ការវិលនៅក្នុងទិសដៅ ដួចគ្នា ដួចជាការវិលរបស់ព្រះអាទិត្យ។

projectile motion / ចលនាទោលរត្ត : ផ្លូវកោង ដែលវត្ថុមួយ ដើរតាមនៅពេលចោល, ប្រលែង ឬ ចោល ទៅជិតផ្ទៃនៃផែនដី។

prokaryote / ប្រូការីយ៉ូត : សរីរៈឯកកោសិកាដែល មិនមាននុយក្លេ ឬ ផ្នែកកោសិកាដែលមានភ្នាសព័ទ្ធជុំវិញ។ ឧទាហរណ៍ អាខៀ និង បាក់តេរី។

protein / ប្រូតេអ៊ីន : ម៉ូលេគុលដែលកើតឡើងពីអាស៊ីត អាមីណូ និង ដែលត្រូវការដើម្បីបង្កើត និង ជួសជុលឫបង្ករាង កាយ និង ដើម្បីដំណើរការឲ្យទៅងទាត់នៅក្នុងរាងកាយ។

protist / ប្រូទិស : សរីរៈដែលស្ថិតនៅក្នុងអាណាចក្រប្រូទិស្ដា។

proton / ប្រូតុង : អនុភាគអនុអាតូមដែលមានបន្ទុកវិជ្ជមាន និង ដែលឃើញមាននៅក្នុងនុយក្លេនៃអាតូមមួយ។

pulley / គេវឡ្យាក់ : គ្រឿងយន្តសាមញ្ញដែលមានកង់ ហើយដែលខែ្សព្វរ, ច្រវ៉ាក់ ឬ ខែ្សលួសវិលកាត់។

pulmonary circulation / ប្រព័ន្ធឈាមទៅស្ងួត : លំហូរនៃ ឈាមពីបេះដួងទៅស្ងួត និង ត្រឡប់ទៅបេះដួងវិញ តាមអាកំថៃ, សរសៃរឈាមធ្នារ និង វែន។

pulsar / ភុលសា : ផ្កាយណឺត្រុងវិលលឿនដែលបញ្ចេញ កុលនៃវិទ្យុ និង ថាមពលអុបទិក។

pupil / រន្ធប្រសី : រន្ធដែលស្ថិតនៅចំកណ្ដាលនៃប្រសីវ្នែក និង ដែលគ្រប់គ្រងបរិមាណនៃពន្លឺដែលចូលទៅក្នុងវ្នែក។

pure substance / សារធាតុសុទ្ធ : គំរូនៃរបធាតុ ជាអង្គធាតុតែ មួយ ឬ ជាសមាសធាតុតែមួយ ដែលមាន គុណភាពគីមី និង រូបសាស្ត្រឃ្លាស់លាស់។

Q

quasar / ខួសា : វត្ថុរាងជួចផ្កាយមានពន្លឺខ្លាំងដែល បង្កើតថាមពលនៅក្នុងកម្រិតមួយខ្លស់។ ខួសារត្រូវបានគេ គិតថាជារាវត្ថុមួយនៅឆ្ងាយបំផុតនៅក្នុងសកល។

R

radiation / រ៉ាទីស្យុង : ការផ្ទេរថាមពលជារូលក អេឡិចត្រូម៉ាញេទិក។

radioactive decay / ការរស្សាយទោយវិទ្យុសកម្ម : វិធីដែលអ៊ុស្សតុបវិទ្យុសកម្មមិនឋិតឋឹងបំបែកទៅជាអ៊ុស្សតូបថេរនៃ អង្គធាតុដួចគ្នា ឬ អង្គធាតុផ្សេងទៀត។

radioactivity / វិទ្យុសកម្មភាព : វិធីដែលនុយក្លេអ៊រថេរ បញ្ចេញរ៉ាឌីស្យុងនុយក្លេអ៊រ។

radiometric dating / ការកំណត់ពេលរង្វាស់វិទ្យុ : វិធីសាស្ត្រក្នុងការកំណត់អាយុនៃវត្ថុមួយដោយការច៉ាំង់ស្ងានភាគរយនៃ អ៊ុស្សតូប វិទ្យុសកម្មដែលទាក់ទង (មេ) និង អ៊ុស្សតូបថេរ (កូន)។

reactant / សារធាតុច្ចួលរួចប្រតិកម្ម : សារធាតុ ឬ ម៉ូលេគុល ដែលចូលរួមនៅក្នុងប្រតិកម្មគីមី។

recessive trait / លក្ខណៈសុប : លក្ខណៈដែលលេច រូបរាងតែនៅពេលដែលទម្រង់សែនលុបពីរសម្រាប់លក្ខណៈ បន្លូជីកីដួចគ្នា។

recharge zone / ដំបន់ផ្ទាស់ថ្មី : ដំបន់ដែលទឹកផ្ទាស់ ទីទៅខាងក្រោមដើម្បីក្ឋាយជាផ្នែកនៃផលសិលា។

reclamation / ការរាវធី : វិធីនៃការធ្វើឲ្យ ដីត្រឡប់ទៅ លក្ខខ័ណ្ឌដើមរបស់វាវិញបន្ទាប់ពីការជីករករ៉ែ បានបញ្ចប់។

recycling / ការធ្វើនិស្សរណកម្ម : វិធីនៃការធ្វើឡើងវិញ នូវវត្ថុធាតុដែលមានតម្លៃ ឬ មានប្រយោជន៍ ពីកាកសំណល់ ឬ កម្ចេចសម្រាម។ វិធីនៃការប្រើប្រាស់នូវរបស់ម្ដួយចំនួនឡើងវិញ។

red giant / ផ្កាយទំក្រចាច : ផ្កាយដែលមានពណ៌ក្រហម រូបរាងធំ នៅចុងនៃវដ្តជីវិតរបស់វា។

reflecting telescope / កែវយឺតឆ្លុះ : កែវយឺតដែលប្រើ ប្រាស់កញ្ចក់កោង ដើម្បីប្រមួល និង ផ្លោតលើពន្លឺពីវត្ថុដែលនៅឆ្ងាយ។

reflection / ការឆ្លុះត្រឡប់ : កំពន្លី, សម្លេង ឬ កម្ដៅ ដែលត្រឡប់ នៅពេលដែលកាំនោះប៉ះនឹងផ្ទៃដែលវាមិនអាច ឆ្លងកាត់បាន។

reflex / ការញញាក់ : ការកម្រើកដោយមិនគ្រៀតទុក និង កើតភ្លាមៗតបតទៅនឹងភាពជាស់សតិ។

refracting telescope / កែវយឺតកំរស្ទៀងាក : កែវ យឺតដែលប្រើប្រាស់សំណុំនៃកែវដើម្បីប្រមួល និង ផ្លោតលើ ពន្លឺពីវត្ថុដែលនៅឆ្ងាយ។

refraction / វង្វេង្វៀ : រលកកោង នៅពេលដែលរលក នោះកាត់សារធាតុពីរដែលល្បៀននៃរលកនោះខុសគ្នា។

relative dating / ការកំណត់ពេលទាក់ទងគ្នា : វិធី នៃការកំណត់ពេលទាំងឡាយដែលថាព្រឹត្តិការណ៍ ឬវត្ថុមួយ ចាស់ជាង ឬ ខ្ចីជាង ព្រឹត្តិការណ៍ ឬ វត្ថុផ្សេងទៀត។

relative humidity / សំណើមប្រៀបធៀប : ផលធៀប នៃបរិមាណនៃចំហាយទឹកនៅក្នុងខ្យល់ ទៅនឹងបរិមាណនៃ ចំហាយទឹកដែលត្រូវការដើម្បីបានតិត្ថិភាព នៅក្នុងសីតុណ្ហភាព ផ្តល់ឱ្យមួយ។

relief / ស្ថានភាពធី : ភាពខុសគ្នានៃកម្ពស់ផ្ទៃដី។

remote sensing / វិធីច្រើរវិទ្យាសាពីចម្ងាយ : វិធីនៃ ការប្រមូល និង វិភាគព័ត៌មានអំពីវត្ថុមួយ ដោយមិនគិតពី លក្ខណៈរូបរាងប៉ះពាល់ជាមួយនឹងវត្ថុនោះ។

renewable resource / ធនធានដែលចិនរីងស្តួត : ធនធានធម្មជាតិដែលអាចជំនួសបានក្នុងកម្រិតមួយដូច៊ីគ្នាទៅ នឹងធនធានដែលបានប្រើប្រាស់។

resistance / រេសុីស្ត៉ង់ : នៅក្នុងវិទ្យាសាស្ត្របរិទ្យា វាជាភាពផ្ទុយគ្នានៅក្នុងចរន្តដោយសារវត្ថុធាតុ ឬ ឧបករណ៍។

resonance / ភាពរំពង: ធាតុភូតដែលកើតឡើងនៅពេល វត្ថុពីរញ៉ែរតាមលក្ខណៈធម្មជាតិក្នុងប្រេកង់ផ្ទួចគ្នា។ សម្លេង ដែលកើតឡើងដោយសារវត្ថុមួយធ្វើឱ្យវត្ថុមួយទៀតញ៉ែរ។

respiration / ការបកបញ្ចេញ : នៅក្នុងជីវវិទ្យា វាជាការ ផ្លាស់ប្តូរអុកស៊ីសែន និង ឧស្ម័នការ្បូនិចរវាងកោសិកាមានជីវិត និង បរិស្ថានរបស់វា។ វាក្មមានការដកដង្ហើម និង ការដក ដង្ហើមរបស់កោសិកា។

respiratory system / ប្រព័ន្ធបកបញ្ចេញ : បណ្តុំនៃ សរីរាង្គដែលមុខងារចំបងរបស់វាគឺស្រូបយកអុកស៊ីសែន និង បញ្ចេញឧស្ម័ន កា្បូនិច។ សរីរាង្គនៃប្រព័ន្ធនេះរួមមាន ស្គត, បំពង់ក, និង ផ្ទរ ដែលនាំទៅដល់ស្គត។

retina / ចិត្រចប : ស្រទាប់ខាងក្នុងនៃភ្នែកដែលចាប់ពន្លឺ ហើយ ទទួលរូបភាពពីកែវភ្នែក និង បញ្ជូនឆ្ពោះកាតាមប្រសាទ អុបទិកទៅកាន់ខួរក្បាល។

retrograde rotation / ការវិលថយក្រោយ : ការ វិលនៃភព ឬ ព្រះច័ន្ទតាមទិសដៅនាឡិកា ដូចដែលឃើញ នៅខាងលើប៉ូលខាង ជើងនៃផែនដី។

revolution / ចលនាវិលជុំវិញ: ចលនានៃអង្គមួយដែល វិលជុំវិញអង្គមួយទៀតនៅក្នុងលំហារ។ ដំណើរពេញលេញជាមួយ តាមតារាវិថី។

rhizoid / សរសៃស្តួចធាតុបំប៉ន : រូបផ្ធិដូចប្អូសនៅក្នុង រុក្ខជាតិ គ្មានសរសៃនហារ្យដែលទប់រុក្ខជាតិនោះនៅកន្លែងមួយ និង ជួយឱ្យរុក្ខជាតិទាំងនោះទទួលទឹក និង ធាតុបំប៉ន។

rhizome / ធេរីម: ទងនៅខាងក្រោមដីផ្ទែក ដែលបង្កើត ស្លឹក, ពន្លក និង ប្ចូសថ្មី។

ribosome / រីប៉ូសូម : ផ្ទែកនៃកោសិកាដែលល្បមផ្ចុំដោយ RNA និង ប្រូតេអ៊ីន។ កន្លែងធ្វើសំយោគប្រូតេអ៊ីន។

rift valley / ជ្រោះវែលជ្រេះវែក : ជ្រោះ ត្ងូចវែងដែល កើតឡើងដោយសារផ្ទាំងតិកតូនិកឃ្លាតចេញពីគ្នា។

rift zone / តំបន់ជ្រេះវែក : តំបន់នៃកន្លែងប្រេះ ជ្រៅ ដែលកើតចេញរវាងផ្ទាំងតិកតូនិកពីរដែលរុញចេញពីគ្នា។

RNA : អាស៊ីរ៉ូប៊ុនុក្រេអ៊ិក គឺជាម៉ូលេកុលដែលមាននៅក្នុង កោសិកាមានជីវិតទាំងអស់ និង ដែលដើររួក្នុងការផលិត ប្រូតេអ៊ីន។

rock / សិលា : ឈ្មាយរវត្ថុរឹងដែលកើតឡើងពីធមជាតិនៃ ធាតុរ៉ែ ឬ សារធាតុសរីរាង្គមួយ ឬ ច្រើន។

rock cycle / រដ្ឋសិលា : សេរីនៃដំណើរការដែលសិលា កកើតឡើង, ផ្លាស់ប្ដូរពីប្រភេទមួយទៅប្រភេទមួយទៀត, ត្រូវ បានបំផ្លាញ និង កកើតឡ្មងទៀតដោយវិធីភូមិសាស្ត្រ។

rock fall / ការម្ខុលរលំសិលា: ចលនានៃសិលាដីដំប្យាង លើ៉នធ្លាក់ចុះតាមជម្រាលជ្រៅ ឬ ច្រាំងចោទ។

rocket / រ៉ុកកែត: គ្រឿងយន្តដែលប្រើប្រាស់ឥន្ធនៈដែល កើតចេញពីការ៉ុកតផ្ធុនៈ ដើម្បីឱ្យមានចលនា។

rotation / ការវិល: ការវិលនៃអង្គមួយលើអ័ក្សរបស់វា។

S

S wave / រលក S: រលករញ្ជួយដីដែលធ្វើឱ្យអនុភាគនៃថ្ម កម្រើកក្នុងទិសដៅពីម្ខាងទៅម្ខាង។

salinity / ស្ទុលយសុងអំបិល : ការវាស់វែងនៃបរិមាណ អំបិលដែលរលាយនៅក្នុងបរិមាណវត្ថុរាវមួយ។

salt / អំបិល: សមាសធាតុអ៊ីយ៉ុងដែលកើតឡើងនៅពេល អាគ្មលោហៈជំនួសអ៊ីដ្រូសែនរបស់អាស៊ីត។

saltation / ការលោត : ចលនានៃខ្សាច់ ឬ ស្រទាប់ដី ផ្សេងទៀតដោយលោតឡើងតិចៗ និង បណ្ណុញគ្នា ដោយសារ ខ្យល់ ឬ ទឹក។

satellite / ផ្កាយរណប: អង្គធម្មជាតិ ឬ សប្បនិមិត្តដែល វិលជុំវិញភព។

savanna / វាលស្មៅ : វាលស្មៅដែលតែងមានដើមឈើ រាយបាយ និង ដែលឃើញមាននៅក្នុងតំបន់ត្រូពិក និង ឧបត្រូពិក ដែលមានរ្យៅង, ភ្លៀងធ្លេ និង ភាពរាំងស្ងួតកើតឡ្មង។

scale / ក្រិត : ទំនាក់ទំនងរវាងខ្នាតនៅលើគំរូ, ផែនទី ឬ ស្យាក្រាម និង ខ្នាត ឬ ចម្ងាយពិតប្រាកដ។

scattering/ការខ្ចាត់: អន្តរកម្មនៃពន្លឺជាមួយនឹងរូបធាតុ ដែលធ្វើឱ្យពន្លឺឆ្លាស់ប្ដូរថាមពល, ទិសដៅចលនា ឬទាំងអស់ របស់វា។

science / វិទ្យាសាស្ត្រ: ចំណេះដឹងដែលបានមកពីការ អង្កេតព្រឹត្តិការណ៍ និង លក្ខខ័ណ្ឌធម្មជាតិ ដើម្បីលាតត្រដាង ការពិត និង បង្កើតច្បាប់ ឬ គោលការណ៍ដែលអាចបញ្ជាក់ ឬ សាកល្បងបាន។

scientific literacy / ចំណេះដឹងវិទ្យាសាស្ត្រ: ការ យល់ពីវិធីសាស្ត្រនៃការស៊ើបអង្កេតបែបវិទ្យាសាស្ត្រ, ដែលនៃ ចំណេះដឹងវិទ្យាសាស្ត្រ និង តួនាទីនៃវិទ្យាសាស្ត្រនៅក្នុងសង្គម។

scientific methods / វិធីសាស្ត្របែបវិទ្យាសាស្ត្រ: សេរីនៃជំហានដើម្បីដោះស្រាយបញ្ហា។

screw/ខ្សៀវ: គ្រឿងយន្តសាមញ្ញដែលមានផ្លែជ្រាល វ័ុជុំវិញស៊ីឡាំង។

sea-floor spreading / ការក្រាលផ្ទៃសមុទ្រ: វិធី ដែលស្រទាប់សិលានៃសមុទ្រថ្មីកើតឡើងដោយសារម៉ាក់ម៉ា ឡើងខ្ពស់មកលើផ្ទៃ និង កក។

seamount/ភ្នំក្នុងសមុទ្រ: ភ្នំនៅលើផ្ទៃបាតសមុទ្រដែល មានកម្ពស់យ៉ាងហោច ១.០០០ ម និង ដែលដើមឡើយជាភ្នំភ្លើង។

sediment / ស្រទាបថី: បំណែកនៃវត្ថុធាតុសីរវាង្គ និង អសីរវាង្គដែលនាំមក និង កក់ទុកដោយខ្យល់, ទឹក ឬ ទឹកកក និង ដែលបន្ថែមស្រទាប់នៅលើផ្ទែរបស់ផែនដី។

sedimentary rock / សិលាស្រទាបថី: សិលាដែល កើតឡើងពីការសង្កត់គឹងណែន ឬ ស្រទាប់ដីដែលមានជាតិស៊ុមង្គ័។

segment/ចំណែក: ផ្នែកណាមួយនៃរូបផ្ដិ្ដែលធំ ឌូចជា អង្គនៃ សរីរៈ ដែលកើតឡើងដោយធម្មជាតិ ឬ ដែលចល័ត។

seismic gap / ចន្លោះរញ្ជួយថី: តំបន់ដែលនៅតាម បំណាក់ស្រុត ដែលមានរញ្ជួយដីតិចតួចកើតឡើងក្នុងពេលថ្មីៗ ប៉ុន្តែ កន្លែងនោះ មានរញ្ជួយដីខ្លាំងកាលពីមុន។

seismic wave / រលករញ្ជួយថី: រលកថាមពលដែលធ្វើ ដំណើរឆ្លងកាត់ផែនដី និង ឆ្លាយពីរញ្ជួយដីនៅគ្រប់ទិសទាំងអស់។

seismogram / កំណត់ត្រារញ្ជួយថី: ដានៃចលនា រញ្ជួយដីដែលបង្កើតឡើងដោយឧបករណ៍វាស់រញ្ជួយដី។

seismograph / ឧបករណ៍វាស់រញ្ជួយថី: ឧបករណ៍ ដែលកត់ត្រា ភាពញ័រនៅក្នុងដី និង កំណត់ទីតាំង និង កម្លាំង នៃរញ្ជួយដី។

seismology / រញ្ជួយថីវិទ្យា: ការសិក្សាពីរញ្ជួយដី។

selective breeding / ការបង្កាត់ពូជឥតជ្រើស: ការ អនុវត្តន៍ របស់មនុស្សលើការបង្កាត់ពូជសត្វ ឬ រុក្ខជាតិទៅ តាមលក្ខណៈដែលចង់បានជាក់លាក់។

semiconductor/វត្ថុចម្លងកម្ដៅចម្រុះ: អង្គធាតុ ឬ សមាសធាតុដែលចម្លងចរន្តអគ្គិសនីល្អជាងអ៊ីសូឡង់ ប៉ុន្តែ មិន ល្អជូចវត្ថុដែលចម្លងកម្ដៅនោះទេ។

sepal/ត្របកផ្កា: នៅក្នុងផ្កា ត្របកពណ៌ៃ្ខុវិញ្ញខាងក្រៅមួយ ជួចស្លឹកដែលការពារពន្លកផ្កា។

septic tank/អាងតួលទិកស្រុយ: អាងដែលចែកសំណល់ រឹង ពីវត្ថុរាវ និង ដែលមានចាក់ត្រើបំបែកសំណល់រឹងទាំងនោះ។

series circuit / សៀរ្គីសេរី: សៀគ៌ីដែលផ្នែករបស់វា ជាប់គ្នាពី មួយទៅមួយ ធ្វើឱ្យ ចរន្តនៅក្នុងផ្នែកនីមួយៗជួចគ្នា។

sewage treatment plant / រោងចក្រសម្ល្អាតទឹក ល្អ: រោងចក្រដែលសម្ល្អាតវត្ថុធាតុសំណល់នៅក្នុងទឹកដែល ចេញពីល្ងទឹកស្អុយ ឬ ល្បប់ផ្លូវទឹក។

sex chromosome / ក្រូម៉ូស៊ូមភេទ: ក្រូម៉ូស៊ូមមួយនៃ ក្រូម៉ូស៊ូមមួយគូ ដែលកំណត់ពីភេទនៃឯកត្តភូតៈ។

sexual reproduction / ការបន្តពូជផ្លូវភេទ: ការ បន្តពូជដែលកោសិកាភេទពីមេបាពីរូបមគ្គាប់ផ្គើតបានជាកូន ដែលមានលក្ខណៈរួមពីមេបាទាំងពីរ។

shoreline / ច្រាំង: ផែនរវាងដី និង ទឹក។

silicate mineral / រ៉ែចម្បថា: ជរ៉ែដែលមានធាតុផ្ដុំ នៃស៊ីលីកុន, អុកស៊ីសែន និង លោហៈមួយ ឬ ច្រើន។

single-displacement reaction / ប្រតិកម្មជំនួស ឯកម្ពុយ: ប្រតិកម្មដែលអង្គធាតុមួយជំនួសអង្គធាតុមួយទៀត នៅក្នុងសមាសធាតុ។

skeletal system / ប្រព័ន្ធគ្រោងឆ្អឹង: ប្រព័ន្ធសីរវាង្គ ដែលមុខងារចំបងរបស់វាគឺតាំទ្រ និង ការពារវាងកាយ និង អាចធ្វើឱ្យរាងកាយផ្លាស់ទី។

skepticism / ចម្ងូវ្រាត្តនិយម: ទម្លាប់នៃគំនិតដែល មនុស្សម្នាក់ស្ងូរពីសុពលភាពនៃគំនិតដែលបានទទួលយកៗ។

slope / ទេរ: ការវាស់វែងពីភាពផ្ដេកនៃបន្ទាត់។ វាជា ផលធៀបនៃកម្ពស់ និង ចម្ងាយ។

small intestine / ពោះវៀនតូច: សីរវាង្គរាងក្រោះ និង ពោះវៀនដ កន្លែងដែលភាគច្រើននៃការបំបែកអាហារ កើតឡើង និង ភាគច្រើននៃសារធាតុបំប៉ន់ពីចំណីអាហារត្រូវ បានស្រូប។

smog / អ័ក្តែលបកខ្ទក់ : អ័កគីមីដែលកើតឡើងនៅពេល ពន្លឺព្រះអាទិត្យធ្វើអំពើលើសារធាតុពុលឧស្ម័ាហកម្ម និង ពន្ធន: ដែលបានជុត។

social behavior / ចរិកសង្គម : អន្តរសកម្មរវាងសត្វ នានានៃពួជដូចគ្នា។

software / កម្មវិធីកុំព្យូទ័រ : សំណុំនៃការណែនាំ ឬ ការ បញ្ជាដែលប្រាប់កុំព្យូទ័រថាអ្វីដែលត្រូវធ្វើ។ វាជាកម្មវិធីកុំព្យូទ័រ។

soil / ថី : ល្បាយមិនជាប់គ្នានៃបំណែកសិលា, វត្តុធាតុសរីរាង្គ, ទឹក និង ខ្យល់ដែលអាចទ្រទ្រង់ការលូតលាស់នៃរុក្ខជាតិ។

soil conservation / ការអភិរក្សថី : វិធីសាស្ត្ររក្សា ភាពមានជីជាតិនៃដី ដោយការពារដីនោះពីការច្រោះ និង ការបាត់បង់ធាតុបំប៉ន។

soil structure / រូបផ្ទុំថី : ការរៀបចំនៃអនុភាគដី។

soil texture / សាច់ថី : គុណភាពដីដែលផ្អែកលើ សមាមាត្រនៃអនុភាគដី។

solar energy / ថាមពលព្រះអាទិត្យ : ថាមពលដែល ផែនដី ទទួលបានពីព្រះអាទិត្យនៅក្នុងទម្រង់ជារ៉ាឌីឡួង់។

solar nebula / តារារលីព្រះអាទិត្យ : ដុំនៃឧស្ម័ន និង ធូលីដែលបង្កើតជាប្រព័ន្ធព្រះអាទិត្យ។

solenoid / វង្វង់ធ្លុវិញ្ញុលបែក : វណ្ណនៃខ្សែរដែល មានចរន្តអគ្គិសនីនៅក្នុងនោះ។

solid / វត្តុរឹង : លក្ខណ:នៃរូបធាតុដែលចំណុ: និង ទ្រង់ ទ្រាយនៃសារធាតុត្រូវបានកំណត់។

solubility / សមត្ថភាពរលាយ : សមត្ថភាពនៃសារធាតុ មួយរលាយនៅក្នុងសារធាតុមួយទៀត នៅក្នុងសីតុណ្ហភាព និង សម្ពាធមួយ។

solute / អង្គធាតុរលាយ : នៅក្នុងសូលុយសុងសារធាតុ ដែលរលាយនៅក្នុងអង្គធាតុរំលាយ។

solution / សូលុយសុង : ល្បាយរួមគ្នានៃសារធាតុពីរ ឬ ច្រើន មានឯកភាពឯករូប រាយប៉ាយនៅក្នុងរូបធាតុមួយ។

solvent / អង្គធាតុរំលាយ : នៅក្នុងសូលុយសុង ជា សារធាតុដែលរំលាយអង្គធាតុរលាយ។

sonic boom / សូររន្ធ: : សម្លេងផ្ទុះដែលឮនៅពេល រលកកម្រើកពីវត្តុមួយធ្វើដំណើរលឿនជាងល្បឿននៃសម្លេង ដែលទៅដល់ត្រច្បៀករបស់មនុស្សម្នាក់។

sound quality / គុណភាពសម្លេង : លទ្ធផលនៃការ បញ្ចូលនៃស្វរជាច្រើនតាមដំណើររលក។

sound wave / រលកសម្លេង : រលកតាមបណ្ណោយ ដែលកើតឡើងដោយសារភាពញ័រ និង ដែលធ្វើដំណើរកាត់ មេឌៀមវត្តុធាតុមួយ។

space probe / ប្រដាប់ស្រាវជ្រាវក្នុងលំហ : យានដែល គ្មានយានិក ដាក់ឧបករណ៍វិទ្យាសាស្ត្របង្គោះទៅក្នុងលំហរ ដើម្បីប្រមូលទិន្នន័យវិទ្យាសាស្ត្រ។

space shuttle / យានអាវកាស : យានក្នុងលំហរដែល អាចប្រើឡើងវិញ ហើយហោះឡើងដូចជារ៉ុកកែត និង ចុះ ចតដូចជា យន្តហោះ។

space station / ស្ថានីយអាវកាស : ទីលាននៅតាមតារា វិថីក្នុងរយ:ពេលមួយវែង ដែលយានជេ្យុងទៅៀតអាចបើកលើ ឬ ធ្វើការស្រាវជ្រាវវិទ្យាសាស្ត្រ។

speciation / ការបង្កើតពូជថ្មី : ការបង្កើតពូជថ្មីនានា ជាលទ្ធផលនៃការវិវត្តន៍។

species / ពូជ : ក្រុមនៃសរីរ:ដែលជាប់ទាក់ទងគ្នាជិតជិត និង អាចរួមគ្នាដើម្បីបង្កើតកូនចៅបន្តពូជ។

specific heat / កម្ដៅជាក់លាក់ : បរិមាណនៃកម្ដៅ ដែលត្រូវការដើម្បីបង្កើតម៉ាស់នៃវត្តុធាតុរួមផ្សំ ១K ឬ ១°C នៅក្នុងវិធី ពិសេសមួយ ដែលមានសម្ពាធ និង ម៉ាឌថេរ។

spectrum / វិសាលតច : ក្រុមនៃពណ៌កើតឡើងនៅពេល ពន្លឺពណ៌សរឆ្លងកាត់ព្រិស្ម។

speed / ល្បឿន : ចម្ងាយដែលបានធ្វើដំណើរ ចែកនឹង ចន្លោ:ពេលដែលចលនានោះ បានកើតឡើង។

sperm / ស្ពើម : កោសិកាភេទឈ្មោល។

spleen / សម្លើន : សរីរាង្គលសិកាដំបំផុតនៅក្នុងរាងកាយ។ វាធ្វើមុខងារជាកន្លែងផ្ទុកលោហិត, បំបែកកោសិកាឈាមក្រហម ចាស់ៗ និង ផលិតលីមផូស៊ីត និង ផ្លាស្មីដ។

spore / រូបផ្ទុំការបន្តពូជអភេទ : កោសិកាបន្តពូជ ឬ រូបផ្ទុំ ពហុកោសិកាដែលធន់នឹងលក្ខខ័ណ្ឌបរិដ្ឋានមានសម្ពាធ និង ដែលអាចលូតលាស់ទៅជាដំបានដោយមិនចំបាច់រួមផ្សំជាមួយ កោសិកាដទៃទៀត។

spring tide / ទ្រសែទឹកផុស : ជំនោរទឹកកើនឡើង ដែលកើតឡើងរវាងដងក្នុង១ខែ នៅពេលព្រះចំន្ទលេចឡើង និង ពេញបួរមី។

stamen / លក្ខងផ្ការលៀល : រូបផ្ទុំបន្តពូជឈ្មោលនៃផ្កា ដែលបង្កើតលអួងផ្កា និង មានផ្អែកលអួងផ្កានៅខាងចុងនៃ សរសែផ្កា។

standing wave / រលកបញ្ឈរ : គំរូនៃភាពញ័រដែល
ចម្លងរលក ក្នុងលក្ខណៈបញ្ឈរ។

states of matter / លក្ខណៈរូបចាតុ : ទម្រង់រូបរាង
នៃរូបធាតុដែលរួមមាន ភាពរឹង, រាវ និង ឧស្ម័ន។

static electricity / អគ្គិសនីស្ថាទិត : បន្ទុកអគ្គិសនី
ដែលមិនសកម្ម។ ជាទូទៅកើតឡើងដោយសារ ការដុសខាត
ឬ វិសេសានុមាន។

stimulus / ការធ្វើសតិ : អ្វីៗដែលបង្កប្រតិកម្ម ឬ ការ
ផ្លាស់ប្ដូរនៅក្នុងសរីរៈ ឬ ផ្នែកណាមួយរបស់សរីរៈ។

stoma / រន្ធបើក : កន្លែងចំហរជាច្រើនមួយនៅក្នុងស្លឹក
ឬ ងនៃរុក្ខជាតិដែលអាចធ្វើឱ្យមានការផ្លាស់ប្ដូរឧស្ម័នកើត
ឡើង (ពហុវចន: stomata)

stomach / ក្រពះ : សរីរាង្គវិលាយអាហារ រាងពួច ចង់
នៅរវាង បំពង់អាហារ និង ពោះវៀនតូច ដែលបំបែកចំណី
អាហារដោយសកម្មភាពនៃសាច់ដុំ, ប្រូតេអ៊ីនបង្រ្គម និង អាស៊ីត។

storm surge / ខ្សែរលឭ្ជា : ការកើនឡើងនៃកម្រិតទឹក
សមុទ្រនៅជិតឆ្នេរដែលកើតឡើងដោយសារខ្យល់ខ្លាំងពីល្បះ
ផួចជាខ្យល់មកពីល្បះសង្ឃរា។

strata / ថ្នេរ : ស្រទាប់នៃសិលា (ឯកវចន: stratum)។

stratification / ការធ្វើថ្នេរថ្នាស់ : វិធីដែលសិលា
ស្រទាប់ដីត្រូវបានរៀបចំជាស្រទាប់។

stratified drift / ការអណ្ដែតថ្នេរថ្នាស់ : ការកក់ទុកនៃ
ដុំទឹកកក ដែលបានដាក់ជាប្រភេទ និង ស្រទាប់ដោយសកម្មភាព
នៃខ្សែទឹក ឬ ទឹកដែលរលាយ។

stratosphere / ស្ត្រាតូស្ផៀរ : ស្រទាប់នៃបរិយាកាស
នៅខាងលើ ត្រូប៉ូស្ផៀ និង ដែលសីតុណ្ហភាពកើនឡើង
នៅពេលកម្ពស់កើនឡើង។

streak / ភាពម៉ឺតរបស់រ៉ែ : ពណ៌នៃភាពម៉ឺតនៃជ័រ។

stress / ស្ស្រេស : ការតបតជារូបរាង ឬ ចិត្ត ទៅនឹង
សម្ពាធ។

structure / រូបផ្គុំ : បណ្ដុំនៃផ្នែកនានានៅក្នុងសរីរៈ។

sublimation / ចរិត្តនីតិថ្មី : វិធីដែលវត្ថុរឹងប្រែប្រួល
ផ្ទាល់ ទៅជាឧស្ម័ន។

subsidence / ស្រទាប់លិច : ការលិចនៃតំបន់នៃសំបក
ផែនដី ទៅកម្បស់មួយទាប។

succession / ទំនារ : ការប្ដូរប្រភេទនៃសហគមមួយ
ដោយសហគមមួយទៀតនៅកន្លែងមួយក្នុងរយៈពេលមួយ។

sunspot / ចំណែកខ្មៅនៃព្រះអាទិត្យ : តំបន់ខ្មៅនៃ
សុរិយាភាមណ្ឌលរបស់ព្រះអាទិត្យ ដែលត្រជាក់ជាងតំបន់
ជុំវិញ និង ដែលមានដែនម៉ាញ៉េទិកខ្លាំង។

supernova / ផ្កាយផ្ទុះ : ការផ្ទុះដ៏ធំមហិមាដែលផ្កាយដី
ជំផ្ការ់ចុះ និង ចោលស្រទាប់ខាងក្រៅរបស់វាទៅក្នុងលំហរ។

superposition / ទីតាំងនាងលើ : គោលការណ៍ដែល
ថែងថា សិលាខ្មីនៅពីលើសិលាចាស់ៗ ប្រសិនបើស្រទាប់នោះ
មិនទទួលការរុករកួន។

surface current / ចរន្តនៅថ្ងៃ : ចលនាផ្នែកនៃទឹក
សមុទ្រ ដែលកើតឡើងដោយសារខ្យល់ និង ដែលកើតឡើង
នៅ ឬ នៅជិតផ្ទៃរបស់សមុទ្រ។

surface tension / តង់ស្យុងនៅថ្ងៃ : កម្លាំងដែលមាន
អំពើរលើផ្ទៃនៃវត្ថុរាវ និង ដែលមាននិនាបង្រួមតំបន់នៃផ្ទៃនោះ។

suspension / ការបែកខ្ញែកនៃភាពឬតិត : ល្បាយដែល
ក្នុងនោះ អនុភាគនៃវត្ថុធាតុមានច្រើន ឬ តិច រាយស្ើគ្នា
ពេញវត្ថុរាវ ឬ ឧស្ម័ន។

swamp / វាលភក់ : ប្រព័ន្ធទំនាក់ទំនងបរិដ្ឋាននៃដីដែល
សើម ដែលត្រើក្រៃ និង ដើមឈើដុះល្លាតលាស់។

swell / រលកខ្លីង : ក្រុមនៃរលកសមុទ្រមួយដីវែងដែល
បានធ្វើដំណើរនឹងក្នុងចម្ងាយមួយដ៏ឆ្ងាយពីចំនុចដែលកើតឡូតវា។

swim bladder / ប្លោកបែលទិត : នៅក្នុងត្រីមានឆ្អឹង
វាគឺជាថង់ដែលមានឧស្ម័ន ប្រើប្រាស់ដើម្បីគ្រប់គ្រងភាព
អណ្ដែត។ គេក៏ហៅថា ប្លោកឧស្ម័ល (gas bladder)។

symbiosis / ទំនាក់ទំនងនៃរបស់មានជីវិត : ទំនាក់ទំនង
ដែលក្នុងនោះ សរីរៈពីរផ្សេងគ្នារស់នៅជាប់ទាក់ទងជាមួយគ្នា
យ៉ាងជិតស្និត។

synthesis reaction / ប្រតិកម្មសំយោគ : ប្រតិកម្ម
ដែលក្នុងនោះ សារធាតុពីរ ឬ ច្រើនរួមគ្នាបង្កើតបានជា
សមាសធាតុថ្មីមួយ។

systemic circulation / ប្រព័ន្ធឈាមរវត : លំហូរ
នៃឈាមពី បេះដូងទៅៗគ្រប់ផ្នែកទាំងអស់នៃរាងកាយ និង
ត្រឡប់ទៅៗកាន់បេះដូងវិញ។

T

T cell / កោសិកា T : កោសិកាប្រព័ន្ធសុំជម្ងឺដែលសម្រប
ប្រព័ន្ធសុំជម្ងឺ និង រាយប្រហារលើកោសិកាដែលបង្ករោគ។

tadpole / កូនកូប៉ក : សត្វល្អិតរាងពួចត្រី នៅក្នុងទឹក ជារូបន
នៃកង្កែប ឬ គីង្គក់។

taxonomy/វគ្គីករសាស្ត្រ: វិទ្យាសាស្ត្រនៃការពិពណ៌នា, ដាក់ឈ្មោះ និង ចាត់ចំណាត់ថ្នាក់សីរ:។

technology/បច្ចេកវិទ្យា: ការប្រើប្រាស់វិទ្យាសាស្ត្រ សម្រាប់គោលបំណងអនុវត្ត។ ការប្រើប្រាស់ឧបករណ៍, ម៉ាស៊ីន, វត្ថុធាតុ និង វិធីដើម្បីបំពេញតម្រូវការមនុស្ស។

tectonic plate/ផ្ទាំងតិកតូនិក: ដុំនៃផេម្មស្វៀលដែល មានសំបក និង ជាជ្រុង ដែលជាផ្នែកខាងក្រៅនៃស្រទាប់ថ្មផែនដី។

telescope/កែវយឺត: ឧបករណ៍ដែលប្រមូលរាំងរស្មីស្រង់ អេម៉្បីចក្រម៉ាញ់ទិកពីមេឃ និង ផ្កាតលើរាដើម្បីធ្វើឲ្យការ អង្កេតកាន់តែច្បាស់។

temperate zone/តំបន់អាកាសធាតុបង្គួរ: តំបន់ អាកាសធាតុ រវាងតំបន់ត្រូពិក និង តំបន់ប៉ូល។

temperature/សីតុណ្ហភាព: ការវាស់វែងលើភាព ក្តៅ (ឬ ត្រជាក់) នៃអ្វីមួយ។ ជាពិសេស ការវាស់វែងនៃ ថាមពលចលករ មធ្យមនៃអនុភាគនៅក្នុងវត្ថុមួយ។

tension/តង់ស្យុង: កម្រិតសង្កត់ដែលកើតឡើងនៅពេល កម្លាំងធ្វើអំពើរពន្លាតវត្ថុមួយ។

terminal velocity/ល្បឿនធ្លាក់ក្រោយ: ល្បឿនថេរ នៃវត្ថុ ដែលធ្លាក់មួយនៅពេលកម្លាំងនៃរេស៊ីស្ដង់រួបល់ស្មើ នឹងទំហំ និង ផ្ទុយនឹងទិសដៅនៃកម្លាំងទំនាញ។

terrestrial planet/ភពបែលអាចរស់នៅបាន: ភព ដែលក្រាសខ្លាំងមួយនៅជិតព្រះអាទិត្យបំផុត។ វាជួបមាន ភព ពុធ, ភពសុក្រ, ភពអង្គារ និង ភពផែនដី។

territory/បែនធី: តំបន់ដែលកាន់កាប់ដោយសត្វមួយ ឬ ក្រុមនៃសត្វ ដែលមិនអនុញ្ញាតឲ្យ សមាជិកផ្សេងទៀតនៃពូជ ផ្សេងចូលបាន។

testes/ពងស្វាស: សរីរាង្គបន្តពូជឈ្មោលចំបងដែល ផលិតកោសិកាស្ពើម និង អម៉្មនឈ្មោល *(ឯកវចន:testis)*។

texture/ម៉ត់: គុណភាពនៃថ្មដែលផ្អែកលើទំហំ, ទ្រង់ទ្រាយ និង ទីតាំងនៃសាច់របស់ថ្ម។

theory/ទ្រឹស្ដី: ការពន្យល់ដែលភ្ជាប់ជាមួយគ្នានូវ សម្មតិកម្ម និង ការអង្កេតជាច្រើន។

thermal conduction/ការចម្លងកម្ដៅ: ការផ្ទេរ ថាមពល ជាកម្ដៅតាមវត្ថុធាតុ។

thermal conductor/វត្ថុចម្លងកម្ដៅ: វត្ថុធាតុដែល ថាមពលអាចផ្ទេរបានជាកម្ដៅ។

thermal energy/ថាមពលកម្ដៅ: ថាមពលចលករ នៃអាតូមរបស់សារធាតុមួយ។

thermal expansion/ការរីកឡើងចេាយសារកម្ដៅ: ការកើនឡើងនៃទំហំរបស់សារធាតុមួយ ដោយសារការកើន ឡើងនៃសីតុណ្ហភាពនៃសារធាតុនោះ។

thermal insulator/អ៊ីស្យូឡង់កម្ដៅ: វត្ថុធាតុដែល បន្ថយ ឬ ការពារការផ្ទេរនៃកម្ដៅ។

thermal pollution/ការបំពុលចេាយកម្ដៅ: សីតុណ្ហភាពកើនឡើងនៅក្នុងទឹក ដោយសារសកម្មភាពរបស់ មនុស្ស និង ដែលមានឥទ្ធិពលប៉ះពាល់លើគុណភាពទឹក និង លើ សមត្ថភាពនៃទឹកនោះដើម្បីទ្រទ្រង់ជីវិត។

thermocline/ ស្រទាប់ទិកបែលមានកម្ដៅ'ឯយចុះឆ្នាំង: ស្រទាប់នៅក្នុងទឹកដែលសីតុណ្ហភាពទឹកធ្លាក់ចុះលឿនជាង ស្រទាប់ផ្សេងទៀត នៅពេលដែលជម្រៅកើនឡើង។

thermocouple/ប្រចាប់ស្យូងកម្ដៅ: ឧបករណ៍ដែល បំលែងថាមពលកម្ដៅទៅជាថាមពលអគ្គិសនី។

thermometer/ទែម៉្ម៉ែម៉្រ្ត: ឧបករណ៍ដែលវាស់ និង បញ្ជាក់ពីសីតុណ្ហភាព។

thermosphere/ទែម៉្ឌស្ស៉ៀ: ស្រទាប់បរិយាកាសខាង លើបំផុតដែលសីតុណ្ហភាពកើនឡើងនៅពេលដែលកម្ពស់កើនឡើង។

thrust/កម្លាំងរុញទាញ: កម្លាំងរុញ ឬ ទាញចេញ ដោយសារ ម៉ាស៊ីននៃយន្តហោះ ឬ រ៉ុកកែត។

thunder/ផ្គរលាន់: សម្លេងដែលកើតឡើងដោយសារ ការរីកនៃខ្យល់យ៉ាងលឿនតាមរន្ទះអគ្គិសនី។

thunderstorm/ព្យុះរន្ទះ: ព្យុះខ្លាំងជាធម្មតាខ្លីដែល មានភ្លៀង, ខ្យល់ខ្លាំង,' រន្ទះ និង ផ្គរលាន់។

thymus/ធីម៉ុស: ក្រពេញសំខាន់នៃប្រព័ន្ធលសិកា។ វាបញ្ចេញកោសិកាប្រព័ន្ធការពារ T ដែលពេញវ័យ។

tidal range/លំចាប់ទិកជោរ: ភាពខុសគ្នានៅក្នុង កម្រិតនៃទឹកសមុទ្រនៅពេលទឹកជោរ និង ទឹកនាច។

tide/ទិកជោរ ឬ នាច: ការកើនឡើង និង ធ្លាក់ចុះ តាមពេលនៃកម្រិតទឹកនៅក្នុងមហាសមុទ្រ និង សមុទ្រ ឬ បឹងប៉្ជាធំៗផ្សេងទៀត។

till/បែនទិកកកអណ្ដែត: វត្ថុធាតុសិលាដែលមិនទាន់ចាត់ ថ្នាក់ដែលកក់ជាប់ផ្ការ់ដោយសារផែនទឹកកកដែលរលាយ។

tissue/ថាលិកា: ក្រុមនៃកោសិកាស្រេៀងគ្នាដែលធ្វើ មុខងាររួម។

tonsils/អាម៉ិចាល់: សរីរាង្គដែលឆួច, ដុំមូលនៃជាលិកា លសិកា ស្ថិតនៅជើមក និង នៅតាមផ្លូវរីកទៅជើមក។

topographic map / ផែនទីភូមិសាស្ត្រ : ផែនទីដែល បង្ហាញពីលក្ខណៈផ្ទៃរបស់ផែនដី។

tornado / ខ្យល់សង្ឃរា គួរាឫ : ដុំខ្យល់វិលបំផ្លាញដែល មានល្បឿនខ្យល់ខ្លាំងណាស់ និង មើលឃើញជាដុំពពករាង ជីឡាវ និង ប៉ះលើដី។

trace fossil / ថានផ្ដូស៊ីល : សញ្ញាផ្ដូស៊ីលដែលកើត ឡើងនៅក្នុងស្រទាបដីទន់ដោយចលនារបស់សត្វមួយ។

trachea / បំពង់ខ្យល់: នៅក្នុងសត្វល្អិត, ពហុឡ្បានសត្វ និង ពីងពាង គឺជាបណ្ដាញនៃបំពង់ខ្យល់។ នៅក្នុងសត្វមានឆ្អឹងខ្នង ជាបំពង់ដែលភ្ជាប់ដើមក ទៅនឹងសួត។

trade winds / ខ្យល់ : ខ្យល់ធម្មតាដែលបក់ទៅទិស ពសានពីរយៈទឹងខាងជើង ៣០° ទៅអេក្វាទ័រ និង ដែលបក់ ទៅទិស អាគ្នេយ៍ពីរយៈទឹងខាងត្បូង ៣០° ទៅអេក្វាទ័រ។

trait / លក្ខណ : ចរិកលក្ខណៈដែលកំណត់ដោយសែន។

transform boundary / ប៉ែតផ្លាស់ទ្រង់ទ្រាយ : ផែន រវាងផ្ទាំងពីកតូនិកដែលរអិលកាត់គ្នាតាមផ្ទួរជេក។

transformer / ឧបករណ៍ប្ដូរឯងភាព : ឧបករណ៍ដែល បង្កើន ឬ បន្ថយវុលតានៃចរន្តឆ្លាស់។

transistor / ទ្រង់ស៊ីស្ទ័រ : ឧបករណ៍ចម្លងកម្ដៅមួយម្យ៉ាង ដែលអាចពង្រីកចរន្ត និង ដែលគេប្រើប្រាស់ជាអំភ្លី, អុកស៊ីលម័រ និង កុតតាក់។

translucent / ទ្រាល : ពិពណ៌នាវុបធាតុដែលបញ្ចេនពន្លឺ ប៉ុន្ដែមិនបញ្ចូនរូបភាព។

transmission / ការបញ្ជូន : ការឆ្លងកាត់នៃពន្លឺ ឬ ទម្រង់ផ្សេងទៀតនៃថាមពលតាមវុបធាតុ។

transparent / ថ្លា : ពិពណ៌នាវុបធាតុដែលអាចឱ្យពន្លឺ ឆ្លងកាត់វា ដោយមានការអាក់ខានតិចតួច។

transpiration / ការប៉ែកញើស : វិធីដែលវុក្ខជាតិ បញ្ចេញចំហាយទឹកនៅក្នុងខ្យល់តាមរន្ធ។ វាក៏ជាការបញ្ចេញ ចំហាយទឹក ទៅក្នុងខ្យល់ដោយសរីរៈផ្សេងទៀត ផងដែរ។

transverse wave / រលកទទឹង : រលកដែលអនុភាព នៃមេជ្យៀមផ្លាស់ទីឬះទឹងត្រង់ទៅកាន់ទិសដៅដែលរលកនោះ ធ្វើដំណើរ។

tributary / ប៉ែកស្ទឹង : ខ្សែទឹកដែលហូរទៅក្នុងបឹង ឬ ទៅ ក្នុងស្ទឹងធំៗ។

tropical zone / តំបន់ត្រូពិក : តំបន់ដែលព័ទ្ធជុំវិញ អេក្វាទ័រ និង ដែលសន្ធឹងពីរយៈទឹងខាងជើង ២៣° ទៅ រយៈទឹងខាងត្បូង ២៣°។

---

tropism / ចលនាចនិឯ្គប្រតិកម្ម : ការលូតលាស់នៃផ្នែក ទាំងអស់នៃសរីរៈមួយ តបទៅនឹងប្រតិកម្មពីខាងក្រៅ ផ្ដូចជា ពន្លឺ។

troposphere / ត្រូប៉ូស្ផៀរ : ស្រទាបទាបបំផុតនៃហេរិយាកាស ដែលសីតុណ្ហភាពថយចុះក្នុងកម្រិតមួយថេរ នៅពេលកម្ពស់កើនឡើង។

true north / ខាងជើងត្រង់ : ទិសដៅទៅកាន់ប៉ូលខាង ជើងតាមភូមិសាស្ត្រ។

tsunami / ឆ្លរលកសមុទ្រស្ងូណាមី : រលកសមុទ្រយក្ស ដែលកើតឡើងប់ន្ទាប់ពីផ្ទុះភ្លើងភ្នំ, ការរញ្ជួយដីនៅបាតសមុទ្រ ឬ ចាក់រអិលដី។

tundra / ទុន្ទ្រា : វាលដែលគ្មានដើមឈើ មាននៅអាក់ទិក, អង់តាកទិក ឬលើកំពូលភ្នំដែលមានលក្ខណៈ សីតុណ្ហភាពទាប នៅសិសិររដូវ និង មានរដូវក្ដៅខ្លី និង ត្រជាក់។

U

---

umbilical cord / ខ្សែទងផ្ចិត : រូបផ្ដុូចខ្សែដែលបំពង់ សរសៃ ឈាមឆ្លងកាត់ និង ដែលភ្ជាប់ចនិកសត្វដែលកំពុង លូតលាស់ទៅនឹងសុក។

unconformity / ការប៉ែកសិលា : ការបែកនៅក្នុង កំណត់ត្រាភូមិសាស្ត្រកើតឡើងនៅពេលស្រទាប់សិលាច្រោះទឹក ឬ នៅពេលស្រទាប់ដីមិនបានកកទុកក្នុងអំឡុងពេលមួយរ៉ែង។

undertow / ខ្សែទឹកហូរបញ្ច្រាស : ចរន្តនៅខាងក្រោមផ្ទៃ ដែលនៅជិតច្រាំងសមុទ្រ និង ដែលទាញវត្ថុផ្សេងៗចេញពីសមុទ្រ។

uniformitarianism / គោលការណ៍នៃភាពធូចគ្នា : គោលការណ៍ដែលចែងថាដំណើរការភូមិសាស្ត្រដែលកើត ឡើង នៅអតីតកាលអាចត្រូវបានពន្យល់ដោយដំណើរការ ភូមិសាស្ត្រ នៅពេលបច្ចុប្បន្ន។

uplift / ការផុសឡើង : ការផុសឡើងនៃតំបន់នៃសំបក ផែនដីទៅកម្ពស់ម្ពួយខ្ពស់ជាង។

upwelling / ការផុសឡើងនៃទឹក : ចលនានៃទឹកដែល ជ្រៅត្រជាក់ និង សំបូរធាតុបំប៉នផុសឡើងទៅលើផ្ទៃ។

urinary system / ប្រព័ន្ធទឹកនោម : សរីរាង្គដែល បង្កើត, រក្សា និង បញ្ចេញទឹកនោម។

uterus / ស្បូន : នៅក្នុងចនិកសត្វញី ជាសរីរាង្គសាច់ដុំ ប្រហោងដែលពងបន្ទព់ជបង្កប់ក្នុងនោះ និង ដែលអំប្រ៊ីយ៉ូ និង គភ៌ លូតលាស់។

V

---

vagina / វគ្គយោនី : សរីរាង្គបន្ពូជញីដែលភ្ជាប់ផ្ទែក ខាងក្រៅនៃរាងកាយទៅនឹងស្បូន។

valence electron / អេឡិចត្រុងវ៉ាឡង់ : អេឡិចត្រុង ដែលឃើញមាននៅក្នុងសំបកខាងក្រៅនៃអាតូម និង ដែលកំណត់ គុណភាពគីមីនៃអាតូមនោះ។

variable / អថេរ : កត្តាដែលប្រែប្រួលនៅក្នុងការ ពិសោធន៍ដើម្បីធ្វើពិសោធន៍លើសម្មតិកម្ម។

vascular plant / រុក្ខជាតិមានសរសៃ : រុក្ខជាតិដែល មានជាលិកា ពិសេសដែលនាំវត្ថុធាតុពីផ្នែកមួយនៃរុក្ខជាតិទៅ ផ្នែកមួយទៀត។

vein/សរសៃ : នៅក្នុងជីវវិទ្យា ជាបំពង់ឈាមដែលនាំឈាម ទៅបេះដូង។

velocity / ល្បឿន : ល្បឿននៃវត្ថុមួយនៅក្នុងទិសដៅ ជាក់លាក់មួយ។

vent / រន្ធភ្នំភ្លើង : រន្ធនៅលើផ្ទៃនៃផែនដីដែលវត្ថុធាតុភ្នំ ភ្លើងចេញតាមនោះ។

vertebrate / ចបរ្ញាថ្នកសត្វ : សត្វដែលមានឆ្អឹងខ្នង។

vesicle/ថង់ : ប្រហោង ឬ ថង់តូចដែលមានវត្ថុធាតុនៅ ក្នុងកោសិកាយូការីយ៉ូទិក។ វាកើតឡើងនៅពេលផ្នែកនៃភ្នាស កោសិកាពទ្ធជុំវិញវត្ថុធាតុ ត្រូវនាំទៅក្នុងកោសិកា ឬ ធ្វើដំណើរ នៅក្នុងកោសិកា។

virus/វីរុស : អនុភាគអតិសុខុម ដែលចូលទៅក្នុងកោសិកា និង ជាញឹកញាប់បំផ្លាញកោសិកានោះ។

viscosity/ភាពទ្បើម : ភាពធន់នៃទុស្សិន ឬ វត្ថុរាវដែលហ្លួរ។

vitamin /វីតាមីន : ចំណាត់ថ្នាក់នៃជាតុបំប៉នដែលមាន កាប្លូន និង ដែលត្រូវការក្នុងបរិមាណមួយតិចដើម្បីរក្សា សុខភាព និង ឲ្យមានការលូតលាស់។

volcano/ភ្នំភ្លើង : រន្ធភ្នំភ្លើង ឬ ក្រហែងនៅក្នុងផែនដី ដែលតាមនោះម៉ាក់ម៉ា និង ឧស្ម័នផ្ទុះចេញ។

voltage/វ៉ុលតា : ភាពខុសគ្នានៃប៉ូតង់ស្យែលរវាងចំណុច ពីរ។ គេគិតវាជាវ៉ុល។

volume/ចាឌ : ការវាស់វែងទំហំនៃត្ត ឬ តំបន់មួយនៅ ក្នុងលំហដែលមានទំហំបី។

W

water cycle / វដ្តទឹក : ចលនារបស់ទឹកជាបន្តបន្ទាប់ពី សមុទ្រទៅកាន់បរិយាកាស ទៅកាន់ដី និង ត្រឡប់ចូលទៅក្នុង សមុទ្រវិញ។

water pollution / ការបំពុលទឹក : ការនាំវត្ថុធាតុ ឬ ជាតិគីមី កាកសំណល់ចូលទៅក្នុងទឹក ដែលបង្កអន្តរាយដល់ សរីរៈដែលរស់នៅក្នុងទឹក ឬ ដល់សរីរៈដែលផឹក ឬ ប្រើប្រាស់ ទឹកនោះ។

water table/ស្រទាប់ទឹក : ផ្ទៃខាងលើនៃទឹកក្រោមដី។ ដែលនៅខាងលើនៃតំបន់ដែលជ្រាបទឹក។

water vascular system / ប្រព័ន្ធសរសៃទឹក : ប្រព័ន្ធ នៃខ្សែទឹកដែលបំពេញដោយទឹកដែលហ្សូរកាត់ផងខ្លួននៃសត្វ ឆតឆ្អឹងខ្នងរស់នៅក្នុងទឹក។

waterfowl/សត្វបក្សីទឹក : បក្សីទឹក ដូចជា ទា, ក្លាន ឬ ហង្ស។

watershed / ទីជម្រាល : តំបន់នៃដីដែលហ្សូរដោយ ប្រព័ន្ធទឹក។

watt / វ៉ាត់ : ឯកតាដែលគេប្រើប្រាស់ដើម្បីវាស់អនុភាព។ វ៉ាស្ទើរ និង ផ្ទួលក្នុងមួយវិនាទី (សញ្ញា W)។

wave/រលក : ការបង្ខាក់ក្នុងពេលមួយនៅក្នុងវត្ថុវិង, វត្ថុរាវ ឬ ឧស្ម័ន នៅពេលដែលថាមពលត្រូវបានបញ្ជូនតាមមីឌៀម។

wave speed / ល្បឿនរលក : ល្បឿនដែលរលកធ្វើ ដំណើររលាងកាត់មីឌៀម។

wavelength/ប្រវែងរលក : ចម្ងាយពីចំណុចណាមួយលើ រលកទៅចំណុចសម្គាល់លើរលកបន្ទាប់។

weather/អាកាសធាតុ : លក្ខណៈបរិយាកាស ក្នុងពេល ខ្លីៗមាន សីតុណ្ហភាព, សំណើម, ឆ្ញៀង ព្រិល, ខ្យល់ និង មេឃស្រឡះ។

weathering/សំណិក : វិធីដែលវត្ថុធាតុសិលាត្រូវបាន បំបែក ដោយសកម្មភាពនៃដំណើរការរូបសាស្ត្រ ឬ គីមី។

wedge / ស្វែត : គ្រឿងយន្តសាមញ្ញដែលកើតឡើងពី សន្ធិកសំប៉ែតទៅពីរ ដែលអាចផ្សាស់ទីបាន។ ជាញឹកញាប់គេ ប្រើវាដើម្បីកាត់។

weight / ទម្ងន់ : ការវាស់វែងនៃកម្លាំងស្ទួចទាញមកលើ វត្ថុមួយ។ តម្លៃរបស់វាអាចប្រែប្រួលទៅតាមទីតាំងរបស់វត្ថុ នោះ នៅក្នុងសកល។

westerlies / ខ្យល់បកទិសលិច : ខ្យល់ធម្មតាដែលបក់ពី ទិសខាងលិចទៅទិសខាងកើតរវាងរយៈទទឹង ៣០° និង ៦០° នៅក្នុងអឌ្ឍគោលទាំងពីរ។

wetland / ដីសើម : តំបន់នៃដីដែលនៅខាងក្រោមទឹក ឬ ដែលសាច់ដីមានសំណើមខ្ពស់។

wheel and axle / កង់ និង ស្រួល : គ្រឿងយន្តសាមញ្ញ ដែលមានវត្ថុមូលពីរហ៊ុមុខុសគ្នា។ កង់គឺជាផ្នែកដែលធំនៃវត្ថុ មូលពីរនោះ។

white dwarf / ផ្កាយក្រិត ស : ផ្កាយស្រអាប់ តូច និង ក្តៅ ដែលនៅសល់កណ្តាលនៃផ្កាយចាស់។

whitecap / កំពូលរលក : ពពុះនៅចុងកំពូលនៃរលក
ដែលបែក។

wind / ខ្យល់ : ចលនានៃខ្យល់កើតឡើងដោយសារភាព
ឧស្ណានៃសម្ពាធខ្យល់។

wind power / កម្លាំងខ្យល់ : ការប្រើប្រាស់ឧបករណ៍
ប្រើកម្លាំងខ្យល់ ដើម្បីដំណើរការម៉ាស៊ីនភ្លើងអគ្គិសនី។

work/ កម្មន្ត : ការផ្ទេរថាមពលទៅកាន់វត្ថុមួយ ដោយប្រើ
ប្រាស់កម្លាំងដែលធ្វើឱ្យវត្ថុនោះផ្លាស់ទីក្នុងទិសដៅនៃកម្លាំង។

work input / ការបញ្ចូលការងារ : ការងារដែលសម្រេច
បានលើម៉ាស៊ីន។ ផលិតផលនៃកម្លាំងបញ្ចូល និង ចម្ងាយដែល
កម្លាំងនោះមានអំពើរលើ។

work output / ផលការងារ : ការងារដែលសម្រេច
បានដោយម៉ាស៊ីន។ ផលិតផលនៃកម្លាំងបញ្ចេញ និង ចម្ងាយ
ដែលកម្លាំងនោះមានអំពើរលើ។

X

xylem/ សាច់ឈើ : ប្រភេទនៃជាលិកានៅក្នុងរុក្ខជាតិមាន
នហារ្យដែលផ្តល់ការទ្រទ្រង់ និង នាំទឹក និង ជាតុបំបនពីឫស។

Y

year/ ឆ្នាំ : រយៈពេលដែលត្រូវការដើម្បីឱ្យផែនដីធ្វើដំណើរ
លើតារាវិថីជុំវិញព្រះអាទិស្យមួង។

Z

zenith / ទិន្ទស់បំផុត : ចំណុចនៅលើមេយផ្លាល់ពីលើ
ឧបករណ៍អវេក្តនៅលើផែនដី។

A

abiotic/비생물적인 환경에서 물, 암석, 빛, 온도와 같이 생명이 없는 것

abrasion/마모 다른 암석 또는 모래 알갱이의 물리적인 작용으로 인해 암석 표면이 벗겨지거나 닳아 없어지는 것

absolute dating/절대연대 측정법 사건이나 물체의 발생 연대를 측정하는 방법

absolute magnitude/절대 등급 지구로부터 32.6 광년 떨어진 거리에 있는 별의 밝기

absolute zero/절대 온도 분자의 에너지가 최저가 되는 온도 (켈빈 온도 0K 또는 섭씨 −273.16°C)

absorption/흡수 광학에서 빛 에너지가 물질의 입자에 전달되는 현상

abyssal plain/심해저평원 깊은 바다 밑바닥에 넓게 펼쳐진 평탄한 지형

acceleration/가속도 시간에 대한 속도 변화 비율; 물체의 속도나 방향 또는 두 가지 모두 변할 때 가속한다.

accreted terrane/부가대 만나는 경계에서 텍토닉 플레이트가 충돌할 때 발생하여 거대한 대륙의 일부가 되어 버린 암석

acid/산 수용액 속에서 해리하여 하이드로늄 이온 수를 증가시키는 화합물

acid precipitation/산성비 높은 농도의 산을 함유한 비, 진눈개비, 눈

activation energy/활성화 에너지 화학반응이 일어나는 데 필요한 최소의 에너지

active transport/능동 수송 세포가 에너지를 사용해야 물질이 세포막을 통해 이동하는 것

adaptation/적응 개체가 특정 환경에 살아 남아 재생산하는 능력을 향상시키는 특성

addiction/중독 알코올 또는 약물 등의 물질에 의존하는 현상

aerobic exercise/유산소 운동 신체의 산소 이용을 촉진시키기 위해 심장과 폐의 기능을 향상시키기 위한 운동

air mass/기단 기온 및 습도 등의 성질이 거의 일정한 거대한 공기 덩어리

air pollution/대기 오염 인위적 및 자연적 발생원에서 생성된 오염 물질로 대기가 오염되는 것

air pressure/기압 공기 분자가 지표면에 작용하는 힘

alcoholism/알코올 중독 건강과 정상적인 활동을 저해할 만큼 알코올 음료를 습관적으로 마시는 병적인 음주 양상

algae/말 광합성을 통해 태양 에너지에서 양분을 얻지만 뿌리, 줄기, 잎이 없는 유핵 생물 (단수는 *alga*)

alkali metal/알칼리 금속 주기율표의 제 1A족에 속하는 원소 (리튬, 나트륨, 칼륨, 루비듐, 세슘 및 프란슘)

alkaline-earth metal/알칼리 토금속 주기율표의 제 2A족에 속하는 원소 (베릴륨, 마그네슘, 칼슘, 스트론튬, 바륨 및 라듐)

allele/대립 유전자 머리색 등의 형질을 결정하는 대립 형질의 유전자

allergy/알레르기 생체의 면역 체계가 무해한 물질 또는 일반적인 물질에 대해 일으키는 반응

alluvial fan/선상지 육지의 경사가 아주 완만해지면서 유속이 느린 곳에 퇴적된 부채꼴 모양의 지형

altitude/고도 하늘의 물체가 지평선과 이루는 각

alveoli/폐포 폐 속의 아주 작은 기낭으로 산소와 이산화탄소의 교환이 일어나는 곳

amniotic egg/양막류 또는 유양막류 (有羊膜類)의 알 막(양막)으로 둘러싸여 있고 파충류, 조류 및 난생류에서 난황이 크고 껍질로 둘러싸인 알

amplitude/진폭 파동 전파 매체의 입자가 안정 위치에서 진동하는 최대 거리

analog signal/아날로그 신호 주어진 범위에서 특성이 연속적으로 변화하는 신호

anemometer/풍속계 풍속을 측정하는 기계

angiosperm/속씨 식물 열매 속에 씨를 생산하는 꽃식물

Animalia/동물계 일반적으로 주위를 이동할 수 있으며, 환경에 빠르게 반응하는 복잡한 다세포 생물로 세포벽이 없이 이루어진 계

antenna/촉각 갑각류 또는 곤충 등의 무척추 동물의 머리에 달린 더듬이로 촉각, 미각, 후각을 담당하는 기관

antibiotic/항생제 박테리아 및 기타 미생물을 죽이는 데 사용하는 의약품

antibody/항체 특정 항원과 결합하는 B 세포에서 생성되는 단백질

anticyclone/고기압 높은 압력 중심을 중심으로 한 지구 자전과 반대 방향의 공기 회전

apparent magnitude/실시 등급 지구에서 본 별의 밝기

aquifer/대수층 지하수를 함유하고 있으며 지하수 유동이 가능한 지층

Archaea/아키아 현대식 생물 분류 체계에서 세포벽 구성 및 유전자에서 다른 원핵생물과 구분되는 원핵생물로 이루어진 생물군; 재래식 분류의 아키아 박테리아에 해당됨

Archimedes' principle/아르키메데스의 원리 유체 속에 정지한 물체에 가해지는 부력은 그 물체에 해당하는 부피의 유체에 작용하는 중력과 크기가 같고 방향이 반대인 힘이라는 원리

area/넓이 표면 또는 지역의 크기를 나타내는 양

artery/동맥 심장에서 신체 기관으로 혈액을 운반하는 혈관

artesian spring/심층용출수 샘 대수층 위 덮개암(cap rock) 틈에서 흘러나오는 물로 이루어진 샘

artificial satellite/인공 위성 우주의 행성 주위를 궤도 비행하는 인공의 물체

asexual reproduction/무성 생식 성세포의 결합 없이 이루어지는 생식으로 한쪽 부모가 자신과 유전적으로 동일한 후손을 생산하는 과정

asteroid/소행성 태양 주위를 돌고 주로 화성과 목성 궤도 사이에 띠를 이루고 있는 작은 암성

asteroid belt/소행성대 화성과 목성 궤도 사이에 있으며 수많은 소행성이 궤도를 도는 태양계의 일부분

asthenosphere/연약권 맨틀의 약한 층으로 판구조론에서 연약권 위를 지각 판이 이동한다고 함

astronomical unit/천문 단위 지구와 태양 사이의 평균 거리; 약 1억 5천 킬로미터 (AU)

astronomy/천문학 우주에 관한 연구

atmosphere/대기 행성 또는 위성을 둘러싼 기체

atmospheric pressure/기압 대기의 무게로 인해 발생하는 압력

atom/원자 학원소로서의 특성을 유지할 수 있는 원소의 최소 단위

atomic mass/원자 질량 원자 질량 단위로 표시한 원자의 질량

atomic mass unit/원자 질량 단위 원자 또는 분자의 질량을 정의하는 질량 단위

atomic number/원자 번호 원자핵 속의 양성자 수; 원자 번호는 원소의 모든 원자가 동일하다

ATP/ATP 아데노신 3인산으로 세포 프로세스의 주 에너지원이 되는 분자

autoimmune disease/자가 면역 질환 면역
체계가 생물체 자체 세포를 공격하는 질환

average speed/평균 속도 이동한 총 거리를
이동하는 데 걸린 시간으로 나눈 값

axis/축 그래프의 경계를 표시하는 둘 이상의
기준선

azimuthal projection/방위도법 지표면
특성(위선, 경선 등)을 평면에 옮기는 지도
투영법

B

B cell/B 세포 항체를 만드는 백혈구

Bacteria/박테리아 현대식 생물 분류 체계에서
세포벽 구성 및 유전자에서 다른 원핵생물과
구분되는 원핵생물로 이루어진 생물군; 재래식
분류의 진정세균에 해당됨

barometer/기압계 대기압을 측정하는 기구

base/염기 수용액 속에서 해리하여 수산 이온
수를 증가시키는 화합물

batholith/저반(底盤) 표면에 노출되면 최소한
100 km^2의 지역을 덮는 지각 속의 대규모
화성암 덩어리

beach/해변 파도에 의해 퇴적된 물질로
이루어진 해안선 지대

bedrock/기반암 토양 아래 암층

benthic environment/저서 환경 연못,
호수 또는 대양의 수저 (水底)

benthos/저서 생물 바다 또는 대양의 수저에
서식하는 생물

Bernoulli's principle/베르누이의 법칙
유체의 속도가 증가할수록 유체 압력은
감소한다는 원칙

big bang theory/빅뱅론 우주가 약 137억년
전에 대폭발로 시작되었다는 이론

binary fission/이분법 하나의 세포가 자신과
동일한 크기의 두 개의 세포로 나뉘는 단세포
생물의 무성 생식 방법

biodiversity/생물 다양성 특정 기간 동안
임의의 장소에 존재하는 생물의 수와 종류

biomass/바이오매스 에너지원으로 사용할 수
있는 유기물; 임의의 지역의 생물체의 총량

biome/생물 균계 특정 기후 및 특정
동식물군에 따라 구분된 지역

bioremediation/생물적 환경 정화 미생물로
유해 물질을 생물학적으로 처리하는 것

biosphere/생물권 지구상에 생물이 존재하는
곳; 지구상에 살아 있는 모든 생물체를 포함

biotic/생명의 환경에서 생명에 관련된 요소를
가리키는 용어

bird of prey/맹금류 다른 동물을 사냥하고
잡아먹는 새

black hole/블랙홀 질량과 밀도가 너무 높아
빛도 빠져 나올 수 없을 정도로 중력이
무한대인 물질

blood/혈액 혈소판, 백혈구, 적혈구 및
혈장으로 이루어진 액체로 체내에서 기체,
영양소, 노폐물을 운반함

blood pressure/혈압 혈액이 동맥벽에
작용하는 힘

boiling/비등 액체의 증기압이 대기압과 같을
때 액체가 수증기로 변하는 과정

Boyle's law/보일의 법칙 온도가 일정할 때
기체의 부피는 기체의 압력에 반비례한다는
법칙

brain/뇌 신경계를 지휘하는 최고 중추 신경
조직

bronchus/기관지 폐와 좌우 기관을 연결하는
두 개의 관

brooding/취소(就巢) 알을 품어 따뜻하게
하여 부화시키는 것; 배양

buoyant force/부력 물체가 유체에 잠겨
있거나 떠 있도록 하는 중력과 반대 방향의 힘

caldera/칼데라 화산 아래 마그마굄이 일부 분출하여 없어지면서 지면이 함몰하여 형성되는 대규모의 반원형 와지(窪地)

cancer/암 세포가 통제할 수 없을 정도로 증식하여 주변을 공격하는 종양

capillary/모세관 조직에서 혈액과 세포 사이에 교환이 일어나도록 하는 미세 혈관

carbohydrate/탄수화물 당, 녹말 및 섬유질을 포함하는 분자의 일종; 탄소, 수소 및 산소로 이루어짐

carbon cycle/탄소 순환 비생물적 환경에서 생물체로 또는 그 반대 경로를 통한 탄소 이동

cardiovascular system/심혈관계 온몸에 혈액을 운반하는 기관의 총칭

carnivore/육식 동물 동물성 먹이를 먹는 생물

carrying capacity/수용 능력 임의의 시간에 환경이 감당할 수 있는 최대 인구 규모

cast/캐스트 생물체가 분해되면서 생긴 구멍을 퇴적물이 채우면서 형성되는 화석의 일종

catalyst/촉매 화학 반응 속도를 변화시키는 물질로서 촉매 자체는 소모되거나 크게 변하지 않음

catastrophism/격변론 지질학적 변화가 단기간에 급작스럽게 발생했다는 학설

cell/세포 살아있는 모든 생명체에서 기능 및 구조적 최소 단위; 일반적으로 세포핵, 세포질, 및 세포막으로 구성됨

cell/전지 전기학에서 화학 에너지나 복사 에너지를 전기 에너지로 변환하여 전류를 생성하는 장치

cell cycle/세포 주기 세포의 생명 주기

cell membrane/세포막 세포 표면을 둘러싸고 세포 내부와 세포를 둘러싼 환경 사이의 장벽 역할을 하는 인지질층

cell wall/세포벽 세포막을 둘러싸고 세포를 지지해주는 견고한 막

cellular respiration/세포 호흡 세포가 산소를 이용하여 음식물로부터 에너지를 생성하는 과정

Cenozoic era/신생대 지금으로부터 약 6,500만 년 전에 시작되어 현재에 이르는 가장 최근의 지질시대; 포유류의 시대 라고도 함

central nervous system/중추신경계 뇌와 척수; 주된 기능은 신체에서 정보의 흐름을 통제하는 것임

change of state/상태 변화 물질의 물리적 상태가 한 상태에서 다른 상태로 변하는 것

channel/채널 흐름의 이동 경로

Charles's law/샤를의 법칙 압력이 일정할 때 기체의 부피는 기체의 온도에 정비례한다는 법칙

chemical bond/화학 결합 원자 또는 이온이 결합하는 상호 작용

chemical bonding/화학 결합 원자가 결합하여 분자 또는 이온 화합물을 형성하는 것

chemical change/화학 변화 하나 이상의 물질이 성질이 완전히 다른 새로운 물질로 변화하는 현상

chemical energy/화학 에너지 화합물이 반응하여 새로운 화합물을 생성할 때 방출하는 에너지

chemical equation/화학 방정식 기호를 사용하여 반응물과 생성물의 관계를 나타낸 화학 반응의 표현식

chemical formula/화학식 물질을 나타내는 화학 기호와 수로 이루어진 식

chemical property/화학적 성질 물질의 성질 중 화학 반응에 관한 성질

chemical reaction/화학 반응 하나 이상의 물질이 변화하여 하나 이상의 다른 물질을 생성하는 과정

chemical weathering/화학적 풍화 화학 반응으로 인해 암석이 분해되는 과정

chlorophyll/엽록소 광합성에 필요한 빛 에너지를 포착하는 녹색의 색소

chloroplast/엽록체 식물 및 말 세포에 있는 세포 기관으로 광합성이 일어나는 곳

chromosome/염색체 진핵세포의 경우 DNA와 단백질로 이루어진 세포핵 속의 구조물; 원핵세포의 경우 DNA의 중심 링

circadian rhythm/서캐디언 리듬 하루 (24시간) 단위의 생물학적 주기

circuit board/회로 기판 회로 요소가 설치되어 있고 전자 장치에 삽입되는 절연 물질로 이루어진 판

classification/분류(생물) 생물을 특성에 따라 그룹 또는 종으로 분류하는 것

cleavage/벽개 매끈하고 평평한 판을 따라 광물이 쪼개지는 것

climate/기후 어느 지역의 오랜 시간에 걸친 평균 기상 상황

closed circulatory system/폐쇄 혈관계 심장이 닫힌 고리를 이루는 혈관 네트워크를 통해 혈액을 순환시키는 순환 시스템; 혈액은 혈관 밖으로 나가지 않고 혈액 성분은 혈관벽을 통해 확산함

cloud/구름 공기 중에 미세한 물방울 또는 빙정이 모여 떠 있는 것으로 공기가 냉각되어 응결이 일어날 때 생성됨

coal/석탄 땅 밑에서 지질시대 식물이 부분 분해되어 만들어진 화석 연료

cochlea/달팽이(관) 소리를 듣는 데 필수적인, 내이(內耳)에 있는 고리형 관

coelom/체강 내장이 들어있는 신체의 빈 곳

coevolution/공진화 두 종(種) 상호 간에 영향을 미치는 진화로 두 종 모두에 이로운 관계를 형성하는 방식으로 진행되는 경우가 많음

colloid/콜로이드 크기가 용액 속 입자와 현탁액 속 입자의 중간 정도인 미립자가 액체, 고체 또는 기체 중에 분산되어 있는 것

combustion/연소 물질이 불타는 것

comet/혜성 태양 주위를 타원형 궤도를 따라 돌고 태양 가까이 지나갈 때 가스와 먼지를 방출하여 긴 꼬리를 형성하는 얼음, 암석, 우주 먼지로 이루어진 작은 천체

commensalism/편리 공생 생물의 공생 중 한 생물은 이익을 얻고 나머지 생물은 아무 영향을 받지 않는 공생 관계

communication/의사 소통 한 동물이 다른 동물에게 신호 또는 메시지를 전달하고 그에 대해 응답을 받는 것

community/군집 일정한 서식지 내에서 살아가며 서로 상호 작용하는 모든 종의 모임

composition/성분 암석의 화학적 조성; 암석 내 광물 또는 다른 물질을 일컬음

compound/화합물 화학 결합을 통해 결합된 둘 이상의 다른 원소의 원자들로 이루어진 물질

compound eye/겹눈 수많은 빛 감지 단위로 이루어진 눈

compound light microscope/복합 광학 현미경 둘 이상의 렌즈를 사용하여 작은 물체를 잘 보이도록 확대하는 기구

compound machine/복합 기계 둘 이상의 간단한 기계로 이루어진 기계

compression/압축 물체에 힘을 가해 압착할 때 발생하는 압력

computer/컴퓨터 데이터와 명령을 받아 명령을 수행하여 결과를 출력하는 전자 장치

concave lens/오목 렌즈 가운데가 가장자리보다 얇은 렌즈

concave mirror/오목 거울 숟가락 안쪽처럼 안쪽으로 굽은 거울

concentration/농도 임의의 양의 혼합물, 용액 또는 광석이 함유한 특정 물질의 양

condensation/응축 기체 상태에서 액체 상태로 변하는 현상

conduction/열전도 에너지가 열의 형태로 물질을 통해 전달되는 것

conic projection/원뿔도법 지표면 특성 (위선, 경선 등)을 원뿔에 이동하여 만들어지는 지도 투영법

conservation/자연 보호 자연 자원을 보전하고 현명하게 사용하는 것

constellation/별자리 하늘의 별을 알아보기 쉽게 일정한 패턴을 지정한 지역으로 우주 공간의 사물의 위치를 나타내는 데 사용함

consumer/소비자 다른 생물 또는 유기물을 먹는 생물

continental drift/대륙 이동설 처음에 하나의 큰 지괴로 형성된 대륙이 나뉘어져 지금의 위치까지 이동했다는 가설

continental rise/대륙대 대륙사면과 심해 평원 사이에 위치한 대륙 주변부의 완경사 부분

continental shelf/대륙붕 해안선과 대륙사면 사이 대륙 주변부의 완경사 부분

continental slope/대륙 사면 대륙대와 대륙붕 사이에 위치한 대륙주변부의 급경사 부분

contour feather/체외형깃 조류의 신체를 덮은 가장 바깥쪽 깃으로 형태를 결정함

contour interval/등고선 간격 등고선 사이의 고도 차이

contour line/등고선 동일 해발고도점을 연결한 선

controlled experiment/통제실험 대조군과 실험군의 비교를 통해 한 번에 한 요인만 테스트하는 실험

convection/대류 밀도차로 인한 물질의 이동; 물질 이동으로 인한 에너지 전달

convection current/대류 전류 밀도차로 인해 발생하는 모든 물질의 이동; 수직 이동, 회전 또는 순환함

convergent boundary/수렴 경계 두 지판의 충돌로 형성된 경계

convex lens/볼록 렌즈 가운데가 가장자리보다 두꺼운 렌즈

convex mirror/볼록 거울 숟가락 뒤쪽처럼 바깥쪽으로 굽은 거울

core/핵 맨틀 아래 지구의 중심부

Coriolis effect/코리올리 효과 지구 자전 때문에 움직이는 물체의 경로가 일직선이 아닌 곡선으로 보이는 현상

cosmology/우주론 우주의 기원, 성질, 구조 및 진화를 연구하는 분야

covalent bond/공유 결합 원자들이 하나 이상의 전하쌍을 공유하는 결합

covalent compound/공유결합 화합물 전하를 공유함으로써 형성되는 화합물

crater/분화구 화산 중앙의 출구 꼭대기 주변의 깔대기 모양의 구덩이

creep/크리프 암석이 풍화되어 부스러기가 천천히 아래쪽으로 이동하는 것

crust/지각 지구의 가장 바깥쪽을 둘러싼 얇고 단단한 층으로 맨틀의 윗부분

crystal/결정 원자, 이온 또는 분자가 규칙적으로 배열되어 있는 고체

crystal lattice/결정격자 결정의 규칙적인 배열 형태

cyclone/사이클론 주변보다 기압이 낮고 바람이 중심을 향해 나선으로 불어 들어가는 지역

cylindrical projection/원통도법 지표면 특성 (위선, 경선 등)을 원통으로 이동하여 만드는 지도 투영법

cytokinesis/세포질 분열 세포의 세포질 분열

cytoskeleton/세포 골격 세포 이동, 형태 유지 및 분열에서 핵심적인 역할을 하는 단백질 필라멘트의 세포질 네트워크

D

data/데이터 관측이나 실험을 통해 얻은 정보 단위

day/일 지구가 지축을 중심으로 한 번 회전하는 데 걸리는 시간

decibel/데시벨 소음을 측정하는 데 가장 많이 사용하는 단위 (dB)

decomposer/분해자 죽은 생물의 유해 또는 동물의 배설물을 분해하고 양분을 소비하거나 흡수하여 에너지를 얻는 생물

decomposition/분해 물질을 분자 구조가 더 간단한 물질로 분해하는 것

decomposition reaction/분해 반응 하나의 화합물이 분해되어 둘 이상의 간단한 물질이 생겨나는 반응

deep current/심층류 심층부 해양의 흐름

deep-water zone/심층수 지역 호수 또는 연못에서 개방 수면 아래에 빛이 닿지 않는 지역

deflation/건식 (乾蝕) 미세하고 건조한 토양 입자가 운반되면서 이루어지는 풍식 (風蝕) 의 형태

deformation/변형 지각이 구부러지고 기울어지며 끊어지는 현상; 암석의 모양이 압력을 받아 변하는 것

delta/삼각주 하구에 토사가 퇴적되어 이루어진 거대한 부채꼴 모양의 땅

density/밀도 물질의 부피에 대한 질량 비율

dependent variable/종속 변수 실험에서 하나 이상의 다른 요인(독립변수)을 조작하면 그 결과에 따라 변하는 요인

deposition/퇴적 물질이 쌓이는 과정

dermis/진피 표피 아래 피부층

desalination/탈염 바닷물에서 염류를 제거하는 과정

desert/사막 식물이 거의 자라지 않고 비가 오지 않는 기간이 길며 극한의 기온을 보이는 지역; 흔히 더운 지방에 분포함

dew point/이슬점 기압과 수증기량이 일정할 때 응결 속도가 증발 속도와 같아지는 온도

diaphragm/횡격막 늑골 하단에 붙어 있고 호흡의 중심 기능을 하는 근육으로 돔 모양의 근육

dichotomous key/이원분류 검색표 생물을 식별하는 데 사용되며 여러 질문에 대한 대답으로 이루어진 보조 자료

differential weathering/차별 풍화 비교적 무르고 풍화에 약한 암석은 붕괴되어 사라지고 단단하고 풍화에 강한 암석만 남는 과정

differentiation/분화 생물체 일부의 구조와 기능이 변하여 그 부분이 특수화되는 현상

diffraction/회절 파동이 구멍과 같이 장애물 또는 모서리를 만났을 때 파의 진행 방향이 바뀌는 현상

diffusion/확산 물질의 입자가 밀도가 높은 곳에서 낮은 곳으로 이동하는 현상

digestive system/소화계 음식물을 신체가 사용할 수 있도록 분해하는 기관

digital signal/디지털 신호 일련의 이산 값으로 표현하는 신호

diode/다이오드 전하가 하나의 특정 방향으로 쉽게 이동할 수 있도록 하는 전자 장치

divergent boundary/발산 경계 두 지판이 떨어져 나갈 때, 두 지판의 경계

divide/분수계 물줄기가 반대 방향으로 흐르는 유역(流域) 사이 경계

DNA/DNA 디옥시리보핵산, 모든 생물의 세포에 존재하며 생명체가 유전하고 생존하는데 필요한 특성을 결정짓는 정보가 들어 있는 분자

dominant trait/우성 대립 형질을 가진 양친을 교배했을 때 1세대에서 나타나는 형질

doping/도핑 반도체에 불순물을 첨가하는 것

Doppler effect/도플러 효과 파원(波源) 또는 관측자가 이동할 때 파동의 주파수가 다르게 관측되는 현상

dormant/휴면 주변 조건이 성장에 적합하지 않을 때 식물의 종자나 다른 부분이 비활성 상태인 것을 가리킴

double-displacement reaction/이중 치환 반응 두 화합물 사이의 이온 교환으로 기체, 고체 침전물 또는 분자 화합물이 생성되는 반응

down feather/다운 페더 어린 조류의 몸을 덮어주고 어른 조류에 보온 효과를 주는 부드러운 깃털

drag/항력 흐름 속도와 같은 방향으로 작용하는 힘; 항력은 항공기의 방향과 반대이고 추력과 함께 항공기 속도를 결정함

drug/약 인체의 물리적 또는 심리적 상태를 변화시키는 물질

dune/사구 바람에 의해 퇴적된 모래 언덕이며, 이동하더라도 모양이 그대로 유지됨

E

echo/반향 음파가 반사되어 되돌아오는 현상

echolocation/반향 정위 음파 반사를 이용하여 물체를 감지하는 프로세스; 박쥐 등의 동물이 사용함

eclipse/식(蝕) 천체 하나가 다른 천체의 그림자에 가려지는 현상

ecology/생태학 생물 상호간의 관계 및 생물과 환경과의 관계를 연구하는 학문

ecosystem/생태계 생물 공동체와 생물이 살아가는 비생물적 또는 무기적 환경

ectotherm/외온성 동물 체온유지에 필요한 열을 외부에서 공급 받는 생물

egg/난자 암컷이 생산하는 생식 세포

El Niño/엘니뇨 태평양의 해수면 온도가 상승하여 난류가 발생하는 현상

elastic rebound/탄성 반발 외부의 힘을 받아 휘어진 암석이 갑작스럽게 원래의 상태로 되돌아가는 현상

electric current/전류 전하가 임의의 지점을 통과하는 속도; 측정 단위는 암페어

electric discharge/방전 전원에 저장된 전기가 방출되는 현상

electric field/전기장 다른 대전체에 전기적 힘이 미치는 대전체 주위의 공간

electric force/전기력 전기장으로 인해 발생하고 전기를 띤 입자를 끌어당기거나 밀어내는 힘

electric generator/발전기 기계 에너지를 전기 에너지로 변환하는 장치

electric motor/전동기 전기 에너지를 기계 에너지로 변환하는 장치

electric power/전력 전기 에너지가 다른 형태의 에너지로 변환되는 속도 비

electrical conductor/전도체 전하가 자유롭게 이동할 수 있는 물질

electrical insulator/부도체 전하가 자유롭게 이동할 수 없는 물질

electromagnet/전자석 무른 철심이 있고 코일에 전류가 흐르면 자석 역할을 하는 코일

electromagnetic induction/전자기 유도 자기장을 변화시켜 회로에 전류를 흐르게 하는 과정

electromagnetic spectrum/전자기 스펙트럼 전자기 복사의 전체 주파수 또는 파장

electromagnetic wave/전자기파 전기장과 자기장이 서로 수직으로 진동하면서 형성된 파동

electromagnetism/전자기학 전기와 자기의 상호 관계

electron/전자 음전하를 지닌 아원자 입자

electron cloud/전자운 전자가 있는 원자핵 주변부

electron microscope/전자 현미경 전자빔을 사용하여 사물을 확대하는 현미경

element/원소 화학적 수단으로 더 간단한 물질로 분리 또는 분해할 수 없는 물질

elevation/고도 해수면을 기준으로 한 사물의 높이

embryo/배 인간의 경우에 수정 후 임신 10주까지 발달하는 개체

endocrine system/내분비계 성장, 발육, 항상성을 통제하는 호르몬을 분비하는 분비선 및 세포의 집합체; 뇌하수체, 갑상선, 부갑상선, 부신, 시상하부, 송과체 및 생식소 등

endocytosis/엔도시토시스 세포막이 입자를 둘러싸고 입자를 주머니 속에 가두어 세포 속으로 유입하는 과정

endoplasmic reticulum/소포체 세포의 세포질 속에 존재하며 단백질의 생산, 처리, 운반 및 지질의 생산을 돕는 막상 구조

endoskeleton/내골격 경골과 연골로 이루어진 체내 깊이 들어 있는 골격

endospore/내생포자 거친 환경에 잘 견디고 세균세포 내에 만들어지는 두꺼운 벽의 방어 포자

endotherm/온혈 동물 세포 내 화학 반응으로 얻어진 신체 열을 사용하여 일정한 체온을 유지하는 동물

endothermic reaction/흡열 반응 열을 필요로 하는 화학 반응

energy/에너지 일을 할 수 있는 능력

energy conversion/에너지 변환 에너지가 하나의 형태에서 다른 형태로 변하는 것

energy pyramid/에너지 피라미드 에너지가 생태계의 먹이 사슬을 따라 이동하면서 발생하는 생태계 에너지 손실을 보여 주는 삼각 다이어그램

energy resource/에너지 자원 인간이 사용하여 에너지를 생산하는 자연 자원

eon/이언 지질시대 구분의 가장 큰 단위

epicenter/진앙 지진이 발생한 진원 바로 위에 해당하는 지표상의 지점

epidermis/표피 동식물의 표면 세포층

epoch/세(世) 지질시대의 구분 단위

equator/적도 지구를 남반구와 북반구로 나누는 양극 가운데에 해당하는 가상의 원

era/대(代) 둘 이상의 기(紀)로 이루어진 지질 시대를 구분하는 단위

erosion/침식 바람, 물, 얼음 또는 중력이 토양과 퇴적물을 한 장소에서 다른 장소로 운반하는 과정

esophagus/식도 인두와 위를 연결하는 긴 일직선 관

estivation/하면 일부 동물이 여름에 무더운 날씨와 식량 부족을 피하기 위해 낮은 체온을 유지하며 휴면 상태로 지내는 기간

estuary/삼각강 강의 담수와 바다의 해수가 섞이는 지역

Eukarya/진핵 생물 현대식 생물 분류 체계에서 모든 진핵생물로 이루어진 생물군; 재래식 분류의 원생생물, 균류, 동식물군에 해당됨

eukaryote/진핵(眞核) 생물 핵과 핵을 둘러싼 막이 있는 세포로 이루어진 생물; 진핵생물에는 원생생물, 동물, 식물 및 균류가 있으며 아키아 나 박테리아는 포함되지 않음

evaporation/증발 물질이 액체에서 기체로 변하는 것

evolution/진화 생물 종의 유전 형질이 여러 세대를 거쳐 변화하면서 때때로 새로운 종이 출현하는 현상

exfoliation/박리 압력이 없어지면서 큰 암석 몸체에서 암판이 벗겨져 떨어지는 현상

exocytosis/엑소시토시스 세포가 입자를 주머니에 가둔 다음 세포 표면으로 이동하여 세포막과 융합하여 입자를 외부로 방출하는 과정

exoskeleton/외골격 몸을 지지하는 외부의 단단한 구조

exothermic reaction/발열 반응 외부로 열을 방출하는 화학 반응

external fertilization/체외 수정 부모의 체외에서 이루어지는 생식세포의 결합

extinct/절멸종 완전히 멸종된 종을 가리킴

extinction/멸종 종의 모든 구성원이 죽음

extrusive igneous rock/관입 화성암 지표면 또는 그 부근에서 화산 활동의 결과 생성된 암석

F

farsightedness/원시 눈의 수정체가 망막 뒤에 물체의 상을 맺어 먼 곳이 잘 보이는 현상

fat/지방 신체가 비타민을 저장하는 데 도움을 주는 에너지 저장 영양소

fault/단층 암석이 분리되어 지괴가 다른 지괴와 어긋나는 현상

feedback mechanism/피드백 메커니즘 한 단계의 정보가 이전 단계를 제어하거나 이전 단계에 영향을 주는 이벤트 사이클

felsic/규장질 장석과 규토가 많이 들어있어 대개는 밝은 색을 띠는 마그마 또는 화성암으로 묘사됨

fermentation/발효 산소를 사용하지 않고 음식을 분해하는 과정

fetus/태아 임신 10주 말부터 출산까지의 발달 단계에 있는 인간

floodplain/범람원 하천이 주변으로 범람하여 강을 따라 토사를 퇴적하여 형성된 지역

fluid/유체 기체나 액체처럼 원자나 분자가 자유롭게 서로를 지나쳐 이동할 수 있는 고체가 아닌 물질 상태

focus/포커스 단층면에서 지진의 첫 진동이 발생하는 지점

folding/습곡 암석층이 압력을 받아 굴곡을 이루는 것

foliated/엽상의 광물의 결이 판 또는 띠로 배열되어 있는 변성암의 조직 상태를 가리킴

food chain/먹이 사슬 여러 생물들의 식성에 따라 에너지 전달이 여러 단계에 걸쳐 일어나는 경로

food web/먹이망 생태계의 생물간의 먹이 관계를 나타낸 다이어그램

force/힘 물체의 운동을 바꾸기 위해 물체에 가해지는 밀거나 당기는 작용; 힘은 크기와 방향을 가짐

fossil/화석 오래 전에 살았던 생물의 흔적 또는 유해로 대부분 퇴적암에 보존되어 있음

fossil fuel/화석 연료 오래 전에 살았던 생물의 유해에서 만들어진 재생 불가능한 에너지 자원

fossil record/화석 기록 지각의 암석층에서 발견된 화석으로 생물을 역사적 순서에 따라 나타낸 것

fracture/단구 광물이 굴곡면 또는 불규칙한 면을 따라 쪼개지는 현상

free fall/자유 낙하 물체에 중력만 작용할 때의 물체 운동

frequency/주파수 일정한 시간에 생성되는 파동의 수

friction/마찰 두 물체가 접촉하고 있는 상태에서 접촉면 사이에 발생하는 운동을 거스르는 힘

front/전선 밀도가 다르고 보통 온도도 다른 두 기단 사이의 경계

function/기능 기관 또는 부품의 특수한, 정상적인 또는 적절한 작용

fungus/진균류 세포핵이 있고 단단한 세포벽이 있으며 엽록소가 없는 생물로 균류에 속하는 생물군

G

galaxy/은하 별, 먼지 및 기체가 만유인력에 의해 밀집되어 있는 무리

gallbladder/쓸개 간에서 분비되는 쓸개즙을 저장하는 자루 모양의 기관

ganglion/신경절 신경세포 집합

gap hypothesis/격차 가설 대규모 지진은 일정 기간 동안 지진이 발생한 적이 없는 활단층에서 발생할 가능성이 더 크다는 개념을 토대로 한 가설

gas/기체 일정한 부피와 모양을 갖지 않는 물질의 상태

gas giant/가스 자이언트 목성, 토성, 천왕성 또는 해왕성과 같이 대기층이 두껍고 대규모인 행성

gasohol/가소홀 휘발유와 알코올을 섞은 것으로 연료로 사용됨

gene/유전자 유전 형질을 규정하는 명령 집합

generation time/세대 기간 한 세대의 출생과 다음 세대의 출생 사이 기간

genotype/유전자형 생물의 전체 유전자 구성; 하나 이상의 특성을 결정짓기 위한 유전자 결합 양식

geologic column/지질주상도 가장 오래된 암석을 맨 아래로 하여 암층의 순서를 배열한 것

geologic map/지질도 암석 연대, 구조적 특성, 광상(鑛床) 및 화석 지대 등의 지질 정보를 기록한 지도

geologic time scale/지질시대 구분표 지구의 긴 자연사를 이해하기 쉬운 부분으로 나누는 데 사용하는 표준 방법

geology/지질학 지구의 기원, 역사, 구조와 지구가 형성된 과정을 연구하는 학문

geosphere/암석권 암석으로 구성된 지구의 가장 단단한 부분; 핵의 중심에서 지각 표면까지를 지칭함

geostationary orbit/정지 궤도 인공위성이 적도 위 고정된 지점에 떠 있는 것처럼 보이고 지표면에서 약 36,000km 위에 있는 궤도

geothermal energy/지열 에너지 지구 내부의 열로 인해 생성되는 에너지

gestation period/임신 기간 포유류의 수정에서 출산까지의 기간

gill/아가미 물 속의 산소를 혈액의 이산화탄소와 교환하는 호흡 기관

glacial drift/빙퇴석 빙하에 의해 운반되고 퇴적된 암석 물질

glacier/빙하 움직이는 거대한 얼음 덩어리

gland/선(腺) 신체에서 특수 화학물질을 만드는 세포 집단

global warming/지구온난화 지구 평균 온도가 점차 상승하는 현상

globular cluster/구상 성단 최대 백만개의 별이 모여 있는 공 모양으로 밀집한 성단

Golgi complex/골지 복합체 세포 물질을 저장했다가 세포 밖으로 운반하는 것을 돕는 세포 기관

grassland/초원 비옥한 토양에 소량의
수목으로 우거진 관목과 나무가 있으며
계절적인 강우가 적절하게 수반되는 목초로
덮여진 지역

gravity/중력 물체의 질량으로 인해 발생하는
물체 사이의 인력

greenhouse effect/온실 효과 수증기,
이산화탄소, 기타 기체가 열 에너지를
흡수했다가 다시 방출할 때 발생하는, 지표면과
하층 대기의 온도가 상승하는 현상

group/족(族) 주기율표에서 원소의 수직 열;
같은 족의 원소는 동일한 화학적 성질을 지님

gut/소화관 소화관

gymnosperm/겉씨 식물 밑씨가 씨방이나
열매로 둘러싸여 있지 않고 관다발이 있는
수목 종자 식물

H

half-life/반감기 방사성 물질 샘플이 방사성
붕괴에 의해 절반으로 감소하는 데 걸리는 시간

halogen/할로겐 주기율표 제17족 원소
(플루오르, 염소, 브롬, 요오드 및 아스타틴);
할로겐 원소는 대부분의 금속과 결합하여 염을
형성함

hardness/경도 광물이 긁힘에 견디는 정도를
측정한 것

hardware/하드웨어 컴퓨터를 구성하는
장비의 부품 또는 조각

heat/열 온도가 다른 물체간에 전달되는
에너지

heat engine/열기관 열을 기계적 에너지 즉,
일로 변환하는 기계

heat flow/열 흐름 열 전달(*heat transfer*)과
같은 용어이며, 온도가 높은 물체에서 낮은
물체로 에너지가 전달되는 현상

herbivore/초식 동물 식물만 먹이로
취하는 생물

heredity/유전 양친의 유전적 특성이
자손에게 전달되는 것

heterotroph/종속 영양 다른 생물 또는 다른
생물의 부산물을 섭취하여 양분을 얻고
무기물에서 유기 화합물을 만들 수 없는 생물

hibernation/동면 일부 동물이 겨울에 추운
날씨와 식량 부족을 피하기 위해 낮은 체온을
유지하며 휴면 상태로 지내는 기간

hologram/홀로그램 물체의 3차원 이미지를
만드는 사진술; 레이저광을 사용하여 만들어짐

homeostasis/항상성 변화하는 환경에서
일정한 내부 상태를 유지하는 것

hominid/인간 두 발로 걷고 비교적 다리가
길며 꼬리가 없는 것이 특징인 영장류의 일종;
예로 인간과 원시 인류가 있음

***Homo sapiens*/호모사피엔스** 현대 인간과
가장 가까운 조상을 포함하며 약 100,000 ~
150,000년 전에 처음 출현한 인간의 종

homologous chromosomes/상동 염색체
유전자 순서와 구조가 같은 염색체

horizon/지평선 하늘과 지구가 맞닿아
이루는 선

hormone/호르몬 한 세포 또는 조직에서
만들어져 신체 다른 부분에 있는 다른 세포나
조직에 변화를 일으키는 물질

host/숙주 기생생물이 양분과 보금자리를
취하는 대상이 되는 생물

hot spot/열점 판 경계와 멀리 떨어진 곳에
지표면의 화산 활동이 일어나는 지역

H-R diagram/H-R도 헤르츠스프룽－러셀도,
별의 표면온도와 절대등급 사이 관계를
나타내는 그래프

humidity/습도 대기 중의 수증기 양

humus/부식 토양 속의 동식물의 유해가
부패하면서 만들어지는 거므스름한 유기물

hurricane/허리케인 열대 해상에서 발달하여 120km/h 이상의 강한 바람이 저기압 태풍의 중심을 향해 격렬하게 불어 들어가는 강한 태풍

hydrocarbon/탄화수소 탄소와 수소로만 이루어진 유기 화합물

hydroelectric energy/수력발전 에너지 물의 낙차를 이용하여 생산하는 전기 에너지

hydrosphere/수권 지구에서 물이 차지하는 부분

hygiene/위생학 건강 및 건강 유지 방법을 연구하는 과학의 한 분야

hypha/균사 진균류에서 볼 수 있는 실같은 비생식 사상체

hypothesis/가설 이전의 과학 연구나 관측을 기초로 하고 실험으로 증명할 수 있는 설명

I

ice age/빙하시대 오랜 기간 지구 표면의 대부분이 빙하에 덮여 있던 한랭한 시기; *glacial period*라고도 함

immune system/면역 체계 신체에 침입한 외부 물질을 인식하고 공격하는 세포와 조직

immunity/면역 전염병에 대해 내성을 갖거나 회복할 수 있는 능력

inclined plane/사면 물건을 올리기 쉽도록 일직선의 경사면으로 된 간단한 장치; 경사로

independent variable/독립 변수 실험에서 의도적으로 조작되는 변수

index contour/계곡선 지도에서 보통 다섯 번째마다 1개씩 표시하며 고도의 변화를 나타내는 짙고 두꺼운 선

index fossil/표준 화석 한 지질연대의 암층에서만 산출되어 그 암층의 연대를 규명하는 데 사용하는 화석

indicator/지시약 pH 등의 조건에 따라 색이 변하는 화합물 (양방향 변화)

inertia/관성 물체가 움직임에 저항하려는 성질 또는 물체가 움직이고 있을 때는 물체에 외부의 힘이 작용하지 않는 이상 속도나 방향 변화에 저항하려는 성질

infectious disease/전염병 병원체에 의해 발병하고 개체에서 개체로 전염되는 질병

inhibitor/반응억제제 화학반응 속도를 늦추거나 중단시키는 물질

innate behavior/선천적 행동 환경이나 경험에 의존하지 않고 유전받은 행동

insulation/절연제 전기, 열, 소리의 전달을 억제하는 물질

integrated circuit/집적회로 구성 부품이 한 반도체에 들어 있는 회로

integumentary system/외피계 신체 외부를 덮어 보호하는 기관계

intensity/진도 지구 과학에서 지진의 피해 정도

interference/간섭 둘 이상의 파동이 만나 하나의 파동을 만드는 현상

internal fertilization/체내 수정 암컷의 체내에서 정자와 난자가 결합하는 것

Internet/인터넷 전세계 수많은 로컬 네트워크와 소규모 네트워크가 서로 연결된 대규모 컴퓨터 네트워크

intrusive igneous rock/관입 화성암 지표면 아래 마그마가 냉각, 고결되면서 생성된 암석

invertebrate/무척추 동물 등뼈가 없는 동물

ion/이온 원자 또는 원자단이 하나 이상의 전자를 얻거나 잃을 때 생성되는 전하를 가진 입자

ionic bond/이온 결합 전자가 한 원자에서 다른 원자로 이동하면서 이루어지는 결합으로 양이온과 음이온이 생겨남

ionic compound/이온 화합물 양이온과 음이온으로 이루어진 화합물

iris/홍체 눈에서 컬러 원형 부분

isobar/등압선 일기도상에서 기압이 같은 지점을 연결한 선

isolation/격리 두 집단이 교배할 수 없는 상태

isotope/동위원소 같은 원소의 다른 원자와 양자 수(또는 원자 번호)는 같지만 중성자 수 (또는 질량수)가 다른 원자

J

jet stream/제트류 대류권 상부에서 부는 폭이 좁은 강풍대

joint/관절 둘 이상의 뼈가 만나는 지점

joule/줄 에너지를 표시하는 단위; 1N의 힘으로 힘의 방향으로 거리 1m를 움직일 때 할 수 있는 일의 양과 같음 (기호는 J).

K

kidney/신장 혈액에서 물과 노폐물을 걸러 생성물을 오줌으로 배출하는 한 쌍의 기관

kinetic energy/운동 에너지 물체의 운동으로 발생하는 물체의 에너지

L

lahar/라하르 화산이 폭발하는 동안에 화산재와 잔해물이 물과 섞여 형성된 이류 (泥流)

La Niña/라니냐 동태평양의 해수면 온도가 이상 저온이 되는 현상

landslide/사태 암석이나 토양이 갑작스럽게 사면을 따라 무너져 내리는 현상

large intestine/대장 장에서 넓고 짧은 부분으로 소화가 거의 이루어진 음식물에서 수분을 제거하고 찌꺼기를 반고체 상태의 대변 또는 변으로 만듦

larynx/후두 목에서 성대가 있어 소리를 내는 부분

laser/레이저 파장과 색이 하나 뿐인 강한 빛을 생성하는 장치

lateral line/측선 어류의 몸 양쪽에 몸 길이 전체에 걸쳐 있고 물 속에서 진동을 감지하는 감각 기관인 희미한 선

latitude/위도 적도를 기준으로 한 남북 방향으로의 거리; 도로 표시함

lava plateau/용암 대지 용암이 폭발 없이 반복적으로 대량 분출되어 넓은 지역을 덮어 생겨난 넓고 평탄한 대지

law/법칙 많은 실험 결과와 관측을 요약한 것; 법칙은 사물의 원리를 설명함

law of conservation of energy/에너지 보존의 법칙 에너지는 생겨나거나 파괴되지 않고 형태만 변할 뿐이라는 법칙

law of conservation of mass/질량 보존의 법칙 일반적인 물리적 변화와 화학적 변화에서 질량은 생겨나거나 파괴되지 않고 보존된다는 법칙

law of cross-cutting relationships/ 관입의 법칙 다른 암층을 침투해 들어간 암석의 단층이나 암층이 자신이 침투한 암층보다 최근에 생성된 것이라는 법칙

law of electric charges/전하의 법칙 전하가 같은 극끼리는 밀어내고 다른 극끼리는 끌어당기는 법칙

leaching/리칭 암석, 광성 및 토양층에 물이 스며들어 물에 녹아 물질이 분리되는 현상

learned behavior/학습된 행동 경험으로 학습된 행동

lens/렌즈 빛 파동을 굴절시켜 빛을 모으거나 발산시켜 이미지를 만드는 투명한 물체

lever/지레 받침점이라는 일정한 지점을 중심으로 회전하는 막대로 이루어진 간단한 장치

lichen/이끼 공생 관계를 이루며 함께 성장하는 균류와 조류의 세포 덩어리로 흔히 바위나 나무에서 발견됨

life science/생명 과학 생물을 연구하는 학문

lift/양력 유체 속을 이동하는 물체의 위로 작용하는 힘

lightning/번개 구름과 지면 사이, 두 구름 사이 또는 한 구름의 두 부분 사이와 같이 극성이 다른 두 표면 사이에 일어나는 방전 현상

light-year/광년 빛이 1년 동안 이동하는 거리; 약 9.46×10^{12}km

lipid/지질 지방, 밀랍(蜜臘), 및 스테로이드와 같은 물질과 유사한 특성을 지닌 지방 분자 또는 분자

liquid/액체 부피는 일정하지만 모양은 일정하지 않은 물질 상태

lithosphere/암석권 지각과 단단한 상부 맨틀로 구성된 고체 상태의 지구 표층부

littoral zone/연안대 빛이 바닥까지 도달하고 식물이 생장하는 호수나 연못의 얕은 지역

liver/간 신체에서 가장 큰 기관; 쓸개즙을 만들어 저장하고 혈액을 여과시키며 여분의 당류를 글리코겐으로 저장함

load/로드 하천으로 운반되는 물질; 지질구조의 상단 암석층

loess/황토 바람에 의해 운반된 석영, 장석, 각섬석, 운모 및 점토의 매우 비옥한 퇴적물

longitude/경도 적도를 기준으로 한 동서 방향의 거리; 도로 표시함

longitudinal wave/종파 매질의 입자가 파동 진행 방향과 같은 방향으로 진동하는 파동

longshore current/연안류 해안 부근의 해안과 평행한 바닷물의 흐름

loudness/소리 크기 소리의 감각적인 크기

low earth orbit/저궤도 지표면과의 거리가 1,500km 미만인 궤도

lung/폐 공기 중의 산소와 혈액 속의 이산화탄소를 교환하는 호흡기관

luster/광택 광물이 빛을 반사하는 것

lymph/림프(액) 림프관과 림프절에 모이는 조직액

lymph node/림프절 림프관에 분포하며 림프액을 거르는 기관

lymphatic system/림프계 주로 세포외액을 모아 혈액으로 돌려보내는 일을 하는 기관의 총칭; 림프계에 속하는 기관으로 림프절과 림프관이 있음

lysosome/리소좀 소화 효소가 들어 있는 세포 기관

M

machine/기계 힘을 극복하거나 가해진 힘의 방향을 바꾸어 일을 수월하게 하도록 하는 장치

macrophage/대식 세포 병원체와 이물질을 포식하는 면역체계 세포

mafic/고철질 또는 철고토질 마그네슘과 철이 많이 들어있어 대개는 어두운 색을 띠는 마그마 또는 화성암으로 묘사됨

magma chamber/마그마굄 화산 활동의 원인이 되는 녹아있는 대량의 암석

magnet/자석 철 또는 철을 함유한 물질을 끌어당기는 물질

magnetic declination/자기 편각 지자기의 북극과 실제 북극의 차

magnetic force/자기력 전하를 이동하거나 회전시킬 때 발생하는 인력과 척력

magnetic pole/자극 자석의 양쪽 끝과 같이 반대되는 자기적 성질을 가지는 두 점

magnitude/지진 규모 지진의 세기를 나타내는 척도

main sequence/주계열 H−R도에서 대부분의 별이 분포하는 곳; 오른쪽 하단(온도와 광도가 낮음)에서 왼쪽 상단(온도와 광도가 높음)까지 대각선을 이룸

malnutrition/영양 실조 인체가 필요로 하는 영양소 각각을 충분히 섭취하지 못할 때 나타나는 영양 결핍 상태

mammary gland/젖샘 암컷 포유류에서 젖을 분비하는 샘

mantle/맨틀 지각과 핵 사이의 암층

map/지도 지구와 같은 천체의 상태를 표시한 것

marsh/습지 나무가 없고 풀 등의 식물이 자라는 늪의 생태계

marsupial/유대류 새끼를 배의 주머니에 넣고 양육하는 포유류

mass/질량 물체의 물질량

mass movement/매스무브먼트 지표면 일부가 경사면을 따라 이동하는 것

mass number/질량수 원자핵의 양성자와 중성자 수의 합

material resource/물질 자원 물질을 만들거나 음식물로 소비하기 위해 인간이 사용하는 자연 자원

matter/물질 질량을 가지고 일정 공간을 차지하는 것

mean/평균값 임의 특성에 대해 데이터를 모두 더하여 그 합을 데이터 개수로 나누어 얻어진 값

mechanical advantage/기계적 이점 기계가 힘을 몇 배 증폭시키는지 나타내는 수

mechanical efficiency/기계 효율 에너지 또는 전력의 입출력 비; 일 출력을 일 입력으로 나누어 계산함

mechanical energy/역학적 에너지 물체의 운동 에너지와 위치 에너지로 물체가 할 수 있는 일의 양

mechanical weathering/기계적 풍화작용 물리적 수단에 의해 암석이 작은 입자로 붕괴되는 현상

median/중앙값 데이터를 크기 순으로 배열하였을 때 가운데 항목의 값

medium/매체 현상이 일어나는 물리적 환경

meiosis/감수 분열 2회 핵분열에 의해 염색체 수가 반감하는 세포 분열 과정으로 그 결과 생식 세포(배자 또는 포자)가 형성됨

melting/융해 열을 가하여 고체가 액체로 변하는 상태변화

memory B cell/기억 B 세포 항원이 재침입할 때 인체에 항원이 처음 들어왔을 때보다 더 강하게 대응하는 B 세포

meniscus/메니스커스 액체 부피를 측정하는 데 사용되는 액체 표면의 곡면

mesosphere/중간권 연약권과 외핵 사이에 있는 단단한 맨틀 하부; 고도가 높아질수록 온도가 낮아지는 성층권과 열권 사이의 대기층

Mesozoic era/중생대 2억 5천 1백만년에서 6천 5.5백만년 전까지의 지질시대; 파충류의 시대라고도 함

metabolism/물질 대사 생물체 내에서 일어나는 모든 화학 작용의 총칭

metal/금속 광택이 나고 열과 전기를 잘 전달하는 원소

metallic bond/금속 결합 금속 양이온과 주변의 전자가 서로 끌어당겨 이루어지는 결합

metalloid/메탈로이드 금속과 비금속의 성질을 모두 가진 원소

metamorphosis/변태 많은 동물의 개체발생 단계 중 미숙한 형태에서 성체로의 급속한 형태 변화가 일어나는 과정; 예를 들면 유충이 성충으로 변화되는 것

meteor/유성 유성체가 지구 대기에 진입하여 연소할 때 나타나는 밝은 빛 줄기

meteorite/운석 유성체가 완전히 연소하지 않고 지표면에 떨어진 것

meteoroid/유성체 우주 공간을 떠도는 암석으로 이루어진 작은 천체

meteorology/기상학 날씨 및 기후와 관련하여 지구 대기를 연구하는 과학의 한 분야

meter/미터 국제 단위계(SI)에서 길이의 기본 단위 (기호는 m)

microclimate/미기후 소범위 안의 기후

microprocessor/마이크로프로세서 마이크로컴퓨터의 명령을 제어하고 실행하는 단일 반도체 칩

mid-ocean ridge/해저 능선 대양저에 펼쳐진 긴 해저 산맥

mineral/무기 염류 특정 생리 작용에 필요한 화학 원소로 이루어진 영양소 그룹

mineral/광물 자연적으로 형성되고 화학 구조가 일정한 고체 무기물

mitochondrion/미토콘드리아 진핵 세포에서 두 개의 막으로 둘러싸여 있고 세포 호흡이 일어나는 세포 기관

mitosis/유사 분열 진핵세포에서 각각 같은 수의 염색체를 보유한 새로운 핵 두 개를 형성하는 세포 분열

mixture/혼합 2종 이상의 물질이 화학결합 없이 섞여 있는 것

mode/모드 데이터 집합에서 가장 많이 나타나는 값

model/모델 물체, 시스템 또는 개념의 구조나 원리를 보여주기 위해 만든 패턴, 계획, 표현 또는 설명

mold/몰드 껍질이나 기타 몸체가 퇴적물 표면에 남긴 흔적 또는 구멍

mold/몰드 생물학에서 울 또는 솜처럼 보이는 곰팡이류

molecule/분자 물질의 물리적, 화학적 특성을 모두 보유하고 있는 물질의 최소 단위

molting/탈피 외골격, 피부, 깃털 또는 털이 탈락되고 새 것으로 교체되는 현상

momentum/운동량 물체의 질량과 속도의 곱으로 정의되는 물리양

monotreme/단공류 알 낳는 포유류

month/달 달의 지구 공전 궤도를 기준으로 연을 나눈 시간 단위

motion/운동 기준점에 대한 물체의 위치가 변하는 것

mudflow/이류 대량의 진흙 또는 물에 섞인 암석과 토양의 흐름

muscular system/근육계 주로 운동과 유연성을 담당하는 기관의 총칭

mutation/돌연변이 유전자 또는 DNA 분자의 뉴클레오티드−염기 배열에 변화가 생기는 것

mutualism/상리 공생 두 종 모두 이익을 얻는 공생관계

mycelium/균사체 곰팡이류의 몸체를 형성하는 균사 덩어리 또는 사상체(絲狀體)

N

narcotic/마약 아편 등으로 만들며 진통 및 마취 작용을 하는 물질; 헤로인, 모르핀, 코데인 등이 있음

NASA/NASA 미항공우주국

natural gas/천연 가스 지표면 아래 매장되어 있는 탄화수소를 주성분으로 한 혼합기체로 흔히 석유 매장지에서 발견되고 연료로 사용됨

natural resource/자연 자원 물, 석유, 광물, 산림 및 동물과 같이 인간이 이용하는 자연물

natural selection/자연 도태 환경에 잘 적응한 개체는 살아 남아 자손을 번식시키고 적응에 실패한 개체는 도태된다는 이론; 진화의 원리를 설명하기 위한 이론

neap tide/조금 상현과 하현일 때 조차(潮差)가 최소가 되는 때

nearsightedness/근시 눈의 수정체가 망막 앞에 물체의 상을 맺는 현상

nebula/성운 가스와 먼지로 이루어진 대규모 성간 물질; 우주공간에서 별이 생성되고 별이 수명을 다하면 폭발하는 곳

nekton/유영 동물 흐름에 관계없이 물 속을 자유롭게 유영하는 모든 생물

nephron/네프론 혈액을 걸러내는 신장의 기본단위

nerve/신경 중추신경계와 다른 신체 부위 간에 자극을 전달하는 신경섬유의 집합체

net force/네트포스 물체에 작용하는 모든 힘의 합성

neuron/뉴런 전기 자극을 받아 전달하는 일을 전담하는 신경세포

neutralization reaction/중화반응 산과 염기가 반응하여 중성 수용액과 염을 생성하는 반응

neutron/중성자 전하를 띠지 않고 원자핵의 구성요소인 소립자

neutron star/중성자별 중력 때문에 수축하여 전자와 양성자가 중성자로 변한 별

newton/뉴튼 힘의 SI 단위 (기호는 N)

nicotine/니코틴 담배에 함유되어 있는 중독성이 있는 유독 화학물질로 흡연 해악의 주요 원인 중 하나

nitrogen cycle/질소 순환 질소가 생태계의 공기, 토양, 물, 식물, 동물을 순환하는 과정

noble gas/비활성 기체 주기율표의 제 18족 원소 (헬륨, 네온, 아르곤, 크립톤, 크세논 및 라돈); 비활성 기체는 반응성이 약함

noise/잡음 무작위로 혼합된 주파수로 이루어진 소리

nonfoliated/비엽상의 광물의 결이 판 또는 띠로 배열되어 있지 않은 변성암의 조직 상태를 가리킴

noninfectious disease/비전염성 질병 개체에서 다른 개체로 전염되지 않는 질병

nonmetal/비금속 열과 전기를 잘 전달하지 못하는 원소

nonpoint-source pollution/비점원 오염 하나의 특정 지역이 아닌 여러 오염원에서 비롯되는 오염

nonrenewable resource/재생 불가능한 자원 자원의 생성 속도에 비해 소비 속도가 훨씬 빠른 자원

nonsilicate mineral/비규산염 광물 규소 및 산소 화합물을 함유하지 않은 광물

nonvascular plant/무관다발 식물 특화된 관 조직 및 뿌리, 줄기, 잎이 없는 세가지 식물군 (태류, 뿔이끼류, 선류)

nuclear chain reaction/핵연쇄 반응 연쇄적으로 핵분열 반응이 일어나는 것

nuclear energy/핵에너지 핵분열 또는 융합 반응 시 방출되는 에너지; 원자핵의 결합 에너지

nuclear fission/핵분열 큰 원자핵이 둘 이상의 부분으로 분열되는 것; 부가적으로 중성자와 에너지를 방출함

nuclear fusion/핵융합 작은 원자핵이 융합하여 큰 원자핵이 되는 과정; 에너지를 방출함

nucleic acid/핵산 뉴클레오티드라는 소단위로 이루어진 고분자 물질

nucleotide/뉴클레오티드 당, 인산 및 염기로 구성된 핵산의 소단위

nucleus/세포핵 진핵세포에서 세포의 DNA가 들어 있고 성장, 신진대사, 생식 등의 과정에 관여하는 핵막으로 둘러싸인 소기관

nucleus/핵 물리학에서 양자와 중성자로 이루어진 원자의 중심부

nutrient/영양소 에너지를 공급하고 신체 조직을 형성하며 생존과 성장에 필요한 영양 물질

O

observation/관측 감각을 사용하여 정보를 얻는 과정

ocean current/해류 규칙적으로 흐르는 바닷물의 이동

ocean trench/해구 심해저에서 길고 가파르게 움푹 들어간 곳으로 화산대 또는 대륙주변부와 평행하게 뻗어 있음

oceanography/해양학 해양을 대상으로 한 과학의 한 분야

omnivore/잡식 동물 동식물을 모두 먹이로 취하는 생물

opaque/불투명한 물체가 투명 또는 반투명하지 않은 상태

open circulatory system/개방 순환계 순환하는 혈액 전부가 혈관에 들어 있지 않은 순환계; 심장은 혈관으로 혈액을 방출하고 혈관은 공동(*sinuses*)이라는 공간으로 혈액을 방출함

open cluster/산개성단 주변의 별에 비해 가까이 밀집해 있는 성단

open-water zone/개방 수면 지역 연못이나 호수에서 연해지로부터 빛이 닿는 깊이까지의 부분

orbit/궤도 우주 공간에서 천체가 다른 천체 주위를 공전할 때 움직이는 경로

ore/광석 수익을 목적으로 채굴할 정도로 경제적 가치가 있는 광물의 밀도가 높은 자연 물질

organ/기관 특정 신체 기능을 수행하는 조직 집합체

organ system/기관계 협력하여 신체 기능을 수행하는 기관의 총칭

organelle/세포 기관 특정 기능을 수행하는 세포질 속의 소기관

organic compound/유기 화합물 공유결합으로 이루어진 탄소를 함유한 화합물

organism/생물 살아있는 것; 독립적으로 생명 활동을 할 수 있는 것

osmosis/삼투 반투막을 통한 물의 확산

ovary/씨방/난소 꽃식물의 밑씨에서 알 (난세포)을 생산하는 암술의 아랫부분; 동물 암컷의 생식 기관에서 난자를 생산하는 기관

overpopulation/과잉 인구 일정 지역에 사는 인구 수가 가용 자원에 비해 지나치게 많은 상태

ovule/밑씨 종자 식물의 씨방에 있는 기관으로 내부에 배낭이 있고 수정 후 발달하여 종자가 됨

P

P wave/P파 암석 입자가 전후 방향(파의 진행 방향과 매질의 진동 방향이 평행)으로 진동하는 지진파

paleontology/고생물학 화석을 연구하는 과학의 한 분야

Paleozoic era/고생대 선캄브리아대 다음에 나타나 5억 4천 2백만년전부터 2억 5천 1백만년전까지 지속된 지질시대

pancreas/이자 위 뒤쪽에 있고 당을 조절하는 소화 효소와 호르몬을 만드는 기관

parallax/시차 다른 위치에서 물체를 관찰했을 때 생기는 물체의 위치 차이

parallel circuit/병렬 회로 부품을 병렬로 접속하여 각 부품의 전위차가 같게 배열한 회로

parasite/기생충 다른 종의 생물(숙주)에 의존하여 먹이를 얻고 보통 숙주에 해를 입히는 생물; 기생충의 존재로 숙주가 이득을 보는 일은 없음

parasitism/기생 한 종(기생충)은 다른 종 (숙주)에게서 이득을 얻지만 상대방(숙주)은 피해를 입는 관계

parent rock/모암 토양원이 되는 암석

pascal/파스칼 압력의 SI 단위 (기호는 Pa)

Pascal's principle/파스칼의 원리 관 속에서 평형 상태에 있는 유체는 모든 방향으로 같은 세기의 압력을 가한다는 원리

passive transport/수동 수송 세포가 에너지를 소모하지 않고 세포막을 통해 물질이 이동하는 것

pathogen/병원체 질병을 일으키는 미생물, 기타 생물, 바이러스 또는 단백질

pathogenic bacteria/병원균 질병을 일으키는 박테리아

pedigree/계통도 여러 세대에 걸쳐 한 가계의 유전 형질이 나타나는 것을 보여 주는 다이어그램

pelagic environment/표영 환경 바다에서 아연안대 밖에 있는 심해대 위쪽 중간 깊이 또는 해수면 부근

penis/음경 정자를 암컷에게 전달하고 소변을 체외로 내보내는 남성의 생식 기관

period/기 대(代)를 세분한 지질시대 구분 단위

period/주기 화학에서 주기율표의 원소를 가로 행으로 구분한 것

periodic/주기적 어떤 사건이 일정한 간격으로 발생하거나 반복되는 것을 가리킴

periodic law/주기율 반복되는 원소의 물리/ 화학적 성질이 원소의 원자번호에 따라 주기적으로 변화한다는 법칙

peripheral nervous system/말초신경계 뇌와 척수를 제외한 신경계의 모든 부분

permeability/투과성 암석 또는 퇴적물이 유체가 구멍 또는 기공을 통과할 수 있도록 허용하는 성질

petal/꽃잎 보통 색상이 아름답고 화관을 이루는 잎 모양의 부분

petroleum/석유 탄화수소 화합물의 액체 혼합물; 널리 연료로 사용됨

pH/수소이온지수 시스템의 산도 또는 염기도(알칼리도)를 나타내는 데 사용하는 값

pharynx/인두 편형동물의 경우, 입에서 강장에 이르는 근육질 관; 소화관이 있는 동물의 경우 입에서 후두 및 식도까지의 통로

phase/위상 천체에서 다른 천체를 볼 때 햇빛을 받아 빛나는 부분의 변화

phenotype/표현형 생물의 외형 또는 기타 감지할 수 있는 특성

pheromone/페로몬 같은 종의 다른 개체가 예측한 방식으로 반응하도록 만드는 신체에서 분비되는 물질

phloem/체관부 관다발 식물에서 양분을 운반하는 조직

phospholipid/인지질 인을 함유하고 세포막의 주요 성분인 지질

photocell/광전지 빛 에너지를 전기 에너지로 변환하는 장치

photosynthesis/광합성 식물, 조류 및 박테리아가 햇빛, 이산화탄소 및 물을 사용하여 양분을 만드는 과정

physical change/물리적 변화 물질의 화학적 성질은 변하지 않으면서 한 형태에서 다른 형태로 변하는 현상

physical property/물리적 성질 밀도, 색 또는 경도와 같이 화학 변화를 수반하지 않는 물질의 특성

physical science/물리학 무기물을 연구하는 과학의 한 분야

phytoplankton/식물성 플랑크톤 해양 또는 담수의 수면 부근에서 부유생활을 하고 광합성을 하는 미생물

pigment/색소 다른 물질이나 혼합물에 색을 부여하는 물질

pioneer species/개척종 아무도 서식하지
않는 지역에 처음 정착하여 번식을 시작한 종

pistil/암술 씨방, 암술대 및 암술머리로 이루어
져 씨를 생산하는 꽃의 자성(雌性) 생식기관

pitch/음높이 음파의 진동수에 따라 소리가
인식되는 높낮이의 척도

placenta/태반 발달 과정의 태아를 자궁에
착상시키고 모체와 태아 간의 양분, 노폐물
및 기체 교환이 일어나도록 하는 복합체

placental mammal/태반류 자궁 속의 태반을
통해 태아에게 영양분을 공급하는 포유류

plane mirror/평면 거울 거울면이 평면인
거울

plankton/플랑크톤 담수 및 해양 환경에서
자유롭게 부유생활을 하는 생물의 총칭
(대부분 미생물)

Plantae/식물계 보통 녹색을 띠고 섬유소로
만들어진 세포벽이 있으며 이동할 수 없고
광합성을 하여 태양 에너지로부터 당을 만드는
복잡한 다세포 생물의 총칭

plasma/플라스마 물리학 현상으로, 처음에
기체였다가 기온화되는 물질 상태; 자유롭게
이동하는 이온과 전자로 이루어져 있고
전하를 띠며 고체, 액체, 기체의 성질과는
다른 성질을 가짐

plate tectonics/판구조론 판(tectonic plate)
이라고 하는 지구의 표층인 지각이 큰 조각으로
나뉘어 이동하고 형태가 변하는 과정을
설명한 이론

point-source pollution/점원 오염 특정
지역에서 발생하는 오염

polar easterlies/극동풍 남북 양반구 위도
60°~ 90° 지대에서 동에서 서로 부는 탁월풍

polar zone/한대 북극 또는 남극 및 그 주변
지역

pollen/화분 종자 식물의 웅성(雄性)
배우체가 들어 있는 미세한 가루

pollination/수분 종자 식물의 화분이 웅성
생식기관에서 자성 생식기관으로 운반되는 것

pollution/오염 물질 또는 에너지 형태에 의해
환경이 나쁜 쪽으로 변하는 현상

population/개체군 지리적으로 동일한 지역에
서식하는 같은 종의 생물 집단

porosity/공극률 암석 또는 퇴적물 속의
공극의 부피와 공극을 포함한 총 부피의 백분율

potential energy/위치 에너지 물체의 위치,
모양 또는 조건 때문에 물체가 지니는 에너지

power/일률 일이 이루어지거나 에너지가
변환되는 속도

Precambrian time/선캄브리아대 지구가
생겨나 고생대가 시작되기 전까지의
지질시대로 약 46억년 전부터 5억 4천
2백만년전까지의 시대

precipitate/침전물 화학반응 결과 용액 속에
생성되는 고체

precipitation/강수 구름으로부터 지표면에
떨어지는 모든 형태의 수분

predator/육식 동물 다른 생물을 죽여 전체
또는 일부를 먹이로 취하는 생물

preening/프리닝 조류가 깃털을 다듬고
관리하는 행위

pregnancy/임신 기간 의학적으로 여성의
최종 월경 기간의 첫째 날에서 출산일 사이의
기간 (대략 280일 또는 40주); 발생
생물학적으로는 여성이 수정에서 출산까지
인간 발달 단계를 갖는 기간 (약 266일
또는 38주)

pressure/압력 힘을 받는 표면의 단위
면적당 가해지는 힘의 양

prevailing winds/탁월풍 일정 기간 동안
주로 특정 방향으로만 부는 바람

prey/먹이 다른 생물에게 죽임을 당해 잡아
먹히는 생물

primate/영장류 엄지 손/발가락을 마주 대할
수 있고 두 눈으로 볼 수 있는 특징을 지닌
포유류의 한 종류

prime meridian/본초 자오선 경도의 기준이
되는 경도 0°로 지정된 자오선

probability/확률 임의의 사건 시행에서
하나의 사건이 일어날 가능성

producer/생산자 주변 환경의 에너지를
사용하여 독립적으로 양분을 생산하는 생물

product/생성물 화학 반응으로 생겨난 물질

prograde rotation/순행 자전 행성의 북극
위에서 관측할 때 행성 또는 달이
반시계방향으로 회전하는 것; 태양과 같은
방향으로 회전하는 것

projectile motion/포물선 운동 지표면
근처에서 물체를 던지거나 발사할 때 물체가
그리는 곡선 궤도

prokaryote/원핵 생물 세포핵 또는 막으로
둘러싸인 세포기관이 없는 단세포 생물; 아키아
및 박테리아 등이 있음

protein/단백질 생물의 몸을 구성하고
치료하며 체내 작용을 관장하는 데 필요한
아미노산으로 이루어진 분자

protist/원생 생물 원생 생물군에 속하는 생물

proton/양성자 원자핵에 있는 양전하를 띤
소립자

pulley/풀리 로프, 사슬 또는 와이어를 바퀴에
걸어 회전시키는 간단한 장치

pulmonary circulation/폐순환 폐동맥,
모세혈관 및 정맥을 통해 심장에서 폐로 다시
심장으로 순환하는 혈액의 흐름

pulsar/펄서 빠른 속도로 회전하면서 전파 및
빛 에너지 펄스를 빠르게 방출하는 중성자별

pupil/동공 눈의 홍체 중앙에 있는 개구로
눈으로 들어오는 빛의 양을 조절함

pure substance/순물질 단일 원소나 단일
화합물로 이루어지고 화학적 성질과 물리적
성질이 일정한 물질

Q

quasar/준성 밝게 빛나고 빠른 속도로
에너지를 생성하는 별과 유사한 물체; 우주에서
가장 멀리 떨어진 천체로 보기도 함

R

radiation/복사 전자기파의 형태로 에너지를
전달하는 것

radioactive decay/방사성 붕괴 방사성
동위원소가 같은 원소나 다른 원소의 안정된
동위원소로 붕괴하는 현상

radioactivity/방사능 불안정한 원소의
원자핵이 핵 방사능을 방출하는 현상

radiometric dating/방사능 연대측정 방사성
동위원소(부모)와 안정된 동위원소(자식)의
비율을 계산하여 물체의 연령을 산출하는 방법

reactant/반응물 화학반응에 참가하는 물질
또는 분자

recessive trait/열성형질 한 특성에 대해
두 개의 열성대립유전자가 유전될 때에만
나타나는 형질

recharge zone/함양지역(涵養地域) 물이
아래로 이동하여 대수층을 형성하는 지역

reclamation/개간/토지 복원 채광이 끝난 후
토지를 원래 상태로 복원시키는 일

recycling/재활용 쓰레기나 폐기물에서 값어치
있거나 유용한 물질을 다시 채취하는 일; 물건
을 재사용하는 일

red giant/적색 거성 별의 일생 말기에 있는
붉은색 큰 별

reflecting telescope/반사 망원경 포물면
반사경을 사용하여 멀리 있는 물체의 빛을
모아 초점을 맺는 망원경

reflection/반사 빛, 소리 또는 열의 선이 통과할 수 없는 표면에 부딪혀 다시 되돌아가는 현상

reflex/반사 자극에 대해 의지와 관계없이 거의 즉각적으로 반응하는 것

refracting telescope/굴절 망원경 한 세트의 렌즈를 사용하여 멀리 있는 물체의 빛을 모아 초점을 맺는 망원경

refraction/굴절 파동의 전파 속도가 다른 두 매질 사이를 통과할 때 파동이 휘는 현상

relative dating/상대연대 측정법 사건 또는 물체가 다른 사건 또는 물체의 이전 또는 이후에 존재했는지 결정하는 방법

relative humidity/상대 습도 임의의 온도에서 포화 상태에 도달하는데 필요한 수증기양에 대한 공기 중의 수증기양의 비율

relief/기복 지면 고도의 변동

remote sensing/원격 탐사 물체와 물리적으로 접촉하지 않고 물체에 대한 정보를 수집하고 분석하는 일

renewable resource/재생 자원 소모되는 속도와 같은 속도로 교체할 수 있는 자연 자원

resistance/저항 물리학에서 물질 또는 장치가 흐름에 거스르는 성질

resonance/공명 두 물체가 같은 진동수로 자연적으로 진동할 때 발생하는 현상; 한 물체가 내는 소리 때문에 다른 물체가 진동함

respiration/호흡 생물학에서 생물의 세포와 환경 사이에 일어나는 산소와 이산화탄소의 교환; 호흡 및 세포호흡이 있음

respiratory system/호흡계 산소를 흡수하고 이산화탄소를 방출하는 일을 주로 담당하는 기관의 총칭; 호흡계의 기관으로는 폐, 인후 및 폐로 이어지는 통로 등이 있음

retina/망막 수정체에 의해 만들어진 영상을 받아 이를 시신경을 통해 뇌로 전달하는 눈의 가장 안쪽에 있는 감광층

retrograde rotation/역순행 자전 행성의 북극 위에서 관측할 때 행성이나 달이 시계방향으로 회전하는 것

revolution/공전 우주 공간에서 천체가 다른 천체 주위를 도는 운동; 궤도를 따라 한 바퀴 도는 것

rhizoid/헛뿌리 무관다발 식물에서 식물의 몸체를 지지하고 수분과 양분의 흡수를 돕는 뿌리처럼 보이는 구조

rhizome/뿌리 줄기 새 잎, 어린싹, 뿌리를 내는 수평으로 뻗은 땅속 줄기

ribosome/리보솜 RNA와 단백질로 이루어진 세포기관; 단백질 합성이 일어나는 곳

rift valley/열곡 판이 갈라질 때 형성된 좁고 긴 골짜기

rift zone/지구대 서로 멀어져 가는 두 판 사이에 형성된 깊은 요지

RNA/RNA 리보핵산, 단백질 합성에 관여하는 모든 생물의 세포에 존재하는 분자

rock/암석 자연발생적으로 생성된 하나 이상의 광물 또는 유기물의 고체 혼합물

rock cycle/암석의 순환 지질학적 작용에 의해 암석이 생겨나고 종류가 변하고 파괴되고 다시 생겨나는 일련의 과정

rock fall/낙석 대량의 암석이 가파른 경사나 절벽 아래로 급작스럽게 이동하는 현상

rocket/로켓 연료 연소에서 발생하는 가스를 분출하여 이동하는 기계

rotation/자전 천체가 축을 중심으로 회전하는 현상

S

S wave/S파 암석 입자가 좌우 방향(파의 이동 방향과 매질의 진동 방향이 수직)으로 진동하는 지진파

salinity/염분 농도 주어진 양의 액체 속에 용해되어 있는 소금의 양

salt/염 금속 원자가 산의 수소 원자를 대체할 때 형성되는 이온 화합물

saltation/도약 바람이나 물에 의해 모래 또는 기타 퇴적물이 짧은 거리를 도약하거나 되튀는 현상

satellite/위성 행성 주위를 공전하는 다른 천체 또는 인공물

savanna/사바나 열대 지역과 아열대 지역에 분포한 열대초원으로 나무가 산재하고 장마 (우기), 산불, 가뭄(건기)이 발생함

scale/배율 모델, 지도 또는 도형의 치수와 실제 치수나 거리 사이의 관계

scattering/산란 빛이 물질과 충돌하여 빛의 에너지나 이동 방향 또는 두 가지 모두를 변화시키는 현상

science/과학 사실을 발견하여 검증 또는 실험할 수 있는 법칙 또는 원리를 정립하기 위해 자연 현상을 관측하여 얻은 지식

scientific literacy/과학적 소양 과학 연구 방법, 과학 지식의 범위 및 사회에서의 과학적 역할을 이해하는 것

scientific methods/과학적 방법 문제 해결을 위해 수행하는 일련의 단계

screw/나사 원통 주위를 빗변이 둘러싸고 있는 간단한 장치

sea-floor spreading/해저 확장설 마그마가 지표면을 향해 융기하여 굳어지면서 새로운 대양 지각이 형성되는 과정

seamount/해산 높이 1,000m 이상인 대양저에 있는 산맥으로 화산 활동의 원인이 됨

sediment/퇴적층 바람, 물 또는 얼음에 의해 운반되고 퇴적된 유기물 또는 무기물 조각으로 지표면에 쌓여 층을 형성한 것

sedimentary rock/퇴적암 퇴적물이 압착되거나 단단하게 쌓인 층으로 형성된 암석

segment/세그먼트 생물의 몸과 같이 큰 구조의 일부분으로 자연적이거나 인공적인 경계로 구분됨

seismic gap/지진정지기 과거에 강진이 발생했으나 최근에는 지진이 많이 일어나지 않는 단층면의 지역

seismic wave/지진파 지진 때문에서 발생하여 지구를 통해 모든 방향으로 전파되는 에너지 파

seismogram/지진기록 지진계로 지진 활동을 추적하여 기록한 것

seismograph/지진계 땅 속 진동을 기록하고 지진 발생 위치와 세기를 알아내는 기계

seismology/지진학 지진을 연구하는 학문

selective breeding/선택 교배 인간이 원하는 형질을 갖춘 동식물을 번식시키는 행위

semiconductor/반도체 전류를 부도체보다는 잘 전달하지만 도체보다는 잘 전달하지 못하는 원소 또는 화합물

sepal/꽃받침 꽃에서 잎이 변형된 환상형의 바깥쪽 화피로 꽃봉오리를 보호함

septic tank/정화조 액체에서 고체 오물을 분리하고, 이것을 박테리아가 분해하는 탱크

series circuit/직렬 회로 부품이 차례로 연결되어 각 부품의 전류가 같도록 구성된 회로

sewage treatment plant/하수 처리 시설 하수도를 거친 물에서 오염 물질을 정화시키는 시설

sex chromosome/성염색체 개체의 성을 결정하는 염색체 쌍

sexual reproduction/유성 생식 암수의 성염색체에서 양친 모두의 형질을 가진 후손을 만드는 생식

shoreline/해안선 육지면와 해면의 경계선

silicate mineral/규산염 광물 규소, 산소 및 하나 이상의 금속 혼합물을 함유한 광물

single-displacement reaction/단일 치환 반응 한 원소가 화합물의 다른 원소를 대체하는 반응

skeletal system/골격계 신체를 지지하고 보호하며 신체의 움직임을 관장하는 일을 담당하는 기관의 총칭

skepticism/회의주의 통용되는 개념의 유효성을 습관적으로 의심하는 인간의 정신 상태

slope/구배(勾配) 선의 기울기 척도; 비탈길에서 기울어진 정도

small intestine/소장 위와 대장 사이에 있는 기관으로 음식물의 분해가 대부분 이 곳에서 이루어져 음식물의 영양분이 흡수되는 기관

smog/스모그 태양 빛에 산업화로 인한 오염 물질과 매연이 작용해서 생기는 광화학반응에 의한 안개

social behavior/사회적 행동 같은 종의 동물 사이에 발생하는 상호작용

software/소프트웨어 컴퓨터가 수행할 일을 자시하는 명령 집합; 컴퓨터 프로그램

soil/토양 암석 조각, 유기물, 물 및 공기가 섞여서 혼합된 물질로 식물 생장의 토대가 됨

soil conservation/토양 보존 토양을 침식과 양분 손실로부터 보호하여 토양의 비옥함을 유지하는 방법

soil structure/토양 구조 토양 입자의 배열 상태

soil texture/토성(土性) 토양 입자의 비율을 기준으로 한 토양의 성질

solar energy/태양 에너지 지구가 태양으로부터 복사에너지의 형태로 얻는 에너지

solar nebula/태양 성운 태양계를 형성한 기체 및 먼지 구름

solenoid/솔레노이드 전류가 흐르는 도선을 감은 코일

solid/고체 물질의 부피와 모양이 고정되어 있는 물질 상태

solubility/용해도 임의의 온도와 압력에서 한 물질이 다른 물질에 용해되는 한도

solute/용질 용액에서 용매 속에 용해되는 물질

solution/용액 둘 이상의 물질이 혼합하여 한 가지 상태로 균일하게 분포된 균질 혼합물

solvent/용매 용액에서 용질이 용해되는 물질

sonic boom/음속 폭음 음속보다 빠른 속도로 운동하는 물체의 충격파가 인간의 귀에 도달할 때 들리는 폭발음

sound quality/음질 간섭을 통해 여러 높이의 음이 혼합된 결과

sound wave/음파 진동에 의해 발생하고 매질을 통해 전파되는 종파

space probe/우주 탐사선 과학 장비를 우주로 운반하여 과학 데이터를 수집하는 무인 비행체

space shuttle/우주 왕복선 로켓처럼 이륙하고 항공기처럼 착륙하는 재사용 가능한 우주선

space station/우주 정거장 궤도 운동을 하는 장기적인 우주 구조물로 다른 우주선을 발사할 수 있고 과학 연구를 수행할 수 있는 기지가 됨

speciation/종분화 진화로 새로운 종이 생겨나는 것

species/종 밀접하게 관련되어 있고 교배하여 자손을 생산할 수 있는 한 무리의 생물

specific heat/비열 압력과 부피가 일정할 때 단위질량을 가진 균일한 물체의 온도를 1K 또는 1°C 올리는 데 필요한 열용량

spectrum/스펙트럼 백색광이 프리즘을 통과할 때 생성되는 색의 띠

speed/속도 이동한 거리를 이동한 시간으로 나눈 값으로 단위 시간에 이동한 거리

sperm/정자 웅성 생식 세포

spleen/비장 인체에서 가장 큰 림프기관; 혈액의 저장소 역할을 하고 노화된 적혈구를 파괴하며 림프구와 플라스미드를 만듦

spore/포자 불리한 환경에 대한 내성이 있고 다른 세포와 융합하지 않으며, 단독으로 발아하여 개체가 될 수 있는 생식 세포 또는 다세포 구조체

spring tide/사리 한 달에 두 번, 신월과 만월에 일어나는, 밀물과 썰물의 차가 최대가 되는 현상

stamen/수술 꽃밥과 이를 받치고 있는 수술대로 이루어져 꽃의 화분을 만드는 웅성 생식 기관

standing wave/정상파 정지하고 있는 파동을 자극하는 진동의 한 형태

states of matter/물질 상태 물질의 물리적인 형태로 고체, 액체, 기체가 있음

static electricity/정전기 정지하고 있는 전하; 보통 마찰이나 유도로 발생함

stimulus/자극 생물 또는 생물의 한 부분에 반응이나 변화를 일으키는 모든 것

stoma/기공 식물의 잎 또는 줄기에 있는 수많은 구멍으로 기체 교환이 일어남 (복수는 *stomata*)

stomach/위 식도와 소장 사이에 위치한 자루 모양의 소화 기관으로 근육, 효소 및 산의 작용으로 음식물을 분해함

storm surge/폭풍 해일 허리케인 같은 폭풍의 강한 바람으로 인해 발생하는 해안 부근 해수면의 국지적인 상승

strata/지층 암석층 (단수는 *stratum*)

stratification/층리 퇴적암이 층으로 배열되어 있는 현상

stratified drift/층리 퇴적물 하천 또는 빙하가 녹은 물의 작용으로 배열되고 층이 형성된 빙하퇴적물

stratosphere/성층권 고도가 높아질수록 온도가 상승하는 대류권 위의 대기층

streak/조흔색 광물 가루의 색

stress/스트레스 압력에 대한 물리적 또는 정신적 반응

structure/구조 유기체 내부의 부분적 배열 상태

sublimation/승화 고체가 바로 기체로 변하는 현상

subsidence/침강 지각의 일부가 낮은 고도로 하강하는 현상

succession/천이 한 장소에서 시간의 흐름에 따라 한 생물군이 다른 생물군으로 대체되는 현상

sunspot/태양흑점 주위보다 온도가 낮고 강한 자기장을 가진 태양 광구의 어두운 반점

supernova/초신성 거대한 별이 붕괴하여 대폭발을 일으키면서 바깥층이 우주 공간으로 분출되는 현상

superposition/지층누중의 법칙 지층이 뒤틀리지 않은 경우, 나중에 생긴 암석이 먼저 생긴 암석 위에 쌓인다는 법칙

surface current/표층류 해수면 부근에서 일어나는 바람에 의한 대양의 수평 이동

surface tension/표면 장력 액체 표면에 작용하여 표면 면적을 최소화하려는 힘

suspension/현탁액 물질의 입자가 액체나 기체 전체에 비교적 고르게 분산되어 있는 혼합물

swamp/늪 관목과 나무가 자라는 습지 생태계

swell/너울 파도가 생성된 지점으로부터 먼 거리를 꾸준히 이동하는 긴 파도의 무리

swim bladder/부레 어류의 공기 주머니로 부력을 조절하는 데 사용됨; *gas bladder* 라고도 함

symbiosis/공생 두 종의 다른 생물이 서로 밀접한 관련을 맺으며 살아가는 관계

synthesis reaction/합성 둘 이상의 물질이 결합하여 새로운 화합물을 생성하는 반응

systemic circulation/대순환 혈액이 심장에서 신체 각 부분으로 흘러 다시 심장으로 되돌아오는 순환

T

T cell/T세포 면역체계를 조절하고 감염된 세포를 공격하는 면역체계 세포

tadpole/올챙이 물고기 모양을 하고 수생 (水生)인 개구리나 두꺼비의 유생

taxonomy/분류학 생물의 기술, 명명 및 분류를 담당하는 과학

technology/기술 실용적인 목적을 위한 과학의 적용; 도구, 기계, 재료 및 공정을 사용하여 인간의 요구를 충족시키는 일

tectonic plate/지각판 지각과 단단한 맨틀 바깥층으로 이루어진 암석층

telescope/망원경 더 정확한 관측을 위해 공중에서 전자기파를 모아 집중시키는 장치

temperate zone/온대 열대와 한대 사이에 있는 기후대

temperature/온도 사물의 뜨겁고 차가운 정도; 구체적으로는 물체 입자의 평균 운동 에너지 측정값

tension/장력 물체에 힘이 작용하여 물체를 잡아당길 때 발생하는 응력

terminal velocity/종단 속도 중력과 반대 방향으로 작용하는 공기 저항력이 중력과 크기가 같아질 때 낙하하는 물체의 일정한 속도

terrestrial planet/지구형 행성 태양에 가장 가깝고 밀도가 매우 높은 행성; 수성, 금성, 화성 및 지구

territory/세력권 동물의 개체 또는 집단이 점유하고 다른 종의 동물이 침입하는 것을 허용하지 않는 구역

testes/정소 정자 세포와 테스토스테론을 생산하는 주 웅성 생식 기관 (단수는 *testis*)

texture/석리 암석 조직의 크기, 모양 및 위치를 기준으로 한 암석의 성질

theory/이론 수많은 가설과 관측을 통합하여 정립한 설명

thermal conduction/열전도 에너지가 열의 형태로 물질을 통해 전달되는 것

thermal conductor/열전도체 에너지를 열의 형태로 전달할 수 있는 물질

thermal energy/열에너지 물질의 원자의 운동 에너지

thermal expansion/열팽창 물질의 온도 상승에 따른 물질의 크기 증가

thermal insulator/단열재 열전도를 감소시키거나 막는 물질

thermal pollution/열 오염 인간의 활동으로 인해 수역의 온도가 상승하는 것으로 수질 및 수역의 생명 활동 지원 능력에 해악을 끼침

thermocline/변온층 다른 수역 층들보다 수온이 급격히 높게 떨어지는 수역의 층

thermocouple/열전쌍 열에너지를 전기 에너지로 변환시키는 장치

thermometer/온도계 온도를 측정하여 표시하는 기구

thermosphere/열권 대기권의 최상위층으로 열권에서는 고도가 높아질수록 온도가 상승함

thrust/추력 항공기 또는 로켓 엔진력으로 밀거나 당기는 힘

thunder/천둥 방전 경로를 따라 공기가 급속히 팽창할 때 발생하는 소리

thunderstorm/뇌우 비, 강한 바람, 천둥 및 번개를 동반한 대체로 짧고 격렬한 폭풍

thymus/흉선 림프계의 주요 선; 성숙한 T 림프구를 방출함

tidal range/조차 만조의 간조 때 해수면 높이의 차

tide/조석 대양 또는 기타 대규모 수역에서 수면이 주기적으로 상승하고 하강하는 것

till/표석점토 빙하에 의해 직접 퇴적되어 분급되지 않은 암석 물질

tissue/조직 하나의 기능을 수행하는 유사한 세포의 집단

tonsils/편도 인두 및 구강에서 인두까지 이어진 통로에 있는 작고 둥근 림프 조직 집합체인 기관

topographic map/지형도 지구 표면의 특성을 표시한 지도

tornado/토네이도 풍속이 매우 강하고 파괴적인 회오리 바람으로 깔때기 모양의 구름처럼 보이며 지면에 닿아 있음

trace fossil/흔적 화석 무른 퇴적물에 동물의 이동 흔적이 화석화되어 보존된 화석

trachea/기관 곤충류, 다지류, 거미에서 기도(氣道)가 망처럼 얽힌 것; 척추동물에서는 후두와 폐를 연결하는 통로

trade winds/무역풍 북위 30°에서 적도까지는 북동쪽으로 불고 남위 30°에서 적도까지는 남동쪽으로 부는 항상풍

trait/형질 유전적으로 결정되는 특성

transform boundary/변환 단층 경계 두 판이 수평으로 미끄러지면서 어긋나는 판 사이의 경계

transformer/변압기 교류 전압을 높이거나 낮추는 장치

transistor/트랜지스터 증폭기, 오실레이터 및 스위치에 쓰이는 전류를 증폭시키는 반도체 소자

translucent/반투명의 빛은 전달하지만 영상은 전달하지 못하는 물질을 가리킴

transmission/전도 빛 또는 다른 형태의 에너지가 물질을 통해 전달되는 현상

transparent/투명의 빛이 거의 간섭을 일으키지 않고 통과할 수 있는 물질을 가리킴

transpiration/증산 작용 식물이 기공을 통해 공기 중에 수증기를 방출하는 현상; 다른 생물이 공기 중으로 수증기를 방출하는 것도 가리킴

transverse wave/횡파 매질의 입자가 파동의 진행 방향과 수직으로 진동하는 파

tributary/지류 호수나 큰 하천으로 흘러 들어가는 하천

tropical zone/열대 약 북위 23°에서 남위 23°까지 펼쳐져 있고 적도를 둘러싼 지역

tropism/굴성 빛 등의 외부 자극에 대한 반응으로 생물의 전부 또는 일부가 성장하는 현상

troposphere/대류권 대기권의 최하층으로 고도가 높아질수록 온도가 일정 비율로 감소함

true north/진북 지리학상의 북극 방향

tsunami/쓰나미 화산 폭발, 해저지진 또는 산사태 후에 발생하는 해일

tundra/툰드라 양극지방 또는 산맥 꼭대기에 분포하며, 나무가 자라지 않는 평원으로 겨울 기온이 매우 낮고 여름이 짧으며 서늘한 것이 특징임

U

umbilical cord/탯줄 포유 동물 발달 단계에서 태반을 연결하고 혈관이 지나가는 띠 모양의 조직

unconformity/부정합 장기간 암석층이 침식되거나 퇴적물이 퇴적되지 않아 생기는 지질 기록의 단절

undertow/해향저류(海向底流) 해안에서 외해쪽로 발생하는 해안 부근의 표면하해류 (subsurface current)

uniformitarianism/동일과정설 과거에 발생한 지질학적 변화를 현재의 지질학적 변화로 설명할 수 있다는 원리

uplift/융기 지각 일부가 높은 고도로
상승하는 현상

upwelling/용승 영양이 풍부한 하층의
저온수가 표면으로 올라오는 현상

urinary system/비뇨 기관 오줌을 만들고
저장 및 배출하는 기관

uterus/자궁 포유류 암컷에 있는 내강이 있는
근육 기관으로 수정란이 착상되어 배와 태아의
발달이 이루어지는 곳

V

vagina/질 신체 외부와 자궁을 연결하는
여성의 생식기관

valence electron/원자가 전자 원자의 가장
바깥껍질에 있고 원자의 화학적 성질을
결정하는 전자

variable/변수 가설을 검증하기 위한 실험에서
변화하는 요인

vascular plant/관다발 식물 식물의 한
부분에서 다른 부분으로 물질을 전달하는 일을
전담하는 조직이 있는 식물

vein/정맥 생물에서 혈액을 심장으로
운반하는 혈관

velocity/속도 특정 방향으로의 물체 속력

vent/분출구 화산물질이 통과하는 지표면의
구멍

vertebrate/척추 동물 등뼈가 있는 동물

vesicle/막소포 진핵세포에서 물질이 들어가는
작은 구멍 또는 자루; 세포막 일부가 물질을
둘러싸서 세포 속에 넣거나 세포 안으로
운반할 때 형성됨

virus/바이러스 세포 속에 들어가 세포를
파괴시키는 미세 입자

viscosity/점성 기체나 액체의 흐름에 대한
저항

vitamin/비타민 탄소가 함유되어 있으며
소량으로 건강 유지와 성장에 필요한
영양소의 집합

volcano/화산 마그마나 기체가 분출되어
나오는 지표면의 구멍 또는 갈라진 틈

voltage/전압 두 지점 사이의 전위 차;
볼트(V) 단위로 측정

volume/부피 3차원 공간에서 물체 또는
부분이 차지하는 크기

W

water cycle/물의 순환 대양에서 대기로
육지로 다시 대양으로 이동하는 물의
끊임없는 순환

water pollution/수질 오염 수생 생물 또는
물을 마시거나 물에 노출되는 생물에 해가 되는
쓰레기나 화학 물질이 물에 유입되는 현상

water table/지하 수면 지하수의 최상위 수면;
포화수대의 상위 경계

water vascular system/수관계 극피동물의
몸 전체를 순환하는 액체가 흐르는 관 집합

waterfowl/물새 오리, 거위 또는 백조 등의
수상 조류

watershed/유역 (하천 부근의) 물이 빠지는
지역

watt/와트 전력을 나타내는 단위; 1초에 1줄
(joule)이 하는 일과 같음 (기호는 W)

wave/파동 에너지가 매질을 통해 전달될 때
고체, 액체, 기체에 주기적으로 발생하는 변동

wave speed/파의 속도 파동이 매질을 통해
이동하는 속도

wavelength/파장 파동의 임의의 한 점에서
다음 파동의 동일한 점까지의 거리

weather/날씨 온도, 습도, 강수량, 바람 및
시정(視程)을 비롯한 단기간의 대기 상태

weathering/풍화 작용 암석이 물리 또는
화학 작용에 의해 붕괴되는 현상

wedge/쐐기 두 개의 빗면으로 만들어져 움직일 수 있는 간단한 장치; 주로 절삭에 사용됨

weight/무게 물체에 가해지는 중력의 척도; 이 값은 우주 공간에서 물체의 위치에 따라 변함

westerlies/편서풍 양반구의 위도 30°~60° 지역에서 서에서 동으로 부는 항상풍

wetland/습지 주기적으로 물에 잠기거나 토양이 수분을 많이 함유한 지역

wheel and axle/휠 및 액슬 크기가 다른 두 원형 물체로 이루어진 간단한 기계; 두 원형 물체 중 큰 쪽이 휠(바퀴)임

white dwarf/백색왜성 오래된 별이 축퇴되어 중심만 남은 고온의 희미하고 작은 별

whitecap/흰 파도 쇄파의 물마루에서 생기는 거품

wind/바람 압력차로 인해 발생하는 공기의 이동

wind power/풍력 풍차를 사용하여 발전기를 가동하는 것

work/일 힘을 사용하여 물체에 에너지를 전달하는 것으로 물체는 힘의 방향으로 이동함

work input/일 입력 기계에 한 일; 힘 입력과 힘을 가한 거리의 곱

work output/일 출력 기계가 한 일; 힘 출력과 힘을 가한 거리의 곱

X

xylem/물관부 관다발 식물에서 뿌리에서 물과 양분의 이동 통로 및 지지 역할을 하는 조직

Y

year/연 지구가 태양 둘레를 한 번 공전하는 데 걸리는 시간

Z

zenith/천정 지구의 관측자 바로 위에 있는 천체의 지점

A

abiotic/ਅਜੈਵ ਵਾਤਾਵਰਣ ਦੇ ਅਜੀਵ ਭਾਗ ਦਾ ਵਰਣ ਕਰਦਾ ਹੈ ਜਿਸ ਵਿੱਚ ਪਾਣੀ ਸੈਲ, ਪ੍ਰਕਾਸ਼ ਅਤੇ ਤਾਪਮਾਨ ਸ਼ਾਮਿਲ ਹਨ।

abrasion/ਅਵਘਰਸ਼ਨ (ਘਿਸਾਈ) ਦੂਜੇ ਸੈਲਾਂ ਜਾਂ ਧੁਲ ਦੇ ਕਣਾਂ ਦੀ ਯਾਂਤਰਿਕ ਕ੍ਰਿਆ ਦੁਆਰਾ ਸੈਲ ਸਤਹ ਘਿਸਨਾ ਅਤੇ ਘਰਸਣ।

absolute dating/ਪਰਮ ਮਿਤੀ ਨਿਰਧਾਰਨ ਵਰਿ੍ਆਂ ਵਿੱਚ ਕਿਸੇ ਘਟਨਾ ਜਾਂ ਚੀਜ਼ ਦੀ ਉਮਰ ਨਾਪਨ ਦਾ ਕੋਈ ਤਰੀਕਾ।

absolute magnitude/ਪਰਮ ਦੀਪਤੀ ਧਰਤੀ ਤੋਂ 32.6 ਪ੍ਰਕਾਸ਼ ਵਰਿ੍ਆਂ ਦੀ ਦੂਰੀ ਤੇ ਇੱਕ ਤਾਰੇ ਦੀ ਚਮਕ।

absolute zero/ਪਰਮ ਸਿਫਰ ਉਹ ਤਾਪਮਾਨ ਜਿਸ ਤੇ ਅਣੂ ਉਰਜਾ ਘੱਟੋਘੱਟ ਹੁੰਦੀ ਹੈ (ਕੈਲਵਿਨ ਪੈਮਾਨੇ ਤੇ $0\ \mathrm{K}$ ਜਾਂ ਸੈਲਸੀਅਸ ਪੈਮਾਨੇ ਤੇ $-273.16\,°\mathrm{C}$)।

absorption/ਅੰਤਰਲੇਜਨ ਪ੍ਰਕਾਸ਼ ਵਿਗਿਆਨ ਵਿੱਚ, ਪ੍ਰਕਾਸ਼ ਉਰਜਾ ਦਾ ਕਿਸੇ ਪਦਾਰਥ ਦੇ ਕਣਾਂ ਤੇ ਪ੍ਰਤੀਸਥਾਪਨ।

abyssal plain/ਵਿਤਲ ਇੱਕ ਵੱਡਾ, ਸਪਾਟ, ਗਹਿਰੇ-ਮਹਾਸਾਗਰ ਬੇਸਿਨ ਦਾ ਲੱਗਭਗ ਸਮਤਲ ਖੇਤਰ।

acceleration/ਤੱਵਰਨ (ਉੱਜੀ) ਉਹ ਦਰ ਜਿਸ ਤੇ ਕੁਝ-ਕੁਝ ਸਮੇਂ ਬਾਦ ਰਫ਼ਤਾਰ ਬਦਲਦੀ ਰਹਿੰਦੀ ਹੈ; ਕੋਈ ਚੀਜ਼ ਤਾਂ ਤੱਵਰਿਤ ਹੁੰਦੀ ਹੈ ਜੇਕਰ ਉਸਦੀ ਰਫ਼ਤਾਰ, ਦਿਸ਼ਾ, ਜਾਂ ਦੋਂਹੇ ਬਦਲ ਜਾਂਦੀ ਹਨ।

accreted terrane/ਮਿਲੇ ਹੋਏ (ਜੁੜਵਾ) ਭੂਖੰਡ ਸੱਥਲਮੰਡਲ ਦਾ ਇੱਕ ਟੁਕੜਾ ਜੋ ਅਭਿਬਿੰਦੂਕ ਸੀਮਾ ਤੇ ਟੈਕਟੋਨਿਕ ਪਲੇਟਾਂ ਦੇ ਸੰਘਟਨ ਸਮੇਂ ਇੱਕ ਵੱਡੇ ਸੱਥਲਖੰਡ ਦਾ ਭਾਗ ਬਣ ਗਿਆ

acid/ਤੇਜ਼ਾਬ ਕੋਈ ਵੀ ਮਿਸ਼ਰਨ ਜੋ ਪਾਣੀ ਵਿੱਚ ਘੁੱਲਣ ਤੇ ਹਾਇਡ੍ਰੋਨਿਯਮ ਆਯਨਜ਼ ਦੀ ਸੰਖਿਆ ਵਧਾ ਦਿੰਦਾ ਹੈ।

acid precipitation/ਤੇਜ਼ਾਬ ਵਰਖਾ ਮੀਂਹ, ਓਲੇ, ਜਾਂ ਬਰਫ਼ ਪੈਣਾ ਜਿਸ ਵਿੱਚ ਤੇਜ਼ਾਬ ਦਾ ਬਹੁਤ ਵੱਧ ਘਨੀਕਰਨ ਹੋਵੇ।

activation energy/ਸਕ੍ਰਿਏਕਰਨ ਉਰਜਾ ਇੱਕ ਰਸਾਯ ਨਿਕ ਪ੍ਰਤੀਕਿਰਿਆ ਸ਼ੁਰੂ ਕਰਨ ਲਈ ਲੋੜੀਂਦੀ ਉਰਜਾ ਦੀ ਘੱਟੋਘੱਟ ਮਾਤ੍ਰਾ।

active transport/ਸਕ੍ਰਿਏ ਸੰਚਾਰ ਕੋਸ਼ਾਣੂ ਝਿੱਲੀ ਦੇ ਆਰ-ਪਾਰ ਉਹਨਾਂ ਪਦਾਰਥਾਂ ਦੀ ਹਲਚਲ ਜਿਹਨਾਂ ਨੂੰ ਉਰਜਾ ਵਰਤਣ ਲਈ ਕੋਸ਼ਾਣੂ ਦੀ ਲੋੜ ਹੁੰਦੀ ਹੈ।

adaptation/ਅਨੁਕੂਲਨ ਇੱਕ ਲੱਛਣ ਜੋ ਕਿਸੇ ਏਕਲ ਦੀ ਸਜੀਵ ਰਹਿਣ ਦੀ ਜੋਗਤਾ ਨੂੰ ਸੁਧਾਰਦਾ ਅਤੇ ਇੱਕ ਵਿਸ਼ੇਸ਼ ਵਾਤਾਵਰਣ ਵਿੱਚ ਦੁਬਾਰਾ ਉਤਪਾਦਨ ਕਰਦਾ ਹੈ।

addiction/ਲਤ (ਨਸ਼ੇ ਦੀ) ਕਿਸੇ ਪਦਾਰਥ (ਜਾਂ ਦ੍ਵ), ਜਿਵੇਂ ਸ਼ਰਾਬ ਜਾਂ ਡ੍ਰਗਸ, ਉੱਤੇ ਨਿਰਭਰਤਾ।

aerobic exercise/ਏਰੋਬਿਕ ਅਭਿਆਸ ਸ਼ਾਰੀਰਿਕ ਅਭਿਆਸ ਜਿਸਦਾ ਉਦੇਸ਼ ਆੱਕਸੀਜਨ ਦੇ ਸ਼ਾਰੀਰਿਕ ਇਸਤੇਮਾਲ ਨੂੰ ਵਧਾਉਨ ਲਈ ਦਿਲ ਅਤੇ ਫੇਫੜਿਆਂ ਦੀ ਕ੍ਰਿਆ ਵਧਾਉਨਾ ਹੁੰਦਾ ਹੈ।

air mass/ਹਵਾ ਦਾ ਢੇਰ (ਏਅਰ ਮਾਸ) ਹਵਾ ਦੀ ਬਹੁਤ ਵੱਡੀ ਮਾਤ੍ਰਾ ਜਿੱਥੇ ਤਾਪਮਾਨ ਅਤੇ ਨਮੀ ਜਿਹੇ ਤੱਤ ਪੂਰੇ 'ਚ ਸਮਾਨ ਹੁੰਦੇ ਹਨ।

air pollution/ਹਵਾ ਪ੍ਰਦੂਸ਼ਨ ਮਨੁੱਖਾਂ ਅਤੇ ਕੁਦਰਤੀ ਸੰਸਾਧਨਾਂ ਤੋਂ ਦੁਸ਼ਕਾਂ ਦੇ ਪਰੀਚੇਂ ਦੁਆਰਾ ਵਾਤਾਵਰਣ ਦਾ ਦੂਸ਼ਿਤ ਹੋਣਾ।

air pressure/ਹਵਾ ਦਾ ਦਬਾਵ ਉੱਸ ਬਲ ਦਾ ਨਾਪ ਜਿਸ ਨਾਲ ਹਵਾ ਅਣੂ ਕਿਸੇ ਸਮਤਲ ਨੂੰ ਧਕੇਲਦੇ ਹਨ।

alcoholism/ਅਤੀਪਾਨਤਾ (ਅਲਕੋਹਲੀਜ਼ਮ) ਇੱਕ ਬੀਮਾਰੀ ਜਿਸ ਵਿੱਚ ਕੋਈ ਬੰਦਾ ਲਗਾਤਾਰ ਇਹਨੀ ਮਾਤ੍ਰਾ ਵਿੱਚ ਨਸ਼ੀਲੇ ਪੇਯ ਪੀਂਦਾ ਹੈ ਜੋ ਉਸ ਬੰਦੇ ਦੀ ਸੇਹਤ ਅਤੇ ਕੰਮਾਂ ਉੱਤੇ ਪ੍ਰਭਾਵ ਪਾਉਂਦੀ ਹੈ।

algae/ਸ਼ੈਵਾਲ (ਐਲਗੀ) ਈਊਕਾਰੇਓਟਿਕ (eukaryotic) ਜੀਵ ਜੋ ਸੂਰਜ ਦੀ ਉਰਜਾ ਨੂੰ ਪ੍ਰਕਾਸ਼-ਸੰਸਸ਼ਲੇਸ਼ਨ (photosynthesis) ਦੁਆਰਾ ਭੋਜਨ ਵਿੱਚ ਬਦਲ ਦਿੰਦੇ ਹਨ ਪਰ ਇਹਨਾਂ ਦੀ ਜੜਾਂ, ਤਨਾਂ ਜਾਂ ਪੱਤੇ ਨਹੀਂ ਹੁੰਦੇ (ਇੱਕਵਚਨ, ਐਲਗਾ)।

alkali metal/ਅਲਕਲੀ ਧਾਤੁ ਆਵਰਤੀ ਸਾਰਣੀ (periodic table) ਦੇ ਸਮੂਹ 1 (Group 1) ਚੋਂ ਇੱਕ ਤੱਤ (ਲਿਥੀਯਮ, ਸੋਡੀਯਮ, ਪੋਟੈਸ਼ੀਯਮ, ਰੁਬੀਡੀਯਮ, ਸੀਸ਼ੀਯਮ ਅਤੇ ਫ੍ਰੈਨਸੀਯਮ)।

alkaline-earth metal/ਅਲਕਲਾਈਨ-ਧਰਤੀ ਧਾਤੁ ਆਵਰਤੀ ਸਾਰਣੀ (periodic table) ਦੇ ਸਮੂਹ 2 (Group 2) ਚੋਂ ਇੱਕ ਤੱਤ (ਬੇਰੀਲੀਯਮ, ਮੈਗਨੀਸ਼ੀਯਮ, ਕੈਲਸ਼ੀਯਮ, ਸਟ੍ਰੌਨਸ਼ੀਯਮ, ਬੈਰੀਯਮ, ਅਤੇ ਰੇਡੀਯਮ)।

allele/ਯੁਗਮ ਕਿਸੇ ਜੀਨ ਦੇ ਵੈਕਲਪਿਕ ਪ੍ਰਕਾਰਾਂਚੋਂ ਇੱਕ ਜੋ ਕਿਸੇ ਲੱਛਣ ਦਾ ਨਿਰਧਾਰਨ ਕਰਦਾ ਹੈ, ਜਿਵੇਂ ਵਾਲਾਂ ਦਾ ਰੰਗ।

allergy/ਅਲੇਰਜੀ ਸਰੀਰ ਦੀ ਰੱਖਿਅਕ ਪ੍ਰਣਾਲੀ ਨਾਲ ਕਿਸੇ ਨੁਕਸਾਨਦੇਹ ਜਾਂ ਆਮ ਪਦਾਰਥ ਦੀ ਪ੍ਰਤੀਕਿਰਿਆ।

alluvial fan/ਸੈਲਾਬੀ ਪੱਖਾ ਜਦੋਂ ਧਰਾ ਦੀ ਢਲਾਨ ਤੇਜ਼ੀ ਨਾਲ ਘੱਟ ਰਹੀ ਹੋਵੇ, ਤੇ ਕਿਸੇ ਧਾਰਾ ਦੁਆਰਾ ਜਮਾ ਚੀਜ਼ਾਂ ਦਾ ਪੱਖੇ ਦੇ ਆਕਾਰ ਵਿੱਚ ਢੇਰ।

altitude/ਐਲਟੀਟਊਡ ਆਕਾਸ਼ ਵਿੱਚ ਕਿਸੇ ਚੀਜ਼ ਅਤੇ ਸ਼ਿਤਿਜ ਵਿੱਚਕਾਰਲਾ ਕੋਣ।

alveoli/ਵਾਯੁਕੋਸ਼ਠਿਕਾ (ਐਲਵੀਉਲੀ) ਫੇਫੜਿਆਂ ਦੇ ਛੋਟੇ-ਛੋਟੇ ਹਵਾ ਕੋਸ਼ ਜਿੱਥੇ ਆੱਕਸੀਜਨ ਅਤੇ ਕਾਰਬਨ ਡਾਇਆੱਕਸਾਈਡ ਬਦਲਦੀ ਹਨ।

amniotic egg/ਗਰਭ (ਐਮਨੀਓਟਿਕ) ਅੰਡਾ ਇੱਕ ਪ੍ਰਕਾਰ ਦਾ ਅੰਡਾ ਜੋ ਇੱਕ ਝਿੱਲੀ, ਗਰਭਾਵਰਨ ਤੋਂ ਘਿਰਿਆ ਹੁੰਦਾ ਹੈ, ਅਤੇ ਰੇਂਗਨਵਾਲਿਆਂ, ਪੰਛੀਆਂ ਅਤੇ ਅੰਡੇ-ਦੇਣ ਵਾਲੇ ਸਤਨਧਾਰੀਆਂ 'ਚ, ਇਸ ਵਿੱਚ ਅੰਡਜਰਦੀ ਦੀ ਬਹੁਤ ਵੱਡੀ ਮਾਤ੍ਰਾ ਹੁੰਦੀ ਹੈ ਅਤੇ ਇਹ ਇੱਕ ਆਵਰਣ ਦੁਆਰਾ ਘਿਰਿਆ ਹੁੰਦਾ ਹੈ।

amplitude/ਆਯਾਮ ਤਰੰਗੀਏ ਮੀਡੀਯਮ ਦੇ ਕਣਾਂ ਦਾ ਆਪਣੀ ਅਚਲ ਸਥਿਤੀ ਤੋਂ ਕੰਪਨ ਦਾ ਸਭ ਤੋਂ ਵੱਧ ਫ਼ਾਸਲਾ।

analog signal/ਐਨਾਲੌਗ ਸਿਗਨਲ ਇੱਕ ਸਿਗਨਲ ਜਿਸਦੀ ਵਿਸ਼ੇਸ਼ਤਾਵਾਂ ਇੱਕ ਦਿੱਤੀ ਰੈਂਜ ਵਿੱਚ ਲਗਾਤਾਰ ਬਦਲ ਸਕਦੀ ਹਨ।

anemometer/ਪਵਨਮਾਪੀ (ਅਨੀਮੋਮੀਟਰ) ਹਵਾ ਦੀ ਰਫ਼ ਤਾਰ ਨਾਪਣ ਲਈ ਵਰਤਿਆ ਜਾਣ ਵਾਲਾ ਉਪਕਰਨ।

angiosperm/ਐਨਜੀਓਸਪਰਮ ਇੱਕ ਫੁੱਲ ਵਾਲਾ ਪੌਦਾ ਜੋ ਬੀਜ ਵਾਲੇ ਫਲਾਂ ਦਾ ਉੱਤਪਾਦਨ ਕਰਦਾ ਹੈ।

Animalia/ਐਨੀਮਲੀਆ ਜਟਿਲ, ਬਹੁਕੋਸ਼ਿਕੀ ਜੀਵਾਂ ਤੋਂ ਬਣਿਆ ਇੱਕ ਰਾਜ ਜਿਸ ਵਿੱਚ ਸੈੱਲ-ਵੱਲ ਦੀ ਕਮੀ ਹੁੰਦੀ ਹੈ, ਜੋ ਆਮਤੌਰ ਤੇ ਆਲੇ-ਦੁਆਲੇ ਜਾ ਸਕਦਾ ਹੈ, ਅਤੇ ਆਪਣੇ ਵਾਤਾਵਰਨ ਦੇ ਨਾਲ ਤੁਰੰਤ ਬਦਲ ਸਕਦਾ ਹੈ।

antenna/ਐਨਟੀਨਾ ਇੱਕ ਸਪਰਸ਼ਕ ਜੋ ਕਿਸੇ ਰੀਜ਼-ਹੀਨ ਪਸ਼ੂ, ਜਿਵੇਂ ਕਿਸੇ ਜਲਚਰ ਜਾਂ ਕਿਸੇ ਮੱਛਰ, ਦੇ ਸਿਰ ਉੱਤੇ ਹੁੰਦਾ ਹੈ, ਅਤੇ ਜੋ ਸਪਰਸ਼, ਸੁਆਦ, ਜਾਂ ਮਹਕ ਦਾ ਬੋਧ ਕਰਦਾ ਹੈ।

antibiotic/ਪ੍ਰਤੀਜੈਵਿਕ ਬੈਕਟੀਰੀਆ ਅਤੇ ਦੂਜੇ ਮਾਈਕਰੋ-ਜੀਵਾਣੂਆਂ ਨੂੰ ਮਾਰਨ ਲਈ ਵਰਤੀ ਜਾਣ ਵਾਲੀ ਦਵਾਈ।

antibody/ਪ੍ਰਤੀਰੱਖਿਅਕ ਬੀ ਕੋਸ਼ਿਕਾ ਦੁਆਰਾ ਬਣਿਆ ਇੱਕ ਪ੍ਰੋਟਿਨ ਜੋ ਇੱਕ ਵਿਸ਼ੇਸ਼ ਪ੍ਰਤੀਜਨਕ ਨੂੰ ਰੋਕਦਾ ਹੈ।

anticyclone/ਪ੍ਰਤੀਚੱਕਰਵਾਤ ਧਰਤੀ ਦੇ ਘੁੰਮਣ ਦੀ ਵਿਪਰੀਤ ਦਿਸ਼ਾ ਵਿੱਚ ਇੱਕ ਉੱਚ-ਦਬਾਵ ਕੇਂਦਰ ਦੇ ਆਲੇ-ਦੁਆਲੇ ਹਵਾ ਦਾ ਘੁੰਮਣਾ।

apparent magnitude/ਪ੍ਰਤੱਖ ਦਿਪਤੀ ਧਰਤੀ ਤੋਂ ਵੇਖੀ ਜਾਣ ਵਾਲੀ ਤਾਰੇ ਦੀ ਚਮਕ।

aquifer/ਜਲੀਭ੍ਰਿਤ (ਐਕੁਆਫ਼ਰ) ਸ਼ੈਲ ਜਾਂ ਅਵਸਾਦ ਦਾ ਢੇਰ ਜੋ ਭੂਮੀਗਤ ਜਲ ਸੰਗ੍ਰਹਿਤ ਕਰਦਾ ਹੈ ਅਤੇ ਭੂਮੀਗਤ ਜਲ ਵੱਗਣ ਦੀ ਆਗਿਆ ਦਿੰਦਾ ਹੈ।

Archaea/ਆਰਕੀਆ ਆਧੁਨਿਕ ਵਰਗੀਕਰਨ ਪ੍ਰਣਾਲੀ ਵਿੱਚ, ਇੱਕ ਪ੍ਰਾਂਤ ਪ੍ਰੋਕਾਰੀਓਟਜ਼ ਦਾ ਬਣਿਆ ਹੁੰਦਾ ਹੈ ਜੋ ਦੂਜੇ ਪ੍ਰੋਕਾਰੀਓਟਾਂ ਤੋਂ ਆਪਣੀ ਸੈੱਲ ਵੱਲ ਬਣਨ ਦੇ ਤਰੀਕੇ ਅਤੇ ਆਪਣੇ ਜਨੈਟਿਕ ਵਿੱਚਕਾਰ ਅੰਤਰ ਕਰਕੇ ਵੱਖ ਹੁੰਦੇ ਹਨ; ਇਹ ਪ੍ਰਾਂਤ ਪੁਰਮਪ੍ਰਿਕ ਆਰਕੀਬੈਕਟੀਰੀਆ ਨਾਲ ਸੰਤੁਲਨ ਵਿੱਚ ਹੁੰਦਾ ਹੈ

Archimedes' principle/ਆਰਕੀਮਿਡੀ'ਜ਼ ਦਾ ਸਿਧਾਂਤ ਇਹ ਸਿਧਾਂਤ ਦੱਸਦਾ ਹੈ ਕਿ ਕਿਸੇ ਦ੍ਰਵ ਵਿੱਚ ਇੱਕ ਚੀਜ਼ ਉੱਤੇ ਤੈਰਨੇ ਦਾ ਬਲ ਇੱਕ ਉਮੁੱਖ ਬਲ, ਦ੍ਰਵ ਜਿਸਨੂੰ ਚੀਜ਼ ਸਰਕਾਉਂਦੀ ਹੈ, ਦੇ ਪਰੀਮਾਣ ਦੇ ਵਜਨ ਦੇ ਬਰਾਬਰ ਹੁੰਦਾ ਹੈ।

area/ਖੇਤਰਫਲ ਕਿਸੇ ਸਮਤਲ ਜਾਂ ਕਿਸੇ ਖੇਤਰ ਦੇ ਆਕਾਰ ਦਾ ਨਾਪ।

artery/ਧਮਨੀ ਇੱਕ ਖੂਨ ਦੀ ਨਸ ਜੋ ਦਿਲ ਤੋਂ ਖੂਨ ਲੈਕੇ ਸਰੀਰ ਦੇ ਅੰਗਾਂ ਤੱਕ ਪਹੁੰਚਾਉਂਦੀ ਹੈ।

artesian spring/ਆਰਟੀਜ਼ਿਅਨ ਚਸ਼ਮਾ ਇੱਕ ਚਸ਼ਮਾ ਜਿਸਦਾ ਪਾਣੀ ਇੱਕ ਦਰਾਰ ਚੋਂ ਵੱਗਦੇ ਹੋਏ ਸ਼ੈਲਾਂ ਵਿੱਚ ਜਲੀਭ੍ਰਿਤ (ਐਕੁਆਫ਼ਰ) ਉੱਤੇ ਜਾਂਦਾ ਹੈ।

artificial satellite/ਬਨਾਵਟੀ ਉਪਗ੍ਰਹਿ ਅੰਤਰਿਖ ਵਿੱਚ ਕਿਸੇ ਗ੍ਰਹਿ ਦੇ ਆਲੇ-ਦੁਆਲੇ ਜਮਾਤ ਵਿੱਚ ਰੱਖੀ ਕੋਈ ਵੀ ਮਨੁੱਖ-ਰਚਿਤ ਚੀਜ਼।

asexual reproduction/ਅਲੈਂਗਿਕ ਪ੍ਰਜਨਨ ਪ੍ਰਜਨਨ ਜਿਸ ਵਿੱਚ ਸੰਭੋਗ ਅਣੂਆਂ ਦੀ ਨਲੀਕਾਵਾਂ ਸ਼ਾਮਿਲ ਨਹੀ ਹੁੰਦੀ ਅਤੇ ਜਿਸ ਵਿੱਚ ਇੱਕ ਜਨਕ ਸੰਤਾਨ ਨੂੰ ਜਨਮ ਦਿੰਦਾ ਹੈ ਜੋ ਜਨਨੀਏ ਤੌਰ ਤੇ ਜਨਕ ਦੇ ਸਮਾਨ ਹੁੰਦਾ ਹੈ।

asteroid/ਗ੍ਰਹਿਕਾ ਇੱਕ ਛੋਟੀ, ਸੈਲੀਏ ਚੀਜ਼ ਜੋ ਸੂਰਜ ਦੀ ਜਮਾਤ ਵਿੱਚ ਹੁੰਦੀ ਹੈ, ਆਮਤੌਰ ਤੇ ਮੰਗਲ ਅਤੇ ਬ੍ਰਹਿਸਪਤੀ ਦੀ ਜਮਾਤਾਂ ਵਿੱਚਕਾਰਲੇ ਬੈਂਡ ਵਿੱਚ ਹੁੰਦੀ ਹੈ।

asteroid belt/ਗ੍ਰਹਿਕਾ ਬੈਲਟ ਸੂਰਜੀ ਪ੍ਰਣਾਲੀ ਦਾ ਖੇਤਰ ਜੋ ਮੰਗਲ ਅਤੇ ਬ੍ਰਹਿਸਪਤੀ ਦੀ ਜਮਾਤਾਂ ਵਿੱਚਕਾਰ ਹੁੰਦਾ ਹੈ ਅਤੇ ਜਿਸ ਵਿੱਚ ਸਭ ਤੋਂ ਵੱਧ ਗ੍ਰਹਿਕਾ ਹੁੰਦੀ ਹਨ।

asthenosphere/ਐਸਥੈਨੋਸਫੇਅਰ ਆਵਰਣ ਦੀ ਨਰਮ ਸਤਹ ਜਿਸ ਤੇ ਟੈਕਟੋਨਿਕ ਪਲੇਟਾਂ ਹਿੱਲਦੀ ਹਨ।

astronomical unit/ਖਗੋਲਿਕੀ ਈਕਾਈ ਧਰਤੀ ਅਤੇ ਸੂਰਜ ਵਿੱਚਕਾਰ ਔਸਤ ਫ਼ਾਸਲਾ; ਲਗਭਗ 150 ਮਿਲੀਜਨ ਕਿਲੋਮੀਟਰ (ਪ੍ਰਤੀਕ, AU)।

astronomy/ਖਗੋਲ ਵਿਗਿਆਨ ਬ੍ਰਹਿਮੰਡ ਦਾ ਅਧਿਅਨ।

atmosphere/ਵਾਤਾਵਰਨ ਉਹਨਾਂ ਗੈਸਾਂ ਦਾ ਮਿਸ਼ਰਨ ਜਿਹਨਾਂ ਨੇ ਇੱਕ ਗ੍ਰਹਿ ਜਾਂ ਚੰਦਰਮਾ ਨੂੰ ਘੇਰਿਆ ਹੁੰਦਾ ਹੈ।

atmospheric pressure/ਵਾਤਾਵਰਨੀਏ ਦਬਾਵ ਵਾਤਾਵਰਨ ਦੇ ਵਜ਼ਨ ਕਾਰਨ ਪੈਨ ਵਾਲਾ ਦਬਾਵ।

atom/ਪਰਮਾਣੂ ਇੱਕ ਤੱਤ ਦੀ ਸਭ ਤੋਂ ਛੋਟੀ ਈਕਾਈ ਜੋ ਉਸ ਤੱਤ ਦੀ ਵਿਸ਼ੇਸ਼ਤਾਵਾਂ ਨੂੰ ਬਨਾਏ ਰੱਖਦਾ ਹੈ।

atomic mass/ਪਰਮਾਣੂ ਮਾਤ੍ਰਾ ਇੱਕ ਪਰਮਾਣੂ ਦੀ ਮਾਤ੍ਰਾ, ਪਰਮਾਣੂ ਮਾਤ੍ਰਾ ਈਕਾਈ ਵਿੱਚ ਦਰਸ਼ਾਈ ਜਾਂਦੀ ਹੈ।

atomic mass unit/ਪਰਮਾਣੂ ਮਾਤ੍ਰਾ ਈਕਾਈ ਮਾਤ੍ਰਾ ਦੀ ਇੱਕ ਈਕਾਈ ਜੋ ਇੱਕ ਪਰਮਾਣੂ ਜਾਂ ਅਣੂ ਦਾ ਵਰਣ ਕਰਦੀ ਹੈ।

atomic number/ਪਰਮਾਣੂ ਸੰਖਿਆ ਇੱਕ ਪਰਮਾਣੂ ਦੇ ਕੇਂਦਰ ਵਿੱਚ ਪ੍ਰੋਟੋਨਾਂ ਦੀ ਸੰਖਿਆ; ਪਰਮਾਣੂ ਸੰਖਿਆ ਇੱਕ ਤੱਤ ਦੇ ਸਾਰੇ ਪਰਮਾਣੂਆਂ ਲਈ ਸਮਾਨ ਹੁੰਦੀ ਹੈ।

ATP/ਏਟੀਪੀ ਐਡੀਨੋਸੀਨ ਟ੍ਰਾਈਫਾਸਫੇਟ, ਇੱਕ ਅਣੂ ਜੋ ਕੋਸ਼ਾਣੂ ਪ੍ਰਕਿਰਿਆਵਾਂ ਲਈ ਮੁੱਖ ਊਰਜਾ ਸ੍ਰੋਤ ਦੇ ਤੌਰ ਤੇ ਕੰਮ ਕਰਦਾ ਹੈ।

autoimmune disease/ਸਵੈ-ਰੱਖਿਅਕ ਬੀਮਾਰੀ ਇੱਕ ਬੀਮਾਰੀ ਜਿਸ ਵਿੱਚ ਰੱਖਿਅਕ ਪ੍ਰਣਾਲੀ ਜੀਵ ਦੇ ਆਪਣੇ ਕੋਸ਼ਾਣੂਆਂ ਉੱਤੇ ਹਮਲਾ ਕਰਦਾ ਹੈ।

average speed/ਔਸਤ ਰਫ਼ਤਾਰ ਤੈਅ ਕਿੱਤਾ ਗਿਆ ਕੁਲ ਫਾਸਲਾ ਭਾਗ ਲਿੱਤਾ ਗਿਆ ਕੁਲ ਸਮਾਂ।

axis/ਧੁਰੀ ਇੱਕ ਗ੍ਰਾਫ ਸੀਮਾ ਬਣਾਉਂਦੀ ਹਨ, ਦੋ ਦੀ ਇੱਕ ਜਾਂ ਵੱਧ ਸੰਦਰਭ ਰੇਖਾਵਾਂ।

azimuthal projection/ਦਿਗੰਸ਼ੀ ਪ੍ਰਕਸ਼ੇਪ ਇੱਕ ਨਕਸ਼ਾ ਪ੍ਰਕਸ਼ੇਪ ਜੋ ਗਲੋਬ ਦੀ ਤਲ ਵਿਸ਼ੇਸ਼ਤਾਵਾਂ ਨੂੰ ਸਮਤਲ ਉੱਤੇ ਲੈ ਜਾਕੇ ਬਣਾਇਆ ਜਾਂਦਾ ਹੈ।

B

B cell/ਬੀ ਕੋਸ਼ਾਣੂ ਇੱਕ ਚਿੱਟਾ ਖੂਨ ਕੋਸ਼ਾਣੂ ਜੋ ਪ੍ਰਤੀਰੱਖਿਅਕ ਬਣਾਉਂਦੇ ਹਨ।

Bacteria/ਬੈਕਟੀਰੀਆ ਆਧੁਨਿਕ ਵਰਗੀਕਰਨ ਪ੍ਰਣਾਲੀ ਵਿੱਚ, ਇੱਕ ਪ੍ਰਾਂਤ ਪ੍ਰੋਕਾਰੀਓਟਜ਼ ਦਾ ਬਣਿਆ ਹੁੰਦਾ ਹੈ ਜੋ ਦੂਜੇ ਪ੍ਰੋਕਾਰੀਓਟਾਂ ਤੋਂ ਆਪਣੀ ਸੈੱਲ ਵਾਲ ਬਣਨ ਦੇ ਤਰੀਕੇ ਅਤੇ ਆਪਣੇ ਜਨੇਟਿਕ ਵਿੱਚਕਾਰ ਅੰਤਰ ਕਰਕੇ ਵੱਖ ਹੁੰਦੇ ਹਨ; ਇਹ ਪ੍ਰਾਂਤ ਪੁਰਮਪ੍ਰਿਕ ਰਾਜ ਯੂਬੈਕਟੀਰੀਆ ਨਾਲ ਸੰਤੁਲਨ ਵਿੱਚ ਹੁੰਦਾ ਹੈ

barometer/ਬੈਰੋਮੀਟਰ ਵਾਤਾਵਰਣੀਏ ਦਬਾਵ ਨਾਪਣ ਵਾਲਾ ਇੱਕ ਉਪਕਰਣ।

base/ਆਧਾਰ (ਬੇਸ) ਕੋਈ ਵੀ ਮਿਸ਼ਰਣ ਜੋ ਪਾਣੀ ਵਿੱਚ ਘੁੱਲਣ ਤੇ ਹਾਇਡ੍ਰੋਆਕਸਾਈਡ ਆਯਨਾਂ ਦੀ ਸੰਖਿਆ ਵੱਧਾ ਦਿੰਦਾ ਹੈ।

batholith/ਡੂੰਗੀ ਸ਼ਿਲਾ ਸਤੱਰ (ਬਾਥੋਲਿੱਥ) ਧਰਤੀ ਦੇ ਕ੍ਰੁਸਟ ਵਿੱਚ ਅਗਨਿਜ ਸੈੱਲ ਦਾ ਵੱਡਾ ਭਾਗ ਜੋ, ਜੇਕਰ ਤਲ ਤੇ ਫੁੱਟ ਜਾਵੇ ਤਾਂ, ਘੱਟੋਘੱਟ 100 ਕਿਮੀ² ਖੇਤਰ ਕਵਰ ਕਰੇਗਾ

beach/ਸਮੁੰਦਰੀ ਕਿਨਾਰਾ (ਬੀਚ) ਸਾਹਿਲ ਦਾ ਇੱਕ ਖੇਤਰ ਜੋ ਲਹਿਰਾਂ ਦੁਆਰਾ ਜਮਾ ਕਿੱਤੀ ਚੀਜ਼ਾਂ ਤੋਂ ਬਣਿਆ ਹੁੰਦਾ ਹੈ।

bedrock/ਬੈਡਰੌਕ ਮਿੱਟੀ ਹੇਠਾਂ ਸ਼ੈਲਾਂ ਦੀ ਸਤਹ।

benthic environment/ਸਮੁੰਦਰੀ ਵਾਤਾਵਰਣ ਇੱਕ ਤਾਲ, ਸਰੋਵਰ, ਜਾਂ ਮਹਾਸਾਗਰ ਦੇ ਥੱਲੇ ਪਾਸੇ ਦੇ ਨੇੜੇ ਦਾ ਖੇਤਰ।

benthos/ਸਮੁੰਦਰਤਲ ਜੀਵ ਉਹ ਜੀਵ ਜੋ ਸਮੁੰਦਰ ਜਾਂ ਮਹਾਸਾਗਰ ਦੇ ਹੇਠਾਂ ਰਹਿੰਦੇ ਹਨ।

Bernoulli's principle/ਬਰਨੌਲੀ ਦਾ ਸਿਧਾਂਤ ਇਹ ਸਿਧਾਂਤ ਦੱਸਦਾ ਹੈ ਕਿ ਜਿਵੇਂ ਜਿਵੇਂ ਦ੍ਰਵ ਦੀ ਰਫ਼ਤਾਰ ਵੱਧਦੀ ਹੈ ਤਿਵੇਂ ਤਿਵੇਂ ਦ੍ਰਵ ਵਿੱਚਲਾ ਦਬਾਵ ਘੱਟਦਾ ਜਾਂਦਾ ਹੈ।

big bang theory/ਬਿੰਗ ਬੈਂਗ ਦੀ ਕਲਪਨਾ ਇਹ ਕਲਪਨਾ ਦੱਸਦੀ ਹੈ ਕਿ ਬ੍ਰਹਿਮੰਡ ਲੱਗਭਗ 13.7 ਬਿਲੀਜਨ ਵਰ੍ਹਿਆਂ ਪਹਿਲਾਂ ਇੱਕ ਭੀਸ਼ਣ ਧਮਾਕੇ ਤੋਂ ਸ਼ੁਰੂ ਹੋਇਆ ਸੀ।

binary fission/ਦੀ ਵਿਭਾਜਨ ਏਕਲ-ਕੋਸ਼ਾਣੂ ਜੀਵਾਂ ਵਿੱਚ ਅਲੈਂਗਿਕ ਪ੍ਰਜਨਨ ਦਾ ਇੱਕ ਪ੍ਰਕਾਰ ਜਿਸ ਵਿੱਚ ਇੱਕ ਕੋਸ਼ਾਣੂ ਸਮਾਨ ਆਕਾਰ ਦੇ ਦੋ ਕੋਸ਼ਾਣੂਆਂ ਵਿੱਚ ਭਾਜਿਤ ਹੋ ਜਾਂਦਾ ਹੈ।

biodiversity/ਜੈਵਿਕ ਭਿੰਨਤਾ ਸਮੇਂ ਦੀ ਇੱਕ ਵਿਸ਼ੇਸ਼ ਅਵੱਧੀ ਦੇ ਦੌਰਾਨ ਇੱਕ ਦਿੱਤੇ ਖੇਤਰ ਵਿੱਚ ਜੀਵਾਂ ਦੀ ਸੰਖਿਆ ਅਤੇ ਪ੍ਰਕਾਰ।

biomass/ਜੈਵਿਕਮਾਤ੍ਰਾ (ਬਾਓਮਾਸ) ਜੈਵਿਕ ਪਦਾਰਥ ਜੋ ਉਰਜਾ ਦਾ ਸ੍ਰੋਤ ਹੋ ਸਕਦਾ ਹੈ; ਇੱਕ ਦਿੱਤੇ ਖੇਤਰ ਵਿੱਚ ਜੀਵਾਂ ਦੀ ਕੁਲ ਮਾਤ੍ਰਾ।

biome/ਜੈਵਿਕ ਖੇਤਰ (ਬਾਓਮ) ਇੱਕ ਅਜਿਹਾ ਵੱਡਾ ਖੇਤਰ ਜਿਸਦੀ ਵਿਸ਼ੇਸ਼ਤਾ ਇੱਕ ਖ਼ਾਸ ਪ੍ਰਕਾਰ ਦਾ ਮੌਸਮ ਅਤੇ ਪੌਧਿਆਂ ਤੇ ਜਾਨਵਰ ਪ੍ਰਜਾਤੀਆਂ ਦੇ ਨਿਸ਼ਚਿਤ ਪ੍ਰਕਾਰ ਹੈ।

bioremediation/ਜੈਵਿਕ ਇਲਾਜ ਜੀਵਾਂ ਦੁਆਰਾ ਖਤਰਨਾਕ ਕੁੜੇ ਦਾ ਜੈਵਿਕ ਇਲਾਜ।

biosphere/ਜੀਵਮੰਡਲ ਧਰਤੀ ਦਾ ਭਾਗ ਜਿੱਥੇ ਜੀਵਨ ਹੈ; ਇਸ ਵਿੱਚ ਧਰਤੀ ਦੇ ਸਾਰੇ ਜੀਵ ਸ਼ਾਮਿਲ ਹੁੰਦੇ ਹਨ

biotic/ਬਾਓਟਿਕ ਵਾਤਾਵਰਣ ਵਿੱਚ ਜੀਵਨ ਕਾਰਕਾਂ ਦਾ ਵਰਣ ਕਰਦਾ ਹੈ।

bird of prey/ਮਾਂਸਭਕਸ਼ੀ ਪੰਛੀ (ਬਰਡ ਆੱਫ ਪ੍ਰੇ) ਇੱਕ ਪੰਛੀ ਜੋ ਦੂਜੇ ਜਾਨਵਰਾਂ ਨੂੰ ਮਾਰਦਾ ਅਤੇ ਖਾਉਂਦਾ ਹੈ।

black hole/ਬਲੈਕ ਹੋਲ ਇੱਕ ਬਹੁਤ ਵੱਡੀ ਅਤੇ ਘੰਨੀ ਚੀਜ਼, ਕਿ ਆਪ ਚਾਨਣ (ਰੋਸ਼ਨੀ) ਵੀ ਇਸਦੀ ਖਿੱਚ ਤੋਂ ਨਹੀ ਬੱਚ ਸਕਦਾ।

blood/ਖੂਨ ਅਜਿਹਾ ਦ੍ਰਵ ਜਿਸ ਵਿੱਚ ਗੈਸਾਂ, ਪੋਸ਼ਕ ਤੱਤ, ਅਤੇ ਸ਼ਰੀਰ ਦੇ ਬੇਕਾਰ ਪਦਾਰਥ ਹੁੰਦੇ ਹਨ ਅਤੇ ਜੋ ਬਿੰਬਾਣੂ, ਚਿੱਟੇ ਖੂਨ ਕੋਸ਼ਾਣੂ, ਲਾਲ ਖੂਨ ਕੋਸ਼ਾਣੂ ਅਤੇ ਪਲਾਜ਼ਮਾ ਦਾ ਬਣਿਆ ਹੁੰਦਾ ਹੈ।

blood pressure/ਖੂਨ ਦਾ ਦਬਾਵ ਜਿਸ ਤੇਜ਼ੀ ਨਾਲ ਖੂਨ ਧਮਨੀਆਂ ਦੀ ਕੰਧਾਂ ਉੱਤੇ ਜੋਰ ਮਾਰਦਾ ਹੈ।

boiling/ਉਬਲਨਾ ਜਦੋਂ ਤਰਲ ਪਦਾਰਥ ਦਾ ਭਾਪ ਦਬਾਵ, ਵਾਤਾਵਰਣੀਏ ਦਬਾਵ ਦੇ ਬਰਾਬਰ ਹੁੰਦਾ ਹੈ, ਤੇ ਇੱਕ ਤਰਲ ਪਦਾਰਥ ਦਾ ਭਾਪ ਵਿੱਚ ਬਦਲਣਾ।

Boyle's law/ਬੌਇਲ ਦਾ ਸਿਧਾਂਤ ਇਹ ਸਿਧਾਂਤ ਦੱਸਦਾ ਹੈ ਕਿ ਗੈਸ ਦਾ ਪਰੀਮਾਣ, ਜਦੋਂ ਤਾਪਮਾਨ ਸਥਿਰ ਹੁੰਦਾ ਹੈ ਤੇ ਗੈਸ ਦੇ ਦਬਾਵ ਤੋਂ ਵਿਪਰੀਤ ਸਮਾਨੁਪਾਤ ਵਿੱਚ ਹੁੰਦਾ ਹੈ।

brain/ਦਿਮਾਗ ਉਹ ਅੰਗ ਜੋ ਨਾੜੀ ਤੰਤਰ ਦਾ ਮੁੱਖ ਸੰਚਾਲਨ ਕੇਂਦਰ ਹੁੰਦਾ ਹੈ

bronchus/ਸਾਂ-ਨਲੀ ਸਾਂ-ਪ੍ਰਨਾਲ ਦੇ ਨਾਲ ਫੇਫੜਿਆਂ ਤੋਂ ਜੁੜੀ ਦੇ ਟਿਊਬਾਂ ਚੋਂ ਇੱਕ।

brooding/ਅੰਡਾ ਸੇਨਾ ਅੰਡਿਆਂ ਨੂੰ ਗਰਮ ਰੱਖਣ ਲਈ ਉਹਨਾਂ ਉੱਤੇ ਤਦ ਤਕ ਬੈਠਾ ਅਤੇ ਢੱਕਣਾ ਜਦ ਤਕ ਉਹਨਾਂ ਚੋਂ ਚੂਜੇ ਨਹੀ ਨਿਕਲ ਜਾਂਦੇ; ਅੰਡਿਆਂ ਉੱਤੇ ਬੈਠਾ।

buoyant force/ਤੈਰਨ ਦਾ ਬਲ ਇੱਕ ਉੱਪਰ ਬਲ ਜਿਸ ਨਾਲ ਕੋਈ ਚੀਜ਼ ਤਰਲ ਪਦਾਰਥ ਉੱਤੇ ਤੈਰਦੀ ਰਹਿੰਦੀ ਹੈ।

C

caldera/ਜਵਾਲਾਮੁੱਖ ਕੁੰਡ ਇੱਕ ਵੱਡਾ, ਅਰਧਵ੍ਰਿਤਾਕਾਰ ਧਮਕਨ, ਜਦੋਂ ਇੱਕ ਜਵਾਲਾਮੁੱਖੀ ਦੇ ਹੇਠਾਂ ਮੈਗਮਾ ਚੈਂਬਰ ਆਂਸ਼ਿਕ ਰੂਪ ਤੋਂ ਖਾਲੀ ਹੁੰਦਾ ਹੈ ਅਤੇ ਇਸਦੇ ਕਾਰਨ ਉੱਤੇ ਵਾਲੀ ਜਮੀਨ ਵੈਰਾਨ ਲੱਗ ਪੈਂਦੀ ਹੈ।

cancer/ਕੈਂਸਰ ਇੱਕ ਫੋੜਾ ਜਿਸ ਵਿੱਚ ਕੋਸ਼ਾਣੂ ਅਨਿਯੰਤਰਿਤ ਦਰ ਤੇ ਭਾਜਿਤ ਹੋਣਾ ਸ਼ੁਰੂ ਹੋ ਜਾਂਦੇ ਹਨ ਅਤੇ ਹਮਲਾ ਕਰਨ ਵਾਲੇ ਬਣ ਜਾਂਦੇ ਹਨ।

capillary/ਕੇਸ਼ਿਕਾ ਇੱਕ ਛੋਟੀ ਖੂਨ ਨਸ ਜੋ ਟਿਸ਼ੂ ਵਿੱਚ ਖੂਨ ਅਤੇ ਕੋਸ਼ਿਕਾ ਵਿੱਚਕਾਰ ਅਦਲਾ-ਬਦਲੀ ਦੀ ਆਗਿਆ ਦਿੰਦਾ ਹੈ।

carbohydrate/ਕਾਰਬੋਹਾਈਡ੍ਰੇਟ ਅਣੂਆਂ ਦਾ ਇੱਕ ਵਰਗ ਜਿਸ ਵਿੱਚ ਸ਼ੱਕਰ, ਸਟਾਰਚ, ਅਤੇ ਰੇਸੇ ਸ਼ਾਮਿਲ ਹੁੰਦੇ ਹਨ; ਇਸ ਵਿੱਚ ਕਾਰਬਨ, ਹਾਇਡ੍ਰੋਜਨ, ਅਤੇ ਆਕਸੀਜਨ ਹੁੰਦਾ ਹੈ

carbon cycle/ਕਾਰਬਨ ਚੱਕਰ ਕਾਰਬਨ ਦਾ ਅਜੀਵ ਵਾਤਾਵਰਣ ਤੋਂ ਸਜੀਵਾਂ ਤੱਕ ਜਾਣਾ ਅਤੇ ਫਿਰ ਵਾਪਿਸ ਆਉਣਾ।

cardiovascular system/ਦਿਲ-ਵਾਹਿਕਾ ਪ੍ਰਣਾਲੀ ਅੰਗਾਂ ਦਾ ਇੱਕ ਸੰਗ੍ਰਹਿਣ ਜੋ ਪੂਰੇ ਸਰੀਰ ਵਿੱਚ ਖੂਨ ਪਹੁੰਚਾਉਂਦਾ ਹੈ।

carnivore/ਮਾਂਸਭਕਸ਼ੀ ਪ੍ਰਾਣੀ (ਕਾਰਨੀਵੋਰ) ਇੱਕ ਜੀਵ ਜੋ ਜਾਨਵਰਾਂ ਨੂੰ ਖਾਂਦਾ ਹੈ।

carrying capacity/ਵਹਨ ਸਮਤਾ (ਕੈਰੀਂਗ ਕੈਪਸਿਟੀ) ਸਭ ਤੋਂ ਵੱਧ ਆਬਾਦੀ ਜਿਸਨੂੰ ਵਾਤਾਵਰਣ ਕਿਸੇ ਵੀ ਦਿੱਤੇ ਸਮੇਂ ਸਹਜੋਗ ਕਰ ਸਕਦਾ ਹੈ।

cast/ਢੱਲਵਾਂ (ਕਾਸਟ) ਇੱਕ ਪ੍ਰਕਾਰ ਦਾ ਜੀਵ ਅਵਸ਼ੇਸ਼ ਜੋ ਤਾਂ ਬਣਦਾ ਹੈ ਜਦੋਂ ਕਿਸੇ ਵਿਘਟਿਤ ਜੀਵ ਦੁਆਰਾ ਛੱਡੇ ਗੁਹੇ (ਕੈਵਿਟੀ) ਵਿੱਚ ਅਵਸਾਦ ਭਰ ਜਾਂਦਾ ਹੈ।

catalyst/ਉੱਤੇਰਕ ਇੱਕ ਪਦਾਰਥ ਜੋ ਬਿਨਾ ਵੱਧ ਵਰਤੇ ਅਤੇ ਵੱਧ ਬਦਲਾਵ ਕਿੱਤੇ ਇੱਕ ਰਸਾਯਨਿਕ ਪ੍ਰਤੀਕ੍ਰਿਆ ਦਾ ਦਰ ਬਦਲ ਦਿੰਦਾ ਹੈ।

catastrophism/ਵਿਪੱਤੀਵਾਦ (ਕੈਟਾਸਟ੍ਰੋਫਿਸਮ) ਇੱਕ ਸਿਧਾਂਤ ਜੋ ਇਹ ਦੱਸਦਾ ਹੈ ਕਿ ਭੂ-ਗਰਭ ਵਿੱਚ ਬਦਲਾਵ ਅਚਾਨਕ ਹੁੰਦਾ ਹੈ।

cell/ਕੋਸ਼ਾਣੂ ਸਾਰੇ ਜੀਵਾਂ ਦੀ ਸਭ ਤੋਂ ਛੋਟੀ ਕ੍ਰਿਆਤਮਕ ਅਤੇ ਢਾਂਚਾਗਤ ਇਕਾਈ; ਆਮਤੌਰ ਤੇ ਇਸ ਵਿੱਚ ਕੇਂਦਰਕ, ਸਾਇਟੋਪਲਾਜ਼ਮ ਅਤੇ ਇੱਕ ਝਿੱਲੀ ਸ਼ਾਮਿਲ ਹੁੰਦੀ ਹੈ

cell/ਸਿਲ ਬਿਜਲੀ ਦੇ ਸੰਦਰਭ ਵਿੱਚ, ਇੱਕ ਉਪਕਰਣ ਜੋ ਰਸਾਯਨਿਕ ਜਾਂ ਵਿਕਿਰਣੀ ਊਰਜਾ ਨੂੰ ਬਿਜਲੀ ਊਰਜਾ ਵਿੱਚ ਬਦਲ ਕੇ ਬਿਜਲੀ ਦੇ ਕਰੰਟ ਦਾ ਉੱਤਪਾਦਨ ਕਰਦਾ ਹੈ।

cell cycle/ਕੋਸ਼ਾਣੂ ਚੱਕਰ ਇੱਕ ਕੋਸ਼ਾਣੂ ਦਾ ਜੈਵਿਕ ਚੱਕਰ।

cell membrane/ਕੋਸ਼ਾਣੂ ਝਿੱਲੀ ਇੱਕ ਫੋਸਫੋਲੀਪਿਡ ਸਤਹ ਜੋ ਕੋਸ਼ਾਣੂ ਦੀ ਸਤਹ ਨੂੰ ਢੱਕੀ ਰੱਖਦੀ ਹੈ ਅਤੇ ਕੋਸ਼ਾਣੂ ਦੇ ਵਿੱਚਕਾਰਲੇ ਪਾਸੇ ਅਤੇ ਕੋਸ਼ਾਣੂ ਦੇ ਵਾਤਾਵਰਣ ਵਿੱਚਕਾਰ ਇੱਕ ਰੋਧਕ ਦੇ ਤੌਰ ਤੇ ਕੰਮ ਕਰਦੀ ਹੈ।

cell wall/ਸੈੱਲ-ਵਾਲ ਇੱਕ ਕੜਾ ਢਾਂਚਾ ਜੋ ਕੋਸ਼ਾਣੂ ਝਿੱਲੀ ਨੂੰ ਘੇਰੇ ਰੱਖਦਾ ਹੈ ਅਤੇ ਕੋਸ਼ਾਣੂ ਨੂੰ ਸਹਜੋਗ ਦਿੰਦਾ ਹੈ।

cellular respiration/ਕੋਸ਼ਿਕਾ ਦਾ ਸਾਂ ਲੈਣਾ ਇੱਕ ਪ੍ਰਕਿਆ ਜਿਸ ਨਾਲ ਕੋਸ਼ਾਣੂ ਭੋਜਨ ਤੋਂ ਊਰਜਾ ਬਣਾਉਣ ਲਈ ਆਕਸੀਜਨ ਵਰਤਦੇ ਹਨ।

Cenozoic era/ਸੀਨੋਜ਼ੋਏਕ ਜੁਗ ਸਭ ਤੋਂ ਵੱਧ ਆਧੁਨਿਕ ਭੌਮਿਕੀ ਜੁਗ, ਜੋ 65 ਮਿਲੀਯਨ ਵਰ੍ਹੇਂ ਪਹਿਲਾਂ ਸ਼ੁਰੂ ਹੋਇਆ ਸੀ; ਇਸ ਨੂੰ ਸਤਨਧਾਰੀਆਂ ਦਾ ਜੁਗ ਵੀ ਆਖਦੇ ਹਨ।

central nervous system/ਕੇਂਦਰੀਏ ਨਾੜੀ ਤੰਤਰ ਦਿਮਾਗ ਅਤੇ ਮੇਰੁਦੰਡ (ਸਪਾਈਨਲ ਕੌਰਡ); ਇਸਦਾ ਮੁੱਖ ਕੰਮ ਸਰੀਰ ਵਿੱਚ ਸੂਚਨਾਵਾਂ ਦੇ ਬਹਾਵ ਨੂੰ ਨਿਯੰਤਰਿਤ ਕਰਨਾ ਹੈ।

change of state/ਸਥਿਤੀ ਦਾ ਬਦਲਣਾ ਕਿਸੇ ਪਦਾਰਥ ਦਾ ਇੱਕ ਭੌਤਿਕ ਸਥਿਤੀ ਤੋਂ ਦੂਜੀ ਵਿੱਚ ਬਦਲਣਾ।

channel/ਚੈਨਲ ਇੱਕ ਰਸਤਾ ਜਿਸਦੇ ਪਿੱਛੇ ਧਾਰਾ ਚੱਲਦੀ ਹੈ।

Charles's law/ਚਾਰਲਸ ਦਾ ਸਿਧਾਂਤ ਇਹ ਸਿਧਾਂਤ ਦੱਸਦਾ ਹੈ ਕਿ ਕਿਸੇ ਗੈਸ ਦਾ ਪਰੀਮਾਨ, ਜਦੋਂ ਦਬਾਵ ਸਥਿਰ ਹੁੰਦਾ ਹੈ ਤਾਂ ਗੈਸ ਦੇ ਤਾਪਮਾਨ ਤੋਂ ਪ੍ਰਤਿਅਕਸ਼ਤਾ ਨਾਲ ਸਮਾਨੁਪਾਤ ਵਿੱਚ ਹੁੰਦਾ ਹੈ।

chemical bond/ਰਸਾਯਨਿਕ ਬੰਧਕ ਇੱਕ ਪਾਰਸਪਰਿਕ ਕ੍ਰਿਆ ਜੋ ਪਰਮਾਣੂਆਂ ਅਤੇ ਆਯਨਜ਼ ਨੂੰ ਇੱਕਠੇ ਫੜ ਕੇ ਰੱਖਦੀ ਹੈ।

chemical bonding/ਰਸਾਯਨਿਕ ਬੰਧਨ ਅਣੂ ਜਾਂ ਆਯੋਨਿਕ ਮਿਸ਼ਰਣ ਬਣਾਉਣ ਲਈ ਪਰਮਾਣੂਆਂ ਦਾ ਸੰਯੋਜਨ।

chemical change/ਰਸਾਯਨਿਕ ਬਦਲਾਵ ਇੱਕ ਬਦਲਾਵ ਜੋ ਤਾਂ ਹੁੰਦਾ ਹੈ ਜਦੋਂ ਇੱਕ ਜਾਂ ਵੱਧ ਪਦਾਰਥ ਪੂਰੀ ਤਰ੍ਹਾਂ ਵੱਖ ਵਿਸ਼ੇਸ਼ਤਾਵਾਂ ਵਾਲੇ ਦੂਜੇ ਨਵੇਂ ਪਦਾਰਥਾਂ ਵਿੱਚ ਬਦਲ ਜਾਂਦੇ ਹਨ।

chemical energy/ਰਸਾਯਨਿਕ ਊਰਜਾ ਜਦੋਂ ਇੱਕ ਰਸਾਯਨਿਕ ਮਿਸ਼ਰਣ ਦੇ, ਨਵੇਂ ਮਿਸ਼ਰਣ ਬਣਾਉਣ ਲਈ ਪਰਵਰਤਿਤ ਹੋਣ ਤੇ ਛੱਡੀ ਗਈ ਊਰਜਾ।

chemical equation/ਰਸਾਯਨਿਕ ਸਮੀਕਰਣ ਇੱਕ ਰਸਾਯਨਿਕ ਪ੍ਰਤੀਕ੍ਰਿਆ ਦਾ ਨਿਰੁਪਣ ਜੋ ਅਭਿਕਾਰਕਾਂ ਅਤੇ ਫਲ ਵਿੱਚਕਾਰ ਸੰਬੰਧ ਨੂੰ ਦਰਸ਼ਾਉਣ ਲਈ ਪ੍ਰਤੀਕਾਂ ਦੀ ਵਰਤੋਂ ਕਰਦਾ ਹੈ।

chemical formula/ਰਸਾਯਨਿਕ ਫ਼ਾਰਮੁਲਾ ਕਿਸੇ ਪਦਾਰਥ ਦੇ ਨਿਰੁਪਣ ਲਈ ਰਸਾਯਨਿਕ ਪ੍ਰਤੀਕਾਂ ਅਤੇ ਸੰਖਿਆਵਾਂ ਦਾ ਸੰਯੋਜਨ।

chemical property/ਰਸਾਯਨਿਕ ਵਿਸ਼ੇਸ਼ਤਾ ਕਿਸੇ ਚੀਜ਼ ਦੀ ਵਿਸ਼ੇਸ਼ਤਾ ਜੋ ਰਸਾਯਨਿਕ ਪ੍ਰਤੀਕਿਆਵਾਂ ਵਿੱਚ ਭਾਗ ਲੈਣ ਲਈ ਪਦਾਰਥ ਦੀ ਜੋਗਤਾ ਦਾ ਵਰਣ ਕਰਦੀ ਹੈ।

chemical reaction/ਰਸਾਯਨਿਕ ਪ੍ਰਤੀਕ੍ਰਿਆ ਇੱਕ ਪ੍ਰਕਿਆ ਜਿਸ ਨਾਲ ਇੱਕ ਜਾਂ ਵੱਧ ਪਦਾਰਥ, ਇੱਕ ਜਾਂ ਵੱਧ, ਵੱਖ ਪਦਾਰਥ ਬਣਾਉਣ ਲਈ ਬਦਲਦੇ ਹਨ।

chemical weathering/ਰਸਾਇਨਕ ਛੀਜਨ ਇੱਕ ਪ੍ਰਕਿਆ ਜਿਸ ਨਾਲ ਰਸਾਇਨਕ ਪ੍ਰਤੀਕਿਰਿਆਵਾਂ ਦੇ ਨਤੀਜੇ ਵਜੋਂ ਸ਼ੈਲ ਟੁੱਟ ਜਾਂਦੇ ਹਨ।

chlorophyll/ਕਲੋਰੋਫਿੱਲ ਇੱਕ ਹਰਾ ਰੰਗਦ੍ਰਵ ਜੋ ਪ੍ਰਕਾਸ਼-ਸੰਸਲੇਸ਼ਣ (photosynthesis) ਲਈ ਰੋਸ਼ਨੀ ਊਰਜਾ ਪ੍ਰਗ੍ਰਹਣ ਕਰਦਾ ਹੈ।

chloroplast/ਕਲੋਰੋਪਲਾਸਟ ਇੱਕ ਅੰਗਕ ਜੋ ਪੌਦਿਆਂ ਅਤੇ ਐਲਗੀ ਕੋਸ਼ਾਣੂਆਂ ਵਿੱਚ ਪਾਇਆ ਜਾਂਦਾ ਹੈ ਜਿੱਥੇ ਪ੍ਰਕਾਸ਼-ਸੰਸਲੇਸ਼ਣ (photosynthesis) ਹੁੰਦਾ ਹੈ।

chromosome/ਕਰੋਮੋਸਮ ਇੱਕ ਯੁਕਾਰਓਨਿਕ ਕੋਸ਼ਾਣੂ ਵਿੱਚ, ਕੇਂਦਰ ਵਿੱਚਲੇ ਢਾਂਚਿਆਂ ਚੋਂ ਇੱਕ ਜੋ ਡੀਐਨਏ ਅਤੇ ਪ੍ਰੋਟੀਨ ਤੋਂ ਬਣੇ ਹੁੰਦੇ ਹਨ; ਪ੍ਰੋਕਾਰਓਨਿਕ ਕੋਸ਼ਾਣੂ ਵਿੱਚ, ਡੀਐਨਏ ਦਾ ਮੁੱਖ ਮੰਡਲ (ਰਿੰਗ)।

circadian rhythm/ਸਿਰਕੈਡੀਜਨ ਰਿਦਮ ਇੱਕ ਜੈਵਿਕ ਦੈਨਿਕ ਚੱਕਰ।

circuit board/ਸਰਕਿਟ ਬੋਰਡ ਅੰਤਰਜਨ ਦੀ ਇੱਕ ਸ਼ੀਟ ਜਿਸ ਵਿੱਚ ਸਰਕਿਟ ਤੱਤ ਹੁੰਦੇ ਹਨ ਅਤੇ ਇਹ ਕਿਸੇ ਬਿਜਲੀ ਦੇ ਉਪਕਰਣ ਵਿੱਚ ਲੱਗਾਇਆ ਜਾਂਦਾ ਹੈ।

classification/ਵਰਗੀਕਰਣ ਵਿਸ਼ੇਸ਼ ਲੱਛਣਾਂ ਦੇ ਆਧਾਰ ਤੇ ਜੀਵਾਂ ਨੂੰ ਸਮੂਹਾਂ ਜਾਂ ਵਰਗਾਂ ਵਿੱਚ ਵੰਡਣਾ।

cleavage/ਵਿਦਰਣ (ਦਰਾਰ ਪੈਣਾ) ਸਪਾਟ, ਸਮਤਲਾਂ ਦੇ ਨਾਲ ਖਨਿਜਾਂ ਦਾ ਟੁੱਟਣਾ।

climate/ਆਬੋਹਵਾ ਕਿਸੇ ਖੇਤਰ ਵਿੱਚ ਲੰਬੇ ਸਮੇਂ ਦੀ ਅਵੱਧੀ ਲਈ ਔਸਤ ਮੌਸਮ ਪਰੀਸਥਿਤੀਆਂ।

closed circulatory system/ਬੰਦ ਰੱਕਤਸੰਚਾਰ ਪ੍ਰਣਾਲੀ ਇੱਕ ਰੱਕਤਸੰਚਾਰ ਪ੍ਰਣਾਲੀ ਜਿਸ ਵਿੱਚ ਦਿਲ ਨਸਾਂ ਦੇ ਤੰਤਰ ਦੁਆਰਾ ਖੂਨ ਦਾ ਸੰਚਾਰ ਕਰਦਾ ਹੈ ਜੋ ਇੱਕ ਬੰਦ ਸੁਰਖ ਬਣਾਉਂਦਾ ਹੈ; ਖੂਨ, ਖੂਨ ਦੀ ਨਸਾਂ ਨੂੰ ਨਹੀ ਛੱਡਦਾ ਅਤੇ ਚੀਜ਼ਾਂ ਨਸਾਂ ਦੀ ਕੰਧਾਂ ਦੇ ਆਰ-ਪਾਰ ਵਿਸਾਰਿਤ ਹੋ ਜਾਂਦੀ ਹਨ।

cloud/ਬੱਦਲ ਹਵਾ ਵਿੱਚ ਅਵਲੰਬਿਤ ਪਾਣੀ ਦੀ ਛੋਟੀ ਜਿਹੀ ਬੁੰਦਾਂ ਅਤੇ ਬਰਫ਼ ਦੇ ਟੁਕੜਿਆਂ ਦਾ ਸੰਗ੍ਰਹਣ, ਜੋ ਤਾਂ ਬਣਦਾ ਹੈ ਜਦੋਂ ਹਵਾ ਠੰਡੀ ਹੁੰਦੀ ਹੈ ਅਤੇ ਘਨੀਕਰਣ ਹੁੰਦਾ ਹੈ।

coal/ਕੋਜਲਾ ਇੱਕ ਜੀਵ-ਅਵਸ਼ੇਸ ਇੰਧਨ ਜੋ ਜਮੀਨ ਹੇਠਾਂ ਆਸਿਕ ਰੂਪ ਤੋਂ ਵਿਘਟਿਤ ਹੋ ਚੁੱਕੇ ਪੌਦਿਆਂ ਆਦਿ ਚੀਜ਼ਾਂ ਤੋਂ ਬਣਦਾ ਹੈ।

cochlea/ਕਣਵ੍ਰਤ ਇੱਕ ਕੁੰਡਲਿਤ ਟਿਊਬ ਜੋ ਅੰਦਰਲੇ ਕੰਨ ਵਿੱਚ ਪਾਈ ਜਾਂਦੀ ਹੈ ਅਤੇ ਸੁਨਣ ਲਈ ਜਰੂਰੀ ਹੈ।

coelom/ਦੇਹਗੁਹਾ (ਸੀਲੱਮ) ਇੱਕ ਸ਼ਾਰੀਰਿਕ ਗੁਹਾ ਜਿਸ ਵਿੱਚ ਅੰਦਰਲੇ ਅੰਗ ਹੁੰਦੇ ਹਨ।

coevolution/ਸਹਿਵਿਕਾਸ ਦੋ ਪ੍ਰਜਾਤਿਆਂ ਦਾ ਵਿਕਾਸ ਜੋ ਸਾਂਝੇ ਪ੍ਰਭਾਵ ਕਾਰਨ ਹੁੰਦਾ ਹੈ, ਕਈ ਵਾਰ ਅਜਿਹੇ ਤਰੀਕੇ ਨਾਲ ਜੋ ਸੰਬੰਧ ਨੂੰ ਦੋਹਾ ਪ੍ਰਜਾਤੀਆਂ ਲਈ ਵੱਧ ਫ਼ਾਇਦੇਮੰਦ ਬਣਾਉਂਦਾ ਹੈ।

colloid/ਕਲੀਲ ਇੱਕ ਮਿਸ਼ਰਨ ਜਿਸ ਵਿੱਚ ਬਹੁਤ ਛੋਟੇ ਕਣ ਹੁੰਦੇ ਹਨ ਜਿਹਨਾਂ ਦਾ ਆਕਾਰ, ਵਿਲਜਨ ਵਿੱਚਲਿਆਂ ਕਣਾਂ ਅਤੇ ਆਲੰਬਨ ਵਿੱਚਲਿਆਂ ਕਣਾਂ ਦੇ ਵਿੱਚਕਾਰ ਸਾਧਾਰਣ ਹੁੰਦਾ ਹੈ ਅਤੇ ਜੋ ਕਿਸੇ ਤਰਲ, ਠੋਸ, ਜਾਂ ਗੈਸ ਵਿੱਚ ਅਵਲੰਬਿਤ ਹੁੰਦੇ ਹਨ।

combustion/ਦਹਨ ਕਿਸੇ ਪਦਾਰਥ ਦਾ ਜਲਣਾ।

comet/ਧੁਮਕੇਤੁ ਬਰਫ਼, ਸ਼ੈਲ ਅਤੇ, ਅੰਤਰਿਕ ਦੀ ਧੂਲ ਦਾ ਛੋਟਾ ਜਿਹਾ ਢੇਰ ਜੋ ਸੂਰਜ ਦੇ ਆਲੇ-ਦੁਆਲੇ ਇੱਕ ਅੰਡਾਕਾਰ ਜਮਾਤ ਦੇ ਪਿੱਛੇ ਘੁੰਮਦਾ ਹੈ ਅਤੇ ਜੋ ਸੂਰਜ ਦੇ ਨੇੜੇ ਜਾਣ ਤੇ ਪੁੱਛ ਦੇ ਰੂਪ ਵਿੱਚ ਗੈਸ ਅਤੇ ਧੁਲ ਛੱਡਦਾ ਹੈ।

commensalism/ਸਹਭੋਜਿਤਾ ਦੋ ਜੀਵਾਂ ਵਿੱਚਕਾਰ ਸੰਬੰਧ ਜਿਸ ਵਿੱਚ ਇੱਕ ਜੀਵ ਨੂੰ ਨਫ਼ਾ ਹੁੰਦਾ ਹੈ ਅਤੇ ਦੂਜਾ ਪ੍ਰਭਾਵਹੀਨ ਰਹਿੰਦਾ ਹੈ।

communication/ਸੰਚਾਰ ਕਿਸੇ ਸੰਕੇਤ ਅਤੇ ਸੰਦੇਸ਼ ਦਾ ਇੱਕ ਜਾਨਵਰ ਤੋਂ ਦੂਜੇ ਤੱਕ ਪ੍ਰਤੀਸਥਾਪਨ ਜਿਸਦਾ ਨਤੀਜਾ ਕੁਝ ਪ੍ਰਕਾਰ ਦੀ ਪ੍ਰਤੀਕਿਰਿਆ ਹੁੰਦੀ ਹੈ।

community/ਸਮੁਦਾਏ ਉਹਨਾਂ ਸਾਰੀ ਪ੍ਰਜਾਤੀਆਂ ਦੀ ਆਬਾਦੀ ਜੋ ਸਮਾਨ ਕੁਦਰਤੀਵਾਸ ਵਿੱਚ ਰਹਿੰਦੇ ਅਤੇ ਇੱਕ ਦੂਜੇ ਨੂੰ ਪ੍ਰਭਾਵਿਤ ਕਰਦੇ ਹਨ।

composition/ਸੰਘਟਨਾ ਇੱਕ ਸ਼ੈਲ ਦੀ ਰਸਾਇਨਕ ਬਣਾਵਟ; ਜਾਂ ਤੇ ਖਨਿਜਾਂ ਦਾ ਵਰਣ ਕਰਦਾ ਹੈ ਜਾਂ ਫਿਰ ਸ਼ੈਲਾਂ ਵਿੱਚ ਦੂਜੀ ਚੀਜ਼ਾਂ ਦਾ।

compound/ਮਿਸ਼ਰਨ ਵੱਖ-ਵੱਖ ਤੱਤਾਂ ਦੇ ਰਸਾਇਨਕ ਬੰਧਾਂ ਦੁਆਰਾ ਜੁੜੇ ਇੱਕ ਜਾਂ ਵੱਧ ਪਰਮਾਣੂਆਂ ਤੋਂ ਬਣਿਆ ਇੱਕ ਪਦਾਰਥ।

compound eye/ਮਿਸ਼ਰਿਤ ਅੱਖ ਬਹੁਤੇਰੇ ਰੋਸ਼ਨੀ ਬੋਧਕਾਂ ਤੋਂ ਮਿਲਕੇ ਬਣੀ ਅੱਖ।

compound light microscope/ਮਿਸ਼ਰਿਤ ਰੋਸ਼ਨੀ ਮਾਈਕ੍ਰੋਸਕੋਪ ਇੱਕ ਉਪਕਰਣ ਜੋ ਛੋਟੀ ਚੀਜ਼ਾਂ ਨੂੰ ਵੱਡਾ ਕਰ ਦਿੰਦਾ ਸੀ ਤਾਂ ਜੋ ਉਹ ਦੋ ਜਾਂ ਵੱਧ ਲੈਂਸ ਵਰਤ ਕੇ ਆਸਾਨੀ ਨਾਲ ਵੇਖੀ ਜਾ ਸਕਣ।

compound machine/ਮਿਸ਼ਰਿਤ ਮਸ਼ੀਨ ਇੱਕ ਤੋਂ ਵੱਧ ਸਾਧਾਰਣ ਮਸ਼ੀਨ ਤੋਂ ਬਣੀ ਇੱਕ ਮਸ਼ੀਨ।

compression/ਦਬਾਵ ਜਦੋਂ ਤਾਕਤਾਂ ਕਿਸੇ ਚੀਜ਼ ਨੂੰ ਦਬਾਉਂਦੀ ਹਨ ਤੇ ਪੈਣ ਵਾਲਾ ਭਾਰ/ਦਬਾਵ।

computer/ਕੰਪਿਊਟਰ ਇੱਕ ਬਿਜਲੀ ਨਾਲ ਚੱਲਣ ਵਾਲਾ ਉਪਕਰਣ/ਮਸ਼ੀਨ ਜੋ ਡੇਟਾ ਅਤੇ ਨਿਰਦੇਸ਼ ਲੈਣਾ, ਨਿਰਦੇਸ਼ਾ ਦੀ ਪਾਲਣਾ ਕਰਨਾ ਅਤੇ ਨਤੀਜੇ ਦੇਣਾ, ਆਦਿ ਕਰ ਸਕਦਾ ਹੈ।

concave lens/ਕਨਕੇਵ ਲੈਂਸ ਅਜਿਹਾ ਲੈਂਸ ਜੋ ਕਿਨਰਿਆਂ ਦੇ ਮੁਕਾਬਲੇ, ਵਿੱਚਕਾਰ ਤੋਂ ਪਤਲਾ ਹੁੰਦਾ ਹੈ।

concave mirror/ਕਨਕੇਵ ਦਰਪਣ ਅਜਿਹਾ ਦਰਪਣ ਜੋ ਅੰਦਰਲੇ ਪਾਸੋਂ ਗੋਲ ਹੁੰਦੀ ਹੈ ਜਿਵੇਂ ਚਮੱਚ ਦਾ ਵਿੱਚਕਾਰਲਾ ਪਾਸਾ।

concentration/ਸਾਂਦ੍ਰਣ ਕਿਸੇ ਮਿਸ਼ਰਣ, ਫ਼ਲ, ਜਾਂ ਕੱਚੇ ਧਾਤੂ ਦੀ ਦਿੱਤੀ ਮਾਤ੍ਰਾ ਵਿੱਚ ਇੱਕ ਵਿਸ਼ੇਸ਼ ਪਦਾਰਥ ਦੀ ਰਾਸ਼ੀ।

condensation/ਸੰਘਨਨ ਇੱਕ ਗੈਸ ਤੋਂ ਇੱਕ ਤਰਲ ਵਿੱਚ ਅਵਸਥਾ ਦਾ ਬਦਲਣਾ।

conduction/ਪ੍ਰਵਾਹ ਊਰਜਾ ਦਾ ਤਾਪ ਦੇ ਤੌਰ ਤੇ ਕਿਸੇ ਪਦਾਰਥ ਤੋਂ ਨਿਕਲਣਾ।

conic projection/ਕੋਨਿਕ ਪ੍ਰੋਜੇਨਾ ਇੱਕ ਨਕਸ਼ੇ ਦੀ ਪ੍ਰੋਜੇਨਾ ਜੋ ਗਲੋਬ ਦੀ ਸਮਤਲ ਵਿਸ਼ੇਸ਼ਤਾਵਾਂ ਇੱਕ ਕੋਨ ਉੱਤੇ ਲੈ ਜਾਕੇ ਬਣਾਈ ਜਾਂਦਾ ਹੈ।

conservation/ਸੰਰਖਿਅਣ ਕੁਦਰਤੀ ਸੰਸਾਧਨਾਂ ਦਾ ਪਰੀਰੱਖਿਅਣ ਅਤੇ ਸਿਆਣਾ ਇਸਤੇਮਾਲ।

constellation/ਤਾਰਾਮੰਡਲ ਆਕਾਸ਼ ਵਿੱਚ ਇੱਕ ਖੇਤਰ, ਜਿਸ ਵਿੱਚ ਇੱਕ ਪਹਿਚਾਨਣ ਜੋਗ ਤਾਰਾ ਆਕ੍ਰਿਤੀ ਹੈ ਅਤੇ ਇਹ ਅੰਤਰਿੱਖ ਵਿੱਚ ਚੀਜ਼ਾਂ ਦੀ ਸਥਿਤੀ ਦਾ ਵਰਣਨ ਕਰਨ ਲਈ ਵਰਤੀ ਜਾਂਦੀ ਹੈ।

consumer/ਗ੍ਰਾਹਕ (ਖਾਉਣ ਵਾਲਾ) ਇੱਕ ਜੀਵ ਜੋ ਦੂਜੇ ਜੀਵ ਜਾਂ ਜੈਵਿਕ ਚੀਜ਼ਾਂ ਖਾਉਂਦਾ ਹੈ।

continental drift/ਮਹਾਦੀਪੀਏ ਅਪਵਹਨ ਇੱਕ ਕਲਪਨਾ ਜੋ ਦੱਸਦੀ ਹੈ ਕਿ ਮਹਾਦੀਪ ਪਹਿਲਾਂ ਇੱਕ ਏਕਲ ਸਥਲਖੰਡ ਹੁੰਦ ਹਨ, ਫਿਰ ਟੁੱਟ ਜਾਂਦੇ ਹਨ, ਅਤੇ ਫਿਰ ਆਪਣੀ ਵਰਤਮਾਨ ਥਾਂਵਾਂ ਅਪਵਹਨ ਕਰਦੇ ਹਨ।

continental rise/ਮਹਾਦੀਪੀਏ ਚੜਾਈ ਮਹਾਦੀਪੀਏ ਸਲੋਪ ਅਤੇ ਐਬੀਸਲ ਤਲ ਵਿੱਚਕਾਰ ਸਥਿਤ ਮਹਾਦੀਪੀਏ ਮਾਰਜਨ ਦਾ ਨਰਮ ਸਲੋਪਿੰਗ ਖੰਡ।

continental shelf/ਮਹਾਦੀਪੀਏ ਸ਼ੈਲਫ਼ ਸਮੁੰਦਰਤਟ ਅਤੇ ਮਹਾਦੀਪੀਏ ਸਲੋਪ ਵਿੱਚਕਾਰ ਸਥਿਤ ਮਹਾਦੀਪੀਏ ਮਾਰਜਨ ਦਾ ਨਰਮ ਸਲੋਪਿੰਗ ਖੰਡ।

continental slope/ਮਹਾਦੀਪੀਏ ਸਲੋਪ ਮਹਾਦੀਪੀਏ ਚੜਾਈ ਅਤੇ ਮਹਾਦੀਪੀਏ ਸ਼ੈਲਫ਼ ਵਿੱਚਕਾਰ ਸਥਿਤ ਮਹਾਦੀਪੀਏ ਮਾਰਜਨ ਦਾ ਔਖਾ ਝੁੱਕਿਆ ਹੋਇਆ ਖੰਡ।

contour feather/ਕੰਟੌਰ ਪੰਖ ਬਤੇਰੇ ਬਾਹਰਲੇ ਪੰਖਾਂ ਚੋਂ ਇੱਕ ਜੋ ਖੰਭੀ ਨੂੰ ਢੱਕੀ ਰੱਖਦੇ ਹਨ ਅਤੇ ਜੋ ਉਸਦੇ ਆਕਾਰ ਦਾ ਨਿਰਧਾਰਨ ਕਰਨ ਵਿੱਚ ਮਦਦ ਕਰਦੇ ਹਨ।

contour interval/ਕੰਟੌਰ ਅੰਤਰਾਲ ਉੱਚਤਾ ਵਿੱਚ, ਇੱਕ ਕੰਟੌਰ ਰੇਖਾ ਅਤੇ ਅਗਲਾ ਵਿੱਚਕਾਰਲਾ ਅੰਤਰ।

contour line/ਕੰਟੌਰ ਰੇਖਾ ਇੱਕ ਰੇਖਾ ਜੋ ਬਰਾਬਰ ਉੱਚਤਾ ਦੇ ਬਿੰਦੁਆਂ ਨੂੰ ਜੋੜਦੀ ਹੈ।

controlled experiment/ਨਿਯੰਤਰਿਤ ਪ੍ਰਯੋਗ ਇੱਕ ਪ੍ਰਯੋਗ ਜੋ ਇੱਕ ਪ੍ਰਯੋਗਿਕ ਸਮੂਹ ਦੇ ਨਾਲ ਨਿਯੰਤਰਣ ਸਮੂਹ ਦੀ ਤੁਲਨਾ ਵਰਤਦੇ ਹੋਏ ਇੱਕ ਸਮੇਂ ਤੇ ਸਿਰਫ਼ ਇੱਕ ਤੱਤ ਦੀ ਜਾਂਚ ਕਰਦਾ ਹੈ।

convection/ਸੰਨਯਨ ਘਨੱਤਵ ਵਿੱਚਕਾਰ ਅੰਤਰ ਕਰਕੇ ਪਦਾਰਥਾਂ ਦਾ ਚੱਲਣਾ; ਪਦਾਰਥਾਂ ਦੇ ਚੱਲਣ ਕਰਕੇ ਊਰਜਾ ਦਾ ਪ੍ਰਤੀਸਥਾਪਨ

convection current/ਸੰਨਯਨ ਕਰੰਟ ਘਨੱਤਵ ਵਿੱਚਕਾਰ ਅੰਤਰ ਦੇ ਸਿੱਟੇ ਵੱਜੋਂ ਪਦਾਰਥ ਦੀ ਕੋਈ ਵੀ ਹਰਕਤ; ਇਹ ਲੰਬ, ਗੋਲਾਕਾਰ, ਜਾਂ ਸਿਲੇਂਤਰਾਕਾਰ ਹੋ ਸਕਦਾ ਹੈ।

convergent boundary/ਅਭੀਬਿੰਦੂਕ ਸੀਮਾ ਦੋ ਸਥਲਮੰਡਲਿਕ ਪਲੇਟਾਂ ਦੇ ਸੰਘਟਨ ਦੁਆਰਾ ਬਣੀ ਸੀਮਾ।

convex lens/ਕਨਵੈਕਸ ਨੈੱਸ ਅਜਿਹਾ ਲੈੱਸ ਜੋ ਕਿਨਾਰਿਆਂ ਦੇ ਮੁਕਾਬਲੇ ਵਿੱਚਕਾਰਲੇ ਪਾਸੇ ਮੋਟਾ ਹੁੰਦਾ ਹੈ।

convex mirror/ਕਨਵੈਕਸ ਦਰਪਣ ਅਜਿਹਾ ਦਰਪਣ ਜੋ ਬਾਹਰਲੇ ਪਾਸੇ ਗੋਲ ਹੁੰਦਾ ਹੈ ਜਿਵੇਂ ਚਮੱਚ ਦਾ ਪਿਛਲਾ ਪਾਸਾ।

core/ਵਿੱਚਕਾਰਲਾ ਭਾਗ (ਕੋਰ) ਮੈਂਟਲ ਹੇਠਾਂ ਧਰਤੀ ਦਾ ਵਿੱਚਕਾਰਲਾ ਭਾਗ।

Coriolis effect/ਕੋਰੀਓਲਿਸ ਪ੍ਰਭਾਵ ਧਰਤੀ ਦੇ ਘੁੰਮਣ ਦੇ ਕਾਰਨ ਇੱਕ ਤੁਰਨ ਵਾਲੀ ਚੀਜ਼ ਦੇ ਆਮਤੌਰ ਤੇ ਸਿੱਧੇ ਰਸਤੇ ਤੋਂ ਘੁੰਮੇ ਰਸਤੇ ਦਾ ਆਭਾਸ।

cosmology/ਸ੍ਰੀਸ਼ਟੀ ਵਿਗਿਆਨ ਬ੍ਰਹਿਮੰਡ ਦੀ ਉਤਪੱਤੀ, ਵਿਸ਼ੇਸ਼ਤਾਵਾਂ, ਪ੍ਰਕ੍ਰਿਆਵਾਂ, ਅਤੇ ਵਿਕਾਸ ਦਾ ਅਧਿਅਨ।

covalent bond/ਸਹਸੰਯੋਜਕ ਬੰਧਕ ਜਦੋਂ ਪਰਮਾਣੂ, ਈਲੈਕਟ੍ਰਾਨ ਦੇ ਇੱਕ ਜਾਂ ਵੱਧ ਜੋੜੇ ਵੰਡਦੇ ਹਨ ਤੇ ਬਣਨ ਵਾਲਾ ਬੰਧਕ।

covalent compound/ਸਹਸੰਯੋਜਕ ਮਿਸ਼ਰਣ ਇੱਕ ਰਸਾਯਨਿਕ ਮਿਸ਼ਰਣ ਜੋ ਈਲੈਕਟ੍ਰਾਨਾਂ ਨੂੰ ਵੰਡਣ ਨਾਲ ਬਣਦਾ ਹੈ।

crater/ਕ੍ਰੇਟਰ ਕਿਸੇ ਜਵਾਲਾਮੁੱਖੀ ਦੇ ਕੇਂਦਰੀਏ ਨਿਕਾਸ ਦਾ ਉਪਰਲੇ ਭਾਗ ਦੇ ਨੇੜੇ ਇੱਕ ਚਿਮਨੀ ਆਕਾਰ ਦਾ ਛੇਦ।

creep/ਸਰਕਨਾ ਢਲਵੇਂ ਸ਼ੈਲ ਚੀਜ਼ਾਂ ਦਾ ਧੀਰੇ-ਧੀਰੇ ਥੱਲੇ ਸਰਕਨਾ।

crust/ਕ੍ਰਸਟ ਮੈਂਟਲ ਦੇ ਉੱਤੇ ਧਰਤੀ ਦੀ ਪਤਲੀ ਅਤੇ ਠੋਸ ਸਭ ਤੋਂ ਬਾਹਰਲੀ ਸਤਹ।

crystal/ਕ੍ਰਿਸਟਲ ਇੱਕ ਠੋਸ ਜਿਸਦੇ ਪਰਮਾਣੂ, ਆਯਨ, ਜਾਂ ਅਨੂ ਇੱਕ ਨਿਸਚਿਤ ਆਕ੍ਰਿਤੀ ਵਿੱਚ ਵਿਵਸਥਿਤ ਹੁੰਦੇ ਹਨ।

crystal lattice/ਕ੍ਰਿਸਟਲ ਜਾਲ ਇੱਕ ਆਮ ਆਕ੍ਰਿਤੀ ਜਿਸ ਵਿੱਚ ਕ੍ਰਿਸਟਲ ਵਿਵਸਥਿਤ ਹੁੰਦੇ ਹਨ।

cyclone/ਚੱਕਰਵਾਤ ਵਾਤਾਵਰਣ ਵਿੱਚ ਇੱਕ ਖੇਤਰ ਜਿਸ ਵਿੱਚ ਨੇੜੇ-ਤੇੜੇ ਦੇ ਖੇਤਰਾਂ ਦੇ ਮੁਕਾਬਲੇ ਘੱਟ ਦਬਾਵ ਹੁੰਦਾ ਹੈ ਅਤੇ ਜਿਸ ਵਿੱਚ ਅਜਿਹੀ ਹਵਾ ਚੱਲਦੀ ਹੈ ਜੋ ਕੇਂਦਰ ਦੇ ਪਾਸੇ ਚੱਕਰ ਮਾਰਦੀ ਹੈ।

cylindrical projection/ਸਿਲੈਂਡਰਾਕਾਰ ਪ੍ਰੋਜੇਨਾ ਇੱਕ ਨਕਸ਼ੇ ਦੀ ਪ੍ਰੋਜੇਡਜਨਾ ਜੋ ਗਲੋਬ ਦੀ ਸਮਤਲ ਵਿਸ਼ੇਸ਼ਤਾਵਾਂ ਇੱਕ ਸਿਲੈਂਡਰ ਉੱਤੇ ਲੈ ਜਾਕੇ ਬਣਾਈ ਜਾਂਦਾ ਹੈ।

cytokinesis/ਦ੍ਰਵ ਬਦਲਾਵ (ਸਾਈਟੋਕੀਨੇਸਿਸ) ਇੱਕ ਕੋਸ਼ਾਣੂ ਦੇ ਸਾਈਟੋਪਲਾਜ਼ਮ ਦਾ ਭਾਗ।

cytoskeleton/ਸਾਈਟੋਸਕੇਲੱਟਨ ਪ੍ਰੋਟੀਨ ਤੰਤੂ ਦਾ ਸਾਇਟੋਪਲਾਜ਼ਮਿਕ ਤੰਤਰ ਜੋ ਕੋਸ਼ਾਨੂ ਦੀ ਹਲਚਲ, ਆਕਾਰ ਅਤੇ ਵੰਡੇ ਜਾਣ ਵਿੱਚ ਮੂਲ ਕੰਮ ਕਰਦਾ ਹੈ।

D

data/ਡੇਟਾ ਕੋਈ ਵੀ ਸੂਚਨਾਵਾਂ, ਜੋ ਆਕਲਨ ਜਾਂ ਪ੍ਰਯੋਗਾਂ ਦੁਆਰਾ ਇਕੱਠੀ ਕੀਤੀ ਗਈ ਹਨ।

day/ਦਿਨ ਉਹ ਸਮਾਂ ਜੋ ਧਰਤੀ ਨੂੰ ਆਪਣੀ ਪੂਰੀ ਤੇ ਇੱਕ ਵਾਰ ਘੁੰਮਣ ਲਈ ਚਾਹੀਦਾ ਹੈ।

decibel/ਡੈਸੀਬਲ ਆਵਾਜ਼ ਦੀ ਤੇਜ਼ੀ ਨੂੰ ਨਾਪਣ ਲਈ ਵਰਤਣ ਜਾਣ ਵਾਲੀ ਸਭ ਤੋਂ ਆਮ ਈਕਾਈ (ਪ੍ਰਤੀਕ, dB)।

decomposer/ਵਿਬੰਧਕ ਇੱਕ ਜੀਵ ਜੋ ਮਰੇ ਜੀਵਾਂ ਜਾਂ ਜਾਨਵਰਾਂ ਦੇ ਅਵਸਾਦ ਦਾ ਭੰਜਕ ਕਰਕੇ ਅਤੇ ਪੋਸ਼ਕ ਤੱਤਾਂ ਦਾ ਉਪਭੋਗ ਜਾਂ ਅਵਸ਼ੋਸ਼ੀ ਨਾਲ ਊਰਜਾ ਪ੍ਰਾਪਤ ਕਰਦਾ ਹੈ।

decomposition/ਵਿਸਲੇਸ਼ਨ ਪਦਾਰਥਾਂ ਦਾ ਸਾਧਾਰਨ ਅਣੂਕ ਪਦਾਰਥਾਂ ਵਿੱਚ ਟੁੱਟਣਾ।

decomposition reaction/ਵਿਸਲੇਸ਼ਨ ਪ੍ਰਤੀਕ੍ਰਿਆ ਇੱਕ ਪ੍ਰਤੀਕ੍ਰਿਆ ਜਿਸ ਵਿੱਚ ਇੱਕ ਏਕਲ ਸੰਯੋਜਨ ਦੋ ਜਾਂ ਵੱਧ ਸਾਧਾਰਨ ਪਦਾਰਥ ਬਣਾਉਣ ਲਈ ਟੁੱਟਦਾ ਹੈ।

deep current/ਗਹਿਰਾ ਕਰੰਟ ਮਹਾਸਾਗਰ ਦੇ ਪਾਣੀ ਦੀ ਤਲ ਤੋਂ ਬਹੁਤ ਥੱਲੇ ਇੱਕ ਸਟੀਮ ਜਿਹੀ ਹਲਚਲ।

deep-water zone/ਗਹਿਰੇ ਪਾਣੀ ਦਾ ਖੇਤਰ ਖੁੱਲ੍ਹੇ ਪਾਣੀ ਦੇ ਖੇਤਰ ਹੇਠਾਂ ਇੱਕ ਸਰੋਵਰ ਜਾਂ ਤਾਲ ਦਾ ਖੇਤਰ, ਜਿੱਥੇ ਕੋਈ ਵੀ ਰੋਸ਼ਨੀ ਨਹੀ ਪਹੁੰਚਦੀ।

deflation/ਡੀਫਲੇਸ਼ਨ ਹਵਾ ਦੇ ਫਟਾਵ ਦਾ ਇੱਕ ਪ੍ਰਕਾਰ ਜਿਸ ਵਿੱਚ ਛੋਟੇ, ਸੁੱਕੇ ਧੂਲ ਦੇ ਕਣ ਉੱਡ ਜਾਂਦੇ ਹਨ।

deformation/ਵਿਰੂਪਣ ਧਰਤੀ ਦੇ ਪਟਲ ਦਾ ਝੁੱਕਣਾ, ਟੇਢਾ ਹੋਣਾ ਅਤੇ ਟੁੱਟਣਾ; ਦਬਾਵ ਦੇ ਕਾਰਣ ਸ਼ੈਲ ਦੇ ਆਕਾਰ ਵਿੱਚ ਬਦਲਾਵ।

delta/ਡੈਲਟਾ ਇੱਕ ਧਾਰਾ ਦੇ ਮੁੱਖ ਦੇ ਇਕੱਠੀ ਹੋਈ ਚੀਜ਼ਾਂ ਦਾ ਪੱਖੇ ਦੇ ਆਕਾਰ ਵਿੱਚ ਢੇਰ।

density/ਘਨਤੱਵ ਇੱਕ ਪਦਾਰਥ ਦੀ ਮਾਤ੍ਰਾ ਦਾ ਉਸ ਪਦਾਰਥ ਦੇ ਪਰੀਮਾਣ ਨਾਲ ਅਨੁਪਾਤ।

dependent variable/ਨਿਰਭਰ ਪਰੀਵਰਤਿਤ ਇੱਕ ਪ੍ਰਯੋਗ ਵਿੱਚ, ਕੋਈ ਤੱਤ ਜੋ ਇੱਕ ਜਾਂ ਵੱਧ ਦੂਜੇ ਤੱਤਾਂ (ਆਜ਼ਾਦ ਪਰੀਵਿਤਤ) ਦੇ ਕੰਮ ਵਿੱਚ ਆਉਣ ਕਾਰਨ ਬਦਲ ਜਾਂਦਾ ਹੈ।

deposition/ਨਿਕਸ਼ੇਪਣ ਅਜਿਹੀ ਪ੍ਰਕ੍ਰਿਆ ਜਿਸ ਵਿੱਚ ਚੀਜ਼ਾਂ ਨਿਰਧਾਰਿਤ ਹੁੰਦੀ ਹਨ।

dermis/ਡਰਮਿਸ ਐਪੀਡਰਮਿਸ ਹੇਠਾਂ ਤਵੱਚਾ ਦੀ ਸਤਹ।

desalination/ਡੀਸੈਲੀਨੇਸ਼ਨ ਮਹਾਸਾਗਰ ਦੇ ਪਾਣੀ ਚੋਂ ਨਮਕ ਹਟਾਉਣ ਦੀ ਪ੍ਰਕ੍ਰਿਆ।

desert/ਰੇਗਿਸਥਾਨ ਅਜਿਹਾ ਖੇਤਰ ਜਿਥੇ ਪੌਧਿਆਂ ਦੀ ਜ਼ਿੰਦਗੀ ਥੋੜੀ ਜਾਂ ਬਿਲਕੁਲ ਨਹੀ ਹੁੰਦੀ, ਬਿਨਾ ਮੀਂਹ ਦੀ ਲੰਬੀ ਅਵੱਧੀਆਂ ਅਤੇ ਬਹੁਤ ਵੱਧ ਤਾਪਮਾਨ ਹੁੰਦਾ ਹੈ; ਆਮਤੌਰ ਤੇ ਗਰਮ ਆਬੋਹਵਾਂ ਵਿੱਚ ਪਾਏ ਜਾਂਦੇ ਹਨ।

dew point/ਓਸ ਬਿੰਦੂ ਸਥਿਰ ਦਬਾਵ ਅਤੇ ਪਾਣੀ ਦੇ ਭਾਪਤੱਤ ਤੇ, ਤਾਪਮਾਨ ਜਿਸ ਤੇ ਸੰਘਨਨ ਦਾ ਦਰ, ਵਾਸ਼ਪੀਕਰਣ ਦੇ ਦਰ ਦੇ ਬਰਾਬਰ ਹੁੰਦਾ ਹੈ।

diaphragm/ਡਾਇਫ੍ਰਾਮ ਇੱਕ ਡੋਮ-ਆਕਾਰ ਦੀ ਮਾਂਸਪੇਸ਼ੀ ਜੋ ਥੱਲੇ ਵਾਲੀ ਪਸਲੀਆਂ ਨਾਲ ਜੁੜੀ ਹੁੰਦੀ ਹਨ ਅਤੇ ਜੋ ਸਾਂ ਲੈਣ ਵਿੱਚ ਮੁੱਖ ਮਾਂਸਪੇਸ਼ੀ ਦੇ ਤੌਰ ਤੇ ਕੰਮ ਕਰਦੀ ਹੈ।

dichotomous key/ਯੁਗਮਭੁੱਜੀ ਕੁੰਜੀ ਇੱਕ ਸਹਯੋਗ ਜੋ ਜੀਵਾਂ ਨੂੰ ਪਹਿਚਾਨਣ ਲਈ ਵਰਤਿਆਂ ਜਾਂਦਾ ਹੈ ਅਤੇ ਜਿਸ ਵਿੱਚ ਪ੍ਰਸ਼ਨਾਂ ਦੀ ਇੱਕ ਲੜੀ ਦੇ ਉੱਤਰ ਹੁੰਦੇ ਹਨ।

differential weathering/ਵਿਸ਼ੇਸ਼ਕ ਫੀਜਨ ਇੱਕ ਪ੍ਰਕਿਆ ਜਿਸ ਨਾਲ ਨਰਮ, ਘੱਟ-ਮੌਸਮ ਰੋਧਕ ਸ਼ੈਲ ਘਿੱਸਦੇ ਹਨ ਅਤੇ ਵੱਧ ਮੌਸਮ ਰੋਧਕ ਸ਼ੈਲਾਂ ਦੇ ਪਿੱਛੇ, ਕੜੇ ਛੱਡ ਦਿੱਤੇ ਜਾਂਦੇ ਹਨ।

differentiation/ਵਿਭੇਦੀਕਰਨ ਇੱਕ ਪ੍ਰਕਿਆ ਜਿਸ ਵਿੱਚ ਇੱਕ ਜੀਵ ਦੇ ਭਾਗਾਂ ਦਾ ਢਾਂਚਾ ਅਤੇ ਕੰਮ, ਉਹਨਾਂ ਭਾਗਾਂ ਦੀ ਵਿਸ਼ੇਸ਼ਤਾਵਾਂ ਨੂੰ ਸਕ੍ਰੀਏ ਕਰਨ ਲਈ ਬਦਲ ਜਾਂਦੇ ਹਨ।

diffraction/ਡ੍ਰਿਫ੍ਰੈਕਸ਼ਨ ਕਿਸੇ ਲਹਿਰ ਦੀ ਦਿਸ਼ਾ ਵਿੱਚ ਇੱਕ ਬਦਲਾਵ, ਜਦੋਂ ਲਹਿਰ ਨੂੰ ਕੋਈ ਰੁਕਾਵਟ ਜਾਂ ਕੋਈ ਕਿਨਾਰਾ ਮਿਲਦਾ ਹੈ, ਜਿਵੇਂ ਕਿ ਇੱਕ ਖੁੱਲ੍ਹਾ।

diffusion/ਵਿਸਰਣ ਕਣਾਂ ਦਾ, ਉੱਚ ਘਨਤੱਵ ਵਾਲੇ ਖੇਤਰਾਂ ਤੋਂ ਘੱਟ ਘਨੱਤਵ ਵਾਲੇ ਖੇਤਰਾਂ ਵਿੱਚ ਜਾਣਾ।

digestive system/ਪਾਚਨ ਤੰਤਰ ਅੰਗ ਜੋ ਭੋਜਨ ਨੂੰ ਛੋਟੇ ਰੂਪ ਵਿੱਚ ਤੋੜਦੇ ਹਨ ਤਾਂ ਜੋ ਉਹ ਸਰੀਰ ਦੁਆਰਾ ਵਰਤਿਆ ਜਾ ਸਕੇ।

digital signal/ਡਿਜ਼ੀਟਲ ਸੰਕੇਤ ਇੱਕ ਸੰਕੇਤ ਜੋ ਭਿੰਨ ਵੈਲਿਊਆਂ ਦੇ ਕ੍ਰਮ ਦੇ ਤੌਰ ਦੇ ਨਿਰੂਪਿਤ ਕੀਤਾ ਜਾ ਸਕਦਾ ਹੈ।

diode/ਡਾਇਓਡ ਇੱਕ ਬਿਜਲੀ-ਸੰਬੰਧੀ ਉਪਕਰਣ ਜੋ ਬਿਜਲੀ ਦੇ ਕਰੰਟ ਨੂੰ ਇੱਕ ਦਿਸ਼ਾ ਵਿੱਚ ਦੂਜੀ ਦੇ ਮੁਕਾਬਲੇ ਵੱਧ ਆਸਾਨੀ ਨਾਲ ਜਾਣ ਦੀ ਆਗਿਆ ਦਿੰਦਾ ਹੈ।

divergent boundary/ਅਪਸਾਰੀ ਸੀਮਾ ਦੋ ਟੈਕਟੋਨਿਕ ਪਲੇਟਾਂ, ਜੋ ਇੱਕ ਦੂਜੇ ਤੋਂ ਦੂਰ ਜਾਂਦੀ ਜਾ ਰਹੀ ਹਨ, ਵਿਚਕਾਰਲੀ ਸੀਮਾ।

divide/ਭਾਗ (ਡ੍ਰੀਵਾਈਡ) ਨਿਕਾਸੀ ਖੇਤਰਾਂ ਵਿੱਚਕਾਰਲੀ ਸੀਮਾ ਜਿਸ ਵਿੱਚ ਵਿਪਰੀਤ ਦਿਸ਼ਾਵਾਂ ਵਿੱਚ ਵਗਣ ਵਾਲੀ ਧਾਰਾਵਾਂ ਹੁੰਦੀ ਹਨ।

DNA/ਡੀਐਨਏ ਡੀਆਕਸੀਰੀਬੋਨਯੂਕਲੀਕ ਤੇਜ਼ਾਬ, ਇੱਕ ਅਣੂ ਜੋ ਸਾਰੇ ਸਜੀਵ ਕੋਸ਼ਾਣੂਆਂ ਵਿੱਚ ਹੁੰਦਾ ਹੈ ਅਤੇ ਜਿਸ ਵਿੱਚ ਇਹ ਜਾਣਕਾਰੀ ਹੁੰਦੀ ਹੈ ਜੋ ਇਸ ਪ੍ਰਵਤੀ ਦਾ ਨਿਰਧਾਰਨ ਕਰਦੀ ਹੈ ਕਿ ਜੀਵਿਤ ਚੀਜ਼ ਪੈਤ੍ਰਿਕ ਹੈ ਅਤੇ ਉਸਨੂੰ ਜੀਨ ਦੀ ਲੋੜ ਹੈ।

dominant trait/ਪ੍ਰਮੁੱਖ ਪ੍ਰਵੱਤੀ ਪਹਿਲੀ ਪੀੜੀ ਵਿੱਚ ਵੇਖੀ ਗਈ ਪ੍ਰਵੱਤੀ ਜਦੋਂ ਜਨਕਾਂ ਵਿੱਚ ਵੱਖ ਵੱਖ ਪ੍ਰਵੱਤੀ ਪੱਲਦੀ ਸਨ।

doping/ਡੋਪਿੰਗ ਇੱਕ ਅਰਧਪ੍ਰਵਾਹਕ ਵਿੱਚ ਇੱਕ ਅਸ਼ੁੱਧ ਤੱਤ ਜੋੜਨਾ।

Doppler effect/ਨਸ਼ੇ ਦਾ ਪ੍ਰਭਾਵ ਇੱਕ ਲਹਰ ਦੀ ਆਵ੍ਰਿਤੀ ਵਿੱਚ ਇੱਕ ਬਦਲਾਵ ਵੇਖਿਆ ਗਿਆ ਜਦੋਂ ਸ੍ਰੋਤ ਜਾਂ ਵੇਖਣ ਵਾਲਾ ਹਿੱਲਦਾ ਹੈ।

dormant/ਸ਼ਿਥਿਲ ਇੱਕ ਬੀਜ ਜਾਂ ਪੌਧੇ ਦੇ ਦੂਜੇ ਭਾਗ ਦੀ ਅਸਕ੍ਰੀਏ ਅਵਸਥਾ ਦਾ ਵਰਣ ਕਰਦਾ ਹੈ ਜਦੋਂ ਪਰੀਸਥਿਤੀਆਂ ਵੱਧਣ ਦੇ ਅਨੁਕੂਲ ਨਹੀ ਹੁੰਦੀ।

double-displacement reaction/ਦੋਹਰੀ-ਪ੍ਰਸਥਾਪਨ ਪ੍ਰਤੀਕ੍ਰਿਆ ਇੱਕ ਪ੍ਰਤੀਕ੍ਰਿਆ ਜਿਸ ਵਿੱਚ ਦੋ ਮਿਸ਼ਰਣਾਂ ਵਿੱਚਕਾਰ ਆਯਨਜ਼ ਦੀ ਅਦਲਾ-ਬਦਲੀ ਨਾਲ ਇੱਕ ਗੈਸ, ਇੱਕ ਠੋਸ ਅਵਕਸ਼ੇਪ, ਜਾਂ ਇੱਕ ਅਣੂ ਮਿਸ਼ਰਣ ਬਣਦਾ ਹੈ।

down feather/ਥੱਲੇ ਵਾਲਾ ਪੰਖ ਇੱਕ ਨਰਮ ਜਿਹਾ ਪੰਖ ਜੋ ਛੋਟੇ ਪੰਛੀਆਂ ਦੇ ਸਰੀਰ ਨੂੰ ਢੱਕਦਾ ਹੈ ਅਤੇ ਵੱਡੇ ਪੰਛੀਆਂ ਨੂੰ ਇਨਸੁਲੇਸ਼ਨ ਪ੍ਰਦਾਨ ਕਰਦਾ ਹੈ।

drag/ਡ੍ਰੈਗ ਬਹਾਵ ਦੀ ਰਫ਼ਤਾਰ ਦੇ ਸਮਾਂਤਰ ਇੱਕ ਬਲ; ਇਹ ਇੱਕ ਏਅਰਕ੍ਰਾਫ਼ਟ ਦੀ ਦਿਸ਼ਾ ਦਾ ਵਿਰੋਧ ਕਰਦਾ ਹੈ ਅਤੇ, ਉੱਤਕ੍ਰਮ ਦੇ ਨਾਲ ਸੰਜੋਜਨ ਵਿੱਚ, ਏਅਰਕ੍ਰਾਫ਼ਟ ਦੀ ਰਫ਼ਤਾਰ ਦਾ ਨਿਰਧਾਰਨ ਕਰਦਾ ਹੈ।

drug/ਨਸ਼ਾ ਕੋਈ ਵੀ ਪਦਾਰਥ ਜਿਸ ਕਾਰਨ ਕਿਸੇ ਬੰਦੇ ਦੀ ਸ਼ਾਰੀਰਿਕ ਅਵਸਥਾ ਵਿੱਚ ਬਦਲਾਵ ਆਉਂਦਾ ਹੈ।

dune/ਰੇਤ ਦਾ ਟੀਲਾ ਹਵਾ ਨਾਲ ਇੱਕਠੀ ਹੋਈ ਮਿੱਟੀ ਦਾ ਟੀਲਾ ਜੋ ਚੱਲਣ ਤੇ ਵੀ ਆਪਣਾ ਆਕਾਰ ਬਰਕਰਾਰ ਰੱਖਦਾ ਹੈ।

E

echo/ਗੂੰਜ (ਈਕੋ) ਇੱਕ ਪਰਾਵਰਤਿਤ ਆਵਾਜ਼ ਤਰੰਗ।

echolocation/ਗੂੰਜ ਦੀ ਥਾਂ (ਈਕੋਲੋਕੇਸ਼ਨ) ਚੀਜ਼ਾਂ ਲੱਭਣ ਲਈ ਪਰਾਵਰਤਿਤ ਆਵਾਜ਼ ਤਰੰਗਾਂ ਵਰਤਣ ਦੀ ਪ੍ਰਕ੍ਰਿਆ; ਜਾਨਵਰਾਂ ਜਿਵੇਂ ਚਮਕਾਦੜਾਂ ਦੁਆਰਾ ਵਰਤੀ ਜਾਂਦੀ ਹੈ।

eclipse/ਗ੍ਰਿਹਣ ਇੱਕ ਘਟਨਾ ਜਿਸ ਵਿੱਚ ਇੱਕ ਖਗੋਲੀਏ ਪਿੰਡ ਦੀ ਪਰਛਾਈ ਦੂਜੇ ਉੱਤੇ ਪੈਂਦੀ ਹੈ।

ecology/ਪਰੀਸਥਿਤੀ ਵਿਗਿਆਨ ਜੀਵਿਤ ਜੀਵਾਂ ਦੇ, ਇੱਕ ਦੂਜੇ ਉੱਤੇ ਅਤੇ ਉਹਨਾਂ ਦੇ ਵਾਤਾਵਰਨ ਨਾਲ ਪੈਣ ਵਾਲੇ ਪ੍ਰਭਾਵਾਂ ਦਾ ਅਧਿਆਨ।

ecosystem/ਈਕੋਪ੍ਰਨਾਲੀ ਜੀਵਾ ਅਤੇ ਉਹਨਾਂ ਦਾ ਅਜੈਵ, ਜਾਂ ਅਜੀਵਿਤ, ਵਾਤਾਵਰਨ ਦਾ ਸਮੁਦਾਏ।

ectotherm/ਏਕਟੋਥਰਮ ਇੱਕ ਜੀਵ ਜਿਸਨੂੰ ਆਪਣੇ ਤੋਂ ਬਾਹਰ ਤੋਂ ਗਰਮੀ ਦੇ ਸ੍ਰੋਤਾਂ ਦੀ ਲੋੜ ਹੁੰਦੀ ਹੈ।

egg/ਅੰਡਾ ਮਾਦਾ ਦੁਆਰਾ ਉੱਤਪਾਦਿਤ ਇੱਕ ਸੰਭੋਗ ਕੋਸ਼ਾਣੂ।

El Niño/ਐਲ ਨੀਨੋ ਪੈਸਿਫ਼ਿਕ ਮਹਾਸਾਗਰ ਵਿੱਚ ਪਾਣੀ ਦੇ ਤਲ ਦੇ ਤਾਪਮਾਨ ਵਿੱਚ ਬਦਲਾਵ ਜੋ ਇੱਕ ਗਰਮ ਕਰੰਟ ਬਣਾਉਂਦਾ ਹੈ।

elastic rebound/ਲਚਕਦਾਰ ਪ੍ਰਤੀਧਵੱਨਿਤ ਲਚੀਲੇ ਵਿਕ੍ਰਿਤ ਸ਼ੈਲ ਦੀ ਆਪਣੇ ਅਵਿਕ੍ਰਿਤ ਆਕਾਰ ਵਿੱਚ ਅਚਾਨਕ ਵਾਪਸੀ।

electric current/ਵਿਦ੍ਯੁੱਤ (ਬਿਜਲੀ) ਕਰੰਟ ਉਹ ਦਰ ਜਿਸ ਤੇ ਇੱਕ ਦਿੱਤੇ ਬਿੰਦੂ ਤੋਂ ਕਰੰਟ ਨਿਕਲਦਾ ਹੈ; ਐਮਪੇਜਰਜ਼ ਵਿੱਚ ਨਾਪਿਆ ਜਾਂਦਾ ਹੈ।

electric discharge/ਵਿਦ੍ਯੁੱਤ ਦਾ ਵਿਸਰਜਨ ਇੱਕ ਸ੍ਰੋਤ ਵਿੱਚ ਸੰਗ੍ਰਹਿਤ ਬਿਜਲੀ ਦਾ ਵਿਮੋਚਨ।

electric field/ਵਿਦ੍ਯੁੱਤ ਦਾ ਖੇਤਰ ਇੱਕ ਆਵੇਸ਼ਿਤ ਚੀਜ਼ ਦੇ ਆਲੇ-ਦੁਆਲੇ ਦੀ ਥਾਂ ਜਿਸ ਵਿੱਚ ਦੂਜੀ ਆਵੇਸ਼ਿਤ ਚੀਜ਼ਾਂ ਵਿਦ੍ਯੁੱਤ ਬਲ ਅਨੁਭਵ ਕਰਦੀ ਹਨ।

electric force/ਵਿਦ੍ਯੁੱਤ ਬਲ ਇੱਕ ਆਵੇਸ਼ਿਤ ਕਣ ਉੱਤੇ ਖਿੱਚਣ ਜਾਂ ਧਕੇਲਣ ਦਾ ਬਲ ਜੋ ਇੱਕ ਵਿਦ੍ਯੁੱਤ ਖੇਤਰ ਕਾਰਨ ਹੁੰਦਾ ਹੈ।

electric generator/ਵਿਦ੍ਯੁੱਤ ਜਨਰੇਟਰ ਇੱਕ ਉਪਕਰਨ ਜੋ ਮਸ਼ੀਨੀ ਊਰਜਾ ਨੂੰ ਵਿਦ੍ਯੁੱਤੀਏ ਊਰਜਾ ਵਿੱਚ ਬਦਲਦਾ ਹੈ।

electric motor/ਵਿਦ੍ਯੁੱਤ ਮੋਟਰ ਇੱਕ ਉਪਕਰਨ ਜੋ ਵਿਦ੍ਯੁੱਤੀਏ ਊਰਜਾ ਨੂੰ ਮਸ਼ੀਨੀ ਊਰਜਾ ਵਿੱਚ ਬਦਲਦਾ ਹੈ।

electric power/ਵਿਦ੍ਯੁੱਤ ਸਮਤਾ ਉਹ ਦਰ ਜਿਸ ਉੱਤੇ ਵਿਦ੍ਯੁੱਤੀਏ ਊਰਜਾ, ਊਰਜਾ ਦੇ ਦੂਜੇ ਪ੍ਰਕਾਰਾਂ ਵਿੱਚ ਬਦਲਦੀ ਹੈ।

electrical conductor/ਵਿਦ੍ਯੁੱਤੀਏ ਚਾਲਕ ਇੱਕ ਚੀਜ਼ ਜਿਸ ਵਿੱਚ ਕਰੰਟ ਆਰਾਮ ਨਾਲ ਤੁਰ ਸਕਦਾ ਹੈ।

electrical insulator/ਵਿਦ੍ਯੁੱਤ ਰੋਧੀ ਇੱਕ ਚੀਜ਼ ਜਿਸ ਵਿੱਚ ਕਰੰਟ ਆਰਾਮ ਨਾਲ ਨਹੀ ਤੁਰ ਸਕਦਾ।

electromagnet/ਵਿਦ੍ਯੁੱਤਚੁਮਬਕ ਇੱਕ ਕੁੰਡਲ ਜਿਸ ਵਿੱਚ ਇੱਕ ਨਰਮ ਲੋਹੇ ਦਾ ਕੋਰ ਹੁੰਦਾ ਹੈ ਅਤੇ ਜੋ ਇੱਕ ਚੁਮਬਕ ਦੀ ਤਰ੍ਹਾਂ ਕੰਮ ਕਰਦਾ ਹੈ ਜਦੋਂ ਕੁੰਡਲ ਵਿੱਚ ਵਿਦ੍ਯੁੱਤ ਕਰੰਟ ਹੁੰਦਾ ਹੈ।

electromagnetic induction/ਵਿਦ੍ਯੁੱਤ-ਚੁਮਬਕੀਏ ਪ੍ਰੇਰਣ ਚੁਮਬਕੀਏ ਖੇਤਰ ਬਦਲਕੇ ਸਰਕਿਟ ਵਿੱਚ ਕਰੰਟ ਬਣਾਉਣ ਦੀ ਪ੍ਰਕ੍ਰਿਆ।

electromagnetic spectrum/ਵਿਦ੍ਯੁੱਤ-ਚੁਮਬਕੀਏ ਵਰਣਕ੍ਰਮ ਵਿਦ੍ਯੁੱਤ-ਚੁਮਬਕੀਏ ਵਿਕਿਰਨ ਦੀ ਸਾਰੀ ਆਵ੍ਰਿਤੀਆਂ ਜਾਂ ਤਰੰਗਲੰਬਾਈਆਂ।

electromagnetic wave/ਵਿਦ੍ਯੁੱਤ-ਚੁਮਬਕੀਏ ਤਰੰਗ ਇੱਕ ਤਰੰਗ ਜਿਸ ਵਿੱਚ ਵਿਦ੍ਯੁੱਤ ਅਤੇ ਚੁਮਬਕ ਖੇਤਰ ਹੁੰਦਾ ਹੈ ਜੋ ਇੱਕ ਦੂਜੇ ਤੋਂ ਸਮਕੋਣਾਂ ਵਿੱਚ ਹਿਲਦਾ ਹੈ।

electromagnetism/ਵਿਦ੍ਯੁੱਤ-ਚੁਮਬਕਤੱਵ ਬਿਜਲੀ ਅਤੇ ਚੁਮਬਕਤੱਵ ਵਿੱਚਕਾਰ ਪਾਰਸਪਰਿਕ ਕ੍ਰਿਆ।

electron/ਇਲੈਕਟ੍ਰੌਨ ਇੱਕ ਉਪ-ਪਰਮਾਣੂ ਕਣ ਜਿਸ ਵਿੱਚ ਰਿਣਤਮੱਕ ਕਰੰਟ ਹੁੰਦਾ ਹੈ।

electron cloud/ਇਲੈਕਟ੍ਰੌਨ ਬੱਦਲ ਕਿਸੇ ਪਰਮਾਣੂ ਦੇ ਕੇਂਦਰ ਦੇ ਆਲੇ-ਦੁਆਲੇ ਦਾ ਇੱਕ ਖੇਤਰ ਜਿੱਥੇ ਆਮਤੌਰ ਤੇ ਇਲੈਕਟ੍ਰੌਨ ਪਾਏ ਜਾਂਦੇ ਹਨ।

electron microscope/ਇਲੈਕਟ੍ਰੌਨ ਮਾਈਕ੍ਰੋਸਕੋਪ ਇੱਕ ਮਾਈਕ੍ਰੋਸਕੋਪ ਜੋ ਚੀਜ਼ਾਂ ਨੂੰ ਵੱਡਾ ਕਰਨ ਲਈ ਇਲੈਕਟ੍ਰੌਨਾਂ ਦੀ ਇੱਕ ਕਿਰਨਾਂ ਪਾਉਂਦਾ ਹੈ।

element/ਤੱਤ ਇੱਕ ਪਦਾਰਥ ਜੋ ਰਸਾਜਨਿਕ ਉਪਕਰਣਾਂ ਦੁਆਰਾ ਛੋਟੇ ਪਦਾਰਥਾਂ ਵਿੱਚ ਵੱਖ ਜਾਂ ਤੋੜਿਆਂ ਨਹੀ ਜਾ ਸਕਦਾ।

elevation/ਉੱਚਤਾ (ਐਲੀਵੇਸ਼ਨ) ਸਮੁੰਦਰ ਦੇ ਸਤੱਰ ਦੇ ਉੱਤੇ ਕਿਸੇ ਚੀਜ਼ ਦੀ ਉੱਚਾਈ।

embryo/ਭ੍ਰੂਣ ਮਨੁੱਖਾਂ ਵਿੱਚ, ਗਰਭਧਾਰਨ ਕਰਨ ਤੋਂ ਗਰਭ ਦੇ 10ਵੇਂ ਹਫ਼ਤੇ ਤੱਕ ਦਾ ਵਿਕਾਸਸ਼ੀਲ ਏਕਲ

endocrine system/ਐਂਡੋਕ੍ਰਾਈਨ ਪ੍ਰਣਾਲੀ ਗ੍ਰੰਥੀਆਂ ਅਤੇ ਕੋਸ਼ਾਣੂਆਂ ਦੇ ਸਮੂਹਾਂ ਦਾ ਸੰਗ੍ਰਹਣ ਜੋ ਹਾਰਮੋਨ ਲੁਕਾ ਕੇ ਰੱਖਦਾ ਹੈ ਜੋ ਵੱਧਣ, ਵਿਕਾਸ ਅਤੇ ਸਮਸਥਿਤੀ ਦੀ ਵਿਵਸਥਾ ਕਰਨਾ; ਇਸ ਵਿੱਚ ਪਿਟਿਊਟਰੀ, ਥਾਇਰੌਜਡ, ਪੈਰਾਥਾਇਰੌਜਡ, ਅਤੇ ਗੁਰਦੇ ਦੀ ਗ੍ਰੰਥੀਆਂ, ਹਾਇਪੋਥੈਲੇਮਸ, ਪੀਨਿਜਲ ਸ਼ਰੀਰ, ਅਤੇ ਜਨਨ ਗ੍ਰੰਥੀਆਂ ਸ਼ਾਮਿਲ ਹੁੰਦੀ ਹਨ।

endocytosis/ਐਂਡੋਸਾਈਟੋਸਿਸ ਅਜਿਹੀ ਪ੍ਰਕਿਆ ਜਿਸ ਨਾਲ ਕੋਸ਼ਾਣੂ ਝਿੱਲੀ ਇੱਕ ਕਣ ਨੂੰ ਘੇਰਦੀ ਹੈ ਅਤੇ ਕਣ ਨੂੰ ਕੋਸ਼ਾਣੂ ਵਿੱਚ ਲਿਆਉਣ ਲਈ ਕਣ ਨੂੰ ਸਫੋਟਿਕਾ ਵਿੱਚ ਬੰਦ ਕਰ ਦਿੰਦੀ ਹੈ।

endoplasmic reticulum/ਅੰਤਦ੍ਰਵਿਕ ਉਪਬੰਧਨੀ ਝਿੱਲੀਆਂ ਦਾ ਇੱਕ ਤੰਤਰ ਜੋ ਕੋਸ਼ਾਣੂ ਦੇ ਸਾਈਟੋਪਲਾਜ਼ਮ ਵਿੱਚ ਪਾਇਆ ਜਾਂਦਾ ਹੈ ਅਤੇ ਜੋ ਉਤਪਾਦਨ, ਪ੍ਰਕਿਆਵਾਂ, ਅਤੇ ਪ੍ਰੋਟੀਨਾਂ ਦੇ ਪਰੀਵਹਨ ਅਤੇ ਲਿਪਿਡਾਂ ਦੇ ਉਤਪਾਦਨ ਵਿੱਚ ਮਦਦ ਕਰਦਾ ਹੈ।

endoskeleton/ਅਸਥੀ ਪੰਜਰ ਹੱਡੀਆਂ ਅਤੇ ਉਪਾਸਥੀਆਂ ਨਾਲ ਬਣਿਆ ਇੱਕ ਅੰਦਰਲਾ ਢਾਂਚਾ।

endospore/ਅੰਤ:ਬੀਜਾਣੂ ਇੱਕ ਮੋਟੀ ਕੰਧ ਵਾਲਾ ਰੱਖਿਅਕ ਬੀਜਾਣੂ ਜੋ ਇੱਕ ਬੈਕਟੀਰੀਜਲ ਕੋਸ਼ਾਣੂ ਵਿੱਚਕਾਰ ਬਣਦਾ ਹੈ ਅਤੇ ਸਖਤ ਪਰੀਸਥਿਤੀਆਂ ਨੂੰ ਰੋਕਦਾ ਹੈ।

endotherm/ਉਸ਼ਮਾਸ਼ੋਸ਼ਣ ਕੋਈ ਜਾਨਵਰ ਜੋ ਸ਼ਰੀਰ ਦੇ ਤਾਪ ਨੂੰ ਸਥਿਰ ਰੱਖਣ ਲਈ, ਸ਼ਾਰੀਰਿਕ ਕੋਸ਼ਾਣੂਆਂ ਵਿੱਚ ਹੋਣ ਵਾਲੀ ਰਸਾਜਨਿਕ ਪ੍ਰਤੀਕ੍ਰਿਆਵਾਂ ਤੋਂ ਸ਼ਾਰੀਰਿਕ ਤਾਪ ਵਰਤ ਸਕਦਾ ਹੈ।

endothermic reaction/ਉਸ਼ਮਾਸ਼ੋਸ਼ਕ ਪ੍ਰਤੀਕਿਆ ਇੱਕ ਰਸਾਜਨਿਕ ਪ੍ਰਤੀਕਿਆ ਜਿਨੂੰ ਤਾਪ ਦੀ ਲੋੜ ਹੁੰਦੀ ਹੈ।

energy/ਉਰਜਾ ਕੰਮ ਕਰਨ ਦੀ ਸਮਤਾ।

energy conversion/ਉਰਜਾ ਬਦਲਾਵ ਉਰਜਾ ਦਾ ਇੱਕ ਪ੍ਰਕਾਰ ਚੋਂ ਦੂਜੇ ਪ੍ਰਕਾਰ ਵਿੱਚ ਬਦਲਣਾ।

energy pyramid/ਉਰਜਾ ਪਿਰਾਮਿਡ ਇੱਕ ਤ੍ਰਿਭੁਜਾਕਾਰ ਆਰੇਖ ਜੋ ਈਕੋਪੁਨਾਲੀ ਦੀ ਉਰਜਾ ਦਾ ਨੁਕਸਾਨ ਦਰਸ਼ਾਉਂਦਾ ਹੈ, ਜਿਸਦਾ ਨਤੀਜਾ ਇਹ ਹੁੰਦਾ ਹੈ ਕਿ ਉਰਜਾ ਈਕੋਪੁਨਾਲੀ ਦੀ ਭੋਜਨ ਕ੍ਰਮ ਚੋਂ ਨਿਕਲ ਜਾਂਦੀ ਹੈ।

energy resource/ਉਰਜਾ ਸੰਸਾਧਨ ਇੱਕ ਕੁਦਰਤੀ ਸੰਸਾਧਨ ਜੋ ਉਰਜਾ ਬਣਾਉਣ ਲਈ ਮਨੁੱਖ ਵਰਤਦੇ ਹਨ

eon/ਈਜਨ ਭੌਮਿਕੀ ਸਮੇਂ ਦਾ ਸਭ ਤੋਂ ਵੱਡਾ ਭਾਗ।

epicenter/ਅਧੀਕੇਂਦਰ (ਐਪੀਸੇਂਟਰ) ਭੁਕੰਬ ਦੇ ਸ਼ੁਰੂਆਤੀ ਬਿੰਦੂ, ਜਾਂ ਫੋਕਸ ਦੇ ਸਿੱਧਾ ਉੱਤੇ ਧਰਤੀ ਦੇ ਤਲ ਤੇ ਬਿੰਦੂ।

epidermis/ਐਪੀਡਰਮਿਸ ਪੌਧਿਆਂ ਜਾਂ ਜਾਨਵਰਾਂ ਉੱਤੇ ਕੋਸ਼ਾਣੂਆਂ ਦੀ ਬਾਹਰੀ ਸਤਹ।

epoch/ਜੁਗਾਂਤਰ (ਈਪੌਕ) ਇੱਕ ਭੌਮਿਕੀ ਅਵੱਧੀ ਦਾ ਉਪਭਾਗ।

equator/ਭੁ-ਮੱਧ ਰੇਖਾ ਉਹਨਾਂ ਪੋਲਾਂ ਵਿੱਚਕਾਰ, ਜੋ ਧਰਤੀ ਨੂੰ ਉੱਤਰੀ ਅਤੇ ਦਖਿਣੀ ਅਰੱਧਗੋਲੇ ਵਿੱਚ ਵੰਡਦੇ ਹਨ, ਕਲਪਿਤ ਵ੍ਰਿਤ ਦਾ ਮੱਧ।

era/ਜੁਗ (ਸਨ) ਭੌਮਿਕੀ ਸਮੇਂ ਦੀ ਇੱਕ ਈਕਾਈ ਜਿਸ ਵਿੱਚ ਦੋ ਜਾਂ ਵੱਧ ਅਵੱਧੀਆਂ ਸ਼ਾਮਿਲ ਹਨ।

erosion/ਢਟਾਵ (ਈਰੋਜਨ) ਅਜਿਹੀ ਪ੍ਰਕਿਆ ਜਿਸ ਨਾਲ ਹਵਾ, ਪਾਣੀ, ਬਰਫ਼ ਜਾਂ ਗ੍ਰੈਵਿਟੀ ਮਿੱਟੀ ਅਤੇ ਅਵਸਾਦ ਨੂੰ ਇੱਕ ਥਾਂ ਤੋਂ ਦੂਜੀ ਥਾਂ ਤੇ ਲੈ ਜਾਂਦੇ ਹਨ।

esophagus/ਗ੍ਰਾਸ ਨਲੀ ਇੱਕ ਲੰਬੀ, ਸਿੱਧੀ ਨਲੀ ਜੋ ਗ੍ਰਾਸਨੀ ਨੂੰ ਪੇਟ ਨਾਲ ਜੋੜਦੀ ਹੈ।

estivation/ਗ੍ਰੀਸ਼ਮ ਨਿਸ਼ਕ੍ਰਿਜਤਾ (ਐਸਟੀਵੇਸ਼ਨ) ਨਿਸ਼ਕ੍ਰਿਜ ਤਾ ਅਤੇ ਘੱਟ ਸ਼ਰੀਰ ਤਾਪ ਦੀ ਅਵਧੀ, ਜਿੱਥੇ ਗਰਮ ਮੌਸਮ ਅਤੇ ਭੋਜਨ ਦੀ ਕਮੀ ਤੋਂ ਬੱਚਣ ਲਈ ਕੁਝ ਜਾਨਵਰ ਗਰਮੀਆਂ ਵਿੱਚ ਚੱਲੇ ਜਾਂਦੇ ਹਨ।

estuary/ਬੇਲਸੰਗਮ-ਨਿਕਸ਼ੇਪ ਇੱਕ ਖੇਤਰ ਜਿੱਥੇ ਨਦੀਆਂ ਦਾ ਤਾਜ਼ਾ ਪਾਣੀ ਮਹਾਸਾਗਰ ਦੇ ਨਮਕ ਵਾਲੇ ਪਾਣੀ ਨਾਲ ਮਿਲਦਾ ਹੈ।

Eukarya/ਯੂਕਾਰਿਆ ਆਧੁਨਿਕ ਵਰਗੀਕਰਨ ਪ੍ਰਣਾਲੀ ਵਿੱਚ, ਇੱਕ ਪ੍ਰਾਂਤ ਸਾਰੇ ਯੂਕਾਰੀਓਟਜ਼ ਦਾ ਬਣਿਆ ਹੁੰਦਾ ਹੈ; ਇਹ ਪ੍ਰਾਂਤ ਪੂਰਮਪ੍ਰਿਕ ਰਾਜ ਪ੍ਰੋਟਿਸਟਾ, ਫੰਗੀ, ਪਲਾਂਟੀ, ਅਤੇ ਐਨੀਮਲੀਜਾ ਨਾਲ ਸੰਤੁਲਨ ਵਿੱਚ ਹੁੰਦਾ ਹੈ।

eukaryote/ਯੂਕਾਰੀਓਟਜ਼ ਅਜਿਹੇ ਕੋਸ਼ਾਣੂਆਂ ਤੋਂ ਬਣਿਆ ਜੀਵ ਜਿਹਨਾਂ ਵਿੱਚ ਇੱਕ ਝਿੱਲੀ ਦੁਆਰਾ ਬੰਦ ਕੇਂਦਰ ਹੁੰਦਾ ਹੈ; ਯੂਕਾਰੀਓਟਜ਼ ਵਿੱਚ ਪ੍ਰੋਟਿਸਟ, ਜਾਨਵਰ, ਪੌਧੇ, ਅਤੇ ਫੰਗੀ ਸ਼ਾਮਿਲ ਹੁੰਦੇ ਹਨ ਪਰ ਆਰਕੀਜਾ ਜਾਂ ਬੈਕਟੀਰੀਜਾ ਸ਼ਾਮਿਲ ਨਹੀ ਹੁੰਦੇ।

evaporation/ਵਾਸ਼ਪੀਕਰਨ ਕਿਸੇ ਚੀਜ਼ ਦਾ ਤਰਲ ਤੋਂ ਗੈਸ ਵਿੱਚ ਬਦਲਣਾ।

evolution/ਨਿਕਾਸ ਅਜਿਹੀ ਪ੍ਰਕਿਆ ਜਿਸ ਵਿੱਚ ਇੱਕ ਆਬਾਦੀ ਵਿੱਚਕਾਰ ਵੰਸ਼ਾਗਤ ਲੱਛਣ ਪੀੜੀ ਦਰ ਪੀੜੀ ਬਦਲਦੇ ਰਹਿੰਦੇ ਹਨ ਜਿਵੇਂ ਕਈ ਵਾਰ ਨਵੀਂ ਪ੍ਰਜਾਤੀਆਂ ਪੈਦਾ ਹੋ ਜਾਂਦੀ ਹਨ।

exfoliation/ਪਟਨ ਅਜਿਹੀ ਪ੍ਰਕਿਆ ਜਿਸਦੇ ਦੁਆਰਾ ਸ਼ੈਲ ਦੀ ਸ਼ੀਟਾਂ ਸ਼ੈਲ ਦੇ ਵੱਡੇ ਪਿੰਡਾਂ ਤੋਂ ਉਤਰ ਜਾਂਦੀ ਹੈ ਕਿਉਂਕਿ ਦਬਾਵ ਹੱਟ ਜਾਂਦਾ ਹੈ

exocytosis/ਐਕਸੋਸਾਈਟੋਸਿਸ ਇੱਕ ਪ੍ਰਕਿਆ ਜਿਸ ਵਿੱਚ ਇੱਕ ਕੋਸ਼ਾਨੂੰ ਇੱਕ ਕਣ ਨੂੰ ਇੱਕ ਸਫੇਟਿਕਾ ਵਿੱਚ ਬੰਦ ਕਰਕੇ ਕਣ ਨੂੰ ਛੱਡ ਦਿੰਦਾ ਹੈ ਫਿਰ ਕੋਸ਼ਾਨੂੰ ਤਲ ਤੇ ਜਾਂਦਾ ਹੈ ਅਤੇ ਕੋਸ਼ਾਨੂੰ ਝਿੱਲੀ ਨਾਲ ਮਿਲ ਜਾਂਦਾ ਹੈ।

exoskeleton/ਐਕਸੋਢਾਂਚਾ ਇੱਕ ਸਖਤ, ਬਾਹਰੀ, ਸਹਿਯੋਗੀ ਢਾਂਚਾ।

exothermic reaction/ਉਸ਼ਮਾਕਸ਼ੇਪਕ ਪ੍ਰਤੀਕਿਆ ਇੱਕ ਰਸਾਯਨਿਕ ਪ੍ਰਤੀਕਿਆ ਜਿਸ ਵਿੱਚ ਆਲੇ-ਦੁਆਲੇ ਤਾਪ ਛੱਡਿਆ ਜਾਂਦਾ ਹੈ।

external fertilization/ਬਾਹਰੀ ਗਰਭਾਧਾਨ ਜਨਕਾਂ ਦੇ ਸਰੀਰ ਤੇ ਬਾਹਰ ਸੰਭੋਗ ਕੋਸ਼ਾਨੂੰਆਂ ਦਾ ਜੋੜ।

extinct/ਵਿਲੁਪਤ ਉਹਨਾ ਪ੍ਰਜਾਤੀਆਂ ਦਾ ਵਰਣਨ ਕਰਦਾ ਹੈ ਜੋ ਪੂਰੀ ਤਰ੍ਹਾਂ ਮਰ ਚੁੱਕੀ ਹਨ।

extinction/ਵਿਲੋਪ ਕਿਸੇ ਪ੍ਰਜਾਤੀ ਦੇ ਹਰ ਇੱਕ ਮੈਂਬਰ ਦੀ ਮੌਤ।

extrusive igneous rock/ਨਿਸ੍ਰਾਵੀ ਅਗਨਿਜ ਸ਼ੈਲ ਉਹ ਸ਼ੈਲ ਜੋ ਧਰਤੀ ਦੇ ਤਲ ਉੱਤੇ ਜਾਂ ਨੇੜੇ ਜਵਾਲਾਮੁੱਖੀ ਕਿਰਿਆ ਦੇ ਨਤੀਜੇ ਵਜੋਂ ਬਣਦਾ ਹੈ।

F

farsightedness/ਦੂਰਦਰਸ਼ਿਤਾ ਇੱਕ ਅਵਸਥਾ ਜਿਸ ਵਿੱਚ ਅੱਖ ਦਾ ਲੈਂਸ ਦੂਰ ਦੀ ਚੀਜ਼ਾਂ ਨੂੰ ਰੇਟੀਨਾ ਦੇ ਬਦਲੇ ਪਿੱਛਲੇ ਪਾਸੇ ਸੰਕੇਂਦਰਿਤ ਕਰਦੇ ਹਨ।

fat/ਵਸਾ (ਚਰਬੀ) ਇੱਕ ਉਰਜਾ ਭੰਡਾਰਨ ਪੋਸ਼ਕ ਤੱਤ ਜੋ ਸਰੀਰ ਨੂੰ ਕੁਝ ਵਿਟਾਮਿਨਾਂ ਦਾ ਭੰਡਾਰਨ ਕਰਨ ਵਿੱਚ ਮਦਦ ਕਰਦਾ ਹੈ।

fault/ਦਰਾਰ ਸ਼ੈਲ ਦੇ ਢੇਰ ਵਿੱਚ ਇੱਕ ਦਰਾਰ ਜਿਸ ਨਾਲ ਇੱਕ ਬਲੌਕ ਦੂਜੇ ਦੇ ਨੇੜੇ ਤੱਕ ਫਿਸਲ ਜਾਂਦਾ ਹੈ।

feedback mechanism/ਪ੍ਰਤੀਪੁਸ਼ਟੀ ਪ੍ਰਕ੍ਰਮ ਇੱਕ ਘਟਨਾ ਚੱਕਰ ਜਿਸ ਵਿੱਚ ਇੱਕ ਕਦਮ ਦੀ ਜਾਣਕਾਰੀ ਪਿੱਛਲੇ ਕਦਮ ਨੂੰ ਨਿਯੰਤਰਿਤ ਜਾਂ ਉਸ ਉੱਤੇ ਪ੍ਰਭਾਵ ਪਾਉਂਦੀ ਹੈ।

felsic/ਸਫਤੀਏ (ਫੈਲਸਿਕ) ਇਹ ਉਹਨਾਂ ਮੈਗਮਾ ਜਾਂ ਅਗਨਿਜ ਸ਼ੈਲਾਂ ਦਾ ਵਰਣਨ ਕਰਦਾ ਹੈ ਜਿਹਨਾਂ ਵਿੱਚ ਭਰਪੂਰ ਫੇਲਡਸਪਾਰਜ਼ ਅਤੇ ਸਿਲਿਕਾ ਹੁੰਦਾ ਹੈ ਅਤੇ ਜੋ ਆਮਤੌਰ ਤੇ ਹਲਕੇ ਰੰਗ ਵਿੱਚ ਹੁੰਦਾ ਹੈ

fermentation/ਉਤਕਸ਼ੋਭਨ (ਫਰਮੇਨਟੇਸ਼ਨ) ਬਿਨਾ ਆਕਸੀਜਨ ਵਰਤੇ ਭੋਜਨ ਨੂੰ ਛੋਟੇ ਰੂਪ ਵਿੱਚ ਤੋੜਨਾ।

fetus/ਗਰਭਸਥ ਸ਼ਿਸ਼ੁ ਗਰਭਧਾਰਣ ਕਰਨ ਦੇ 10ਵੇਂ ਹਫ਼ਤੇ ਤੋਂ ਜਨਮ ਤੱਕ, ਇੱਕ ਵਿਕਾਸਸ਼ੀਲ ਮਨੁੱਖ

floodplain/ਫਲੱਡਪਲੇਨ ਕਿਸੇ ਨਦੀ ਦੇ ਨਾਲ-ਨਾਲ ਇੱਕ ਖੇਤਰ ਜੋ ਜਮਾ ਅਵਸਾਦਾਂ ਤੋਂ ਬਣਿਆ ਹੁੰਦਾ ਹੈ ਜਦੋਂ ਨਦੀ ਆਪਣੇ ਕਿਨਾਰਿਆਂ ਤੋਂ ਬਾਹਰ ਵੱਗਦੀ ਹੈ।

fluid/ਤਰਲ ਕਿਸੇ ਚੀਜ਼ ਦੀ ਗੈਰ-ਠੋਸ ਅਵਸਥਾ ਜਿਸ ਵਿੱਚ ਪਰਮਾਨੂੰ ਜਾਂ ਅਨੂੰ ਇੱਕ ਦੂਜੇ ਦੇ ਪਿੱਛੇ ਜਾਣ ਲਈ ਆਜ਼ਾਦ ਹੁੰਦੇ ਹਨ, ਜਿਵੇਂ ਕਿ ਗੈਸ ਅਤੇ ਤਰਲ ਪਦਾਰਥ ਵਿੱਚ।

focus/ਸੰਕੇਂਦਰ ਦਰਾਰ ਦੇ ਨਾਲ ਵਾਲਾ ਇੱਕ ਬਿੰਦੂ ਜਿਸ ਤੇ ਭੂਕੰਪ ਦਾ ਪਹਿਲੀ ਹਰਕਤ ਹੁੰਦੀ ਹੈ।

folding/ਮੋੜ ਭਾਰ ਦੇ ਕਾਰਨ ਸ਼ੈਲ ਸਤਹਾਂ ਦਾ ਮੁੜਨਾ।

foliated/ਪਤ੍ਰਿਤ ਰੂਪਾਂਤਰਿਕ ਸ਼ੈਲ ਦੀ ਬਨਾਵਟ ਦਾ ਵਰਣਨ ਕਰਦਾ ਹੈ ਜਿਹਨਾਂ ਵਿੱਚ ਸਮਤਲਾਂ ਅਤੇ ਬੈਂਡਾਂ ਵਿੱਚ ਖਨਿਜ ਗ੍ਰੇਨਜ਼ ਵਿਵਸਥਿਤ ਹੁੰਦੇ ਹਨ।

food chain/ਭੋਜਨ ਚੱਕਰ ਜੀਵਾਂ ਦੇ ਕ੍ਰਮ ਨੂੰ ਭੋਜਨ ਕਰਾਉਂਨ ਦੇ ਤਰੀਕੇ ਦੇ ਨਤੀਜੇ ਵਜੋਂ ਵੱਖ ਵੱਖ ਪੱਧਰਾਂ ਤੋਂ ਉਰਜਾ ਪ੍ਰਤੀਸਥਾਪਨ ਦਾ ਰਸਤਾ।

food web/ਫੂਡ ਵੈਬ ਇੱਕ ਆਰੇਖ ਜੋ ਈਕੋਪ੍ਰਨਾਲੀ ਵਿੱਚ ਜੀਵਾਂ ਵਿੱਚਕਾਰ ਭੋਜਨ ਛੱਕਣ ਦੇ ਸੰਬੰਧ ਦਰਸ਼ਾਉਂਦਾ ਹੈ।

force/ਬਲ ਕਿਸੇ ਚੀਜ਼ ਦੀ ਗਤੀ ਬਦਲਣ ਲਈ ਉਸਨੂੰ ਧਕੇਲਣਾ ਜਾਂ ਖਿੱਚਣਾ; ਬਲ ਦਾ ਆਕਾਰ ਅਤੇ ਦਿਸ਼ਾ ਹੁੰਦੀ ਹੈ।

fossil/ਜੀਵ-ਅਵਸ਼ੇਸ਼ ਉਹਨਾਂ ਜੀਵਾਂ ਦੇ ਅਵਸ਼ੇਸ਼ ਜੋ ਬਹੁਤ ਪਹਿਲਾਂ ਜੀਉਂਦੇ ਸਨ, ਜਿਆਦਾਤਰ ਸਾਧਾਰਣ ਤੌਰ ਤੇ ਅਵਸਾਦੀਏ ਸ਼ੈਲਾਂ ਵਿੱਚ ਪਰੀਰੱਖਿਅਤ ਹਨ।

fossil fuel/ਜੀਵ-ਅਵਸ਼ੇਸ਼ ਇੰਧਨ ਦੁਬਾਰਾ ਵਰਤੇ ਨਹੀ ਜਾ ਸਕਣ ਵਾਲੇ ਉਰਜਾ ਸੰਸਾਧਨ ਜੋ ਉਹਨਾਂ ਜੀਵਾਂ ਦੇ ਅਵਸ਼ੇਸ਼ਾਂ ਤੋਂ ਬਣਦੇ ਹਨ ਜੋ ਬਹੁਤ ਪਹਿਲਾਂ ਜੀਉਂਦੇ ਸਨ।

fossil record/ਜੀਵ-ਅਵਸ਼ੇਸ਼ ਰਿਕਾਰਡ ਧਰਤੀ ਦੀ ਸਤਹ ਵਿੱਚ ਮਿਲਣ ਵਾਲੇ ਜੀਵ-ਅਵਸ਼ੇਸ਼ਾਂ ਦੁਆਰਾ ਸੰਕੇਤਿਕ ਜ਼ਿੰਦਗੀਆਂ ਦਾ ਇੱਕ ਇਤੀਹਾਸਕ ਕ੍ਰਮ।

fracture/ਅਸਥੀਭੰਗ (ਫ੍ਰੈਕਚਰ) ਇੱਕ ਤਰੀਕਾ ਜਿਸ ਵਿੱਚ ਕੋਈ ਖਨਿਜ ਜਾਂ ਤੇ ਮੁੜੇ ਜਾਂ ਫਿਰ ਵਿਸ਼ਮ ਤਲਾਂ ਨਾਲ ਟੁੱਟ ਜਾਂਦਾ ਹੈ।

free fall/ਫ੍ਰੀ ਫ਼ੱਲ ਕਿਸੇ ਸਰੀਰ ਦੀ ਗਤੀ ਜਦੋਂ ਸਰੀਰ ਉੱਤੇ ਸਿਰਫ਼ ਗ੍ਰੈਵਿਟੀ ਬਲ ਪੈਂਦਾ ਹੈ।

frequency/ਆਕ੍ਰਿਤੀ ਸਮੇਂ ਦੀ ਦਿੱਤੀ ਰਾਸ਼ੀ ਵਿੱਚ ਉਤਪਾਦਿਤ ਤਰੰਗਾਂ ਦੀ ਸੰਖਿਆ।

friction/ਘਰਸ਼ਨ ਇੱਕ ਬਲ ਜੋ ਸੰਪਰਕ ਵਿੱਚਲੇ ਦੇ ਤਲਾਂ ਵਿੱਚਕਾਰ ਗਤੀ ਨੂੰ ਰੋਕਦਾ ਹੈ।

front/ਸੀਮਾਗ੍ਰ ਵੱਖ-ਵੱਖ ਘਨਤੱਵ ਅਤੇ ਅਸਮਤੌਰ ਤੇ ਵੱਖ-ਵੱਖ ਤਾਪਮਾਨਾਂ ਦੀ ਹਵਾਵਾਂ ਵਿੱਚਕਾਰਲੀ ਸੀਮਾ।

function/ਕਿਰਿਆ ਕਿਸੇ ਅੰਗ ਜਾਂ ਭਾਗ ਦੀ ਖਾਸ, ਸਾਧਾਰਨ, ਜਾਂ ਉੱਚਿਤ ਕਿਰਿਆ।

fungus/ਫੰਗਸ ਅਜਿਹਾ ਜੀਵ ਜਿਸਦੇ ਕੋਸ਼ਾਣੂਆਂ ਵਿੱਚ ਕੇ ਦਰਕ, ਕਠੋਰ ਸੈੱਲ-ਵਾੱਲ ਹੁੰਦੇ ਹਨ, ਅਤੇ ਕੋਈ ਕਲੋਰੋਫਿਲ ਨਹੀ ਹੁੰਦਾ ਅਤੇ ਜੋ ਫੰਗੀ ਰਾਜ ਤੋਂ ਸੰਬੰਧਿਤ ਹੁੰਦਾ ਹੈ।

G

galaxy/ਆਕਾਸ਼ਗੰਗਾ ਗ੍ਰੈਵਿਟੀ ਦੁਆਰਾ ਇੱਕਠੇ ਬੰਧੇ ਤਾਰਿਆਂ, ਧੂਲਾਂ ਅਤੇ ਗੈਸਾਂ ਦਾ ਸੰਗ੍ਰਹਣ।

gallbladder/ਪਿੱਤਾਸ਼ਯ ਇੱਕ ਥੈਲੀ (ਸੈਕ) ਆਕਾਰ ਦਾ ਅੰਗ ਜੋ ਜੀਗਰ ਦੁਆਰਾ ਉਤਪਾਦਿਤ ਪਿੱਤ ਦਾ ਸੰਗ੍ਰਹਣ ਕਰਦਾ ਹੈ।

ganglion/ਗੰਥੀਕਾ ਨਸ ਕੋਸ਼ਾਣੂਆਂ ਦੀ ਮਾਤ੍ਰਾ।

gap hypothesis/ਅੰਤਰਾਲ ਕਲਪਨਾ ਇੱਕ ਕਲਪਨਾ ਜੋ ਇਸ ਵਿਚਾਰ ਤੇ ਆਧਾਰਿਤ ਹੈ ਕਿ ਇੱਕ ਸਕ੍ਰੀਏ ਦਰਾਰ ਦੇ ਨਾਲ ਵੱਡੇ ਭੂਕੰਪ ਆਉਣ ਦੀ ਸੰਭਾਵਨਾ ਹੁੰਦੀ ਹੈ ਜਿੱਥੇ ਸਮੇਂ ਦੀ ਇੱਕ ਨਿਸ਼ਚਿਤ ਅਵੱਧੀ ਲਈ ਕੋਈ ਭੂਕੰਪ ਨਹੀ ਆਉਂਦਾ।

gas/ਗੈਸ ਪਦਾਰਥ ਦਾ ਇੱਕ ਪ੍ਰਕਾਰ ਜਿਸਦਾ ਕੋਈ ਨਿਸ਼ਚਿਤ ਪਰੀਮਾਣ ਜਾ ਆਕਾਰ ਨਹੀ ਹੁੰਦਾ।

gas giant/ਗੈਸ ਜੈਂਟ ਇੱਕ ਗ੍ਰਹ ਜਿਸ ਵਿੱਚ ਗਾਹਰਾ, ਘਨਤੱਵ ਵਾਤਾਵਰਣ ਹੁੰਦਾ ਹੈ, ਜਿਵੇਂ ਬ੍ਰਹਿਸਪਤੀ, ਸ਼ਨੀ, ਯੂਰੇਨਸ, ਜਾਂ ਨੇਪਚੂਨ।

gasohol/ਗੈਸੋਹੋਲ ਪੈਟ੍ਰੋਲ ਅਤੇ ਅਲਕੋਹਲ ਦਾ ਇੱਕ ਮਿਸਰਣ ਜੋ ਇੱਕ ਇੰਧਨ ਦੇ ਤੌਰ ਤੇ ਵਰਤਿਆ ਜਾਂਦਾ ਹੈ।

gene/ਜੀਨ ਇੱਕ ਵੰਸ਼ਾਗਤ ਲੱਛਣ ਲਈ ਨਿਰਦੇਸ਼ਾਂ ਦਾ ਇੱਕ ਸੈੱਟ।

generation time/ਪੀੜੀ ਸਮਾਂ ਇੱਕ ਪੀੜੀ ਦੇ ਜਨਮ ਅਤੇ ਦੂਜੀ ਪੀੜੀ ਦੇ ਜਨਮ ਵਿੱਚਕਾਰਲੀ ਅਵੱਧੀ।

genotype/ਜੀਨਆਕ੍ਰਿਤੀ ਇੱਕ ਜੀਵ ਦੀ ਸਮਪੂਰਨ ਜਨਨਿਕ ਬਨਾਵਟ; ਇੱਕ ਜਾਂ ਵੱਧ ਵਿਸ਼ੇਸ਼ ਲੱਛਣਾਂ ਲਈ ਜੀਨਾਂ ਦਾ ਸੰਯੋਜਨ ਵੀ।

geologic column/ਭੌਮਿਕੀ ਕਾੱਲਮ ਸ਼ੈਲ ਸਤਹਾਂ ਦੀ ਵਿਵਸਥਾ ਜਿਸ ਵਿੱਚ ਪੁਰਾਣੇ ਸ਼ੈਲ ਥੱਲੇ ਹੁੰਦੇ ਹਨ।

geologic map/ਭੌਮਿਕੀ ਨਕਸ਼ਾ ਇੱਕ ਨਕਸ਼ਾ ਜਿਸ ਵਿੱਚ ਭੌਮਿਕੀ ਜਾਨਕਾਰੀ, ਜਿਵੇਂ ਸ਼ੈਲ ਈਕਾਈਆਂ, ਢਾਂਚੇ ਦੀ ਵਿਸ਼ੇ ਸ਼ਤਾਵਾਂ, ਖਨਿਜ ਭੰਡਾਰ, ਅਤੇ ਜੀਵ-ਅਵਸ਼ੇਸ ਦੀ ਥਾਂਵਾਂ ਰਿਕਾਰੱਡ ਹੁੰਦੀ ਹੈ।

geologic time scale/ਭੌਮਿਕੀ ਸਮਾਂ ਮਾਪੀ ਧਰਤੀ ਦੇ ਲੰਬੇ ਕੁਦਰਤੀ ਇਤੀਹਾਸ ਨੂੰ ਪ੍ਰਬੰਧਿਤ ਕਰਨ ਜੋਗ ਭਾਗਾਂ ਵਿੱਚ ਵੰਡਣ ਦਾ ਮਾਨਕ ਤਰੀਕਾ।

geology/ਭੂ-ਵਿਗਿਆਨ ਧਰਤੀ ਦੀ ਉਤਪੱਤੀ, ਇਤੀਹਾਸ, ਅਤੇ ਢਾਂਚੇ ਅਤੇ ਧਰਤੀ ਨੂੰ ਆਕਾਰ ਦੇਣ ਵਾਲੀ ਪ੍ਰਕ੍ਰਿਆਵਾਂ ਦਾ ਅਧਿਆਨ।

geosphere/ਭੂ-ਖੰਡ ਧਰਤੀ ਦਾ ਸਭ ਤੋਂ ਵੱਧ ਠੋਸ, ਸ਼ੈਲੀਏ ਭਾਗ; ਕੋਰ ਦੇ ਮੱਧ ਤੋਂ ਕ੍ਰਸਟ ਦੇ ਤਲ ਤੱਕ ਫੈਲਿਆ ਹੋਇਆ ਹੈ।

geostationary orbit/ਭੂਸਥਿਰ ਜਮਾਤ ਇੱਕ ਜਮਾਤ ਜੋ ਧਰਤੀ ਦੇ ਤਲ ਤੋ 36,000 ਕਿਮੀ ਉੱਤੇ ਹੈ ਅਤੇ ਜਿਸ ਵਿੱਚ ਭੂ-ਮੱਧ ਰੇਖਾ ਤੇ ਇੱਕ ਨਿਸ਼ਚਿਤ ਸਪੱਟ ਦੇ ਉੱਤੇ ਇੱਕ ਉਪਗ੍ਰਹਿ ਹੁੰਦਾ ਹੈ।

geothermal energy/ਭੂ-ਤਾਪ ਊਰਜਾ ਧਰਤੀ ਦੇ ਅੰਦਰ ਗਰਮੀ ਦੁਆਰਾ ਉਤਪਾਦਿਤ ਊਰਜਾ।

gestation period/ਗਰਭਾਵੱਧੀ ਸਤਨਧਾਰੀਆਂ ਵਿੱਚ, ਗਰਭਧਾਰਨ ਕਰਨ ਅਤੇ ਜਨਮ ਹੋਣ ਵਿੱਚਕਾਰ ਸਮੇਂ ਦੀ ਲੰਬਾਈ।

gill/ਕਲੋਮ (ਗਿਲ) ਇੱਕ ਸਾਂ ਅੰਗ ਜਿਸ ਵਿੱਚ ਪਾਣੀ ਤੋਂ ਆਕਸੀਜਨ, ਖੂਨ ਤੋਂ ਕਾਰਬਨ ਡਾਇਆਕਸਾਈਡ ਨਾਲ ਬਦਲ ਜਾਂਦਾ ਹੈ।

glacial drift/ਹਿਮਾਨੀ ਬਹਾਵ ਗਲੇਸ਼ੀਯਰਾਂ ਦੁਆਰਾ ਚੱਕੇ ਅਤੇ ਜਮਾ ਕਿੱਤੇ ਗਏ ਸ਼ੈਲ ਪਦਾਰਥ।

glacier/ਗਲੇਸ਼ੀਯਰ ਚੱਲਦੀ ਬਰਫ਼ ਦੀ ਵੱਡੀ ਮਾਤ੍ਰਾ।

gland/ਗ੍ਰੰਥੀ ਕੋਸ਼ਾਣੂਆਂ ਦਾ ਇੱਕ ਸਮੂਹ ਜੋ ਸ਼ਰੀਰ ਲਈ ਖ਼ਾਸ ਰਸਾਯਨ ਬਣਾਉਂਦਾ ਹੈ।

global warming/ਵਿਸ਼ਵਵਿਆਪੀ ਗਰਮੀ ਔਸਤ ਵਿਸ਼ਵਵਿਆਪੀ ਤਾਪ ਦਾ ਹੌਲੀ-ਹੌਲੀ ਵੱਧਣਾ।

globular cluster/ਗੋਲਾਕਾਰ ਤਾਰਾਮੰਡਲ ਤਾਰਿਆਂ ਦਾ ਇੱਕ ਠੋਸ ਸਮੂਹ ਜੋ ਇੱਕ ਗੋਂਦ ਜਿਹਾ ਦਿਸਦਾ ਹੈ ਅਤੇ ਇਸ ਵਿੱਚ 1 ਮਿਲੀਅਨ ਤੱਕ ਤਾਰੇ ਹਨ।

Golgi complex/ਗੋਲਗੀ ਕਾਮਪਲੇਕਸ ਕੋਸ਼ਾਣੂ ਅੰਗਕ ਜੋ ਪਦਾਰਥਾਂ ਨੂੰ ਕੋਸ਼ਾਣੂ ਤੋਂ ਬਾਹਰ ਭੇਜਣ ਵਿੱਚ ਮਦਦ ਕਰਦਾ ਹੈ।

grassland/ਘਾਂ ਦੀ ਥਾਂ ਅਜਿਹਾ ਖੇਤਰ ਜਿਸ ਵਿੱਚ ਘਾਂ ਹੀ ਘਾਂ ਹੁੰਦੀ ਹੈ, ਜਿਹਨਾਂ ਵਿੱਚ ਕੁਝ ਲਕੜੀ ਦੇ ਝਾੜ ਅਤੇ ਦਰਖਤ ਹੁੰਦੇ ਹਨ, ਜਿਸ ਵਿੱਚ ਉਪਜਾਊ ਮਿੱਟੀ ਹੁੰਦੀ ਹੈ, ਅਤੇ ਜੋ ਮਾੜਾ-ਮੋਟਾ ਮੌਸਮੀ ਮੀਂਹ ਪ੍ਰਾਪਤ ਕਰਦਾ ਹੈ

gravity/ਗ੍ਰੈਵਿਟੀ ਚੀਜ਼ਾਂ ਵਿੱਚਕਾਰ ਖਿੱਚਣ ਦਾ ਬਲ ਜੋ ਉਹਨਾ ਦੀ ਮਾਤ੍ਰਾਵਾਂ ਕਾਰਣ ਹੁੰਦਾ ਹੈ।

greenhouse effect/ਹਰਿਤਗ੍ਰਿਹ ਪ੍ਰਭਾਵ ਧਰਤੀ ਦੇ ਤਲ ਅਤੇ ਅੰਦਰਲੇ ਵਾਤਾਵਰਣ ਦਾ ਗਰਮਾਉਣਾ ਜੋ ਤਾਂ ਹੁੰਦਾ ਹੈ ਜਦੋਂ ਵਾਸ਼ਪ, ਕਾਰਬਨ ਡਾਇਆਕਸਾਈਡ, ਅਤੇ ਦੂਜੀ ਗੈਸਾਂ ਸੋਖ ਲਿੱਤੀ ਜਾਂਦੀ ਹਨ ਅਤੇ ਤਾਪ ਊਰਜਾ ਦੁਬਾਰਾ ਵਿਕਿਰਨ ਹੁੰਦੀ ਹੈ।

group/ਸਮੂਹ ਆਵਰਤੀ ਸਾਰਣੀ (periodic table) ਵਿੱਚ ਤੱਤਾਂ ਦਾ ਲੰਬ ਕੱਲਮ; ਇੱਕੋ ਰਸਾਇਨਿਕ ਵਿਸ਼ੇਸ਼ਤਾਵਾਂ ਵਾਲੇ ਸਮੂਹ ਵਿੱਚਲੇ ਤੱਤ।

gut/ਆਂਤ ਹਾਜਮਾ ਤੰਤਰ।

gymnosperm/ਜਿਮਨੋਸਪਰਮ ਇੱਕ ਲਕੜੀ ਜਿਹਾ, ਵਸਕੁਲਰ ਬੀਜ ਪੌਧਾ ਜਿਸਦੇ ਬੀਜ ਕਿਸੇ ਓਵਰੀ ਜਾਂ ਫੁੱਲ ਨਾਲ ਬੰਦ ਨਹੀ ਹੁੰਦੇ।

H

half-life/ਹਾਲਫ਼-ਲਾਈਫ਼ ਕਿਸੇ ਰੇਡੀਓਐਕਟਿਵ ਪਦਾਰਥ ਦੇ ਸੈਂਪਲ ਦੇ ਅੱਧੇ ਦਾ ਰੇਡੀਓਐਕਟਿਵ ਪਤਨ ਵਿੱਚ ਜਾਣ ਲਈ ਲੋੜੀਂਦਾ ਸਮਾਂ।

halogen/ਹੈਲੋਜਨ ਆਵਰਤੀ ਸਾਰਣੀ (periodic table) ਦੇ ਸਮੂਹ 17 ਦੇ ਤੱਤਾਂ (ਫਲੋਰੀਨ, ਕਲੋਰੀਨ, ਬ੍ਰੋਮਾਈਨ, ਆਇਓਡੀਨ, ਅਤੇ ਐਸਟਾਟਾਈਨ) ਚੋਂ ਇੱਕ; ਨਮਕ ਬਣਾਉਣ ਲਈ ਹੈਲੋਜਨ ਬਤੇਰੇ ਧਾਤੂਆਂ ਨਾਲ ਮਿਲਾਇਆ ਜਾਂਦਾ ਹੈ।

hardness/ਠੋਸਪਨ ਨਿਸ਼ਾਨ ਪੈਣ ਤੋਂ ਰੋਕਣ ਲਈ ਕਿਸੇ ਖਨਿਜ ਦੀ ਜੋਗਤਾ ਦਾ ਨਾਪ।

hardware/ਹਾਰਡਵੇਜਰ ਉਪਕਰਨ ਦੇ ਭਾਗ ਜਾਂ ਟੁਕੜੇ ਜੋ ਇੱਕ ਕੰਪਿਊਟਰ ਬਣਾਉਂਦੇ ਹਨ।

heat/ਤਾਪ ਚੀਜ਼ਾਂ ਵਿੱਚਕਾਰ ਪ੍ਰਤੀਸਥਾਪਿਤ ਊਰਜਾ ਜੋ ਵੱਖ-ਵੱਖ ਤਾਪਾਂ ਦੀ ਹੁੰਦੀ ਹਨ।

heat engine/ਤਾਪ ਇੰਜਨ ਇੱਕ ਮਸ਼ੀਨ ਜੋ ਤਾਪ ਨੂੰ ਮਸ਼ੀਨੀ ਊਰਜਾ ਜਾਂ ਕੰਮ ਵਿੱਚ ਰੂਪਾਂਤਰਿਤ ਕਰਦੀ ਹੈ।

heat flow/ਤਾਪ ਬਹਾਵ ਤਾਪ ਪ੍ਰਤੀਸਥਾਪਨ ਲਈ ਇੱਕ ਹੋਰ ਪਦ, ਕਿਸੇ ਗਰਮ ਚੀਜ਼ ਤੋਂ ਕਿਸੇ ਠੰਡੀ ਚੀਜ਼ ਤੱਕ ਊਰਜਾ ਦਾ ਪ੍ਰਤੀਸਥਾਪਨ

herbivore/ਸ਼ਾਕਭਕਸ਼ੀ ਅਜਿਹਾ ਜੀਵ ਜੋ ਸਿਰਫ਼ ਪੌਧੇ ਖਾਉਂਦਾ ਹੈ।

heredity/ਆਨੁਵੰਸ਼ਿਕਤਾ ਜਨਕਾਂ ਤੋਂ ਸੰਤਾਨਾਂ ਵਿੱਚ ਜਨਨਿਕ ਲੱਛਣਾਂ ਦਾ ਆਉਣਾ।

heterotroph/ਪਰੋਜੀਵੀ ਅਜਿਹਾ ਜੀਵ ਜੋ ਦੂਜੇ ਜੀਵਾਂ ਜਾਂ ਉਹਨਾਂ ਦੇ ਉਪੋਤਪਾਦ ਨੂੰ ਖਾਕੇ ਭੋਜਨ ਪ੍ਰਾਪਤ ਕਰਦਾ ਹੈ ਅਤੇ ਜੋ ਅਜੈਵਿਕ ਚੀਜ਼ਾਂ ਤੋਂ ਜੈਵਿਕ ਮਿਸ਼ਰਨ ਨਹੀ ਬਣਾ ਸਕਦਾ।

hibernation/ਸ਼ਿਥਿਲਤਾ ਨਿਸਕ੍ਰਿਯਤਾ ਅਤੇ ਘੱਟ ਸ਼ਰੀਰ ਤਾਪ ਦੀ ਅਵਧੀ, ਜਿਥੇ ਠੰਡੇ ਮੌਸਮ ਅਤੇ ਭੋਜਨ ਦੀ ਕਮੀ ਤੋਂ ਬੱਚਣ ਲਈ ਕੁਝ ਜਾਨਵਰ ਠੰਡ ਵਿੱਚ ਚੱਲੇ ਜਾਂਦੇ ਹਨ।

hologram/ਹੋਲੋਗ੍ਰਾਮ ਫਿਲਮ ਦਾ ਇੱਕ ਟੁਕੜਾ ਜੋ ਕਿਸੇ ਚੀਜ਼ ਦਾ ਤਿੰਨ-ਵਿਮੀਏ ਵਾਲੀ ਆਕ੍ਰਿਤੀ ਬਣਾਉਂਦੀ ਹੈ; ਲੇਜ਼ਰ ਲਾਈਟ ਦਾ ਦਾ ਇਸਤੇਮਾਲ ਕਰਕੇ ਬਣਦੀ ਹੈ।

homeostasis/ਸਮਸਥਿਤੀ ਬਦਲਦੇ ਵਾਤਾਵਰਨ ਵਿੱਚ ਸਥਿਰ ਅੰਦਰਲੀ ਸਥਿਤੀ ਦਾ ਰੱਖਰਖਾਵ।

hominid/ਹੋਮਿਨਿਡ ਦੁਪਾਦੀ ਦੁਆਰਾ ਪ੍ਰਧਾਨ ਜੀਵ ਵਿਸ਼ੇਸ਼ਤਾ ਦਾ ਇੱਕ ਪ੍ਰਕਾਰ, ਜਿਵੇਂ ਲੰਬੇ ਬੱਲੇ ਵਾਲੇ ਪਾਦ, ਅਤੇ ਪੂੱਛ ਦੀ ਕਮੀ; ਉਦਾਹਰਣਾਂ ਵਿੱਚ ਮਨੁੱਖ ਅਤੇ ਉਹਨਾਂ ਦੇ ਪੁਰਵਜ ਸ਼ਾਮਿਲ ਹਨ।

***Homo sapiens*/ਹੋਮੋ ਸੈਪਿਜਨਜ਼** ਹੋਮਿਨਿਡ ਦੀ ਇੱਕ ਪ੍ਰਜਾਤੀ ਜਿਸ ਵਿੱਚ ਆਧੁਨਿਕ ਮਨੁੱਖ ਅਤੇ ਉਹਨਾਂ ਦੇ ਨਜ਼ਦੀਕੀ ਪੁਰਵਜ ਸ਼ਾਮਿਲ ਹਨ ਅਤੇ ਜੋ ਸਭ ਤੋਂ ਪਹਿਲਾਂ ਲੱਗਭਗ 100,000 ਤੋਂ 150,000 ਵਰ੍ਹੇ ਪਹਿਲਾਂ ਦਿੱਸੇ ਸਨ।

homologous chromosomes/ਸਮਜਾਤ ਕਰੋਮੋਸਮ ਅਜਿਹੇ ਕਰੋਮੋਸਮ ਜਿਹਨਾਂ ਵਿੱਚ ਜੀਨਾਂ ਦਾ ਸਮਾਨ ਕ੍ਰਮ ਅਤੇ ਸਮਾਨ ਬਨਾਵਟ ਹੁੰਦੀ ਹੈ।

horizon/ਸ਼ਿਤਿਜ (ਹੋਰੀਜਾਨ) ਉਹ ਰੇਖਾ ਜਿਥੇ ਆਕਾਸ਼ ਅਤੇ ਧਰਤੀ ਮਿਲਦੇ ਹੋਏ ਦਿੱਸਦੇ ਹਨ।

hormone/ਹਾਰਮੋਨ ਇੱਕ ਪਦਾਰਥ ਜੋ ਇੱਕ ਕੋਸ਼ਾਣੂ ਜਾਂ ਟਿਸੂ ਵਿੱਚ ਬਣਦਾ ਹੈ ਅਤੇ ਜਿਸ ਕਾਰਨ ਸ਼ਰੀਰ ਦੇ ਕਿਸੇ ਵੱਖ ਭਾਗ ਵਿੱਚ ਦੂਜੇ ਕੋਸ਼ਾਣੂ ਜਾਂ ਟਿਸੂ ਵਿੱਚ ਬਦਲਾਵ ਆਉਂਦਾ ਹੈ।

host/ਹੋਸਟ ਇੱਕ ਜੀਵ ਜਿਸ ਤੋਂ ਇੱਕ ਪਰਜੀਵੀ ਭੋਜਨ ਅਤੇ ਪਨਾਹ ਲੈਂਦਾ ਹੈ।

hot spot/ਗਰਮਸਥਲ ਕਿਸੇ ਜਵਾਲਾਮੁੱਖੀ ਨਾਲ ਟੈਕਟੋਨਿਕ ਪਲੇਟ ਸੀਮਾ ਤੋਂ ਬਹੁਤ ਦੂਰ ਧਰਤੀ ਦੇ ਤਲ ਦਾ ਸਕ੍ਰੀਏ ਖੇਤਰ।

H-R diagram/ਐੱਚ-ਆਰ ਆਰੇਖ ਹਰਟਸਪ੍ਰੰਗ-ਰਸਲ ਆਰੇਖ, ਇੱਕ ਗ੍ਰਾਫ਼ ਜੋ ਇੱਕ ਤਾਰੇ ਦੇ ਤਲ ਦਾ ਤਾਪ ਅਤੇ ਪਰੀਸ਼ੁੱਧ ਪਰੀਮਾਣ ਵਿੱਚਕਾਰ ਸੰਬੰਧ ਦਰਸ਼ਾਉਂਦਾ ਹੈ।

humidity/ਨਮੀ ਹਵਾ ਵਿੱਚ ਵਾਸ਼ਪ ਦੀ ਮਾਤ੍ਰਾ।

humus/ਜੀਵਾਂਸ਼ ਕਾਲੀ, ਜੈਵਿਕ ਚੀਜ਼ਾਂ ਜੋ ਪੌਧਿਆਂ ਅਤੇ ਜਾਨਵਰਾਂ ਦੇ ਸੜੇ ਅਵਸ਼ੇਸ਼ਾਂ ਤੋਂ ਮਿੱਟੀ'ਚ ਬਣਦੀ ਹਨ।

hurricane/ਸਮੁੰਦਰੀ ਤੂਫਾਨ (ਹਰੀਕੇਨ) ਇੱਕ ਭੀਸ਼ਨ ਤੂਫਾਨ ਜੋ ਤ੍ਰੋਪ ਮਹਾਸਾਗਰਾਂ ਉੱਤੇ ਆਉਂਦਾ ਹੈ ਅਤੇ ਜਿਸਦੀ 120 ਕਿਮੀ/ ਘੰਦੀ ਤੇਜ਼ ਹਵਾਵਾਂ ਤੂਫਾਨ ਦੇ ਘੱਅ-ਦਬਾਵ ਦੇ ਕੇਂਦਰ ਵਿੱਚ ਚੱਕਰ ਲਾਉਂਦੀ ਹਨ।

hydrocarbon/ਹਾਇਡ੍ਰੋਕਾਰਬਨ ਇੱਕ ਜੈਵਿਕ ਮਿਸ਼ਰਨ ਜੋ ਸਿਰਫ਼ ਕਾਰਬਨ ਅਤੇ ਹਾਇਡ੍ਰੋਜਨ ਦਾ ਬਣਿਆ ਹੁੰਦਾ ਹੈ।

hydroelectric energy/ਜਲ-ਵਿਦਯੁੱਤ ਊਰਜਾ ਪਾਣੀ ਸੁੱਟਣ ਦੁਆਰਾ ਉਤਪਾਦਿਤ ਵਿਦਯੁੱਤੀਏ ਊਰਜਾ।

hydrosphere/ਜਲਮੰਡਲ ਧਰਤੀ ਦਾ ਭਾਗ ਜੋ ਪਾਣੀ ਹੈ।

hygiene/ਸਿਹਤਵਿਗਿਆਨ (ਹਾਈਜ਼ੀਨ) ਸੇਹਤ ਦਾ ਵਿਗਿਆਨ ਅਤੇ ਸੇਹਤਮੰਦ ਰਹਿਣ ਦੇ ਤਰੀਕੇ।

hypha/ਹਾਇਫ਼ਾ ਕਿਸੇ ਫੰਗਸ ਦਾ ਇੱਕ ਗੌਰ-ਜਨਨੀਏ ਤੰਤੁ।

hypothesis/ਕਲਪਨਾ ਇੱਕ ਵਰਣ ਜੋ ਪੂਰਵ ਵਿਗਿਨਿਕ ਅਨੁਸੰਧਾਨ ਜਾਂ ਆਕਲਨ ਤੇ ਆਧਾਰਿਤ ਹੁੰਦਾ ਹੈ ਅਤੇ ਜਿਸਦੀ ਜਾਂਚ ਕੀਤੀ ਜਾ ਸਕਦੀ ਹੈ।

I

ice age/ਹਿਮ ਜੁਗ ਠੰਡੀ ਆਬੋਹਵਾ ਦੀ ਲੰਬੀ ਅਵੱਧੀ ਜਿਸਦੇ ਦੌਰਾਨ ਬਰਫ਼ ਦੀ ਪਰਤਾਂ ਧਰਤੀ ਦੇ ਤਲਾਂ ਦੇ ਵੱਡੇ ਖੇਤਰਾਂ ਨੂੰ ਢੱਕ ਲੈਂਦੀ ਹਨ; ਇਸਨੂੰ ਗਲੇਸ਼ਿਜਲ ਅਵੱਧੀ ਦੇ ਤੌਰ ਤੇ ਵੀ ਜਾਣਿਆ ਜਾਂਦਾ ਹੈ।

immune system/ਪ੍ਰਤੀਰੱਖਿਅਕ ਪ੍ਰਣਾਲੀ ਕੋਸ਼ਾਣੂ ਅਤੇ ਟਿਸ਼ੂ ਜੋ ਸ਼ਰੀਰ ਵਿੱਚ ਬਾਹਰਲੇ ਪਦਾਰਥਾਂ ਦੀ ਪਹਿਚਾਨ ਅਤੇ ਉਹਨਾਂ ਉੱਤੇ ਹਮਲਾ ਕਰਦੇ ਹਨ।

immunity/ਪ੍ਰਤੀਰੱਖਿਆ ਕਿਸੇ ਸੰਕ੍ਰਾਮਕ ਬੀਮਾਰੀ ਤੋਂ ਬੱਚਣ ਜਾਂ ਠੀਕ ਹੋਣ ਦੀ ਜੋਗਤਾ।

inclined plane/ਵਿਨਤ ਤਲ ਇੱਕ ਸਾਧਾਰਨ ਮਸ਼ੀਨ ਜੋ ਸਿੱਧੀ, ਢਲਾਨ ਤਲ ਹੁੰਦਾ ਹੈ, ਜੋ ਭਾਰ ਚੁੱਕਣ ਦੀ ਸੁਵਿਧਾ ਦਿੰਦਾ ਹੈ; ਇੱਕ ਢਲਾਨ।

independent variable/ਆਜ਼ਾਦ ਪਰਿਵਰਤੀ ਕਿਸੇ ਪ੍ਰਯੋਗ ਵਿੱਚ, ਤੱਤ ਜੋ ਜਾਨਬੁਝ ਕੇ ਜੋੜਤੋੜ ਕਰਦਾ ਹੈ।

index contour/ਸੂਚਕ ਰੇਖਾ ਇੱਕ ਨਕਸ਼ੇ ਉੱਤੇ, ਗਹਿਰੀ, ਭਾਰੀ ਰੇਖਾ ਜੋ ਆਮਤੌਰ ਤੇ ਹਰ ਇੱਕ ਪੰਜਵੀ ਰੇਖਾ ਹੁੰਦੀ ਹੈ ਅਤੇ ਉੱਚਤਾ ਵਿੱਚ ਬਦਲਾਵ ਦਰਸ਼ਾਉਂਦੀ ਹੈ।

index fossil/ਸੂਚਕ ਜੀਵ-ਅਵਸ਼ੇਸ ਇੱਕ ਜੀਵ ਅਵਸ਼ੇਸ ਜੋ ਸਿਰਫ਼ ਇੱਕ ਭੌਮਿਕੀ ਜੁਗ ਦੀ ਸ਼ੇਲ ਸਤਹਾਂ ਵਿੱਚ ਪਾਇਆ ਜਾਂਦਾ ਹੈ ਅਤੇ ਜੋ ਸ਼ੈਲ ਸਤਹਾਂ ਦੇ ਜੁਗ ਦੀ ਸਥਾਪਨਾ ਕਰਨ ਲਈ ਵਰਤਿਆ ਜਾਦਾ ਹੈ।

indicator/ਸੰਕੇਤਕ ਇੱਕ ਮਿਸ਼ਰਨ ਜੋ pH ਜਿਹੀ ਸਥਿਤੀਆਂ ਦੇ ਆਧਾਰ ਤੇ ਵਿਪਰੀਤ ਤੌਰ ਤੇ ਰੰਗ ਬਦਲ ਸਕਦੇ ਹਨ।

inertia/ਅਚਲਤਾ ਚੱਲਣ ਤੋਂ ਰੋਕਣ ਲਈ ਕਿਸੇ ਚੀਜ਼ ਦੀ ਪ੍ਰਵ੍ਰਿਤੀ ਜਾਂ, ਜੇਕਰ ਕੋਈ ਚੀਜ਼ ਚੱਲ ਰਹੀ ਹੈ, ਤੇ ਰਫ਼ਤਾਰ ਜਾਂ ਦਿਸ਼ਾ ਵਿੱਚ ਕਿਸੇ ਬਦਲਾਵ ਨੂੰ ਤਦ ਤੱਕ ਰੋਕਣਾ ਜਦ ਤੱਕ ਉਸ ਚੀਜ਼ ਉੱਤੇ ਕੋਈ ਬਾਹਰਲਾ ਬਲ ਕੰਮ ਨਹੀ ਕਰਦਾ।

infectious disease/ਸੰਕ੍ਰਮਿਤ ਬੀਮਾਰੀ ਇੱਕ ਬੀਮਾਰੀ ਜੋ ਪੈਥੋਜ਼ਨ ਦੇ ਕਾਰਨ ਹੁੰਦੀ ਹੈ ਅਤੇ ਜੋ ਇੱਕ ਬੰਦੇ ਦੂਜੇ ਤੱਕ ਫੈਲ ਸਕਦੀ ਹੈ।

inhibitor/ਦਮਕ ਇੱਕ ਪਦਾਰਥ ਜੋ ਇੱਕ ਰਸਾਯਨਿਕ ਪ੍ਰਤੀਕ੍ਰਿਆ ਨੂੰ ਹੌਲੀ ਕਰ ਦਿੰਦਾ ਹੈ ਜਾਂ ਰੋਕ ਦਿੰਦਾ ਹੈ।

innate behavior/ਸਹਜ ਵਰਤਾਉ ਇੱਕ ਵੰਸ਼ਾਗਤ ਵਰਤਾਉ ਜੋ ਵਾਤਾਵਰਨ ਜਾਂ ਅਨੁਭਵ ਉੱਤੇ ਆਧਾਰਿਤ ਨਹੀ ਹੁੰਦਾ।

insulation/ਪਰਿਰੋਧਨ ਇੱਕ ਪਦਾਰਥ ਜੋ ਬਿਜਲੀ, ਗਰਮੀ, ਜਾਂ ਆਵਾਜ਼ ਦੀ ਪ੍ਰਤੀਸਥਾਪਨਾ ਨੂੰ ਘੱਟਾਉਂਦਾ ਹੈ।

integrated circuit/ਸੰਕਲਿਤ ਸਰਕਿਟ ਅਜਿਹਾ ਸਰਕਿਟ ਜਿਸਦੇ ਘਟਕ ਇੱਕ ਏਕਲ ਸੇਮੀ-ਕਨਡਕਟਰ ਉੱਤੇ ਬਣਦੇ ਹਨ।

integumentary system/ਇਨਟੇਗੁਮੇਂਟਰੀ ਪ੍ਰਣਾਲੀ ਅੰਗ ਪ੍ਰਣਾਲੀ ਜੋ ਸ਼ਰੀਰ ਦੇ ਬਾਹਰਲੇ ਪਾਸੇ ਇੱਕ ਪ੍ਰਤੀਰੱਖਿਅਕ ਆਵਰਣ ਬਣਾਉਂਦਾ ਹੈ।

intensity/ਪ੍ਰਖਰਤਾ ਭੂ-ਵਿਗਿਆਨ ਵਿੱਚ, ਇੱਕ ਭੂਕੰਪ ਦੁਆਰਾ ਹੋਏ ਨੁਕਸਾਨ ਦੀ ਮਾਤ੍ਰਾ।

interference/ਟਕਰਾਨਾ ਦੋ ਜਾਂ ਵੱਧ ਤਰੰਗਾਂ ਦਾ ਸੰਯੋਜਨ ਜਿਸਦਾ ਨਤੀਜਾ ਇੱਕ ਏਕਲ ਤਰੰਗ ਹੁੰਦੀ ਹੈ।

internal fertilization/ਆਂਤਰਿਕ ਗਰਭਧਾਰਨ ਸ਼ੁਕਾਣੂ ਦੁਆਰਾ ਇੱਕ ਅੰਡੇ ਦਾ ਗਰਭਧਾਰਨ, ਜੋ ਇੱਕ ਜਨਨੀ ਦੇ ਸ਼ਰੀਰ ਅੰਦਰ ਹੁੰਦਾ ਹੈ।

Internet/ਇੰਟਰਨੇਟ ਇੱਕ ਵੱਡਾ ਕੰਪਿਊਟਰ ਨੇਟਵਰਕ ਜੋ ਪੂਰੀ ਦੁਨੀਆ ਦੇ ਬਤੇਰੇ ਸਥਾਨਕ ਅਤੇ ਛੋਟੇ ਨੇਟਵਰਕਾਂ ਨੂੰ ਜੋੜਦਾ ਹੈ।

intrusive igneous rock/ਨਿਤੁੰਨ ਅਗਨਿਜ ਸ਼ੈਲ ਇੱਕ ਸ਼ੈਲ ਜੋ ਧਰਤੀ ਦੇ ਤਲ ਦੇ ਥੱਲੇ ਮੈਗਮਾ ਦੇ ਠੰਡੇ ਅਤੇ ਠੋਸ ਹੋਣ ਤੋਂ ਬਣਦਾ ਹੈ।

invertebrate/ਰੀੜ੍ਹਹੀਨ-ਪਸ਼ੂ ਕੋਈ ਜਾਨਵਰ ਜਿਸ ਵਿੱਚ ਰੀੜ੍ਹ ਦੀ ਹੱਡੀ ਨਹੀ ਹੁੰਦੀ।

ion/ਆਯਨ ਇੱਕ ਚਾਰੱਜ ਕਣ ਜੋ ਤਾਂ ਬਣਦਾ ਹੈ ਜਦੋਂ ਇੱਕ ਪਰਮਾਣੂ ਜਾਂ ਪਰਮਾਣੂਆਂ ਦਾ ਸਮੂਹ ਇੱਕ ਜਾਂ ਵੱਧ ਈਲੈਕਟ੍ਰੌਨ ਪਾਉਂਦਾ ਜਾਂ ਗਵਾਉਂਦਾ ਹੈ।

ionic bond/ਆਯਨਿਕ ਬੰਧਕ ਇੱਕ ਬੰਧਕ ਜੋ ਤਾਂ ਬਣਦਾ ਹੈ ਜਦੋਂ ਈਲੈਕਟ੍ਰੌਨ ਇੱਕ ਪਰਮਾਣੂ ਤੋਂ ਦੂਜੇ ਵਿੱਚ ਚੱਲੇ ਜਾਂਦੇ ਹਨ, ਜਿਸਦਾ ਨਤੀਜਾ ਧੱਨਾਤਮੱਕ ਆਯਨ ਜਾਂ ਰਿਣਾਤਮੱਕ ਆਯਨ ਹੁੰਦਾ ਹੈ।

ionic compound/ਆਯਨਿਕ ਮਿਸ਼ਰਨ ਵਿਪਰੀਤ ਤੌਰ ਤੇ ਚਾਰੱਜ ਆਯਨਜ਼ ਨਾਲ ਬਣਿਆ ਮਿਸ਼ਰਨ।

iris/ਆਈਰਿਸ ਅੱਖ ਦਾ ਰੰਗਦਾਰ, ਗੋਲਾਕਾਰ ਭਾਗ

isobar/ਸਮਦਾਬ ਰੇਖਾ ਇੱਕ ਰੇਖਾ ਜੋ ਮੌਸਮ ਨਕਸ਼ੇ ਉੱਤੇ ਬਣੀ ਹੁੰਦੀ ਹੈ ਅਤੇ ਜੋ ਬਰਾਬਰ ਦਬਾਵ ਦੇ ਬਿੰਦੂਆਂ ਨੂੰ ਜੋੜਦੀ ਹੈ।

isolation/ਅਲਗਾਵ ਇੱਕ ਸਥਿਤੀ ਜਿਸ ਵਿੱਚ ਦੋ ਆਬਾਦੀਆਂ ਸੰਭੋਗ ਨਹੀ ਕਰ ਸਕਦੀਆਂ।

isotope/ਆਈਸੋਟੋਪ ਇੱਕ ਪਰਮਾਣੂ ਵਿੱਚ ਪ੍ਰੋਟੋਨ ਦੀ ਸੰਖਿਆ ਸਮਾਨ ਹੁੰਦੀ ਹੈ (ਜਾਂ ਸਮਾਨ ਪਰਮਾਣੂ ਸੰਖਿਆ) ਕਿਉਂਕਿ ਉਸੇ ਤੱਤ ਦੇ ਦੂਜੇ ਪਰਮਾਣੂ ਹੁੰਦੇ ਹਨ ਪਰ ਉਹਨਾਂ ਵਿੱਚ ਕੇਂਦਰਾਂ ਦੀ ਵੱਖ ਸੰਖਿਆ ਹੁੰਦੀ ਹੈ (ਅਤੇ ਇਸਲਈ ਇੱਕ ਵੱਖ ਪਰਮਾਣੂ ਮਾਤ੍ਰਾ)।

J

jet stream/ਪ੍ਰਧਾਰਾ (ਜੇਟ ਸਟ੍ਰੀਮ) ਤੇਜ਼ ਹਵਾਵਾਂ ਦੀ ਨੇਰੋ ਬੇਲਟ ਜੋ ਉੱਤੇ ਵਾਲੇ ਪਰਿਵਰਤੀ ਮੰਡਲ ਵਿੱਚ ਵੱਗਦੀ ਹੈ।

joint/ਜੋੜ ਇੱਕ ਥਾਂ ਜਿੱਥੇ ਦੋ ਜਾਂ ਵੱਧ ਹੱਡੀਆਂ ਮਿਲਦੀ ਹਨ।

joule/ਜੂਲ ਊਰਜਾ ਦਰਸਾਉਣ ਦੀ ਈਕਾਈ; ਬਲ ਦੀ ਦਿਸ਼ਾ ਵਿੱਚ 1 m ਦੇ ਫਾਸਲੇ ਤੇ ਕੰਮ ਕਰਕੇ 1 N ਦੇ ਬਲ ਦੁਆਰਾ ਕਿੱਤੇ ਗਏ ਕੰਮ ਦੇ ਬਰਾਬਰ (ਪ੍ਰਤੀਕ, J)।

K

kidney/ਗੁਰਦਾ ਅਜਿਹੇ ਅੰਗਾਂ ਦੇ ਜੋੜੇ ਚੋਂ ਇੱਕ ਜੋ ਖੂਨ ਤੋਂ ਪਾਣੀ ਅਤੇ ਅਵਸਾਦ ਨੂੰ ਅਲਗ ਕਰਦਾ ਹੈ ਅਤੇ ਜੋ ਪੇਸ਼ਾਬ ਦੇ ਤੌਰ ਤੇ ਇਹਨਾਂ ਨੂੰ ਬਾਹਰ ਕੱਢ ਦਿੰਦੀ ਹੈ।

kinetic energy/ਗਤੀ ਊਰਜਾ ਕਿਸੇ ਚੀਜ਼ ਦੀ ਊਰਜਾ ਜੋ ਉਸ ਚੀਜ਼ ਦੀ ਗਤੀ ਕਰਕੇ ਹੈ।

L

La Niña/ਲਾ ਨੀਨਾ ਪੂਰਬੀ ਮਹਾਸਾਗਰ ਵਿੱਚ ਇੱਕ ਬਦਲਾਵ ਜਿਸ ਵਿੱਚ ਤਟੀਏ ਪਾਣੀ ਦਾ ਤਾਪ ਅਸਾਧਾਰਨ ਤੌਰ ਤੇ ਠੰਡਾ ਹੋ ਜਾਂਦਾ ਹੈ।

lahar/ਲਹਰ ਮਿੱਟੀ ਦਾ ਬਹਾਵ ਜੋ ਤਾਂ ਬਣਦਾ ਹੈ ਜਦੋਂ ਜਵਾਲਾਮੁੱਖੀ ਦੀ ਰਾਖ ਅਤੇ ਮਲਬਾ, ਜਵਾਲਾਮੁੱਖੀ ਫੱਟਣ ਦੇ ਦੌਰਾਨਪਾਣੀ ਨਾਲ ਮਿਲ ਜਾਂਦਾ ਹੈ

landslide/ਸ਼ੈਲਪਾਤ ਢਲਾਨ ਵਿੱਚ ਸ਼ੈਲਾਂ ਅਤੇ ਮਿੱਟੀ ਦਾ ਅਚਾਨਕ ਡਿੱਗਣਾ।

large intestine/ਵੱਡੀ ਆਂਤ ਆਂਤ ਦਾ ਚੌੜਾ ਅਤੇ ਛੋਟਾ ਭਾਗ ਜੋ ਜ਼ਿਆਦਾਤਰ ਪਚੇ ਭੋਜਨ ਚੋਂ ਪਾਣੀ ਹੱਟਾ ਦਿੰਦਾ ਹੈ ਅਤੇ ਜੋ ਰੰਦ ਨੂੰ ਅਰਧਠੋਸ ਅਵਸਾਦ, ਮਲ ਵਿੱਚ ਬਦਲ ਦਿੰਦਾ ਹੈ।

larynx/ਕੰਠ ਗਲੇ ਦਾ ਇੱਕ ਖੇਤਰ ਜਿਸ ਵਿੱਚ ਬੋਲਣ ਦੀ ਨਸਾਂ ਹੁੰਦੀ ਹਨ ਅਤੇ ਜੋ ਆਵਾਜ਼ਾਂ ਕੱਢਦਾ ਹੈ।

laser/ਲੇਜ਼ਰ ਇੱਕ ਉਪਕਰਣ ਜੋ ਸਿਰਫ਼ ਇੱਕ ਤਰੰਗਲੰਬਾਈ ਅਤੇ ਰੰਗ ਦੀ ਤੇਜ਼ ਰੋਸ਼ਨੀ ਦਾ ਉਤਪਾਦਨ ਕਰਦਾ ਹੈ।

lateral line/ਪਾਰਸ਼ਵ ਰੇਖਾ ਇੱਕ ਹਲਕੀ ਰੇਖਾ ਜੋ ਮੱਛੀ ਦੇ ਸਰੀਰ ਦੇ ਦੋਹਾਂ ਪਾਸੇ ਦਿੱਸਦੀ ਹੈ ਜੋ ਸਰੀਰ ਦੀ ਪੂਰੀ ਲੰਬਾਈ ਤੇ ਹੁੰਦੀ ਹੈ ਅਤੇ ਗਿਆਨ ਅੰਗਾਂ ਦੀ ਥਾਂ ਤੇ ਨਿਸ਼ਾਨ ਲੱਗਾਉਂਦੀ ਹੈ ਜੋ ਪਾਣੀ ਵਿੱਚ ਕੰਪਨ ਨੂੰ ਮਹਿਸੂਸ ਕਰ ਲੈਂਦੇ ਹਨ।

latitude/ਅਕਸ਼ਰੇਖਾ ਭੂ-ਮੱਧ ਰੇਖਾ ਤੋਂ ਉੱਤਰ ਜਾਂ ਦਖਿਣ ਤੱਕ ਫਾਸਲਾ; ਡਿਗ੍ਰੀਆਂ ਵਿੱਚ ਦਰਸ਼ਾਇਆ ਜਾਂਦਾ ਹੈ।

lava plateau/ਲਾਵਾ ਪਠਾਰ ਇੱਕ ਚੌੜਾ, ਸਪਾਟ ਜਮੀਨ, ਜੋ ਲਾਵਾ ਦੇ ਬਾਰ ਬਾਰ ਬਿਨਾ ਧਮਾਕੇ ਦੇ ਨਿਕਾਸ ਦਾ ਨਤੀਜਾ ਹੁੰਦੀ ਹੈ, ਜੋ ਵੱਡੇ ਖੇਤਰ ਤੱਕ ਫੈਲ ਜਾਂਦਾ ਹੈ।

law/ਸਿਧਾਂਤ ਬਹੁਤੇ ਪ੍ਰਯੋਗਿਕ ਨਤੀਜਿਆਂ ਅਤੇ ਆਕਲਨਾਂ ਦਾ ਸਾਰ; ਇੱਕ ਸਿਧਾਂਤ ਜੋ ਦੱਸਦਾ ਹੈ ਕਿ ਚੀਜ਼ਾਂ ਕੰਮ ਕਿਵੇਂ ਕਰਦੀ ਹਨ।

law of conservation of energy/ਊਰਜਾ ਦੀ ਰੱਖਿਆ ਦਾ ਸਿਧਾਂਤ ਇੱਕ ਸਿਧਾਂਤ ਜੋ ਦੱਸਦਾ ਹੈ ਕਿ ਊਰਜਾ ਬਣਾਈ ਜਾਂ ਖ਼ਤਮ ਨਹੀ ਕਿੱਤੀ ਜਾ ਸਕਦੀ ਪਰ ਇੱਕ ਪ੍ਰਕਾਰ ਚੋਂ ਦੂਜੇ 'ਚ ਬਦਲੀ ਜਾ ਸਕਦੀ ਹੈ।

law of conservation of mass/ਦ੍ਵਮਾਨ ਦੀ ਰੱਖਿਆ ਦਾ ਸਿਧਾਂਤ ਇੱਕ ਸਿਧਾਂਤ ਜੋ ਦੱਸਦਾ ਹੈ ਕਿ ਦ੍ਵਮਾਨ ਕਿਸੇ ਸਾਧਾਰਨ ਰਸਾਯਨਿਕ ਅਤੇ ਭੌਮਿਕ ਬਦਲਾਵਾਂ ਵਿੱਚ ਬਣਾਇਆ ਜਾਂ ਖ਼ਤਮ ਨਹੀ ਕਿੱਤਾ ਜਾ ਸਕਦਾ।

law of cross-cutting relationships/ਕ੍ਰਾਸ-ਕਟਿੰਗ ਸੰਬੰਧਾਂ ਦਾ ਸਿਧਾਂਤ ਇੱਕ ਸਿਧਾਂਤ ਇਹ ਹੈ ਕਿ ਸ਼ੈਲ ਵਿੱਚ ਦਰਾਰ ਜਾਂ ਢੇਰ, ਸ਼ੈਲ ਦੇ ਕਿਸੇ ਦੂਜੇ ਢੇਰ ਨਾਲੋਂ ਛੋਟਾ ਹੁੰਦਾ ਹੈ ਮਤਲਬ ਇਹ ਇਸਦੇ ਦੁਆਰਾ ਕੱਟ ਜਾਵੇਗਾ।

law of electric charges/ਵਿਪੁੱਤੀਏ ਕਰੰਟ ਦਾ ਸਿਧਾਂਤ ਇੱਕ ਸਿਧਾਂਤ ਜੋ ਇਹ ਦੱਸਦਾ ਹੈ ਕਿ ਸਮਾਨ ਚਾਰਜ ਇੱਕ ਦੂਜੇ ਨੂੰ ਧਕੇਲਦੇ ਅਤੇ ਵਿਪਰੀਤ ਚਾਰਜ ਇੱਕ ਦੂਜੇ ਨੂੰ ਖਿੱਚਦੇ ਹਨ।

leaching/ਲੀਚਿੰਗ ਉਹਨਾਂ ਪਦਾਰਥਾਂ ਨੂੰ ਹੱਟਾਉਣਾ ਜੋ ਸ਼ੈਲ, ਓਰ, ਜਾਂ ਮਿੱਟੀ ਦੀ ਸਤਹਾਂ ਤੋਂ ਪਾਣੀ ਨਿਕਲਣ ਦੇ ਕਾਰਨ ਘੁਲ ਸਕਦੇ ਹਨ।

learned behavior/ਸਿਖਿਆ ਵਰਤਾਉ ਉਹ ਵਰਤਾਉ ਜੋ ਅਨੁਭਵ ਤੋਂ ਸਿਖਿਆ ਹੋਵੇ।

lens/ਲੈਂਸ ਇੱਕ ਪਾਰਦਰਸ਼ੀ ਚੀਜ਼ ਜੋ ਰੋਸ਼ਨੀ ਦੀ ਤਰੰਗਾਂ ਨੂੰ ਇਸ ਤਰੁੰ ਮੋੜਦੀ ਹੈ ਕਿ ਉਹ ਇੱਕ ਆਕ੍ਰਿਤੀ ਬਣਾਉਣ ਲਈ ਅਭੀਸ੍ਰਿਤ ਜਾਂ ਅਪਸ੍ਰਿਤ ਹੁੰਦੀ ਹੈ।

lever/ਲੀਵਰ ਇੱਕ ਸਾਧਾਰਨ ਮਸ਼ੀਨ ਜਿਸ ਵਿੱਚ ਇੱਕ ਬਾਰ ਹੁੰਦੀ ਹੈ ਜੋ ਇੱਕ ਨਿਸ਼ਚਿਤ ਬਿੰਦੁ, ਜਿਸਨੂੰ ਫਲਕ੍ਰਮ ਆਖਦੇ ਹਨ, ਤੇ ਕੇਂਦਰਿਤ ਹੁੰਦਾ ਹੈ।

lichen/ਕਾਈ ਫੰਗੀ ਅਤੇ ਐਲਗੀ ਦੇ ਕੋਸ਼ਾਣੂਆਂ ਦੀ ਮਾਤ੍ਰਾ ਜੋ ਇੱਕ ਸਹਜੀਵਨ ਸੰਬੰਧ ਵਿੱਚ ਇੱਕਠੇ ਵੱਧਦੇ ਹਨ ਅਤੇ ਜੋ ਸਾਧਾਰਨ ਤੌਰ ਤੇ ਸ਼ੈਲਾਂ ਜਾਂ ਦਰਖ਼ਤਾਂ ਉੱਤੇ ਪਾਏ ਜਾਂਦੇ ਹਨ।

life science/ਜੀਵ ਵਿਗਿਆਨ ਸਜੀਵ ਚੀਜ਼ਾਂ ਦਾ ਅਧਿਅਨ।

lift/ਉੱਥਾਨ ਕਿਸੇ ਚੀਜ਼ ਉੱਤੇ ਇੱਕ ਉਠਾਵ ਬਲ ਜੋ ਇੱਕ ਤਰਲ ਵਿੱਚ ਜਾਂਦੀ ਹੈ।

lightning/ਬਿਜਲੀ ਇੱਕ ਨਿਰਾਵੇਸ ਜੋ ਦੋ ਵਿਪਰੀਤ ਚਾਰਜ ਤਲਾਂ ਵਿੱਚਕਾਰ ਹੁੰਦਾ ਹੈ, ਜਿਵੇਂ ਕਿ ਇੱਕ ਬੱਦਲ ਅਤੇ ਜ਼ਮੀਨ, ਦੋ ਬੱਦਲਾਂ ਵਿੱਚਕਾਰ, ਜਾਂ ਇੱਕ ਬੱਦਲ ਦੇ ਦੋ ਭਾਗਾਂ ਵਿੱਚਕਾਰ।

light-year/ਪ੍ਰਕਾਸ਼ ਵਰੁ ਉਹ ਫਾਸਲਾ ਜੋ ਇੱਕ ਵਰੁ ਵਿੱਚ ਰੋਸ਼ਨੀ ਤੈਅ ਕਰਦੀ ਹੈ; ਲੱਗਭਗ 9.46 ਟ੍ਰਿਲਿਯਨ ਕਿਲੋਮੀਟਰ।

lipid/ਲੀਪਿਡ ਇੱਕ ਵਸਾ ਅਣੂ ਜਾਂ ਇੱਕ ਅਣੂ ਜਿਸਦੀ ਸਮਾਨ ਵਿਸ਼ੇਸ਼ਤਾਵਾਂ ਹੁੰਦੀ ਹਨ; ਉਦਾਹਰਨਾਂ ਵਿੱਚ ਤੇਲ, ਮੋਮ, ਅਤੇ ਸਟੈਰੌਯਡ ਸ਼ਾਮਿਲ ਹਨ

liquid/ਤਰਲ ਪਦਾਰਥ ਦੀ ਇੱਕ ਅਵਸਥਾ ਜਿਸਦਾ ਇੱਕ ਨਿਸ਼ਚਿਤ ਪਰੀਮਾਣ ਹੁੰਦਾ ਹੈ ਪਰ ਨਿਸ਼ਚਿਤ ਆਕਾਰ ਨਹੀ ਹੁੰਦਾ।

lithosphere/ਸਥਲਮੰਡਲ ਧਰਤੀ ਦਾ ਠੋਸ, ਬਾਹਰੀ ਸਤਹ ਜਿਸ ਵਿੱਚ ਕ੍ਰਸਟ ਅਤੇ ਮੈਂਟਲ ਦਾ ਕਠੋਰ ਉਪਰਲਾ ਭਾਗ ਹੁੰਦਾ ਹੈ।

littoral zone/ਤਟਵਰਤੀ ਜ਼ੋਨ ਕਿਸੇ ਤਾਲ ਜਾਂ ਸਰੋਵਰ ਦਾ ਛਿਛਲਾ ਜ਼ੋਨ ਜਿੱਥੇ ਰੋਸ਼ਨੀ ਪੋਸ਼ਕ ਪੌਧਿਆਂ ਅਤੇ ਹੇਠਾਂ ਵਿਚਕਾਰ ਪਹੁੰਚਦੀ ਹੈ।

liver/ਜੀਗਰ ਸ਼ਰੀਰ ਦਾ ਸਭ ਤੋਂ ਵੱਡਾ ਅੰਗ; ਇਹ ਪਿੱਤ ਬਣਾਉਂਦਾ ਹੈ, ਖੂਨ ਸੰਗ੍ਰਹਿਤ ਅਤੇ ਸਾਫ਼ ਕਰਦਾ ਹੈ ਅਤੇ ਵੱਧ ਸ਼ੱਕਰ ਗਲਾਇਕੋਜਨ ਦੇ ਤੌਰ ਦੇ ਸੰਗ੍ਰਹਿਤ ਕਰਦਾ ਹੈ।

load/ਭਾਰ ਇੱਕ ਧਾਰਾ ਦੁਆਰਾ ਚੁੱਕੀ ਗਈ ਚੀਜ਼ਾਂ; ਭੌਮਿਕੀ ਬਣਾਵਟਾਂ ਉੱਤੇ ਪਏ ਸ਼ੈਲਾਂ ਦੇ ਵੱਧ ਢੇਰ ਵੀ।

loess/ਲੋਜਸ ਹਵਾ ਦੁਆਰਾ ਇੱਕਠੇ ਕਿੱਤੇ ਕੁਆਰਟਜ਼, ਫ਼ੇ ਡਸਪਾਰ, ਹੋਰਨਬਲੈਂਡ, ਮਾਈਕਾ, ਅਤੇ ਕਲੇ ਦੇ ਬਹੁਤ ਨਰਮ ਅਵਸਾਦ।

longitude/ਦੇਸ਼ਾਂਤਰ ਰੇਖਾ (ਲਾਂਗੀਟਿਊਡ) ਪ੍ਰਾਈਮ ਮੈਰੀਡੀਅਨ ਤੋਂ ਪੂਰਬ ਅਤੇ ਪੱਛਿਮ ਤੱਕ ਦਾ ਫ਼ਾਸਲਾ; ਇਹ ਡਿਗ੍ਰੀ ਵਿੱਚ ਦਰਸ਼ਾਇਆ ਜਾਂਦਾ ਹੈ।

longitudinal wave/ਦੇਸ਼ਾਂਤਰੀਏ ਤਰੰਗ ਇੱਕ ਤਰੰਗ ਜਿਸ ਵਿੱਚ ਮੀਡੀਅਮ ਦੇ ਕਣ, ਤਰੰਗ ਗਾਤੀ ਦੀ ਦਿਸ਼ਾ ਦੇ ਸਮਾਂਤਰ ਕੰਬਦੇ ਹਨ।

longshore current/ਲੰਬਾ-ਤਟ ਕਰੰਟ ਇੱਕ ਪਾਣੀ ਦਾ ਕਰੰਟ ਜੋ ਤਟੀਏ ਰੇਖਾ ਦੇ ਨੇੜੇ ਅਤੇ ਸਮਾਂਤਰ ਚੱਲਦਾ ਹੈ।

loudness/ਧਵਨੀ ਪ੍ਰਬਲਤਾ ਇੱਕ ਸੀਮਾ ਜਿਸ ਤੱਕ ਆਵਾਜ਼ ਸੁਣੀ ਜਾ ਸਕਦੀ ਹੈ।

low earth orbit/ਧਰਤੀ ਦੀ ਘੱਟ ਜਮਾਤ ਇੱਕ ਜਮਾਤ ਜੋ ਧਰਤੀ ਦੇ ਤਲ ਨਾਲੋਂ 1,500 ਕਿਮੀ ਘੱਟ ਹੈ।

lung/ਫਿਫੜਾ ਇੱਕ ਸਾਂ ਸੰਬੰਧਿਤ ਅੰਗ ਜਿਸ ਵਿੱਚ ਹਵਾ ਚੋਂ ਆਕਸੀਜਨ, ਖੂਨ ਚੋਂ ਕਾਰਬਨ ਡਾਇਆਕਸਾਈਡ ਨਾਲ ਬਦਲ ਜਾਂਦੀ ਹੈ।

luster/ਚਮਕ (ਲਸਟਰ) ਉਹ ਤਰੀਕਾ ਜਿਸ ਵਿੱਚ ਇੱਕ ਖਨਿਜ ਰੋਸ਼ਨੀ ਪਰੀਵਰਤਿਤ ਕਰਦਾ ਹੈ।

lymph/ਲ਼ਿੰਫ-ਤਰਲ ਅਜਿਹਾ ਤਰਲ ਜੋ ਲਸੀਕਾ ਨਾੜੀਆਂ ਅਤੇ ਨਿਸਪੰਦਾਂ (ਨੋਡ) ਦੁਆਰਾ ਸੰਗ੍ਰਹਿਤ ਹੁੰਦਾ ਹੈ।

lymph node/ਲ਼ਿੰਫ-ਤਰਲ ਨਿਸਪੰਦ (ਨੋਡ) ਇੱਕ ਅੰਗ ਜੋ ਲ਼ਿੰਫ-ਤਰਲ ਨੂੰ ਫ਼ਿਲਟਰ ਕਰਦਾ ਹੈ ਅਤੇ ਜੋ ਲਸੀਕਾ ਨਾੜੀਆਂ ਦੇ ਨਾਲ ਪਾਇਆ ਜਾਂਦਾ ਹੈ।

lymphatic system/ਲਸੀਕਾ ਨਾੜੀ ਤੰਤਰ ਅਜਿਹੇ ਅੰਗਾਂ ਦਾ ਸੰਗ੍ਰਹਣ ਜਿਹਨਾਂ ਦਾ ਪ੍ਰਾਥਮਿਕ ਕੰਮ ਵੱਧਕੋਸ਼ਾਣੂ ਵਾਲੇ ਤਰਲ ਨੂੰ ਸੰਗ੍ਰਹਿਤ ਕਰਨਾ ਅਤੇ ਉਸਨੂੰ ਵਾਪਿਸ ਖੂਨ ਵਿੱਚ ਮਿਲਾਉਣਾ ਹੈ; ਇਸ ਤੰਤਰ ਵਿੱਚ ਸ਼ਾਮਿਲ ਅੰਗ, ਲ਼ਿੰਫ-ਤਰਲ ਨਿਸਪੰਦ (ਨੋਡ) ਅਤੇ ਲਸੀਕਾ ਨਾੜੀਆਂ ਹਨ।

lysosome/ਲਾਇਸੋਸਮ ਇੱਕ ਕੋਸ਼ਾਣੂ ਅੰਗਕ ਜਿਸ ਵਿੱਚ ਪਾਚਨ ਰਸ ਹੁੰਦੇ ਹਨ।

M

machine/ਮਸ਼ੀਨ ਇੱਕ ਉਪਕਰਣ ਜੋ ਕੰਮ ਕਰਨ ਵਿੱਚ ਜਾਂ ਤੇ ਬਲ ਨੂੰ ਵੱਧਾ ਕੇ ਜਾਂ ਫਿਰ ਲਾਗੂ ਬਲ ਦੀ ਦਿਸ਼ਾ ਬਦਲ ਮਦਦ ਕਰਦੀ ਹੈ।

macrophage/ਮਹਾਭਕਸ਼ੀ ਕੋਸ਼ ਇੱਕ ਰੱਖਿਅਕ ਪ੍ਰਣਾਲੀ ਕੋਸ਼ਾਣੂ ਜੋ ਪੈਥੋਜਨਸ ਅਤੇ ਦੂਜੀ ਚੀਜ਼ਾਂ ਨੂੰ ਨਿਗਲ ਜਾਂਦਾ ਹੈ।

mafic/ਮੈਫ਼ਿਕ ਇਹ ਉਹਨਾਂ ਮੈਗਮਾ ਜਾਂ ਅਗਨਿਜ ਸ਼ੈਲਾਂ ਦਾ ਵਰਣ ਕਰਦਾ ਹੈ ਜਿਹਨਾਂ ਵਿੱਚ ਭਰਪੁਰ ਮੈਗਨੀਸ਼ੀਯਮ ਅਤੇ ਲੌਹ ਹੁੰਦਾ ਹੈ ਅਤੇ ਜੋ ਆਮਤੌਰ ਤੇ ਗਹਰੇ ਰੰਗ ਵਿੱਚ ਹੁੰਦਾ ਹੈ।

magma chamber/ਮੈਗਮਾ ਚੈਂਬਰ ਗਲਿਤ ਸ਼ੈਲਾਂ ਦਾ ਢੇਰ ਜਿਸ ਨਾਲ ਜਵਾਲਾਮੁੱਖੀ ਬਣਦਾ ਹੈ।

magnet/ਚੁਮਬਕ ਕੋਈ ਵੀ ਚੀਜ਼ ਜੋ ਲੋਹੇ ਜਾਂ ਲੋਹੇ ਤੋਂ ਬਣੀ ਚੀਜ਼ਾਂ ਨੂੰ ਆਪਣੇ ਪਾਸੇ ਖਿੱਚਦਾ ਹੈ।

magnetic declination/ਚੁਮਬਕੀਏ ਦਿਕਪਾਤ ਚੁਮਬਕੀਏ ਉੱਤਰ ਅਤੇ ਅਸਲੀ ਉੱਤਰ ਵਿੱਚਕਾਰ ਅੰਤਰ।

magnetic force/ਚੁਮਬਕੀਏ ਬਲ ਵਿਦ੍ਰੁੱਤੀਏ ਚਾਰਜ ਨੂੰ ਚੱਲਾਉਣ ਜਾਂ ਘੁੰਮਾਉਣ ਦੁਆਰਾ ਬਣਨ ਵਾਲਾ ਖਿੱਚਣ ਜਾਂ ਧਕੇ ਲਣ ਦਾ ਬਲ।

magnetic pole/ਚੁਮਬਕੀਏ ਪੋਲ ਦੋ ਬਿੰਦੂਆਂ ਦਾ ਇੱਕ, ਜਿਵੇਂ ਕਿ ਇੱਕ ਚੁੰਬਕ ਦੇ ਅੰਤ, ਜੋ ਚੁਮਬਰੀਏ ਗੁਣਵੱਤਾ ਦਾ ਵਿਰੋਧ ਕਰਦਾ ਹੈ।

magnitude/ਪਰੀਮਾਣ ਕਿਸੇ ਭੂਕੰਪ ਦੇ ਬਲ ਦਾ ਨਾਪ।

main sequence/ਮੁੱਖ ਕ੍ਰਮ ਐਚ-ਆਰ ਆਰੇਖ ਉੱਤੇ ਇੱਕ ਥਾਂ ਜਿੱਥੇ ਜ਼ਿਆਦਾਤਰ ਤਾਰੇ ਹੁੰਦੇ ਹਨ; ਇਹ ਨਿਮਨ ਸੱਜੇ ਪਾਸੇ (ਘੱਟ ਤਾਪ ਅਤੇ ਦੀਪਤੀ) ਤੋਂ ਉਪਰਲੇ ਖੱਬੇ ਪਾਸੇ (ਉੱਚ ਤਾਪ ਅਤੇ ਦੀਪਤੀ) ਤੱਕ ਇੱਕ ਕਰਣੀਏ ਸਾਂਚਾ ਹੈ।

malnutrition/ਕੁਪੋਸ਼ਣ ਪੋਸ਼ਣ ਦਾ ਬਿਗੜਨਾ, ਜੋ ਤਾਂ ਹੁੰਦਾ ਹੈ ਜਦੋਂ ਕੋਈ ਬੰਦਾ ਹਰ ਇੱਕ ਪੋਸ਼ਕ ਤੱਤ ਉਸ ਮਾਤਰਾ ਵਿੱਚ ਨਹੀ ਲੈਂਦਾ ਜਿਸ ਦੀ ਮਨੁੱਖੀ ਸਰੀਰ ਨੂੰ ਲੋੜ ਹੁੰਦੀ ਹੈ।

mammary gland/ਸਤਨਗ੍ਰੰਥੀ ਜਨਾਨੀ ਸਤਨਧਾਰੀਆਂ ਵਿੱਚ, ਇੱਕ ਗ੍ਰੰਥੀ ਜੋ ਦੁੱਧ ਕੱਢਦੀ ਹੈ।

mantle/ਮੈਂਟਲ ਧਰਤੀ ਦੇ ਕ੍ਰਸਟ ਅਤੇ ਕੋਰ ਵਿੱਚਕਾਰ ਸ਼ੈਲ ਦੀ ਸਤਹ।

map/ਨਕਸ਼ਾ ਕਿਸੇ ਭੌਤਿਕ ਪਿੰਡ ਜਿਵੇਂ ਧਰਤੀ, ਦੀ ਵਿਸ਼ੇ ਸ਼ਤਾਵਾਂ ਦਾ ਪ੍ਰਤੀਰੁਪਣ।

marsh/ਦਲਦਲ ਇੱਕ ਦਰਖ਼ਤਹੀਨ ਗਿੱਲਾਸਥਲ ਈਕੋਪ੍ਰਣਾਲੀ ਜਿੱਥੇ ਪੌਦੇ ਜਿਵੇਂ ਘਾਸ ਉੱਗਦੀ ਹੈ।

marsupial/ਸ਼ਿਸ਼ੁਧਾਨੀ ਜੀਵ ਇੱਕ ਸਤਨਧਾਰੀ ਜੋ ਆਪਣੇ ਬੱਚੇ ਨੂੰ ਇੱਕ ਥੈਲੀ ਵਿੱਚ ਲੈ ਜਾਂਦਾ ਅਤੇ ਪਾਲਦਾ ਹੈ।

mass/ਮਾਤ੍ਰਾ ਕਿਸੇ ਚੀਜ਼ ਵਿੱਚ ਪਦਾਰਥ ਦੀ ਰਾਸ਼ੀ ਦਾ ਨਾਪ।

mass movement/ਸਥਲਖੰਡ ਸੰਚਲਨ ਜਮੀਨ ਦੇ ਭਾਗ ਦਾ ਢੱਲਾਨ ਵਿੱਚ ਜਾਣਾ।

mass number/ਮਾਤ੍ਰਾ ਸੰਖਿਆ ਇੱਕ ਪਰਮਾਣੂ ਦੇ ਕੇਂਦਰ ਵਿੱਚ ਪ੍ਰੋਟੇਨਾਂ ਅਤੇ ਨਿਯੂਟ੍ਰੇਨਾਂ ਦੀ ਸੰਖਿਆਵਾਂ ਦਾ ਜੋੜ।

material resource/ਪਦਾਰਥ ਸੰਸਾਧਨ ਇੱਕ ਕੁਦਰਤੀ ਸੰਸਾਧਨ ਜੋ ਚੀਜ਼ਾਂ ਬਣਾਉਣ ਲਈ ਜਾਂ ਭੋਜਨ ਅਤੇ ਪੀਣ ਦੇ ਤੌਰ ਤੇ ਖਪਤ ਕਰਨ ਲਈ, ਮਨੁੱਖ ਵਰਤਦੇ ਹਨ

matter/ਪਦਾਰਥ ਕੋਈ ਵੀ ਚੀਜ਼ ਜਿਸ ਵਿੱਚ ਮਾਤ੍ਰਾ ਹੁੰਦੀ ਹੈ ਅਤੇ ਥਾਂ ਘੇਰਦੀ ਹੈ।

mean/ਔਸਤ ਦਿੱਤੇ ਲੱਛਣਾਂ ਲਈ ਡੇਟਾ ਨੂੰ ਜੋੜ ਕੇ ਪ੍ਰਾਪਤ ਸੰਖਿਆ ਅਤੇ ਇਸ ਜੋੜ ਨੂੰ ਏਕਲਾਂ ਦੀ ਸੰਖਿਆ ਨਾਲ ਭਾਗ ਕਰਨਾ।

mechanical advantage/ਮਸ਼ੀਨੀ ਫ਼ਾਇਦਾ ਇੱਕ ਸੰਖਿਆ ਜੋ ਦੱਸਦੀ ਹੈ ਕਿ ਮਸ਼ੀਨ ਨੇ ਕਿਹਨੀ ਵਾਰ ਬਲ ਨੂੰ ਗੁਣਾ ਕਿੱਤਾ।

mechanical efficiency/ਮਸ਼ੀਨੀ ਸਮਤਾ ਊਰਜਾ ਜਾਂ ਬਲ ਦੇ ਨਿਵੇਸ਼ (input) ਨਾਲ ਨਿਪਜ (output) ਦਾ ਅਨੁਪਾਤ; ਇਹ ਕੰਮ ਨਿਵੇਸ਼ ਨੂੰ ਕੰਮ ਨਿਪਜ ਨਾਲ ਕੱਢਿਆ ਜਾ ਸਕਦਾ ਹੈ।

mechanical energy/ਮਸ਼ੀਨੀ ਊਰਜਾ ਕਿਸੇ ਚੀਜ਼ ਦੁਆਰਾ ਕਿੱਤੇ ਜਾ ਸਕਣ ਵਾਲੇ ਕੰਮ ਦੀ ਮਾਤ੍ਰਾ, ਚੀਜ਼ ਦੀ ਗਤੀ ਅਤੇ ਸਥਿਤੀ ਸ਼ਕਤੀ ਦੇ ਕਾਰਨ।

mechanical weathering/ਮਸ਼ੀਨੀ ਛਿਜਨ ਭੌਮਿਕ ਸਾਧਨਾਂ ਦੁਆਰਾ ਸ਼ੈਲਾਂ ਦਾ ਛੋਟੇ ਟੁਕੜਿਆਂ ਵਿੱਚ ਟੁੱਟਣਾ।

median/ਮੀਡੀਅਨ ਜਦੋਂ ਡੇਟਾ ਆਕਾਰ ਦੇ ਕ੍ਰਮ ਵਿੱਚ ਵਿਵਸਥਿਤ ਹੁੰਦਾ ਹੈ ਤੇ ਮੱਧਲੇ ਪਦ ਦੀ ਵੈਲਯੂ।

medium/ਮੀਡੀਅਮ ਇੱਕ ਭੌਮਿਕ ਵਾਤਾਵਰਣ ਜਿਸ ਵਿੱਚ ਫਿਨੋਮੀਨਾ ਹੁੰਦਾ ਹੈ।

meiosis/ਮਾਈਓਸਿਸ ਕੋਸ਼ਾਣੂ ਭਾਜਨ ਵਿੱਚ ਪ੍ਰਕਿਆ ਜਿਸ ਦੇ ਦੌਰਾਨ ਕਰੋਮੋਸਮਜ਼ ਦੀ ਸੰਖਿਆ ਘੱਟ ਕੇ ਅਸਲੀ ਸੰਖਿਆ ਤੋਂ ਅੱਧੀ ਰਹਿ ਜਾਂਦੀ ਹੈ, ਜਿਸਦਾ ਨਤੀਜਾ ਸੰਭੋਗ ਕੋਸ਼ਾਣੂਆਂ (ਗ੍ਰੇਮਟਜ਼ ਜਾਂ ਸਪੋਰਜ) ਦਾ ਉਤਪਾਦਨ ਹੁੰਦਾ ਹੈ।

melting/ਪਿਘਲਣਾ ਅਵਸਥਾ ਦਾ ਬਦਲਣਾ ਜਿਸ ਵਿੱਚ ਇੱਕ ਠੋਸ ਗਰਮ ਕਰਨ ਦੁਆਰਾ ਇੱਕ ਤਰਲ ਬਣ ਜਾਂਦਾ ਹੈ।

memory B cell/ਯਾਦ B ਕੋਸ਼ਾਣੂ ਇੱਕ B ਕੋਸ਼ਾਣੂ ਜੋ, ਜਦੋਂ ਸ਼ਰੀਰ ਇੱਕ ਪ੍ਰਤੀਜਨਕ ਨਾਲ ਦੁਬਾਰਾ ਪ੍ਰਭਾਵਿਤ ਹੁੰਦਾ ਹੈ, ਪ੍ਰਤੀਜਨਕ ਦਾ ਵੱਧ ਮਜ਼ਬੂਤੀ ਨਾਲ ਜੁਆਬ ਦਿੰਦਾ ਹੈ, ਤੇ ਜੋ ਉਹ ਪ੍ਰਤੀਜਨਕ ਨਾਲ ਪਹਿਲੀ ਵਾਰ ਸਾਮਨਾ ਹੋਣ ਤੇ ਕਰਦਾ ਹੈ।

meniscus/ਅਰੱਧਚੰਦ੍ਰਕ ਇੱਕ ਤਰਲ ਦੇ ਤਲ ਤੇ ਗੋਲਾ ਜਿਸ ਨਾਲ ਤਰਲ ਦਾ ਮਾਨ ਕੱਢਿਆ ਜਾਂਦਾ ਹੈ।

mesosphere/ਮੱਧਮੰਡਲ (ਮੀਸੋਸਫੇਰ) ਐਸਥੇਨੋਸਫੇਰ ਅਤੇ ਬਾਹਰਲੇ ਕੋਰ ਵਿੱਚਕਾਰ ਮੈਂਟਲ ਦਾ ਮਜ਼ਬੂਤ, ਥੱਲੇ ਵਾਲਾ ਭਾਗ।; ਸਟ੍ਰੈਟੋਸਫੇਰ ਅਤੇ ਥਰਮੋਸਫੇਰ ਵਿੱਚਕਾਰ ਵਾਤਾਵਰਣ ਦੀ ਸਤਹ ਵੀ ਅਤੇ ਜਿਸ ਵਿੱਚ ਜਿਵੇਂ-ਜਿਵੇਂ ਉੱਚਾਈ ਵੱਧਦੀ ਹੈ ਤਿਵੇਂ-ਤਿਵੇਂ ਤਾਪਮਾਨ ਘੱਟਦਾ ਹੈ।

Mesozoic era/ਮੱਧਜੀਵ ਜੁਗ ਇੱਕ ਭੌਮਿਕੀ ਜੁਗ ਜੋ 251 ਮਿਲੀਜਨ ਤੋਂ 65.5 ਮਿਲੀਜਨ ਵਰ੍ਹਿਆਂ ਪਹਿਲਾਂ ਤੱਕ ਰਿਹਾ ਸੀ; ਇਸਨੂੰ ਰੇਂਗਣ ਵਾਲਿਆਂ ਦਾ ਜੁਗ (*Age of Reptiles*) ਵੀ ਆਖਦੇ ਹਨ।

metabolism/ਰਸ-ਪ੍ਰਕਿਆ ਇੱਕ ਜੀਵ ਵਿੱਚ ਹੋਣ ਵਾਲੀ ਸਾਰੀ ਰਸਾਯਨਿਕ ਪ੍ਰਕਿਆਵਾਂ ਦਾ ਜੋੜ।

metal/ਧਾਤੁ ਇੱਕ ਤੱਤ ਜੋ ਚਮਕੀਲਾ ਹੁੰਦਾ ਹੈ ਅਤੇ ਜੋ ਗਰਮੀ ਅਤੇ ਬਿਜਲੀ ਦਾ ਚੰਗੀ ਤਰ੍ਹਾਂ ਸੰਚਲਨ ਕਰਦਾ ਹੈ।

metallic bond/ਧਾਤੁ ਬੰਧਕ ਧੁਨਾਤਮੱਕ ਚਾਰਜ ਧਾਤੁ ਆਯਨਜ਼ ਅਤੇ ਉਹਨਾਂ ਦੇ ਆਲੇ-ਦੁਆਲੇ ਦੇ ਈਲੈਕਟ੍ਰਾਨਾਂ ਵਿੱਚਕਾਰ ਖਿੱਚ ਦੁਆਰਾ ਬਣੇ ਬੰਧਕ।

metalloid/ਉਪਧਾਤੁ ਉਹ ਤੱਤ ਜਿਹਨਾਂ ਵਿੱਚ ਧਾਤੁ ਅਤੇ ਗੈਰ-ਘਾਤੁ ਦੋਹਾਂ ਦੀ ਵਿਸ਼ੇਸ਼ਤਾਵਾਂ ਹੁੰਦੀ ਹਨ।

metamorphosis/ਕਾਇਆਂਤਰਣ ਬਤੇਰੇ ਜਾਨਵਰਾਂ ਦੇ ਜੀਵਨ ਚੱਕਰ ਵਿੱਚਲੀ ਇੱਕ ਅਵਸਥਾ ਜਿਸ ਦੌਰਾਨ ਅਪੂੰਨ ਜੀਵ ਤੋਂ ਪੂੰਨ ਬਣਨ ਦਾ ਤੇਜ ਬਦਲਾਵ ਹੁੰਦਾ ਹੈ; ਇੱਕ ਉਦਾਹਰਣ ਹੈ ਕਿ ਮੱਛਰਾਂ ਵਿੱਚਕਾਰ, ਲਾਰਵਾ ਦਾ ਪੂੰਨ ਵਿੱਚ ਤੇਜੀ ਨਾਲ ਬਦਲਣਾ।

meteor/ਉਲਕਾ ਰੋਸ਼ਨੀ ਦੀ ਇੱਕ ਚਮਕਦਾਰ ਲਕੀਰ ਜੋ ਤਾਂ ਹੁੰਦੀ ਹੈ ਜਦੋਂ ਇੱਕ ਉਲਕਾ-ਪਰਮਾਣੂ ਧਰਤੀ ਦੇ ਵਾਤਾਵਰਣ ਵਿੱਚ ਜਲਦਾ ਹੈ।

meteorite/ਉਲਕਾਪਿੰਡ ਇੱਕ ਉਲਕਾ-ਪਰਮਾਣੂ ਜੋ ਪੂਰੀ ਤਰ੍ਹਾਂ ਜੱਲੇ ਬਿਨਾ ਧਰਤੀ ਦੇ ਤਲ ਤੱਕ ਪਹੁੰਚ ਜਾਂਦਾ ਹੈ।

meteoroid/ਉਲਕਾ ਪਰਮਾਣੂ ਇੱਕ ਛੋਟਾ, ਸ਼ੈਲੀਏ ਪਿੰਡ ਜੋ ਅੰਤਰਿਕ੍ਸ਼ ਤੋਂ ਆਉਂਦਾ ਹੈ।

meteorology/ਮੌਸਮ ਵਿਗਿਆਨ ਧਰਤੀ ਦੇ ਵਾਤਾਵਰਣ ਦਾ ਵਿਗਿਆਨਿਕ ਅਧਿਅਨ, ਖ਼ਾਸਤੌਰ ਤੇ ਮੌਸਮ ਅਤੇ ਆਬੋਹਵਾ ਦੇ ਸੰਬੰਧ ਵਿੱਚ।

meter/ਮੀਟਰ SI ਵਿੱਚ ਲੰਬਾਈ ਦੀ ਮੂਲ ਈਕਾਈ (ਪ੍ਰਤੀਕ, m)।

microclimate/ਛੋਟੀ ਆਬੋਹਵਾ ਇੱਕ ਛੋਟੇ ਖੇਤਰ ਦੀ ਆਬੋਹਵਾ।

microprocessor/ਮਾਈਕ੍ਰੋਪ੍ਰੋਸੈਸਰ ਇੱਕ ਏਕਲ ਸੇਮੀਕਨਡਕਟਰ ਚਿਪ ਜੋ ਮਾਈਕ੍ਰੋਕੰਪਯੂਟਰ ਦੇ ਨਿਰਦੇਸ਼ਾਂ ਨੂੰ ਨਿਜ ਤਰਿਤ ਅਤੇ ਉਹਨਾਂ ਦੀ ਪਾਲਣਾ ਕਰਦਾ ਹੈ।

mid-ocean ridge/ਮਹਾਸਾਗਰ ਵਿੱਚਲਾ ਟੀਲਾ ਇੱਕ ਲੰਬਾ, ਸਮੁੰਦਰ ਵਿੱਚਲੀ ਪਰਬਤ ਸ਼੍ਰੰਖਲਾ ਜੋ ਵੱਡੇ ਮਹਾਸਾਗਰਾਂ ਦੇ ਤਲਾਂ ਦੇ ਨਾਲ ਬਣਦੀ ਹੈ।

mineral/ਮਿਨਰਲ ਪੋਸ਼ਕ ਤੱਤ ਦਾ ਇੱਕ ਵਰਗ ਜੋ ਰਸਾਯਨਿਕ ਤੱਤ ਹੁੰਦੇ ਹਨ ਜੋ ਨਿਸ਼ਚਿਤ ਸ਼ਾਰੀਰਿਕ ਪ੍ਰਕਿਆਵਾਂ ਲਈ ਲੋੜੀਂਦੇ ਹੁੰਦੇ ਹਨ।

mineral/ਧਨਿਜ ਕੁਦਰਤੀ ਤੌਰ ਤੇ ਬਣਨ ਵਾਲਾ ਇੱਕ ਅਜੈਵਿਕ ਠੋਸ ਜਿਸਦੀ ਇੱਕ ਨਿਸ਼ਚਿਤ ਰਸਾਯਨਿਕ ਬਣਾਵਟ ਹੁੰਦੀ ਹੈ।

mitochondrion/ਸੂਤਰਕਣਿਕਾ ਯੂਕਾਰੀਓਟਜ਼ ਕੋਸ਼ਾਣੂਆਂ ਵਿੱਚ, ਕੋਸ਼ਾਣੂ ਅੰਗਕ ਜੋ ਦੋ ਝਿੱਲੀਆਂ ਦੁਆਰਾ ਘਿਰੇ ਹੁੰਦੇ ਹਨ ਅਤੇ ਜੋ ਕੋਸ਼ਿਕ ਸ਼ਵਾਸ ਦੀ ਥਾਂ ਹੁੰਦੀ ਹੈ।

mitosis/ਸਮਸੂਤਰਣ ਯੂਕਾਰੀਓਟਜ਼ ਕੋਸ਼ਾਣੂਆਂ ਵਿੱਚ, ਕੋਸ਼ਾਣੂ ਵਿਭਾਜਨ ਦੀ ਇੱਕ ਪ੍ਰਕਿਆ ਜੋ ਦੋ ਨਵੇਂ ਕੇਂਦਰ ਬਣਾਉਂਦੀ ਹੈ, ਜਿਹਨਾਂ ਚੋਂ ਹਰ ਇੱਕ ਵਿੱਚ ਕਰੋਮੋਸਮਜ਼ ਦੀ ਸਮਾਨ ਸੰਖਿਆ ਹੁੰਦੀ ਹੈ।

mixture/ਮਿਸ਼ਰਣ ਦੋ ਜਾਂ ਵੱਧ ਪਦਾਰਥਾਂ ਦਾ ਇੱਕ ਸੰਯੋਜਨ ਜੋ ਰਸਾਯਨਿਕ ਤੌਰ ਤੇ ਸੰਜੋਜਿਤ ਨਹੀ ਹਨ।

mode/ਮੋਡ ਡੇਟਾ ਸੈਟ ਵਿੱਚ ਬਹੁਤ ਵਾਰ ਆਉਣ ਵਾਲੀ ਵੈਲਯੂ।

model/ਮਾੱਡਲ ਕਿਸੇ ਚੀਜ਼, ਪ੍ਰਨਾਲੀ ਜਾਂ ਧਾਰਨਾ ਦੇ ਢਾਂਚੇ ਜਾਂ ਕ੍ਰਿਆ-ਪ੍ਰਨਾਲੀ ਦਰਸਾਉਣ ਲਈ ਇੱਕ ਨਮੂਨਾ, ਯੋਜਨਾ, ਪ੍ਰਤੀਰੂਪਣ, ਜਾਂ ਵਰਣ।

mold/ਮੋਲਡ ਕਿਸੇ ਅਵਸਾਦੀਏ ਤਲ ਵਿੱਚ ਇੱਕ ਸੈਲ ਜਾਂ ਕਿਸੇ ਦੂਜੇ ਪਿੰਡ ਦੁਆਰਾ ਬਣਿਆ ਇੱਕ ਨਿਸ਼ਾਨ ਜਾਂ ਗੱਡਾ।

mold/ਮੋਲਡ ਜੀਵ-ਵਿਗਿਆਨ ਵਿੱਚ, ਇੱਕ ਫੰਗਸ ਜੋ ਊਨ ਜਾਂ ਕਪਾਸ ਜਿਹੀ ਦਿੱਸਦੀ ਹੈ।

molecule/ਅਣੂ ਕਿਸੇ ਪਦਾਰਥ ਦੀ ਸਭ ਤੋਂ ਛੋਟੀ ਈਕਾਈ ਜਿਸ ਵਿੱਚ ਉਸ ਪਦਾਰਥ ਦੀ ਸਾਰੀ ਕੁਦਰਤੀ ਅਤੇ ਰਸਾਯਨਿਕ ਵਿਸ਼ੇਸ਼ਤਾਵਾਂ ਹੁੰਦੀ ਹਨ।

molting/ਮੋਲਟਿੰਗ ਨਵੇਂ ਭਾਗਾਂ ਦੁਆਰਾ ਬਦਲੇ ਜਾਣ ਵਾਲੇ ਕਿਸੇ ਐਕਸੋਸਕੇਲਟਨ, ਤਵਚਾ, ਪੰਖ, ਜਾਂ ਵਾਲਾਂ ਦਾ ਝੱੜਨਾ।

momentum/ਸੰਵੇਗ ਇੱਕ ਮਾਤ੍ਰਾ ਜੋ ਕਿਸੇ ਚੀਜ਼ ਦੀ ਮਾਤ੍ਰਾ ਅਤੇ ਰਫਤਾਰ ਦੇ ਗੁਣਨਫਲ ਦੇ ਤੌਰ ਤੇ ਪਰੀਭਾਸ਼ਿਤ ਹੁੰਦੀ ਹੈ।

monotreme/ਮੋਨੋਟ੍ਰੀਮ ਇੱਕ ਸਤਨਧਾਰੀ ਜੋ ਅੰਡੇ ਦਿੰਦਾ ਹੈ।

month/ਮਹੀਨਾ ਵਰ੍ਹੇ ਦਾ ਇੱਕ ਵਿਭਾਜਨ ਜੋ ਧਰਤੀ ਦੇ ਆਲੇ-ਦੁਆਲੇ ਚੰਦਰਮਾ ਦੀ ਜਮਾਤ ਉੱਤੇ ਆਧਾਰਿਤ ਹੈ।

motion/ਗਤੀ ਸੰਦਰਭ ਬਿੰਦੂ ਦੇ ਸੰਬੰਧ ਵਿੱਚ ਕਿਸੇ ਚੀਜ਼ ਦੀ ਥਾਂ ਵਿੱਚ ਬਦਲਾਵ।

mudflow/ਮਿੱਟੀ ਦਾ ਬਹਾਵ ਪਾਣੀ ਦੀ ਵੱਡੀ ਮਾਤ੍ਰਾ ਨਾਲ ਮਿਸ਼ਰਿਤ ਮਿੱਟੀ ਜਾਂ ਸ਼ੈਲਾਂ ਅਤੇ ਰੇਤ ਦਾ ਬਹਾਵ।

muscular system/ਮਾਂਸਪੇਸ਼ੀ ਤੰਤਰ ਇੱਕ ਅੰਗ ਪ੍ਰਨਾਲੀ ਜਿਸਦਾ ਪ੍ਰਾਥਮਿਕ ਕੰਮ ਹਰਕਤ ਕਰਨਾ ਅਤੇ ਲਚੀਲਾਪਨ ਹੈ।

mutation/ਬਦਲਾਵ ਇੱਕ ਜੀਨ ਜਾਂ ਡੀਐਨਏ ਅਣੂ ਦੇ ਨਿਊਕਲੀਓਟਾਈਡ-ਆਧਾਰ ਕ੍ਰਮ ਵਿੱਚ ਇੱਕ ਬਦਲਾਵ।

mutualism/ਪਰਸਪਰਵਾਦ ਦੋ ਪ੍ਰਜਾਤੀਆਂ ਵਿੱਚਕਾਰ ਸੰਬੰਧ ਜਿਸ ਵਿੱਚ ਦੋਹਾ ਪ੍ਰਜਾਤੀਆਂ ਨੂੰ ਨਫ਼ਾ ਹੁੰਦਾ ਹੈ।

mycelium/ਕਵਕਜਾਲ ਫੰਗਲ ਤੰਤੁ, ਜਾਂ ਕਵਕਤੰਤੂਆਂ ਦੀ ਮਾਤ੍ਰਾ, ਜੋ ਇੱਕ ਫੰਗਸ ਦਾ ਸ਼ਰੀਰ ਬਣਾਉਂਦੇ ਹਨ।

N

narcotic/ਨਸ਼ੀਲੀ ਦਵਾਈਆਂ ਇੱਕ ਨਸ਼ਾ ਜੋ ਅਫ਼ੀਮ ਤੋਂ ਲਿਤਾ ਜਾਂਦਾ ਹੈ ਅਤੇ ਜੋ ਦਰਦ ਤੋਂ ਛੁਟਕਾਰਾ ਦਿੰਦਾ ਹੈ ਅਤੇ ਇਸ ਨਾਲ ਨੀਂਦ ਆਉਂਦੀ ਹੈ; ਉਦਾਹਰਣਾਂ ਵਿੱਚ ਹੇਰੋਇਨ, ਮੋਰਫ਼ੀਨ, ਅਤੇ ਕੋਡੀਨ ਸ਼ਾਮਿਲ ਹਨ।

NASA/ਨਾਸਾ ਨੈਸ਼ਨਲ ਏਰੋਨੈਟਿਕਸ ਐਂਡ ਸਪੇਸ ਐਡਮਿਨਿਸਟ੍ਰੇਸ਼ਨ।

natural gas/ਕੁਦਰਤੀ ਗੈਸ ਧਰਤੀ ਦੇ ਤਲ ਅੰਦਰ, ਕਈ ਵਾਰ ਪੇਟਰੋਲੀਯਮ ਸੰਗ੍ਰਹ ਦੇ ਨੇੜੇ ਸਥਿਤ ਗੈਸੀਏ ਹਾਇਡ੍ਰੋਕਾਰਬਨਾਂ ਦਾ ਇੱਕ ਮਿਸ਼ਰਣ; ਇੱਕ ਇੰਧਨ ਦੇ ਤੌਰ ਤੇ ਵਰਤਿਆਂ ਜਾਂਦਾ ਹੈ।

natural resource/ਕੁਦਰਤੀ ਸੰਸਾਧਨ ਕੋਈ ਵੀ ਕੁਦਰਤੀ ਚੀਜ਼ ਜੋ ਮਨੁੱਖਾਂ ਦੁਆਰਾ ਵਰਤੀ ਜਾਂਦੀ ਹੈ, ਜਿਵੇਂ ਪਾਣੀ, ਪੇਟ੍ਰੋਲੀਯਮ, ਖਨਿਜ, ਜੰਗਲ, ਅਤੇ ਜਾਨਵਰ।

natural selection/ਕੁਦਰਤੀ ਚੰਣ ਇੱਕ ਪ੍ਰਕਿਆ ਜਿਸ ਨਾਲ ਏਕਲ ਜੋ ਆਪਣੇ ਵਾਤਾਵਰਣ ਦੇ ਅਨੁਕੂਲ ਹਨ, ਉਹਨਾਂ ਏਕਲ ਦੇ ਮੁਕਾਬਲੇ ਜੋ ਘੱਟ ਅਨੁਕੂਲ ਹਨ, ਵੱਧ ਸਫਲਤਾ ਨਾਲ ਜੀਉਂਦੇ ਅਤੇ ਸੰਤਾਨ ਪ੍ਰਾਪਤ ਕਰਦੇ ਹਨ।

neap tide/ਲਘੂ ਜਵਾਰ ਘੱਟਘੱਟ ਰੇਂਜ ਦਾ ਇੱਕ ਜਵਾਰ ਜੋ ਚੰਦਰਮਾ ਦੇ ਪਹਿਲੇ ਅਤੇ ਤੀਜੇ ਚੌਥਾਈ ਵਿੱਚ ਹੁੰਦਾ ਹੈ।

nearsightedness/ਅਦੂਰਦ੍ਰਿਸ਼ਤਾ ਇੱਕ ਸਥਿਤੀ ਜਿਸ ਵਿੱਚ ਅੱਖ ਦਾ ਲੈਂਸ ਦੂਰ ਦੀ ਚੀਜ਼ਾਂ ਨੂੰ ਰੇਟੀਨਾ ਉੱਤੇ ਫੋਕਸ ਕਰਨ ਦੀ ਬਜਾਏ ਰੇਟੀਨਾ ਦੇ ਸਾਹਮਣੇ ਫੋਕਸ ਕਰਦਾ ਹੈ।

nebula/ਨੀਹਾਰਿਕਾ (ਪੁੰਜ) ਅੰਤਰ-ਤਾਰਕੀਏ ਅੰਤਰਿੱਖ ਵਿੱਚ ਗੈਸ ਅਤੇ ਧੂਲ ਦਾ ਇੱਕ ਵੱਡਾ ਬਦੱਲ; ਇੱਕ ਖੇਤਰ ਜਿੱਥੇ ਤਾਰੇ ਪੈਦਾ ਹੁੰਦੇ ਹਨ ਜਾਂ ਜਿੱਥੇ ਆਪਣੀ ਜ਼ਿੰਦਗੀ ਦੇ ਅੰਤ ਵਿੱਚ ਤਾਰੇ ਧਮਾਕੇ ਨਾਲ ਫੱਟ ਜਾਂਦੇ ਹਨ।

nekton/ਤਰਣ ਜਲਚਰ ਸਾਰੇ ਜੀਵ ਜੋ ਕਰੰਟ ਤੋਂ ਆਜ਼ਾਦ, ਖੁੱਲੇ ਪਾਣੀ ਵਿੱਚ ਸਕੀਏਤਾ ਨਾਲ ਤੈਰਦੇ ਹਨ।

nephron/ਵੁੱਕਾਣੂ ਗੁਰਦੇ ਵਿੱਚ ਇੱਕ ਈਕਾਈ ਜੋ ਖੂਨ ਸਾਫ਼ ਕਰਦੀ ਹੈ।

nerve/ਨਾੜੀ ਨਸ ਤੰਤੁ ਦਾ ਸੰਗ੍ਰਹਣ ਜਿਸ ਨਾਲ ਮਾਨਸਿਕ ਪ੍ਰੇਰਨਾ ਕੇਂਦਰੀਏ ਨਾੜੀ ਤੰਤਰ ਅਤੇ ਸ਼ਰੀਰ ਦੇ ਦੂਜੇ ਭਾਗਾਂ ਵਿੱਚਕਾਰ ਸਫ਼ਰ ਕਰਦੀ ਹੈ।

net force/ਮੂਲ ਬਲ ਕਿਸੇ ਚੀਜ਼ ਵਿੱਚਲੇ ਸਾਰੇ ਬਲਾਂ ਦਾ ਮਿਸ਼ਰਣ।

neuron/ਨਾੜੀ ਕੋਸ਼ਿਕਾ ਇੱਕ ਨਾੜੀ ਕੋਸ਼ਾਣੂ ਜੋ ਵਿਸ਼ੇਸ਼ ਰੂਪ ਤੋਂ ਵਿਧੁੱਤੀਏ ਪ੍ਰੇਰਨਾ ਪ੍ਰਾਪਤ ਅਤੇ ਸੰਚਾਰ ਕਰਦਾ ਹੈ।

neutralization reaction/ਉਦਾਸੀਨੀਕਰਣ ਪ੍ਰਤੀਕਿਆ ਪਾਣੀ ਅਤੇ ਨਮਕ ਦਾ ਉਦਾਸੀਨ ਮਿਸ਼ਰਣ ਬਣਾਉਣ ਲਈ ਇੱਕ ਤੇਜ਼ਾਬ ਅਤੇ ਆਧਾਰ ਦੀ ਪ੍ਰਤੀਕਿਆ।

neutron/ਕਲੀਵਾਣੂ (ਨਿਯੂਟਰਾਨ) ਇੱਕ ਉਪ-ਪਰਮਾਣੂ ਕਣ ਜਿਸ ਵਿੱਚ ਕੋਈ ਚਾਰਜ ਨਹੀਂ ਹੁੰਦਾ ਅਤੇ ਜੋ ਕਿਸੇ ਪਰਮਾਣੂ ਦੇ ਕੇਂਦਰ ਵਿੱਚ ਪਾਇਆ ਜਾਂਦਾ ਹੈ।

neutron star/ਨਿਉਟ੍ਰਾਨ ਤਾਰਾ   ਇੱਕ ਤਾਰਾ ਜੋ ਗ੍ਰੈਵਿਟੀ ਅੰਦਰ ਉਸ ਬਿੰਦੂ ਤੱਕ ਸਿਕੁੜ ਜਾਂਦਾ ਹੈ ਜਿੱਥੇ ਇਲੈਕਟ੍ਰਾਨ ਅਤੇ ਪ੍ਰੋਟੋਨ ਨਿਉਟ੍ਰਾਨ ਬਣਾਉਣ ਲਈ ਇੱਕਠੇ ਹੁੰਦੇ ਹਨ।

newton/ਨਿਉਟਨ   ਬਲ ਲਈ SI ਈਕਾਈ (ਪ੍ਰਤੀਕ, N)।

nicotine/ਨਿਕੋਟੀਨ   ਇੱਕ ਵਿਸ਼ੈਲਾ, ਲਤੀ ਰਸਾਯਨ ਜੋ ਤਮਬਾਕੂ ਵਿੱਚ ਵਿੱਚ ਪਾਇਆ ਜਾਂਦਾ ਹੈ ਅਤੇ ਜੋ ਧ੍ਰੁਮਪਾਨ ਦੇ ਨੁਕਸਾਨਦੇਹ ਪ੍ਰਭਾਵਾਂ ਵਿੱਚ ਮੁੱਖ ਅੰਸ਼ਦਾਤਾਵਾਂ ਚੋਂ ਇੱਕ ਹੈ।

nitrogen cycle/ਨਾਈਟ੍ਰੋਜਨ ਚੱਕਰ   ਇੱਕ ਪ੍ਰਕਿਆ ਜਿਸ ਵਿੱਚ ਨਾਈਟ੍ਰੋਜਨ ਈਕੋਪ੍ਰਨਾਲੀ ਵਿੱਚ ਹਵਾ, ਮਿੱਟੀ, ਪਾਣੀ, ਪੌਧਿਆਂ ਅਤੇ ਜਾਨਵਰਾਂ ਵਿੱਚ ਪ੍ਰਚਾਲਿਤ ਹੁੰਦੀ ਹੈ।

noble gas/ਨੋਬਲ ਗੈਸ   ਆਵਰਤੀ ਸਾਰਣੀ (periodic table) ਦੇ ਸਮੂਹ 18 ਦੇ ਤੱਤਾਂ ਚੋਂ ਇੱਕ (ਹੀਲੀਯਮ, ਨਿਓਨ, ਆਰਗਾਨ, ਕ੍ਰਿਪਟਨ, ਐਕਸੇਨਨ, ਅਤੇ ਰੇਡਨ); ਨੋਬਲ ਗੈਸਾਂ ਅਪ੍ਰਤੀਕ੍ਰਿਆਸ਼ੀਲ ਹੁੰਦੀਆ ਹਨ।

noise/ਧ੍ਵੱਨੀ   ਇੱਕ ਆਵਾਜ਼ ਜਿਸ ਵਿੱਚ ਆਵਰਤੀਆਂ ਦਾ ਅਨਿਸ਼ਚਿਤ ਮਿਸ਼ਰਣ ਹੁੰਦਾ ਹੈ।

nonfoliated/ਗੈਰਪੱਤ੍ਰਿਤ   ਰੂਪਾਂਤਰਿਕ ਸ਼ੈਲ ਦੀ ਬਨਾਵਟ ਦਾ ਵਰਣਨ ਕਰਦਾ ਹੈ ਜਿਹਨਾਂ ਵਿੱਚ ਸਮਤਲਾਂ ਅਤੇ ਬੈਂਡਾਂ ਵਿੱਚ ਖਨਿਜ ਗ੍ਰੇਨਜ਼ ਵਿਵਸਥਿਤ ਨਹੀ ਹੁੰਦੇ।

noninfectious disease/ਗੈਰਸੰਕ੍ਰਮਿਤ ਬੀਮਾਰੀ   ਇੱਕ ਬੀਮਾਰੀ ਜੋ ਇੱਕ ਬੰਦੇ ਦੂਜੇ ਤੱਕ ਨਹੀ ਫੈਲ ਸਕਦੀ।

nonmetal/ਗੈਰਧਾਤੁ   ਇੱਕ ਤੱਤ ਜੋ ਗਰਮੀ ਅਤੇ ਬਿਜਲੀ ਦਾ ਚੰਗੀ ਤਰ੍ਹਾਂ ਸੰਚਾਲਨ ਨਹੀ ਕਰਦਾ।

nonpoint-source pollution/ਗੈਰਬਿੰਦੂ-ਸ੍ਰੋਤ ਪ੍ਰਦੂਸ਼ਨ   ਅਜਿਹਾ ਪ੍ਰਦੂਸ਼ਨ ਜੋ ਇੱਕ ਏਕਲ, ਨਿਸ਼ਚਿਤ ਥਾਂ ਦੇ ਬਦਲੇ ਕਈ ਸੋਤ੍ਰਾਂ ਤੋਂ ਆਉਂਦਾ ਹੈ।

nonrenewable resource/ਗੈਰਨਵੀਨੀਕਰਣਜੋਗ ਸੰਸਾਧਨ   ਇੱਕ ਸੰਸਾਧਨ ਅਜਿਹੀ ਰਫ਼ਤਾਰ ਨਾਲ ਬਣਦਾ ਹੈ ਜੋ ਉਸ ਰਫ਼ਤਾਰ ਤੋਂ ਬਹੁਤ ਘੱਟ ਹੈ ਜਿਸ ਤੇ ਉਹਨਾਂ ਦੀ ਖਪਤ ਹੁੰਦੀ ਹੈ।

nonsilicate mineral/ਗੈਰਸਿਲੀਕੇਟ ਖਨਿਜ   ਇੱਕ ਖਨਿਜ ਜਿਸ ਵਿੱਚ ਸਿਲੀਕਨ ਅਤੇ ਆਕਸੀਜਨ ਦੇ ਮਿਸ਼ਰਣ ਨਹੀ ਹੁੰਦੇ।

nonvascular plant/ਗੈਰਵਾਹਿਨੀ ਪੌਧੇ   ਪੌਧਿਆਂ ਦੇ ਤਿੰਨ ਸਮੂਹ (ਲਿਵਰਵਰਟਜ਼, ਹਾਰਨਵਰਟਜ਼, ਅਤੇ ਮੋਸਿਜ਼) ਜਿਹਨਾਂ ਵਿੱਚ ਵਿਸ਼ੇਸ਼ ਸੰਚਾਲਕ ਟਿਸ਼ੂਆਂ ਅਤੇ ਸੱਚੀ ਜੜ੍ਹਾਂ, ਤਨਿਆਂ, ਅਤੇ ਪੱਤੀਆਂ ਦੀ ਕਮੀ ਹੁੰਦੀ ਹੈ।

nuclear chain reaction/ਪਰਮਾਣੂ ਚੱਕਰ ਪ੍ਰਤੀਕ੍ਰਿਆ   ਪਰਮਾਣੂ ਵਿਸਫੋਟ ਪ੍ਰਤੀਕ੍ਰਿਆਵਾਂ ਦੀ ਲਗਾਤਾਰ ਕ੍ਰਮ।

nuclear energy/ਪਰਮਾਣੂ ਉਰਜਾ   ਕਿਸੇ ਵਿਖੰਡਨ ਜਾਂ ਸੰਗਲਨ ਪ੍ਰਤੀਕ੍ਰਿਆ ਤੋਂ ਨਿਕਲਣ ਵਾਲੀ ਉਰਜਾ; ਪਰਮਾਣੂ ਕੇਂਦਰ ਦੀ ਸੰਜੋਜੀ ਉਰਜਾ।

nuclear fission/ਪਰਮਾਣੂ ਵਿਖੰਡਨ   ਕਿਸੇ ਵੱਡੇ ਪਰਮਾਣੂ ਦੇ   ਕੇਂਦਰ ਦਾ ਦੋ ਜਾਂ ਵੱਧ ਭਾਗਾਂ ਵਿੱਚ ਟੁੱਟਣਾ; ਇਹ ਫਾਲਤੂ ਨਿਉਟ੍ਰਾਨ ਅਤੇ ਉਰਜਾ ਛੱਡਦਾ ਹੈ।

nuclear fusion/ਪਰਮਾਣੂ ਸੰਯੋਜਨ   ਇੱਕ ਵੱਡਾ ਕੇਂਦਰਕ ਬਨਾਉਂਦ ਲਈ ਛੋਟੇ ਪਰਮਾਣੂਆਂ ਦੇ ਕੇਂਦਰਾਂ ਦਾ ਸੰਯੋਜਨ; ਇਹ ਉਰਜਾ ਛੱਡਦਾ ਹੈ।

nucleic acid/ਕੇਂਦਰਕ ਤੇਜਾਬ   ਉਪਇਕਾਈਆਂ ਦਾ ਬਣਿਆ ਇੱਕ ਅਣੂ ਜਿਸਨੂੰ *ਨਿਉਕਲੀਓਟਾਈਡਜ਼* ਆਖਦੇ ਹਨ।

nucleotide/ਨਿਉਕਲੀਓਟਾਈਡ   ਕੇਂਦਰਕ-ਤੇਜਾਬ ਚੱਕਰ ਵਿੱਚ, ਇੱਕ ਉਪਇਕਾਈ ਵਿਸ ਵਿੱਚ ਸ਼ੱਕਰ, ਫ਼ਾਸਫੇਟ ਅਤੇ ਇੱਕ ਨਾਈਟ੍ਰੋਜਨਸ ਆਧਾਰ ਹੁੰਦਾ ਹੈ।

nucleus/ਕੇਂਦਰਕ   ਯੁਕਾਰੀਓਟਜ਼ ਕੋਸ਼ਾਣੂ ਵਿੱਚ, ਇੱਕ ਝਿੱਲੀ ਦੁਆਰਾ ਘਿਰਿਆ ਅੰਗਕ ਜਿਸ ਵਿੱਚ ਕੋਸ਼ਾਣੂ ਦਾ ਡੀਐਨਏ ਹੁੰਦਾ ਹੈ ਅਤੇ ਜੋ ਪ੍ਰਕਿਆਵਾਂ ਜਿਵੇਂ ਵਿਕਾਸ, ਰਸ-ਪ੍ਰਕਿਆ ਅਤੇ ਪ੍ਰਜਨਨ ਵਿੱਚ ਕੰਮ ਕਰਦਾ ਹੈ।

nucleus/ਕੇਂਦਰਕ   ਸ਼ਾਰੀਰਿਕ ਵਿਗਿਆਨ ਵਿੱਚ, ਕਿਸੇ ਪਰਮਾਣੂ ਦਾ ਕੇਂਦਰੀਏ ਖੇਤਰ, ਜੋ ਪ੍ਰੋਟੋਨਾਂ ਅਤੇ ਨਿਉਟ੍ਰਾਨਾਂ ਨਾਲ ਬਣਿਆ ਹੁੰਦਾ ਹੈ।

nutrient/ਪੋਸ਼ਕ ਤੱਤ   ਭੋਜਨ ਵਿੱਚ ਇੱਕ ਪਦਾਰਥ ਜੋ ਉਰਜਾ ਪ੍ਰਦਾਨ ਕਰਦਾ ਹੈ ਜਾਂ ਸ਼ਾਰੀਰਿਕ ਟਿਸ਼ੂ ਬਣਾਉਣ ਵਿੱਚ ਮਦਦ ਕਰਦਾ ਹੈ ਅਤੇ ਜੋ ਜਿੰਦਗੀ ਅਤੇ ਵਿਕਾਸ ਲਈ ਜਰੂਰੀ ਹੈ।

O

observation/ਅਵਲੋਕਨ   ਗਿਆਨੇਂਦਰੀਆਂ ਵਰਤ ਕੇ ਜਾਨਕਾਰੀ ਪ੍ਰਾਪਤ ਕਰਨ ਦੀ ਪ੍ਰਕਿਆ।

ocean current/ਮਹਾਸਾਗਰ ਕਰੰਟ   ਮਹਾਸਾਗਰ ਦੇ ਪਾਣੀ ਦਾ ਚੱਲਣਾ ਜੋ ਇੱਕ ਲਗਾਤਾਰ ਨਮੂਨੇ ਤੇ ਚੱਲਦਾ ਹੈ।

ocean trench/ਮਹਾਸਾਗਰ ਖਾਈ   ਗਹਰੇ ਸਮੰਦਰ ਤਲ ਵਿੱਚ ਇੱਕ ਸਿੱਧੀ ਅਤੇ ਲੰਬੀ ਗਿਰਾਵਟ ਜੋ ਜਵਾਲਾਮੁੱਖੀ ਦੀਪਾਂ ਜਾਂ ਕਿਸੇ ਮਹਾਦੀਪੀਏ ਤਟਾਂ ਦੀ ਚੇਨ ਤੋਂ ਸਮਾਂਤਰ ਚੱਲਦਾ ਹੈ।

oceanography/ਸਮੁੰਦਰ-ਵਿਗਿਆਨ   ਸਮੁੰਦਰ ਦਾ ਵਿਗਿਆਨਿਕ ਅਧਿਅਨ।

omnivore/ਸਰਬਾਹਾਰੀਪ੍ਰਾਣੀ   ਇੱਕ ਜੀਵ ਜੋ ਪੌਧਿਆਂ ਅਤੇ ਜਾਨਵਰਾਂ ਦੋਂਹ ਖਾਉਂਦਾ ਹੈ।

opaque/ਅਪਾਰਦਰਸ਼ੀ   ਅਜਿਹੀ ਚੀਜ਼ ਦਾ ਵਰਣਨ ਕਰਦਾ ਹੈ ਜੋ ਪਾਰਦਰਸ਼ੀ ਜਾਂ ਪਾਰਭਾਸੀ ਨਹੀ ਹੁੰਦੀ।

open circulatory system/ਖੁੱਲ੍ਹਾ ਰਕਤਸੰਚਾਰ ਤੰਤਰ   ਇੱਕ ਰਕਤਸੰਚਾਰ ਤੰਤਰ ਜਿਸ ਵਿੱਚ ਸੰਚਾਰ ਤਰਲ ਪੂਰੀ ਤਰ੍ਹਾਂ ਨਾੜੀਆਂ ਵਿੱਚ ਨਹੀ ਹੁੰਦਾ; ਕੋਈ ਦਿਲ ਤਰਲ ਨੂੰ ਨਾੜੀਆਂ ਦੇ ਦੁਆਰਾ ਪੰਪ ਕਰਦਾ ਹੈ, ਜੋ ਉਹਨਾਂ ਥਾਂਵਾਂ ਕੇ ਜਾਕੇ ਖਾਲੀ ਹੁੰਦੀ ਹਨ ਜਿਹਨਾਂ ਨੂੰ ਸਿਨਿਉਸਿਸ ਆਖਦੇ ਹਨ।

open cluster/ਖੁੱਲ੍ਹਾ ਤਾਰਿਆਂ ਦਾ ਸਮੂਹ ਤਾਰਿਆਂ ਦਾ ਇੱਕ ਸਮੂਹ ਜੋ ਆਲੇ-ਦੁਆਲੇ ਦੇ ਸੰਬੰਧਿਤ ਤਾਰਿਆਂ ਤੋਂ ਨੇੜੇ ਹੁੰਦਾ ਹੈ।

open-water zone/ਖੁੱਲ੍ਹਾ-ਪਾਣੀ ਜ਼ੋਨ ਇੱਕ ਤਾਲ ਜਾਂ ਸਰੋਵਰ ਦਾ ਜ਼ੋਨ ਜੋ ਤਟੀਏ ਜ਼ੋਨ ਤੋਂ ਵੱਧ ਜਾਂਦਾ ਹੈ ਅਤੇ ਜੋ ਉਹਨਾ ਹੀ ਗਹਿਰਾ ਹੁੰਦਾ ਹੈ ਜਿੱਥੇ ਤੱਕ ਰੋਸ਼ਨੀ ਪਹੁੰਚ ਸਕਦੀ ਹੈ।

orbit/ਜਮਾਤ ਉਹ ਰਸਤਾ ਜਿਸ ਤੇ ਅੰਤਰਿਕ ਵਿੱਚ ਕਿਸੇ ਦੂਜੇ ਪਿੰਡ ਦੇ ਆਲੇ-ਦੁਆਲੇ ਘੁੰਮਣ ਲਈ ਇੱਕ ਪਿੰਡ ਚੱਲਦਾ ਹੈ।

ore/ਓਰ ਇੱਕ ਕੁਦਰਤੀ ਪਦਾਰਥ, ਜਿਸਦੀ ਆਰਥਿਕ ਰੂਪ ਤੋਂ ਮੁੱਲਵਾਨ ਖਨਿਜਾਂ ਦਾ ਸਾਂਦਣ, ਨਫ਼ੇ ਦੇ ਤੌਰ ਤੇ ਖੋਦਣ ਲਈ ਪਦਾਰਥ ਲਈ ਕਾਫ਼ੀ ਉੱਚ ਹੈ।

organ/ਅੰਗ ਟਿਸ਼ੂਆਂ ਦਾ ਇੱਕ ਸੰਗ੍ਰਹਿਣ ਜੋ ਸਰੀਰ ਦੇ ਕੁਝ ਵਿਸ਼ੇਸ਼ ਕੰਮ ਕਰਦੇ ਹਨ।

organ system/ਅੰਗ ਤੰਤਰ ਅੰਗਾਂ ਦਾ ਇੱਕ ਸਮੂਹ ਜੋ ਸ਼ਾਰੀਰਿਕ ਕੰਮ ਕਰਨ ਲਈ ਇੱਕਠੇ ਕੰਮ ਕਰਦੇ ਹਨ।

organelle/ਅੰਗਕ ਕੋਸ਼ਿਕਾ ਦੇ ਸਾਈਟੋਪਲਾਜ਼ਮ ਵਿੱਚਲੇ ਛੋਟੇ ਤੰਤੂ ਚੋਂ ਇੱਕ ਜੋ ਕਿਸੇ ਨਿਸ਼ਚਿਤ ਕੰਮ ਨੂੰ ਕਰਨ ਦੇ ਵਿਸ਼ੇ ਸ਼ਗਾਜ ਹਨ।

organic compound/ਜੈਵਿਕ ਮਿਸ਼ਰਣ ਕਿਸੇ ਸਹਿਸੰਯੋਜਕ ਬੰਧਕ ਦੁਆਰਾ ਬੰਧਿਤ ਮਿਸ਼ਰਣ ਜਿਸ ਵਿੱਚ ਕਾਰਬਨ ਹੁੰਦਾ ਹੈ।

organism/ਜੀਵ ਇੱਕ ਸਜੀਵ ਚੀਜ਼; ਕੋਈ ਵੀ ਚੀਜ਼ ਜੋ ਆਜ਼ਾਦੀ ਨਾਲ ਜੋ ਜ਼ਿੰਦਗੀ ਦੀ ਪ੍ਰਕਿਰਿਆਵਾਂ ਕਰ ਸਕਦਾ ਹੈ।

osmosis/ਪਰੀਸਰਣ ਇੱਕ ਅਰਧ ਪ੍ਰਸਰਣਸ਼ੀਲ ਆਵਰਣ ਦੁਆਰਾ ਪਾਣੀ ਦਾ ਵਿਸਰਣ।

ovary/ਡਿੰਬਾਸ਼ਯ (ਓਵਰੀ)ਲ ਫੁੱਲ ਵਾਲੇ ਪੋਦਿਆਂ 'ਚ, ਪਿਸਟਿਲ ਤੋਂ ਥੱਲੇ ਵਾਲਾ ਭਾਗ ਜੋ ਬੀਜ਼ਾਂਡ ਵਿੱਚ ਅੰਡੇ ਦਿੰਦਾ ਹੈ; ਜਾਨਵਰਾਂ ਦੇ ਮਾਦਾ ਉਤਪਾਦਨ ਤੰਤਰ ਵਿੱਚ, ਇੱਕ ਅੰਗ ਜੋ ਅੰਡੇ ਦਿੰਦਾ ਹੈ।

overpopulation/ਅਤੀਜਨਸੰਖਿਆ ਕਿਸੇ ਖੇਤਰ ਵਿੱਚ, ਮੌਜੂਦ ਸੰਸਾਧਨਾਂ ਦੇ ਮੁਕਾਬਲੇ ਬਹੁਤ ਸਾਰੇ ਏਕਲਾਂ ਦੀ ਮੌਜੂਦਗੀ।

ovule/ਬੀਜ਼ਾਂਡ ਪੋਦੇ ਬੀਜ਼ਣ ਦੇ ਡਿੰਬਾਸ਼ਯ ਵਿੱਚਲਾ ਢਾਂਚਾ ਜਿਸ ਵਿੱਚ ਇੱਕ ਭੂਣ ਥੈਲੀ ਹੁੰਦੀ ਹੈ ਅਤੇ ਜੋ ਗਰਭਧਾਰਨ ਤੋਂ ਬਾਦ ਇੱਕ ਬੀਜ਼ ਵਿੱਚ ਵਿਕਸਿਤ ਹੁੰਦਾ ਹੈ।

P

P wave/ਪੀ ਤਰੰਗ ਇੱਕ ਭੁਚਾਲੀ ਤਰੰਗ ਜਿਸ ਕਾਰਨ ਸ਼ੈਲ ਦੇ ਕਣ ਬੈਕ-ਐਂਡ-ਫੋਰਥ ਦਿਸ਼ਾ ਵਿੱਚ ਲੁਣਕਦੇ ਹਨ।

paleontology/ਜੀਵ-ਅਵਸ਼ੇਸ਼ ਵਿਗਿਆਨ ਜੀ-ਅਵਸ਼ੇਸਾਂ ਦਾ ਵਿਗਿਆਨੀ ਅਧਿਐਨ।

Paleozoic era/ਪੁਰਾਜੀਵੀ ਜੁਗ ਇੱਕ ਭੌਤਿਕ ਜੁਗ ਜੋ ਪ੍ਰੀਕੈਂਬ੍ਰੀਜਨ ਸਮੇਂ ਦੇ ਬਾਦ ਆਇਆ ਸੀ ਅਤੇ ਜੋ 542 ਮਿਲੀਜਨ ਤੋਂ 251 ਮਿਲੀਜਨ ਵਰ੍ਹਿਆਂ ਤੱਕ ਰਿਹਾ ਸੀ।

pancreas/ਅਗਨਾਸ਼ਜ ਇੱਕ ਅੰਗ ਜੋ ਪੇਟ ਦੇ ਨਾਲ ਹੁੰਦਾ ਹੈ ਅਤੇ ਜੋ ਪਾਚਨ ਰਸ ਅਤੇ ਹਾਰਮੋਨਸ ਬਣਾਉਂਦੇ ਹਨ ਜੋ ਸ਼ੱਕਰ ਸਤਰਾਂ ਨੂੰ ਨਿਯੰਤਰਿਤ ਕਰਦੇ ਹਨ।

parallax/ਭੇਦਾਭਾਸ (ਪੈਰਾਲੈਕਸ) ਵੱਖ ਵੱਖ ਥਾਂਵਾਂ ਤੋਂ ਵੇਖਦੇ ਸਮੇਂ ਕਿਸੇ ਚੀਜ਼ ਦੀ ਸਥਿਤੀ ਵਿੱਚ ਇੱਕ ਆਭਾਸੀ ਸ਼ਿਫ਼ਟ।

parallel circuit/ਸਮ ਸਰਕਿਟ ਅਜਿਹਾ ਸਰਕਿਟ ਜਿਸ ਵਿੱਚ ਪੁਰਜੇ ਬੋਰਡ ਨਾਲ ਇਸ ਤਰ੍ਹਾਂ ਜੁੜੇ ਹੋਏ ਹਨ ਤਾਂ ਜੋ ਹਰ ਇੱਕ ਪੁਰਜੇ ਦੇ ਆਰ ਪਾਰ ਵਿਪੁੱਤ ਅੰਤਰ ਬਰਾਬਰ ਹੋਵੇ।

parasite/ਪਰਜੀਵੀ ਅਜਿਹਾ ਜੀਵ ਜੋ ਦੂਜੀ ਪ੍ਰਜਾਤੀਆਂ (ਪੋਸ਼ਕ) ਦੇ ਜੀਵਾਂ ਉੱਤੇ ਜੀਉਂਦਾ ਹੈ ਅਤੇ ਆਮਤੋਰ ਤੇ ਪੋਸ਼ਕ ਨੂੰ ਨੁਕਸਾਨ ਪਹੁੰਚਾਉਂਦੇ ਹਨ; ਪੋਸ਼ਕ ਨੂੰ ਪਰਜੀਵੀ ਦੀ ਮੌਜੂਦਗੀ ਵਿੱਚ ਕਦੇ ਵੀ ਨਫ਼ਾ ਨਹੀ ਹੁੰਦਾ।

parasitism/ਪਰਜੀਵਿਤਾ ਦੋ ਪ੍ਰਜਾਤੀਆਂ ਵਿੱਚਕਾਰ ਸੰਬੰਧ ਜਿਸ ਵਿੱਚ ਇੱਕ ਪ੍ਰਜਾਤੀ, ਪਰਜੀਵੀ ਨੂੰ ਦੂਜੀ ਪ੍ਰਜਾਤੀ, ਪੋਸ਼ਕ, ਜਿਸ ਨੂੰ ਨੁਕਸਾਨ ਹੁੰਦਾ ਹੈ, ਤੋਂ ਨਫ਼ਾ ਹੁੰਦਾ ਹੈ।

parent rock/ਸ਼ੈਲ ਉਤਪੱਤੀ ਸ਼ੈਲ ਦਾ ਬਣਨਾ ਜੋ ਮਿੱਟੀ ਦਾ ਸ੍ਰੋਤ ਹੈ।

pascal/ਪਾਸਕਲ ਦਬਾਵ ਦੀ SI ਈਕਾਈ (ਪ੍ਰਤੀਕ, Pa)।

Pascal's principle/ਪਾਸਕਲ ਦਾ ਸਿਧਾਂਤ ਇਹ ਸਿਧਾਂਤ ਦੱਸਦਾ ਹੈ ਕਿ ਨਾੜੀ ਵਿੱਚ ਇੱਕਵਲੀਬ੍ਰੀਜਮ ਵਿੱਚਲਾ ਤਰਲ, ਬਰਾਬਰ ਪ੍ਰਬਲਤਾ ਦੇ ਦਬਾਵ ਨੂੰ ਸਾਰੀ ਦਿਸ਼ਾਵਾਂ ਵਿੱਚ ਪਾਉਣ ਦਾ ਜਤਨ ਕਰਦਾ ਹੈ।

passive transport/ਸਹਨਸ਼ੀਲ ਪਰੀਵਹਨ (ਪੈਸਿਵ ਟ੍ਰਾਂਸਪੋਰਟ) ਕੋਸ਼ਾਣੂ ਦੁਆਰਾ ਉਰਜਾ ਵਰਤੇ ਬਿਨਾ ਕੋਸ਼ਾਣੂ ਝਿੱਲੀ ਦੇ ਆਰ ਪਾਰ ਪਦਾਰਥਾਂ ਦਾ ਜਾਣਾ।

pathogen/ਪੈਥੋਜ਼ਨ ਇੱਕ ਛੋਟਾ ਜਿਹਾ ਜੀਵ, ਕੋਈ ਦੂਜਾ ਜੀਵ, ਇੱਕ ਵਾਇਰਸ ਜਾਂ ਇੱਕ ਪ੍ਰੋਟੀਨ ਜਿਸ ਨਾਲ ਬੀਮਾਰੀ ਹੁੰਦੀ ਹੈ।

pathogenic bacteria/ਪੈਥੋਜ਼ਨਿਕ ਬੈਕਟੀਰਿਜਾ ਬੈਕਟੀਰਿਜਾ ਜਿਸ ਨਾਲ ਬੀਮਾਰੀ ਹੁੰਦੀ ਹੈ।

pedigree/ਵੰਸ਼ਾਵਲੀ ਇੱਕ ਆਰੇਖ ਜੋ ਕਿਸੇ ਪਰਿਵਾਰ ਦੀ ਕਈ ਪੀੜੀਆਂ ਵਿੱਚ ਜਨਨਿਕ ਲੱਛਣਾਂ ਦੀ ਉੱਤਪੱਤੀ ਦਰਸ਼ਾਉਂਦਾ ਹੈ।

pelagic environment/ਤਲਪਲਾਵੀ (ਪਿਲੈਜਿਕ) ਵਾਤਾਵਰਣ ਮਹਾਸਾਗਰ ਵਿੱਚ, ਤਲ ਜਾਂ ਮੱਧ ਗਹਿਰਾਈ ਦੇ ਨੇੜੇ, ਉਪਟਟਵਰਤੀ ਜ਼ੋਨ ਤੋਂ ਬਾਦ ਅਤੇ ਐਬਿੱਜ਼ਲ ਜ਼ੋਨ ਦੇ ਉੱਤੇ ਵਾਲਾ ਜ਼ੋਨ।

penis/ਲਿੰਗ ਇੱਕ ਨਰ ਅੰਗ ਜੋ ਮਾਦਾ ਤੱਕ ਸਪਰਮ ਪ੍ਰਤੀਸਥਾਪਿਤ ਕਰਦਾ ਹੈ ਅਤੇ ਜੋ ਮਲ ਨੂੰ ਸਰੀਰ ਤੋਂ ਬਾਹਰ ਕੱਢਦਾ ਹੈ।

period/ਅਵੱਧੀ ਭੌਤਿਕ ਸਮੇਂ ਦੀ ਇੱਕ ਈਕਾਈ ਜਿਸ ਵਿੱਚ ਜੁਗ ਵਿਭਾਜਿਤ ਹੁੰਦੇ ਹਨ।

period/ਅਵੱਧੀ ਕੈਮਿਸਟਰੀ ਵਿੱਚ, ਆਵਰਤੀ ਸਾਰਣੀ (periodic table) ਵਿੱਚ ਤੱਤਾਂ ਦੀ ਸ਼ਿਤਿਜੀਏ ਕਤਾਰ।

periodic/ਆਵਧਿਕ ਉਸ ਚੀਜ਼ ਦਾ ਵਰਣ ਕਰਦਾ ਹੈ ਜੋ ਅਨੁਕ੍ਰਮਿਤ ਅਵੱਧੀਆਂ ਦੇ ਬਾਦ ਪ੍ਰਕਟ ਜਾਂ ਦੋਹਰਾਇਆ ਜਾਂਦਾ ਹੈ।

periodic law/ਆਵਧਿਕ ਸਿਧਾਂਤ ਇਹ ਸਿਧਾਂਤ ਦੱਸਦਾ ਹੈ ਕਿ ਤੱਤਾਂ ਦੇ ਦੋਹਰਾਉਣ ਵਾਲੇ ਰਸਾਇਨ ਅਤੇ ਭੌਤਿਕ ਵਿਸ਼ੇ ਸ਼ਤਾਵਾਂ ਆਵਧਿਕ ਤੌਰ ਤੇ ਤੱਤਾਂ ਦੀ ਪਰਮਾਣੂ ਸੰਖਿਆਵਾਂ ਦੇ ਨਾਲ ਬਦਲਦੀ ਰਹਿੰਦੀ ਹਨ।

peripheral nervous system/ਪਰੀਮੀਏ ਨਾੜੀ ਤੰਤਰ ਦਿਮਾਗ ਅਤੇ ਸਪਾਈਨਲ ਕੌਰਡ ਨੂੰ ਛੱਡ ਕੇ ਨਾੜੀ ਤੰਤਰ ਦੇ ਸਾਰੇ ਭਾਗ।

permeability/ਪਾਰਗਮੇਯਤਾ ਤਰਲ ਪਦਾਰਥਾਂ ਨੂੰ ਆਪਣੇ ਖੁੱਲ੍ਹੇ ਤਲਾਂ, ਛੇਦਾਂ ਤੋਂ ਨਿਕਲਣ ਦੇਣ ਦੀ, ਕਿਸੇ ਸ਼ੈਲ ਜਾਂ ਅਵਸਾਦ ਦੀ ਜੋਗਤਾ।

petal/ਪੰਖੁੜੀ ਆਮਤੌਰ ਤੇ ਚਮਕਦਾਰ ਰੰਗ ਦੀ ਪੱਤੀ-ਆਕਾਰ ਦੇ ਭਾਗਾ ਚੋਂ ਇੱਕ ਜੋ ਫੁੱਲ ਦੇ ਇੱਕ ਰਿੰਗ ਤੋਂ ਬਣਦਾ ਹੈ।

petroleum/ਪਿਟਰੋਲੀਯਮ ਜਟਿਲ ਹਾਇਡ੍ਰੋਕਾਰਬਨ ਮਿਸਰਣਾਂ ਦਾ ਇੱਕ ਤਰਲ ਮਿਸਰਣ; ਵਿਸਤ੍ਰਿਤ ਰੂਪ ਤੋਂ ਇੰਧਨ ਸ੍ਰੋਤ ਦੇ ਤੌਰ ਤੇ ਵਰਤਿਆ ਜਾਂਦਾ ਹੈ।

pH/ਪੀਐਚ ਇੱਕ ਵੈਲਿਉ ਜੋ ਕਿਸੇ ਪ੍ਰਨਾਲੀ ਦੀ ਐਸਿਡਤਾ ਜਾਂ ਭਾਸਮਿਕਤਾ (ਸ਼ਾਰਤਾ) ਦਰਸ਼ਾਉਣ ਲਈ ਵਰਤੀ ਜਾਂਦੀ ਹੈ।

pharynx/ਗ੍ਰਸਨੀ ਪੇਟ ਦੇ ਕੀੜਿਆਂ (ਫਲੈਟਵਰਮ) ਵਿੱਚ, ਮਾਂਸਪੇਸ਼ੀ ਨਾੜੀ ਜੋ ਮੂੰਹ ਤੋਂ ਉਦਰ-ਵਾਹਿਨੀ ਛੇਦ ਤੱਕ ਹੁੰਦੀ ਹੈ; ਪੋਸ਼ਕ ਤੰਤਰ ਵਾਲੇ ਜਾਨਵਰਾਂ ਵਿੱਚ, ਮੂੰਹ ਤੋਂ ਕੰਠ ਨਾਲ ਅਤੇ ਗ੍ਰਾਸਨਲੀ ਤੱਕ ਦਾ ਰਸਤਾ।

phase/ਕੁਮਾਵਸਥਾ (ਫ੍ਰੇਸ) ਕਿਸੇ ਦੂਜੀ ਖਗੋਲੀਏ ਪਿੰਡ ਤੋਂ ਵੇਖੇ ਜਾ ਰਹੇ ਅਨੁਸਾਰ ਇੱਕ ਖਗੋਲੀਏ ਪਿੰਡ ਦੇ ਸੂਰਜ ਤੋਂ ਪ੍ਰਕਾਸ਼ਿਤ ਖੇਤਰ ਵਿੱਚ ਬਦਲਾਵ।

phenotype/ਦ੍ਰਿਸ਼ ਆਕ੍ਰਿਤੀ (ਫ੍ਰੀਨੋਟਾਈਪ) ਕਿਸੇ ਜੀਵ ਦੀ ਆਕ੍ਰਿਤੀ ਜਾਂ ਦੂਜੇ ਪਤਾ ਲੱਗਣ ਜੋਗ ਲੱਛਣ।

pheromone/ਫ੍ਰੀਰੋਮੇਨ ਹਿੱਕ ਪਦਾਰਥ ਜੋ ਸ਼ਰੀਰ ਦੁਆਰਾ ਛੱਡਿਆ ਜਾਂਦਾ ਹੈ ਅਤੇ ਜਿਸ ਕਾਰਨ ਉਸੇ ਪ੍ਰਜਾਤੀ ਦਾ ਕੋਈ ਦੂਜਾ ਏਕਲ ਪੁਰਬਕਥਨੀਏ ਤਰੀਕੇ ਨਾਲ ਬਰਤਾਵ ਕਰਦਾ ਹੈ।

phloem/ਫਲੋਯਮ ਇੱਕ ਟਿਸ਼ੂ ਜੋ ਵਹਿਨੀ ਪੌਦਿਆਂ ਵਿੱਚ ਭੋਜਨ ਸੰਚਾਲਨ ਕਰਦਾ ਹੈ।

phospholipid/ਫੌਸਫੋਲਿਪਿਡ ਇੱਕ ਲਿਪਿਡ ਜਿਸ ਵਿੱਚ ਫੌਸਫੋਰਸ ਹੁੰਦਾ ਹੈ ਜੋ ਕੋਸ਼ਾਣੂ ਝਿੱਲੀ ਵਿੱਚ ਢਾਂਚਾਗਤ ਘਟਕ ਹੁੰਦਾ ਹੈ।

photocell/ਫੋਟੋਸੈਲ ਇੱਕ ਉਪਕਰਣ ਜੋ ਰੋਸ਼ਨੀ ਊਰਜਾ ਨੂੰ ਵਿਧੁੱਤੀਏ ਊਰਜਾ ਵਿੱਚ ਬਦਲਦਾ ਹੈ।

photosynthesis/ਪ੍ਰਕਾਸ਼ਸੰਸ਼ਲੇਸ਼ਨ (ਫੋਟੋਸਿੰਥਿਸਿਸ) ਇੱਕ ਪ੍ਰਕਿਆ ਜਿਸ ਨਾਲ ਪੌਧੇ, ਐਲਗੀ ਅਤੇ ਕੁਝ ਬੈਕਟੀਰਿਆ ਭੋਜਨ ਬਣਾਉਣ ਲਈ ਸੂਰਜੀ ਦੀ ਕਿਰਨਾਂ ਕਾਰਬਨ ਡਾਇਆਕਸਾਈਡ, ਅਤੇ ਪਾਣੀ ਵਰਤਦੇ ਹਨ।

physical change/ਸ਼ਰੀਰਿਕ ਬਦਲਾਵ ਰਸਾਯਨਿਕ ਵਿਸ਼ੇ ਸ਼ਤਾਵਾਂ ਵਿੱਚ ਬਦਲਾਵ ਤੋਂ ਬਿਨਾ ਕਿਸੇ ਪਦਾਰਥ ਦੀ ਇੱਕ ਰੂਪ ਤੋਂ ਦੂਜੇ ਵਿੱਚ ਬਦਲਣਾ।

physical property/ਸ਼ਰੀਰਿਕ ਵਿਸ਼ੇਸ਼ਤਾ ਕਿਸੇ ਪਦਾਰਥ ਦਾ ਲੱਛਣ ਜਿਸ ਵਿੱਚ ਕੋਈ ਰਸਾਯਨਿਕ ਬਦਲਾਵ, ਜਿਵੇਂ ਘਨਤੱਵ, ਰੰਗ, ਜਾਂ ਠੋਸਪਨ, ਸ਼ਾਮਿਲ ਨਹੀ ਹੁੰਦਾ।

physical science/ਭੌਤਿਕ ਵਿਗਿਆਨ ਅਜੀਵ ਪਦਾਰਥਾਂ ਦਾ ਵਿਗਿਆਨਿਕ ਅਧਿਆਨ।

phytoplankton/ਪਾਦਪਪਲਵੱਕ ਇੱਕ ਛੋਟਾ ਜਿਹਾ, ਫ੍ਰੋਟੋਸਿੰਥੈਟਿਕ ਜੀਵ ਜੋ ਸਮੁੰਦਰ ਜਾਂ ਸਾਫ ਪਾਣੀ ਵਿੱਚ ਤੈਰਦਾ ਹੈ।

pigment/ਰੰਗਦ੍ਰਵ ਇੱਕ ਪਦਾਰਥ ਜੋ ਕਿਸੇ ਦੂਜੇ ਪਦਾਰਥ ਜਾਂ ਕਿਸੇ ਮਿਸਰਣ ਨੂੰ ਆਪਣਾ ਰੰਗ ਦਿੰਦਾ ਹੈ।

pioneer species/ਅਗ੍ਰਗਾਮੀ ਪ੍ਰਜਾਤੀ ਇੱਕ ਪ੍ਰਜਾਤੀ ਜੋ ਇੱਕ ਖਾਲੀ ਖੇਤਰ ਨੂੰ ਬਸਾਉਂਦੀ ਹੈ ਅਤੇ ਜੋ ਵੱਧਣ ਦੀ ਪ੍ਰਕਿਆ ਸ਼ੁਰੂ ਕਰਦੇ ਹਨ।

pistil/ਪੁਸ਼ਪਜੇਨੀ ਕਿਸੇ ਫੁੱਲ ਦਾ ਮਾਦਾ ਉਤਪਾਦਨ ਭਾਗ ਜੋ ਬੀਜਾਂ ਦਾ ਉਤਪਾਦਨ ਕਰਦਾ ਹੈ ਅਤੇ ਜਿਸ ਵਿੱਚ ਡਿੰਬਾਸ਼ਯ, ਵਰਤੀਕਾ ਅਤੇ ਸਟਿਗਮਾ ਹੁੰਦਾ ਹੈ।

pitch/ਸਵਰਮਾਨ ਆਵਾਜ਼ ਤਰੰਗ ਦੀ ਆਵਰਤੀ ਦੇ ਆਧਾਰ ਤੇ ਕੋਈ ਆਵਾਜ਼ ਕਿਹਨੀ ਤੇਜ਼ ਅਤੇ ਘੱਟ ਅਨੁਭਵ ਹੁੰਦੀ ਹੈ, ਦਾ ਨਾਪ।

placenta/ਗਰਭਨਾਲ ਇੱਕ ਢਾਂਚਾ ਜੋ ਵਿਕਾਸਸ਼ੀਲ ਗਰਭ ਨੂੰ ਗਰਭਾਸ਼ਯ ਨਾਲ ਜੋੜਦਾ ਅਤੇ ਜੋ ਮਾਂ ਅਤੇ ਗਰਭ ਵਿੱਚਕਾਰ ਪੋਸ਼ਕ ਤੱਤਾਂ, ਗੰਦ ਅਤੇ ਗੌਸਾਂ ਦੀ ਅਦਲਾ-ਬਦਲੀ ਨੂੰ ਸਮਰਥਤਾ ਦਿੰਦਾ ਹੈ।

placental mammal/ਗਰਭਪੋਸ਼ੀਏ ਸਤਨਧਾਰੀ ਅਜਿਹਾ ਸਤਨਧਾਰੀ ਜੋ ਆਪਣੇ ਅਜਨਮੇ ਬੱਚੇ ਦਾ ਪੋਸ਼ਣ ਆਪਣੇ ਗਰਭਾਸ਼ਯ ਵਿੱਚਲੀ ਗਰਭਨਾਲ ਦੁਆਰਾ ਕਰਦਾ ਹੈ।

plane mirror/ਸਮਤਲ ਦਰਪਣ ਅਜਿਹਾ ਦਰਪਣ ਜਿਸਦਾ ਸਪਾਟ ਤਲ ਹੁੰਦਾ ਹੈ।

plankton/ਪਲਵੀਜੀਵ-ਸਮੂਹ ਜਿਆਦਾਤਲ ਸਾਰੇ ਛੋਟੇ ਜਿਹੇ ਜੀਵਾਂ ਦਾ ਸਮੂਹ ਜੋ ਸਾਫਪਾਣੀ ਜਾਂ ਸਮੁੰਦਰੀ ਵਾਤਾਵਰਨ ਵਿੱਚ ਆਜ਼ਾਦੀ ਨਾਲ ਤੈਰਦਾ ਜਾਂ ਟਹਲਦਾ ਹੈ।

Plantae/ਪਲਾਂਟੀ ਉਹਨਾਂ ਜਟਿਲ, ਬਹੁਕੋਸ਼ਿਕਾ ਵਾਲੇ ਜੀਵਾ ਤੋਂ ਬਣਿਆ ਰਾਜ ਜੋ ਆਮਤੌਰ ਤੇ ਹਰੇ ਹੁੰਦੇ ਹਨ, ਜਿਹਨਾਂ ਵਿੱਚ ਸੈਲੂਲੋਜ਼ ਤੋਂ ਬਣੀ ਸੈਲ੍ਹ-ਵਾਲਾਂ ਹੁੰਦੀ ਹਨ, ਜੋ ਆਲੇ-ਦੁਆਲ਼ੇ ਘੁੱਮ ਨਹੀ ਸਕਦੇ ਅਤੇ ਜੋ ਫੋਟੋਸਿੰਥੇਸਿਸ ਦੁਆਰਾ ਸ਼ੱਕਰ ਬਣਾਉਣ ਲਈ ਸੂਰਜ ਦੀ ਊਰਜਾ ਵਰਤਦੇ ਹਨ।

plasma/ਪਲਾਜ਼ਮਾ ਭੌਤਿਕ ਵਿਗਿਆਨ ਵਿੱਚ, ਪਦਾਰਥ ਦੀ ਇੱਕ ਅਵਸਥਾ ਜੋ ਇੱਕ ਗੈਸ ਦੀ ਤਰ੍ਹਾਂ ਸ਼ੁਰੂ ਹੁੰਦੀ ਹੈ ਅਤੇ ਫਿਰ ਆਯਨਿਤ ਬਣ ਜਾਂਦੀ ਹੈ; ਇਸ ਵਿੱਚ ਆਜ਼ਾਦੀ ਨਾਲ ਘੁੰਮਣ ਵਾਲੇ ਆਯਨ ਅਤੇ ਈਲੈਕਟਰਾਨ ਹੁੰਦੇ ਹਨ, ਇਹ ਵਿਧੁੱਤ ਚਾਰਜ ਲੈਂਦਾ ਹੈ, ਅਤੇ ਇਸਦੀ ਵਿਸ਼ੇਸ਼ਤਾਵਾਂ ਕਿਸੇ ਠੋਸ, ਤਰਲ ਜਾਂ ਗੈਸ ਦੀ ਸਥਿਤੀ ਤੋਂ ਵੱਖ ਹੁੰਦੀ ਹਨ।

plate tectonics/ਪਲੇਟ ਟੈਕਐਨਿਕਸ ਇੱਕ ਸਿਧਾਂਤ ਜੋ ਇਹ ਵਰਣ ਕਰਦਾ ਹੈ ਕਿ ਧਰਤੀ ਦੀ ਸਭ ਤੋਂ ਬਾਹਰਲੀ ਸਤਹ ਜਿਸਨੂੰ *ਟੈਕਟਨਿਕ ਪਲੇਟ* ਆਖਦੇ ਹਨ, ਕਿਵੇਂ ਚੱਲਦੀ ਅਤੇ ਆਕਾਰ ਬਦਲਦੀ ਹੈ।

point-source pollution/ਬਿੰਦੂ-ਸ੍ਰੋਤ ਪ੍ਰਦੂਸ਼ਨ ਪ੍ਰਦੂਸ਼ਨ ਜੋ ਕਿਸੇ ਨਿਸ਼ਚਿਤ ਥਾਂ ਤੋਂ ਆਉਂਦਾ ਹੈ।

polar easterlies/ਧੁਵੀਏ ਪੁਰਵਾਈ ਪ੍ਰਚਾਰਿਤ ਹਵਾ ਜੋ ਪੂਰਬ ਤੋਂ ਪੱਛਿਮ ਤੱਕ 60° ਅਤੇ 90° ਲੈਟੀਟਿਊਡ ਵਿੱਚਕਾਰ ਦੋਹੇ ਅਰਧਗੋਲਿਆਂ ਵਿੱਚ ਵੱਗਦੀ ਹੈ।

polar zone/ਧੁਵੀਏ ਜ਼ੋਨ ਉੱਤਰੀ ਜਾਂ ਦਖਿਣੀ ਪੋਲ ਅਤੇ ਆਲੇ-ਦੁਆਲੇ ਦਾ ਖ਼ੇਤਰ।

pollen/ਪਰਾਗ ਇੱਥ ਛੋਟਾ ਜਿਹਾ ਕਣਿਜ ਵਿਸ ਵਿੱਚ ਨਰ ਬੀਜ਼ ਪੌਧੇ ਦਾ ਜਨਕ ਹੁੰਦਾ ਹੈ।

pollination/ਪਰਾਗ-ਸੇਚਨ ਬੀਜ਼ ਪੌਧੇ ਦੇ ਨਰ ਉਤਪਾਦਨ ਢਾਂਚੇ ਤੋਂ ਮਾਦਾ ਢਾਂਚੇ ਤੱਕ ਪਰਾਗ ਦਾ ਪ੍ਰਤੀਸਥਾਪਨ।

pollution/ਪ੍ਰਦੂਸ਼ਨ ਉਰਜਾ ਦੇ ਪਦਾਰਥਾਂ ਜਾਂ ਰੂਪਾਂ ਦੁਆਰਾ ਵਾਤਾਵਰਣ ਵਿੱਚ ਅਨੀਛਿੱਤ ਬਦਲਾਵ।

population/ਜਨਸੰਖਿਆ ਇੱਕ ਪ੍ਰਜਾਤੀ ਦੇ ਜੀਵਾਂ ਦਾ ਸਮੂਹ ਜੋ ਕਿਸੇ ਨਿਸ਼ਚਿਤ ਭੌਗੋਲਿਕ ਖ਼ੇਤਰ ਵਿੱਚ ਰਹਿੰਦਾ ਹੈ।

porosity/ਸਾਰੰਧ੍ਰਤਾ ਉਹਨਾਂ ਸੈਲਾਂ ਜਾਂ ਅਵਸਾਦਾਂ ਦੇ ਕੁਲ ਪਰੀਮਾਣ ਦਾ ਪ੍ਰਤੀਸ਼ਤ ਜਿਸ ਵਿੱਚ ਖੁੱਲੀ ਥਾਂਵਾਂ ਹੁੰਦੀ ਹਨ।

potential energy/ਸਥਿਤਿਜ ਉਰਜਾ ਕਿਸੇ ਚੀਜ਼ ਦੀ ਸਥਿਤੀ, ਆਕਾਰ ਜਾਂ ਅਵਸਥਾ ਕਾਰਨ ਉਸ ਚੀਜ਼ ਦੀ ਉਰਜਾ।

power/ਬਲ ਉਹ ਦਰ ਜਿਸ ਤੇ ਕੰਮ ਕਿੱਤਾ ਜਾਂਦਾ ਹੈ ਜਾਂ ਉਰਜਾ ਬਣਦੀ ਹੈ।

Precambrian time/ਪ੍ਰੀਕੈਂਬਰੀਜਨ ਸਮਾਂ ਧਰਤੀ ਦੇ ਬਣਨ ਤੋਂ ਪੁਰਾਜੀਵ ਜੁਗ ਦੀ ਸ਼ੁਰੂਆਤ ਤੱਕ, ਲੱਗਭਗ 4.6 ਬਿਲੀਜਨ ਤੋਂ 542 ਮਿਲੀਜਨ ਵਰ੍ਹੇ ਪਹਿਲਾਂ ਤੱਕ, ਭੌਤਿਕ ਸਮੇਂ ਮਾਪੀ ਵਿੱਚਲੀ ਅਵੱਧੀ।

precipitate/ਪ੍ਰੇਸੀਪਿਟੇਟ ਇੱਕ ਠੋਸ ਜੋ ਮਿਸ਼ਰਣ ਵਿੱਚ ਰਸਾਜਨਿਕ ਪ੍ਰਤੀਕ੍ਰਿਆ ਦੇ ਨਤੀਜੇ ਵਜੋਂ ਉਤਪਨ ਹੁੰਦਾ ਹੈ।

precipitation/ਅਵਪਤਨ ਪਾਣੀ ਦਾ ਕੋਈ ਵੀ ਰੂਪ ਜੋ ਬੱਦਲਾਂ ਤੋਂ ਧਰਤੀ ਦੇ ਤਲ ਉੱਤੇ ਗਿਰਦਾ ਹੈ।

predator/ਪਰਭਕਸ਼ੀ ਇੱਕ ਜੀਵ ਜੋ ਸਾਰੇ ਜਾਂ ਦੂਜੇ ਜੀਵਾ ਦੇ ਭਾਗ ਨੂੰ ਮਾਰਦਾ ਅਤੇ ਖਾ ਜਾਂਦਾ ਹੈ।

preening/ਪੰਛੁਸਾਧਨ ਪੰਛੀਆਂ ਵਿੱਚ, ਆਪਣੇ ਪੰਖਾਂ ਦੀ ਦੇ ਖ਼ਬਾਲ ਅਤੇ ਰੱਖਰਖਾਵ ਦਾ ਕੰਮ।

pregnancy/ਗਰਭਾਵਸਥਾ ਮੈਡੀਕਲ ਅਭਿਆਸ ਵਿੱਚ, ਜਨਨੀ ਦੀ ਅਖੀਰਲੀ ਮਾਸਿਕ ਅਵੱਧੀ ਅਤੇ ਉਸਦੇ ਬੱਚੇ ਦੀ ਪੈਦਾਈਸ਼ ਵਿੱਚਕਾਰਲੇ ਸਮੇਂ ਦੀ ਅਵੱਧੀ (ਲੱਗਭਗ 280 ਦਿਨ, ਜਾਂ 40 ਹਫ਼ਤੇ); ਵਿਕਾਸ ਸੰਬੰਧੀ ਜੀਵਵਿਗਿਆਨ ਵਿੱਚ, ਸਮੇਂ ਦੀ ਉਹ ਅਵੱਧੀ ਜਿਸ ਵਿੱਚ ਕੋਈ ਜਨਨੀ ਗਰਭਧਾਰਨ ਕਰਨ ਤੋਂ ਬੱਚੇ ਦੇ ਜਨਮ ਤੱਕ ਵਿਕਾਸਸੀਲ ਮਨੁੱਖ ਨੂੰ ਲੈਕੇ ਫਿਰਦੀ ਹੈ (ਲੱਗਭਗ 266 ਦਿਨ, ਜਾਂ 38 ਹਫ਼ਤੇ)

pressure/ਦਬਾਵ ਕਿਸੇ ਤਲ ਦੇ ਪ੍ਰਤੀ ਈਕਾਈ ਖ਼ੇਤਰ ਉੱਤੇ ਪਾਏ ਜਾਣ ਵਾਲੇ ਬਲ ਦੀ ਮਾਤ੍ਰਾ।

prevailing winds/ਪ੍ਰਚਲਿਤ ਹਵਾਵਾਂ ਉਹ ਹਵਾਵਾਂ ਜੋ ਮੁੱਖ ਰੂਪ ਤੋਂ ਕਿਸੇ ਦਿੱਤੀ ਅਵੱਧੀ ਦੇ ਦੌਰਾਨ ਇੱਕ ਦਿਸ਼ਾ ਤੋਂ ਵੱਗਦੀ ਹਨ।

prey/ਅਹੇਰ, ਸ਼ਿਕਾਰ ਇੱਕ ਜੀਵ ਜੋ ਕਿਸੇ ਦੂਜੇ ਜੀਵ ਦੁਆਰਾ ਮਾਰਿਆ ਅਤੇ ਖਾ ਲਿੱਤਾ ਜਾਂਦਾ ਹੈ।

primate/ਪ੍ਰਧਾਲ ਸਤਨੀ ਇੱਕ ਪ੍ਰਕਾਰ ਦਾ ਸਤਨਧਾਰੀ ਜੋ ਪ੍ਰਤੀਰੋਧਨੀਏ ਥੰਬਾਂ ਅਤੇ ਦੀਨੇਤਰੀ ਦਿਸ਼ਤਾ ਦੁਆਰਾ ਵਰਣਿਤ ਕਿੱਤਾ ਗਿਆ ਹੈ।

prime meridian/ਮੁੱਖ ਮੱਧਰੇਖਾ (ਪ੍ਰਾਈਮ ਮੈਰੀਡੀਜਨ) ਅਜਿਹਾ ਮੈਰੀਡੀਜਨ, ਜਾਂ ਲਾਂਗੀਟਿਊਡ ਦੀ ਰੇਖਾ, ਜੋ 0° ਲਾਂਗੀਟਿਊਡ ਦੇ ਤੌਰ ਤੇ ਨਾਮਿਤ ਕਿੱਤੀ ਗਈ ਹੈ।

probability/ਸੰਭਾਵਨਾ ਅਜਿਹੀ ਸੰਭਾਵਨਾ ਜੋ ਸੰਭਾਵਿਤ ਭਵਿੱਖ ਘਟਨਾ, ਘਟਨਾ ਦੇ ਕਿਸੇ ਵੀ ਦਿੱਤੇ ਉਦਾਹਰਣ ਵਿੱਚ ਹੋ ਸਕਦੀ ਹੈ।

producer/ਉਤਪਾਦਕ ਇੱਕ ਜੀਵ ਜੋ ਆਪਣਾ ਭੋਜਨ ਆਪਣੇ ਆਲੇ-ਦੁਆਲੇ ਤੋਂ ਉਰਜਾ ਵਰਤ ਕੇ ਆਪਣੇ ਆਪ ਬਣਾ ਸਕਦਾ ਹੈ।

product/ਉਤਪਾਦ ਇੱਕ ਪਦਾਰਥ ਜੋ ਕਿਸੇ ਰਸਾਜਨਿਕ ਪ੍ਰਤੀਕ੍ਰਿਆ ਵਿੱਚ ਬਣਦਾ ਹੈ।

prograde rotation/ਪ੍ਰੋਗ੍ਰੇਡ ਘੁੰਮਣਾ (ਰੋਟੇਸ਼ਨ) ਉੱਤੇ ਵਾਲੇ ਗ੍ਰਹਿ ਦੇ ਉੱਤਰੀ ਪੋਲ ਤੋਂ ਵੇਖੇ ਜਾ ਰਹੇ ਅਨੁਸਾਰ ਕਿਸੇ ਗ੍ਰਹਿ ਜਾਂ ਚੰਦਰਮਾ ਦਾ ਵਾਮਾਵਰਤ ਘੁੰਮਣਾ; ਸੂਰਜ ਦੇ ਘੁੰਮਣ ਦੀ ਤਰ੍ਹਾਂ ਇੱਕੋ ਦਿਸ਼ਾ ਵਿੱਚ ਘੁੰਮਣਾ।

projectile motion/ਪ੍ਰਕਸ਼ਿਪਤ ਗਤੀ ਇੱਕ ਘੁਮਾਵਦਾਰ ਰਸਤਾ ਜਿਸ ਤੇ ਕੋਈ ਚੀਜ਼ ਸੁੱਟੇ ਜਾਣ ਤੇ ਜਾਂ ਫਿਰ ਧਰਤੀ ਦੇ ਤਲ ਦੇ ਨੇੜੇ ਪ੍ਰਕਸ਼ਿਪਤ ਹੋਣ ਤੇ ਚੱਲਦੀ ਹੈ।

prokaryote/ਪ੍ਰਕਾਰੀਓਟ ਇੱਕ ਏਕਲ-ਕੋਸ਼ਿਕਾ ਵਾਲਾ ਜੀਵ ਜਿਸ ਵਿੱਚ ਕੇਂਦਰਕ ਜਾਂ ਝਿੱਲੀ ਨਾਲ ਘਿਰੇ ਅੰਗਕ ਨਹੀ ਹੁੰਦੇ; ਆਰਕੀਜਾ ਅਤੇ ਬੈਕਟੀਰਿਜਾ ਉਦਾਹਰਣ ਹਨ।

protein/ਪ੍ਰੋਟੀਨ ਇੱਕ ਅਣੂ ਜੋ ਅਮੀਨੋ ਤੇਜ਼ਾਬ ਨਾਲ ਬਣਿਆ ਹੁੰਦਾ ਹੈ ਅਤੇ ਜੋ ਸ਼ਾਰੀਰਿਕ ਢਾਂਚਾ ਬਣਾਉਣ ਤੇ ਠੀਕ ਕਰਨ ਲਈ ਲੋੜੀਦਾ ਹੁੰਦਾ ਹੈ ਅਤੇ ਜੋ ਸਰੀਰ ਵਿੱਚ ਪ੍ਰਕਿਰਿਆਵਾਂ ਨਿਜੰਤਰਿਤ ਕਰਦਾ ਹੈ।

protist/ਪ੍ਰੋਟਿਸਟ ਇੱਕ ਜੀਵ ਜੋ ਰਾਜ ਜੀਵਸੰਘ (ਪ੍ਰੋਟਿਸਟਾ) ਤੋਂ ਸੰਬੰਧਿਤ ਹੈ।

proton/ਪ੍ਰੋਟੋਨ ਇੱਕ ਉੱਪਪਰਮਾਣੂ ਕਣ ਜਿਸ ਵਿੱਚ ਧਨਾਤਮੱਕ ਚਾਰੱਜ ਹੁੰਦਾ ਹੈ ਅਤੇ ਜੋ ਇੱਕ ਪਰਮਾਣੂ ਦੇ ਕੇਂਦਰਕ ਵਿੱਚ ਪਾਇਆ ਜਾਂਦਾ ਹੈ।

pulley/ਗਰਾਰੀ ਇੱਕ ਸਾਧਾਰਣ ਮਸ਼ੀਨ ਜਿਸ ਵਿੱਚ ਇੱਕ ਪਹੀਏ ਉੱਤੇ ਇੱਕ ਰੱਸੀ, ਚੇਨ ਜਾਂ ਤਾਰ ਨਿਕਲ ਰਹੀ ਹੁੰਦੀ ਹੈ।

pulmonary circulation/ਫੁਫੁਸੀਏ ਪਰੀਸੰਚਰਨ ਫੁਫੁਸ ਧਮਨੀਆਂ, ਕੇਸ਼ੀਕਾਵਾਂ, ਅਤੇ ਨਸਾਂ ਦੁਆਰਾ ਦਿਲ ਤੋਂ ਫੇ ਫੜਿਆਂ ਤੱਕ ਅਤੇ ਵਾਪਿਸ ਦਿਲ ਤੱਕ ਖੂਨ ਦਾ ਵੱਗਣਾ।

pulsar/ਪਲਸਰ ਤੇਜ਼ੀ ਨਾਲ ਘੁੰਮਣ ਵਾਲੀ ਇੱਕ ਨਿਊਟ੍ਰਾਨ ਤਾਰਾ ਜੋ ਰੇਲੀਓ ਅਤੇ ਆਪਟੀਕਲ ਉਰਜਾ ਦੀ ਤੇਜ਼ ਤਰੰਗਾਂ ਛੱਡਦਾ ਹੈ।

pupil/ਪੁਤਲੀ ਅੱਖ ਦੇ ਆਈਰਿਸ ਦੇ ਕੇਂਦਰ ਵਿੱਚ ਸਥਿੱਤ ਖੁੱਲੀ ਥਾਂ ਅਤੇ ਜੋ ਉਸ ਰੋਸ਼ਨੀ ਦੀ ਮਾਤਰਾ ਨਿਯੰਤਰਿਤ ਕਰਦੀ ਹੈ ਜੋ ਅੱਖ ਵਿੱਚਕਾਰ ਆਉਂਦੀ ਹੈ

pure substance/ਸ਼ੁੱਧ ਪਦਾਰਥ ਕਿਸੇ ਪਦਾਰਥ ਦਾ ਨਮੂਨਾ (ਸੈਂਪਲ), ਚਾਹੇ ਇੱਕ ਏਕਲ ਤੱਤ ਜਾਂ ਫਿਰ ਇੱਕ ਏਕਲ ਮਿਸ਼ਰਣ, ਜਿਸ ਵਿੱਚ ਨਿਸ਼ਚਿਤ ਰਸਾਇਨਿਕ ਅਤੇ ਕੁਦਰਤੀ ਵਿਸੇ ਸ਼ਤਾਵਾਂ ਹੁੰਦੀ ਹਨ।

Q

quasar/ਕੁਆਸਰ ਇੱਕ ਬਹੁਤ ਚਮਕਦਾਰ, ਤਾਰੇ ਜਿਹੀ ਚੀਜ਼ ਜੋ ਉੱਚ ਦਰ ਤੇ ਉਰਜਾ ਬਣਾਉਂਦੀ ਹੈ; ਹਾਂਲਕਿ ਕੁਆਸਰ ਬ੍ਰਹਿਮੰਡ ਵਿੱਚ ਸਭ ਤੋਂ ਦੂਰ ਵਾਲੀ ਚੀਜ਼ਾਂ ਮੰਨੀ ਜਾਂਦੀ ਹਨ।

R

radiation/ਵਿਕਿਰਨ ਈਲੈਕਟ੍ਰੋਮਬਕੀਏ ਤਰੰਗਾਂ ਦੀ ਤਰੁੰ ਉਰਜਾ ਦਾ ਪ੍ਰਤੀਸਥਾਪਨ।

radioactive decay/ਰੇਡੀਓਐਕਟਿਵ ਸੜਨ ਇੱਕ ਪ੍ਰਕਿਆ ਜਿਸ ਵਿੱਚ ਹਿੱਕ ਰੇਡੀਓਐਕਟਿਵ ਆਈਸੋਟੇਪ ਉਸੇ ਤੱਤ ਜਾਂ ਦੂਜੇ ਤੱਤ ਦੇ ਇੱਕ ਸਟੇਬਲ ਆਈਸੋਟੇਪ ਵਿੱਚ ਟੁੱਟਨ ਲਈ ਝੁਕਦਾ ਹੈ।

radioactivity/ਵਿਕਿਰਣਸ਼ੀਲਤਾ ਕੋਈ ਪ੍ਰਕਿਆ ਜਿਸ ਨਾਲ ਇੱਕ ਅਸਥਿਰ ਕੇਂਦਰਕ ਪਰਮਾਣੂ ਵਿਕਿਰਨ ਬਾਹਰ ਕੱਢਦਾ ਹੈ।

radiometric dating/ਵਿਕਿਰਣਮਿਤਿ ਨਿਰਧਾਰਨ ਇੱਕ ਰੇਡੀਓਐਕਟਿਵ (ਜਨਕ) ਆਈਸੋਟੇਪ ਅਤੇ ਇੱਕ ਸਥਿਰ (ਵਿਖਟਨ) ਆਈਟੇਪ ਦੀ ਸੰਬੰਧਿਤ ਪ੍ਰਤੀਸ਼ਤਾਂ ਦਾ ਅੰਦਾਜ਼ਾ ਲਾਕੇ, ਕਿਸੇ ਚੀਜ਼ ਦੀ ਉਮਰ ਨਿਰਧਾਰਨ ਕਰਨ ਦਾ ਤਰੀਕਾ।

reactant/ਅਭੀਕਾਰਕ ਇੱਕ ਪਦਾਰਥ ਜਾਂ ਅਣੂ ਜੋ ਕਿਸੇ ਰਸਾਇਨਿਕ ਪ੍ਰਤੀਕਿਆ ਵਿੱਚ ਸ਼ਾਮਿਲ ਹੁੰਦਾ ਹੈ।

recessive trait/ਅਪ੍ਰਭਾਵੀ ਲੱਛਣ ਇੱਕ ਲੱਛਣ ਜਿਸਦਾ ਆਭਾਸ ਸਿਰਫ਼ ਤਾਂ ਹੁੰਦਾ ਹੈ ਜਦੇ ਇੱਕ ਲੱਛਣ ਲਈ ਦੋ ਅਪ੍ਰਭਾਵੀ ਯੁਗਮ ਵਿਕਲਪੀ ਵੰਸ਼ਾਗਤ ਹੁੰਦੇ ਹਨ।

recharge zone/ਰੀਚਾਰੱਜ ਜ਼ੋਨ ਅਜਿਹਾ ਖੇਤਰ ਜਿਸ ਵਿੱਚ ਪਾਣੀ ਇੱਕ ਜਲੀਭ੍ਰਿਤ ਦਾ ਭਾਗ ਬਣਨ ਲਈ ਖੋਲੇ ਦੇ ਪਾਸੇ ਜਾਂਦਾ ਹੈ।

reclamation/ਭੂਮੀ ਸੁਧਾਰ ਖੁਦਾਈ ਪੂਰੀ ਹੋਣ ਤੋਂ ਬਾਦ ਜ਼ਮੀਨ ਨੂੰ ਉਸਦੀ ਅਸਲੀ ਸਥਿਤੀ ਤੇ ਵਾਪਿਸ ਲੈ ਆਉਣ ਦੀ ਪ੍ਰਕਿਆ।

recycling/ਦੁਬਾਰਾ ਚਕੀਕਰਨ (ਰੀਸਾਈਕਲਿੰਗ) ਗੰਦ ਜਾਂ ਕੁੜੇ-ਕਬਾੜੇ ਤੋਂ ਕੀਮਤੀ ਜਾਂ ਉਪਯੋਗੀ ਚੀਜ਼ਾਂ ਨੂੰ ਦੁਬਾਰਾ ਪ੍ਰਾਪਤ ਕਰਨ ਦਾ ਤਰੀਕਾ; ਕੁਝ ਚੀਜ਼ਾਂ ਨੂੰ ਦੁਬਾਰਾ ਵਰਤਣ ਦੀ ਪ੍ਰਕਿਆ।

red giant/ਰੈਡ ਜਾਯੰਟ ਇੱਕ ਵੱਡਾ, ਲਾਲ ਤਾਰਾ ਆਪਣੇ ਜੀਵਨ ਚੱਕੂ ਦੇ ਅਖੀਰ ਵਿੱਚ।

reflecting telescope/ਪ੍ਰਤੀਫਲਕ ਟੈਲੀਸਕੋਪ ਇੱਕ ਟੈਲੀਸਕੋਪ ਜੋ ਦੂਰ ਦੀ ਚੀਜ਼ਾਂ ਤੋਂ ਰੋਸ਼ਨੀ ਇੱਕਠੀ ਅਤੇ ਉਸ ਤੇ ਫੋਕਸ ਕਰਨ ਲਈ ਇੱਕ ਗੋਲਾਕਾਰ ਦਰਪਨ ਵਰਤਦਾ ਹੈ।

reflection/ਪ੍ਰਤੀਬਿੰਬ ਰੋਸ਼ਨੀ; ਆਵਾਜ਼, ਜਾ ਗਰਮੀ ਦੀ ਕਿਰਨ (ਰੇ) ਦਾ ਉਛਲਕੇ ਵਾਪਿਸ ਆਉਣਾ ਜਦੋਂ ਕਿਰਨ ਕਿਸੇ ਅਜਿਹੇ ਤਲ ਤੋਂ ਟੱਕਰਾਉਂਦੀ ਹੈ ਜਿਸ ਤੋਂ ਉਹ ਪਾਰ ਨਹੀ ਜਾ ਸਕਦੀ।

reflex/ਪ੍ਰਤੀਵਰਤੀ ਕ੍ਰਿਆ ਸਟੀਮੁਲਸ ਦੇ ਜੁਆਬ ਵਿੱਚ ਇੱਕ ਅਸੰਕਲਪ ਅਤੇ ਲਗਭਗ ਪੂਰੀ ਤਰੁੰ ਅਚਾਨਕ ਹੋਈ ਹਰਕਤ।

refracting telescope/ਪਰਾਵਰਤਕ ਟੈਲੀਸਕੋਪ ਅਜਿਹਾ ਟੈਲੀਸਕੋਪ ਜੋ ਦੂਰ ਦੀ ਚੀਜ਼ਾਂ ਤੋਂ ਰੋਸ਼ਨੀ ਇੱਕਠੀ ਅਤੇ ਉਸ ਤੇ ਫੋਕਸ ਕਰਨ ਲਈ ਲੈਂਸਾਂ ਦਾ ਇੱਕ ਸੈਟ ਵਰਤਦਾ ਹੈ।

refraction/ਪਰਾਵਰਤਨ ਕਿਸੇ ਤਰੰਗ ਦਾ ਮੁੜਨਾ ਕਿਉਂਕ ਤਰੰਗ ਦੋ ਪਦਾਰਥਾਂ ਵਿੱਚਕਾਰੇ ਨਿਕਲੀ ਹੈ ਜਿਸ ਵਿੱਚ ਤਰੰਗ ਦੀ ਰਫ਼ਤਾਰ ਵੱਖ ਹੋ ਗਈ।

relative dating/ਅਨੁਪਾਤੀ ਮਿਤੀ ਨਿਰਧਾਰਨ ਇਹ ਨਿਰਧਾਰਨ ਕਰਨ ਦਾ ਕੋਈ ਵੀ ਤਰੀਕਾ ਕਿ ਇਹ ਘਟਨਾ ਜਾਂ ਚੀਜ਼, ਦੂਜੀ ਘਟਨਾਵਾਂ ਜਾਂ ਚੀਜ਼ਾਂ ਤੋਂ ਵੱਡੀ ਹਨ ਜਾਂ ਛੋਟੀ ਹਨ।

relative humidity/ਅਨੁਪਾਤੀ ਨਮੀ ਹਵਾ ਵਿੱਚ ਵਾਸ਼ਪ ਦੀ ਮਾਤਰਾ ਦਾ, ਕਿਸੇ ਦਿੱਤੇ ਤਾਪ ਤੇ ਸੰਤਰਿਪਤੀ ਤੱਕ ਪਹੁੰਚਣ ਲਈ ਲੋੜੀਂਦੀ ਵਾਸ਼ਪ, ਨਾਲ ਅਨੁਪਾਤ

relief/ਉਭਾਰ ਕਿਸੇ ਜ਼ਮੀਨ ਤਲ ਦੇ ਉਠਣ ਦੀ ਭਿੰਨਤਾ।

remote sensing/ਰੀਮੋਟ ਸੰਵੇਦੀ (ਸੈਂਸਿੰਗ) ਕਿਸੇ ਚੀਜ਼ ਨਾਲ ਸ਼ਾਰੀਰਿਕ ਰੂਪ ਤੋਂ ਸੰਪਰਕ ਵਿੱਚ ਆਏ ਬਿਨਾ ਉਸ ਚੀਜ਼ ਬਾਰੇ ਜਾਨਕਾਰੀ ਇੱਕਠੀ ਅਤੇ ਉਸਦਾ ਵਿਸ਼ਲੇਸ਼ਨ ਕਰਨ ਦੀ ਪ੍ਰਕਿਆ।

renewable resource/ਨਵੀਨੀਕਰਨਜੋਗ ਸੰਸਾਧਨ ਇੱਕ ਕੁਦਰਤੀ ਸੰਸਾਧਨ ਜੋ ਉਸੇ ਦਰ ਤੇ ਬਦਲਿਆ ਜਾ ਸਕਦਾ ਹੈ ਜਿਸ ਤੇ ਉਸਦੀ ਖਪਤ ਹੁੰਦੀ ਹੈ।

resistance/ਪ੍ਰਤੀਰੋਧ ਭੌਤਿਕ ਵਿਗਿਆਨ ਵਿੱਚ, ਕਿਸੇ ਪਦਾਰਥ ਜਾਂ ਉਪਕਰਣ ਦੁਆਰਾ ਕਰੰਟ ਦਾ ਵਿਰੋਧ ਕਰਨਾ।

resonance/ਅਨੁਕੰਪਨ ਇੱਕ ਕ੍ਰਿਆ ਜੋ ਤਾਂ ਪ੍ਰਕਟ ਹੁੰਦੀ ਹੈ ਜਦੋਂ ਦੋ ਚੀਜ਼ਾਂ ਕੁਦਰਤੀ ਤੌਰ ਤੇ ਸਮਾਨ ਆਵਰਤੀ ਤੇ ਕੰਬਦੀ ਹਨ।

respiration/ਸਾਂ ਲੈਣਾ ਜੀਵ ਵਿਗਿਆਨ ਵਿੱਚ, ਸਜੀਵ ਕੋਸ਼ਾਣੂਆਂ ਅਤੇ ਉਹਨਾ ਦੇ ਵਾਤਾਵਰਨ ਵਿੱਚਕਾਰ ਆਕਸੀਜਨ ਅਤੇ ਕਾਰਬਨ ਡਾਇਆਕਸਾਈਡ ਦੀ ਅਦਲਾ-ਬਦਲੀ; ਇਸ ਵਿੱਚ ਸਾਂ ਲੈਣਾ ਅਤੇ ਕੋਸ਼ੀਕਾ ਦਾ ਸਾਂ ਲੈਣਾ ਸ਼ਾਮਿਲ ਹੈ।

respiratory system/ਸਾਂ-ਲੈਣ ਦਾ ਤੰਤਰ ਉਹਨਾਂ ਅੰਗਾਂ ਦਾ ਸੰਗ੍ਰਹਣ ਜਿਹਨਾ ਦਾ ਪ੍ਰਾਥਮਿਕ ਕੰਮ ਆਕਸੀਜਨ ਅੰਦਰ ਲੈਣਾ ਅਤੇ ਕਾਰਬਨ ਡਾਇਆਕਸਾਈਡ ਬਾਹਰ ਕੱਢਣਾ ਹੁੰਦਾ ਹੈ; ਇਸ ਤੰਤਰ ਦੇ ਅੰਗਾਂ ਵਿੱਚ ਫੇਫੜੇ, ਗਲਾ ਅਤੇ ਫੇ ਫੜਿਆਂ ਤੱਕ ਜਾਣ ਵਾਲੀ ਨਾੜੀਆਂ ਸ਼ਾਮਿਲ ਹਨ।

retina/ਰੈਟਿਨਾ ਅੱਖ ਦੀ ਰੋਸ਼ਨੀ ਸੰਵੇਦੀ ਅੰਦਰਲੀ ਸਤਹ, ਜੋ ਲੈਂਸ ਦੁਆਰਾ ਬਣਾਈ ਗਈ ਆਕ੍ਰਿਤੀਆਂ ਪ੍ਰਾਪਤ ਕਰਦੀ ਹੈ ਅਤੇ ਉਹਨਾਂ ਨੂੰ ਆਪਟਿਕ ਨੱਸ ਦੁਆਰਾ ਦਿਮਾਗ ਤੱਕ ਪਹੁੰਚਾ ਦਿੰਦੀ ਹੈ।

retrograde rotation/ਪੁੱਠਾ ਘੁੰਮਣਾ (ਰੋਟੇਸ਼ਨ) ਉੱਤੇ ਵਾਲੇ ਗ੍ਰਹਿ ਦੇ ਉੱਤਰੀ ਪੋਲ ਤੋਂ ਵੇਖੇ ਜਾ ਰਹੇ ਅਨੁਸਾਰ ਕਿਸੇ ਗ੍ਰਹਿ ਜਾਂ ਚੰਦਰਮਾ ਦਾ ਘਟੀਵੱਤ ਘੁੰਮਣਾ।

revolution/ਪਰੀਕ੍ਰਮਾ ਕਿਸੇ ਪਿੰਡ ਦੀ ਗਤੀ ਜੋ ਅੰਤਰਿਕ ਵਿੱਚ ਕਿਸੇ ਦੂਜੇ ਪਿੰਡ ਦੇ ਆਲੇ-ਦੁਆਲੇ ਚੱਕਰ ਲਾਉਂਦਾ ਹੈ; ਜਮਾਤ ਦੇ ਨਾਲ ਇੱਕ ਪੂਰਾ ਚੱਕਰ।

rhizoid/ਮੂਲਾਂਗ ਗੈਰ ਵਾਹਿਣੀ ਪੌਧਿਆਂ ਵਿੱਚ ਇੱਕ ਜੜ ਜਿਹਾ ਢਾਂਚਾ ਜੋ ਪੌਧੇ ਨੂੰ ਥਾਂ ਵਿੱਚ ਫੜ ਕੇ ਰੱਖਦਾ ਹੈ ਅਤੇ ਪੌਧੇ ਨੂੰ ਪਾਣੀ ਅਤੇ ਪੋਸ਼ਕ ਤੱਤ ਪ੍ਰਾਪਤ ਕਰਨ ਵਿੱਚ ਮਦਦ ਕਰਦਾ ਹੈ।

rhizome/ਰਾਈਜ਼ੋਮ ਇੱਕ ਸ਼ਿਤਿਜੀਏ, ਜਮੀਨ ਹੇਠਾਂ ਦਾ ਤਨਾ ਜੋ ਨਵੇਂ ਪੱਤੇ, ਅੰਕੁਰ ਅਤੇ ਜੜਾਂ ਦਾ ਉਤਪਾਦਨ ਕਰਦਾ ਹੈ।

ribosome/ਰਾਈਬੋਸਮ ਆਰਐਨਏ (RNA) ਅਤੇ ਪ੍ਰੋਟੀਨ ਦਾ ਬਣਿਆ ਇੱਕ ਕੋਸ਼ਾਣੂ ਅੰਗਕ; ਪ੍ਰੋਟੀਨ ਸੰਸ਼ਲੇਸ਼ਣ ਦੀ ਸਾਈਟ।

rift valley/ਭ੍ਰੰਗ ਘਾਟੀ ਇੱਕ ਲੰਬੀ, ਸੀਮਿਤ ਘਾਟੀ ਜੋ ਟੈਕਟੋਨਿਕ ਪਲੇਟਾਂ ਵੱਖ ਹੋਣ ਤੇ ਬਣਦੀ ਹੈ।

rift zone/ਭ੍ਰੰਗ ਜ਼ੋਨ ਗਾਹਰੀ ਦਰਾਰਾਂ ਦਾ ਇੱਕ ਖੇਤਰ ਜੋ ਉਹਨਾਂ ਦੇ ਟੈਕਟੋਨਿਕ ਪਲੇਟਾਂ ਵਿੱਚਕਾਰ ਬਣਦਾ ਹੈ ਜੋ ਇੱਕ ਦੂਜੇ ਤੋਂ ਵੱਖ ਹੋ ਜਾਂਦੀ ਹਨ।

RNA/ਆਰਐਨਏ ਰਾਈਬੋਕੇਂਦਰਕ ਤੇਜਾਬ, ਇੱਕ ਅਣੂ ਜੋ ਸਾਰੇ ਸਜੀਵ ਕੋਸ਼ਾਣੂਆਂ ਵਿੱਚਕਾਰ ਮੌਜੂਦ ਹੁੰਦਾ ਹੈ ਅਤੇ ਜੋ ਪ੍ਰੋਟੀਨ ਉਤਪਾਦਨ ਵਿੱਚ ਇੱਕ ਰੋਲ ਨਿਭਾਉਂਦਾ ਹੈ।

rock/ਸ਼ੈਲ ਇੱਕ ਜਾਂ ਵੱਧ ਖਨਿਜਾਂ ਜਾਂ ਜੈਵਿਕ ਪਦਾਰਥਾਂ ਤੋਂ ਕੁਦਰਤੀ ਤੌਰ ਤੇ ਬਣਨ ਵਾਲਾ ਠੋਸ ਮਿਸ਼ਰਣ।

rock cycle/ਸ਼ੈਲ ਚੱਕਰ ਪ੍ਰਕ੍ਰਿਆਵਾਂ ਦਾ ਕ੍ਰਮ ਜਿਸ ਵਿੱਚ ਸ਼ੈਲ ਬਣਦਾ ਹੈ, ਇੱਕ ਪ੍ਰਕਾਰ ਤੋਂ ਦੂਜੇ ਵਿੱਚ ਬਦਲਦਾ ਹੈ, ਖ਼ਤਮ ਹੋ ਜਾਂਦਾ ਹੈ, ਅਤੇ ਭੌਤਿਕੀ ਪ੍ਰਕ੍ਰਿਆਵਾਂ ਦੁਆਰਾ ਦੁਬਾਰਾ ਬਣ ਜਾਂਦਾ ਹੈ।

rock fall/ਸ਼ੈਲਾਂ ਦਾ ਡਿੱਗਣਾ ਸ਼ੈਲਾਂ ਦਾ ਢਲਾਨ ਤੋਂ ਤੇਜ਼ ਗਤੀ ਨਾਲ ਥੱਲੇ ਡਿੱਗਣਾ।

rocket/ਰਾਕੇਟ ਇੱਕ ਮਸ਼ੀਨ ਜੋ ਚੱਲਣ ਲਈ ਜਲਦੇ ਇੰਧਨ ਤੋਂ ਨਿਕਲਣ ਵਾਲੀ ਗੈਸ ਵਰਤਦਾ ਹੈ।

rotation/ਘੁੰਮਣਾ ਕਿਸੇ ਪਿੰਡ ਦਾ ਆਪਣੀ ਧੁਰੀ ਤੇ ਘੁੰਮਣਾ।

S

S wave/ਐਸ ਤਰੰਗ ਇੱਕ ਭੁਚਾਲੀ ਤਰੰਗ ਜਿਸ ਕਾਰਨ ਸ਼ੈਲ ਦੇ ਕਣ ਵੱਖ ਵੱਖ ਦਿਸ਼ਾਵਾਂ ਵਿੱਚ ਚੱਲੇ ਜਾਂਦੇ ਹਨ।

salinity/ਲਵਣਤਾ, ਖਾਰਾਪਨ ਤਰਲ ਦੀ ਦਿੱਤੀ ਮਾਤ੍ਰਾ ਵਿੱਚ ਘੁੱਲੇ ਨਮਕਾਂ ਦੀ ਮਾਤ੍ਰਾ ਦਾ ਨਾਪ।

salt/ਨਮਕ ਇੱਕ ਆਯਨਿਕ ਮਿਸ਼ਰਣ ਜੋ ਤਾਂ ਬਣਦਾ ਹੈ ਜਦੋਂ ਇੱਕ ਧਾਤੁ ਪਰਮਾਣੂ ਕਿਸੇ ਤੇਜਾਬ ਦੇ ਹਾਇਡ੍ਰੋਜਨ ਨੂੰ ਬਦਲ ਦਿੰਦਾ ਹੈ।

saltation/ਉਤਪਤਨ ਛੋਟੀ ਕੁਦਾਂ ਅਤੇ ਉਛਲਾਂ ਦੁਆਰਾ ਮਿੱਟੀ ਜਾਂ ਦੂਜੇ ਅਵਸਾਦਾਂ ਦਾ ਚੱਲਣਾ ਜੋ ਹਵਾ ਜਾਂ ਪਾਣੀ ਦੇ ਕਾਰਨ ਹੁੰਦਾ ਹੈ।

satellite/ਉਪਗ੍ਰਹਿ ਇੱਕ ਕੁਦਰਤੀ ਜਾਂ ਮਨੁੱਖ-ਰਚਿਤ ਪਿੰਡ ਜੋ ਕਿਸੇ ਗ੍ਰਹਿ ਦੇ ਆਲੇ-ਦੁਆਲੇ ਘੁੰਮਦੀ ਹੈ।

savanna/ਸਵਾਨਾ ਘਾਸ ਦਾ ਇੱਕ ਮੈਦਾਨ ਜਿਸ ਵਿੱਚ ਕਈ ਵਾਰ ਬਿਖਰੇ ਦਰਖਤ ਹੁੰਦੇ ਹਨ ਅਤੇ ਜੋ ਅਜਤੀਏ ਅਤੇ ਉਪਨੀਏ ਖੇਤਰਾਂ ਵਿੱਚ ਪਾਏ ਜਾਂਦੇ ਹਨ ਜਿੱਥੇ ਮੌਸਮੀ ਮੀਂਹ, ਅੱਗ ਅਤੇ ਸੁੱਖਾ ਪੈਂਦਾ ਹੈ।

scale/ਸਕੇਲ ਕਿਸੇ ਨਮੂਨੇ, ਨਕਸ਼ੇ, ਜਾਂ ਆਰੇਖ ਉੱਤੇ ਨਾਪਾਂ ਵਿੱਚਕਾਰ ਸੰਬੰਧਤਾ ਅਤੇ ਅਸਲ ਨਾਪ ਜਾਂ ਫ਼ਾਸਲਾ

scattering/ਵਿਕਿਰਨ ਰੋਸ਼ਨੀ ਦਾ ਪਦਾਰਥ ਨਾਲ ਟੱਕਰਾਉਣਾ ਜਿਸ ਕਾਰਨ ਰੋਸ਼ਨੀ ਆਪਣੀ ਉਰਜਾ, ਗਤੀ ਦੀ ਦਿਸ਼ਾ, ਜਾਂ ਦੋਹੇ ਬਦਲ ਦਿੰਦੀ ਹੈ।

science/ਵਿਗਿਆਨ ਕੁਦਰਤੀ ਘਟਨਾਵਾਂ ਅਤੇ ਸੱਚਾਈ ਖੋਜਨ ਵਿੱਚਲੀ ਸਥਿਤੀਆਂ ਅਤੇ ਜਾਂਚੇ ਗਏ ਕਾਨੂਨ ਜਾਂ ਸਿਧਾਂਤਾਂ ਦੇ ਆਕਲਨ ਦੁਆਰਾ ਪ੍ਰਾਪਤ ਜਾਣਕਾਰੀ।

scientific literacy/ਵਿਗਿਆਨਿਕ ਸਾਕਸ਼ਰਤਾ ਵਿਗਿਆਨਿਕ ਜਾਂਚ-ਪੜਤਾਲ ਦੇ ਤਰੀਕਿਆਂ, ਵਿਗਿਆਨਿਕ ਜਾਣਕਾਰੀ ਕੰਪਿਊਟਰ ਅਤੇ ਸਮਾਜ ਵਿੱਚ ਵਿਗਿਆਨ ਦੀ ਭੂਮਿਕਾ ਦੀ ਸਮਝ।

scientific methods/ਵਿਗਿਆਨਿਕ ਤਰੀਕੇ ਔਖਣ ਹਲ ਕਰਨ ਲਈ ਪਾਲਣ ਕਿੱਤੇ ਗਏ ਕਦਮਾਂ ਦਾ ਕ੍ਰਮ।

screw/ਸਕ੍ਰੂ ਇੱਕ ਸਾਧਾਰਦ ਮਸ਼ੀਨ ਜਿਸ ਵਿੱਚ ਇੱਕ ਸਿਲੰਡਰ ਦੇ ਆਲੇ-ਦੁਆਲੇ ਲਿਪਟਿਆ ਇੱਕ ਝੁਕਿਆ ਸਮਤਲ ਹੁੰਦਾ ਹੈ।

sea-floor spreading/ਸਮੁੰਦਰ-ਤਲ ਦਾ ਫੈਲਣਾ ਇੱਕ ਪ੍ਰਕਿਰਿਆ ਜਿਸ ਨਾਲ ਨਵੇਂ ਮਹਾਸਾਗਰੀਏ ਲਿਥੋਸਫੇਅਰ ਬਣਦੇ ਹਨ ਜਿਵੇਂ ਤਲ ਵਾਲੇ ਪਾਸੇ ਮੈਗਮਾ ਵੱਧਦਾ ਹੈ ਅਤੇ ਠੋਸ ਹੋ ਜਾਂਦਾ ਹੈ।

seamount/ਸੀਮਾਊਂਟ ਮਹਾਸਾਗਰ ਦੇ ਤਲ ਤੇ ਇੱਕ ਅੱਧਾ ਡੁਬਿਆ ਪਰਬਤ ਜੋ ਘੱਟੋਘੱਟ 1,000 m ਉੱਚਾ ਹੈ ਅਤੇ ਜੋ ਜਵਾਲਾਮੁੱਖੀ ਦੀ ਉੱਤਪੱਤੀ ਹੈ।

sediment/ਅਵਸਾਦ ਜੈਵਿਕ ਅਤੇ ਅਜੈਵਿਕ ਪਦਾਰਥਾਂ ਦਾ ਅਵਸੇਸ ਜੋ ਹਵਾ, ਪਾਣੀ, ਜਾਂ ਬਰਫ਼ ਦੁਆਰਾ ਇੱਕ ਥਾਂ ਤੋਂ ਦੂਜੀ ਥਾਂ ਤੱਕ ਜਾਂਦੇ ਹਨ ਅਤੇ ਕਿਸੇ ਥਾਂ ਤੇ ਜਮਾ ਹੋ ਜਾਂਦੇ ਹਨ ਅਤੇ ਜੋ ਧਰਤੀ ਦੇ ਤਲ ਦੀ ਸਤਹਾਂ ਵਿੱਚ ਜਮਾ ਹੋ ਜਾਂਦੇ ਹਨ।

sedimentary rock/ਅਵਸਾਦੀਏ ਸ਼ੈਲ ਅਜਿਹੇ ਸ਼ੈਲ ਜੋ ਅਵਸਾਦ ਦੀ ਦਬੀ ਹੋਈ ਜਾਂ ਸੀਮੇਂਟ ਕਿੱਤੀ ਹੋਈ ਪਰਤਾਂ ਤੋਂ ਬਣੇ ਹੁੰਦੇ ਹਨ

segment/ਖੰਡ ਕਿਸੇ ਵੱਡੇ ਢਾਂਚੇ ਦਾ ਕੋਈ ਵੀ ਭਾਗ, ਜਿਵੇਂ ਕਿਸੇ ਜੀਵ ਦਾ ਸ਼ਰੀਰ, ਜੋ ਕੁਦਰਤੀ ਜਾਂ ਸਵੈੱਛ ਸੀਮਾਵਾਂ ਦੁਆਰਾ ਸੈਟ ਕਿੱਤੀ ਗਈ ਹਨ।

seismic gap/ਭੁਚਾਲੀ ਫ਼ਾਸਲਾ ਕਿਸੇ ਦਰਾਰ ਦੇ ਨਾਲ ਦਾ ਖੇਤਰ ਜਿੱਥੇ ਹਾਲ ਵਿੱਚ ਹੀ ਕੁਝ ਹਲਕੇ ਭੁਚਾਲ ਆਏ ਹਨ ਪਰ ਜਿੱਥੇ ਬਲਸ਼ਾਲੀ ਭੁਚਾਲ ਭੁਤਕਾਲ ਵਿੱਚ ਆਏ ਹਨ।

seismic wave/ਭੁਚਾਲੀ ਤਰੰਗ ਊਰਜਾ ਦੀ ਇੱਕ ਤਰੰਗ ਜੋ ਧਰਤੀ ਤੋਂ ਅਤੇ ਕਿਸੇ ਭੁਚਾਲ ਤੋਂ ਸਾਰੀ ਦਿਸ਼ਾਵਾਂ ਵਿੱਚ ਜਾਂਦੀ ਹਨ।

seismogram/ਭੁਕੰਪ-ਅਭਿਲੇਖ ਭੁਚਾਲ ਗਤੀ ਦਾ ਖਾਕਾ ਬਣਾਉਣਾ ਜੋ ਭੁਕੰਪਲੇਖੀ ਦੁਆਰਾ ਬਣਾਈ ਗਿਆ ਹੈ।

seismograph/ਭੁਕੰਪਲੇਖੀ ਇੱਕ ਉਪਕਰਣ ਜੋ ਜਮੀਨ ਵਿੱਚਲੀ ਤਰੰਗਾਂ ਨੂੰ ਰਿਮਾਰਡ ਕਰਦਾ ਹੈ ਅਤੇ ਭੁਕੰਪ ਦੀ ਥਾਂ ਅਤੇ ਬਲ ਦਾ ਨਿਰਧਾਰਣ ਕਰਦਾ ਹੈ।

seismology/ਭੁਕੰਪਵਿਗਿਆਨ ਭੁਕੰਪਾਂ ਦਾ ਅਧਿਆਨ।

selective breeding/ਵਰਣਤਾਮੱਕ ਪ੍ਰਜਨਨ ਜਾਨਵਰਾਂ ਜਾਂ ਪੌਧਿਆਂ ਦਾ ਮਨੁੱਖੀ ਆਚਰਣ ਜਿਹਨਾਂ ਵਿੱਚ ਕੁਝ ਨਿਸਚਿਤ ਈਛਿੱਤ ਲੱਛਣ ਹੁੰਦੇ ਹਨ।

semiconductor/ਸੇਮੀਕਨਡਕਟਰ ਇੱਕ ਤੱਤ ਜਾਂ ਮਿਸ਼ਰਣ ਜੋ ਵਿਪਿੱਤੀਏ ਕਰੰਟ ਦਾ ਪਰੀਚਾਲਨ, ਵਿਪਿੱਤਰੋਧੀ ਤੋਂ ਵਦੀਆਂ ਢੰਗ ਨਾਲ ਕਰਦਾ ਹੈ ਪਰ ਵਿਪਿੱਤ-ਸੰਚਾਲਕ ਜਿਹਾ ਨਹੀ ਕਰਦਾ।

sepal/ਸਿਪਲ ਕਿਸੇ ਫੁੱਲ ਵਿੱਚ, ਪੱਤੀਆਂ ਦੀ ਸਭ ਤੋਂ ਬਾਹਰਲੀ ਰਿੰਗ ਚੋਂ ਇੱਕ ਜੋ ਫੁੱਲ ਦੇ ਅੰਕੁਰ ਦੀ ਰੱਖਿਆ ਕਰਦਾ ਹੈ।

septic tank/ਪੁਤੀ ਟੰਕੀ ਅਜਿਹੀ ਟੰਕੀ ਜੋ ਤਰਲ ਤੋਂ ਠੋਸ ਗੰਦ ਨੂੰ ਵੱਖ ਕਰਦੀ ਹੈ ਅਤੇ ਜਿਸ ਵਿੱਚ ਬੈਕਟੀਰੀਆ ਹੁੰਦਾ ਹੈ ਜੋ ਠੋਸ ਗੰਦ ਨੂੰ ਤੋੜ ਦਿੰਦਾ ਹੈ।

series circuit/ਸੀਰਿਜ਼ ਸਰਕਿਟ ਅਜਿਹਾ ਸਰਕਿਟ ਜਿਸ ਵਿੱਚ ਪੁਰਜੇ ਇੱਕ ਤੋਂ ਬਾਦ ਇੱਕ ਜੁੜੇ ਹੁੰਦੇ ਹਨ ਤਾਂ ਜੋ ਹਰ ਇੱਕ ਪੁਰਜੇ ਵਿੱਚ ਪਹੁੰਚਣ ਵਾਲਾ ਕਰੰਟ ਸਮਾਨ ਹੁੰਦਾ ਹੈ।

sewage treatment plant/ਮਲ ਸਫ਼ਾਈ ਪਲਾਂਟ ਇੱਕ ਸੁਵਿੱਧਾ ਜੋ ਪਾਣੀ ਵਿੱਚ ਪਾਏ ਜਾਣ ਵਾਲੇ ਖਰਾਬ ਪਦਾਰਥਾਂ ਨੂੰ ਸਾਫ਼ ਕਰ ਦਿੰਦਾ ਹੈ ਜੋ ਸੀਵਰ ਜਾਂ ਗਟਰ ਤੋਂ ਆ ਜਾਂਦੇ ਹਨ।

sex chromosome/ਸੰਭੋਗ ਕ੍ਰੋਮੋਸਮਜ ਕ੍ਰੋਮੋਸਮਜ ਦੇ ਜੋੜੇ ਚੋਂ ਇੱਕ ਜੋ ਕਿਸੇ ਏਕਲ ਦੇ ਲਿੰਗ ਦਾ ਨਿਰਧਾਰਣ ਕਰਦਾ ਹੈ।

sexual reproduction/ਲੈਂਗਿਕ ਉਤਪਾਦਨ ਅਜਿਹਾ ਉਤਪਾਦਨ ਜਿਸ ਵਿੱਚ ਦੋ ਜਨਕਾਂ ਦੇ ਸੰਭੋਗ ਕੋਸ਼ਾਣੂ ਸੰਤਾਨ ਉਤਪਾਦਨ ਲਈ ਮਿਲ ਜਾਂਦੇ ਹਨ ਜੋ ਦੋਹਾਂ ਜਨਕਾਂ ਦੇ ਲੱਛਣ ਪਾਉਂਦੀ ਹੈ।

shoreline/ਤਟਰੇਖਾ ਜਮੀਨ ਅਤੇ ਜਲਸਮੂਹ ਵਿੱਚਕਾਰ ਸੀਮਾ।

silicate mineral/ਸਿਲੀਕੇਟੀ ਖਨਿਜ ਇੱਕ ਖਨਿਜ ਜਿਸ ਵਿੱਚ ਸਿਲੀਕਨ, ਆੱਕਸੀਜਨ, ਅਤੇ ਇੱਕ ਜਾਂ ਵੱਧ ਧਾਤੁਆਂ ਦਾ ਮਿਸ਼ਰਣ ਹੁੰਦਾ ਹੈ।

single-displacement reaction/ਏਕਲ-ਵਿਸਥਾਪਨ ਪ੍ਰਤੀਕ੍ਰਿਆ ਇੱਕ ਪ੍ਰਤੀਕ੍ਰਿਆ ਜਿਸ ਵਿੱਚ ਕਿਸੇ ਮਿਸ਼ਰਣ ਵਿੱਚ ਇੱਕ ਤੱਤ ਦੂਜੇ ਤੱਤ ਦੀ ਥਾਂ ਲੈ ਲੈਂਦਾ ਹੈ।

skeletal system/ਅਸਥੀਪਿੰਜਰ ਤੰਤਰ ਇੱਕ ਅੰਗ ਤੰਤਰ ਜਿਸਦਾ ਪ੍ਰਾਥਮਿਕ ਕੰਮ ਸ਼ਰੀਰ ਨੂੰ ਸਹਾਰਾ ਅਤੇ ਉਸਦੀ ਰੱਖਿਆ ਕਰਨਾ ਹੈ ਅਤੇ ਸ਼ਰੀਰ ਨੂੰ ਹਿੱਲਣ ਡੁੱਲਣ ਦੀ ਆਗਿਆ ਦੇਣਾ ਹੈ।

skepticism/ਸ਼ਕ ਦਿਮਾਗ ਦੀ ਇੱਕ ਲੱਤ ਜਿਸ ਵਿੱਚ ਕੋਈ ਬੰਦਾ ਮੰਨਣ ਵਾਲੇ ਵਿਚਾਰਾਂ ਦੀ ਵੈਧਤਾਬਾਰੇ ਪ੍ਰਸਨ ਕਰਦਾ ਹੈ।

slope/ਢਲਾਨ (ਸਲੋਪ) ਕਿਸੇ ਰੇਖਾ ਦੇ ਵੂਕ ਦਾ ਨਾਪ; ਭੱਜਣ ਤੇ ਨਿਕਲਣ ਦਾ ਅਨੁਪਾਤ।

small intestine/ਛੋਟੀ ਆਂਤ ਪੇਟ ਅਤੇ ਵੱਡੀ ਆਂਤ ਵਿੱਚਕਾਰਲਾ ਅੰਗ ਜਿੱਥੇ ਜਿਆਦਾਤਰ ਭੋਜਨ ਛੋਟੇ ਟੁਕੜਿਆਂ ਵਿੱਚ ਟੁੱਟਦਾ ਹੈ ਅਤੇ ਭੋਜਨ ਚੋਂ ਜਿਆਦਾਤਰ ਪੋਸ਼ਕ ਤੱਤ ਅਵਸ਼ੋਸ਼ਿਤ ਹੋ ਜਾਂਦੇ ਹਨ।

smog/ਧੁਮ ਕੋਹਰਾ ਫ਼ੋਟੋਕੈਮੀਕਲ ਧੁੰਧ ਜੋ ਤਾਂ ਬਣਦੀ ਹੈ ਜਦੋਂ ਸੁਰਜ ਦੀ ਕਿਰਣਾਂ ਫ਼ੈਕਟਰੀ ਤੋਂ ਨਿਕਲਣ ਵਾਲੇ ਪ੍ਰਦੂਸ਼ਕਾਂ ਅਤੇ ਜਲਦੇ ਹੋਏ ਈਧਨਾਂ ਉੱਤੇ ਕੰਮ ਕਰਦੀ ਹਨ।

social behavior/ਸਾਮਾਜਿਕ ਬਰਤਾਵ ਇੱਕ ਪ੍ਰਜਾਤੀ ਦੇ ਜਾਨਵਰਾਂ ਵਿੱਚਕਾਰ ਪਾਰਸਪਰਿਕ ਕਿਆ।

software/ਸਾਫ਼ਟਵੇਅਰ ਨਿਰਦੇਸ਼ਾਂ ਜਾਂ ਆਦੇਸ਼ਾਂ ਦੀ ਇੱਕ ਸੈਟ ਜੋ ਕੰਪਿਊਟਰ ਨੂੰ ਦੱਸਦਾ ਹੈ ਕਿ ਕੀ ਕਰਨਾ ਹੈ; ਇੱਕ ਕੰਪਿਊਟਰ ਪ੍ਰੋਗਰਾਮ।

soil/ਮਿੱਟੀ ਸੈਲ ਅਵਸ਼ੇਸ਼ਾਂ, ਜੈਵਿਕ ਪਦਾਰਥਾਂ, ਪਾਣੀ, ਅਤੇ ਹਵਾ ਦਾ ਖੁੱਲ੍ਹਾ ਮਿਸ਼ਰਣ ਜੋ ਵਨਸਪਤੀਆਂ ਦੇ ਵਿਕਾਸ ਵਿੱਚ ਮਦਦ ਕਰ ਸਕਦਾ ਹੈ।

soil conservation/ਮਿੱਟੀ ਦਾ ਸੰਧਾਰਨ ਮਿੱਟੀ ਨੂੰ ਵੱਗਣ ਅਤੇ ਪੋਸ਼ਕ ਤੱਤਾਂ ਦੇ ਘਾਟੇ ਤੋਂ ਬਚਾਉਣ ਲਈ ਮਿੱਟੀ ਨੂੰ ਉਪਜਾਊ ਬਣਾਈ ਰੱਖਣ ਦਾ ਤਰੀਕਾ।

soil structure/ਮਿੱਟੀ ਦਾ ਢਾਂਚਾ ਮਿੱਟੀ ਦੇ ਕਣਾਂ ਦੀ ਵਿਵਸਥਾ।

soil texture/ਮਿੱਟੀ ਦਾ ਗੁੰਥਨ ਮਿੱਟੀ ਦੀ ਗੁਣਵੱਤਾ ਜੋ ਮਿੱਟੀ ਦੇ ਕਣਾਂ ਦੀ ਗੁਣਵੱਤਾ ਤੇ ਆਧਾਰਿਤ ਹੁੰਦੀ ਹੈ।

solar energy/ਸੌਰ ਊਰਜਾ ਸੂਰਜ ਤੋਂ ਕਿਰਨਾਂ ਦੇ ਰੂਪ ਵਿੱਚ ਧਰਤੀ ਦੁਆਰਾ ਪ੍ਰਾਪਤ ਕੀਤੀ ਗਈ ਊਰਜਾ।

solar nebula/ਸੌਰ ਧੁੰਧ ਗੈਸ ਅਤੇ ਧੂਲ ਦਾ ਇੱਕ ਬੱਦਲ ਜੋ ਸਾਡੀ ਸੂਰਜੀ ਪ੍ਰਣਾਲੀ ਬਣਾਉਂਦਾ ਹੈ।

solenoid/ਪਰੀਨਾਲੀਕਾ ਤਾਰ ਦਾ ਇੱਕ ਕੱਾਂਜਲ ਜਿਸ ਵਿੱਚ ਵਿਧੁੱਤੀਏ ਕਰੰਟ ਹੁੰਦਾ ਹੈ।

solid/ਠੋਸ ਪਦਾਰਥ ਦੀ ਇੱਕ ਅਵਸਥਾ ਜਿਸ ਵਿੱਚ ਪਦਾਰਥ ਦਾ ਪਰੀਮਾਣ ਅਤੇ ਆਕਾਰ ਨਿਸ਼ਚਿਤ ਹੁੰਦਾ ਹੈ।

solubility/ਘੁਲਨਸ਼ੀਲਤਾ ਕਿਸੇ ਦਿੱਤੇ ਤਾਪ ਅਤੇ ਦਬਾਵ ਵਿੱਚ ਇੱਕ ਪਦਾਰਥ ਦੀ ਦੂਜੇ ਵਿੱਚ ਘੁੱਲਣ ਦੀ ਜੋਗਤਾ।

solute/ਘੁੱਲਣ ਵਾਲਾ ਪਦਾਰਥ ਕਿਸੇ ਮਿਸ਼ਰਣ ਵਿੱਚ, ਪਦਾਰਥ ਜੋ ਤਰਲ ਪਦਾਰਥ ਵਿੱਚ ਘੁੱਲ ਜਾਂਦਾ ਹੈ।

solution/ਮਿਸ਼ਰਣ ਇੱਕ ਪੂਰੇ ਏਕਲ ਫੇਸ ਵਿੱਚ ਸਮਾਨ ਰੂਪ ਤੋਂ ਵਿਸਰਜਿਤ ਦੋ ਜਾਂ ਵੱਧ ਪਦਾਰਥਾਂ ਦਾ ਇੱਕ ਸਮੰਗ ਮਿਸ਼ਰਣ।

solvent/ਤਰਲ ਪਦਾਰਥ (ਸੌਲਵੈਂਟ) ਕਿਸੇ ਮਿਸ਼ਰਣ ਵਿੱਚ, ਇੱਕ ਪਦਾਰਥ ਜਿਸ ਵਿੱਚ ਘੁੱਲਣ ਵਾਲਾ ਪਦਾਰਥ (ਸੋਲਿਊਟ) ਘੁੱਲ ਜਾਂਦਾ ਹੈ।

sonic boom/ਧਵੱਨਿਕ ਗਰਜ ਸੁਣੀ ਜਾਨ ਵਾਲੀ ਇੱਕ ਤੇਜ਼ ਆਵਾਜ਼, ਜਦੋਂ ਇੱਕ ਸ਼ੌਕ ਤਰੰਗ ਕਿਸੇ ਚੀਜ਼ ਤੋਂ, ਇੱਕ ਬੰਦੇ ਕੰਨਾਂ ਵਿੱਚ ਪਹੁੰਚਣ ਵਾਲੀ ਆਵਾਜ਼ ਦੀ ਰਫ਼ਤਾਰ ਤੋਂ ਵੱਧ ਤੇਜ਼ੀ ਨਾਲ ਨਿਕਲਦੀ ਹੈ।

sound quality/ਧਵਨੀ ਗੁਣਵੱਤਾ ਬਾਧਾ ਦੁਆਰਾ ਕਈ ਪਿਚਾਂ ਦੇ ਮਿਸ਼ਰਣ ਦਾ ਨਤੀਜਾ।

sound wave/ਧਵਨੀ ਤਰੰਗ ਇੱਕ ਲਾਂਗੀਟਿਊਡਨਲ ਤਰੰਗ ਜੋ ਕੰਪਨ ਦੇ ਕਾਰਨ ਹੁੰਦੀ ਹੈ ਅਤੇ ਜੋ ਕਿਸੇ ਚੀਜ਼ ਦੇ ਮੀਡੀਅਮ ਦੁਆਰਾ ਸਫ਼ਰ ਕਰਦੀ ਹੈ।

space probe/ਅੰਤਰਿਕ ਅਨੁਸੰਧਾਨ ਇੱਕ ਅਨਕ੍ਰਿਊਡ ਗੱਡੀ ਜੋ ਵਿਗਿਆਨਿਕ ਡੇਟਾ ਇਕੱਠਾ ਕਰਨ ਲਈ ਅੰਤਰਿਕ ਵਿੱਚ ਵਿਗਿਆਨਿਕ ਉਪਕਰਣ ਲੈ ਜਾਂਦੀ ਹੈ।

space shuttle/ਅੰਤਰਿਕ ਸ਼ਟਲ ਇੱਕ ਦੁਬਾਰਾ ਵਰਤਣ ਜੋਗ ਅੰਤਰਿਕ ਗੱਡੀ ਜੋ ਰੌਕਟ ਦੀ ਤਰ੍ਹਾਂ ਉਡਾਨ ਭਰਦਾ ਹੈ ਅਤੇ ਹਵਾਈ ਜਵਜ ਦੀ ਤਰ੍ਹਾਂ ਉਤਰਦਾ ਹੈ।

space station/ਅੰਤਰਿਕ ਸਟੇਸ਼ਨ ਇੱਕ ਲੰਬੀ ਅਵੱਧੀ ਵਾਲੀ ਜਮਾਤਿਕ ਪਲੇਟਫ਼ਾਰਮ ਜਿਸ ਤੋਂ ਦੂਜੀ ਗੱਡੀਆਂ ਛੱਡੀ ਜਾ ਸਕਦੀ ਹਨ ਜਾਂ ਵਿਗਿਆਨਿਕ ਅਨੁਸੰਧਾਨ ਕੀਤੀ ਜਾ ਸਕੇ।

speciation/ਜਾਤੀ-ਘਟਨ ਜੈਵ ਵਿਕਾਸ ਦੇ ਨਤੀਜੇ ਵੱਜੋਂ ਨਵੀਂ ਪ੍ਰਜਾਤੀਆਂ ਦਾ ਬਣਨਾ।

species/ਪ੍ਰਜਾਤੀਆਂ ਉਹਨਾਂ ਜੀਵਾਂ ਦਾ ਇੱਕ ਸਮੂਹ ਜੋ ਨੇੜਤਾ ਨਾਲ ਸੰਬੰਧਿਤ ਹੁੰਦੇ ਹਨ ਅਤੇ ਜੋ ਸੰਤਾਨ ਉਤਪਾਦਨ ਕਰਨ ਲਈ ਮਿਲਦੇ ਹਨ।

specific heat/ਵਿਸ਼ੇਸ ਗਰਮੀ ਇੱਕ ਨਿਰਦਿਸ਼ਟ ਤਰੀਕੇ ਵਿੱਚ ਦਿੱਤੇ ਸਥਿਰ ਦਬਾਵ ਅਤੇ ਪਰੀਮਾਣ ਵਿੱਚ ਸਮੰਗ ਪਦਾਰਥ 1 K ਜਾਂ $1°C$ ਦੀ ਈਕਾਈ ਮਾਤ੍ਰਾ ਨੂੰ ਵਧਾਉਣ ਲਈ ਲੋੜੀਂਦੀ ਗਰਮੀ ਦੀ ਮਾਤ੍ਰਾ।

spectrum/ਸਪੈਕਟ੍ਰਮ ਰੰਗਾਂ ਦਾ ਬੈਂਡ ਜੋ ਤਾਂ ਉਤਪਾਦਿਤ ਹੁੰਦਾ ਹੈ ਜਦੋਂ ਚਿੱਟੀ ਰੋਸ਼ਨੀ ਕਿਸੇ ਪ੍ਰੀਜਮ ਤੋਂ ਨਿਕਲਦੀ ਹੈ।

speed/ਰਫ਼ਤਾਰ ਤੈਜ ਕੀਤਾ ਗਿਆ ਫ਼ਾਸਲਾ ਭਾਗ ਸਮੇਂ ਦੀ ਅਵੱਧੀ ਜਿਸ ਦੇ ਦੌਰਾਨ ਗਾਤੀ ਪ੍ਰਕਟ ਹੁੰਦੀ ਹੈ।

sperm/ਸਪਰਮ ਨਰ ਸੰਭੋਗ ਕੋਸ਼ਾਣੂ।

spleen/ਸਪਲੀਨ ਸਰੀਰ ਵਿੱਚ ਸਭ ਤੋਂ ਵੱਡਾ ਲਸੀਕਾ ਸੰਬੰਧੀ ਅੰਗ; ਖ਼ੂਨ ਜਮਾ ਕਰਨ ਵਾਲੇ ਦੀ ਤਰ੍ਹਾਂ ਕੰਮ ਕਰਦਾ ਹੈ, ਪੁਰਾਣੇ ਲਾਲ ਖ਼ੂਨ ਕਣਾਂ ਨੂੰ ਖੰਡ ਖੰਡ ਕਰਦਾ ਹੈ, ਅਤੇ ਲਿਸਫ਼ ਸਾਈਟਾਂ ਅਤੇ ਪਲਾਸਮਿਡਾਂ ਦਾ ਉਤਪਾਦਨ ਕਰਦਾ ਹੈ।

spore/ਬੀਜ਼ਾਣੂ ਇੱਕ ਉਤਪਾਦਕ ਕੋਸ਼ਾਣੂ ਜਾਂ ਬਹੁਕੋਸ਼ੀਕਾ ਢਾਂਚਾ ਜੋ ਭਾਰੀ ਵਾਤਾਵਰਣੀਏ ਅਵਸਥਾਵਾਂ ਨੂੰ ਰੋਕਦਾ ਹੈ ਅਤੇ ਜੋ ਕਿਸੇ ਦੂਜੇ ਕੋਸ਼ਾਣੂ ਨਾਲ ਮਿਲਣ ਤੋਂ ਬਿਨਾ ਕਿਸੇ ਪ੍ਰੌਣ ਵਿੱਚ ਵਿਕਸਿਤ ਹੋ ਸਕਦਾ ਹੈ।

spring tide/ਬਸੰਤ (ਸਪ੍ਰਿੰਗ) ਟਾਈਡ ਵੱਧੀ ਹੋਈ ਰੇਂਜ ਦੀ ਟਾਈਡ ਜੋ ਨਵੇਂ ਅਤੇ ਪੂਰੇ ਚੰਦਰਮਾ ਤੇ ਇੱਕ ਮਹੀਨੇ ਵਿੱਚ ਦੋ ਵਾਰ ਹੁੰਦੀ ਹੈ।

stamen/ਪਰਾਗ-ਕੇਸਰ ਕਿਸੇ ਫੁੱਲ ਦਾ ਨਰ ਉਤਪਾਦਕ ਢਾਂਚਾ ਜੋ ਪਰਾਗ (ਪੌਲਨ) ਦਾ ਉਂਤਪਾਦਨ ਕਰਦਾ ਹੈ ਅਤੇ ਜਿਸ ਵਿੱਚ ਇੱਕ ਫਿਲਾਮੈਂਟ ਦੇ ਉੱਤੇ ਇੱਕ ਪਰਾਗ-ਕੋਸ਼ ਹੁੰਦਾ ਹੈ।

standing wave/ਸਥਿਰ ਤਰੰਗ ਕੰਪਨ ਦਾ ਇੱਕ ਨਮੂਨਾ ਜੋ ਅਜਿਹੀ ਤਰੰਗ ਨੂੰ ਉੱਤੇਜਿਤ ਕਰਦਾ ਹੈ ਜੋ ਸਥਿਰ ਹੁੰਦਾ ਹੈ।

states of matter/ਪਦਾਰਥਾਂ ਦੀ ਅਵਸਥਾਵਾਂ ਪਦਾਰਥ ਦੇ ਭੌਤਿਕ ਪ੍ਰਕਾਰ, ਜਿਸ ਵਿੱਚ ਠੋਸ, ਤਰਲ, ਅਤੇ ਗੈਸ ਸ਼ਾਮਿਲ ਹੁੰਦੇ ਹਨ।

static electricity/ਸਥਿਰ ਵਿਧੁੱਤ ਵਿਧੁੱਤੀਏ ਚਾਰਜ ਠਹਰਾਵ ਤੇ; ਆਮਤੌਰ ਤੇ ਰਗੜਨ ਜਾਂ ਰੇਧਨ ਦੁਆਰਾ ਉਤਪਾਦਿਤ ਹੁੰਦੀ ਹੈ।

stimulus/ਸਟੀਮੂਲਸ ਕੋਈ ਵੀ ਚੀਜ਼ ਜਿਸ ਨਾਲ ਕੋਈ ਪ੍ਰਤੀਕਿਰਆ ਜਾਂ ਕਿਸੇ ਜੀਵ ਜਾਂ ਜੀਵ ਦੇ ਕਿਸੇ ਵੀ ਭਾਗ ਵਿੱਚ ਬਦਲਾਵ ਹੁੰਦਾ ਹੈ।

stoma/ਮੁੰਹ (ਸਟੋਮਾ) ਕਿਸੇ ਪੌਧੇ ਦੀ ਇੱਕ ਪੱਤੀ ਜਾਂ ਤਨੇ ਵਿੱਚ ਕਈ ਸੁਰਾਖਾਂ ਚੋਂ ਇੱਕ ਜਿਸ ਨਾਲ ਗੈਸ ਬਦਲਾਵ ਹੁੰਦਾ ਹੈ (ਬਹੁਵਚਨ ਸਟਮੈਟੀ)।

stomach/ਪੇਟ (ਸਟਮੱਕ) ਈਸੋਫੈਗਸ ਅਤੇ ਛੋਟੀ ਆਂਤ ਵਿਚਕਾਰ ਇੱਕ ਥੈਲੀ (ਸੈਕ) ਜਿਹਾ, ਪਾਚਨ ਅੰਗ ਜੋ ਮਾਂਸਪੇਸ਼ੀਆਂ, ਪਾਚਨ ਰਸ, ਅਤੇ ਤੇਜ਼ਾਬਾਂ ਦੀ ਕਿਰਿਆਵਾਂ ਦੁਆਰਾ ਭੋਜਨ ਨੂੰ ਛੋਟੇ ਭਾਗਾਂ ਵਿੱਚ ਤੋੜਦਾ ਹੈ।

storm surge/ਤੂਫ਼ਾਨ ਉਮੜਨਾ ਤਟ ਦੇ ਨੇੜੇ ਸਮੁੰਦਰ ਸੱਤਰ ਦਾ ਸਥਾਨਕ ਵੱਧਣਾ ਜੋ ਕਿਸੇ ਤੂਫ਼ਾਨ, ਜਿਵੇਂ ਕਿ ਤੇਜ਼ ਆਂਧੀ ਤੋਂ, ਤੇਜ਼ ਹਵਾਵਾਂ ਕਾਰਨ ਹੁੰਦਾ ਹੈ।

strata/ਸਟਰਾਟਾ ਸ਼ੈਲ ਦੀ ਸਤਹਾਂ (ਇੱਕ ਵਚਨ, *ਸਟਰੈਟਮ*)।

stratification/ਸਤਰੀਕਰਨ ਇੱਕ ਪ੍ਰਕਿਰਿਆ ਜਿਸ ਵਿੱਚ ਅਵਸਾਦੀ ਸ਼ੈਲ ਸਤਹਾਂ ਵਿੱਚ ਵਿਵਸਥਿਤ ਹੁੰਦੀ ਹੈ।

stratified drift/ਸਤਰਿਤ ਬਹਾਵ ਹਿਮਨੀ ਜਮਾਵ ਜੋ ਧਾਰਾ ਜਾਂ ਘੁੱਲੇ ਪਾਣੀ ਦੇ ਕੰਮ ਦੁਆਰਾ ਕ੍ਰਮਿਤ ਅਤੇ ਸਤਰਿਤ ਹੋ ਜਾਂਦਾ ਹੈ।

stratosphere/ਸਮਤਾਪਮੰਡਲ ਵਾਤਾਵਰਨ ਦੀ ਇੱਕ ਸਤਹ ਜੋ ਟ੍ਰੋਪੋਸਫੇਅਰ ਦੇ ਉੱਤੇ ਹੁੰਦੀ ਹੈ ਅਤੇ ਜਿਸ ਵਿੱਚ ਜਿਵੇਂ ਜਿਵੇਂ ਉੱਚਾਈ ਵੱਧਦੀ ਹੈ ਤਿਵੇਂ ਤਿਵੇਂ ਤਾਪ ਵੀ ਵੱਧਦਾ ਹੈ।

streak/ਸਟ੍ਰੀਕ ਕਿਸੇ ਖਨਿਜ ਦੇ ਪਾਉਡਰ ਦਾ ਰੰਗ।

stress/ਭਾਰ ਦਬਾਵ ਦਾ ਕੋਈ ਸ਼ਾਰੀਰਿਕ ਜਾਂ ਦਿਮਾਗੀ ਜਵਾਬ।

structure/ਢਾਂਚਾ ਕਿਸੇ ਜੀਵ ਵਿੱਚ ਭਾਗਾਂ ਦੀ ਵਿਵਸਥਾ।

sublimation/ਉੱਦਾਤੀਕਰਨ ਇੱਕ ਪ੍ਰਕਿਰਿਆ ਜਿਸ ਵਿੱਚ ਇੱਕ ਠੋਸ ਸਿੱਧਾ ਗੈਸ ਵਿੱਚ ਬਦਲ ਜਾਂਦਾ ਹੈ।

subsidence/ਧਸਨਾ ਧਰਤੀ ਦੇ ਕ੍ਰਸਟ ਦੇ ਖੇਤਰਾਂ ਦਾ ਥੱਲੇ ਵਾਲੀ ਉੱਚਾਈ ਤੱਕ ਸਿਕੁੜਨਾ।

succession/ਉੱਤਰਾਧੀਕਾਰ ਕਿਸੇ ਏਕਲ ਥਾਂ ਤੇ ਸਮੇਂ ਦੀ ਇੱਕ ਅਵੱਧੀ ਵਿੱਚ ਇੱਕ ਪ੍ਰਕਾਰ ਦੇ ਸਮੁਦਾਏ ਦਾ ਦੂਜੇ ਵਿੱਚ ਬਦਲਣਾ।

sunspot/ਸੂਰਜ ਦਾ ਧੱਬਾ ਸੂਰਜ ਦੇ ਫ਼ੋਟੋਸਖੇਤਰ ਦਾ ਕਾਲਾ ਖੇਤਰ ਜੋ ਆਲੇ-ਦੁਆਲੇ ਦੇ ਖੇਤਰਾਂ ਤੋਂ ਵੱਧ ਠੰਡਾ ਹੁੰਦਾ ਹੈ ਅਤੇ ਜਿਸਦਾ ਚੁਮਬਕੀਏ ਖੇਤਰ ਮਜ਼ਬੂਤ ਹੁੰਦਾ ਹੈ।

supernova/ਸੁਪਰਨੋਵਾ ਇੱਕ ਭੀਮਕਾਏ ਧਮਾਕਾ ਜਿਸ ਵਿੱਚ ਇੱਕ ਬਹੁਤ ਵੱਡਾ ਤਾਰਾ ਖ਼ਤਮ ਹੋ ਜਾਂਦਾ ਹੈ ਅਤੇ ਆਪਣੀ ਬਾਹਰੀ ਪਰਤਾਂ ਨੂੰ ਅੰਤਰਿਕ ਵਿੱਚ ਸੁੱਟ ਦਿੰਦਾ ਹੈ।

superposition/ਅੱਧਿਆਰੋਪਣ ਇੱਕ ਸਿਧਾਂਤ ਜੋ ਦੱਸਦਾ ਹੈ ਕਿ ਨਵੇਂ ਸ਼ੈਲ, ਪੁਰਾਣੇ ਸ਼ੈਲਾਂ ਉੱਤੇ ਪਏ ਹੁੰਦੇ ਹਨ ਜੇਕਰ ਸਤਹਾਂ ਨੂੰ ਛੇੜਿਆ ਨਾ ਜਾਵੇ।

surface current/ਸਤਹ ਕਰੰਟ (ਸਰਫੇਸ ਕਰੰਟ) ਮਹਾਸਾਗਰ ਦੇ ਪਾਣੀ ਦੀ ਇੱਕ ਸਿਤਿਜੀਏ ਹਰਕਤ ਜੋ ਹਵਾ ਦੇ ਕਾਰਨ ਹੁੰਦਾ ਹੈ ਅਤੇ ਜੋ ਮਹਾਸਾਗਰ ਦੇ ਤਲ ਉੱਤੇ ਜਾਂ ਨੇੜੇ ਹੁੰਦਾ ਹੈ।

surface tension/ਸਰਫੇਸ ਟੈਂਸ਼ਨ ਉਹ ਬਲ ਜੋ ਕਿਸੇ ਤਰਲ ਦੀ ਸਤਹ ਤੇ ਲਾਇਆ ਜਾਂਦਾ ਹੈ ਅਤੇ ਜੋ ਤਲ ਦੇ ਖੇਤਰ ਨੂੰ ਛੋਟਾ ਕਰਨ ਲੱਗਦਾ ਹੈ।

suspension/ਆਲੰਬਨ ਤੰਤੁ (ਸਸਪੈਂਸ਼ਨ) ਇੱਕ ਮਿਸ਼ਰਨ ਜਿਸ ਵਿੱਚ ਕਿਸੇ ਪਦਾਰਥ ਦੇ ਕਣ ਵੱਧ ਜਾਂ ਘਟ ਹੁੰਦੇ ਹਨ ਜੋ ਪੂਰੇ ਤਰਲ ਜਾਂ ਗੈਸ ਵਿੱਚ ਸਮਾਨ ਰੂਪ ਨਾਲ ਫੈਲੇ ਹੁੰਦੇ ਹਨ।

swamp/ਦਲਦਲ ਇੱਕ ਗਿੱਲੀਜਮੀਨ ਈਕੋਪ੍ਰਨਾਲੀ ਜਿਸ ਵਿੱਚ ਝਾੜੀਆਂ ਅਤੇ ਦਰਖਤ ਉੱਗਦੇ ਹਨ।

swell/ਮਹਾਤਰੰਗ ਲੰਬੀ ਮਹਾਸਾਗਰੀਏ ਤਰੰਗਾਂ ਦੇ ਸਮੂਹ ਚੋਂ ਇੱਕ ਜੋ ਆਪਣੇ ਬਣਨ ਦੇ ਬਿੰਦੂ ਤੋਂ ਲਗਾਤਾਰ ਇੱਕ ਬਹੁਤ ਵੱਡਾ ਫ਼ਾਸਲਾ ਤੈਅ ਕਰਦੀ ਹੋਈ ਆਉਂਦੀ ਹੈ।

swim bladder/ਤਰਨ-ਮੂਤਰਾਸ਼ਯ ਹੱਡੀ ਵਾਲੀ ਮੱਛੀਆਂ ਵਿੱਚ, ਗੈਸ ਨਾਲ ਭਰਿਆਂ ਇੱਕ ਸੈਕ ਜੋ ਤਰਨਸ਼ੀਲਤਾ ਨੂੰ ਨਿਯੰਤਰਿਤ ਕਰਨ ਲਈ ਵਰਤੀ ਜਾਂਦੀ ਹੈ; ਇਸਨੂੰ *ਗੈਸ ਮੂਤਰਾਸ਼ਯ* ਦੇ ਤੌਰ ਤੇ ਵੀ ਜਾਣਿਆ ਜਾਂਦਾ ਹੈ।

symbiosis/ਸਹਜੀਵਿਤਾ ਇੱਕ ਸੰਬੰਧ ਜਿਸ ਵਿੱਚ ਦੋ ਵੱਖ-ਵੱਖ ਜੀਵ ਇੱਕ ਦੂਜੇ ਨਾਲ ਨਜ਼ਦੀਕੀ ਰਿਸ਼ਤੇ ਵਿੱਚ ਰਹਿੰਦੇ ਹਨ।

synthesis reaction/ਸੰਸ਼ਲੇਸ਼ਨ ਪ੍ਰਤੀਕਿਰਿਆ ਇੱਕ ਪ੍ਰਤੀਕਿਰਿਆ ਜਿਸ ਵਿੱਚ ਇੱਕ ਨਵਾਂ ਮਿਸ਼ਰਨ ਬਣਾਉਨ ਲਈ ਦੋ ਜਾਂ ਵੱਧ ਪਦਾਰਥ ਮਿਲਦੇ ਹਨ।

systemic circulation/ਸ਼ਾਰੀਰਿਕ ਸੰਚਾਰ ਖੂਨ ਦਾ ਦਿਲ ਤੋਂ ਸਰੀਰ ਦੇ ਸਾਰੇ ਭਾਗਾਂ ਅਤੇ ਵਾਪਿਸ ਦਿਲ ਤੱਕ ਵੱਗਣਾ।

T

T cell/ਟੀ ਕੋਸ਼ਾਣੂ ਇੱਕ ਪ੍ਰਤੀਰੱਖਿਅਕ ਪ੍ਰਨਾਲੀ ਕੋਸ਼ਾਣੂ ਜੋ ਪ੍ਰਤੀਰੱਖਿਅਕ ਪ੍ਰਨਾਲੀ ਦਾ ਸਵਰੱਗ ਹੁੰਦਾ ਹੈ ਅਤੇ ਜੋ ਕਈ ਸੰਕ੍ਰਮਿਤ ਕੋਸ਼ਾਣੂਆਂ ਉੱਤੇ ਹਮਲਾ ਕਰਦੇ ਹਨ।

tadpole/ਮੇਂਢਕ ਦਾ ਬੱਚਾ ਇੱਕ ਜਲਚਰ, ਕਿਸੇ ਮੇਂਢਕ ਜਾਂ ਡੱਡੂ ਦਾ ਮੱਛੀ ਦੇ ਆਕਾਰ ਦਾ ਲਾਰਵਾ।

taxonomy/ਵਰਗੀਕਰਨ ਵਿਗਿਆਨ ਵਰਨ ਕਰਨ, ਨਾਂ ਦੇਣ ਅਤੇ ਜੀਵਾਂ ਦੇ ਵਰਗੀਕਰਨ ਦਾ ਵਿਗਿਆਨ।

technology/ਤਕਨੀਕ ਪ੍ਰਯੋਗਿਕ ਕੰਮਾਂ ਲਈ ਵਿਗਿਆਨ ਦੇ ਵਿਨਿਯੋਗ; ਉਪਕਰਨਾਂ, ਮਸ਼ੀਨਾਂ, ਪਦਾਰਥਾਂ, ਅਤੇ ਮਨੁੱਖੀ ਲੋੜਾਂ ਨੂੰ ਪੂਰਾ ਕਰਨ ਵਾਲੀ ਪ੍ਰਕਿਰਿਆਵਾਂ ਦਾ ਇਸਤੇਮਾਲ।

tectonic plate/ਟੈਕਟੈਨਿਕ ਪਲੇਟ ਲਿਥੋਸਫੇਅਰ ਦਾ ਇੱਕ ਬਲਾੱਕ ਜਿਸ ਵਿੱਚ ਕ੍ਰਸਟ ਅਤੇ ਰੀਜਿਡ, ਮੈਂਟਲ ਦਾ ਸਭ ਤੋਂ ਬਾਹਰਲਾ ਭਾਗ ਹੁੰਦਾ ਹੈ।

telescope/ਟੈਲੀਸਕੋਪ ਇੱਕ ਉਪਕਰਨ ਜੋ ਆਕਾਸ਼ ਤੋਂ ਈਲੈਕਟ੍ਰੋਮੈਗਨੈਟਿਕ ਵਿਕਿਰਨਾਂ ਨੂੰ ਸੰਗ੍ਰਹਿਤ ਕਰਦਾ ਹੈ ਅਤੇ ਬੇਹਤਰ ਆਕਲਨ ਲਈ ਉਹਨਾਂ ਤੇ ਧਿਆਨ ਦਿੰਦਾ ਹੈ।

temperate zone/ਸ਼ਾਂਤ ਜ਼ੋਨ ਟ੍ਰੌਪਿਕ ਅਤੇ ਧੁਰਵੀਏ (ਪੋਲਰ) ਜ਼ੋਨ ਵਿੱਚਕਾਰਲਾ ਆਬੋਹਵਾ ਜ਼ੋਨ।

temperature/ਤਾਪਮਾਨ ਕੋਈ ਚੀਜ਼ ਕਿਹਨੀ ਗਰਮ (ਜਾਂ ਠੰਡੀ) ਹੈ, ਦਾ ਨਾਪ; ਵਿਸ਼ੇਸ਼ ਰੂਪ ਤੋਂ, ਕਿਸੇ ਚੀਜ਼ ਵਿੱਚ ਕਣਾਂ ਦੀ ਔਸਤ ਗਤੀ ਊਰਜਾ ਦਾ ਨਾਪ।

tension/ਤਨਾਵ ਦਬਾਵ ਜੋ ਤਾਂ ਹੁੰਦਾ ਹੈ ਜਦੋਂ ਬਲ ਕਿਸੇ ਚੀਜ਼ ਨੂੰ ਖਿੱਚਦਾ ਹੈ।

terminal velocity/ਆਵਧਿਕ ਰਫ਼ਤਾਰ ਜਦੋਂ ਹਵਾ ਪ੍ਰਤੀਰੋਧ ਦਾ ਬਲ ਪਰੀਮਾਣ ਵਿੱਚ ਬਰਾਬਰ ਹੁੰਦਾ ਹੈ ਅਤੇ ਗ੍ਰੈਵਿਟੀ ਦੇ ਬਲ ਦੀ ਦਿਸ਼ਾ ਵਿੱਚ ਪੁੱਠਾ ਹੁੰਦਾ ਹੈ ਤੇ ਕਿਸੇ ਗਿਰਦੀ ਚੀਜ਼ ਦੀ ਸਥਿਰ ਰਫ਼ਤਾਰ।

terrestrial planet/ਭੌਮਿਕ ਗ੍ਰਹਿ ਸੂਰਜ ਤੋਂ ਨੇੜੇ ਉੱਚ ਘਨਤੱਵ ਵਾਲੇ ਗ੍ਰਹਾਂ ਚੋਂ ਇੱਕ; ਮਰਕਰੀ, ਵੀਨਸ, ਮਾਰਸ, ਅਤੇ ਧਰਤੀ।

territory/ਪ੍ਰਦੇਸ਼ ਕੋਈ ਖੇਤਰ ਜੋ ਇੱਕ ਜਾਨਵਰ ਜਾਂ ਜਾਨਵਰਾਂ ਦੇ ਇੱਕ ਸਮੂਹ, ਜੋ ਪ੍ਰਜਾਤੀ ਦੇ ਦੂਜੇ ਮੈਂਬਰਾਂ ਨੂੰ ਅੰਦਰ ਆਉਣ ਦੀ ਆਗਿਆ ਨਹੀ ਦਿੰਦੇ, ਦੁਆਰਾ ਲਿਤਾ ਗਿਆ ਹੈ।

testes/ਅੰਡਗ੍ਰੰਥੀ ਪ੍ਰਾਥਮਿਕ ਨਰ ਉਤਪਾਦਕ ਅੰਗ, ਜੋ ਸਪਰਮ ਕੋਸ਼ਾਣੂ ਅਤੇ ਟੈਸਟੋਸਟੇਰਨ ਦਾ ਪੈਦਾ ਕਰਦੇ ਹਨ (ਇੱਕਵਚਨ, ਟੈਸਟਿਸ)।

texture/ਗ੍ਰੰਥਨ ਸ਼ੈਲ ਦੀ ਗੁਣਵੱਤਾ ਜੋ ਨਾਪਾਂ, ਆਕਾਰਾਂ, ਅਤੇ ਸ਼ੈਲ ਦੇ ਗ੍ਰੇਨਾਂ ਦੀ ਥਾਂ ਤੇ ਆਧਾਰਿਤ ਹੁੰਦਾ ਹੈ।

theory/ਸਿਧਾਂਤ ਇੱਕ ਸਪਸ਼ਟੀਕਰਣ ਜਿਸ ਵਿੱਚ ਕਈ ਕਲਪਨਾਵਾਂ ਅਤੇ ਆਕਲਨ ਹੁੰਦੇ ਹਨ।

thermal conduction/ਤਾਪਿਕ ਚਾਲਨ ਊਰਜਾ ਦਾ ਪ੍ਰਤੀਸਥਾਪਨ ਜਿਵੇਂ ਕਿਸੇ ਪਦਾਰਥ ਦੁਆਰਾ ਗਰਮੀ।

thermal conductor/ਤਾਪਿਕ ਸੰਚਾਲਕ ਇੱਕ ਪਦਾਰਥ ਜਿਸਦੇ ਦੁਆਰਾ ਊਰਜਾ ਗਰਮੀ ਦੇ ਤੌਰ ਤੇ ਪ੍ਰਤੀਸਥਾਪਿਤ ਕੀਤੀ ਜਾ ਸਕਦੀ ਹੈ।

thermal energy/ਤਾਪਿਕ ਊਰਜਾ ਕਿਸੇ ਪਦਾਰਥ ਦੇ ਪਰਮਾਣੂ ਦੀ ਗਤੀ ਊਰਜਾ।

thermal expansion/ਤਾਪਿਕ ਵਿਸਤਾਰ ਕਿਸੇ ਪਦਾਰਥ ਦੇ ਤਾਪਮਾਨ ਦੇ ਵੱਧਣ ਨਾਲ ਪਦਾਰਥ ਦਾ ਆਕਾਰ ਵੱਧਣਾ।

thermal insulator/ਤਾਪ ਰੋਧਕ ਇੱਕ ਪਦਾਰਥ ਜੋ ਗਰਮੀ ਦੇ ਪ੍ਰਤੀਸਥਾਪਨ ਨੂੰ ਘੱਟਾਉਂਦਾ ਜਾਂ ਰੋਕਦਾ ਹੈ।

thermal pollution/ਤਾਪਿਕ ਪ੍ਰਦੂਸ਼ਣ ਜਲਾਸ਼ਯ ਵਿੱਚ ਤਾਪਮਾਨ ਦਾ ਵੱਧਣਾ ਜੋ ਮਨੁੱਖੀ ਕ੍ਰਿਆਵਾਂ ਦੁਆਰਾ ਹੁੰਦਾ ਹੈ ਅਤੇ ਪਾਣੀ ਦੀ ਗੁਣਵੱਤਾ ਅਤੇ ਉਸ ਜਲਾਸ਼ਯ ਦੀ ਜ਼ਿੰਦਗੀ ਨੂੰ ਸਹਾਰਾ ਦੇਣ ਦੀ ਯੋਗਤਾ ਉੱਤੇ ਜਿਸਦਾ ਨੁਕਸਾਨਦੇਹ ਪ੍ਰਭਾਵ ਪੈਂਦਾ ਹੈ।

thermocline/ਥਰਮੋਕਲਾਈਨ ਪਾਣੀ ਵਿੱਚ ਇੱਕ ਪਰਤ ਜਿਸ ਵਿੱਚ ਪਾਣੀ ਦਾ ਤਾਪ ਵੱਧਦੀ ਗਹਿਰਾਈ ਨਾਲ ਗਿਰਦਾ ਚੱਲਾ ਜਾਂਦਾ ਹੈ, ਜੋ ਦੂਜੀ ਪਰਤਾਂ ਨਾਲੋ ਤੇਜ਼ ਹੁੰਦਾ ਹੈ

thermocouple/ਤਾਪਾਂਤਰ-ਯੁਗਮ ਇੱਕ ਉਪਕਰਣ ਜੋ ਤਾਪਿਕ ਊਰਜਾ ਨੂੰ ਵਿਪ੍ਰੁਤੀਏ ਊਰਜਾ ਵਿੱਚ ਬਦਲ ਜਾਂਦਾ ਹੈ।

thermometer/ਥਰਮਾਮੀਟਰ ਇੱਕ ਉਪਕਰਣ ਜੋ ਤਾਪਮਾਨ ਨਾਪਦਾ ਅਤੇ ਦਰਸ਼ਾਉਂਦਾ ਹੈ।

thermosphere/ਥਰਮੋਸਫ਼ੇਅਰ ਵਾਤਾਵਰਣ ਦੀ ਸਭ ਤੋਂ ਉੱਤੇ ਵਾਲੀ ਸਤਹ, ਜਿਸ ਵਿੱਚ ਜਿਵੇਂ ਜਿਵੇਂ ਉੱਚਾਈ ਵੱਧਦੀ ਹੈ ਤਿਵੇਂ ਤਿਵੇਂ ਤਾਪ ਵੀ ਵੱਧਦਾ ਹੈ।

thrust/ਧਕੇਲਨਾ ਧਕੇਲਣ ਜਾਂ ਖਿੱਚਣ ਦਾ ਬਲ ਜੋ ਕਿਸੇ ਹਵਾਈ ਜਹਾਜ ਜਾਂ ਰੌਕੇਟ ਦੇ ਇੰਜਣ ਦੁਆਰਾ ਵਰਤੀ ਜਾਂਦੀ ਹੈ।

thunder/ਗਰਜਨ ਬਿਜਲੀ ਦੇ ਨਾਲ ਹਵਾ ਦੇ ਤੇਜ਼ ਵਿਸਤਾਰ ਦੁਆਰਾ ਆਉਣ ਵਾਲੀ ਆਵਾਜ਼।

thunderstorm/ਗਰਜਵਰਖਾ ਆਮਤੌਰ ਤੇ ਛੋਟਾ, ਭਾਰੀ ਤੁਫ਼ਾਨ ਜਿਸ ਵਿੱਚ ਮੀਂਹ ਪੈਣਾ, ਤੇਜ਼ ਹਵਾਵਾਂ, ਬਿਜਲੀ ਚਮਕਣਾ, ਅਤੇ ਗਰਜਨ ਸ਼ਾਮਿਲ ਹੁੰਦੀ ਹੈ।

thymus/ਗ੍ਰੀਵਾਗ੍ਰੰਥੀ (ਥਾਈਮਸ) ਲਸੀਕਾ ਸੰਬੰਧੀ ਪ੍ਰਣਾਲੀ ਦੀ ਮੁੱਖ ਗ੍ਰੰਥੀ; ਇਹ ਬੜੇ ਹੋਏ ਟੀ ਲਿਸਫ਼ੋਸਾਈਟਜ਼ ਛੱਡਦੀ ਹੈ।

tidal range/ਜਵਾਰ ਸੰਬੰਧੀ (ਟਾਈਡਲ) ਰੈਂਜ ਉੱਚ ਜਵਾਰ ਅਤੇ ਨਿਮਨ ਜਵਾਰ ਤੇ ਮਹਾਸਾਗਰ ਦੇ ਪਾਣੀ ਦੇ ਸਤਰਾਂ ਵਿੱਚ ਅੰਤਰ।

tide/ਟਾਈਡ ਮਹਾਸਾਗਰ ਅਤੇ ਦੂਜੇ ਵੱਡੇ ਜਲਾਸ਼ਯ ਵਿੱਚ ਪਾਣੀ ਦੇ ਸੱਤਰ ਦਾ ਆਵਧਿਕ ਵੱਧਣਾ ਅਤੇ ਘੱਟਣਾ।

till/ਟਿਲ ਅਕ੍ਰਮਿਕ ਪਦਾਰਥ ਜੋ ਘੁੱਲਨਸ਼ੀਲ ਗਲੇਸ਼ੀਅਰ ਦੁਆਰਾ ਸਿੱਧਾ ਜਮਾ ਹੋ ਜਾਂਦੇ ਹਨ।

tissue/ਟਿਸ਼ੂ ਸਮਾਨ ਕੋਸ਼ਾਣੂਆਂ ਦਾ ਇੱਕ ਸਮੂਹ ਜੋ ਇੱਕੋ ਜਿਹੇ ਕੰਮ ਕਰਦੇ ਹਨ।

tonsils/ਗੁਟਿਕਾ (ਟਾਂਸਿਲ) ਅੰਗ ਜੋ ਛੋਟੇ ਹੁੰਦੇ ਹਨ, ਗਲੇ ਵਿੱਚ ਮੌਜੂਦ ਲਿਮਫ਼ੈਟਿਕ ਟਿਸ਼ੂ ਦੀ ਗੋਲ ਮਾਤ੍ਰਾ ਹੁੰਦੀ ਹੈ ਅਤੇ ਮੂੰਹ ਤੋਂ ਗਲੇ ਤੱਕ ਦਾ ਰਸਤਾ।

topographic map/ਸਥਲਾਕ੍ਰਿਤ ਨਕਸ਼ਾ ਇੱਕ ਨਕਸ਼ਾ ਜੋ ਧਰਤੀ ਦੀ ਸਤਹ ਦੀ ਵਿਸ਼ੇਸ਼ਤਾਵਾਂ ਦਰਸ਼ਾਉਂਦਾ ਹੈ।

tornado/ਬਵੰਡਰ ਹਵਾ ਦਾ ਘਾਤਕ, ਘੁੰਮਣਵਾਲਾ ਕੌਲਮ ਜਿਸ ਵਿੱਚ ਹਵਾ ਦੀ ਰਫ਼ਤਾਰ ਬਹੁਤ ਤੇਜ਼ ਹੁੰਦੀ ਹੈ, ਇਹ ਚਿਮਨੀ ਆਕਾਰ ਦੇ ਬੱਦਲ ਦੇ ਤੌਰ ਤੇ ਦਿਖਾਈ ਦਿੰਦਾ ਹੈ, ਅਤੇ ਜੋ ਜਮੀਨ ਨੂੰ ਛੁੰਦਾ ਹੈ।

trace fossil/ਲੇਸ਼ ਅਵਸ਼ੇਸ਼ ਇੱਕ ਅਵਸ਼ੇਸ਼ੀ ਨਿਸ਼ਾਨ ਜੋ ਜਾਨਵਰਾਂ ਦੀ ਆਵਾਜਾਹੀ ਦੁਆਰਾ ਨਰਮ ਅਵਸਾਦਾਂ ਵਿੱਚ ਬਣ ਜਾਂਦੇ ਹਨ।

trachea/ਸਾਂ-ਨਲੀ ਮੱਛਰਾਂ, ਕਨਖਜੂਰੇ, ਅਤੇ ਮਕੜੀਆਂ ਵਿੱਚ ਹਵਾ ਨਲੀਆਂ ਦੇ ਜਾਲ ਚੋਂ ਇੱਕ; ਰੀੜ ਵਾਲੇ ਜਾਨਵਰਾਂ ਵਿੱਚ, ਇੱਕ ਨਲੀ ਜੋ ਕੰਠ ਨੂੰ ਫੇਫੜਿਆਂ ਨਾਲ ਜੋੜਦੀ ਹੈ।

trade winds/ਮੌਸਮੀ ਹਵਾ ਪ੍ਰਚਲਿਤ ਹਵਾ ਜੋ ਉੱਤਰਪੂਰਬੀ ਤੋਂ 30° ਉੱਤਰ ਲੈਟਿਟਿਊਡ ਤੋਂ ਭੂ-ਮੱਧ ਰੇਖਾ ਤੱਕ ਵੱਗਦੀ ਹੈ ਅਤੇ ਜੋ ਦੱਖਿਣਪੂਰਬੀ ਤੋਂ 30° ਦੱਖਿਣ ਲੈਟਿਟਿਊਡ ਤੋਂ ਭੂ-ਮੱਧ ਰੇਖਾ ਤੱਕ ਵੱਗਦੀ ਹੈ।

transform boundary/ਰੁਪਾਂਤਰਣ ਸੀਮਾ ਟੈਕਟੋਨਿਕ ਪਲੇਟਾਂ ਜੋ ਸ਼ਿਤਿਜੀਏ ਤੌਰ ਤੇ ਇੱਕ ਦੂਜੇ ਦੇ ਕੋਲ ਆ ਰਹੀ ਹਨ, ਵਿੱਚਕਾਰਲੀ ਸੀਮਾ।

transformer/ਪਰੀਵਰਤੱਕ (ਟ੍ਰਾਂਸਫ਼ਾਰਮਰ) ਇੱਕ ਉਪਕਰਣ ਜੋ ਵੈਕਲਪਿਕ ਕਰੰਟ ਦੀ ਵੋਲਟੇਜ਼ ਨੂੰ ਵੱਧਾਉਂਦਾ ਜਾਂ ਘੱਟਾਉਂਦਾ ਹੈ।

transistor/ਟ੍ਰਾਂਸੀਸਟਰ ਇੱਕ ਸੇਮੀਕੰਡਕਟਰ ਉਪਕਰਣ ਜੋ ਕਰੰਟ ਨੂੰ ਵੱਧਾ ਸਕਦਾ ਹੈ ਅਤੇ ਜੋ ਐਂਪਲੀਫ਼ਾਯਰ, ਔਸੀਲੇਟਰਸ, ਅਤੇ ਸਵਿੱਚਾਂ ਵਿੱਚ ਵਰਤਿਆਂ ਜਾਂਦਾ ਹੈ।

translucent/ਪਾਰਭਾਸੀ ਉਸ ਪਦਾਰਥ ਦਾ ਵਰਣ ਕਰਦਾ ਹੈ ਜੋ ਰੋਸ਼ਨੀ ਨੂੰ ਸੰਚਾਰਿਤ ਕਰਦਾ ਹੈ ਪਰ ਕਿਸੇ ਆਕ੍ਰਿਤੀ ਨੂੰ ਸੰਚਾਰਿਤ ਨਹੀ ਕਰਦਾ।

transmission/ਸੰਚਾਰਨ ਕਿਸੇ ਪਦਾਰਥ ਤੋਂ ਹੋ ਕੇ ਰੋਸ਼ਨੀ ਜਾਂ ਉਰਜਾ ਦੇ ਕਿਸੇ ਦੂਜੇ ਪ੍ਰਕਾਰ ਦਾ ਨਿਕਲਣਾ।

transparent/ਪਾਰਦਰਸ਼ੀ ਉਸ ਪਦਾਰਥ ਦਾ ਵਣਨ ਕਰਦਾ ਹੈ ਜੋ ਮਾੜੀ ਜਿਹੀ ਰੋਕ ਨਾਲ ਰੋਸ਼ਨੀ ਨੂੰ ਨਿਕਲਣ ਦੀ ਆਗਿਆ ਦਿੰਦਾ ਹੈ।

transpiration/ਹਵਾਸੰਚਾਰ ਇੱਕ ਪ੍ਰਕ੍ਰਿਆ ਜਿਸ ਨਾਲ ਪੌਧੇ ਸਟੋਮੇਟਾ ਦੁਆਰਾ ਹਵਾ ਵਿੱਚ ਵਾਸ਼ਪ ਛੱਡਦੇ ਹਨ; ਦੂਜੇ ਜੀਵਾਂ ਦੁਆਰਾ ਹਵਾ ਵਿੱਚ ਵਾਸ਼ਪ ਛੱਡਣਾ ਵੀ।

transverse wave/ਤਿਰਛੀ ਤਰੰਗ ਇੱਕ ਤਰੰਗ ਜਿਸ ਵਿੱਚ ਮੀਡੀਯਮ ਦੇ ਕਣ ਤਰੰਗ ਦੇ ਚੱਲਣ ਦੀ ਦਿਸ਼ਾ ਤੋਂ ਲੰਬੇ ਤੌਰ ਤੇ ਚੱਲਦੇ ਹਨ।

tributary/ਟ੍ਰੀਬੁਟਰੀ ਇੱਕ ਧਾਰਾ ਜੋ ਕਿਸੇ ਤਾਲ ਜਾਂ ਕਿਸੇ ਵੱਡੀ ਧਾਰਾ ਵਿੱਚ ਬਹ ਜਾਂਦੀ ਹੈ।

tropical zone/ਟ੍ਰੌਪੀਕਲ ਜ਼ੋਨ ਉਹ ਖੇਤਰ ਜੋ ਭੂ-ਮੱਧ ਰੇਖਾ ਦੇ ਆਲੇ-ਦੁਆਲੇ ਹੁੰਦਾ ਹੈ ਅਤੇ ਜੋ ਲੱਗਭਗ 23° ਉੱਤਰ ਲੈਟੀਟਿਊਡ ਤੋਂ 23° ਦੱਖਿਣ ਲੈਟੀਟਿਊਡ ਤੱਕ ਫੈਲਿਆ ਹੁੰਦਾ ਹੈ।

tropism/ਅਭੀਵਰਤਨ (ਟ੍ਰੌਪੀਜ਼ਮ) ਬਾਹਰੀ ਸਟੀਮੁਲਸ ਜਿਵੇ ਕਿ ਰੋਸ਼ਨੀ ਵਜੋਂ, ਕਿਸੇ ਪੁਰੇ ਜੀਵ ਜਾਂ ਉਸਦੇ ਭਾਗਾਂ ਦਾ ਵਿਕਾਸ।

troposphere/ਟ੍ਰੋਪੋਸਫ਼ੇਰ ਵਾਤਾਵਰਣ ਦੀ ਸਭ ਤੋਂ ਥੱਲੇ ਵਾਲੀ ਪਰਤ, ਜਿਸ ਵਿੱਚ ਜਿਵੇ ਜਿਵੇ ਉੱਚਾਈ ਵੱਧਦੀ ਹੈ ਤਿਵੇਂ ਤਿਵੇਂ ਤਾਪ ਇੱਕ ਸਖ਼ਿਰ ਦਰ ਤੇ ਘੱਟਦਾ ਜਾਂਦਾ ਹੈ।

true north/ਅਸਲੀ ਉੱਤਰ ਦਿਸ਼ਾ (ਟੂ ਨਾਰੱਥ) ਭੌਤਿਕ ਉੱਤਰ ਪੋਲ ਦੀ ਦਿਸ਼ਾ।

tsunami/ਸੁਨਾਮੀ ਇੱਕ ਭੀਮਕਾਯ ਮਹਾਸਾਗਾਰੀਏ ਲਹਿਰ ਜੋ ਜਵਾਲਾਮੁੱਖੀ ਫੱਟਣ, ਸਾਗਰ ਦੇ ਅੰਦਰ ਭੁਕੰਪ, ਜਾਂ ਭੂ-ਸਖਲਨ ਦੇ ਬਾਦ ਬਣਦੀ ਹੈ।

tundra/ਟੂਨਡ੍ਰਾ ਇੱਕ ਦਰਖਤਹੀਨ ਤਲ ਜੋ ਆਰਕਟਿਕ, ਐਨਟਾਰਕਟਿਕ, ਜਾਂ ਪਰਬਤਾਂ ਦੇ ਉੱਤੇ ਪਾਇਆ ਜਾਂਦਾ ਹੈ ਜੋ ਬਹੁਤ ਘੱਟ ਸਰਦੀ ਤਾਪਮਾਨ ਅਤੇ ਛੋਟੀ, ਠੰਡੀ ਗਰਮੀਆਂ ਦੁਆਰਾ ਵਰਣਿਤ ਹੁੰਦੀ ਹਨ।

U

umbilical cord/ਨਾਭੀ ਨਾਲ ਇੱਕ ਰੱਸੀ ਜਿਹਾ ਢਾਂਚਾ ਜਿਸ ਚੋਂ ਖੂਣ ਧਮਨੀ ਨਿਕਲਦੀ ਹਨ ਅਤੇ ਜਿਸਦੇ ਦੁਆਰਾ ਵਿਕਾਸਸ਼ੀਲ ਸਤਨਧਾਰੀ, ਪਲਸੇਂਟਾ ਨਾਲ ਜੁੜਿਆ ਹੁੰਦਾ ਹੈ।

unconformity/ਵਿਸ਼ਮ ਵਿਨਿਆਸ ਭੌਤਿਕ ਰੀਕਾਰਡ ਵਿੱਚ ਇੱਕ ਦਰਾਰ ਜੋ ਤਾਂ ਬਣਦੀ ਜਦੋਂ ਸ਼ੈਲ ਪਰਤਾਂ ਖ਼ਤਮ ਹੋ ਜਾਂਦੀ ਹਨ ਜਾਂ ਜਦੋਂ ਅਵਸਾਦ ਲੰਬੀ ਸਮੇਂ ਅਵੱਧੀ ਤੱਕ ਜਮਾ ਨਹੀ ਹੁੰਦੇ।

undertow/ਅਧੋਧਾਰਾ ਇੱਕ ਉਪਤਲ ਕਰੰਟ ਜ ਤਟ ਦੇ ਨੇ ਝੇ ਹੁੰਦਾ ਹੈ ਅਤੇ ਜੋ ਚੀਜ਼ਾਂ ਨੂੰ ਸਮੁੰਦਰ ਤੋਂ ਬਾਹਰ ਸੁੱਟਦਾ ਹੈ।

uniformitarianism/ਇੱਕਰੁਪਤਾਵਾਦ ਇੱਕ ਸਿਧਾਂਤ ਜੋ ਦੱਸਦਾ ਹੈ ਕਿ ਉਹ ਭੌਤਿਕ ਪ੍ਰਕ੍ਰਿਆਵਾਂ ਜੋ ਭੂਤਕਾਲ ਵਿੱਚ ਹੋਈ ਸਨ, ਉਹ ਵਰਤਮਾਨ ਭੌਤਿਕ ਪ੍ਰਕ੍ਰਿਆਵਾਂ ਦੁਆਰਾ ਪਰੀਭਾਸ਼ਿਤ ਕਿੱਤੀ ਜਾ ਸਕਦੀ ਹਨ।

uplift/ਉੱਤਥਾਪਨ ਧਰਤੀ ਦੇ ਕ੍ਰਸਟ ਦੇ ਖ਼ੇਤਰਾਂ ਦਾ ਉੱਚੀ ਉੱਚਾਈਆਂ ਤੱਕ ਵੱਧਣਾ।

upwelling/ਅੱਪਵੇਲਿੰਗ ਗਹਿਰੇ, ਠੰਡੇ, ਅਤੇ ਪੋਸ਼ਕ ਤੱਤਾਂ ਨਾਲ ਭਰਪੂਰ ਪਾਣੀ ਦਾ ਤਲ ਉੱਤੇ ਚੱਲਣਾ।

urinary system/ਮੂੱਤਰ ਪ੍ਰਣਾਲੀ ਉਹ ਅੰਗ ਜੋ ਮਲ ਬਣਾਉਂਦੇ, ਸੰਗ੍ਰਹਿਤ ਅਤੇ ਬਾਹਰ ਕੱਢਦੇ ਹਨ।

uterus/ਗਰਭਾਸ਼ਯ ਮਾਦਾ ਸਤਨਧਾਰੀਆਂ ਵਿੱਚ, ਖੋਖਲਾ, ਮਾਂਸਲ ਅੰਗ ਜਿਸ ਵਿੱਚ ਸੰਸੇਚਿਤ ਅੰਡਾ ਸਥਾਪਿਤ ਹੁੰਦਾ ਹੈ ਅਤੇ ਜਿਸ ਵਿੱਚ ਭੂਣ ਅਤੇ ਗਰਭ ਦਾ ਵਿਕਾਸ ਹੁੰਦਾ ਹੈ।

V

vagina/ਯੋਨੀ ਇੱਕ ਮਾਦਾ ਉਤਪਾਦਨ ਅੰਗ ਜੋ ਸ਼ਰੀਰ ਦੇ ਬਾਹਰਲੇ ਪਾਸੇ ਨੂੰ ਗਰਭਾਸ਼ਯ ਨਾਲ ਜੋੜਦਾ ਹੈ।

valence electron/ਯੋਜਕ ਇਲੈਕਟ੍ਰਾਨ ਇੱਕ ਇਲੈਕਟ੍ਰਾਨ ਜੋ ਕਿਸੇ ਪਰਮਾਣੂ ਦੇ ਸਭ ਤੋਂ ਬਾਹਰਲੇ ਸ਼ੈਲ ਵਿੱਚ ਪਾਇਆ ਜਾਂਦਾ ਹੈ ਅਤੇ ਜੋ ਪਰਮਾਣੂ ਦੀ ਰਸਾਯਨਿਕ ਵਿਸ਼ੇਸ਼ਤਾਵਾਂ ਦਾ ਨਿਰਧਾਰਣ ਕਰਦਾ ਹੈ।

variable/ਪਰੀਵਰਤੀ ਇੱਕ ਕਾਰਕ ਜੋ ਕਿਸੇ ਪ੍ਰਯੋਗ ਵਿੱਚ ਹਾਇਪੋਥੇਸਿਸ ਦੀ ਜਾਂਚ ਕਰਨ ਲਈ ਬਦਲ ਜਾਂਦਾ ਹੈ।

vascular plant/ਵਾਹਿਨੀ ਪੌਧਾ ਇੱਕ ਪੌਧਾ ਜਿਸ ਵਿੱਚ ਵਿਸ਼ੇਸ਼ਗਿਜ ਟਿਸ਼ੂ ਹੁੰਦੇ ਹਨ ਜੋ ਪੌਧੇ ਦੇ ਇੱਕ ਭਾਗ ਤੋਂ ਦੂਜੇ ਤੱਕ ਪਦਾਰਥਾਂ ਦਾ ਸੰਚਾਰ ਕਰਦੇ ਹਨ।

vein/ਨਸ ਜੀਵਵਿਗਿਆਨ ਵਿੱਚ, ਇੱਕ ਨਾੜੀ ਜੋ ਦਿਲ ਤੱਕ ਖੂਨ ਲੈਕੇ ਜਾਂਦੀ ਹੈ।

velocity/ਰਫ਼ਤਾਰ ਇੱਕ ਵਿਸ਼ੇਸ਼ ਦਿਸ਼ਾ ਵਿੱਚ ਕਿਸੇ ਚੀਜ਼ ਦੀ ਰਫ਼ਤਾਰ।

vent/ਨਿਕਾਸ ਧਰਤੀ ਦੇ ਤਲ ਵਿੱਚ ਇੱਕ ਖੁੱਲੀ ਥਾਂ ਜਿਸ ਤੋਂ ਜਵਾਲਾਮੁੱਖੀ ਪਦਾਰਥ ਜਾਂਦੇ ਹਨ।

vertebrate/ਰੀੜ੍ਹਦਾਰਜੀਵ ਕੋਈ ਜਾਨਵਰ ਜਿਸ ਵਿੱਚ ਰੀੜ੍ਹ ਦੀ ਹੱਡੀ ਹੁੰਦੀ ਹੈ।

vesicle/ਪੁਟੀ ਇੱਕ ਛੋਟਾ ਛੇਦ ਜਾਂ ਸੈਕ ਜਿਸ ਵਿੱਚ ਯੂਕਾਰੀਓਟਿਕ ਕੋਸ਼ਾਣੂ ਵਿੱਚ ਪਦਾਰਥ ਹੁੰਦੇ ਹਨ; ਜੋ ਤਾਂ ਬਣਦਾ ਹੈ ਜਦੋਂ ਕੋਸ਼ਾਣੂ ਝਿੱਲੀ ਦਾ ਭਾਗ ਉਸ ਪਦਾਰਥ ਦੇ ਆਲੇ-ਦੁਆਲੇ ਹੁੰਦਾ ਹੈ ਜੋ ਕੋਸ਼ਾਣੂ ਅੰਦਰ ਲਿਤੇ ਜਾਣੇ ਹਨ ਜਾਂ ਕੋਸ਼ਾਣੂ ਵਿੱਚ ਭੇਜੇ ਜਾਂਦੇ ਹਨ।

virus/ਵਾਇਰਸ ਇੱਕ ਛੋਟਾ ਜਿਹਾ (ਮਾਈਕ੍ਰੋਸਕੋਪਿਕ) ਕਣ ਜੋ ਕੋਸ਼ਾਣੂ ਦੇ ਅੰਦਰ ਚੱਲਾ ਜਾਂਦਾ ਹੈ ਅਤੇ ਅਕਸਰ ਕੋਸ਼ਾਣੂ ਨੂੰ ਖ਼ਤਮ ਕਰ ਦਿੰਦਾ ਹੈ।

viscosity/ਵਿਸਕੌਸਿਟੀ ਕਿਸੇ ਗੈਸ ਜਾਂ ਤਰਲ ਨੂੰ ਵੱਗਣ ਤੋਂ ਰੋਕਣਾ।

vitamin/ਵਿਟਾਮਿਨ ਪੋਸ਼ਕ ਤੱਤਾਂ ਦਾ ਇੱਕ ਵਰਗ ਜਿਸ ਵਿੱਚ ਕਾਰਬਨ ਹੁੰਦਾ ਹੈ ਅਤੇ ਜੋ ਸੇਹਤ ਨੂੰ ਬਰਕਰਾਰ ਰੱਖਣ ਲਈ ਅਤੇ ਵਿਕਾਸ ਲਈ ਛੋਟੀ ਮਾਤ੍ਰਾ ਵਿੱਚ ਲੋੜੀਂਦੇ ਹੁੰਦੇ ਹਨ।

volcano/ਜਵਾਲਾਮੁੱਖੀ ਧਰਤੀ ਦੇ ਤਲ ਵਿੱਚ ਕੋਈ ਨਿਕਾਸ ਜਾਂ ਦਰਾਰ ਜਿਹਨਾਂ ਦੁਆਰਾ ਮੈਗਮਾ ਅਤੇ ਗੈਸਾਂ ਬਾਹਰ ਨਿਕਲਦੀ ਹਨ।

voltage/ਵੋਲਟੇਜ ਦੋ ਬਿੰਦੂਆਂ ਵਿੱਚਕਾਰ ਵਿਪੁੱਤ ਅੰਤਰ; ਵੋਲਟਾਂ ਵਿੱਚ ਨਾਪਿਆ ਜਾਦਾ ਹੈ।

volume/ਪਰੀਮਾਣ ਕਿਸੇ ਪਿੰਡ ਦੇ ਆਕਾਰ ਜਾਂ ਤਿੰਨ-ਨਾਪਾਂ ਵਿੱਚਲੇ ਖੇਤਰ ਦਾ ਨਾਪ।

W

water cycle/ਪਾਣੀ ਚਕ੍ਰ ਪਾਣੀ ਦਾ ਮਹਾਸਾਗਰ ਤੋਂ ਵਾਤਾਵਰਣ ਤੋਂ ਜਮੀਨ ਤੱਕ ਅਤੇ ਵਾਪਿਸ ਮਹਾਸਾਗਰ ਤੱਕ ਲਗਾਤਰ ਚੱਲਣਾ।

water pollution/ਜਲ ਪ੍ਰਦੂਸ਼ਣ ਪਾਣੀ ਦਾ ਖਰਾਬ ਪਦਾਰਥਾਂ ਜਾਂ ਰਸਾਯਨਾਂ ਨਾਲ ਮਿਲਣਾ ਜੋ ਜਲਚਰਾਂ ਜਾਂ ਪਾਣੀ ਪੀਣ ਵਾਲਿਆਂ ਜਾਂ ਪਾਣੀ ਦਾ ਭੰਡਾਰਣ ਕਰਨ ਵਾਲਿਆਂ ਲਈ ਨੁਕਸਾਨਦੇਹ ਹੁੰਦੇ ਹਨ।

water table/ਅੰਤਰਭੂਮੀ ਜਲਸੱਤਰ ਅੰਤਰਭੂਮੀ ਪਾਣੀ ਦੀ ਉਪਰੀ ਸਤਹ; ਸਨਤ੍ਰਿਪਤੀਕਰਨ ਦੇ ਜ਼ੋਨ ਦੀ ਉਪਰੀ ਸੀਮਾ।

water vascular system/ਪਾਣੀ ਵਾਹਿਨੀ ਪ੍ਰਣਾਲੀ ਪਾਣੀ ਨਾਲ ਭਰੀ ਨਹਰਾਂ ਦੀ ਪ੍ਰਣਾਲੀ ਜੋ ਕਿਸੇ ਏਕੀਨੋਡਰਮ ਦੇ ਪੂਰੇ ਜਲਸੱਤਰ ਤੱਕ ਸੰਚਾਰ ਕਰਦਾ ਹੈ।

waterfowl/ਜਲ-ਕੁੱਕਟ ਇੱਕ ਜਲਚਰ ਪੰਛੀ, ਜਿਵੇਂ ਕਿ ਬੱਤਖ, ਹੰਸ, ਜਾਂ ਰਾਜਹੰਸ।

watershed/ਜਲਵਿਭਾਜਕ ਜਮੀਨ ਦਾ ਇੱਕ ਖੇਤਰ ਜੋ ਜਲ ਪ੍ਰਣਾਲੀ ਦੁਆਰਾ ਸਿੰਚਿਆਂ ਜਾਂਦਾ ਹੈ।

watt/ਵੱਟ ਬਲ ਦਰਸ਼ਾਉਣ ਲਈ ਵਰਤੀ ਜਾਣ ਵਾਲੀ ਏਕਾਈ; ਜੂਲ ਪ੍ਰਤੀ ਸੈਕੰਟ ਦੇ ਬਰਾਬਰ ਹੁੰਦਾ ਹੈ (ਪ੍ਰਤੀਕ, W)।

wave/ਤਰੰਗ ਕਿਸੇ ਠੋਸ, ਤਰਲ ਜਾਂ ਗੈਸ ਵਿੱਚ ਆਵਧਿਕ ਗੜਬੜੀ ਜਿਵੇਂ ਇੱਕ ਮੀਡੀਯਮ ਤੋਂ ਊਰਜਾ ਸੰਚਾਰਿਤ ਹੁੰਦੀ ਹੈ।

wave speed/ਤਰੰਗ ਰਫ਼ਤਾਰ ਉਹ ਰਫ਼ਤਾਰ ਜਿਸ ਤੇ ਤਰੰਗ ਕਿਸੇ ਮੀਡੀਯਮ ਦੁਆਰਾ ਚੱਲਦੀ ਹੈ।

wavelength/ਤਰੰਗ ਲੰਬਾਈ ਕਿਸੇ ਤਰੰਗ ਤੇ ਕਿਸੇ ਵੀ ਬਿੰਦੂ ਤੋਂ ਅਗਲੀ ਤਰੰਗ ਤੇ ਉਸੇ ਬਿੰਦੂ ਤੱਕ ਦਾ ਫ਼ਾਸਲਾ।

weather/ਮੌਸਮ ਵਾਤਾਵਰਣ ਦੀ ਛੋਟੀ-ਅਵੱਧੀ ਅਵਸਥਾ, ਜਿਸ ਵਿੱਚ, ਤਾਪਮਾਨ, ਨਮੀ, ਅਵਪਤਨ, ਹਵਾ, ਅਤੇ ਦ੍ਰਿਸ਼ਤਾ ਸ਼ਾਮਿਲ ਹੁੰਦੇ ਹਨ।

weathering/ਛੀਜਨ ਇੱਕ ਪ੍ਰਕਿਯਾ ਜਿਸ ਦੁਆਰਾ ਸੈਲ ਪਦਾਰਥ ਸ਼ਾਰੀਰਿਕ ਜਾਂ ਰਸਾਯਨਿਕ ਪ੍ਰਤੀਕਿਯਾਵਾਂ ਦੁਆਰਾ ਛੋਟੇ ਰੂਪ ਵਿੱਚ ਟੁੱਟ ਜਾਂਦੇ ਹਨ।

wedge/ਫੱਨੀ (ਵੇਡਜ) ਇੱਕ ਸਾਧਾਰਨ ਮਸ਼ੀਨ ਜੋ ਦੋ ਢੱਲਾਨ ਤਲਾਂ ਤੀ ਬਣੀ ਹੁੰਦੀ ਹੈ ਅਤੇ ਜੋ ਚੱਲਦੀ ਹੈ; ਅਕਸਰ ਕੱਟਣ ਲਈ ਵਰਤੀ ਜਾਂਦੀ ਹੈ।

weight/ਵਜ਼ਨ ਕਿਸੇ ਚੀਜ਼ ਤੇ ਪਏ ਜਾਣ ਵਾਲੇ ਗੁਰੁਤਵਾਕਰਸ਼ਨ ਬਲ ਦਾ ਨਾਪ; ਇਸਦੀ ਵੈਲਯੂ ਬ੍ਰਹਿਮੰਡ ਵਿੱਚ ਚੀਜ਼ ਦੀ ਥਾਂ ਨਾਲ ਬਦਲ ਸਕਦੀ ਹੈ।

westerlies/ਪੱਛਿਮ-ਹਵਾ ਪ੍ਰਚਲਿਤ ਹਵਾਵਾਂ ਜੋ ਪੱਛਿਮ ਤੋਂ ਪੁਰਬ ਤੱਕ ਦੋਹੇ ਅਰਧਗੋਲਿਆਂ 'ਚ 30° ਅਤੇ 60° ਲੈਟੀਟਿਊਡ ਵਿੱਚਕਾਰ ਵੱਗਦੀ ਹਨ।

wetland/ਗਿੱਲੀ-ਜਮੀਨ ਜਮੀਨ ਦਾ ਕੋਈ ਖੇਤਰ ਜੋ ਆਵਧਿਕ ਤੌਰ ਤੇ ਜਮੀਨ ਦੇ ਅੰਦਰ ਰਹਿੰਦਾ ਹੈ ਜਾਂ ਜਿਸਦੀ ਮਿੱਟੀ ਵਿੱਚ ਬਹੁਤ ਵੱਧ ਨਮੀ ਹੁੰਦੀ ਹੈ।

wheel and axle/ਚੱਕੂ ਅਤੇ ਧੁਰੀ ਇੱਕ ਸਾਧਾਰਨ ਮਸ਼ੀਨ ਜਿਸ ਵਿੱਚ ਵੱਖ-ਵੱਖ ਆਕਾਰਾਂ ਦੀ ਦੋ ਗੋਲਾਕਾਰ ਚੀਜ਼ਾਂ ਹੁੰਦੀ ਹਨ; ਚੱਕੂ ਦੇ ਗੋਲਾਕਾਰ ਚੀਜ਼ਾਂ ਚੋਂ ਵੱਡਾ ਹੁੰਦਾ ਹੈ।

white dwarf/ਚਿੱਟਾ ਵਾਮਨ ਇੱਕ ਛੋਟਾ, ਗਰਮ, ਮੰਦ ਤਾਰਾ ਜੋ ਕਿਸੇ ਪੁਰਾਣੇ ਤਾਰੇ ਦਾ ਖੱਬੇ ਪਾਸੇ ਵਾਲਾ ਕੇਂਦਰ ਹੁੰਦਾ ਹੈ।

whitecap/ਵਾਈਟਕੈਪ ਕਿਸੇ ਤੋੜਨ ਵਾਲੀ ਤਰੰਗ ਦੇ ਕ੍ਰੇਸਟ ਵਿੱਚ ਬੁਲਬੁਲੇ।

wind/ਹਵਾ ਹਵਾ ਦਬਾਵ ਵਿੱਚ ਅੰਤਰ ਕਰਕੇ ਹਵਾ ਚੱਲਣਾ।

wind power/ਹਵਾ ਬਲ ਬਿਜਲੀ ਸੰਚਾਲਕ ਚੱਲਾਉਣ ਲਈ ਪਵਨ ਚੱਕੀ ਦਾ ਇਸਤੇਮਾਲ।

work/ਕੰਮ ਬਲ ਵਰਤਦੇ ਹੋਏ ਕਿਸੇ ਚੀਜ਼ ਤੇ ਊਰਜਾ ਦਾ ਪ੍ਰਤੀਸਥਾਪਨ ਜਿਸ ਨਾਲ ਚੀਜ਼ ਬਲ ਦੀ ਦਿਸ਼ਾ ਵਿੱਚ ਜਾਉਂਦੀ ਹੈ।

work input/ਕੰਮ ਨਿਵੇਸ਼ ਮਸ਼ੀਨ ਉੱਤੇ ਕੀਤਾ ਗਿਆ ਕੰਮ; ਨਿਵੇਸ਼ ਬਲ ਦੀ ਉਤਪਾਦ ਅਤੇ ਫ਼ਾਸਲਾ ਜਿਸ ਤੋਂ ਬਲ ਲਗਾਇਆ ਗਿਆ ਹੈ।

work output/ਕੰਮ ਨਿਪਜ ਮਸ਼ੀਨ ਦੁਆਰਾ ਕੀਤਾ ਗਿਆ ਕੰਮ; ਨਿਪਜ ਬਲ ਦਾ ਉਤਪਾਦ ਅਤੇ ਫ਼ਾਸਲਾ ਜਿਸ ਤੋਂ ਬਲ ਲਾਇਆ ਗਿਆ ਹੈ।

X

xylem/ਰਸਵਾਹਿਨੀ ਵਾਹਿਨੀ ਪੌਧਿਆਂ ਵਿੱਚ ਟਿਸ਼ੂ ਦਾ ਪ੍ਰਕਾਰ ਜੋ ਜੜਾਂ ਤੋਂ ਸਹਾਰਾ ਅਤੇ ਪਾਣੀ ਤੇ ਪੋਸ਼ਕ ਤੱਤਾਂ ਦਾ ਸੰਚਾਰ ਕਰਦੇ ਹਨ।

Y

year/ਵਰ੍ਹਾਂ ਸੂਰਜ ਦੇ ਆਲੇ-ਦੁਆਲੇ ਇੱਕ ਵਾਰ ਚੱਕਣ ਲਈ ਧਰਤੀ ਲਈ ਜਰੂਰੀ ਸਮਾਂ।

Z

zenith/ਸ਼ਿਰੋਬਿੰਦੂ (ਜ਼ੇਨਿਥ) ਧਰਤੀ ਤੇ ਇੱਕ ਦਰਸ਼ਕ ਤੋਂ ਸਿੱਧਾ ਉੱਤੇ ਆਕਾਸ਼ ਵਿੱਚ ਇੱਕ ਬਿੰਦੂ।

A

abiotic/абиотический относящийся к нежизнеспособной части среды, включая воду, горные породы, свет и температуру.

abrasion/абразия истирание и разрушение поверхности горной породы путем механического воздействия другой горной породы или частиц песка.

absolute dating/абсолютное датирование любой способ определения возраста события или объекта в годах.

absolute magnitude/абсолютное притяжение яркость, которую будет иметь звезда на расстоянии 32,6 световых лет от Земли.

absolute zero/абсолютный ноль температура, при которой молекулярная энергия минимальна (0 K по шкале Кельвина или -273,16°C по шкале Цельсия).

absorption/поглощение в оптике, передача световой энергии частицам вещества.

abyssal plain/абиссальное дно большая плоская, практически горизонтальная поверхность океанского дна.

acceleration/ускорение степень, с которой скорость меняется с течением времени; предмет ускоряется, если он меняет свою скорость, направление или то и другое вместе.

accreted terrane/вросший массив участок литосферы, который стал частью более крупного континента во время столкновения тектонических плит на границе соприкосновения.

acid/кислота любой состав, который, при его растворении в воде, повышает количество ионов гидроксония.

acid precipitation/кислотные осадки дождь, дождь со снегом или снег, которые содержат высокую концентрацию кислот.

activation energy/энергия активации минимальное количество энергии, необходимое для начала химической реакции.

active transport/активное перемещение движение веществ, необходимых клетке для использования энергии, через клеточную мембрану.

adaptation/адаптация свойство, которое повышает возможность выживания и воспроизведения индивида в определенной среде.

addiction/склонность зависимость от вещества, например, от алкоголя или наркотиков.

aerobic exercise/занятия аэробикой физические упражнения, предназначенные для повышения активности деятельности сердца и легких для улучшения усвоения кислорода организмом.

air mass/воздушная масса значительная масса воздуха с одинаковой температурой и содержанием влаги.

air pollution/загрязнение воздуха засорение воздуха загрязняющими естественными веществами и продуктами деятельности человека.

air pressure/давление воздуха сила, с которой молекулы воздуха давят на поверхность.

alcoholism/алкоголизм заболевание, при котором человек постоянно употребляет алкогольные напитки в количестве, отрицательно влияющем на здоровье и деятельность человека.

algae/водоросли эукариотичес
ие организмы, которые питаются
преобразованием энергии солнца путем
фотосинтеза, но не имеют корней, стеблей
или листьев.

alkali metal/щелочной металл один из
элементов Группы 1 периодической таблицы
химических элементов (литий, натрий,
калий, рубидий, цезий и франций).

**alkaline-earth metal/щелочноземельный
металл** один из элементов Группы 2
периодической таблицы химических
элементов (бериллий, магний, кальций,
стронций, барий и радий).

allele/аллель одна из альтернативных
форм гена, которая определяет тот или иной
признак, например, цвет волос.

allergy/аллергия реакция иммунной
системы организма человека на безвредное
или распространенное вещество.

alluvial fan/аллювиальный конус выноса
масса вещества, отложенная потоком с
резким уменьшением уклона поверхности.

altitude/высота над горизонтом угол
между объектом в небе и горизонтом.

alveoli/альвеолы крошечные воздушные
мешочки в легких, где происходит обмен
кислорода и углекислого газа.

amniotic egg/амниотическое яйцо
тип яйца, окруженного мембраной и
амниотической оболочкой, которое
у рептилий, птиц и яйцекладущих
млекопитающих содержит большое
количество желтка и имеет наружную
оболочку из скорлупы.

amplitude/амплитуда максимальное
расстояние, на которое отклоняются
частицы волновой среды от положения
их покоя.

analog signal/аналоговый сигнал сигнал,
характеристики которого могут непрерывно
меняться в заданном диапазоне.

anemometer/анемометр прибор,
используемый для измерения скорости
ветра.

angiosperm/покрытосемянное цветочное
растение, образующее семена внутри плода.

Animalia/Животные царство, состоящее
из сложных многоклеточных организмов
без жестких клеточных стенок, которые
обычно могут перемещаться и быстро
приспосабливаться к окружающей среде.

antenna/усик орган чувств на голове
беспозвоночных животных, например,
ракообразных или насекомых, который
обладает чувством осязания, вкуса или
запаха.

antibiotic/антибиотик лекарственный
препарат, используемый для уничтожения
бактерий и других микроорганизмов.

antibody/антитело белок, вырабаты-
ваемый B-клетками, который связан с
определенным антигеном.

anticyclone/антициклон вращение
воздуха вокруг центра высокого давления
в направлении, противоположном
направлению вращения Земли.

apparent magnitude/видимая величина
яркость звезды, как ее видно с Земли.

aquifer/водоносный горизонт горные или
осадочные породы, в которых находятся и
через которые протекают грунтовые воды.

Archaea/Archaea (древнейшие) в
современной системе классификации
– домен, образуемый прокариотами,
которые отличаются от других прокариотов
строением клеточной стенки и своей
генетикой; этот домен соответствует
традиционному царству архебактерий.

Archimedes' principle/закон Архимеда
закон, который утверждает, что на всякое
тело, погруженное в жидкость, действует
выталкивающая сила, равная весу
вытесненной жидкости.

area/площадь мера измерения размера
поверхности или области.

artery/артерия кровеносный сосуд,
который переносит кровь от сердца к
другим органам тела.

artesian spring/артезианский источник
источник, вода которого вытекает
из трещины в породе, покрывающей
водоносный горизонт.

artificial satellite/искусственный спутник
любой рукотворный объект, размещенный
на орбите вокруг космического тела.

**asexual reproduction/бесполое
размножение** размножение, не требующее
соединения половых клеток, при котором
один родитель производит потомство,
генетически идентичное родителю.

asteroid/астероид небольшой каменистый
объект, вращающийся вокруг солнца,
который обычно находится в поясе
астероидов между орбитами Марса и
Юпитера.

asteroid belt/пояс астероидов участок
солнечной системы, расположенный между
орбитами Марса и Юпитера, где находится
большинство астероидов.

asthenosphere/астеносфера мягкий
слой мантии, по которому движутся
тектонические платформы.

**astronomical unit/астрономическая
единица** среднее расстояние между Землей
и Солнцем; приблизительно 150 миллионов
километров (символ а. е.).

astronomy/астрономия наука, изучающая
Вселенную.

atmosphere/атмосфера смесь газов,
окружающая планету или луну.

**atmospheric pressure/атмосферное
давление** давление, вызванное весом
атмосферы.

atom/атом наименьшая единица элемента,
сохраняющая свойства этого элемента.

atomic mass/атомная масса масса атома,
выраженная в единицах атомной массы.

**atomic mass unit/единица атомной
массы** единица массы, описывающая массу
атома или молекулы.

atomic number/атомное число число
протонов в ядре атома; атомное число
одинаково для всех атомов элемента.

ATP/АТФ аденозин трифосфат - молекула,
которая действует как основной источник
энергии для процессов в клетке.

**autoimmune disease/аутоиммунное
заболевание** болезнь, при которой
иммунная система атакует собственные
клетки организма.

average speed/средняя скорость общее
пройденное расстояние, поделенное на
суммарное затраченное время.

axis/ось одна из двух или более линий
сопоставления, которая отмечает границы
графика.

**azimuthal projection/азимутальная
проекция** карта в проекции, выполняемой
переносом свойств поверхности земного
шара на плоскость.

B

B cell/B-клетка белая клетка крови, вырабатывающая антитела.

Bacteria/Бактерии в современной системе классификации – домен, образуемый прокариотами, которые отличаются от других прокариотов строением клеточной стенки и своей генетикой; этот домен соответствует традиционному царству Эубактерий.

barometer/барометр инструмент для измерения атмосферного давления.

base/основание любой состав, который, при его растворении в воде, повышает количество ионов гидроокиси.

batholith/батолит крупная масса вулканических пород в земной коре, которая при выходе на поверхность имеет площадь не менее 100 км².

beach/отмель участок береговой линии, образованный материалом, нанесенным волнами.

bedrock/коренная подстилающая порода слой горных пород под почвой.

benthic environment/бентическая среда область обитания в непосредственной близости от дна пруда, озера или океана.

benthos/бентос организмы, живущие на дне моря или океана.

Bernoulli's principle/закон Бернулли закон, который утверждает, что давление жидкости уменьшается по мере уменьшения скорости жидкости.

big bang theory/теория "большого взрыва" теория, которая предполагает, что Вселенная берет свое начало от огромного взрыва, произошедшего 13,7 миллиардов лет назад.

binary fission/деление на две части форма бесполого размножения одноклеточных организмов, при котором одна клетка делится на две клетки одинакового размера.

biodiversity/биологическая вариативность количество и разнообразие организмов на определенной территории в определенный период времени.

biomass/биомасса органическое вещество, которое может служить источником энергии; суммарная масса организмов на определенной территории.

biome/биом обширный регион, характеризующийся определенным типом климата и определенными типами сообществ растений и животных.

bioremediation/биологическое восстановление восстановление живыми организмами почвы, зараженной опасными отходами.

biosphere/биосфера часть Земли, где существует жизнь; включает все живые организмы на Земле.

biotic/биотический используется для описания жизненных факторов в среде.

bird of prey/хищная птица птица, которая охотится и поедает других животных.

black hole/"черная дыра" настолько массивный космический объект, что даже свет не может преодолеть его силу притяжения.

blood/кровь жидкость, переносящая газы, питательные вещества и отходы, образующиеся в тромбоцитах, лейкоцитах, эритроцитах и плазме.

blood pressure/кровяное давление сила, с которой кровь воздействует на стенки артерий.

boiling/кипение преобразование жидкости в пар, при котором давление пара жидкости равно атмосферному давлению.

Boyle's law/закон Бойля закон, утверждающий, что при постоянной температуре объем газа обратно пропорционален его давлению.

brain/мозг орган, являющийся основным управляющим центром нервной системы.

bronchus/бронх одна из двух трубок, соединяющих легкие с трахеей.

brooding/насиживание сидение на яйцах для их поддержания в тепле до того момента, когда из них вылупятся птенцы.

buoyant force/выталкивающая сила сила, направленная вверх, которая удерживает предмет погруженным в воду иди плавающим в ней.

C

caldera/кальдера крупное полукруглое углубление, образующееся, когда магматическая камера под вулканом частично опорожняется, что приводит к опусканию почвы.

cancer/рак опухоль, при которой клетки начинают делиться с неуправляемой скоростью и становятся агрессивными.

capillary/капилляр тонкий кровеносный сосуд, обеспечивающий обмен между кровью и клетками в ткани организма.

carbohydrate/углевод класс молекул, включающий сахара, крахмалы и клетчатку; содержит углерод, водород и кислород.

carbon cycle/круговорот углерода движение углерода из неживой среды в живые существа и обратно.

cardiovascular system/сердечнососудистая система совокупность органов, обеспечивающих циркуляцию крови в организме.

carnivore/плотоядное животное организм, употребляющий в пищу животных.

carrying capacity/потенциальная емкость экологической системы максимальная популяция, которую может поддерживать определенная среда в определенное время.

cast/ядро тип ископаемого, которое образуется при заполнении осадочными породами полости, оставшейся от разложившегося организма.

catalyst/катализатор вещество, изменяющее скорость химической реакции, которое при этом само не расходуется или значительно не изменяется.

catastrophism/теория катастроф теория, утверждающая, что геологические изменения происходят неожиданно.

cell/клетка мельчайшая функциональная и структурная единица всех живых организмов; обычно состоит из ядра, цитоплазмы и мембраны.

cell/элемент в электричестве - устройство, которое производит электрический ток, преобразуя химическую энергию или энергию излучения в электрическую.

cell cycle/клеточный цикл жизненный цикл клетки.

cell membrane/клеточная мембрана фосфолипидный слой, который покрывает поверхность клетки и действует как барьер между внутренней частью клетки и средой, окружающей клетку.

cell wall/стенка клетки жесткая структура, окружающая клеточную мембрану и обеспечивающая поддержку клетки.

cellular respiration/клеточное дыхание процесс использования клеткой кислорода для производства энергии из пищи.

Cenozoic era/Кайнозойская эра самая современная эра, начавшаяся 65 миллионов лет назад; также называется *Эпоха млекопитающих*.

central nervous system/центральная нервная система головной и спинной мозг; основная функция системы – контроль потока информации, поступающей в организм.

change of state/изменение состояния переход вещества из одного физического состояния в другое.

channel/русло путь, по которому движется водный поток.

Charles's law/закон Шарля закон, утверждающий, что при постоянном давлении объем газа прямо пропорционален его температуре.

chemical bond/химическая связь взаимодействие, удерживающее вместе атомы или ионы.

chemical bonding/химическое связывание комбинация атомов для образования молекул или ионных соединений.

chemical change/химическая реакция реакция, происходящая при полной трансформации одного или нескольких веществ в совершенно новые вещества с другими свойствами.

chemical energy/химическая энергия энергия, образующаяся при реакции одного химического вещества, образующего новые вещества.

chemical equation/химическое уравнение представление химической реакции, использующее символы для отображения взаимоотношений между веществами, вступающими в реакцию, и продуктами реакции.

chemical formula/химическая формула комбинация химических символов и чисел для представления вещества.

chemical property/химическое свойство свойство вещества, которое описывает возможность участия вещества в химических реакциях.

chemical reaction/химическая реакция процесс, при котором одно или более веществ изменяются для получения одного или более различных веществ.

chemical weathering/химическое выветривание процесс разрушения горных пород в результате химических реакций.

chlorophyll/хлорофилл зеленый пигмент, улавливающий энергию света для фотосинтеза.

chloroplast/хлоропласт органелла, встречающаяся в клетках растений и водорослей, где происходит фотосинтез.

chromosome/хромосома в эукариотической клетке одна из структур в ядре, состоящем из ДНК и белка; в прокариотической клетке - главное кольцо ДНК.

circadian rhythm/циркадный ритм ежедневный биологический цикл.

circuit board/печатная плата пластина из изоляционного материала, на которой располагаются элементы цепи, и которая устанавливается в электронное устройство.

classification/классификация деление организмов на группы или классы на основе определенных характеристик.

cleavage/отслоение расщепление минерала вдоль ровных плоских поверхностей.

climate/климат усредненные погодные условия на территории в течение длительного периода времени.

closed circulatory system/замкнутая кровеносная система замкнутая система, в которой сердце обеспечивает циркуляцию крови через замкнутую сеть сосудов; кровь не покидает кровеносных сосудов и вещества распространяются через стенки сосудов.

cloud/облако скопление взвешенных в воздухе мелких капель воды или кристаллов льда, образующихся при охлаждении воздуха и возникновении конденсации.

coal/уголь ископаемое топливо, образующееся под землей из частично разложившегося растительного материала.

cochlea/улитка спиральная трубка, находящаяся во внутреннем ухе, необходимая для слуха.

coelom/целом полость тела, содержащая внутренние органы.

coevolution/совместная эволюция эволюция двух видов благодаря взаимному влиянию, часто в форме, которая делает взаимоотношения более благоприятными для обоих видов.

colloid/коллоид смесь, состоящая из мельчайших частиц, размер которых занимает промежуточное положение между частицами в растворе и частицами во взвешенном состоянии, которая находится во взвешенном состоянии в жидком, твердом или газообразном веществе.

combustion/горение сжигание вещества.

comet/комета небольшое небесное тело, состоящее изо льда, горных пород и космической пыли, которое вращается по эллиптической орбите вокруг Солнца и выделяет газ и пыль в форме хвоста при ее прохождении в непосредственной близости от Солнца.

commensalism/комменсализм взаимоотношения между двумя организмами, при которых один организм получает выгоду, а второй остается неизменным.

communication/коммуникация передача сигнала или сообщения от одного животного другому, результатом которого является ответ какого-либо типа.

community/общность все популяции видов, живущих в одном и том же ареале и взаимодействующих между собой.

composition/состав химический состав горной породы; описывает минералы или другие вещества горной породы.

compound/смесь вещество, состоящее из атомов двух и более различных элементов, соединенных химическими связями.

compound eye/многофасетный глаз глаз, состоящий из множества датчиков света.

compound light microscope/сложный оптический микроскоп прибор, увеличивающий при помощи двух и более линз мелкие объекты так, чтобы их легко можно было видеть.

compound machine/сложный механизм
механизм, состоящий более чем из одного
простого механизма.

compression/сжатие напряжение,
возникающее при воздействии на объект
сил сжатия.

computer/компьютер электронное
устройство, которое может принимать
данные и инструкции, выполнять
инструкции и выдавать результаты.

concave lens/вогнутая линза линза,
центральная часть которой тоньше ее краев.

concave mirror/вогнутое зеркало зеркало,
которое выгнуто внутрь, как внутренняя
сторона ложки.

concentration/концентрация количество
определенного вещества в определенном
количестве смеси, раствора или руды.

condensation/конденсация переход из
газообразного состояния в жидкое.

conduction/проводимость передача энергии
через вещество в виде тепла.

conic projection/коническая проекция
карта в проекции, выполняемой переносом
свойств поверхности земного шара на конус.

conservation/защита сохранение и
благоразумное использование природных
ресурсов.

constellation/созвездие участок
звездного неба, где находится узнаваемый
рисунок звезд; используется для описания
местоположения небесных объектов в
пространстве.

consumer/потребитель организм, который
поедает другие организмы или органическое
вещество.

continental drift/континентальный дрейф
гипотеза о том, что когда-то континенты
были единым участком суши, которая затем
раздробилась, и ее части переместились в
сегодняшнее местоположение.

continental rise/континентальный склон
часть континентального края с небольшим
уклоном, располагающаяся между матери-
ковым склоном и абиссальным дном.

**continental shelf/континентальный
шельф** часть континентального края с
небольшим уклоном, располагающаяся
между береговой линией и материковым
склоном.

**continental slope/материковый
склон** часть континентального края со
ступенчатым уклоном, располагающаяся
между континентальным склоном и
континентальным шельфом.

contour feather/контурное перо одно
из самых внешних оперений птицы,
позволяющее определить ее форму.

**contour interval/интервал между
изолиниями** разница в высоте между
одной и следующей изолинией.

contour line/изолиния линия, соединяю-
щая точки одинаковой высоты.

**controlled experiment/контролируемый
эксперимент** эксперимент, который
одновременно проверяет только один
фактор, используя сопоставление
контрольной группы с экспериментальной.

convection/конвекция движение вещества
в результате разницы в плотности; передача
энергии в результате движения вещества.

convection current/конвективный поток
любое движение вещества в результате
разницы в плотности; может быть вертика-
льным, круговым или циклическим.

convergent boundary/конвергентная граница граница, образующаяся столкновением двух литосферных плит.

convex lens/выпуклая линза линза, центральная часть которой толще ее краев.

convex mirror/выпуклое зеркало зеркало, которое выгнуто наружу, как обратная сторона ложки.

core/ядро центральная часть Земли под мантией.

Coriolis effect/эффект Кориолиса видимое отклонение пути перемещения движущегося объекта от его прямого пути в результате воздействия вращения Земли.

cosmology/космология изучение происхождения, свойств, процессов и эволюции Вселенной.

covalent bond/ковалентная связь связь, образующаяся при совместном использовании атомами одной или нескольких пар электронов.

covalent compound/ковалентный состав химический состав, образованный совместным использованием электронов.

crater/кратер углубление в форме воронки рядом с центральным выходным отверстием вулкана.

creep/сползание медленное движение вниз по склону выветренных горных пород.

crust/земная кора тонкий и твердый самый верхний слой Земли, располагающийся над мантией.

crystal/кристалл твердое вещество, атомы, ионы или молекулы которого организованы в определенном виде.

crystal lattice/кристаллическая решетка правильная форма, в соответствии с которой образован кристалл.

cyclone/циклон атмосферная область с более низким давлением, чем окружающие ее области, в которой ветры вращаются по спирали, направленной к центру.

cylindrical projection/цилиндрическая проекция карта в проекции, выполняемой переносом свойств поверхности земного шара на цилиндр.

cytokinesis/цитокинез деление цитоплазмы клетки.

cytoskeleton/цитоскелет цитоплазматическая сеть белковых цепочек, которая играет важную роль в движении, форме и делении клетки.

D

data/данные любая часть информации, полученная путем наблюдения или эксперимента.

day/день время, необходимое Земле для одного оборота вокруг своей оси.

decibel/децибел наиболее распространенная единица измерения громкости (символ дБ).

decomposer/деструктор организм, получающий энергию путем разложения остатков умерших организмов или остатков животных и потребляющий или абсорбирующий питательные вещества.

decomposition/разложение распад веществ на более простые молекулярные вещества.

decomposition reaction/реакция разложения реакция, в которой одно вещество распадается на два или более простых веществ.

deep current/глубоководное течение движение океанской воды на большой глубине от поверхности.

deep-water zone/глубоководная зона зона в озере или пруде ниже поверхностной зоны, куда не проникает свет.

deflation/выдувание форма ветровой эрозии, при которой выдуваются мелкие сухие частицы почвы.

deformation/деформация изгибание, наклон и разрыв земной коры; изменение формы горных пород под воздействием внешних сил.

delta/дельта масса материала веерообразной формы, отложенная в устье реки.

density/удельный вес отношение массы вещества к его объему.

dependent variable/зависимая переменная в эксперименте - фактор, который меняется в результате воздействия одного или нескольких других факторов (независимые переменные).

deposition/отложение процесс, в котором происходит осаждение вещества.

dermis/дермис слой кожи под эпидермисом.

desalination/опреснение процесс удаления соли из морской воды.

desert/пустыня область с отсутствующей или незначительной растительной жизнью, длительными периодами засухи и экстремальными температурами; обычно встречается в жарком климате.

dew point/точка росы при постоянном давлении и содержании водяного пара, температура, при которой скорость конденсации равна скорости испарения.

diaphragm/диафрагма куполообразная мышца, прикрепленная к нижним ребрам, которая при дыхании действует как основная мышца.

dichotomous key/дихотомический ключ вспомогательное средство, используемое для идентификации организмов, которое состоит из ответов на серию вопросов.

differential weathering/дифференциальное выветривание процесс, при котором мягкие, менее устойчивые к выветриванию породы выветриваются и оставляют после себя горные породы, более устойчивые к выветриванию.

differentiation/видоизменение процесс, при котором структура и функция частей организма меняется для обеспечения специализации этих частей.

diffraction/дифракция изменение направления волны при ее столкновении с препятствием или краем, таким как, например, отверстие.

diffusion/диффузия перемещение частиц из областей с высокой плотностью в области с более низкой плотностью.

digestive system/система пищеварения органы, разлагающие пищу для ее использования организмом.

digital signal/цифровой сигнал сигнал, который может быть представлен последовательностью дискретных значений.

diode/диод электронное устройство, позволяющее электрическому заряду легче двигаться в одном направлении, чем в другом.

divergent boundary/расходящаяся граница граница между двумя тектоническими плитами, удаляющимися одна от другой.

divide/водораздел граница между бассейнами двух или нескольких рек, текущих в противоположных направлениях.

DNA/ДНК дезоксирибонуклеиновая кислота - молекула, присутствующая во всех живых клетках, содержащая информацию об особенностях, которые унаследует живое существо и которая необходима для жизни.

dominant trait/доминирующая особенность характерная особенность, наблюдаемая в первом поколении, при рождении от родителей с различными особенностями.

doping/допирование добавление примесного элемента к полупроводнику.

Doppler effect/доплеровский эффект наблюдаемое изменение частоты волны при движении источника или наблюдателя.

dormant/состояние покоя состояние семени или другой части растения при неблагоприятных условиях для роста.

double-displacement reaction/реакция двойного замещения реакция, в которой в результате обмена ионами между двумя веществами образуется газ, твердый осадок или молекулярный состав.

down feather/пуховое перо мягкое перо, которое покрывает тело птенцов, а у взрослых птиц обеспечивают теплоизоляцию.

drag/лобовое сопротивление сила, параллельная скорости потока; она действует в направлении, противоположном движению самолета, и в сочетании с движением самолета определяет его скорость.

drug/лекарственный препарат любое вещество, вызывающее изменения физического или психологического состояния человека.

dune/дюна песчаный холм, нанесенный ветром, сохраняющий свою форму даже при своем перемещении.

E

echo/эхо отраженная звуковая волна.

echolocation/эхолокация процесс использования звуковых волн для обнаружения объектов; используется животными, например, летучими мышами.

eclipse/затмение феномен, при котором тень одного космического тела падает на другое тело.

ecology/экология изучение взаимодействия живых организмов между собой и с их средой обитания.

ecosystem/экосистема сообщество организмов и их абиотическая или неживая среда.

ectotherm/холоднокровный организм, которому необходимы источники тепла вне него.

egg/яйцо половая клетка, производимая женским организмом.

El Niño/Эль-Ниньо изменение температуры водной поверхности в Тихом океане, приводящее к возникновению теплого течения.

elastic rebound/эластичное восстановление резкий возврат упруго деформированной горной породы в ее недеформированное состояние.

electric current/электрический ток скорость, с которой разряд проходит через определенную точку; измеряется в амперах.

electric discharge/электрический разряд высвобождение электричества, хранящегося в источнике.

electric field/электрическое поле пространство вокруг заряженного объекта, в котором другой заряженный объект испытывает воздействие электрической силы.

electric force/электрическая сила сила притяжения или отталкивания заряженной частицы, вызванная электрическим полем.

electric generator/электрический генератор устройство, преобразующее механическую энергию в электрическую.

electric motor/электрический мотор устройство, преобразующее электрическую энергию в механическую.

electric power/электрическая мощность скорость, с которой электрическая энергия преобразуется в другие виды энергии.

electrical conductor/электрический проводник материал, в котором заряды могут свободно перемещаться.

electrical insulator/электрический изолятор материал, в котором заряды не могут свободно перемещаться.

electromagnet/электромагнит катушка с сердечником из мягкого железа, которая действует как магнит при пропускании электрического тока через катушку.

electromagnetic induction/электромагнитная индукция процесс создания тока в цепи путем изменения магнитного поля.

electromagnetic spectrum/спектр электромагнитных волн все частоты или длины волн электромагнитного излучения.

electromagnetic wave/электромагнитная волна волна, которая состоит из электрического и магнитного полей, которые вибрируют под прямыми углами друг к другу.

electromagnetism/электромагнетизм взаимодействие между электричеством и магнетизмом.

electron/электрон субатомная частица, имеющая отрицательный заряд.

electron cloud/электронное облако область вокруг ядра атома, где вероятнее всего можно обнаружить электроны.

electron microscope/электронный микроскоп микроскоп, использующий пучок электронов для увеличения объектов.

element/элемент субстанция, которая не может быть разделена или разложена химическим путем на более простые субстанции.

elevation/возвышение высота объекта над уровнем моря.

embryo/эмбрион у людей - развивающееся человеческое существо со времени зачатия до первых 10 недель беременности.

endocrine system/эндокринная система совокупность желез и групп клеток, которые вырабатывают гормоны, регулирующие рост, развитие и гомеостаз; включает гипофиз, щитовидную, околощитовидную и надпочечную железы, гипоталамус, пинеальную железу и гонады.

endocytosis/эндоцитоз процесс, при котором мембрана клетки окружает частицу и заключает ее в везикулу для перемещения в клетку.

**endoplasmic reticulum/эндоплазмати-
ческая сеть** система мембран в цитоплазме клетки, способствующая производству, переработке и транспортировке белков, а также участвующая в производстве липидов.

endoskeleton/эндоскелет внутренний скелет, состоящий из кости и хряща.

endospore/эндоспора спора с толстостен-ной защитной оболочкой, которая образуется внутри бактериальной клетки и которая обладает высокой устойчивостью к суровым условиям.

endotherm/теплокровное животное животное, которое использует тепло тела, получаемое от химических реакций в клетках тела, для поддержания постоянной температуры тела.

endothermic reaction/эндотермическая реакция химическая реакция, которой необходимо тепло.

energy/энергия способность производить работу.

energy conversion/преобразование энергии переход энергии из одной формы в другую.

energy pyramid/энергетическая пирамида треугольная диаграмма, показывающая потерю энергии экосистемой, происходя-щую при движении энергии через цепь питания экосистемы.

energy resource/энергетические ресурсы природные ресурсы, используемые человеком для производства энергии.

eon/эра самое крупное хронологическое деление геологической истории Земли.

epicenter/эпицентр точка на земной поверхности, расположенная непосредствен-но над начальной точкой или центром землетрясения.

epidermis/эпидермис поверхностный слой клеток растения или животного.

epoch/эпоха подразделение геологического периода.

equator/экватор мнимая окружность на равном расстоянии от полюсов, делящая Землю на Северное и Южное полушарие.

era/эра единица геологического хроноло-гического деления, включающая два и более периодов.

erosion/эрозия процесс перемещения почвы и осадочной породы с одного места в другое при помощи ветра, воды, льда или силы тяжести.

esophagus/пищевод длинная прямая трубка, соединяющая глотку с желудком.

estivation/летняя спячка период отсутствия активности и понижения температуры тела у некоторых животных летом, как защитная реакция организма на жаркую погоду и отсутствие пищи.

estuary/эстуарий место, где пресная вода рек смешивается с соленой водой океана.

Eukarya/Eukarya (Эукарии) в современной системе классификации – домен, состоящий их всех эукариотов; этот домен соответствует традиционным царствам простейших, грибов, растений и животных.

eukaryote/эукариот организм, состоящий из клеток, окруженных мембраной; эука-риоты включают простейших, животных, растения и грибы, но исключают древ-нейшие организмы или бактерии.

evaporation/испарение изменение состояния вещества из жидкого на газообразное.

evolution/эволюция процесс, в котором унаследованные в пределах популяции характеристики, меняются с поколениями таким образом, что иногда могут возникать новые виды.

exfoliation/расслоение процесс, при котором тонкие слои горных пород отслаиваются от крупной массы горной породы в результате прекращения воздействия давления.

exocytosis/экзоцитоз процесс, при котором клетка освобождает частицу, заключая ее в везикулу, которая затем перемещается на поверхность клетки и сливается с клеточной мембраной.

exoskeleton/экзоскелет твердая внешняя поддерживающая структура.

exothermic reaction/экзотермическая реакция химическая реакция, при которой образуется тепло, выделяемое в окружающую среду.

external fertilization/оплодотворение вне организма соединение половых клеток вне тел родителей.

extinct/вымершие используется для описания видов, которые полностью вымерли.

extinction/вымирание смерть всех представителей какого-либо вида.

extrusive igneous rock/экструзивная вулканическая горная порода порода, образовавшаяся в результате вулканической активности на поверхности Земли или в непосредственной близости от нее.

F

farsightedness/дальнозоркость состояние, когда хрусталик глаза фокусирует удаленные объекты за сетчаткой, а не на ней.

fat/жир питательное вещество, хранящее энергию, которое помогает телу сохранять некоторые витамины.

fault/разлом разрыв в горной породе, вдоль которого один блок движется относительно другого.

feedback mechanism/механизм обратной связи цикл событий, в котором информация одного действия управляет предыдущим действием или влияет на него.

felsic/фельзитовые используется для описания магматических или вулканических пород, обычно имеющих светлый цвет, богатых полевым шпатом и кварцем.

fermentation/ферментация расщепление пищи без использования кислорода.

fetus/плод развивающийся человеческий организм, начиная с конца 10-ой недели беременности и до рождения.

floodplain/пойма территория вдоль реки, которую образуют осадки, отложенные рекой, когда она выходит из берегов.

fluid/текучая среда нетвердое состояние вещества, в котором атомы или молекулы свободно перемещаются относительно друг друга, как например, в газе или жидкости.

focus/очаг точка вдоль разлома, в которой происходит первое движение при землетрясении.

folding/складчатость изгибание слоев горных пород в результате давления.

foliated/слоистый описание текстуры метаморфических горных пород, в котором зерна минералов располагаются в виде плоскостей или полос.

food chain/цепь питания путь передачи энергии через различные стадии, являющиеся моделями питания серии организмов.

food web/пищевая сеть диаграмма, показывающая взаимоотношение питания между организмами экосистемы.

force/сила тянущее или толкающее воздействие на объект для изменения его движения; сила имеет размер и направление.

fossil/окаменелость следы или остатки организма, жившего много лет назад, чаще всего сохраняющиеся в осадочных горных породах.

fossil fuel/ископаемое топливо невозобновляемый источник энергии, образующийся из остатков организмов, живших много лет назад.

fossil record/летопись окаменелост ей историческая последовательность жизни, определяемая по окаменелостям, обнаруженным в слоях земной коры.

fracture/излом вид, который получается при разломе минерала вдоль искривленной или нерегулярной поверхности.

free fall/свободное падение движение тела, при котором на него действует только сила тяжести.

frequency/частота количество волн, образуемых за определенный промежуток времени.

friction/трение сила, действующая в направлении, противоположном движению, возникающая между двумя находящимися в контакте поверхностями.

front/фронт граница между двумя воздушными массами различной плотности и обычно различной температуры.

function/функция специальная, нормальная или характерная деятельность органа или его части.

fungus/гриб организм, клетки которого имеют ядро, жесткую клеточную стенку, не содержат хлорофилла и принадлежат к царству Грибов.

G

galaxy/галактика скопление звезд, космической пыли и газа, удерживаемое вместе гравитацией.

gallbladder/желчный пузырь орган в форме мешка, который хранит желчь, производимую печенью.

ganglion/ганглий скопление нервных клеток.

gap hypothesis/гипотеза разломов гипотеза, основывающаяся на предположении, что сильное землетрясение вероятнее всего будет происходить вдоль части активного разлома, где не было землетрясений в течение определенного периода времени.

gas/газ состояние вещества, в котором оно не имеет определенного объема или формы.

gas giant/газовый гигант планета, которая имеет глубокую тяжелую атмосферу, такая как Юпитер, Сатурн, Уран или Нептун.

gasohol/бензоспирт смесь бензина со спиртом, используемая как топливо.

gene/ген один набор инструкций для наследственной черты.

generation time/время генерации промежуток времени между рождением одного поколения и рождением следующего поколения.

genotype/генотип общая генетическая конструкция организма; также комбинация генов одной или нескольких характерных черт.

geologic column/геологическая колонка расположение слоев горных пород, в котором наиболее древние породы находятся внизу.

geologic map/геологическая карта карта, на которой регистрируется геологическая информация, такая как комплексы горных пород, структурные особенности, месторождения минерального сырья и места расположения ископаемых.

geologic time scale/шкала геологического времени стандартный метод, используемый для деления длительной естественной истории Земли на удобные части.

geology/геология изучение происхождения, истории и структуры Земли, а также процессов ее формирования.

geosphere/геосфера наиболее твердая, скалистая часть Земли; простирается от центра ядра до поверхности земной коры.

geostationary orbit/геостационарная орбита орбита, которая находится на высоте 36000 км над поверхностью Земли и на которой спутник находится над фиксированной точкой на экваторе.

geothermal energy/геотермальная энергия энергия, производимая теплом Земли.

gestation period/период беременности у млекопитающих промежуток времени между зачатием и рождением.

gill/жабры орган дыхания, в котором кислород, содержащийся в воде, обменивается с углекислым газом, содержащимся в крови.

glacial drift/ледниковый нанос материал горных пород, перенесенный и отложенный ледниками.

glacier/ледник большая масса движущегося льда.

gland/железа группа клеток, вырабатывающих специальные химические вещества для организма.

global warming/глобальное потепление постепенное повышение средней глобальной температуры.

globular cluster/шаровое звездное скопление плотная группа звезд, которая выглядит как шар и содержит до 1 миллиона звезд.

Golgi complex/комплекс Гольджи органелла клетки, помогающая создавать и объединять вещества, предназначенные для вывода из клетки.

grassland/луг территория, где доминирует трава с небольшим количеством кустарников и деревьев, с плодородными почвами и умеренным количеством сезонных осадков.

gravity/сила тяжести сила притяжения между объектами, возникающая благодаря их массе.

greenhouse effect/парниковый эффект нагревание поверхности и нижних слоев земной атмосферы, происходящее в результате поглощения и последующего излучения тепловой энергии парами воды, углекислым и другими газами.

group/группа вертикальный столбец элементов в периодической таблице; элементы в группе имеют общие химические свойства.

gut/кишка пищеварительный тракт.

gymnosperm/голосемянное древесное сосудистое семенное растение, семена которого не окружены завязью или плодом.

H

half-life/период полураспада время, необходимое для радиоактивного распада половины образца радиоактивного вещества.

halogen/галоген один из элементов Группы 17 периодической таблицы (фтор, хлор, бром, иод и астат); галогены в сочетании с большинством металлов образуют соли.

hardness/твердость единица измерения способности минерала противостоять царапанию.

hardware/электронное оборудование части или детали оборудования, используемые для создания компьютера.

heat/теплота энергия, передаваемая между объектами, имеющими различную температуру.

heat engine/тепловой двигатель устройство преобразующее тепло в механическую энергию или работу.

heat flow/тепловой поток другой термин для передачи тепла, передача энергии от более теплого объекта к более холодному.

herbivore/травоядное организм, который питается только растениями.

heredity/наследственность передача генетических черт от родителя потомству.

heterotroph/гетеротроф организм, который получает питание, поедая другие организмы или их побочные продукты, и не может получать органические вещества из неорганических материалов.

hibernation/зимняя спячка период отсутствия активности и понижения температуры тела у некоторых животных зимой, как защитная реакция организма на холодную погоду и отсутствие пищи.

hologram/голограмма часть фильма, представляющая трехмерное изображение объекта; выполняется при помощи лазерных лучей.

homeostasis/гомеостазис поддержание постоянного внутреннего состояния в меняющейся среде.

hominid/гоминид тип приматов, характеризующийся двуногим хождением, относительно длинными нижними конечностями и отсутствием хвоста; примеры включают людей и их предков.

***Homo sapiens*/*Homo sapiens* (человек разумный)** виды гоминидов, которые включают современных людей и их ближайших предков, первые из которых появились около 100000 - 150000 лет назад.

homologous chromosomes/гомологичные хромосомы хромосомы, имеющие одинаковую последовательность генов и одинаковую структуру.

horizon/горизонт кажущаяся линия соприкосновения неба и земной поверхности.

hormone/гормон вещество, образующееся в одной клетке или в ткани, которое вызывает изменения в другой клетке или ткани в другом участке тела.

host/хозяин организм, от которого берет пищу паразит, или который служит ему убежищем.

hot spot/горячая зона вулканически активный участок земной поверхности, располагающийся на большом расстоянии от границы тектонической плиты.

H-R diagram/диаграмма Г-Р диаграмма Герцшпрунга-Расселла, на которой показано взаимоотношение между температурой поверхности звезды и абсолютным притяжением.

humidity/влажность количество паров воды в воздухе.

humus/гумус темный органический материал, образовавшийся в почве из разложившихся остатков растений и животных.

hurricane/ураган сильный шторм, развивающийся над тропическими участками океанов со скоростью ветра, достигающей более 120 км/час, двигающегося по спирали к центру шторма со значительно более низким давлением.

hydrocarbon/углеводород органическое вещество, состоящее только из углерода и водорода.

hydroelectric energy/гидроэлектрическая энергия электрическая энергия, производимая падающей водой.

hydrosphere/гидросфера часть Земли, состоящая из воды.

hygiene/гигиена наука о здоровье и способах его сохранения.

hypha/гифа нерепродуктивная нить гриба.

hypothesis/гипотеза объяснение, основывающееся на ранее проведенных научных исследованиях или наблюдениях, которое может быть проверено.

I

ice age/ледниковый период длительный период охлаждения климата, во время которого ледниковые щиты покрывали обширные участки Земли.

immune system/иммунная система клетки и ткани, которые распознают и атакуют инородные вещества, находящиеся в теле.

immunity/иммунитет возможность сопротивляться инфекционному заболеванию или излечиваться после него.

inclined plane/наклонная плоскость простая машина с прямой, наклонной поверхностью, которая облегчает подъем грузов; пандус.

independent variable/независимая переменная в эксперименте - фактор, которым можно осознанно манипулировать.

index contour/опорный контур более темная, более жирная контурная линия на карте, которая обычно наносится через каждые четыре линии и которая показывает изменение в высоте над уровнем моря.

index fossil/руководящая окаменелость окаменелость, обнаруживаемая в пластах горных пород только одного геологического возраста, которая используется для установления возраста пластов горных пород.

indicator/индикатор вещество, которое может обратимо менять цвет в зависимости от условий, например, таких как pH.

inertia/инерция свойство тела противостоять его перемещению или, если тело движется, противостоять изменению его скорости или направления при воздействии на него внешней силы.

infectious disease/инфекционное заболевание заболевание, вызванное болезнетворным микроорганизмом, которое может распространяться от одного индивидуума к другому.

inhibitor/ингибитор химическое вещество, замедляющее или прекращающее химическую реакцию.

innate behavior/врожденное поведение наследственный образ действий, который не зависит от среды или опыта.

insulation/изоляционный материал вещество, которые снижает передачу электричества, тепла или звука.

integrated circuit/интегральная микросхема микросхема, компоненты которой организованы на одном полупроводнике.

integumentary system/система покровов тела система органов, которая образует защитное покрытие на внешней поверхности тела.

intensity/интенсивность в науке о Земле, количество повреждений, вызванных землетрясением.

interference/интерференция сочетание двух или более волн, результатом которого является создание одной волны.

internal fertilization/внутреннее оплодотворение оплодотворение яйца спермой внутри тела женского организма.

Internet/Интернет крупная компьютерная сеть, соединяющая множество локальных и более мелких сетей по всему миру.

intrusive igneous rock/интрузивная изверженная порода горная порода, образовавшаяся в результате охлаждения и отвердевания магмы под земной поверхностью.

invertebrate/беспозвоночное животное, не имеющее позвоночника.

ion/ион заряженная частица, образующаяся в результате потери одного или нескольких электронов атомом или группой атомов.

ionic bond/ионная связь связь, образующаяся при переходе электронов от одного атома к другому, что приводит к созданию положительного и отрицательного иона.

ionic compound/ионное соединение состав, образованный противоположно заряженными ионами.

iris/радужная оболочка окрашенная, круглая часть глаза.

isobar/изобара линия, нарисованная на карте погоды, соединяющая точки с одинаковым давлением.

isolation/изоляция состояние, при котором две популяции не могут скрещиваться.

isotope/изотоп атом, который имеет такое же число протонов (или одинаковое атомное число), что и другие атомы этого же элемента, однако имеет отличное число нейтронов (и поэтому другую атомную массу).

J

jet stream/струйное течение узкая зона сильных ветров, которые дуют в верхней тропосфере.

joint/сустав место, где соединяются две или более костей.

joule/джоуль единица, используемая для выражения энергии; равна количеству работы, выполненной силой в 1 ньютон на расстоянии 1 метра в направлении действия силы (символ Дж).

K

kidney/почка один из пары органов, который удаляет воду и отходы из крови и выделяет продукты, такие как моча.

kinetic energy/кинетическая энергия энергия, которой обладает тело благодаря своему движению.

L

lahar/лахар грязевой поток, возникающий в результате смешивания вулканического пепла и обломков горных пород с водой во время вулканического извержения.

La Niña/Ля-Нинья климатические изменения в восточной части Тихого океана, при которых температуры поверхности воды становится необычно холодной.

landslide/оползень внезапное движение горных пород и почвы вниз по наклонной плоскости.

large intestine/толстая кишка широкая и короткая часть кишки, которая удаляет воду из практически переваренной пищи и которая перерабатывает отходы в полутвердые фекалии или кал.

larynx/гортань часть горла, в которой располагаются голосовые связки и где образуются звуки голоса.

laser/лазер устройство, производящее яркий свет только одной длины волны и цвета.

lateral line/боковая линия слабо выраженная линия на боках тела рыб, которая идет вдоль всего тела и отмечает расположение органов чувств, которые обнаруживают вибрацию в воде.

latitude/широта расстояние на север или на юг от экватора; выражается в градусах.

lava plateau/лавовое плато широкая, плоская форма рельефа, образовавшаяся в результате невзрывающихся извержений лавы, распространяющейся на обширной территории.

law/закон краткое изложение результатов многих экспериментов и наблюдений; закон поясняет, как он действует.

law of conservation of energy/закон сохранения энергии закон, который утверждает, что энергия не может быть создана или разрушена, но может быть преобразована их одного вида в другой.

law of conservation of mass/закон сохранения массы закон, который утверждает, что масса не может быть создана или разрушена путем обычных химических или физических изменений.

**law of cross-cutting relationships/
закон о взаимоотношениях с секущими
породами** закон, согласно которому разлом
или масса породы моложе любой другой
массы породы, которую она рассекает.

**law of electric charges/закон взаимо-
действия электрических зарядов**
закон, утверждающий, что одноименные
заряды отталкиваются, а разноименные
притягиваются.

leaching/выщелачивание удаление
веществ, которые могут быть растворены
из горных пород, руды или слоев почвы в
результате прохождения воды.

**learned behavior/поведение, приобретен-
ное в результате научения** поведение,
обусловленное полученным опытом.

lens/линза прозрачный предмет, который
преломляет световые волны таким образом,
что они сходятся или расходятся для
образования изображения.

lever/рычаг простая машина, состоящая
из штанги, которая поворачивается вокруг
фиксированной точки, называемой *точкой
опоры*.

lichen/лишайник масса клеток грибов
и водорослей, которые растут вместе в
симбиотических взаимоотношениях и
которые обычно встречаются на горных
породах или деревьях.

life science/биология наука о живых
организмах.

lift/выталкивающая сила направленная
вверх сила, действующая на тело,
движущееся в жидкости.

lightning/молния электрический разряд,
происходящий между двумя противоположно
заряженными поверхностями, например,
между облаком и землей, между двумя
облаками или между двумя частями одного
и того же облака.

light-year/световой год расстояние,
которое проходит свет за один год; около
9,46 триллиона километров.

lipid/липид молекула жира или молекула
со сходными свойствами; примеры
включают масла, воск и стероиды.

liquid/жидкость состояние вещества,
имеющего определенный объем, но не
имеющего определенной формы.

lithosphere/литосфера твердый, внешний
слой поверхности Земли, который состоит
из земной коры и твердой верхней части
мантии.

littoral zone/прибрежная зона
мелководная зона озера или пруда, где
свет достигает дна, и где растут растения.

liver/печень самый крупный орган
тела; вырабатывает желчь, хранит и
отфильтровывает кровь, а также хранит
излишки сахара в виде гликогена.

load/нанос материалы, перенесенные
потоком; *также* масса горной породы,
перекрывающей геологическую структуру.

loess/лесс очень плодородные осадочные
отложения, состоящие из кварца, полевого
шпата, роговой обманки, слюды и глины,
перенесенные ветром.

longitude/долгота расстояние к востоку и
западу от нулевого меридиана; выражается
в градусах.

longitudinal wave/продольная волна
волна, в которой частицы среды вибрируют
параллельно направлению движения волны.

**longshore current/береговое
течение** водный поток, который проходит
рядом и параллельно береговой линии.

loudness/громкость степень слухового
ощущения звука.

**low earth orbit/низкая околоземная
орбита** обрита, высота которой не
превышает 1500 км над поверхностью
Земли.

lung/легкое орган дыхания, в котором
кислород, содержащийся в воздухе,
обменивается с углекислым газом,
содержащимся в крови.

luster/блеск способ, которым минералы
отражают свет.

lymph/лимфа жидкость, собираемая
лимфатическими сосудами и узлами.

lymph node/лимфатический узел орган,
располагающийся вдоль лимфатических
сосудов, и фильтрующий лимфу.

lymphatic system/лимфатическая система
совокупность органов, основной функцией
которых является сбор внеклеточной
жидкости и ее возврат в кровь; в состав
органов этой системы входят лимфатические
узлы и лимфатические сосуды.

lysosome/лизосома органелла клетки,
содержащая ферменты пищеварения.

M

machine/машина устройство, помогающее
выполнить работу, либо путем преодоления
силы, либо путем изменения направления
прилагаемой силы.

macrophage/макрофаг клетка
иммунной системы, которая поглощает
болезнетворные микроорганизмы и другие
материалы.

mafic/мафические используется
для описания магматических или
вулканических пород, обычно имеющих
темный цвет, богатых магнием и железом.

magma chamber/магматическая камера
тело расплавленной горной породы,
питающей вулкан.

magnet/магнит любое вещество,
которое притягивает ионы или вещества,
содержащие железо.

**magnetic declination/магнитное
склонение** разница между магнитным
северным полюсом и истинным северным
полюсом.

magnetic force/магнитная сила сила
притяжения или отталкивания, образую-
щаяся перемещением или вращением
электрических зарядов.

magnetic pole/магнитный полюс
одна из двух точек, как например, на
концах магнита, которые обладают
противоположными магнитными
характеристиками.

magnitude/магнитуда единица силы
землетрясения.

**main sequence/главная последовательн
ость** область на диаграмме Герцшпрунга-
Расселла, где располагается большинство
звезд; она имеет диагональную форму,
располагающуюся с левого правого угла
(низкая температура и яркость) до верхнего
правого угла (высокая температура и
яркость).

malnutrition/недоедание нарушение питания, возникающее при недостаточном потреблении человеком питательных веществ, необходимых человеческому организму.

mammary gland/молочная железа у женских особей млекопитающих железа, вырабатывающая молоко.

mantle/мантия пласт горной породы, располагающийся между земной корой и ядром.

map/карта представление свойств физического тела, такого как, например, Земля.

marsh/болото безлесная заболоченная экосистема, где растут такие растения, как трава.

marsupial/сумчатое животное млекопитающее, которое носит и вскармливает своего детеныша в сумке.

mass/масса единица измерения количества вещества в предмете.

mass movement/движение масс движение части земли вниз по наклонной плоскости.

mass number/массовое число сумма количества протонов и нейтронов в ядре атома.

material resource/материальные ресурсы природные ресурсы, используемые человеком для изготовления предметов или потребления в качестве пищи или воды.

matter/вещество все, что имеет массу и занимает пространство.

mean/среднее значение величина, полученная сложением данных для определенной характеристики и делением полученной суммы на число индивидов.

mechanical advantage/выигрыш в силе число, которое показывает, во сколько раз машина увеличивает силу.

mechanical efficiency/механический коэффициент полезного действия соотношение между энергией на выходе и входе; оно может быть получено путем деления работы на выходе на работу на входе.

mechanical energy/механическая энергия количество работы, которое может быть выполнено телом, обладающим кинетической и потенциальной энергией.

mechanical weathering/механическое выветривание разложение горных пород на мелкие части в результате физических воздействий.

median/срединное значение значение средней позиции, когда данные организованы в порядке изменения их размера.

medium/среда физическая обстановка, в которой происходит феномен.

meiosis/мейоз процесс при делении клетки, в котором количество хромосом уменьшается наполовину первоначального числа при делении ядра на два, что приводит к возникновению половых клеток (гаметы или споры).

melting/плавление изменение состояния, при котором твердое вещество становится жидким в результате добавления тепла.

memory B cell/B-клетка памяти B-клетка, которая сильнее реагирует на антиген, когда организм повторно инфицируется антигеном, чем это было во время первого столкновения с антигеном.

meniscus/мениск кривая на поверхности жидкости, посредством которой определяется объем жидкости.

mesosphere/мезосфера прочная, нижняя часть мантии между астеносферой и внешним ядром; *также* слой в атмосфере между стратосферой и термосферой, в которой температура понижается по мере увеличения высоты.

Mesozoic era/Мезозойская эра геологическая эра, продолжавшаяся от 251 миллионов до 65.5 миллионов лет; *также Период рептилий.*

metabolism/метаболизм сумма всех химических процессов, происходящих в организме.

metal/металл элемент с блестящей поверхностью, хорошо проводящий тепло и электричество.

metallic bond/металлическая связь связь, образующаяся посредством притяжения между двумя положительно заряженными ионами металла и электронами вокруг них.

metalloid/металлоид элементы, одновременно имеющие свойства металлов и неметаллов.

metamorphosis/метаморфоз процесс жизненного цикла многих животных, во время которого наблюдается быстрый переход от незрелой формы организма к взрослой форме; примером может служить переход личинки к взрослой особи у насекомых.

meteor/метеор яркая полоса света, возникающая при сгорании метеорного тела в атмосфере Земли.

meteorite/метеорит метеорное тело, достигшее поверхности Земли и не сгоревшее полностью в ее атмосфере.

meteoroid/метеорное тело относительно небольшое каменистое тело, перемещающееся в космическом пространстве.

meteorology/метеорология наука, изучающая атмосферу Земли с целью определения погоды и климата.

meter/метр основная единица измерения длины в системе СИ (символ м).

microclimate/микроклимат климат небольшой территории.

microprocessor/микропроцессор одна полупроводниковая микросхема, которая управляет и выполняет инструкции микрокомпьютера.

mid-ocean ridge/среднеокеанский подводный хребет протяженная подводная горная цепь, расположенная вдоль дна большинства океанов.

mineral/минералы класс питательных веществ, представляющий собой химические элементы, необходимые для некоторых процессов организма.

mineral/минерал естественно образовавшееся неорганическое твердое вещество, имеющее определенную химическую структуру.

mitochondrion/митохондрия в эукариотических клетках органелла клетки, окруженная двумя мембранами, являющаяся местом клеточного дыхания.

mitosis/митоз в эукариотических клетках процесс деления клетки, при котором образуется два новых ядра, имеющих одинаковое количество хромосом.

mixture/смесь комбинация двух или более веществ, не вступающих в химическую связь.

mode/мода наиболее часто встречающееся значение в наборе данных.

model/модель образец, план, представление или описание, предназначенные для показа структуры или работы предмета, системы или концепции.

mold/слепок отметка или полость, образовавшаяся в осадочных горных породах панцирем или другим телом.

mold/плесень в биологии - гриб, который выглядит как волокна шерсти или хлопка.

molecule/молекула наименьшая единица вещества, сохраняющая все физические и химические свойства вещества.

molting/линька сбрасывание наружного скелета, кожи, перьев или волосяного покрова для их замены новыми.

momentum/количество движения количество, определяемое как произведение массы и скорости тела.

monotreme/яйцекладущее млекопитающее, откладывающее яйца.

month/месяц составляющая часть года, основывающаяся на орбите движения Луны вокруг Земли.

motion/движение изменение положения тела относительно точки наблюдения.

mudflow/сель поток массы грязи или горных пород и почвы, смешанных с большим количеством воды.

muscular system/мускулатура система органов, основной функцией которых является движение и гибкость.

mutation/мутация изменение в последовательности основных нуклеотидов в гене или молекуле ДНК.

mutualism/мутуализм взаимоотношения между двумя видами, в которых оба вида получают преимущества.

mycelium/мицелий совокупность грибных нитей или гифов, образующих тело гриба.

N

narcotic/наркотик лекарственное вещество, полученное на базе опиума, которое снимает боль и вызывает сонливость; примерами являются героин, морфин и кодеин.

NASA/НАСА Национальное агентство по аэронавтике и исследованию космического пространства.

natural gas/природный газ смесь газообразных углеводородов, расположенных в недрах Земли, часто рядом с месторождениями нефти; используется в качестве топлива.

natural resource/природные ресурсы любое природное вещество, используемое людьми, такое как вода, нефть, полезные ископаемые, леса и животные.

natural selection/естественный отбор процесс, при котором индивиды, лучше приспособившиеся к своей среде выживают и воспроизводятся более успешно, чем менее приспособившиеся индивиды; теория, объясняющая механизм эволюции.

neap tide/квадратурный прилив небольшой прилив, возникающий в первую и третью четверти луны.

nearsightedness/близорукость состояние, когда хрусталик глаза фокусирует удаленные объекты перед сетчаткой, а не на ней.

nebula/туманность большое газовое облако в межзвездном пространстве; участок Вселенной, где зарождаются или взрываются звезды в конце их существования.

nekton/нектон все организмы, активно плавающие в открытой воде, независимо от течений.

nephron/нефрон структурно-функциональная единица почки, которая фильтрует кровь.

nerve/нерв совокупность нервных волокон, через которые перемещаются импульсы между центральной нервной системой и другими частями тела.

net force/равнодействующая сила совокупность всех сил, действующих на тело.

neuron/нейрон нервная клетка, специализирующаяся в получении и передаче электрических импульсов.

neutralization reaction/реакция нейтрализации реакция между кислотой и основанием, результатом которой является образование воды и соли.

neutron/нейтрон субатомная частица, не имеющая заряда, находящаяся в ядре атома.

neutron star/нейтронная звезда звезда, которая была сжата под воздействием гравитации до такой степени, что электроны и протоны ударяются друг с другом и образуют нейтроны.

newton/ньютон единица измерения силы в системе СИ (символ Н).

nicotine/никотин токсичное, вызывающее привычку химическое вещество, содержащееся в табаке, являющееся одним из основных веществ, вызывающих отрицательное воздействие курения на организм.

nitrogen cycle/цикл круговорота азота процесс, в котором азот циркулирует в воздухе, почве, воде, растениях и животных экосистемы.

noble gas/инертный газ один их элементов Группы 18 периодической таблицы (гелий, неон, аргон, криптон, ксенон и радон); инертные газы не вступают в химические реакции.

noise/шум звук, состоящий из хаотично смешанных частот.

nonfoliated/неслоистый описание текстуры метаморфических горных пород, в котором зерна минералов не располагаются в виде плоскостей или полос.

noninfectious disease/неинфекционное заболевание заболевание, которое не может передаваться от одного индивидуума другому.

nonmetal/неметалл элемент, который плохо проводит тепло и электричество.

nonpoint-source pollution/неточечное загрязнение загрязнение, возникающее чаще от многих источников, чем от одного конкретного источника.

nonrenewable resource/невозобновляемый ресурс ресурс, образующийся со скоростью, которая значительно медленнее скорости, с которой он потребляется.

nonsilicate mineral/несиликатный минерал минерал, который не содержит производных кремния и кислорода.

nonvascular plant/несосудистое растение три группы растений (печеночники, роголистники и мхи), у которых отсутствуют специальные проводящие ткани, настоящие корни, стебли и листья.

nuclear chain reaction/цепная ядерная реакция непрерывная последовательность реакции ядерного деления.

nuclear energy/ядерная энергия энергия, возникающая при реакции ядерного деления или синтеза; энергия связи атомного ядра.

nuclear fission/ядерное деление деление ядра крупного атома на два или более фрагментов; выделяет дополнительные нейтроны и энергию.

nuclear fusion/ядерный синтез соединение ядер небольших атомов для образования более крупного ядра; при этом выделяется энергия.

nucleic acid/нуклеиновая кислота молекула, состоящая из субъединиц, называемых *нуклеотиды*.

nucleotide/нуклеотид в цепочке нуклеиновой кислоты субъединица, состоящая из сахара, фосфата и азотного основания.

nucleus/ядро в эукариотической клетке мембраносвязанная органелла, содержащая ДНК клетки, которая играет роль в таких процессах как рост, метаболизм и репродукция.

nucleus/ядро в физической науке центральная область атома, состоящая из протонов и нейтронов.

nutrient/питательное вещество вещество в пище, которое выделяет энергию или способствует формированию тканей организма, необходимое для жизни и роста организма.

O

observation/наблюдение процесс получения информации посредством органов чувств.

ocean current/океанское течение движение воды океана по определенному маршруту.

ocean trench/океанская впадина крутая длинная глубоководная впадина на дне океана, идущая параллельно цепочки вулканических островов или континентального края.

oceanography/океанография наука, изучающая море.

omnivore/всеядное животное организм, который поедает как растения, так и животных.

opaque/непроницаемый используется при описании непрозрачного или непросвечивающего объекта.

open circulatory system/незамкнутая кровеносная система система рециркуляции, в которой рециркулируемая кровь содержится не только в сосудах; сердце перекачивает кровь через сосуды, которые опорожняются в пространство, называемое *синусы*.

open cluster/рассеянное звездное скопление группа звезд, которые располагаются близко друг к другу относительно других окружающих звезд.

open-water zone/поверхностная зона зона в пруде или озере, которая простирается от прибрежной зоны и имеет глубину, равную глубине проникновения света.

orbit/орбита путь, который проходит небесное тело при его движении вокруг другого небесного тела.

ore/руда природный материал, имеющий экономически ценную концентрацию минералов, достаточную для его прибыльной добычи.

organ/орган совокупность тканей, которые выполняют конкретную функцию в организме.

organ system/система органов группа органов, работающих совместно для выполнения определенных функций организма.

organelle/органелла одно из мелких тел в цитоплазме клетки, которое специализируется в выполнении определенной функции.

organic compound/органическое соединение ковалентно связанное соединение, содержащее углерод.

organism/организм живое существо; любое существо, которое может независимо осуществлять процессы жизнедеятельности.

osmosis/осмос диффузия воды через полупроницаемую мембрану.

ovary/завязь у цветущих растений нижняя часть пестика, которая производит яйцеклетки в семяпочках.; **яичник** в репродуктивной системе женских особей животных орган, произво-дящий яйцеклетки.

overpopulation/перенаселенность наличие на территории слишком большого количества индивидов в сравнении с имеющимися ресурсами.

ovule/семяпочка структура в завязи семенного растения, которая содержит зародышевый мешок и которая затем развивается в семя после опыления.

P

P wave/волна P сейсмическая волна, заставляющая частицы горной породы двигаться вперед и назад.

paleontology/палеонтология наука, изучающая вымершие растения и животных.

Paleozoic era/Палеозойская эра геологическая эра после Докембрийской эпохи; длилась от 542 миллионов до 251 миллионов лет назад.

pancreas/поджелудочная железа орган, располагающийся за желудком, производящий пищеварительные ферменты и гормоны, регулирующие уровень сахара.

parallax/параллакс кажущийся сдвиг в положении тела при его рассмотрении с различных точек.

parallel circuit/параллельный контур контур, в котором детали соединяются в ветви таким образом,что разница потенциалов через каждую деталь остается одинаковой.

parasite/паразит организм, который питается организмами других видов (хозяин) и которые обычно причиняют вред организму-хозяину; организм-хозяин никогда не получает выгоды от присутствия паразита.

parasitism/паразитизм отношения между двумя видами, при которых один вид – паразит, получает преимущества благодаря второму виду и при котором организму-хозяину наносится ущерб.

parent rock/материнская порода геологическая формация, являющаяся источником почвы.

pascal/паскаль единица давления в системе СИ (символ Па).

Pascal's principle/закон Паскаля закон, который утверждает, что жидкость, находящаяся в емкости в состоянии равновесия, оказывает одинаковое давление во всех направлениях.

passive transport/пассивное перемещение движение веществ через мембрану клетки без использования энергии клетки.

pathogen/болезнетворный микроорганизм микроорганизм, другой организм, вирус или белок, вызывающие заболевание.

pathogenic bacteria/болезнетворная бактерия бактерия, вызывающая заболевание.

pedigree/генеалогия диаграмма, показывающая проявление наследственной черты в нескольких поколениях семьи.

pelagic environment/пелагическая среда в океане - зона, рядом с поверхностью или на средних глубинах, ниже сублиторальной зоны и выше абиссальной зоны.

penis/пенис мужской половой орган, который перемещает сперматозоиды в женский организм и выводит мочу из организма.

period/период единица геологического времени, на который делятся эры.

period/период в химии горизонтальный ряд элементов периодической таблицы.

periodic/периодический используется при описании чего-либо повторяющегося или происходящего через определенные интервалы.

periodic law/периодический закон химических элементов Менделеева закон, который утверждает, что повторяющиеся химические и физические свойства элементов меняются периодически с атомными числами элементов.

peripheral nervous system/периферическая нервная система все части нервной системы за исключением головного и спинного мозга.

permeability/проницаемость способность горных пород или осадков пропускать жидкость через свои открытые пространства или поры.

petal/лепесток одна из обычно ярко окрашенных, имеющих форму листа, частей, которые составляют розетку цветка.

petroleum/нефть жидкая смесь веществ, состоящих из сложных углеводородов; широко используется в качестве источника топлива.

pH/pH значение, используемое для выражения кислотности или щелочности системы.

pharynx/глотка у бескишечных мускульная трубка, которая идет от рта до гастроваскулярной полости; у животных с пищеварительным трактом путь от рта до гортани и пищевода.

phase/фаза изменение освещенного солнцем участка одного небесного тела при наблюдении с другого небесного тела.

phenotype/фенотип внешний вид организма или другая характерная особенность.

pheromone/феромон вещество, выделяемое телом и заставляющее другой индивид этого же вида реагировать на него предсказуемым способом.

phloem/флоэма ткань, переносящая пищу в сосудистых растениях.

phospholipid/фосфолипид липид, содержащий фосфор, который является структурным компонентом клеточных мембран.

photocell/фотоэлемент устройство, преобразующее световую энергию в электрическую.

photosynthesis/фотосинтез процесс, при котором растения, водоросли и некоторые бактерии используют солнечный свет, углекислый газ и воду для производства пищи.

physical change/изменение физических свойств переход вещества из одной формы в другую без изменения химических свойств.

physical property/физическое свойство
характеристика вещества, не участвующего
в химическом изменении, как например,
плотность, цвет или твердость.

physical science/физика наука,
изучающая неживую материю.

phytoplankton/фитопланктон ми
кроскопические, фотосинтетические
микроорганизмы, плавающие у поверхности
в морской или пресной воде.

pigment/пигмент вещество, передающее
свой цвет другому веществу или смеси.

pioneer species/пионерские виды
виды, колонизирующие лишенные жизни
территории, начинающие тем самым
процесс сукцессии.

pistil/пестик женская репродуктивная
часть цветка, производящая семена и
состоящая из завязи, столбика и рыльца.

pitch/высота звука измерение насколько
высоким или низким является звук, что
зависит от частоты звуковой волны.

placenta/плацента структура, которая
связывает развивающийся плод с маткой, и
который обеспечивает обмен питательными
веществами, отходами и газами между
матерью и плодом.

**placental mammal/плацентарное мле
копитающее** млекопитающее, которое
кормит свое неродившееся потомство через
плаценту внутри его матки.

plane mirror/плоское зеркало зеркало,
имеющее ровную поверхность.

plankton/планктон масса почти
микроскопических микроорганизмов,
которые свободно плавают или дрейфуют
в пресной или морской воде.

Plantae/Растения (Plantae) царство,
состоящее из сложных многоклеточных
организмов, обычно зеленого цвета,
имеющих клеточные стенки, состоящие из
клетчатки, которые не могут перемещаться
и используют энергию солнца для
производства сахара путем фотосинтеза.

plasma/плазма в физике - состояние
вещества, которое начинается как газ,
который затем становится ионизированным;
он состоит из свободно двигающихся ионов
и электронов, получает электрический
заряд и его свойства отличаются от свойств
твердого вещества, жидкости или газа.

plate tectonics/тектоника плит теория,
которая объясняет, как перемещаются
и меняют свой вид большие участки
самого верхнего слоя Земли, называемого
тектоническими плитами.

**point-source pollution/точечное
загрязнение** загрязнение, возникающее
из одного конкретного источника.

**polar easterlies/полярные восточные
ветры** превалирующие ветры, которые
дуют с востока на запад на широтах от
60° до 90° в обоих полушариях.

polar zone/полярная зона северный
и южный полюс и окружающая их
территория.

pollen/пыльца мельчайшие гранулы,
содержащие мужской гаметофит семенных
растений.

pollination/опыление перемещение
пыльцы с мужских репродуктивных
структур на женские структуры семенных
растений.

pollution/загрязнение нежелательное
изменение в среде, вызванное веществами
или формами энергии.

population/популяция группа организмов одного вида, живущих на определенной географической территории.

porosity/пористость процент объема открытых пространств горных пород или осадка к их суммарному объему.

potential energy/потенциальная энергия энергия, которой обладает тело благодаря своему положению, форме или состоянию.

power/мощность скорость, с которой выполняется работа или преобразуется энергия.

Precambrian time/Докембрийская эра период в геологической истории Земли, начиная с образования Земли до Палеозойской эры, приблизительно от 4,6 миллиарда до 542 миллионов лет назад.

precipitate/осадок твердое вещество, образующееся в растворе в результате химической реакции.

precipitation/осадки любая форма воды, которая выпадает на поверхность земли из облаков.

predator/хищник организм, который убивает и съедает весь или часть другого организма.

preening/уход за оперением у птиц - действие по чистке и уходу за перьями.

pregnancy/беременность в медицинской практике – период времени между первым дней последнего периода менструации у женщины и рождением ее ребенка (около 280 дней или 40 недель); в биологии развития – период времени, в течение которого женщина носит в себе развивающегося ребенка, начиная с даты зачатия до его рождения (около 266 дней или 38 недель).

pressure/давление количество силы, оказываемое единицей площади на поверхность.

prevailing winds/превалирующие ветры ветры, которые дуют в основном в одном направлении в определенный период времени.

prey/жертва организм, который убивается и съедается другим организмом.

primate/примат тип млекопитающего, характеризуемый противопоставленными большими пальцами и бинокулярным зрением.

prime meridian/нулевой меридиан меридиан или линия долготы, который обозначается как долгота 0э.

probability/вероятность степень возможности появления какого-либо определенного события в тех или иных условиях.

producer/продуцент организм, производящий свою собственную пищу путем использования энергии из его окружения.

product/продукт вещество, образующееся в результате химической реакции.

prograde rotation/вращение в ту же сторону вращение планеты или луны против часовой стрелки, если смотреть сверху на северный полюс планеты; вращение в том же направлении, что и вращение Солнца.

projectile motion/движение брошенного тела криволинейный путь, по которому следует тело при его бросании или запуске около поверхности Земли.

prokaryote/прокариот одноклеточный организм, который не имеет ядра или мембраносвязанных органелл; примерами являются археи и бактерии.

protein/белок молекула, состоящая из аминокислот, необходимая для создания и восстановления структур организма, а также для регулирования процессов в организме.

protist/одноклеточный организм огранизм, который принадлежит к царству Протиста (Protista).

proton/протон субатомная частица, имеющая положительный заряд, находящаяся в ядре атома.

pulley/шкив простая машина, которая состоит из колеса, по которому проходит канат, цепь или трос.

pulmonary circulation/легочное кровообращение поток крови от сердца к легким и обратно к сердцу через легочные артерии капилляры и вены.

pulsar/пульсар быстро вращающаяся нейтронная звезда, посылающая короткие импульсы радио и оптического излучения.

pupil/зрачок отверстие, расположенное в центре радужной оболочки глаза, которое управляет количеством света, поступающего в глаз.

pure substance/чистое вещество образец вещества, являющегося одним элементом или одним составом, имеющим определенные химические и физические свойства.

Q

quasar/квазар очень яркое, походящее на звезду, небесное тело, которое генерирует энергию с очень высокой скоростью; считается, что квазары являются самыми удаленными небесными телами Вселенной.

R

radiation/излучение передача энергии в виде электромагнитных волн.

radioactive decay/радиоактивный распад процесс, при котором радиоактивный изотоп стремится разделиться на стабильный изотоп этого же или другого элемента.

radioactivity/радиоактивность процесс, при котором нестабильные ядра выделяют ядерное излучение.

radiometric dating/радиометрическое датирование метод определения возраста объекта путем оценки относительного процентного соотношения радиоактивного (родительского) изотопа и стабильного (дочернего) изотопа.

reactant/реагент вещество или молекула, которые участвуют в химической реакции.

recessive trait/рецессивный признак признак, который проявляется только тогда, когда наследуются два рецессивных аллеля с одинаковой характеристикой.

recharge zone/зона питания грунтового горизонта территория, по которой вода течет вниз, чтобы стать частью водоносного горизонта.

reclamation/рекультивация процесс возврата земли в первоначальное состояние после завершения разработки месторождения.

recycling/переработка отходов процесс извлечения ценных или полезных материалов из отходов или мусора.; **рециклинг** процесс повторного использования некоторых предметов.

red giant/красный гигант крупная красноватая звезда в конце ее жизненного цикла.

reflecting telescope/зеркальный телескоп
телескоп, использующий искривленное
зеркало для сбора и фокусировки света
от удаленных объектов.

reflection/отражение процесс отталкива-
ния назад излучения света, звука или тепла,
когда излучение ударяется о поверхность,
через которую оно не может пройти.

reflex/рефлекс непроизвольное и
практически мгновенное движение в
ответ на раздражитель.

refracting telescope/телескоп-рефрактор
телескоп, использующий набор линз для
сбора и фокусировки света от удаленных
объектов.

refraction/рефракция искривление
волны при ее прохождении между двумя
субстанциями, в которых скорость
распространения волны отличается.

**relative dating/определение
относительного возраста** методика
определения, является ли событие или
объект более старым или более молодым
относительно других событий или объектов.

**relative humidity/относительная
влажность** соотношение количества
водяного пара в воздухе к количеству
водяного пара, необходимого для
достижения насыщения при данной
температуре.

relief/рельеф изменение высоты
поверхности земли над уровнем моря.

**remote sensing/дистанционное
восприятие** процесс сбора и анализа
информации об объекте без физического
контакта с объектом.

**renewable resource/возобновляемые
ресурсы** природные ресурсы, которые
могут быть восстановлены с той же
скоростью, с которой они потребляются.

resistance/сопротивление в физике -
сопротивление материала или устройства
движению электрического тока.

resonance/резонанс феномен, возникаю-
щий, когда два объекта естественно
вибрируют с одной и той же частотой;
звук, производимый одним объектом,
приводящий к вибрации другого объекта.

respiration/дыхание в биологии - обмен
кислорода и углерода между живыми
клетками и окружающей их средой;
включает дыхание и клеточное дыхание.

**respiratory system/дыхательная
система** совокупность органов, первичной
функцией которых является вдыхание
кислорода и выделение углекислого газа;
органы этой системы включают легкие,
горло и дыхательные пути к легким.

retina/сетчатка светочувствительный
внутренний слой глаза, который получает
изображения создаваемые хрусталиком и
передает их через зрительный нерв в мозг.

**retrograde rotation/вращение в обратную
сторону** вращение планеты или луны по
часовой стрелке, если смотреть сверху на
северный полюс планеты.

revolution/вращение движение
космического тела вокруг другого тела;
один полный оборот по орбите.

rhizoid/ризоид корневидная структура у
несосудистых растений, которая удерживает
растения на месте, и помогает растениям
получать воду и питательные вещества.

rhizome/корневище горизонтальный подземный ствол, обеспечивающий появление новых листьев, побегов и корней.

ribosome/рибосома органелла клетки, состоящая из РНК и белка; место синтеза белка.

rift valley/рифтовая долина длинная узкая долина, образующаяся при расхождении тектонических плит.

rift zone/рифтовая зона область глубоких трещин, образующихся между двумя тектоническими плитами при их расхождении.

RNA/РНК рибонуклеиновая кислота, молекула, присутствующая во всех живых клетках, играющая важную роль в производстве белков.

rock/горная порода естественно образовавшаяся твердая смесь одного или нескольких минералов или органических веществ.

rock cycle/цикл горообразования серия процессов, в которых горные породы образуются, меняются с одного типа на другой, разрушаются и образуются снова при геологических процессах.

rock fall/обвал горной породы быстрое движение больших масс горной породы вниз по крутой наклонной плоскости или обрыву.

rocket/ракета устройство, использующее для движения струю выходящих газов, образующихся при сжигании топлива.

rotation/вращение поворот тела вокруг своей оси.

S

S wave/волна S сейсмическая волна, заставляющая частицы горной породы двигаться из стороны в сторону.

salinity/соленость мера количества растворенных солей, содержащихся в определенном количестве жидкости.

salt/соль ионный состав, образующийся при замене атомом металла водорода кислоты.

saltation/сальтация движение песка или других осадков короткими скачками и прыжками, вызванное ветром или водой.

satellite/спутник естественное или искусственное тело, вращающееся вокруг планеты.

savanna/саванна травянистая равнина, на которой часто разбросаны деревья, и которая располагается в тропических и субтропических зонах с сезонными дождями, пожарами и засухами.

scale/масштаб соотношение между размерами на модели, карте или диаграмме с реальными размерами или расстоянием.

scattering/рассеивание взаимодейст вие света с телом, которое заставляет свет менять свою энергию, направление движения, или то и другое вместе.

science/наука знания, полученные путем наблюдения естественных событий и условий, с целью обнаружения фактов и формулирования законов и принципов, которые могут быть проверены или опробованы.

**scientific literacy/научная образован-
ность** понимание методов научных
исследований, возможностей научных
знаний и роли наук в обществе.

scientific methods/научные методы серия
действий, выполняемых для решения
проблем.

screw/шнек простой механизм, состоящий
из наклонной плоскости, обернутой вокруг
цилиндра.

**sea-floor spreading/растекание
океанского дна** процесс формирования
новой океанской литосферы по мере
подъема магмы к поверхности и ее
застывания.

seamount/подводная гора гора
вулканического происхождения,
располагающаяся в океане, и имеющая
высоту, как минимум, 1000 метров.

sediment/отложение фрагменты
органического или неорганического
материала, перенесенного и отложенного
ветром, водой или льдом, формирующегося
в слои на поверхности Земли.

**sedimentary rock/осадочные горные
породы** породы, образовавшиеся в
результате сжатия или цементирования
слоев осадка.

segment/сегмент любая часть более
крупной структуры, например, тела
организма, ограниченная естественными
или произвольно выбранными границами.

**seismic gap/область разрыва сейсми-
ческих границ** область вдоль разлома,
где недавно произошло относительно
небольшое количество землетрясений,
но где ранее происходили сильные
землетрясения.

seismic wave/сейсмическая волна волна
энергии, перемещающаяся от эпицентра
землетрясения во всех направлениях через
горные породы Земли.

seismogram/сейсмограмма отслеживан
ие развития землетрясения на диаграмме,
создаваемой при помощи сейсмографа.

seismograph/сейсмограф прибор,
регистрирующий вибрации земной
поверхности и определяющий местопо-
ложение и силу землетрясения.

seismology/сейсмология наука, изучающая
землетрясения.

**selective breeding/селекционное
разведение** практика разведения
человеком животных или растений,
имеющих определенные требуемые
характеристики.

semiconductor/полупроводник элемент
или состав, проводящий электрический ток
лучше, чем изолятор, но не так хорошо, как
проводник.

sepal/чашелистик у цветка - одно из
самых внешних колец видоизмененных
листьев, защищающих бутон цветка.

septic tank/септик-тэнк емкость, которая
отделяет твердые отходы от жидких, и
содержит бактерии, которые разлагают
твердые отходы.

**series circuit/последовательная
цепь** цепь, в которой компоненты
соединены один за другим таким образом,
что ток в каждом компоненте является
одинаковым.

**sewage treatment plant/установка
для очистки сточных вод** установка,
отделяющая отходы, содержащиеся в воде,
поступающей из канализационных или
водосточных труб.

sex chromosome/аллохромосома одна из пары хромосом, которая определяет пол индивида.

sexual reproduction/половое размноже-ние размножение, при котором половые клетки двух родителей объединяются для производства потомства, которое наследует характерные черты обоих родителей.

shoreline/береговая линия граница между сушей и водным пространством.

silicate mineral/силикатный минерал минерал, содержащий комбинацию кремния, кислорода и одного или нескольких металлов.

single-displacement reaction/реакция одиночного замещения реакция, при которой один элемент заменяет другой элемент химического состава.

skeletal system/костная система система органов, основной функцией которых является поддержка и защита организма, а также обеспечение его движения.

skepticism/скептицизм склад ума, при котором человек ставит под сомнение обоснованность общепринятых взглядов.

slope/наклон мера наклона линии; отношение подъема к длине основания.

small intestine/тонкая кишка орган между желудком и толстой кишкой, где происходит основное разложение пищи и поглощение из нее большей части питательных веществ.

smog/смог фотохимический туман, образующийся в результате воздействия солнечного света на промышленные загрязнения и продукты сжигания топлива.

social behavior/социальное поведение вз аимоотношения между животными одного вида.

software/программное обеспечение набор инструкций или команд, которые сообщают компьютеру, что нужно делать; компьютерная программа.

soil/почва рыхлая смесь фрагментов горной породы, органических веществ, воды и воздуха, поддерживающая рост растительности.

soil conservation/охрана почвенных ресурсов способ сохранения плодородности почвы путем ее защиты от эрозии и утраты питательных веществ.

soil structure/структура почвы расположение частиц почвы.

soil texture/строение почвы качество почвы, основывающееся на соотношении частиц почвы.

solar energy/солнечная энергия энергия, получаемая Землей от Солнца в виде радиации.

solar nebula/солнечная туманность облако газа и пыли, сформировавшее нашу Солнечную систему.

solenoid/соленоид катушка с намотанным проводом, через которую пропущен ток.

solid/твердое тело состояние вещества, в котором его объем и форма имеют фиксированный вид.

solubility/растворимость способность одного вещества растворяться в другом веществе при определенной температуре и давлении.

solute/растворенное вещество в растворе - вещество, которое растворяется в растворителе.

solution/раствор однородная смесь одного или более веществ, равномерно распределенных во всей единой фазе.

solvent/растворитель в растворе - вещество, в котором растворяется другое вещество.

sonic boom/звуковой удар звук сходный со звуков взрыва, раздающийся, когда ударная волна от объекта, двигающегося быстрее скорости звука, достигает ушей человека.

sound quality/качество звучания результат смешивания звуков различной высоты путем интерференции.

sound wave/звуковая волна продольная волна, возникающая в результате вибраций, проходящая через материальную среду.

space probe/космический зонд беспилотный космический аппарат, оснащенный научными приборами для сбора научных данных в космосе.

space shuttle/челночный космический аппарат многоразовый космический аппарат, который взлетает как ракета и приземляется как самолет.

space station/космическая станция долговременная орбитальная платформа, откуда могут запускаться другие космические аппараты или проводиться научные исследования.

speciation/видообразование образование новых видов в результате эволюции.

species/вид группа тесно связанных между собой организмов, которые могут спариваться для производства способного к размножению потомства.

specific heat/удельная теплоемкость количество тепла, необходимое для повышения температуры тела из однородного вещества на 1 K или 1°C определенным способом при постоянном давлении и объеме.

spectrum/спектр полоса цветов, получающихся при прохождении белого светового луча через призму.

speed/скорость пройденное расстояние, поделенное на временной интервал, во время которого данное расстояние было пройдено.

sperm/сперматозоид мужская половая клетка.

spleen/селезенка крупнейший лимфатический орган тела; служит в качестве резервуара крови, разлагает старые красные кровяные тельца (эритроциты) и производит лимфоциты и плазмиды.

spore/спора репродуктивная клетка или многоклеточная структура, устойчивая к тяжелым условиям среды и которая может развиться во взрослый организм без слияния с другой клеткой.

spring tide/сигизийный прилив наибольший уровень прилива, который возникает два раза в месяц во время новолуния и полнолуния.

stamen/тычинка мужская репродуктивная структура цветка, которая производит пыльцу и состоит из пыльника на конце нити.

standing wave/стоячая волна вид вибрации, который производит стоящая на месте волна.

states of matter/состояние вещества физическая форма вещества, включающая твердое, жидкое и газообразное состояние.

static electricity/статическое электричество электрический заряд в состоянии покоя; обычно возникает в результате трения или электромагнитной индукции.

stimulus/раздражитель какое-либо действие, вызывающее реакцию или изменения в организме или в какой-либо его части.

stoma/стома одно из множества отверстий в листе или стебле растения, которое обеспечивает обмен газами.

stomach/желудок пищеварительный орган в форме мешка между пищеводом и тонкой кишкой, который расщепляет пищу посредством воздействия мышц, ферментов и кислот.

storm surge/штормовой нагон локальный подъем воды океана около берега, вызванный ветрами шторма, как например, урагана.

strata/слои пласты горных пород.

stratification/стратификация процесс размещения в слои осадочных горных пород.

stratified drift/стратифицированные отложения ледниковое отложение, которое было отсортировано и размещено в слои в результате воздействия водных потоков или талой воды.

stratosphere/стратосфера слой атмосферы, располагающийся над тропосферой, температура в котором увеличивается по мере увеличения высоты.

streak/прожилка цвет порошка минерала.

stress/стресс физический или умственный ответ на воздействие.

structure/структура размещение составляющих в организме.

sublimation/сублимация процесс, при котором твердое вещество превращается непосредственно в газ.

subsidence/погружение опускание частей земной коры на более низкие отметки высоты над уровнем моря.

succession/сукцессия замена одного типа сообщества другим в одном месте за какой-либо промежуток времени.

sunspot/солнечное пятно темная область на фотосфере солнца, имеющая сильное магнитное поле, которая холоднее, чем окружающие ее участки.

supernova/сверхновая звезда гигантский взрыв, при котором массивная звезда разрушается и выбрасывает свои внешние слои в космическое пространство.

superposition/порядок напластования принцип, который указывает, что более молодые горные породы располагаются над более старыми горными породами, если слои не были подвержены какому-либо воздействию.

surface current/поверхностное течение горизонтальное движение вод океана, вызванное ветром, происходящее на поверхности океана или в непосредственной близости от нее.

surface tension/поверхностное натяжение сила, действующая на поверхности жидкости, стремящаяся уменьшить площадь поверхности.

suspension/суспензия смесь, в которой частицы вещества распределены в жидкости или газе более или менее равномерно.

swamp/болото экосистема с заболоченной территорией, где растут кустарники и деревья.

swell/волна с большим периодом и длиной одна из группы длинных океанских волн, которые постоянно проходят большие расстояния от места их возникновения.

swim bladder/плавательный пузырь у
костистых рыб - мешок, заполненный газом,
используемый для управления плавучестью;
также называется *газовый пузырь.*

symbiosis/симбиоз взаимоотношения, при
которых два различных организма живут в
тесной связи друг с другом.

synthesis reaction/реакция синтеза
реакция, в которой два или более веществ
объединяются вместе для получения нового
вещества.

**systemic circulation/кровообращение
большого круга** ток крови от сердца ко
всем частям тела и обратно к сердцу.

T

T cell/Т-клетка клетка иммунной системы,
координирующая работу иммунной системы
и атакующая зараженные клетки.

tadpole/головастик водяная рыбообразная
личинка лягушки или жабы.

taxonomy/таксономия наука, занимаю-
щаяся описанием, присваиванием имен и
классификацией организмов.

technology/технология использование
научных достижений в практических целях;
использование инструментов, машин,
материалов и ресурсов для удовлетворения
нужд людей.

tectonic plate/тектоническая плита блок
литосферы, состоящий из земной коры и
твердой самой внешней части мантии.

telescope/телескоп инструмент,
собирающий электромагнитное излучение
небесной сферы и концентрирующий ее для
улучшения наблюдения космоса.

**temperate zone/зона умеренного
климата** климатическая зона между
тропиками и полярной зоной.

temperature/температура измерение
насколько теплым (или холодным) является
тело; в частности, измерение средней
кинетической энергии частиц тела.

tension/натяжение напряжение,
возникающее при воздействии на объект
сил растягивания.

terminal velocity/конечная скорость
постоянная скорость падающего тела,
когда сила сопротивления воздуха равна по
величине силе притяжения и действует в
противоположном направлении.

**terrestrial planet/планета земной
группы** одна из очень плотных планет
около Солнца; Меркурий, Венера, Марс и
Земля.

territory/территория участок, занимае-
мый одним животным или группой
животных, которые не позволяют другим
представителям вида заходить на нее.

testes/яички основные мужские
репродуктивные органы, которые
производят клетки сперматозоидов и
тестостерон.

texture/текстура качества горной породы,
которые основывается на размере, виде и
положении зерен.

theory/теория объяснение, которое
объединяет вместе множество гипотез и
наблюдений.

thermal conduction/теплопроводность пе
редача энергии через вещество в виде тепла.

thermal conductor/проводник тепла
вещество, через которое энергия может
быть передана в виде тепла.

thermal energy/тепловая энергия
кинетическая энергия атомов вещества.

thermal expansion/тепловое расширение увеличение размера вещества в ответ на повышение температуры вещества.

thermal insulator/теплоизоляционный материал материал, который снижает или не допускает передачи тепла.

thermal pollution/тепловое загрязнение повышение температуры в водном пространстве, вызванное деятельностью человека и имеющее негативное воздействие на качество воды и на возможность поддержания жизни этим водным пространством.

thermocline/термоклин слой в толще воды, в котором температура воды падает с увеличением глубины быстрее, чем в других слоях.

thermocouple/термопара устройство, преобразующее тепловую энергию в электрическую.

thermometer/термометр прибор, который измеряет и показывает температуру.

thermosphere/термосфера самый верхний слой атмосферы, в котором температура повышается по мере повышения высоты.

thrust/тяга сила, создаваемая двигателем самолета или ракеты, которая тянет или толкает объект.

thunder/гром звук, вызванный быстрым расширением воздуха во время электрического разряда молнии.

thunderstorm/гроза обычно кратковременный сильный шторм, сопровождающийся дождем, сильными ветрами, молнией и громом.

thymus/тимус основная железа лимфатической системы; она выделяет сформировавшиеся Т-лимфоциты.

tidal range/амплитуда прилива перепад уровня воды океана между приливом и отливом.

tide/прилив периодический подъем и опускание уровня воды в океанах и других крупных водных пространствах.

till/тиль неотсортированный материал горных пород, непосредственно отложенный таящим ледником.

tissue/ткань группа однородных клеток, выполняющих общую функцию.

tonsils/миндалевидные железы органы, представляющие собой небольшие округлые массы лимфатических тканей, располагающиеся в глотке и на пути от рта до глотки.

topographic map/топографическая карта карта, отображающая свойства земной поверхности.

tornado/торнадо разрушительный вращающийся столб воздуха с очень высокой скоростью ветра, имеет вид облака в виде воронки, касающейся земли.

trace fossil/след жизнедеятельности ископаемого организма фоссилизиров анная отметка от движения животного, образовавшаяся в мягких осадочных породах.

trachea/трахея у насекомых, многоножек и пауков одна из сети воздушных трубок; у позвоночных — трубка, соединяющая гортань с легкими.

trade winds/пассаты превалирующие ветры, дующие к северо-востоку от 30° северной широты к экватору и к юго-востоку от 30° южной широты к экватору.

trait/характерная черта генетически определенная характеристика.

transform boundary/граница трансформации граница между двумя тектоническими плитами, которые двигаются горизонтально одна по другой.

transformer/трансформатор устройство, которое повышает или понижает напряжение переменного тока.

transistor/транзистор полупроводниковое устройство, которое может усиливать ток и которое используется в усилителях, излучателях и переключателях.

translucent/полупрозрачный используется при описании вещества, которое пропускает свет, но не передает изображения.

transmission/передача прохождение света или другой формы энергии через вещество.

transparent/прозрачный используется при описании вещества, которое пропускает свет с небольшими искажениями.

transpiration/испарение процесс, посредством которого растения выделяют пары воды в воздух через устьице; *также* выделение паров воды в воздух другими организмами.

transverse wave/поперечная волна волна, в которой частицы среды вибрируют перпендикулярно направлению движения волны.

tributary/приток поток, который впадает в озеро или в другой более крупный поток.

tropical zone/тропическая зона область, опоясывающая экватор, простирающаяся приблизительно от 23э северной широты до 23э южной широты.

tropism/тропизм рост всего или части организма в ответ на внешние раздражители, например, на свет.

troposphere/тропосфера самый нижний слой атмосферы, в котором температура понижается с постоянным коэффициентом по мере увеличения высоты.

true north/истинный полюс направление на географический северный полюс.

tsunami/цунами гигантская океанская волна, образующаяся в результате вулканического извержения, подводного землетрясения или оползня.

tundra/тундра безлесная равнина, располагающаяся в Арктике, Антарктике или на вершинах гор, характеризуемая очень низкими зимними температурами и коротким холодным летом.

U

umbilical cord/пуповина похожая на канат структура, через которую проходят кровеносные сосуды, соединяющая развивающееся в утробе млекопитающее с плацентой.

unconformity/несогласие разрыв в геологической колонке, когда пласты горных пород выветрены или когда осадочные породы не отлагались в течение длительного периода времени.

undertow/низовое подводное течение подводное течение рядом с береговой линией, которое затягивает предметы в открытое море.

uniformitarianism/униформизм принцип, который утверждает, что геологические процессы, происходившие в прошлом, могут быть объяснены текущими геологическими процессами.

uplift/вздымание подъем частей земной коры на более высокие отметки высоты над уровнем моря.

upwelling/апвеллинг движение глубоководной холодной воды, богатой питательными веществами, на поверхность.

urinary system/мочевая система органы, которые производят, хранят и удаляют мочу из организма.

uterus/матка у женских особей млекопитающих - полый мускулистый орган, в котором вынашивается оплодотворенная яйцеклетка и где развивается эмбрион и плод.

V

vagina/влагалище женский репродуктивный орган, который соединяет внешнюю часть тела с маткой.

valence electron/валентный электрон электрон, находящийся на самой внешней оболочке атома, определяющий химические свойства атома.

variable/переменная фактор, меняющийся в эксперименте для проверки гипотезы.

vascular plant/сосудистое растение растение, имеющее специализированные ткани, которые перемещают вещества из одной части растения в другую.

vein/вена в биологии сосуд, который переносит кровь к сердцу.

velocity/вектор скорости скорость тела в определенном направлении.

vent/кратер вулкана отверстие в земной поверхности, через которое выходят вулканические материалы.

vertebrate/позвоночное животное, имеющее позвоночник.

vesicle/везикула небольшая полость или сумка, содержащая вещества в эукариотической клетке; образуется, когда часть клеточной мембраны окружает вещества, которые будут перенесены в клетку или выведены за ее пределы.

virus/вирус микроскопическая частица, которая проникает в клетку и часто разрушает ее.

viscosity/вязкость устойчивость газа или жидкости к текучести.

vitamin/витамин класс питательных веществ, содержащих углерод, необходимый в небольших дозах организму для поддержания здоровья и возможности роста.

volcano/вулкан кратер или трещина в земной поверхности, через которую выходит магма и газы.

voltage/напряжение разница потенциалов между двумя точками; измеряется в вольтах.

volume/объем измерение размера тела или области в трехмерном пространстве.

W

water cycle/круговорот воды непрерывное движение воды из океана в атмосферу, из атмосферы на сушу и затем обратно в океан.

water pollution/загрязнение воды
попадание в воду отходов или химических
веществ, губительно действующих на
организмы, живущие в воде, или на тех, кто
ее пьет или подвержен ее воздействию.

water table/уровень подземных вод
верхняя поверхность подъземных вод;
верхняя граница зоны насыщения.

**water vascular system/амбулякральная
система** система каналов, заполненных
водянистой жидкостью, циркулирующей в
организме иглокожих.

waterfowl/водоплавающие птицы птицы,
живущие на воде, такие как утка, гусь или
лебедь.

watershed/бассейн реки часть территории,
с которой собирается вода в водный
источник.

watt/ватт единица, используемая для
выражения мощности; равна джоулю в
секунду (символ Вт).

wave/волна периодическое возмущение
в твердом теле, жидкости или газе при
передаче энергии через среду.

wave speed/скорость волны скорость, с
которой волна движется через среду.

wavelength/длина волны расстояние от
любой точки волны до любой идентичной
точки другой волны.

weather/погода кратковременное
состояние атмосферы, включая
температуру, влажность, осадки,
ветер и видимость.

weathering/выветривание процесс
разрушения горных пород в результате
воздействия физических или химических
процессов.

wedge/клин простой движущийся
механизм, состоящий из двух наклонных
плоскостей; часто используется для резки.

weight/вес мера силы тяготения,
воздействующей тело; значение веса может
меняться в зависимости от положения тела
во Вселенной.

westerlies/западные ветры превали-
рующие ветры, которые дуют с запада на
восток на широтах от 30° до 60° в обоих
полушариях.

wetland/заболоченное место территория,
которая периодически уходит под воду
или почва которой содержит большое
количество влаги.

wheel and axle/ворот простой механизм,
состоящий из двух круглых предметов
различного размера; колесо ворота обычно
является самым большим из двух круглых
предметов.

white dwarf/белый карлик небольшая
горячая тусклая звезда, являющаяся
остатком ядра старой звезды.

whitecap/барашки пузырьки на гребне
прибойной волны.

wind/ветер движение воздуха, вызванное
разницей давления воздуха.

wind power/энергия ветра использование
ветряных установок для вращения
электрического генератора.

work/работа передача энергии телу с
использованием силы, которая заставляет
тело двигаться в направлении приложения
силы.

work input/затраченная работа работа,
выполненная на машине; произведение
приложенной силы на расстояние, на
котором прилагается данная сила.

work output/полученная работа работа, выполненная машиной; произведение полученной силы на расстояние, на котором прилагается данная сила.

X

xylem/ксилема тип ткани сосудистых растений, которая обеспечивает поддержку растения и передает воду и питательные вещества, поступающие от корней.

Y

year/год время, необходимое Земле для одного оборота вокруг Солнца.

Z

zenith/зенит точка на небесной сфере, находящаяся прямо над наблюдателем, находящимся на Земле.

A

abiotic/abiótico término que describe la parte sin vida del ambiente, incluyendo el agua, las rocas, la luz y la temperatura

abrasion/abrasión proceso por el cual las superficies de las rocas se muelen o desgastan por medio de la acción mecánica de otras rocas y partículas de arena

absolute dating/datación absoluta cualquier método que sirve para determinar la edad de un suceso u objeto en años

absolute magnitude/magnitud absoluta el brillo que una estrella tendría a una distancia de 32.6 años luz de la Tierra

absolute zero/cero absoluto la temperatura a la que la energía molecular es mínima (0 K en la escala Kelvin ó –273.16°C en la escala Celsius)

absorption/absorción en óptica, la transferencia de energía luminosa a las partículas de materia

abyssal plain/llanura abisal un área amplia, llana y casi plana de la cuenca oceánica profunda

acceleration/aceleración la tasa a la que la velocidad cambia con el tiempo; un objeto acelera si su rapidez cambia, si su dirección cambia, o si tanto su rapidez como su dirección cambian

accreted terrane/terreno acrecentado un pedazo de litosfera que se vuelve parte de una masa de tierra mayor cuando las placas tectónicas chocan en un límite convergente

acid/ácido cualquier compuesto que aumenta el número de iones hidronio cuando se disuelve en agua

acid precipitacion/precipitación ácida lluvia, aguanieve o nieve que contiene una alta concentración de ácidos

activation energy/energía de activación la cantidad mínima de energía que se requiere para iniciar una reacción química

active transport/transporte activo el movimiento de sustancias a través de la membrana celular que requiere que la célula gaste energía

adaptation/adaptación una característica que mejora la capacidad de un individuo para sobrevivir y reproducirse en un determinado ambiente

addiction/adicción una dependencia de una sustancia, tal como el alcohol o las drogas

aerobic exercise/ejercicio aeróbico ejercicio físico cuyo objetivo es aumentar la actividad del corazón y los pulmones para hacer que el cuerpo use más oxígeno

air mass/masa de aire un gran volumen de aire que tiene una temperatura y contenido de humedad similar en toda su extensión

air pollution/contaminación del aire la contaminación de la atmósfera debido a la introducción de contaminantes provenientes de fuentes humanas y naturales

air pressure/presión del aire la medida de la fuerza con la que las moléculas del aire empujan contra una superficie

alcoholism/alcoholismo un trastorno en el cual una persona consume bebidas alcohólicas repetidamente en una cantidad tal que interfiere con su salud y sus actividades

algae/algas organismos eucarióticos que transforman la energía del Sol en alimento por medio de la fotosíntesis, pero que no tienen raíces, tallos ni hojas

alkali metal/metal alcalino uno de los elementos del grupo 1 de la tabla periódica (litio, sodio, potasio, rubidio, cesio y francio)

alkaline-earth metal/metal alcalino-térreo uno de los elementos del grupo 2 de la tabla periódica (berilio, magnesio, calcio, estroncio, bario y radio)

allele/alelo una de las formas alternativas de un gene que rige un carácter, como por ejemplo, el color del cabello

allergy/alergia una reacción del sistema inmunológico del cuerpo a una sustancia inofensiva o común

alluvial fan/abanico aluvial masa de materiales rocosos en forma de abanico, depositados por un arroyo cuando la pendiente del terreno disminuye bruscamente

altitude/altitud el ángulo que se forma entre un objeto en el cielo y el horizonte

alveoli/alveolo cualquiera de las diminutas bolsas de aire de los pulmones, en donde ocurre el intercambio de oxígeno y dióxido de carbono

amniotic egg/huevo amniótico un tipo de huevo que está rodeado por una membrana, el amnios, y que en los reptiles, las aves y los mamíferos que ponen huevos contiene una gran cantidad de yema y está rodeado por una cáscara

amplitude/amplitud la distancia máxima a la que vibran las partículas del medio de una onda a partir de su posición de reposo

analog signal/señal análoga una señal cuyas propiedades cambian continuamente en un rango determinado

anemometer/anemómetro un instrumento que se usa para medir la rapidez del viento

angiosperm/angiosperma una planta que da flores y que produce semillas dentro de la fruta

Animalia/Animalia un reino formado por organismos pluricelulares complejos que no tienen pared celular, normalmente son capaces de moverse y reaccionan rápidamente a su ambiente

antenna/antena una estructura ubicada en la cabeza de un invertebrado, como por ejemplo, un crustáceo o un insecto, que percibe sensaciones de tacto, gusto u olor

antibiotic/antibiótico medicina utilizada para matar bacterias y otros microorganismos

antibody/anticuerpo una proteína producida por las células B que se une a un antígeno específico

anticyclone/anticiclón la rotación del aire alrededor de un centro de alta presión en dirección opuesta a la rotación de la Tierra

apparent magnitude/magnitud aparente el brillo de una estrella como se percibe desde la Tierra

aquifer/acuífero un cuerpo rocoso o sedimento que almacena agua subterránea y permite que fluya

Archaea/Archaea en un sistema taxonómico moderno, un dominio compuesto por procariotes (la mayoría de los cuales viven en ambientes extremos) que se distinguen de otros procariotes por su genética y por la composición de su pared celular; este dominio coincide con el reino tradicional Archaebacteria

Archimedes' principle/principio de Arquímedes el principio que establece que la fuerza boyante de un objeto que está en un fluido es una fuerza ascendente cuya magnitud es igual al peso del volumen del fluido que el objeto desplaza

area/área una medida del tamaño de una superficie o región

artery/arteria un vaso sanguíneo que transporta sangre del corazón a los órganos del cuerpo

artesian spring/manantial artesiano un manantial en el que el agua fluye a partir de una grieta en la capa de rocas que se encuentra sobre el acuífero

artificial satellite/satélite artificial cualquier objeto hecho por los seres humanos y colocado en órbita alrededor de un cuerpo en el espacio

asexual reproduction/reproducción asexual reproducción que no involucra la unión de células sexuales, en la que un solo progenitor produce descendencia que es genéticamente igual al progenitor

asteroid/asteroide un objeto pequeño y rocoso que se encuentra en órbita alrededor del Sol, normalmente en una banda entre las órbitas de Marte y Júpiter

asteroid belt/cinturón de asteroides la región del Sistema Solar que está entre las órbitas de Marte y Júpiter, en la que la mayoría de los asteroides se encuentran en órbita

asthenosphere/astenosfera la capa blanda del manto sobre la que se mueven las placas tectónicas

astronomical unit/unidad astronómica la distancia promedio entre la Tierra y el Sol; aproximadamente 150 millones de kilómetros (símbolo: AU)

astronomy/astronomía el estudio del universo

atmosphere/atmósfera una mezcla de gases que rodea un planeta o una luna

atmospheric pressure/presión atmosférica la presión producida por el peso de la atmósfera

atom/átomo la unidad más pequeña de un elemento que conserva las propiedades de ese elemento

atomic mass/masa atómica la masa de un átomo, expresada en unidades de masa atómica

atomic mass unit/unidad de masa atómica una unidad de masa que describe la masa de un átomo o una molécula

atomic number/número atómico el número de protones en el núcleo de un átomo; el número atómico es el mismo para todos los átomos de un elemento

ATP adenosine triphosphate/ATP adenosín trifosfato una molécula orgánica que funciona como la fuente principal de energía para los procesos celulares

autoimmune disease/enfermedad autoinmune una enfermedad en la que el sistema inmunológico ataca las células del propio organismo

average speed/rapidez promedio la distancia total recorrida dividida entre el tiempo total transcurrido

axis/eje una de dos o más líneas de referencia que marcan los bordes de una gráfica

azimuthal projection/proyección azimutal una proyección cartográfica que se hace al transferir las características de la superficie del globo a un plano

B

B cell/célula B un glóbulo blanco de la sangre que fabrica anticuerpos

Bacteria/Bacteria en un sistema taxonómico moderno, un dominio compuesto por procariotes que por lo general tienen pared celular y se reproducen por división celular; este dominio coincide con el reino tradicional Eubacteria

barometer/barómetro un instrumento que mide la presión atmosférica

base/base cualquier compuesto que aumenta el número de iones hidroxilo cuando se disuelve en agua

batholith/batolito una masa grande de rocas ígneas en la corteza terrestre que, expuesta en la superficie, cubre un área de al menos 100 km2

beach/playa un área de la costa formada por materiales depositados por las olas

bedrock/lecho de roca la capa de rocas que está debajo del suelo

benthic environment/ambiente bentónico la región que se encuentra cerca del fondo de una laguna, lago u océano

benthos/benthos los organismos que viven en el fondo del mar o del océano

Bernoulli's principle/principio de Bernoulli el principio que establece que la presión de un fluido disminuye a medida que la velocidad del fluido aumenta

big bang theory/teoría del Big Bang la teoría que establece que el universo comenzó con una tremenda explosión hace aproximadamente 13,700 millones de años

binary fission/fisión binaria una forma de reproducción asexual de los organismos unicelulares, por medio de la cual la célula se divide en dos células del mismo tamaño

biodiversity/biodiversidad el número y la variedad de organismos que se encuentran en un área determinada durante un período específico de tiempo

biomass/biomasa materia orgánica que puede ser una fuente de energía; la masa total de los organismos en un área determinada

biome/bioma una región extensa caracterizada por un tipo de clima específico y ciertos tipos de comunidades de plantas y animales

bioremediation/biorremediación el tratamiento biológico de desechos peligrosos por medio de organismos vivos

biosphere/biosfera la parte de la Tierra donde existe la vida; comprende todos los seres vivos de la Tierra

biotic/biótico término que describe los factores vivientes del ambiente

bird of prey/ave de presa un ave que caza y se alimenta de otros animales

black hole/hoyo negro un objeto tan masivo y denso que ni siquiera la luz puede salir de su campo gravitacional

blood/sangre el líquido que lleva gases, nutrientes y desechos por el cuerpo y que está formado por plaquetas, glóbulos blancos, glóbulos rojos y plasma

blood pressure/presión sanguínea la fuerza que la sangre ejerce en las paredes de las arterias

boiling/ebullición la conversión de un líquido en vapor cuando la presión de vapor del líquido es igual a la presión atmosférica

Boyle's law/ley de Boyle la ley que establece que el volumen de un gas es inversamente proporcional a su presión cuando la temperatura es constante

brain/encéfalo el órgano que es el centro principal de control del sistema nervioso

bronchus/bronquio uno de los dos tubos que conectan los pulmones con la tráquea

brooding/empollar sentarse y cubrir los huevos para mantenerlos calientes hasta que las crías salgan del cascarón; incubar

buoyant force/fuerza boyante la fuerza ascendente que hace que un objeto se mantenga sumergido en un líquido o flotando en él

C

caldera/caldera una depresión grande y semicircular que se forma cuando se vacía parcialmente la cámara de magma que hay debajo de un volcán, lo cual hace que el suelo se hunda

cancer/cáncer un tumor en el cual las células comienzan a dividirse a una tasa incontrolable y se vuelven invasivas

capillary/capilar diminuto vaso sanguíneo que permite el intercambio entre la sangre y las células de los tejidos

carbohydrate/carbohidrato una clase de moléculas entre las que se incluyen azúcares, almidones y fibra; contiene carbono, hidrógeno y oxígeno

carbon cycle/ciclo del carbono el movimiento del carbono del ambiente sin vida a los seres vivos y de los seres vivos al ambiente

cardiovascular system/aparato cardiovascular un conjunto de órganos que transportan la sangre a través del cuerpo

carnivore/carnívoro un organismo que se alimenta de animales

carrying capacity/capacidad de carga la población más grande que un ambiente puede sostener en cualquier momento dado

cast/contramolde un tipo de fósil que se forma cuando un organismo descompuesto deja una cavidad que es llenada por sedimentos

catalyst/catalizador una sustancia que cambia la tasa de una reacción química sin consumirse ni cambiar demasiado

catastrophism/catastrofismo un principio que establece que los cambios geológicos ocurren súbitamente

cell/celda en electricidad, un aparato que produce una corriente eléctrica transformando la energía química o radiante en energía eléctrica

cell/célula la unidad funcional y estructural más pequeña de todos los seres vivos; generalmente está compuesta por un núcleo, un citoplasma y una membrana

cell cycle/ciclo celular el ciclo de vida de una célula

cell membrane/membrana celular una capa de fosfolípidos que cubre la superficie de la célula y funciona como una barrera entre el interior de la célula y el ambiente de la célula

cellular respiration/respiración celular el proceso por medio del cual las células utilizan oxígeno para producir energía a partir de los alimentos

cell wall/pared celular una estructura rígida que rodea la membrana celular y le brinda soporte a la célula

Cenozoic era/era Cenozoica la era geológica más reciente, que comenzó hace 65 millones de años; también llamada Edad de los Mamíferos

central nervous system/sistema nervioso central el encéfalo y la médula espinal; su principal función es controlar el flujo de información en el cuerpo

change of state/cambio de estado el cambio de una sustancia de un estado físico a otro

channel/canal el camino que sigue un arroyo

Charles's law/ley de Charles la ley que establece que el volumen de un gas es directamente proporcional a su temperatura cuando la presión es constante

chemical bond/enlace químico una interacción que mantiene unidos los átomos o los iones

chemical bonding/formación de un enlace químico la combinación de átomos para formar moléculas o compuestos iónicos

chemical change/cambio químico un cambio que ocurre cuando una o más sustancias se transforman en sustancias totalmente nuevas con propiedades diferentes

chemical energy/energía química la energía que se libera cuando un compuesto químico reacciona para producir nuevos compuestos

chemical equation/ecuación química una representación de una reacción química que usa símbolos para mostrar la relación entre los reactivos y los productos

chemical formula/fórmula química una combinación de símbolos químicos y números que se usan para representar una sustancia

chemical property/propiedad química una propiedad de la materia que describe la capacidad de una sustancia de participar en reacciones químicas

chemical reaction/reacción química el proceso por medio del cual una o más sustancias cambian para producir una o más sustancias distintas

chemical weathering/desgaste químico el proceso por medio del cual las rocas se fragmentan como resultado de reacciones químicas

chlorophyll/clorofila un pigmento verde que capta la energía luminosa para la fotosíntesis

chloroplast/cloroplasto un organelo que se encuentra en las células vegetales y en las células de las algas, en el cual se lleva a cabo la fotosíntesis

chromosome/cromosoma en una célula eucariótica, una de las estructuras del núcleo que está hecha de ADN y proteína; en una célula procariótica, el anillo principal de ADN

circadian rhythm/ritmo circadiano un ciclo biológico diario

circuit board/cuadro del circuito una lámina de material aislante que lleva elementos del circuito y que es insertado en un aparato electrónico

classification/clasificación la división de organismos en grupos, o clases, en función de características específicas

cleavage/exfoliación el agrietamiento de un mineral en sus superficies lisas y planas

climate/clima las condiciones promedio del tiempo en un área durante un largo período de tiempo

closed circulatory system/aparato circulatorio cerrado un aparato circulatorio en el que el corazón hace que la sangre circule a través de una red de vasos que forman un circuito cerrado; la sangre no sale de los vasos sanguíneos y los materiales pasan a través de las paredes de los vasos por difusión

cloud/nube un conjunto de pequeñas gotitas de agua o cristales de hielo suspendidos en el aire, que se forma cuando el aire se enfría y se produce condensación

coal/carbón un combustible fósil que se forma en el subsuelo a partir de materiales vegetales parcialmente descompuestos

cochlea/cóclea un tubo enrollado que se encuentra en el oído interno y es esencial para poder oír

coelom/celoma una cavidad del cuerpo que contiene los órganos internos

coevolution/coevolución la evolución de dos especies que se debe a su influencia mutua, a menudo de un modo que hace que la relación sea más beneficiosa para ambas

colloid/coloide una mezcla formada por partículas diminutas que son de tamaño intermedio entre las partículas de las soluciones y las de las suspensiones y que se encuentran suspendidas en un líquido, sólido o gas

combustion/combustión fenómeno que ocurre cuando una sustancia se quema

comet/cometa un cuerpo pequeño formado por hielo, roca y polvo cósmico que sigue una órbita elíptica alrededor del Sol y que libera gas y polvo, los cuales forman una cola al pasar cerca del Sol

commensalism/comensalismo una relación entre dos organismos en la que uno se beneficia y el otro no es afectado

communication/comunicación la transferencia de una señal o mensaje de un animal a otro, la cual resulta en algún tipo de respuesta

community/comunidad todas las poblaciones de especies que viven en el mismo hábitat e interactúan entre sí

composition/composición la constitución química de una roca; describe los minerales u otros materiales presentes en ella

compound/compuesto una sustancia formada por átomos de dos o más elementos diferentes unidos por enlaces químicos

compound eye/ojo compuesto un ojo compuesto por muchos detectores de luz

compound light microscope/microscopio óptico compuesto un instrumento que magnifica objetos pequeños de modo que se puedan ver fácilmente usando dos o más lentes

compound machine/máquina compuesta una máquina hecha de más de una máquina simple

compression/compresión estrés que se produce cuando distintas fuerzas actúan para estrechar un objeto

computer/computadora un aparato electrónico que acepta información e instrucciones, sigue instrucciones y produce una salida para los resultados

concave lens/lente cóncava una lente que es más delgada en la parte media que en los bordes

concave mirror/espejo cóncavo un espejo que está curvado hacia adentro como la parte interior de una cuchara

concentration/concentración la cantidad de una cierta sustancia en una cantidad determinada de mezcla, solución o mena

condensation/condensación el cambio de estado de gas a líquido

conduction/conducción la transferencia de energía en forma de calor a través de un material

conic projection/proyección cónica una proyección cartográfica que se hace al transferir las características de la superficie del globo a un cono

conservation/conservación la preservación y el uso inteligente de los recursos naturales

constellation/constelación una región del cielo que contiene un patrón reconocible de estrellas y que se utiliza para describir la ubicación de los objetos en el espacio

consumer/consumidor un organismo que se alimenta de otros organismos o de materia orgánica

continental drift/deriva continental la hipótesis que establece que alguna vez los continentes formaron una sola masa de tierra, se dividieron y se fueron a la deriva hasta terminar en sus ubicaciones actuales

continental rise/elevación continental la sección del margen continental que tiene un ligero declive, ubicada entre el talud continental y la llanura abisal

continental shelf/plataforma continental la sección del margen continental que tiene un ligero declive, ubicada entre la costa y el talud continental

continental slope/talud continental la sección del margen continental que tiene una gran inclinación, ubicada entre la elevación continental y la plataforma continental

contour feather/pluma de contorno una de las plumas más externas que cubren a un ave y que sirven para determinar su forma

contour interval/distancia entre las curvas de nivel la diferencia en elevación entre una curva de nivel y la siguiente

contour line/curva de nivel una línea que une puntos que tienen la misma elevación

controlled experiment/experimento controlado un experimento que prueba sólo un factor a la vez, comparando un grupo de control con un grupo experimental

convection/convección el movimiento de la materia debido a diferencias en la densidad; la transferencia de energía debido al movimiento de la materia

convection current/corriente de convección cualquier movimiento de la materia que se produce como resultado de diferencias en la densidad; puede ser vertical, circular o cíclico

convergent boundary/límite convergente el límite que se forma debido al choque de dos placas de la litosfera

convex lens/lente convexa una lente que es más gruesa en la parte media que en los bordes

convex mirror/espejo convexo un espejo que está curvado hacia fuera como la parte de atrás de una cuchara

core/núcleo la parte central de la Tierra, debajo del manto

Coriolis effect/efecto de Coriolis la desviación aparente de la trayectoria recta que experimentan los objetos en movimiento debido a la rotación de la Tierra

cosmology/cosmología el estudio del origen, propiedades, procesos y evolución del universo

covalent bond/enlace covalente un enlace formado cuando los átomos comparten uno o más pares de electrones

covalent compound/compuesto covalente un compuesto químico que se forma al compartir electrones

crater/cráter una depresión con forma de embudo que se encuentra cerca de la parte superior de la chimenea central de un volcán

creep/arrastre el movimiento lento y descendente de materiales rocosos desgastados

crust/corteza la capa externa, delgada y sólida de la Tierra, que se encuentra sobre el manto

crystal/cristal un sólido cuyos átomos, iones o moléculas están ordenados en un patrón definido

crystal lattice/red cristalina el patrón regular en el que un cristal está ordenado

cyclone/ciclón un área de la atmósfera que tiene una presión menor que la de las áreas circundantes y que tiene vientos que giran en espiral hacia el centro

cylindrical projection/proyección cilíndrica una proyección cartográfica que se hace al transferir las características de la superficie del globo a un cilindro

cytokinesis/citocinesis la división del citoplasma de una célula

cytoskeleton/citoesqueleto la red citoplásmica de filamentos de proteínas que juega un papel esencial en el movimiento, forma y división de la célula

D

data/datos cualquier parte de la información que se adquiere por medio de la observación o experimentación

day/día el tiempo que se requiere para que la Tierra rote una vez sobre su eje

decibel/decibel la unidad más común que se usa para medir el volumen del sonido (símbolo: dB)

decomposer/descomponedor un organismo que, para obtener energía, desintegra los restos de organismos muertos o los desechos de animales y consume o absorbe los nutrientes

decomposition/descomposición la desintegración de sustancias en sustancias moleculares más simples

decomposition reaction/reacción de descomposición una reacción en la que un solo compuesto se descompone para formar dos o más sustancias más simples

deep current/corriente profunda un movimiento del agua del océano que es similar a una corriente y ocurre debajo de la superficie

deep-water zone/zona de aguas profundas la zona de un lago o laguna debajo de la zona de aguas abiertas, a donde no llega la luz

deflation/deflación una forma de erosión del viento en la que se mueven partículas de suelo finas y secas

deformation/deformación el proceso de doblar, inclinar y romper la corteza de la Tierra; el cambio en la forma de una roca en respuesta a la tensión

delta/delta un depósito de materiales rocosos en forma de abanico ubicado en la desembocadura de un río

density/densidad la relación entre la masa de una sustancia y su volumen

dependent variable/variable dependiente en un experimento, el factor que cambia como resultado de la manipulación de uno o más factores (las variables independientes)

deposition/deposición el proceso por medio del cual un material se deposita

dermis/dermis la capa de piel que está debajo de la epidermis

desalination/desalinización un proceso de remoción de sal del agua del océano

desert/desierto una región con poca vegetación o sin vegetación, largos períodos sin lluvia y temperaturas extremas; generalmente se ubica en climas calientes

dew point/punto de rocío a presión y contenido de vapor de agua constantes, la temperatura a la que la tasa de condensación es igual a la tasa de evaporación

diaphragm/diafragma un músculo en forma de cúpula que está unido a las costillas inferiores y que es el músculo principal de la respiración

dichotomous key/clave dicotómica una ayuda para identificar organismos, que consiste en las respuestas a una serie de preguntas

differential weathering/desgaste diferencial el proceso por medio del cual las rocas más suaves y menos resistentes al clima se desgastan y las rocas más duras y resistentes al clima permanecen

differentiation/diferenciación el proceso por medio del cual la estructura y función de las partes de un organismo cambian para permitir la especialización de esas partes

diffraction/difracción un cambio en la dirección de una onda cuando ésta se encuentra con un obstáculo o un borde, tal como una abertura

diffusion/difusión el movimiento de partículas de regiones de mayor densidad a regiones de menor densidad

digestive system/aparato digestivo los órganos que descomponen la comida de modo que el cuerpo la pueda usar

digital signal/señal digital una señal que se puede representar como una secuencia de valores discretos

diode/diodo un aparato electrónico que permite que la corriente eléctrica pase más fácilmente en una dirección que en otra

divergent boundary/límite divergente el límite entre dos placas tectónicas que se están separando una de la otra

divide/división el límite entre áreas de drenaje que tienen corrientes que fluyen en direcciones opuestas

DNA deoxyribonucleic acid/ADN ácido desoxirribonucleico una molécula que está presente en todas las células vivas y que contiene la información que determina los caracteres que un ser vivo hereda y necesita para vivir

dominant trait/carácter dominante el carácter que se observa en la primera generación cuando se cruzan progenitores que tienen caracteres diferentes

doping/adulteración la adición de un elemento impuro a un semiconductor

Doppler effect/efecto Doppler un cambio que se observa en la frecuencia de una onda cuando la fuente o el observador está en movimiento

dormant/aletargado término que describe el estado inactivo de una semilla u otra parte de las plantas cuando las condiciones son desfavorables para el crecimiento

double-displacement reaction/reacción de doble desplazamiento una reacción en la que se forma un gas, un precipitado sólido o un compuesto molecular a partir del intercambio de iones entre dos compuestos

down feather/plumón una pluma suave que cubre el cuerpo de las crías de las aves y sirve como aislante en las aves adultas

drag/resistencia aerodinámica una fuerza paralela a la velocidad del flujo; se opone a la dirección de un avión y, en combinación con el empuje, determina la velocidad del avión

drug/droga cualquier sustancia que produce un cambio en el estado físico o psicológico de una persona

dune/duna un montículo de arena depositada por el viento que conserva su forma incluso cuando se mueve

E

echo/eco una onda de sonido reflejada

echolocation/ecolocación el proceso de usar ondas de sonido reflejadas para buscar objetos; utilizado por animales tales como los murciélagos

eclipse/eclipse un suceso en el que la sombra de un cuerpo celeste cubre otro cuerpo celeste

ecology/ecología el estudio de las interacciones de los seres vivos entre sí mismos y entre sí mismos y su ambiente

ecosystem/ecosistema una comunidad de organismos y su ambiente abiótico o no vivo

ectotherm/ectotermo un organismo que necesita fuentes de calor fuera de sí mismo

egg/óvulo una célula sexual producida por una hembra

elastic rebound/rebote elástico ocurre cuando una roca deformada elásticamente vuelve súbitamente a su forma anterior

electrical conductor/conductor eléctrico un material en el que las cargas se mueven libremente

electrical insulator/aislante eléctrico un material en el que las cargas no pueden moverse libremente

electric current/corriente eléctrica la tasa a la que las cargas pasan por un punto determinado; se mide en amperes

electric discharge/descarga eléctrica la liberación de electricidad almacenada en una fuente

electric field/campo eléctrico el espacio que se encuentra alrededor de un objeto con carga y en el que otro objeto con carga experimenta una fuerza eléctrica

electric force/fuerza eléctrica la fuerza de atracción o repulsión en una partícula con carga debido a un campo eléctrico

electric generator/generador eléctrico un aparato que transforma la energía mecánica en energía eléctrica

electric motor/motor eléctrico un aparato que transforma la energía eléctrica en energía mecánica

electric power/potencia eléctrica la tasa a la que la energía eléctrica se transforma en otras formas de energía

electromagnet/electroimán una bobina que tiene un núcleo de hierro suave y que funciona como un imán cuando hay una corriente eléctrica en la bobina

electromagnetic induction/inducción electromagnética el proceso de crear una corriente en un circuito por medio de un cambio en el campo magnético

electromagnetic spectrum/espectro electromagnético todas las frecuencias o longitudes de onda de la radiación electromagnética

electromagnetic wave/onda electro-magnética una onda que está formada por campos eléctricos y magnéticos que vibran formando un ángulo recto unos con otros

electromagnetism/electromagnetismo la interacción entre la electricidad y el magnetismo

electron/electrón una partícula subatómica que tiene carga negativa

electron cloud/nube de electrones una región que rodea al núcleo de un átomo en la cual es probable encontrar electrones

electron microscope/microscopio electrónico microscopio que enfoca un haz de electrones para aumentar la imagen de los objetos

element/elemento una sustancia que no se puede separar o descomponer en sustancias más simples por medio de métodos químicos

elevation/elevación la altura de un objeto sobre el nivel del mar

El Niño/El Niño un cambio en la temperatura del agua superficial del océano Pacífico que produce una corriente caliente

embryo/embrión una planta o un animal en una de las primeras etapas de su desarrollo; también en los seres humanos, un individuo en desarrollo desde la fecundación hasta la semana 10 del embarazo

endocrine system/sistema endocrino un conjunto de glándulas y grupos de células que secretan hormonas que regulan el crecimiento, el desarrollo y la homeostasis; incluye las glándulas pituitaria, tiroides, paratiroides y suprarrenal, el hipotálamo, el cuerpo pineal y las gónadas

endocytosis/endocitosis el proceso por medio del cual la membrana celular rodea una partícula y la encierra en una vesícula para llevarla al interior de la célula

endoplasmic reticulum/retículo endoplásmico un sistema de membranas que se encuentra en el citoplasma de la célula y que tiene una función en la producción, procesamiento y transporte de proteínas y en la producción de lípidos

endoskeleton/endoesqueleto un esqueleto interno hecho de hueso y cartílago

endospore/endospora una espora protectora que tiene una pared gruesa, se forma dentro de una célula bacteriana y resiste condiciones adversas

endotherm/endotermo un animal que puede utilizar el calor del cuerpo producido por las reacciones químicas de sus células para mantener una temperatura corporal constante

endothermic reaction/reacción endotérmica una reacción química que necesita calor

energy/energía la capacidad de realizar un trabajo

energy conversion/transformación de energía un cambio de un tipo de energía a otro

energy pyramid/pirámide de energía un diagrama triangular que muestra la pérdida de energía en un ecosistema, producida a medida que la energía pasa a través de la cadena alimenticia del ecosistema

energy resource/recurso energético un recurso natural que utilizan los humanos para generar energía

eon/eón la mayor división del tiempo geológico

epicenter/epicentro el punto de la superficie de la Tierra que queda justo arriba del punto de inicio, o foco, de un terremoto

epidermis/epidermis la superficie externa de las células de una planta o animal

epoch/época una subdivisión de un período geológico

equator/ecuador el círculo imaginario que se encuentra a la mitad entre los polos y divide a la Tierra en los hemisferios norte y sur

era/era una unidad de tiempo geológico que incluye dos o más períodos

erosion/erosión el proceso por medio del cual el viento, el agua, el hielo o la gravedad transporta tierra y sedimentos de un lugar a otro

esophagus/esófago un conducto largo y recto que conecta la faringe con el estómago

estivation/estivación un período de inactividad y menor temperatura corporal por el que pasan algunos animales durante el verano para protegerse del calor y la falta de alimento

estuary/estuario un área donde el agua dulce de los ríos se mezcla con el agua salada del océano

Eukarya/Eukarya en un sistema taxonómico moderno, un dominio compuesto por todos los eucariotes; este dominio coincide con los reinos tradicionales Protista, Fungi, Plantae y Animalia

eukaryote/eucariote un organismo cuyas células tienen un núcleo contenido en una membrana; entre los eucariotes se encuentran protistas, animales, plantas y hongos, pero no arqueas ni bacterias

evaporation/evaporación el cambio de una sustancia de líquido a gas

evolution/evolución el proceso por medio del cual las características heredadas dentro de una población cambian con el transcurso de las generaciones de manera tal que a veces surgen nuevas especies

exfoliation/exfoliación el proceso mediante el cual capas de roca se separan de un cuerpo rocoso grande al dejar de aplicarse presión

exocytosis/exocitosis el proceso por medio del cual una célula libera una partícula encerrándola en una vesícula que luego se traslada a la superficie de la célula y se fusiona con la membrana celular

exoskeleton/exoesqueleto una estructura de soporte, dura y externa

exothermic reaction/reacción exotérmica una reacción química en la que se libera calor a los alrededores

external fertilization/fecundación externa la unión de células sexuales fuera del cuerpo de los progenitores

extinct/extinto término que describe a una especie que ha desaparecido por completo

extinction/extinción la muerte de todos los miembros de una especie

extrusive igneous rock/roca ígnea extrusiva una roca que se forma como resultado de la actividad volcánica en la superficie de la Tierra o cerca de ella

F

farsightedness/hipermetropía condición en la que el lente (o cristalino) del ojo enfoca los objetos lejanos detrás de la retina en lugar de en ella

fat/grasa un nutriente que almacena energía y ayuda al cuerpo a almacenar algunas vitaminas

fault/falla una grieta en un cuerpo rocoso a lo largo de la cual un bloque se desliza respecto a otro

feedback mechanism/mecanismo de retroalimentación un ciclo de sucesos en el que la información de una etapa controla o afecta a una etapa anterior

felsic/félsico describe un tipo de magma o roca ígnea que es rica en feldespatos y sílice y generalmente tiene un color claro

fermentation/fermentación la descomposición de los alimentos sin utilizar oxígeno

fetus/feto un ser humano en desarrollo desde la semana 10 del embarazo hasta el nacimiento

floodplain/llanura de inundación un área a lo largo de un río formada por sedimentos que se depositan cuando el río se desborda

fluid/fluido un estado no sólido de la materia en el que los átomos o moléculas tienen libertad de movimiento, como en el caso de un gas o un líquido

focus/foco el punto a lo largo de una falla donde ocurre el primer movimiento de un terremoto

folding/plegamiento fenómeno que ocurre cuando las capas de roca se doblan debido a la compresión

foliated/foliada término que describe la textura de una roca metamórfica en la que los granos de mineral están ordenados en planos o bandas

food chain/cadena alimenticia la vía de transferencia de energía a través de varias etapas, que ocurre como resultado de los patrones de alimentación de una serie de organismos

food web/red alimenticia un diagrama que muestra las relaciones de alimentación entre los organismos de un ecosistema

force/fuerza una acción de empuje o atracción que se ejerce sobre un objeto con el fin de cambiar su movimiento; la fuerza tiene magnitud y dirección

fossil/fósil los indicios o los restos de un organismo que vivió hace mucho tiempo, comúnmente preservados en las rocas sedimentarias

fossil fuel/combustible fósil un recurso energético no renovable formado a partir de los restos de organismos que vivieron hace mucho tiempo

fossil record/registro fósil una secuencia histórica de la vida indicada por fósiles que se han encontrado en las capas de la corteza terrestre

fracture/fractura la forma en la que se rompe un mineral a lo largo de superficies curvas o irregulares

free fall/caída libre el movimiento de un cuerpo cuando la única fuerza que actúa sobre él es la fuerza de gravedad

frequency/frecuencia el número de ondas producidas en una cantidad de tiempo determinada

friction/fricción una fuerza que se opone al movimiento entre dos superficies que están en contacto

front/frente el límite entre masas de aire de diferentes densidades y, normalmente, diferentes temperaturas

function/función la actividad especial, normal o adecuada de un órgano o parte

fungus/hongo un organismo que tiene células con núcleo y pared celular rígida, pero carece de clorofila, perteneciente al reino Fungi

G

galaxy/galaxia un conjunto de estrellas, polvo y gas unidos por la gravedad

gallbladder/vesícula biliar un órgano que tiene la forma de una bolsa y que almacena la bilis producida por el hígado

ganglion/ganglio una masa de células nerviosas

gap hypothesis/hipótesis del intervalo una hipótesis que se basa en la idea de que es más probable que ocurra un terremoto importante a lo largo de la parte de una falla activa donde no se han producido terremotos durante un determinado período de tiempo

gas/gas un estado de la materia que no tiene volumen ni forma definidos

gas giant/gigante gaseoso un planeta con una atmósfera masiva y profunda, como, por ejemplo, Júpiter, Saturno, Urano o Neptuno

gasohol/gasohol una mezcla de gasolina y alcohol que se usa como combustible

gene/gene un conjunto de instrucciones para un carácter heredado

generation time/período entre generaciones el período entre el nacimiento de una generación y el nacimiento de la siguiente generación

genotype/genotipo la constitución genética completa de un organismo; también la combinación de genes para uno o más caracteres específicos

geologic column/columna geológica un arreglo de las capas de roca en el que las rocas más antiguas están al fondo

geologic map/mapa geológico mapa que registra la información geológica, como las unidades rocosas, las características estructurales, los depósitos minerales y la ubicación de los fósiles

geologic time scale/escala de tiempo geológico el método estándar que se usa para dividir la larga historia natural de la Tierra en partes razonables

geology/geología el estudio del origen, la historia y la estructura del planeta Tierra y los procesos que le dan forma

geosphere/geosfera la capa de la Tierra que es principalmente sólida y rocosa; se extiende desde el centro del núcleo hasta la superficie de la corteza terrestre

geostationary orbit/órbita geoestacionaria una órbita que está a aproximadamente 36,000 km de la superficie terrestre, en la que un satélite permanece sobre un punto fijo en el ecuador

geothermal energy/energía geotérmica la energía producida por el calor del interior de la Tierra

gestation period/período de gestación en los mamíferos, el tiempo que transcurre entre la fecundación y el nacimiento

gill/branquia un órgano respiratorio en el que el oxígeno del agua se intercambia con el dióxido de carbono de la sangre

glacial drift/depósito de glaciar el material rocoso desplazado y depositado por glaciares

glacier/glaciar una masa grande de hielo en movimiento

gland/glándula un grupo de células que elaboran ciertas sustancias químicas para el cuerpo

global warming/calentamiento global un aumento gradual de la temperatura global promedio

globular cluster/cúmulo globular un grupo compacto de estrellas que parece una bola y contiene hasta un millón de estrellas

Golgi complex/aparato de Golgi un organelo celular que ayuda a hacer y a empacar los materiales que serán transportados al exterior de la célula

grassland/pradera una región en la que predomina la hierba, tiene algunos arbustos leñosos y árboles y suelos fértiles, y recibe cantidades moderadas de precipitaciones estacionales

gravity/gravedad una fuerza de atracción entre dos objetos debido a sus masas

greenhouse effect/efecto invernadero el calentamiento de la superficie y de la parte más baja de la atmósfera, el cual se produce cuando el vapor de agua, el dióxido de carbono y otros gases absorben y vuelven a irradiar la energía térmica

group/grupo una columna vertical de elementos de la tabla periódica; los elementos de un grupo comparten propiedades químicas

gut/tracto digestivo el tubo digestivo

gymnosperm/gimnosperma una planta leñosa vascular que produce semillas que no están contenidas en un ovario o fruto

H

half-life/vida media el tiempo que tarda la mitad de la muestra de una sustancia radiactiva en desintegrarse por desintegración radiactiva

halogen/halógeno uno de los elementos del grupo 17 de la tabla periódica (flúor, cloro, bromo, yodo y ástato); los halógenos se combinan con la mayoría de los metales para formar sales

hardness/dureza una medida de la capacidad de un mineral de resistir ser rayado

hardware/hardware las partes o piezas de equipo que forman una computadora

heat/calor la transferencia de energía entre objetos que están a temperaturas diferentes

heat engine/motor térmico una máquina que transforma el calor en energía mecánica, o trabajo

heat flow/flujo de calor otro término para la transferencia de calor, transferencia de energía de un objeto más caliente a un objeto más frío

herbivore/herbívoro un organismo que sólo come plantas

heredity/herencia la transmisión de caracteres genéticos de padres a hijos

heterotroph/heterótrofo un organismo que se alimenta comiendo otros organismos o sus productos secundarios y que no puede producir compuestos orgánicos a partir de materiales inorgánicos

hibernation/hibernación un período de inactividad y disminución de la temperatura del cuerpo que algunos animales experimentan en invierno como protección contra el tiempo frío y la escasez de comida

hologram/holograma una porción de película que produce una imagen tridimensional de un objeto mediante luz láser

homeostasis/homeostasis la capacidad de mantener un estado interno constante en un ambiente en cambio

hominid/homínido un tipo de primate caracterizado por ser bípedo, tener extremidades inferiores relativamente largas y no tener cola; incluye a los seres humanos y sus ancestros

homologous chromosomes/cromosomas homólogos cromosomas con la misma secuencia de genes y la misma estructura

Homo sapiens/Homo sapiens la especie de homínidos que incluye a los seres humanos modernos y a sus ancestros más cercanos; apareció hace entre 100,000 y 150,000 años

horizon/horizonte la línea donde parece que el cielo y la Tierra se unen

hormone/hormona una sustancia que es producida en una célula o tejido, la cual causa un cambio en otra célula o tejido ubicado en una parte diferente del cuerpo

host/huésped el organismo del cual un parásito obtiene alimento y refugio

hot spot/mancha caliente un área volcánicamente activa de la superficie de la Tierra que se encuentra lejos de un límite entre placas tectónicas

H-R diagram/diagrama H-R diagrama de Hertzsprung-Russell; una gráfica que muestra la relación entre la temperatura de la superficie de una estrella y su magnitud absoluta

humidity/humedad la cantidad de vapor de agua que hay en el aire

humus/humus material orgánico oscuro que se forma en la tierra a partir de restos de plantas y animales en descomposición

hurricane/huracán tormenta severa que se desarrolla sobre océanos tropicales, con vientos fuertes que soplan a más de 120 km/h y que se mueven en espiral hacia el centro de presión extremadamente baja de la tormenta

hydrocarbone/hidrocarburo un compuesto orgánico compuesto únicamente por carbono e hidrógeno

hydroelectric energy/energía hidro-eléctrica energía eléctrica producida por agua en caída

hydrosphere/hidrosfera la porción de la Tierra que es agua

hygiene/higiene la ciencia de la salud y las formas de preservar la salud

hypha/hifa un filamento no reproductor de un hongo

hypothesis/hipótesis una explicación que se basa en observaciones o investigaciones científicas previas y que se puede probar

I

ice age/edad de hielo un largo período de tiempo frío durante el cual grandes áreas de la superficie terrestre están cubiertas por capas de hielo; también conocido como período glacial

immune system/sistema inmunológico las células y tejidos que reconocen y atacan sustancias extrañas en el cuerpo

immunity/inmunidad la capacidad de resistir una enfermedad infecciosa o recuperarse de ella

inclined plane/plano inclinado una máquina simple que es una superficie recta e inclinada, que facilita el levantamiento de cargas; una rampa

independent variable/variable independiente el factor que se manipula deliberadamente en un experimento

index contour/índice de las curvas de nivel en un mapa, la curva de nivel que es más gruesa y oscura, la cual normalmente se encuentra cada cinco curvas de nivel e indica un cambio en la elevación

index fossil/fósil guía un fósil que se encuentra en las capas de roca de una sola era geológica y que se usa para establecer la edad de las capas de roca

indicator/indicador un compuesto que puede cambiar de color de forma reversible dependiendo de diferentes condiciones, como el pH

inertia/inercia la tendencia de un objeto a no moverse o, si el objeto se está moviendo, la tendencia a resistir un cambio en su rapidez o dirección hasta que una fuerza externa actúe en el objeto

infectious disease/enfermedad infecciosa una enfermedad que es causada por un patógeno y que puede transmitirse de un individuo a otro

inhibitor/inhibidor una sustancia que desacelera o detiene una reacción química

innate behavior/conducta innata una conducta heredada que no depende del ambiente ni de la experiencia

insulation/aislante una sustancia que reduce la transferencia de electricidad, calor o sonido

integrated circuit/circuito integrado un circuito cuyos componentes están formados en un solo semiconductor

integumentary system/sistema integumentario el sistema de órganos que forma una cubierta de protección en la parte exterior del cuerpo

intensity/intensidad en las ciencias de la Tierra, la cantidad de daño causado por un terremoto

interference/interferencia la combinación de dos o más ondas que resulta en una sola onda

internal fertilization/fecundación interna fecundación de un óvulo por un espermatozoide, la cual ocurre dentro del cuerpo de la hembra

Internet/Internet una amplia red de computadoras que conecta muchas redes locales y redes más pequeñas por todo el mundo

intrusive igneous rock/roca ígnea intrusiva una roca formada a partir del enfriamiento y solidificación del magma debajo de la superficie terrestre

invertebrate/invertebrado un animal que no tiene columna vertebral

ion/ion una partícula con carga que se forma cuando un átomo o grupo de átomos gana o pierde uno o más electrones

ionic bond/enlace iónico un enlace que se forma cuando los electrones se transfieren de un átomo a otro, y que produce un ion positivo y uno negativo

ionic compound/compuesto iónico un compuesto formado por iones con cargas opuestas

iris/iris la parte coloreada y circular del ojo

isobar/isobara una línea que se dibuja en un mapa meteorológico y conecta puntos de igual presión

isolation/aislamiento una condición en la que dos poblaciones no pueden entrecruzarse

isotope/isótopo un átomo que tiene el mismo número de protones (o el mismo número atómico) que otros átomos del mismo elemento, pero que tiene un número diferente de neutrones (y, por lo tanto, otra masa atómica)

J

jet stream/corriente en chorro un cinturón delgado de vientos fuertes que soplan en la parte superior de la troposfera

joint/articulación un lugar donde se unen dos o más huesos

joule/joule la unidad que se usa para expresar energía; equivale a la cantidad de trabajo realizada por una fuerza de 1 N que actúa a través de una distancia de 1 m en la dirección de la fuerza (símbolo: J)

K

kidney/riñón uno de los dos órganos que filtran el agua y los desechos de la sangre y excretan productos en forma de orina

kinetic energy/energía cinética la energía de un objeto debido al movimiento del objeto

L

lahar/lahar un flujo de lodo que se forma cuando la ceniza y otros detritos volcánicos se mezclan con agua durante una erupción volcánica

landslide/derrumbamiento el movimiento súbito hacia abajo de rocas y suelo por una pendiente

La Niña/La Niña un cambio en el océano Pacífico oriental por el cual el agua superficial se vuelve más fría que de costumbre

large intestine/intestino grueso la porción más ancha y más corta del intestino, que elimina el agua de los alimentos casi totalmente digeridos y convierte los desechos en heces semisólidas o excremento

larynx/laringe el área de la garganta que contiene las cuerdas vocales y que produce sonidos vocales

laser/láser un aparato que produce una luz intensa de únicamente una longitud de onda y color

lateral line/línea lateral una línea apenas visible que se encuentra a ambos lados del cuerpo de un pez y que recorre la longitud del cuerpo, marcando la ubicación de los órganos de los sentidos que detectan vibraciones en el agua

latitude/latitud la distancia hacia el norte o hacia el sur del ecuador; se expresa en grados

lava plateau/meseta de lava un accidente geográfico amplio y plano que se forma debido a repetidas erupciones no explosivas de lava que se expanden por un área extensa

law/ley un resumen de muchos resultados y observaciones experimentales; una ley dice cómo funcionan las cosas

law of conservation of energy/ley de la conservación de la energía la ley que establece que la energía ni se crea ni se destruye, sólo se transforma de una forma a otra

law of conservation of mass/ley de la conservación de la masa la ley que establece que la masa no se crea ni se destruye por cambios químicos o físicos comunes

law of crosscutting relationships/ley de las relaciones entrecortadas el principio que establece que una falla o cuerpo rocoso siempre es más joven que cualquier otro cuerpo rocoso que atraviese

law of electric charges/ley de las cargas eléctricas la ley que establece que las cargas iguales se repelen y las cargas opuestas se atraen

leaching/lixiviación la remoción de sustancias que pueden disolverse de rocas, menas o capas de suelo debido al paso del agua

learned behavior/conducta aprendida una conducta que se ha aprendido por experiencia

lens/lente un objeto transparente que refracta las ondas de luz de modo que converjan o diverjan para crear una imagen

lever/palanca una máquina simple formada por una barra que gira en un punto fijo llamado *fulcro*

lichen/liquen una masa de células de hongos y de algas que crecen juntas en una relación simbiótica y que normalmente se encuentran en rocas o árboles

life science/ciencias biológicas el estudio de los seres vivos

lift/propulsión una fuerza hacia arriba en un objeto que se mueve en un fluido

lightning/relámpago una descarga eléctrica que ocurre entre dos superficies que tienen carga opuesta, como por ejemplo, entre una nube y el suelo, entre dos nubes o entre dos partes de la misma nube

light year/año luz la distancia que viaja la luz en un año; aproximadamente 9.46 billones de kilómetros

lipid/lípido una molécula de grasa o una molécula que tiene propiedades similares; algunos ejemplos son los aceites, las ceras y los esteroides

liquid/líquido el estado de la materia que tiene un volumen definido, pero no una forma definida

litosphere/litosfera la capa externa y sólida de la Tierra que está formada por la corteza y la parte superior y rígida del manto

littoral zone/zona litoral la zona poco profunda de un lago o una laguna donde la luz llega al fondo y nutre a las plantas

liver/hígado el órgano más grande del cuerpo; produce bilis, almacena y filtra la sangre, y almacena el exceso de azúcares en forma de glucógeno

load/carga los materiales que lleva un arroyo; también, la masa de rocas que recubre una estructura geológica

loess/loess sedimentos muy fértiles de cuarzo, feldespato, hornablenda, mica y arcilla depositados por el viento

longitude/longitud la distancia hacia el este y hacia el oeste del meridiano de Greenwich; se expresa en grados

longitudinal wave/onda longitudinal una onda en la que las partículas del medio vibran paralelamente a la dirección del movimiento de la onda

longshore current/corriente de ribera una corriente de agua que se desplaza cerca de la costa y paralela a ella

loudness/volumen el grado al que se escucha un sonido

low Earth orbit/órbita terrestre baja una órbita ubicada a menos de 1,500 km sobre la superficie terrestre

lung/pulmón un órgano respiratorio en el que el oxígeno del aire se intercambia con el dióxido de carbono de la sangre

luster/brillo la forma en que un mineral refleja la luz

lymph/linfa el fluido que es recolectado por los vasos y nodos linfáticos

lymphatic system/sistema linfático un conjunto de órganos cuya función principal es recolectar el fluido extracelular y regresarlo a la sangre; los órganos de este sistema incluyen los nodos linfáticos y los vasos linfáticos

lymph nodes/nodos linfáticos órgano que filtra la linfa y se encuentra en los vasos linfáticos

lysosome/lisosoma un organelo celular que contiene enzimas digestivas

M

machine/máquina un aparato que ayuda a realizar un trabajo, ya sea venciendo una fuerza o cambiando la dirección de la fuerza aplicada

macrophage/macrófago una célula del sistema inmunológico que envuelve a los patógenos y otros materiales

mafic/máfico describe un tipo de magma o roca ígnea que es rica en magnesio y hierro y generalmente tiene un color oscuro

magma chamber/cámara de magma la masa de roca fundida que alimenta un volcán

magnet/imán cualquier material que atrae hierro o materiales que contienen hierro

magnetic declination/declinación magnética la diferencia entre el norte magnético y el norte verdadero

magnetic force/fuerza magnética la fuerza de atracción o repulsión generadas por cargas eléctricas en movimiento o que giran

magnetic pole/polo magnético uno de dos puntos, tales como los extremos de un imán, que tienen cualidades magnéticas opuestas

magnitude/magnitud una medida de la intensidad de un terremoto

main sequence/secuencia principal la ubicación en el diagrama H-R donde se encuentran la mayoría de las estrellas; tiene un patrón diagonal de la parte inferior derecha (baja temperatura y luminosidad) a la parte superior izquierda (alta temperatura y luminosidad)

malnutrition/desnutrición un trastorno de nutrición que resulta cuando una persona no consume una cantidad suficiente de cada nutriente que el cuerpo humano necesita

mammary gland/glándula mamaria en los mamíferos hembra, una glándula que secreta leche

mantle/manto la capa de roca que se encuentra entre la corteza terrestre y el núcleo

map/mapa una representación de las características de un cuerpo físico, tal como la Tierra

marsh/pantano un ecosistema pantanoso sin árboles, donde crecen plantas tales como el pasto

marsupial/marsupial un mamífero que lleva y alimenta a sus crías en una bolsa

mass/masa una medida de la cantidad de materia que tiene un objeto

mass movement/movimiento masivo un movimiento hacia abajo de una sección de terreno por una pendiente

mass number/número de masa la suma de los números de protones y neutrones que hay en el núcleo de un átomo

material resource/recurso material un recurso natural que utilizan los seres humanos para fabricar objetos o para consumir como alimento o bebida

matter/materia cualquier cosa que tiene masa y ocupa un lugar en el espacio

mean/media el número que se obtiene sumando los datos de una característica dada y dividiendo esa suma entre el número de individuos

mechanical advantage/ventaja mecánica un número que dice cuántas veces una máquina multiplica una fuerza

mechanical efficiency/eficiencia mecánica la relación entre la energía o potencia de entrada y de salida; se calcula dividiendo el trabajo de salida por el trabajo de entrada

mechanical energy/energía mecánica la cantidad de trabajo que un objeto realiza debido a las energías cinética y potencial del objeto

mechanical weathering/desgaste mecánico el rompimiento de una roca en pedazos más pequeños mediante medios físicos

median/mediana el valor del elemento del medio cuando los datos se ordenan por tamaño

medium/medio un ambiente físico en el que ocurren fenómenos

meiosis/meiosis un proceso de división celular durante el cual el número de cromosomas disminuye a la mitad del número original por medio de dos divisiones del núcleo, lo cual resulta en la producción de células sexuales (gametos o esporas)

melting/fusión el cambio de estado en el que un sólido se convierte en líquido al añadirse calor

memory B cell/célula B de memoria una célula B que responde con mayor eficacia a un antígeno cuando el cuerpo vuelve a infectarse con él que cuando lo encuentra por primera vez

meniscus/menisco la curva que se forma en la superficie de un líquido, la cual sirve para medir el volumen de un líquido

mesosphere/mesosfera la parte fuerte e inferior del manto que se encuentra entre la astenosfera y el núcleo externo; también, la capa de la atmósfera que se encuentra entre la estratosfera y la termosfera, en la cual la temperatura disminuye al aumentar la altitud

Mesozoic era/era Mesozoica la era geológica que comenzó hace 251 millones de años y terminó hace 65.5 millones de años; también llamada Edad de los Reptiles

metabolism/metabolismo la suma de todos los procesos químicos que ocurren en un organismo

metal/metal un elemento que es brillante y conduce bien el calor y la electricidad

metallic bond/enlace metálico un enlace formado por la atracción entre iones metálicos con carga positiva y los electrones que los rodean

metalloids/metaloides elementos que tienen propiedades tanto de metales como de no metales

metamorphosis/metamorfosis un proceso del ciclo de vida de muchos animales durante el cual ocurre un cambio rápido de la forma inmadura del organismo a la adulta; un ejemplo es el cambio de larva a adulto en los insectos

meteor/meteoro un rayo de luz brillante que se produce cuando un meteoroide se quema en la atmósfera de la Tierra

meteorite/meteorito un meteoroide que llega a la superficie de la Tierra sin quemarse por completo

meteoroid/meteoroide un cuerpo rocoso relativamente pequeño que viaja en el espacio

meteorology/meteorología el estudio científico de la atmósfera de la Tierra, sobre todo en lo que se relaciona con el tiempo y el clima

meter/metro la unidad fundamental de longitud en el sistema internacional de unidades (símbolo: m)

microclimate/microclima el clima de un área pequeña

microprocessor/microprocesador un chip único de un semiconductor, el cual controla y ejecuta las instrucciones de una microcomputadora

mid-ocean ridge/dorsal oceánica una larga cadena submarina de montañas que se forma en el suelo de los principales océanos

mineral/mineral un sólido natural e inorgánico que tiene una estructura química definida; también una clase de nutrientes que son elementos químicos necesarios para ciertos procesos del cuerpo

mitochondrion/mitocondria en las células eucarióticas, el organelo celular rodeado por dos membranas que es el lugar donde se lleva a cabo la respiración celular

mitosis/mitosis en las células eucarióticas, un proceso de división celular que forma dos núcleos nuevos, cada uno de los cuales posee el mismo número de cromosomas

mixture/mezcla una combinación de dos o más sustancias que no están combinadas químicamente

mode/moda el valor que se repite con más frecuencia en un conjunto de datos

model/modelo un diseño, plan, representación o descripción cuyo objetivo es mostrar la estructura o funcionamiento de un objeto, sistema o concepto

mold/moho en biología, un hongo que tiene la apariencia de lana o algodón

mold/molde una marca o cavidad hecha en una superficie sedimentaria por una concha u otro cuerpo

molecule/molécula la unidad más pequeña de una sustancia que conserva todas las propiedades físicas y químicas de esa sustancia

molting/pelechar la muda de un exoesqueleto, piel, plumas o pelo, los cuales son reemplazados por partes nuevas

momentum/momento una cantidad que se define como el producto de la masa de un objeto por su velocidad

monotreme/monotrema un mamífero que pone huevos

month/mes una división del año que se basa en la órbita de la Luna alrededor de la Tierra

motion/movimiento el cambio en la posición de un objeto respecto a un punto de referencia

mudflow/flujo de lodo el flujo de una masa de lodo o roca y suelo mezclados con una gran cantidad de agua

muscular system/sistema muscular el sistema de órganos cuya función principal es permitir el movimiento y la flexibilidad

mutation/mutación un cambio en la secuencia de la base de nucleótidos de un gene o de una molécula de ADN

mutualism/mutualismo una relación entre dos especies en la que ambas se benefician

mycelium/micelio una masa de filamentos de hongos, o hifas, que forma el cuerpo de un hongo

N

narcotic/narcótico una droga que proviene del opio, la cual alivia el dolor e induce el sueño; entre los ejemplos se encuentran la heroína, la morfina y la codeína

NASA/NASA la Administración Nacional de la Aeronáutica y el Espacio

natural gas/gas natural una mezcla de hidrocarburos gaseosos que se encuentran debajo de la superficie de la Tierra, normalmente cerca de los depósitos de petróleo; se usa como combustible

natural resource/recurso natural cualquier material natural que es utilizado por los seres humanos, como agua, petróleo, minerales, bosques y animales

natural selection/selección natural el proceso por medio del cual los individuos que están mejor adaptados a su ambiente sobreviven y se reproducen con más éxito que los individuos menos adaptados; una teoría que explica el mecanismo de la evolución

neap tide/marea muerta una marea que tiene un rango mínimo, la cual ocurre durante el primer y el tercer cuartos de la Luna

nearsightedness/miopía condición en la que el lente (o cristalino) del ojo enfoca los objetos lejanos delante de la retina en lugar de en ella

nebula/nebulosa una nube grande de gas y polvo en el espacio interestelar; una región en el espacio donde las estrellas nacen o donde explotan al final de su vida

nekton/necton todos los organismos que nadan activamente en aguas abiertas, de manera independiente de las corrientes

nephron/nefrona la unidad del riñón que filtra la sangre

nerve/nervio un conjunto de fibras nerviosas a través de las cuales se desplazan los impulsos entre el sistema nervioso central y otras partes del cuerpo

net force/fuerza neta la combinación de todas las fuerzas que actúan sobre un objeto

neuron/neurona una célula nerviosa que está especializada en recibir y transmitir impulsos eléctricos

neutralization reaction/reacción de neutralización la reacción de un ácido y una base que forma una solución neutra de agua y una sal

neutron/neutrón una partícula subatómica que no tiene carga y que se encuentra en el núcleo de un átomo

neutron star/estrella de neutrones una estrella que se ha colapsado debido a la gravedad hasta el punto en que los electrones y protones han chocado unos contra otros para formar neutrones

newton/newton la unidad de fuerza del sistema internacional de unidades (símbolo: N)

nicotine/nicotina una sustancia química tóxica y adictiva que se encuentra en el tabaco y que es una de las principales causas de los efectos dañinos de fumar

nitrogen cycle/ciclo del nitrógeno el proceso por medio del cual el nitrógeno circula en el aire, el suelo, el agua, las plantas y los animales de un ecosistema

noble gas/gas noble uno de los elementos del grupo 18 de la tabla periódica (helio, neón, argón, criptón, xenón y radón); los gases nobles son no reactivos

noise/ruido un sonido que está constituido por una mezcla al azar de frecuencias

nonfoliated/no foliada término que describe la textura de una roca metamórfica en la que los granos de mineral no están ordenados en planos ni bandas

noninfectious disease/enfermedad no infecciosa una enfermedad que no se contagia de una persona a otra

nonmetal/no metal un elemento que es mal conductor del calor y la electricidad

nonpoint- source pollution/contaminación no puntual contaminación que proviene de muchas fuentes, en lugar de provenir de un solo sitio específico

nonrenewable resource/recurso no renovable un recurso que se forma a una tasa que es mucho más lenta que la tasa a la que se consume

nonsilicate mineral/mineral no-silicato un mineral que no contiene compuestos de silicio y oxígeno

nonvascular plant/planta no vascular los tres tipos de plantas (hepáticas, milhojas y musgos) que carecen de tejidos transportadores y de raíces, tallos y hojas verdaderas

nuclear chain reaction/reacción nuclear en cadena una serie continua de reacciones nucleares de fisión

nuclear energy/energía nuclear la energía liberada por una reacción de fisión o fusión; la energía de enlace del núcleo atómico

nuclear fission/fisión nuclear la partición del núcleo de un átomo grande en dos o más fragmentos; libera neutrones y energía adicionales

nuclear fusion/fusión nuclear combinación de los núcleos de átomos pequeños para formar un núcleo más grande; libera energía

nucleic acid/ ácido nucleico una molécula formada por subunidades llamadas *nucleótidos*

nucleotide/nucleótido en una cadena de ácidos nucleicos, una subunidad formada por un azúcar, un fosfato y una base nitrogenada

nucleus/núcleo en ciencias físicas, la región central de un átomo, la cual está constituida por protones y neutrones; también en una célula eucariótica, un organelo cubierto por una membrana, el cual contiene el ADN de la célula y participa en procesos tales como el crecimiento, metabolismo y reproducción

nutrient/nutriente una sustancia de los alimentos que proporciona energía o ayuda a formar tejidos corporales y que es necesaria para la vida y el crecimiento

O

observation/observación el proceso de obtener información por medio de los sentidos

ocean current/corriente oceánica un movimiento del agua del océano que sigue un patrón regular

oceanography/oceanografía el estudio científico del mar

ocean trench/fosa oceánica una depresión empinada y larga del suelo marino profundo, paralela a una cadena de islas volcánicas o al margen continental

omnivore/omnívoro un organismo que come tanto plantas como animales

opaque/opaco término que describe un objeto que no es transparente ni traslúcido

open circulatory system/aparato circulatorio abierto un aparato circulatorio en el que el fluido circulatorio no está totalmente contenido en los vasos sanguíneos; un corazón bombea fluido por los vasos sanguíneos, los cuales se vacían en espacios llamados senos

open cluster/conglomerado abierto un grupo de estrellas que se encuentran juntas respecto a las estrellas que las rodean

open-water zone/zona de aguas abiertas la zona de un lago o una laguna que se extiende desde la zona litoral y cuya profundidad sólo alcanza hasta donde penetra la luz

orbit/órbita la trayectoria que sigue un cuerpo al desplazarse alrededor de otro cuerpo en el espacio

ore/mena un material natural cuya concentración de minerales con valor económico es suficientemente alta como para que pueda ser explotado de manera rentable

organ/órgano un conjunto de tejidos que desempeñan una función especializada en el cuerpo

organelle/organelo uno de los cuerpos pequeños del citoplasma de una célula que están especializados para llevar a cabo una función específica

organic compound/compuesto orgánico un compuesto enlazado de manera covalente que contiene carbono

organism/organismo un ser vivo; cualquier cosa que pueda llevar a cabo procesos vitales independientemente

organ system/aparato (o sistema) de órganos un grupo de órganos que trabajan en conjunto para desempeñar funciones corporales

osmosis/ósmosis la difusión del agua a través de una membrana semipermeable

ovary/ovario en las plantas con flores, la parte inferior del pistilo que produce óvulos; también en el aparato reproductor femenino de los animales, un órgano que produce óvulos

overpopulation/sobrepoblación la presencia de demasiados individuos en un área para los recursos disponibles

ovule/óvulo una estructura del ovario de una planta con semillas que contiene un saco embrionario y se desarrolla para convertirse en una semilla después de la fecundación

P

paleontology/paleontología el estudio científico de los fósiles

Paleozoic era/era Paleozoica la era geológica que vino después del período Precámbrico; comenzó hace 542 millones de años y terminó hace 251 millones de años

pancreas/páncreas el órgano que se encuentra detrás del estómago y que produce las enzimas digestivas y las hormonas que regulan los niveles de azúcar

parallax/paralaje un cambio aparente en la posición de un objeto cuando se ve desde lugares distintos

parallel circuit/circuito paralelo un circuito en el que las partes están unidas en líneas de manera tal que la diferencia de potencial entre cada parte es la misma

parasite/parásito un organismo que se alimenta de un organismo de otra especie (el huésped) y que normalmente lo daña; el huésped nunca se beneficia de la presencia del parásito

parasitism/parasitismo una relación entre dos especies en la que una, el parásito, se beneficia de la otra, el huésped, que resulta perjudicada

parent rock/roca precursora una formación rocosa que es la fuente a partir de la cual se origina el suelo

pascal/pascal la unidad de presión del sistema internacional de unidades (símbolo: Pa)

Pascal's principle/principio de Pascal el principio que establece que un fluido en equilibrio que esté contenido en un recipiente ejerce una presión de igual intensidad en todas las direcciones

passive transport/transporte pasivo el movimiento de sustancias a través de una membrana celular sin que la célula tenga que usar energía

pathogen/patógeno un microorganismo, otro organismo, un virus o una proteína que causa enfermedades

pathogenic bacteria/bacteria patogénica bacteria que causa una enfermedad

pedigree/pedigrí un diagrama que muestra la incidencia de un carácter genético en varias generaciones de una familia

pelagic environment/ambiente pelágico en el océano, la zona ubicada cerca de la superficie o en profundidades medias, más allá de la zona sublitoral y por encima de la zona abisal

penis/pene el órgano masculino que transfiere espermatozoides a una hembra y que lleva la orina hacia el exterior del cuerpo

period/período en química, una hilera horizontal de elementos en la tabla periódica; también una unidad de tiempo geológico en la que se dividen las eras

periodic/periódico término que describe algo que ocurre o que se repite a intervalos regulares

periodic law/ley periódica la ley que establece que las propiedades químicas y físicas repetitivas de un elemento cambian periódicamente en función del número atómico de los elementos

peripheral nervous system/sistema nervioso periférico todas las partes del sistema nervioso, excepto el encéfalo y la médula espinal

permeability/permeabilidad la capacidad de una roca o sedimento de permitir que los fluidos pasen a través de sus espacios abiertos o poros

petal/pétalo una de las partes de una flor que normalmente tienen colores brillantes y forma de hoja, las cuales forman uno de los anillos de una flor

petroleum/petróleo una mezcla líquida de compuestos hidrocarburos complejos; se usa ampliamente como una fuente de combustible

pH/pH un valor que expresa la acidez o la basicidad (alcalinidad) de un sistema

pharynx/faringe en los gusanos planos, el tubo muscular que va de la boca a la cavidad gastrovascular; en los animales que tienen tracto digestivo, el conducto que va de la boca a la laringe y al esófago

phase/fase el cambio en el área iluminada de un cuerpo celeste según se ve desde otro cuerpo celeste

phenotype/fenotipo la apariencia de un organismo u otra característica perceptible

pheromone/feromona una sustancia que el cuerpo libera y que hace que otro individuo de la misma especie reaccione de un modo predecible

phloem/floema el tejido que transporta alimento en las plantas vasculares

phospholipid/fosfolípido un lípido que contiene fósforo y que es un componente estructural de las membranas celulars

photocell/fotocelda un aparato que transforma la energía luminosa en energía eléctrica

photosynthesis/fotosíntesis el proceso por medio del cual las plantas, las algas y algunas bacterias utilizan la luz solar, el dióxido de carbono y el agua para producir alimento

physical change/cambio físico un cambio de materia de una forma a otra sin que ocurra un cambio en sus propiedades químicas

physical property/propiedad física una característica de una sustancia que no implica un cambio químico, tal como la densidad, el color o la dureza

physical science/ciencias físicas el estudio científico de la materia sin vida

phytoplankton/fitoplancton los organismos microscópicos fotosintéticos que flotan cerca de la superficie del agua dulce o marina

pigment/pigmento una sustancia que le da color a otra sustancia o mezcla

pioneer species/especie pionera una especie que coloniza un área deshabitada y empieza un proceso de sucesión

pistil/pistilo la parte reproductora femenina de una flor, la cual produce semillas y está formada por el ovario, estilo y estigma

pitch/altura tonal una medida de qué tan agudo o grave se percibe un sonido, dependiendo de la frecuencia de la onda sonora

placenta/placenta la estructura que une al feto en desarrollo con el útero y que permite el intercambio de nutrientes, desechos y gases entre la madre y el feto

placental mammal/mamífero placentario un mamífero que nutre a sus crías aún no nacidas a través de una placenta que se encuentra dentro de su útero

plane mirror/espejo plano un espejo que tiene una superficie plana

plankton/plancton la masa de organismos en su mayoría microscópicos que flotan o se encuentran a la deriva en ambientes de agua dulce o marina

Plantae/Plantae un reino formado por organismos pluricelulares complejos que normalmente son verdes, tienen una pared celular de celulosa, no tienen capacidad de movimiento y utilizan la energía del Sol para producir azúcar mediante la fotosíntesis

plasma/plasma en ciencias físicas, un estado de la materia que comienza como un gas y luego se vuelve ionizado; está formado por iones y electrones que se mueven libremente, tiene carga eléctrica y sus propiedades difieren de las de un sólido, líquido o gas

plate tectonics/tectónica de placas la teoría que explica cómo se mueven y cambian de forma las placas tectónicas, que son grandes porciones de la capa más externa de la Tierra

point-source pollution/contaminación puntual contaminación que proviene de un lugar específico

polar easterlies/vientos polares del este vientos prevalecientes que soplan de este a oeste entre los 60° y los 90° de latitud en ambos hemisferios

polar zone/zona polar el Polo Norte y el Polo Sur y la región circundante

pollen/polen los gránulos diminutos que contienen el gametofito masculino en las plantas con semillas

pollination/polinización la transferencia de polen de las estructuras reproductoras masculinas a las estructuras femeninas de las plantas con semillas

pollution/contaminación un cambio indeseable en el ambiente producido por sustancias o formas de energía

population/población un grupo de organismos de la misma especie que viven en un área geográfica específica

porosity/porosidad el porcentaje del volumen total de una roca o sedimento que está formado por espacios abiertos

potential energy/energía potencial la energía que tiene un objeto debido a su posición, forma o condición

power/potencia la tasa a la que se realiza un trabajo o a la que se transforma la energía

Precambrian time/período Precámbrico el período en la escala de tiempo geológico que abarca desde la formación de la Tierra hasta el comienzo de la era Paleozoica; comenzó hace aproximadamente 4,600 millones de años y terminó hace 542 millones de años

precipitate/precipitado un sólido que se produce como resultado de una reacción química en una solución

precipitation/precipitación cualquier forma de agua que cae de las nubes a la superficie de la Tierra

predator/depredador un organismo que mata y se alimenta de otro organismo o de parte de él

preening/acicalamiento en las aves, el acto de limpiar y mantener saludables las plumas

pregnancy/embarazo en medicina, el período de tiempo que transcurre entre el primer día del último período menstrual de una mujer y el nacimiento de su bebé (aproximadamente 280 días, o 40 semanas); en biología del desarrollo, el período de tiempo durante el cual una mujer lleva en su interior a un ser humano en desarrollo desde la fecundación hasta el nacimiento del bebé (aproximadamente 266 días, o 38 semanas)

pressure/presión la cantidad de fuerza ejercida en una superficie por unidad de área

prevailing winds/vientos prevalecientes vientos que soplan principalmente de una dirección durante un período de tiempo determinado

prey/presa un organismo al que otro organismo mata para alimentarse de él

primate/primate un tipo de mamífero caracterizado por tener pulgares oponibles y visión binocular

prime meridian/meridiano de Greenwich el meridiano, o línea de longitud, que se designa como longitud de 0°

probability/probabilidad la posibilidad de que ocurra un posible suceso futuro en cualquier caso dado del suceso

producer/productor un organismo que puede elaborar sus propios alimentos utilizando la energía de su entorno

product/producto una sustancia que se forma en una reacción química

prograde rotation/rotación progresiva el giro en contra de las manecillas del reloj de un planeta o una luna según lo vería un observador ubicado encima del Polo Norte del planeta; rotación en la misma dirección que la rotación del Sol

projectile motion/movimiento balístico la trayectoria curva que sigue un objeto cuando es aventado, lanzado o proyectado de cualquier otra manera cerca de la superficie de la Tierra

prokaryote/procariote un organismo unicelular que no tiene núcleo ni organelos cubiertos por una membrana, por ejemplo, las arqueas y las bacterias

protein/proteína una molécula formada por aminoácidos que es necesaria para construir y reparar estructuras corporales y para regular procesos del cuerpo

protist/protista un organismo que pertenece al reino Protista

proton/protón una partícula subatómica que tiene una carga positiva y que se encuentra en el núcleo de un átomo

pulmonary circulation/circulación pulmonar el flujo de sangre del corazón a los pulmones y de vuelta al corazón a través de las arterias, los capilares y las venas pulmonares

pulsar/pulsar una estrella de neutrones que gira rápidamente y emite pulsaciones rápidas de energía radioeléctrica y óptica

pulley/polea una máquina simple formada por una rueda sobre la cual pasa una cuerda, cadena o cable

pupil/pupila la abertura que se ubica al centro del iris del ojo y que controla la cantidad de luz que entra en el ojo

pure substance/sustancia pura una muestra de materia, ya sea un solo elemento o un solo compuesto, que tiene propiedades químicas y físicas definidas

P wave/onda P una onda sísmica que hace que las partículas de roca se muevan en una dirección de atrás hacia delante

Q

quasar/cuasar un objeto muy luminoso, parecido a una estrella, que genera energía a una gran velocidad; se piensa que los cuasares son los objetos más distantes del universo

R

radiation/radiación la transferencia de energía en forma de ondas electromagnéticas

radioactive decay/desintegración radiactiva el proceso por medio del cual un isótopo radiactivo tiende a desintegrarse y formar un isótopo estable del mismo elemento o de otro elemento

radioactivity/radiactividad el proceso por medio del cual un núcleo inestable emite radiación nuclear

radiometric dating/datación radiométrica un método para determinar la edad de un objeto estimando los porcentajes relativos de un isótopo radiactivo (precursor) y un isótopo estable (hijo)

reactant/reactivo una sustancia o molécula que participa en una reacción química

recessive trait/carácter recesivo un carácter que se hace aparente sólo cuando se heredan dos alelos recesivos de la misma característica

recharge zone/zona de recarga un área en la que el agua se desplaza hacia abajo para convertirse en parte de un acuífero

reclamation/restauración el proceso de hacer que la tierra vuelva a su condición original después de que se terminan las actividades de explotación minera

recycling/reciclar el proceso de recuperar materiales valiosos o útiles de los desechos o de la basura; el proceso de reutilizar algunas cosas

red giant/gigante roja una estrella grande de color rojizo que se encuentra en una etapa avanzada de su vida

reflecting telescope/telescopio reflector un telescopio que utiliza un espejo curvo para captar y enfocar la luz de objetos lejanos

reflection/reflexión el rebote de un rayo de luz, sonido o calor cuando el rayo golpea una superficie pero no la atraviesa

reflex/reflejo un movimiento involuntario y prácticamente inmediato en respuesta a un estímulo

refracting telescope/telescopio refractante un telescopio que utiliza un conjunto de lentes para captar y enfocar la luz de objetos lejanos

refraction/refracción el curvamiento de una onda cuando ésta pasa entre dos sustancias en las que su velocidad difiere

relative dating/datación relativa cualquier método que se utiliza para determinar si un acontecimiento u objeto es más viejo o más joven que otros acontecimientos u objetos

relative humidity/humedad relativa la proporción de la cantidad de vapor de agua que hay en el aire respecto a la cantidad de vapor de agua que se necesita para alcanzar la saturación a una temperatura dada

relief/relieve las variaciones en elevación de una superficie de terreno

remote sensing/teledetección el proceso de recopilar y analizar información acerca de un objeto sin estar en contacto físico con el objeto

renewable resource/recurso renovable un recurso natural que puede reemplazarse a la misma tasa a la que se consume

resistance/resistencia en ciencias físicas, la oposición que un material o aparato presenta a la corriente

resonance/resonancia un fenómeno que ocurre cuando dos objetos vibran naturalmente a la misma frecuencia; el sonido producido por un objeto hace que el otro objeto vibre

respiration/respiración en biología, el intercambio de oxígeno y dióxido de carbono entre células vivas y su ambiente; incluye la respiración pulmonar y la respiración celular

respiratory system/aparato respiratorio
un conjunto de órganos cuya función
principal es tomar oxígeno y expulsar
dióxido de carbono; los órganos de este
aparato incluyen a los pulmones, la garganta
y las vías que llevan a los pulmones

retina/retina la capa interna del ojo,
sensible a la luz, que recibe imágenes
formadas por el lente ocular y las transmite
al cerebro por medio del nervio óptico

retrograde rotation/rotación retrógrada
el giro en el sentido de las manecillas del
reloj de un planeta o una luna según lo veía
un observador ubicado encima del Polo
Norte del planeta

revolution/revolución el movimiento
de un cuerpo que viaja alrededor de otro
cuerpo en el espacio; un viaje completo a lo
largo de una órbita

rhizoid/rizoide una estructura parecida
a una raíz que se encuentra en las plantas
no vasculares; mantiene a las plantas
en su lugar y las ayuda a obtener agua y
nutrientes

rhizome/rizoma un tallo horizontal
subterráneo que produce nuevas hojas,
brotes y raíces ribosome/ribosoma un
organelo celular compuesto de ARN y
proteína; el sitio donde ocurre la síntesis de
proteínas

ribosome/ribosoma un organelo celular
compuesto de ARN y proteína; el sitio
donde ocurre la síntesis de proteínas

rift valley/valle de rift un valle largo y
estrecho que se forma cuando se separan
las placas tectónicas

rift zone/zona de rift un área de grietas
profundas que se forma entre dos placas
tectónicas que se están alejando una de la
otra

**RNA ribonucleic acid/ARN ácido
ribonucleico** una molécula que está
presente en todas las células vivas y
que juega un papel en la producción de
proteínas

rock/roca una mezcla sólida de uno o más
minerales o de materia orgánica que se
produce de forma natural

rock cycle/ciclo de las rocas la serie
de procesos por medio de los cuales una
roca se forma, cambia de un tipo a otro,
se destruye y se forma nuevamente por
procesos geológicos

rocket/cohete un aparato que para
moverse utiliza el gas de escape que se
origina a partir de la combustión

rock fall/desprendimiento de rocas el
movimiento rápido y masivo de rocas por
una pendiente empinada o un precipicio

rotation/rotación el giro de un cuerpo
alrededor de su eje

S

salinity/salinidad una medida de la
cantidad de sales disueltas en una cantidad
determinada de líquido

salt/sal un compuesto iónico que se forma
cuando un átomo de un metal reemplaza el
hidrógeno de un ácido

saltation/saltación el movimiento de la
arena u otros sedimentos por medio de
saltos pequeños y rebotes debido al viento o
al agua

satellite/satélite un cuerpo natural o
artificial que gira alrededor de un planeta

savanna/sabana una región de pastizales
que, a menudo, tiene árboles dispersos;
se encuentra en áreas tropicales y
subtropicales donde se producen lluvias,
incendios y sequías estacionales

scale/escala la relación entre las medidas de un modelo, mapa o diagrama y la medida o distancia real

scattering/dispersión una interacción de la luz con la materia que hace que la luz cambie su energía, la dirección del movimiento o ambas

science/ciencias el conocimiento que se obtiene por medio de la observación natural de acontecimientos y condiciones con el fin de descubrir hechos y formular leyes o principios que puedan ser verificados o comprobados

scientific literacy/cultura científica el entendimiento de los métodos de investigación científica, el campo del conocimiento científico y el papel de las ciencias en la sociedad

scientific methods/métodos científicos una serie de pasos que se siguen para solucionar problemas

screw/tornillo una máquina simple formada por un plano inclinado enrollado a un cilindro

sea-floor spreading/expansión del suelo marino el proceso por medio del cual se forma nueva litosfera oceánica a medida que el magma se eleva hacia la superficie y se solidifica

seamount/montaña submarina una montaña sumergida que se encuentra en el fondo del océano, la cual tiene por lo menos 1,000 m de altura y cuyo origen es volcánico

sediment/sedimento fragmentos de material orgánico o inorgánico que son transportados y depositados por el viento, agua o hielo y que se acumulan en capas en la superficie de la Tierra

sedimentary rock/roca sedimentaria una roca que se forma a partir de capas comprimidas o cementadas de sedimento

segment/segmento cualquier parte de una estructura más grande, como el cuerpo de un organismo, que se determina por límites naturales o arbitrarios

seismic gap/brecha sísmica un área a lo largo de una falla donde han ocurrido relativamente pocos terremotos reciente- mente, pero donde se han producido terremotos fuertes en el pasado

seismic wave/onda sísmica una onda de energía que viaja a través de la Tierra y se aleja de un terremoto en todas direcciones

seismogram/sismograma una gráfica del movimiento de un terremoto elaborada por un sismógrafo

seismograph/sismógrafo un instrumento que registra las vibraciones en el suelo y determina la ubicación y la fuerza de un terremoto

seismology/sismología el estudio de los terremotos

selective breeding/reproducción selectiva la práctica humana de cruzar animales o plantas que tienen ciertos caracteres deseados

semiconductor/semiconductor un elemento o compuesto que conduce la corriente eléctrica mejor que un aislante, pero no tan bien como un conductor

sepal/sépalo en una flor, uno de los anillos más externos de hojas modificadas que protegen el capullo de la flor

septik tank/tanque séptico un tanque que separa los desechos sólidos de los líquidos y que tiene bacterias que descomponen los desechos sólidos

series circuit/circuito en serie un circuito en el que las partes están unidas una después de la otra de manera tal que la corriente en cada parte es la misma

sewage treatment plant/planta de tratamiento de residuos una instalación que limpia los materiales de desecho que se encuentran en el agua procedente de cloacas o alcantarillas

sex chromosome/cromosoma sexual uno de los dos cromosomas que determinan el sexo de un individuo

sexual reproduction/reproducción sexual reproducción en la que se unen las células sexuales de los dos progenitores para producir descendencia que comparte caracteres de ambos progenitores

shoreline/costa el límite entre la tierra y una masa de agua

silicate mineral/mineral silicato un mineral que contiene una combinación de silicio oxígeno y uno o más metales

single-displacement reaction/reacción de sustitución simple una reacción en la que un elemento toma el lugar de otro elemento en un compuesto

skeletal system/sistema esquelético el sistema de órganos cuya función principal es sostener y proteger el cuerpo y permitir que se mueva

skepticism/escepticismo un hábito de la mente que hace que la persona cuestione la validez de las ideas aceptadas

slope/pendiente una medida de la inclinación de una línea; la relación entre la elevación y la distancia

small intestine/intestino delgado el órgano que se encuentra entre el estómago y el intestino grueso en el cual se produce la mayor parte de la descomposición de los alimentos y se absorben la mayoría de los nutrientes

smog/esmog bruma fotoquímica que se forma cuando la luz solar actúa sobre contaminantes industriales y combustibles

social behavior/comportamiento social la interacción entre animales de la misma especie

software/software un conjunto de instrucciones o comandos que le dicen qué hacer a una computadora; un programa de computadora

soil/suelo una mezcla suelta de fragmentos de roca, material orgánico, agua y aire en la que puede crecer vegetación

soil conservation/conservación del suelo un método para mantener la fertilidad del suelo protegiéndolo de la erosión y la pérdida de nutrientes

soil structure/estructura del suelo la organización de las partículas del suelo

soil texture/textura del suelo la cualidad del suelo que se basa en las proporciones de sus partículas

solar energy/energía solar la energía que la Tierra recibe del Sol en forma de radiación

solar nebula/nebulosa solar la nube de gas y polvo que formó el Sistema Solar

solenoid/solenoide una bobina de alambre que tiene una corriente eléctrica

 S 35

solid/sólido el estado de la materia en el cual el volumen y la forma de una sustancia están fijos

solubility/solubilidad la capacidad de una sustancia de disolverse en otra a una temperatura y una presión dadas

solute/soluto en una solución, la sustancia que se disuelve en el solvente

solution/solución una mezcla homogénea de dos o más sustancias dispersas de manera uniforme en una sola fase

solvent/solvente en una solución, la sustancia en la que se disuelve el soluto

sonic boom/estampido sónico el sonido explosivo que se escucha cuando la onda de choque de un objeto que se desplaza a una velocidad superior a la del sonido llega a los oídos de una persona

sound quality/calidad del sonido el resultado de la combinación de varios tonos por medio de la interferencia

sound wave/onda sonora una onda longitudinal que se origina debido a vibraciones y que se desplaza a través de un medio material

space probe/sonda espacial un vehículo no tripulado que lleva instrumentos científicos al espacio con el fin de recopilar información científica

space shuttle/transbordador espacial un vehículo espacial reutilizable que despega como un cohete y aterriza como un avión

space station/estación espacial una plataforma orbital de largo plazo desde la cual pueden lanzarse otros vehículos o en la que pueden realizarse investigaciones científicas

speciation/especiación la formación de especies nuevas como resultado de la evolución

species/especie un grupo de organismos que tienen un parentesco cercano y que pueden aparearse para producir descendencia fértil

specific heat/calor específico la cantidad de calor que se requiere para aumentar una unidad de masa de un material homogéneo 1 K ó 1°C de una manera especificada, dados un volumen y una presión constantes

spectrum/espectro la banda de colores que se produce cuando la luz blanca pasa a través de un prisma

speed/rapidez la distancia que un objeto se desplaza dividida por el intervalo de tiempo durante el cual ocurrió el movimiento

sperm/espermatozoide la célula sexual masculina

spleen/bazo el órgano linfático más grande del cuerpo; funciona como depósito para la sangre, desintegra los glóbulos rojos viejos y produce linfocitos y plásmidos

spore/espora una célula reproductora o estructura pluricelular que resiste las condiciones ambientales adversas y que se puede desarrollar hasta convertirse en un adulto sin necesidad de fusionarse con otra célula

spring tide/marea viva una marea de mayor rango que ocurre dos veces al mes, durante la luna nueva y la luna llena

stamen/estambre la estructura reproductora masculina de una flor, que produce polen y está formada por una antera ubicada en la punta del filamento

standing wave/onda estacionaria un patrón de vibración que simula una onda que está parada

states of matter/estados de la materia las formas físicas de la materia, que son sólida, líquida y gaseosa

static electricity/electricidad estática carga eléctrica en reposo; por lo general se produce por fricción o inducción

stimulus/estímulo cualquier cosa que causa una reacción o cambio en un organismo o cualquier parte de un organismo

stoma/estoma una de las muchas aberturas de una hoja o de un tallo de una planta, la cual permite que se lleve a cabo el intercambio de gases

stomach/estómago el órgano digestivo con forma de bolsa ubicado entre el esófago y el intestino delgado, que descompone los alimentos por la acción de músculos, enzimas y ácidos

storm surge/marea de tempestad un levantamiento local del nivel del mar cerca de la costa, el cual es resultado de los fuertes vientos de una tormenta, como por ejemplo, los vientos de un huracán

strata/estratos capas de roca

stratification/estratificación el proceso por medio del cual las rocas sedimentarias se acomodan en capas

stratified drift/deriva estratificada un depósito glaciar que ha formado capas debido a la acción de los arroyos o de las aguas de fusión

stratosphere/estratosfera la capa de la atmósfera que se encuentra encima de la troposfera y en la que la temperatura aumenta al aumentar la altitud

streak/veta el color del polvo de un mineral

stress/estrés una respuesta física o mental a la presión

structure/estructura el orden y distribución de las partes de un organismo

sublimation/sublimación el proceso por medio del cual un sólido se transforma directamente en un gas

subsidence/hundimiento del terreno el hundimiento de regiones de la corteza terrestre a elevaciones más bajas

succession/sucesión el reemplazo de un tipo de comunidad por otro en un mismo lugar a lo largo de un período de tiempo

sunspot/mancha solar un área oscura en la fotosfera del Sol que es más fría que las áreas que la rodean y que tiene un campo magnético fuerte

supernova/supernova una explosión gigantesca en la que una estrella masiva se colapsa y lanza sus capas externas hacia el espacio

superposition/superposición un principio que establece que las rocas más jóvenes se encontrarán sobre las rocas más viejas si las capas no han sido alteradas

surface current/corriente superficial un movimiento horizontal del agua del océano que es producido por el viento y que ocurre en la superficie del océano o cerca de ella

surface tension/tensión superficial la fuerza que actúa en la superficie de un líquido y que tiende a minimizar el área de la superficie

suspension/suspensión una mezcla en la que las partículas de un material se encuentran dispersas de manera más o menos uniforme a través de un líquido o de un gas

swamp/ciénaga un ecosistema pantanoso en el que crecen arbustos y árboles

S wave/onda S una onda sísmica que hace que las partículas de roca se muevan en una dirección de lado a lado

swell/mar de leva un grupo de olas oceánicas grandes que se han desplazado una gran distancia desde el punto en el que se originaron

swim bladder/vejiga natatoria en los peces óseos, una bolsa llena de gas que se usa para controlar la flotabilidad; también se llama *vejiga gaseosa*

symbiosis/simbiosis una relación en la que dos organismos diferentes viven estrechamente asociados uno con el otro

synthesis reaction/reacción de síntesis una reacción en la que dos o más sustancias se combinan para formar un compuesto nuevo

systemic circulation/circulación sistémica el flujo de sangre del corazón a todas las partes del cuerpo y de vuelta al corazón

T

tadpole/renacuajo la larva acuática, parecida a un pez, de una rana o sapo

taxonomy/taxonomía la ciencia de describir, nombrar y clasificar organismos

T cell/célula T una célula del sistema inmunológico que coordina el sistema inmunológico y ataca a muchas células infectadas

technology/tecnología la aplicación de la ciencia con fines prácticos; el uso de herramientas, máquinas, materiales y procesos para satisfacer las necesidades de los seres humanos

tectonic plate/placa tectónica un bloque de litosfera formado por la corteza y la parte rígida y más externa del manto

telescope/telescopio un instrumento que capta la radiación electromagnética del cielo y la concentra para mejorar la observación

temperate zone/zona templada la zona climática ubicada entre los trópicos y la zona polar

temperature/temperatura una medida de qué tan caliente (o frío) está algo; específicamente, una medida de la energía cinética promedio de las partículas de un objeto

tension/tensión estrés que se produce cuando distintas fuerzas actúan para estirar un objeto

terminal velocity/velocidad terminal la velocidad constante de un objeto en caída cuando la fuerza de resistencia del aire es igual en magnitud y opuesta en dirección a la fuerza de gravedad

terrestrial planet/planeta terrestre uno de los planetas muy densos que se encuentran más cerca del Sol; Mercurio, Venus, Marte y la Tierra

territory/territorio un área que está ocupada por un animal o por un grupo de animales que no permiten que entren otros miembros de la especie

testes/testículos los principales órganos reproductores masculinos, los cuales producen espermatozoides y testosterona

texture/textura la cualidad de una roca que se basa en el tamaño, la forma y la posición de los granos que la forman

theory/teoría una explicación que relaciona muchas hipótesis y observaciones

thermal conduction/conducción térmica la transferencia de energía en forma de calor a través de un material

thermal conductor/conductor térmico un material a través del cual es posible transferir energía en forma de calor

thermal energy/energía térmica la energía cinética de los átomos de una sustancia

thermal expansion/expansión térmica un aumento en el tamaño de una sustancia en respuesta a un aumento en la temperatura de la sustancia

thermal insulator/aislante térmico un material que reduce o evita la transferencia de calor

thermal pollution/contaminación térmica un aumento en la temperatura de una masa de agua, producido por las actividades humanas y que tiene un efecto dañino en la calidad del agua y en la capacidad de esa masa de agua para permitir que se desarrolle la vida

thermocline/termoclina una capa en una masa de agua en la que, al aumentar la profundidad, la temperatura del agua disminuye más rápido de lo que lo hace en otras capas

thermocouple/termopar un aparato que transforma la energía térmica en energía eléctrica

thermometer/termómetro un instrumento que mide e indica la temperatura

thermosphere/termosfera la capa más alta de la atmósfera, en la cual la temperatura aumenta a medida que aumenta la altitud

thrust/empuje la fuerza de empuje o atracción ejercida por el motor de un avión o cohete

thunder/trueno el sonido producido por la expansión rápida del aire a lo largo de una descarga eléctrica

thunderstorm/tormenta eléctrica una tormenta fuerte y normalmente breve que consiste en lluvia, vientos fuertes, relámpagos y truenos

thymus/timo la glándula principal del sistema linfático; libera linfocitos T maduros

tidal range/rango de marea la diferencia en los niveles del agua del océano entre la marea alta y la marea baja

tide/marea el ascenso y descenso periódicos del nivel del agua en los océanos y otras masas grandes de agua

till/arcilla glacial material rocoso desordenado que deposita directamente un glaciar que se está derritiendo

tissue/tejido un grupo de células similares que llevan a cabo una función común

tonsils/amígdalas órganos que son masas pequeñas y redondas de tejido linfático, ubicadas en la faringe y en el paso de la boca a la faringe

topographic map/mapa topográfico un mapa que muestra las características superficiales de la Tierra

tornado/tornado una columna destructiva de aire en rotación cuyos vientos se mueven a velocidades muy altas; se ve como una nube con forma de embudo y toca el suelo

trace fossil/fósil traza una marca fosilizada que se forma en un sedimento blando debido al movimiento de un animal

trachea/tráquea en los insectos, miriápodos y arañas, uno de los conductos de una red de conductos de aire; en los vertebrados, el conducto que une la laringe con los pulmones

trade winds/vientos alisios vientos prevalecientes que soplan de este a oeste desde los 30° de latitud hacia el ecuador en ambos hemisferios

trait/carácter una característica determinada genéticamente

transform boundary/límite de transformación el límite entre placas tectónicas que se están deslizando horizontalmente una junto a otra

transformer/transformador un aparato que aumenta o disminuye el voltaje de la corriente alterna

transistor/transistor un aparato semiconductor que puede amplificar la corriente y se usa en los amplificadores, osciladores e interruptores

translucent/traslúcido término que describe la materia que transmite luz, pero que no transmite una imagen

transmission/transmisión el paso de la luz u otra forma de energía a través de la materia

transparent/transparente término que describe la materia que permite el paso de la luz con poca interferencia

transpiration/transpiración el proceso por medio del cual las plantas liberan vapor de agua al aire por medio de los estomas; también, la liberación de vapor de agua al aire por otros organismos

transverse wave/onda transversal una onda en la que las partículas del medio se mueven perpendicularmente respecto a la dirección en la que se desplaza la onda

tributary/afluente un arroyo que fluye a un lago o a otro arroyo más grande

tropical zone/zona tropical la región que rodea el ecuador y se extiende desde aproximadamente 23° de latitud norte hasta 23° de latitud sur

tropism/tropismo el movimiento de un organismo o de una parte de él en respuesta a un estímulo externo, como por ejemplo, la luz

troposphere/troposfera la capa inferior de la atmósfera, en la que la temperatura disminuye a una tasa constante a medida que la altitud aumenta

true north/norte verdadero la dirección del Polo Norte geográfico

tsunami/tsunami una ola gigante del océano que se forma después de una erupción volcánica, terremoto submarino o desprendimiento de tierras

tundra/tundra una llanura sin árboles situada en la región ártica o antártica o en la cumbre de las montañas; se caracteriza por temperaturas muy bajas en el invierno y veranos cortos y frescos

U

umbilical cord/cordón umbilical la estructura con forma de cuerda a través de la cual pasan vasos sanguíneos y por medio de la cual un mamífero en desarrollo está unido a la placenta

uncomformity/discordancia una ruptura en el registro geológico, creada cuando las capas de roca se erosionan o cuando el sedimento no se deposita durante un largo período de tiempo

undertow/resaca una corriente subsuperficial que está cerca de la orilla y que arrastra los objetos hacia el mar

uniformitarianism/uniformitarianismo un principio que establece que es posible explicar los procesos geológicos que ocurrieron en el pasado en función de los procesos geológicos actuales

uplift/levantamiento la elevación de regiones de la corteza terrestre

upwelling/surgencia el movimiento de las aguas profundas, frías y ricas en nutrientes hacia la superficie

urinary system/sistema urinario los órganos que producen, almacenan y eliminan la orina

uterus/útero en los mamíferos hembras, el órgano hueco y muscular en el que se incrusta el óvulo fecundado y en el que se desarrollan el embrión y el feto

V

vagina/vagina el órgano reproductor femenino que conecta la parte exterior del cuerpo con el útero

valence electron/electrón de valencia un electrón que se encuentra en el orbital más externo de un átomo y que determina las propiedades químicas del átomo

variable/variable un factor que se modifica en un experimento con el fin de probar una hipótesis

vascular plant/planta vascular una planta que tiene tejidos especializados que transportan materiales de una parte de la planta a otra

vein/vena en biología, un vaso que lleva sangre al corazón

velocity/velocidad la rapidez de un objeto en una dirección dada

vent/chimenea una abertura en la superficie de la Tierra a través de la cual pasa material volcánico

vertebrate/vertebrado un animal que tiene columna vertebral

vesicle/vesícula pequeña cavidad o bolsa que contiene materiales en una célula eucariótica; se forma cuando parte de la membrana celular rodea los materiales que se llevarán dentro de la célula o se transportarán dentro de la célula

virus/virus una partícula microscópica que se introduce en una célula y a menudo la destruye

viscosity/viscosidad la resistencia de un gas o un líquido a fluir

vitamin/vitamina una clase de nutrientes que contiene carbono y que es necesaria en pequeñas cantidades para mantener la salud y permitir el crecimiento

volcano/volcán una chimenea o fisura en la superficie de la Tierra a través de la cual se expulsan magma y gases

voltage/voltaje la diferencia de potencial entre dos puntos, medida en voltios

volume/volumen una medida del tamaño de un cuerpo o región en un espacio de tres dimensiones

W

water cycle/ciclo del agua el movimiento continuo del agua: del océano a la atmósfera, de la atmósfera a la tierra y de la tierra al océano

waterfowl/aves acuáticas pájaros acuáticos, como por ejemplo, un pato, un ganso o un cisne

water pollution/contaminación del agua la adición al agua de materiales de desecho o sustancias químicas que son dañinos para los organismos que viven en el agua o para aquellos que la beben o que están expuestos a ella

water table/capa freática el nivel más alto del agua subterránea; el límite superior de la zona de saturación

water vascular system/sistema vascular acuoso un sistema de canales que están llenos de un fluido acuoso que circula por todo el cuerpo de los equinodermos

watershed/cuenca hidrográfica el área del terreno que es drenada por un sistema de agua

watt/watt (o vatio) la unidad que se usa para expresar potencia; es equivalente a un joule por segundo (símbolo: W)

wave/onda una perturbación periódica en un sólido, líquido o gas que se transmite a través de un medio en forma de energía

wavelength/longitud de onda la distancia entre cualquier punto de una onda y un punto idéntico en la onda siguiente

wave speed/velocidad de onda la rapidez a la cual viaja una onda a través de un medio

weather/tiempo el estado de la atmósfera a corto plazo que incluye la temperatura, la humedad, la precipitación, el viento y la visibilidad

weathering/meteorización el proceso por el cual se desintegran los materiales que forman las rocas debido a la acción de procesos físicos o químicos

wedge/cuña una máquina simple que está formada por dos planos inclinados y que se mueve; normalmente se usa para cortar

weight/peso una medida de la fuerza gravitacional ejercida sobre un objeto; su valor puede cambiar en función de la ubicación del objeto en el universo

westerlies/vientos del oeste vientos prevalecientes que soplan de oeste a este entre los 30° y los 60° de latitud en ambos hemisferios

wetland/terreno pantanoso un área de tierra que está periódicamente bajo el agua o cuyo suelo contiene una gran cantidad de humedad

wheel and axle/rueda y eje una máquina simple que está formada por dos objetos circulares de diferente tamaño; la rueda es el mayor de los dos objetos circulares

whitecap/cabrillas olas que rompen en mar abierto y tienen burbujas en la cresta

white dwarf/enana blanca una estrella pequeña, caliente y tenue que es el centro sobrante de una estrella vieja

wind/viento el movimiento de aire producido por diferencias en la presión barométrica

wind power/potencia eólica el uso de un molino de viento para hacer funcionar un generador eléctrico

work/trabajo la transferencia de energía
a un objeto mediante una fuerza que hace
que el objeto se mueva en la dirección de la
fuerza

work input/trabajo de entrada el trabajo
realizado en una máquina; el producto de la
fuerza de entrada por la distancia a través
de la que se ejerce la fuerza

work output/trabajo de salida el trabajo
realizado por una máquina; el producto de
la fuerza de salida por la distancia a través
de la que se ejerce la fuerza

X

xylem/xilema el tipo de tejido que se
encuentra en las plantas vasculares, el cual
provee soporte y transporta el agua y los
nutrientes desde las raíces

Y

year/año el tiempo que se requiere para
que la Tierra dé una vuelta completa
alrededor del Sol

Z

zenith/cenit el punto del cielo situado
directamente sobre un observador en la
Tierra

A

abiotic/abyotic lumalarawan sa walang buhay na partikel ng kapaligaran, kabilang ang tubig, bato, ilaw, at temperatura.

abrasion/gasgas ang paghasa at pagkagasta ng ibabaw ng bato sa pamamagitan ng mekanikal na pagkilos ng iba pang bato o buhangin.

absolute dating/absulutong pagpetsa anumang paraan ng pagsukat sa edad ng pangyayari o bagay batay sa taon.

absolute magnitude/absulutong kalakhan ang kinang ng bituin sa distansiyang 32.6 light-years mula sa Daigdig.

absolute zero/absulutong sero ang temperatura kung saan ang molekular na enerhiya ay nasa pinakamababa (0 K sa iskalang Kelvin o -273.16 °C sa iskalang Celsius).

absorption/absorpsyon sa optikso, ang paglipat ng liwanag enerhiya sa partikel.

abyssal plain/patag na abisal isang malaki, patag, halos kapantay ng lalim ng malaking dagat.

acceleration/pagbilis ang halaga kung saan ang belositi ay nagbabago sa ibabaw ng oras; isang bagay ay bumibilis kung ang tulin, direksiyon, o pareho ay nagbabago.

accreted terrane/lupaing accreted isang piraso ng litospero na nagiging bahagi ng mas malaking bulto ng lupa kapag nagkasangga ang mga tektonik plate sa mapagdugtong na hangganan

acid/asido anumang compound na nagdaragdag sa bilang ng hydronium ion kapag nalusaw sa tubig.

acid precipitation/asidong pagpatak ulan, siliska, o niyebe na naglalaman ng mataas na konsentrasyon ang asido.

activation energy/enerhiya ng aktibasyon ang pinakamaliit na halaga ng enerhiyang kailangan para magsimula ang reaksiyong kemikal.

active transport/aktibong transportasyon ang paggalaw ng sustansiya sa kabila ng selula membrana na kailangan ng selula na gumamit ng enerhiya.

adaptation/pag-aakma isang katangian na nagpapabuti sa sariling abilidad para mabuhay at magparami sa isang partikular na kapaligiran.

addiction/pagkaadikto pagdepende sa sustansiya, tulad ng alkohol o droga.

aerobic exercise/erobic na ehersisyo pisikal na ehersiyo naglalayon na dagdagan ang aktibidad ng puso at baga upang itaguyod ng katawan ang paggamit ng oksiheno.

air mass/mass ng hangin isang malaking katawan ng hangin kung saan ang temperatura at pawis na nilalaman ay pareho sa buong panahon.

air pollution/polusiyon ng hangin ang pagdumi ng atmospera sa pamamagitan ng pagpasok ng dumi mula sa tao at likas na pinagmulan.

air pressure/hangin presyon ang sukat ng puwersa kung saan ang hangin molekular ay tumutulak sa ibabaw.

alcoholism/alkoholismo isang kapansanan kung saan ang tao ay palagiang umiinom ng alkohol na inumin na ang dami ay nakaaa-pekto sa kalusugan at aktibidad ng tao.

algae/algae eukaryotic na organismo na binabago ang eherhiya ng araw na maging pagkain sa pamamagitan ng potosintesis ngunit walang ugat, sanga, o dahon (isahan, *alga*).

alkali metal/alkali metal isa sa elemento ng Grupo 1 ng peryodikong talaan (lithium, sosa, potassium, rubidium, cesium, at francium).

alkaline-earth metal/alkaline-earth metal isa sa elemento ng Grupo 2 ng peryodikong talaan (beryllium, magnesium, kalsiya, strontium, barium, at radium).

allele/allele isa sa mga alternatibong uri ng gene na namamahala sa katangian, gaya ng kulay ng buhok.

allergy/taluhiyang reaksiyon sa di mapanganib o karaniwang sangkap ng sistemang panabla ng katawan.

alluvial fan/alluvial fan isang hugis pamaypay na pangkat ng materyal na dinedeposito ng sapa kapag ang deklibe ng lupa ay biglang bumababa.

altitude/taas ang anggulo sa pagitan ng bagay sa langit at sa abot-tanaw.

alveoli/alveoli alinman sa maliliit na air sac ng baga kung saan ang oksiheno at carbon dioxide ay nagpapalit.

amniotic egg/amniotic itlog uri ng itlog na napapaligiran ng lamad, ang amnion, at ng sa mga reptilya, mga ibon, at mga nangin-gitlog na mamal ay naglalaman ng maraming pula ng itlog at napapaligiran ng balat.

amplitude/amplitude ang pinakamalayong distansya kung saan manginginig ang partikel ng daluyan ng wave mula sa pagkahintong posisyon.

analog signal/analog na senyas isang senyas na ang katangian ay maaaring patuloy na magbago sa nasabing pagitan.

anemometer/anemometer isang instrumentong ginagamit sa pagsukat ng bilis ng hangin.

angiosperm/angiosperm namumulaklak na halaman na nagbubunga ng buto sa loob ng prutas.

Animalia/Animalia isang kahariang binubuo ng magulo, maramihan-selulang organismo na kulang sa pabalot ng selula, kadalasang nakagagalaw, at mabilis tumugon sa kanyang kapaligiran.

antenna/sungot pakiramdam na nasa ulo ng invertebrate, gaya ng pantubig na invertebrate o ng insekto, at ito'y nakara-ramdam ng hipo, lasa, o amoy.

antibiotic/antibiotic gamot na ginagamit para patayin ang baktirya at iba pang maliliit na organismo.

antibody/antibody protina gawa ng B selula na bumibigkis sa tukoy na antigen.

anticyclone/anticyclone ang pag-ikot ng hangin sa paligid ng mataas na presyon na sentro sa direksiyon pasaliwat sa ikot ng mundo.

apparent magnitude/malinaw kalakhan ang kinang ng bituin na kita mula sa Mundo.

aquifer/aquifer pangkat ng bato o latak na nag-iipon ng panlupang tubig at maaaring daluyan ng panlupang tubig.

Archaea/Archaea sa isang modernong sistemang taxonomic, isang domain na binubuo ng mga prokaryote na nagkakaiba sa iba pang mga prokaryote sa pagkakabuo ng kani-kanilang mga pabalot ng selula at sa kanilang henetiko; ang domain na ito ay kaugnay ng tradisyonal na kingdom ng Archaebacteria

Archimedes' principle/prinsipyo ni Archimedes ang prinsipyo na nagsasabing ang puwersa ng paglutang ng bagay sa tubig ay pataas na puwersa kapantay ng bigat ng bulumen ng tubig na pinapalitan nito.

area/lawak sukat ng laki ng ibabaw ng rehiyon.

artery/arterya daluyan ng dugo na naglalagos ng dugo mula sa puso patungo sa mga organo ng katawan.

artesian spring/artesyanong bukal bukal na dumadaloy ang tubig mula sa lamat ng bato sa ibabaw ng aquifer.

artificial satellite/artipisyal na satellite anumang bagay na gawang-tao na nilagay sa landas ng paligid ng kalawakan.

asexual reproduction/aseksuwal reproduksiyon reproduksiyon na may ugnayan ang pagsama ng selula ng kasarian na kung saan ang isang magulang ay makapag-aanak ng kapareho nito.

asteroid/asteroid maliit, mabatong bagay na umiikot sa araw, kadalasan sa isang buklod sa pagitan ng landas ng Mars at Jupiter.

asteroid belt/asteroid belt ang rehiyon ng solar system na nasa gitna ng landas ng Mars at Jupiter na kung saan umiikot ang karamihan sa asteroid.

asthenosphere/astenospero ang malambot na nakapatong sa mantel na ginagalawan ng tectonic plates.

astronomical unit/astronomikal na yunit ang katamtamang distansya sa pagitan ng Mundo at araw; higit-kumulang 150 milyong kilometro (simbolo, AU).

astronomy/astronomika ang pag-aaral ng sandaigdigan.

atmosphere/atmospera pinaghalong gas na nakapalibot sa planeta o buwan.

atmospheric pressure/atmosperang presyon ang presyong sanhi ng bigat ng atmospera.

atom/atom ang pinakamaliit na yunit ng elemento na nakapananatili ng katangian ng elementong iyon.

atomic mass/atomikang mass ang pangkat ng atom na pinapahayag bilang yunit ng atomikang mass.

atomic mass unit/yunit ng atomikang mass yunit ng mass na naglalarawan sa pangkat ng atom o molekula.

atomic number/atomikang bilang ang bilang ng proton sa ubod ng atom; ang atomika bilang ay pareho para sa lahat ng atom ng elemento.

ATP/ATP adenosine triphosphate, isang molekula na gumaganap bilang pangunahing pinagmumulan ng enerhiya ng lahat ng selula proseso.

autoimmune disease/autoimmune na sakit sakit na kung saan ang sistema ng resistensyaay inaatake ang sariling selula ng organismo.

average speed/karaniwang bilis ang kabuuang distansyang nilakbay na hinahati sa kabuuang oras na nilakbay.

axis/aksis isa sa dalawa o higit pang sangguniang linya na marka sa gilid ng graph.

azimuthal projection/azimuthal na proyeksiyon proyeksiyon ng mapa na gawa sa paglipat ng pang-ibabaw na ayos ng globo sa pantay na lagayan.

B

B cell/B selula ay puting dugong selula na gumagawa ng antibodies.

Bacteria/Bakterya sa isang modernong sistemang taxonomic, isang domain na binubuo ng mga prokaryote na nagkakaiba sa iba pang mga prokaryote sa pagkakabuo ng kani-kanilang mga pabalot ng selula at sa kanilang henetiko; ang domain na ito ay kaugnay ng tradisyonal na kingdom ng Eubacteria.

barometer/barometer kasangkapan na sumusukat sa atmosperang presyon.

base/beis anumang compound na pinararami ang hydroxide ion kapag nalusaw sa tubig.

batholith/batolit isang malaking bulto ng batong igneous sa balakbak ng Mundo na, kapag nailantad sa ibabaw, ay sumasakop ng isang lawak na hindi bababa sa 100 km^2.

beach/dalampasigan lugar sa baybay ng dagat na binubuo ng materyal na dineposito ng wave.

bedrock/bedrock ang patong ng bato sa ilalim ng lupa.

benthic environment/benthic na kapaligiran ang rehiyong malapit sa ilalim ng lawa, look, o karagatan.

benthos/benthos mga organismong nakatira sa ilalim ng dagat o karagatan.

Bernoulli's principle/Bernoulii prinsipyo ang prinsipyo na nagsasabing ang presyon sa tubig ay humihina habang ang bilis nito'y nadaragdagan.

big bang theory/big bang teoriya ang teoriyang nagpapahayag na ang sandaigdig ay nagsimula sa pambihirang putukan na may mga 13.7 bilyon taon ng nakaraan.

binary fission/binary fission uri ng aseksuwal na reproduksiyon sa isang-selulang organismo na kung saan ang isang selula ay nahahati sa dalawang selulang pareho ang laki.

biodiversity/biodiversidad ang bilang at pagkakaiba ng organismo sa nasabing lugar sa tiyak na panahon.

biomass/biomass organikong bagay na maaaring pagmulan ng enerhiya; ang kabuuang pangkat ng organismo sa nasabing lugar.

biome/biome malaking rehiyon na makikilala batay sa partikular na uri ng klima at ilang uri ng halaman at hayop na komunidad.

bioremediation/bioremediation biyoholikang paggamot sa mapanganib na dumi ng buhay na organismo.

biosphere/biosphere ang bahagi ng Mundo kung saan naroroon ang buhay; kabilang ang lahat ng mga nabubuhay na organismo sa Mundo.

biotic/biotic lumalarawan sa sanhi ng buhay sa kapaligiran.

bird of prey/ibong naninila ibon na humahanap at kumakain ng ibang hayop.

black hole/itim na butas isang bagay na malaki at makapal na hindi kayang tagusin kahit na ilaw ang grabidad nito.

blood/dugo likidong naghahatid ng gas, sustansya, at dumi sa buong katawan at ito'y binubuo ng platelets, puting dugong selula, pulang dugong selula, at plasma.

blood pressure/presyon ng dugo ang puwersa ng dugo sa arteriya.

boiling/kumulo ang pagpapalit ng likido sa singaw kapag ang presyon ng singaw ay katumbas ng presyon ng atmospero.

Boyle's law/batas ng Boyle's ang batas na nagsasabing ang bulumen ng gas ay katumbas ng kabaligtaran ng presyon ng gas kung ang temperatura ay di nagbabago.

brain/utak ang organo na siyang panguna-hing sentro ng pagkontrol ng nervous sys-tem.

bronchus/bronchus isa sa dalawang tubo na umuugnay sa baga at sa lalagukan.

brooding/lumilimlim upuan at takpan ang mga itlog para panatilihin ang init hanggang mapisa; halimhiman.

buoyant force/puwersa ng paglutang ang pataas na puwersa na nagpapaangat sa isang bagay o nagpapalutang sa tubig.

C

caldera/kaldera malaki, pabilog na depresyon na nabubuo kapag ang magma chamber sa baba ng bulkan ay medyo ubos at sumasanhi para ang lupa sa itaas ay lumubog.

cancer/kanser tumor kung saan ang selula ay nagsisimulang kumalat nang mabilis at nagiging mailap.

capillary/kapilyari maliit na daluyan ng dugo na maaaring magpalit ng dugo o selula sa himaymay.

carbohydrate/carbohydrate isang uri ng mga molekula na kabilang ang mga sugar, starch, at fiber; naglalaman ng karbon, hydrogen, and oksiheno.

carbon cycle/siglo ng karbon paggalaw ng karbon mula sa walang buhay na kapaligiran sa may buhay at pagbalik nito.

cardiovascular system/cardiovascu-lar system koleksiyon ng mga organo na naghahatid ng dugo sa buong katawan.

carnivore/carnivore organismong kumakain ng hayop.

carrying capacity/karga kapasidad ang pinakamalaking populasyon ng kapaligiran na maaaring suportahan sa takdang panahon.

cast/cast uri ng posil na nabubuo kapag may latak na naiwan sa butas ng naagnas na organismo.

catalyst/catalyst sustansyang nagpa-pabago ng bilis ng kemikal na reaksiyon na hindi nagagamit o di gaanong nababago.

catastrophism/kasawian isang prinsipyo na nagsasabing ang pagbabago sa helohiya ay biglang nagaganap.

cell/selula ang pinakamaliit na yunit na sa pag-andar at pagbuo ng lahat ng mga nabubuhay na organismo; karaniwan ay binubuo ng isang nucleus, cytoplasm, at isang lamad.

cell/selula sa elektrisidad, isang gamit na naglalabas ng kuryente sa pamamagitan ng pagsalin ng kemikal o ng enerhiya ng liwanag sa elektrikal na enerhiya.

cell cycle/siglo ng selula ang pag-ikot ng buhay ng selula.

cell membrane/lamad ng selula isang phospholipid na latag na nakatakip sa selula at harang sa pagitan ng loob at kapaligiran ng selula.

cell wall/pabalot ng selula matigas na istraktura na nakapalibot sa selula lamad ang nagbibigay ng suporta selula.

cellular respiration/paghinga ng selula proseso kung saan ang selula ay gumagamit ng oksiheno upang maglabas ng enerhiya mula sa pagkain.

Cenozoic era/Cenozoic na panahon ang pinakabagong helohiyang panahon, nagsimula 65 milyong taon nang nakaraan; tinatawag ding *Panahon ng mga Mamal*.

central nervous system/pangunahing nervous system ang utak at ang gulugod; ang pangunahing tungkulin ay kontrolin ang daloy ng impormasyon sa katawan.

change of state/pagbabago ng anyo ang pagbabago ng sustanya mula sa isang pisikal na anyo sa iba.

channel/kanal ang landas na sinusundan ng agos.

Charles's law/Batas ni Charles ang batas na nagsasabing ang bulumen ng gas ay katumbas ng temperatura ng gas kapag ang presyon ay di nagbabago.

chemical bond/kemikal na bond interaksiyon na nagkakabit sa mga atom o ion.

chemical bonding/kemikal na pagbunsod ang kombinasyon ng mga atom para mabuo ang molekula o ioniko na compound.

chemical change/kemikal na pagbabago pagbabago na naganap kapang ang isa o higit pang sustansya ay maging ibang bagong sustansya na may ibang katangian.

chemical energy/enerhiyang kemikal enerhiyang nilalabas kapag ang kemikal na compound ay gumawa ng ibang compound.

chemical equation/kemikal na pantayan isang paglalarawan ng kemikal reaksyon na gumagamit ng simbolo para ipakita ang relasyon sa pagitan ng reactant at ng produkto.

chemical formula/kemikal na pormula kombinasyon ng kemikal na simbolo at numero na kumakatawan ng sustansya.

chemical property/kemikal na katangian katangian ng bagay na lumalaran sa abilidad ng sustansya para gumawa ng kemikal na reaksyon.

chemical reaction/kemikal na reaksyon proseso kung saan ang isa o higit pang sustansya ay nagbabago para gumawa ng isa o higit pa na ibang sustansya.

chemical weathering/kemikal na pag-aagnas proseso kung saan naghihiwalay ang mga bato dahil sa kemikal na reaksyon.

chlorophyll/kloropila berdeng kulay na bumibihag ng enerhiyang Ilaw para sa potosintesis.

chloroplast/kloroplas isang organel makikita sa mga selula ng halaman o algae kung saan mayroong potosintesis.

chromosome/kromosom sa selulang eukaryotic, isa sa mga istraktura sa nucleus na binubuo ng DNA at protina; sa selulang prokaryotic, ang pangunahing bilog ng DNA.

circadian rhythm/ritmong sirkadyan isang biyolohiyang pang-araw-araw na ikot.

circuit board/tabla ng sirkuwit isang pirasong may materyal na pang-insulasyonna mayroong elementong sirkuwit at ipinapasok sa eketronikong kagamitan.

classification/klasipikasyon dibisyon ng organismo sa grupo, o uri base sa partikular na katangian.

cleavage/biyak ang paghihiwalay ng mineral sa makinis, pantay na kalatagan.

climate/klima ang karaniwang kondisyon ng panahon sa isang lugar sa mahabang yugto ng panahon.

closed circulatory system/saradong sistemang sirkulatori isang sirkulatori sistema kung saan ang puso ay nagpapadaloy ng dugo sa pamamagitan ng lambat-lambat na ugat na sarado ang ikot; ang dugo ay hindi umaalis sa ugat, at ang materyal ay sumasabog sa dingding ng ugat.

cloud/ulap koleksiyon ng maliliit na patak ng tubig o yelong kristal na nakabitin sa hangin, na nabubuo kapag ang hanging ay nalamigan at mayroon kondensasyon.

coal/uling ay panggatong na mula sa mga posil na nabubuo sa ilalim ng lupa mula sa bahagyang pagkabulok ng halamang materyal.

cochlea/suso ng tainga nakakidkid na tubo na makikita sa looban ng tainga at kailangan para sa pandinig.

coelom/kolom butas sa katawan na naglalaman ng panloob na organo.

coevolution/kaebolusyon ang ebolusyon ng dalawang espesye na napapanahon ang magkaparehong impluensiya, kadalasan ay nagbibigay-pakinabang sa dalawang espesye.

colloid/kolyd mistura na binubuo ng maliliit na partikel na nakapagitan ang laki sa pagitan ng nasa solusyon at ng nakabitin at ng nakalawit sa likido, solid, o gas.

combustion/kumbustiyon ang pagsusunog ng sustansya.

comet/kometa maliit na yelo, bato at kosmikong alikabok na sumusunod sa eliptikong orbita sa palibot ng araw na naglalabas ng gas at buhangin na may anyong buntot habang dumaraan na malapit sa araw.

commensalism/kumensalismo relasyon sa pagitan ng dalawang organismo kung saan ang isang organismo ay may pakinabang at ang isa ay hindi apektado.

communication/kumunikasyon ang paglipat ng senyales o mensahe mula sa isang hayop hanggang sa isa pa na uri ng may pagtugon.

community/kumunidad lahat ng populasyon ng espesye na naninirahan sa parehong tirahan at may ugnayan sa isa't isa.

composition/komposisyon kemikal na pagkakabuo ng bato; lumalarawan sa mineral o iba pang materyal sa bato.

compound/compound sustansyang binubuo ng mga atom na may dalawa o higit pang magkaibang elemento na pinagsama ng kemikal na bond.

compound eye/compound na mata matang binubuo ng maraming manunuklas ng ilaw.

compound light microscope/compound na mikroskopyo ng Ilaw instrumento na nagpapalaki ng maliit ng bagay upang mabilis makita ito gamit ang dalawa o higit pang lente.

compound machine/compound na makina makinang binubuo ng higit sa isang simpleng makina.

compression/kompresyon higpit na nagaganap sa puwersa para pisilin ang isang bagay.

computer/kompyuter isang elektronikang kagamitan na tumatanggap ng datos o instruksiyon, sumusunod sa instruksiyon, at naglalabas ng resulta.

concave lens/malukong lente lente na mas malipis sa gitna kaysa sa gilid.

concave mirror/malukong salamin salamin na nakakurbang papasok gaya ng kurba ng kutsara.

concentration/konsentrasyon halaga ng partikular na sustansya sa nasabing dami ng mistura, solusyon, o inang-mina.

condensation/kondensasyon ang pagbabago ng kalagayan mula sa gas sa pagiging likido.

conduction/konduksiyon ang paglilipat ng enerhiya bilang init sa pamamagitan ng isang materyal.

conic projection/koniko proyeksiyon proyeksiyon ng mapa na gawa sa paglipat ng pang-ibabaw na ayos ng globo sa kono.

conservation/konserbasyon preserbasyon at maayos na paggamit ng mga likas na yaman.

constellation/konstelasyon rehiyon sa langit na mayroon nakikilalang padron ng bituin at ito'y ginagamit sa paglalarawan ng lokasyon ng mga bagay-bagay sa kalawakan.

consumer/tagagamit organismong kumakain ng iba pang organismo o organikong materya.

continental drift/kontinental na drift ang hipotesis na nagsasabing ang mga kontinente ay dating iisang pangkat ng lupa, naghiwalay, at tumungo sa kanilang mga kasalukuyang lokasyon.

continental rise/kontinental na pagtaas ang marahang libis na bahagi ng kontinental marhen na nasa gitna ng kontinental pagtaas at ng kalalimang patag.

continental shelf/kontinental na istante ang marahang libis na bahagi ng kontinental marhen na nasa gitna ng baybayin at ng kontinental libis.

continental slope/kontinental na libis ang matarik na nakahilig na bahagi ng kontinental na marhen na nasa gitna ng kontinental na pagtaas at ng kontinental na istante.

contour feather/kontornong balahibo isa sa pinakalabas na balahibo ng ibon at ito'y tumutulong para tiyakin ang hugis nito.

contour interval/kontornong pagitan ang pagitan ng pagkakataas sa pagitan ng isang kontornong guhit sa kasunod nito.

contour line/kontornong guhit guhit na nag-uugnay ng mga tuldok ng magkapantay na elebasyon.

controlled experiment/kontroladong esperimento esperimentong sinusubok lamang ang isang paktor sa isang pagkakataon sa paghahambing ng kontrol grupo sa esperimental grupo.

convection/konbeksiyon ang paggalaw ng materya sanhi ng pagkakaiba sa densidad; ang paglilipat ng enerhiya sanhi ng paggalaw ng materya

convection current/daloy ng konbeksiyon anumang paggalaw ng materya na sanhi ng pagkakaiba sa densidad; maaaring pataas-baba, paikot o pa-silindro.

convergent boundary/pagtatagpo ng hangganan ang hangganang binuo ng pagbabangga ng dalawang lithosperic plates.

convex lens/lukod na lente lente na mas makapal ang gitna kaysa sa gilid.

convex mirror/lukod na salamin salamin na nakabaluktot pataas gaya ng likod ng kutsara.

core/kalagitnaan ang pangunahing bahagi ng Mundo sa ilalim ng mantel.

Coriolis effect/epektong Coriolis ang hayag na palikong daan ng gumagalaw na bagay mula sa hindi diretsong daan dahil sa pag-ikot ng Mundo.

cosmology/kosmolohiya pag-aaral ng pinagmulan, katangian, proseso, at ebolusyon ng sandaigdigan.

covalent bond/covalent bond ugnayan na nabuo nang maghati ang atom ng isa o higit pang pares ng elektron.

covalent compound/covalent compound kemikal na compound na nabuo sa paghahati ng mga elektron.

crater/krater hugis-embudo na hukay na malapit sa tuktok ng pangunahing butas ng bulkan.

creep/krip mabagal na pababang galaw ng mga naaagnas na batong materyal.

crust/balakbak manipis at buong pinakalabas na patong ng Mundo sa ibabaw ng mantel.

crystal/kristal isang solido na ang mga atom, ion, o molekula ay nakaayos na may tiyak na padron.

crystal lattice/kristal na latis regular na padron kung saan ang kristal ay nakaayos.

cyclone/siklon lugar sa atmospera na may mababang presyon kaysa sa nakapaligid na lugar at may hangin na paikid-ikid papunta sa gitna.

cylindrical projection/pa-silindrong proyeksiyon proyeksiyon ng mapa na gawa sa paglipat ng ibabaw na ayos ng globo sa silindro.

cytokinesis/sitokinesis dibisyon ng sitoplasma ng selula.

cytoskeleton/sitoskeleton ang sitoplasmikong lambat-lambat ng protina pilamento na mahalaga sa paggalaw ng selula, hugis, at dibisyon.

D

data/datos anumang impormasyon na nakuha sa pagsusuri o esperimentasiyon.

day/araw panahong kailangan para ang Mundo ay umikot sa kanyang aksis.

decibel/desibel pinakakaraniwang yunit ng pagsukat ng lakas ng ingay (simbolo, dB).

decomposer/dekomposer organismong kumukuha ng enerhiya sa paghiwalay ng labi ng patay na organismo o dumi ng hayop at ubusin o higupin ang sustansya.

decomposition/dekomposisyon ang paghiwalay ng sustansya sa mas simpleng sustansyang molekular.

decomposition reaction/reaksiyong dekomposisyon reaksiyon kung saan ang isang compound ay naghihiwalay para bumuo ng dalawa o higt pang mas simpleng sustansya.

deep current/lalim ng hihip daloy-ilog na paggalaw ng tubig karagatan sa kalaliman nito.

deep-water zone/lalim-tubig sona sona ng look o lawa sa ilalim ng bukas-tubig na sona, kung saan hindi abot ang liwanag.

deflation/pagkaimpis anyo ng hangin pagkabuhag kung saan ang pino, tuyong lupa ay nililipad.

deformation/depormasiyon ang pagyukod, pagtabingi, at paghiwalay ng balakbak ng Mundo; pagbabago sa hugis ng bato dahil sa tensiyon.

delta/delta hugis-pamaypay na pangkat ng materyal na dineposito sa bunganga ng ilog.

density/densidad bahagian ng mass ng sustansya sa bulumen ng sustansya.

dependent variable/nakadependeng baryabol sa eksperimento, ang sanhi na nagbabago dahil sa pagmamanipula ng isa o higit pa ng ibang sanhi (ang di-nakadependeng baryabol).

deposition/deposisyon proseso kung saan ang materyal ay nakalatag.

dermis/dermis latag ng kutis sa baba ng edipermis.

desalination/desalinasiyon proseso ng pag-aalis ng asin sa tubig karagatan.

desert/disyerto lugar na kaunti o walang halamang buhay, mahabang panahon na tagtuyot, kadalasan makikita sa mainit na klima.

dew point/puntos ng hamog sa tiyak na presyon at singaw ng tubig na laman, ito ang temperatura kung saan ang bilis ng kondensasyon ay kapantay ng bilis ng ebaporasyon.

diaphragm/diyapragma hugis-simboryong kalamnan na nakakabit sa mababang tadyang at siyang pangunahing kalamnan sa paghinga.

dichotomous key /dischotomous key tulong na ginagamit para kilalanin ang mga organismo at mayroong sagot sa kawil-kawil na katanungan.

differential weathering/diperensiyal wedering proseso kung saan ang mas malambot, mas di-palaban sa panahon na bato ay naaagnas at nag-iiwan ng mas matigas, at palaban sa panahon na bato.

differentiation/diperensasyon proseso kung saan ang sustansya at tungkulin ng mga bahagi ng organismo ay nagbabago para magkaroon ng espesyalisasyon ang mga bahaging iyon.

diffraction/dipraksiyon pagbabago sa direksiyon ng wave kapag may sagabal o may hangganan, gaya ng bukasan.

diffusion/pagkalat ang paggalaw ng mga partikel mula sa mga rehiyong may mataas na densidad sa rehiyon na mas mababang densidad.

digestive system/dihestibo sistema mga organo na tumutunaw ng pagkain para magamit ito ng katawan.

digital signal/dihital senyal senyal na maaaring ilarawan bilang dugtong-dugtong na magkakaibang halaga.

diode/diode elektroniko na kasangkapan na pinahihintulutan ang elektrisidad na dumaloy sa isang direksiyon kaysa sa iba.

divergent boundary/diberhent na hangganang hangganan sa pagitan ng dalawang tektonik plate na pahiwalay ang galaw sa isa't isa.

divide/dibayd hangganan sa pagitan ng mga paagusan na mayroon ilog na dumadaloy sa kasalungat na direksiyon.

DNA/DNA deoxyribonucleic acid, molekulang nasa lahat ng may buhay na selula at mayroon impormasyon na mapagkikilanlan ng ugali na minamana at ang pangangailangan nito upang mabuhay.

dominant trait/dominanteng ugali ugaling makikita sa unang henerasyon kung ang mga magulang ay mayroon magkaibang ugali.

doping/doping ang pagdaragdag ng maruming elemento sa semikunduktor.

Doppler effect/Doppler epekto ang namasdang pagbabago sa frequency ng wave kapag ang pinagmulan o ang nagmamasid ay gumagalaw.

dormant/di-aktibo lumalarawan sa di-aktibong estado ng buto o iba pang bahagi ng halaman kapag ang kalagayan ay hindi pabor sa paglaki.

double-displacement reaction/ doble-displesment reaksyon reaksyon kung saan ang gas, solidong precipitate, o molekulang compound ay mabuo mula sa pagpapalit ng ion sa pagitan ng dalawang compound.

down feather/balahibong sibol malambot na balahibo na nakatakip sa katawan ng mga batang ibon at nagdudulot ng proteksyon sa Init at lamig.

drag/drag puwersa na kahanay ang belosidad ng daloy; ito'y salungat sa direksiyon ng eruplano at, kung pagsasama-hin ang pagtulak, malalaman ang bilis ng eruplano.

drug/droga anumang sustansya na makakapagsanhi ng pagbabago sa pisikal o psikolohikal na anyo ng tao.

dune/dune tambak ng buhanging galing sa hangin na nananatili ang hugis kahit na gumagalaw.

E

echo/alingawngaw tumatalbog na tunog.

echolocation/ekolokasyon proseso ng paggamit ng tumatalbog na tunog upang hanapin ang mga bagay; gamit ng hayop gaya ng paniki.

eclipse/eklipse pangyayari kung saan ang anino ng isang selestiyal na katawan ay nakapatong sa iba.

ecology/ekolohiya pag-aaral ng ugnayan ng mga may buhay na organismo sa iba at sa kanilang kapaligiran.

ecosystem/ekosistem komunidad ng mga organismo at ng kanilang abiyotik, o walang buhay, kapaligiran.

ectotherm/ectotherm organismo na kailangan ng mapagkukunan ng init sa labas nito.

egg/itlog isang selulang pang-kasarian nanilalabas ng babae.

El Niño/El Niño pagbabago sa tempera-tura ng ibabaw ng tubig sa Karagatang Pasipiko na nagdudulot ng mainit na hangin.

elastic rebound/elastikong talbog ang biglang pagbalik ng naelastiko na nadispigu-rang bato sa kanyang di-pagkadispigurang hugis.

electric current/daloy ng kuryente ang bilis kung saan ang karga ay lumalagos sa nasabing punto; sinusukat sa amperyo.

electric discharge/elektrikong pagdiskarga ang paglalabas ng ng elektrisidad na naipon sa pinagmulan.

electric field/elektrik na field espasyo sa paligid ng may kargang bagay kung saan ang isa pang may kargang bagay ay mayroong elektrik na puwersa.

electric force/elektrik na puwersa puwersa ng atraksiyon o pag-urong sa may kargang partikel dahil sa elektrik na field.

electric generator/elektrikong genera-tor kagamitan na pinapalitan ang mekani-kal na enerhiya ng elektrikal na enerhiya.

electric motor/elektrik na motor
kagamitan na pinapalitan ang elektrikal
na enerhiya ng mekanikal na enerhiya.

electric power/lakas na elektriko ang
bilis kung saan ang elektrikal na enerhiya ay
ginagawang ibang uri ng enerhiya.

**electrical conductor/elektrikal na
kunduktor** materyal kung saan ang karga
ay malayang nakagagalaw.

**electrical insulator/elektrikal na
insulador** materyal kung saan ang karga
ay hindi malayang nakagagalaw.

electromagnet/elektromagnet ikid na
may malambot na kaibuturang bakal na
gumaganap bilang batobalani kapag ang
kuryente ay nasa ikid.

**electromagnetic induction/induksiyong
elektromagnetiko** proseso ng paglikha ng
daloy sa sirkuwit sa pagpapalit ng magne-
tikong field.

**electromagnetic spectrum/elektroma-
gnetikong espektro** lahat ng frequency o
wavelength ng elektromagnikong radyasyon.

**electromagnetic wave/elektromagne-
tikong wave** wave na binubuo ng elektrik
at magnetikong field na nanginginig sa
tamang anggulo sa isa't isa.

electromagnetism/elektromagnetismo
ugnayan sa pagitan ng elektrisidad at
magnetismo.

electron/elektron isang sab-atomikang
partikel na may negatibong karga.

electron cloud/ ulap ng elektron rehiyon
sa palibot ng nukleo ng atom kung saan
makikita ang elektron.

**electron microscope/elektron na mikro-
skopiyo** mikroskopiyo na nakatuon sa
sinag ng elektron para palakihin ang bagay.

element/elemento sustansya na hindi
maaaring papaghiwalayin na maging mas
simpleng sustansya sa pamamagitan ng
kemikal na paraan.

elevation/pagtaas ang taas ng bagay sa
ibabaw ng dagat.

embryo/embryo sa mga tao, isang nabu-
buong indibidwal mula sa pagkapunla hang-
gang sa ika-10 na linggo ng pagdadalang-tao.

endocrine system/sistemang endokrin
koleksiyon ng glandula at grupo ng selula
na naglalabas ng hormon na nagsasaayos
ng paglaki, pag-usbong, at homyostasis;
kabilang ang pitwitaryo, tiroydeo, parati-
ryodeo, glandula adrenal, haypotalamus,
katawan pineal, at ng gonad.

endocytosis/endositosis proseso kung
saan ang lamad ng selula ay pumapaligid sa
partikel at tinatakpan ang partikel sa loob
ng besikel para dalhin ang partikel sa loob
ng selula.

**endoplasmic reticulum/endoplas-
mikong retikulum** sistema ng membrana
na makikita sa loob ng selula sitoplasma
at tumutulong sa pagbuo, pagproseso, at
paglipat ng protina at sa pagbuong lipid.

endoskeleton/endoskeleton panloob na
kalansay na binubuo ng buto at kartilago.

endospore/endospora makapal na pam-
proteksiyong espora na nabubuo sa loob ng
bakteryal na selula at lumalaban sa malupit
na kondisyon.

endotherm/endotermo hayop na gina-
gamit ang init ng katawan mula sa kemikal
na reaksiyon sa selula ng katawan para
mapanatili ng pirmi ang temperatura nito.

endothermic reaction/endotermiko reaksiyon kemikal na reaksiyon na kailangan ng init.

energy/enerhiya kapasidad para gumawa.

energy conversion/komberisyon ng enerhiya pagbabago mula sa isang uri ng enerhiya sa iba.

energy pyramid/piramide ng enerhiya patatsulok na dayagram na pinakikita ang pagkawala ng enerhiya ng ekosistema, na sanhi ng pagdaloy ng enerhiya sa kawing ng pagkain ng ekosistema.

energy resource/gamit-yamang enerhiya isang likas na gamit-yaman na ginagamit ng mga tao upang makagawa ng enerhiya.

eon/eon pinakamalaking dibisyon ng heologikong panahon.

epicenter/episentro punto sa ibabaw ng Mundo na direktang nasa itaas ng simula ng lindol, o sentro.

epidermis/epidermis ibabaw na patong ng selula ng halaman o hayop.

epoch/epoka maliit na dibisyon ng heologikong panahon.

equator/ekwador imahinaryong bilog sa pagitan ng mga dulog ng Mundo na naghahati sa Mundo ng Hilaga at Silangang Hating-globo.

era/era yunit ng heologikong panahon na kinabibilangan ng dalawa o higit pang peryodo.

erosion/erosyon proseso kung saan ang hangin, tubig, yelo, o grabidad ay nagdadala ng lupa at sedimento mula sa isang lokasyon patungo sa iba.

esophagus/lalaugan mahaba, diretsong tubo na nag-uugnay ng paringhe sa tiyan.

estivation/tulog-tag-araw peryodo ng pagkawalang-aktibidad at mababang temperatura ng katawan na dinaranas ng ibang hayop kapag tag-init bilang proteksiyon sa maiinit na panahon at kakulangan ng pagkain.

estuary/wawa lugar kung saan ang sariwang tubig mula sa ilog ay humahalo sa tubig asin mula sa karagatan.

Eukarya/Eukarya modernong taxonomic sistema, dominyong binubuo ng lahat ng eukaryotes, ang dominyong ito ay kapantay ng mga tradisyonal na kaharian ng Protista, Onggo, Plantae, at Animalia.

eukaryote/eukaryote organismong binubuo ng selula na may nukleyo natatakpan ng lamad; ang eukaryotes ay kinabibilangan ng protist, hayop, halaman, at onggo, ngunit hindi ng archaea o baktirya.

evaporation/ebaporasiyon pagbabago ng sustansya mula sa likido sa gas.

evolution/ebolusyon proseso kung saan ang minanang katangian mula sa iba-ibang populasyon sa nagdaang mga henerasyon kaya may mga bagong espesye na natutuklasan.

exfoliation/pagbabalat ang proseso kung saan ang mga sapin-sapin ng bato ay nababakbak mula sa isang malaking bulto ng bato sapagkat natanggal ang presyon.

exocytosis/eksositosis proseso kung saan ang selula ay naglalabas ng partikel sa pamamagitan ng pagkulong ng partikel sa besikel at siya namang nagpupunta sa ibabaw ng selula at sumasama sa lamad ng selula.

exoskeleton/eksoskeleton matigas, panlabas, pansuportang istraktura.

exothermic reaction/eksotermiko reaksyon kemikal na reaksyon kung saan ang init ay nilalabas sa kapaligiran nito.

external fertilization/panlabas na pertilisasyon pagsasama ng mga selula ng kasariansa labas ng katawan ng mga magulang.

extinct/lipol tumutukoy sa espesye na lubusang wala na.

extinction/paglipol pagkamatay ng bawat miyembro ng espesye.

extrusive igneous rock/ekstrusib na igneous na bato bato na nabubuo sanhi ng aktibidad ng bulkan sa o malapit sa ibabaw ng Mundo.

F

farsightedness/farsightedness kondisyon kung saan ang lente ng mata ay nakasentro sa malayong bagay kaysa sa retina.

fat/taba enerhiyang lagayan na nutriyent na tumutulong sa katawang mag-imbak ng bitamina.

fault/fault pagkasira sa katawan ng bato kung saan ang isang bloke ay nakadausdos sa isa.

feedback mechanism/mekanismo ng pidbak pag-ikot ng mga pangyayari kung saan ang impormasyon sa isang hakbang ay may kontrol o nakaaapekto sa nakaraang hakbang.

felsic/pelsik inilalarawan ang batong magma o igneous na mayaman sa mga feldspar at silica at maputi-puti ang kulay sa pangkalahatan.

fermentation/permentasiyon ang paghi-hiwalay ng pagkain na walang oksiheno.

fetus/fetus isang nabubuong tao mula sa dulo ng ika-10 linggo ng pagdadalang-tao hanggang sa pagkapanganak.

floodplain/floodplain bahagi sa gilid ng ilog na gawa mula sa sedimentong naide-posito nang umapaw ang ilog sa pampang.

fluid/likido hindi solidong anyo ng materya kung saan ang atom o molekula ay malayang lumalagpas sa bawat isa, gaya ng gas o tubig.

focus/pokus dako sa gilid ng fault kung saan ang unang paggalaw ng lindol ay naganap.

folding/pagtiklop ang pagbaluktot ng patong ng bato dahil sa tensiyon.

foliated/poliyated tumutukoy sa hitsura ng metamorpikong bato kung saan ang mineral na butil ay nakaayos sa katam o pulutong.

food chain/kawing ng pagkain ang daanan ng paglilipat ng enerhiya sa iba't ibang yugto sanhi ng nakagawiang pagpakain ng serye ng organismo.

food web/lambat ng pagkain diyagramo na nagpapakita ng relasyon ng pagkain ng mga organismo sa loob ng ekosistema.

force/puwersa pagtulak o paghila sa isang bagay para baguhin ang galaw ng bagay; ang puwersa ay may sukat at direksiyon.

fossil/posil bakas ng labi ng organismo na nabuhay noong panahon, kadalasan napapanatili sa sedimentaryong bato.

fossil fuel/panggatong na mula sa posil ang hindi mababagong rekursong nabuo mula sa labi ng organismong nabuhay noon panahon.

fossil record/talaan ng posil istorikal na pagkakasunud-sunod ng buhay na tinutukoy ng mga posil na nakita sa ibabaw ng Mundo.

fracture/lamat paraan kung saan ang mineral ay nababasag sa pabaluktot o iregular na ibabaw.

free fall/malayang pagbagsak paggalaw ng katawan kung saan ang puwersa ng grabidad lamang ang mayroon.

frequency/frequency ang bilang ng wave sa nasabing oras.

friction/priksiyon puwersa na sumasalungat sa mosyon ng dalawang pangibabaw.

front/pront ang baundari sa pagitan ng hangin mas na magkaiba ang densidad at kadalasan iba ang temperatura.

function/tungkulin ang espesyal, normal, at dapat na aktibidad ng isang organo o bahagi.

fungus/onggilyo organismong ang selula ay may nukleo, mahigpit na pabalot ng selula, at walang kloropil at kasapi sa kahariang Onggo.

G

galaxy/galaksiya koleksiyon ng mga bituin, alikabok, at gas na inuugnay ng grabidad.

gallbladder/apdo hugis-suputan na organo na nag-iimbak ng tubig-atay na galing sa atay.

ganglion/ganggliyo pangkat ng selula ng niyerbiyos.

gap hypothesis/gap hipotesis hipotesis na batay sa ideya na ang malakas na lindol ay maaaring maganap sa gilid ng bahagi ng aktibong fault kung saan walang lindol ang naganap sa mahabang panahon.

gas/gas uri ng materya na walang tiyak na bulumen o hugis.

gas giant/gas higante planeta na may malalim, malaking atmospera, gaya ng Jupiter, Saturn, Uranus, o Neptune.

gasohol/gasohol mistura ng gasolina at alkohol na ginagamit bilang piyuwel.

gene/hene isang kumpol ng instruksiyon ng mamanahing ugali.

generation time/henerasyon oras panahon sa pagitan ng pag-anak ng isang henerasyon at ang pag-anak ng susunod na henerasyon.

genotype/henotayp kabuuang henetiko na bumubuo sa organismo, maging ang kombinasyon ng hene ng isa o higit pang tiyak na ugali.

geologic column/heologikong kolum pagkakaayos ng patong ng bato kung saan ang pinakalumang bato ay nasa ilalim.

geologic map/heologikong mapa mapa na may record ng heologikong impormasyon, gaya ng yunit ng bato, katangiang istraktura, mineral na deposito, at dako ng posil.

geologic time scale/iskala ng heologikong panahon karaniwang paraan ng paghati ng mahabang likas na kasaysayan ng Mundo na kayang pag-aaralan.

geology/heolohiya pag-aaral ng pinagmu-lan, kasaysayan, at istraktura ng Mundo at ng proseso na humuhubog sa Mundo.

geosphere/heospira ang pinakasolido, mabatong bahagi ng Mundo; kahabaan nito ay mula sa sentro ng kaibuturan hanggang sa ibabaw ng Mundo.

geostationary orbit/heostasiyonariya na orbita orbita na halos 36,000 km sa ibabaw ng Mundo na kung saan ang satellite ay nasa ibabaw ng tiyak na lugar sa itaas ng ekwador.

geothermal energy/heotermal enerhiya enerhiya mula sa init sa loob ng Mundo.

gestation period/panahon ng pagbubuntis sa mga mamipero, ang haba ng panahon sa pagitan ng pertilisasiyon at kapanganakan.

gill/hasang organong panghinga kung saan ang oksiheno mula sa tubig ay pinapalit sa carbon dioxide mula sa dugo.

glacial drift/glasyal na drift batong materyal na dala at dinedeposito ng glasyer.

glacier/glasyer malaking pangkat ng gumagalaw na yelo.

gland/glandula grupo ng selula na gumagawa ng espesyal na kemikal para sa katawan.

global warming/pandaigdigan pag-init dahan-dahang pagtaas ng karaniwang temperatura ng globo.

globular cluster/pandaigdigang kumpol mahigpit na grupo ng bituin na mukhang bola at mayroon hanggang 1 milyong bituin.

Golgi complex/Golgi komplex selulang organel na tumutulong sa paggawa at pagpakete ng mga materyales na ilalabas sa selula.

grassland/damuhang-lupain isang rehi-yon na pinaghaharian ng mga damo, may kakaunti lamang na mga makakahuyin na palumpong at puno, may mga matatabang lupa, at nakakatanggap ng mga katamta-mang dami ng pana-panahong pag-ulan.

gravity/grabidad puwersa ng pag-akit sa pagitan ng bagay dahil sa kanilang mass.

greenhouse effect/epektong greenhouse pag-init ng ibabaw at mababang atmospero ng Mundo na nagaganap kapag ang pawis ng tubig, carbon dioxide, at iba pang gas ay sinisipsip at muling sinisinag ang termal na enerhiya.

group/grupo patayong hanay ng elemento sa peryodiko talaan; ang mga elemento sa grupo ay may parehong kemikal na katangian.

gut/bituka ang daanan ng pagtunaw ng pagkain.

gymnosperm/gymnosperm makahoy, baskular butong halaman na ang buto ay hindi nakapaloob sa obaryo o prutas.

H

half-life/kalahating-buhay ang panahong kailangan upang ang kalahati ng halimbawa ng radioactive sustansya ay maging radioactive decay.

halogen/haloheno isa sa mga elemento ng Grupo 17 ng peryodikong talaan (plorin, klorin, bromin, yodo, at astatine); ang haloheno ay hinahalo sa karamihan ng mga metal para maging salt.

hardness/pagkatigas sukat ng kakayahan ng mineral para labanan ang pagkagalos.

hardware/hardware mahahawakang bahagi o piraso ng kasangkapan ng bumubuo ng kompyuter.

heat/init enerhiyang lumilipat sa mga bagay na may iba't-ibang temperatura.

heat engine/makinang Init makinarya na napapalit ng init sa mekanikal enerhiya, o paggawa.

heat flow/daloy ng init isa pang termino para sa *paglilipat ng init*, ang paglilipat ng enerhiya mula sa isang mas mainit na bagay papunta sa isang mas malamig na bagay.

herbivore/erbibor organismong kumakain lang ng halaman.

heredity/pagmamana ang pagsasalin ng henetikong katangian mula sa magulang hanggang sa anak.

heterotroph/heterotrop organismong kumakain ng ibang organismo o ng kanilang residyo at hindi kayang gumawa ng organikong tamabalan mula sa di-organikong materyal.

hibernation/pag-iberna panahon ng pagkadi-aktibo at mababang temperatura ng katawan ng ilang hayop tuwing taglamig bilang proteksiyon sa malamig na panahon at kakulangan sa pagkain.

hologram/hologram piraso ng pilm na lumilikha ng imahen ng bagay na may tatlong dimensiyon; gawa gamit ang laser na ilaw.

homeostasis/homeostasis pagpapanatili ng tiyak na panloob na kalagayan sa pabago-bagong kapaligiran.

hominid/hominid uri ng primate na mapagkikilanlan ng bipedalism, may kaugnayan sa mahabang mababang binti, at walang buntot; gaya ng tao at ng kanilang ninuno.

Homo sapiens/Homo sapiens espesye ng hominid na kinabibilangan ng modernong tao at ng kanilang pinakamalapit na ninuno at unang lumitaw mga 100,000 hanggang 150,000 taon nang nakararanan.

homologous chromosomes/homologus kromosom mga kromosom na mayroong pareho ng pagkakasunud-sunod ng hene at may parehong istraktura.

horizon/abot-tanaw guhit kung saan parang nagtapo ang langit at Mundo.

hormone/hormon sustansya na binubuo ng isang selula o himaymay na nagsasanhi ng pagbabago sa ibang selula o himaymay sa ibang bahagi ng katawan.

host/host organismo kung saan kumukuha ang parasito ng pagkain o tumitira.

hot spot/hot spot dako ng aktibong-bulkan sa ibabaw ng Mundo na malayo sa hangganan ng tektonic plate.

H-R diagram/H-R dayagram Hertzsprung-Russell dayagram, isang grapika na nagpapakita ng relasyon sa pagitan ng temperatura sa ibabaw ng bituin at kalakhan.

humidity/kahalumigmigan dami ng tubig bapor sa hangin.

humus/lupang-itsim maitim, organikong materyal na nabuo mula sa lupa na mula sa naagnas na labi ng halaman o hayop.

hurricane/unos malubhang bagyo na nabuo sa tropikal na karagatan na ang malakas na hangin na may bilis na higit sa 120 km/h na pa-pulupot patungo sa mababang-presyon na sentro ng bagyo.

hydrocarbon/hydrokarbon organikong compound na binubuo lamang ng karbon at hydrogen.

hydroelectric energy/hydroelektrik enerhiya elektrikal na enerhiya na mula sa bumabagsak na tubig.

hydrosphere/hydrospero bahagi ng Mundo na tubig.

hygiene/haydyin agham ng kalusugan at paraan para mapanatili ito.

hypha/hypha di-nanganganak na pilamento ng onggo.

hypothesis/hipotesis paliwanag na base sa nakaraang siyentipikong pagsusuri o obserbasyon at maaaring sulitin.

I

ice age/panahon ng yelo mahabang panahon ng klima kung kailan ang may mga nakalatag na lapag ng yelo sa mga malala-wak na lugar ng pisngi ng Mundo, kung tawagin din ay Isang *glacial period*.

immune system/sistema ng resisten-sya selula at himaymay na nakakikila at umaatake sa mga kakaibang sustansya sa katawan.

immunity/inmunidad abilidad na labanan o gumaling mula sa nakahahawang sakit.

inclined plane/nakahilig na patag simpleng makinarya na diretso, nakakiling ang ibabaw, na tumutulong sa pag-akyat ng mga kargada; rampa.

independent variable/independeng baryabol sa eksperimento, ang paktor na kusang minanipula.

index contour/indise kontorno sa mapa, maitim, makapal na kontornong linya na kalimitang ika-limang linya at tumutukoy sa pagbabago ng pagkataas.

index fossil/indiseng posil posil na nakita sa mga patag ng bato na iisang heoligikong panahon at napag-aalaman ng edad ng patag ng mga bato.

indicator/indikador compound na maaaring magpalit-palit ng kulay depende sa kondisyon gaya ng pH.

inertia/inersiya ang pagkiling ng bagay na labanan ang paggalaw dito, o kung ang bagay ay gumagalaw, ay labanan ang pagbabago sa bilis o direksiyon hanggang magkaroon ng panlabas na puwersa.

infectious disease/nakahahawang sakit sakit na sanhi ng pathogen at maaaring kumalat mula sa isang indibidwal hanggang sa iba.

inhibitor/inihibidor sustansya na nagpapabagal o nagpapahinto ng kemikal na reaksyon.

innate behavior/likas na asal minanang asal na hindi depende sa kapaligiran o karanasan.

insulation/insulasiyon sustansya na nagpapakaunti ng pagdaloy kuryente, init, o tunog.

integrated circuit/buong sirkuwit sirkuwit na ang mga bahagi ay buo sa isang semikunduktor lamang.

integumentary system/sistemang integu-mentary sistema ng organo na bumubuo ng balat na pamproteksiyon sa labas ng katawan.

intensity/intensidad sa Mundo ng agham, halaga ng pinsala dulot ng lindol.

interference/interperens kombinasiyon ng dalawa o higit pang wave na nagbubunga ng isang wave.

internal fertilization/panloob na pagpupunla pagpupunla ng itlog gawa ng tamud na naganap sa loob ng katawan ng babae.

Internet/Internet malaking kompyuter network na umuugnay sa maraming lokal at maliliit na network sa buong mundo.

intrusive igneous rock/intrusib na batong igneous batong nabuo mula sa paglamig at pagbubuo ng magma sa ilalim ng Mundo.

invertebrate/invertebrate hayop na walang gulugod.

ion/ion may kargang partikel na nabubuo kapag ang atom o grupo ng atom ay nadaragdagan o nababawasan ng isa o higit pang elektron.

ionic bond/ioniko bond bond na nabubuo kapang ang elektron ay lumilipat mula sa isang atom patungo sa iba, na nagbubunga ng positibong ion at negatibong ion.

ionic compound/ioniko na compound compound na binubuo ng magkasalungat na may karga na ion.

iris/balangaw ang may-kulay na pabilog na bahagi ng mata.

isobar/isobar linya na ginuguhit sa mapa ng panahon at ito'y umuugnay sa punto ng magkapantay na presyon.

isolation/aysolasyon kondisyon kung saan ang dalawang populasyon ay di maaaring mangag-anakan.

isotope/isotop atom na may parehong bilang ng proton (o parehong atomika numero) di tulad ng ibang atom na kapareho ng elemento pero may ibang bilang ng neutron (kaya iba ng atomikang mass).

J

jet stream/jet steam makipot na paha ng malakas na hangin sa bahaging itaas ng tropospero.

joint/kasukasuan lugar kung saan ang dalawa o higit pang buto ay magkadugtong.

joule/joule yunit na gamit sa pagpapahayag ng enerhiya; katumbas sa halaga ng ginawa na may puwersa ng 1 N na may distansiyang 1 m sa direksiyon ng puwersa (simbolo, J).

K

kidney/bato isa sa pares ng organo na nagsasala ng tubig at dumi mula sa dugo at naglalabas ng ihi.

kinetic energy /kinetik enerhiya enerhiya ng bagay dahil sa paggalaw nito.

L

lahar/lahar isang pagdaloy ng putik na nabubuo kapag ang abo ng bulkan at mga kalat na bitak ay naghahalo sa pagputok ng bulkan.

La Niña/La Niña pagbabago sa silanganan ng Karagatang Pasipiko kung saan ang temperatura sa ibabaw ng tubig ay di karaniwan ang lamig.

landslide/lanslayd biglang pagguho ng bato at lupa pababa ng gulod.

 T 19

large intestine/malaking bituka ang mas malapad at mas maikling bahagi ng bituka na nagtatanggal ng tubig sa mga natunaw na pagkain at ginagawang medyo solidong dumi.

larynx/gulung-gulungan bahagi sa lalamunan na naroon ang pantinig at naglalabas ng tinig.

laser/laser kagamitan na naglalabas ng matinding ilaw na iisa lang ang wavelength at kulay.

lateral line/lateral na linya malabong linya na makikita sa dalawang panig sa kahabaan ng katawan ng isda na siya ring kinalalagyan ng mga organo na nararamda-man ang panginginig sa tubig.

latitude/latitud distansiya hilaga o kanlu-ran mula sa ekwador, pinapahayag ng digri.

lava plateau/talampas ng laba malapad, patag na uri ng lupa na sanhi ng paulit-ulit na pagputok ng laba na kumalat sa malaking lugar.

law/batas buod ng maraming eksperimen-tal na resulta at pagsusuri; ang batas ang nagsasabi kung paano ginagawa ang mga bagay-bagay.

law of conservation of energy/batas ng konserbasyon ng enerhiya ang batas na nagsasabi na ang enerhiya ay hindi magagawa o masisira ngunit maaaring magpabago-bago ng anyo.

law of conservation of mass/batas ng konserbasyon ng mass batas na nagsasabi na ang mass ay hindi magagawa o masisira ng ordinaryong kemikal o pisikal na pagbabago.

law of cross-cutting relationships/batas ng cross-cutting na relasyon prinsipyo na ang fault o katawan ng bato ay mas bata kaysa sa ibang bato na nahiwa nito.

law of electric charges/batas ng elektrik na karga batas na nagsasabi na gaya ng pag-urong ng karga ay umaakit ang magkasalungat na karga.

leaching/leaching pagtanggal ng sustansya ng natutunaw mula sa bato, kiho, o patong ng lupa dahil sa pagdaloy ng tubig.

learned behavior/natutunang ugali ugali na natutunan mula sa karanasan.

lens/lente aninag na bagay na nagrereprak ng ilaw wave para ito'y magbuo o magkalat at lumikha ng imahin.

lever/pingga simpleng makinarya na binubuo ng tarangka na umiikot sa tiyak na punto na tinatawag na *pulkro*.

lichen/lumot pangkat ng onggo at algal selula na magkasamang lumalaki sa simbiyotikong relasyon at kadalasan makikita sa bato o puno.

life science/agham ng buhay pag-aaral ng mga buhay na bagay.

lift/angat pataas na puwersa sa isang bagay na gumagalaw sa likido.

lightning/kidlat elektrikong pag-diskarga na nagaganap sa pagitan ng dalawang magkasalungat na karga, gaya ng pagitan ng ulap at lupa, sa pagitan ng dalawang ulap, o dalawang bahagi ng iisang ulap.

light-year/light-year distansiya ng pagbiyahe ng ilaw sa loob ng isang taon; mga 9.46 trilyong kilometro.

lipid/lipid isang molekula ng taba o molekula na may katulad na mga katangian; kabilang sa mga halimbawa ay ang mga langis, waks, at steroid.

liquid/likido anyo ng materya na may tiyak na bulumen ngunit di-tiyak na hugis.

lithosphere/litospero solido, panlabas na patong ng Mundo na binubuo ng balakbak at matibay na parteng itaas ng mantel.

littoral zone/litoral na sona mababaw na sona ng lawa o lanaw kung saan ang ilaw ay umaabot sa baba at naaalagaan ang mga halaman.

liver/atay pinakamalaking organo ng katawan; naglalabas ito ng tubig-atay, nag-iipon at sinasala ang dugo, at nag-iipon ng sobrang asukal bilang glycogen.

load/lulan materyales dala ng ilog; ito *rin* ang mass ng bato na mayroon heolohikal na istraktura.

loess/loess mapag-bungang na sedimenta-ryo ng kuwarts, feldspar, hornblende, mica at luad na dineposito ng hangin.

longitude/longitud distansiya ng silangan at hiwaga mula sa primerong meridyan; pinapahayag ng digri.

longitudinal wave/longitudal wave wave kung saan ang partikel ng daluyan ay nanginginig kahanay sa direksiyon ng galaw ng wave.

longshore current/longshore na hihip tubig hihip na naglalakbay malapit o kahanay ng baybayin.

loudness/lakas saklaw ng maririnig na tunog.

low earth orbit/mababang mundong orbita orbita na mas mababa sa 1,500 km ang angat sa ibabaw ng Mundo.

lung/baga organong panghinga kung saan ang oksiheno mula sa hangin ay pinapalitan ng carbon dioxide mula sa dugo.

luster/kinang paraan kung saan ang mineral ay nag-aaninag ng ilaw.

lymph/limpa likido na kinokolekta ng limpatikong ugat at buko.

lymph node/limpa buko organong sinasala ang limpa at makikita sa tabi ng limpatikong ugat.

lymphatic system/sistemang limpatik koleksiyon ng organo na ang pangunahing tungkulin ay mangulekta ng karagadagang selula tubig at ibalik ito sa dugo; organo sa sistemang ito ay binubuo ng limpa buko at limpatikong ugat.

lysosome/lisosom selulang organel na binubuo ng pandihesityong enzymes.

M

machine/makinarya kagamitan na tumutu-long sa paggawa sa pamamagitan ng pagla-ban sa puwersa o pagbago ng direksiyong ng puwersa.

macrophage/macrophage an sistema ng resistensya ng selula na nakapalibot sa patogen at iba pang materyal.

mafic/mafic inilalarawan ang magma o batong igneous na mayaman sa magnesium at bakal at maitim ang kulay sa pangkala-hatan.

magma chamber/magma tsamber katawan ng nalunong bato na nasa bulkan.

magnet/batubalani anumang materyal na umaakit ng bakal o materyal na may bakal.

magnetic declination/magnetikong deklinasiyon pagkakaiba sa pagitan ng magnetikong hilaga at totoong hilaga.

magnetic force/magnetikong puwersa
puwersa ng pag-akit o pagtalbog ng gawa
sa paggalaw o pag-ikot ng mga elektrik na
karga.

magnetic pole/magnetiko dulog
isa sa dalawang punto, gaya ng dulog
ng batubalani, na mayroon magkasalungat
na magnetikong katangian.

magnitude/kalakhan sukat ng lakas ng
lindol.

**main sequence/pangunahing pagkaka-
sunud-sunod** lokasyon ng H-R dayagram
kung saan naroon ang mga bituin; mayroon
itong palihis na padron mula sa babang
kanang parte (mababang temperatura at
luminosidad) hanggang sa mataas na kaliwa
(mataas na temperatura at luminosidad).

malnutrition/malnutrisyon sirang
nutrisyon na sanhi kapag ang tao ay hindi
kumain ng sapat na pagkaing masustansiya
na kailangan ng katawan ng tao.

mammary gland/glandulang mamari nasa
babaeng mamal, glandula na naglalabas ng
gatas.

mantle/mantel patag ng bato sa pagitan ng
balakbak ng mundo at ng kalagitanaan.

map/mapa paglalarawan ng mga katangian
ng pisikal na katawan gaya ng Mundo.

marsh/latian basang lupa na walang puno
na ekosistema kung saan ang tumutubo ang
damo.

marsupial/marsupiyal mamal na may dala
at nag-aalaga ng anak sa bulsa nito.

mass/mass sukat ng halaga ng materya sa
isang bagay.

mass movement/masang paggalaw
pababang paggalawa sa seksiyon ng lupa.

mass number/bilang ng mass suma ng
mga bilang ng proton at neutron ng atom.

**material resource/gamit-yamang
materyal** isang likas na gamit-yaman na
ginagamit ng mga tao upang gumawa ng
mga bagay o upang kainin at inumin.

matter/materyal anumang bagay na may
mass at umuokupa ng lugar.

mean/mean numero na nakuha sa pagsuma
ng mga datos na may tiyak na katangian at
hinahati ang suma sa bilang ng indibidwal.

**mechanical advantage/mekanikal na
pakinabang** bilang na nagsasabi kung ilan
beses magmultiplika ang makina sa
puwersa.

**mechanical efficiency/mekanikal na
bisa** bahagian ng output sa input ng ener-
hiya ng lakas; makakalkula ito sa paghati ng
output ng paggawa ng input ng paggawa.

**mechanical energy/mekanikal na enerhi-
ya** halaga ng kayang gawin ng isang bagay
dahil sa kinetik at potensiyal na enerhiya
nito.

**mechanical weathering/mekanikal na
wedering** pagkabuhag ng bato sa maliliit
na piraso sa pisikal na paraan.

median/mediyana halaga ng gitnang aytem
kapag ang datos ay pinagsunud-sunod batay
sa laki.

medium/daluyan pisikal kapaligiran kung
saan may penomenang nagaganap.

meiosis/meiosis proseso ng dibisyon
ng selula tuwing ang bilang ng kromosom
ay kumakalahati sa orihinal na bilang sa
pamamagitan ng dalawang dibisyon ng
nukleo, nagsasanhi ng pagdami ng selula
ng kasarian (gametes o sporo).

melting/pagtunaw pagbabago ng anyo kung saan ang solido ay nagiging likido dahil sa init.

memory B cell/selula ng memorya B isang B selula na mas tumutugon sa antigen kapag ang katawan ay muling naimpeksiyunan ng antigen kaysa noong una itong makuha.

meniscus/medyaluna ang kurba sa ibabaw ng likido kung saan sinusukat ng bulumen ng likido.

mesosphere/mesopero ang malakas, mas mababang parte ng mantel sa pagitan ng astenospero at panlabas na kalagitnaan; ito *rin* ang patag ng atmospero sa pagitan ng stratospero at termospero at kung saan ang temperatura ay bumaba habang lugar ay lalong tumataas.

Mesozoic era/Mesozoic era heologikong era na tumagal mula 251 milyon hanggang 65.5 milyon taon nang nakalipas; tinatawag ding *Panahon ng Reptilya*.

metabolism/metabolismo suma ng lahat ng kemikal na proseso na naganap sa organismo.

metal/metal elementong makinang at umaakit ng init at elektrisidad.

metallic bond/metalika bond bond na nabuo dahil sa pag-akit sa pagitan ng positibong karga ng metal ion at ng elektron sa paligid nito.

metalloid/metaloyd elementong may katangian ng metal at hindi metal.

metamorphosis/metamorposis isang proseso sa siglo ng buhay ng maraming mga hayop kung saan may nagaganap na mabilisang pagpapalit mula sa batang organismo upang maging isang organismong nasa wastong edad; ang isang halimbawa ay ang pagpapalit mula larba hanggang ganap na insekto.

meteor/bulalakaw makinang na guhit ng liwanag na sanhi ng pagkasunog ng meteoroyd sa atmospero ng Mundo.

meteorite/meteorito meteoroyd na umaabot sa ibabaw ng Mundo na hindi lubusang nasunog.

meteoroid/meteoroyd napakaliit, mabatong lupon na naglalakbay sa kalawakan.

meteorology/meteorolohiya siyentipikong pag-aaral ng atmospera ng Mundo, lalo na't may kaugnayan sa panahon at klima.

meter/metro mahalagang yunit ng haba sa SI (simbolo, m).

microclimate/mikroklima klima ng maliit na lugar.

microprocessor/mikroprosesor isang semikunduktor na chip na kumukuntrol at ginagawa ang instruksiyon ng mikrokompyuter.

mid-ocean ridge/gitna-karagatan tagaytay mahaba, nasa ilalim ng dagat na bunduk-bundok na nasa patag ng mga pangunahing karagatan.

mineral/mineral uri ng sustansya na kemikal elemento na kailangan para sa ilang proseso ng katawan.

mineral/mineral natural, di-organikong solido na may tiyak na kemikal istraktura.

mitochondrion/mitokondriyon sa eukaryotic selula, ang organel ng selula na napaliligiran ng dalawang lamad at doon ginaganap ang respirasyon ng selula.

mitosis/mitosis sa eukaryotic na selula, proseso ng dibisyon ng selula na bumubuo ng dawalang bagong nukleo, bawat isa ay may parehong bilang ng kromosom.

mixture/mistura kombinasyon ng dalawa o higit pang sustansya na hindi kemikal na pinagsama.

mode/mode ang pinakamadalas na halaga sa pangkat ng datos.

model/modelo padron, planado, representasyon, o paglalarawan na sinadya para ipakita ang istraktura o paggawa ng bagay, sistema, o konsepto.

mold/molde marka o butas gawa sa sedimentaryo ng kabibi o iba pang uri.

mold/amag sa biyolohiya, onggo na mukhang lana o koton.

molecule/molekula pinakamaliit na yunit ng sustansya na nagpapanatili ng lahat ng pisikal at kemikal na katangian ng sustansyang iyon.

molting/pinaglunuhan ang pagkalat ng eksoskeleton, balat, balahibo, o buhok para palitan ng bago.

momentum/momentum kantidad na inilalarawan bilang produkto ng mass at belosidad ng isang bagay.

monotreme/monotreme mamal na nangingitlog.

month/buwan dibisyon ng taon na batay sa ikot ng buwan sa Mundo.

motion/galaw ang pagbabago ng posisyon ng isang bagay mula sa isang punto.

mudflow/mudflow ang pagdaloy ng putik o bato at lupa na may halong tubig.

muscular system/sistema ng kalamnan organong sistema na ang pangunahing tungkulin ay ang paggalaw at pleksibilidad.

mutation/mutasyon pagbabago sa nucleotide-base na pagkakasunud-sunod ng hene o DNA molekula.

mutualism/mutwolismo relasyon sa pagitan ng dalawang espesye kung saan parehong may pankinabang ang dalawa.

mycelium/mycelium pangkat ng onggo pilamento, o hyphae, na bumubuo ng katawan ng onggo.

N

narcotic/narkotiko droga na nakukuha sa opyum at nakatatanggal ng sakit at nakakaantok; halimbawa nito'y heroin, morpin, at kodin.

NASA/NASA ang Nasyonal Aeronotik at Kalawakan Administrasyon.

natural gas/likas na gas mistura ng mga gas na hydrokarbon matatagpuan sa ilalim ng kapatagan ng Mundo, kadalasan malapit sa deposito ng pitrolyo; ginagamit na piyuwel.

natural resource/likas na yaman anumang likas na materyal na ginagamit ng tao, gaya ng tubig, pitrolyo, mineral, kagubatan, at hayop.

natural selection/likas na pagpili proseso kung saan ang indibidwal na akma sa kapaligiran ay nabubuhay at mas nanganganak kaysa sa mga hindi gaanong akmang indibidwal; teoriyang nagpapaliwanag ng mekanismo ng ebolusyon.

neap tide/neap tide paglaki ng tubig sa pinakamaliit ang saklaw na nagaganap tuwing una at pangatlong ikapat ng buwan.

nearsightedness/pagkakortabista kondisyon kung saan ang lente ng mata ay nakatuon sa malayong bagay sa unahan ng retina kaysa sa retina.

nebula/nebula malaking ulap ng gas at alikabok sa kalawakan; rehiyon sa kalawakan kung saan ipinapanganak ang bituin o pumuputok para tapusin ang kanilang buhay.

nekton/nekton lahat ng organismo na akti-
bong lumalangoy sa tubig; hindi nakasalalay
sa hihip.

nephron/nepron yunit ng bato na
nagsasala ng dugo.

nerve/ugat koleksiyon ng hibla ng nerbiyos
kung saan dumadaloy ang impulso sa pagi-
tan ng pangunahing sistema ng nerbiyos at
ng iba pang bahagi ng katawan.

net force/netong puwersa kombinasyon
ng lahat ng mga puwersa sa isang bagay.

neuron/neuron isang ugat ng selula na
siyang tumatanggap at namamahala ng
elektrik impulso.

**neutralization reaction/reaksyong
neutralisasyon** reaksyon ng asido at ng
beis para magbuo ng neutral na solusyon ng
tubig at asin.

neutron/neutron maliit na partikel ng
atomika na walang karga at matatagpuan sa
nukleo ng atom.

neutron star/neutron bituin bituin na
bumagsak dahil sa grabidad sa puntong
ang elektron at proton ay magkasamang
nabasag at bumuo ng neutron.

newton/newton ang yunit ng SI para sa
puwersa (simbolo, N).

nicotine/nikotina nakalalason, nakaaadik-
tong kemikal na makikita sa tabako at isa sa
pangunahing tagapagdagdag sa masamang
epekto ng paninigarilyo.

nitrogen cycle/siglo ng nitroheno
proseso kung saan ang nitroheno ay umiikot
sa hangin, lupa, tubig, halaman, at hayop sa
loob ng ekosistema.

noble gas/noble gas isa sa mga elemento
ng Grupo 18 ng peryodiko talaan (helyum,
neon, argon, krypton, xenon, at radon);
noble gas ay hindi reaktibo.

noise/ingay tunog na binubuo ng
halu-halong frequency.

nonfoliated/di-poliyated tumutukoy sa
hitsura ng metamorpikong bato kung saan
ang mineral butil ay hindi nakaayos sa
katam o pulutong.

**noninfectious disease/di-nakakahawang
sakit** sakit na hindi kumakalat mula sa
isang indibidwal sa iba.

nonmetal/di-metal elemento na hindi
gaanong umaakit ng init at elektrisidad.

**nonpoint-source pollution/nonpoint-
source na polusyon** polusyon na marami
ang pinagmulan hindi sa isa at tiyak na
lugar.

**nonrenewable resource/di-mapapanum-
balik na yaman** yaman na mabagal gawin
at mabilis ubusin.

**nonsilicate mineral/di-silicate na
mineral** mineral na walang compound
ng silikon at oksiheno.

**nonvascular plant/di-baskular na
halaman** ang tatlong grupo ng halaman
(liverworts, hornworts, at mosses) na
kulang ng mga himaymay at tunay na ugat,
tangkay, at dahon.

**nuclear chain reaction/nuklear chain na
reaksyon** dirediretsong serye ng reaksyon
ng nuklear pisyon.

nuclear energy/nuklear na enerhiya
enerhiyang nilalabas ng pisyon or pusyon
na reaksyon; ang nag-uugnay na enerhiya ng
atomik na nukleo.

nuclear fission/nuklear na pisyon ang paghihiwalay ng nukleo ng malaking atom sa dalawa o higit pang pragmento; naglalabas ng karagdagang neutron at enerhiya.

nuclear fusion/nuklear na pusyon kombinasyon ng nukleo ng mga maliit na atom para bumuo ng mas maliking nukleo; naglalabas ng enerhiya.

nucleic acid/nukleik na asido molekulang binubuo ng maliliit na yunit na tinatawag na *nucleotides*.

nucleotide/nucleotide sa nukleik-asido na hangganan, ang maliit na yunit na binubuo ng asukal, pospeyt, at nitrohenong beis.

nucleus/nukleo sa eukaryotic na selula, ang maliit na organel na nababalot ng membrano na naglalaman ng DNA ng selula at may bahagi sa pagproseso gaya ng paglaki, metabolismo, at reproduksiyon.

nucleus/nukleo sa pisikal na agham, ang sentrong rehiyon ng atom, na binubuo ng proton at neutron.

nutrient/sustansya sustansya sa pagkain na nagbibigay ng enerhiya at tumutulong sa paggawa ng himaymay ng katawan at kailangan para mabuhay at lumaki.

O

observation/obserbasyon proseso ng pagkuha ng impormasyon sa paggamit ng pakiramdam.

ocean current/karagatan hihip paggalaw ng tubig karagatan na sumusunod sa regular na padron.

ocean trench/karagatan trintsera matarik at mahabang pagbaba sa kapatagan ng kalaliman ng dagat na kahanay ng dugtung-dugtong na bulkang isla o ng kontinental na marhen.

oceanography/oseanograpiya siyentipikong pag-aaral ng dagat.

omnivore/omnibor organismong kumakain ng halaman at hayop.

opaque/opeyk tumutukoy sa bagay na hindi aninag o kayang lagusan ng liwanag.

open circulatory system/bukas na sistemang sirkulatori sistemang sirkulatori na kung saan ang daluyan ay hindi nasa ugat lahat; ang puso ay nagbobomba ng daluyan sa pamamagitan ng mga ugat na mayroong walang-laman na espasyong tinatawag na *sinuses*.

open cluster/bukas na klaster grupo ng bituin na magkakadikit kaysa nakapaligid na bituin.

open-water zone/bukas-tubig na sona sona ng lawa o look na nasa kahabaan ng litoral na sona at abot ng liwanag ang lalim.

orbit/orbita daanan na sinusundan ng bagay habang naglalakbay sa paligid ng isa pang bagay sa kalawakan.

ore/kiho likas na mineral na ang konsentrasyon ng mumurahing halaga ng mineral ay matataas kaya mapagkakakitaan ang pagmimina nito.

organ/organo koleksiyon ng himaymay na gumaganap ng tungkulin ng katawan.

organ system/organo sistema grupo ng organo na magkasamang gumagawa ng tungkulin sa katawan.

organelle/organel isa sa mga maliit na bahagi ng sitoplasma ng selula na gumagamanap ng tiyak na tungkulin.

organic compound/organikong compound covalent na pinag-ugnay na compound na mayroon karbon.

organism/organismo may-buhay na bagay; anumang bagay na maaaring mabuhay mag-isa.

osmosis/osmosis pagsiwalat ng tubig sa hindi gaanong tinatagos na membrano.

ovary/obaryo sa namumulaklak na halaman, Ito ang pinakamababang parte ng pistil na naglalabas ng munting itlog; sa pambabaeng sistemang pang-reproduktibo ng hayop, ito ay isang organong naglalabas ng itlog.

overpopulation/labis na populasyon ang pagkakaroon ng napakaraming indibidwal sa isang lugar para sa mapagkukunan ng yaman.

ovule/obyul istraktura ng obaryo ng butong halaman na mayroong embriyon sak at ito'y lumalaki ng buto mapatapos ang pagpupunla.

P

P wave/P wave sismik na wave na nagsasanhi sa partikel ng bato para gumalaw ng pabalik-balik na direksiyon.

paleontology/paleontolohiya siyentipikong pag-aaral ng posil.

Paleozoic era/Paleozoic era heologikong era na sumunod sa Precambrian panahon na tumagal mula 542 milyon hanggang 251 milyong taon nang nakaraan.

pancreas/pankreas organong nasa likod ng sikmura at gumagawa ng enzyme para sa pagtunaw ng pagkain at hormon na nagpapantay ng antas ng asukal.

parallax /paralaks kitang-kitang pag-angat ng posisyon ng isang bagay kung titignan sa magkaibang lokasyon.

parallel circuit/paralel sirkuwit sirkuwit kung saan ang mga bahagi ay pinag-ugnay ng mga sangay upang ang potensiyal na pagkakaiba sa magkabilang bahagi ay pareho.

parasite/parasito organismong kumakain ng organismo ng ibang espesye (ang host) at kadalasan pinipinsala ang host; ang host ay hindi kailanman nakikinabang sa pagkaka-roon ng parasito.

parasitism/parasitismo relasyon sa pagitan ng dalawang espesye kung saan ang isang espesye, ang parasito, ay nakikinabang mula sa ibang espesye, ang host, ang siyang napipinsala.

parent rock/magulang na bato pormasyon ng bato na pinagmulan ng lupa.

pascal/paskal ang yunit sa SI ng presyon (simbolo, Pa).

Pascal's principle/Pascal prinsipyo prinsipyo na nagsasabing ang pluwid sa ekilibrio na nasa besel ay may presyon na katumbas ng intensidad sa lahat ng direksiyon.

passive transport/di-aktibong paglilipat paggalaw ng sustansya sa lamad ng selula na hindi gumagamit ng enerhiya ang selula.

pathogen/patogen maliit na organismo, isa pang organismo, bayrus, o protina na nagdudulot ng sakit.

pathogenic bacteria/patogenik na bakterya baketerya na nagdudulot ng sakit.

pedigree/angkan dayagram na nagpapa-kita ng pagkakaroon ng henetikong ugali sa iba't-ibang henerasyon ng pamilya.

pelagic environment/pelagik na kapaligiran sa karagatan, ang sonang malapit sa ibabaw o gitnang lalim, lagpas sa sublittoral sona ang sa itaas ng abisal sona.

penis/penis organo ng lalaki na naglilipat ng tamud sa babae at naglalabas ng ihi sa katawan.

period/peryodo yunit ng heologikong panahon kung saan nahahati ang mga era.

period/peryodo sa kimika, ang pahalang na hanay ng elemento sa peryodiko talaan.

periodic/peryodiko tumutukoy sa kaganapan na nauulit ng regular ang pagitan.

periodic law/batas peryodiko batas na nagsasabi na ang umuulit na kemikal at pisikal na katangian ng elemento ay peryodikong nagbabago kasama ng atomikong bilang ng elemento.

peripheral nervous system/periperal na sistema ng nerbiyos lahat ng bahagi ng sistema ng nerbiyos maliban sa utak at gulugod.

permeability/permeabilidad abilidad ng bato o sedimento na padaluyun ang pluwid sa mga puwang nito, o butas.

petal/talutot isa sa kadalasang makulay, hugis-dahon na bahagi na bumubuo sa bulaklak.

petroleum/petrolyo likidong mistura ng kumplikadong compound ng hydrokarbon; gamit bilang langis.

pH/pH halaga na tumutukoy sa pagiging maasido o mabeis (kaalkalihan) ng sistema.

pharynx/paringhe sa mga uod, ang maskular tubo na umuugnay mula sa bunganga hanggang sa puwang na gastrobaskular ; sa mga hayop na may daanan ng tunawan ng pagkain, ang daanan mula sa bunganga papunta sa lalamunan at lalaugan.

phase/phase pagbabago sa may lilim na lugar ng isang selestiyal na katawan na makikita mula sa ibang selestiyal na katawan.

phenotype/penotayp anyo ng organismo o ang iba pang katangian nito.

pheromone/peromon sustansya na nilalabas ng katawan na nagdudulot sa ibang indibidwal ng kaparehong espesye na tumugon sa inaasahang paraan.

phloem/phloem himaymay na namamahala ng pagkain sa baskular na halaman.

phospholipid/pospolipid lipid na naglalaman ng posporus at isang istraktural na bahagi sa lamad ng selula.

photocell/potosel kagamitan na nagsasalin ng enerhiya ng liwanag sa elektrikal na enerhiya.

photosynthesis/potosintesis proseso kung saan ang halaman, algae, at ilang baktirya ay gumagamit ng sinag ng araw, carbon dioxide, at tubig para gumawa ng pagkain.

physical change/pisikal na pagbabago pagbabago ng materya mula sa isang anyo sa ibang anyo na walang pagbabago sa kemikal na katangian.

physical property/pisikal na katangian katangian ng sustansya na walang kemikal na pagbabago, gaya ng densidad, kulay, o tigas.

physical science/pisikal na siyensiya siyentipikong pag-aaral ng walang-buhay na materya.

phytoplankton/pitoplankton mikroskopiko, potosintetikong organismo na lumulutang malapit sa marino o sariwang tubig.

pigment/pigmento sustansya na nagbibigay sa ibang sustansya o sa mistura ng kanyang kulay.

pioneer species/ninunong espesya espesya na sumasakot sa walang-nakatirang lugar at nagsisimula ng proseso ng pagsisimula.

pistil/pistil pambabaeng bahagi ng bulaklak na pang-reproduktibo na naglalabas ng buto at bumubuo ng obaryo, lakdawan, at estigma.

pitch/pitch sukat ng taas at baba ng tunog, depende sa frequency ng wave ng tunog.

placenta/plasenta istrakturang naguugnay sa nabubuo na peto at matris at ginagamit sa paglipat ng nutrisyon, dumi, at gas sa pagitan ng ina at peto.

placental mammal/plasental na mamal mamal na nagpapakain ng sanggol na di pa ipinapanganak sa pamamagitan ng plasenta sa loob ng matris.

plane mirror/patag na salamin salaman na may pantay na ibabaw.

plankton/plankton pangkat ng karamihan ng mikroskopikong organismo na lumulutang o malayang umaagos sa sariwang tubig at marinong kapaligiran.

Plantae/Plantae kahariang binubuo ng komplex, marami-selulanga organismo na kadalasan ay kulay berde, mayroong mga pabalot ng selula na gawa sa cellulose, hindi makagagalwa, at ginagamit ang enerhiya ng araw sa paggawa ng asukal sa pamamagitan ng potosintesis.

Plasma/plasma sa pisikal na siyensiyia, ito ang anyo ng materya na nagsimulang gas at naionisahan; binubuo ng malayanggumagalaw ng ion at elektron, umaakit ng elektrik karaga, at ang katangian nito ay iba sa solido, likido, o gas.

plate tectonics/pleyt tektoniks teyorihiyang nagpapaliwanag kung paano ang malalaking piraso ng panlabas na patag ng mundo, tinatawag na *tektonik pleyts*, gumagalaw at nagpapalit ng hugis.

point-source pollution/point-source na polusyon polusyon na nagmumula sa tiyak na lugar.

polar easterlies/polar isterlis nananaig na hangin na umuihip mula silangan papuntang kanluran sa gitna ng 60° at 90° latitud sa magkabilang hemispero.

polar zone/polar na sona ang Hilaga o Timog na Dulog ng Mundo at nakapaligid na rehiyon.

pollen/polen maliliit na granula na mayroon lalaking gametopayt ng butong halaman.

pollination/polinasyon pagsalin ng polen mula sa lalaking reproduktibong istraktura sa babaeng istraktura ng butong halaman.

pollution/polusyon di-nais na pagbabago sa kapaligiran na sanhi ng sustansya o uri ng enerhiya.

population/populasyon grupo ng organismo na pareho ang espesye na nanininirahan sa tiyak na heograpikal na lugar.

porosity/porosidad porsiyento ng kabuuang bulumen ng bato o sedimento na mayroon puwang.

potential energy/potensiyal na enerhiya enerhiya ng nasa isang bagay dahil sa posisyon, hugis, o kondisyon ng bagay.

power/lakas bilis kung saan ang paggawa ay ginagawa o ang paglilipat ng enerhiya.

Precambrian time/Precambrian panahon peryodo sa heoligikong panahon sa iskala mula sa pagkakabuo ng Mundo sa panimula ng Paleozoic era, mga 4.6 bilyon hanggang 542 milyon taon nang nakararaan.

precipitate/precipitate solido na nabuo dahil sa kemikal reaksyon sa solusyon.

precipitation/presipitasyon anumang uri ng tubig na nahuhulog sa ibabaw ng Mundo mula sa mga ulap.

predator/maninila organismong pumapatay at kumakain ng lahat o bahagi ng ibang organismo.

preening/prining sa mga ibon, ang pag-aayos o pananatili ng balahibo.

pregnancy/pagdadalang-tao sa paggawad ng medisina, ito ang tagal ng panahon mula sa unang araw ng huling regal ng babae hanggang sa pagkapanganak ng kanyang sanggol (humigit-kumulang 280 araw, o 40 na linggo); sa biolohiya ng pagbuo, ito ang tagal ng panahon kung kailan dinadala ng isang babae ang isang nabubuong tao mula sa pagkapunla hanggang sa pagkapanganak ng sanggol (humigit-kumulang 266 araw, o 38 na linggo).

pressure/presyon halaga ng puwersa kada yunit lugar ng isang patag.

prevailing winds/nananaig na hangin hangin na umiihip mula sa isang direksiyon sa isang tiyak na pagkakataon.

prey/biktima organismo na napatay o nakain ng isa pang organismo.

primate/primate uri ng mamal na inilalarawan ng magkasalungat ng hinlalaki at largabistang paningin.

prime meridian/prime meridyano meridyano, o guhit ng longitud, na siyang 0° longitud.

probability/probabilidad ang pagiging posibilidad na maganap ang hinaharap na pangyayari sa anumang tiyak na pagkakataon.

producer/produktor organismong gumagawa ng sariling pagkain gamit ang enerhiya ng kapaligiran nito.

product/produkto sustansya na mula sa kemikal reaksyon.

prograde rotation/progradong pag-ikot pakaliwang pag-ikot ng planeta o buwan gaya ng makikita sa itaas ng Hilaga Pola ng planeta; pag-ikot sa parehong direksiyon gaya ng pag-ikot ng araw.

projectile motion/proyektil na mosyon baluktot na daanan na sinusundad ng isang bagay kapag hinagis, ibinunsod, o ituro malapit sa kapatagan ng Mundo.

prokaryote/prokaryote isang-selulang organismo na walang nukleo o lamad na organel; halimbawa nito ay archaea at baktirya.

protein/protina molekula na binubuo ng asidong amino na kailangan sa paggawa at pagsasaayos ng istraktura ng katawan para isaayos ang proseso sa katawan.

protist/protis organsimong mula sa kaharian ng Protista.

proton/proton maliit na atomika partikel na mayroong positibong karga na makikita sa nukleo ng atom.

pulley/kalo simpleng makina na binubuo ng gulong kung saan ang lubid, kadena, o alambre ay lumulusot.

pulmonary circulation/pulmonaryo sirkulasyon pagdaloy ng dugo mula sa puso papunta sa baga at pabalik sa puso sa pulmonaryong arterya, kapilar, at ugat.

pulsar/pulsar mabilis na pag-ikot ng neutron bituin na nagdudulot ng mabilis na pulso ng radyo at optikal enerhiya.

pupil/balintataw ang puwang na matatagpuan sa gitna ng balangaw ng mata at kinokontrol ang dami ng ilaw na pumapasok sa mata.

pure substance/purong sustansya halimbawa ng materya, maging isang elemento o isang compound, na may tiyak na kemikal at pisikal na katangian.

Q

quasar/kwasar napaliwanag, parang bituin na nagbibigay ng enerhiya nang mabilis; ang mga kwasar ay tinuturing na pinakama-layong bagay sa sandaigdigan.

R

radiation/radyasyon pagsalin ng enerhiya sa elektromagnetikong wave.

radioactive decay/radyoaktibo dikey proseso kung saan ang radyoaktibong iso-top ay naghihiwalay sa matatag na isotop ng parehong elemento o ng iba.

radioactivity/radyoaktibidad proseso kung saan ang di-matatag na nukleo ay naglalabas ng nuklear na radyasyon.

radiometric dating/radyometrik na pag-pepetsa paraan ng pagdetermina ng edad ng isang bagay sa pag-eestima ng porsy-ento ng radyoaktibo (magulang) isotop at matatag (anak) isotop.

reactant/reaktant sustansya o molekula na kasama sa kemikal reaksyon.

recessive trait/resesib na ugali ugali na kita lamang kapag ang dalawang resesib na alleles ng magkaparehong ugali ay minana.

recharge zone/pagkarga sona lugar kung saan umaagos pababa ang tubig para maging bahagi ng aquifer.

reclamation/reklamasyon proseso ng pagbabalik ng lupa sa orihinal na kondisyon pagkatapos ng pagmimina.

recycling/resaykling proseso ng pagbawi ng mahalaga o magagamit na materyal mula sa dumi o iskrap; proseso ng paggamit muli ng ilang aytem.

red giant/pulang higante malaki, mapulang bituin na huli sa sikolo ng buhay.

reflecting telescope/sumasalamin na teleskopyo teleskopyo na gumagamit ng nakakurbang salamin para kumuha at isentro ang liwanag ng malayong bagay.

reflection/repleksyon pagtalbog ng liwanag, tunog, o init kapag tumama sa isang patag na hindi tinatagos.

reflex/repleks di-boluntaryo at kagyat na galaw sa pagtugon sa estimulo.

refracting telescope/reprakting teles-kopyo teleskopyo na gumagamit ng mga lente para kumuha at isentro ang liwanag ng malayong bagay.

refraction/repraksyon pagbaluktot ng wave habang dumadaan sa pagitan ng dalawang sustansya kung saan ang bilis ng wave ay magkaiba.

relative dating/pahambing na pagpepet-sa anumang paraan ng pagtutukoy kung ang pangyayari o bagay ay mas matanda o mas bata kaysa sa ibang pangyayari o bagay.

relative humidity/pahambing na kahalu-migmigan ang bahagian ng dami ng singaw na tubig sa himpapawid sa dami ng singaw na tubig na kinakailangan upang maabot ang pagkatigmak o saturation sa isang tiyak na temperatura.

relief/relip ang paiba-iba ng pagtaas ng kapatagan ng lupa.

remote sensing/remote sensing proseso ng pagkuwa at pagsuri ng impormasyon tungkol sa isang bagay ng walang pisikal na kaugnayan dito.

renewable resource/napapabagong yaman likas na yaman na mapapalitan kasabay ng bilis ng pagkonsumo nito.

resistance/resistensya sa pisikal na siyensiya, ang pagsalungat na ginagawad sa hihip ng isang materyal o kagamitan.

resonance/alalad penomena na nagaganap kapag ang dalawang bagay ay likas na manginig sa parehong frequency; tunog na nilalabas ng isang bagay na nagsasanhi para manginig ang isa pang bagay.

respiration/respirasyon sa biyolohiya, ang pagpalit ng oksiheno at carbon dioxide sa pagitan ng may buhay na selula at ng kanilang kapaligiran; kasama dito ang paghinga at selular respirasyon.

respiratory system/respiratoryo sistema koleksiyon ng organo na ang pangunahing tunkulin ay kumuha ng oksiheno at ilabas ang carbon dioxide; mga organo sa sistemang ito ay kinabibilangan ng baga, lalamunan, daanan patungo sa baga.

retina/retina panloob na patag ng mata na sensitibo sa liwanag, na tumatanggap ng imahin na binubuo ng lente at dinadala ito sa mga ugat na pang-optiko sa utak.

retrograde rotation/pauraong na pag-ikot pakanang ikot ng planeta o buwan na makikita mula sa ibabaw ng Hiwagang Dulog ng mundo.

revolution/pag-ikot galaw ng katawan na naglalakbay sa paligid ng isa pang katawan sa kalawakan; isang kumpletong paglalakbay sa orbita.

rhizoid/risoid malaugat na istraktura sa di-baskular na halaman na nagpapatayo sa halaman at tumutulong sa pagkuha ng tubig at nutrisyon.

rhizome/risoma tangkay na pahalang at nasa ilalim ng lupa na gumagawa ng bagong dahon, talbos, at ugat.

ribosome/ribosom organel ng selula na binubuo ng RNA at protina; lugar ng pagbubuo ng protina.

rift valley/pulutong na rift mahaba, makitid na pulutong na bumubuo ng tektonik plates na hiwalay.

rift zone/sona ng rift lugar ng malalim na lamat na nabubuo sa pagitan ng dalawang tektonik plates na naghihiwalay.

RNA/RNA asidong ribonukleo, molekula na nasa lahat ng may buhay na selula at may bahagi sa pagbubuo ng protina.

rock/bato likas na nagaganap na mistura ng solido ng isa o higit pang mineral o organikong materya.

rock cycle/siglo ng bato serye ng proseso kung saan nabubuo ang bato, nagbabago mula sa isang uri hanggang sa iba, nasisira, at nabubuong muli sa pamamagitan ng heologikal na proseso.

rock fall/pagbagsak ng bato mabilis na pangkating paggalaw ng bato pababa sa matarik na gulod o talampas.

rocket/rocket makinarya na gumagamit ng tumatakas na gas mula sa nasusunog na panggatong para gumalaw.

rotation/pag-ikot pag-ikot ng isang katawan na nasa aksis.

S wave/S wave sismik na wave na nagpapagalaw sa partikel ng bato ng pakanan-kaliwang direksiyon.

salinity/salinity sukat ng halaga ng tunaw na salt sa isang tiyak na halaga ng likido.

salt/salt ionikong compound na nabubuo kapag ang metal atom ay pinapalitan ang hydrogen ng asido.

saltation/saltasyon paggalaw ng buhangin o iba pang sedimento ng maiksing talon at pagtalbog na sanhi ng hangin o tubig.

satellite/satellite likas o artipisyal na katawan na umiikot sa paligid ng planeta.

savanna/savanna madamong lupa na mayroong kalat na puno at makikita sa tropikal at subtropikal na lugar kung saan may pana-panahong pag-ulan, sunog, at tagtuyot na nagaganap.

scale/iskala ang ugnayan sa pagitan ng mga pagsusukat sa isang modelo, mapa o pagguhit at ang aktwal na pagsusukat o distansya.

scattering/pagkalat ugnayan ng liwanag sa materya na nagdudulot sa liwanag na baguhin ang enerhiya nito, direksiyon ng paggalaw, o pareho.

science/agham kaalamang nakuha sa pagsusuri ng likas na pangyayari at kondisyon para madiskubre ang katotohanan at bumuo ng batas or prinsipyo na maaaring mapatunayan o sulitin.

scientific literacy/pagkadunong sa agham pag-unawa sa paraan ng siyentipikong pagtatanong, sakop ng siyentipikong kaalaman, at bahagi ng siyensiya sa sosyedad.

scientific methods/siyentipikong paraan serye ng hakbang na sinusunod sa paglutas ng suliranin.

screw/turnilyo simpleng makinarya na binubuo ng nakahilis na patag sa paligid ng silindro.

sea-floor spreading/dagat-patag na pagkalat proseso kung saan ang bagong oseanikong litospero ay nabubuo sa pagtaas ng magma sa ibabaw at magbuo ito.

seamount/seamount lumubog na bundok sa kapatagan ng karagatan na di bababa sa 1,000 m ang taas at may bulkanikong pinagmulan.

sediment/sedimento pragmento ng organiko o di-organikong materyal na dinala at dineposito ng hangin, tubig, o yelo at naiipon sa kapatagan ng Mundo.

sedimentary rock/batong sedimentary isang bato na nabubuo mula sa mga pinitpit o pinagdikit-dikit na sapin ng ipon.

segment/segmento anumang bahagi ng mas malaking istraktura, gaya ng katawan ng organismo, na nahiwalay dahil sa likas o di-Itinakdang hangganan.

seismic gap/sismik pagitan lugar sa kahabaan ng fault na may mga lindol na naganap kailan lang na mayroon mga malalakas na lindol na naganap noon.

seismic wave/sismik na wave wave ng enerhiya na naglalakbay sa Mundo na palayo sa lindol sa lahat ng direksiyon.

seismogram/sismogram bakas ng galaw ng lindo na gawa ng sismograpo.

seismograph/sismograpo instrumento na nagtatala ng panginginig ng lupa at timutukoy sa lokasyon at lakas ng lindol.

seismology/sismolohiya pag-aaral ng lindol.

selective breeding/piling pagpapalaki ang nakasanayan ng tao na pagpapalaki ng hayop o halaman na mayroong tiyak na magandang katangian.

semiconductor/semikunduktor elemento o compound na mas nakaaakit ng daloy ng koryente kaysa sa insulador pero di-higit sa pag-akit ng kunduktor.

sepal/sepalo sa bulaklak, ito ay ang isa sa pinakalabas ng nabagong dahon na nagpro-protekta sa ubod ng bulaklak.

septic tank/tangkeng septiko tangke na naghihiwalay ng solidong dumi sa likido at mayroong baktirya na nagpapahiwalay ng solidong dumi.

series circuit/seryeng sirkuwit sirkuwit kung saan ang mga bahagi ay binuo ng isa-isa kung kaya't ang current ng bawat isa ay pare-pareho.

sewage treatment plant/planta ng pagproseso ng sewage pasilidad na naglilinis ng mga dumi sa tubig na galing sa imburnal o alulod.

sex chromosome/kromosom ng kasarian isa sa mga pares ng kromosom na tumutukoy sa kasarian ng isang indibidwal.

sexual reproduction/seksuwal na reproduksiyon reproduksiyon kung saan ang selula ng kasarian mula sa dalawang magulang ay nagsasama para bumuo ng supling na may parehong ugali mula sa dalawang magulang.

shoreline/dalampasigan hangganan sa pagitan ng lupa at tubig.

silicate mineral/siliket mineral mineral na may kombinasyon ng silikon, oksiheno, at isa o higit pang metal.

single-displacement reaction/reaksyong single displacement reaksyon kung saan ang isang elemento ay pumapalit sa isa pang elemento sa compound.

skeletal system/sistemang pangkalansay sistema ng gma organo na ang pangunahing tungkulin ay suportahan at protektahan ang katawan at pahintulutan itong gumalaw.

skepticism/iskeptisismo kaugalian ng pag-iisip ng tao na kontrahin ang mga katanggap-tanggap na ideya.

Slope/gulod sukat ng pagtabingi ng linya; bahagian ng pagtaas sa pagtakbo.

small intestine/maliit na bituka organo sa gitna ng tiyan at malaking bituka kung saan kadalasan pinaghihiwalay ang pagkain at ang karamihan ng nutrisyon ay nasisipsip.

smog/ulap-usok potokemikal na ulap na nabubuo kapag kumikilos ang sinag ng araw sa pang-industriyang polutant at nasusunog na panggatong.

social behavior/asal-lipunan ugnayan sa pagitan ng hayop na magkaparehong espesye.

software/software pangkat ng instruk-siyon o utos na nagsasabi sa kompyuter kung ano ang gagawin; isang programa sa kompyuter.

soil/lupa buhaghag na mistura ng batong pragmento, organikong materyal, tubig, at hangin na nagpapalaki ng pananim.

soil conservation/pagpapanatili ng lupa
paraan ng pananatili ng pertilidad ng lupa sa
pagprotekta mula sa erosyon ng lupa at
pagkawala ng sustansya.

soil structure/istraktura ng lupa
pagkakaayos ng partikel ng lupa.

soil texture/kaanyuan ng lupa kalidad
ng lupa base sa proporsiyon ng partikel ng
lupa.

solar energy/solar na enerhiya enerhi-
yang tinatanggap ng Mundo mula sa araw
bilang radyasyon.

solar nebula/solar nebula ulap ng gas
at alikabok na bumuo sa ating solar na
sistema.

solenoid/solenoyde ikid ng alambre na
mayroong kuryente.

solid/solido anyo ng materya kung saan
ang bulumen at hugis ng bagay ay tiyak.

solubility/solubilidad abilidad ng isang
sustansya na matunaw sa iba sa tinakdang
temperatura at presyon.

solute/solute sa solusyon, ang sustansya
na natutunaw sa solbento.

solution/sulusyon omoheneong mistura
ng dalawa o higit pang sustansya na
parehong pinawi sa isang phase.

solvent/solbento sa sulusyon, ang
sustansya kung saan natutunaw ang solute.

sonic boom/sonik boom tunog ng pagsa-
bog na maririnig kapag ang shock wave
mula sa isang bagay na naglalakbay ng mas
mabilis kaysa sa bilis ng pag-abot ng tunog
sa tainga ng tao.

sound quality/tunog kalidad resulta
ng paghalo ng iba't-ibang pitch dahil sa
interperens.

sound wave/wave ng tunog longitudal
na wave na sanhi ng panginginig at siyang
naglalakbay sa pamamagitan ng daluyan ng
materyal.

space probe/pangsiyasat-kalawakan
walang-manggagawang sasakyan na nagda-
dala ng siyentipikong instrumento sa kala-
wakan para kumuha ng siyentipikong datos.

**space shuttle/lansaderang pangkala-
wakan** muling-magagamit na sasakyang
pangkalawakang na lumulunsad gaya ng
rocket at lumalapag gaya ng eroplano.

**space station/himpilang pangkala-
wakan** matagalang umiikot na plataporma
kung saan ang ibang sasakyan ay maaaring
ilunsad o ang siyentipikong pananaliksik
ay magagawa.

speciation/espesyesasyon pagbubuo ng
bagong espesye na resulta ng ebolusyon.

species/espesye grupo ng organismo na
magkaugnay at maaaring magtalik para
gumawa ng makapagpaparami na bunga.

specific heat/tiyak na init dami ng init na
kailangan para itaas ang yunit mass ng omo-
heneong materyal ng 1 K o 1°C sa sinabing
paraan na may tiyak na presyon at bulumen.

spectrum/espektro pangkat ng kulay na
nabubuo kapag ang puting liwanag ay
dumaraan sa prisma.

speed/bilis distansyang nalakbay na
hinati ng palugit ng oras nang maganap
ang paggalaw.

sperm/tamud panlalaking selula ng
kasarian.

spleen/pali pinakamalaking limpatikang
organo sa katawan; gumaganap bilang
tangke ng dugo, pinaghihiwalay ang lumang
pulang dugong selula, at gumagawa ng
limposit at plasmid.

spore/espora pangreproduksiyong na selula o marami-selulang istraktura na lumalaban sa matensiyong kondisyon ng kapaligiran at maaaring mabuo pagtuntong ng wastong gulang kahit makipagsama sa ibang selula.

spring tide/tagsibol na lakit-kati paglaki ng lakit-kati na nagaganap dalawang bese kada buwan, tuwing bago at kahalati ang buwan.

stamen/estambre panlalaking istrakturang pangreproduksiyon ng bulaklak na gumagawa ng polen at binubuo ng anter sa tuktok ng pilamento.

standing wave/nakatindig na wave padron ng panginginig na pumupukaw sa nakatindig na wave.

states of matter/anyo ng materya pisikal na anyo ng materya, na kinabibilangan ng solido, likido, at gas.

static electricity/estatikang elektrisidad elektrik na karga na nakahinto; nagmumula sa priksiyon o induksiyon.

stimulus/estimulo anumang bagay na nagsasanhi ng reaksyon o pagbabago sa organismo o anumang bahagi ng organismo.

stoma/stoma isa sa maraming bukanan ng dahon o tangkay ng halaman na tumutulot sa paglilipat ng gas. (maramihan, *stomata*).

stomach/tiyan anyong-sako na organo para sa pagtunaw ng pagkain na nasa pagitan ng lalaugan at ng maliit na bituka na tumutunaw ng pagkain sa pamamagitan ng aksiyon ng kalamnan, mga enzyme, at asido.

storm surge/lusong ng bagyo lokal na pagtaas ng antas ng dagat malapit sa baybayin na sanhi ng malakas na hangin mula sa bagyo, gaya ng sa unos.

strata/strata patag ng bato (pang-isa, *stratum*).

stratification/pagsasapin-sapin proseso kung saan ang sedimentaryong bato ay nakaayos nang magkapatong.

stratified drift/sapin-sapin na drift glasyal na deposito na naiayos at napatag ng aksiyon ng ilog o meltwater.

stratosphere/istratospero patong ng atmospero na nasa itaas ng tropospero at kung saan ang temperatura ay tumataas habang tumataas ang kinalalagyan.

streak/guhit kulay ng pulbo ng mineral.

stress/tensiyon pisikal o mental na tugon sa presyon.

structure/istraktura pagkakaayos ng bahagi ng organismo.

sublimation/dalisayin proseso kung saan ang solido ay diretsong nagiging gas.

subsidence/pagtila paglubog ng rehiyon ng balakbak ng Mundo sa mas mababang kinalalagyan.

succession/paghalili pagpapalit ng isang uri ng komunidad ng iba sa isang lokasyon sa isang tagal ng panahon.

sunspot/sunspot maitim na bahagi ng potospero ng araw na mas malamig kaysa sa paligid nito at mayroon mas malakas na saklaw na magnetiko.

supernova/supernoba napalaking pagsabog kung saan ang malaking bituin ay gumuho at ibinato ang panlabas na patong sa kalawakan.

superposition/superposisyon prinsipyo na nagsasabing ang mas batang bato ay nakapatong sa ibabaw ng nakatatandang bato kung hindi naistorbo ang pagkakapatong.

surface current/ pang-ibabaw na hihip
pahalang na paggalaw ng tubig karagatan na
sanhi ng hangin na nagaganap sa o malapit
sa ibabaw ng karagatan.

**surface tension/pang-ibabaw na tensi-
yon** puwesa na nasa ibabaw ng likido at
maaaring paliitin ang bahagi ng ibabaw.

suspension/suspensiyon mistura kung
saan ang partikel ng materyal ay higit kumu-
lang ay pantay na naikalat sa likido o gas.

swamp/latian ekosistema ng basang
lupa kung saan ang palumpong at puno ay
tumutubo.

swell/swell isa sa grupo ng mahabang
karagatang alon na patuloy na nakapaglak-
bay ng malayong distansya mula sa punto
ng pagkabuo.

swim bladder/langoy-pantog sa matitinik
na isda, sakong puno-ng-gas na ginagamit sa
pagkontrol ng paglutang; kilala din bilang
gas pantog.

symbiosis/simbiyosis relasyon kung saan
ang dalawang magkaibang organismo ay
nabubuhay nang malapit ang ugnayan sa
isa't isa.

synthesis reaction/reaksyong sintesis
reaksyon kung saan ang dalawa o higit
pang sustansya ay nagsama para bumuo
ng bagong compound.

**systemic circulation/sistematikong
pagdaloy** daloy ng dugo mula sa puso
patungo sa lahat ng parte ng katawan at
pabalik sa puso.

T

T cell/Tna selula selula ng imyun sistema
na namamahala sa imyun sistema at
umaatake sa apektadong selula.

tadpole/kikinsot pantubig, hugis-isda na
larba ng palaka.

taxonomy/taksonomiya siyensiya ng
paglalarawan, pagbibigay-ngalan, at
pagklasipika ng organismo.

technology/teknolohiya pagsasakatu-
paran ng agham sa praktikal na layunin;
paggamit ng kasangkapan, makinarya,
materyales, at proseso para tugunan ang
pangangailangan ng tao.

tectonic plate/tektonik plate bahagi ng
litospero na binubuo ng balakbak at ng mat-
ibay, panlabas na bahagi ng mantel.

telescope/teleskopyo instrumento na
kumukuha ng elektromagnetikong radyas-
yon mula sa langit at pinipisan ito para sa
mas maainam na pagsusuri.

temperate zone/katamtamang sona sona
ng klima sa pagitan ng Tropiks at ng polar
na sona.

temperature/temperatura sukat ng init
(o lamig) ng isang bagay; lalo na, ang sukat
ng katamtamang kinetik na enerhiya ng
partikel sa isang bagay.

tension/tensiyon diin na nagaganap sa
puwersa ng paghila ng bagay.

terminal velocity/terminal belositi
pirming belositi ng nalalaglag na bagay
kapag ang puwersa ng hangin resistensya
ay katumbas ng kalakhan at kasalungat ng
direksiyon ng puwersa ng grabidad.

terrestrial planet/terestriyal na planeta
isa sa masikip na planetang malapit sa araw;
Merkuri, Benus, Mars, at Mundo.

territory/teritoryo lugar na sinakop ng
isang hayop o grupo ng hayop na hindi
pinapayagan ang ibang miyembro ng
espesye na pasukin.

testes/bayag pangunahin na panlalaking reproduktibong organo, na naglalabas ng selula ng tamud at testosteron (pang-isa, *testis*).

texture/kayarian kalidad ng bato base sa laki, hugis, at posisyon ng bato butil.

theory/teyoriya paliwanag na nag-uugnay sa maraming hipotesis at pagsusuri.

thermal conduction/termal na kunduk-siyon paglipat ng enerhiya bilang init sa pamamagitan ng materyal.

thermal conductor/termal na kunduk-tor materyal kung saan ang enerhiya ay nalilipat bilang init.

thermal energy/termal na enerhiya kinetik na enerhiya ng atom ng sustansya.

thermal expansion/termal na paglaki ang paglaki ng sustansya tugon sa pagtaas ng temperatura ng sustansya.

thermal insulator/termal na insulador materyal na binabawasan o hinahadlangan ang paglipat ng init.

thermal pollution/termal na polusyon pagtaas ng temperatura ng tubig na sanhi ng aktibidad ng tao at mayroong masamang epekto sa kalidad ng tubig at sa abilidad ng tubig na maging pansuporta sa buhay.

thermocline/termoklayn isang sapin sa isang luonp ng tubig kung saan mas mabilis na bumababa ang temperatura kapag lumalalim kung ihahambing sa iba pang mga sapin.

thermocouple/thermocouple isang aparato na nagpaaplit ng termal na enerhiya upagn gawin itong enerhiya ng koryente.

thermometer/termometro instrumentong sumusukat at tumutukoy sa temperatura.

thermosphere/termospero ang pinakataas na patong ng atmospero, kung saan ang temperatura at tumataas habang ang tumataas ang kinalalagyan.

thrust/itulak ang patulak o pahilang puwersa na nasa makina ng eroplano o rocket.

thunder/kulog tunog na sanhi ng mabilis na paglaki ng hangin sa pagkidlat.

thunderstorm/kulog-bagyo kadalasan ay maiksi, malakas na bagyo na binubuo ng ulan, malakas na hangin, kidlat, at kulog.

thymus/taymus pangunahing glandula ng sistemang limpatikong ; ito'y naglalabas ng hinog na T limposits.

tidal range/tidal range pagkakaiba ng antas ng tubig karagatan at mataas na lakit-kati at mababang lakit-kati.

tide/lakit-kati peryodikong pagtaas ang pagbaba ng antas ng tubig sa karagatan at iba pang malalaking katawan ng tubig.

till/til di-naayos na batong materyal na direktang dineposito ng natutunaw ng glasyer.

tissue/himaymay grupo ng magkapare-hong selula na gumagawa ng karaniwang tungkulin.

tonsils/tonsil mga organo na maliit, pabi-log na masa ng limpatikong himaymay na nasa paringhe at sa daanan mula sa bunganga papuntang paringhe.

topographic map/topograpikong mapa mapa na ipinapakita ang pang-ibabaw na katangian ng Mundo.

tornado/buhawi nakapipinsala, umiikot na patayong hanay ng hangin na may napakabilis na hangin, na nakikita bilang hugis-embudong ulap, at tumatama sa lupa.

trace fossil/bakas ng posil naposilang marka na nabuo sa malambot na sedimento dahil sa paggalaw ng hayop.

trachea/lalaugan sa insekto, miriapods, at gagamba, isa sa lambat ng hangin tubo; sa mga may-gulugod, in insects, myriapods, sa maygulugod, ang tubo na nag-uugnay sa gulung-gulungan sa baga.

trade winds/hanging-kalakal nananaig na hangin na umiihip ng hiwagang-silangan mula 30° hiwagang latitud papuntang ekwador at umiihip ng timog-silangan mula 30° timog latitud papuntang ekwador.

trait/ugali natutukoy na katangian sa pamamagitan ng henesya.

transform boundary/hanganan ng pagbabago ang hangganan sa pagitan ng tektonik plates na dumadausdos sa isa't isa nang pahalang.

transformer/transpormer kagamitan na nagdaragdag o nagbabawas ng boltahe ng nagsasalungatang current.

transistor/transistor semikunduktor na kagamitan na nagpapalakas ng daloy ng koryente at ginagamit sa mga amplipayer, osilador, at suwits.

translucent/nanganganinag lumalarawan sa materya na naglilipat ng liwanag ngunit hindi naglilipat ng imahen.

transmission/transmisyon paglipat ng liwanag o ibang uri ng enerhiya sa pamamagitan ng materya.

transparent/aninag lumalarawan sa materya na tinutulutan ang liwanag na tumagos na walang sagabal.

transpiration/transpirasiyon proseso kung saan ang halaman ay naglalabas ng singaw ng tubig sa hangin sa pamamagitan ng stomata; pati *rin* ang paglabas ng singaw ng tubig sa hangin ng iba pang organismo.

transverse wave/nakahalang na wave wave kung saan ang partikel ng daluyan ay gumagalaw ng perpendikular sa direksiyon ng paggalaw ng wave.

tributary/tributari ilog na dumadaloy sa look o mas malaking ilog.

tropical zone/tropikal na sona rehiyon na nakapaligid sa ekwador at umaabot mula 23° hilaga latitud hanggang 23° timog latitud.

tropism/tropismo paglaki ng lahat o bahagi ng organismo bilang tugon sa panlabas na stimulo, gaya ng liwanag.

troposphere/tropospero pinakamababang patong ng atmospero, kung saan ang temperatura ay bumababa ng pirming halaga habang ang kinalalagyan tumataas.

true north/tunay na hilaga direksiyon ng heograpikong Hilagang Dulog ng Mundo.

tsunami/tsunami higanteng karagatang alon na nabubuo pagkatapos ng pagputok ng bulkan, submarinong lindol, o lanslayd.

tundra/tundra walang-puno na kapatagang makikita sa Arktiko, sa Antarktika, o sa taas ng bundok na nilalarawan ng napakababang taglamig na temperatura at maiksi, malamig na tag-init.

U

umbilical cord/dugtong-pusod ang anyong-lubid na istruktura kung saan dumadaan ang mga daluyan ng dugo at kung saan nakakabit ang isang nabubuong mammal sa inunan.

unconformity/unconformity pagtigil sa heologikang talaan na ginawa nang ang bato patong ay naagnas o nang ang sedimento ay hindi dineposito ng matagal na panahon.

undertow/agos na pangilalim medyo-ibabaw na agos na malapit sa baybayin na humihila sa mga bagay patungo sa dagat.

uniformitarianism/unipormitarianis-mo prinsipyo na nagpapahayag na ang heologikong proseso na naganap noong nagdaang panahon ay maipapaliwanag ng kasalukuyang heologikong proseso.

uplift/pag-angat pagtaas ng rehiyon ng balakbak ng Mundo sa mas mataas na elebasyon.

upwelling/upweling paggalawa ng malalim, malamig, at sagana sa nutrisyong tubig sa ibabaw.

urinary system/sistema ng pag-ihi mga organo na gumagawa, nag-iimbak at natatanggal ng ihi.

uterus/matris sa babaeng mamalya, ang blangko, may-kalamnan na organo kung saan ang napunlaang itlog ay nakabaon at kung saan ang embriyon at peto ay lumalaki.

V

vagina/puwerta pambabaeng organo na pang-reproduktibo na nag-uugnay sa labas ng katawan at sa matris.

valence electron/elektrong balensiya elektron na makikita sa pinakalabas na balat ng atom at tumutukoy sa kemikal na katangian ng atom.

variable/baryabol katangian na nagbabago sa eksperimento para sulitin ang hipotesis.

vascular plant/baskular na halaman halaman na may himaymay na naghahatid ng materyales mula sa isang bahagi ng halaman sa iba.

vein/ugat sa biyolohiya, ang besel na nagdadala ng duga sa puso.

velocity/belosidad bilis ng isang bagay sa partikular na direksiyon.

vent/butas bukana ng kapatagan ng Mundo kung saan ang bulkanikong materyal ay dumaraan.

vertebrate/maygulugod hayop na may gulugod.

vesicle/orasyon maliit na buka o sako na may lamang materyal sa eukaryotic na selula; nabubuo kapag ang bahagi ng lamad selula ay pumaligid sa materyal na dadalhin sa selula o sa loob ng selula.

virus/bayrus mikroskopikong partikel na pumapasok sa selula at kadalasan ay sinisira ang selula.

viscosity/lagkit resistensiya ng gas o likido na dumaloy.

vitamin/bitamina klase ng sustansya na mayroong karbon at kailangan sa maliit na halaga para panatilihin ang kalusugan at magpalaki.

volcano/bulkan butas o biyak sa ibabaw ng Mundo kung saan ang magma o gas ay inilalabas.

voltage/boltahe potensiyal na diperensiya sa pagitan ng dalawang punto; sinusukat ayon sa bolt.

volume/bulumen sukat ng laki ng katawan o rehiyon sa tatlong-dimensiyonal na kalawakan.

W

water cycle/siglo ng tubig tuluy-tuloy na paggalaw ng tubig mula sa karagatan patungo sa atmospero patungo sa lupa at pabalik sa karagatan.

water pollution/polusyon ng tubig pagpasok sa tubig ng duming materya o kemikal na nakapipinsala sa organismong nakatira sa tubig o sa mga umiinom o nakalantad sa tubig.

water table/dulang ng tubig ibabaw ng pang-ilalim na tubig; taas na hangganan ng sona ng saturasyon.

water vascular system/sistemang baskular ng tubig sistema ng kanal na puno ng malatubig na pluwid na umiikot sa kabuuan ng katawan ng ekinoderm.

waterfowl/ibong-tubig pantubig na ibon, gaya ng pato, itik, o pabo.

watershed/watershed bahagi ng lupa na inaagusan ng sistema ng tubig.

watt/batyo yunit na tumutukoy sa lakas; katumbas ng joules kada segundo (simbolo, W).

wave/wave peryodikong pag-abala sa solido, likido, o gas habang ang enerhiya ay dinadala sa pamamagitan ng daluyan.

wave speed/bilis ng wave bilis ng paglalakbay wave sa daluyan.

wavelength/wavelength layo mula sa anumang punto sa weib patungo sa kaparehong punto ng susunod na wave.

weather/panahon maiksing anyo ng atmospero, kasama na ang temperatura, kahalumigmigan, presipitasyon, hangin, at bisibilidad.

weathering/wedering proseso ng paghihiwalay ng bato materyal sa aksiyon ng pisikal o kemikal na proseso.

wedge/kalso simpleng makinarya na gawa sa dalawang nakahilig na patag na gumagalaw; kadalasan gamit sa paghihiwa.

weight/bigat sukat ng grabitasyonal na puwersa na nasa bagay; ang halaga nito ay mababago sa lokasyon ng bagay sa sandaigdigan.

westerlies/pakanluran nananaig na hangin na umiihip mula kanluran hanggang silangan sa pagitan ng 30° at 60° latitud sa magkabilang hemispero.

wetland/basanglupa bahagi ng lupa na peryodikong nasa ilalim ng tubig o ang lupa ay maryoong pawis.

wheel and axle/gulong at ehe simpleng makinarya na binubuo ng dalawang pabilog na bagay ng magkaiba ang laki; ang gulong ang mas malaki sa dalawang pabilog na bagay.

white dwarf/puting unano maliit, mainit, madilim na bituin na natira sa sentro ng lumang bituin.

whitecap/whitecap bula na nasa rurok ng pasimulang alon.

wind/hangin paggalaw ng hangin sanhi ng pagkakaiba-iba ng presyon ng hangin.

wind power/lakas ng hangin paggamit ng
mulino para patakbuhin ang generator ng
koryente.

work/gawa paglipat ng enerhiya ng isang
bagay sa ibang bagay sa pamamagitan ng
paggamit ng puwersa na nagsasanhi para
ang bagay ay gumalaw sa direksiyon ng
puwersa.

work input/input ng gawa ang pagga-
wang nagawa ng makinarya; produkto ng
puwersa ng input at ng distansiya kung saan
ang puwersa ay pinataw.

work output/output ng gawa ang pagga-
wang nagawa ng makinarya; ang produkto
ng puwersa ng output at ang layo kung saan
gumamit ng puwersa.

X

Xylem/xylem uri ng himamay sa baskular
na halaman na nagbibigay suporta at nagha-
hatid ng tubig at nutrisyon mula sa ugat.

Y

year/taon panahong kinakailangan para
ang Mundo ay umikot ng isang beses sa
araw.

Z

zenith/zenit punto sa langit na direktang
nasa itaas ng tagamasid ng Mundo.

abiotic/جمادات ماحول کے غیر جاندار حصے کی وضاحت کرتا ہے، بشمول پانی، چٹان، روشنی، اور حرارت۔

abrasion/سنگ تراشی دیگر چٹان یا بالو کے ذرات کے مشینی عمل کے ذریعہ چٹان کے سطح کی گھسائی اور تراش۔

absolute dating/مطلق تاریخ کسی واقعی یا چیز کی سالوں میں عمر پتہ لگانے کا ایک طریقہ۔

absolute magnitude/مطلق قدر ایسی چمک جو زمین سے ۳۲٫۶ نوری سال کی دوری پر واقع تارے میں ہوتی ہے۔

absolute zero/مطلق صفر وہ درجہ حرارت جس پر مالیکولی توانائی کمتر ہوتی ہے (کیلوین اسکیل پر ۰ کیلوین یا سیلسیس پیمانے پر ۲۷۳٫۱۶ سیلسیس)۔

absorption/انجذاب نوریات میں، نوری توانائی کا کسی مادے کے ذرات میں روشنی کی ترسیل۔

abyssal plain/پاتالی میدان گہرے سمندری بیسین کا ایک وسیع، چپٹا، عام طور پر مسطح علاقہ۔

acceleration/اسراع وہ شرح جس پر وقت کے ساتھ رفتار میں تبدیلی ہوتی ہے؛ کسی چیز میں تب اسراع ہوتا ہے جب اس کی رفتار، سمت، یا دونوں میں تبدیلی ہوتی ہے۔

accreted terrane/توسیع پذیر ٹیرین کرہ زمین کا ایک ٹکڑا جو ساختمانی پلیٹوں کے اتصالی حدوں پر باہم ٹکرانے سے کسی بڑے زمینی ٹکڑے کا حصہ بن جاتا ہے۔

acid/تیزاب کوئی مرکب جسے پانی میں حل کرنے پر اس میں ہائیڈرونیم آئون کی تعداد بڑھا دیتا ہے۔

acid precipitation/تیزابی بارندگی (بارش) کافی تیزابی کثافت والی بارش، اولے، یا برف باری۔

activation energy/عمل کاری کی توانائی کسی کیمیاوی عمل کے آغازکے لئے درکار کم از کم توانائی۔

active transport/فعال نقل و حمل خلیے کی جھلی کےآرپارحرکت جس کےلئے خلیے کو توانائی کے استعمال کی ضرورت ہوتی ہے۔

adaptation/مطابقت پذیری ایسی خصوصیت جو کسی مخصوص ماحول میں کسی فرد کے زندہ رہنے اور عمل تولید کی صلاحیت میں اضافہ کرتی ہے۔

addiction/لت کسی چیز پر منحصر ہونا، جیسے شراب یا منشیات۔

aerobic exercise/ہواباشی والی کسرت جسمانی ورزش جودل اور پھیپھڑوں کی رفتار بڑھانے کے لئے کی جائے تاکہ جسم آکسیجن کا زیادہ استعمال کرسکے۔

air mass/ہوا کی کمیت بہت زیادہ مقدار میں ہوا جس میں ہر جگہ حرارت اور نمی کے اجزا برابر ہوں۔

air pollution/ہوا کی آلودگی انسان اورقدرتی ذرائع کےآلودہ مادوں کے سبب ماحول میں ہونے والی آلودگی۔

air pressure/ہوا کا دباؤ اس قوت کی پیمائش جو ہوا کے سالمے کسی سطح پر لگاتے ہیں۔

alcoholism/شراب خوری ایک لت جس میں کوئی شخص لگاتار الکوہل والی مشروبات پیتا رہتا ہے جس سے اس شخص کے صحت اور سرگرمیوں پر اثر پڑتا ہے۔

algae/کائی یوکریئٹک اجسام ہیں جو فوٹو سینتھیسس (ضیافی تالیف) کے عمل کے ذریعہ سورج کی توانائی کوغذا میں تبدیل کر دیتا ہے لیکن اس میں جڑیں، تنے، یا پتیاں نہیں ہوتیں (واحد، الگا)۔

alkali metal/قلوی دھات دوری جدول کے گروپ ۱ کا ایک عنصر (لیتھیم، سوڈیم، پوٹاشیم، روبیڈیم، سیسیم، اور فرینسیم)۔

alkaline-earth metal/قلوی بنیاد والے دھات دوری جدول کے گروپ ۲ کا ایک عنصر (بیریلیم، میگنیشیم، کیلشیم، اسٹرونیم، بیریم، اور ریڈیم)۔

allele/موروثہ (الیلی) جین کی ایک متبادل شکل جو کسی خصوصیت کے لئے ذمہ دار ہوتے ہیں، جیسے بالوں کا رنگ۔

allergy/الرجی کسی عام یا غیر نقصاندہ چیز سے جسم کے مدافعتی نظام کے ذریعہ ردعمل۔

alluvial fan/سیلابی پنکھ زمین کی ڈھال میں تیزی سے کمی ہونے پرکسی دھارے کے ذریعہ جمع کے گئے مادوں سے بنی پنکھے کی شکل کا جماؤ۔

altitude/ارتفاع (بلندی) آسمان میں موجود چیز اور افق کے درمیان موجود زاویہ۔

alveoli/خانے دار پھیپھڑوں میں پائےجانے والے چھوٹے چھوٹے خانے جہاں آکسیجن اور کاربن ڈائی آکسائڈ باہم تبدیل ہوتے ہیں۔

amniotic egg/غلاف دار انڈے ایک قسم کا انڈا جو جھلیوں سے گھرا ہوتا ہے، غلاف دار کہلاتا ہے، اور رینگنے والے جانداروں، پرندوں، اور انڈے دینے والی ممالیہ (پستان دار جانوروں) میں اس کے اندر کافی مقدار میں زردی ہوتی ہےجو ایک سخت خول سےگھرا ہوتا ہے۔

amplitude/وسعت وہ زیادہ سے زیادہ دوری جو لہر والے وسیلے کے اجزاء اپنے حالت جمود سے ارتعاش کرتے ہیں۔

analog signal/اینا لاگ سگنل (تغیرپذیر اشاریہ) ایسا اشاریہ جس کی خصوصیات میں مخصوص دائرے کے اندر تبدیلی ہوتی رہتی ہے۔

anemometer/باد پیما ایک آلہ جسے ہوا کی رفتار کی پیمائش کے لئے استعمال کیا جاتا ہے۔

angiosperm/بند تخم ایک پھول والا پودا جس کے بیج پھل کے اندر ہوتے ہیں۔

Animalia/اینیمیلیا ایک عالم قدرتی جو پیچیدہ، کثیر خلیوں والے اجسام سے بنتے ہیں جن میں خلیے کی دیواریں نہیں ہوتیں، یہ اس پاس گھوم سکتے ہیں اور فوراً ماحول کے مطابق رد عمل کرتے ہیں۔

antenna/محاس (اینٹینا) ایک محسوس کرنے والا عضو جو کسی بے ریڑھ والے حیوان کے سر پر ہوتا ہے، جیسے قشری یا خول دار حیوانات یا کیڑوں کو، اور یہ لمس، ذائقہ، اور بو کا احساس دلاتے ہیں۔

antibiotic/اینٹی بایوٹک (ضدنامیہ) جرثوموں اور دیگر خرد اجسام کو مارنے کے لئے استعمال کی جانے والی دوا۔

antibody/ضد اجسام B خلیوں کے ذریعہ پیدا کیا جانے والا ایک پروٹین جوکسی خاص قسم کے ضد جسم زا (اینٹی جن) پر قابو رکھتے ہیں۔

anticyclone/مخالف سیقلون کسی اونچے دباؤ والے مرکز کے اطراف میں ہوا کی گردش جو زمینی گردش کے مخالف سمت ہو۔

apparent magnitude/ظاہری روشنی کا درجہ زمین سے دیکھنے پر ستاروں کی چمک کا درجہ۔

aquifer/آبگیر طبقہ چٹان یا تلچھٹ کا حصہ جس میں زیر زمین پانی جمع ہوتا ہے اور بہتا ہے۔

asthenosphere/کوہ زیر قشر ارض قشر زمین کی ایک نرم پرت جس پر ساختمانی پلیٹ حرکت کرتی ہے۔

astronomical unit/فلکیاتی اکائی سورج اور زمین کے درمیان کی اوسط دوری؛ لگ بھگ ۱۵۰ ملین کلومیٹر (علامت AU)۔

astronomy/فلکیات، علم ہیئت کائنات کا مطالعہ۔

atmosphere/کوہ باد ملی جلی گیسوں کا ایک مجموعہ جو کسی سیارے یا چاند کے چاروں طرف ہوتا ہے۔

atmospheric pressure/ہوائی دباؤ ہوا کے دباؤ کے وزن کے سبب پیدا ہونے والا دباؤ۔

atom/ایٹم کسی عنصر کی سب سے چھوٹی اکائی جو اس عنصر کی خصوصیات برقرار رکھتی ہے۔

atomic mass/ایٹمی کمیت کسی ایٹم کی کمیت کو ایٹمی کمیت میں دکھایا جاتا ہے۔

atomic mass unit/ایٹمی کمیت کی اکائی کمیت کی وہ اکائی جو کسی ایٹم یا سالمے کی کمیت بیان کرتا ہے۔

atomic number/ایٹامک نمبر کسی ایٹم کے مرکز میں پائے جانے والے نیوٹرون کی تعداد؛ کسی عنصر کے تمام ایٹموں کا ایٹامک نمبر یکساں ہوتا ہے۔

ATP/اے ٹی پی ایڈینوسین ٹرائی فاسفیٹ، ایک سالم ہے جو خلیوں کے عمل میں توانائی کے بنیادی وسیلے کے طور پر کام کرتا ہے۔

autoimmune disease/مرض خود منبع ایک بیماری جس میں مدافعتی نظام اپنے ہی خلیوں کے عضویہ پر اثرانداز ہوتا ہے۔

average speed/اوسط رفتار کل طے کی گئی رفتار کو لگنے والے وقت سے تقسیم کرنے پر حاصل قسمت۔

Archaea/قدیمی دور جدید تقسیمی نظام میں ایسے پروکریوٹس پر مشتمل کوئی جاندار جو اپنے خلیوی دیواروں اوراپنے جینیات کی ترتیب کے معاملے میں دیگر پروکریوٹس سے الگ ہو؛ اس طرح کا جاندارآرکائی بیکٹریا کے روایتی عالم سے وابستہ ہے۔

Archimedes' principle/آرکمیڈیز کا اصول وہ اصول جو یہ بیان کرتا ہے کہ کسی چیز پر سیال میں جو تیرانے (اچھال) والی قوت لگتی ہے وہ اوپر کی جانب لگنے والی قوت سیال کی مقدار کے اس وزن کے برابر ہوتی ہے جسے وہ چیز بٹاتی ہے۔

area/علاقہ کسی خطے یا سطح کی جسامت کی ناپ۔

artery/شریان خون کی نالی (رگ) جو خون کو دل سے باہر لے جاتی ہے۔

artesian spring/آرٹیزین چشمہ ایک چشمہ جس کا پانی سرپوش چٹان کےآب اندوخت میں ہونے والی کسی دراڑ سے نکلتا ہے۔

artificial satellite/مصنوعی سیٹیلائٹ (سیارچہ) انسان کے ذریعہ بنائی گئی ایک مشین جو خلا کے کسی اجسام کے مدار پر بھیج دی جاتی ہے۔

asexual reproduction/لا جنسی تولید ایسا تولیدی عمل جس میں جنسی خلیوں کا اختلاط نہیں ہوتا اور اس میں ایک ہی جاندار اپنی نسل کاجاندار پیدا کرتا ہے جو جینیاتی طور پربالکل اسی کے مشابہ ہوتاہے۔

asteroid/سیارچہ ایک چھوٹی، چٹان جیسی چیز جو سورج کا طواف کرتی ہے، عام طور پر یہ مریخ اور مشتری کے مداروں کے درمیان کی پٹی میں ہوتا ہے۔

asteroid belt/سیارچے کی پٹی شمسی نظام کا وہ علاقہ جو مریخ اور مشتری کے مداروں کے درمیان واقع ہے جس میں زیادہ تر سیارچے طواف کرتے ہیں۔

axis/محور گراف کے حد کی نشاندہی کرنے والے دو یا زیادہ خطوں میں سے ایک حوالے والا خط۔

azimuthal projection/سمت الراس اظلال ایک نقشہ جاتی زاویہ جو گلوب پر کسی طیارے کی زاویائی سمت کے ذریعہ بنتا ہے۔

B

B cell/بی خلیہ خون کے سفید خلیے جو ضد اجسام بناتے ہیں۔

Bacteria/جراثیم ایک جدید تقسیمی نظام میں ایسے پروکریوٹس پر مشتمل کوئی جاندار جو اپنے خلیوی دیواروں اور اپنے جینیات کی ترتیب کے معاملے میں دیگر پروکریوٹس سے الگ ہو؛ اس طرح کا جاندار یوبیکٹریا کے روایتی عالم سے وابستہ ہے۔

barometer/داب پیما (بیرومیٹر) ایک آلہ جس سے فضائی دباؤ کی پیمائش کی جاتی ہے۔

base/بنیاد کوئی مرکب جسے پانی میں حل کرنے پر ہائیڈرواکسائڈ آئون کی تعداد میں اضافہ ہو جاتا ہے۔

batholith/بیتھولیتھ (عمقی چٹان) قشر زمین میں موجود آتشیں چٹانوں کی بڑی مقدار جو، اگر سطح پر ظاہر ہوجائے تو، کم از کم ۱۰۰ کلومیٹر۲ کے علاقے پر محیط ہو۔

beach/بیچ (ریتیلا ساحل) ساحل کی وہ پٹی جو لہروں کے ذریعہ جمع کردہ مادوں سے بنتی ہے۔

bedrock/فرشی چٹان مٹی کے نیچے چٹانوں کی پرت۔

benthic environment/عمقی ماحول تالاب، جھیل، یا سمندر کی تہ کے قریب کا حصہ۔

benthos/عمقی دنیائے حیات سمندر کی تہ میں رہنے والے اجسام۔

Bernoulli's principle/برنولی کا اصول ایک اصول جو یہ بتاتا ہے کہ کسی سیال کا دباؤ سیال کی رفتار میں اضافے کو کم کر دیتا ہے۔

big bang theory/بگ بینگ اصول یہ اصول بتاتا ہے کہ لگ بھگ ۱۳.۷ بلین سال پہلے کائنات کی ابتداء ایک عظیم دھماکے سے ہوئی۔

binary fission/ثنائی (دوہرا) انشقاق یک خلیوی اجسام میں لاجنسی تخلیق کی ایک شکل جس میں ایک خلیہ دو برابر خلیوں میں تقسیم ہو جاتا ہے۔

biodiversity/حیاتیاتی تنوع کسی مخصوص وقت میں ایک مخصوص علاقے میں موجود اجسام کی تعداد اور نوعیت۔

biomass/حیوی کمیت نامیاتی مادہ جو توانائی کا وسیلہ ہو سکتا ہے؛ کسی علاقے میں موجود اجسام کی کل کمیت۔

biome/بایوم مخصوص قسم کے موسم اور مخصوص قسم کے پودوں اور جانوروں کی جماعتوں والا ایک وسیع خط۔

bioremediation/حیوی ثالثی (بایو میڈیئیشن) جاندار اجسام کے خطرناک فضلوں کو بہتر بنانے کی تدبیر۔

biosphere/حیاتی کرہ زمین کا وہ حصہ جہاں زندگی موجود ہے؛ اس میں زمین پر پائے جانے والے تمام جاندار اجسام شامل ہیں۔

biotic/حیوی ماحول کے زندگی سے متعلق عوامل کی وضاحت کرتا ہے۔

bird of prey/شکاری پرندہ ایک پرندہ جو دوسرے جانوروں کا شکار کرتا اور کھاتا ہے۔

black hole/روزن سیاہ کوئی مادہ جو اس قدر سکڑ گیا اور گھنا ہو گیا ہو کہ اس کے کشش ثقل سے روشنی بھی نہیں نکل سکتی۔

blood/خون وہ سیال جو پورے جسم میں گیس، تغذیاتی اجزاء، اور فضلے ڈھوتا ہے اور جو بست خلیوں (پلیٹلٹ)، خون کے سفید خلیوں، خون کے سرخ خلیوں، اور پلازما سے بنی ہوتی ہے۔

blood pressure/فشار خون وہ طاقت جو خون وریدوں کی دیواروں پر لگاتا ہے۔

boiling/ابالنا کسی مستقل درجہ حرارت پر رقیق کے بھاپ میں تبدیل ہونے کا عمل جب رقیق کے بھاپ کادباؤ کوہ باد کے دباؤ کے برابر ہوتا ہے۔

Boyle's law/بوائل کا اصول ایک اصول جو یہ بتاتا ہے کہ یکساں درجہ حرارت پر گیس کا حجم گیس کے دباؤ کے تقلیبی (معکوس) تناسب میں ہوتا ہے۔

brain/دماغ وہ عضو جو اعصابی نظام پر قابو رکھنے والا اصل مرکز ہے۔

bronchus/سانس کی نلی سانس کی دو نلیوں میں سے کوئی ایک جو پھیپھڑوں کو نرخرے سے جوڑتی ہیں۔

brooding/انڈے سینا انڈوں پر بیٹھ کر اسے ڈھک لینا تاکہ وہ پھٹنے تک گرم رہیں: بچے باہر نکل آئیں۔

buoyant force/تیرانے والی قوت اوپر کی جانب لگنے والی قوت جو کسی چیز کو رقیق میں ڈوبوتی یا تیراتی ہے۔

C

caldera/جوالا مکھی طشت ایک بڑا نیم دائرہ نما گڑھا جو تب بنتا ہے جب میگما کے خانے سے بہنے والا لاوا اسے خالی کر دیتا ہے اور سطح زمین کو اوپر اٹھا دیتا ہے۔

cancer/کینسر ایک ٹیومر جس میں خلیوں میں بے قابو شرح پر تقسیم کا عمل ہوتا ہے اور یہ بڑھتا رہتا ہے۔

capillary/پتلی وریدیں خون کی پتلی رگیں جو نسیج کے اندر خون اور خلیوں کے درمیان باہم تبادلے کا عمل انجام دینے میں مدد کرتی ہیں۔

carbohydrate/کاربوہائڈریٹ سالموں کا ایک زمرہ جس میں شکر، اسٹارچ (نشاستہ)، اور ریشے شامل ہوتے ہیں؛ یہ کاربن، ہائیڈروجن اور آکسیجن سے مل کر بنتا ہے۔

carbon cycle/کاربن کا دور کاربن کا جماداتی ماحول سے جاندار چیزوں میں حرکت کرنا اور پھر واپس یہی عمل دہرانا۔

cardiovascular system/دل اور خون کی وریدوں کا نظام ان اعضاء کا مجموعہ جوپورے جسم میں خون کا نقل و حمل کرتا ہے۔

carnivore/گوشت خور جانور ایسے اجسام جو جانوروں کو کھاتے ہیں۔

carrying capacity/حملی صلاحیت وہ بڑی سے بڑی تعداد جسے کسی مخصوص وقت میں کوئی ماحول برداشت کر سکتا ہے۔

cast/سانچہ باقیات کی ایک قسم جو ایسی صورت میں بنتا ہے جب کسی گل جانے والے جسم کے بچے ہوئے ڈھانچے میں رسوب بھرجاتے ہیں۔

catalyst/وسیط یا عمل انگیز کوئی شے جوبغیر شامل ہوئے یا خصوصیات میں زیادہ تبدیلی کیے بغیر کیمیاوی ردعمل کی رفتار میں تبدیلی پیدا کردیتی ہے۔

catastrophism/نظریہ آشوبیت ایک اصول ہے جس میں بتایا گیا ہے کہ تمام ارضیاتی تبدیلیاں اچانک اور پرآشوب طور پر ہوئی ہیں۔

cell/خلیہ تمام جاندار اجسام کی سب سے چھوٹی فعلی اور بناوٹی اکائی؛ عام طور پر اس میں ایک مرکزہ، خلیہ مائی اور ایک جھلی ہوتی ہے۔

cell/سیل بیٹری برقیات میں، ایک آلہ جو کیمیاوی یا ریڈیائی توانائی کو برقی توانائی میں تبدیل کرکے برقی رو پیدا کرتا ہے۔

cell cycle/خلیوی دور کسی خلیے کا دور حیات۔

cell membrane/خلیے کی جھلی ایک فاسفولیپڈ پرت جو کسی خلیے کی سطح کو گھیر لیتا ہے اور خلیے کے اندرونی حصے اور خلیے کے ماحول کے درمیان ایک رکاوٹ کا کام کرتا ہے۔

cell wall/دیوار خلیہ ایک سخت بناوٹ جوخلیے کی جھلی کے چاروں طرف گھرا ہوتا ہے اور خلیے کو تعاون کرتا ہے۔

cellular respiration/خلیوی تنفس وہ عمل جس کے ذریعہ خلیے غذا سے توانائی پیدا کرنے کے لئے آکسیجن کا استعمال کرتے ہیں۔

Cenozoic era/سینوزویائی عہد سب سے قریبی حیاتاتی عہد، جس کی ابتدا ٦٥ ملین سال پہلے ہوئی تھی؛ اسے پستان دار جانوروں (میمل) کا عہد بھی کہتے ہیں۔

central nervous system/مرکزی اعصابی نظام دماغ اور حرام مغز؛ اس کا اصل کام جسم میں اطلاعات کی ترسیل پر قابو رکھنا ہے۔

change of state/حالت میں تبدیلی کسی شے کا ایک مادی حالت سے دوسرے مادی حالت میں تبدیل ہونا۔

channel/نالی کوئی راستہ جس سے دھارا بہتا ہے۔

Charles's law/چارلس کا اصول وہ اصول جو بتاتا ہے کہ یکساں دباؤ پر گیس کے حجم اور گیس کے درجہ حرارت کے مابین بالواسطہ تناسب ہوتا ہے۔

chemical bond/کیمیاوی بند ایک باہم تعامل جو ایٹموں اور آینوں کو مربوط رکھتا ہے۔

chemical bonding/کیمیاوی بندش سالماتی یا آیونی مرکب بنانے کے لئے ایٹموں کو مربوط کرنے کا عمل۔

chemical change/کیمیاوی تبدیلی ایسی تبدیلی جس میں ایک یا زیادہ اشیاء پوری طرح نئی شئے میں تبدیل ہوجاتی ہیں جس کی خصوصیات بھی الگ ہوتی ہیں۔

chemical energy/کیمیاوی توانائی جب کوئی کیمیاوی مرکب نیا مرکب بنانے کے لئے ردعمل کرتا ہے تو اس سے خارج ہونے والی توانائی۔

chemical equation/کیمیاوی مساوات کیمیاوی ردعمل کی وضاحت جس میں ردعمل اور اس سے حاصل ہونے والے نتیجے کو علامات کے ذریعہ دکھایا جاتا ہے۔

chemical formula/کیمیاوی فارمولہ کسی مادے کی وضاحت کے لئے کیمیاوی علامات اور تعداد کا ایک مجموعہ۔

chemical property/کیمیاوی خواص مادے کی خصوصیت جو کسی مادے کی کیمیاوی درعمل میں شریک ہونے کی صلاحیت کی وضاحت کرتا ہے۔

chemical reaction/کیمیاوی ردعمل ایک عمل جس کے ذریعہ ایک یا زیادہ اشیاء ایک یا زیادہ مختلف اشیاء پیدا کرنے کے لئے تبدیل ہوتے ہیں۔

chemical weathering/کیمیاوی کٹاؤ وہ عمل جس کے ذریعہ کیمیاوی ردعمل کے نتیجے میں چٹانیں ٹوٹ کر بکھر جاتی ہیں۔

chlorophyll/کلوروفل ایک سبز رنگ کا ذرہ جو فوٹوسینتھیسس کے لئے روشنی کی توانائی کو جذب کرتا ہے۔

chloroplast/کلوروپلاسٹ (سبزتکونیہ) پودوں اور کائی کے خلیوں میں پایا جانے والا ایک عضویہ جہاں ضیائی تالیف (فوٹوسینتھیسس) کا عمل ہوتا ہے۔

chromosome/کروموزوم (لوای جسمیہ) ایک پوکریوٹک خلیہ، مرکز پر پائی جانے والی ایک بناوٹ جو ڈی این اے اور پروٹین کا بنا ہوتا ہے؛ پروکریوٹک خلیے میں، ڈی این اے کی اصل کڑی۔

circadian rhythm/یومیہ تبدیلی حیاتی روز و شب کا دور۔

circuit board/برقی دور کا بورڈ (تختہ) محجوز مادوں کا بنا ایک شیٹ جس میں برقی دور کے عناصر ہوتے ہیں اور اسے کسی الکٹرانک آلے میں لگایا جاتا ہے۔

classification/درجہ بندی مخصوص خصوصیات کی بناء پر نامیاتی اجسام کی گروپ، یا درجے میں تقسیم۔

cleavage/انشقاق کسی معدن کی مسطح ہموار سطح میں شگاف۔

climate/موسم کسی علاقے میں طویل وقفے تک موجود رہنے والی اوسط موسمی حالات۔

closed circulatory system/بند دورانی نظام ایک دورانی نظام جس میں دل رگوں کے ایک نیٹ ورک کے ذریعہ دوران خون کا عمل انجام دیتا ہے جو ایک لوپ بناتے ہیں؛ خون رگوں سے باہر نہیں نکلتا اور مادے وریدوں کی دیوار سے چھن کر باہر آجاتے ہیں۔

cloud/بادل پانی یا برف کے ننھے قطروں کا اجتماع جو ہوا میں پھیلی ہوتی ہیں، جو ہوا کے ٹھنڈے ہونے پر ہوتا ہے اور پھر تکثیف کا آغاز ہوتا ہے۔

coal/کوئلہ ایی فوصل ایندھن جو زمین کے نیچے پایا جاتا ہے اور پودوں کے سڑنے سے بنتے ہیں۔

cochlea/حلزونہ (کن گونگھا) ایک مڑی ہوئی نلی جو اندرونی کان میں پایا جاتا ہے اور سننے کے لئے ضروری ہے۔

coelom/شکمک ایک جسمانی جوف جو اندرونی اعضاء پر مشتمل ہوتا ہے۔

coevolution/ہم عصری ارتقاء دو نوع کا ارتقاء جو بابمی اثرات کے سبب ہوتا ہے، اکثر ایسی صورت میں جب ان کا آپسی تعلق دونوں نوع کے لئے مفید ہو۔

colloid/لسونیت باریک گداخت یا بستہ ذرات کا مجموعہ جو محلول اور معلق کے ذرات کی جسامتوں کے مقابلے درمیانی جسامت کے ہوتے ہیں اور یہ رقیق، ٹھوس، یا گیس میں معلق رہتے ہیں۔

combustion/احراق (آتش گیری) کسی شے کا جلنا۔

comet/دم دار سیارہ برف، چٹان اور کاسمک دھول میں لپٹا اجرام فلکی جو بیضوی دائرے میں سورج کا طواف کرتا ہے اور اس کے گیس اور سورج کے قریب سے گزرنے پر ایک دم کی شکل بناتے ہیں۔

commensalisms/ہم باشی دو نامیاتی اجسام کے درمیان رشتہ جس میں ایک نامیاتی جسم کو فائدہ ہوتا ہے جبکہ دوسرے پر کوئی اثر نہیں پڑتا۔

communication/ترسیل ایک جاندار سے دوسرے جاندار تک اشارات یا پیغام کی منتقلی جس کے نتیجے میں کسی طرح کا جواب حاصل ہوتا ہے۔

community/گروہ ایک حیاتی ماحول میں رہنے والے تمام نوع کے جاندار کا گروہ جو ایک دوسرے سے تعامل کرتے ہیں۔

composition/بناوٹ کسی چٹان کی کیمیاوی ترتیب جو چٹان میں موجود معدن یا دیگر مادوں کی وضاحت کرتا ہے۔

compound/مرکب ایک شے جو دو یا زیادہ عناصر کے ایٹموں سے مل کر بنتا ہے جو کیمیاوی بند کے ذریعہ آپس میں بندھے ہوتے ہیں۔

compound eye/مرکب آنکھ ایسی آنکھ جو متعدد روشنی پیماؤں پر مشتمل ہو۔

compound light microscope/مرکب روشنیوں والا مائکرو اسکوپ ایک آلہ جو چھوٹی چیزوں کو اس قدر بڑھا دیتا ہے کہ اسے دو یا زیادہ عدسوں کا استعمال کرکے آسانی سے دیکھا جاسکتا ہے۔

compound machine/مرکب مشین ایک مشین جو ایک سے زیادہ عام مشینوں پر مشتمل ہو۔

compression/دباؤ جب دوقوتیں کسی چیز انقباض کے لئے عمل کرتی ہیں تو دباؤ پیدا ہوتا ہے۔

computer/کمپیوٹر ایک الیکٹرونک مشین جو اعداد و شمار اور ہدایات کو قبول کرتی ہے، ہدایات پر عمل کرتی اور نتیجہ برآمد کرتی ہے۔

concave lens/محرابی عدسہ ایسا عدسہ جو سروں کی بہ نسبت وسط میں نسبتا پتلا ہوتا ہے۔

concave mirror/محرابی آئینہ ایسا آئینہ جو اندر کی طرف مڑا ہوا ہو جیسے کہ چمچہ میں ہوتا ہے۔

concentration/ارتکاز مرکب، محلول یا کچ دھات کی مقررہ مقدار میں کسی مخصوص مادہ کی مابیئت۔

condensation/تکثیف گیس سے مائع میں بدلنے کی کیفیت۔

conduction/ایصال مادے کے ذریعہ حرارت کے طور پر توانائی کی ترسیل۔

conic projection/مخروطی چھجہ ایک نقشہ کا ابھار جو مخروط پر گلوب کی سطحی عناصر کی حرکت سے بنتا ہے۔

conservation/بچاؤ قدرتی وسائل کا تحفظ اور دانشمندانہ استعمال۔

constellation/مجمع الکواکب آسمان کا وہ حصہ جو ثابت ستاروں پر مشتمل ہوتا ہے اور جو خلا میں کسی شئے کے جائے استقرار کی توضیح کے لئے مستعمل ہوتا ہے۔

consumer/صارف وہ جسم نامی جو دوسرے جسم نامی یا مادہ نامی کو کھاجاتا ہے۔

continental drift/براعظمی بہاؤ ایسے قیاسات جو یہ بتاتے ہیں کہ ایک بار ایک ہی قطعہ زمین بننے والے براعظم ختم ہوگئے اور بہہ کر اپنی حالیہ جائے مستقر پر پہنچ گئے۔

continental rise/براعظمی ابھار براعظمی ڈھلان اور پاتال کے درمیان واقع براعظمی حاشیہ کے بڑے ڈھلان والا حصہ۔

continental shelf/براعظمی طاق ساحل اور براعظمی ڈھلان کے درمیان واقع براعظمی حاشیہ کے بڑے ڈھلان والا حصہ۔

continental slope/براعظمی ڈھلان براعظمی ڈھلان اور براعظمی طاق کے درمیان واقع براعظمی حاشیہ کے بڑے ڈھلان والا حصہ۔

contour feather/قنطوری پنکھ پرندے کے جسم پر اوپر والا ایک پنکھ جو اس کی ساخت کو متعین کرتا ہے۔

contour interval/قنطور انٹرول ایک خط ارتفاع اور دوسرے کے مابین ارتفاع میں فرق۔

contour line/خط ارتفاع مساوی ارتفاع کے نقطوں کو جوڑنے والا خط۔

controlled experiment/منضبط تجربہ وہ تجربہ جو کنٹرول گروپ اور تجرباتی گروپ کے موازنہ کا استعمال کرکے ایک ہی وقت میں ایک ہی عامل کی جانچ کرتا ہے۔

convection/حمل حرارت کثافت میں فرق کے سبب مادوں کی حرکت؛ مادے کی حرکت کے سبب توانائی کا انتقال۔

convection current/حمل حرارت کی رو مادے کی کوئی حرکت جو کثافت میں فرق کے سبب ہو؛ یہ عمودی، دائرہ نما یا گردشی ہوسکتی ہے۔

convergent boundary/حداتصال دو کرہ حجری پلیٹوں کے ارتباط سے بنی ہوئی حد۔

convex lens/محدب عدسہ وہ عدسہ جو سروں کی بہ نسبت وسط میں نسبتا موٹا ہوتا ہے۔

convex mirror/محدب آئینہ وہ آئینہ جو چمچہ کے عقبی سمت کی طرح باہر کی طرف مڑا ہوتا ہے۔

core/گودا جھلی کے نیچے زمین کا مرکزی حصہ۔

Coriolis effect/انحرافی اثر زمین کی محوری گردش کا کسی بھی متحرک شئے پر پڑنے والا اثر۔

cosmology/تکوینیات کائنات کے وجود، خواص، تعامل اور تجزیہ کا مطالعہ۔

covalent bond/شریک گرفت بندی الیکٹرون کے ایک یا زائد جوڑے کے ساتھ ایٹموں کے ملنے سے ہونے والا بندھن۔

covalent compound/شریک بند مرکب ایک کیمیاوی مرکب جو ایٹموں کے ملنے سے بنتا ہے۔

crater/جوالا مکھی آتش فشاں کے مرکزی منفذ کے بالائی سر کے قریب قیف کی شکل کا گڈھا۔

creep/خزندگی موسمی چٹانی مادہ کی بتدریج اترائی کی حرکت۔

crust/قشر جھلی کے اوپر زمین کی پتلی اور ٹھوس سب سے بیرونی پرت۔

crystal/بلور ٹھوس جس کے ایٹم، برق پارے، یا سالمے ایک مقررہ شکل میں ترتیب دئے جاتے ہیں۔

crystal lattice/بلوری وہ مستقل شکل جس میں بلور کو مرتب کیا جاتا ہے۔

cyclone/سائیکلون کرہ ہوا کا وہ حصہ جس میں اپنے اردگرد کے دائرہ کے بہ نسبت کم دباؤ ہوتا ہے اور ایسی ہوائیں ہوتی ہیں جو مرکز کی طرف مرغولے کی شکل میں بڑھتی ہے۔

cylindrical projection/بیلن نما اظلال ایک نقشہ جاتی اظلال جو کیس بیلن پر گلوب کی سطح کے عوامل کو گھمانے سے بنتا ہے۔

cytokinesis/حرکیت خلیوی خلیہ کے مایہ حیات کی تقسیم۔

cytoskeleton/سائٹواسکلیٹن پروٹین کے تاروں کا مایہ حیاتی نیٹ ورک جو خلیہ کی حرکت، شکل اور تقسیم میں ایک لازمی کردار ادا کرتا ہے۔

D

data/ڈاٹا مشاہدہ یا تجربہ سے اخذ کردہ معلومات کا کوئی جز۔

day/دن زمین کا اپنے محور پر گردش کرنے کے لئے مطلوبہ وقت۔

decibel/ڈیسی بل صوتبات کی پیمائش کے لئے مستعمل بہت ہی عام اکائی۔

decomposer/تحلیل کنندہ مردہ اجسام نامی یا حیوانوں کے فضلات کے باقیات سے توانائی حاصل کرنے والا ایک جسم نامی جو تغذیات کو جذب یا صرف کرتا ہے۔

decomposition/انحلال نسبتا معمولی سالم مادوں میں مادوں کا مدغم ہوجانا۔

decomposition reaction/انحلالی ردعمل ایسا ردعمل جس میں ایک واحد مرکب دو یا زائد نسبتا معمولی مادوں کی تشکیل کے لئے مدغم ہوجاتا ہے۔

deep current/غائر لہر سطح سے بہت ہی نیچے سمندری پانی کی نالی نما حرکت۔

deep-water zone/ماورائے آب زون کھلے پانی والے زون سے نیچے جھیل یا تالاب کا زون، جہاں روشنی نہیں پہنچتی ہے۔

deflation/پچکنا ہوا کے کٹاؤ کی ایک شکل جس میں اچھی، خشک مٹی کے ذرات بہہ جاتے ہیں۔

deformation/بدنمائی زمین کی رگڑاؤ کا مڑنا، جھکاؤ اور ٹوٹ جانا۔ دباؤ کے نتیجہ میں چٹان کی شکل میں تبدیلی۔

delta/ڈیلٹا ندی کے دہانے پر جمع شدہ مادہ کا پنکھے کی شکل کا حجم.

density/کثافت مادہ کے حجم سے مادہ کی جسامت کا تناسب.

dependent variable/متوسل متغیر کسی تجربہ میں وہ عامل جو ایک یا زائد عوامل کے ادغام کے نتیجہ میں بدل جاتا ہے (آزادانہ تغیر).

deposition/عزل وہ عمل جس میں مادہ کو چھوڑ دیا جاتا ہے.

dermis/ادمہ برادمہ کے نیچے کے جلد کی پرت.

desalination/نمک ربائی سمندری پانی سے نمک نکالنے کا عمل.

desert/ریگستان وہ علاقہ جہاں نباتی زندگی نہ ہو یا برائے نام ہو، بارش کے بغیر اور از حد درجہ حرارت والا لمبا عرصہ، عموما گرم آب و ہوا میں پایا جاتا ہے.

dew point/شبنمی نقطہ آبی بخارات اور دائمی دباؤ، وہ درجہ حرارت جہاں کثافت کی شرح بخارات کی شرح کے متساوی ہوتی ہے.

diaphragm/ڈایا فرام گنبدی شکل کی ایک مسام جو زیر یں پسلیوں سے جڑی ہوتی ہے اور دوران وقفہ ابم مسام کے طور پر کام کرتا ہے.

dichotomous key/ذوفرعی کلید ایک تعاون جو اجسام نامی کی شفافت میں مستعمل ہوتا ہے اور جو سلسلہ وار سوالات کے جوابات پر مشتمل ہوتا ہے.

differential weathering/فرق نما موسم وہ عمل جس کے ذریعہ نرم تر اور موسم کے لئے کم مانع چٹانیں ختم ہوجاتی ہیں اور سخت تر موسم کے لئے زیادہ مانع چٹانیں پیچھے رہ جاتی ہیں.

differentiation/تفریق وہ عمل جس میں جسم نامی کے اجزاء کے ڈھانچے اور کام ان اجزاء کی تخصیص کو ناکارہ بنادیتے ہیں.

diffraction/انکسار موج لہر کی سمت کا تبدیل ہونا، یہ اس وقت ہوتا ہے جب ہوا کو کوئی ٹھوس یا سرامل جاتا ہے جیسے کوئی سوراخ.

diffusion/نفوذ زیادہ کثافت والے خط سے کم کثافت والے خط کی طرف اشیاء کی حرکت.

digestive system/نظام ہضم وہ اجسام جو غذا کو اس طرح تحلیل کرتے ہیں کہ بدن کے استعمال کے لائق ہوجائے.

digital signal/انگشتی اشاریہ محتاط اقدار کے طور پر بنایا گیا اشارہ.

diode/دوبر قیرہ ایک برقی مشین جو برقی لہروں کو ایک سمت کے بہ نسبت دوسری سمت میں زیادہ آسانی سے حرکت کرنے دیتا ہے.

divergent boundary/حد منفرجہ ایک دوسرے سے دور دور رہنے والے دو تعمیراتی پلیٹیوں کے درمیان کی حد.

divide/تقسیم ڈرینج ایریا کے مابین حد جس میں ایسے دبانے ہوتے ہیں جو مخالف سمتوں میں بہتے ہیں.

DNA/ڈی این اے ڈی اوکسیری مو نوکلک ایسڈ وہ سالم جو تمام جاندار خلیوں میں موجود ہوتا ہے. اور جس میں اس طرح کی معلومات ہوتی ہیں جس سے یہ پتہ چل جاتا ہے کہ کسی جاندار کے لئے ضروری اور باحیات شئے اور خصائل موجود ہیں.

dominant trait/غلبہ پذیر خصلت مختلف عادات و خصائل والے والدین کی پہلی نسل میں مشاہدہ میں آنے والی خصلت.

doping/ڈوپنگ نیم موصل میں غیر خالص مادہ کو ملانا.

Doppler effect/تغیر آواز وسیلہ یا مشاہدہ کے حرکت کرنے کے وقت لہروں کی فریکوئنسی کے سبب ہونے والی تبدیلی.

dormant/ساکت نمو کے لئے ناموزوں حالات ہونے پر بیج یا دیگر پودے میں ہونے والا عمل.

double-displacement reaction/ڈبل ڈسپلسمنٹ ری ایکشن ایسا ردعمل جس میں گیس، ٹھوس رسوب یا سالم کا مرکب دو مرکبات کے بیچ برق پارہ کی تبدیلی سے بنتے ہیں۔

down feather/زیریں پنکھ ایک نرم پنکھ جو چھوٹے چڑیوں کے جسم کا احاطہ کرتا ہے اور بڑے چڑیوں میں تداخل فراہم کرتا ہے۔

drag/کھینچاؤ بہاؤ فقل کے متوادی ایک قوت، ہوائی جہاز کے پرواز کے مخالف اور متوادی سمت میں کام کرنے والی ہوا کی پوری قوت۔

drug/ڈرگ ایسا کوئی بھی مادہ جو کسی فرد کی طبعی یا نفسیاتی حالت میں تبدیلی پیدا کرتا ہے۔

dune/ریت کا تودہ ہوا سے جمع شدہ ریت کا انبار جو چلتے وقت بھی اس کی شکل قائم رکھتا ہے۔

E

echo/بازگشت ٹکراکر واپس آنے والی آواز لہر۔

echolocation/بازگشت کا تعین ٹکراکر واپس آنے والی آواز کی لہروں سے کسی چیز کے مقام کا پتہ لگانا؛ اس کا استعمال جانوروں جیسے چمگادڑ کے ذریعہ کیا جاتا ہے۔

eclipse/گہن ایک واقعہ جس میں کسی فلکی جسم کا سایہ دوسرے فلکی جسم پر پڑتا ہے۔

ecology/ماحولیات ذی روح اجسام کا مجموعی ماحول میں ایک دوسرے کے ساتھ روابط کا مطالعہ کرنے والی حیاتیات کی ایک شاخ۔

ecosystem/ماحولی نظام اجسام کا ایک گروہ اور ان غیر ذی روح۔

ectotherm/تنشی حرارت ایک جسم جسے اپنے بابر کی طرف حرارتی وسیلے کی ضرورت ہوتی ہے۔

egg/انڈا، بیضہ مادہ کے ذریعہ پیدا کیا گیا تولیدی خلیہ۔

El Niño/ایل نینو بحرالکابل میں سطح کے پانی کے درجہ حرارت میں ہونے والی تبدیلی جو گرم دھار پیدا کرتی ہے۔

elastic rebound/لچک کی بازگشت لچک سے تغیر پذیر چٹان کی اچانک غیر تغیر پذیر شکل میں واپسی۔

electric current/برقی رو وہ شرح جس سے بار کسی مخصوص نکتے سے گذرتا ہے؛ اسے ایمپیئر میں ناپا جاتا ہے۔

electric discharge/برقی خروج کسی وسیلے میں جمع بجلی کا اخراج۔

electric field/برقی میدان کسی بار آور شئے کے آس پاس کی جگہ جس میں دیگر بار آور شئے کو برقی قوت کا احساس ہوتا ہے۔

electric force/برقی قوت کسی بار آور (چارج شدہ) ذرے کو کھینچنے یا دھکیلنے والی قوت جو کسی برقی میدان کے سبب ہوتی ہے۔

electric generator/برقی جنریٹر ایک آلہ جو میکانیکی توانائی کو برقی توانائی میں تبدیل کرتا ہے۔

electric motor/برقی موٹر ایک آلہ جو برقی توانائی کو میکانیکی (مشینی) توانائی میں تبدیل کرتا ہے۔

electric power/برقی طاقت وہ شرح جس پر برقی توانائی دیگر شکلوں کی توانائی میں تبدیل ہوتی ہے۔

electrical conductor/برقی موصل ایسا مادہ جس میں چارج آسانی سے گذر سکتا ہے۔

electrical insulator/برقی حاجز (غیر مؤصل) ایسا مادہ جس میں چارج نہیں گذر سکتا۔

electromagnet/برقی مقناطیس ایک کنڈلی جس میں فولادی کنارے ہوتے ہیں اور کنڈلی میں برقی رو ہونے پر یہ ایک مقناطیس کی طرح کام کرتا ہے۔

electromagnetic induction/برقی
مقناطیسی ترغیب مقناطیسی میدان میں تبدیلی
کے ذریعہ کسی سرکٹ (دورہ) میں کرنٹ پیدا
کرنے کا عمل۔

electromagnetic spectrum/برقی
مقناطیسی طیف برقی مقناطیسی اشعاع کی تمام
تواتر یا لہر طوالت۔

electromagnetic wave/برقی مقناطیسی
لہر ایک لہر جو برقی اور مقناطیسی لہروں پر
مشتمل ہوتی ہے جو ایک دوسرے کے دائیں
جانب کے زاویے پر ارتعاش کرتی ہے۔

electromagnetism/برقی مقناطیسیت برقیت
اور مقناطیسیت کے درمیان تفاعل۔

electron/الکٹرون ایٹم کا ایک ذرہ جس پر
منفی چارج ہوتا ہے۔

electron cloud/الکٹرون بادل کسی ایٹم کے
مرکز کے آس پاس کا حصہ جہاں الکٹرون کی
موجودگی کا امکان ہوتا ہے۔

electron microscope/الکٹرون
مائیکرواسکوپ ایسا خوردبین جو چیزوں کو بڑا
کرکے دکھانے کے لئے الکٹرون کی کرنوں کو
مرکوز کرتا ہے۔

element/عنصر ایسی شئے جسے کیمیاوی
ذرائع سے الگ الگ اشیاء میں تبدیل یا جدا
نہیں کیا جاسکتا۔

elevation/ارتفاع کسی چیز کی سطح سمندر
سے اونچائی۔

embryo/مضغہ انسانوں میں باروری کے بعد
سے سے حمل کے ۱۰ ویں ہفتے تک کا نموپذیر
بچہ۔

endocrine system/اندرونی غدود کا نظام
غدود اور خلیوں کا ایک مجموعہ جو ایسے
ہارمون کی ریزش کرتے ہیں جو نشونما، بڑھنے،
اور ہومیو اسٹیسس کو قابو میں رکھتے ہیں؛
اس میں، نخامی، درقی، نیم درقی، اور گردے
کے غدود، ہائپو تھیلپس، صنوبری غدہ، اور
تولیدی غدود شامل ہیں۔

endocytosis/دوران سائٹوسس (خم) ایسا عمل
جس میں خلیوی جھلی کسی ذرے کو چاروں
طرف سے گھیر کر اسے خلیے کے اندر لانے
کے لئے نالیوں میں داخل کرتی ہے۔

endoplasmic reticulum/انڈو پلازمک (درون
مایہ) جالی جھلیوں کا ایک نظام جو خلیے کے
سائٹوپلازم میں پایا جاتا ہے اور یہ پروٹین اور
لحمیات پیدا کرتے ہیں اسے تیار کرتے ہیں اور
نقل و حمل کرتے ہیں۔

endoskeleton/اندرونی پنجر ایک اندرونی
پنجر جو سخت اور نرم ہڈیوں سے بنتا ہے۔

endospore/غلاف تخمک ایک دبیر دیوار
غلاف جو کسی جرثومے کے خلیے کے اندر بنتا
ہے اور دشوار حالات میں تحفظ فراہم کرتا ہے۔

endotherm/حرارت گیر ایسا جاندار جو جسم
کا درجہ حرارت برقرار رکھنے کے لئے جسمانی
خلیوں میں ہونے والے کیمیاوی ردعمل کے
ذریعہ جسمانی حرارت حاصل کرتا ہے۔

endothermic reaction/حرارت گیر ردعمل
کوئی کیماری ردعمل جس کے لئے حرارت کی
ضرورت ہو۔

energy/توانائی کام کرنے کے لئے درکار قوت
اور صلاحیت۔

energy conversion/توانائی کی تبدیلی
توانائی کو ایک سے دوسری شکل میں تبدیل
کرنا۔

energy resource/توانائی کے وسائل ایک ایک قدرتی وسیلہ جس کا استعمال انسان توانائی پیدا کرنے کے لئے کرتا ہے۔

energy pyramid/توانائی کا اہرام ایک مثلث نما خاکہ جو کسی حیاتی نظام میں توانائی کے خاتمے کو دکھاتا ہے، جو حیاتی نظام کے غذائی سلسلے میں توانائی کی منتقلی کا نتیجہ ہوتا ہے۔

eon/زمانہ دھرتی کے جگ کا ایک زمانہ جو عہد سے طویل تر ہوتا ہے۔

epicenter/مرکز زلزلہ زلزلے کے نکتہ آغاز کے بالکل سیدھ میں سطح زمین پر موجود نکتہ، یا مرکز۔

epidermis/خارجی جلد (برادمہ) کسی جانور یا پودے کے خلیے کے سطح کی جھلی۔

epoch/قرن، عہد ارضیاتی زمانے کی ایک ذیلی تقسیم۔

equator/خط استوا قطبین کے درمیان عین وسط میں فرضی افقی خط جو زمین کو شمال اور جنوب کرہ میں تقسیم کرتا ہے۔

era/خاص زمانہ ارضیاتی زمانے کی ایک اکائی جس میں دو یا زیادہ وقفے شامل ہوتے ہیں۔

erosion/کٹاؤ ایک عمل جس کے ذریعہ ہوا، پانی، برف، یا کشش ثقل کی قوت مٹی اور رسوب کو ایک جگہ سے دوسری جگہ لے جاتی ہیں۔

esophagus/غذائی نالی ایک لمبی، سیدھی نلی جو حلق سے پیٹ تک جاتی ہے۔

estivation/گرمائی نیند غیر مفعالیت اور کم تر جسمانی حرارت کا ایک وقف جس میں کچھ جانور گرمیوں میں موسم کی سختی اور غذائی قلت سے بچنے کے لئے زیر زمین چلے جاتے ہیں۔

estuary/مہانہ ایک علاقہ جہاں ندیوں سے آنے والا صاف پانی سمندر کے نمکین پانی سے ملتا ہے۔

Eukarya/یوکیریا جدید نظام تقسیم میں ایک ڈمین (بڑا خط یا حصہ) یوکیریاٹس سے مل کر بنا ہوتا ہے یہ ڈومین روایتی عالم (لنگڈم) پروٹینسٹا (ایک خلیوی)، فنگس (پھپھوند)، لانٹیا (نباتات) اور انیمیلیا جانور کے ساتھ مربوط ہے۔

eukaryote/یوکرویوٹ ایک جسم جو ایسے خلیوں سے بنے ہیں جس میں مرکز پر ایک جھلی ہوتی ہے؛ یوکریوٹس میں یک خلیوی جانور، پودے اور پھپھوند شامل ہیں لیکن اس میں قدیم اجرام یا جرثومے شامل نہیں ہیں۔

evaporation/عمل تبخیر کسی مائع کا حرارت کے ذریع بخارات یا بھاپ میں تبدیلی۔

evolution/ارتقاء ایک عمل جس میں کسی مخصوص آبادی کے توارثی خصوصیات نسلوں بعد اس حد تک تبدیل ہوجاتے ہیں کہ کبھی کبھی نئی نوع کی نسل وجود میں آتی ہے۔

exfoliation/پرت اترنا ایک عمل جس میں دباؤ ختم ہونے کی وجہ سے چٹان کے بڑے حصے سے پرتیں اکھڑ جاتی ہیں۔

exocytosis/خروجی خلیوی تقسیم ایک عمل جس میں خلیہ کسی ذرے کو بلبلہ نما خانے میں شامل کرکے چھوڑتا ہے جو خلیے کی سطح پر آجاتا ہے اور پھر خلیوی جھلی سے باہر نکل آتا ہے۔

exoskeleton/کالبد ظاہری ایک سخت، بیرونی، معاون ڈھانچہ۔

exothermic reaction/حرارت زا ردعمل ایک کیمیاوی ردعمل جس میں خرارت کا اخراج ہوتا ہے۔

external fertilization/خارجی باروری والدین کے جسم سے باہر تولیدی خلیوں کا اختلاط۔

extinct/معدوم ایسی نوع جو پوری طرح مرکھپ چکی ہو۔

extinction/فنا تمام جانداروں کی موت۔

extrusive igneous rock/خارج شدہ آتشی چٹان ایسے چٹان جو زمین کی سطح پر یا اس کے نزدیک آتش فشاں کے پھٹنے کے سبب بنتی ہیں۔

F

farsightedness/بعید نظری ایسی حالت جس میں آنکھ کے عدسے (لینس) دور کی چیزوں کو ریٹینا (پتلی) پر مرکوز کرنے کے بجائے پیچھے مرکوز کرتا ہے۔

fat/چربی توانائی کو ذخیرہ کرنے والا تغذیاتی عامل جو جسم کے چند وٹامنز جمع کرنے میں مدد دیتا ہے۔

fault/رخنہ چٹان میں پڑنے والی دراڑ یا ٹوٹ جس کے ذریعہ ایک حصہ دوسرے کے مقابلے سرک جاتا ہے۔

feedback mechanism/باز افزائشی نظام واقعات کا ایک دور جس میں ایک مرحلے کی اطلاعات سابقہ مرحلے کو متاثر کرتی ہے یا اس پر قابو رکھتی ہے۔

felsic/قلمی چٹان جومیگما یا آتشیں چٹان کی وضاحت کرتا ہے جس میں کافی مقدار میں فلسپار(قلمی معدن) اور سیلیکا ہوتا ہے اور یہ عام طور پر ہلکے رنگ کا ہوتا ہے۔

fermentation/تمخیر غذائی اشیاء میں بغیر آکسیجن کے استعمال کے ہونے والی تبدیلی۔

fetus/جنین حمل کے ۱۰ ویں ہفتے کے اختتام سے پیدائش تک کا نموپذیر انسانی بچہ۔

floodplain/سیلابی میدان ندی کے ساتھ کا علاقہ جو ندی میں سیلاب آنے کے بعد اس کے ذریعہ جمع کئے گئے رسوب سے تعمیر ہوتا ہے۔

fluid/سیال مائع کسی مادے کی غیر ٹھوس شکل جس میں ایٹموں اور سالموں کو ادھر ادھر حرکت کرنے کی آزادی ہوتی ہے، مثلا گیس اور رقیق چیزوں میں۔

focus/نکتہ ماسکہ مقام انتشار جہاں سے زلزلے کا آغاز ہوتا ہے۔

folding/موڑنا تناؤ کے سبب چٹانی پرتوں میں پیدا ہونے والا موڑ یا دبراؤ۔

foliated/متورق متغیرہ چٹانوں کی بناوٹ کو بیان کرتا ہے جس میں مختلف معدنیات طبق یا پرت کی شکل میں جمع ہوجاتی ہیں۔

food chain/غذائی سلسلہ اجسام کے ایک سلسلے کے غذائی طریقوں کے نتیجے میں مختلف مراحل پر توانائی کی منتقلی کا ایک راستہ۔

food web/غذائی جال ایک خاکہ جو اجسام اور حیاتی نظام کے درمیان غذائی تعلق کو واضح کرتا ہے۔

force/طاقت کسی چیز کی رفتار میں تبدیلی کے لئے اسے کھینچنے یا دھکیلنے والا عامل؛ طاقت میں مقدار اور سمت ہوتا ہے۔

fossil/رکاز، باقیات کسی نامیاتی جسم کے باقیات یا آثار جو بہت پہلے دنیا میں موجود تھے۔ یہ خاص کر پرت دار چٹانوں میں پائے جاتے ہیں۔

fossil fuel/رکازی ایندھن ایک ناقابل تجدید توانائی کا وسیلہ جو ان نامیاتی اجسام کے باقیات سے بنا ہے جو قدیم زمانے میں موجود تھے۔

fossil record/رکازی ریکارڈ زمین کے قشر (پرت) میں پائے جانے والے باقیات کی بنیاد پر دور حیات کا تاریخی تسلسل۔

fracture/شکستگی ایک طریقہ جس میں معدنیات موڑ دار یا نابموار سطحوں میں بدل جاتے ہیں۔

free fall/آزاد گراؤ کسی جسم کی وہ رفتار جب صرف کشش ثقل کی قوت ہی اس جسم پر کام کررہی ہو۔

frequency/تعدد کسی مخصوص وقت میں پیدا ہونے والی لہروں کی تعداد۔

friction/رگڑ ایک قوت جو دو مربوط سطحوں کے درمیان رفتار میں رکاوٹ پیدا کرتی ہے۔

front/فرنٹ غیر متجانس ہواؤں کے اجتماع کو الگ کرنے والا خط جن کا درجہ حرارت عام طور پر الگ الگ ہوتا ہے۔

function/فعل کسی عضو یا حصے کی خاص، عمومی، یا معمول کی سرگرمی۔

fungus/ککرمتا (سماروغ) ایک نامیاتی جسم جس کے خلیوں میں درمرکز ہوتا ہے، خلیے کی دیواریں سخت ہوتی ہیں اور کلوروفیل نہیں ہوتا اور یہ پھپھوند کے عالم سے تعلق رکھتی ہیں۔

G

galaxy/کہکشاں کشش ثقل کی وجہ سے باہم یکجا تارے، دھول اور گیسوں کا مجموعہ۔

gallbladder/زہرہ (پِتّہ) ایک چھوٹی سی ناسپاتی کی شکل کی تھیلی جو جگر سے صفراء کو حاصل کرکے جمع کرتی ہے۔

ganglion/غدہ عصب (گرہ) عصبی خلیوں کی کمیت یا جماؤ۔

gap hypothesis/فرق (فاصلے) کا فرضیہ ایک فرضیہ یا قیاس جو اس تصور پر مبنی ہے کہ کسی بڑے زلزلے کی توقع کسی ایسے فعال نقص والے حصے میں ہونے کا امکان زیادہ ہوتا ہے جہاں کافی عرصے سے کوئی زلزل پیدا نہ ہوا ہو۔

gas/گیس مادے کی ایک شکل جس کا کوئی مخصوص شکل یا حجم نہیں ہوتا۔

gas giant/گیس کے عفریت ایسا سیارہ جس پر کافی گھنی اور گہری فضا (کرہ باد) ہو، جیسے مشتری، زحل، مریخ، یورینس یا، نیپچون۔

gasohol/گیسوہل گیسولین اور الکحل کا محلول جسے بطور ایندھن استعمال کیا جاتا ہے۔

gene/جین (مورث) موروثی خصوصیات پر مشتمل ہدایات کا سیٹ۔

generation time/نسلی وقفہ ایک نسل کی پیدائش سے دوسری نسل کی پیدائش کے درمیان کا وقفہ۔

genotype/نسلی نوع کسی نامیاتی جسم کی جینیاتی شبیہ؛ ساتھ ہی ایک یا زیادہ خصوصیت یا وصف ولے جینوں کا مجموعہ بھی۔

geologic column/ارضیاتی کالم چٹانوں کی پرتوں کا نظام جس میں پرانی چٹانیں نیچے ہوتی ہیں۔

geologic map/ارضیاتی نقشہ ایک نقشہ جس میں ارضیاتی معلومات ریکارڈ کیا جاتا ہے، جیسے چٹانوں کی اکائی، بناوٹی خصوصیات، معدنی جماؤ، اور باقیات کے مقامات۔

geologic time scale/ارضیاتی پیمانہ وقت زمین کی طویل قدرتی تاریخ کو آسان حصوں میں تقسیم کرنے کے لئے معیاری طریق۔

geology/ارضیات زمین کی پیدائش، تاریخ اور زمین کی ساخت اور وہ اعمال جس کے ذریعہ زمین کو موجودہ شکل حاصل ہوئی، کا مطالعہ۔

geosphere/ارضی کرہ زمین کا عام طور پر سخت چٹانوں والا حصہ؛ جو زمین کے محوری مرکز سے اوپری سطح تک پھیلا ہوا ہے۔

geostationary orbit/ارضی مدار ایک مدار جو سطح زمین سے ۳۶۰۰ کلومیٹر اوپر ہے اور اس میں موجودہ سیارچہ خط استوا پر کسی مخصوص مقام پر متعین ہوتا ہے۔

geothermal energy/ارضی حرارت کی توانائی وہ توانائی جو زمین کے اندر کی حرارت کے ذریعہ پیدا ہوتی ہے۔

gestation period/حمل کا دورانیہ پستان دار جانوروں میں باروری سے پیدائش کے درمیان کا وقف۔

gill/گلپھڑا ایک تنفسی عضو جس میں پانی کے آکسیجن کا تبادلہ خون کے کاربن ڈائی آکسائڈ سے ہوتا ہے۔

glacial drift/گلیشیری جماؤ گلیشیئر کے ذریعہ لے جاکر جمع کئے جانے والے چٹانی مادے۔

glacier/گلیشیئر بڑی کمیت والے برف کی حرکت۔

gland/غدھ خلیوں کا ایک مجموعہ جو جسم کے لئے خصوصی کیمیاوی اجزاء بناتے ہیں۔

global warming/کروی حرارت گیری اوسط ارضیاتی حرارت میں رفتہ رفتہ ہونے والا اضافہ۔

globular cluster/کرہ نما جھنڈ تاروں کا ایک قریبی مجموعہ جو ایک گنبد کی طرح نظر آتا ہے اور اس میں ۱ ملین تک تارے ہوتے ہیں۔

Golgi complex/گولگی کامپلیکس خلیے کا عضویہ جو ان مادوں کو بنانے اور انہیں خلیے سے باہر بھیجنے کے لئے پیک کرتا ہے۔

grassland/گھاس کا میدان ایسا علاقہ جہاں گھاس کی بہتات ہو، جس میں جابجا جھاڑیاں اور درخت ہوتے ہیں، اس کی مٹی زرخیز ہوتی ہے، اور یہاں معتدل موسمی بارش ہوتی ہے۔

gravity/کشش ثقل چیزوں کے درمیان ایک دوسرے کو کھینچنے کی قوت جو ان کی کمیت کے سبب ہوتا ہے۔

greenhouse effect/گرین ہاؤس اثر سطح کا گرم ہونا اور کرہ باد کا نیچے آجانا جو ایسی صورت میں ہوتا ہے جب بھاپ، کاربن ڈائی آکسائڈ اور دیگر گیس حرارتی توانائی کو جذب کرکے اشعاع کرتے ہیں۔

group/گروپ دوری جدول (پیریوڈک ٹیبل) میں عناصر کا عمودی کالم؛ جس میں شامل عناصر کیمیاوی خواص میں ایک دوسرے کو شریک کرتے ہیں۔

gut/آنت ہضم کرنے والی نلی۔

gymnosperm/عریاں تخم ایک لکڑی نما برہنہ تخم والا پودا جس کے بیج بیضہ دان میں نہیں ہوتے۔

H

half-life/نیم حیات کسی ریڈیو ایکٹو شئے کے نصف نمونے کو ریڈیائی طاقت کو ختم کرنے میں لگنے والا وقت۔

halogen/ہیلوجن دروی جدول کے گروپ ۱۷ کا کوئی عنصر (فلورین، کلورین، برومین، آیوڈین، اور ایسٹین) ہیلوجن زیادہ تر دھاتوں کے ساتھ مل کر نمک پیدا کرتے ہیں۔

hardness/ٹھوس پن کسی معدن کے کھرچنے کے عمل کے مدافعت کی قوت۔

hardware/ہارڈویئر آلات کے حصے یا ٹکڑے جو ایک کمپیوٹر کی تشکیل کرتے ہیں۔

heat/حرارت مختلف درجہ حرارت والی دو چیزوں کے درمیان منتقل ہونے والی توانائی۔

heat engine/حرارت انجن ایک مشین جو حرارت کو مشینی توانائی میں تبدیل کردیتی ہے۔

heat flow/حرارت کا بہاؤ حرارت کی منتقلی کی دوسری اصطلاح، کسی گرم چیز سے ٹھنڈی چیز میں حرارت کی منتقلی یا ترسیل۔

herbivore/نبات خور ایک نامیاتی جسم جو صرف پودوں کو کھاتا ہے۔

heredity/توارث والدین سے بچوں میں جینوں کی ترسیل۔

heterotroph/مختلف نوعی ایک نامیاتی جسم جو دیگر نامیاتی اجسام کو یا ان کے ذریعہ فراہم کردہ پیداوار کو کھاکر اپنی خوراک حاصل کرتا ہے اور غیر نامیاتی اشیاء سے نامیاتی مرکبات نہیں بناتا۔

hibernation/مسرما خوابی غیر متحرک رہنے اور جسم کی حرارت کو کمتر رکھنے کا ایک وقفہ، جس کے تحت کچھ جاندار موسم سرما میں سردی کی شدت اور غذا کی کمی سے بچنے کے لئے زیر زمین چلے جاتے ہیں۔

hologram/ہولوگرام (انعکاس) فلم کا ایک ٹکڑا جو کسی چیز کی سہ ابعادی تصویر پیش کرتا ہے؛ اسے لیزر شعاعوں کے ذریعہ بنایا جاتا ہے۔

homeostasis/قرار گیر قدرتی حالت متغیر ہونے پر نامیاتی استحکام کا ماحول برقرار رکھنا۔

hominid/نوع بشرنما دو پیروں والے قدیم نوع جن کا نچلا دھڑ نسبتا زیادہ لمبا تھا، اور دم نہیں تھی؛ اس کی مثال انسان اور اس کے آبا و اجداد ہیں۔

Homo sapiens/نوع انسان بشرنما نوع جس میں موجودہ انسان اور ان کے قریبی آبا و اجداد شامل ہیں اور ان کا ارتقاء پہلی بار ۱۰۰،۰۰۰ سے ۱۵۰،۰۰۰ سال پہلے ہوا تھا۔

homologous chromosomes/متجانس کروموزوم ایسے کروموزوم جن کی بناوٹ اور جینیاتی ترتیب یکساں ہوتی ہے۔

horizon/افق وہ لکیر جہاں زمین اور آسمان ملتے ہوئے معلوم ہوتے ہیں۔

hormone/ہارمون وہ مادہ جو ایک خلیے کا بنا ہوتا ہے اور جو جسم کے مختلف حصے کے دوسرے خلیے یا نسیج میں تبدیلی پیدا کرتا ہے۔

host/میزبان ایک نامیاتی جسم جس سے طفیلی اپنی غذا اور تحفظ حاصل کرتے ہیں۔

hot spot/گرم مقام زمین کی سطح کا وہ حصہ جہاں آتش فشاں فعال ہو اور جو ساختماتی پلیٹ کے حد سے دور ہو۔

H-R diagram/اپچ آر خاکہ ہرٹز اسپرنگ رسل خاکہ، ایک گراف تارے کی سطح کے درجہ حرارت اور حقیقی ضخامت میں تعلق کو واضح کرتا ہے۔

humidity/نمی ہوا میں موجود بھاپ کی مقدار۔

humus/نباتی کھاد مرجانے والے جانداروں اور پودوں سے مٹی میں بننے والا ایک گہرے رنگ کا نامیاتی مادہ۔

hurricane/ہریکین ایک شدید طوفان جو استوائی سمندروں پر پیدا ہوتا ہے اور جو تیز ہوائی ۱۲۰ کلومیٹر/گھنٹہ کی رفتار سے طوفان کے نسبتا کم دباؤ والے مرکز کی جانب گھومتی ہیں۔

hydrocarbon/ہائیڈروکاربن ایک نامیاتی مرکب جس میں صرف کاربن اور ہائیڈروجن ہو۔

hydroelectric energy/پن بجلی کی توانائی بجلی کی توانائی جو آبشار کی طرح گرنے والے پانی سے پیدا کی جاتی ہے۔

hydrosphere/کرہ زمین پانی میں زمین کا مقام۔

hygiene/حفظان صحت صحت سے متعلق سائنس اور صحت کے تحفظ کے طریقے۔

hypha/نسیج کائی کی ایک غیر تولیدی فطرومہ (شاخ)۔

hypothesis/فرضیہ (قیاس) ایک وضاحت جو سابقہ سائنسی تحقیقات یا مشاہدات پر مبنی ہوتا ہے اور اس کی جانچ کی جاسکتی ہے۔

I

ice age/برفانی عہد موسم کے ٹھنڈے ہونے کا ایک لمبا عرصہ جس کے دوران برف کی تہوں نے زمین کے وسیع خطے کو ڈھک لیا؛ اسے گلیشیائی عہد بھی کہتے ہیں۔

immune system/مامونی نظام جسم میں موجود خلیوں اور نسیج کی رکھوالی کرتا ہے اور بابری مشمول پر حملہ کرتا ہے۔

immunity/مامونیت مامونیت میں یہ صلاحیت ہوتی ہے کہ وہ متعدی مرض سے جسم کی حفاظت کرسکتا ہے۔

inclined plane/مائل مستوی ایک عام مشین ہے جو زمین کی سطح سے اوپر کی طرف اٹھایا جاسکتا ہے اس کا استعمال ڈھلان سے کسی اشیاء کو اٹھانے کے لئے کیا جاتا ہے۔

independent variable/آزاد تغیر ایک تجربہ جس میں دانستہ طور پر تبدیلی کی جاتی ہے۔

index contour/نقشہ پر لہر دار نشیب و فراز دکھانا سیاہ یا موٹی لائن جو عام طور پر ہر پانچویں لائن میں دی جاتی ہے جو نشیبی جگہ کو نمایاں کرتی ہے۔

index fossil/کسی ایسی نوع کا رکاز جو متعدد علاقوں میں موجود تھی مگر ایک مختصر مدت تک زندہ رہی اس سے گرد و نواح کی ارضی ساخت کے زمانے کا تعین کیا جاتا ہے۔

indicator/مظہر اشارہ کرنے والا ایک مرکب جو گرد و نواح کے حالات میں تبدیلی کی طرف اشارہ کرتا ہے، جیسے pH۔

inertia/مجھولیت ایک ایسی شئے کا جمود جو رفتار کے لئے مجبور کرتی ہے اور اگر اس شئے میں تغیر ہوتا ہے تو وہ اپنی رفتار یا سمت تبدیل کرتی ہے جب تک کہ اس پر کوئی بابری قوت حائل نہ ہو۔

infectious disease/تعدی مرض ایک ایسا مرض جو کسی جراثیم کے سبب پیدا ہوتا ہے یہ پھیلتا ہے اور ایک سے دوسرے شخص میں منتقل ہوتا ہے۔

inhibitor/مزاحم ایک مانع مادہ جو جسم میں کیمیاوی ردعمل کو روکتا ہے یا روکنے کی کوشش کرتا ہے۔

innate behavior/فطری یا پیدائشی سلوک جو حالات اور تجربہ کا محتاج نہیں ہوتا۔

insulation/غیر موصل مادہ جو برقی توانائی اور آواز کو منتقل کرنے میں کارآمد ہوتا ہے۔

integrated circuit/مختصر برقیاتی اتمامی دور جو ایک بہت چھوٹے نیم موصل بلاک کے عمل سے (جو عموماً بلوری سلیکون کا ہوتا ہے) بنتا ہے۔

integumentary system/جلدی نظام ایک ایسا عضوی نظام جو جسم کے بابری حصہ کی حفاظت کے تئیں جسم کے اوپر لگا ہوتا ہے۔

intensity/شدت علم ارضیات میں، زلزلہ کی تباہی کا سبب۔

interference/تراخل دو یا زیادہ لہروں کا اختلاط جس سے ایک لہر بن جاتی ہے۔

internal fertilization/داخلی بالیدگی مادہ کے جسم کے اندر منی کے خلیے کا مادہ کے بیضے سے ملاپ۔

Internet/انٹرنیٹ ایک کمپیوٹر نیٹ ورک جو دنیا کے مقامی اور چھوٹے نیٹ ورک سے منسلک ہوتا ہے۔

intrusive igneous rock/سرد یا شدید حرارت سے زمین کے اندر بنی ہوئی آتشیں چٹان۔

invertebrate/ایک ایسا جانور جس کی ریڑھ کی ہڈی نہیں ہوتی۔

ion/برق پارہ ایک برق دار جوہر یا جواہر کا گروہ جس میں مثبت یا منفی بار ہوتا ہے اور جس نے برق باشیدگی کے بعد اپنے برقیوں (الیکٹرون) کی تعداد میں کمی یا بیشی کردی ہو۔

ionic bond/برق پارہ کی بندش ایٹموں کا سالمے کی صورت میں اجتماع جب الیکٹرون ایک ایٹم سے دوسرے ایٹم میں منتقل ہوتا ہے تو اس کے مثبت اور منفی ہونے کا سبب۔

ionic compound/برق پارہ کا مرکب ایک ایسا برقی مرکب جو اپنے برخلاف چارج کیا جاتا ہے۔

iris/عینیہ آنکھ کا رنگین، دائرہ نما حصہ۔

isobar/نقشے پر کھینچی ہوئی وہ لکیر جو ان مقامات کو جوڑتی ہے جن میں ہوا کا دباؤ یکساں ہو۔

isolation/علیحدگی وہ صلاحیت جس میں دو آبادیاں استقرار نہ پاسکیں۔

isotope/ہم صوتی ایسا جوہر جس میں بی پروٹون (یا اتنے ہی جوہری امداد) ہوتے ہیں جتنا کہ اسی عنصر کے دوسرے جوہر میں ہوتے ہیں لیکن نیوٹرون کی تعداد مختلف ہوتی ہے (اس طرح جوہری کمیت کی تعداد بھی مختلف ہوتی ہے)۔

J

jet stream/جیٹ آندھی تنگ دھاروں میں قطبین کے اردگرد مغرب سے مشرق کی رخ چلنے والی تیز رفتار آندھی۔

joint/جوڑ ایک ایسی جگہ جہاں دو یا دو سے زائد ہڈیوں کا ملاپ ہو۔

joule/جول توانائی یا کام کی وہ مقدار جو میٹر کلوگرام سیکنڈوں کی اکائی کی شکل میں اس توانائی کے برابر ہو جو ایک نیوٹن کو ایک میٹر کے فاصلہ تک صرف کرنے کے لئے درکار ہوتی ہے۔ جو اصل میں دس ملین ارگ (Erg) کے برابر ہے۔ (علامت J)۔

K

kidney/گردہ انسانی جسم کے عضو میں سے ایک جو خون سے آلودگی اور پانی کی صفائی کرتا ہے اور اسے پیشاب کے ذریعہ نکالنے میں مدد کرتا ہے۔

kinetic energy/حرکتی توانائی ایک ایسے عنصر کی توانائی جو حرکت پذیری کے سبب پیدا ہوتی ہے۔

L

La Niña/لانینا مشرق بحرالکاہل میں سطح آب کی گرمی کے غیر یقینی طور پر ٹھنڈا ہونے کو کہا جاتا ہے۔

lahar/لاہار ایک کیچڑ نما بھاؤ جوآتش فشاں کے پھٹنے کے دوران اس کے راکھ اور ملبہ کے پانی میں مل جانے پر بنتا ہے۔

landslide/زمین کھسکنا مٹی یا چٹان کا یکایک پھسل کو اونچی سطح سے نیچے گرنے کا عمل۔

large intestine/بڑی آنت آنت کا وہ مختصر تر اور فراخ تر حصہ جو انہضامی فضلات کو خشک کرکے براز کو خارج ہونے کے لئے تیار کرتا ہے جس میں کور آنت، بڑی آنت اور مصاء مستقیم بھی شامل ہیں۔

larynx/نرخرہ انسانی سانس نالی کے بالائی سرے کا غضروفی ڈھانچہ جو بولنے کی رگوں اور ان سے وابستہ ڈھانچوں کا خاص حامل اور سہارا ہوتا ہے۔

laser/لیزر جس میں روشنی کی ایک کرن ایک بلور میں سے پھینکی جاتی ہے جو بلور سے شدید راست روشنی اور رنگین روشنی خارج کرتا ہے۔

lateral line/لیٹرل لائن یہ مچھلی کے دونوں پہلوؤں میں ہوتا ہے۔ جس کی آواز یا لہر سے مچھلیوں کو جگہ کا پتہ چلتا ہے۔

latitude/عرض البلد زمین کی سطح پر خط استوا کے شمال یا جنوب کے ایک نقط کا زاویائی فاصلہ۔

lava plateau/پگھلی ہوئی یا سیال چٹان جو آتش فشاں نکاس سے جاری ہوتی ہے اور سارے میں پھیل جاتی ہے۔

law/قانون تجربات اور مشاہدات کے نتیجوں کا خلاصہ، قانون ہمیں بتاتا ہے کہ کہ کام کیسے کیا جائے۔

law of conservation of energy/تحفظ توانائی کا اصول یہ اصول کہ ہئیت میں تبدیلی کے باوجود ایک قائم نظام کی مجموعی توانائی برقرار رہتی ہے۔ یہ نہ بی برباد ہوتی ہے اور نہ بی پیدا ہوتی ہے بلکہ یہ ایک شکل سے دوسرے شکل میں منتقل ہوجاتی ہے۔

law of conservation of mass/بقائے مادہ کے اصول یہ اصول کہ ہئیت میں تبدیلی یا اجزا کے درمیان ردعمل کے باوجود ایک قائم نظام کا مجموعی مادہ برقرار رہتا ہے۔ نیز یہ کہ کوئی شخص مادہ کو نہ تو تباہ کرسکتا ہے اور نہ تخلیق کرسکتا ہے۔

law of cross-cutting relationships/رشتوں کے انقطاع کا اصول یہ اصول کہ پتھروں کا حصہ کٹنے کے بعد بھی اتنے بی جوان ہوتے ہیں جتنے کہ وہ پتھروں کے ساتھ ہوتے ہیں۔

law of electric charges/برقی بار کا اصول کسی مادے میں ناخواستہ پروٹون یا الیکٹرون کی زیادتی کا اصول۔

leaching/ترویق کاری پانی کے بہاؤ کے سبب مٹی کی تہوں یا چٹانوں سے پانی کے رساؤ کو روکنے کے لئے استعمال کیا جانے والا مادہ۔

learned behavior/سلوک کا سبق ایسا سلوک جو تجربہ کی بناء پر سیکھا جاسکے۔

lens/عدسہ شیشے کا ایک ٹکڑا جس کی دو مختلف سطحیں ہوتی ہیں یا تو دونوں منخی ہوتی ہیں یا ایک منخی اور دوسری ہموار، یہ روشنی کی شعاؤں کی سمت تبدیل کرکے کوئی ایک نقشہ سامنے لاتی ہیں۔

lever/لیور ایک سلاخ ایک سخت مشین جو ایک قصرہ محور یا نصاب کے گرد گھومتا ہے۔

lichen/کائی ان مرکب پودوں کے گروہ میں سے کوئی ایک جو فطرات میں بحری کائی کے ساتھ تالوسی جسم کی شکل میں ہم حیاتی اتحاد سے بنتے ہیں کہ ان کا ڈنٹھل پتے سے الگ نہیں ہوتا۔ یہ کسی قدر سبز، خاکستری، زرد، بھورے یا کسی قدر سیاہ قشرنما پیوندوں کی صورت میں چٹانوں، درختوں اور اس طرح کی دوسری چیزوں پر پیدا ہوتے ہیں۔

life science/علم حیات زندگی کے مطالعہ پر منحصر ہے۔

lift/سیال میں موجود شئے پر لگائی گئی بابری قوت۔

lightning/آسمانی بجلی بادل کے انتہائی منفی حصے سے فغائی بجلی کا اخراج زمین یا دوسرے بادل کی طرف جس سے روشنی کی چمک پیدا ہوتی ہے۔

light-year/نوری سال وہ فاصلہ جو روشنی ایک سال میں طے کرتی ہے۔ جو تقریبا ٩٫٤٦ ٹریلین کلومیٹر ہے۔ یہ کائناتی پیمائش کے لئے استعمال ہوتا ہے۔

lipid/لمحیات چربی والا سالم یا ایسا سالم جس کی خصوصیات یکساں ہوں؛ اس کی مثالوں میں تیل، موم، اور اسٹیرائیڈ شامل ہیں۔

liquid/رقیق مادہ جو آسانی سے حرکت کرسکے، اس کی شکل مستقل نہیں ہوتی۔

lithosphere/بیرونی کرہ لبادہ کے سب سے اوپری بافت پر مشتمل ہوتا ہے۔

littoral zone/جھیل یا تالاب کا ساحلی حصہ جہاں روشنی نیچے کی طرف سے پہنچتی ہے پودوں کی پرورش میں کام آتی ہے۔

liver/جگر جسم کے حصہ کا سب سے بڑا عضو، جو پیٹ کی بالائی دائیں طرف کی جوف میں واقع ہے۔ یہ صفرا خارج کرتا ہے اور خون کو صاف کرتا ہے اور گلائیکوجن نامی شکر کی حفاظت کرتا ہے۔

load/بار ارضیاتی نقط نظر سے پتھروں اور چٹانوں کو کسی مشین پر لادنے کا عمل۔

loess/آندھی کا بنایا ہوا ریتلی مٹی کا تودہ جو کسی قدر زرد اور کلسی ہوتا ہے۔

longitude/طول البلد زمین کی سطح پر شما یا لمبا فاصلہ جو اس زاویہ سے ناپا جاتا ہے جو کسی خاص مقام کے نصف انہار اور کچھ نصف لنہاروں کے درمیان ہوتا ہے۔

longitudinal wave/طول البلدی لہر کسی چیز کے طول کی سمت میں پھیلاؤ۔

longshore current/عرض ساحل کی لہر پانی کی ریت جو سطح ساحل کے ساتھ ساتھ چلتی ہے۔

loudness/بلند آوازی، سماعت سے زیادہ بلند آواز کا سننا۔

low earth orbit/وہ مدار جو زمین کی سطح ۱۵،۰۰۰ کلومیٹر سے کم نیچے ہو۔

lung/پھیپھڑا حیوانات کے جسم کے اندر دو تھیلی نما آلات تنفس جو باہر سے آکسیجن لیتا ہے اور کاربن ڈائی آکسائڈ پھینکتا ہے۔

luster/تابندگی معدنیات کی منعکس سطح کی نوعیت کا اختلاف یا فرق، جس سے روشنی کا عکس ٹکراتا ہو۔

lymph/لمف صاف قابل انجماد جسمانی رطوبت جو نخرمایہ اور سفید جسمیہ پر مستمل ہوتا ہے۔

lymph node/لمف نوڈ ایک آلہ جو خلط مائی کو صاف کرتا ہے اور سست مزاجی کے ظرف کے ساتھ پایا جاتا ہے۔

lymphatic system/لمفائی نظام یک جسمانی نظام جس کا سب سے اہم کام باہر سے غذا حاصل کر خون کو واپس کرنا ہے۔ اس نظام سے خلوامائی اور رطوبت کے درمیان مفاہمت پیدا کرنا ہے۔

lysosome/الیسوزوم ایک ایسا خلیہ جو باضمہ میں مددگار ہوتا ہے۔

M

machine/مشین ایک ایسا آلہ جو کام میں مددگار ہو خواہ وہ کام طاقت ہو یا قوت کے ذریعہ سمت تبدیل کرنے کا۔

macrophage/میکروفیج ایک بڑا اکال خلیہ جو واصل بافتوں میں پایا جاتا ہے۔

mafic/میفک میگما یا آتشیں چٹان کی وضاحت کرتا ہے جس میں کافی مقدار میں میگنیشیم اور لوبا پایا جاتا ہے اور یہ عام طور پر گہرے رنگ کا ہوتا ہے۔

magma chamber/میگما چمبر قشر زمین کے نیچے کی رقیق تہ جس سے آتشیں چٹان بنتی ہے۔

magnet/مقناطیس کوئی لوبے کا ٹکرا جس میں بعض چیزوں خصوصا لوبے کو اپنی طرف کھینچنے کی خصوصیت ہو۔

magnetic declination/مقناطیسی تنزل مقناطیسی شمال اور صحیح شمال کے درمیان کا فرق۔

magnetic force/مقناطیسی قوت ایسی طاقت جو برقیاتی چارج کے ذریعہ حرکت کرتی ہو اور اسے اپنی طرف کھینچتی ہو۔

magnetic pole/مقناطیسی قطب مقناطیس کے دونوں سروں یا قطبوں میں سے کوئی ایک جہاں مقناطیسی قوت سب سے زیادہ ہوتی ہے۔

magnitude/حجم زلزلہ کی شدت ناپنے کا آلہ۔

main sequence/اہم تسلسل ایچ - آر نقشے کا وہ مقام جہاں بیشتر سیاروں کا قیام ہو، یہ اس میں نشیبی دائیں (کم درجہ حرارت اور تابانی) سے بالاتی بایاں (زیادہ درجہ حرارت اور تابانی) شکل کا قطر ہوتا ہے۔

malnutrition/غذا کا فقدان، جس کے نتیجے میں کوئی شخص اپنی بھوک سے کم کھائے اور اسے جسمانی ناتوانائی کا شکار ہونا پڑے۔

mammary gland/پستان کی تھیلی مادہ کے جسم میں نمایاں پستان، جس میں دودھ بنتا ہے۔

mantle/لبادہ زمین کے اوپر جمنے والی سخت چیز اور اس کے بیچ رہنے والی چیز کے درمیان بنا ہوا چٹان کا کنارہ۔

map/نقشہ زمین کی پیمائش پر منحصر چیزوں کی نشاندہی کرنے والا نقشہ۔

marsh/دلدل نشیبی اور بہت گیلی زمین کا قطعہ جہاں درخت نہیں اگ سکتے، جہاں صرف گھاس پیدا ہوتی ہو اور بڑھتی ہو۔

marsupial/کیسہ دار بیمل جانور ان میں سے اکثر کی مادہ کے پیٹ کے باہر ایک تھیلی ہوتی ہے جس میں ممالی غدود ہوتے ہیں اور یہ تھیلی بچوں کو بٹھانے کے کام آتی ہے۔

mass/کمیت مربوط مادے کا ڈھیر عموما غیر قطعی شکل کا اور کثیر مقدار میں۔

mass movement/عوامی تحریک جو کسی کے ظلم کے خلاف کھڑی ہوتی ہے۔

mass number/تعداد کمیت ایٹم بار میں نیوٹرون اور پروٹون کی مجموعی تعداد۔

material resource/مادی وسائل ایسے قدرتی وسائل جس کا استعمال انسان چیزیں بنانے یا بطور کھانے یا پینے کے کرتا ہے۔

matter/مادہ کوئی بھی چیز جو خلاؤں میں پائی جاتی ہے۔

mean/عام اوسط جو مقداروں کو جمع کرکے ان کی تعداد پر تقسیم کرنے سے حاصل ہوتی ہے جسے حسابی اوسط بھی کہتے ہیں۔

mechanical advantage/میکانکی افادہ کسی میکانیہ نظام میں کام پیدا کرنے والی توانائی یا خروجی قوت کی اسی نظام پر لگائی جانے والی توانائی۔

mechanical efficiency/توانائی کے نقصان و فائدے کا تناسب، اسے کام کے فائدہ اور کام کے نقصان کو تقسیم کرکے ناپا جاتا ہے۔

mechanical energy/میکانکی توانائی کسی شئے کے کام کا میزان جو شئے کی حرکتی توانائی اور اختیاری توانائی سے پیدا ہوتی ہے۔

mechanical weathering/میکانکی دباؤ چٹانوں کے چھوٹے چھوٹے ٹکڑوں میں تقسیم کرنے کے لئے استعمال کی جانے والی قوت۔

median/درمیانی کسی ڈاٹا کو اس کے ہئیت کے مطابق ایک سلسلے سے جوڑنا۔

medium/وسیلہ ایک ایسا طبعی ماحول جس میں مظاہر پیدا ہوتے ہیں۔

meiosis/تخفیفی انقسام خلیوں کا ایک ایسا عمل جس کے دوران کروموزم کی مقدار میں کمی ہوتی ہو اور نصف سے مداد میں زیادہ دو حصوں میں بٹ گئے ہوں، اس کے نتیجے میں جنسی خلیوں کی پیدائش ہوتی ہے۔

melting/حل پذیری گرمی کے ذریع کسی سخت چیز کو پگھلا کر رقیقی بنانے کا عمل۔

memory B cell/میموری B سیل ایک B خلیہ جو ضد جسم زا سے جسم کے دوبارہ متاثر ہونے پر زیادہ طاقت سے کی ضد جسم زا کا جواب دیتا ہے، بہ نسبت اس کے جدید یہ پہلے ضد جسم زا کے حملے کے دوران کرتا ہے۔

meniscus/بلالی سطح مائع کی سطح کی محدب شکل جو قوت شعری کی وجہ سے پیدا ہوتی ہے۔ رقیق کی سطح جس رقیق کے دائروں کو ناپا جاسکے۔

mesosphere/میان کرہ کرہ قائم اور کرہ حرارت کے درمیان سطح زمین کا علاقہ جو کرہ روانیہ سے اوپر قشر ارض سے قریب دو سو پچاس میل کی بلندی پر ہے۔

Mesozoic era/میان حیاتیہ قدیم حیاتی اور نوحیاتی دور کا درمیانی عہد جو ۲۵۱ ملین سے ٦٥٫٥ ملین سال تک پھیلا ہے اس عہد کو خزندہ (رینگنے والے جانور کا) عہد کہا جاتا ہے۔

metabolism/استحالہ زندہ عفویہ اور خلیوں میں وہ مجموعی کیمیاوی تبدیلی، جس کے ذریعہ خوراک میں مایہ استعمال ہوتا ہے۔

metal/دھات ایک ایسا مادہ جو چمکتا ہو اور اس پر گرمی اور توانائی کا ردعمل ہوتا ہے۔

metallic bond/استحالی بندش ایک ایسا کیمیاوی بانڈ جو مثبت چارج دھات اور الیکٹرونس کو اپنی طرف متوجہ کرتا ہے۔

metalloid/دھات نما دھات جیسا مگر غیر دھاتی، بعض ایسے عناصر میں سے کوئی ایک جن میں دھات کے تمام تو نہیں البتہ کچھ خصائص موجود ہوں۔

metamorphosis/قلب ماہیئت بہت سارے جانوروں کے دور حیات میں ہونے والا ایک عمل جس کے دوران تیز ترتبدیلی کے ذریعہ نابالغ عضویے بالغ اجسام بنتے ہیں؛ اس کی ایک مثال لاروا سے تبدیل ہوکربالغ کیڑا بننا ہے۔

meteor/شہاب ثاقب شہابہ جو فضائے ارضی میں داخل ہونے پر انتہائی تیز رفتاری کی وجہ سے گرم ہو کر سفید ہوجاتا ہے اور روشنی کی لکیر کی طرح نظر آتا ہے۔

meteorite/حجر شہابی وہ شہابہ جو زمین تک پوری طرح ختم ہوئے بغیر پہنچ جاتا ہے۔

meteoroid/شہابہ بہت سے چھوٹے اجرام فلکی میں کئی، جو بین السیارات سفر کرتے ہیں۔

meteorology/علوم موسمیات وہ علم جس کا تعلق فضائی مظاہر سے ہے، خاص طور پر موسم اور آب و ہوا کے تعلق سے۔

meter/پیمائش ناپنے کا بینادی SI یونٹ (علامت m)۔

microclimate/خرد آب و ہوا محدود یا علاقائی آب و ہوا۔

microprocessor/مائکرو پروسیسر ایک واحد نیم موصل ٹکڑا جو مائکرو کمیوٹر کی ہدایات کو کنٹرول کرتا اور پورا کرتا ہے۔

mid-ocean ridge/ایک طویل سمندری تہہ میں پھیلا پہاڑی سلسلہ جس کے سبب زبردست سمندری لہر پیدا ہوتی ہے۔

mineral/منرل کیمیاوی عنصر سے ملا ہو ایک غذائی اشیاء جس کی جسم کو ضرورت ہوتی ہے۔

mineral/منرل معدنی نوعیت کا، معدنی اشیاء سےمتعلق جس میں کوئی کیمیاوی جز یا اجزاء ملے ہوں۔

mitochondrion/نخرمائی ذرہ خلیے کے مایہ حیات میں دھاگے کی طرح چھوٹے دانے جیسا جسم جس کے بارے میں خیال کیا جاتا ہے کہ وہ خلیوں کے تحول میں مرحلہ وار عمل کرتا ہے۔

mitosis/خیطیت خلیوں کی تقسیم کا عام طریقہ، جس کی خصوصیت یہ ہے کہ یہ مرکز کے لونین کو دھاگے کی شکل دے دیتا ہے جو الگ حصوں میں یا جسم میں بٹ جاتا ہے، جن میں سے ہر ایک لمبائی میں دو حصوں میں باری باری تقسیم ہوکر، الگ ہوجاتا ہے۔

mixture/آمیزش اجزا کی آمیزش لیکن اس طرح کہ یہ کیمیاوی طور پر ملے ہوئے نہ ہوں۔

mode/موڈ ڈاٹا سیٹ پر سب سے زیادہ کام آنے والا طریقہ۔

model/معیار نمونہ، سانچہ، خاکہ جسے کسی چیز کی نمائش کے لئے ترتیب دیا جائے۔

mold/سانچا جس میں جو چیز ڈھالی جائے وہ اس کی شکل اختیار کرلے۔

mold/فنگس جو اون اور سوتی جیسی ہو۔

molecule/سالمہ طبعی اور کیمیاوی اجزا کے لئے بنایا گیا سب سے چھوٹا عنصر۔

molting/کینچلی بدلنا کوئی بھی اجزاء جسمانی مثلاً جلد، چمڑے یا بال تبدیل ہو کر نئی نشوونما ہو۔

momentum/حرکت متحرک جسم کی حرکت کی مقدار جو اس کی کمیت اور سستی رفتار کے حاصل ضرب کے برابر ہوتا ہے۔

monotreme/بیضہ زاپستانیہ جانور۔

month/مہینہ قمری سال کی وہ تقسیم جو چاند کا زمین گرد مدار پر گردش لگانے پر مبنی ہے۔

motion/حرکت جگہ یا رخ بدلنے یا حرکت کا عمل۔

mudflow/کیچڑ کا بہاؤ پانی کے افراط کے ساتھ مٹی، پتھر اور کیچڑ کا بہاؤ۔

muscular system/عضلاتی نظام اس کا اہم کام متحرک اور لچیلے پن پر منحصر ہے۔

mutation/عمل تغیر کسی مورث جسم نامی کی اولاد، جو جنن یا ڈی این اے کے سبب تبدیلی واقع ہوتا، یہ لونیہ کی تبدیلی یا لونیات کی تعداد میں اضافے سے پیدا ہوتی ہے۔

mutualism/عقیدہ پختگی دوانواع کے مابین تعلق جس میں دونوں ہی انواع فائدہ میں رہتی ہیں۔

mycelium/فطرومہ فطرومے کا ریشہ دار ڈھانچہ جس سے اصلی فطر کا جسم بنتا ہے۔

N

narcotic/نشہ آور مادہ جو افیم سے تیار کیا جاتا ہے/یہ درد کم کرتا ہے اور نیند لاتا ہے، مثال کے طور پر اس میں ہیروئن، مارفین اور کڈمین بھی شامل ہیں۔

NASA/ناسا نیشنل ایرونوٹکس اینڈ اسپیس ایڈمنسٹریشن۔

natural gas/قدرتی گیس زمین کی سطح میں واقع ہائیڈروکاربن گیس کے امتزاج سے پیدا ہونے والی کیمیاوی شئے، پیٹرول جس کا استعمال تیل کی شکل میں بھی ہوتا ہے۔

natural resource/قدرتی وسائل کوئی بھی شئے جو انسان کے استعمال میں ہے، مثلاً پانی، پیٹرول، معدنیات، جنگلات اور جانور۔

natural selection/قدرتی انتخاب ارتقائی مراحل کے نظریہ سے ایک ایسا وسیلہ جو انفرادی طور پر کسی چیز کو بنائے جانے کے بعد اس چیز میں ترقی کی جاتی ہو۔

neap tide/مدا صغیر جو چاند کے پہلے اور تیسرے ہفتے کے شروع میں ہوتا ہے، جوار بھاٹوں میں سب سے پست۔

nearsightedness/نزدیک کی بصارت ریٹینا کے ذریعہ کسی دوری کی شئے کو گلاس کے ذریعہ نزدیک سے دیکھنے کا عمل۔

nebula/نیبولا ستاروں کے درمیان روشن یا تاریک بادل نما انبار جو گیس اور گرد و غبار کی تھوڑی سے مقدار سے بنتا ہے، گیس مادے سے گھرا ہوا سیارہ۔

nekton/شنائیہ سمندر کی وسط گہرائی میں لہروں اور روؤں سے بے نیاز تیرنے والے تمام اجسام نامی۔

nephron/نیفرون گروہ میں وہ اکائی جو خون کو صاف کرتی ہے۔

nerve/عصب ریڑھ سے نکلنے والے سفید سفید ریشوں میں سے کوئ جو جسم کے تمام حصوں میں پھیل جاتے ہیں اور تمام حصوں میں حرکت پیدا کردیتے ہیں۔

net force/کل قوت کسی شئے پر تمام طرح کی قوتوں کا مجموعی اثر۔

neuron/عصبانیہ اعصابی نظام کا بنیادی تفاعلی اور ترکیبی عنصر جو عصبی خلیے پر اور اس کے تمام اعمال پر مشتمل ہوتا ہے۔

neutralization reaction/تحلیلی ردعمل وہ کا ردعمل اور نمک اور پانی کاغیر جانبدارانہ حل۔

neutron/نیوٹرون ایٹم کے مرکز میں غیر باربردار زرہ جس کی کمیت تقریبا پروٹون کے برابر ہوتی ہے، اور جو برقی قوت متحرک کے اثر سے کام کرتا ہے۔

neutron star/نیوٹرون اسٹار ایک ایسا سیارہ جو کشش ثقل کی وجہ سے برباد ہوجاتا ہے اور اس کے بعد الیکٹرون اور پروٹون آپس میں ٹکرا کر نیوٹرون کو جنم دیتے ہیں۔

newton/نیوٹن قوت کی ایک اکائی (علامت، N)۔

nicotine/نکوٹن تمباکو میں پائے جانے والا نشہ آمیز کیمیاوی جز، سگریٹ نوشی کے ذریعہ یہ جسم کو زبردست نقصان پہنچاتا ہے۔

nitrogen cycle/نائٹروجن سائیکل ایک ایسا عمل جس کے ذریعہ نائٹروجن، ہوا، مٹی، پانی، پودوں اور جانوروں میں پہنچتا ہے۔

noble gas/غیر متحرک گیس دوری جدول کے گروپ ۱۸ کا عنصر (ہیلیم، نیون، آرگن، کریپٹن، زینن اور راڈن)، یہ گیس غیر ردعمل ہے۔

noise/شور فریکیونسی کے امتزاج سے بنی آواز۔

nonfoliated/غیر برگ دار تغیر چٹانوں کے مرکب کے بارے میں بتاتا ہے جس میں کہ معدنی ذرات ڈروزوں یا سطح میں مرتب کردہ نہیں ہوتے ہیں۔

noninfectious disease/غیر متعدی مرض ایک ایسا مرض جو ایک سے دوسرے میں منقل نہیں ہوتا۔

nonmetal/غیر دھات ایک ایسا عنصر جو گرمی اور برقیاتی عمل میں کمزور ہوتا ہے۔

nonpoint-source pollution/غیر منقوط وسیلہ آلودگی آلودگی جو کئی وسائل کے ذریعہ پھیلتی ہے۔

nonrenewable resource/ناقابل احیاء وسیلہ ایسے وسائل سے حاصل کی جانے والی رقم جو وسائل سے زیادہ خرچ پر مبنی ہو۔

nonsilicate mineral/غیر سلیکی معدن ایک ایسا معدنیات جو سلیکنس اور آکسیجن کے امتزاج سے نہ بنا ہو۔

nonvascular plant/غیر عروقی پودا پودوں کی تین درجہ بندی (لیوروٹس، بورن ورٹس اور موسس) جس میں جڑ، پتوں اور نسیج کا فقدان ہوتا ہے۔

nuclear chain reaction/جوہری سلسلہ ردعمل جوہری تقسیم کے عمل کا سلسلہ وار ردعمل۔

nuclear energy/نیوکلیائی توانائی ایسی جوہری توانائی جو ایٹم کے ٹوٹنے اور بڑھنے سے عمل میں آتی ہے۔

nuclear fission/نیوکلیائی انشقاق بڑے ایٹم کا دوحصوں میں ٹوٹنے کا عمل اور اس کے نتیجے میں توانائی کا عروج۔

nuclear fusion/نیوکلائی گداخت چھوٹے ایٹم کی نیوکلئی کا جمع ہوکر بڑے نیوکلیس میں بدلنے کا عمل۔

nucleic acid/نیوکلیک ایسڈ نیوکلٹائڈس کہے جانے والی متبادل اکائی کا سالمہ میں بدل جانا۔

nucleotide/نیوکلیوٹائیڈ نیوکلیئر اسٹنڈ کڑی، متبادل اکائی جو شوگر فاسفیٹ اور نائٹروجن پر انحصار کرتی ہے۔

nucleus/نیوکلئس علم طبیعات میں، ایٹم کے مرکز میں پائے جانے والا عنصر جو پروٹون اور نیوٹرون سے بنتا ہے۔

nucleus/نیوکلئس علم طبیعات میں؛ کیس جوبر کا مرکزی خط جو پروٹون اور نیوٹرون سے بناہوتا ہے۔

nutrient/تغذیہ بخش غذا میں پائی جانے والی فائدہ مند پروٹین، جو جسم میں توانائی پیدا کرتی ہے اور جسم میں نسیج کو پیدا کرتی ہے جو زندگی کے لئے ضروری ہے۔

O

observation/مشاہدہ اپنے مشاہدے کے استعمال سے کسی اطلاع کو سمجھنے کا عمل۔

ocean current/سمندری رو سمندری پانی کے بہاؤ کی تحریک۔

ocean trench/سمندر کی کھائی گہرے سمندری سطح میں ایک تدریجی اور لمبود باؤ جد آتش فشانی جزیرہ یا براعظمی حاشیہ کی سلسلہ کے متوازی چلتا ہے۔

oceanography/علم الحجر سمندر کا سائنٹیفک مطالعہ۔

omnivore/ہمہ خود ایک ایسا جانور جو سب کچھ کھاتا ہے۔

opaque/غیر شفاف حرارت یا بجلی کی ترسیل نہ کرنے والا۔

open circulatory system/کھلا دورانیہ نظام ایک دورانیہ نظام جس میں دورانیہ سیال براہ راست پورے شریانوں کے قلب کے پمپ کے سیال میں شریانوں کے ذریعہ مشتمل نہیں ہوتا ہے اور سائنس کے نام سے بھی معروف ہے، خلا میں ان شریانوں کو نکال دیتا ہے۔

open cluster/تاروں کا ایک گروہ جو آپس میں نزدیکیاں بنائے رکھتے ہیں۔

open-water zone/کھلا آبی علاقہ تالاب یا جھیل کا وہ حصہ جہاں بجلی کی روشنی سطح اب تک جاپہنچے۔

orbit/مدار کسی محوری راستہ میں سیارہ اپنے مرکزی جسم کے گرد اپنی دوری گردش کے دوران بناتا ہے۔

ore/کچی دھات ایسی معدنی چیز جس میں دھات موجود ہو خصوصا جب وہ قدرتی اعتبار سے کانکنی کے قابل ہو اور معاشی اعتبار سے فائدہ مند ثابت ہو۔

organ/جسم نامی زندہ نامیاتی اجسام کا کوئی حصہ یا جزو، جس کا کوئی خاص وظیفہ ہو۔

organ system/نظام جسم نامی جسم کو متحرک رکھنے کے لئے نامیاتی جزو کا ایک گروہ کا نظام۔

organelle/جسم کے خلیے کا وہ حصہ جس کا کوئی خاص عمل ہو۔

organic compound/ایک ایسا عمل جس میں کاربن کو اپنے دائرے سے لپیٹے ہو۔

organism/جسم نامی حیوانی یا نباتی زندگی کی کوئی شکل، جو آزادانہ طور پر زندگی گذارتی ہو۔

osmosis/انجذاب نیم سرایت پذیر جھلی کے ذریعہ پانی کا اخراج۔

ovary/بیضہ دانی ریڑھ کی ہڈی والے حیوانوں کے مادہ تولیدی غدود کے جوڑے میں سے کوئی غدہ جس میں بیض اور جنسی ہیبیج بنتے اور نشونما پاتے ہیں، پودوں میں تخمکوں یا چھوٹے بیجوں پر محیط غلاف۔

overpopulation/آبادی سے زائد کسی خطہ میں موجود وسائل سے زائد لوگوں کی موجودگی۔

ovule/تخمک پودے کے جسم جس میں جنین کیسہ اور اس وجہ سے نموپانے والا مادہ تخم خلیہ ہوتا ہے، جو باروری کے بعد بیج بنتا ہے۔

P

P wave/پی لہر ایک ایسی شعاع جو پتھروں کے ٹکڑوں کو حرکت کرنے یا سمت تبدیل کرنے میں فعال ہو۔

paleontology/قدیم رکازیات قدیم حیاتیات کا سائنٹفک مطالعہ۔

Paleozoic era/قیام منطقائی عہد کیمبر دور اور پرمنی ادوار تک پھیلا ہوا وہ دور جو ۵۴۲ ملین سے ۲۵۱ ملین سال پہلے تھا۔

pancreas/لبلبہ معدے کے قریب واقع ایک غدہ جو ایک اہم باضم سیال لبلبائی عرق آثنا عشری آنت میں اخراج کرتا ہے اور انسولین پیدا کرتا ہے۔ جس سے شوگر کا تناسب برقرار رہتا ہے۔

parallax/اختلاف مرویت کسی معروض بالخواص کے ایک جرم نلکی کا ظاہری بٹاؤ جس کا سبب دیکھنے والے کے جائے قیام کی تبدیلی یا اختلاف ہو۔

parallel circuit/متوازی سرکٹ ایسا سرکٹ جس میں اجزاء شاخوں میں اس طرح جڑے ہوتے ہیں کہ ہر حصہ میں فرق صلاحیت ایک جیسی ہوتی ہے۔

parasite/سرنبات ایک پودا یا جانور جو کسی زندہ عضویہ پر یا اس کے اندر رہتا ہے اور اکثر میزبان کو مجروح کرتا ہے۔

parasitism/طفیلیت دو جانداروں کا ایسا رشتہ جس میں ایک طبیلی ہوتا ہے اور وہ دوسروں پر منحصر رہتا ہے اور اسے نقصان پہنچاتا ہے۔

parent rock/منبع چٹان مٹی کے وسائل سے پیدا شدہ چٹان۔

pregnancy/حمل طبی اصطلاح میں، عورت کے آخری ایام ماہواری اوراس کے بچے کی پیدائش کے درمیان کا وقفہ (الگ بھگ ۲۸۰ دن یا ۴۰ ہفتے)؛ ارتقائی حیاتیات میں، وہ وقفہ جس میں ایک عورت ایک نموپذیر انسان کو باروری سے بچے کی پیدائش تک حمل میں رکھتی ہے (الگ بھگ ۲۶۶ دن، یا ۳۸ ہفتے)۔

pascal/پاسکل دباؤ کی ایس آئی اکائی (علامت، (Pa))۔

Pascal's principle/پاسکل کا اصول وہ اصول جو یہ بتا ہے کہ کسی ظرف میں رکھا ہوا سیال بر سمتوں میں مساوی کثافت کا دباؤ خارج کرتا ہے۔

passive transport/لازم نقل و حمل کسی مادہ کی خلیہ توانائی کے استعمال کے بغیر خلیوی لمفایہ کے اردگرد حرکت۔

pathogen/پیتھوجن مرض اور مرض پیدا کرنے وال عضویہ بالخصوص کوئی جرثومہ۔

pathogenic bacteria/مرض زایانہ جراثیم ایسے جراثیم جن کی وجہ سے مرض پھیلتا ہے۔

pedigree/نسبیات خاندان کے توارث کے جنین کا پتہ لگانے والا شجرہ۔

pelagic environment/سمندری ماحولیات جس میں ایک حصہ سطح آب کے کنارے اور اس کے بیچ میں ہوتا ہے، جسے ایل زون بھی کہتے ہیں۔

penis/قضیب نر کا عضو تناسل جو مادہ میں تولیدی عنصر خارج کرتا ہے اور جو جسم سے پیشاب کا اخراج بھی کرتا ہے.

period/وقفہ جغرافیائی مدت اکائی اور جو عہد کو منقسم کرتی ہے.

period/جدول کیمیاوی نقط نظر سے دوری جدول میں عنصر کی نشاندہی کے لئے کھینچی گئی افقی لکیر.

periodic/جدولی وقفہ وقفہ پر ہونے والی چیز باقاعدگی کے ساتھ واقع ہونے والا یا واپس آنے والا.

periodic law/جدولی قانون یہ اصول کہ عناصر کے خواص ان کے جوہری اعداد کی جدول کے مطابق ہوتے ہیں یعنی کیمیاوی اور طبعی خواص جدول طور پر ظاہر عناصر کو ان کے اعداد کے مطابق ترتیب دینے پر ظاہر ہوتے ہیں.

peripheral nervous system/محیطی طور پر نظام اعصاب دماغ اور ریڑھ کی ہڈی کے علاوہ جسم کا سارا عصبی نظام.

permeability/شرایت پذیری چٹانوں کی وہ خصوصیت یا کھلی جگہوں پر رقیقوں کا بہنا.

petal/پنکھڑی پھول کے اندرونی لفافے یا کاسڈکل میں پتی جیسے منقسم خطے جو اکثر رنگین اور بھڑک دار ہوتے ہیں.

petroleum/پیٹرولیم ہائیڈوکاربن کے مرکب کا ایک مخلوط رقیق. توانائی کے وسیلے کے طور پر بالعمول استعمال ہوتا ہے.

pH/تیزابی نظام کو ناپنے کی اکائی.

pharynx/عضلاتی نالی جو منہ کے جوف اور غذا کی نالی کو جوڑتی ہے.

phase/مرحلہ ایک جرم فلکی کے سورج کی روشنی کا علاقہ جو دوسرے جرم فلکی سے بھی ویسا ہی نظر آتا ہے.

phenotype/شکلی نوع نامیہ کی ظاہری خصوصیات جو نسلی نوع اور ماحول کے بیک وقت اثر کا نتیجہ ہوتی ہے، عضویات کا ایک گروہ جو یکسان شکلی نوع کی خصوصیات ظاہر کرتا ہے.

pheromone/فیرومون کسی جانور کا مادہ جو وہ دوسرے ہم نوع جانوروں میں ردعمل (خصوصا جنسی تعامل) پیدا کرنے کے لئے خارج کرتا ہے.

phloem/فلوایم پودوں میں غذا کی فراہمی کے لئے تیار نسیج.

phospholipid/فاسفورس سے معمور روغنیات جو خلیے کی حفاظت کرتا ہے.

photocell/فوٹو سیل ایک آلہ جو روشنی توانائی کو برقی توانائی میں تبدیل کرتا ہے.

photosynthesis/فوٹو سینتھیسس وہ طریقہ جس سے سبز پودے کاربن ڈائی آکسائڈ اور پانی سے روشنی اور کلوروفل کی موجودگی میں ایک سادہ شکر بناتے ہیں جب کہ آکسیجن اس عمل کی ذیلی پیداوار ہوتی ہے.

physical change/طبعی بدلاؤ کسی مادہ کا ایک سے دوسرے میں منتقل ہونا جس میں کوئی کیمیاوی عنصر کا استعمال نہ کیا ہو.

physical property/طبعی مصبوضات ایک ایسی صفت جس میں کیمیاوی تبدیلی کا عمل دخل نہ ہو، جیسے گہرائی رنگ اور سختی.

physical science/طبعی سائنس غیر حیاتی چیزوں کا سائنٹفک مطالعہ.

phytoplankton/نبات تیراکیہ عموما ننھے منے تیرتے ہوئے یا بہتے ہوئے آبی نباتی عضویے جسے مغری کائی اور فیروزی سمندری کائی کہا جاسکتا ہے.

pigment/صبغہ پسا ہوا کیمیاوی سفوف جسے اگر ایسے مائع میں ملایا جاتا ہے جس میں کسی قدر ناقابل حل ہوتا ہے تو وہ اپنی شکل اور ہئیت بدل دیتا ہے.

pioneer species/پیش قدم انواع ایک جانور یا ایک پودے کا ماحولی اعتبار سے ناموافق خطہ میں داخل ہونے اور زندہ رہنے کا عمل۔

pistil/بقچہ گل پھولوں والے پودے میں مادہ عضو تناسل مشتمل برتخم دانی، کسی پھول کا مادہ عنصر جو بیج پیدا کرتا ہے۔

pitch/دھوبینا آوازوں کی لہر کی پیمائش کرنا وہ کس فریکونسی سے اربی ہے۔

placenta/آنول وہ عضو جس کے ذریعہ اکثر میمل جانوروں کا جنین ان کی رحم کی دیوار سے جڑا ہوا ہوتا ہے اور جس کے ذریعہ جنین غذا حاصل کرتا ہے اور فضلہ خارج کرتا ہے۔

placental mammal/آنولی میمل ایسا جانور جو رحم کے ذریعہ غذا حاصل کرتا ہے۔

plane mirror/سادہ آئینہ ایک ایسا شیشہ جس کی سطح بالکل سپاٹ ہو۔

plankton/پیراکو نباتات اور جانورں کا ایک جمگھٹ پانی پر تیرتا ہوا یا بہتا ہوا۔

Plantae/پلینٹی مختلف طرح کے رنگوں، کثیر سالماتی اجسام نامی سے بنا علاقہ جو بالعموم سبز ہوتے ہیں، خلیوی دیوار ہوتی ہے سیلولس سے بنا ہوتا ہے، اردگرد گھوم نہیں سکتا اور فوٹو سنتھیسس سے شکر بنانے کے لئے سورج کی توانائی کا استعمال کرتا ہے۔

plasma/پلازما ایک برقی بارگرفتہ گیس جو زمینی فضا کے اوپر خلا میں موجود ہے۔ مقناطیسی دباؤ میں قصید کیس جو جوہری تعامل کے جیٹ دھاروں پر تجربات میں استعمال ہوتی ہے۔

plate tectonics/پلیٹ ٹکٹونس یہ اصول کہ زمین کی بابری سطح کتنی بڑی ہے۔

point-source pollution/نقط وسیلہ آلودگی ایسی آلودگی جو فضاؤں سے آتی ہے۔

polar easterlies/پولر اسٹرلائز ان ہواؤں کو روکنا جو مشرق سے مغرب کی طرف ۶۰ْ اور ۹۰ْ عرض البلد پر دونوں قطبوں پر چلتی ہیں۔

polar zone/قطبی زون شمال اور جنوب قطب اور اردگرد کے علاقہ۔

pollen/زرگل پھول دار پودوں میں نرعنصر جو باریک عموماً پہلے زردانوں یا خرد بذروں پر مشتمل ہوتے ہیں۔ اور زر ریشہ کے زیرہ دان میں پیدا ہوتے ہیں۔

pollination/زیرہ پوشی زرگل کی مادے کی طرف منتقل ہونا اور بیج بننا۔

pollution/آلودگی ماحولیات میں یکایک تبدیلی سے پھیلی آلودگی، اس سے توانائی بننے کا بھی امکان ہے۔

population/آبادی ایک ہی جیسے اجسام نامی کا ایک مجموعہ جو مخصوص جغرافیاغی خطہ میں رہتا ہے۔

porosity/مسام داری چٹان کی مجموعی آوازوں کا تناسب، کھلی جگہوں میں اٹھتی آواز۔

potential energy/امکانی توانائی کسی جسم کی توانائی جو حرکت کی بجائے اس کے اضافی مقام کی وجہ سے ہو، جیسے ایک مرغولی کمانے کی یا کسی پہاڑی کی چوٹی پر ایک پتھر کی۔

power/طاقت کام کی شرح اور توانائی کی منتقلی۔

Precambrian time/قبل کیمبری وقت ارضیاتی مدت کے اسکیل میں وہ عہد جو زمین کے بننے کی شروعات تھی اور جو ۴٫۶ ملین سے ۵۴۲ ملین سال قدیم ہے۔

precipitate/رسوب سازی کرنا ایک ایسا رقیق جو کیمیاوی محلول کے بعد ٹھوس بن سکتا ہے۔

precipitation/رسوب بادل کے ذریعہ گرنے والا زمین پر کسی بھی طرح گرنے والا پانی۔

predator/شکار خور وہ عمل جس میں ایک حیوان دوسرے حیوان کو شکار بنا لیتا ہے۔

preening/کریز کرنا چڑیوں کی حرکت جس میں وہ اپنی چونچ سے پروں کو سنوارتی ہے۔

pressure/دباؤ سطح کی ہر اکائی پائی وقت کے دباؤ کا تخمینہ۔

prevailing winds/معمولی ہوا جو عموما ایک طے مدت تک اپنے سمت میں چلتی ہے۔

prey/شکار کوئی جانور جو کسی دوسرے جانور کا شکار بنا اور اسے کھالیا گیا۔

primate/حیوانات رئیسہ دودھ پلانے والے حیوانات میں سب سے اونچے درجہ کے حیوانوں میں سے ایک۔

prime meridian/نصف النہار کمرہ فلکی کا بڑا دائرہ جو اس کے قطبین اور مشاہدہ کرنے والے کے سمت الراس سے گزرتا ہے۔ طول البلد کی لائن، ۰۰ طول البلد پر ہوتی ہے۔

probability/ممکنات کسی واقعہ، حادث یا پروگرام میں ہونے والے کسی رخنہ کے امکانات۔

producer/پیدا کنندہ حیوانات میں سے کوئی جو اپنے اردگرد کی توانائی سے اپنی غذا حاصل کرتا ہے۔

product/پیداوار کیمیاوی ردعمل سے بنی کوئی چیز۔

prograde rotation/پروگریڈ گردش سیارہ کے قطب شمالی سے نظر آنے والا کسی سیارہ کا گھڑی کی مخالف سمت میں چلنا۔ سورج کی گردش کی سمت میں بی گردش کرنا۔

projectile motion/پروجیکٹائل موشن مڑا ہوا حصہ جس کی سطح زمین کے قریب، پھیکنے، ڈالنے یا لگانے کے وقت کوئی شئے اس کی پیروی کرتی ہے۔

prokaryote/تنہا نامیاتی جسم جو نیوکلیس سے مبرا ہو جسے بیکٹریا ارکیا وغیرہ۔

protein/پروٹین کیمیاوی مرکبات کی ایک قسم جس میں کاربن ہائدروجن، نائٹرجن، آکسیجن اور گندھک، زندہ مادے کے لازمی اجزائے ترکیبی کی شکل میں پائے جاتے ہیں اور تحلیل ہو کر مختلف قسم کے امیز (amino) تیزاب پیدا کرتے ہیں۔

protist/غدر عضویوں کا ایک گروہ بشمول ایک جملہ یک خلوی حیوانات و نباتات میں سے کوئی ایک۔

proton/پروٹون ایک مرکزی دائرہ، ایک مثبت بار کے ساتھ جو ایک برقے (الیکٹرون) کے بار کے مساوی اور مقابل ہوتا ہے۔

pulley/سادہ سی مشین یا میکانکی عمل سے چلنے والا آلہ جو ایک محور کے گرد گھومتا ہے۔ شافت پر رکھا ہوا پہیہ جو یا تو مشین کے مختلف حصوں کو یا ان حصوں سے طاقت منتقل کرتا ہے، پہیے پر رسی، چین، یا تار لگا ہوتا ہے۔

pulmonary circulation/دل سے گردہ تک کی خون کی گردش جو نسوں اور رگوں کے ذریعہ آتی جاتی رہتی ہے۔

pulsar/خلا میں پرزو نابض ریڈیائی امواج منبع جس کے بارے میں خیال ہے کہ وہ کسی پھٹے ہوئے گردش کرنے والے ستارہ کا مرکز ہے۔

pupil/پتلی آنکھ کے عینیہ کے مرکز میں واقع سوراخ جو آنکھ میں داخل ہونے والی روشنی کے مقدار کو قابو میں رکھتا ہے۔

pure substance/کیمیاوی و طبیعیاتی اشیاء کا امتزاج، یا پھر کسی ایک عنصر کا پیش خیمہ۔

quasar/قاسر ور دارز فاصلے کا ایک آسمانی جرم جس سے ریڈیائی لہریں کثری مقدار میں نکلتی ہیں۔ یہ کرہ ارض سے سب سے دور دیکھنے والا عنصر ہے۔

radiation/توانائی کا لہرہ یا مرکزائی ریزوں کی صورت میں اخراج۔

radioactive decay/تابکار تکسر ذرات کے از خود اخراج کے سبب کسی تابکار مادے میں وقت گذرنے کے ساتھ رونما ہونے والی جوبروں/ایٹموں کی تعدا میں کمی اور اس کی مطابقت میں جوبروں/ایٹموں کی غیر تابکار مادے میں تبدیلی کا عمل۔

radioactivity/تابکاری عناصر سے الفا، بیٹا، گاما شعاعوں کا اخراج۔

radiometric dating/ریڈیو میٹرک ڈیٹنگ کسی مادہ کی عمر نکالنے کا طریق تابکاری (والدین) بم جائی اور مستقر (بیٹی) بم جائے کے متعلقہ (فیصد) کا تخمینہ نکال کر۔

reactant/ردعمل ایک کیمیاوی تعامل میں کوئی بھی شئے جو کیمیاوی طور پر تبدیل ہونے کا کا خاصہ رکھتی ہے اور کیمیاوی ردعمل میں ساتھ رہتی ہے۔

recessive trait/پیچھے ہٹنے کی خصلت ایک عادت جو تب ظاہر ہوتی ہے جب دو ایک جیسی خاصیت رکھنے والے آپس میں ملتے ہیں۔

recharge zone/ریچارج زون ایک علاقہ جہاں سے پانی نیچے کی طرف بہتا ہوا اور آخر میں چٹانوں کے اندر چلاجاتا ہے۔

reclamation/بازیابی اس زمین کی واپسی کا سفر جس زمین پر کھدائی کی گئی ہو۔

recycling/بازتعامل وہ عمل جو بے کار چیزوں سے کار آمد چیزیں بنانے میں کام آتی ہیں۔

red giant/سرخ مہیب ایک بڑا سرخ سیارہ جو زندگی بھر گردش کرتا ہے۔

reflecting telescope/انعکاسی دوربین ایک ایسی دوربین جس میں ماسکی عدسے کے طور پر مقعر آئنہ استعمال کیا جاتا ہے۔

reflection/عمل انعکاس با منعکس ہوئے کی حالت، کسی منعکس کنندہ سطح پر سے لوٹایا گیا عکس، آواز۔

reflex/منعکس ردعمل کے طور پر واقع ہونے والا منعکس۔

refracting telescope/انعطافی دربین ایسی دوربین جس میں کرنیں اس کے خارجی شیشے سے منعطف ہوجاتی ہیں اور اسے شیشے کے ماسکے پر سے انہیں محدب عدسے سے دیکھا جاتا ہے۔

refraction/انعطاف روشنی یا حرارت کی لہروں کے واسطے کی وہ تبدیلی یا انعطاف جو ایک شفاف راستے سے مختلف کثافت والے دوسرے واسطے میں جاتے وقت ہوتی ہے۔

relative dating/نسبتی تاریخ کوئی بھی عمل یا واقعہ جو اس سے پہلے بھی ہوا ہو اس کی تاریخی حیثیت۔

relative humidity/نسبتی رطوبت کسی مخصوص درجہ حرارت پر ہوا میں موجود آبی بخارات کی مقدار اور سیری حاصل کرنے کے لئے درکار آبی بخارات کی مقدار کے مقابلے کا تناسب۔

relief/آرام کسی ایک شئے کو اس کی متضاد شئے کے ذریعہ نمایاں کرنے کا عمل۔

remote sensing/ریموٹ سینسنگ کسی بھی چیز کو سمجھنے یا تجزیہ کرنے کے لئے بغیر کسی چیز کو چھوئے اس کا مطالعہ کرنا۔

renewable resource/ایک قدرتی وسائل جو اسی قیمت پھر سے قائم ہوسکتا ہے جب وہ بنا تھا۔

resistance/مانع کسی موصل شئے کی کی وہ صفت جو کسی برقی لہر کی قوت کو روشنی یا حرارت کی شکل میں منتشر کرکے اس کی شدت کو کم کردیتی ہے۔

resonance/گونج کسی اور جسم کی تھرتھراہٹ کے نتیجے میں کسی جسم میں متناسب تھرتھراہٹ پیدا ہونے کی کیفیت۔

respiration/عمل تنفس ہوا کا پھیپھڑوں کے اندرجانے اور پھر باہر آنے کا عمل، آکسیجن حاصل کرنے کا وہ تمام کیمیاوی اور طبعیاتی عمل/طریق کار جس کے ذریعہ نظام میں آکسیجن جذب ہوجاتی ہے۔

respiratory system/نظام عمل تنفس سانس میں کھینچی گئی آکسیجن کے ساتھ باہر نکالی گئی کاربن ڈائی اکسائڈ کی نسبت اس نظام میں پھیپھڑے جبڑے اور گردے کا عمل دخل ہوتا ہے۔

retina/پردہ چشم آنکھ کا داخلی حصہ جو کسی شئے کو اپنے اندر لیتا ہے اور دماغ میں اس کی تصویر بنادیتا ہے۔

retrograde rotation/پش خرم گردش کائنات کے شمالی قطب سے دیکھائی دینے والا چاند۔

revolution/قلب مابیت خلاء میں کوئی جسم سفر کے وقت دوسرے جسم میں داخل ہو اور مدار میں جاکر وہ مکمل طور پر سکونت اختیار کرلے۔

rhizoid/ایسے پودوں میں پائے جانے والے ریشے جس سے پودے غذا فربم کرتے ہیں۔

rhizome/جذر جڑ نما تنا، جو راسی یا ترچھی شکل میں یا تو زمین پر لیٹا ہو یا زیر زمین ہوتا ہے اس کی جڑیں نیچے کو پھیلتی ہیں اور شاخیں بتدریج اوپر کو پھوٹتی ہیں۔

ribosome/ربوسوم سائی ٹو پلازم میں پائے جانے والے بہت ہی چھوٹے ذرات میں سے کوئی سا جس میں ربوینی تیزاب اور لحمیات پائے جاتے ہیں۔

rift valley/درزگھاٹی ایسی وادی جو زمین کو ہٹا کر بنائی گئی ہو۔

rift zone/رفٹ زون ایسا خط جو زمین کو دو پاٹ کر کے بنایا گیا ہو۔

RNA/آر این اے ریبونیک ایسڈ ایک عنصر جو زندہ خلیوں میں رہتا ہے اور پروڈکشن میں حفاظت کرتا ہے۔

rock/چٹان ایک سخت قدرتی امتزاج جو کئی معدنیات سے مل کر بنتا ہے۔

rock cycle/چٹانی تدویر عمل کا ایک سلسلہ جو پتھر بنانے میں وصف ہوتا ہے۔ اور ایک سے دوسرے میں تبدیل ہوتا ہے، پھر برباد ہوجاتاہے۔

rock fall/چٹان کھسکنا بڑی مقدار میں چٹانوں کا ڈھال یا جوف سے نیچے کھسکنا۔

rocket/راکٹ ایک مشین جو حرکت کے لئے جلنے والے ایندھن سے خارج ہونے والی گیس کا استعمال کرتا ہے۔

rotation/گردش کسی جسم کا اپنے محور پر گردش کرنا۔

S

s/S wave لہر ایک زلزلئی لہر جس کے سبب چٹان کے حصے کنارے کنارے کھسکتے ہیں۔

salinity/نمکینیت (شوریت) کسی مخصوص سیال میں حل شدہ نمک کی مقدار۔

salt/نمک ایک آئونک مرکب جو دھات کے سالمے کے ذریعہ کسی تیزاب کے ہائیڈروجن کی جگہ لینے پر بنتا ہے۔

saltation/سالٹیشن بالویا دیگر ذرات کا ہوا یا پانی کے ساتھ ادھر ادھر حرکت کرنا۔

satellite/سیٹلائٹ (سیارچہ) ایک قدرتی یا مصنوعی جسم جو کسی سیارے کا طواف کرتا ہے۔

savanna/سوانا (گھاس کا میدان) گھاس کا میدان جس میں اکثر جا بجا درخت ہوتے ہیں اور جو استوائی اور نیم استوائی علاقوں میں پایا جاتا ہے جہاں موسمی بارش، آگ زنی اور سوکھا پڑتا رہتا ہے۔

scale/اسکیل کسی نمونے، نقشے، یا خاکے کے ناپ اور حقیقی ناپ یا دوری کے درمیان کا تعلق۔

scattering/انتشار روشنی کا مادہ کے ساتھ ایسا عمل جو روشنی کی توانائی، حرکت کی سمت یا دونوں میں تبدیلی کا سبب بنتا ہے۔

science/سائنس قدرتی واقعات و حالات کے مشاہدہ سے حاصل شدہ ایسا علم جس سے حقائق کا انکشاف ہو اور ایسے اصول یا ضابطے بنائے جاسکیں جن کی جانچ یا توثیق ہوسکے۔

scientific literacy/سائنٹفک خواندگی سائنسی تحقیق کے طریقے، سائنسی معلومات کی اہمیت اور معاشرہ میں سائنس کے کردار کو سمجھنا۔

scientific methods/سائنٹفک طریق مسائل کے حل کے لئے اٹھائے گئے سلسلہ وار اقدامات۔

screw/اسکریو کسی اسطوانے کے گرد خمیدہ سادہ گھیراؤ پر مشتمل ایک عام سی مشین۔

sea-floor spreading/سطح سمندر کا پھیلاؤ وہ عمل جس کے ذریعہ نئے بحری کرہ حجر زیر زمین رقیق تہ کو اس طرح تیار کرتے ہیں کہ وہ سطح کے چارو طرف جمع ہوجاتے ہیں اور منجمد ہوجاتے ہیں۔

seamount/زیر آب پہاڑ سطح سمندر پر آپس میں ملا ہوا وہ پہاڑ جو کم از کم ١،۰۰۰ میٹر اونچا ہو اور جو آتش فشاں سے بنا ہو۔

sediment/رسوب نامیاتی یا غیر نامیاتی مادہ کے اجزاء جن کو ہوا، پانی، یا برف اٹھا کر لاتے اور جمع کرتے ہیں اور وہ سطح زمین کی تہوں میں جمع ہوتے ہیں۔

sedimentary rock/رسوبی چٹان ایسی چٹان جو تلچھٹ کے دباؤ والی یا مل جانے والی پرتوں کے سبب بنتی ہیں۔

segment/قطعہ کسی بڑے ڈھانچے جیسے جسم یا نامیاتی عضو کا ایک حصہ جو قدرتی یا مصنوعی حد بندیوں سے بھڑک اٹھے۔

seismic gap/زلزلیاتی خلیج ایسا مخدوش علاقہ جہاں فی الحال نسبتاً کچھ زلزلے آئے ہوں لیکن ماضی میں وہاں بڑے زلزلے آئے ہوں۔

seismic wave/زلزلیاتی لہر توانائی کی ایسی لہر جو تمام سمتوں میں زلزلہ سے الگ اور زمین کے ساتھ ساتھ چلتی ہے۔

seismogram/زلزلہ پیمائی زلزلہ پیما سے زلزلہ کی حرکت کا پتہ لگانا۔

seismograph/زلزلہ پیما زمین میں ہونے والی ارتعاش کا ریکارڈ رکھنے اور زلزلہ کی شدت و مقام کا پتہ لگانے والا آلہ۔

seismology/زلزلہ شناسی زلزلوں کا مطالعہ کرنا۔

selective breeding/چنندہ تولید جانوروں یا پودوں کی تولید کا انسانی عمل جس کی کچھ من پسند جبلت ہوتی ہے۔

semiconductor/نیم موصل ایسا عنصر یا مرکب جو انسولیٹر کی بہ نسبت بہتر طور پر برقی لہر پہنچاتا ہے لیکن موصل کی طرح نہیں پہنچاپاتا۔

سنبل/**sepal** پھول میں نئی پتیوں کا اوپری چھلہ جو غنچہ کی حفاظت کرتا ہے۔

سیپٹک ٹینک/**septic tank** مائعات سے ٹھوس فضلہ کو الگ کرنے والا ٹینک اور جس میں ایسے جراثیم ہوں جو ٹھوس فضلات کو توڑ ڈالیں۔

سیریز سرکٹ/**series circuit** ایسا سرکٹ جس میں الگ الگ اجزاء ایک دوسرے سے اس طرح مربوط ہوں کہ ہر حصہ میں رو ایک جیسی ہو۔

سیویج ٹریٹمنٹ پلانٹ/**sewage treatment plant** نالیوں یا بدرو سے آنے والے پانی میں پائے جانے والے غلیظ مادوں کو صاف کرنے کی سہولت۔

سیکس کروموزوم/**sex chromosome** کروموزوم کے جوڑے کا ایک حصہ جس سے کسی فرد کی جنس کا پتہ چلتا ہے۔

جنسی باز تولیدیت باز/**sexual reproduction** تولیدی کا وہ عمل جس میں دونوں ہی والدین کے جنسی خلیے مل کر ایسی آل اولاد پیدا کرتے ہیں جس میں ماں باپ دونوں کی جبلتیں پائی جاتی ہیں۔

خط ساحل/**shoreline** زمین اور پانی کے جسم کے مابین کا حصہ۔

سلیکا معدن/**silicate mineral** ایک ایسی معدنیات جس میں سلیکون، آکسیجن اور ایک یا زائد معدنیات کا امتزاج ہو۔

واحد تبدیلی/**single-displacement reaction** مقام کا درعمل ایسا ردعمل جس میں ایک عنصر کسی مرکب میں دوسرے عنصر کی جگہ لے لیتا ہے۔

اسکلیٹل سسٹم/**skeletal system** وہ عضویاتی نظام جس کا بنیادی کام جسم کی حفاظت اور جسم کو حرکت کرنے میں تعاون کرنا ہے۔

تشکیک پرستی/**skepticism** ذہن کی ایک ایسی خصلت جس میں فرد تسلیم شدہ نظریات کی معنویت پر سوال اٹھاتا ہے۔

ابال آری لکیر کی پیمائش/**slope** ؛ فالتو اشیاء کے نمو کا تناسب۔

چھوٹی آنت/**small intestine** پیٹ اور بڑی آنت کے درمیان کا وہ عضو جہاں غذا کا زیادہ تر فاضل حصہ جمع ہوتا ہے اور غذا کی زیادہ تر غذائیت جذب ہوجاتی ہے۔

دھندھلا/**smog** صنعتی آلودگیوں اور جلتے ہوئے ایندھن پر سورج کی روشنی پڑنے سے پیدا ہونے والے فوٹو کیمیاوی بخارات۔

سماجی رویہ/**social behavior** حیوانوں اور اسی جیسی مخلوق کے مابین ہونے والا تعامل۔

سافٹ ویئر/**software** ان ہدایات اور کمانڈس کا سیٹ جو کمپیوٹر کو کچھ کرنے کے بارے میں بتاتا ہے؛ ایک کمپیوٹر پروگرام۔

مٹی/**soil** چٹانی ذرات، نامیاتی مادہ، پانی اور ہوا کا مرطوب مرکب جو سبزہ کی نمو میں معاون ہوتا ہے۔

مٹی کا بچاؤ/**soil conservation** کٹاؤ اور نمو پذیری کے فقدان سے مٹی کو بچا کر مٹی کی زرخیزی کو برقرار رکھنے کا طریقہ۔

مٹی کا ڈھانچہ/**soil structure** مٹی کے ذرات کا نظم ونسق۔

مٹی کی بافت/**soil texture** مٹی کے ذرات کے تناسب پر مبنی مٹی کی کیفیت۔

شمسی توانائی/**solar energy** شعاع ریزی کی شکل میں سورج سے زمین کی حاصل کردہ توانائی۔

شمسی سحابیہ/**solar nebula** گیس اور گرد وغبار کا بادل جس سے ہمارا نظام شمسی بنا ہوا ہے۔

solenoid/سولینوائڈ تاروں کا ایسا گچھا جس میں برقی رو ہو۔

solid/ٹھوس کسی شئے کی وہ حالت جس میں مادہ کا حجم اور نوعیت مقرر رہتی ہے۔

solubility/حل پذیری ایک مقررہ درجہ حرارت اور دباؤ پر ایک مادہ کی دوسرے مادہ میں تحلیل ہوجانے کی صلاحیت۔

solute/منحل کسی محلول میں، وہ مادہ جو محلل میں تحلیل ہوجاتا ہے۔

solution/محلول ایک ہی مرحلہ میں دو یا زائد مادوں کا مساوی طور پر بھگونے سے حاصل ہم جنس مرکب۔

solvent/محلل کسی محلول میں، وہ مادہ جس میں منحل تحلیل ہوجاتا ہے۔

sonic boom/صوتی گونج دھماکہ دار آواز جو اس وقت سنائی پڑتی ہے جب آواز کی رفتار سے زیادہ تیز چلنے والے کسی شئے سے لہر نکل کر کسی فرد کے کان تک پہنچتی ہے۔

sound quality/کیفیت صوت تعرض کے ذریعہ متعدد پرتوں کے جھکاؤ کا نتیجہ۔

sound wave/صوتی لہر طول البلدل میں چلنے والی لہر جو ارتعاش سے پیدا ہوتی ہے اور مادی وسیلہ کی معرفت چلتی ہے۔

space probe/خلائی کھوج بغیر عمل کی ایسی گاڑی جو سائنسی اعداد و شمار اکٹھا کرنے کے لئے سائنسی آلات خلا میں لے جاتی ہے۔

space shuttle/خلائی شٹل دوبارہ استعمال کی جانے لائق ایک ایسی خلائی گاڑی جو راکٹ کی طرح اڑتی ہے اور ہوائی جہاز کی طرح اترتی ہے۔

space station/خلائی اسٹیشن مدار میں بنا ہوا ایک طویل مدتی پلیٹ فارم جہاں دوسری گاڑیاں اتاری جاسکیں یا سائنسی تحقیق کی جاسکے۔

speciation/اسپیسیئیشن ارتقاء کے نتیجہ میں نئے انواع کی تشکیل۔

species/انواع عضویات کا مجموعہ جو ایک دوسرے سے بہت قریب ہوں اور زرخیز تولید کی تخلیق کے لئے مل سکیں۔

specific heat/مقررہ حرارت کسی مخصوص طریقہ سے مستقل دباؤ اور حجم بڑھا کر تجنیسی ماہ ۱ K یا ۱ C° کی ایک اکائی جسامت بنانے کے لئے مطلوبہ حرارت کی کمیت۔

spectrum/قوس قزح رنگوں کا امتزاج جو منشور کے ذریعہ سفید روشنی گزرنے سے پیدا ہوتا ہے۔

speed/رفتار حرکت ہوتے وقت وقفہ وقت سے منقسم ہونے والی طے شدہ دوری۔

sperm/منی نر کا تولیدی خلیہ۔

spleen/تلی جسم میں سب سے بڑا ریزشی مادہ؛ خون کے ذخیرہ کے بطور کام کرتا ہے؛ پرانے لال خون کے خلیوں کو الگ الگ کرتا ہے، اور لمفی خلیہ و پلازمڈز بناتا ہے۔

spore/تحمک ایک باز تولیدی خلیہ یا کثیرخلیوی ڈھانچہ جو مضرت رساں ماحولیاتی حالات میں مانع ہوتا ہے اور دوسرے خلیہ کے ساتھ ملے بغیر بڑا ہوسکتا ہے۔

spring tide/مدکامل بڑھے ہوئے فاصلہ کا مدجو مہینہ میں دوبار نئے اور پورے چاند کے وقت ہوتا ہے۔

stamen/زربر پھول کا نرباز تولیدی ڈھانچہ جوزرگل بناتا ہے اور تار کے سرے پرزردان پر مشتمل ہوتا ہے۔

standing wave/قائم لہر ارتعاش کی ایک قسم جو تاوقت قائم لہر کی نقل کرتی ہے۔

states of matter/مادہ کی اشکال مادہ کی طبعی شکلیں جو ٹھوس، مائع اور گیس پر مشتمل ہوتی ہے۔

static electricity/برق ساکن وقفہ کے دوران برقی لہر، بالعموم رگڑ یا ترغیب سے بنتا ہے۔

stimulus/مہیج ایسی کوئی بھی شئے جس سے کسی جسم نامی میں یا جسم نامی کے کسی حصہ میں ردعمل یا تبدیلی آئے۔

stoma/اسٹوما پتی یا پودے کی ڈنڈی میں لگنے والا سب سے پہلا عمل جس سے گیس کی تبدیلی ہوتی ہے۔

stomach/شکم چھوٹی آنت اور ایسوفیگس کے مابین نظام ہضم کا ایک مادہ جو عضلات، انزائم اور نمکیات کے تعامل سے غذا تحلیل کرتا ہے۔

storm surge/تموج طوفان کی تیز ہواؤں سے گرد و غبار کی بدولت ساحل کے قریب سطح سمندر میں آنے والا بلاؤ۔

strata/اسٹراٹا چٹانوں کی پرت (واحد، اسٹراٹم)۔

stratification/طبق بندی وہ عمل جس میں تہ نشیں چٹانیں پرت در پرت بن جاتی ہیں۔

stratified drift/طبق بند بھاؤ ایک برفانی ذخیرہ جو آندھی یا پگھلے ہوئے پانی کے تعامل سے جمع اور تہہ بہ تہہ بن جاتا ہے۔

stratosphere/کرہ قائم کرہ اول سے آگے کا کرہ ہوا جس میں درجہ حرارت عرض البلد کے بڑھنے کے ساتھ ہی بڑھتا رہتا ہے۔

streak/دھاری معدنیات کے سفوف کا رنگ۔

stress/دباؤ زور پڑنے پر ہونے والا طبعی یا ذہنی ردعمل۔

structure/ڈھانچہ جسم نامی میں مختلف حصوں کی ترتیب۔

sublimation/تطہیر وہ عمل جس میں کوئی ٹھوس شئے براہ راست گیس میں تبدیل ہوجاتی ہے۔

subsidence/سکوت زمین کی پرت کا اپنے بالائی ارتفاع میں ڈوب جانا۔

succession/جانشینی ایک ہی وقت ایک ہی جگہ پر ایک کمیونٹی کی جگہ دوسری کمیونٹی کا غالب آجانا۔

sunspot/داغ آفتاب سورج کے ضیائی کرہ کا تاریک حصہ جو اپنے اردگرد کے حصہ سے نسبتاً ٹھنڈا ہوتا ہے اور زبردست مقناطیسی حصہ ہوتا ہے۔

supernova/عظیم نوتارا ایک دیوقامت دھماکہ جس میں بڑے بڑے ستارے ایک دوسرے سے ٹکراتے ہیں اور اپنی بیرونی پرت خلا میں چھوڑ دیتے ہیں۔

superposition/انطباق وہ اصول جس سے یہ معلوم ہوتا ہے کہ چھوٹی چٹانیں بڑی چٹانوں کے اوپر ہوا کرتی ہیں بشرطیکہ پرتوں کو خرد برد نہ کیا جاسکے۔

surface current/سطحی رو ہوا کی وجہ سے سمندری پانی کا عمودی طور پر حرکت پذیر ہونا جو کہ سمندر کی سطح پر یا اس کے قریب ہوتا ہے۔

surface tension/سطحی تناؤ کسی مائع کی سطح پر اثر پذیر قوت جو سطح کے دائرہ کو کم سے کم کردیتا ہے۔

suspension/تعطل ایک مخلوط جس میں کسی مادہ کے ذات کی رقیق یا گیس میں کم یا زیادہ وہ طور منتشر ہوتے ہیں۔

swamp/دلدل گیلی زمین کا ماحولیاتی نظام جس میں جھاڑیاں اور درخت اگتے ہیں۔

swell/پھیلاؤ طویل بحری لہروں کے مجموعہ میں سے ایک جو اپنے نقط وجود سے لمبی مسافت بہت تیزی سے طے کرتی ہے۔

swim bladder/پھکنا استحوانی مچھلیوں میں، گیس بھرا غبارہ جو تخفیف وزن کو کنٹرول کرنے کے لئے استعمال ہوتا ہے، گیس غبارے کے نام سے بھی معروف۔

symbiosis/ہم زیستی ایک ایسا تعلق جس میں دو مختلف اجسام نامی ایک دوسرے سے انتہائی مربوط ہو کر رہتے ہیں۔

synthesis reaction/سنتھیسس ردعمل ایسا ردعمل جس میں دو یا زائد مادے اس طرح مل جاتے ہیں کہ ایک نیا مرکب تیار ہوجاتا ہے۔

systemic circulation/بالترتیب دورانیہ قلب سے جسم کے دیگر اعضاء تک اور واپس قلب تک خون کا بہاؤ۔

T

T cell/ٹی سیل نظام مامونیت کا ایک خلیہ جو نظام مامونیت سے ہم آہنگ ہوتا ہے اور بہت متاثرہ خلیوں پر حملہ آور ہوتا ہے۔

tadpole/غوکچہ آبی مینڈک کا مچھلی کی شکل کا لاروا۔

taxonomy/ٹکسونومی اجسام نامی کی تشریح، اسم سازی اور درجہ بندی کا علم۔

technology/ٹکنالوجی عملی مقاصد سے سائنس کا اطلاق۔ انسانی ضروریات کی تکمیل کے لئے آلات، مشین، اشیاء اور طریقہ کار کا استعمال۔

tectonic plate/ٹکٹونک پلیٹ کرہ حجر کا ایک حصہ جو گردو غبار اور دھول پر مشتمل ہوتا ہے، آتش دان کا سب سے بیرونی حصہ۔

telescope/ٹیلی اسکوپ آسمان سے برق مقناطیسی لہروں کو جمع کرنے والا ایک آلہ جو بہتر مشاہدہ کے لئے اس پر مرتکز ہوتا ہے۔

temperate zone/ٹمپریٹ زون منطقہ حارہ اور قطبی زون کے مابین فضائی خط۔

temperature/درجہ حرارت (کسی چیز کی) حرارت یا برودت کی پیمائش خاص کر کسی شئے میں مادوں کی حرکی توانائی کے اوسط کی پیمائش۔

tension/تناؤ وہ دباؤ جو کسی شئے کو بھینچنے کے لئے ڈالی گئی قوت کے وقت ہوتا ہے۔

terminal velocity/میقاتی رفتار کسی گرنے والی شئے کی دائمی رفتار جو اس وقت ہوتی ہے جب ہوا کے دباؤ کی وقت حجم میں برابر اور سمت میں قوت ثقل کے برعکس ہوتی ہے۔

terrestrial planet/ارضی سیارہ سورج کے بالکل قریب انتہائی کثیف سیارہ؛ عطارد، زہرہ، مریخ اور ارض۔

territory/خط کسی جانور یا جانوروں کے گروپ کا مقبوضہ حلقہ جہاں اس نوعیت کے ممبروں کا دخول ممنوع ہو۔

testes/خصیہ نر کا ابتدائی تولیدی جسم نامی جس سے منوی خلیے اور فوطیرے بنتے ہیں۔

texture/باقت چٹان کی ایک کیفیت جو چٹانی ذرات کے سائز، شکل اور حالات پر مبنی ہوتی ہے۔

theory/نظریہ ایک تشریح جو بہت سارے قیاسات اور مشاہدات کو ایک دوسرے سے جوڑتی ہے۔

thermal conduction/حاری ایصال کسی مادہ کے توسط سے گرمی کے بطور توانائی کی منتقلی۔

thermal conductor/حرارتی موصل ایسا مادہ جس کے توسط سے گرمی کے بطور توانائی منتقل کی جاسکے۔

thermal energy/حاری توانائی کیس شئے کے جو برکی حرکی توانائی۔

thermal expansion/حاری انتفاخ کسی شئے کا درجہ حرارت بڑھنے کی وجہ سے اس شئے کی جسامت میں اضافہ۔

thermal insulator/حرارتی حاجز وہ مادہ جو گرمی کی منتقلی کو کم کردیتا یا روک دیتا ہے۔

thermal pollution/حرارتی آلودگی پانی کے حجم میں بڑھا ہوا درجہ حرارت جو عمل انسانی کے باعث ہوتا ہے جس کے مضر اثرات پانی کی کیفیت اور ممدحیات پانی کے جسم پر ہوتے ہیں۔

thermocline/حرارتی گراوٹ پانی پرمشتمل جسم کی ایک پرت جس میں گہرائی بڑھنے کے ساتھ پانی کا درجہ حرارت دوسری پرت کی بہ نسبت زیادہ تیزی سے کم ہوتا ہے۔

thermocouple/حرارہ جفت وہ مشین جو حاری توانائی کو برقی توانائی میں بدل دیتی ہے۔

thermometer/تھرمامیٹر درجہ حرارت کی پیمائش اور اس کو ظاہر کرنے والا آلہ۔

thermosphere/کرہ حرارت کرہ ہوا کا سب سے بابری حصہ جس میں عرض البلد بڑھنے کے ساتھ ساتھ درجہ حرارت بڑھتا رہتا ہے۔

thrust/جھٹکا کسی ایرکرافٹ یا راکٹ کے انجن سے لگائی گئی کھینچنے یا دھکیلنے کی قوت۔

thunder/گڑگڑاہٹ ہوا کے برقی رو سے بہت تیزی سے ٹکرانے پر پیدا ہونے والی آواز۔

thunderstorm/طوفان برق وباد زبردست طوفان جو بارش، تیز ہوا، روشنی اور گڑگڑاہٹ پر مشتمل ہوتا ہے۔

thymus/تیموسی غدود نظام لمفاوی کا اہم غدہ؛ جو پختہ کار T لمفاوی غدہ کو چھوڑتا ہے۔

tidal range/مدوجزری دائرہ سمندری پانی میں اونچے اور نیچے مدوجزر کی سطحوں میں ہونے والی تفریق۔

tide/جوار بھاٹا سمندروں اور پانی کی دیگر اجسام میں ہونے والا وقتی اتار اور چڑھاؤ۔

till/صنحرہ غیر مرتب چٹانی مادہ جو براہ راست برفانی گلیشئر سے جمع ہوتا ہے۔

tissue/نسیج ایک ہی جیسے خلیوں کا مجموعہ جو مشترکہ کام انجام دیتا ہے۔

tonsils/لوزہ چھوٹا سا جسم نامی، لمفاوی نسیج کا مدور کا لاور جسم جو حلقوم میں اور ذہن سے حلقوم تک کی نالی میں ہوتا ہے۔

topographic map/نقشہ مقام نگاری زمیں کی سطح کی خصوصیات بتانے والا نقشہ۔

tornado/بگولا ہوا کا تخریبی اور مدور کالم جس میں ہوا کی رفتار بہت تیز ہوتی ہے، جو قیف نما بادل کی شکل میں دکھتا ہے اور زمین کو مس کرتا ہے۔

trace fossil/نقش سنگوارہ ایک متحجری نشان جو کسی جانور کی حرکت سے نرم رسوب میں بنتا ہے۔

trachea/سانس نالی کیڑوں، کنکھجوروں، اور مکڑیوں میں، ہوا کی نالیوں کے نیٹ ورک میں سے ایک؛ فقاری میں وہ نالی جو نرخرہ اور پھیپھڑوں کو جوڑتی ہے۔

trade winds/باد مراد (تجارتی ہوا) وہ ہوا جو ۳۰° شمالی اور ۳۰° جنوبی عرض البلد کے درمیان خط استوا کی طرف چلتی رہتی ہے۔

trait/خصلت جیننیاتی طور پر مسلم صفت۔

transform boundary/قلب مابیئت ساختمانی پلیٹوں کے درمیان ایک حد جو عمودی طور پر ایک دوسرے کو دھکیلتے رہتے ہیں۔

transformer/ٹرانسفارمر متبدل روکا وولٹیج گھٹانے یا بڑھانے کا آلہ۔

transistor/ٹرانزسٹر ایک نیم موصل آلہ جو برقی روکوزود افزوں کرسکتا ہے اور امپلیفائر، ارتعاشوں اور سوئچ میں استعمال ہوتا ہے۔

translucent/نیم شفاف جس میں سے روشنی گزرسکے لیکن دوسری طرف کی شبیہ صاف نظر نہ آئے۔

transmission/ترسیل روشنی کا یا توانائی کی کسی اور شکل کا مادہ کے ذریعہ گزرجانا۔

transparent/شفاف ایسی شئے جس سے معمولی سی کوشش پر بھی روشنی گزرسکے اور پیچھے کی اشیاء بھی صاف نظر آسکیں۔

transpiration/اخراج بخارات وہ عمل جس کے ذریعہ پودے مسامات کے ذریعہ ہوا میں آبی بخارات چھوڑتے ہیں نیز دیگر اجسام نامی کے ذریعہ ہوا میں آبی بخارات چھوڑنا۔

transverse wave/لہر مستعرض وہ لہر جس میں لہروں کے بہاؤ کی سمت میں اشیاء عمودی طور پر چلتی ہیں۔

tributary/معاون دریا وہ ندی جو کسی جھیل یا کسی نسبتا بڑی ندی میں جاگرتی ہے۔

tropical zone/خط منطقہ حارہ وہ علاقہ جو خط استواء کے ارد گرد ہے اور ۲۳° عرض البلد شمالی اور ۲۳° ڈگری عرض البلد جنوبی تک پھیلا ہوا ہے۔

tropism/رخ گردی کسی بیرونی دباؤ جیسے روشنی کی وجہ سے کسی عضویہ کے کل یا جز کا نمو۔

troposphere/کرہ متغیرہ کرہ ہوا کی سب سے نچلی پرت جس میں عرض البلد کے بڑھنے کے ساتھ ساتھ درجہ حرارت بھی مستقل طور پر گھٹتا جاتا ہے۔

true north/اصل شمال قطب شمالی کی جغرافیائی سمت۔

tsunami/سونامی آتش فشانی اخراج، زیر زمین زلزلہ یا زمین کے کھسکنے کی وجہ سے سمندر میں اٹھنے والی مہیب لہریں۔

tundra/ٹنڈرا قطب شمالی، قطب جنوبی میں یا پہاڑوں کی چوٹیوں پر پایا جانے والا بے درخت کا میدان جس کی درجہ بندی بہت ہی کم ٹھنڈے درجہ حرارت اور مختصر، ٹھنڈی گرمیوں سے کی جاتی ہے۔

U

umbilical cord/حبل سری (نال) رسی نما شبیہ جس سے ہو کر خون کی نالیاں گذرتی ہیں اور جس کے ذریعہ ایک نموپذیر جاندار آنول سے جڑا ہوتا ہے۔

unconformity/عدم مطابقت ارضیاتی ریکارڈ میں انقطاع جو چٹانی پرتوں کے کٹاؤ سے بنتا ہے اور جب لمبے عرصہ تک نسیج جمع نہیں ہوتی ہے۔

undertow/موج مخالف سطح پر پائی جانے والی رو جو ساحل کے قریب ہوتی ہے جو اشیاء کو سمندر سے باہر کھینچ لاتی ہے۔

uniformitarianism/نظریہ تسلسل ایک اصول جو یہ بتاتا ہے کہ ماضی میں ہوئے ارضیاتی تعامل کو حالیہ ارضیاتی تعامل کہا جاسکتا ہے۔

uplift/ارتفاع زمینی پرت کے خطوں کو نسبتا زیادہ بلندی تک اٹھانا۔

upwelling/اپ ویلنگ عمیق، بارد اور تغذیہ بخش پانی کی سطح پر حرکت۔

urinary system/نظام بول وہ اجسام نامی جو پیشاب بناتے، جمع کرتے اور خارج کرتے ہیں۔

uterus/رحم مادہ پستانیہ میں مجحوف، عضلاتی جسم جس میں تولیدی بیضے استقرار پاتے ہیں اور جس میں خصیے اور جنین نموپاتے ہیں۔

vagina/اندام نہانی مادہ میں وہ تولیدی جسم جو رحم سے جسم کے بیرونی حصہ کو مربوط کرتا ہے۔

valence electron/ویلنس الکٹرون ایک الیکٹرون جو جوہر کے سب سے بابری خول میں پایا جاتا ہے اور جو جوہر کے کیمیاوی ذخیرہ کو محفوظ رکھتا ہے۔

variable/تعیز پذیر ایک عامل جو قیاسی جانچ کے نتیجہ میں تبدیل ہوتا رہتا ہے۔

vascular plant/نبات عروقی مخصوص نسیج والا ایک پودا جو پودے کے ایک حصہ سے دوسرے تک مادوں کا ایصال کرتا ہے۔

vein/نس حیاتیات میں، قلب تک خون کو پہنچانے والی شریان۔

velocity/رفتار حرکت ایک مخصوص سمت میں کسی شئے کی رفتار۔

vent/منفذ سطح زمین پر ایک سوراخ جس سے آتش فشانی مادے گزرتے ہیں۔

vertebrate/فقاریہ وہ جانور جس میں ریڑھ کی ہڈی ہو۔

vesicle/تھیلی ایک چھوٹا سا درز یا حفرہ جو یوکیریوٹک سیل میں مادوں پر مشتمل ہوتا ہے؛ اس وقت بنتا ہے جب خلیہ میں پہنچائے گئے یا خلیہ کے اندر ترسیل کئے گئے مادوں کو خلیوی جھلی کی حصے گھیر لیتے ہیں۔

virus/جرثومہ مائکرو اسکوپ سے دیکھی جانے والی ایک شئے جو خلیہ میں داخل ہوجاتی ہے اور خلیہ کو برباد کردیتی ہے۔

viscosity/لزوجت کسی گیس/مائع کو بہنے میں مانع۔

vitamin/وٹامن تغذیات کا ایک درجہ جوکاربن پر مشتمل ہوتا ہے اور جو صحت کو برقرار رکھنے اور نمو پانے کے لئے معمولی مقدار میں ضروری ہوتے ہیں۔

volcano/آتش فشاں سطح زمین میں ایک روزن یا شگاف جس سے گیس اور مواد برکانی خارج ہوتے ہیں۔

voltage/وولٹیج دو نقطوں کے درمیان مضمر تفریق وولٹ میں اس کی پیمائش ہوتی ہے۔

volume/والیوم تین ابعادی خلا میں جسم یا مادہ کے سائز کی پیمائش۔

W

water cycle/تدویر آب سمندر سے کرہ ہوا، کرہ ہوا سے زمین اور واپس سمندر تک پانی کی تحریک مسلسل۔

water pollution/آبی آلودگی فضلات یا کیمیاوی مادوں کا پانی میں تحلیل ہوجانا جو پانی میں رہنے والے اجسام نامی یا جو پانی پیتے ہیں ان کے لئے یا پانی میں رہ کر کام کرتے ہیں ان کے لئے مضر ہوتا ہے۔

water table/مسطح حاشیہ زیر زمین پانی کی سب سے اوپری سطح، سیرابی کے زون کا سب سے اوپری گھیرا۔

water vascular system/پانی کا نسیجی نظام آبی بھاؤ سے پر نالیوں کا نظام جو مابئی خارپست کے جسم میں گردش کرتا رہتا ہے۔

waterfowl/مرغ آبی کوئی آبی پرندہ جیسے بطخ، قاز یا ہنس۔

watershed/پن دھارا زمین کا وہ حصہ جو آبی نظام کے ذریعہ محروم کردیا گیا ہو۔

watt/واٹ بجلی کے تعین کے لئے مستعمل ایک اکائی۔ جول فی سیکنڈ کے مساوی ہوتا ہے (علامت، W)۔

wave/لہر کسی ٹھوس، سیال یا گیس میں ایک ذریعے کے بطور توانائی کی ترسیل کے وقت ہونے لامیعادی بدلاؤ۔

wave speed/لہر کی رفتار وہ رفتار جس سے کسی واسطہ کی معرفت لہر سفر کرتی ہے۔

wavelength/عرض لہر ایک لہر کے کسی نقط سے دوسری لہر کے قابل شناخت نقط تک کی مسافت۔

weather/موسم کرہ ہوا کا مختصر مدتی بدلاؤ بشمول درجہ حرارت، رطوبت، رسوب، ہوا اور مرئیت۔

weathering/ویدرنگ طبعی یا کیمیاوی عمل کے ذریعہ چٹانی مواد کے توڑے جانے کا عمل۔

wedge/میخ ایک سادہ سی مشین جو دو سادہ گھیراؤ سے بنی ہوتی ہے اور جو گھومتی ہے۔ اکثر کاٹنے کے لئے مستعمل۔

weight/وزن کسی شئے پر ڈالی گئی قوت کشش ثقل کی پیمائش۔ اس کی کمیت خلا میں شئے کے مقام کے ساتھ بدلتی رہتی ہے۔

westerlies/پچھوا دونوں ہی نصف کروں میں ۳۰ اور ۶۰ عرض البلد کے مابین پچھم سے پورب کی طرف چلنے والی ہوا۔

wetland/گیلی زمین زمین کا وہ حصہ جو کچھ دنوں تک زیر آب رہتا ہے اور جس کی مٹی میں بہت زیادہ نمی ہوتی ہے۔

wheel and axle/پہیہ اور محور مختلف سائزوں کے دو مدرو شئی پر مشتمل ایک سادہ سی مشین۔ پہیہ دو مدورشی کا نسبتا بڑا حصہ ہوتا ہے۔

white dwarf/کم درخشاں زیادہ کثافت اور شدید درجہ حرارت والا چھوٹا ستارہ جو عظیم ستارہ نو کی باقیات سمجھے جاتے ہیں۔

whitecap/شکستہ لہر ٹوٹنے والی لہروں کے ارتفاع سے بننے والے بلبلے۔

wind/چکر ہوا کے دباؤ میں تبدیلی کی وجہ سے ہوا کی حرکت۔

wind power/قوت چکر کسی برقی جنریٹر کو چلانے کے لئے پون چکی کا استعمال۔

work/کام کسی شئے پر قوت کے استعمال سے توانائی کا منتقل کرنا جس کی وجہ سے وہ شئے قوت کی سمت میں حرکت کرتی ہے۔

work input/ورک ان پٹ کسی مشین پر کیا گیا کام؛ اندرونی وقت اور مسافت کی پیداوار جس کے ذریعہ وقت کا اخراج ہوتا ہے۔

work output/ورک آؤٹ پٹ کسی مشین سے کیا گیا کام؛ بیرونی وقت اور مسافت کی پیداوار جس کے ذریعہ قوت کا اخراج ہوتا ہے۔

X

xylem/زائلم بافتی پودوں میں نسیج کی قسم جو تنوں سے پانی اور غذا پہنچانے میں تعاون فراہم کرتا ہے۔

Y

year/سال سورج کے گرد مدار میں ایک چکر پورا کرنے کے لئے زمین کو مطلوبہ وقت۔

Z

zenith/اوج زمین پر کسی مشاہد کے عین راست اوپر آسمان میں ایک نقط۔

abiotic/vô sinh miêu tả phần không sinh sống của môi trường, bao gồm nước, đá, ánh sáng, và nhiệt độ.

abrasion/sự mài mòn sự chà xát và làm suy yếu các bề mặt đá qua tác động cơ học của các hạt cát hay đá khác.

absolute dating/định niên đại tuyệt đối mọi phương pháp đo lường tuổi của một sự kiện hay vật thể bằng năm.

absolute magnitude/độ sáng biểu kiến tuyệt đối độ sáng mà một vì sao có được ở khoảng cách 32.6 năm ánh sáng tính từ Trái Đất.

absolute zero/số 0 tuyệt đối nhiệt độ mà tại đó năng lượng phân tử ở mức tối thiểu (0 K trên nhiệt kế Kelvin hay -273.16°C trên nhiệt kế Celsius).

absorption/sự hấp thu trong quang học, sự truyền năng lượng ánh sáng sang các phần tử vật chất.

abyssal plain/mặt phẳng sâu thẳm một vùng rộng, phẳng, gần như hoàn toàn bằng phẳng của lòng chảo đại dương sâu thẳm.

acceleration/gia tốc mức độ mà tại đó vận tốc thay đổi theo thời gian; một vật thể gia tốc khi tốc độ, hướng, hoặc cả hay, thay đổi.

accreted terrane/chùm via bồi đắp một khối thạch quyển trở thành một khối đất lớn hơn khi các tầng kiến tạo va chạm tại một ranh giới hội tụ.

acid/axít mọi hợp chất làm tăng số ion hyđrô khi tan trong nước.

acid precipitation/mưa axít mưa, mưa đá, hay tuyết có chứa một lượng tích tụ axít lớn.

activation energy/năng lượng kích hoạt năng lượng tối thiểu cần thiết để bắt đầu một phản ứng hóa học.

active transport/vận chuyển chủ động sự di chuyển các chất xuyên qua màng tế bào đòi hỏi tế bào này dùng năng lượng.

adaptation/sự thích nghi một đặc tính cải thiện khả năng sống sót và sinh sản của một cá thể trong một môi trường cụ thể.

addiction/nghiện ngập sự lệ thuộc vào một chất, chẳng hạn rượu hay ma túy.

aerobic exercise/tập thể dục nhịp điệu bài tập thể chất nhằm tăng cường hoạt động của tim và phổi để xúc tiến việc cơ thể sử dụng ôxy.

air mass/khối khí một khối không khí lớn có nhiệt độ và ẩm độ như nhau ở mọi phần của nó.

air pollution/ô nhiễm không khí sự nhiễm bẩn bầu khí quyển do sự sản sinh các chất gây ô nhiễm từ các nguồn tài nguyên thiên nhiên và từ con người.

air pressure/áp lực không khí sự đo lường lực mà các phân tử không khí ép lên một bề mặt.

alcoholism/chứng nghiện rượu một sự rối loạn trong đó một người liên tục uống nước rượu cồn với số lượng nhiều ảnh hưởng đến sức khỏe và các hoạt động của người đó.

algae/tảo những sinh vật nhân chuẩn chuyên chuyển hóa năng lượng mặt trời thành thức ăn qua sự quang hợp nhưng không có rễ, thân, hay lá (số ít là *alga*).

alkali metal/kim loại kiềm một trong những nguyên tố thuộc Nhóm 1 của bảng tuần hoàn hóa học (lithium, sodium, potassium, rubidium, cesium, và francium).

alkaline-earth metal/kim loại kiềm đất một trong những nguyên tố thuộc Nhóm 2 của bảng tuần hoàn (beryllium, magnesium, calcium, strontium, barium, và radium).

allele/gien tương ứng một trong những hình thức gien thay thế quy định nên một đặc tính, ví dụ màu tóc.

allergy/dị ứng một phản ứng với một chất thông thường hay vô hại bởi hệ miễn dịch của cơ thể.

alluvial fan/vòng quạt phù sa một khối vật chất hình quạt được một dòng chảy bồi lắng xuống khi độ dốc của đất giảm đột ngột.

altitude/cao độ góc giữa một vật thể trên trời và chân trời.

alveoli/túi phổi một trong những túi khí của phổi nơi ôxy và CO_2 được trao đổi.

amniotic egg/trứng ối một dạng trứng được bao bọc bởi một màng nhầy, màng ối, và ở bò sát, chim, và động vật hữu nhũ đẻ trứng, có chứa một lượng lớn lòng đỏ và được bao bọc bằng một vỏ cứng.

amplitude/biên độ khoảng cách tối đa mà các hạt thuộc môi trường của một sóng dao động từ vị trí nghỉ của chúng.

analog signal/tín hiệu tương tự một tín hiệu có các đặc tính có thể thay đổi liên tục trong một phạm vi cho trước.

anemometer/phong biểu một thiết bị dùng để đo lường tốc độ gió.

angiosperm/cây bí tử một loài cây có hoa sản sinh hạt bên trong trái.

Animalia/giới Animalia một giới sinh vật được tạo thành bởi các sinh vật đa bào phức tạp thiếu vách tế bào, có thể thường xuyên di chuyển, và nhanh chóng phản ứng với môi trường sinh sống.

antenna/xúc tu một cọng râu sờ mọc trên đầu một động vật không xương sống, chẳng hạn tôm cua hay côn trùng, có tác dụng cảm ứng sờ, nếm, hay ngửi.

antibiotic/kháng sinh thuốc dùng để diệt vi khuẩn, và các vi sinh vật khác.

antibody/kháng thể một loại đạm do các tế bào B sản sinh ràng buộc với một kháng nguyên cụ thể.

anticyclone/xoáy nghịch sự xoay tròn của không khí xung quanh một tâm có áp lực cao theo hướng ngược chiều quay của Trái Đất.

apparent magnitude/quang độ biểu kiến độ sáng của một vì sao nhìn từ Trái Đất.

aquifer/tầng ngậm nước một khối đá hay trầm tích chứa nước ngầm và cho nước ngầm chảy qua.

Archaea/giới Archaea trong một hệ thống phân loại hiện đại, một quần thể tạo bởi các sinh vật nhân nguyên thủy khác biệt với các sinh vật nhân nguyên thủy khác về quá trình hình thành các vách tế bào và về sự di truyền của chúng; quần thể này liên kết với giới sinh vật truyền thống Archaebacteria.

Archimedes' principle/nguyên lý Acsimet nguyên lý phát biểu rằng lực nổi tác dụng vào một vật trong một chất lỏng là một lực hướng lên trên bằng với trọng lượng của thể tích chất lỏng và vật đó chiếm chỗ.

area/diện tích một phép đo kích thước một bề mặt hay một vùng.

artery/động mạch một mạch máu mang máu đi từ tim đến các cơ quan của cơ thể.

artesian spring/suối phun một dòng suối có nước chảy từ một khe nứt ở đá phía trên qua tầng ngậm nước.

artificial satellite/vệ tinh nhân tạo bất cứ vật thể nào do con người tạo nên được đặt vào quỹ đạo xung quanh một vật thể trong không gian.

asexual reproduction/sinh sản vô tính sự sinh sản không có sự kết hợp các tế bào giới tính và trong đó cha hoặc mẹ sản sinh ra các con giống về mặt di truyền với cha hoặc mẹ đó.

asteroid/tiểu hành tinh một vật thể đất đá nhỏ quay quanh mặt trời, thường theo một dải giữa các quỹ đạo của Sao Hỏa và Sao Mộc.

asteroid belt/vành đai tiểu hành tinh vùng của thái dương hệ nằm giữa các quỹ đạo của sao Hỏa và Sao Mộc và trong đó phần lớn các tiểu hành tinh di chuyển theo quỹ đạo.

asthenosphere/nhu quyển lớp mềm của Trái Đất trên đó các tầng kiến tạo di chuyển.

astronomical unit/đơn vị thiên văn khoảng cách trung bình giữa Trái Đất và mặt trời; xấp xỉ 150 triệu cây số (ký hiệu AU).

astronomy/thiên văn học ngành khoa học nghiên cứu về vũ trụ.

atmosphere/khí quyển một hỗn hợp các khí bao quanh một hành tinh hay mặt trăng.

atmospheric pressure/áp suất khí quyển áp lực được tạo ra do trọng lượng của bầu khí quyển.

atom/nguyên tử đơn vị nhỏ nhất của một nguyên tố giúp bảo toàn các tính chất của nguyên tố đó.

atomic mass/nguyên tử khối khối lượng của một nguyên tử được thể hiện bằng các đơn vị khối lượng nguyên tử.

atomic mass unit/đơn vị nguyên tử khối một đơn vị khối lượng miêu tả khối lượng của một nguyên tử hay phân tử.

atomic number/số nguyên tử số proton trong nhân của một nguyên tử; số nguyên tử ở tất cả các nguyên tử của một nguyên tố đều giống nhau.

ATP/adenosine triphosphate một phân tử hoạt động như nguồn năng lượng chính cho các quá trình của tế bào.

autoimmune disease/bệnh tự miễn dịch một loại bệnh trong đó hệ miễn dịch tấn công các tế bào của chính sinh vật đó.

average speed/tốc độ trung bình tổng quãng đường đi được chi cho tổng thời gian.

Axis/trục một trong hai hoặc nhiều đường tham chiếu tạo nên các ranh giới của một đồ thị.

azimuthal projection/phép chiếu phương vị giác một phép quy chiếu bản đồ được thực hiện bằng cách di chuyển các đặc tính bề mặt của quả địa cầu lên một mặt phẳng.

B

B cell/tế bào B một loại bạch huyết cầu tạo nên các kháng thể.

Bacteria/giới Vi Khuẩn trong một hệ thống phân loại hiện đại, một quần thể tạo bởi các sinh vật nhân nguyên thủy khác biệt với các sinh vật nhân nguyên thủy khác về quá trình hình thành các vách tế bào và về sự di truyền của chúng; quần thể này liên kết với giới sinh vật truyền thống Eubacteria.

barometer/phong vũ biểu một dụng cụ để đo lường áp suất khí quyển.

base/base một hợp chất làm tăng số ion nhóm OH khi hòa tan trong nước.

batholith/batholith một khối đá lửa lớn ở lớp vỏ ngoài Trái Đất mà, nếu được phơi lên bề mặt, sẽ phủ kín một diện tích ít nhất 100 km^2

beach/bãi biển một khu vực thuộc đường duyên hải được tạo thành bởi vật chất được sóng biển bồi đắp.

bedrock/đá đệm lớp đá bên dưới đất.

benthic environment/môi trường sinh vật đáy vùng gần đáy ao, hồ, hay đại dương.

benthos/sinh vật đáy các sinh vật sống ở đáy biển hay đại dương.

Bernoulli's principle/nguyên lý Bernoulli nguyên lý phát biểu rằng áp lực trong một chất lỏng giảm xuống khi vận tốc chất lỏng tăng lên.

big bang theory/thuyết big bang giả thuyết phát biểu rằng vũ trụ bắt đầu bằng một vụ nổ khủng khiếp cách đây khoảng 13,7 tỷ năm.

binary fission/phân đôi một hình thức sinh sản vô tính ở những sinh vật đơn bào qua đó một tế bào phân chia thành hai tế bào có cùng kích thước.

biodiversity/đa dạng sinh học số lượng và sự đa dạng của các sinh vật ở một khu vực nào đó trong một khoảng thời gian cụ thể.

biomass/sinh khối chất hữu cơ có thể làm nguồn năng lượng; tổng khối lượng của các sinh vật trong một khu vực nào đó.

biome/quần xã một vùng rộng lớn mang đặc tính của một loại khí hậu cụ thể và các dạng thực vật và quần thể động vật nhất định.

bioremediation/xử lý sinh học việc xử lý bằng sinh học các loại chất thải độc hại bằng các sinh vật sống.

biosphere/sinh quyển phần của Trái Đất nơi tồn tại sự sống; bao gồm tất cả các sinh vật sống trên Trái Đất.

biotic/sinh học chỉ các nhân tố sinh sống trong môi trường.

bird of prey/chim săn mồi một loài chim săn và ăn thịt các động vật khác.

black hole/lỗ đen một vật thể lớn và đặc đến nỗi ánh sáng cũng không thoát khỏi lực hút của nó.

blood/máu chất lỏng mang các chất khí, chất dinh dưỡng, và chất thải qua cơ thể và được tạo nên bởi các tiểu huyết cầu, các bạch huyết cầu, hồng huyết cầu, và huyết tương.

blood pressure/huyết áp áp lực mà máu dồn lên vách các động mạch.

boiling/sôi việc chuyển một chất lỏng thành hơi khi áp lực hơi của chất lỏng bằng với áp lực không khí.

Boyle's law/định luật Boyle định luật phát biểu rằng thể tích của một chất khí tỷ lệ nghịch với áp lực khí khi nhiệt độ không đổi.

brain/não cơ quan là trung tâm kiểm soát chính của hệ thần kinh.

bronchus/phế quản một trong hai ống nối phổi với khí quản.

brooding/ấp nằm lên và che trứng để giữ chúng ấm đến khi trứng nở; ấp ủ.

buoyant force/lực nổi lực hướng lên trên giữ cho một vật ngập bên trong hay nổi lên trên một chất lỏng.

C

caldera/lòng chảo một chỗ trũng lớn hình bán nguyệt hình thành khi hốc dung nham phía dưới một núi lửa cạn một phần và khiến cho mặt đất phía trên chìm xuống.

cancer/ung thư một khối u trong đó các tế bào bắt đầu phân chia ở một mức độ không thể kiểm soát và bắt đầu lây lan.

capillary/ống mao dẫn một mạch máu rất nhỏ cho phép trao đổi chất giữa máu và các tế bào trong mô.

carbohydrate/hyđrat carbon một nhóm các phân tử bao gồm đường, tinh bột, và xơ; chứa carbon, hyđrô và ôxy.

carbon cycle/chu kỳ carbon sự chuyển động của carbon từ môi trường không sinh sống sang các vật sống và ngược lại.

cardiovascular system/hệ tim mạch một tập hợp các cơ quan vận chuyển máu đi khắp cơ thể.

carnivore/động vật ăn thịt một sinh vật chuyên ăn động vật.

carrying capacity/công suất chứa tổng số cư dân lớn nhất mà một môi trường có thể hỗ trợ tại bất kỳ thời điểm nào.

cast/hóa thạch khuôn một dạng hóa thạch hình thành khi các trầm tích lấp đầy các chỗ trống do một sinh vật phân hủy để lại.

catalyst/chất xúc tác một chất thay đổi mức độ phản ứng hóa học mà không cần phải được sử dụng hay thay đổi nhiều.

catastrophism/thuyết tai biến một nguyên lý phát biểu rằng sự thay đổi địa chất diễn ra đột ngột.

cell/tế bào đơn vị cấu trúc và vận hành nhỏ nhất của tất cả các sinh vật sống; thường bao gồm một nhân, tế bào chất và màng nhầy.

cell/pin trong ngành điện học, một thiết bị sản sinh dòng điện bằng cách biến đổi năng lượng hóa học hay phóng xạ thành điện năng.

cell cycle/chu kỳ tế bào chu kỳ sống của một tế bào.

cell membrane/màng tế bào một lớp a phospholipid bao phủ bề mặt một tế bào và hoạt động như một rào chắn giữa phần bên trong của một tế bào và môi trường của tế bào.

cell wall/vách tế bào một cấu trúc cứng bao quanh màng tế bào và cung cấp sự hỗ trợ cho tế bào.

cellular respiration/hô hấp tế bào quá trình qua đó các tế bào dùng ôxy để sản sinh năng lượng từ thức ăn.

Cenozoic era/kỷ đệ tam thời kỳ địa chất gần đây nhất, bắt đầu cách đây 65 triệu năm; còn gọi là *Thời Đại Hữu Nhũ*.

central nervous system/hệ thần kinh trung ương não vào tủy sống; chức năng chính của nó là kiểm soát dòng chảy của thông tin trong cơ thể.

change of state/thay đổi trạng thái sự thay đổi của một chất từ trạng thái vật lý này sang một trạng thái khác.

channel/kênh đường mà một dòng chảy đi theo.

Charles's law/định luật Charles định luật phát biểu rằng thể tích một chất khí tỷ lệ thuận với nhiệt độ của một chất khí khi áp suất không đổi.

chemical bond/liên kết hóa học một sự tương tác kết hợp các nguyên tử hay ion với nhau.

chemical bonding/việc liên kết hóa học sự kết hợp các nguyên tử lại để hình thành các hợp chất phân tử hay ion.

chemical change/biến đổi hóa học một sự thay đổi diễn ra khi một hay nhiều chất thay đổi thành những chất hoàn toàn mới có những tính chất khác nhau.

chemical energy/năng lượng hóa học năng lượng được sinh ra khi một hợp chất hóa học phản ứng để tạo ra các hợp chất mới.

chemical equation/phương trình hóa học một sự biểu thị một phản ứng hóa học sử dụng các ký hiệu để thể hiện mối quan hệ giữa các chất phản ứng và các sản phẩm.

chemical formula/công thức hóa học một sự kết hợp các ký hiệu hóa học và các con số để biểu thị một chất.

chemical property/tính chất hóa học một đặc tính của chất miêu tả khả năng tham gia vào các phản ứng hóa học của một chất.

chemical reaction/phản ứng hóa học quá trình qua đó một hay nhiều chất thay đổi để sản sinh ra một hay nhiều chất khác nhau.

chemical weathering/phong hóa quá trình qua đó các loại đá vỡ vụn ra do các phản ứng hóa học.

chlorophyll/diệp lục tố một sắc tố xanh lục hấp thu năng lượng ánh sáng để quang hợp.

chloroplast/lạp lục một cơ quan tế bào có ở thực vật và các tế bào tảo nơi diễn ra sự quang hợp.

chromosome/nhiễm sắc thể trong một tế bào nhân chuẩn, một trong những cấu trúc trong nhân được cấu tạo bằng DNA và đạm; trong một tế bào nhân sơ, vành đai chính của DNA.

circadian rhythm/nhịp điệu thường nhật một chu kỳ sinh học hàng ngày.

circuit board/bản mạch một tấm vật liệu cách điện chứa các phần tử mạch và được cài vào một thiết bị điện tử.

classification/sự phân loại sự phân chia các sinh vật thành các nhóm, hay loài, dựa trên những đặc tính cụ thể.

cleavage/sự phân tách sự tách rời của một khoáng chất dọc theo các bề mặt nhẵn, phẳng.

climate/khí hậu các điều kiện thời tiết trung bình ở một khu vực qua một thời gian dài.

closed circulatory system/hệ tuần hoàn kín một hệ tuần hoàn trong đó tim lưu thông máu qua một mạng lưới các mạch máu hình thành nên một vòng khép kín; máu không rời khỏi các mạch máu, và các chất khuếch tán qua vách các mạch máu.

cloud/mây một tập hợp các giọt nước nhỏ hay các tinh thể nước đá đọng lại trong không khí, hình thành khi không khí được làm nguội và sự ngưng tụ diễn ra.

coal/than một nhiên liệu hóa thạch hình thành dưới đất từ chất liệu thực vật bị phân hủy một phần.

cochlea/ốc tai một ống cuộn có ở tai trong và rất cần thiết cho việc nghe.

coelom/khoang cơ thể một hốc cơ thể chứa các cơ quan nội tạng.

coevolution/đồng tiến hóa sự tiến hóa của hai loài do ảnh hưởng qua lại, thường theo một cách có lợi cho mối quan hệ đối với cả hai loài.

colloid/chất keo một hỗn hợp gồm các hạt rất nhỏ có kích cỡ là trung bình giữa kích cỡ các hạt trong các dung dịch và các hạt trong thể vẩn và lơ lửng trong một chất lỏng, rắn hay khí.

combustion/sự cháy sự thiêu đốt một chất.

comet/sao chổi một khối nhỏ gồm nước đá, đá và bụi vũ trụ theo sau một quỹ đạo hình tròn quanh mặt trờivà thải ra khí và bụi dưới dạng một cái đuôi khi nó đi ngang sát qua mặt trời.

commensalism/hội sinh một mối liên hệ giữa hai sinh vật trong đó một sinh vật được hưởng lợi còn sinh vật kia thì không bị tác động.

communication/sự giao tiếp một sự truyền tín hiệu hay thông điệp từ con vật này đến con khác và cho kết quả là một dạng phản hồi nào đó.

community/quần thể toàn bộ cư dân của các loài sống trong một môi trường và tương tác với nhau.

composition/cấu tạo sự hình thành hóa học của một loại đá; chỉ các khoáng chất hoặc các vật chất khác trong một loại đá.

compound/hợp chất một chất tạo bởi các nguyên tử của hai hay nhiều nguyên tố khác nhau được hợp lại bằng các liên kết hóa học.

compound eye/mắt kép một con mắt cấu tạo bởi rất nhiều bộ dò ánh sáng.

compound light microscope/kính hiển vi quang học phức hợp một dụng cụ để phóng to các vật nhỏ để có thể nhìn chúng dễ dàng bằng cách dùng hai hay nhiều lăng kính.

compound machine/máy phức hợp một máy được cấu tạo bởi nhiều máy đơn giản.

compression/lực nén lực ép xảy ra khi các lực tác dụng để ép chặt một vật.

computer/máy điện toán một thiết bị điện tử có khả năng tiếp nhận dữ liệu và những hướng dẫn, làm theo hướng dẫn, và kết xuất các kết quả.

concave lens/lăng kính lõm một thấu kính ở giữa mỏng hơn ở các cạnh.

concave mirror/gương lõm một gương cong vào trong giống phần bên trong một cái muỗng.

concentration/sự cô đọng lượng chất cụ thể trong một lượng hỗn hợp, dung môi hay quặng nhất định.

condensation/sự ngưng tụ sự thay đổi trạng thái từ chất khí sang chất lỏng.

conduction/sự dẫn sự truyền năng lượng dưới dạng nhiệt qua một vật chất.

conic projection/phép chiếu hình nón một phép quy chiếu bản đồ được thực hiện bằng cách di chuyển các đặc tính bề mặt của quả địa cầu lên một hình nón.

conservation/bảo tồn việc gìn giữ và sử dụng sáng suốt các nguồn tài nguyên thiên nhiên.

constellation/chòm sao một vùng của bầu trời có chứa một kiểu mẫu hành tinh dễ nhận biết và được dùng để miêu tả vị trí của các vật thể trong không gian.

consumer/vật ăn thịt một sinh vật chuyên ăn các sinh vật khác hoặc chất hữu cơ khác.

continental drift/lục địa trôi giả thuyết cho rằng các lục địa khi hình thành là 1 khối đất liền nhau, sau đó tách ra và trôi đến vị trí của chúng hiện nay.

continental rise/gờ lục địa phần hơi dốc của thềm lục địa giữa dốc lục địa và mặt phẳng sâu thẳm của đáy biển.

continental shelf/thềm lục địa phần hơi dốc của bờ lục địa giữa bờ biển và dốc lục địa.

continental slope/dốc lục địa phần dốc đứng của mép lục địa giữa gờ lục địa và thềm lục địa.

contour feather/lông vũ viền phần ngoài cùng của lông vũ bao bọc con chim và xác định hình dạng của chim.

contour interval/chênh lệch viền sự khác biệt về độ cao giữa đường đồng mức và đường kế tiếp.

contour line/đường đồng mức là đường nối các điểm có cùng độ cao.

controlled experiment/thí nghiệm đối chứng là thí nghiệm để kiểm tra mỗi lần chỉ một yếu tố theo thời gian bằng việc so sánh nhóm đối chứng với nhóm thí nghiệm.

convection/đối lưu sự chuyển động của vật chất do những khác biệt về mật độ; sự truyền năng lượng do sự chuyển động của vật chất.

convection current/dòng đối lưu bất cứ sự chuyển động nào của vật chất do kết quả của những sự khác biệt về mật độ; có thể dọc, vòng quanh hay tuần hoàn.

convergent boundary /ranh giới hội tụ ranh giới hình thành do sự va chạm của 2 lớp hóa thạch.

convex lens/thấu kính lồi thấu kính có phần giữa dày hơn phần ngoài cùng.

convex mirror/gương lồi gương cong ra ngoài giống như mặt sau của cái thìa.

core/lõi phần trung tâm của trái đất dưới lớp vỏ trong.

corioslis effect/hiệu ứng Corioslis phần đường cong rõ rệt của vật thể chuyển động do sự quay tròn của Trái Đất so với đường thẳng mà lẽ ra nó đã đi.

cosmology/vũ trụ học môn học nghiên cứu về nguồn gốc, tính chất, các quá trình vận động và sự tiến hóa của vũ trụ.

covalent bond/liên kết cộng hóa trị liên kết được hình thành khi các nguyên tử góp chung 1 hoặc nhiều cặp điện tử.

covalent compound/hợp chất cộng hóa trị hợp chất hóa học hình thành bằng việc góp chung điện tử.

crater/miệng núi lửa là hố hình phễu bên cạnh đỉnh của đường phun chính từ núi lửa.

creep/sự trượt là sự di chuyển chậm xuống theo sườn của vật liệu đá bị phong hóa.

crust/lớp vỏ lớp mỏng đặc ngoài cùng trái đất bên trên lớp vỏ trong.

crystal/tinh thể chất rắn trong đó các nguyên tử, I-on, hoặc phân tử được sắp xếp theo 1 cấu trúc nhất định.

crystal lattice/mạng lưới tinh thể cấu trúc đều đặn trong đó một tinh thể được sắp xếp.

cyclone/lốc xoáy một vùng trong không khí có áp suất khí quyển thấp hơn các vùng xung quanh và có gió xoáy hình ốc vào tâm.

cylindrical projection/phép chiếu hình trụ sự quy chiếu bản đồ bằng cách di chuyển các đặc tính bề mặt quả địa cầu lên 1 hình trụ.

cytokinesis/sự phân bào sự phân chia của một tế bào chất.

cytoskeleton/khung sườn tế bào mạng tế bào chất trong chuỗi protêin đóng vai trò thiết yếu trong quá trình vận động hình thành và phân chia tế bào.

D

data/dữ liệu các mẫu thông tin bất kỳ thu thập được qua việc quan sát hay thí nghiệm.

day/ngày thời gian cần thiết để Trái Đất quay một vòng quanh trục của nó.

decibel/decibel đơn vị phổ biến nhất dùng để đo lường độ ồn (ký hiệu dB).

decomposer/vật phân hủy một sinh vật lấy năng lượng bằng cách nghiền xác những sinh vật chết và ăn hoặc hấp thu các chất dinh dưỡng.

decomposition/phân ly việc phân chia các chất thành những chất thuộc phân tử đơn giản hơn.

decomposition reaction/phản ứng phân ly
một phản ứng trong đó một hợp chất duy nhất
phân chia ra để tạo thành nhiều hợp chất đơn
giản hơn.

deep current/dòng chảy sâu một sự di chuyển
giống dòng chảy của nước biển rất sâu dưới mặt
nước.

deep-water zone/vùng nước sâu vùng thuộc
hồ hoặc ao phía dưới vùng nước mở, nơi ánh
sáng không lọt tới được.

deflation/thuyên giảm một dạng xói mòn do
gió trong đó các hạt đất khô, mịn bị thổi bay đi.

deformation/biến dạng sự uốn cong, nghiêng
ngả, và tan vỡ của lớp vỏ ngoài Trái Đất; sự
thay đổi về hình dạng đá khi phản ứng với
áp lực.

delta/châu thổ một khối vật chất hình quạt tích
tụ tại cửa một dòng chảy.

density/tỷ trọng tỷ lệ khối lượng một chất đối
với thể tích chất đó.

dependent variable/biến số phụ thuộc trong
một thí nghiệm, thừa số thay đổi vì sự thao tác
của các thừa số khác (các biến số phụ thuộc).

deposition/sự lắng đọng quá trình trong đó vật
chất lắng xuống.

dermis/hạ bì lớp da nằm dưới biểu bì.

desalination/sự khử muối một quá trình lấy
muối ra khỏi nước biển.

desert/hoang mạc một vùng có rất ít hoặc
không có đời sống thực vật, có những thời kỳ
dài không mưa, và có nhiệt độ khắc nghiệt;
thường thấy ở những vùng khí hậu nóng.

dew point/điểm sương ở áp lực và trạng thái
hơi no, nhiệt độ tại đó mức độ ngưng tụ bằng
mức độ bay hơi.

diaphragm/cơ hoành một cơ bắp hình vòm
gắn liền với xương sườn dưới và hoạt động như
cơ bắp chính khi hô hấp.

dichotomous key/khóa lưỡng phân một dụng
cụ dùng để nhận dạng các sinh vật và gồm hai
câu trả lời cho một loạt câu hỏi.

**differential weathering/sự phong hóa chênh
lệch** quá trình qua đó các loại đá mềm, ít chịu
đựng phong hóa bị hủy hoại và để lại các loại
đá cứng hơn, chịu phong hóa hơn.

differentiation/sự phân biệt quá trình trong
đó cấu trúc và chức năng của các bộ phận thuộc
một sinh vật thay đổi để cho phép các bộ phận
đó có chức năng chuyên biệt.

diffraction/nhiễu xạ một sự thay đổi hướng
của một sóng khi sóng đó gặp một vật cản hay
một cạnh rìa, chẳng hạn một chỗ hở.

diffusion/khuếch tán sự chuyển động của các
hạt từ những vùng có mật độ cao đến những
vùng mật độ thấp.

digestive system/hệ tiêu hóa các cơ quan
nghiền thức ăn để cơ thể sử dụng.

digital signal/tín hiệu số một tín hiệu có thể
được biểu thị bằng một chuỗi các giá trị rời rạc.

diode/diode một thiết bị điện tử cho phép điện
tích di chuyển theo một chiều dễ hơn chiều kia.

divergent boundary/ranh giới phân kỳ
một ranh giới giữa hai tầng kiến tạo đang
chuyển động ra xa nhau.

divide/dải ngăn cách ranh giới giữa hai lưu
vực sông có các dòng chảy ngược chiều.

DNA/DNA deoxyribonucleic acid, một phân tử
có trong tất cả các tế bào sống và chứa thông tin
xác định các đặc tính mà một vật sống thừa kế
và cần để sinh sống.

dominant trait/đặc tính vượt trội đặc tính quan sát được ở thế hệ đầu tiên khi cha mẹ có các đặc tính khác nhau được phối giống.

doping/xúc tác việc thêm một phần tử tinh khiết vào một chất bán dẫn.

Doppler effect/hiệu quả Doppler một sự thay đổi quan sát được trong tần số của một sóng khi nguồn hay vật quan sát đang di chuyển.

dormant/sự nghỉ chỉ trạng thái không hoạt động của một hạt hay bộ phận khác của cây khi các điều kiện không tốt để sinh trưởng.

double-displacement reaction/phản ứng chiếm chỗ đôi một phản ứng trong đó một chất khí, một chất kết tủa rắn, hay một hợp chất phân tử hình thành sự thay đổi về các ion giữa hai hợp chất.

down feather/lông tơ một loại lông mềm bao phủ cơ thể chim non và giữ ấm cho chim trưởng thành.

drag/trượt một lực song song với vận tốc dòng chảy; nó ngược chiều với một phi cơ và, khi kết hợp với lực đẩy, xác định tốc độ của phi cơ.

drug/thuốc bất kỳ chất nào gây nên sự thay đổi về thể chất hay tâm lý của một người.

dune/đụn cát một gò cát được gió tạo thành và giữ nguyên hình dạng mặc dù nó cũng di chuyển.

E

echo/tiếng vọng một sóng âm thanh phản xạ.

echolocation/định vị tiếng vọng quá trình dùng các sóng âm thanh phản xạ để tìm các vật thể; được các động vật như dơi sử dụng.

eclipse/nhật nguyệt thực một hiện tượng trong đó bóng của một hành tinh che khuất một hành tinh khác.

ecology/sinh thái học ngành nghiên cứu những sự tương tác của các sinh vật với nhau và với môi trường sinh sống.

ecosystem/hệ sinh thái một quần thể các sinh vật và môi trường không sinh sống của chúng.

ectotherm/động vật máu lạnh một sinh vật cần các nguồn nhiệt bên ngoài bản thân nó.

egg/trứng một tế bào do con cái sinh ra.

El Niño/ El Niño một sự thay đổi nhiệt độ nước ở bề mặt Thái Bình Dương sinh ra dòng chảy ấm.

elastic rebound/sức bật đàn hồi sự phục hồi lại đột ngột của một tảng đá bị biến dạng do đàn hồi trở lại hình dạng lúc chưa biến dạng của nó.

electric current/dòng điện tỷ lệ tại đó các điện tích đi qua một điểm nhất định; đo bằng ampere.

electric discharge/phóng điện sự thải ra dòng điện chứa trong một nguồn.

electric field/điện trường khoảng không gian xung quanh một vật tích điện trong đó một vật tích điện khác chịu lực điện.

electric force/lực điện lực hấp dẫn hay lực đẩy tác dụng vào một hạt tích điện từ điện trường.

electric generator/máy phát điện một thiết bị chuyển đổi năng lượng cơ học thành năng lượng điện.

electric motor/động cơ điện một thiết bị chuyển đổi năng lượng điện thành năng lượng cơ học.

electric power/điện lực tỷ lệ mà tại đó năng lượng điện được chuyển đổi thành các dạng năng lượng khác.

electrical conductor/chất dẫn nhiệt một chất liệu trong đó các điện tích có thể di chuyển tự do.

electrical insulator/chất cách điện một chất liệu trong đó các điện tích không thể di chuyển tự do.

electromagnet/nam châm điện một cuộn dây có một lõi sắt mềm hoạt động như một nam châm trong khi dòng điện đang ở trong cuộn dây.

electromagnetic induction/cảm ứng điện từ quá trình tạo ra một dòng điện trong một mạch điện bằng cách thay đổi một từ trường.

electromagnetic spectrum/quang phổ điện từ tất cả các tần số hay bước sóng của phóng xạ điện từ.

electromagnetic wave/sóng điện tử một sóng bao gồm các từ trường rung động theo góc vuông với nhau.

electromagnetism/hiện tượng điện từ sự tương tác giữa điện và từ trường học.

electron/điện tử một hạt hạ nguyên tử có một điện tích âm.

electron cloud/mây điện tử một vùng xung quanh nhân của một nguyên tử nơi có thể tìm thấy các điện tử.

electron microscope/kính hiển vi điện tử một loại kính hiển vi chuyên tập trung một tia các điện tử để phóng to các vật.

element/nguyên tố một chất không thể bị chia cắt hay nghiền nhỏ thành các chất đơn giản hơn bằng phương pháp hóa học.

elevation/độ cao tầm cao của một vật so với mực nước biển.

embryo/phôi ở người, một cá thể đang phát triển từ lúc thụ tinh đến hết tuần thứ 10 của thai kỳ.

endocrine system/hệ nội tiết một tập hợp các tuyến và nhóm tế bào tiết ra các hormone quy định sự tăng trưởng, phát triển, và cân bằng vi lượng; bao gồm tuyến yên, tuyến giáp, tuyến cận giáp, và tuyến thượng thận, não điều khiển thân nhiệt, cơ thể hình trái thông, và các tuyến sinh dục.

endocytosis/nội trú tế bào quá trình qua đó một màng tế bào bao bọc một phần tử trong một túi bọng để mang phần tử đó vào trong tế bào.

endoplasmic reticulum/màng lưới nội chất một hệ thống các màng nhầy có trong một tế bào chất và hỗ trợ trong việc sinh sản, xử lý, và vận chuyển các chất đạm và trong việc sản xuất các lipid.

endoskeleton/bộ xương nội một bộ xương bên trong tạo bởi xương và sụn.

endospore/nội bào tử một bào tử bảo vệ có vách dày hình thành bên trong một tế bào vi khuẩn và chịu được các điều kiện khắc nghiệt.

endotherm/động vật máu nóng một loài động vật có thể dùng sức nóng cơ thể từ các phản ứng hóa học trong các tế bào của cơ thể để duy trì một nhiệt độ cơ thể không đổi.

endothermic reaction/phản ứng nhiệt một phản ứng hóa học đòi hỏi có sức nóng.

energy/năng lượng công suất để làm việc.

energy conversion/chuyển hóa năng lượng một sự thay đổi năng lượng từ dạng này sang dạng khác.

energy pyramid/tháp năng lượng một biểu đồ hình tam giác thể hiện một sự mất mát năng lượng của hệ sinh thái, tạo nên năng lượng đi xuyên qua chuỗi thức ăn của hệ sinh thái.

energy resource/nguồn năng lượng một nguồn tài nguyên tự nhiên mà con người dùng để tạo ra năng lượng

eon/niên kỷ sự phân chia lớn nhất về thời gian địa chất.

epicenter/tâm địa chấn điểm trên bề mặt Trái Đất ngay phía trên điểm khởi đầu của một trận động đất.

epidermis/biểu bì lớp tế bào bề mặt của một loài thực vật hay động vật.

epoch/kỷ nguyên phần chia nhỏ của một thời kỳ địa chất.

equator/xích đạo vòng tròn tưởng tượng nằm giữa hai cực phân chia Trái Đất thành Bắc Bán Cầu và Nam Bán Cầu.

era/thời đại một đơn vị thời gian địa chất bao gồm hai hay nhiều thời kỳ.

erosion/sự xói mòn quá trình qua đó gió, nước, nước đá, hay trọng lực vận chuyển đất và trầm tích từ vị trí này đến vị trí khác.

esophagus/thực quản một ống dài, thẳng nối họng với dạ dày.

estivation/ngủ hè một thời kỳ không hoạt động và nhiệt độ cơ thể hạ thấp mà một số động vật trải qua vào mùa hè để chống thời tiết nóng và sự thiếu thức ăn.

estuary/cửa sông một khu vực nơi nước ngọt từ các dòng sông hòa trộn với nước mặn từ đại dương.

Eukarya/giới Eukarya trong một hệ thống phân loại hiện đại, một giới sinh vật được tạo bởi tất cả các tế bào nhân chuẩn; thực thể này liên kết với các giới truyền thống là Protista, Fungi, Plantae, và Animalia.

eukaryote/nhân chuẩn một sinh vật tạo bởi các tế bào có nhân được bao bọc bởi một màng nhầy; các eukaryote bao gồm sinh vật đơn bào, động vật, thực vật, và nấm nhưng không gồm thái cổ hay vi khuẩn.

evaporation/sự bay hơi sự thay đổi của một chất từ lỏng thành khí.

evolution/tiến hóa quá trình trong đó các đặc tính thừa kế bên trong một quần thể thay đổi qua nhiều thế hệ và qua đó các loài mới đôi khi được sinh ra.

exfoliation/sự tróc mảng quá trình qua đó các phiến đá bóc ra khỏi khối đá lớn vì không còn áp lực.

exocytosis/sinh tổng hợp quá trình trong đó một tế bào nhả ra một phần tử bằng cách bọc phần tử đó trong một túi bọng và túi này sau đó di chuyển đến bề mặt tế bào và nối với màng nhầy tế bào.

exoskeleton/xương ngoài một cấu trúc hỗ trợ cứng, ở bên ngoài.

exothermic reaction/phản ứng tỏa nhiệt một phản ứng hóa học trong đó hơi nóng được thải ra xung quanh.

external fertilization/thụ tinh ngoài sự kết hợp các tế bào giới tính bên ngoài cơ thể của các con cha mẹ.

extinct/tuyệt chủng chỉ một loài đã bị tiêu diệt hoàn toàn.

extinction/sự tuyệt chủng sự chết hoàn toàn của một loài.

extrusive igneous rock/đá do lửa đùn ra đá hình thành do hoạt động của núi lửa ở tại hay gần bề mặt Trái Đất.

F

farsightedness/viễn thị một tình trạng trong đó thủy tinh thể của mắt tập trung vào các vật ở xa phía sau thay vì vào võng mạc.

fat/chất béo một chất dinh dưỡng chứa năng lượng giúp cơ thể tích trữ một số vitamin.

fault/đường phay một chỗ gãy vỡ của đá dọc theo đó một khối trượt tác động đến khối khác.

feedback mechanism/cơ cấu phản hồi một chu kỳ các sự kiện trong đó thông tin từ một bước kiểm soát hay tác động bước trước đó.

felsic/felsic chỉ nham thạch hay đá núi lửa giàu các feldspar và silica và thường có màu nhạt

fermentation/sự lên men việc phân hủy thức ăn mà không cần dùng ôxy.

fetus/bào thai một con người đang phát triển từ cuối tuần thứ 10 của thai kỳ đến khi sinh.

floodplain/đồng bằng lụt một khu vực dọc theo một con sông, hình thành từ các trầm tích khi con sông tràn bờ.

fluid/lỏng một trạng thái không rắn của vật chất trong đó các nguyên tử hay phân tử tự do di chuyển ngang qua nhau, như trong một chất khí hay chất lỏng.

focus/tiêu điểm điểm dọc theo một đường phay tại đó diễn ra chuyển động đầu tiên của một trận động đất.

folding/gấp nếp sự gấp khúc của các lớp đá do áp lực.

foliated/dạng phiến chỉ kết cấu của đá biến chất trong đó các hạt khoáng chất được sắp xếp thành các tấm hay dải.

food chain/chuỗi thức ăn con đường dẫn đến sự truyền năng lượng qua nhiều giai đoạn khác nhau do các kiểu cách ăn của một loạt các sinh vật.

food web/mạng thức ăn một biểu đồ thể hiện mối quan hệ ăn uống giữa các sinh vật trong một hệ sinh thái.

force/lực một sự đẩy hay kéo tác dụng lên một vật nhằm thay đổi chuyển động của vật đó; lực có độ lớn và hướng.

fossil/hóa thạch dấu vết hay những gì sót lại của một sinh vật sống rất lâu trước đây, được bảo quản phổ biến nhất trong đá trầm tích.

fossil fuel/nhiên liệu hóa thạch một nguồn năng lượng không tái tạo được, hình thành từ tàn tích của các sinh vật sống cách đây rất lâu.

fossil record/hồ sơ hóa thạch một chuỗi lịch sử về cuộc sống được biểu hiện bằng các hóa thạch tìm thấy trong các lớp của vỏ ngoài Trái Đất.

fracture/khe nứt cách thức theo đó một khoáng chất gãy vỡ dọc theo các bề mặt cong hoặc bất định.

free fall/rơi tự do chuyển động của một vật khi chỉ có lực hút trọng trường tác động lên vật.

frequency/tần số số lượng sóng sản sinh ra trong một thời gian quy định.

friction/ma sát một lực chống lại chuyển động giữa hai bề mặt đang tiếp xúc nhau.

front/mặt trước ranh giới giữa các khối khí có tỷ trọng khác nhau và thường có nhiệt độ khác nhau.

function/chức năng hoạt động đặc biệt, bình thường, hay đúng đắn của một cơ quan hay bộ phận.

fungus/nấm một sinh vật mà tế bào có các nhân, vách tế bào cứng, và không có diệp lục tố và thuộc giới Nấm (Fungi).

G

galaxy/dải ngân hà một tập hợp các vì sao, bụi, và khí gắn kết với nhau bởi lực hút.

gallbladder/túi mật một cơ quan hình túi chứa mật do gan sản sinh ra.

ganglion/hạch một khối các tế bào thần kinh.

gap hypothesis/giả thuyết khe một giả thuyết dựa trên ý kiến cho rằng một trận động đất lớn có khả năng xảy ra dọc theo phần của một đường phay hoạt động nơi chưa có trận động đất nào xảy ra trong một thời gian nào đó.

gas/khí một dạng vật chất không có thể tích hay hình dạng nhất định.

gas giant/khối khí khổng lồ một hành tinh có bầu khí quyển sâu, rộng, chẳng hạn Mộc Tinh (Jupiter), Thổ Tinh (Saturn), Thiên Vương Tinh (Uranus), hay Hải Vương Tinh (Neptune).

gasohol/xăng rượu một hỗn hợp pha trộn xăng và rượu được dùng làm nhiên liệu.

gene/gien một bộ các chỉ thị cho một đặc tính thừa kế.

generation time/thời kỳ thế hệ khoảng thời gian từ lúc sinh ra một thế hệ đến lúc sinh ra thế hệ kế tiếp.

genotype/kiểu di truyền toàn bộ sự cấu tạo di truyền của một sinh vật; sự kết hợp các gien để cho ra một hay nhiều đặc tính cụ thể.

geologic column/cột địa chất một sự sắp xếp các lớp đá trong đó các loại đá già nhất nằm dưới cùng.

geologic map/bản đồ địa chất một bản đồ ghi nhận những thông tin địa chất, chẳng hạn các đơn vị đá, các đặc tính cấu trúc, tích tụ khoáng chất, và địa điểm hóa thạch.

geologic time scale/cân thời gian địa chất phương pháp tiêu chuẩn dùng để phân chia lịch sử tự nhiên lâu dài của Trái Đất thành nhiều phần để quản lý phân tích.

geology/địa chất học ngành nghiên cứu nguồn gốc, lịch sử, và cấu trúc của Trái Đất và và các quá trình hình thành Trái Đất.

geosphere/địa quyển phần gồm hầu hết là đất đá rắn của Trái Đất; kéo dài từ tâm của lõi đến bề mặt của lớp vỏ ngoài.

geostationary orbit/quỹ đạo địa tĩnh một quỹ đạo cách bề mặt Trái Đất khoảng 36.000 và tại đó một vệ tinh ở phía trên một điểm cố định trên xích đạo.

geothermal energy/năng lượng địa nhiệt năng lượng do nhiệt tạo ra bên trong Trái Đất.

gestation period/thời kỳ thai nghén ở động vật hữu nhũ, khoảng thời gian từ lúc thụ tinh đến lúc sinh.

gill/mang một cơ quan hô hấp trong đó ôxy từ nước được trao đổi với CO_2 từ máu.

glacial drift/vật trôi giạt băng hà chất liệu đá được mang đi và lắng xuống bởi các sông băng.

glacier/băng hà một khối nước đá lớn di chuyển.

gland/tuyến một nhóm các tế bào tạo nên các hóa chất đặc biệt cho cơ thể.

global warming/sự hâm nóng toàn cầu một sự gia tăng từ từ về nhiệt độ trung bình toàn cầu.

globular cluster/chùm hình cầu một nhóm các vì sao rất khít nhìn giống như một trái bóng và chứa đến 1 triệu vì sao.

Golgi complex/tổ hợp Golgi cơ quan tế bào giúp tạo và đóng gói các vật chất để vận chuyển ra khỏi tế bào.

grassland/đồng cỏ một vùng phần lớn là cỏ, có rất ít bụi rậm và cây cối, có đất màu mỡ, và nhận được những lượng mưa theo mùa khiêm tốn.

gravity/trọng lực một lực hấp dẫn giữa các vật thể do khối lượng của chúng.

greenhouse effect/hiệu ứng nhà kính sự nóng lên của bề mặt và bầu khí quyển dưới của Trái Đất, xảy ra khi hơi nước, CO_2, và các chất khí khác hấp thu và tái phóng xạ năng lượng nhiệt.

group/nhóm một cột dọc các nguyên tố trong bảng tuần hoàn hóa học; các nguyên tố trong một nhóm có cùng các tính chất hóa học.

gut/ruột đường ống tiêu hóa.

gymnosperm/cây khỏa tử một loài thực vật thân mộc, có hạt mạch, và hạt không được bao bọc bởi một bầu nhụy hay quả.

H

half-life/nửa đời thời gian cần thiết để một nửa của một mẫu chất phóng xạ trải qua sự phân hủy phóng xạ.

halogen/halogen một trong các nguyên tố thuộc Nhóm 17 của bảng tuần hoàn hóa học (fluorine, chlorine, brôm, iôt, và astatine); các halogen kết hợp với hầu hết các kim loại để tạo muối.

hardness/độ cứng một sự đo lường khả năng chịu chà xát của một khoáng chất.

hardware/phần cứng các bộ phận hay thiết bị tạo thành một máy điện toán.

heat/nhiệt năng lượng được truyền giữa hai vật ở nhiệt độ khác nhau.

heat engine/động cơ nhiệt một máy biến đổi nhiệt thành năng lượng cơ học, hay công.

heat flow/luồng nhiệt một cụm từ khác chỉ *sự truyền nhiệt*, sự truyền nhiệt từ một vật nóng hơn sang vật lạnh hơn.

herbivore/động vật ăn cỏ một sinh vật chỉ ăn thực vật.

heredity/tính di truyền sự lưu truyền các đặc tính di truyền từ cha mẹ sang con.

heterotroph/vật tiêu thụ một sinh vật lấy thức ăn bằng cách ăn các sinh vật khác hay phụ phẩm của chúng và không thể tạo các hợp chất hữu cơ từ các chất vô cơ.

hibernation/ngủ đông một thời kỳ không hoạt động và thân nhiệt thấp mà một số động vật trải qua vào mùa đông để bảo vệ chống lại thời tiết lạnh và sự thiếu thức ăn.

hologram/phim quang tuyến một đoạn phim tạo ra hình ảnh ba chiều của một vật; được làm bằng cách dùng ánh sáng laser.

homeostasis/điều bình sự duy trì một trạng thái bên trong không thay đổi trong một môi trường đang thay đổi.

hominid/họ người một loài thuộc họ động vật có đặc điểm đi bằng hai chân, chi dưới tương đối dài, và thiếu đuôi; một số ví dụ là loài người và tổ tiên loài người.

Homo sapiens/người thông thái loài thuộc họ người trong đó có người hiện đại và tổ tiên gần nhất của người. Người thông thái xuất hiện lần đầu cách đây khoảng 100.000 đến 150.000 năm.

homologous chromosomes/nhiễm sắc thể tương ứng các nhiễm sắc thể có cùng chuỗi các gien và cùng cấu trúc.

horizon/chân trời đường viền nơi ta nhìn thấy trời và Trái Đất giáp nhau.

hormone/kích thích tố một chất được tạo trong một tế bào hay mô và gây nên sự thay đổi ở một tế bào hay mô khác tại một bộ phận khác của cơ thể.

host/vật chủ một sinh vật mà những ký sinh trùng lấy thức ăn hay trú ngụ tại đó.

hot spot/điểm nóng một vùng thuộc bề mặt Trái Đất có núi lửa hoạt động ở xa khỏi một ranh giới tầng kiến tạo.

H-R diagram/biểu đồ H-R biểu đồ Hertzsprung-Russell, một biểu đồ thể hiện mối quan hệ giữa bề mặt một vì sao và cường độ tuyệt đối.

humidity/ẩm độ lượng hơi nước trong không khí.

humus/mùn vật chất hữu cơ sậm màu, hình thành trong đất từ những tàn tích phân hủy của thực vật và động vật.

hurricane/cuồng phong một cơn bão mạnh hình thành mạnh dần qua các đại dương nhiệt đới và có gió mạnh hơn 120 km/h xoáy tròn vào phía trong tâm bão áp thấp dữ dội.

hydrocarbon/hydrocarbon một hợp chất hữu cơ cấu tạo chỉ gồm carbon và hyđrô.

hydroelectric energy/năng lượng thủy điện năng lượng điện do nước đổ sinh ra.

hydrosphere/thủy quyển phần nước của Trái Đất.

hygiene/vệ sinh ngành khoa học về sức khỏe và các phương cách giữ gìn sức khỏe.

hypha/sợi nấm một sợi không sinh sản của một loài nấm.

hypothesis/giả thuyết một sự diễn giải dựa trên việc nghiên cứu hay quan sát khoa học trước đó và có thể được kiểm nghiệm.

I

ice age/kỷ băng hà một thời kỳ dài khí hậu lạnh dần trong đó các mảng băng bao phủ nhiều vùng rộng lớn của bề mặt Trái Đất.

immune system/hệ miễn dịch các tế bào và mô có thể nhận biết và tấn công các chất ngoại lai trong cơ thể.

immunity/sự miễn dịch khả năng chịu đựng hay phục hồi từ một căn bệnh truyền nhiễm.

inclined plane/mặt phẳng nghiêng một máy đơn giản, là một bề mặt thẳng, nghiêng, làm cho việc nâng vật nặng được dễ dàng; một đoạn đường dốc.

independent variable/biến số độc lập trong một thí nghiệm, thừa số được thao tác có chủ ý.

index contour/đường viền chỉ mục trên một bản đồ, một đường viền đậm, sậm màu thường là mỗi một phần năm đường và biểu thị một sự thay đổi về độ cao.

index fossil/hóa thạch chỉ số một hóa thạch có ở các lớp đá của chỉ một thời kỳ địa chất và được dùng để thiết lập tuổi của các lớp đá.

indicator/chất chỉ thị một hợp chất có thể đổi màu ngược lại tùy thuộc vào các điều kiện chẳng hạn pH.

inertia/tính chống lại tác động xu thế của một vật không chịu chuyển động khi bị tác động hay, nếu vật đang chuyển động, chống lại sự thay đổi về tốc độ hay hướng cho đến khi một lực bên ngoài tác động vào vật.

infectious disease/bệnh truyền nhiễm một loại bệnh gây nên bởi một mầm bệnh và có thể lan truyền từ cá thể này sang cá thể khác.

inhibitor/chất ức chế một chất có tác dụng làm chậm lại hay làm ngưng một phản ứng hóa học.

innate behavior/hành vi bẩm sinh một hành vi thừa kế không phụ thuộc vào môi trường hay kinh nghiệm.

insulation/chất cách ly một chất giảm bớt sự truyền điện, nhiệt, hay âm thanh.

integrated circuit/mạch tích hợp một mạch có các thành phần được hình thành trên một chất bán dẫn duy nhất.

integumentary system/hệ vỏ bọc hệ thống cơ quan hình thành một sự bao bọc bên ngoài của cơ thể.

intensity/độ mạnh trong khoa học về Trái Đất, lượng thiệt hại do một trận động đất gây nên.

interference/sự giao thoa sự kết hợp hai hay nhiều sóng cho ra một sóng duy nhất.

internal fertilization/thụ tinh trong sự thụ tinh của một trứng bởi tinh trùng, diễn ra bên trong cơ thể của con cái.

Internet/Internet một mạng lưới máy điện toán nối liền rất nhiều mạng lưới địa phương và nhỏ trên khắp thế giới.

intrusive igneous rock/ đá do lửa thụt vào đá được hình thành từ sự nguội dần và hóa rắn của nham thạch bên dưới bề mặt Trái Đất.

invertebrate/động vật không xương sống một loài động vật không có cột xương sống.

ion/ion một hạt mang điện tích hình thành khi một nguyên tử hay nhóm các nguyên tử tăng hay giảm một hay nhiều điện tử.

ionic bond/liên kết ion một liên kết hình thành khi các điện tử được truyền từ một nguyên tử sang nguyên tử khác, tạo thành một ion dương và một ion âm.

ionic compound/hợp chất ion một hợp chất tạo thành từ các ion mang điện tích trái dấu.

iris/tròng phần tròn có màu của mắt.

isobar/đường đẳng áp một đường được vẽ trên một bản đồ thời tiết và nối liền các điểm có cùng áp suất.

isolation/sự cô lập một điều kiện trong đó hai quần thể không thể lai giống với nhau.

isotope/chất đồng vị một nguyên tử có cùng số lượng proton (hay cùng số nguyên tử) như các nguyên tử khác thuộc cùng nguyên tố nhưng có số neutron khác (và do vậy có khối lượng nguyên tử khác).

J

jet stream/gió xoáy một vành đai hẹp gồm các cơn gió mạnh thổi ở tầng đối lưu trên.

joint/khớp một nơi có hai hay nhiều xương giao nhau.

joule/joule đơn vị biểu thị năng lượng; tương đương với lượng công thực hiện với một lực 1 N tác động qua một quãng đường 1 m theo hướng của lực (ký hiệu J).

K

kidney/thận một trong những cặp cơ quan chuyên lọc nước và chất thải từ máu và bài tiết các sản phẩm thành nước tiểu.

kinetic energy/động năng năng lượng của một vật có được do chuyển động của vật đó.

L

lahar/lahar một dòng chảy bùn hình thành khi tro núi lửa và mảnh vụn trộn lẫn với nước trong một trận phun của núi lửa.

La Niña/ La Niña một sự thay đổi ở đông Thái Bình Dương trong đó nhiệt độ nước ở bề mặt trở nên mát lạnh bất thường.

landslide/trượt đất sự chuyển động đột ngột của đất và đá xuống dốc.

large intestine/ruột già phần ruột lớn và ngắn lấy nước ra khỏi hầu hết thức ăn đã tiêu hóa và biến chất thải thành phân nửa rắn, hay cứt.

larynx/thanh quản vùng thuộc cổ họng chứa dây âm thanh và sản sinh ra các âm thanh nói.

laser/laser một thiết bị sản sinh ra ánh sáng mạnh gồm chỉ một màu và một bước sóng.

lateral line/đường bên một đường mờ nhạt nhìn thấy được ở cả hai bên cạnh của cơ thể cá chạy dài suốt chiều dài cơ thể và đánh dấu vị trí của các cơ quan cảm giác và dò tìm những rung động trong nước.

latitude/vĩ độ khoảng cách về phía bắc hoặc nam của xích đạo; biểu thị bằng độ.

lava plateau/cao nguyên dung nham một loại địa hình phẳng, rộng, có được do những lần phun trào không bùng nổ của dung nham núi lửa chảy tràn khắp một vùng rộng lớn.

law/định luật một sự tóm tắt của rất nhiều kết quả và quan sát thí nghiệm; một định luật cho biết cách mọi vật hoạt động.

law of conservation of energy/định luật bảo toàn năng lượng định luật cho rằng năng lượng không thể được tạo ra hay tiêu diệt nhưng có thể được chuyển từ dạng này sang dạng khác.

law of conservation of mass/ định luật bảo toàn khối lượng định luật cho rằng khối lượng không thể được tạo ra hay tiêu diệt trong những thay đổi về hóa học và vật lý thông thường.

law of cross-cutting relationships/định luật các mối quan hệ cắt nhau nguyên lý cho rằng một đường đứt đoạn hay khối đá là trẻ hơn bất kỳ khối đá nào khác mà nó cắt ngang qua.

law of electric charges/định luật các điện tích định luật cho rằng các điện tích giống nhau thì đẩy nhau và các điện tích trái nhau thì hút nhau.

leaching/chắt lọc việc lấy các chất nào có thể phân rã khỏi đá, quặng, hay các lớp đất do sự chảy qua của nước.

learned behavior/hành vi học được một hành vi đã được học từ những gì trải qua.

lens/lăng kính một vật trong suốt khúc xạ các sóng ánh sáng rồi hội tụ hay phân kỳ để tạo ra một hình ảnh.

lever/đòn bẩy một máy đơn giản gồm có một thanh quay quanh một điểm cố định gọi là *điểm tựa*.

lichen/địa y một khối các tế bào nấm và tảo cùng mọc theo một quan hệ cộng sinh và thường tìm thấy trên đá hay cây cối.

life science/khoa học về đời sống ngành nghiên cứu về các vật sống.

lift/lực đẩy lên một lực hướng lên trên tác động vào một vật chuyển động trong một chất lỏng.

lightning/sét một sự phóng điện diễn ra giữa hai bề mặt tích điện trái dấu, chẳng hạn giữa một đám mây và mặt đất, giữa hai đám mây, hay giữa hai phần của cùng một đám mây.

light-year/quang niên khoảng cách mà ánh sáng đi được trong một năm; khoảng 9.46 ngàn tỷ cây số.

lipid/lipid một phân tử chất béo hay một phân tử có các tính chất tương tự; một số ví dụ là các loại dầu, sáp, và steroid.

liquid/lỏng trạng thái của chất có thể tích xác định nhưng hình dạng không xác định.

lithosphere/thạch quyển lớp rắn, bên ngoài của Trái Đất gồm có lớp vỏ ngoài và phần trên rắn của lớp vỏ trong.

littoral zone/vùng ven bờ vùng cạn thuộc một hồ hay ao nơi ánh sáng lọt được đến đáy và nuôi dưỡng các loài thực vật.

liver/gan cơ quan lớn nhất trong cơ thể; nó tạo ra mật, chứa và lọc máu, và chứa đường thừa dưới dạng glycogen.

load/vật chuyển tải các chất được một dòng chảy mang đi; *nghĩa khác*: khối lượng đá nằm trên một cấu trúc địa chất.

loess/hoàng thổ những trầm tích rất màu mỡ của thạch anh, quartz, feldspar, hornblende, mica, và đất sét được gió làm lắng đọng.

longitude/kinh độ khoảng cách về phía đông và tây kể từ kinh tuyến gốc; biểu thị bằng độ.

longitudinal wave/sóng dọc một sóng trong đó các hạt của môi trường rung động song song với hướng của chuyển động sóng.

longshore current/luồng chảy duyên hải một dòng nước chảy gần và song song với bờ biển.

loudness/độ ồn phạm vi mà có thể nghe một âm thanh vọng đến.

low earth orbit/quỹ đạo mặt đất thấp một quỹ đạo thấp hơn 1.500 km phía trên bề mặt Trái Đất.

lung/phổi một cơ quan hô hấp trong đó ôxy từ không khí được trao đổi với CO_2 từ máu.

luster/bóng láng cách thức theo đó một khoáng chất phản chiếu ánh sáng.

lymph/bạch huyết chất lỏng được thu thập bởi các mạch và nút bạch huyết.

lymph node/nút bạch huyết một cơ quan chuyên lọc bạch huyết và có mặt dọc theo các mạch bạch huyết.

lymphatic system/hệ bạch huyết một tập hợp các cơ quan có chức năng chính yếu là thu thập chất lỏng ngoại bào và đưa nó trở về máu; các cơ quan trong hệ thống này bao gồm các nút bạch huyết và mạch máu bạch huyết.

lysosome/thể tiêu vật một cơ quan tế bào chứa các enzyme tiêu hóa.

M

machine/máy một thiết bị giúp thực hiện công bằng cách vượt qua một lực hay thay đổi hướng của lực tác dụng.

macrophage/đại thực bào một tế bào hệ miễn dịch nhấn chìm các mầm bệnh và các vật chất khác.

mafic/mafic chỉ nham thạch hay đá núi lửa giàu magnesium và sắt và thường có màu sậm.

magma chamber/khoang dung nham khối đá nóng chảy chứa đầy trong núi lửa.

magnet/nam châm một chất hút sắt hay các vật chất chứa sắt.

magnetic declination/độ lệch từ tính sự khác biệt giữa cực từ bắc và phương chính Bắc.

magnetic force/lực từ lực hấp dẫn hay lực đẩy được tạo ra bằng cách di chuyển hay quay tròn các điện tích.

magnetic pole/cực từ một trong hai điểm, chẳng hạn hai đầu của một nam châm, có các từ tính đối nghịch.

magnitude/cường độ một sự đo lường độ mạnh của một trận động đất.

main sequence/chuỗi chính vị trí trên biểu đồ H-R nơi có nhiều vì sao nhất tọa lạc; nó có một kiểu cách sắp xếp chéo từ góc dưới phải (nhiệt độ và độ sáng thấp) đến trên trái (nhiệt độ và độ sáng cao).

malnutrition/suy dinh dưỡng một sự rối loạn về dinh dưỡng xảy ra khi một người không ăn đủ từng chất dinh dưỡng cần thiết cho cơ thể người.

mammary gland/tuyến vú ở động vật cái, một tuyến tiết ra sữa.

mantle/vỏ trong lớp đá giữa lớp vỏ ngoài và lõi Trái Đất.

map/bản đồ một sự biểu thị các đặc tính của một vật thể tự nhiên chẳng hạn Trái Đất.

marsh/đầm lầy một hệ sinh thái đất ướt không cây cối nơi các loài thực vật như cỏ phát triển.

marsupial/thú có túi một loài động vật mang và nuôi dưỡng con nó trong hầu bao.

mass/khối lượng một sự đo lường lượng chất trong một vật.

mass movement/chuyển động khối lượng lớn một sự chuyển động của một phần đất xuống dốc.

mass number/số khối tổng số các proton và neutron trong nhân của một nguyên tử.

material resource/tài nguyên vật chất một nguồn tài nguyên thiên nhiên mà con người dùng để tạo ra các đồ vật hay để ăn uống

matter/chất bất cứ thứ gì có khối lượng và chiếm chỗ trong không gian.

mean/số trung bình con số có được bằng cách cộng dồn dữ kiện cho một đặc tính cho trước và chia tổng này cho số các cá thể.

mechanical advantage/lợi thế cơ học một con số cho biết một máy nhân lực lên gấp bao nhiêu lần.

mechanical efficiency/hiệu suất cơ học tỷ số năng lượng đầu ra so với đầu vào; có thể tính bằng cách chia công đầu ra cho công đầu vào.

mechanical energy/năng lượng cơ học lượng công mà một vật thực hiện được từ động năng và năng lượng tiềm tàng của vật.

mechanical weathering/vỡ vụn cơ học việc nghiền nhỏ đá thành nhiều mảnh nhỏ bằng các phương pháp cơ học.

median/số bình quân giá trị của mục ở chính giữa khi dữ liệu được sắp xếp theo trật tự độ lớn.

medium/môi trường tự nhiên một môi trường vật lý trong đó các hiện tượng diễn ra.

meiosis/phân bào giảm nhiễm một quá trình trong việc phân chia tế bào trong đó số nhiễm sắc thể giảm đến phân nửa số ban đầu do hai sự phân chia của nhân, cho ra kết quả là sự sản sinh ra các tế bào giới tính (các giao tử hay bào tử).

melting/nóng chảy sự thay đổi trạng thái trong đó một chất rắn trở thành chất lỏng bằng cách thêm nhiệt.

memory B cell/tế bào bộ nhớ B một loại tế bào B phản ứng mạnh hơn với kháng nguyên khi cơ thể bị tái nhiễm một kháng nguyên so với khi nó gặp kháng nguyên này lần đầu.

meniscus/bề vòm đường cong ở bề mặt một chất lỏng qua đó người ta đo thể tích chất lỏng đó.

mesosphere/ phần chắc, sâu của lớp vỏ trong Trái Đất nằm giữa nhu quyển và lõi ngoài; *nghĩa khác*: tầng khí quyển giữa tầng bình lưu và thượng tầng khí quyển và tại đó nhiệt độ giảm khi độ cao tăng.

Mesozoic era/kỷ Đại Trung Sinh một thời kỳ địa chất kéo dài từ 251 triệu đến 65.5 triệu năm trước đây; còn gọi là *Thời Đại Bò Sát*.

metabolism/sự trao đổi chất tổng cộng tất cả các quá trình hóa học diễn ra trong một sinh vật.

metal/kim loại một nguyên tố chiếu sáng và dẫn nhiệt và điện tốt.

metallic bond/liên kết kim loại một liên kết hình thành bởi sự hấp dẫn giữa các ion kim loại tích điện dương và các điện tử xung quanh chúng.

metalloid/á kim các nguyên tố có các tính chất vừa của kim loại vừa của phi kim.

metamorphosis/sự biến thái một quá trình trong vòng đời của nhiều động vật trong đó diễn ra một sự thay đổi nhanh chóng từ vật còn non sang vật trưởng thành; một ví dụ là sự thay đổi từ ấu trùng sang vật trưởng thành ở sâu bọ.

meteor/sao băng một vệt sáng xảy ra khi một vật thể vũ trụ bốc cháy trong khí quyển Trái Đất.

meteorite/thiên thạch một vật thể vũ trụ tiến đến bề mặt Trái Đất mà không bốc cháy hoàn toàn.

meteoroid/vật thể vũ trụ một khối đất đá tương đối nhỏ bay trong không gian.

meteorology/khí tượng học ngành khoa học nghiên cứu về bầu khí quyển Trái Đất, đặc biệt liên quan đến thời tiết và khí hậu.

meter/mét đơn vị căn bản đo chiều dài trong hệ thống quốc tế SI (ký hiệu m).

microclimate/vi khí hậu khí hậu của một vùng nhỏ.

microprocessor/bộ vi xử lý một mẩu chip bán dẫn duy nhất kiểm soát và thực thi những chỉ dẫn của máy vi điện toán.

mid-ocean ridge/dãy núi giữa biển một dãy núi dài nằm dưới biển hình thành dọc theo nền của các đại dương chính.

mineral/chất vô cơ một loại chất dinh dưỡng là các nguyên tố hóa học cần thiết cho các quá trình nào đó của cơ thể.

mineral/khoáng chất một chất rắn vô cơ hình thành tự nhiên có cấu trúc hóa học nhất định.

mitochondrion/ty thể trong các tế bào nhân chuẩn, cơ quan tế bào được bao bọc bởi hai màng nhầy và là nơi hô hấp của tế bào.

mitosis/phân bào có tơ trong các tế bào nhân chuẩn, một quá trình phân chia tế bào hình thành nên hai nhân mới, mỗi nhân có cùng số nhiễm sắc thể.

mixture/hỗn hợp một sự kết hợp hai hay nhiều chất không được kết hợp hóa học.

mode/phương thức giá trị xuất hiện nhiều nhất trong tổ hợp dữ liệu.

model/kiểu mẫu một kiểu cách, kế hoạch, sự trình bày hay miêu tả được thiết kế để thể hiện cấu trúc hay cách hoạt động của một vật thể, hệ thống, hay khái niệm.

mold/khuôn một dấu hiệu hay khoang hốc được một cái vỏ động vật tạo nên trên bề mặt trầm tích.

mold/nấm mốc trong sinh vật học, một loại nấm nhìn giống như len hay bông.

molecule/phân tử đơn vị nhỏ nhất của một chất giữ được tất cả các tính chất vật lý và hóa học của chất đó.

molting/lột xác sự lột bỏ một bộ xương ngoài, da, lông vũ hay lông mao để được thay bằng các bộ phận mới.

momentum/động lực một đại lượng được tính bằng tích số của khối lượng và vận tốc của một vật.

monotreme/động vật đơn huyệt một loài hữu nhũ đẻ trứng.

month/tháng một sự phân chia năm dựa trên việc mặt trăng quay quanh Trái Đất.

motion/chuyển động sự thay đổi vị trí của một vật liên quan đến một điểm tham chiếu.

mudflow/dòng chảy bùn dòng chảy của một khối bùn hay đá và đất trộn lẫn với một lượng nước lớn.

muscular system/hệ cơ hệ cơ quan có chức năng chính yếu là chuyển động và sự linh hoạt.

mutation/đột biến một sự thay đổi trong chuỗi dựa trên nucleotide của một gien hay phân tử DNA.

mutualism/hỗ sinh một mối quan hệ giữa hai loài trong đó cả hai đều được lợi.

mycelium/hệ sợi khối các chỉ nhị hay sợi của nấm, hình thành cơ thể của một cây nấm.

N

narcotic/cần sa một loại ma túy được chiết xuất từ thuốc phiện có thể làm giảm đau và gây ngủ; vài ví dụ là heroin, á phiện, và codeine.

NASA/NASA Cơ Quan Quản Trị Hàng Không và Không Gian Quốc Gia Hoa Kỳ.

natural gas/khí tự nhiên một hỗn hợp các hydrocarbon dạng khí nằm phía dưới bề mặt Trái Đất, thường là gần các lớp trầm tích dầu lửa; được dùng làm nhiên liệu.

natural resource/tài nguyên thiên nhiên bất kỳ vật chất tự nhiên nào được dùng bởi con người, chẳng hạn nước, dầu lửa, khoáng chất, rừng, và động vật.

natural selection/chọn lựa tự nhiên quá trình qua đó các cá thể thích nghi tốt hơn với môi trường của chúng tồn tại được và sinh sản thành công hơn các cá thể thích nghi kém hơn; một thuyết giải thích cơ cấu của sự tiến hóa.

neap tide/tuần triều xuống một loại thủy triều có phạm vi tối thiểu xảy ra trong tuần trăng thứ nhất và thứ ba.

nearsightedness/cận thị một tình trạng trong đó thủy tinh thể của mắt tập trung vào các vật ở xa phía trước thay vì ngay trên võng mạc.

nebula/tinh vân một đám mây lớn gồm khí và bụi trong không gian liên tinh tú; một vùng trong không gian nơi các vì sao được sinh ra hay nơi các vì sao nổ tung vào lúc kết thúc đời sống của chúng.

nekton/phiêu vật tất cả các sinh vật bơi liên tục trong nước rộng, độc lập với các luồng chảy.

nephron/nephron đơn vị trong thận chuyên lọc máu.

nerve/dây thần kinh một tập hợp các sợi thần kinh qua đó các xung lực đi lại giữa hệ thần kinh trung ương và các bộ phận cơ thể khác.

net force/thực lực sự kết hợp tất cả các lực tác động vào một vật.

neuron/neuron một tế bào thần kinh chuyển nhận và thực hiện các xung lực điện.

neutralization reaction/phản ứng trung hòa phản ứng của một axit và một base để tạo thành một dung dịch trung tính gồm nước và một muối.

neutron/neutron một hạt hạ nguyên tử không mang điện tích và có trong nhân một nguyên tử.

neutron star/sao neutron một hình sao đã biến dạng dưới trọng lực đến điểm mà các điện tử và proton đã va đập với nhau để hình thành các neutron.

newton/newton đơn vị quốc tế để tính lực (ký hiệu N).

nicotine/nicotine một hóa chất độc và gây nghiện có trong thuốc lá và là tác nhân chính góp phần vào những hậu quả tai hại của việc hút thuốc.

nitrogen cycle/chu kỳ nitơ quá trình trong đó nitơ tuần hoàn trong không khí, đất, nước, thực vật và động vật trong một hệ sinh thái.

noble gas/khí quý một trong các nguyên tố thuộc nhóm 18 của bảng tuần hoàn hóa học (helium, neon, argon, krypton, xenon, và radon); các khí quý không tham gia phản ứng hóa học.

noise/tiếng ồn một âm thanh bao gồm một sự pha trộn ngẫu nhiên các tần số.

nonfoliated/không kết tấm chỉ kết cấu đá biến chất trong đó các hạt khoáng chất không được sắp xếp thành các phiến hay dãy.

noninfectious disease/bệnh không truyền nhiễm một loại bệnh không thể lây lan từ cá thể này sang cá thể khác.

nonmetal/phi kim một nguyên tố dẫn nhiệt và điện kém.

nonpoint-source pollution/ô nhiễm không nguồn điểm ô nhiễm đến từ nhiều nguồn thay vì từ một địa điểm cụ thể duy nhất.

nonrenewable resource/tài nguyên không thể tái tạo một nguồn tài nguyên hình thành ở mức độ thấp hơn nhiều so với mức độ nó bị tiêu thụ.

nonsilicate mineral/khoáng chất không silicate một loại khoáng chất không chứa các hợp chất của silicon và ôxy.

nonvascular plant/thực vật không mạch ba nhóm thực vật (liverworts, rong nước, và rêu) thiếu các mô dẫn đường chuyên biệt và rễ, thân và lá thực sự.

nuclear chain reaction/phản ứng dây chuyền hạt nhân một loạt liên tục các phản ứng phân đôi hạt nhân.

nuclear energy/năng lượng hạt nhân năng lượng được tạo ra bởi một phản ứng nhiệt hạch hay phân đôi; năng lượng phá hủy của nhân nguyên tử.

nuclear fission/phân đôi hạt nhân sự tách rời của nhân một nguyên tử lớn thành hai hay nhiều mảnh; phóng thích thêm các neutrons và năng lượng.

nuclear fusion/sự nóng chảy hạt nhân sự kết hợp các hạt nhân của các nguyên tử nhỏ để hình thành một nhân lớn hơn; phóng thích năng lượng.

nucleic acid/axit nucleic một phân tử được tạo bởi các cấu trúc dưới gọi là *nucleotides*.

nucleotide/nucleotide trong một dây chuyền axit nucleic, một cấu trúc dưới gồm có một loại đường, một phosphate, và một base của nitơ.

nucleus/nhân trong một tế bào nhân chuẩn, một cơ quan tế bào đầy màng nhầy chứa DNA của tế bào và có vai trò trong các quá trình chẳng hạn tăng trưởng, trao đổi chất, và sinh sản.

nucleus/hạt nhân trong vật lý học, vùng trung tâm của một nguyên tử, tạo bởi các proton và neutron.

nutrient/chất dinh dưỡng một chất trong thức ăn cung cấp năng lượng hay giúp hình thành các mô cơ thể và rất cần thiết cho sự sống và phát triển.

O

observation/sự quan sát quy trình thu thập thông tin bằng cách dùng các giác quan.

ocean current/dòng chảy đại dương một sự chuyển động của nước biển theo một kiểu cách thường lệ.

ocean trench/rãnh đại dương một chỗ lún dốc đứng và dài tại nền đáy biển sâu chạy song song với một dãy các đảo núi lửa hay một thềm lục địa.

oceanography/đại dương học ngành khoa học nghiên cứu về biển.

omnivore/loài ăn tạp một sinh vật ăn cả động vật và thực vật.

opaque/mờ đục chỉ một vật không trong suốt cũng không trong mờ.

open circulatory system/hệ tuần hoàn mở một hệ tuần hoàn trong đó chất lỏng tuần hoàn không được chứa hoàn toàn trong các mạch; một trái tim bơm chất lỏng qua các mạch chảy vào những khoảng không gọi là *xoang*.

open cluster/cụm mở một nhóm các vì sao gần sát nhau liên quan đến các vì sao xung quanh.

open-water zone/vùng nước mở vùng thuộc một ao hay hồ trải rộng từ vùng gần bờ và chỉ sâu đến mức ánh sáng lọt tới được.

orbit/quỹ đạo đường đi mà một vật thể đi theo khi nó di chuyển quanh một vật thể khác trong không gian.

ore/quặng một vật chất tự nhiên có sự tập trung các khoáng chất quý có giá trị kinh tế đủ nhiều để người ta khai thác có lợi nhuận.

organ/cơ quan một tập hợp các mô thực thi một chức năng chuyên biệt của cơ thể.

organ system/hệ cơ quan một nhóm các cơ quan cùng hoạt động để thực hiện các chức năng cơ thể.

organelle/cơ quan tế bào một trong những khối nhỏ trong tế bào chất có nhiệm vụ thực thi một chức năng cụ thể.

organic compound/hợp chất hữu cơ một hợp chất liên kết hóa trị chứa carbon.

organism/sinh vật một vật sống; bất cứ thứ gì có thể thực hiện các quá trình sự sống một cách độc lập.

osmosis/thẩm thấu sự khuếch tán nước qua một màng có thể thấm qua.

ovary/bầu nhụy hay vòi trứng ở các loài cây có hoa, phần dưới của một nhụy hoa chuyên sản sinh ra trứng ở noãn; trong hệ sinh sản của động vật, một cơ quan sản sinh ra trứng.

overpopulation/quá tải dân số sự có mặt quá nhiều cá thể trong một khu vực khiến cho không có đủ các nguồn tài nguyên.

ovule/noãn một cấu trúc trong bầu nhụy của một cây hạt chứa một túi phôi và phát triển thành một hạt giống sau khi thụ tinh.

P

P wave/sóng P một sóng địa chấn khiến cho các hạt đá chuyển động theo một hướng tới lui.

paleontology/cổ sinh vật học ngành nghiên cứu các hóa thạch.

Paleozoic era/kỷ Paleozoic kỷ nguyên địa chất tiếp sau thời Tiền Sử và kéo dài từ cách đây 542 triệu đến 251 triệu năm.

pancreas/tụy cơ quan nằm ngay phía sau dạ dày và tạo ra các enzyme và hormone tiêu hóa quy định các mức độ đường.

parallax/thị sai một sự chuyển đổi rõ rệt về vị trí của một vật thể khi nhìn từ các địa điểm khác nhau.

parallel circuit/mạch song song một mạch trong đó các bộ phận được nối liền bằng các nhánh sao cho sự chênh lệch tiềm tàng qua mỗi bộ phận là bằng nhau.

parasite/vật ký sinh một cơ quan được nuôi dưỡng bởi một cơ quan thuộc một loài khác (vật chủ) và thường làm hại vật chủ; vật chủ không hề được lợi từ sự có mặt của vật ký sinh.

parasitism/sự ký sinh một mối quan hệ giữa hai loài trong đó một loài, vật ký sinh, được lợi từ loài kia, tức vật chủ, và vật chủ bị hại.

parent rock/đá cha mẹ một sự hình thành đá là nguồn của đất.

pascal/pascal đơn vị quốc tế của áp suất (ký hiệu Pa).

Pascal's principle/nguyên lý Pascal nguyên lý cho rằng một chất lỏng trong trạng thái cân bằng chứa trong một mạch tác động một lực có cùng cường độ theo mọi hướng.

passive transport/vận chuyển thụ động sự chuyển động của các chất qua một màng tế bào mà không có việc tế bào sử dụng năng lượng.

pathogen/mầm bệnh một vi sinh vật, một sinh vật khác, một virus, hay một protein gây bệnh.

pathogenic bacteria/vi khuẩn gây bệnh vi khuẩn gây nên bệnh.

pedigree/phả hệ một biểu đồ thể hiện sự xuất hiện của một đặc tính di truyền ở nhiều thế hệ của một gia đình.

pelagic environment/môi trường gần mặt nước ở đại dương, vùng gần mặt nước hay tại các độ sâu trung gian, bên ngoài vùng gần bờ và phía trên vùng sâu thẳm.

penis/dương vật cơ quan của con đực truyền tinh dịch sang con cái và đưa nước tiểu ra ngoài cơ thể.

period/thời kỳ một đơn vị thời gian địa chất mà các kỷ nguyên được chia ra thành.

period/chu kỳ trong hóa học, một hàng ngang các nguyên tố trong bảng tuần hoàn hóa học.

periodic/theo chu kỳ chỉ thứ gì đó xuất hiện hay lặp lại vào các khoảng nghỉ định kỳ.

periodic law/định luật tuần hoàn định luật cho rằng các tính chất vật lý và hóa học của các nguyên tố thay đổi một cách định kỳ với các số nguyên tử của các nguyên tố.

peripheral nervous system/hệ thần kinh ngoại vi tất cả các bộ phận của hệ thần kinh trừ não và tủy sống.

permeability/độ thẩm thấu khả năng một tảng đá hay trầm tích để cho các chất lỏng chảy qua các khoảng hở hay lỗ của nó.

petal/cánh hoa một trong những bộ phận thường có màu sáng, hình lá tạo thành một trong các vành của hoa.

petroleum/dầu lửa một hỗn hợp chất lỏng gồm các hợp chất hydrocarbon phức hợp; được dùng rộng rãi làm nguồn nhiên liệu.

pH/độ pH một giá trị được dùng để thể hiện mức độ axit hay độ base (tính kiềm) của một hệ thống.

pharynx/vòm họng ở loài hải sâm hay đỉa biển, ống thịt dẫn từ miệng đến khoang dạ dày; ở các động vật với đường tiêu hóa, con đường từ miệng đến cổ họng và thực quản.

phase/giai đoạn sự thay đổi ở vùng được mặt trời chiếu sáng của một vật thể vũ trụ nhìn từ một vật thể vũ trụ khác.

phenotype/kiểu hình ngoại hình hay các đặc tính dò tìm khác của một sinh vật.

pheromone/pheromone một chất được cơ thể nhả ra và khiến cho một cá thể các cùng loài phản ứng theo một cách đoán trước được.

phloem/phloem mô chuyên truyền dẫn thức ăn ở các loài cây có mạch.

phospholipid/ phospholipid một loại lipid chứa phôtpho và là một thành phần cấu trúc trong các màng tế bào.

photocell/tế bào quang điện một thiết bị chuyển hóa năng lượng ánh sáng thành năng lượng điện.

photosynthesis/quang hợp quá trình qua đó các loài thực vật, tảo, và một số vi khuẩn dùng ánh nắng, CO_2 và nước để tạo ra thức ăn.

physical change/biến đổi vật lý một sự thay đổi của chất từ dạng này sang dạng khác mà không cần thay đổi các tính chất hóa học.

physical property/tính chất vật lý một đặc tính của một chất không bao gồm một sự thay đổi hóa học, chẳng hạn nồng độ, màu sắc, hay độ cứng.

physical science/khoa học vật lý ngành nghiên cứu khoa học về những vật chất không sinh sống.

phytoplankton/sinh vật phù du các sinh vật cực nhỏ, quang hợp, nổi lên gần bề mặt nước biển hay nước ngọt.

pigment/chất nhuộm một chất cho chất khác hay hỗp hợp khác màu của nó.

pioneer species/loài tiên phong một loài đến định cư ở một vùng chưa có cư dân và bắt đầu một quá trình thừa kế.

pistil/nhụy hoa bộ phận sinh sản giống cái của hoa sản sinh ra các hạt và bao gồm một bầu nhụy, vòi nhụy và núm nhụy.

pitch/chất lượng âm một sự đo lường mức độ cao thấp mà một âm thanh được quan sát thấy, tùy thuộc vào tần số của sóng âm.

placenta/nhau thai cấu trúc gắn liền một bào thai đang phát triển với tử cung và cho phép trao đổi chất dinh dưỡng, chất thải, và chất khí giữa mẹ và bào thai.

placental mammal/động vật hữu nhũ có nhau một động vật hữu nhũ nuôi dưỡng con chưa đẻ của nó qua một nhau thai bên trong tử cung của nó.

plane mirror/gương phẳng một gương có bề mặt phẳng.

plankton/sinh vật phù du khối các sinh vật hầu hết là rất nhỏ chuyên trôi nổi hay giạt trong nước ngọt và các môi trường biển.

Plantae/giới Plantae một giới sinh vật gồm các sinh vật đa bào phức hợp thường có màu xanh lục, có vách tế bào bằng cellulose, không thể di chuyển, và dùng năng lượng mặt trời để tạo đường bằng quang hợp.

plasma/thể plasma trong vật lý học, một trạng thái vật chất bắt đầu bằng chất khí và sau đó bị ion hóa; nó bao gồm các ion chuyển động tự do và các điện tử, nó tích điện, và các tính chất của nó khác với tính chất của một chất rắn, lỏng, hay khí.

plate tectonics/kiến tạo địa tầng nguyên lý giải thích cách chuyển động và thay đổi hình dạng của các mảnh lớn của lớp ngoài cùng của Trái Đất, gọi là các *tầng kiến tạo*.

point-source pollution/ô nhiễm có điểm nguồn sự ô nhiễm đến từ một địa điểm cụ thể.

polar easterlies/gió hướng đông cực gió thổi từ đông sang tây giữa vĩ tuyến 60° và 90° ở cả hai bán cầu.

polar zone/vùng cực Cực Bắc và Nam và vùng xung quanh.

pollen/phấn hoa những hạt nhỏ li ti chứa giao tử thể đực của các loài thực vật hạt.

pollination/sự thụ phấn sự truyền phấn hoa từ các cấu trúc sinh sản đực sang cái của các loài thực vật hạt.

pollution/ô nhiễm một sự thay đổi không mong muốn của môi trường gây nên bởi các chất hay các dạng năng lượng.

population/quần thể một nhóm các sinh vật cùng loài sống trong một khu vực địa lý cụ thể.

porosity/độ rỗ tỷ lệ phần trăm của tổng thể tích của một tảng đá hay trầm tích có chứa các khoảng hở.

potential energy/thế năng năng lượng mà một vật có do vị trí, hình dạng, hay điều kiện của vật đó.

power/công suất mức độ tại đó công được thực hiện hay năng lượng được chuyển hóa.

Precambrian time/thời Tiền Sử giai đoạn thuộc phạm vi thời kỳ địa chất từ lúc hình thành Trái Đất cho đến lúc bắt đầu kỷ Paleozoic, từ lúc cách đây 4.6 tỷ năm đến cách đây 542 triệu năm.

precipitate/chất kết tủa một chất rắn được sản sinh, là kết quả của một phản ứng hóa học trong dung dịch.

precipitation/sự mưa mọi hình thức nước đổ xuống bề mặt Trái Đất từ trên các đám mây.

predator/dã thú một sinh vật chuyên giết và ăn thịt toàn bộ hay một phần của một sinh vật khác.

preening/rỉa ở các loài chim, hành động chải chuốt và giữ gìn bộ lông.

pregnancy/thai kỳ trong y học, khoảng thời gian kể từ ngày đầu tiên của chu kỳ kinh nguyệt cuối cùng của một phụ nữ đến lúc ra đời em bé (khoảng 280 ngày, hay 40 tuần); sinh học về sự phát triển, khoảng thời gian trong đó một phụ nữ mang một con người đang phát triển từ lúc thụ tinh đến khi em bé ra đời (khoảng 266 ngày, hay 38 tuần)

pressure/áp lực lượng lực tác động trên một đơn vị diện tích của một bề mặt.

prevailing winds/gió thổi theo hướng gió thổi chủ yếu từ một hướng trong một thời gian nhất định.

prey/vật mồi một sinh vật bị các sinh vật khác giết và ăn thịt.

primate/linh trưởng một dạng động vật hữu nhũ có đặc tính ngón cái đối diện các ngón còn lại và nhìn với hai mắt tập trung vào một điểm.

prime meridian/kinh tuyến gốc kinh tuyến, hay đường kinh độ, được chỉ định làm kinh độ 0°.

probability/xác suất khả năng một sự kiện tương lai sẽ xảy ra trong bất cứ tình huống cho trước nào của sự kiện đó.

producer/vật sản sinh một sinh vật có thể tự làm ra thức ăn bằng cách dùng năng lượng từ những thứ xung quanh nó.

product/sản phẩm một chất hình thành trong một phản ứng hóa học.

prograde rotation/sự quay cùng hướng sự xoay tròn ngược chiều kim đồng hồ của một hành tinh hay mặt trăng nhìn từ phía trên của Cực Bắc của hành tinh đó; sự quay cùng hướng với hướng quay của mặt trời.

projectile motion/chuyển động bắn ra đường đi cong mà một vật đi theo khi được ném, phóng, hay bắn ra gần bề mặt Trái Đất.

prokaryote/sinh vật nhân nguyên thủy một sinh vật đơn bào không có nhân hay các cơ quan tế bào trong màng nhầy; ví dụ: sinh vật thái cổ và vi khuẩn.

protein/đạm một phân tử tạo bởi các amino axit và cần để tạo dựng và chỉnh đốn các cấu trúc cơ thể và quy định các quá trình trong cơ thể.

protist/sinh vật đơn bào một sinh vật thuộc giới Protista.

proton/proton một phần tử hạ nguyên tử có điện tích dương và có trong nhân của một nguyên tử.

pulley/ròng rọc một máy đơn giản bao gồm một bánh xe và một dây thừng, xích hay dây vắt qua nó.

pulmonary circulation/tuần hoàn phổi sự lưu thông của máu từ tim đến phổi và trở về tim qua các động mạch phổi, mao mạch và tĩnh mạch.

pulsar/ẩn tinh một vì sao xoay nhanh và thải ra các xung lực phóng xạ và năng lượng quang học.

pupil/đồng tử khoảng hở nằm ở trung tâm của tròng đen mắt và kiểm soát lượng ánh sáng lọt vào mắt.

pure substance/chất tinh khiết một mẫu vật chất, là một nguyên tố hoặc một hợp chất, có các tính chất hóa học và vật lý nhất định.

Q

quasar/chuẩn tinh một vật thể rất sáng, giống ngôi sao phát ra năng lượng ở mức độ cao; các chuẩn tinh được cho là các vật thể xa nhất trong vũ trụ.

R

radiation/phóng xạ sự truyền năng lượng dưới dạng các sóng điện từ.

radioactive decay/phân hủy phóng xạ quá trình trong đó một chất đồng vị phóng xạ có xu thế vỡ vụn thành một chất đồng vị ổn định của cùng một nguyên tố hay một nguyên tố khác.

radioactivity/năng lực phóng xạ quá trình qua đó một nhân thiếu ổn định thải ra phóng xạ hạt nhân.

radiometric dating/định tuổi luyện kim phóng xạ một phương pháp xác định tuổi của một vật bằng cách ước lượng các tỷ lệ phần trăm của một chất đồng vị phóng xạ (cha) và một chất đồng vị ổn định (con).

reactant/chất phản ứng một chất hay phân tử tham gia vào một phản ứng hóa học.

recessive trait/đặc tính lặn một đặc tính chỉ rõ rệt khi hai gien đẳng vị lặn cho cùng đặc tính được thừa kế.

recharge zone/vùng tái nạp một vùng trong đó nước chuyển động xuống phía dưới để trở thành một phần của tầng ngậm nước.

reclamation/phục trạng quá trình đưa đất trở lại điều kiện ban đầu sau khi hoàn tất khai thác.

recycling/tái chế quy trình phục hồi các vật liệu quý hay hữu ích từ rác hay phế liệu; quy trình tái sử dụng một số đồ vật.

red giant/vật khổng lồ đỏ một vì sao lớn, hơi đỏ bị chậm chu kỳ đời sống.

reflecting telescope/viễn vọng kính phản chiếu một kính thiên văn dùng gương cong để thu thập và hội tụ ánh sáng từ các vật thể ở xa.

reflection/phản xạ sự dội lại của một tia sáng, âm thanh, hay nhiệt khi tia này đụng phải một bề mặt mà nó không thể đi qua.

reflex/sự phản xạ một sự cử động không chủ ý và gần như tức thời để phản ứng lại một sự kích thích.

refracting telescope/viễn vọng kính khúc xạ một kính thiên văn sử dụng một bộ lăng kính để thu thập và hội tụ ánh sáng từ các vật ở xa.

refraction/khúc xạ sự gãy khúc của một sóng khi sóng này đi qua hai chất trong đó tốc độ sóng khác nhau.

relative dating/định tuổi tương đối mọi phương pháp xác định xem một sự kiện hay vật thể có già hơn hay trẻ hơn các sự kiện hay vật thể khác hay không.

relative humidity/ẩm độ tương đối tỷ lệ của lượng hơi nước trong không khí với lượng hơi nước cần thiết để đạt đến bão hòa ở một nhiệt độ cho trước.

relief/sự khác biệt những sự đa dạng về độ cao của một bề mặt đất.

remote sensing/cảm ứng từ xa quá trình thu thập và phân tích thông tin về một vật thể mà không cần chạm vào vật đó.

renewable resource/tài nguyên tái phục hồi được một nguồn tài nguyên thiên nhiên có thể được thay thế ở cùng mức độ mà nó bị tiêu thụ.

resistance/trở trong vật lý học, sự ngăn cản được đưa vào dòng điện bởi một vật chất hay thiết bị.

resonance/cộng hưởng một hiện tượng xảy ra khi hai vật thể rung động tự nhiên ở cùng tần số; âm thanh do một vật tạo ra khiến vật thể kia rung động.

respiration/hô hấp trong sinh vật học, sự trao đổi ôxy và CO_2 giữa các tế bào sống và môi trường của chúng; bao gồm thở và hô hấp tế bào.

respiratory system/hệ hô hấp một tập hợp các cơ quan có chức năng chính yếu là lấy ôxy và thải ra CO_2; các cơ quan của hệ thống này bao gồm phổi, cổ họng, và những con đường dẫn tới phổi.

retina/võng mạc lớp cảm ứng ánh sáng bên trong của mắt, chuyên nhận các hình ảnh được hình thành bởi thủy tinh thể và chuyển chúng qua thần kinh quang học đến não.

retrograde rotation/sự quay ngược sự quay tròn theo chiều kim đồng hồ của một hành tinh hay mặt trăng khi nhìn từ phía trên Cực Bắc của hành tinh đó.

revolution/sự xoay vòng sự chuyển động của một vật thể bay xung quanh một vật thể khác trong không gian; một chuyến đi hoàn tất dọc theo một quỹ đạo.

rhizoid/dạng rễ một cấu trúc giống rễ ở các loài thực vật không mạch giữ cho cây ở tại chỗ và giúp cây lấy nước và chất dinh dưỡng.

rhizome/thân rễ một loại thân ngang, nằm dưới đất sản sinh ra lá, chồi và rễ mới.

ribosome/ribosome một cơ quan tế bào tạo bởi RNA và đạm; địa điểm tổng hợp đạm.

rift valley/thung lũng lún một thung lũng dài, hẹp hình thành khi các tầng kiến tạo tách rời ra.

rift zone/vùng lún một vùng có các khe nứt sâu hình thành giữa hai tầng kiến tạo đang rời xa nhau.

RNA/RNA axit ribonucleic, một phân tử có trong tất cả các tế bào sống và đóng vai trò trong việc sản sinh đạm.

rock/đá một hỗn hợp rắn xuất hiện tự nhiên gồm một hay nhiều khoáng chất hay chất hữu cơ.

rock cycle/chu kỳ đá loạt các quá trình trong đó một loại đá hình thành, thay đổi từ dạng này sang dạng khác, bị phá hủy, và hình thành lại bởi các quá trình địa chất.

rock fall/đá rơi sự chuyển động lớn và nhanh của đá xuống một dốc đứng hay vách đá.

rocket/hỏa tiễn một máy dùng khí thoát ra từ nhiên liệu đốt cháy để chuyển động.

rotation/sự quay việc xoay tròn của một vật trên trục của nó.

S

S wave/sóng S một sóng địa chấn khiến các hạt đá chuyển động theo một hướng cạnh đối cạnh.

salinity/độ mặn một sự đo lường lượng muối tan trong một lượng chất lỏng đã cho.

salt/muối một hợp chất ion hình thành khi một nguyên tử kim loại thay thế hyđrô của một axit.

saltation/sự nhảy vọt sự chuyển động của cát hay các trầm tích khác bằng những bước nhảy và bật ngắn và do gió hay nước gây nên.

satellite/vệ tinh một vật thể tự nhiên hay nhân tạo quay xung quanh một hành tinh.

savanna/bán hoang mạc một vùng đồng cỏ thường có cây cối rải rác và có tại những vùng nhiệt đới và á nhiệt đới nơi có mưa, cháy, và hạn hán theo mùa.

scale/tỷ lệ so sánh mối tương quan giữa các số đo trên một mẫu vật, bản đồ hay biểu đồ và số đo hay khoảng cách thực tế.

scattering/rải rác một sự tương tác ánh sáng với vật chất khiến cho ánh sáng thay đổi năng lượng, hướng chuyển động, hay cả hai.

science/khoa học kiến thức có được bằng cách quan sát các sự kiện và điều kiện tự nhiên nhằm khám phá những thông tin thực và định ra các quy luật hay nguyên lý, những thứ này có thể được xác minh hay kiểm nghiệm.

scientific literacy/hiểu biết về khoa học sự hiểu biết về các phương pháp yêu cầu thông tin, phạm vi kiến thức khoa học, và vai trò của khoa học trong xã hội.

scientific methods/các phương pháp khoa học một loạt các bước được làm theo để giải quyết các vấn đề.

screw/vít xoáy một máy đơn giản gồm một mặt phẳng nghiêng bao quanh một hình trụ.

sea-floor spreading/sự tràn đáy biển quá trình qua đó lớp thạch quyển đại dương mới hình thành khi dung nham nổi lên trên mặt nước và hóa rắn.

seamount/hải sơn một ngọn núi ngập sâu dưới đáy biển có độ cao ít nhất 1.000 m và có nguồn gốc từ núi lửa.

sediment/trầm tích các mảnh vật chất hữu cơ hay vô cơ được vận chuyển và bồi đắp bởi gió, nước, hay băng, tích tụ ở các lớp trên bề mặt Trái Đất.

sedimentary rock/đá trầm tích một loại đá hình thành từ các lớp trầm tích bị dồn nén hay bị gắn chặt.

segment/phần bất cứ bộ phận nào của một cấu trúc lớn hơn, chẳng hạn cơ thể của một sinh vật, được tạo thành bởi các ranh giới tự nhiên hay tùy tiện.

seismic gap/khe địa chấn một khu vực dọc theo một đường phay nơi có tương đối ít các trận động đất đã xảy ra gần đây nhưng là nơi các trận động đất lớn đã xảy ra trong quá khứ.

seismic wave/sóng địa chấn một sóng năng lượng đi qua Trái Đất và đi xa khỏi một trận động đất theo mọi hướng.

seismogram/biểu đồ địa chấn một nét vẽ chuyển động của động đất được tạo ra bởi một địa chấn kế.

seismograph/địa chấn kế một dụng cụ ghi nhận những rung động ở trong đất và xác định vị trí và độ mạnh của một trận động đất.

seismology/địa chấn học ngành nghiên cứu về động đất.

selective breeding/lai giống có chọn lựa việc con người gây giống động vật hay thực vật có những đặc tính mong muốn nào đó.

semiconductor/chất bán dẫn một nguyên tố hay hợp chất dẫn dòng điện tốt hơn một chất cách ly nhưng không tốt bằng một chất dẫn điện.

sepal/đài hoa ở một bông hoa, một trong các vành đai ngoài cùng của lá được sửa đổi có tác dụng bảo vệ chồi.

septic tank/hố chất thải tự hoại một bồn chứa tách rời chất thải rắn khỏi các chất lỏng và có vi khuẩn nghiền nhỏ chất thải rắn.

series circuit/mạch nối tiếp một mạch trong đó các bộ phận được nối liền nhau sao cho dòng điện ở mỗi phần đều bằng nhau.

sewage treatment plant/phân xưởng xử lý chất thải một cơ sở làm sạch các chất liệu rác có trong nước từ cống rãnh.

sex chromosome/nhiễm sắc thể giới tính một trong những cặp nhiễm sắc thể quyết định giới tính của một cá thể.

sexual reproduction/sinh sản giới tính sự sinh sản trong đó các tế bào giới tính từ hai con cha mẹ kết hợp lại để sinh ra con có chung những đặc tính từ cả cha và mẹ.

shoreline/đường duyên hải ranh giới giữa đất và một khối nước.

silicate mineral/khoáng chất silicate một khoáng chất chứa một tổ hợp silicon, ôxy, và một hay nhiều kim loại.

single-displacement reaction/phản ứng thay thế đơn một phản ứng trong đó một nguyên tố chiếm chỗ của một nguyên tố khác trong một hợp chất.

skeletal system/hệ xương hệ thống cơ quan có chức năng chính yếu là hỗ trợ và bảo vệ cơ thể và cho phép nước chuyển động.

skepticism/sự nghi ngờ một thói quen trong đầu theo đó một người chất vấn sự hợp lệ của các ý tưởng đã được chấp nhận.

slope/dốc một sự đo lường độ nghiêng của một đường; tỷ số chiều cao chia cho mặt ngang.

small intestine/ruột non cơ quan ở giữa dạ dày và ruột già nơi hầu hết thức ăn được nghiền nhỏ và hầu hết chất dinh dưỡng từ thức ăn được hấp thu.

smog/khói mù chất bụi mờ quang hóa hình thành khi ánh nắng tác động lên các chất ô nhiễm công nghiệp và nhiên liệu đốt cháy.

social behavior/hành vi xã giao sự tương tác giữa các động vật cùng loài.

software/phần mềm một bộ các chỉ dẫn hay lệnh cho một máy điện toán biết phải làm gì; một chương trình máy điện toán.

soil/đất một sự pha trộn lỏng lẻo các mảnh đá, vật chất hữu cơ, nước, và không khí và có thể hỗ trợ sự tăng trưởng của thực vật.

soil conservation/bảo tồn đất một phương pháp để duy trì sự màu mỡ của đất bằng cách bảo vệ đất khỏi bị mất chất dinh dưỡng.

soil structure/cấu tạo đất sự sắp xếp các hạt đất.

soil texture/kết cấu đất phẩm chất đất dựa trên tỷ lệ các hạt đất.

solar energy/năng lượng mặt trời năng lượng do Trái Đất nhận được từ mặt trời dưới dạng bức xạ.

solar nebula/tinh vân mặt trời đám mây gồm khí và bụi hình thành thái dương hệ của chúng ta.

solenoid/cuộn từ tính một cuộn dây bên trong có dòng điện.

solid/rắn trạng thái của vật chất trong đó thể tích và hình dạng của một chất là cố định.

solubility/tính hòa tan khả năng của một chất tan vào một chất khác ở một nhiệt độ và áp suất cho trước.

solute/chất tan trong một dung dịch, chất tan vào trong dung môi.

solution/dung dịch một hỗn hợp đồng nhất gồm hai hay nhiều chất phân tán một cách thống nhất trong suốt một giai đoạn duy nhất.

solvent/dung môi trong một dung dịch, chất trong đó chất khác tan vào.

sonic boom/tiếng nổ âm thanh âm thanh nổ tung nghe thấy khi một sóng xung kích từ một vật bay nhanhy hơn tốc độ âm thanh đến được tai người.

sound quality/chất lượng âm thanh kết quả của sự pha trộn nhiều mức độ âm thanh qua sự giao thoa.

sound wave/sóng âm một sóng theo chiều dọc gây nên bởi những rung động và đi qua một môi trường vật chất.

space probe/tàu thăm dò vũ trụ một con tàu không người lái mang các trang thiết bị khoa học vào không gian để thu thập dữ liệu khoa học.

space shuttle/tàu con thoi một con tàu không gian sử dụng nhiều lần cất cánh giống như một hỏa tiễn và hạ cánh giống một phi cơ.

space station/trạm không gian một ga bay dài ngày trên quỹ đạo từ đó có thể phóng các con tàu khác hay tiến hành nghiên cứu khoa học.

speciation/sự hình thành loài sự hình thành các loài mới, là kết quả của sự tiến hóa.

species/loài một nhóm các sinh vật có liên quan mật thiết với nhau và có thể kết đôi để sinh ra các con khỏe mạnh.

specific heat/tỷ nhiệt lượng nhiệt cần thiết để nâng một tỷ khối chất đồng nhất lên 1 K hay 1°C theo một cách được chỉ định với áp suất và thể tích không đổi.

spectrum/quang phổ dải màu sinh ra khi ánh sáng trắng đi qua một lăng kính.

speed/tốc độ quãng đường đi được chia cho thời gian trong đó chuyển động diễn ra.

sperm/tinh dịch tế bào giới tính của con đực.

spleen/lá lách cơ quan bạch huyết lớn nhất trong cơ thể; hoạt động như một vòi phun máu, phân rã các tế bào hồng cầu máu cũ, và sản sinh các bạch huyết cầu và plasmid.

spore/bào tử một tế bào sinh sản hay cấu trúc đa bào chịu đựng được các điều kiện môi trường khắc nghiệt và có thể phát triển thành một con trưởng thành mà không cần phối hợp với một tế bào khác.

spring tide/nước triều một loại thủy triều có phạm vi tăng cao xảy ra hai lần một tháng, vào lúc trăng tròn mới mọc.

stamen/nhị hoa cấu trúc sinh sản đực của một bông hoa chuyên sản sinh ra phấn và gồm một bao phấn tại đầu mút của một chỉ nhị.

standing wave/sóng đứng một kiểu cách rung động mô phỏng một sóng đang đứng yên.

states of matter/các trạng thái của vật chất các hình thức vật lý, bao gồm rắn, lỏng và khí.

static electricity/tĩnh điện điện tích lúc nghỉ; thường sinh ra do chà xát hay cảm ứng.

stimulus/kích thích bất cứ thứ gì gây nên phản ứng hay thay đổi ở một sinh vật hay bất cứ bộ phận nào của một sinh vật.

stoma/khí khổng một trong rất nhiều khoảng hở ở một cái lá hay thân cây cho phép trao đổi khí (số nhiều là *stomata*).

stomach/dạ dày cơ quan tiêu hóa giống hình túi ở giữa thực quản và ruột non chuyên nghiền thức ăn bằng thao tác của các cơ, enzyme, và axit.

storm surge/dâng trào bão tố một sự dâng lên của mực nước biển gần bờ do gió mạnh từ một cơn bão gây nên, chẳng hạn từ một trận cuồng phong.

strata/địa tầng các lớp đá (số ít là *stratum*).

stratification/sự phân tầng quá trình trong đó các loại đá trầm tích được sắp xếp theo các lớp.

stratified drift/vật trôi dạt xếp tầng một trầm tích băng hà đã được sắp xếp và xếp lớp bởi tác động của các dòng chảy hay nước đá tan chảy.

stratosphere/tầng bình lưu tầng của bầu khí quyển phía trên tầng đối lưu và tại đó nhiệt độ tăng theo độ cao.

streak/vệt màu màu sắc của bột một khoáng chất.

stress/sức nén một sự phản ứng về thể chất hay tinh thần đối với áp lực.

structure/cấu trúc sự sắp xếp các bộ phận ở một sinh vật.

sublimation/thăng hoa quá trình trong đó một chất rắn biến đổi thẳng sang thành chất khí.

subsidence/lún sự thụt xuống của các vùng thuộc vỏ ngoài Trái Đất xuống cao độ thấp hơn.

succession/sự kế tục sự thay thế một loại quần thể bằng một loại khác tại một vị trí duy nhất qua một thời gian.

sunspot/vết đen mặt trời một vùng tối thuộc quyển sáng của mặt trời có nhiệt độ thấp hơn các vùng bao quanh và có từ trường mạnh.

supernova/siêu tân tinh một vụ nổ khổng lồ trong đó một vì sao lớn vỡ vụn và làm văng các lớp ngoài của nó vào không gian.

superposition/sự xếp chồng một nguyên lý cho rằng các loại đá trẻ hơn nằm bên trên các loại già hơn nếu các lớp chưa bị xáo trộn.

surface current/dòng chảy bề mặt một sự chuyển động ngang của nước biển gây ra bởi gió và xuất hiện tại hay gần mặt nước biển.

surface tension/sức căng bề mặt lực tác động lên bề mặt của một chất lỏng và có xu hướng giảm thiểu diện tích bề mặt.

suspension/vẩn thể một hỗn hợp trong đó các hạt của một vật chất được phân tán không đều trong toàn bộ một chất lỏng hay khí.

swamp/đầm lầy một hệ sinh thái đất ướt trong đó bụi rậm và cây cối mọc.

swell/sóng cồn một trong những nhóm các ngọn sóng đại dương dài đã di chuyển ổn định qua quãng đường dài từ điểm xuất hiện của chúng.

swim bladder/bong bóng ở các loài cá có xương, một túi chứa đầy hơi được dùng để kiểm soát sự nổi lên; còn gọi là *bóng khí*.

symbiosis/sự cộng sinh một mối quan hệ trong đó hai sinh vật khác nhau sống liên kết chặt chẽ với nhau.

synthesis reaction/phản ứng tổng hợp một phản ứng trong đó hai hay nhiều chất kết hợp lại để tạo thành một hợp chất mới.

systemic circulation/tuần hoàn theo hệ thống sự chảy của máu từ tim đến tất cả các bộ phận cơ thể và trở về tim.

T

T cell/tế bào miễn dịch tế bào của hệ thống miễn dịch, có chức năng điều phối hệ miễn dịch và tấn công nhiều tế bào bị nhiễm khuẩn.

tadpole/nòng nọc loại ấu trùng của ếch hoặc cóc, sống trong nước có hình dáng giống cá.

taxonomy/phân ngành học ngành khoa học mô tả, đặt tên, phân loại các sinh vật.

technology/công nghệ việc ứng dụng khoa học vào các mục đích thực tiễn; việc sử dụng công cụ, máy móc, vật liệu và các quy trình để đáp ứng nhu cầu của con người.

tectonic plate/kiến tạo địa tầng là lớp thạch quyển, cấu tạo từ lớp vỏ trong và lớp đá cứng, nằm ngoài cùng của vỏ trái đất.

telescope/kính thiên văn thiết bị thu sóng điện từ từ bầu trời và quy tụ chúng lại để quan sát rõ hơn.

temperate zone/vùng ôn đới vùng khí hậu nằm giữa các đường chí tuyến và vùng cực.

temperature/nhiệt độ phép đo độ nóng (hay lạnh) của vật thể; cụ thể là phép đo động năng trung bình của các hạt bên trong vật thể.

tension/sức căng lực căng xuất hiện khi có một lực kéo giãn một vật.

terminal velocity/vận tốc triệt tiêu vận tốc không đổi của một vật rơi khi sức cản của không khí có chiều ngược lại và có độ lớn bằng sức hút trọng trường.

terrestrial planet/hành tinh lân cận một trong những hành tinh có tỷ trọng lớn gần mặt trời nhất; Sao Thủy, Sao Kim, Sao Hỏa, Trái Đất.

territory/lãnh thổ vùng đất được một động vật hoặc một nhóm động vật chiếm giữ và không cho những động vật khác cùng loài xâm phạm.

testes/tinh hoàn cơ quan sinh sản chính của con đực, sản sinh ra các tế bào tinh trùng và kích thích tố sinh dục đực (số ít là *testis*).

texture/kết cấu chất lượng của đá, đánh giá trên kích thước, hình dáng, vị trí của các hạt đá.

theory/lý thuyết những diễn giải dựa trên việc kết hợp nhiều quan sát và giả thuyết.

thermal conduction/dẫn nhiệt sự truyền dẫn năng lượng dạng nhiệt qua một vật chất.

thermal conductor/chất dẫn nhiệt vật liệu mà năng lượng có thể truyền qua dưới dạng nhiệt.

thermal energy/năng lượng nhiệt động năng của nguyên tử của một chất.

thermal expansion/sự giãn nở nhiệt sự tăng kích thước của vật chất để phản ứng lại sự tăng nhiệt độ của chất đó.

thermal insulator/chất cách nhiệt vật liệu làm giảm hoặc ngăn chặn sự truyền nhiệt.

thermal pollution/ô nhiễm nhiệt sự tăng nhiệt độ ở nguồn nước, xảy ra do các hoạt động của con người có tác động xấu đến chất lượng nước và đến khả năng hỗ trợ cuộc sống của nguồn nước đó.

thermocline/tập hợp điểm nhiệt một lớp trong một khối nước trong đó nhiệt độ nước sụt giảm khi độ sâu tăng dần nhanh hơn tại các lớp khác

thermocouple/thiết bị nhiệt động lực thiết bị chuyển nhiệt năng thành điện năng.

thermometer/nhiệt kế dụng cụ đo và chỉ nhiệt độ.

thermosphere/thượng tầng khí quyển lớp trên cùng của khí quyển, trong đó nhiệt độ tăng theo độ cao.

thrust/lực ép lực đẩy hoặc kéo phát ra từ động cơ của máy bay hoặc tên lửa.

thunder/sấm âm thanh phát ra do sự giãn nở đột ngột của không khí khi có phóng điện.

thunderstorm/mưa bão cơn bão thường ngắn, mạnh, có mưa, gió mạnh, sấm sét.

thymus/tuyến giáp tuyến chính của hệ bạch huyết, sản sinh ra các tế bào bạch huyết trưởng thành.

tidal range/dãy thủy triều hiệu số của chiều cao cột nước biển lúc triều lên và triều xuống.

tide/thủy triều sự tăng giảm theo chu kỳ của mực nước ở các đại dương và các nguồn nước khác.

till/sét tảng lăn vật liệu đá tạp, lắng đọng trực tiếp khi sông băng tan chảy.

tissue/mô nhóm các tế bào giống nhau thực hiện cùng một chức năng.

tonsils/amidal bộ phận cơ thể, là hai khối tròn nhỏ chứa tuyến bạch cầu nằm ở cổ họng ở khoảng giữa miệng và họng.

topographic map/bản đồ địa hình bản đồ mô tả các đặc tính của bề mặt Trái Đất.

tornado/lốc xoáy cột khí xoáy tàn phá có tốc độ gió cao, có hình dạng đám mây hình phễu có đuôi chạm mặt đất.

trace fossil/dấu vết hóa thạch dấu chân bị hóa đá đã hình thành khi có con vật di chuyển trên nền trầm tích mềm.

trachea/khí quản là hệ thống các ống dẫn khí ở các loài sâu bọ, giáp xác, và nhện; là ống dẫn từ thanh quản tới phổi ở các động vật có xương sống.

trade winds/gió mậu dịch gió thường thổi theo hướng đông bắc từ vĩ tuyến 30 độ bắc và vĩ tuyến 30 độ nam đến xích đạo.

trait/nét tiêu biểu một đặc điểm được xác định là do di truyền.

transform boundary/mép trượt ranh giới giữa các địa tầng trượt qua nhau theo chiều ngang.

transformer/máy biến thế thiết bị để tăng hoặc giảm điện thế dòng điện xoay chiều.

transistor/bóng bán dẫn một thiết bị bán dẫn, có thể khuếch đại dòng điện, dùng trong các bộ khuếch đại, máy tạo sóng, các bộ chuyển mạch.

translucent/trong mờ chỉ chất truyền ánh sáng nhưng không truyền hình ảnh.

transmission/sự truyền dẫn sự truyền ánh sáng hoặc các dạng năng lượng khác qua vật chất.

transparent/trong suốt chỉ chất cho ánh sáng truyền qua mà hầu như không bị ngăn cản.

transpiration/quá trình thoát hơi nước quá trình cây cối nhả hơi nước vào không khí thông qua các khí khổng; sự nhả hơi nước vào không khí của các sinh vật khác.

transverse wave/sóng ngang sóng có các hạt trong môi trường chuyển động theo phương vuông góc với phương truyền sóng.

tributary/phụ lưu dòng chảy vào hồ hoặc vào dòng suối lớn.

tropical zone/nhiệt đới vùng bao quanh xích đạo, kéo dài từ 23 vĩ độ bắc tới 23 vĩ độ nam.

tropism/tính hướng kích thích sự phát triển của toàn bộ hay một phần của một sinh vật đáp lại một sự kích thích ngoại cảnh, chẳng hạn ánh sáng.

troposphere/tầng đối lưu tầng khí quyển thấp nhất, có nhiệt độ giảm dần với một tỷ lệ không đổi trong khi độ cao tăng lên.

true north/chính bắc hướng trực chỉ lên Cực Bắc.

tsunami /sóng địa chấn sóng biển khổng lồ xuất hiện sau khi có núi lửa phun, động đất ngầm dưới biển, hoặc trượt đất.

tundra/lãnh nguyên một vùng bình nguyên không có cây cối ở Bắc Cực, Nam Cực, hoặc ở trên đỉnh các ngọn núi có đặc điểm là mùa đông có nhiệt độ rất thấp, và mùa hè ngắn và mát.

U

umbilical cord/dây rốn cấu trúc giống dây thừng mà các mạch máu đi qua và bằng cách đó một động vật hữu nhũ đang phát triển được nối với nhau thai.

unconformity/sự phân vỉa không chỉnh hợp Sự lệch quy luật địa chất xảy ra khi các lớp đất đá bị xói mòn hoặc các trầm tích không được bồi đắp trong một thời gian dài.

undertow/sóng dội sóng ngầm ở ven bờ kéo mọi vật ra xa bờ.

uniformitarianism/nguyên tắc đồng nhất nguyên tắc phát biểu rằng các quá trình địa chất xảy ra trong quá khứ có thể được giải thích bằng các quá trình địa chất hiện thời.

uplift/phay nghịch sự nhô lên độ cao mới của các vùng thuộc vỏ Trái Đất.

upwelling/sự nổi nước chuyển động nổi lên bề mặt nước của tầng nước sâu, lạnh và có nhiều dinh dưỡng ở phía dưới.

urinary system/hệ tiết niệu các cơ quan tiết ra, trữ và thải nước tiểu.

uterus/tử cung có trong động vật hữu nhũ giống cái, là túi cơ rỗng, trong đó các trứng đã thụ tinh được đưa vào và phát triển thành phôi và thai.

V

vagina/âm đạo cơ quan sinh sản của giống cái, nối bên ngoài cơ thể với tử cung.

valence electron/điện tử hóa trị một điện tử có ở lớp vỏ ngoài cùng của một nguyên tử, quyết định các tính chất hóa học của nguyên tử đó.

variable/biến số yếu tố thay đổi trong một thí nghiệm nhằm chứng minh một giả thuyết.

vascular plant/cây có mạch loại thực vật có các mô chuyên dụng để vận chuyển các chất từ phần này đến phần khác trong cây.

vein/mạch máu trong sinh vật học, là mạch dẫn máu đến tim.

velocity/vận tốc tốc độ của một vật theo một hướng nhất định.

vent/miệng phun là chỗ nứt của vỏ Trái Đất, qua đó nham thạch phun trào.

vertebrate/động vật có xương sống động vật có cột xương sống lưng.

vesicle/túi bọng chỗ hõm hoặc túi phồng chứa các chất của tế bào hạch, hình thành khi một phần của màng tế bào bao bọc các chất cần thiết để vận chuyển vào trong tế bào hoặc giữa các tế bào.

virus/siêu vi trùng phần tử cực nhỏ thâm nhập vào trong một tế bào và thường phá hủy tế bào đó.

viscosity/độ nhớt lực cản của chất lỏng hoặc chất khí chống lại dòng chảy.

vitamin/sinh tố loại chất dinh dưỡng có chứa carbon cần thiết với những lượng nhỏ để duy trì sức khỏe và để phát triển.

volcano/núi lửa miệng phun hay vết nứt tại bề mặt Trái Đất, qua đó nham thạch và khí phun trào.

voltage/điện áp chênh lệch điện thế giữa hai điểm; đo bằng vôn.

volume/thể tích phép đo kích thước của một khối hay một vùng trong không gian ba chiều .

W

water cycle /vòng tuần hoàn nước sự vận động liên tục của nước từ đại dương vào khí quyển tới mặt đất và trở về đại dương.

water pollution/ô nhiễm nước sự thải vào nguồn nước chất thải hoặc những hóa chất có hại cho các sinh vật sống trong nước hoặc cho những loài chuyên uống hay sử dụng nước.

water table/bảng nước bề mặt trên cùng của nước ngầm; ranh giới trên cùng của vùng bão hòa.

water vascular system/hệ thống mạch dẫn nước một hệ thống gồm các mạch chứa đầy các chất lỏng gốc nước lưu chuyển trong cơ thể của một loài động vật da gai.

waterfowl/thủy cầm các loài chim nước, như vịt, ngỗng hoặc thiên nga.

watershed/lưu vực vùng đất được tưới bởi một hệ thống dòng nước chảy.

watt/watt đơn vị đo công suất; tính bằng Joule trên giây (ký hiệu W).

wave/sóng sự xáo trộn theo chu kỳ ở chất rắn, lỏng, hoặc khí khi năng lượng được phát truyền qua môi trường.

wave speed/tốc độ sóng tốc độ mà một sóng chuyển động qua một môi trường.

wavelength/bước sóng khoảng cách từ một điểm bất kỳ trên một sóng đến một điểm xác định trên sóng tiếp sau.

weather/thời tiết trạng thái ngắn hạn của khí quyển, bao gồm nhiệt độ, độ ẩm, mưa, tuyết, gió, tầm nhìn xa.

weathering/phong hóa quá trình các vật chất đá bị phá vỡ dưới tác dụng của các quá trình vật lý hoặc hóa học.

wedge/cái chêm máy đơn giản cấu tạo từ hai mặt nghiêng, và chuyển động, thường dùng để cắt, chẻ.

weight/trọng lượng phép đo lực hút trái đất lên một vật; trị số này có thể thay đổi theo vị trí của vật được đo trong vũ trụ.

westerlies/gió tây những cơn gió thường thổi từ tây sang đông giữa vĩ tuyến 30 và 60 trên cả hai bán cầu.

wetland/đất ướt vùng đất thường bị ngập nước định kỳ hoặc có độ ẩm rất cao.

wheel and axle/trục và bánh xe dụng cụ đơn giản cấu tạo từ hai vật tròn có kích thước khác nhau; bánh xe là vật lớn hơn trong hai vật đó.

white dwarf/vệt trắng ngôi sao nhỏ, nóng, sáng mờ, là nhân sót lại của ngôi sao trước đó.

whitecap/bọt sóng bọt trên đầu ngọn sóng bị va đập vỡ ra.

wind/gió chuyển động của không khí gây ra do chênh lệch của áp suất không khí.

wind power/phong điện việc sử dụng cối xay cánh quạt để chạy máy phát điện.

work/công sự truyền năng lượng vào một vật bằng cách dùng một lực, làm cho vật đó chuyển động theo phương truyền lực.

work input/công đầu vào công được thực hiện trên một máy; tích số của lực đầu vào và khoảng cách mà qua đó lực được tác động.

work output/công đầu ra công được thực hiện trên một máy; tích số của lực đầu ra và khoảng cách mà qua đó lực được tác động.

X

xylem/chất gỗ loại mô trong mạch cây, cung cấp và điều tiết nước và chất dinh dưỡng từ rễ.

Y

year/năm thời gian cần thiết để Trái Đất quay một vòng quanh mặt trời

Z

zenith/thiên đỉnh điểm cao nhất trên bầu trời, ngay phía trên vị trí quan sát của nhà thiên văn trên Trái Đất.